兽医实验室诊断指南

郭定宗　主编

中国农业出版社

图书在版编目（CIP）数据

兽医实验室诊断指南/郭定宗主编．—北京：中国农业出版社，2012.10

ISBN 978-7-109-17238-8

Ⅰ.①兽…　Ⅱ.①郭…　Ⅲ.①兽医学-实验室诊断-指南　Ⅳ.①S854.4-62

中国版本图书馆CIP数据核字（2012）第232156号

中国农业出版社出版
（北京市朝阳区农展馆北路2号）
（邮政编码 100125）
责任编辑　刘　玮　颜景辰

中国农业出版社印刷厂印刷　　新华书店北京发行所发行
2013年6月第1版　　2013年6月第1版北京第1次印刷

开本：787mm×1092mm　1/16　　印张：46
字数：1 065 千字
定价：188.00 元
（凡本版图书出现印刷、装订错误，请向出版社发行部调换）

编委会名单

前　言

随着国民经济的快速发展，各地为了适应畜牧业发展的战略需求，相继建成了规模不等、功能不同的兽医实验室。但由于近年来科学技术的迅猛发展，新理论、新技术、新设备（仪器）的不断更新，很多实验室的功能不能得到充分发挥，且目前暂缺一本全面介绍兽医实验室诊断的工具书。应广大兽医科技工作者之需和中国农业出版社之邀，我们组织了华中农业大学、东北农业大学、西南林业大学、塔里木大学、黑龙江八一农垦大学、西藏农牧学院有丰富实验室诊断经验的专家编写了《兽医实验室诊断指南》一书，全面介绍了兽医临床病理学、兽医寄生虫病学和兽医传染病学最新检验（诊断）技术及兽医临床常规检验技术。此外，根据不同实验室的功能要求，系统介绍了兽医实验室建设的基本要求、生物安全标准和常用仪器设备，特别是分子生物学方面的有关仪器设备的操作技术，旨在为广大兽医工作者提供实用、新颖、内容较为全面的实验指导用书。

全书共分十七章，分别由郭定宗（第一章），郭锐（第二章及第十三章第六节犬细小病毒病），李素华（第三章），杨世锦（第四章、第五章、第十七章的第三节），周东海（第六章、第七章、第九章），旦巴次仁（第八章），李艳飞（第十章），李家奎（第十一章），胡薛英（第十二章），方六荣、郭爱珍、钱平、徐小娟、曹胜波、江云波、蔡旭旺、贝为成（第十三章的第一节、第四节），周玉龙（第十三章第二节牛羊传染病及第三节马的传染病），肖运才（第十三章的第二节、第三节、第五节及第十六章），贺建忠（第十三章的第六、七节），周艳琴（第十四章），齐德生（第十五章），李自力、王喜亮（第十六章）以及邱昌伟（第十七章的第一节、第二节）等撰写。

由于水平有限、时间较紧，难免存在许多缺点和不足，诚请广大读者提出宝贵意见，以便再版时修正。

在本书稿完成之际，我要感谢所有参编者，他们在完成教学、科研和社会服务等繁重工作的同时积极参与本书的撰写，本人向参编者的无私奉献和辛勤劳动表示崇高的敬意。同时，感谢郭会田、于义娟硕士对文稿的校对。

郭定宗

2012年10月

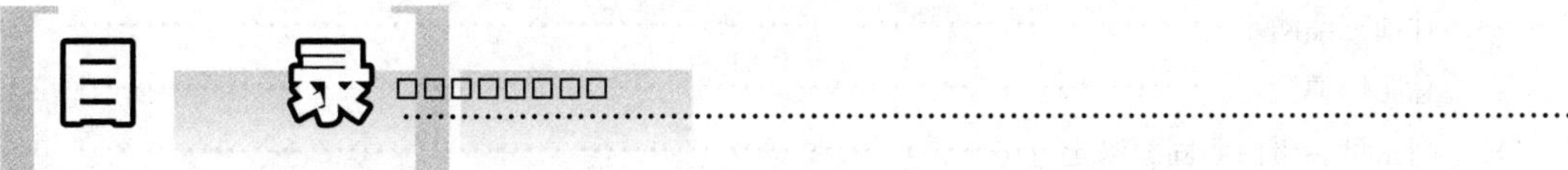

目录

第一章 兽医实验室的基本要求与生物安全

第一节　实验室建设的基本要求

实验室的建设，不论是新建、扩建或改建项目，它不单纯是选购合理的仪器设备，还要综合考虑实验室的总体规划、合理布局和平面设计，以及供电、供水、供气、通风、空气净化、安全措施（包括生物安全）和环境保护等基础设施及基本条件，因此实验室的建设是一个复杂的系统工程。在现代化的兽医实验室里，先进的科学仪器和完善的实验室规划是提升现代科技水平，且能最大限度发挥实验室作用的必备条件。安全、效率、舒适是理想实验环境的三大要素，也是实验室建设的宗旨。

1. 实验室的建设规划　首先要制定实验室的总体规划，确定实验室的性质、目的、任务、依据和规模，确定各类实验室的功能、工艺条件和规模大小。同时，要做好建筑设计的某些准备工作，进行调查研究，借鉴国内外同种性质、同等规模实验室建设的经验，根据实验室的工艺条件及相关资料，编制好计划任务书。在各方面工作准备就绪后，做好实验室建筑设计工作，综合建筑设计各专业的基本要求，结合实际及规划要求，绘制出富有时代感、先进的实验室建筑蓝图，为实验室施工建设提供可靠的依据。

2. 实验室建设规划的主要内容　①建设地点的选择。②废弃物处理，即废气、废水、废物、噪声、辐射等的技术处理措施。③各类实验楼的工艺布局及工艺流程。④主要仪器设备的布置方式以及实验台、通风柜等的位置。⑤实验室之间的布局形式，辅助实验室与主实验室之间的布局。⑥工程管网的布置原则（如明管或暗管，垂直管网或水平管网）。⑦环境保护，公害处理方面的详细技术措施。⑧功能分区，根据实验室功能设置不同的实验室，如化学分析实验室、仪器分析实验室、光谱实验室、X线荧光光谱实验室、天平室及纯水室、细菌培养室等。

3. 房间要求　指实验室本身的要求。清洁：有的要求洁净，进行实验时要求房间内空气达到一定的洁净要求。耐火：大多数实验室要求耐火。隔声：有的实验室要求安静，要求设置隔声门。保温：如冷藏室要求采用保温门。固定：有洁净要求的实验室采用固定窗，避免灰尘进入室内。墙面要求：根据实验室的要求各有不同。一般要求可以冲洗。墙裙高度：离地面1.2～1.5m的墙面做墙裙，便于清洁，如瓷砖墙裙、油漆墙裙等。隔热：冷藏室墙面要求隔热。耐酸碱：有的实验室在实验时有酸碱气体逸出，要求设计耐酸碱的油漆墙面。吸声：实验时产生噪声，影响周围环境，墙面要做吸声处理。消音：实验时避免声音反射或外界的声音对实验有影响，墙面要进行消音设计。屏蔽：外界各种电磁波对实验室内部实验有影响，或实验室内部发出各种电磁波对外界有影响。色彩：根据实验的要求和舒适的室内环境选用墙面色彩，选择时应与地面、平顶、实验台等的色彩相协调。

4. 楼地面要求 清洁、防震（实验本身所产生的振动，要求设置防震措施以免影响其他房间；另外，有些实验或精密仪器本身具有一定的防震要求）、防滑、防放射性污染、防静电、干燥、隔声及架空（由于管线太多或架空的空间作为静压箱，设置架空地板，并提出架空高度）。

5. 通风柜 化学实验室常利用通风柜进行各种化学试验，根据实验要求提出通风柜的长度、宽度和高度。

6. 实验台 实验台分岛式实验台（实验台四边可用）、半岛式实验台（实验台三边可用），靠墙实验台和靠窗实验台（很少用）。要求实验台的长、宽、高的尺寸。固定壁柜：一般设置在墙与墙之间，不能移动的柜子。

7. 结构要求 活荷载是作用在结构上的可变荷载，各楼面活荷载、屋面活荷载、屋面积灰荷载、雪荷载及风荷载等。楼面荷载：指2层及2层以上的各层楼面活荷载。特殊设备附加荷载：有的实验室内有特殊重量的设备，如质谱仪、纯水设备等，必须注明设备的重量、规格以及标明设备轴心线距离墙的尺寸。防护墙（具有有放射线的实验装置的建筑物应根据各种不同实验的要求，仔细考虑防护材料的选择以及厚度的选用）；抗震：设备重量较大或要求防震，则可设置在底层。

8. 采暖通风 蒸汽系统：采用蒸汽供暖的系统。热水系统：采用热水供暖系统。温度：房间采暖的温度要求。

第二节　实验室管理的基本要求

一、实验室环境条件控制

1. 实验室环境条件基本要求

（1）实验室的标准温度为25℃，一般检测间及试验间的温度应在（25±5)℃。

（2）实验室内的相对湿度一般应保持在50%～70%。

（3）实验室的防噪音、防震、防尘、防腐蚀、防磁等方面的环境条件应符合在室内开展的检定项目之检定规程的要求，室内采光应利于检测工作的进行。

2. 实验室异常环境条件的处理 实验室的环境条件出现异常，如温度和湿度超过规定范围且明显影响检定或检测结果时，应及时报告室主任，并逐级报告有关领导。当环境条件经常出现异常情况或不能满足检测检验工作时，应据实书面报告有关领导，采取适当措施给予解决。在已有的条件下，实验室要采取积极措施保管维护好仪器设备。

3. 实验室环境条件的日常控制与管理

（1）实验室应保持整齐洁净，每天工作结束后要进行必要的清理，定期擦拭仪器设备，仪器设备使用完后应将器具及其附件摆放整齐，盖上仪器罩或防尘布。一切用电的仪器设备使用完毕后均应切断电源。

（2）实验室内严禁吸烟、吃零食、喝水和存放食物等，非实验室人员未经同意不得进入室内。经同意进入的人员在人数上应严格控制，以免引起室内温度、湿度的波动变化。

(3) 实验室应有专人负责本室内温、湿度情况的记录。有空调和除湿设备的室内不应随便开启门窗，应指定专人负责操作空调设备或除湿机。室内温、湿度情况记录由各实验室保存，保存期5年。

4. 实验室危险品、菌种、毒种的安全 计量检定、检测及所有试验所用易燃、易爆及有毒危险品、菌种、毒种应单独存放，指定专人负责领用、保管。

二、实验室安全保密

1. 实验室是存放精密贵重仪器设备的地方，是进行计量检定或校准、计量精密检测和进行各项项目检测的重要场所。全体实验人员应保障实验室工作场地公共安全与技术安全，保守国家秘密。

2. 实验室人员在进行检测、调修或实验时应严格遵守安全生产规定。

(1) 实验室人员在进行高温、高压、带电场合操作时，必须有两人以上同时在场。发现不安全等异常情况应立即停止作业并及时报告有关领导，排除不安全等异常情况后方可继续操作。

(2) 实验室应认真做好保密工作和防盗、防火工作，经常检查公共安全防范设施是否完好可靠，下班时关好门窗、水电等。

3. 非实验室人员未经领导同意不得进入实验室，外来人员需进入实验室时应报告领导，经请示公安保卫部门和主管领导同意后通知实验室方可进入。经同意进入实验室的外来人员应有本室或检测人员的陪同，遵守实验室的各项规定，严禁乱摸乱动室内仪器设备及其他各项设施。

4. 对要求保密的有关数据，实验室必须进行保密，不得随意发布。

5. 涉外安全保密。

(1) 外国人、港澳台胞因工作需要到有关实验室进行参观、访问、考察等活动时，须经公安保卫部门和实验室主管领导批准，其他单位和个人不得擅自将上述人员引入实验室。

(2) 外国人、港澳台胞经批准进入实验室，应有有关部门人员和主管人员陪同，按预先确定的路线进行活动，不得进行拍照、绘画、录像等，并由陪同人员事先给其申明。

第三节 兽医实验室的生物安全

一、安全设备与个人防护

1. 具有确保实验室工作人员不与病原微生物直接接触的初级屏障。

2. 实验室必须配备相应级别的生物安全设备。所有可能使病原微生物逸出或产生气溶胶的操作，必须在相应等级的生物安全控制条件下进行。

3. 实验室工作人员必须配备个体防护用品（防护帽、护目镜、口罩、工作服、手套等）。

二、危害性微生物及其毒素样品的引进、采集、包装、标识、传递和保存

1. 采集的样品应放入安全的防漏容器内，传递时包装必须结实严密，标识清楚牢固，容器表面消毒后由专人送递或邮寄至相应实验室。

2. 进口危害性微生物及其毒素样品时，申请者必须拥有与该微生物危害等级相应的生物安全实验室，并经国务院畜牧兽医行政管理部门批准。

3. 危害性微生物及其毒素样品的保存应根据其危害等级分级保存。

4. 使用放射性同位素的生物安全防护要求参照《放射性同位素与射线装置放射防护条例》执行。

三、废弃物的处理

1. 被污染的废弃物或各种器皿在废弃或清洗前必须进行灭菌处理；实验室在重新布置或维修、病原体意外泄漏、可疑污染设备的搬运以及空气过滤系统检修时，均应对实验室设施及仪器设备进行消毒处理。

2. 根据被处理物的性质选择适当的处理方法，如高压灭菌、化学消毒、熏蒸、γ射线照射或焚烧等。

3. 对实验动物尸体及动物产品应按规定作无害化处理。

4. 实验室应尽量减少用水，污染区、半污染区产生的废水必须排入专门配备的废水处理系统，经处理达标后方可排放。

附：实验室　生物安全通用要求（GB 19489—2008）

1　范围

本标准规定了对不同生物安全防护级别实验室的设施、设备和安全管理的基本要求。

第 5 章以及 6.1 和 6.2 是对生物安全实验室的基础要求，需要时，适用于更高防护水平的生物安全实验室以及动物生物安全实验室。

针对与感染动物饲养相关的实验室活动，本标准规定了对实验室内动物饲养设施和环境的基本要求。需要时，6.3 和 6.4 适用于相应防护水平的动物生物安全实验室。

本标准适用于涉及生物因子操作的实验室。

2　术语和定义

下列术语和定义适用于本标准。

2.1　气溶胶 aerosols

悬浮于气体介质中的粒径一般为 0.001～100μm 的固态或液态微小粒子形成的相对稳定的分散体系。

2.2　事故 accident

造成死亡、疾病、伤害、损坏以及其他损失的意外情况。

2.3　气锁 air lock

具备机械送排风系统、整体消毒灭菌条件、化学喷淋（适用时）和压力可监控的气密室，其门具有互锁功能，不能同时处于开启状态。

2.4　生物因子 biological agents

微生物和生物活性物质。

2.5　生物安全柜 biological safety cabinet，BSC

具备气流控制及高效空气过滤装置的操作柜，可有效降低实验过程中产生的有害气溶胶对操作者和环境的危害。

2.6　缓冲间 buffer room

设置在被污染概率不同的实验室区域间的密闭室，需要时，设置机械通风系统，其门具有互锁功能，不能同时处于开启状态。

2.7　定向气流 directional airflow

特指从污染概率小区域流向污染概率大区域的受控制的气流。

2.8　危险 hazard

可能导致死亡、伤害或疾病、财产损失、工作环境破坏或这些情况组合的根源或状态。

2.9　危险识别 hazard identification

识别存在的危险并确定其特性的过程。

2.10　高效空气过滤器（HEPA 过滤器）high efficiency particulate air filter

通常以 0.3μm 微粒为测试物，在规定的条件下滤除效率高于 99.97%的空气过滤器。

2.11　事件 incident

导致或可能导致事故的情况。

2.12　实验室 laboratory

涉及生物因子操作的实验室。

2.13　实验室生物安全 laboratory biosafety

实验室的生物安全条件和状态不低于容许水平，可避免实验室人员、来访人员、社区及环境受到不可接受的损害，符合相关法规、标准等对实验室生物安全责任的要求。

2.14　实验室防护区 laboratory containment area

实验室的物理分区，该区域内生物风险相对较大，需对实验室的平面设计、围护结构的密闭性、气流，以及人员进入、个体防护等进行控制的区域。

2.15　材料安全数据单 material safety data sheet，MSDS

详细提供某材料的危险性和使用注意事项等信息的技术通报。

2.16　个体防护装备 personal protective equipment，PPE

防止人员个体受到生物性、化学性或物理性等危险因子伤害的器材和用品。

2.17　风险 risk

危险发生的概率及其后果严重性的综合。

2.18　风险评估 risk assessment

评估风险大小以及确定是否可接受的全过程。

2.19　风险控制 risk control

为降低风险而采取的综合措施。

3　风险评估及风险控制

3.1　实验室应建立并维持风险评估和风险控制程序，以持续进行危险识别、风险评估和实施必要的控制措施。实验室需要考虑的内容包括：

3.1.1　当实验室活动涉及致病性生物因子时，实验室应进行生物风险评估。风险评估应考虑（但不限于）下列内容：

a）生物因子已知或未知的特性，如生物因子的种类、来源、传染性、传播途径、易感性、潜伏期、剂量-效应（反应）关系、致病性（包括急性与远期效应）、变异性、在环境中的稳定性、与其他生物和环境的交互作用、相关实验数据、流行病学资料、预防和治疗方案等；

b）适用时，实验室本身或相关实验室已发生的事故分析；

c）实验室常规活动和非常规活动过程中的风险（不限于生物因素），包括所有进入工作场所的人员和可能涉及的人员（如：合同方人员）的活动；

d）设施、设备等相关的风险；

e）适用时，实验动物相关的风险；

f）人员相关的风险，如身体状况、能力、可能影响工作的压力等；

g）意外事件、事故带来的风险；

h）被误用和恶意使用的风险；

i）风险的范围、性质和时限性；

j）危险发生的概率评估；

k）可能产生的危害及后果分析；

l）确定可接受的风险；

m）适用时，消除、减少或控制风险的管理措施和技术措施，及采取措施后残余风险或新带来风险的评估；

n）适用时，运行经验和所采取的风险控制措施的适应程度评估；

o）适用时，应急措施及预期效果评估；

p）适用时，为确定设施设备要求、识别培训需求、开展运行控制提供的输入信息；

q）适用时，降低风险和控制危害所需资料、资源（包括外部资源）的评估；

r）对风险、需求、资源、可行性、适用性等的综合评估。

3.1.2 应事先对所有拟从事活动的风险进行评估，包括对化学、物理、辐射、电气、水灾、火灾、自然灾害等的风险进行评估。

3.1.3 风险评估应由具有经验的专业人员（不限于本机构内部的人员）进行。

3.1.4 应记录风险评估过程，风险评估报告应注明评估时间、编审人员和所依据的法规、标准、研究报告、权威资料、数据等。

3.1.5 应定期进行风险评估或对风险评估报告复审，评估的周期应根据实验室活动和风险特征而确定。

3.1.6 开展新的实验室活动或欲改变经评估过的实验室活动（包括相关的设施、设备、人员、活动范围、管理等），应事先或重新进行风险评估。

3.1.7 操作超常规量或从事特殊活动时，实验室应进行风险评估，以确定其生物安全防护要求，适用时，应经过相关主管部门的批准。

3.1.8 当发生事件、事故等时应重新进行风险评估。

3.1.9 当相关政策、法规、标准等发生改变时应重新进行风险评估。

3.1.10 采取风险控制措施时宜首先考虑消除危险源（如果可行），然后再考虑降低风险（降低潜在伤害发生的可能性或严重程度），最后考虑采用个体防护装备。

3.1.11 危险识别、风险评估和风险控制的过程不仅适用于实验室、设施设备的常规运行，而且适用于对实验室、设施设备进行清洁、维护或关停期间。

3.1.12 除考虑实验室自身活动的风险外，还应考虑外部人员活动、使用外部提供的物品或服务所带来的风险。

3.1.13 实验室应有机制监控其所要求的活动，以确保相关要求及时并有效地得以实施。

3.2 实验室风险评估和风险控制活动的复杂程度决定于实验室所存在危险的特性，适用时，实验室不一定需要复杂的风险评估和风险控制活动。

3.3 风险评估报告应是实验室采取风险控制措施、建立安全管理体系和制定安全操作规程的依据。

3.4 风险评估所依据的数据及拟采取的风险控制措施、安全操作规程等应以国家主管部门和世界卫生组织、世界动物卫生组织、国际标准化组织等机构或行业权威机构发布的指南、标准等为依据；任何新技术在使用前应经过充分验证，适用时，应得到相关主管部门的批准。

3.5 风险评估报告应得到实验室所在机构生物安全主管部门的批准；对未列入国家相关主管部门发布的病原微生物名录的生物因子的风险评估报告，适用时，应得到相关主管部门的批准。

4　实验室生物安全防护水平分级

4.1 根据对所操作生物因子采取的防护措施，将实验室生物安全防护水平分为一级、二级、三级和四级，一级防护水平最低，四级防护水平最高。依据国家相关规定：

a）生物安全防护水平为一级的实验室适用于操作在通常情况下不会引起人类或者动物疾病的微生物；

b）生物安全防护水平为二级的实验室适用于操作能够引起人类或者动物疾病，但一般情况下对人、动物或者环境不构成严重危害，传播风险有限，实验室感染后很少引起严重疾病，并且具备有效治疗和预防措施的微生物；

c）生物安全防护水平为三级的实验室适用于操作能够引起人类或者动物严重疾病，比较容易直接或者间接在人与人、动物与人、动物与动物间传播的微生物；

d）生物安全防护水平为四级的实验室适用于操作能够引起人类或者动物非常严重疾病的微生物，以及我国尚未发现或者已经宣布消灭的微生物。

4.2 以 BSL－1、BSL－2、BSL－3、BSL－4（bio-safety level，BSL）表示仅从事体外操作的实验室的相应生物安全防护水平。

4.3 以 ABSL－1、ABSL－2、ABSL－3、ABSL－4（animal bio-safety level，ABSL）表示包括从事动物活体操作的实验室的相应生物安全防护水平。

4.4 根据实验活动的差异、采用的个体防护装备和基础隔离设施的不同，实验室分以下情况：

4.4.1 操作通常认为非经空气传播致病性生物因子的实验室。

4.4.2 可有效利用安全隔离装置（如：生物安全柜）操作常规量经空气传播致病性生物因子的实验室。

4.4.3 不能有效利用安全隔离装置操作常规量经空气传播致病性生物因子的实验室。

4.4.4 利用具有生命支持系统的正压服操作常规量经空气传播致病性生物因子的实验室。

4.5 应依据国家相关主管部门发布的病原微生物分类名录，在风险评估的基础上，确定实验室的生物安全防护水平。

5 实验室设计原则及基本要求

5.1 实验室选址、设计和建造应符合国家和地方环境保护和建设主管部门等的规定和要求。

5.2 实验室的防火和安全通道设置应符合国家的消防规定和要求，同时应考虑生物安全的特殊要求；必要时，应事先征询消防主管部门的建议。

5.3 实验室的安全保卫应符合国家相关部门对该类设施的安全管理规定和要求。

5.4 实验室的建筑材料和设备等应符合国家相关部门对该类产品生产、销售和使用的规定和要求。

5.5 实验室的设计应保证对生物、化学、辐射和物理等危险源的防护水平控制在经过评估的可接受程度，为关联的办公区和邻近的公共空间提供安全的工作环境，及防止危害环境。

5.6 实验室的走廊和通道应不妨碍人员和物品通过。

5.7 应设计紧急撤离路线，紧急出口应有明显的标识。

5.8 房间的门根据需要安装门锁，门锁应便于内部快速打开。

5.9 需要时（如：正当操作危险材料时），房间的入口处应有警示和进入限制。

5.10 应评估生物材料、样本、药品、化学品和机密资料等被误用、被偷盗和被不正当使用的风险，并采取相应的物理防范措施。

5.11 应有专门设计以确保存储、转运、收集、处理和处置危险物料的安全。

5.12 实验室内温度、湿度、照度、噪声和洁净度等室内环境参数应符合工作要求和卫生等相关要求。

5.13 实验室设计还应考虑节能、环保及舒适性要求，应符合职业卫生要求和人机工效学要求。

5.14 实验室应有防止节肢动物和啮齿动物进入的措施。

5.15 动物实验室的生物安全防护设施还应考虑对动物呼吸、排泄、毛发、抓咬、挣扎、逃逸、动物实验（如：染毒、医学检查、取样、解剖、检验等）、动物饲养、动物尸体及排泄物的处置等过程产生的潜在生物危险的防护。

5.16 应根据动物的种类、身体大小、生活习性、实验目的等选择具有适当防护水平的、适用于动物的饲养设施、实验设施、消毒灭菌设施和清洗设施等。

5.17 不得循环使用动物实验室排出的空气。

5.18 动物实验室的设计，如：空间、进出通道、解剖室、笼具等应考虑动物实验及动物福利的要求。

5.19 适用时，动物实验室还应符合国家实验动物饲养设施标准的要求。

6 实验室设施和设备要求

6.1 BSL－1 实验室

6.1.1 实验室的门应有可视窗并可锁闭，门锁及门的开启方向应不妨碍室内人员逃生。

6.1.2 应设洗手池，宜设置在靠近实验室的出口处。

6.1.3 在实验室门口处应设存衣或挂衣装置，可将个人服装与实验室工作服分开放置。

6.1.4 实验室的墙壁、天花板和地面应易清洁、不渗水、耐化学品和消毒灭菌剂的腐蚀。地面应平整、防滑，不应铺设地毯。

6.1.5 实验室台柜和座椅等应稳固，边角应圆滑。

6.1.6 实验室台柜等和其摆放应便于清洁，实验台面应防水、耐腐蚀、耐热和坚固。

6.1.7 实验室应有足够的空间和台柜等摆放实验室设备和物品。

6.1.8 应根据工作性质和流程合理摆放实验室设备、台柜、物品等，避免相互干扰、交叉污染，并应不妨碍逃生和急救。

6.1.9 实验室可以利用自然通风。如果采用机械通风，应避免交叉污染。

6.1.10 如果有可开启的窗户，应安装可防蚊虫的纱窗。

6.1.11 实验室内应避免不必要的反光和强光。

6.1.12 若操作刺激或腐蚀性物质，应在30m内设洗眼装置，必要时应设紧急喷淋装置。

6.1.13 若操作有毒、刺激性、放射性挥发物质，应在风险评估的基础上，配备适当的负压排风柜。

6.1.14 若使用高毒性、放射性等物质，应配备相应的安全设施、设备和个体防护装备，应符合国家、地方的相关规定和要求。

6.1.15 若使用高压气体和可燃气体，应有安全措施，应符合国家、地方的相关规定和要求。

6.1.16 应设应急照明装置。

6.1.17 应有足够的电力供应。

6.1.18 应有足够的固定电源插座，避免多台设备使用共同的电源插座。应有可靠的接地系统，应在关键节点安装漏电保护装置或监测报警装置。

6.1.19 供水和排水管道系统应不渗漏，下水应有防回流设计。

6.1.20 应配备适用的应急器材，如消防器材、意外事故处理器材、急救器材等。

6.1.21 应配备适用的通讯设备。

6.1.22 必要时，应配备适当的消毒灭菌设备。

6.2 BSL－2 实验室

6.2.1 适用时，应符合 6.1 的要求。

6.2.2 实验室主入口的门、放置生物安全柜实验间的门应可自动关闭；实验室主入口的门应有进入控制措施。

6.2.3 实验室工作区域外应有存放备用物品的条件。

6.2.4 应在实验室工作区配备洗眼装置。

6.2.5 应在实验室或其所在的建筑内配备高压蒸汽灭菌器或其他适当的消毒灭菌设备，所配备的消毒灭菌设备应以风险评估为依据。

6.2.6 应在操作病原微生物样本的实验间内配备生物安全柜。

6.2.7 应按产品的设计要求安装和使用生物安全柜。如果生物安全柜的排风在室内循环，室内应具备通风换气的条件；如果使用需要管道排风的生物安全柜，应通过独立于建筑物其他公共通风系统的管道排出。

6.2.8 应有可靠的电力供应。必要时，重要设备（如：培养箱、生物安全柜、冰箱等）应配置备用电源。

6.3 BSL－3 实验室

6.3.1 平面布局

6.3.1.1　实验室应明确区分辅助工作区和防护区，应在建筑物中自成隔离区或为独立建筑物，应有出入控制。

6.3.1.2 防护区中直接从事高风险操作的工作间为核心工作间，人员应通过缓冲间进入核心工作间。

6.3.1.3 适用于4.4.1的实验室辅助工作区应至少包括监控室和清洁衣物更换间；防护区应至少包括缓冲间（可兼作脱防护服间）及核心工作间。

6.3.1.4 适用于4.4.2的实验室辅助工作区应至少包括监控室、清洁衣物更换间和淋浴间；防护区应至少包括防护服更换间、缓冲间及核心工作间。

6.3.1.5 适用于4.4.2的实验室核心工作间不宜直接与其他公共区域相邻。

6.3.1.6 如果安装传递窗，其结构承压力及密闭性应符合所在区域的要求，并具备对传递窗内物品进行消毒灭菌的条件。必要时，应设置具备送排风或自净化功能的传递窗，排风应经HEPA过滤器过滤后排出。

6.3.2 围护结构

6.3.2.1 围护结构（包括墙体）应符合国家对该类建筑的抗震要求和防火要求。

6.3.2.2 天花板、地板、墙间的交角应易清洁和消毒灭菌。

6.3.2.3 实验室防护区内围护结构的所有缝隙和贯穿处的接缝都应可靠密封。

6.3.2.4 实验室防护区内围护结构的内表面应光滑、耐腐蚀、防水，以易于清洁和消毒灭菌。

6.3.2.5 实验室防护区内的地面应防渗漏、完整、光洁、防滑、耐腐蚀、不起尘。

6.3.2.6 实验室内所有的门应可自动关闭，需要时，应设观察窗；门的开启方向不应妨碍逃生。

6.3.2.7 实验室内所有窗户应为密闭窗，玻璃应耐撞击、防破碎。

6.3.2.8 实验室及设备间的高度应满足设备的安装要求，应有维修和清洁空间。

6.3.2.9 在通风空调系统正常运行状态下，采用烟雾测试等目视方法检查实验室防护区内围护结构的严密性时，所有缝隙应无可见泄漏（参见附录A）。

6.3.3 通风空调系统

6.3.3.1 应安装独立的实验室送排风系统，应确保在实验室运行时气流由低风险区向高风险区流动，同时确保实验室空气只能通过HEPA过滤器过滤后经专用的排风管道排出。

6.3.3.2 实验室防护区房间内送风口和排风口的布置应符合定向气流的原则，利于减少房间内的涡流和气流死角；送排风应不影响其他设备（如：Ⅱ级生物安全柜）的正常功能。

6.3.3.3 不得循环使用实验室防护区排出的空气。

6.3.3.4 应按产品的设计要求安装生物安全柜和其排风管道，可以将生物安全柜排出的空气排入实验室的排风管道系统。

6.3.3.5 实验室的送风应经过HEPA过滤器过滤，宜同时安装初效过滤器和中效过滤器。

6.3.3.6 实验室的外部排风口应设置在主导风的下风向（相对于送风口），与送风口的直线距离应大于12m，应至少高出本实验室所在建筑的顶部2m，应有防风、防雨、防鼠、防虫设计，但不应影响气体向上空排放。

6.3.3.7 HEPA过滤器的安装位置应尽可能靠近送风管道在实验室内的送风口端和排风管道在实验室内的排风口端。

6.3.3.8 应可以在原位对排风HEPA过滤器进行消毒灭菌和检漏（参见附录A）。

6.3.3.9 如在实验室防护区外使用高效过滤器单元，其结构应牢固，应能承受2 500Pa的压力；高效过滤器单元的整体密封性应达到在关闭所有通路并维持腔室内的温度在设计范围上限的条件下，若使空气压力维持在1 000Pa时，腔室内每分钟泄漏的空气量应不超过腔室净容积的0.1%。

6.3.3.10 应在实验室防护区送风和排风管道的关键节点安装生物型密闭阀，必要时，可完全关闭。应在实验室送风和排风总管道的关键节点安装生物型密闭阀，必要时，可完全关闭。

6.3.3.11 生物型密闭阀与实验室防护区相通的送风管道和排风管道应牢固、易消毒灭菌、耐腐蚀、抗老化，宜使用不锈钢管道；管道的密封性应达到在关闭所有通路并维持管道内的温度在设计范围上限的条件下，若使空气压力维持在 500Pa 时，管道内每分钟泄漏的空气量应不超过管道内净容积的 0.2%。

6.3.3.12　应有备用排风机。应尽可能减少排风机后排风管道正压段的长度，该段管道不应穿过其他房间。

6.3.3.13　不应在实验室防护区内安装分体空调。

6.3.4　供水与供气系统

6.3.4.1　应在实验室防护区内的实验间的靠近出口处设置非手动洗手设施；如果实验室不具备供水条件，则应设非手动手消毒灭菌装置。

6.3.4.2　应在实验室的给水与市政给水系统之间设防回流装置。

6.3.4.3　进出实验室的液体和气体管道系统应牢固、不渗漏、防锈、耐压、耐温（冷或热）、耐腐蚀。应有足够的空间清洁、维护和维修实验室内暴露的管道，应在关键节点安装截止阀、防回流装置或 HEPA 过滤器等。

6.3.4.4　如果有供气（液）罐等，应放在实验室防护区外易更换和维护的位置，安装牢固，不应将不相容的气体或液体放在一起。

6.3.4.5　如果有真空装置，应有防止真空装置的内部被污染的措施；不应将真空装置安装在实验场所之外。

6.3.5　污物处理及消毒灭菌系统

6.3.5.1　应在实验室防护区内设置生物安全型高压蒸汽灭菌器。宜安装专用的双扉高压灭菌器，其主体应安装在易维护的位置，与围护结构的连接之处应可靠密封。

6.3.5.2　对实验室防护区内不能高压灭菌的物品应有其他消毒灭菌措施。

6.3.5.3　高压蒸汽灭菌器的安装位置不应影响生物安全柜等安全隔离装置的气流。

6.3.5.4　如果设置传递物品的渡槽，应使用强度符合要求的耐腐蚀性材料，并方便更换消毒灭菌液。

6.3.5.5　淋浴间或缓冲间的地面液体收集系统应有防液体回流的装置。

6.3.5.6　实验室防护区内如果有下水系统，应与建筑物的下水系统完全隔离；下水应直接通向本实验室专用的消毒灭菌系统。

6.3.5.7　所有下水管道应有足够的倾斜度和排量，确保管道内不存水；管道的关键节点应按需要安装防回流装置、存水弯（深度应适用于空气压差的变化）或密闭阀门等；下水系统应符合相应的耐压、耐热、耐化学腐蚀的要求，安装牢固，无泄漏，便于维护、清洁和检查。

6.3.5.8　应使用可靠的方式处理处置污水（包括污物），并应对消毒灭菌效果进行监测，以确保达到排放要求。

6.3.5.9　应在风险评估的基础上，适当处理实验室辅助区的污水，并应监测，以确保排放到市政管网之前达到排放要求。

6.3.5.10　可以在实验室内安装紫外线消毒灯或其他适用的消毒灭菌装置。

6.3.5.11　应具备对实验室防护区及与其直接相通的管道进行消毒灭菌的条件。

6.3.5.12　应具备对实验室设备和安全隔离装置（包括与其直接相通的管道）进行消毒灭菌的条件。

6.3.5.13　应在实验室防护区内的关键部位配备便携的局部消毒灭菌装置（如：消毒喷雾器等），并备有足够的适用消毒灭菌剂。

6.3.6　电力供应系统

6.3.6.1　电力供应应满足实验室的所有用电要求，并应有冗余。

6.3.6.2　生物安全柜、送风机和排风机、照明、自控系统、监视和报警系统等应配备不间断备用电源，电力供应应至少维持 30min。

6.3.6.3　应在安全的位置设置专用配电箱。

6.3.7 照明系统

6.3.7.1 实验室核心工作间的照度应不低于 350lx，其他区域的照度应不低于 200lx，宜采用吸顶式防水洁净照明灯。

6.3.7.2 应避免过强的光线和光反射。

6.3.7.3 应设不少于 30min 的应急照明系统。

6.3.8 自控、监视与报警系统

6.3.8.1 进入实验室的门应有门禁系统，应保证只有获得授权的人员才能进入实验室。

6.3.8.2 需要时，应可立即解除实验室门的互锁；应在互锁门的附近设置紧急手动解除互锁开关。

6.3.8.3 核心工作间的缓冲间的入口处应有指示核心工作间工作状态的装置（如：文字显示或指示灯），必要时，应同时设置限制进入核心工作间的连锁机制。

6.3.8.4 启动实验室通风系统时，应先启动实验室排风，后启动实验室送风；关停时，应先关闭生物安全柜等安全隔离装置和排风支管密闭阀，再关实验室送风及密闭阀，后关实验室排风及密闭阀。

6.3.8.5 当排风系统出现故障时，应有机制避免实验室出现正压和影响定向气流。

6.3.8.6 当送风系统出现故障时，应有机制避免实验室内的负压影响实验室人员的安全、影响生物安全柜等安全隔离装置的正常功能和围护结构的完整性。

6.3.8.7 应通过对可能造成实验室压力波动的设备和装置实行连锁控制等措施，确保生物安全柜、负压排风柜（罩）等局部排风设备与实验室送排风系统之间的压力关系和必要的稳定性，并应在启动、运行和关停过程中保持有序的压力梯度。

6.3.8.8 应设装置连续监测送排风系统 HEPA 过滤器的阻力，需要时，及时更换 HEPA 过滤器。

6.3.8.9 应在有负压控制要求的房间入口的显著位置，安装显示房间负压状况的压力显示装置和控制区间提示。

6.3.8.10 中央控制系统应可以实时监控、记录和存储实验室防护区内有控制要求的参数、关键设施设备的运行状态；应能监控、记录和存储故障的现象、发生时间和持续时间；应可以随时查看历史记录。

6.3.8.11 中央控制系统的信号采集间隔时间应不超过 1min，各参数应易于区分和识别。

6.3.8.12 中央控制系统应能对所有故障和控制指标进行报警，报警应区分一般报警和紧急报警。

6.3.8.13 紧急报警应为声光同时报警，应可以向实验室内外人员同时发出紧急警报；应在实验室核心工作间内设置紧急报警按钮。

6.3.8.14 应在实验室的关键部位设置监视器，需要时，可实时监视并录制实验室活动情况和实验室周围情况。监视设备应有足够的分辨率，影像存储介质应有足够的数据存储容量。

6.3.9 实验室通讯系统

6.3.9.1 实验室防护区内应设置向外部传输资料和数据的传真机或其他电子设备。

6.3.9.2 监控室和实验室内应安装语音通讯系统。如果安装对讲系统，宜采用向内通话受控、向外通话非受控的选择性通话方式。

6.3.9.3 通讯系统的复杂性应与实验室的规模和复杂程度相适应。

6.3.10 参数要求

6.3.10.1 实验室的围护结构应能承受送风机或排风机异常时导致的空气压力载荷。

6.3.10.2 适用于 4.4.1 的实验室核心工作间的气压（负压）与室外大气压的压差值应不小于 30Pa，与相邻区域的压差（负压）应不小于 10Pa；适用于 4.4.2 的实验室的核心工作间的气压（负压）与室外大气压的压差值应不小于 40Pa，与相邻区域的压差（负压）应不小于 15Pa。

6.3.10.3 实验室防护区各房间的最小换气次数应不小于 12 次/h。

6.3.10.4 实验室的温度宜控制在 18～26℃范围内。

6.3.10.5 正常情况下，实验室的相对湿度宜控制在 30%～70%范围内；消毒状态下，实验室的相对湿度应能满足消毒灭菌的技术要求。

6.3.10.6　在安全柜开启情况下，核心工作间的噪声应不大于 68dB（A）。

6.3.10.7　实验室防护区的静态洁净度应不低于 8 级水平。

6.4　BSL－4 实验室

6.4.1　适用时，应符合 6.3 的要求。

6.4.2　实验室应建造在独立的建筑物内或建筑物中独立的隔离区域内。应有严格限制进入实验室的门禁措施，应记录进入人员的个人资料、进出时间、授权活动区域等信息；对与实验室运行相关的关键区域也应有严格和可靠的安保措施，避免非授权进入。

6.4.3　实验室的辅助工作区应至少包括监控室和清洁衣物更换间。适用于 4.4.2 的实验室防护区应至少包括防护走廊、内防护服更换间、淋浴间、外防护服更换间和核心工作间，外防护服更换间应为气锁。

6.4.4　适用于 4.4.4 的实验室的防护区应包括防护走廊、内防护服更换间、淋浴间、外防护服更换间、化学淋浴间和核心工作间。化学淋浴间应为气锁，具备对专用防护服或传递物品的表面进行清洁和消毒灭菌的条件，具备使用生命支持供气系统的条件。

6.4.5　实验室防护区的围护结构应尽量远离建筑外墙；实验室的核心工作间应尽可能设置在防护区的中部。

6.4.6　应在实验室的核心工作间内配备生物安全型高压灭菌器；如果配备双扉高压灭菌器，其主体所在房间的室内气压应为负压，并应设在实验室防护区内易更换和维护的位置。

6.4.7　如果安装传递窗，其结构承压力及密闭性应符合所在区域的要求；需要时，应配备符合气锁要求的并具备消毒灭菌条件的传递窗。

6.4.8　实验室防护区围护结构的气密性应达到在关闭受测房间所有通路并维持房间内的温度在设计范围上限的条件下，当房间内的空气压力上升到 500Pa 后，20min 内自然衰减的气压小于 250Pa。

6.4.9　符合 4.4.4 要求的实验室应同时配备紧急支援气罐，紧急支援气罐的供气时间应不少于 60min/人。

6.4.10　生命支持供气系统应有自动启动的不间断备用电源供应，供电时间应不少于 60min。

6.4.11　供呼吸使用的气体的压力、流量、含氧量、温度、湿度、有害物质的含量等应符合职业安全的要求。

6.4.12　生命支持系统应具备必要的报警装置。

6.4.13　实验室防护区内所有区域的室内气压应为负压，实验室核心工作间的气压（负压）与室外大气压的压差值应不小于 60Pa，与相邻区域的压差（负压）应不小于 25Pa。

6.4.14　适用于 4.4.2 的实验室，应在Ⅲ级生物安全柜或相当的安全隔离装置内操作致病性生物因子；同时应具备与安全隔离装置配套的物品传递设备以及生物安全型高压蒸汽灭菌器。

6.4.15　实验室的排风应经过两级 HEPA 过滤器处理后排放。

6.4.16　应可以在原位对送风 HEPA 过滤器进行消毒灭菌和检漏。

6.4.17　实验室防护区内所有需要运出实验室的物品或其包装的表面应经过可靠消毒灭菌。

6.4.18　化学淋浴消毒灭菌装置应在无电力供应的情况下仍可以使用，消毒灭菌剂储存器的容量应满足所有情况下对消毒灭菌剂使用量的需求。

6.5　动物生物安全实验室

6.5.1　ABSL－1 实验室

6.5.1.1　动物饲养间应与建筑物内的其他区域隔离。

6.5.1.2　动物饲养间的门应有可视窗，向里开；打开的门应能够自动关闭，需要时，可以锁上。

6.5.1.3　动物饲养间的工作表面应防水和易于消毒灭菌。

6.5.1.4　不宜安装窗户。如果安装窗户，所有窗户应密闭；需要时，窗户外部应装防护网。

6.5.1.5　围护结构的强度应与所饲养的动物种类相适应。

6.5.1.6　如果有地面液体收集系统，应设防液体回流装置，存水弯应有足够的深度。

6.5.1.7　不得循环使用动物实验室排出的空气。

6.5.1.8　应设置洗手池或手部清洁装置，宜设置在出口处。

6.5.1.9　宜将动物饲养间的室内气压控制为负压。

6.5.1.10　应可以对动物笼具清洗和消毒灭菌。

6.5.1.11　应设置实验动物饲养笼具或护栏，除考虑安全要求外还应考虑对动物福利的要求。

6.5.1.12　动物尸体及相关废物的处置设施和设备应符合国家相关规定的要求。

6.5.2　ABSL-2 实验室

6.5.2.1　适用时，应符合 6.5.1 的要求。

6.5.2.2　动物饲养间应在出入口处设置缓冲间。

6.5.2.3　应设置非手动洗手池或手部清洁装置，宜设置在出口处。

6.5.2.4　应在邻近区域配备高压蒸汽灭菌器。

6.5.2.5　适用时，应在安全隔离装置内从事可能产生有害气溶胶的活动；排气应经 HEPA 过滤器的过滤后排出。

6.5.2.6　应将动物饲养间的室内气压控制为负压，气体应直接排放到其所在的建筑物外。

6.5.2.7　应根据风险评估的结果，确定是否需要使用 HEPA 过滤器过滤动物饲养间排出的气体。

6.5.2.8　当不能满足 6.5.2.5 时，应使用 HEPA 过滤器过滤动物饲养间排出的气体。

6.5.2.9　实验室的外部排风口应至少高出本实验室所在建筑的顶部 2m，应有防风、防雨、防鼠、防虫设计，但不应影响气体向上空排放。

6.5.2.10　污水（包括污物）应消毒灭菌处理，并应对消毒灭菌效果进行监测，以确保达到排放要求。

6.5.3　ABSL-3 实验室

6.5.3.1　适用时，应符合 6.5.2 的要求。

6.5.3.2　应在实验室防护区内设淋浴间，需要时，应设置强制淋浴装置。

6.5.3.3　动物饲养间属于核心工作间，如果有入口和出口，均应设置缓冲间。

6.5.3.4　动物饲养间应尽可能设在整个实验室的中心部位，不应直接与其他公共区域相邻。

6.5.3.5　适用于 4.4.1 实验室的防护区应至少包括淋浴间、防护服更换间、缓冲间及核心工作间。当不能有效利用安全隔离装置饲养动物时，应根据进一步的风险评估确定实验室的生物安全防护要求。

6.5.3.6　适用于 4.4.3 的动物饲养间的缓冲间应为气锁，并具备对动物饲养间的防护服或传递物品的表面进行消毒灭菌的条件。

6.5.3.7　适用于 4.4.3 的动物饲养间，应有严格限制进入动物饲养间的门禁措施（如：个人密码和生物学识别技术等）。

6.5.3.8　动物饲养间内应安装监视设备和通讯设备。

6.5.3.9　动物饲养间内应配备便携式局部消毒灭菌装置（如：消毒喷雾器等），并应备有足够的适用消毒灭菌剂。

6.5.3.10　应有装置和技术对动物尸体和废物进行可靠消毒灭菌。

6.5.3.11　应有装置和技术对动物笼具进行清洁和可靠消毒灭菌。

6.5.3.12　需要时，应有装置和技术对所有物品或其包装的表面在运出动物饲养间前进行清洁和可靠消毒灭菌。

6.5.3.13　应在风险评估的基础上，适当处理防护区内淋浴间的污水，并应对灭菌效果进行监测，以确保达到排放要求。

6.5.3.14　适用于4.4.3的动物饲养间，应根据风险评估的结果，确定其排出的气体是否需要经过两级HEPA过滤器的过滤后排出。

6.5.3.15　适用于4.4.3的动物饲养间，应可以在原位对送风HEPA过滤器进行消毒灭菌和检漏。

6.5.3.16　适用于4.4.1和4.4.2的动物饲养间的气压（负压）与室外大气压的压差值应不小于60Pa，与相邻区域的压差（负压）应不小于15Pa。

6.5.3.17　适用于4.4.3的动物饲养间的气压（负压）与室外大气压的压差值应不小于80Pa，与相邻区域的压差（负压）应不小于25Pa。

6.5.3.18　适用于4.4.3的动物饲养间及其缓冲间的气密性应达到在关闭受测房间所有通路并维持房间内的温度在设计范围上限的条件下，若使空气压力维持在250 Pa时，房间内每小时泄漏的空气量应不超过受测房间净容积的10%。

6.5.3.19　在适用于4.4.3的动物饲养间从事可传染人的病原微生物活动时，应根据进一步的风险评估确定实验室的生物安全防护要求；适用时，应经过相关主管部门的批准。

6.5.4　ABSL-4实验室

6.5.4.1　适用时，应符合6.5.3的要求。

6.5.4.2　淋浴间应设置强制淋浴装置。

6.5.4.3　动物饲养间的缓冲间应为气锁。

6.5.4.4　应有严格限制进入动物饲养间的门禁措施。

6.5.4.5　动物饲养间的气压（负压）与室外大气压的压差值应不小于100Pa；与相邻区域的压差（负压）应不小于25Pa。

6.5.4.6　动物饲养间及其缓冲间的气密性应达到在关闭受测房间所有通路并维持房间内的温度在设计范围上限的条件下，当房间内的空气压力上升到500Pa后，20min内自然衰减的气压小于250Pa。

6.5.4.7　应有装置和技术对所有物品或其包装的表面在运出动物饲养间前进行清洁和可靠消毒灭菌。

6.5.5　对从事无脊椎动物操作实验室设施的要求

6.5.5.1　该类动物设施的生物安全防护水平应根据国家相关主管部门的规定和风险评估的结果确定。

6.5.5.2　如果从事某些节肢动物（特别是可飞行、快爬或跳跃的昆虫）的实验活动，应采取以下适用的措施（但不限于）：

a）应通过缓冲间进入动物饲养间，缓冲间内应安装适用的捕虫器，并应在门上安装防节肢动物逃逸的纱网；

b）应在所有关键的可开启的门窗上安装防节肢动物逃逸的纱网；

c）应在所有通风管道的关键节点安装防节肢动物逃逸的纱网；应具备分房间饲养已感染和未感染节肢动物的条件；

d）应具备密闭和进行整体消毒灭菌的条件；

e）应设喷雾式杀虫装置；

f）应设制冷装置，需要时，可以及时降低动物的活动能力；

g）应有机制确保水槽和存水弯管内的液体或消毒灭菌液不干涸；

h）只要可行，应对所有废物高压灭菌；

i）应有机制监测和记录会飞、爬、跳跃的节肢动物幼虫和成虫的数量；

j）应配备适用于放置装蜱螨容器的油碟；

k）应具备带双层网的笼具以饲养或观察已感染或潜在感染的逃逸能力强的节肢动物；

l）应具备适用的生物安全柜或相当的安全隔离装置以操作已感染或潜在感染的节肢动物；

m）应具备操作已感染或潜在感染的节肢动物的低温盘；

n） 需要时，应设置监视器和通讯设备。

6.5.5.3 是否需要其他措施，应根据风险评估的结果确定。

7 管理要求

7.1 组织和管理

7.1.1 实验室或其母体组织应有明确的法律地位和从事相关活动的资格。

7.1.2 实验室所在的机构应设立生物安全委员会，负责咨询、指导、评估、监督实验室的生物安全相关事宜。实验室负责人应至少是所在机构生物安全委员会有职权的成员。

7.1.3 实验室管理层应负责安全管理体系的设计、实施、维持和改进，应负责：

a） 为实验室所有人员提供履行其职责所需的适当权力和资源；

b） 建立机制以避免管理层和实验室人员受任何不利于其工作质量的压力或影响（如：财务、人事或其他方面的），或卷入任何可能降低其公正性、判断力和能力的活动；

c） 制定保护机密信息的政策和程序；

d） 明确实验室的组织和管理结构，包括与其他相关机构的关系；

e） 规定所有人员的职责、权力和相互关系；

f） 安排有能力的人员，依据实验室人员的经验和职责对其进行必要的培训和监督；

g） 指定一名安全负责人，赋予其监督所有活动的职责和权力，包括制定、维持、监督实验室安全计划的责任，阻止不安全行为或活动的权力，直接向决定实验室政策和资源的管理层报告的权力；

h） 指定负责技术运作的技术管理层，并提供可以确保满足实验室规定的安全要求和技术要求的资源；

i） 指定每项活动的项目负责人，其负责制定并向实验室管理层提交活动计划、风险评估报告、安全及应急措施、项目组人员培训及健康监督计划、安全保障及资源要求；

j） 指定所有关键职位的代理人。

7.1.4 实验室安全管理体系应与实验室规模、实验室活动的复杂程度和风险相适应。

7.1.5 政策、过程、计划、程序和指导书等应文件化并传达至所有相关人员。实验室管理层应保证这些文件易于理解并可以实施。

7.1.6 安全管理体系文件通常包括管理手册、程序文件、说明及操作规程、记录等文件，应有供现场工作人员快速使用的安全手册。

7.1.7 应指导所有人员使用和应用与其相关的安全管理体系文件及其实施要求，并评估其理解和运用的能力。

7.2 管理责任

7.2.1 实验室管理层应对所有员工、来访者、合同方、社区和环境的安全负责。

7.2.2 应制定明确的准入政策并主动告知所有员工、来访者、合同方可能面临的风险。

7.2.3 应尊重员工的个人权利和隐私。

7.2.4 应为员工提供持续培训及继续教育的机会，保证员工可以胜任所分配的工作。

7.2.5 应为员工提供必要的免疫计划、定期的健康检查和医疗保障。

7.2.6 应保证实验室设施、设备、个体防护装备、材料等符合国家有关的安全要求，并定期检查、维护、更新，确保不降低其设计性能。

7.2.7 应为员工提供符合要求的适用防护用品和器材。

7.2.8 应为员工提供符合要求的适用实验物品和器材。

7.2.9 应保证员工不疲劳工作和不从事风险不可控制的或国家禁止的工作。

7.3 个人责任

7.3.1 应充分认识和理解所从事工作的风险。

7.3.2 应自觉遵守实验室的管理规定和要求。

7.3.3 在身体状态许可的情况下，应接受实验室的免疫计划和其他的健康管理规定。

7.3.4 应按规定正确使用设施、设备和个体防护装备。

7.3.5 应主动报告可能不适于从事特定任务的个人状态。

7.3.6 不应因人事、经济等任何压力而违反管理规定。

7.3.7 有责任和义务避免因个人原因造成生物安全事件或事故。

7.3.8 如果怀疑个人受到感染，应立即报告。

7.3.9 应主动识别任何危险和不符合规定的工作，并立即报告。

7.4 安全管理体系文件

7.4.1 实验室安全管理的方针和目标

7.4.1.1 在安全管理手册中应明确实验室安全管理的方针和目标。安全管理的方针应简明扼要，至少包括以下内容：

a) 实验室遵守国家以及地方相关法规和标准的承诺；

b) 实验室遵守良好职业规范、安全管理体系的承诺；

c) 实验室安全管理的宗旨。

7.4.1.2 实验室安全管理的目标应包括实验室的工作范围、对管理活动和技术活动制定的安全指标，应明确、可考核。

7.4.1.3 应在风险评估的基础上确定安全管理目标，并根据实验室活动的复杂性和风险程度定期评审安全管理目标和制定监督检查计划。

7.4.2 安全管理手册

7.4.2.1 应对组织结构、人员岗位及职责、安全及安保要求、安全管理体系、体系文件架构等进行规定和描述。安全要求不能低于国家和地方的相关规定及标准的要求。

7.4.2.2 应明确规定管理人员的权限和责任，包括保证其所管人员遵守安全管理体系要求的责任。

7.4.2.3 应规定涉及的安全要求和操作规程应以国家主管部门和世界卫生组织、世界动物卫生组织、国际标准化组织等机构或行业权威机构发布的指南或标准等为依据，并符合国家相关法规和标准的要求；任何新技术在使用前应经过充分验证，适用时，应得到国家相关主管部门的批准。

7.4.3 程序文件

7.4.3.1 应明确规定实施具体安全要求的责任部门、责任范围、工作流程及责任人、任务安排及对操作人员能力的要求、与其他责任部门的关系、应使用的工作文件等。

7.4.3.2 应满足实验室实施所有的安全要求和管理要求的需要，工作流程清晰，各项职责得到落实。

7.4.4 说明及操作规程

7.4.4.1 应详细说明使用者的权限及资格要求、潜在危险、设施设备的功能、活动目的和具体操作步骤、防护和安全操作方法、应急措施、文件制定的依据等。

7.4.4.2 实验室应维持并合理使用实验室涉及的所有材料的最新安全数据单。

7.4.5 安全手册

7.4.5.1 应以安全管理体系文件为依据，制定实验室安全手册（快速阅读文件）；应要求所有员工阅读安全手册并在工作区随时可供使用；安全手册宜包括（但不限于）以下内容：

a) 紧急电话、联系人；

b） 实验室平面图、紧急出口、撤离路线；

c） 实验室标识系统；

d） 生物危险；

e） 化学品安全；

f） 辐射；

g） 机械安全；

h） 电气安全；

i） 低温、高热；

j） 消防；

k） 个体防护；

l） 危险废物的处理和处置；

m） 事件、事故处理的规定和程序；

n） 从工作区撤离的规定和程序。

7.4.5.2 安全手册应简明、易懂、易读，实验室管理层应至少每年对安全手册评审和更新。

7.4.6 记录

7.4.6.1 应明确规定对实验室活动进行记录的要求，至少应包括：记录的内容、记录的要求、记录的档案管理、记录使用的权限、记录的安全、记录的保存期限等。保存期限应符合国家和地方法规或标准的要求。

7.4.6.2 实验室应建立对实验室活动记录进行识别、收集、索引、访问、存放、维护及安全处置的程序。

7.4.6.3 原始记录应真实并可以提供足够的信息，保证可追溯性。

7.4.6.4 对原始记录的任何更改均不应影响识别被修改的内容，修改人应签字和注明日期。

7.4.6.5 所有记录应易于阅读，便于检索。

7.4.6.6 记录可存储于任何适当的媒介，应符合国家和地方的法规或标准的要求。

7.4.6.7 应具备适宜的记录存放条件，以防损坏、变质、丢失或未经授权的进入。

7.4.7 标识系统

7.4.7.1 实验室用于标示危险区、警示、指示、证明等的图文标识是管理体系文件的一部分，包括用于特殊情况下的临时标识，如“污染”、“消毒中”、“设备检修”等。

7.4.7.2 标识应明确、醒目和易区分。只要可行，应使用国际、国家规定的通用标识。

7.4.7.3 应系统而清晰地标示出危险区，且应适用于相关的危险。在某些情况下，宜同时使用标识和物理屏障标示出危险区。

7.4.7.4 应清楚地标示出具体的危险材料、危险，包括：生物危险、有毒有害、腐蚀性、辐射、刺伤、电击、易燃、易爆、高温、低温、强光、振动、噪声、动物咬伤、砸伤等；需要时，应同时提示必要的防护措施。

7.4.7.5 应在必须验证或校准的实验室设备的明显位置注明设备的可用状态、验证周期、下次验证或校准的时间等信息。

7.4.7.6 实验室入口处应有标识，明确说明生物防护级别、操作的致病性生物因子、实验室负责人姓名、紧急联络方式和国际通用的生物危险符号；适用时，应同时注明其他危险。

7.4.7.7 实验室所有房间的出口和紧急撤离路线应有在无照明的情况下也可清楚识别的标识。

7.4.7.8 实验室的所有管道和线路应有明确、醒目和易区分的标识。

7.4.7.9 所有操作开关应有明确的功能指示标识，必要时，还应采取防止误操作或恶意操作的措施。

7.4.7.10 实验室管理层应负责定期（至少每 12 个月一次）评审实验室标识系统，需要时及时更新，以确保其适用现有的危险。

7.5　文件控制

7.5.1　实验室应对所有管理体系文件进行控制，制定和维持文件控制程序，确保实验室人员使用现行有效的文件。

7.5.2　应将受控文件备份存档，并规定其保存期限。文件可以用任何适当的媒介保存，不限定为纸张。

7.5.3　应有相应的程序以保证：

a）管理体系所有的文件应在发布前经过授权人员的审核与批准；

b）动态维持文件清单控制记录，并可以识别现行有效的文件版本及发放情况；

c）在相关场所只有现行有效的文件可供使用；

d）定期评审文件，需要修订的文件经授权人员审核与批准后及时发布；

e）及时撤掉无效或已废止的文件，或可以确保不误用；

f）适当标注存留或归档的已废止文件，以防误用。

7.5.4　如果实验室的文件控制制度允许在换版之前对文件手写修改，应规定修改程序和权限。修改之处应有清晰的标注、签署并注明日期。被修改的文件应按程序及时发布。

7.5.5　应制定程序规定如何更改和控制保存在计算机系统中的文件。

7.5.6　安全管理体系文件应具备唯一识别性，文件中应包括以下信息：

a）标题；

b）文件编号、版本号、修订号；

c）页数；

d）生效日期；

e）编制人、审核人、批准人；

f）参考文献或编制依据。

7.6　安全计划

7.6.1　实验室安全负责人应负责制定年度安全计划，安全计划应经过管理层的审核与批准。需要时，实验室安全计划应包括（不限于）：

a）实验室年度工作安排的说明和介绍；

b）安全和健康管理目标；

c）风险评估计划；

d）程序文件与标准操作规程的制定与定期评审计划；

e）人员教育、培训及能力评估计划；

f）实验室活动计划；

g）设施设备校准、验证和维护计划；

h）危险物品使用计划；

i）消毒灭菌计划；

j）废物处置计划；

k）设备淘汰、购置、更新计划；

l）演习计划（包括泄漏处理、人员意外伤害、设施设备失效、消防、应急预案等）；

m）监督及安全检查计划（包括核查表）；

n）人员健康监督及免疫计划；

o）审核与评审计划；

p）持续改进计划；

q）外部供应与服务计划；

r）行业最新进展跟踪计划；

s）与生物安全委员会相关的活动计划。

7.7 安全检查

7.7.1 实验室管理层应负责实施安全检查，每年应至少根据管理体系的要求系统性地检查一次，对关键控制点可根据风险评估报告适当增加检查频率，以保证：

a）设施设备的功能和状态正常；

b）警报系统的功能和状态正常；

c）应急装备的功能及状态正常；

d）消防装备的功能及状态正常；

e）危险物品的使用及存放安全；

f）废物处理及处置的安全；

g）人员能力及健康状态符合工作要求；

h）安全计划实施正常；

i）实验室活动的运行状态正常；

j）不符合规定的工作及时得到纠正；

k）所需资源满足工作要求。

7.7.2 为保证检查工作的质量，应依据事先制定的适用于不同工作领域的核查表实施检查。

7.7.3 当发现不符合规定的工作、发生事件或事故时，应立即查找原因并评估后果；必要时，停止工作。

7.7.4 生物安全委员会应参与安全检查。

7.7.5 外部的评审活动不能代替实验室的自我安全检查。

7.8 不符合项的识别和控制

7.8.1 当发现有任何不符合实验室所制定的安全管理体系的要求时，实验室管理层应按需要采取以下措施（不限于）：

a）将解决问题的责任落实到个人；

b）明确规定应采取的措施；

c）只要发现很有可能造成感染事件或其他损害，立即终止实验室活动并报告；

d）立即评估危害并采取应急措施；

e）分析产生不符合项的原因和影响范围，只要适用，应及时采取补救措施；

f）进行新的风险评估；

g）采取纠正措施并验证有效；

h）明确规定恢复工作的授权人及责任；

i）记录每一不符合项及其处理的过程并形成文件。

7.8.2 实验室管理层应按规定的周期评审不符合项报告，以发现趋势并采取预防措施。

7.9 纠正措施

7.9.1 纠正措施程序中应包括识别问题发生的根本原因的调查程序。纠正措施应与问题的严重性及风险的程度相适应。只要适用，应及时采取预防措施。

7.9.2 实验室管理层应将因纠正措施所致的管理体系的任何改变文件化并实施。

7.9.3 实验室管理层应负责监督和检查所采取纠正措施的效果，以确保这些措施已有效解决了识别出的问题。

7.10　预防措施

7.10.1　应识别无论是技术还是管理体系方面的不符合项来源和所需的改进，定期进行趋势分析和风险分析，包括对外部评价的分析。如果需要采取预防措施，应制订行动计划、监督和检查实施效果，以减少类似不符合项发生的可能性并借机改进。

7.10.2　预防措施程序应包括对预防措施的评价，以确保其有效性。

7.11　持续改进

7.11.1　实验室管理层应定期系统地评审管理体系，以识别所有潜在的不符合项来源、识别对管理体系或技术的改进机会。适用时，应及时改进识别出的需改进之处，应制定改进方案，文件化、实施并监督。

7.11.2　实验室管理层应设置可以系统地监测、评价实验室活动风险的客观指标。

7.11.3　如果采取措施，实验室管理层还应通过重点评审或审核相关范围的方式评价其效果。

7.11.4　需要时，实验室管理层应及时将因改进措施所致的管理体系的任何改变文件化并实施。

7.11.5　实验室管理层应有机制保证所有员工积极参加改进活动，并提供相关的教育和培训机会。

7.12　内部审核

7.12.1　应根据安全管理体系的规定对所有管理要素和技术要素定期进行内部审核，以证实管理体系的运作持续符合要求。

7.12.2　应由安全负责人负责策划、组织并实施审核。

7.12.3　应明确内部审核程序并文件化，应包括审核范围、频次、方法及所需的文件。如果发现不足或改进机会，应采取适当的措施，并在约定的时间内完成。

7.12.4　正常情况下，应按不大于12个月的周期对管理体系的每个要素进行内部审核。

7.12.5　员工不应审核自己的工作。

7.12.6　应将内部审核的结果提交实验室管理层评审。

7.13　管理评审

7.13.1　实验室管理层应对实验室安全管理体系及其全部活动进行评审，包括设施设备的状态、人员状态、实验室相关的活动、变更、事件、事故等。

7.13.2　需要时，管理评审应考虑以下内容（不限于）：

a）前次管理评审输出的落实情况；

b）所采取纠正措施的状态和所需的预防措施；

c）管理或监督人员的报告；

d）近期内部审核的结果；

e）安全检查报告；

f）适用时，外部机构的评价报告；

g）任何变化、变更情况的报告；

h）设施设备的状态报告；

i）管理职责的落实情况；

j）人员状态、培训、能力评估报告；

k）员工健康状况报告；

l）不符合项、事件、事故及其调查报告；

m）实验室工作报告；

n）风险评估报告；

o）持续改进情况报告；

p） 对服务供应商的评价报告；

q） 国际、国家和地方相关规定和技术标准的更新与维持情况；

r） 安全管理方针及目标；

s） 管理体系的更新与维持；

t） 安全计划的落实情况、年度安全计划及所需资源。

7.13.3 只要可行，应以客观方式监测和评价实验室安全管理体系的适用性和有效性。

7.13.4 应记录管理评审的发现及提出的措施，应将评审发现和作为评审输出的决定列入含目的、目标和措施的工作计划中，并告知实验室人员。实验室管理层应确保所提出的措施在规定的时间内完成。

7.13.5 正常情况下，应按不大于12个月的周期进行管理评审。

7.14 实验室人员管理

7.14.1 必要时，实验室负责人应指定若干适当的人员承担实验室安全相关的管理职责。实验室安全管理人员应：

a） 具备专业教育背景；

b） 熟悉国家相关政策、法规、标准；

c） 熟悉所负责的工作，有相关的工作经历或专业培训；

d） 熟悉实验室安全管理工作；

e） 定期参加相关的培训或继续教育。

7.14.2 实验室或其所在机构应有明确的人事政策和安排，并可供所有员工查阅。

7.14.3 应对所有岗位提供职责说明，包括人员的责任和任务，教育、培训和专业资格要求，应提供给相应岗位的每位员工。

7.14.4 应有足够的人力资源承担实验室所提供服务范围内的工作以及承担管理体系涉及的工作。

7.14.5 如果实验室聘用临时工作人员，应确保其有能力胜任所承担的工作，了解并遵守实验室管理体系的要求。

7.14.6 员工的工作量和工作时间安排不应影响实验室活动的质量和员工的健康，符合国家法规要求。

7.14.7 在有规定的领域，实验室人员在从事相关的实验室活动时，应有相应的资格。

7.14.8 应培训员工独立工作的能力。

7.14.9 应定期评价员工可以胜任其工作任务的能力。

7.14.10 应按工作的复杂程度定期评价所有员工的表现，应至少每12个月评价一次。

7.14.11 人员培训计划应包括（不限于）：

a） 上岗培训，包括对较长期离岗或下岗人员的再上岗培训；

b） 实验室管理体系培训；

c） 安全知识及技能培训；

d） 实验室设施设备（包括个体防护装备）的安全使用；

e） 应急措施与现场救治；

f） 定期培训与继续教育；

g） 人员能力的考核与评估。

7.14.12 实验室或其所在机构应维持每个员工的人事资料，可靠保存并保护隐私权。人事档案应包括（不限于）：

a） 员工的岗位职责说明；

b） 岗位风险说明及员工的知情同意证明；

c） 教育背景和专业资格证明；

d） 培训记录，应有员工与培训者的签字及日期；

e）员工的免疫、健康检查、职业禁忌证等资料；

f）内部和外部的继续教育记录及成绩；

g）与工作安全相关的意外事件、事故报告；

h）有关确认员工能力的证据，应有能力评价的日期和承认该员工能力的日期或期限；

i）员工表现评价。

7.15　实验室材料管理

7.15.1　实验室应有选择、购买、采集、接收、查验、使用、处置和存储实验室材料（包括外部服务）的政策和程序，以保证安全。

7.15.2　应确保所有与安全相关的实验室材料只有在经检查或证实其符合有关规定的要求之后投入使用，应保存相关活动的记录。

7.15.3　应评价重要消耗品、供应品和服务的供应商，保存评价记录和允许使用的供应商名单。

7.15.4　应对所有危险材料建立清单，包括来源、接收、使用、处置、存放、转移、使用权限、时间和数量等内容，相关记录安全保存，保存期限不少于20年。

7.15.5　应有可靠的物理措施和管理程序确保实验室危险材料的安全和安保。

7.15.6　应按国家相关规定的要求使用和管理实验室危险材料。

7.16　实验室活动管理

7.16.1　实验室应有计划、申请、批准、实施、监督和评估实验室活动的政策和程序。

7.16.2　实验室负责人应指定每项实验室活动的项目负责人，同时见7.1.3i)。

7.16.3　在开展活动前，应了解实验室活动涉及的任何危险，掌握良好工作行为（参见附录B)；为实验人员提供如何在风险最小情况下进行工作的详细指导，包括正确选择和使用个体防护装备。

7.16.4　涉及微生物的实验室活动操作规程应利用良好微生物标准操作要求和（或）特殊操作要求。

7.16.5　实验室应有针对未知风险材料操作的政策和程序。

7.17　实验室内务管理

7.17.1　实验室应有对内务管理的政策和程序，包括内务工作所用清洁剂和消毒灭菌剂的选择、配制、有效期、使用方法、有效成分检测及消毒灭菌效果监测等政策和程序，应评估和避免消毒灭菌剂本身的风险。

7.17.2　不应在工作面放置过多的实验室耗材。

7.17.3　应时刻保持工作区整洁有序。

7.17.4　应指定专人使用经核准的方法和个体防护装备进行内务工作。

7.17.5　不应混用不同风险区的内务程序和装备。

7.17.6　应在安全处置后对被污染的区域和可能被污染的区域进行内务工作。

7.17.7　应制定日常清洁（包括消毒灭菌）计划和清场消毒灭菌计划，包括对实验室设备和工作表面的消毒灭菌和清洁。

7.17.8　应指定专人监督内务工作，应定期评价内务工作的质量。

7.17.9　实验室的内务规程和所用材料发生改变时应通知实验室负责人。

7.17.10　实验室规程、工作习惯或材料的改变可能对内务人员有潜在危险时，应通知实验室负责人并书面告知内务管理负责人。

7.17.11　发生危险材料溢洒时，应启用应急处理程序。

7.18　实验室设施设备管理

7.18.1　实验室应有对设施设备（包括个体防护装备）管理的政策和程序，包括设施设备的完好性监控指标、巡检计划、使用前核查、安全操作、使用限制、授权操作、消毒灭菌、禁止事项、定期校准或检定，定期维护、安全处置、运输、存放等。

7.18.2 应制定在发生事故或溢洒（包括生物、化学或放射性危险材料）时，对设施设备去污染、清洁和消毒灭菌的专用方案（参见附录C）。

7.18.3 设施设备维护、修理、报废或被移出实验室前应先去污染、清洁和消毒灭菌；但应意识到，可能仍然需要要求维护人员穿戴适当的个体防护装备。

7.18.4 应明确标示出设施设备中存在危险的部位。

7.18.5 在投入使用前应核查并确认设施设备的性能可满足实验室的安全要求和相关标准。

7.18.6 每次使用前或使用中应根据监控指标确认设施设备的性能处于正常工作状态，并记录。

7.18.7 如果使用个体呼吸保护装置，应做个体适配性测试，每次使用前核查并确认符合佩戴要求。

7.18.8 设施设备应由经过授权的人员操作和维护，现行有效的使用和维护说明书应便于有关人员使用。

7.18.9 应依据制造商的建议使用和维护实验室设施设备。

7.18.10 应在设施设备的显著部位标示出其唯一编号、校准或验证日期、下次校准或验证日期、准用或停用状态。

7.18.11 应停止使用并安全处置性能已显示出缺陷或超出规定限度的设施设备。

7.18.12 无论什么原因，如果设备脱离了实验室的直接控制，待该设备返回后，应在使用前对其性能进行确认并记录。

7.18.13 应维持设施设备的档案，适用时，内容应至少包括（不限于）：

a) 制造商名称、型式标识、系列号或其他唯一性标识；

b) 验收标准及验收记录；

c) 接收日期和启用日期；

d) 接收时的状态（新品、使用过、修复过）；

e) 当前位置；

f) 制造商的使用说明或其存放处；

g) 维护记录和年度维护计划；

h) 校准（验证）记录和校准（验证）计划；

i) 任何损坏、故障、改装或修理记录；

j) 服务合同；

k) 预计更换日期或使用寿命；

l) 安全检查记录。

7.19 废物处置

7.19.1 实验室危险废物处理和处置的管理应符合国家或地方法规和标准的要求，应征询相关主管部门的意见和建议。

7.19.2 应遵循以下原则处理和处置危险废物：

a) 将操作、收集、运输、处理及处置废物的危险减至最小；

b) 将其对环境的有害作用减至最小；

c) 只可使用被承认的技术和方法处理和处置危险废物；

d) 排放符合国家或地方规定和标准的要求。

7.19.3 应有措施和能力安全处理和处置实验室危险废物。

7.19.4 应有对危险废物处理和处置的政策和程序，包括对排放标准及监测的规定。

7.19.5 应评估和避免危险废物处理和处置方法本身的风险。

7.19.6 应根据危险废物的性质和危险性按相关标准分类处理和处置废物。

7.19.7　危险废物应弃置于专门设计的、专用的和有标识的用于处置危险废物的容器内，装量不能超过建议的装载容量。

7.19.8　锐器（包括针头、小刀、金属和玻璃等）应直接弃置于耐扎的容器内。

7.19.9　应由经过培训的人员处理危险废物，并应穿戴适当的个体防护装备。

7.19.10　不应积存垃圾和实验室废物。在消毒灭菌或最终处置之前，应存放在指定的安全地方。

7.19.11　不应从实验室取走或排放不符合相关运输或排放要求的实验室废物。

7.19.12　应在实验室内消毒灭菌含活性高致病性生物因子的废物。

7.19.13　如果法规许可，只要包装和运输方式符合危险废物的运输要求，可以运送未处理的危险废物到指定机构处理。

7.20　危险材料运输

7.20.1　应制定对危险材料运输的政策和程序，包括危险材料在实验室内、实验室所在机构内及机构外部的运输，应符合国家和国际规定的要求。

7.20.2　应建立并维持危险材料接收和运出清单，至少包括危险材料的性质、数量、交接时包装的状态、交接人、收发时间和地点等，确保危险材料出入的可追溯性。

7.20.3　实验室负责人或其授权人员应负责向为实验室送交危险材料的所有部门提供适当的运输指南和说明。

7.20.4　应以防止污染人员或环境的方式运输危险材料，并有可靠的安保措施。

7.20.5　危险材料应置于被批准的本质安全的防漏容器中运输。

7.20.6　国际和国家关于道路、铁路、水路和航空运输危险材料的公约、法规和标准适用，应按国家或国际现行的规定和标准，包装、标示所运输的物品并提供文件资料。

7.21　应急措施

7.21.1　应制定应急措施的政策和程序，包括生物性、化学性、物理性、放射性等紧急情况和火灾、水灾、冰冻、地震、人为破坏等任何意外紧急情况，还应包括使留下的空建筑物处于尽可能安全状态的措施，应征询相关主管部门的意见和建议。

7.21.2　应急程序应至少包括负责人、组织、应急通讯、报告内容、个体防护和应对程序、应急设备、撤离计划和路线、污染源隔离和消毒灭菌、人员隔离和救治、现场隔离和控制、风险沟通等内容。

7.21.3　实验室应负责使所有人员（包括来访者）熟悉应急行动计划、撤离路线和紧急撤离的集合地点。

7.21.4　每年应至少组织所有实验室人员进行一次演习。

7.22　消防安全

7.22.1　应有消防相关的政策和程序，并使所有人员理解，以确保人员安全和防止实验室内危险的扩散。

7.22.2　应制定年度消防计划，内容至少包括（不限于）：

a）对实验室人员的消防指导和培训，内容至少包括火险的识别和判断、减少火险的良好操作规程、失火时应采取的全部行动；

b）实验室消防设施设备和报警系统状态的检查；

c）消防安全定期检查计划；

d）消防演习（每年至少一次）。

7.22.3　在实验室内应尽量减少可燃气体和液体的存放量。

7.22.4　应在适用的排风罩或排风柜中操作可燃气体或液体。

7.22.5　应将可燃气体或液体放置在远离热源或打火源之处，避免阳光直射。

7.22.6 输送可燃气体或液体的管道应安装紧急关闭阀。

7.22.7 应配备控制可燃物少量泄漏的工具包。如果发生明显泄漏，应立即寻求消防部门的援助。

7.22.8 可燃气体或液体应存放在经批准的贮藏柜或库中。贮存量应符合国家相关的规定和标准。

7.22.9 需要冷藏的可燃液体应存放在防爆（无火花）的冰箱中。

7.22.10 需要时，实验室应使用防爆电器。

7.22.11 应配备适当的设备，需要时用于扑灭可控制的火情及帮助人员从火场撤离。

7.22.12 应依据实验室可能失火的类型配置适当的灭火器材并定期维护，应符合消防主管部门的要求。

7.22.13 如果发生火警，应立即寻求消防部门的援助，并告知实验室内存在的危险。

7.23 事故报告

7.23.1 实验室应有报告实验室事件、伤害、事故、职业相关疾病以及潜在危险的政策和程序，符合国家和地方对事故报告的规定要求。

7.23.2 所有事故报告应形成书面文件并存档（包括所有相关活动的记录和证据等文件）。适用时，报告应包括事实的详细描述、原因分析、影响范围、后果评估、采取的措施、所采取措施有效性的追踪、预防类似事件发生的建议及改进措施等。

7.23.3 事故报告（包括采取的任何措施）应提交实验室管理层和安全委员会评审，适用时，还应提交更高管理层评审。

7.23.4 实验室任何人员不得隐瞒实验室活动相关的事件、伤害、事故、职业相关疾病以及潜在危险，应按国家规定上报。

附 录 A

（资料性附录）

实验室围护结构严密性检测和排风 HEPA 过滤器检漏方法指南

A.1 引言

本附录旨在为评价实验室围护结构的严密性和对排风 HEPA 过滤器检漏提供参考。

A.2 围护结构严密性检测方法

A.2.1 烟雾检测法

A.2.1.1 在实验室通风空调系统正常运行的条件下，在需要检测位置的附近，通过人工烟源（如：发烟管、水雾振荡器等）造成可视化流场，根据烟雾流动的方向判断所检测位置的严密程度。

A.2.1.2 检测时避免检测位置附近有其他干扰气流物或障碍物。

A.2.1.3 采用冷烟源，发烟量适当，宜使用专用的发烟管。

A.2.1.4 检测的位置包括围护结构的接缝、门窗缝隙、插座、所有穿墙设备与墙的连接处等。

A.2.2 恒定压力下空气泄漏率检测法

A.2.2.1 检测过程

a） 将受测房间的温度控制在设计温度范围内，并保持稳定；

b） 在房间内的中央位置设置 1 个温度计（最小示值 0.1℃），以记录测试过程中室内温度的变化；

c） 关闭并固定好房间围护结构所有的门、传递窗、阀门和气密阀等；

d）通过穿越围护结构的插管安装压力计（量程可达到 500Pa，最小示值 10Pa）；

e）在真空泵或排风机和房间之间的管道上安装 1 个调节阀，通过调节真空泵或排风机的流量使房间相对房间外环境产生并维持 250Pa 的负压差；测试持续的时间宜不超过 10min，以避免压力变化及温度变化造成的影响；

f）记录真空泵或排风机的流量，按式（A. 1）计算房间围护结构的小时空气泄漏率；

$$T_f=\frac{Q}{V_1-V_2} \tag{A. 1}$$

式中：

T_f——为房间围护结构的小时空气泄漏率；

Q——真空泵或风机的流量，单位为立方米/小时（m^3/h）；

V_1——房间内的空间体积，单位为立方米（m^3）；

V_2——房间内物品的体积，单位为立方米（m^3）。

A. 2. 2. 2　检测报告

检测报告的主要内容包括：

a）检测条件

1）检测设备；

2）检测方法；

3）受测房间压力和温度的动态变化；

4）房间内的空间体积及室内物品的体积；

5）房间内的负压差及测试持续的时间；

6）检测点的时间；

7）真空泵或排风机的流量。

b）检测结果

1）受测房间小时空气泄漏率的计算结果；

2）受测房间围护结构的严密性评价。

A. 2. 3　压力衰减检测法

A. 2. 3. 1　检测过程

a）将受测房间的温度控制在设计温度范围内，并保持稳定；

b）在房间内的中央位置设置 1 个温度计（最小示值 0. 1℃），以记录测试过程中室内温度的变化；

c）关闭并固定好房间围护结构所有的门、传递窗、阀门和气密阀等；

d）通过穿越围护结构的插管安装压力计（量程可达到 750Pa，最小示值 10Pa）；

e）在真空泵或排风机和房间之间的管道上安装 1 个球阀，以便在达到实验压力后能保证真空泵或排风机与受测房间密封；

f）将受测试房间与真空泵或排风机连接，使房间与室外达到 500Pa 的负压差。压差稳定后关闭房间与真空泵或排风机之间的阀门；

g）每分钟记录 1 次压差和温度，连续记录至少 20min；

h）断开真空泵或鼓风机，慢慢打开球阀，使房间压力恢复到正常状态；

i）如果需要进行重复测试，20min 后进行。

A. 2. 3. 2　检测报告

检测报告的主要内容包括：

a）检测条件

1）检测设备；

2） 检测方法；
3） 受测房间压力和温度的动态变化；
4） 检测持续的时间；
5） 检测点的时间。

b） 检测结果
1） 受测房间 20min 的压力衰减率；
2） 受测房间围护结构严密性的评价。

A.3 排风 HEPA 过滤器的扫描检漏方法

A.3.1 检测条件

在实验室排风 HEPA 过滤器的排风量在最大运行风量下，待实验室压力、温度、湿度和洁净度稳定后开始检测。

A.3.2 检测用气溶胶

检测用气溶胶的中径通常为 0.3μm，所发生气溶胶的浓度和粒径要分布均匀和稳定。可采用癸二酸二异辛酯 [di（2－ethylhexyl）sebacate，DEHS]、邻苯二甲酸二辛酯（dioctyl phthalate，DOP）或聚 α 烯烃（polyaphaolefin，PAO）等物质用于发生气溶胶，应优先选用对人和环境无害的物质。

A.3.3 检测方法

A.3.3.1 图 A.1 为扫描检漏法检测示意图。

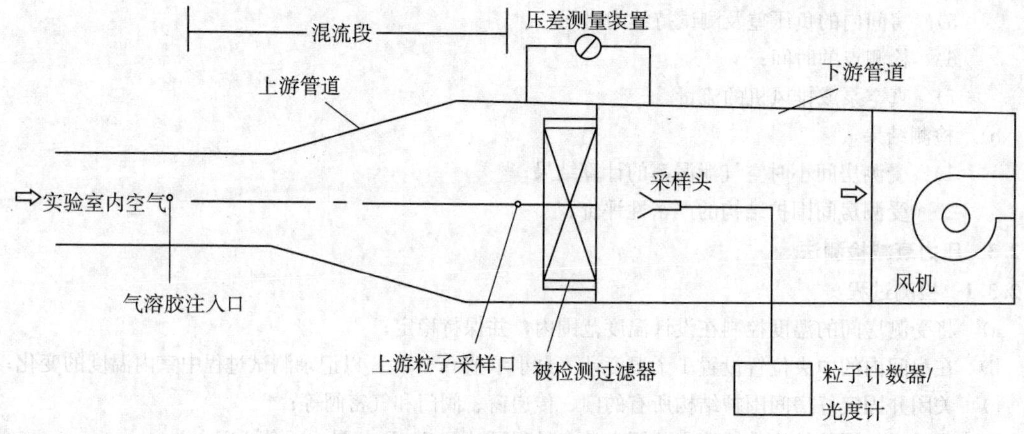

图 A.1 扫描检漏法检测示意图

A.3.3.2 检测过程

a） 测量过滤器的通风量，取 4 次测量的均值；
b） 测量过滤器两侧的压差，压力测量的断面要位于流速均匀的区域；
c） 测量上游气溶胶的浓度，将气溶胶注入被测过滤器的上游管道并保持浓度稳定，采样 4 次，每次读数与 4 次读数平均值的差别控制在 15%内；
d） 扫描排风 HEPA 过滤器，采样头距被测过滤器的表面 2～3cm，扫描的速度不超过 5cm/s，扫描范围包括过滤器的所有表面及过滤器与装置的连接处，为了获得具有统计意义的结果，需要在下游记录到足够多的粒子。

A.3.4 检测报告

检测报告的主要内容包括：

a）检测条件

1）检测设备；

2）检测方法；

3）示踪粒子的中径；

4）温度和相对湿度；

5）被测过滤器通风量。

b）检测结果

1）过滤器两侧的压差；

2）过滤器的平均过滤效率和最低过滤效率；

3）如果有明显的漏点，标出漏点的位置。

附　录　B

（资料性附录）

生物安全实验室良好工作行为指南

B.1　引言

本附录旨在帮助生物安全实验室制定专用的良好操作规程。实验室应牢记，本附录的内容不一定满足或适用于特定的实验室或特定的实验室活动，应根据各实验室的风险评估结果制定适用的良好操作规程。

B.2　生物安全实验室标准的良好工作行为

B.2.1　建立并执行准入制度。所有进入人员要知道实验室的潜在危险，符合实验室的进入规定。

B.2.2　确保实验室人员在工作地点可随时得到生物安全手册。

B.2.3　建立良好的内务规程。对个人日常清洁和消毒进行要求，如洗手、淋浴（适用时）等。

B.2.4　规范个人行为。在实验室工作区不要饮食、抽烟、处理隐形眼镜、使用化妆品、存放食品等；工作前，掌握生物安全实验室标准的良好操作规程。

B.2.5　正确使用适当的个体防护装备，如手套、护目镜、防护服、口罩、帽子、鞋等。个体防护装备在工作中发生污染时，要更换后才能继续工作。

B.2.6　戴手套工作。每当污染、破损或戴一定时间后，更换手套；每当操作危险性材料的工作结束时，除去手套并洗手；离开实验间前，除去手套并洗手。严格遵守洗手的规程。不要清洗或重复使用一次性手套。

B.2.7　如果有可能发生微生物或其他有害物质溅出，要佩戴防护眼镜。

B.2.8　存在空气传播的风险时需要进行呼吸防护，用于呼吸防护的口罩在使用前要进行适配性试验。

B.2.9　工作时穿防护服。在处理生物危险材料时，穿着适用的指定防护服。离开实验室前按程序脱下防护服。用完的防护服要消毒灭菌后再洗涤。工作用鞋要防水、防滑、耐扎、舒适，可有效保护脚部。

B.2.10　安全使用移液管，要使用机械移液装置。

B.2.11　配备降低锐器损伤风险的装置和建立操作规程。在使用锐器时要注意：

a）不要试图弯曲、截断、破坏针头等锐器，不要试图从一次性注射器上取下针头或套上针头护套。必要时，使用专用的工具操作；

b) 使用过的锐器要置于专用的耐扎容器中，不要超过规定的盛放容量；

c) 重复利用的锐器要置于专用的耐扎容器中，采用适当的方式消毒灭菌和清洁处理；

d) 不要试图直接用手处理打破的玻璃器具等（参见附录C），尽量避免使用易碎的器具。

B.2.12 按规程小心操作，避免发生溢洒或产生气溶胶，如不正确的离心操作、移液操作等。

B.2.13 在生物安全柜或相当的安全隔离装置中进行所有可能产生感染性气溶胶或飞溅物的操作。

B.2.14 工作结束或发生危险材料溢洒后，要及时使用适当的消毒灭菌剂对工作表面和被污染处进行处理（参见附录C）。

B.2.15 定期清洁实验室设备。必要时使用消毒灭菌剂清洁实验室设备。

B.2.16 不要在实验室内存放或养与工作无关的动植物。

B.2.17 所有生物危险废物在处置前要可靠消毒灭菌。需要运出实验室进行消毒灭菌的材料，要置于专用的防漏容器中运送，运出实验室前要对容器进行表面消毒灭菌处理。

B.2.18 从实验室内运走的危险材料，要按照国家和地方或主管部门的有关要求进行包装。

B.2.19 在实验室入口处设置生物危险标识。

B.2.20 采取有效的防昆虫和啮齿类动物的措施，如防虫纱网、挡鼠板等。

B.2.21 对实验室人员进行上岗培训并评估与确认其能力。需要时，实验室人员要接受再培训，如长期未工作、操作规程或有关政策发生变化等。

B.2.22 制定有关职业禁忌证、易感人群和监督个人健康状态的政策。必要时，为实验室人员提供免疫计划、医学咨询或指导。

B.3 生物安全实验室特殊的良好工作行为

B.3.1 经过有控制措施的安全门才能进入实验室，记录所有人员进出实验室的日期和时间并保留记录。

B.3.2 定期采集和保存实验室人员的血清样本。

B.3.3 只要可行，为实验室人员提供免疫计划、医学咨询或指导。

B.3.4 正式上岗前实验室人员需要熟练掌握标准的和特殊的良好工作行为及微生物操作技术和操作规程。

B.3.5 正确使用专用的个体防护装备，工作前先做培训、个体适配性测试和检查，如对面具、呼气防护装置、正压服等的适配性测试和检查。

B.3.6 不要穿个人衣物和佩戴饰物进入实验室防护区，离开实验室前淋浴。用过的实验防护服按污染物处理，先消毒灭菌再洗涤。

B.3.7 Ⅲ级生物安全柜的手套和正压服的手套有破损的风险，为了防止意外感染事件，需要另戴手套。

B.3.8 定期消毒灭菌实验室设备。仪器设备在修理、维护或从实验室内移出以前，要进行消毒灭菌处理。消毒人员要接受专业的消毒灭菌培训，使用专用个体防护装备和消毒灭菌设备。

B.3.9 如果发生可能引起人员暴露感染性物质的事件，要立即报告和进行风险评估，并按照实验室安全管理体系的规定采取适当的措施，包括医学评估、监护和治疗。

B.3.10 在实验室内消毒灭菌所有的生物危险废物。

B.3.11 如果需要从实验室内运出具有活性的生物危险材料，要按照国家和地方或主管部门的有关要求进行包装，并对包装进行可靠的消毒灭菌，如采用浸泡、熏蒸等方式消毒灭菌。

B.3.12 包装好的具有活性的生物危险物除非采用经确认有效的方法灭活后，不要在没有防护的条件下打开包装。如果发现包装有破损，立即报告，由专业人员处理。

B.3.13 定期检查防护设施、防护设备、个体防护装备，特别是带生命支持系统的正压服。

B.3.14　建立实验室人员就医或请假的报告和记录制度，评估是否与实验室工作相关。

B.3.15　建立对怀疑或确认发生实验室获得性感染的人员进行隔离和医学处理的方案并保证必要的条件（如：隔离室等）。

B.3.16　只将必需的仪器装备运入实验室内。所有运入实验室的仪器装备，在修理、维护或从实验室内移出以前要彻底消毒灭菌，比如生物安全柜的内外表面以及所有被污染的风道、风扇及过滤器等均要采用经确认有效的方式进行消毒灭菌，并监测和评价消毒灭菌效果。

B.3.17　利用双扉高压锅、传递窗、渡槽等传递物品。

B.3.18　制定应急程序，包括可能的紧急事件和急救计划，并对所有相关人员培训和进行演习。

B.4　动物生物安全实验室的良好工作行为

B.4.1　适用时，执行生物安全实验室的标准或特殊良好工作行为。

B.4.2　实验前了解动物的习性，咨询动物专家并接受必要的动物操作的培训。

B.4.3　开始工作前，实验人员（包括清洁人员、动物饲养人员、实验操作人员等）要接受足够的操作训练和演练，应熟练掌握相关的实验动物和微生物操作规程和操作技术，动物饲养人员和实验操作人员要有实验动物饲养或操作上岗合格证书。

B.4.4　将实验动物饲养在可靠的专用笼具或防护装置内，如负压隔离饲养装置（需要时排风要通过HEPA过滤器排出）等。

B.4.5　考虑工作人员对动物的过敏性和恐惧心理。

B.4.6　动物饲养室的入口处设置醒目的标识并实行严格的准入制度，包括物理门禁措施（如：个人密码和生物学识别技术等）。

B.4.7　个体防护装备还要考虑方便操作和耐受动物的抓咬和防范分泌物喷射等，要使用专用的手套、面罩、护目镜、防水围裙、防水鞋等。

B.4.8　操作动物时，要采用适当的保定方法或装置来限制动物的活动性，不要试图用人力强行制服动物。

B.4.9　只要可能，限制使用针头、注射器或其他锐器，尽量使用替代的方案，如改变动物染毒途径等。

B.4.10　操作灵长类和大型实验动物时，需要操作人员已经有非常熟练的工作经验。

B.4.11　时刻注意是否有逃出笼具的动物，濒临死亡的动物及时妥善处理。

B.4.12　不要试图从事风险不可控的动物操作。

B.4.13　在生物安全柜或相当的隔离装置内从事涉及产生气溶胶的操作，包括更换动物的垫料、清理排泄物等。如果不能在生物安全柜或相当的隔离装置内进行操作，要组合使用个体防护装备和其他的物理防护装置。

B.4.14　选择适用于所操作动物的设施、设备、实验用具等，配备专用的设备消毒灭菌和清洗设备，培训专业的消毒灭菌和清洗人员。

B.4.15　从事高致病性生物因子感染的动物实验活动，是极为专业和风险高的活动，实验人员应参加针对特定活动的专门培训和演练（包括完整的感染动物操作过程、清洁和消毒灭菌、处理意外事件等），而且要定期评估实验人员的能力，包括管理层的能力。

B.4.16　只要可能，尽量不使用动物。

B.5　生物安全实验室的清洁

B.5.1　由受过培训的专业人员按照专门的规程清洁实验室。外雇的保洁人员可以在实验室消毒灭菌后负责清洁地面和窗户（高级别生物安全实验室不适用）。

B.5.2 保持工作表面的整洁。每天工作完后都要对工作表面进行清洁并消毒灭菌。宜使用可移动或悬挂式的台下柜，以便于对工作台下方进行清洁和消毒灭菌。

B.5.3 定期清洁墙面，如果墙面有可见污物时，及时进行清洁和消毒灭菌。不宜无目的或强力清洗，避免破坏墙面。

B.5.4 定期清洁易积尘的部位，不常用的物品最好存放在抽屉或箱柜内。

B.5.5 清洁地面的时间视工作安排而定，不在日常工作时间做常规清洁工作。清洗地板最常用的工具是浸有清洁剂的湿拖把；家用型吸尘器不适于生物安全实验室使用；不要使用扫帚等扫地。

B.5.6 可以用普通废物袋收集塑料或纸制品等非危险性废物。

B.5.7 用专用的耐扎容器收集带针头的注射器、碎玻璃、刀片等锐利性废弃物。

B.5.8 用专用的耐高压蒸汽消毒灭菌的塑料袋收集任何具有生物危险性或有潜在生物危险性的废物。

B.5.9 根据废弃物的特点选用可靠的消毒灭菌方式，如是否包含基因改造生物、是否混有放射性等其他危险物、是否易形成胶状物堵塞灭菌器的排水孔等，要监测和评价消毒灭菌效果。

附 录 C

（资料性附录）

实验室生物危险物质溢洒处理指南

C.1 引言

本附录旨在为实验室制定生物危险物质溢洒处理程序提供参考。溢洒在本附录中指包含生物危险物质的液态或固态物质意外地与容器或包装材料分离的过程。实验室人员熟悉生物危险物质溢洒处理程序、溢洒处理工具包的使用方法和存放地点对降低溢洒的危害非常重要。

本附录描述了实验室生物危险物质溢洒的常规处理方法，实验室需要根据其所操作的生物因子，制定专用的程序。如果溢洒物中含有放射性物质或危险性化学物质，则应使用特殊的处理程序。

C.2 溢洒处理工具包

C.2.1 基础的溢洒处理工具包通常包括：

a）对感染性物质有效的消毒灭菌液，消毒灭菌液需要按使用要求定期配制；

b）消毒灭菌液盛放容器；

c）镊子或钳子、一次性刷子、可高压的扫帚和簸箕或其他处理锐器的装置；

d）足够的布巾、纸巾或其他适宜的吸收材料；

e）用于盛放感染性溢洒物以及清理物品的专用收集袋或容器；

f）橡胶手套；

g）面部防护装备，如面罩、护目镜、一次性口罩等；

h）溢洒处理警示标识，如“禁止进入”、“生物危险”等；

i）其他专用的工具。

C.2.2 明确标示出溢洒处理工具包的存放地点。

C.3 撤离房间

C.3.1 发生生物危险物质溢洒时，立即通知房间内的无关人员迅速离开，在撤离房间的过程中注意防护气溶胶。关门并张贴“禁止进入”、“溢洒处理”的警告标识，至少 30min 后方可进入现场处理溢洒物。

C.3.2 撤离人员按照离开实验室的程序脱去个体防护装备，用适当的消毒灭菌剂和水清洗所暴露皮肤。

C.3.3 如果同时发生了针刺或扎伤，可以用消毒灭菌剂和水清洗受伤区域，挤压伤处周围以促使血往伤口外流；如果发生了黏膜暴露，至少用水冲洗暴露区域 15min。立即向主管人员报告。

C.3.4 立即通知实验室主管人员。必要时，由实验室主管人员安排专人清除溢洒物。

C.4　溢洒区域的处理

C.4.1 准备清理工具和物品，在穿着适当的个体防护装备（如：鞋、防护服、口罩、双层手套、护目镜、呼吸保护装置等）后进入实验室。需要两人共同处理溢洒物，必要时，还需配备一名现场指导人员。

C.4.2 判断污染程度，用消毒灭菌剂浸湿的纸巾（或其他吸收材料）覆盖溢洒物，小心从外围向中心倾倒适当量的消毒灭菌剂，使其与溢洒物混合并作用一定的时间。应注意按消毒灭菌剂的说明确定使用浓度和作用时间。

C.4.3 到作用时间后，小心将吸收了溢洒物的纸巾（或其他吸收材料）连同溢洒物收集到专用的收集袋或容器中，并反复用新的纸巾（或其他吸收材料）将剩余物质吸净。破碎的玻璃或其他锐器要用镊子或钳子处理。用清洁剂或消毒灭菌剂清洁被污染的表面。所处理的溢洒物以及处理工具（包括收集锐器的镊子等）全部置于专用的收集袋或容器中并封好。

C.4.4 用消毒灭菌剂擦拭可能被污染的区域。

C.4.5 按程序脱去个体防护装备，将暴露部位向内折，置于专用的收集袋或容器中并封好。

C.4.6 按程序洗手。

C.4.7 按程序处理清除溢洒物过程中形成的所有废物。

C.5　生物安全柜内溢洒的处理

C.5.1 处理溢洒物时不要将头伸入安全柜内，也不要将脸直接面对前操作口，而应处于前视面板的后方。选择消毒灭菌剂时需要考虑其对生物安全柜的腐蚀性。

C.5.2 如果溢洒的量不足 1mL 时，可直接用消毒灭菌剂浸湿的纸巾（或其他材料）擦拭。

C.5.3 如溢洒量大或容器破碎，建议按如下操作：

a）使生物安全柜保持开启状态；

b）在溢洒物上覆盖浸有消毒灭菌剂的吸收材料，作用一定时间以发挥消毒灭菌作用。必要时，用消毒灭菌剂浸泡工作表面以及排水沟和接液槽；

c）在安全柜内对所戴手套消毒灭菌后，脱下手套。如果防护服已被污染，脱掉所污染的防护服后，用适当的消毒灭菌剂清洗暴露部位；

d）穿好适当的个体防护装备，如双层手套，防护服、护目镜和呼吸保护装置等；

e）小心将吸收了溢洒物的纸巾（或其他吸收材料）连同溢洒物收集到专用的收集袋或容器中，并反复用新的纸巾（或其他吸收材料）将剩余物质吸净；破碎的玻璃或其他锐器要用镊子或钳子处理；

f）用消毒灭菌剂擦拭或喷洒安全柜内壁、工作表面以及前视窗的内侧；作用一定时间后，用洁净水擦干净消毒灭菌剂；

g）如果需要浸泡接液槽，在清理接液槽前要先报告主管人员；可能需要用其他方式消毒灭菌后再进行清理。

C.5.4 如果溢洒物流入生物安全柜内部，需要评估后采取适用的措施。

C.6 离心机内溢洒的处理

C.6.1 在离心感染性物质时，要使用密封管以及密封的转子或安全桶。每次使用前，检查并确认所有密封圈都在位并状态良好。

C.6.2 离心结束后，至少再等候 5min 打开离心机盖。

C.6.3 如果打开盖子后发现离心机已经被污染，立即小心关上。如果离心期间发生离心管破碎，立即关机，不要打开盖子。切断离心机的电源，至少 30min 后开始清理工作。

C.6.4 穿着适当的个体防护装备，准备好清理工具。必要时，清理人员需要佩戴呼吸保护装置。

C.6.5 消毒灭菌后小心将转子转移到生物安全柜内，浸泡在适当的非腐蚀性消毒灭菌液内，建议浸泡 60min 以上。

C.6.6 小心将离心管转移到专用的收集容器中。一定要用镊子夹取破碎物，可以用镊子夹着棉花收集细小的破碎物。

C.6.7 通过用适当的消毒灭菌剂擦拭和喷雾的方式消毒灭菌离心转子舱室和其他可能被污染的部位，空气晾干。

C.6.8 如果溢洒物流入离心机的内部，需要评估后采取适用的措施。

C.7 评估与报告

C.7.1 对溢洒处理过程和效果进行评估，必要时对实验室进行彻底的消毒灭菌处理和对暴露人员进行医学评估。

C.7.2 按程序记录相关过程和报告。

参 考 文 献

中华人民共和国国家标准 GB 19489—2008 实验室生物安全通用要求［S］.

第二章

血 液 检 查

第一节　血液样本的采集

一、血液样本采集的一般要求

（一）检验申请单

检验申请单或电子申请表中应包括动物最基本的信息，以识别动物种类、场站（单位），同时应提供相关的临床信息。申请表至少应包括畜主姓名、动物种类、数量、性别、年龄、检验项目、送检时间和送检人，以备解读检验结果之用。

（二）标本采集和处理的具体要求

实验室管理文件应向负责采集标本的人员提供标本采集和处理的具体要求。

1. 向相关人员提供在标本采集前应做准备的信息和说明。

2. 标本采集：说明血液、尿液和其他液体标本所需容器和添加物。

3. 标本采集的类别和数量。

4. 标本采集的日期和时间，包括特定采集时间。

5. 标本处理要求：从标本采集至实验室接收之间的任何处理要求（包括运送、冷冻、保温、立即送检等）。

6. 标本采集人员：记录身份信息。

7. 标本采集的器材和安全处理。

这些要求应包括在标本采集手册中。

（三）标本信息的完整性

标本应可通过检验申请单溯源到特定的个体，实验室不应接收或处理缺少适当标识的检验申请单。

1. 如果标本标识不明确，或者标本不稳定（如脑脊液、活检标本等），不便重新采集或情况紧急，实验室可先处理标本，但是不发送检验报告，直至申请检验医师或标本采集人员承担鉴别和接收的责任或者提供适当的信息。

2. 根据申请检验项目的特性以及实验室的相关规定，标本应在一定时间范围内送检。急症或危重患畜的标本要特别注明和标识。

3. 根据标本采集相关规定，标本应保持在一定的温度范围内，并含有规定的防腐剂，以确保标本的完整性。

4. 所有接收的标本应当记录在登记本、工作表、计算机或其他类似系统中，并记录标本接收的日期、时间和接收人员等。

(四) 标本拒收

实验室应当制定标本接收和拒收的标准文件。因不同的检验项目对标本的要求不同，故应分别制定拒收标准。因“让步”而接收的不合格的标本，其检验报告上应注明标本存在的问题，在解释结果时必须特别说明。

二、血液样本的采集与处理

(一) 血液标本类型

1. 全血

(1) 静脉全血　来自静脉的全血，血液标本应用最多，采血的部位依据动物种类而定，如牛在颈静脉，猪在耳静脉或前腔静脉。

(2) 动脉全血　主要用于血气分析，采血部位主要为股动脉。

(3) 毛细血管全血　也称皮肤采血，适用于仅需微量血液的检验。

2. 血浆　全血抗凝离心后除去血细胞成分即为血浆，用于血浆化学成分的测定和凝血试验等。

3. 血清　血清是血液离体自然凝固分离出来的液体。血清与血浆相比较，主要缺乏纤维蛋白原。血清主要用于兽医临床化学和免疫学等检测。

4. 分离或浓缩的血细胞成分　有些特殊的检验项目需要特定的细胞作为标本，如浓集的粒细胞、淋巴细胞、分离的单个核细胞等。

(二) 血液标本采集方法

血液标本的采集按部位分为静脉采血、动脉采血；按采血方式又可分为普通采血法和真空采血法。一般，采用静脉采血法。

1. 普通采血法　普通采血法指的是传统的采血方法，即非真空系统对静脉穿刺的采血方法。

准备器材：主要是试管、注射器、消毒器材等。

动物保定：动物适当保定以后暴露穿刺部位，触摸选择容易固定、明显可见的静脉(如牛颈静脉、犬前肢静脉)。

采血操作：①在采血部位近心端扎压脉带（松紧适宜），使静脉充盈暴露。②消毒静脉穿刺处；左手拇指绷紧皮肤并固定静脉穿刺部位，沿静脉走向呈 30°角使针头刺入静脉腔，见有回血后，将针头沿血管方向探入少许，以免采血针头滑出，但不可用力深刺，以免造成血肿；同时松解压脉带。③右手固定注射器，缓缓抽动注射器内芯至所需血量后，用消毒干棉球按压穿刺点，迅速拔出针头，继续按压穿刺点数分钟。

注意事项：根据检查项目、所需采血量选择试管；严格执行无菌操作，严禁在输液、输血的针头或皮管内抽取血液标本。抽血时切忌将针栓回推，以免注射器中气泡进入血管形成气栓；抽血不宜过于用力，以免产生泡沫而溶血。

2. 真空采血法　真空采血法又称为负压采血法，具有计量准确、传送方便、封闭无菌、标识醒目、刻度清晰、容易保存等优点。主要原理是将有胶塞头盖的采血管抽成不同的真空度，利用针头、针筒和试管组合成全封闭的真空采血系统，实现自动定量采血。

主要器材：真空采血系统由持针器、双向采血针、采血管构成。可进行一次进针，多管采血。真空采血管的种类和用途见表2-1。

静脉选择和消毒：同普通静脉采血法。

3. 注意事项

（1）避免空气　用于血气分析的标本，采集后立即封闭针头斜面，再混匀。

（2）立即送检　标本采集后立即送检，若不能立即送检，则应置于2～6℃保存，但不应超过2h。

（3）防止血肿　采血完毕，拔出针头后，用消毒干棉球按压采血处止血。

表2-1　真空采血管的种类和用途

采血管	用途	标本	操作步骤	添加剂	添加剂作用机制
红色（玻管）	化学、血清学、免疫血清学试验	血清	采血后不需混匀，静置1h离心	无（但内壁涂有硅酮，其作用：避免血细胞附壁，防止离心时细胞破碎而释放细胞内物质，影响试验结果）	
红色（塑管）	化学、血清学、免疫血液学试验	血清	采血后立即颠倒混匀5次，静置1h离心	硅胶血液凝固激活剂	
	急诊化学试验	血清	采血后立即颠倒混匀8次，静置5min离心	促凝剂：凝血酶	激活血液凝固
绿色	化学试验	血浆	采血后立即颠倒混匀8次，离心	抗凝剂：肝素钠、肝素锂	抑制凝血酶
金黄色	化学试验	血浆	采血后立即颠倒混匀5次，静置30min离心	惰性分离胶，促凝剂	硅胶血液凝固激活剂
浅绿色	化学试验	血浆	采血后立即颠倒混匀8次，离心	惰性分离胶，肝素锂	抑制凝血酶
紫色（玻管）	血液学试验	全血	采血后立即颠倒混匀8次，试验前混匀标本	EDTA-K_3（液体）	螯合钙离子
紫色（塑管）	血液学和免疫血液试验	全血	采血后立即颠倒混匀8次，试验前混匀标本	EDTA-K_2（干粉喷洒）	螯合钙离子
黄色	血培养	全血	采血后立即颠倒混匀8次	含聚茴香脑磺酸钠	抑制补体、吞噬细胞和某些抗生素，以检测细菌
灰色	葡萄糖试验	血清，血浆	采血后立即颠倒混匀8次，离心	苯酸钾/氯化钠，氟化钠/EDTA-Na_2，氟化钠（血清）	抑制糖分解
浅蓝色	凝血试验	全血	采血后立即颠倒混匀8次，试验前混匀标本	枸橼酸钠：血液＝1∶9	螯合钙离子
黑色	红细胞沉降率试验	全血	采血后立即颠倒混匀8次，试验前混匀标本	枸橼酸钠：血液＝1∶4	螯合钙离子

（三）血液标本抗凝

使用全血和血浆标本时，通常需要应用抗凝剂。所谓抗凝就是采用物理或化学方法除去或抑制某种凝血因子的活性，以阻止血液凝固。这种阻止血液凝固的物质称为抗凝剂或抗凝物质。

1. 化学抗凝剂 常用化学抗凝剂的用途和特点见表 2－2。

表 2－2 常用化学抗凝剂与促凝剂的用途与特点

抗凝剂	抗凝原理	适用项目	注意事项
乙二胺四乙酸（EDTA）	与血液中 Ca^{2+} 结合成螯合物，而使 Ca^{2+} 失去活性	全血细胞计数	抗凝剂用量和血液的比例，采血后须立即混匀
枸橼酸盐	与血液中 Ca^{2+} 结合成螯合物，使 Ca^{2+} 失去活性	血沉、凝血试验、输血保养液	抗凝能力相对较弱，抗凝剂浓度、体积和血液的比例非常重要
肝素	加强抗凝血酶Ⅲ，灭活丝氨酸蛋白酶，阻止凝血酶形成	血气分析；肝素锂适用于红细胞渗透脆性试验	电极法测血钾与血清结果有差异，不适合血常规检查
草酸盐	草酸根与血液 Ca^{2+} 形成草酸钙沉淀，使其无凝血功能	草酸钾干粉常用于血浆标本抗凝	容易造成钾离子污染，现应用已减少
促凝剂	激活凝血蛋白酶，加速血液凝固	缩短血清分离时间，特别适用于急诊化学检验	常用促凝剂有凝血酶、蛇毒、硅石粉、硅碳素等
分离胶	高黏度凝胶在血清和血块间形成隔层，达到分离血细胞和血清的目的	能快速分离出清晰的血清标本，有利于标本的冷藏保存	分离胶质量影响分离效果和检验结果，分离胶试管成本高

2. 物理方法抗凝 将血液注入有玻璃珠的器皿中，并及时转动，纤维蛋白缠绕凝固于玻璃珠上，从而防止血液凝固，此抗凝方法常用于制作血液培养基的羊血的采集。另外，也可用竹签搅拌除去纤维蛋白，以达到物理抗凝的目的。

（四）血液标本的运送、保存与处理

处理血液标本时应特别注意：①把每一份标本都看作是无法重新获得、唯一的标本，必须小心地采集、保存、运送、检测和报告。②要视所有的标本都有传染性，有可能对人体造成损害或具有扩毒性，应注明标识。③严禁直接用口吸取标本，避免标本与皮肤接触或污染器皿的外部和实验台。④检验完毕，标本必须消毒处理，标本容器要高压消毒、销毁、焚烧等。

1. 血液标本运送 血液标本的运送可采用人工运送、轨道传送或气压管道运送等。无论何种运送方式，都应该注意以下几个问题：

（1）*唯一标识原则* 采集后的血液都应具唯一标识，除编号之外，还包括畜主姓名、动物种类、地址等最基本信息。目前，最好的解决方式是应用条形码系统。

（2）*生物安全原则* 应使用可以反复消毒的专用容器运送。特殊标本应有特殊标识字样（如剧毒、烈性传染等）的容器密封运送。必要时，还应使用可降温的运送容器。气压管道运送必须使用真空采血管，确保试管管盖和橡皮塞牢固。

(3) 尽快运送原则　尽快检验标本，是检验质量的要求和临床诊治的需求。若标本不能及时运送，或欲将标本送到上级检验中心进行分析时，应将标本装入试管内密封，再装入乙烯塑料袋，根据保存温度要求可置冰瓶或冷藏箱内运送。运送过程中应避免剧烈震荡。

2. 标本拒收　在检验前，对确认不符合血液采集规定要求的标本，应拒绝接收。标本拒收常见原因包括：溶血、抗凝标本出现凝固、血液采集容器不当、采血量不足或错误、转运条件不当、申请和标本标签不一致、标本污染、容器破损等。标本拒收不但可造成检验费用增高和时间耗费，还可能造成环境污染或对人体造成危害。因此，对所有涉及标本采集的工作人员，都必须在标本采集、转运和处理各个环节进行全面的培训。

3. 血液检验前预处理

(1) 分离血清或血浆　标本采集后就应及时采用离心法分离血清或血浆。加抗凝剂血液，应立即离心分离血浆；无抗凝剂的血液分离血清时，则应置于37℃水浴箱内或室温一段时间，待血块部分收缩，出现少许血清时才能离心分离。

(2) 分离细胞　分离细胞原则上先是根据各类细胞的大小、沉降率、黏附和吞噬能力加以粗分，然后依据不同的检验目的，加以选择性分离。

4. 血液标本保存　血液标本保存应当在规定的时间内、确保标本特性稳定的条件下，按要求分为室温保存、冷藏保存、冷冻保存。

(1) 分离后标本　若不能及时检测或需保留以备复查时，一般应置于4℃冰箱；部分需保存1个月的检测项目标本，存放于－20℃冰箱；需要保存3个月以上的标本，分离后（包括菌种）置－70℃保存。标本存放时需加塞，以免水分挥发而使标本浓缩。标本应避免反复冻融。

(2) 立即送检标本　如血氨（密封送检）、红细胞沉降率、血气分析（密封送检）、酸性磷酸酶、乳酸及各种细菌培养，特别是厌氧菌培养等标本。

(3) 检测后标本　检测后标本不能立即处理掉，应根据标本性质和要求按照规定时间保存，以备复查需要。急诊标本、非急诊标本须妥善保存，在需要重新测定时，确保标本检索快速有效。保存的原则是在有效的保存期内被检测物质不会发生明显改变。

(4) 标本信息的保存　保存检验标本时应包括标本信息的保存，且与分离的血浆或血清标本相对应。

5. 检验后血液标本的处理　根据《实验室生物安全通用要求》(GB19489—2008)，实验室废弃物管理的目的如下：①将操作、收集、运输及处理废弃物的危险减至最小。②将其对环境的有害作用减至最小。因此，检验后废弃的血液标本应由专人负责处理，根据《医疗废物管理条例》，用专用的容器或袋子包装，由专人送到指定的消毒地点集中，一般由专门机构采用焚烧的办法处理。

第二节　血液检查

一、红细胞计数

【标本】末梢血或乙二胺四乙酸（EDTA）抗凝静脉血。

【简介】红细胞起源于骨髓红系祖细胞，由祖细胞分化为原红细胞、早幼红细胞、中幼红细胞、晚幼红细胞、网织红细胞和成熟红细胞。红细胞的生成受红细胞生成素、雄激素、维生素 B_{12}、叶酸、铁和垂体激素、甲状腺素、维生素 C、维生素 B_6、铜和钴的影响，并受遗传基因的控制。正常红细胞寿命约 120d，衰老红细胞主要在脾脏内被清除，并由骨髓不断制造新生红细胞以保持平衡。

【方法】显微镜计数法或血液分析仪法。

【参考值】犬（5.5～8.5）$\times10^{12}$/L，猫（5～10）$\times10^{12}$/L，牛（5～10）$\times10^{12}$/L，马（6～12）$\times10^{12}$/L，猪（5～7）$\times10^{12}$/L，绵羊（9～15）$\times10^{12}$/L，山羊（8～12）$\times10^{12}$/L。

【临床意义】

1. 相对性增多 主要因血浆容量减少所致，见于呕吐、腹泻、多尿、多汗、急性肠胃炎、肠梗阻、肠变位、渗出性胸膜炎、某些传染病及发热性疾病等。

2. 绝对性增多 为红细胞增生过多所致，有原发性和继发性两种。原发性红细胞增多症，又叫真性红细胞增多症，与促红细胞生成素产生过多有关，见于肾癌、肝细胞癌、雄激素分泌细胞肿瘤、肾囊肿等疾病，红细胞数可增加 2～3 倍。继发性红细胞增多，是由于代偿作用使红细胞绝对数增多，见于缺氧、高原环境、一氧化碳中毒、代偿机能不全的心脏病及慢性肺部疾病。

3. 红细胞减少 见于多种原因引起的贫血，如造血原料不足、造血功能障碍、红细胞破坏过多或失血等。

二、血红蛋白测定

【标本】同红细胞计数。

【简介】红细胞成熟过程中，从早幼红细胞开始合成血红蛋白。由铁、原卟啉 R 先合成血红素，再与珠蛋白结合成为血红蛋白。幼红细胞越成熟合成量越多，直至嗜多色性红细胞（即网织红细胞）阶段为止。血红蛋白大部分存在于红细胞内，分子量为64 458，是一种呼吸载体，随红细胞循环于机体组织内，每克可携带氧 1.34mL，参与组织器官间氧和二氧化碳的输送和释放，随着红细胞的衰老、破坏而分解，以铁蛋白形式保留铁组分，珠蛋白也被储备待用。

【方法】氰化高铁血红蛋白（HiCN）法或血液分析仪法。近年，推行非氰化高铁法，但无合适标准品，对测定的准确性较难控制。

【参考值】犬 120～180g/L，猫 80～150g/L，牛 80～150g/L，马 100～180g/L，猪 90～130g/L，绵羊 90～150g/L，山羊 80～120g/L。

【临床意义】增减意义与红细胞计数类似。

三、血细胞比容测定

【同义词】红细胞比积（hematocrit，Hct）或红细胞压积（packed cell volume,

PCV）测定。

【标本】温氏（Wintrobe）法用肝素或EDTA抗凝静脉血2mL，微量法用末梢血或抗凝血0.5mL，血液分析仪法与红细胞计数同时测定，不需另备标本。

【简介】血细胞比容是指一定容积的血液中红细胞所占的百分比。使用血液分析仪时红细胞比容是指一定血液容积中每个红细胞容积的总和，由红细胞数和红细胞平均容积（MCV）值计算而得。由于温氏法、微量法受离心力及离心时间的影响，在血细胞比容层中常残留2%～5%血浆，所以测定结果与血液分析仪法不完全相同。不过，分析仪法虽操作简易，但易受抗凝剂、稀释液、溶血剂的影响，应予注意。血细胞比容值是一种整体反映红细胞多少的测定，因此，在贫血时比容值相应减少，红细胞增多时相应增加。

【方法】离心法或血液分析仪法。

【参考值】犬37%～55%，猫30%～45%，牛24%～46%，马32%～48%，猪36%～43%，绵羊27%～45%，山羊22%～38%。

【临床意义】与红细胞计数或血红蛋白测定的意义雷同。

四、红细胞平均指数的计算

【同义词】红细胞国际指数计算。

【标本】同红细胞计数、血红蛋白测定和血细胞比容。

【简介】红细胞平均指数一般指红细胞平均容积（mean corpuscular volume，MCV）、红细胞平均血红蛋白含量（mean corpuscular hemoglobin，MCH）及红细胞平均血红蛋白浓度（mean corpuscular hemoglobin concentration，MCHC）。根据红细胞数、血红蛋白值、血细胞比容按公式分别计算，血液分析仪对上述三项指数可自动运算，报告结果。计算公式如下：

$$\text{MCV（fL）}=\frac{\text{每升血液中血细胞比容（L/L）}\times 10^{15}}{\text{每升血液中红细胞总数}} \quad \text{（式 2-1）}$$

$$\text{MCH（pg）}=\frac{\text{每升血液中血红蛋白浓度（g/L）}}{\text{每升血液中红细胞总数}} \quad \text{（式 2-2）}$$

$$\text{MCHC（g/L）}=\frac{\text{每升血液中血红蛋白浓度（g/L）}}{\text{每升血液中血细胞比容（L/L）}} \quad \text{（式 2-3）}$$

【方法】手工计算法或血液分析仪法。

【参考值】不同动物红细胞平均指数参考值见表2-3。

表2-3 不同动物MCV、MCH和MCHC参考值

	犬	猫	牛	马	猪	绵羊	山羊
MCV（fL）	60～77	39～55	40～60	34～58	52～62	28～40	16～25
MCH（pg）	19.5～24.5	13～17	11～17	13～19	17～24	8～12	5.2～8
MCHC（g/dL）	32～36	30～36	30～36	31～37	29～34	31～34	30～36

【临床意义】MCH增多，见于溶血性贫血（由于细胞外血红蛋白增加所致）。MCH

减少，见于缺铁性贫血。

MCV 增多，见于骨髓增殖性疾病（由于外周血液中未成熟的红细胞增加而致 MCV 增多）、某些肝脏疾病、维生素 B_{12} 和叶酸缺乏。MCV 减少，见于某些动物的铜缺乏或铁缺乏。

MCHC 增多，见于免疫过程中贫血和一些溶血性贫血（由于细胞外血红蛋白增加而使 MCHC 增多）。MCHC 减少，见于铁缺乏和网织红细胞增多时。

五、异常红细胞形态检查

【标本】取末梢血或抗凝血 1 滴推成血膜。

【简介】红细胞形态主要评估以下特征：即大小是否均一，红细胞着色性变化以及形状是否异常和细胞内有无异常结构出现（嗜碱性点彩、何-乔氏小体、卡伯特氏环等）。

【方法】染色血片显微镜检查法。

【临床意义】贫血、溶血或血液病时，在红细胞数量变化的同时，应涂制血片，染色后油镜观察红细胞的形态变化及红细胞中的异常现象。这对于临床诊断具有重要提示作用。

1. 红细胞形态的变化

（1）球形红细胞　红细胞变成圆球形。中央淡染区消失，一般染色较深。见于新生骡驹溶血性黄疸等疾病。

（2）椭圆形红细胞　细胞长径增大，横径减小，呈椭圆形。见于巨幼细胞性贫血、恶性贫血等疾病。

（3）口形红细胞　红细胞周围深染，中心淡染区呈口形。增多见于弥散性血管内凝血、酒精中毒、遗传性口形红细胞增多症（常达 20%～30%）。

（4）靶形红细胞　红细胞中央有血红蛋白，呈靶形。主要见于珠蛋白生成障碍性贫血、血红蛋白病、肝病，脾切除术后等疾病。

（5）镰状红细胞　红细胞呈镰刀形、柳叶状。见于镰状细胞贫血。

（6）红细胞缗钱状形成　非红细胞个体异常，因血浆有高球蛋白或纤维蛋白原，致红细胞相互串叠呈钱串状。见于多发性骨髓瘤等。

（7）红细胞形态不整　红细胞呈三角形、泪滴形、新月形、头盔形、梨形、棍棒形等。见于各种贫血。

2. 红细胞着色性变化　红细胞着色很浅，或仅周边着色而呈环状，称为低染性红细胞，是红细胞中所含的血红蛋白减少所致，见于贫血性疾病。

红细胞着色很深，称为浓染性红细胞，见于溶血性贫血。有时，未成熟的红细胞被碱性染料着色而呈淡蓝、淡紫色，称为多染性红细胞，是红细胞再生能力强的表现，见于大出血、贫血性疾病及某些血液病的恢复期。

3. 红细胞结构的变化

（1）点形红细胞　红细胞中含有多量大小不等的圆形或三角形蓝黑色小点，是红细胞在成熟过程中受毒物的影响所致，见于铅、汞、铋等重金属制剂中毒。

(2) 卡伯特 (Cabot) 氏环　在红细胞中有紫红色的圆环或S形环，它是核膜的残余物。在重金属盐中毒、恶性贫血、溶血性贫血、白血病时可见到。

(3) 何—乔 (Hewell-Jolly) 氏小体　在红细胞中有紫红色的圆形或椭圆形的粗颗粒，直径1～2μm，常位于细胞的边缘。一个红细胞内可有1～2个何—乔氏小体，它是红细胞核的残余物。见于重症贫血或脾脏切除后的动物。

(4) 海因茨 (Heinz) 小体　血片用0.5%甲基紫生理盐水染色后，在显微镜下，红细胞的边缘或细胞质内有一至数个淡紫色或蓝黑色的小点或较大的颗粒，此即海因茨小体。它是变性珠蛋白的沉淀物。见于铜中毒、酚噻嗪中毒、溶血性贫血等。

(5) 有核红细胞　即晚幼红细胞，是一种尚未成熟的红细胞。骨髓中大量存在，脱核后才进入外周血液中。如果外周血液中发现有核红细胞，说明骨髓受到刺激以及患有严重贫血性疾病。

六、白细胞计数

【标本】同红细胞计数。

【简介】白细胞是各阶段粒细胞（中性粒细胞、嗜酸性粒细胞和嗜碱性粒细胞）、单核细胞和淋巴细胞的统称。白细胞计数则是上述各种白细胞在每升血液中的数量。白细胞是人体防御系统的重要组分，虽然各种细胞功能有所不同，概言之具有吞噬微生物、衰亡细胞、抗原抗体复合物、致敏红细胞和细胞碎片，以及分泌特异性抗体、参与体液免疫等功能。因此，计数值的多少可以反映上述功能的一般情况。

【方法】显微镜计数法或血液分析仪法。

【参考值】犬 (6～17) $\times 10^9$/L，猫 (5.5～19.5) $\times 10^9$/L，牛 (4～12) $\times 10^9$/L，马 (6～12) $\times 10^9$/L，猪 (11～12) $\times 10^9$/L，绵羊 (4～12) $\times 10^9$/L，山羊 (4～13) $\times 10^9$/L。

【临床意义】

1. 增加　全身性感染，局部感染，中毒（代谢障碍、化学物质、药物及蛇毒等），生长迅速的肿瘤，急性出血，急剧的红细胞性溶血，白血病，创伤等。

2. 减少　伤寒、副伤寒、布鲁氏菌病、疟疾、过敏性休克、系统性红斑狼疮、粟粒性结核、败血症、重症细菌感染、放射治疗、肿瘤化疗、造血系统障碍等。

七、网织红细胞计数

【标本】末梢血或抗凝血。

【简介】网织红细胞是晚幼红细胞脱核后的红细胞，比成熟红细胞稍大，胞质内尚含有残存核糖体致密颗粒、线粒体和铁蛋白等嗜碱性物质，因而可用新亚甲蓝或煌焦油蓝做活体染色。胞质中可见蓝绿色颗粒或网状结构，故称网织红细胞。此细胞介于晚幼红细胞与成熟红细胞之间，存活期约1.3d，是反映骨髓造血功能的重要指标。近年已有网织红细胞自动分析仪问世，计数效率高且准。但某些白细胞、血小板、何—乔氏小体和疟原虫可影响检测结果。

【方法】活体染色显微镜检查法或血液分析仪法。

【参考值】犬 0～1.5%，猫 0～1%，牛 0，马 0，猪 0～12%，绵羊 0，山羊 0。

【临床意义】

1. 增高 提示骨髓造血功能旺盛，见于各种增生性贫血，如失血性贫血、溶血性贫血，约 5%～10%。急性溶血时可多至 60%以上。

2. 减少 骨髓造血功能低下，如再生障碍性贫血、肾病、内分泌疾病。

八、红细胞沉降率测定

【同义词】血沉测定。

【标本】枸橼酸钠抗凝血，抗凝剂与血液比例为 1∶4。

【简介】红细胞膜表面有一层带负电荷的水化膜，使红细胞相互排斥，不易粘连。血浆蛋白中含量较多的清蛋白也带有负电荷，而球蛋白和纤维蛋白原则带有正电荷，故在正常情况下，红细胞处于不易粘连下沉的平稳状态。一旦血浆中清蛋白减少，或球蛋白或纤维蛋白原增加，则负电荷相对减少，易使红细胞相互粘连下沉，于是血沉增快，可为临床提示血浆蛋白组分的病理性改变。此外，贫血引起红细胞与血浆比值的失调，也可促进血沉。细胞大小不同也对血沉有一定影响，小红细胞不易下沉，大红细胞较易下沉，镰状红细胞、球形红细胞也不易下沉。虽多种疾病可见血沉增加，但缺乏特异性。近年有自动血沉仪检测方法，据初步观察效果良好。

【方法】魏氏（Westergren）法。

【参考值】各种动物的血沉值见表 2－4。

表 2－4　各种动物血沉值

动物种类	样本数	血沉值（mm）			
		15min	30min	45min	60min
奶牛	55	0.3	0.7	0.75	1.2
马	65	29.7	70.7	95.3	115.6
山羊[a]	335	0	0.5	1.6	4.2
猪[a]	31	0.6	1.3	1.94	3.36
鸡	31	0.19	0.29	0.55	0.81

注：[a]表示采用方法为魏氏倾斜 60°。

【临床意义】血沉测定是一种非特异性试验，它只能说明体内存在病理过程，不能单独用于疾病诊断。

1. 血沉增快 见于贫血、急性全身性感染、浆膜腔急性炎症、脓肿、肾小球肾炎、风湿症、白血病、恶性肿瘤、妊娠等。

2. 血沉变慢 见于脱水（如大出汗、腹泻、肠阻塞）、严重的肝脏疾病、某些垂危病例、心脏代偿性功能障碍、红细胞形态异常等。

九、白细胞分类计数

【标本】同红细胞形态检查。

【简介】白细胞分类可进一步了解白细胞增减的情况，比白细胞计数更有诊断意义。

【方法】血片染色显微镜检查法为基本法，即通过将各种类型的细胞应用染色的方法显示细胞形态和着色特点，判定不同种类细胞。常用的染色方法有瑞氏染色、瑞—吉氏复合染色法、吉氏染色法、伊红—亚甲蓝快速染色法等。

当前最先进的血液分析仪器可根据白细胞形态特点作五分类，并对幼稚细胞作出标记。但分析仪法只是一种筛选检查手段，对正常形态细胞与传统镜检法有较好的一致性，对于有异常细胞的标本，仍然需用显微镜法复核。

【参考值】各种动物白细胞分类平均值见表 2-5。

表 2-5　各种动物白细胞分类平均值（%）

	犬	猫	牛	马	猪	绵羊	山羊
中性分叶粒细胞	60～70	35～75	15～45	30～75	20～70	10～50	30～48
中性杆状粒细胞	0～3	0～3	0～2	0～1	0～4	0	0
嗜碱性粒细胞	0	0	0～2	0～3	0～3	0～3	0～1
嗜酸性粒细胞	2～10	2～12	2～20	1～10	0～15	0～10	1～8
淋巴细胞	12～30	20～55	45～75	25～40	35～75	40～75	50～70
单核细胞	3～10	1～4	2～7	1～8	0～10	0～6	0～4

【临床意义】白细胞数在生理或病理情况下均会发生改变，外周血中白细胞的组成主要是中性粒细胞和淋巴细胞，尤其是中性粒细胞数量最多，故在大多情况下，白细胞的增多或减少，主要受中性粒细胞的影响，因此，白细胞增多或减少通常与中性粒细胞的增多或减少有着密切关系和相同意义。各类白细胞变化的临床意义分述如下。

1. 中性粒细胞（neutrophil，N）　各种粒细胞均起源于骨髓多能干细胞，多能干细胞（multipotent stem cell，MSC）在集落刺激因子（colony stimulating factor，CSF）的刺激下，形成粒—单核细胞系祖细胞或称粒—单核细胞集落形成单位。在不同的调控因素作用下，白粒系或单核系细胞分化，并增殖和成熟为中性粒细胞或单核细胞。在粒细胞生成过程中，根据其功能和形态特点，人为地划分为干细胞池、生长成熟池和功能池 3 个阶段。前两个阶段是在骨髓中增殖分化，粒细胞成熟后从骨髓释放至外周血进入功能池，其余则附着于小静脉及毛细血管壁上，即边缘粒细胞池（margining granulocyte pool，MGP）。这两部分粒细胞经常随机交换，形成动态平衡。中性粒细胞具有较强的运动能力、吞噬活性和复杂的杀菌系统，凭借其渗透性、变形性、趋化性及吞噬功能等生理特性而捕捉、杀灭组织中、体腔内或血液中的病原体，对机体有重要的保护作用。当病原微生物侵入机体引起局部炎症时，中性粒细胞通过变形运动，从血管内皮细胞间游出，趋向炎症区，将入侵的病原体或坏死细胞吞噬，并通过细胞内溶酶体释放的蛋白水解酶将其消化，防止病原微生物在体内的扩散。

(1) 中性粒细胞增多　见于急性感染性炎症，如化脓性胸膜炎、化脓性腹膜炎、创伤性心包炎、肺脓肿、胃肠炎、肺炎、子宫炎、乳房炎等，某些传染病如炭疽、猪丹毒等，某些慢性传染病如鼻疽、结核，以及大手术后、外伤、酸中毒前期、烫伤等。

在分析中性粒细胞的病理变化时，要结合白细胞总数的病理变化，特别应注意核相变化以反映某些疾病的病情和预后，正常时外周血中中性粒细胞的分叶以3叶居多，一般仅有少量杆状核粒细胞，杆状核与分叶核之间的正常比值为1∶13，如比值增大，即杆状粒细胞增多，甚或出现杆状核以前更幼稚阶段的粒细胞称为核左移。如分叶核粒细胞分叶过多，分叶在5叶以上的细胞超过0.03时，称为核右移。

核左移伴有白细胞总数增高，称为再生性左移，表示机体的反应性强，骨髓造血功能旺盛，能释放大量粒细胞至外周血，常见于感染，尤其是化脓菌引起的急性感染，也可见于急性中毒、急性溶血、急性失血等。核左移对病性的严重程度和机体的反应能力的估计具有一定价值。如白细胞总数和中性粒细胞百分数略增高，并核左移，表示感染程度较轻、机体抵抗力强；但核左移而白细胞总数不增高，甚至减少者，称为退行性左移。在再生障碍性贫血等病理状态下，表示骨髓造血功能减低，粒细胞成熟受阻，严重感染如败血症时可出现这一现象，表示机体反应性低下，骨髓释放粒细胞功能受抑制。核右移主要见于重度贫血和应用抗代谢药物治疗后及感染的恢复期，但在疾病进展期出现中性粒细胞核右移变化，则提示预后不良。

(2) 中性粒细胞减少　白细胞总数减少时其主要是中性粒细胞减少，引起中性粒细胞减少的病因很多，主要见于病毒感染性疾病、再生障碍性贫血、缺铁性贫血、骨髓转移癌，放射线、放射性核素、化学药品等均可引起。

2. 嗜酸性粒细胞（eosinophil，E）　嗜酸性粒细胞亦具有吞噬作用和变形运动，因细胞内颗粒不含有溶菌酶、吞噬细胞素，而含较多的过氧化物酶和碱性蛋白，故杀菌力远不如中性粒细胞。它能吞噬抗原抗体复合物，对组胺、抗原抗体复合物、肥大细胞释放的嗜酸性粒细胞趋化因子等多种物质具有趋化性，并分泌组胺酶灭活组胺，减轻某些过敏反应。当寄生虫病或某些过敏症时，组织中肥大细胞增多，血中组胺浓度升高，刺激骨髓释放或生成嗜酸性粒细胞能力加强，导致血液中嗜酸性粒细胞增多；若用肾上腺皮质激素进行治疗、过敏反应消失时，嗜酸性粒细胞也减少。

(1) 嗜酸性粒细胞增多　主要见于变态反应性疾病（如过敏反应）、寄生虫病（如肝片吸虫、球虫、旋毛虫病等）、皮肤病（如湿疹、疥癣等）以及注射血清之后和某些恶性肿瘤等。

(2) 嗜酸性粒细胞减少　见于毒血症、尿毒症、严重创伤、中毒、饥饿及过劳等。大手术后5～8h，嗜酸性粒细胞常常消失，2～4d后又常常急剧增多，临床症状也见好转。在长期应用肾上腺皮质激素后也可出现嗜酸性粒细胞减少。

3. 嗜碱性粒细胞（basophil，B）　嗜碱性粒细胞是一种少见的粒细胞，仅占白细胞的0.1%，它也是由骨髓干细胞所产生，其生理功能中的突出特点是参与超敏反应。嗜碱性粒细胞表面有IgE的Fc受体，当与IgE结合后即被致敏，再受相应抗原攻击时即引起颗粒释放反应。嗜碱性粒细胞中含有多种活性物质，有组胺、肝素、慢反应物质、嗜酸性粒细胞趋化因子、血小板活化因子等。组胺具有使小动脉和毛细血管扩张的作用，并使小静脉和毛细血管的通透性增加．它反应快而作用时间短，故又称快反应物质。肝素具有抗凝作用，慢反应物质与前列腺素有关，它可使平滑肌收缩。

嗜碱性粒细胞的增多与减少比较少见，在外周血中本来不易见到，故其减少无临床意义。

4. 淋巴细胞（lymphocyte，L）　淋巴细胞也源于骨髓造血干细胞，其数量较多，约占白细胞总数的1/4。淋巴细胞不是一种终末细胞，而是一种不活跃的处于静止期的细胞。它具有与抗原起特异反应的能力，是重要的免疫活性细胞。淋巴细胞因发育和成熟途径不同，可分为胸腺依赖淋巴细胞和骨髓依赖淋巴细胞两种类型，即T淋巴细胞和B淋巴细胞，它们之间又有效应细胞和记忆细胞之分。此外，还有非T非B淋巴细胞，即K细胞和自然杀伤细胞（NK细胞），它们分别执行着不同的功能。T淋巴细胞的前体细胞依赖胸腺发育成熟为有功能活性的T淋巴细胞，参与细胞免疫功能，T细胞寿命较长，可存活数月甚至数年，主要参与淋巴细胞的再循环活动，具有加强免疫反应、散布记忆细胞、充实淋巴组织并使进入体内的抗原与抗原反应细胞广泛接触等作用。B淋巴细胞的前体细胞则是通过骨髓发育成熟为B淋巴细胞，其寿命较短，仅存活4～5d。经抗原激活后分化为浆细胞，产生特异性抗体，在体液免疫中发挥重要作用。

（1）淋巴细胞增多　见于某些感染性疾病，主要是病毒性感染如猪瘟、流行性感冒，也可见于某些细菌感染如结核杆菌、布鲁氏菌以及血孢子虫病等。

（2）淋巴细胞减少　当中性粒细胞绝对值增多，伴随减少的常常是淋巴细胞，说明机体与病原处于激烈斗争阶段，以后淋巴细胞由少逐渐增多，常为预后良好的象征。

5. 单核细胞（monocyte，M）　单核细胞与中性粒细胞有共同的前体细胞即粒—单核细胞系祖细胞（CFU-GM），在骨髓内经原单核细胞、幼单核细胞发育为成熟单核细胞而进入血液。成熟的单核细胞在血液中仅逗留1～3d即逸出血管进入组织或体腔内，转变为巨噬细胞，形成单核—巨噬细胞系统而发挥其防御功能。其功能主要有以下几个方面：

（1）诱导免疫反应　通过吞饮或吞噬可溶性抗原和颗粒性抗原，在溶体酶的作用下，将抗原分解，然后通过递质，将抗原提供给淋巴细胞，以激活淋巴细胞，在特异性免疫中起重要作用。

（2）吞噬和杀灭某些病原体　如病毒、结核杆菌、布鲁氏菌等被吞噬后，除通过溶酶体酶的作用外，还可通过巨噬细胞内产生的H_2O_2被杀灭。

（3）吞噬红细胞和消除损伤组织及死亡的细胞　主要处理衰老的或异常的红细胞，以及清理炎症反应场所。

（4）抗肿瘤活性　实验证明，激活的巨噬细胞在体外对肿瘤细胞的生长有抑制作用，也有杀灭肿瘤细胞的能力。

（5）对白细胞生成的调节　单核细胞和巨噬细胞可产生集落刺激因子，在单核细胞和中性粒细胞生成中可能起反馈性调节作用。

单核细胞增多，见于某些原虫性疾病如焦虫病、锥虫病，某些慢性细菌性疾病如结核、布鲁氏菌病，以及某些病毒性疾病如马传染性贫血等。

单核细胞减少，主要见于急性传染病的初期和各种疾病的垂危期。

附：血涂片的制备与染色

血涂片制备和染色的质量直接影响细胞形态和检验结果。一张合格的血涂片应该是厚薄适宜，血膜头、体、尾明显，分布均匀，边缘整齐，两侧留有一定的空隙。

一、血涂片制备

（一）载玻片要求

制血涂片使用的载玻片要有很好的清洁度。新载玻片常有游离碱质，应用清洗液或10%盐酸浸泡24h，然后再彻底清洗。用过的载玻片可放入适量肥皂水或合成洗涤剂的水中煮沸20min，再用热水将肥皂水和血膜洗去，用自来水反复冲洗，然后擦干或烤干备用。

（二）血涂片制备方法

1. 手工推片法

（1）薄血膜法

①采血：取血1小滴，置载玻片的一端1cm处或整片的3/4端。

②制备血涂片：左手持载玻片，右手持推片接近血滴，使血液沿推片边缘展开适当的宽度，使推片与载玻片呈30°～45°，匀速、平稳地向前移动推制成血涂片。

③干燥：将推好的血涂片在空中晃动，使其迅速干燥。天气寒冷或潮湿时可置于37℃温箱中保温促干，以免时间过长导致细胞变形、缩小。

（2）存血膜涂片法　取血1滴于载玻片的中央，用推片的一角将血由内向外旋转涂布，制成厚薄均匀、直径约1.5cm的圆形血膜，自然干燥后，滴加数滴蒸馏水，使红细胞溶解，脱去血红蛋白，倾去水，血涂片干后即可染色镜检。本法特别适合检查微丝蚴等。

2. 仪器自动涂片法　目前，有许多型号的自动血液分析仪配备有自动血液涂片仪和染色仪，可以按操作者的指令执行自动送片、取血、推片、标记，甚至染色等。

（三）方法学评价

良好的血涂片是染色后血液形态学检查的前提。薄血膜推片法用血量少、操作简单，是广为采用的方法。某些抗凝剂可使血细胞形态发生变化，分类时应注意鉴别。根据不同需要（如微丝蚴检查等）可采用厚血涂片法，阳性检出率高。此外，旋转器涂片法，可获得细胞分布均匀、形态完好的血片，但尚未普遍推广。

（四）质量保证

手工薄血膜法质量的高低与如下环节有关，应予特别注意。

1. 玻片　保持中性、洁净、无油腻。

2. 制备血涂片　①血涂片外观应头、体、尾分明，分布均匀，边缘整齐，两侧留有空隙。②血膜外观应厚薄适宜。血膜厚度和长度与血滴的大小、推片与玻片之间的角度、推片时的速度及血细胞比容有关。一般血滴大、角度大、推片速度快则血膜厚；反之，则血膜薄。③血细胞比容高于正常时，血液黏度较高，宜保持较小的角度，可得满意结果；相反，血细胞比容低于正常时，血液较稀，则应用较大的角度和较快的推片速度，才可获得满意的血涂片。④良好的血涂片的“标准”为血膜由厚到薄逐渐过渡。

3. 染色　血涂片应在1h内完成染色，或在1h内用无水甲醇固定后染色。

二、血涂片染色

（一）染料

1. 碱性染料　为阳离子染料，如美蓝、天青、苏木素等，能接受质子，与细胞内酸性成分（如DNA）、特异的中性颗粒基质、某些胞质蛋白等结合，主要用于细胞核染色。

2. 酸性染料　为阴离子染料，主要有伊红Y和伊红B，能释放质子，与细胞的碱性成分如血红蛋白、嗜酸性颗粒及胞质中的某些蛋白质等结合并染色。这两种染料特别适于与噻嗪类染料（亚甲蓝、天青B等）作对比染色，形成红蓝分明、色泽艳丽的结果。

3. 复合染料　同时具有阴、阳离子型的染料，如瑞氏（Wright）染料、姬姆萨（Giemsa）染料。

（二）染色方法

1. 瑞氏染色法

（1）染色原理

①染料的组成：瑞氏染液由酸性染料伊红和碱性染料亚甲蓝溶解于甲醇而成。不同的细胞由于所含化学成分不一样，对各种染料的亲和力也不一样，首先，细胞中的碱性物质，如红细胞中的血红蛋白及嗜酸性粒细胞的嗜酸性颗粒等与酸性染料伊红结合染成红色，这些碱性物质又称为嗜酸性物质。其次，细胞中的酸性物质，如淋巴细胞及嗜碱性粒细胞的嗜碱性颗粒等与碱性染料亚甲蓝结合染成蓝色，这些酸性物质又称为嗜碱性物质。再次，中性粒细胞的中性颗粒呈等电状态与伊红和美蓝均可结合，染成淡紫红色，称为中性物质。

②pH的影响：细胞多种成分属蛋白质，由于蛋白质系两性电解质，所带电荷随溶液pH而定，当pH小于pI（等电点）时，蛋白质带正电荷增多，易与伊红结合，染色偏红；当pH大于pI时，蛋白质带负电荷增多，易与美蓝或天青B结合，染色偏蓝。因此，细胞染色对氢离子浓度十分敏感。染色时常用缓冲液（pH6.4～6.8）来调节染色时的pH，以达到满意的染色效果。

（2）试剂

①瑞氏染液：瑞氏染料1.0g、甲醇600mL，甘油15mL。将全部染料放入清洁干燥的乳钵中，先加少量甲醇慢慢研磨，使染料充分溶解，再加一些甲醇混匀，然后将溶解的部分倒入洁净的棕色瓶内，乳钵内剩余的未溶解的染料，再加少许甲醇细研，如此多次研磨，直至染料全部溶解，甲醇用完为止，再加15mL甘油密封保存。甘油可防止甲醇过早挥发，同时也可使细胞着色清晰。

②磷酸盐缓冲液（pH6.8）：磷酸二氢钾（KH_2PO_4）0.3g、磷酸氢二钠（Na_2HPO_4）0.2g、蒸馏水加至1 000mL。配好后用磷酸盐溶液校正pH，塞紧瓶口储存。也可以配成10倍浓缩的储存液，应用时稀释。

（3）染色

①标记血涂片：在已制备的血涂片的一端用红蜡笔编号。

②加瑞氏溶液：待血涂片干透后，用蜡笔在两端画线，以防染色时染液外溢。然后将血涂片平放于染色架上，滴加染液3～5滴。

③加缓冲液：约1min后，滴加等量或稍多的缓冲液，轻轻摇动血涂片或用洗耳球对准血涂片加液处轻吹，使染液充分混合。

④冲洗染液：染色5～10min后，用流动的蒸馏水从血涂片一端冲去染液，30s以上。染片背面用纱布擦净后，待干。

⑤判断染色结果：在正常情况下，良好的染色结果为血膜外观为淡紫红色；低倍镜下，细胞分布均匀；红细胞呈粉红色（非红色或柠檬黄色），少见染色颗粒，血细胞无人为形态如空泡。白细胞胞质能显示各类细胞的特有色彩，白细胞核染成紫红色，染色质和副染色质清晰，粗细松紧可辨。

2. 姬姆萨染色法

（1）染色原理　与瑞氏染色基本相同。姬姆萨染色法提高了噻嗪染料的质量，加强了天青的作用，本法对细胞和寄生虫着色较好，结构显示更清晰，而细胞和中性颗粒则着色较差。

（2）试剂　姬姆萨染料粉末1.0g、甘油66mL、甲醇66mL。将1.0g姬姆萨染料末全部倒入盛有66mL甘油的圆锥烧瓶内，在56℃的水浴锅上加热90～120min，使染料与甘油充分混匀溶解，然后加入60℃预热的甲醇，充分摇匀后放入棕色瓶，室温静置7d，过滤后使用。染液放置越久，细胞着色越佳。

（3）染色

①标记血涂片：在已制备的血涂片的一端用红蜡笔编号。

②固定血膜：将干燥血涂片用甲醇固定 3～5min。

③血膜染色：将固定的血涂片置于被 pH6.4～6.8 磷酸盐缓冲液稀释 10～20 倍的姬姆萨染液中，浸染 10～30min，取出用流水冲洗，干燥。

【方法学评价】瑞氏染色法是血细胞分析最常用的染色法，尤其对于细胞质成分及中性颗粒等的染色，可获得很好的染色效果，但对细胞核的染色不如姬姆萨染色法。故采用瑞氏—姬姆萨复合染液可取长补短，使血细胞的胞质、颗粒、胞核等均获得满意的染色效果。

【质量保证】染色过深、过浅与血涂片中细胞数量、血膜厚度、染色时间、染液浓度、pH 密切相关。

1. 瑞氏染液质量　新配染色液的染色效果较差，放置时间越长亚甲蓝转变为天青越多，染色效果越好。染液应储存在棕色瓶中，久置应密封，以免甲醇挥发或氧化成甲酸。

2. 染色时间与染液浓度　染液淡、室温低、细胞多、有核细胞多，则染色时间要长；反之，则染色时间短。冲洗前可先在低倍镜下观察有核细胞是否染色清楚，核质是否分明。因此，染色时间应视具体情况而定，特别是更换新染料时必须经过试染，选择最佳染色条件。

3. 染色过程　血涂片应水平放置；染液不能过少，以免蒸发后染料沉淀；加染液后可用洗耳球轻吹，让染液覆盖全部血膜；加缓冲液后要让缓冲液和染液充分混匀。

4. 冲洗染液　水流不宜过快，应用流水将染液缓缓冲去，而不能先倒掉染液再用流水冲洗，以免染料沉着于血片上，干扰显微镜检查时对细胞的识别。冲洗时间不能过长，以免脱色。冲洗后的血液片应立即立于玻片架上，防止血涂片被剩余的水分浸泡而脱色。若见血膜上有染料颗粒沉积，可用甲醇或瑞氏染液溶解，但需立即用水冲洗掉甲醇，以免脱色。

5. 脱色与复染

（1）染色过深　可用甲醇或瑞氏染液适当脱色，也可用水冲洗或浸泡一定时间。

（2）染色过浅　可以复染，复染时应先加缓冲液，后加染液，或加染液与缓冲液的混合液，不可先加染液。

第三节　血小板计数

一、血小板计数

【标本】抗凝血。

【简介】血小板是由骨髓巨核细胞成熟后，细胞质解离而成，它有保护毛细血管完整的作用，在动物体内黏附于血管上，对毛细血管有弥补作用。血小板破坏分解后，能促使血管收缩和血块收缩，与血浆中其他凝血因子结合，可促进血液凝固。因此，血小板计数对诊断出血性疾病是必做的检验项目之一。

【方法】目视法，血细胞分析仪法。

血小板计数常用的方法分为两大类：一是在普通生物学显微镜下目视计数法，二是用血细胞分析仪进行。后法除了得到血小板数，还能得到血小板压积，血小板平均体积和血小板体积分布宽度等数据。目前国内仍以目视法作为参考方法。常用草酸铵稀释液和尿素稀释液两种方法进行检查。用稀释液将血液稀释一定倍数后混匀，充入计数池中，于显微镜下统计一定体积内血小板数，单位为$\times10^{11}$/L。

【参考值】健康动物血小板数（$\times10^{11}$/L）：犬 2～9，猫 3～7，牛 1～8，马 1～6，猪

2～5，绵羊 2.5～7.5，山羊 3～6。

【临床意义】

1. 血小板增多　多为暂时性的，见于急性和慢性出血、骨折、创伤、手术后；也可见于真性红细胞增多症、慢性粒细胞白血病、溶血性贫血、出血性贫血、肺炎以及传染性胸膜肺炎等。

2. 血小板减少　主要见于某些真菌毒素中毒、某些蕨类植物中毒、马传染性贫血、放射病和急性白血病等。此外，还可见于血小板破坏过多的疾病，如免疫性血小板减少性紫斑、感染及伴有弥散性血管内凝血过程的各种疾病。

二、血小板形态检查

【标本】同红细胞计数和红细胞形态检查。

【简介】血小板在正常状态下，呈两面微凸的圆盘状无核细胞，直径 1.5～3.5μm，浆内可见细小紫色颗粒，有时颗粒浓集于中央，周围有淡染区，为激活血小板。此外，尚有少数低颗粒血小板。EDTA 抗凝血在采集后 10min 至 1h 内涂片检查时，血小板直径大于 3μm 或低颗粒血小板小于 5%。显微镜形态学检查主要为血小板大小、分布、聚集等经验性评估，而血液分析仪主要为计量性评估，如血小板平均体积（mean platelet volume，MPV）、血小板体积分布宽度（platelet distribution width，PDW）、血小板比容（PCT）和大血小板比值（P－LCR）等参数，其临床价值尚需作进一步研究。

【方法】显微镜法。

【临床意义】

1. MPV　反映了巨核细胞增生和血小板生成情况。增加见于骨髓增生性疾病、原发性血小板减少性紫癜、缺铁性贫血、甲状腺功能亢进等疾病；减低见于反应性血小板增多症、骨髓造血功能不良如叶酸或维生素 B_{12} 缺乏等疾病。

2. PDW　可用于鉴别原发性血小板增多症和反应性血小板增多症，前者 PDW 增加，后者 PDW 正常。

3. P－LCR　代表血小板计数中体积≥12fL 的血小板的比值或数量，有助于识别堆集血小板、大血小板和细胞碎片，并可监测骨髓的造血功能。

参　考　文　献

贲素琴，倪松石，施裕新，等．2004. 犬实验性肺血栓栓塞症后血清乳酸脱氢酶同工酶 3 和血浆 D-二聚体的动态研究［J］. 中国心血管杂志，9（3）：160－165.
郭定宗．2006. 兽医临床检验技术［M］. 北京：化学工业出版社．
郭定宗．2010. 兽医内科学［M］. 第 2 版．北京：高等教育出版社．
钱士匀．2008. 临床生物化学与检验实验指导［M］. 第 3 版．北京：人民卫生出版社．
熊立凡，刘成玉．2007. 临床检验基础［M］. 第 4 版．北京：人民卫生出版社．
周新，府伟灵．2008. 临床生物化学与检验［M］. 第 4 版．北京：人民卫生出版社．

第三章 血液生化检查

第一节　糖代谢功能检查

一、血糖测定

【同义词】血葡萄糖测定。

【标本】动物禁食12h后采集全血1mL，凝固后立即分离血清。

注意：样本应没有溶血，且血清应在30min内分离。

【简介】血糖是血液中的葡萄糖。通常情况下，动物的血糖浓度保持相对恒定。肝脏在糖的分解、合成代谢和糖类的相互转化上均起着十分重要的作用。它通过肝糖原的生成与分解、糖的氧化分解、糖异生和将其他糖转化为葡萄糖等以维持血糖恒定。当肝细胞损害（尤其是肝炎）时，由于肝内糖代谢酶系的变化可导致血糖异常。

【方法】邻甲苯胺法和葡萄糖氧化酶法。

【参考值】犬3.4～6.0mmol/L，猫3.4～6.9 mmol/L，马3.5～6.3 mmol/L，牛2.3～4.1mmol/L，绵羊2.4～4.5 mmol/L，猪3.7～6.4 mmol/L，山羊2.7～4.2 mmol/L。

【临床意义】严重肝脏疾病的动物，由于肝脏贮存糖原及糖异生等功能低下，不能有效调节血糖平衡，可引起血糖降低。而动物进食摄入高糖物质后或应激引起肾上腺素分泌增加可引起的生理性高血糖。兽医临床上最重要的高血糖症见于糖尿病，其特征是血糖浓度持续升高。

1. 血糖升高

(1) *生理性或一时性*　如单胃动物饲后2～4h、精神紧张、兴奋，马的强制保定、疼痛（如耳夹子强力夹耳）及注射可的松类药物等。

(2) *病理性*　见于糖尿病（犬、猫）、胰腺炎、酸中毒、癫痫、搐搦、脑内损伤、肾上腺皮质功能亢进、甲状腺和脑垂体前叶功能亢进，以及濒死期等。

2. 血糖降低　见于胰岛素分泌增多、肾上腺和肾上腺皮质功能不全、甲状腺和脑垂体前叶功能减退、坏死性肝炎、肝炎的后期、消化吸收不良的胃肠病、饥饿、衰竭症、慢性贫血、牛酮血病、母羊妊娠病、仔猪低血糖症、功能性低血糖症及毒物中毒等。

3. 健康家畜的葡萄糖肾阈　马10～12mmol/L，牛5.4～5.7mmol/L，绵羊8.9～12mmol/L，山羊3.9～7.2 mmol/L。血中葡萄糖如果超过这一限度即可出现糖尿。因此，在给家畜输注葡萄糖后，间隔一定的时间检验尿中是否有糖，在缺乏必要的检验条件下，可作为输糖量是否合适的粗放参考指标。肝功能出现问题，输入常规糖量，尿糖也会呈现阳性反应。

二、血酮体测定

【标本】抽取动物静脉血 3mL，凝固后离心分离血清或置抗凝管中分离血浆。

【简介】酮体是脂肪酸分解代谢的中间产物，包括乙酰乙酸、β-羟丁酸和丙酮。酮体主要由肝脏产生，但肝脏产生的酮体需经血液运送至肝外组织利用，氧化生成二氧化碳和水。当机体糖代谢发生障碍时，机体处于能量负平衡状态时，脂肪酸分解代谢增加，导致酮体大量产生，一旦酮体产生超过肝外组织利用速度，即可引起血中酮体堆积，称为酮血症。过多的酮体从尿中排出称为酮尿。

【方法】化学比色法、酶法等，但常用的比色法只能定性或定量测定其中的一种或两种组分。

【参考值】奶牛 0～1.72mmol/L，其他动物尚无。

【临床意义】某些肝细胞损伤性疾病，如中毒、急性实质性肝炎，由于糖代谢障碍，糖的利用减少，脂肪分解增加，导致酮体生成过多，产生酮血症。此外，禁食过久、产后食欲下降、奶牛的原发性酮病、妊娠毒血症、乳房炎时血酮体也可增加。老年犬、猫的重症糖尿病血酮体含量也增加。

三、血液丙酮酸测定

【标本】抽取动物静脉血 2mL，立即注入预先定量的冰冷蛋白沉淀剂的试管中。

【简介】丙酮酸是糖分解代谢的中间产物。经无氧酵解途径在乳酸脱氢酶（LDH）的催化下，丙酮酸从 NADH＋H^+ 上获得 2 个氢离子被还原成乳酸。经有氧氧化途径，丙酮酸则氧化脱羧生成乙酰辅酶 A，参与三羟酸循环，彻底分解为二氧化碳和水。当肝细胞中三羧酸循环运转不佳时，可引起血中丙酮酸升高。

【方法】LDH 分光光度法。

【参考值】乳牛（0.63±0.23）mmol/L。

【临床意义】严重肝细胞损害，特别发生在肝昏迷时，血中丙酮酸显著上升。此外各种原因引起的组织严重缺氧也可引起血中丙酮酸和乳酸增加。维生素 B_1 焦磷酸酯是丙酮酸在细胞内进一步氧化分解成乙酰辅酶 A 的重要辅基。当机体维生素 B_1 缺乏时，体内丙酮酸氧化发生障碍，导致血液中的丙酮酸含量增加，故血液丙酮酸的测定主要用于维生素 B_1 缺乏症的辅助诊断。

丙酮酸增高见于乳牛酮血症、母羊妊娠毒血症、长期饲喂高脂肪低糖的饲料以及各种慢性疾病的营养负平衡期、饥饿、恶病质等。

第二节　血脂及脂蛋白检查

一、甘油三酯测定

【标本】采空腹静脉血。

【简介】肝脏不断地从血中摄取游离脂肪酸后合成内源性甘油三酯，然后以脂蛋白的形式将其送入血液，故正常情况下血浆中甘油三酯（triglyceride，TG）是处于交换之中，并保持动态平衡。如果进入血液中速度增快或清除速度减缓，则可引起血浆的甘油三酯量增高。高甘油三酯血症为心血管疾病的危险因素，血清甘油三酯水平受年龄、性别和饮食的影响。

【方法】目前多采用酶法测定。

【参考值】牛 350～400mg/L，犬 600～900 mg/L，鸡 200～300 mg/L。

【临床意义】

1. 增高　见于高脂血症、糖原储存障碍性疾病、心肌梗死、与内分泌有关的代谢疾病，继发于某些疾病（如糖尿病、肾病综合征、甲状腺功能减退和胰腺炎等）。

2. 降低　见于甲状腺功能亢进症、肾上腺皮质功能降低、严重的肝功能低下、营养不良。

二、总胆固醇测定

【标本】采空腹静脉血。

【简介】胆固醇是脂类代谢的中间产物，高胆固醇血症与动脉粥样硬化的形成有明确的关系，在人与冠心病的关系已得到广泛共识，降低血清胆固醇可使冠心病的发病率降低并防止粥样斑块的进展。血清胆固醇水平受年龄、性别等影响。在动物特别是种畜和宠物，饲养条件良好，运动减少，寿命延长，血清胆固醇在临床上的意义也日显重要。

【方法】比色法，酶法。

【参考值】牛 2.08～3.12mmol/L，马 1.95～3.9mmol/L，猪 0.936～1.404mmol/L，绵羊 1.352～1.976mmol/L，山羊 2.080～3.380mmol/L，犬 3.510～7.020mmol/L，鸡 2.964～3.380mmol/L。

【临床意义】

1. 增高　动脉粥样硬化、Ⅰ～Ⅴ型高脂血症、肾病综合征、甲状腺功能减退症、糖尿病活动期、肥胖、阻塞性黄疸。

2. 减低　急性肝坏死、肝硬化、甲状腺功能亢进。

三、高密度脂蛋白胆固醇测定

【标本】采空腹静脉血。

【简介】高密度脂蛋白胆固醇（high density lipoprotein cholesterin，HDL－C）有抗动脉粥样硬化的作用，主要是它作为一种载体将周围组织的总胆固醇转运到肝脏，进行进一步代谢。另外，它有抑制细胞摄取低密度脂蛋白胆固醇的作用，从而减少细胞内总胆固醇的堆积，故具有冠心病的预防作用。在评估心血管病危险因子中，HDL－C 含量减少比 TC、TG 意义更大。

【方法】常用沉淀法及酶法测定。

【参考值】猪 0.587～0.715mmol/L。

【临床意义】一般认为，HDL－C 与心血管疾病的发病率和病变程度呈负相关，即 HDL－C 降低则冠心病的危险性增加，在慢性肝病和慢性中毒性疾病时 HDL－C 增高。

其他 HDL－C 降低的疾病见于家族性 α 脂蛋白血症、甲状腺功能亢进症、肝病晚期、糖尿病、肥胖、长期体力活动不足时。据报道，肥肝鹅的 HDL－C 比一般鹅低。

四、低密度脂蛋白胆固醇测定

【标本】采空腹静脉血。

【简介】低密度脂蛋白胆固醇（low density lipoprotein cholesterin，LDL－C）是由极低密度脂蛋白胆固醇（VLDL－C）转变而来。肝脏合成的内源性总胆固醇主要是以 LDL－C 形式转运至周围组织，故 LDL－C 的总胆固醇含量最高。与冠心病的关系较总胆固醇更为密切，也被称为冠心病的致病因子。

【方法】一般采用沉淀法，也有根据 Friedwald 提出的公式计算法，但此公式只有在甘油三酯小于 4.52mmol/L 时适用。Friedwald 公式为：

$$LDL-C=TC-(HDL-C+TG/5)$$

【正常值】猪 1.199～1.300mmol/L。

【临床意义】LDL－C 具有致动脉粥样硬化的作用，目前认为是冠心病独立危险因素。

增高见于家族Ⅱ型高脂蛋白血症、高胆固醇及高饱和脂肪饮食、甲状腺功能减退症、肾病综合征、糖尿病、肝脏疾病、卟啉病等。

第三节 蛋白质代谢功能检查

一、血清总蛋白、清蛋白、球蛋白及清蛋白/球蛋白比值测定

【标本】抽静脉血 3mL 凝固后离心分离血清。

【简介】血清总蛋白（total protein，TP）是血清中全部蛋白质的总称，清蛋白（Albumin，Alb）（也称白蛋白）和球蛋白（globulin，G），则是应用盐析法或电泳法从血清总蛋白中分离出来的两类重要组分。清蛋白全部由肝细胞合成，是血浆中含量最多的蛋白质，约占血浆总蛋白的 40%～60%，在血中的半寿期为 15～19d。球蛋白在电泳中又可分成 α_1、α_2、β 和 γ 4 个组分，其中除大部分 α 和 β 也由肝细胞合成外，γ 则由网状内皮系统细胞合成。正常情况下清蛋白/球蛋白比值（A/G）大于 1，肝脏病变时，清蛋白下降，总蛋白下降，球蛋白升高，A/G 比值发生变化，因此测定总蛋白、清蛋白、球蛋白和 A/G 是临床判断肝功能的常用指标。

【方法】双缩脲法。清蛋白测定用染料结合法中的溴甲酚绿法或溴甲酚紫法。球蛋白可由总蛋白减去清蛋白获得，同时可计算清/球比值。

【参考值】各种动物血清总蛋白、清蛋白、球蛋白及清蛋白/球蛋白比值见表 3－1。

表 3-1 各种动物血清总蛋白、清蛋白、球蛋白及清蛋白/球蛋白比值

畜别	总蛋白（g/L）	清蛋白（g/L）	球蛋白（g/L）	清蛋白/球蛋白比值
犬	55～75	26～40	21～37	0.7～1.9
猫	57～80	24～37	24～47	0.6～1.2
马	57～79	25～38	24～46	0.7～1.5
牛	62～82	28～39	29～49	0.6～1.3
猪	58～83	23～40	29～60	0.4～0.7
山羊	61～74	23～36	27～44	0.6～1.1
绵羊	59～78	27～37	32～50	0.4～0.8

【临床意义】

1. 总蛋白增高

（1）相对增高可发生在各种原因引起的体内水分排出大于摄入，特别是急性失水（如呕吐、腹泻等）。

（2）血清蛋白质合成增加，大多发生在动物患淋巴肉瘤和浆细胞瘤。

2. 总蛋白降低

（1）各种原因引起的血浆中水分增加，血浆被稀释。

（2）营养不良和消耗增加。

（3）合成障碍　主要是肝功能障碍引起清蛋白合成减少。

（4）蛋白质丢失　如严重烧伤、创伤、引流、肾脏疾病、糖异生引起白蛋白分解过多、大量血浆外渗；大出血时大量血液丢失，肾病综合征时尿中长期丢失蛋白质等。

3. 清蛋白　其增高、下降原因基本上与TP相同。但肝脏疾病引起Alb下降较TP更为灵敏，在慢性肝病，尤其肝硬化时同时伴有球蛋白增高，清蛋白/球蛋白比值下降甚至倒置。

4. 球蛋白　临床上以γ球蛋白增高最为常见，主要与炎症、感染、自身免疫性疾病、骨髓瘤和淋巴瘤有关。球蛋白下降主要是合成减少，可见于肾上腺皮质激素和免疫抑制剂使用过度以及动物的先天性免疫缺陷等。

5. 清蛋白/球蛋白比值　在肝硬化时降低，甚至倒置。

血清蛋白含量的测定对确定家畜的代谢能力，判断疾病种类和预后等都有一定价值。正常情况下，幼畜、妊娠和母畜泌乳期，血清总蛋白偏低，血清总蛋白随年龄的增长有升高的趋势，母畜稍高于公畜，饲料良好的也有所增加。

血清总蛋白、白蛋白及清蛋白/球蛋白比值减低，见于肝功能损害如脂肪肝、肝硬变、中毒性肝实质性炎症，肾脏疾患如肾炎和肾病等，胃肠道疾患，以及恶性贫血、妊娠毒血症、恶病质等。

球蛋白含量增高、血清总蛋白升高、清蛋白/球蛋白比值下降，见于各种感染及慢性肝脏疾患等。

血清总蛋白升高，但清蛋白/球蛋白比值不变，见于各种原因造成的脱水。

血清总蛋白、球蛋白含量均降低，清蛋白/球蛋白比值升高，见于重度疾病的濒死期。

二、血清蛋白电泳测定

【标本】抽静脉血 3mL，凝固后分离血清。

【简介】血清蛋白系两性电解质，各种血清蛋白的等电点不同，故在 pH 较高的缓冲液中，由于其带有负电荷的多少和分子量的不同，在电场中以不同速度向正极泳动。在常规醋酸纤维素薄膜电泳中，按其泳动速度，从正极端起依次可区分为 Alb，α_1、α_2、β 和 γ 球蛋白 5 条区带。

【方法】醋酸纤维素薄膜电泳或琼脂糖凝胶电泳。

【参考值】Alb 60%～70%，α_1G 1.7%～5.0%，α_2G 6.7%～12.5%，βG 8.3%～16.3%，γG 10.7%～20.0%。

【临床意义】在严重肝细胞损害、肝硬化时，清蛋白明显减少，γ 球蛋白则分别轻度和明显增加。肝硬化时常见 β 球蛋白与 γ 球蛋白区带连成一片，难以分开，称之 β－γ 桥。肾脏疾病时，清蛋白明显减少，γ 球蛋白轻度减少，而 α_1、α_2、β 球蛋白增加。多发性骨髓瘤患者 γ 球蛋白大量增加，出现 M 蛋白血症（又称单株免疫球蛋白异常症）。

血清蛋白电泳的结果主要是反映蛋白质各组分之间的相对变化，这种变化对疾病虽无确诊价值，但在一定程度上却反映了疾病的状态和预后。

犊牛、羔羊、仔猪出生后未吮奶前 γ-球蛋白是缺乏的。仔猪在吮奶后血液中 γ-球蛋白量急剧升高，12h 达最高点（本好茂一，1963）；24h 后可高达 40%，经 3～4 周 γ-球蛋白减少到总蛋白量的 5%，在此期间白蛋白和 β-球蛋白含量升高。牛随年龄的增加球蛋白量升高；白蛋白含量降低。乳牛在泌乳开始后 β 和 γ-球蛋白减少。鸡在笼养情况下，总蛋白和 α-球蛋白含量比非笼养的鸡为高。

兔在每日给可的松以后，白蛋白和 γ-球蛋白下降，β-球蛋白升高，并可产生一条新的蛋白组分 α_3-球蛋白。

家畜在免疫后 γ-球蛋白含量增加。

三、血清前清蛋白测定

【标本】抽静脉血 3mL，凝固后分离血清。

【简介】前清蛋白（prealbumin，Pre－Alb）系肝细胞合成的糖蛋白。蛋白电泳时迁移在清蛋白之前，其半寿期仅 0.5d，故可作为肝功能早期损害的指标。

【方法】醋酸纤维素薄膜电泳法或免疫比浊法。

【参考值】动物资料目前尚无，测定时应结合测定正常动物进行判定。

【临床意义】Pre－Alb 是肝功能早期损害的指标，急性肝细胞损害时，明显下降。同时 Pre－Alb 减少可作为监测营养不良的指标。Pre－Alb 增高偶见于肾病综合征。

四、血氨测定

【标本】抽动物静脉血 2mL 置草酸钾或肝素或 EDTA 抗凝管中充分摇匀，放入冰瓶送检。

【简介】氨是对机体有毒的物质。正常血氨主要源自肠道细菌产氨（每天约 4g），其次为肾脏泌氨和肌肉组织产氨。解除氨毒的机制主要靠肝内尿素合成。当肝硬化或肝功能严重不全时，肝清除氨的能力降低。加之门—腔静脉短路，使肠道吸收的氨不经肝脏，直接进入体循环可造成高氨血症，引起肝昏迷。动物可由于饲料中蛋白质过多，发生上消化道出血等，导致血氨来源增加，可诱发肝昏迷的发生。

【方法】扩散法、离子交换法、氨选择电极法和酶法。

【临床意义】肌肉运动及进食高蛋白后可引起生理性增高。肝昏迷、肝性脑病、重症肝炎、尿毒症及先天性鸟氨酸循环有关酶缺乏症等均可引起血氨病理性增高。

1. 血氨增高

（1）肝细胞损伤，肝功能障碍。产自肠道的氨，经门脉进入肝内，受到损伤的肝细胞不能将氮合成尿素排出体外。马的肝性昏迷，血氨及脑脊髓液中的氨均见增多。

（2）门静脉血流障碍。同时伴血液尿素氮的降低。

（3）慢性肝脏疾病，如肝硬变、肝萎缩等。同时伴有低白蛋白血及腹水。

2. 血氨降低　无临床意义。

第四节　肝脏酶学检查

一、血清丙氨酸氨基转移酶测定

【同义词】旧称谷丙转氨酶（glutamic pyruvic transaminase，GPT）测定。

【标本】抽静脉血 3mL，凝固后分离血清。

【简介】丙氨酸氨基转移酶（alanine aminotransferase，ALT）是机体的氨基转移酶之一，在氨基酸代谢中起着重要作用。ALT 广泛分布在动物肝、肾、心等器官中，尤以肝细胞中的含量最高，约为血清中的 100 倍，故只要有 1%肝细胞坏死，即可使血清中 ALT 增加 1 倍，因此，它是这些动物最敏感的肝功能检测指标之一。当肝细胞受损害，细胞膜通透性增加或细胞破裂，肝细胞内 ALT 大量逸入血液，故血清 ALT 增加是反映肝细胞损害的最敏感指标之一，具有很高的灵敏度和较高的特异性。ALT 是犬、猫和灵长目动物肝脏的特异性酶，测定该酶的活性对于诊断上述动物的肝脏疾患有重要意义，而对其他动物的肝脏疾病没有诊断价值。

【方法】赖氏比色法和酶偶联连续监测法。

【参考值】ALT 的参考值随测定方法、反应温度和试剂盒类型等不同而异。各种动物通常的范围如下：犬 21～102 U/L，猫 6～38 U/L，牛 14～38 U/L，马 3～32 U/L，山羊 24～38 U/L，猪 31～58 U/L。

【临床意义】血清 ALT 活性升高见于狗、猫和灵长目动物的急性病毒性肝炎、慢性肝炎、肝硬化、胆道疾病、脂肪肝、中毒性肝炎、黄疸型肝炎、病毒性肝炎的隐性感染及其他原因引起的肝损害，可作为这些动物肝细胞变性或损害的指标。另外，据报道，在严重贫血、砷中毒、实验性牛胃肠炎、鸡脂肪肝和肾综合征疾病中，也见有血清 ALT 活性升高。胆囊炎等 ALT 也可升高。此外，动物的心、脑、骨骼肌疾病和许多药物均可使血中 ALT 升高。

二、血清天门冬氨酸氨基转移酶测定

【同义词】旧称谷氨酸草酰乙酸转移酶（glutamic oxaloacetic transaminase，GOT）测定。

【标本】抽静脉血 3mL，凝固后分离血清。

【简介】天门冬氨酸氨基转移酶（aspartate aminotransferase，AST）是机体另一个重要的氨基转移酶，催化天门冬氨基酸和 α-酮戊酸转氨生成草酰乙酸和谷氨酸，广泛分布于机体中，特别是心、肺、骨骼肌、肾、胰腺、红细胞中等。AST 在心肌中含量最高，其次为肝脏。肝细胞中 AST 的含量约是血液 ALT 的 3 倍。因此，当发生肝脏疾患时血液中 AST 显著生高。AST 对肝细胞损害的诊断灵敏度不亚于 ALT，但其特异性较差，可用于探查体内广泛组织的损害。AST 有两种同工酶，分别存在于胞质（称 AST－S，约占 30%）和线粒体（称 AST－M，约占 70%）。AST 对肝脏不具特异性，但除狗、猫、和灵长动物外，当其他动物的肝细胞坏死时，AST 含量也可急剧增高。

【方法】赖氏比色法和酶偶联连续监测法。常用的为赖氏法。

【参考值】犬 23～66 U/L，猫 26～43 U/L，牛 48～132U/L，马 266～366 U/L，山羊 167～513 U/L，猪 32～84 U/L。

【临床意义】动物的各种肝病均可引起血清 AST 升高。由于 ALT 和 AST 分别主要位于胞质和线粒体，故测定 AST/ALT 比值有助于对肝细胞损害程度的判断。

AST 在心肌细胞中含量最多，当心肌梗死时血清 AST 活力升高，一般在发病后 6～12h 显著增高，48h 达到高峰，3～5d 恢复正常。

病理性升高：肝脏阻塞性黄疸，肝实质性损害时仅见轻度升高。也见于骨骼疾病，如纤维素性骨炎、骨瘤、佝偻病、骨软症、骨折、继发性甲状旁腺机能亢进等。此外，马结肠黏膜亦含有大量碱性磷酸酶，当发生炎症后亦会升高。除发现在变性肝病时有升高外，在肾炎时亦见有升高。

牛、绵羊的 AST 增高见于各种原因引起的肝坏死、肝片吸虫、肌营养不良和饥饿等；马的 AST 增高见于氮质尿、肝炎、败血症和肠道疾病等；犬和猫的 AST 增高见于肝坏死，心肌梗死；另据报道，动物砷、四氯化碳和黄曲霉菌毒素中毒，家禽肌营养不良，血清中该酶活性均有显著升高。在解释试验结果时，应当仔细了解心脏和肌肉系统是否正常，如果排除了肝以外的损害或用 BSP 清除试验或血清和尿胆红素测定肯定了肝细胞损害，则 AST 可以作为估计肝坏死的程度，病变的预后和对治疗的反应的指标。而贫血、恶病质以及反刍动物低镁血症抽搐时 AST 下降。

三、血清碱性磷酸酶测定

【同义词】旧称 AKT 测定。

【标　本】抽取动物静脉血 3mL，凝固后分离血清。

【简　介】血清碱性磷酸酶（alkaline phosphatase，ALP）是一种最适 pH 为 8.6～

10.3 的磷酸单酯水解酶，在碱性环境中能水解磷酸单酯产生次磷酸，可按磷酸含量求出 ALP 活性。ALP 分布在很多组织的细胞膜上，以小肠黏膜和胎盘中含量最高，肾、骨骼和肝次之。在肝脏中，ALP 主要存在于肝细胞毛细胆管面的质膜上，随胆汁分泌。因此，ALP 主要是反映胆管梗阻的指标。但很多骨骼疾病、甲状旁腺功能亢进、溃疡性结肠炎、妊娠等均可引起血清 ALP 升高。处于生长发育期的动物，血液 ALP 主要来自骨骼，随着动物长大成熟和骨骼成年化，来自骨骼的 ALP 逐渐减少。幼年犬、猫和驹的血清 ALP 活性是成年的 2～3 倍。成年动物 ALP 主要来自肝脏。

【方法】比色法（金氏法）和连续监测法。

【参考值】牛 0～488 U/L，马 143～395 U/L，绵羊 68～387 U/L，山羊 93～387 U/L，猪 118～395 U/L，犬 20～156 U/L，猫 25～93 U/L。

【临床意义】ALP 测定常作为肝胆疾病和骨骼疾病的临床辅助诊断指标。可用热稳定试验（血清置 56℃加热 10min）区别 ALP 来自肝脏还是骨骼（肝 ALP 活力仍保存在 34%以上，骨 ALP 活力则仅保存不到 26%）。

ALP 升高通常见于以下几种情况：

1. 胆管阻塞 在发病初期或发病较轻时，ALP 最早出现变化。肝内胆汁淤积多引起血清 ALP 活性进行性升高。肝胆管阻塞也可引起血清 ALP 活性升高，但不如肝内胆汁淤积显著。肝坏死时血清 ALP 活性轻度增加。牛血清 ALP 参考值范围太大，所以用 ALP 诊断胆管阻塞时，灵敏性较差。

2. 药物诱导 扑米酮、苯巴比妥及内源性或外源性皮质激素等，都能诱导肝脏释放 ALP，使血清 ALP 活性升高。

3. 成骨细胞活性增强 各种骨骼疾病如佝偻病、纤维性骨病、骨肉瘤、成骨不全症、骨转移癌和骨折修复愈合期等由于骨损伤或病变使成骨细胞内高浓度的 ALP 释放入血，引起血清 ALP 升高。

4. 恶性肿瘤 在一些患有恶性肿瘤的成年犬，如患乳房腺癌、鳞状上皮细胞癌和血管肉瘤等，都能引起血清 ALP 活性升高甚至极度升高。

5. 急性中毒性肝损伤 在恢复阶段，其他酶开始渐降至正常，而 ALP 活性却不断增强达几天之久。

6. 原发性或继发性甲状腺机能亢进。

另外，碱性磷酸酶有几种同工酶，分别来自肝脏、骨骼系统等，其他如马的大肠也可产生碱性磷酸酶。在电泳分离过程中，通常至少可以呈现出来自肝脏和骨骼系统的同工酶。其活力的变化有助于区分这两个系统的损害情况。如肝炎、肝硬化以及钙、磷代谢障碍引起的疾患。由于同工酶的测定方法比较复杂，故其应用价值尚待进一步研究。阻塞性黄疸，急、慢性黄疸型肝炎，肝癌等均可引起血清 ALP 活力不同程度的升高，其中以癌性梗阻 ALP 升高最明显，尤其肝癌更为显著。

四、血清 γ-谷氨酰转肽酶测定

【同义词】γ-谷氨酰转移酶（gamma glutamyltranspeptidase）测定。

【标本】抽静脉血 3mL，凝固后离心分离血清。

【简介】γ-谷氨酰转肽酶（gamma glutamyltranspeptidase，γ-GT 或 GGT）是一种肽转移酶，催化 γ-谷氨酰基的转移，其天然供体是谷胱甘肽（GSH），受体是 L-氨基酸。γ-GT 在体内的主要功能是参与 γ-谷氨酰循环，与氨基酸通过细胞膜的转运及调节 GSH 的水平有关。其主要功能是参与氨基酸的吸收、转运和利用，促进氨基酸透过细胞膜，促进谷胱甘肽的分解，调节其含量。

通常情况下，动物各器官中 γ-GT 含量多少依次为肾、前列腺、胰、肝、盲肠和脑。但肾脏疾病时，血清中该酶活性增高不明显，这可能与经尿排出有关。因此 γ-GT 主要用于肝胆疾病的辅助诊断。

【方法】重氮反应比色法，连续监测法。

【参考值】牛 6.1～17.4 U/L，马 4.3～13.4 U/L，绵羊 20～52 U/L，山羊 20～56 U/L，猪 10～60 U/L，犬 1.2～6.4 U/L，猫 1.3～5.1U/L。

【临床意义】血清 γ-GT 活性升高见于肝内性或肝外胆汁淤积，肝癌和胰腺癌，急、慢性肝炎，慢性肝炎活动期，阻塞性黄疸，胆管感染，胆石症，急性胰腺炎等。但在犬不如 ALP 灵敏。牛、马等患有急性肝坏死时，血清 γ-GT 活性也升高。此外，犬用强的松龙治疗也可诱发血清 ALP 活性升高。

五、血清精氨酸酶测定

【标本】静脉采血 3mL，凝固后离心分离血清。

【简介】精氨酸酶（arginase，ARG）水解精氨酸生成尿素和鸟氨酸，为哺乳动物肝中鸟氨酸循环合成的重要酶之一。ARG 主要存在于肝脏，也存在于肾脏、心脏、脑和肌肉等器官和组织中。红细胞中的 ARG 含量为血清中的 200 倍，嗜中性粒细胞中含量更高，因此测定该酶活性的血清样品绝对不能溶血。

【方法】化学比色法。

【参考值】牛 1～30 U/L，马 0～14 U/L，绵羊 0～14 U/L，猪 0～14 U/L，犬 0～14 U/L，猫 0～14 U/L。

【临床意义】血清 ARG 活性升高见于动物的肝坏死，检测 ARG 活性是检查马、牛、猪等肝坏死的特异方法。有报道实验性四氯化碳引起的肝坏死牛，血清 ARG 升高极显著，但在血液中的半衰期较 AST 显著短。当肝坏死停止，血清 ARG 活性常在 3～4d 内恢复正常，而血清 AST 活性仍然升高达 1 周或更长时间。在临床实践中，如果精氨酸酶及 AST 两者的活性都持续升高，表明可能存在进行性的肝坏死。如果两种酶都明显升高以后，血浆精氨酸恢复正常，而 AST 活性仍增高，表示预后良好，因为肝坏死已不再发展。

六、血清和全血胆碱酯酶测定

【标本】测血清胆碱酯酶抽静脉血 3mL，凝固后离心分离血清；测全血胆碱酯酶，则抽静脉血 3mL 置草酸盐抗凝管中。

【简介】胆碱酯酶（cholinesterase，CHE）将胆碱酯水解为胆碱和有机酸。此酶在肝脏中生成后分泌到血液中。动物的体内 CHE 有两类，即乙酰胆碱酯酶（acetylcholin esterase，AcCHE）和丁酰胆碱酯酶（butylcholin esterase，ButCHE）。AcCHE 的生理功能是水解中枢神经系统和副交感神经节后纤维和自主神经节前纤维冲动时释放的乙酰胆碱，保证神经兴奋和抑制的协调统一。主要存在于胆碱能神经突触、红细胞、小鼠和猪脑灰质、大鼠肝脏，仅少量存在于血清中，ButCHE 的主要生理功能是水解丁酰胆碱和乙酰胆碱，水解前者比后者快 4 倍。主要存在于血清、脑白质、肝脏、胰脏和小肠黏膜等。

【方法】有羟胺三氯化铁法、丁酰硫代胆碱法和指示剂法，其中以羟胺三氯化铁法最为常用。

【参考值】AcCHE：牛 1 270～2 430 U/L，马 450～790 U/L，绵羊 640 U/L，山羊 270 U/L，猪 930 U/L，犬 270 U/L，猫 540 U/L。

ButCHE：牛 70 U/L，马 2 000～3 100 U/L，绵羊 0～70 U/L，山羊 110 U/L，猪 400～430 U/L，犬 1260～3 020 U/L，猫 640～1 400 U/L。

【临床意义】血清 ButCHE 降低见于引起肝功能降低的肝炎、肝硬化和肝肿瘤，其降低幅度大致与血清白蛋白相平行，随着肝功能的改善而上升至正常。

血清 CHE 测定主要用于估计肝脏的储备能力和肝病的预后。肝细胞受损时血清 CHE 降低。

全血 CHE（包括红细胞和血清中的 CHE）主要用于家畜有机磷农药中毒的辅助诊断。由于全血 CHE 活性被有机磷抑制而降低，其降低程度一般与中毒相一致。如误食污染有机磷农药的草料，有机磷农药经呼吸道、皮肤吸收进入机体。当有机磷进入体内后与胆碱酯酶结合成稳定的磷酰化胆碱酯酶，使酶失去活性。因而此酶活力的测定不仅有助于有机磷中毒的诊断，而且可根据酶活力丧失的程度作为确定中毒程度的参考，为临床治疗提供依据。据 Blood 报道（1979），有机磷中毒牛处于濒死状态时，血清中此酶的活力可下降到只有正常的 6%～16%，但某些幸存家畜也可有低于 16%的活力。

对于肝脏疾病的诊断：血清中胆碱酯酶来自肝组织，在肝脏受损害时，酶活力降低，如严重黄疸、肝炎、肝硬变时活力降低。但在阻塞性黄疸时变化不大。

营养不良、恶性贫血时酶的活力亦降低。

血清 AcCHE 降低见于肝病和肿瘤等。此外，CHE 活性降低还见于有机磷中毒、营养不良、感染及贫血。

CHE 增高见于肾脏病变、脂肪肝和甲状腺机能亢进。

家畜有机磷中毒的诊断。

七、血清单胺氧化酶测定

【标本】抽取动物静脉血 3mL，凝固后离心分离血清。

【简介】单胺氧化酶（monoamine oxidase，MAO）大致可分为两类：一类存在于肝、肾等组织的线粒体中，以黄素腺嘌呤二核苷酸（FAD）为辅酶，对伯、仲、叔胺均能氧化，参与儿茶酚胺的分解代谢。另一类存在于结缔组织，是一种细胞外酶，无 FAD 而含有磷酯吡哆醛，只对伯胺起作用，催化原胶原分子中赖氨酰或羟赖氨酰残基末端氨基氧化成醛基。上述反应是胶原分子通过醛醇缩合或醛胺缩合形成侧一侧共价桥联的关键，与组织的纤维化密切相关。

【方法】比色法和连续监测法。

【参考值】各种动物差别很大。

【临床意义】血清中的 MAO 可能主要来自结缔组织。肝硬化时，动物血清 MAO 可增高至参考值的 3～4 倍，肝癌伴有肝硬化时也明显增加。动物的急性实质性肝炎时 MAO 大多正常或轻度上升。而急性大量肝细胞坏死则可因线粒体中另一类 MAO 进入血液而致活性增高，慢性肝炎仅在活动期才见增高，故临床上测定血清 MAO 主要用于动物肝硬化的辅助诊断。

八、血清 5′-核苷酸酶测定

【同义词】5′-核苷酸磷酸水解酶测定。

【标本】抽动物静脉血 3mL，凝固后分离血清。

【简介】5′-核苷酸酶（5′-nucleotidase，5′-NT）催化 5′-核苷酸磷酸盐水解成核苷和磷酸，它广泛存在于动物的肝脏和各种组织中。虽然肝外某些器官中的 5′-NT 含量比肝胆系统更多，但血清 5′-NT 活性升高常见于肝胆疾病，其诊断特异性优于亮氨酸氨基肽酶（ALP）而灵敏度则不及 ALP。

【方法】比色法和酶偶联连续监测法。

【参考值】只有一些实验报道，动物尚无统一的参考值。

【临床意义】血清 5′-NT 测定的临床意义基本上与 ALP 相似，其主要优点是诊断特异性较高，不受骨骼疾病、妊娠及年龄的影响。血清中此酶活力增高主要见于肝胆系统疾病，如阻塞性黄疸、原发和继发性肝癌等。

阻塞性黄疸时该酶显著升高。骨的疾患（如肿瘤转移）、佝偻病时该酶不增高，但碱性磷酸酶增高。因此，测定此酶对区别肝病、骨疾患引起的碱性磷酸酶增高有一定价值。

九、血清亮氨酸氨基肽酶测定

【同义词】氨肽酶测定。

【标本】抽静脉血 3mL，凝固后离心分离血清。

【简介】亮氨酸氨基肽酶（leucine aminopeptidase，LAP）是存在于细胞内的各种氨肽酶的一种，它广泛分布于动物各组织，以肝脏、胆管系统、胰腺、小肠黏膜中的含量较丰富。

【方法】荧光光度法和分光光度连续监测法。

【参考值】只有一些实验报道，动物尚无统一的参考值。

【临床意义】血清 LAP 测定的临床意义与 γ-谷氨酰转肽酶大致相同。肝炎和肝硬化时呈轻度或中度增加，阻塞性黄疸则明显增高。动物正常妊娠后期亦增高，而骨骼疾病时正常。此外，LAP 对胰腺癌的诊断有一定价值，不论癌肿在胰头或胰尾，血清中此酶均见增高。

十、血清谷氨酸脱氢酶测定

【标本】抽静脉血 3mL，凝固后离心分离血清。

【简介】谷氨酸脱氢酶（glutamate dehydrogenase，GLDH 或 GLD）是一类线粒体酶，以肝脏中含量最高，尤以中央静脉周围的肝细胞更为丰富，故血清 GLDH 增高可作为肝小叶中央区坏死的指标。红细胞内也有该酶存在。

【方法】分光光度连续监测法。

【参考值】目前尚无动物统一的参考值。

【临床意义】GLDH 在所有肝胆疾病时均可发生异常，且在各种疾病之间无明显差异，只有当四氯化碳中毒，引起肝小叶中央区坏死时，GLDH 明显增高，其上升倍数可超过转氨酶，致使转氨酶/GLDH 比值明显降低；而在病毒性肝炎时，血清转氨酶的上升甚至高于 GLDH，故比值上升。

十一、染料摄取与排泄功能检验

1. 磺溴酞钠滞留率试验

【标本】动物在实验前停止饲喂一切带颜色物质。按每千克体重 0.5mg 静脉注射磺溴酞钠，分别在注射后 30min、45min 于对侧静脉采血，凝固后离心分离血清。

【简介】磺溴酞钠（buomsulphalein，简称 BSP）为一种无毒染料，静注一定量的 BSP 后，大部分与白蛋白及 α 球蛋白结合后，随血流被肝细胞摄取，在肝细胞内与谷胱甘肽等结合后，于短期内随胆汁排出肠道。当牛、马、绵羊有实质性损伤、肝细胞摄取与排泄功能障碍时，BSP 留于血中，检测血中有 BSP 的滞留量，可借以判断肝脏受损情况。

【方法】磺溴酞钠静脉注射法。

【参考值】在注射 BSP 30min 后，犬血中几乎全部消失，其滞留量应在 5%以下。血中 BSP 的半衰期为：牛 2.4～4.1min，马 2.0～3.7min。

【临床意义】BSP 滞留量增高或时间变长，见于产生肝损伤的各种疾病，包括有小叶中心坏死的脂肪肝、局灶性肝炎、四氯化碳中毒、传染性肝炎、具有肝脂肪变性的糖尿病、具有肝转移的白血病、肝弥漫性纤维化、伴有腹水的肝脏变性和肝吸虫病等。此外，溃疡性十二指肠炎、胃肠炎、球虫出血性肠炎、钩端螺旋体病、心功能不全、严重脱水、休克和酮病等，也可以表现为 BSP 滞留时间延长。

2. 靛青绿滞留率试验

【标本】动物在实验前停止饲喂一切带颜色物质。按每千克体重 0.5mg 静脉注射靛青绿（indocyanine green，简称 ICG），在注射后 10min 于对侧静脉采血，凝固后离心分离血清。

【简介】靛青绿为一种无毒染料，进入血液循环后迅速与白蛋白结合，被肝细胞摄取，贮藏于肝内。ICG 在肝内不和谷胱甘肽结合，无肝肠循环，不从肾脏排出而直接由胆管排至肠道。用一定量的 ICG 给狗注射时，15min 后采血经分光光度计比色，计算出 15min 血中 ICG 的滞留量，根据其滞留量的多少来判断肝脏排泄功能受损情况。

【方法】靛青绿静脉注射法。

【参考值】正常情况下，动物的 ICG 滞留率小于 10%。

【临床意义】基本与 BSP 试验基本相同，但较其更安全，不经过肝肠循环。因此，国内外有人用于测定犬的肝功能。有人用 5 只犬做了该染料追踪测定，发现注射后 4h ICG 回收率为 81.1%，8h 后为 95.5%，回收率较 BSP 高。ICG 滞留率试验除了能获得肝脏排出染料的数值外，还可测出血浆容积和估计出肝的血流状况。

第五节　心肌酶学检查

一、血清肌酸激酶测定

【标本】抽静脉血 3mL，凝固后分离血清。

【简介】肌酸激酶（creatine kinase，CK）主要存在于心肌和骨骼肌，少量存在于脑、胎盘和甲状腺。当骨骼肌细胞或心肌细胞受损时，由于细胞膜的通透性增加，使 CK 释放入血液中，血清 CK 浓度升高。

【方法】比色法、酶偶联法、荧光法等。

【参考值】随方法不同而异，目前多采用酶偶联法报告结果。在 30℃时，荷斯坦奶牛 10～15U/L，犬 8.0～60.0U/L，猪 250～430U/L。

参考值在试验时不同温度下反应的单位可互相转换，若以 30℃条件下活力作为 1.0 时，则 37℃为其 1.2 倍，25℃时则为 0.68 倍。

【临床意义】急性心肌坏死后 2～4h 就开始增高，可高达正常上限的 10～12 倍，对诊断心肌坏死较 AST、LDH 的特异性高；其增高和降低均早于 AST，2～4d 可恢复正常。病毒性心肌炎时也明显升高，在病程观察中有参考价值。引起 CK 增高的其他疾病，如脑血管意外、脑膜炎、脑梗死、脑缺血、甲减、进行性肌营养不良、皮肌炎、多发性肌炎、急性肺梗死、肺水肿及心脏手术等。血清中 CK 活力升高还见于肌肉物理性损伤，急性肌肉营养性疾病，猪、马、牛、家禽维生素 E、硒缺乏症，牛的低镁血症，马的麻痹性肌红蛋白尿症，重度使役和牛、马运输应激都可使 CK 明显升高，猪运输应激后可升高 10 倍以上，5d 后恢复正常。牛的心肌炎及甲减时也会升高。

二、血清肌酸激酶 MB 同工酶测定

【同义词】磷酸肌酸激酶同工酶测定，CPK 同工酶测定。

【标本】抽静脉血 3mL 后分离血清。

【简介】肌酸激酶（CK）由 3 种同工酶的不同组合构成，即 CK－MM（CK－3）、CK－MB（CK－2）及 CK－1。它们分别来自骨骼肌、心肌、脑、胃肠及泌尿系统的组织，心肌中约含有 CK－MM 70%、CK－MB 30%。血液中 CK－MB 明显升高提示心肌坏死，它比 CK 总活性测定更能判断心肌损伤，并具有更高的特异性和敏感性。

【方法】电泳法、免疫抑制法和层析法等。

【参考值】随方法不同而异，较多报告定为 CK 总活性的 0～6%，大于 6%时对心肌坏死有参考价值。国产长征公司试剂盒采用免疫抑制法，正常上限为低于 10U/L。

【临床意义】CK－MB 在心肌坏死后 4～6h 开始增高，12～24h 内达高峰，比 AST 升高为早，故是诊断心肌梗死的灵敏指标之一。

除心肌坏死以外，可使 CK－MB 升高的疾病包括肌营养不良、多发性肌炎、皮肌炎、混合型结缔组织病。

三、乳酸脱氢酶测定

【标本】抽静脉血分离血清。

【简介】乳酸脱氢酶（lactate dehydrogenase，LDH 或 LD）广泛存在于动物各种组织的细胞质中，如心肌、肝、骨骼肌、肾、红细胞、内分泌腺、脾、肺、淋巴结等。其细胞质中的含量为血清中的 500 倍，当组织发生肿瘤或细胞坏死时，此酶可释放至血液或体液内。

【方法】比色法，速率法。

【参考值】比色法：奶牛 350～1 000U/L，牦牛 791～1 670 U/L，鸡 800～950 U/L，马 561～650 U/L。

【临床意义】在急性心肌坏死发作后 12～24h 开始升高，48～72h 达高峰，升高持续 6～10d，常在发病后 8～14d 才恢复至正常水平，有助于后期的诊断。

引起增高的其他疾病还有广泛性转移癌、肺梗死、白血病、恶性贫血、病毒性肝炎、肝硬化、进行性肌营养不良。

四、乳酸脱氢酶同工酶测定

【标本】抽静脉血分离血清（不能有溶血）。

【简介】乳酸脱氢酶（LDH）共有 5 种同工酶，即 LDH_1、LDH_2、LDH_3、LDH_4、LDH_5，通过层析或电泳法能较清楚地将各种同工酶分离开。LDH 同工酶在动物体分布有明显的组织特异性，心肌、肾、红细胞以 LDH_1 和 LDH_2 为最多，肝、骨骼肌中以 LDH_4、LDH_5 最多，在脾、脑、胰、甲状腺、肾上腺中以 LDH_3 较多。

【方法】醋酸纤维素膜电泳法、圆盘电泳法、琼脂糖凝胶电泳法、离子交换柱层析法。

【参考值】根据采用方法不同而各异。较多使用醋酸纤维素膜电泳法，参考值见表 3－2。

表3-2 各种动物血清中乳酸脱氢酶同工酶参数

同工酶种类	LDH_1（%）	LDH_2（%）	LDH_3（%）	LDH_4（%）	LDH_5（%）
马	11.5±4.0 （6.3～18.5）	14.8±3.2 （8.4～20.5）	50.2±7.2 （41.0～65.9）	16.20±3.80 （9.5～20.9）	7.3±4.0 （1.7～16.5）
牛	49.0±5.4 （39.8～63.5）	27.8±3.4 （19.7～34.8）	14.5±1.9 （11.7～18.1）	4.4±2.4 （0～8.8）	4.3±3.4 （0～12.4）
绵羊	54.3±6.5 （45.7～63.6）	0.8±1.2 （0～3.0）	23.3±4.0 （16.4～29.9）	5.3±1.0 （4.3～7.3）	16.3±6.2 （10.5～29.1）
猪	50.8±10.1 （34.1～61.8）	7.3±1.2 （5.9～9.2）	7.4±1.9 （5.7～11.7）	10.9±3.1 （6.9～15.9）	23.6±6.5 （16.3～35.2）
犬	13.9±9.5 （1.7～30.2）	5.5±4.2 （1.2～11.7）	17.1±5.7 （10.9～25.0）	13.0±1.2 （11.9～15.4）	50.5±16.9 （30.0～72.8）
猫	4.5±2.8 （0～8.0）	0.1±3.4 （3.3～13.7）	13.3±3.4 （10.2～20.4）	23.6±8.6 （11.6～35.9）	52.5±9.3 （40.0～66.3）
山羊	41.0±8.0 （29.3～51.8）	2.4±1.8 （0～5.4）	31.25±6.2 （24.4～39.9）	2.5±2.5 （0～5.5）	20.9±9.4 （14.1～36.8）
猴	17.2±8.4 （2.7～38.2）	19.8±9.4 （4.3～39.7）	24.5±7.2 （12.8～50.4）	17.1±10.6 （0.8～38.0）	18.6±8.3 （4.7～36.3）

【临床意义】急性心肌梗死时 LDH_1 明显增高，酶谱为 $LDH_1 > LDH_2 > LDH_3 > LDH_4 >> LDH_5$；心肌炎、心肌缺氧、心肌梗死、恶性贫血、肾梗死时 LDH 变化类型相似，为 LDH_1、LDH_2 增高；充血性心脏病，由于累及肝脏，因此，除 LDH_1、LDH_2 升高外，LDH_5 也可明显增加。

第六节 心血管内分泌激素检查

一、心钠素测定

【标本】取静脉血 2mL，用抑肽酶 10U/μL，0.5mol/L EDTA-Na_2 10μL 抗凝，即刻低温离心分离血浆，冻结保存。

【简介】心钠素（atrial natriuretic peptide，ANP）是由心肌细胞合成储藏及释放，具有强大的利钠、利尿、扩血管、降压作用，是参与机体水盐代谢调节的物质。

【方法】放射免疫分析法。

【参考值】ANP 值差异较大，各实验室应建立自己的参考值。2 周龄肉鸡 390ng/L，3 周龄肉鸡 420ng/L，4～5 周龄肉鸡 430ng/L。

二、内皮素测定

【标本】取静脉血 2mL，用抑肽酶 10U/μL，0.5mol/L EDTA-Na_2 10μL 抗凝，混匀

后，4℃ 3 000r/min 离心 10min，分离血浆。

【简介】内皮素（endothelin，ET）是由 21 个氨基酸组成的生物活性多肽，人的 ET 有 3 种基因表达，即 ET－1、ET－2、ET－3，其中以 ET－1 活性最强。ET 具有强烈的收缩冠状动脉、肾小动脉，刺激心钠素的释放，提高全身血压，抑制肾素释放等作用。ET 是一种多功能生理调节肽，参与多种疾病（如休克、脑血管病）的发生、发展。

【方法】放射免疫分析法。

【参考值】ET－1：绵羊 60～70ng/L；肉鸡 40～55ng/L（2 周龄），40～57ng/L（3 周龄），48～65ng/L（5 周龄），50～74ng/L（6 周龄）。

【临床意义】绵羊术后暂时降低（41～50ng/L），坏死心脏可达 270～320ng/L，麻醉绵羊心脏为 105～130ng/L。肺动脉高压肉鸡 ET 显著升高，在肉鸡腹水后期下降

肾脏疾病患者虽然肾功能尚未受损，但 ET 水平可为正常的 5～6 倍。肾功能恶化，ET 呈持续上升趋势，故 ET 可用来判断肾功能受损程度。肾性高血压较原发性高血压患者 ET 增高更明显。

肝脏疾病（如原发性肝癌、肝硬化）及十二指肠溃疡患畜 ET 明显升高，尤以肝硬化时最明显。

三、血液肌钙蛋白 T 测定

【标本】抽血 2mL，置于 EDTA－K_2 抗凝管中。

【简介】肌钙蛋白 T（troponin T，TnT）是横纹肌的结构蛋白，存在于肌原纤维的细丝中。细丝由 3 种蛋白质亚单位组成，即肌钙蛋白复合物、肌动蛋白和原肌球蛋白。①肌钙蛋白 C（TnC）分子量为 18 000，能与钙结合，使肌收缩时活化细丝。②肌钙蛋白 I（TnI）分子量为 21 000，是复合物中有抑制作用的活性物质，有防止肌肉收缩的作用。③肌钙蛋白 T（TnT）分子量为 37 000，它能将肌钙蛋白复合物与原肌球蛋白连接在一起，除大部分以结合形式存在于细丝中外，尚有约 6%以游离形式存在于细胞中。

肌钙蛋白 T 是目前诊断心肌损伤的良好指标，在心肌梗死诊断中具有灵敏度高、开始升高时间较早和异常值持续时间长的优点。

【方法】ELISA 法。

【参考值】比格犬 200ng/L。

【临床意义】在左前冠状动脉降支结扎比格犬，复制心肌坏死，病理解剖的坏死面积与血清的心肌钙蛋白 T（cTnT）浓度明显正相关（r＝0.83），在（110±21）h cTnT 水平达到峰值为（14.10±4.71）μg/L，96h 的 cTnT 水平可用于实践中评价坏死面积。心肌疾病患犬血浆 cTnT 水平显著升高，健康犬 cTnT 的最高浓度为 0.2ng/mL，犬血浆 cTnT 浓度上限为 0.5ng/mL。从牛骨骼肌中分离到 3 种肌钙蛋白 C、I 和 T，其氨基酸序列在兔、鸡、牛具有高度同源性，但是同种属动物心肌肌钙蛋白和骨骼肌肌钙蛋白之间差异显著。

参 考 文 献

东北农学院主编．2001. 临床兽医诊断学［M］. 第 3 版．北京：中国农业出版社．

高得仪．1997. 猫疾病学［M］. 第 2 版．北京：中国农业大学出版社．

郭定宗．2006. 兽医临床检验技术［M］. 北京：化学工业出版社．

郭定宗．2010. 兽医内科学［M］. 第 2 版．北京：中国高等教育出版社．

弗雷萨著．1997. 默克兽医手册［M］. 韩谦，等，译．第 7 版．北京：中国农业大学出版社．

威廉·C·雷布汉著．1999. 奶牛疾病学［M］. 赵德明，沈建忠，译．北京：中国农业大学出版社．

倪有煌，李毓义．1996. 兽医内科学［M］. 北京：中国农业出版社．

上海市卫生局，中华医学会上海分会．1999. 实验室诊断与基础治疗常规［M］. 上海：上海科学技术出版社．

袁汉尧．2002. 临床检验诊断学［M］. 广州：广东科学技术出版社．

赵德明．1998. 兽医病理学［M］. 北京：中国农业大学出版社．

Denny Meyer. 2003. Veterinary Laboratory Medicine：Interpretation and Diagnosis［M］. Philadelphia：W. B Saunders company.

J. Robert Duncan. 2003. Veterinary Laboratory Medicine［M］. Iowa：Blackwell Publishing Company.

Michael D. Willard. 2003. Small Animal Clinical Diagnosis by Laboratory Methods［M］. Philadelphia：W. B Saunders company.

Norman Git. 1997. The Liver and Systemic Disease［M］. New York：Churchill Livingstone Inc.

Richard W. Nelson. 2003. Small Animal Internal Medicine［M］. 3rd ed. St. Louis：C. V. Mosby.

第四章

贫血的检查

一、红细胞渗透脆性试验

【标本】静脉血1mL，用3.8%枸橼酸钠抗凝（1∶9）。

【简介】本试验的目的是测定红细胞对低渗氯化钠（NaCl）溶液的耐受能力。耐受力高者红细胞不易破裂，即其脆性低。将红细胞悬浮于各种不同浓度的低渗盐溶液中，观察红细胞在何种溶液中发生溶血，即表示红细胞对低渗抵抗力的大小。红细胞在一低溶盐溶液中，经室温2h开始溶血时的盐浓度为最小抵抗力，完全溶血时的盐浓度为最大抵抗力。

【方法】目测法或比色法。

【参考值】各种动物正常红细胞渗透脆性的平均值见表4-1。

表4-1 各种动物正常红细胞渗透脆性的平均值（%）

动物类别	最小抵抗力（开始溶血）	最大抵抗力（完全溶血）
牛	0.59～0.66	0.40～0.50
绵羊	0.69～0.76	0.40～0.55
山羊	0.62～0.74	0.48～0.60
猪	0.70～0.74	0.45
马	0.42～0.59	0.31～0.45
犬	0.45～0.50	0.32～0.35
猫	0.69～0.72	0.46～0.50
鸡	0.41～0.42	0.28～0.32

【临床意义】

1. 脆性增加 主要见于牛鞭虫病、新生犬免疫性贫血和犬溶血性贫血。也见于遗传性球形红细胞增多症和自身免疫性溶血性贫血等。

2. 脆性减低 见于低色素性贫血，如缺铁性贫血、珠蛋白生成障碍性贫血、肝硬化、阻塞性黄疸等。

二、全血黏度测定

【同义词】全血黏滞度测定。

【标本】全血。

【简介】全血黏滞度是一个综合性指数，它是血浆黏度、血细胞压积、红细胞变形性和聚集能力、血小板和白细胞流变特性的综合表现，是血液随不同流动状况（切变率）及其他条件改变而表现出的黏度。其影响因素如下：

1. 切变率　全血黏度随切变率不同而变化。切变率一旦选定后一般不宜随意改变。

2. 温度　血液黏度测定一般选择在37℃。在15～37℃的范围内，如果以37℃时的黏度为标准，温度每降低1℃，黏度上升2%～3%。

3. 血细胞比容　血液黏度随血细胞比容的增加而迅速增高，反之则降低。正常情况下，白细胞和血小板对血液黏度的影响不明显，当其数量异常增高时，血液黏度会有所增高。

4. 红细胞变形性　红细胞变形性大小随切变率增大而增大，从而致使血流阻力降低，全血黏度下降。红细胞膜有缺陷、表面积减少，以及血红蛋白的浓度或结构异常时，也可导致红细胞变形性减低。

5. 红细胞聚集性　流场中切变率降低和血流速度减慢时，红细胞容易聚集，使血液黏度增高。红细胞聚集性主要影响低切变率时的血液黏度。血浆中大分子蛋白质浓度增高和红细胞表面负电荷降低时，也可导致血液黏度增高。

6. 血浆黏度　血浆内大分子蛋白质，尤其是链状大分子蛋白质增高时，可使全血黏度增高。

【方法】旋转式（如锥板式）黏度计。

【参考值】大鼠（5.568±0.236）mPa/s，犬（3.81±0.76）mPa/s。

【临床意义】全血黏度的测定值可为许多临床疾病，尤其是血栓前及血栓性疾病的诊断、治疗、预防等提供重要依据。血液黏度增高引起血流阻力增加，使血流速度减慢，最后导致血流停滞，直接影响脏器血液供应，导致疾病。

血液黏度增高可导致的疾病如下：

1. 高血压病　主要与红细胞变形性降低有关。

2. 脑血栓　可能与红细胞和血小板的聚集性增高、血浆黏度增高、血细胞比容增高和红细胞变形性降低有关。

3. 血液病

（1）*红细胞增多症*　可能与各种原因所致的继发性红细胞增多症和真性红细胞增多症有关。

（2）*白血病*　与白血病细胞增多、白血病细胞破坏释放大量核酸有关。

（3）*异常免疫球蛋白血症*　如高球蛋白血症、多发性骨髓瘤、巨球蛋白血症等。

（4）*遗传性球形细胞增多症*　不稳定血红蛋白病、镰状细胞血红蛋白（HbS）均可见血液黏度增高。

（5）*弥散性血管内凝血*（DIC）

4. 恶性肿瘤　肿瘤患畜血浆纤维蛋白原及球蛋白增高、红细胞和血小板聚集性增高等。肿瘤细胞释放的促凝物质使血液凝固性增高，也是血液黏度增高的原因之一。

5. 其他疾病　糖尿病、慢性肝炎、肝硬化、高脂血症、休克等可出现血液黏度增高。风湿性关节炎、肾功能不全、深静脉血栓形成、外科手术后及视网膜动、静脉血栓栓塞等均可出现血液黏度不同程度的增高。

血液黏度降低与贫血和失血有关，主要是由于血细胞比容降低所致。

三、血浆黏度测定

【同义词】血浆黏滞度测定。

【标本】血浆。

【简介】血浆黏度主要反映血液成分变化，与血液流动性、凝滞性和血液黏度变化有关，与切变速度无关，常用毛细管黏度计测定。其主要影响因素有：

1. 血浆蛋白 血浆蛋白的含量、分子的形状和大小可影响血浆黏度。血浆中大分子蛋白质含量愈高，血浆黏度愈高。链状分子比球状分子影响大，故纤维蛋白原对血浆黏度影响最大，球蛋白次之。α_1、α_2、β和γ球蛋白等任何一成分增加，均可使血浆黏度增加，但以γ球蛋白最为明显。IgA、IgG、IgM中以IgM影响最显著。血浆黏度与低密度脂蛋白含量成正比。清蛋白对血浆黏度影响较小。

2. 其他成分 血糖过高，白血病患畜因大量白细胞裂解，血浆中出现大量核酸（DNA和RNA），也可使血浆黏度增高。胆固醇、甘油三酯增高也可导致血浆黏度增高。

3. 温度 温度与血浆黏度呈负相关。一般测定血浆黏度在37℃时较为适宜。

【参考值】大鼠（1.576±0.026）mPa/s，犬（1.35±0.31）mPa/s。

【临床意义】见全血黏度测定。

四、高铁血红蛋白还原试验

【标本】抗凝血2mL。

【简介】本试验通过测定高铁血红蛋白的还原速度，间接反映葡萄糖-6-磷酸脱氢酶（G-6-PD）的活性。该试验为红细胞内葡萄糖-6-磷酸脱氢酶缺乏症的筛选试验。正常亚铁血红蛋白经亚硝酸钠氧化成高铁血红蛋白，以还原型烟酰胺腺嘌呤二核苷酸磷酸（NADP）为高铁血红蛋白还原酶的辅酶，传递氢体，在亚甲蓝的参与下，再使高铁血红蛋白还原为亚铁血红蛋白，当红细胞G-6-PD缺乏时，还原过程减慢。

【方法】比色法。

【参考值】高铁血红蛋白还原率大于75%。

【临床意义】见于犬、猫的遗传性葡萄糖-6-磷酸脱氢酶缺乏症。

五、变性珠蛋白小体检查

【同义词】Heinz小体检查。

【标本】末梢血或抗凝血。

【简介】变性珠蛋白小体，也称为海恩茨体，主要由α、β珠蛋白链的病变而引起的溶解度和稳定性降低所致。变性珠蛋白小体为血红蛋白变性产物，沉着于红细胞内，但瑞氏或姬姆萨染色不能显示其存在，必须经活体染色，如甲紫或结晶紫可染成深紫色，直径为1～4μm，分布于红细胞膜上。

【方法】活体染色后显微镜检查法。

【参考值】健康动物血液中很少，约为0.5%。

【临床意义】增多，见于红细胞缺乏葡萄糖-6-磷酸脱氢酶的溶血性贫血或某些药物中毒引起的血红蛋白变性、不稳定血红蛋白病等。海恩茨小体在溶血性贫血的鉴别诊断中有一定意义。常见于投服氧化性药物引起中毒的溶血性贫血，也可见于某些血红蛋白病。一般认为海恩茨小体附着于红细胞膜，可影响细胞膜的超微结构，同时由于它的机械作用而使红细胞破坏产生溶血。在绵羊的慢性铜中毒时，含海恩茨小体的红细胞占40%～50%，而在严重的病例，95%以上的红细胞中，均可见到海恩茨小体。

六、红细胞葡萄糖-6-磷酸脱氢酶荧光斑点法试验

【标本】抗凝血或新鲜血。

【简介】葡萄糖-6-磷酸脱氢酶（G-6-PD）缺乏是一种不完全显性伴性遗传病，在一些诱因的作用下易发生溶血、黄疸、贫血、高胆红素血症等病症，严重的可导致脑损伤甚至死亡。本法为G-6-PD缺乏症的推荐筛选试验，且操作简易、专一性较强。原理为在G-6-PD、NADP、皂素、Tris-HCl缓冲液和氧化型谷胱甘肽的混合物中加入血液，将加有血液的混合物1滴置于滤纸上，用紫外灯观察有无荧光。由于绝大多数血液中含有G-6-PD，使NADP转化成NADPH，后者具有荧光，缺乏G-6-PD者无荧光，因此正常血液有明显荧光，红细胞G-6-PD活性小于20%时就无荧光，对轻度缺乏症亦可筛选检出。

【方法】荧光法。

【参考值】正常血液有荧光。

【临床意义】

1. G-6-PD活性明显减低见于G-6-PD缺陷患者。此试验可作为G-6-PD缺陷患者较特异的筛选试验。

2. 药物反应，如伯氨喹、磺胺吡啶、乙酰苯胺等及严重感染时，G-6-PD活性可有不同程度降低。

七、触珠蛋白测定

【同义词】结合珠蛋白测定。

【标本】抗凝血2mL，防止溶血。

【简介】触珠蛋白（Hp）也称为结合珠蛋白，在血红蛋白降解成胆红素的代谢中具有重要作用。Hp由肝脾合成，为α_2球蛋白，能与游离血红蛋白（Hb）结合，生成Hp-Hb复合物，由单核巨噬细胞系统清除。

【方法】比浊法。

【参考值】大鼠（1.497±0.041）g/L。

【临床意义】临床上测定 Hp 主要用于诊断溶血性贫血。

1. Hp 减少 见于各种血管内溶血，严重者可低至无法检出，如 G－6－PD 缺乏症、脾功能亢进、遗传性球形红细胞增多症、叶酸缺乏、镰状细胞贫血、珠蛋白生成障碍性贫血、血红蛋白症、肝病等。急、慢性肝细胞疾病可导致 Hp 降低，而肝外阻塞性黄疸血清中 Hp 含量正常或增高。

2. Hp 增高 见于慢性感染、创伤、肿瘤、红斑狼疮、类固醇治疗、肝外梗阻性黄疸、妊娠、类风湿关节炎、胆管梗阻等。急、慢性感染，组织损伤，恶性疾病等也可增高。

八、红细胞丙酮酸激酶测定

【标本】肝素抗凝血。

【简介】丙酮酸激酶（PK）是红细胞无氧酵解中的一个关键酶，使磷酸烯醇丙酮酸变为丙酮酸，ADP 成为 ATP，与红细胞能量代谢相关。此酶缺乏属常染色体隐性遗传，可导致非球形红细胞溶血性贫血，引起红细胞 ATP 减少，使红细胞容易破裂。测定原理为丙酮酸在乳酸脱氢酶作用下生成乳酸，并同时将 NADH 转变为 NAD，通过转变速率计算酶活性。

【方法】荧光法或比色法。

【参考值】正常情况下，测定开始有荧光，30min 后减弱或消失，60min 时完全消失。测定值范围为 15±1.99U/g Hb。

【临床意义】红细胞丙酮酸激酶缺乏症，是常见的先天性非球形红细胞溶血性贫血，为常染色体隐性遗传。也可继发于骨髓增生异常综合征、白血病及再生障碍性贫血。60min 时仍有强荧光者为阳性，见于 PK 缺乏症和Ⅰ型 G－6－PD 缺乏症，但也见于获得性 PK 缺乏症如骨髓增生异常综合征、急性白血病、全血细胞减少症等。

九、异丙醇沉淀试验

【标本】新鲜血，阴性对照用同年龄组新鲜血，阳性对照用脐带血。

【简介】不稳定血红蛋白较正常血红蛋白更容易裂解，在异丙醇中，血红蛋白分子内部氢键结合减弱，分子结构的稳定性下降。在单位时间内，不稳定血红蛋白沉淀，而正常血红蛋白则不发生沉淀。通过观察血红蛋白液在异丙醇中的沉淀现象对不稳定血红蛋白进行筛检。

【方法】目测法。

【参考值】正常动物为阴性（30min 内不沉淀）。

【临床意义】阳性：大多数不稳定血红蛋白于 5min 时出现明显混浊，20min 时成絮状，样品含 10％HbF 或因标本储存过久，或含高铁血红蛋白较多时可出现假阳性。

十、热不稳定试验

【标本】同异丙醇沉淀试验。

【简介】在60℃条件下，不稳定血红蛋白较正常血红蛋白沉淀迅速，且在Tris缓冲液中较磷酸缓冲液中沉淀更迅速。热不稳定血红蛋白在Tris缓冲液中，1h内可观察到沉淀，而正常对照则仍澄清或轻度混浊。凡轻度混浊者应复查，并同时作异丙醇沉淀试验，不稳定血红蛋白所见沉淀约占总血红蛋白的10%～40%。

【方法】目测法或比色法。

【参考值】正常在1h保持清晰、轻度混浊，或2h沉淀率小于5%。

【临床意义】在Tris－HCl缓冲液中，于50℃条件下1h，大多数不稳定血红蛋白（如血红蛋白病）出现明显混浊，2h时出现絮状混浊。

十一、维生素B_{12}测定

【同义词】氰钴胺素（cyanocobalamin）测定。

【标本】空腹血清，避免溶血。血液维生素B_{12}测定用血清标本较抗凝血标本为好。

【简介】维生素B_{12}为DNA合成所需辅酶，与细胞核发育成熟有关。缺乏时可致恶性贫血和营养性巨幼红细胞性贫血。维生素B_{12}缺乏主要因胃肠道长期吸收障碍所致，在叶酸缺乏时亦可使维生素B_{12}减少。

【方法】放免法，微生物测定法，化学发光法。

【参考值】大鼠血清（12.06±1.94）μg/L，兔血清（13.04±1.44）μg/L。

【临床意义】

1. 维生素B_{12}减少　见于恶性贫血、萎缩性胃炎、吸收不良、阔节裂头绦虫病、素食者和妊娠后期等。

2. 维生素B_{12}增高　见于肝实质损害、急性和慢性粒细胞白血病、部分淋巴细胞白血病、白细胞增多症、真性红细胞增多症、慢性肾功能衰竭、重症心力衰竭、糖尿病等。

十二、血清铁测定

【标本】血清2mL（全血4mL），防止溶血。

【简介】铁在体内分布广泛，以肝、脾含量较高，大部分铁以与蛋白质结合的形式存在，亦是铁的贮存和运输形式；极小部分以二价或三价离子状态存在。铁是制造血红蛋白和肌红蛋白的重要原料，血清铁可以反映体内铁的含量。血清铁指血清中与蛋白质结合的铁的量，其数值除决定于标本中的铁含量以外，还受到血清中运铁蛋白量的影响。因此，血清铁处于动态变化中，并不能完全代表体内总铁情况。

【方法】比色法。

【参考值】犬17～22μmol/L，牛24～32μmol/L。

【临床意义】

1. 减少 见于体内总铁含量低，如缺铁性贫血、营养和吸收不良，慢性腹泻；铁丢失量增加，如胃、十二指肠溃疡、慢性失血；铁需要量增加，如哺乳期、幼畜生长；运铁机制障碍，如严重感染、肝硬化、恶性肿瘤等疾病。

2. 增高 见于红细胞破坏过多，如溶血性贫血；铁利用障碍，如巨幼红细胞贫血、铅中毒、维生素 B_6 缺乏；储存铁释放过多，如急性肝炎、坏死性肝炎；铁吸收增加，如长期输血、铁剂治疗、含铁血黄素沉着症等。

（杨世锦）

参 考 文 献

东北农业大学．1985. 临床兽医诊断学［M］. 第 3 版．北京：中国农业出版社．

E. H. 科尔斯著．1986. 兽医临诊病理学［M］. 朱坤熹，秦礼让，等，译．上海：上海科学技术出版社．

弗雷萨著．1997. 默克兽医手册［M］. 韩谦，等，译．第 7 版．北京：中国农业大学出版社．

柯剑娟，王焱林，李建国．2004. 明胶肽用于急性等容血液稀释对犬血流动力学及氧代谢的影响［J］. 数理医药学杂志，17（1）：22－24.

刘宏雁，李吉平，王秋静，等．1995. 刺五加叶皂甙对实验性高脂血症大鼠血液流变学的影响［J］. 白求恩医科大学学报，21（4）：339－340.

倪有煌，李毓义．1996. 兽医内科学［M］. 北京：中国农业出版社．

宋剑锋，戴军，陈胜，等．2004. 不同热处理时大鼠血清急相反应蛋白的变化［J］. 中国公共卫生，20（1）：51－52.

张建岳．2003. 新编实用兽医临床指南［M］. 北京：中国林业出版社．

赵德明．1998. 兽医病理学［M］. 北京：中国农业大学出版社．

J. Robert Duncan. 1978. Veterinary Laboratory Medicine［M］. Iowa：The Iowa State University Press.

第五章 血液电解质、血气及酸碱平衡检查

第一节 血气分析与酸碱平衡检查

一般而言，血气是指血液中所含的 O_2 和 CO_2 气体。血气分析是评价患病动物呼吸、氧化及酸碱平衡状态的必要指标。

【标本收集】血气分析标本的收集极为重要，若处理不当，将产生很大的误差，甚至超过仪器分析的误差。血气标本以采动脉血或动脉化毛细血管血为主，静脉血也可供作血气测定。只有动脉血才能真实反映体内代谢和酸碱平衡的状况。对 O_2 检测的有关指标必须采集进入细胞之前的动脉血，也就是血液从肺部运输氧到组织细胞之间的动脉血，才能真正反映体内氧的运输状态。动脉血液的气体含量几乎无部位差异，从主动脉到末梢循环都是均一的。

标本的正确采集、存放、送验及处理，是保证血气分析结果可靠的先决条件，所以与这些过程有关的人员必须严格按有关规定处理标本。

耳中央动脉采血：在兔耳中央有一条较粗的、颜色较鲜红的中央动脉。用左手固定兔耳，右手持注射器，在中央动脉的末端，沿着与动脉平行的向心方向刺入动脉，即可见血液进入针管。

股动脉采血：本法为采取动脉血最常用的方法。操作简便，稍加训练的犬，在清醒状态下卧位固定于犬解剖台上。伸展后肢向外伸直，暴露腹股沟三角动脉搏动的部位，剪毛、消毒，左手中指、食指探摸股动脉跳动部位，并固定好血管，右手取连有 5 号半针头的注射器，针头由动脉跳动处直接刺入血管，若刺入动脉一般可见鲜红血液流入注射器。有时可能刺入静脉，必须重抽。抽血完毕，迅速拔出针头，用干药棉压迫止血 2～3min。

马、牛、羊、犬、猫一般多在颈静脉采血；成年猪在耳静脉；6 个月以内的猪在前腔静脉。猪的前腔静脉采血保定方法为：猪仰卧，拉直两前肢使与体中线垂直或使两前肢向后与体中线平行。手持针管，针头斜向后内侧与地面呈 60°角，向右侧或左侧胸前窝刺入，进针 2～3cm 即可抽出血液。

末梢或小静脉采血：马、牛可在耳尖部，局部剪毛，酒精消毒，用 18 号针头刺入 1cm 左右，血液即可流出。拭去第一滴血，取第二滴血检验。猪、兔、羊等可穿刺耳边缘小静脉。

心脏采血：禽或实验小动物需要血量较多时可采用本法。禽，右侧卧保定，左侧胸部向上，取一个 10mL 注射器，接上长约 5cm 的细针头，从胸骨脊前端至背部下凹处连接线的中点，垂直或稍向前内方刺入 2～3cm 即可。兔或豚鼠等，在胸部左侧触及心脏跳动

处垂直刺入，边刺边抽注射器内塞，将血抽出。

用0.9%NS 500mL+肝素钠针剂半支（6 250U）配制成肝素稀释液。每次抽血前，用5mL注射器抽取肝素稀释液2～3mL，完全湿润整针管后弃去肝素液，残留在针头及针管死腔内的肝素液即可起到抗凝作用。采血前必将肝素液及空气排空，否则易引起酸碱失衡及氧浓度判断的误差。采血完毕后立即排出针管内空气，针头套橡皮塞。

【简介】动物体内酸碱平衡的调节是由血液中的缓冲系统、肺的呼吸功能以及肾脏根据需要排酸保碱或排碱保酸的功能三方面互助协调而达到调节作用的。若任何一方出现缺陷，都将引起酸碱平衡失调，从而发生代谢紊乱，导致功能障碍。

1. 血液缓冲系统的调节机理 血液中有多对缓冲系统，每一对缓冲系统都是由一种弱酸和该弱酸的盐所组成，主要有下列4对：

（1）碳酸氢盐缓冲系统 碳酸氢盐（$NaHCO_3$）/碳酸（H_2CO_3）。

（2）磷酸盐缓冲系统 碱性磷酸钠（Na_2HPO_4）/酸性磷酸钠（NaH_2PO_4）。

（3）血浆蛋白缓冲系统 蛋白钠（Na-Pr.）/酸性蛋白（H-Pr.）。

（4）血红蛋白缓冲系统 氧合血红蛋白钾盐（K-HbO_2）/酸性氧合血红蛋白（H-HbO_2）。

上述4对缓冲系统的前3对都是在血浆中，最后1对是在红细胞中。无论在血浆或红细胞中，各对缓冲系统的作用都是互相联系的，一对系统的成分如有改变时，其他几对系统的成分也会发生类似的改变。其中以碳酸氢盐这一对的缓冲系统最为重要。

碳酸氢盐缓冲系统是由血浆内含有的碳酸（H_2CO_3）与碳酸氢盐（$NaHCO_3$）以一定的浓度比例组成。血浆的pH决定于碳酸氢盐（$NaHCO_3$）/碳酸（H_2CO_3）之比。正常时，$NaHCO_3$ 和 H_2CO_3 在血浆中的比例为20∶1，此时的pH为7.4。在机体内的代谢过程中，$NaHCO_3$ 和 H_2CO_3 的绝对量虽可发生改变，但是通过缓冲的作用，只要 $NaHCO_3$ 和 H_2CO_3 的比值不变，血浆的pH仍可维持在正常的7.4不变。碳酸氢盐缓冲系统中的 $NaHCO_3$ 和 H_2CO_3 在血液中的量较多，且 $NaHCO_3$ 是机体维持酸碱平衡的重要因素，因此，把血浆中的 $NaHCO_3$ 看作是处理酸性物质的碱储（alkali reserve）。

体液反应的酸碱平衡，主要是通过上述多对缓冲系统的调节来实现。它们的缓冲作用在于对较强的酸或碱进行缓冲生成较弱的酸或碱。

2. 肾脏的调节机理 肾脏在调节酸碱平衡中的作用，主要是通过排出过多的酸或碱、调节血浆中 $NaHCO_3$ 的含量来维持体液反应的正常。其作用主要表现在两个方面：

（1）重吸收 Na^+ 肾小管上皮含有碳酸酐酶，能够催化 CO_2 与水迅速生成 H_2CO_3，H_2CO_3 生成后又可部分解离为 H^+ 及 HCO_3^-。肾小管上皮将 H^+ 分泌到管腔而与原尿中的 $NaHCO_3$ 和 Na_2HPO_4 发生反应，将其中的 Na^+ 置换回收，收回的 Na^+ 与 HCO_3^- 结合成 $NaHCO_3$ 而进入血浆。通过此途径，肾脏源源不断地分泌 H^+ 而重吸收 Na^+，消耗的 $NaHCO_3$ 即可获得补充。

（2）NH_3 的分泌 肾小管上皮能够把蛋白质代谢所生成的 NH_3 分泌到管腔中，在此与 H^+ 结合成 NH_4^+。NH_4^+ 与原尿中的 $NaHCO_3$ 和 NaH_2PO_4 发生反应，取代了 Na^+ 生成铵盐，后者随尿排出，回收的 Na^+ 则与 HCO_3^- 结合成 $NaHCO_3$ 回到血液中。NH_3 的分泌和 NH_4^+ 的生成促进肾小管上皮继续分泌 H^+ 及换回更多的 Na^+。

3. 肺脏的调节机理 肺脏在调节酸碱平衡中的作用主要是通过呼吸频率和深度的改变来调节血浆的 H_2CO_3 含量。当体内代谢的酸性产物增多，消耗了较多的 $NaHCO_3$ 而使 H_2CO_3 增多时，$NaHCO_3$ 和 H_2CO_3 的比值降低，pH 下降，血液中的 CO_2 张力增加，直接地刺激呼吸中枢以及主动脉球和颈动脉球的化学感受器，使呼吸中枢兴奋，呼吸加深加快，CO_2 呼出增加，使 $NaHCO_3$ 和 H_2CO_3 的比值恢复正常，pH 也得以恢复。

当体内碱储多，即血浆 $NaHCO_3$ 浓度增高时，呼吸运动浅而慢，降低 CO_2 排出量，使体液中 H_2CO_3 含量增高，以恢复与 $NaHCO_3$ 的正常比值，从而使 pH 保持正常。

综上所述，正确掌握酸碱平衡的机制，及时发现和正确判断酸碱平衡失调，在兽医临床上有重要的作用。由于分析仪器的飞速发展，现今用血气分析仪测定血液的二氧化碳分压、氧分压和 pH，同时算出其他酸碱平衡指标，可以迅速而比较正确地检测体内酸碱平衡情况，以便临床兽医师及时准确地诊断和治疗患病动物。

【方法】详见各种型号的血气分析仪操作指南。

一、酸碱度测定

正常动物血液的酸碱度始终保持在一定的水平，变动范围很小，当体内酸性或碱性物质过多，超出机体调节能力，或者肺和肾功能障碍使调节酸碱平衡的能力降低，均可导致酸中毒或碱中毒。酸碱平衡紊乱是临床上常见的症状，各种疾病都可能产生。

【方法】电极法，通常与血气配套测定。

【参考值】犬 7.31～7.42，猫 7.24～7.40，牛 7.35～7.50，马 7.32～7.44。

【临床意义】血液 pH 正常不能排除酸碱平衡紊乱，因为代偿性酸碱平衡紊乱，其 pH 都可能在正常范围以内。因此，只有结合其他酸碱指标、生化检查结果及病史，才能正确判断酸碱失衡情况。温度对 pH 结果有一定影响，体温升高 1℃，pH 增高 0.014 7。因此，校正的 pH＝测定 pH＋0.0147×（动物正常体温—动物实测体温的度数）。但是，多数血液气体分析仪都已经作了自动校正，故填写化验单时均须写明患病动物体温，以便输入体温参数，让仪器作校正。

pH 升高：提示体内碱性物质过多，有超出机体调节能力的失代偿性碱中毒。pH 降低：提示体内酸性物质过多，有超出机体调节能力的失代偿性酸中毒。

二、二氧化碳分压测定

二氧化碳分压指血浆中溶解的二氧化碳所产生的压力。由于二氧化碳分子具有较强的弥散能力，故血液二氧化碳分压基本上反映了肺泡二氧化碳分压的平均值。

【方法】电极法。通常在血气分析仪中配套进行测定。

【参考值】犬 3.9～5.6kPa，猫 3.9～5.6kPa，牛 4.6～5.9kPa，马 5.1～6.1kPa。

【临床意义】二氧化碳分压（P_{CO_2}）是指血浆中物理溶解的二氧化碳所产生的压力。P_{CO_2} 轻度增加可刺激呼吸中枢，在代谢性酸中毒时，机体通过呼吸调节，使 P_{CO_2} 发生代偿性变化，所以 P_{CO_2} 的结果应结合临床症状作解释。P_{CO_2} 增高：常见于肺通气不足、代谢性碱中毒或呼吸性酸中毒等。P_{CO_2}降低：常见于肺通气过度、代谢性酸中毒或呼吸性碱中毒等。

三、氧分压测定

氧分压为溶解于血液中的氧所产生的张力。动脉血氧分压（P_{O_2}）取决于吸入气体的氧分压和肺的呼吸功能。静脉血氧分压（P_{O_2}）可反映内呼吸的情况。

【方法】电极法，通常在血气分析仪中配套进行测定。

【参考值】犬 11.3～12.7kPa，猫 11.3～12.7kPa，牛 12.3kPa，马 12.5kPa。

【临床意义】氧分压（P_{O_2}）反映肺的换气功能及组织氧合状态。P_{O_2}降低见于：①肺部疾患导致换气功能障碍，如气喘性支气管痉挛、肺炎等。②左心室衰竭合并肺水肿。

四、标准碳酸氢盐和实际碳酸氢盐测定

血浆碳酸氢盐浓度可反映血液的缓冲能力和肾脏维持酸碱平衡的功能。在血液缓冲机制中，呼吸运动可影响血浆中实际碳酸氢盐浓度，但标准碳酸氢盐浓度不受呼吸因素影响，能代表血浆中碳酸氢盐的真正含量。因此，测定标准碳酸氢盐对呼吸障碍具有诊断意义。

实际碳酸氢盐（actual bicarbonate，AB）是指隔绝空气的血标本在实际条件下测得的碳酸氢盐含量，受呼吸和代谢双重因素的影响。

【方法】经血气自动分析仪测定后计算导出的结果。

【简介】标准碳酸氢盐（standard bicarbonate，SB）是指在37℃条件下全血血红蛋白完全氧合，经过5.33kPa氧气的平衡后，测得的HCO_3^-浓度。实际碳酸氢盐是指未经气体平衡处理的血液中HCO_3^-的实际含量。通常血气分析报告中的HCO_3^-即为实际碳酸氢盐。SB不受呼吸运动的影响，是诊断代谢性酸碱平衡紊乱的指标，而AB则受到呼吸和代谢两种因素的影响。所以将AB和SB结合起来对酸碱平衡失调的诊断有一定的参考价值。

【参考值】犬 18.1～24.5mmol/L，猫 16.4～22mmol/L，牛 20.7～28.9mmol/L，马 21.7～29.4mmol/L。

【临床意义】临床上可见下列几种结果：①AB＝SB，如两者均正常，提示酸碱平衡正常。②如AB与SB相同且两者均增高，提示失代偿性代谢性碱中毒。③AB＝SB但两者均降低，提示失代偿性代谢性酸中毒。④AB＞SB，说明有二氧化碳蓄积，提示呼吸性酸中毒。⑤SB＞AB，提示二氧化碳排出增多，出现呼吸性碱中毒。

五、剩余碱测定

表示血液中碱储存增加或减少的量，是判断代谢性酸、碱中毒的重要指标。

【简介】剩余碱（base excess，BE），是指在规定的 5.33kPa 氧气和 37℃的条件下，血红蛋白 100％氧合时，用酸或碱滴定 1L 血浆或全血至 pH7.40 时，所耗的酸或碱的量。加酸滴定者 BE 为正值，反之为负值。临床上常用的 BE 为全血 BE（BEb）或细胞外 BE（BEexc）。

【方法】滴定法。

【参考值】BEb 和 BEexc 的参考值相同，均为－3～＋3mmol/L。

【临床意义】BE 小于－3mmol/L 时，表示碱缺失，固定酸过剩，提示代谢性酸中毒，或代偿性呼吸性碱中毒。BE 大于＋3mmol/L 时，表示碱多余，固定酸缺乏，提示代谢性碱中毒，或代偿性呼吸性酸中毒。

六、血氧饱和度测定

血氧饱和度指血红蛋白被氧饱和的百分比，即血红蛋白的氧含量与氧容量的百分比。主要取决于动脉血氧分压（P_{O_2}）。血氧饱和度间接反映血液氧分压的大小，是了解血红蛋白氧含量程度和血红蛋白系统缓冲能力的指标。它受血液氧分压与血液酸碱度影响，当氧分压低时，血氧饱和度亦低；当氧分压高时，血氧饱和度亦高。

【标本】用与血气分析相同的方法采血，以适应具有血氧饱和度项目的血气自动分析仪的要求，或者单独采集含肝素抗凝血 1～3mL 作血氧饱和度单项测定。

【简介】血液中的氧以物理溶解和血红蛋白结合的两种形式存在。与血红蛋白结合的氧量远超过物理溶解的氧量。物理溶解的氧量与氧在血液中的溶解度和氧分压的大小相关。根据 Dalton 气体定律，氧在空气中的浓度为 20.93％，所以在空气气压为 101.3kPa 时，氧的分压为 101.3×0.209 3＝21 150Pa（159mmHg）。因为氧的溶解度系数为 0.003，所以物理溶解的氧为 21 150×0.003＝63.45Pa。每克血红蛋白能结合 1.39mL 氧，因此，正常情况下 150g/L 血红蛋白可结合氧 208.5mL，物理溶解者除外。

除饱和度（SO_2）外，还有氧含量和氧结合量测定。血氧饱和度是指血液中氧合血红蛋白与血红蛋白总量（氧合 Hb＋还原 Hb）之比。氧含量是指 100mL 血液中物理溶解的和血红蛋白结合的氧总量。氧结合量是指血中全部 Hb 氧合时所结合的最大氧量再加上物理溶解的氧总量。

【方法】氧分压测定法：分光光度法，量气法。

【参考值】大鼠（95.317±1.421)％，犬（82.6±4.2)％。

【临床意义】血氧饱和度的临床意义与 P_{O_2} 相同，均是反映动物机体有无缺氧的指标。但 SO_2 受到 Hb 量的影响，如贫血、红细胞增多症、Hb 变性等均可使 SO_2 发生变化，SO_2 的高低与血液中 P_{O_2} 有密切关系，可用氧解离曲线图表示。曲线呈 S 形具有重要的生理意义：①曲线上方平坦，动脉血 P_{O_2} 下降时，SO_2 不迅速下降，以满足机体需要，不致发生严重缺氧。②曲线中段陡峭，表明 P_{O_2} 稍有上升或下降，Hb 与 O_2 的亲和力随之发生明显改变，此为适应 P_{O_2} 降低而缺氧（5.32kPa 或低于 5.32kPa）时，SO_2 迅速下降。氧与 Hb 之亲和力也相应降低，氧就很快弥散至组织，以缓解缺氧状态。③温度、pH、P_{O_2} 及红细胞内 2，3-二磷酸甘油酸浓度的改变可使曲线左移或右移，但不改变曲线的 S 形态。曲线右移，氧和 Hb 亲和力降低，有利于组织获得氧；反之，左移不利于组织获得氧。

（杨世锦）

第二节　血液电解质检查

一、血清钠测定

【标本】抽取静脉血 3～4mL 放入标本管中，凝固后在 1h 内分离血清待测。

【简介】钠是动物细胞外液中最主要的阳离子，约占阳离子总数的 90%，并与其相对应的阴离子（Cl^-、HCO_3^- 为主）一起所产生的渗透压占细胞外液总渗透压的 90%左右。因此，钠对细胞外液体积和渗透压调节起重要作用。此外，钠还参与酸碱平衡的调节，维持神经、肌肉的兴奋性。

钠含量受饲料和钠排出量等因素的影响，肉食动物的饲料通常含有足量的钠，但草食动物有时会缺乏。钠的排出途径有消化道、皮肤及肾。正常情况下，随粪便丢失的钠很少，但草食动物经消化道排出的钠相对较多。消化液生成量很大，且钠含量较高，若发生腹泻、呕吐等肠胃疾病时，通过消化液会丢失大量的钠。经汗排出的钠量受汗量影响大。肾对钠的排出量根据机体对钠的需要进行复杂细微的调节。血浆中碳酸氢根的浓度常受钠离子增减的影响。

【方法】常用离子选择电极法和火焰光度法。

【参考值】犬 140.3～153.9mmol/L，猫 145.8～158.7mmol/L，猪 139.2～152.5mmol/L，牛 134.5～148.1mmol/L。

【临床意义】血清钠的浓度仅能说明血清中钠离子与水的相对量，即反映水盐代谢动态平衡中某一阶段的相对浓度，供临床治疗补液时作参考。

1. 血钠减低　血清钠低于 135mmol/L 时为低钠血症。

（1）胃肠丢失钠　腹泻，呕吐，胃肠道、胆管造瘘或引流等，因大量消化液丢失而发生缺钠。

（2）尿路失钠　当肾小管损伤时，肾小管重吸收功能减低，钠从尿中大量丢失。

（3）肾上腺皮质功能不全　如艾迪生（Addison）病，尿中排钠过多。

（4）垂体后叶功能减退　如尿崩症、肾小管重吸收水和钠不足，尿钠排出增多。

（5）皮肤失钠　大量出汗，如只补足水分，不补足盐分，也可造成缺钠。

（6）穿刺放液量大　对胸、腹腔积液的动物作穿刺放液时，如放液量大，可使体内缺钠。

（7）利尿剂的使用　应用利尿剂治疗后，使大量钠离子从尿路排出。

2. 血钠增高　血清钠高于 150mmol/L 时为高钠血症，临床上较少见。

（1）肾上腺皮质功能亢进症　如库兴氏（Cushing）综合征、原发性醛固酮增多症。

（2）脑性高钠血症　见于脑外伤、垂体肿瘤等症。

（3）钠进量过多　如进食钠盐或注射高渗盐水，且伴有肾功能失常时。

（4）严重脱水　严重脱水时，失水大于失钠，使血清钠相应地增高。

二、血清钾测定

【标本】同血清钠测定标本的要求。可以与钠、氯测定共用标本，但须避免溶血。

【简介】动物体内钾绝大部分存在于细胞内，约占钾总量的98%。细胞内钾一部分以游离状态出现，另一部分与蛋白质、糖原等相结合。细胞内必须保持一定水平的钾，才能使细胞内的酶具有活力，特别是在糖代谢中起重要作用。钾离子对维持细胞内外渗透压和酸碱平衡有重要作用。神经肌肉系统必须有一定浓度的钾才能保持正常的应激性。钾的浓度升高能使神经肌肉兴奋；反之，钾的浓度减低可使肌肉麻痹。但对心肌则相反，血清钾浓度过高，对心肌有抑制作用；血清钾过低，常产生心律失常。故血钾过高、过低均可引起心电图的改变。

【方法】常用离子选择电极法，火焰光度法。

【参考值】犬3.8～5.6mmol/L，猫3.8～5.3mmol/L，猪4.4～6.5mmol/L，牛4.0～5.8mmol/L。

【临床意义】

1. 血清钾减低

（1）*患有各种疾病，长期食欲不振或废绝易发生缺钾*　如晚期肿瘤、严重感染、败血症和心力衰竭等。

（2）*钾丢失增加*　严重呕吐或腹泻，长期胃肠引流以及组织损伤后从尿液中流失过多的钾。

（3）*肾脏疾病*　急性肾功能衰竭由尿闭期转入多尿期时、肾小管性酸中毒时。

（4）*肾上腺皮质功能亢进*　肾上腺皮质激素具有对肾远曲小管潴钠排钾的作用，尤其是醛固酮的作用更为明显（如库兴氏综合征和醛固酮增多症）。

（5）*药物作用*　长期使用大量肾上腺皮质激素，如可的松，地塞米松等，若同时不予补钾或钾摄入不足时就会发生低钾血症。

2. 血清钾增高

（1）*高钾物质的摄入*　高剂量高钾药物或含钾液体的快速输入，或限钠食物中的NaCl为KCl所取代。

（2）*释放性高钾血症*　如重度溶血、大量输入陈旧库血后、注射高渗盐水或甘露醇使细胞内脱水，导致细胞内钾向外渗透而发生高钾血症。

（3）*组织缺氧使血清钾增高*　如急性支气管哮喘发作、急性肺炎、中枢或末梢性呼吸障碍及休克等，手术中全身麻醉时间过长引起组织缺氧等。

（4）*肾上腺皮质功能减退症*　如艾迪生病、肾小管远曲小管分泌钾减少，血清钾常见增高。

（5）*肾功能障碍使排钾减少*　如少尿症、尿闭症、尿路闭塞及尿毒症；又如急性肾功能衰竭伴休克，使钾的排泄减少。

三、血清氯测定

【标本】同血清钠测定标本的要求。

【简介】氯离子是细胞外液中重要的阴离子，与钠离子配合成对，故氯化钠是细胞外液中重要的电解质。氯的生理功能基本上与它配对的钠离子相同，在维持体内的电解质平衡、酸碱平衡和渗透压平衡中起重要作用。氯在胃液中以盐酸形式激活胃蛋白酶原。严重呕吐时，可因失去过多的盐酸而发生碱中毒。

【方法】硝酸汞滴定法，硫氰酸比色法，电量滴定法。

【参考值】犬 102.1～117.4mmol/L，猫 107.5～129.6mmol/L，猪 97.1～106.4 mmol/L，牛 95.7～108.6mmol/L（以 NaCl 计）。

【临床意义】

1. 血清氯减低 临床上低氯血症较多见，一般见于以下情况：

（1）胃管引流或严重呕吐，丢失大量胃酸，失 Cl^- 大于失 Na^+，HCO_3^- 代偿性增高，引起代谢性碱中毒。

（2）氯摄入量不足，如长期减盐疗法、饥饿和营养不良。

（3）糖尿病酸中毒时，因产酸过多，血浆中的 Cl^- 被积聚的有机酸阴离子取代。另外，糖尿病多尿症丢失了大量的 Cl^-。

（4）肾功能衰竭，因排酸不足，血浆中积聚酸和磷酸盐等阴离子，Cl^- 相应减少。

（5）艾迪生病时，肾上腺皮质激素分泌减少，肾小管重吸收 Cl^- 不足，使血氯下降。

（6）大量出汗后，只饮水，未给食盐。

2. 血清氯增高 一般见于以下情况：

（1）脱水时，失液大于失盐，Cl^- 相对浓度增高。

（2）低蛋白血症时，Cl^- 替代蛋白质的阴离子作用，使血氯增高。

（3）库兴氏综合征时，肾上腺皮质功能亢进或使用皮质激素使 Cl^- 增高。

（4）过量盐的摄入。

（5）为补偿吸收性碱中毒而导致的 HCO_3^- 产生的降低。

四、阴离子差额测定

【同义词】阴离子隙测定。

【简介】阴离子差额（anion gap，AG）是指血清中被测的阳离子与阴离子之差。动物血清中的可测阳离子有 Na^+、K^+、Mg^{2+}、Ca^{2+} 等，其中以 Na^+ 为主，约占阳离子总量的 90%，其余为未测阳离子。动物血清中阴离子有 Cl^-、HCO_3^-、SO_4^{2-}、HPO_4^{2-} 和有机酸根等，其中 Cl^- 及 HCO_3^- 为可测阴离子，约占阴离子总量的 85%，其余为未测阴离子。

按照电中和原理，细胞外液中的阳离子电荷总量与阴离子相等，亦即：

$$Na^+ + 未测阳离子 = (Cl^- + HCO_3^-) + 未测阴离子 \quad (式 5-1)$$

或写作：

$$Na^+ - (Cl^- + HCO_3^-) = 未测阴离子 - 未测阳离子$$

从式中看出，AG 受未测阴离子和未测阳离子的两方面的影响，由于未测阳离子和蛋白质的量一般比较恒定，因此，AG 主要受到有机酸根、HPO_4^{2-} 及 SO_4^{2-} 等酸性物质的影响。

【参考值】15～25mmol/L。

【临床意义】阴离子差额是判断代谢性酸中毒的重要指标，根据 AG 的大小，还可将代谢性酸中毒分为正常氯离子型和高氯离子型 2 种。

1. AG 增高

（1）高 AG 代谢性酸中毒，包括乳酸性酸中毒、酮症性酸中毒、水杨酸中毒、甲醇中毒、磷酸盐和硫酸盐潴留等。

（2）各种原因所致的低钾血症、低钙血症、低镁血症，使阳离子浓度降低。

（3）各种原因所致的脱水，使带负电荷的蛋白质增加，AG 增大。

（4）大量输入含有钠离子或阴离子的药物，如青霉素钠、羧苄青霉素钠、枸橼酸钠（输血时）及含有磷酸根或硫酸根的药物等。

（5）代谢性碱中毒，此时血浆蛋白释放 H^+ 和加速糖酵解产生乳酸，造成 AG 增大。

2. AG 降低　AG 降低的临床意义不大，可见于：

（1）未测阳离子浓度增加，如各种原因所致的高钾血症、高钙血症、高镁血症等。

（2）未测阴离子浓度降低，如低蛋白血症等。

AG 参数有一定的临床实用价值，但必须注意以下三点。

（1）计算 AG 时，必须在测定电解质的同时，同步作动脉血血气分析。

（2）注意排除实验误差引起的 AG 假性增高，因为 AG 是根据 Na^+、Cl^-、HCO_3^- 3 个参数计算而得，所以 3 项参数任何一个测定误差均可导致 AG 的变化。

（3）结合临床进行综合判断。

（杨世锦）

参 考 文 献

安丽英．2000. 兽医实验诊断［M］. 北京：中国农业大学出版社．

东北农业大学．2002. 兽医临床诊断学［M］. 第 3 版．北京：中国农业出版社．

E. H. 科尔斯著．1986. 兽医临诊病理学［M］. 朱坤熹，秦礼让，等，译．上海：上海科学技术出版社．

（美）弗雷萨著．1997. 默克兽医手册［M］. 韩谦，等，译．第 7 版．北京：中国农业大学出版社．

倪有煌，李毓义．1996. 兽医内科学［M］. 北京：中国农业出版社．

赵德明．1998. 兽医病理学［M］. 北京：中国农业大学出版社．

J. Robert Duncan. 1978. Veterinary Laboratory Medicine［M］. Iowa：The Iowa State University Press.

第六章

止血与凝血障碍的检查

第一节 概 述

血液中存在着止血系统、抗凝血系统及纤溶系统，三者互相对立统一，保持平衡，动物才能保持正常生理状态，保持机体不出血，也无血栓形成，血液呈流体状态而循环于全身。当这种平衡失调时，便可导致出血不止或形成血栓，即止血与凝血障碍。止、凝血障碍的机制十分复杂，它涉及微血管、血小板、各凝血因子、抗凝因子及纤维蛋白溶解系统等诸多因素。在生理条件下，动物体内的止血和凝血系统与抗凝血和纤维蛋白溶解（纤溶）系统，相互制约，但处于动态平衡状态，以维持血管内的血液不断循环流动，因此，即使血管局部有轻微损伤，既不会出血不止，也不会因局部止血而发生广泛血栓或栓塞，在病理情况下无论哪一系统的作用发生异常，都可导致出血或血栓形成。若凝血活性减弱或抗凝血及纤溶活性增强则会引起低凝状态发生出血症状；相反，则会引起高凝状态或导致血栓形成：前者临床上统称为出血性疾病，后者统称为血栓性疾病。

止血与凝血理论是血栓止血研究中的重要课题，特别是近年来由于细胞生物学、分子生物学、单克隆抗体技术、基因工程等方面的进展，促使血栓与止血新的检测方法不断出现。目前运用分子生物学技术，如DNA聚合酶链反应（PCR技术）和限制性片段长度多态分析方法研究血栓与止血疾病的分子机理，在某些疾病诊断方面起了重要作用。同时，明确了一些因子的基因在染色体上的定位，也发现了更多的血栓、出血的分子病。因此，许多出血性和血栓性疾病的诊断和治疗监控等在很大程度上取决于实验室检查。本章将重点叙述止、凝血障碍有关的生理病理及相关的常用检验项目。

第二节 血小板功能试验

一、血小板聚集试验

血小板聚集特性是其参与止血与血栓形成过程中最重要的因素之一。血小板聚集率的测定是一种功能性测定，是血小板活化及其释放反应，膜糖蛋白受体等综合因素的共同表现，是血小板功能检测的基础。临床上诊断血小板功能异常的疾病时，通常可采用血小板聚集试验作初筛试验。

血小板聚集是指血小板与血小板相互作用，其机制是血小板膜GPⅡb/Ⅲa、血浆纤维蛋白原及细胞外Ca^{2+}形成血小板聚集反应。向富含血小板的血浆（PRP）中加入各种血小板聚集剂，在搅拌的条件下，由于血小板发生聚集就使悬液出现相应的透光度改变，这种改变可通过光度计在记录仪上描记成血小板聚集图像。

（一）方法

浊度法：在富含血小板血浆（PRP）中加入致聚剂，血小板发生聚集，血浆浊度变化，透光度增加，血小板聚集仪将这种浊度变化转换为电信号并记录，形成血小板聚集曲线。根据血小板聚集曲线可了解血小板聚集的程度和速度。

电阻法（阻抗法）：是根据电阻抗原理，通过放大、记录浸泡在全血样品中电极探针间的微小电流或阻抗的变化来测定全血样品血小板聚集性的方法。近年来，出现了一种采用激光散射法进行血小板聚集检测的仪器。

1. 应用比浊法血小板聚集仪检测　该技术是测定富含血小板血浆的血小板聚集情况的经典方法，应用广泛，较为经济，但耗时、耗力，且需专门技术。比浊法用于评价血小板功能有以下不足：①去除红细胞不能完全反映体内血细胞之间的相互作用；②测定时间过长可致血小板功能降低；③比浊法对小血小板聚集物的形成不敏感，因而只能测量大血小板聚集；④离心过程会导致血小板激活和红细胞碎片中血小板的丢失；⑤高脂血症的PRP会影响透光率，减少PRP与贫血小板血浆（PPP）的差异；⑥需要较多的血液量；⑦血小板数目的调整难以标准化。所以在比浊法的应用中，血液采集与分离、诱导剂种类、浓度及正常值的选定都会影响其准确性。

2. 应用全血聚集仪检测　该方法使上述情况得以改善。全血聚集仪采用全血电阻抗法，通过电阻而非光密度测定血小板聚集反应。其不用离心，但比光学聚集仪耗时；对小聚集物的形成仍不敏感；而且每次测定后，电极需清洗干净，同时连接电极的电线需小心安放，不能弯曲，使其很难满足临床工作的需要。

3. 血小板计数法　是使用全血进行单个血小板计数，通过测定血小板聚集时数目的减少来评价其聚集功能。具体方法是将枸橼酸钠抗凝全血保存于37℃，加入含有旋转离心磁棒的聚苯乙烯试管中。用甲醛固定单个血小板，测定血小板基础值。加入诱聚剂后的不同时间测定聚集后血小板的数目，进行前后比较，得出血小板数目减少的百分率，根据此百分率可得到血小板的聚集率。该方法对小聚集物的形成敏感、迅速，所需样本量少。由于小聚集物的形成十分迅速，因此在那些只能检测大血小板聚集物的方法无法满足的情况下，可对每个时间点进行动态计数仪分析，通常从加入诱聚剂30s后开始到6min结束。诱聚剂不同，血小板计数所得的时间也不同。此外，也可用全血流式细胞仪进行血小板计数的检查。以上测量血小板聚集的方法都是在低切变率情况下进行，且血小板在单一激活剂作用下激活测定，难以完全真实地反映动物体内的实际情况。

4. 血小板功能分析仪（PFA 100）　这是近年才出现的新仪器，目前PFA 100系统是血细胞功能检测研究最多的方法之一。它在高切变率下，利用多种激活剂进行血小板功能的测定，在检测血小板功能的临床工作中取得较多进展。血小板功能分析仪模拟体内初期止血，又名“外出血时间测定”，检测与血小板黏附、聚集、栓子形成的初期止血障碍相关的疾病，也可监测抗血小板药物治疗。该方法操作简便易行、重复性好，与光学血小板聚集仪法相关性较好，比出血时间等方法更为敏感。而且能检测血小板功能失调是原发性因素还是药物影响所致。有研究表明，PFA 100“封闭时间”测定可以预测稳定型心绞痛患者冠状动脉造影时冠状动脉的狭窄程度及急性心肌梗死心肌病变严重程度。但当前还没有临床证据证实 PFA 100“封闭时间”可以完全替代“出血时间”，其对出血性疾病尚不能非常精确地预测，而且其结果也受很多因素影响，如血小板数量、红细胞压积、血型及血浆中 vWF 水平等都会影响其结果。PFA 100 的进一步临床应用也尚待明确。

（二）临床意义

1. 血小板聚集增高 见于脑出血、糖尿病伴血管病变、高β脂蛋白血症、原发性高血压、多发性硬化症、肺部疾患、肺栓塞、脾切除术后、妊娠及其中毒症、肾小球疾病、血栓性微血管病变（DIC 高凝血期及血栓性血小板减少性紫癜）。

2. 血小板聚集减低 见于 TXA2 合成与反应缺陷，某些获得性血小板功能异常性疾病，如尿毒症、肝硬化、坏血病、血小板减少症、原发性血小板增多症、真性红细胞增多症、慢性粒细胞性白血病、多发性骨髓瘤、恶性肿瘤、口服抗血小板药物。

（三）操作注意事项

1. 采血顺利，避免反复穿刺将组织液抽到注射器内，或将气泡混入。

2. 抗凝剂采用枸橼酸钠抗凝，不能以 EDTA 作为抗凝剂。

3. 阿司匹林、潘生丁、肝素、华法林等药物均可抑制血小板聚集，故采血前一段时间不应服用此类药物。

4. 测定应在采血后 3h 内完成，时间过长会导致聚集强度和速度降低。

二、血小板黏附试验

血小板黏附是指血小板黏着于异物的功能。血小板具有黏附于伤口或异物表面的生理功能，称为血小板黏附性。一定量血液与一定表面积的异物接触一定时间后，即有一定数量的血小板黏附于异物表面上，测定接触前后血小板数之差，即为黏附于异物表面的血小板数，并可计算出黏附血小板的百分率。在体外血小板可黏附于带负电荷的非生理性物质的表面，如玻璃、白陶土、硅藻上等；在体内，血小板可黏附于暴露的内皮下组织成分和其他病理性表面。血小板的黏附需 3 个条件：

1. Ⅲ型胶原 CB_4 段肽链中的一个 9 肽（甘—赖—羟脯—甘—谷—羟脯—甘—脯—赖）是黏附的活性中心。

2. 血浆血管性假血友病因子（vWF）起桥联作用。

3. 血小板膜糖蛋白 Ib（GPIb）是 vWF 的受体。

上述因素中的任何一个发生异常，便会导致血小板黏附功能的变化。

血小板黏附试验（platelet adhesiveness test，PAdT）

（一）方法

1. 玻璃砂柱法

（1）玻璃砂柱的制备

①取普通玻璃干燥后以中药碾粉碎，先用 0.6～0.7mm 孔径铜筛筛过，去其粗大玻璃，再用 0.4～0.5mm 孔径铜筛筛过，留下筛上玻璃砂。

②将 0.4～0.7mm 孔径玻璃砂，用流水冲洗干净直至无粉尘，然后浸泡在硫酸清洁

液内过夜，次日取出流水反复冲洗，再用蒸馏水浸洗，干燥后备用。

③取内径 4～5mm，长 10～11cm 透明尼龙管或聚乙烯管，一端用同样尼龙管剪成小圈，平铺尼龙网片，然后镶嵌入尼龙管内。

④用普通天平称玻璃砂 1.5g，装入尼龙管内。并用力填实，管中砂柱高度以两端距管口留 1cm 左右。

（2）用具硅化　将注射器、试管、滴管、吸管等，用 4%甲基硅油将内壁涂抹均匀，或注满容器放置 1～2h 后，把多余硅油倾出，倒置于滤纸上，使其充分流出。在 200～250℃温度下烘干，至少 2h。

（3）操作方法

①取静脉血 1.8mL，放入盛有 3.8%枸橼酸钠 0.2mL 的硅化试管内，充分混匀勿凝。

②用乳胶帽滴管吸取抗凝血液，加入玻璃砂柱内，使滴管与尼龙管密切吻合，然后加压胶帽，使血液流入玻璃砂，当血液与玻璃砂刚接触时，立即开动秒表，使血液均匀地通过全部玻璃砂，时间控制在 20s 左右。取通过玻璃砂第一滴血作血小板计数 P_2。同时取未通过玻璃砂至均匀抗凝血作血小板计数为 P_1。

③黏附率计算方法：

$$血小板黏附率=\frac{P_1-P_2}{P_1}\times 100\% \qquad (式 6-1)$$

2. 血小板黏附仪法　取经枸橼酸钠抗凝的血标本 0.75mL 置于 6mL 球形瓶中，将球形瓶固定于转动盘上，以 3r/min 的速度转动 15min，使血液与瓶壁充分接触。取两个大试管，各加 3.2%枸橼酸 4.75mL，从离心管（接触前）和球形瓶（接触后）中分别取血 0.25mL，加入两个大试管中，将试管倾倒 3 次，使其混匀。室温下静置 2h。取上清液中层标本直接加入记数盘作血小板计数。

计算公式：

$$血小板黏附率=\frac{黏附前血小板数-黏附后血小板数}{黏附前血小板数}\times 100\% \qquad (式 6-2)$$

（二）临床意义

1. 血小板黏附率增高　见于高凝状态和血栓栓塞病，如糖尿病伴血管病变、多发性硬化症、肺部疾患、肺梗死、肾小球病变、肾病综合征、正常妊娠、脾切除后、DIC 高凝血期、血栓性血小板减少性紫癜、溶血性尿毒症综合征、心瓣膜病变以及癌转移。

2. 血小板黏附率减低　见于巨大血小板综合征、骨髓增生综合征、尿毒症、肝硬化、异常蛋白血症、坏血病、低（无）纤维蛋白血症、浆细胞瘤、服用抗血小板药物、糖原累积症、急性白血病以及血小板减少症等。

（三）操作注意事项

1. 玻璃砂柱法

（1）血小板计数时，血滴入计算盘后放置 15min 为宜，整个操作应在 60min 内完成。

（2）所用物品均需硅化，一般用 5～6 次后滴水不呈珠时，要重新硅化。

（3）玻璃砂要清洁无杂质，称量要准确，装砂柱要填实。

2. 血小板黏附仪法　血液要求采用塑料管或硅化试管，并加盖塞子。无盖的标本在空气中暴露时间过长，CO_2 的弥散使其 pH 变动，可影响到聚集结果。当血浆标本偏酸时，肾上腺素引起的聚集受到抑制，偏碱时聚集增强。采血后一般在 2～3h 内测定对结果影响不大，若不及时检测，会影响到聚集的强度和速度。

全血要在 1h 内分离血浆。分离富血小板血浆时，要在室温下 800r/min 离心 5min，室温下可存放 3h。过冷的环境下，血小板可发生外形改变及黏附、聚集功能加强或出现自发性聚集。

【参考值】小鼠（21.5±2.1）%，家兔（36.62±6.84）%。

三、血小板第 3 因子有效性试验

血液凝固机制是一个酶促反应过程，血小板参与凝血过程主要是提供磷脂催化表面。血小板第 3 因子（PF_3）是血小板活化过程中形成的一种膜表面磷脂，是动物机体凝血的重要组成部分，是凝血因子 V 的固定部位，可加速凝血活酶的生成，促进凝血过程。

血小板第 3 因子有效性试验（platelet factor－3 availability test，PF_3aT）：

（一）方法

采用白陶土复钙时间法。标本为富含血小板血浆（PRP），贫乏血小板血浆（PPP）。利用正常和患畜的血小板与正常和患畜血浆互相配合，以白陶土为活化剂测定复钙凝血时间。比较各组的时差，了解 PF_3 是否缺陷，见表 6－1。

表 6－1　血小板第 3 因子有效性试验

	受检血浆（mL）		正常血浆（mL）		4%白陶土悬液（mL）
	血小板多	血小板少	血小板多	血小板少	
第Ⅰ组	0.1			0.1	0.2
第Ⅱ组		0.1	0.1		0.2
第Ⅲ组	0.1	0.1			0.2
第Ⅳ组			0.1	0.1	0.2

（二）临床意义

1. PF_3aT 减低　巨大血小板综合征、血小板病、Ⅰ型糖原累积症、尿毒症、肝硬化、原发性血小板增多症、真性红细胞增多症、急性和慢性粒细胞白血病、骨髓纤维化、多发性骨髓瘤、系统性红斑狼疮、先天性心脏病、再生障碍性贫血、血小板减少性紫癜以及恶性贫血等。

2. PF_3aT 增高　见于进食饱和脂肪酸、Ⅱ型高脂血症、心肌梗死、糖尿病伴血管病变以及动脉粥样硬化等。

【参考值】

1. 第Ⅰ组比第Ⅱ组的结果延长超过 5s，表示血小板第 3 因子有效性减低。

2. 第Ⅳ组的凝固时间应在（34±4）s，如第Ⅲ组较第Ⅳ组凝固时间延长 5s 以上，则提示 PF_3aT 减低。

四、血栓烷 B_2 测定

血栓烷 A_2（TXA_2）是血小板花生四烯酸的代谢产物，是很强的血小板聚集激活剂，但其半衰期仅 30s，故采用检测其稳定水解产物血栓烷 B_2（TXB_2）来推测 TXA_2 的含量。在 TXA_2 合成酶作用下，前列腺素 G_2（PGG_2）、前列腺素 H_2（PGH_2）转变为 TXA_2，TXA_2 是血小板花生四烯酸的代谢产物，具有很强的血小板聚集和收缩血管的作用，但其半衰期仅 30s，不稳定，很快地转变为稳定而无活性的最终产物 TXB_2。

（一）方法

放射免疫测定法或 ELISA 法。其中，放射免疫测定的步骤为：

（1）TXB_2 与牛血清白蛋白连接　将 2.5mg TXB_2 与 5mg 1-乙基-3（3-二甲氧基丙基）-碳化二亚胺（EDC）溶于 1mL 乙醇—水（95∶5）溶液。置室温 30min 后加入 5mL（20mg）的牛血清白蛋白（BSA），置室温 1h，再放 4℃冰箱过夜。用 0.01mol/L 磷酸盐缓冲液透析 48h。

（2）抗血清的制备　将 TXB_2-BSA 与等量的弗氏完全佐剂混合，待完全乳化后在家兔背侧皮肤做多点（10～20 点）皮内注射。2 个月后每隔 1～1.5 月按同样方法加强免疫一次。每次免疫后 10～15d 取血测定抗血清效价。在估计抗血清效价已达最高值时从兔颈动脉放血，置室温一夜后离心分离血清，加 0.02%叠氮钠分装，置 4℃冰箱备用。

（3）TXB_2 与组胺的连接　将 1.5mg TXB_2 溶解于 150μL 乙醇—水（75∶25）溶液中，加入 3mg EDC，置室温 1h 后加入 33μL（3mg 组胺），调节 pH 至 7，置 4℃冰箱过夜。将已连接的 TXB_2-组胺加在硅胶薄层层析板上做层析。展开剂为正丁醇—乙醇—水溶液。然后，分别用 Pauly′s 试液与碘蒸气使层析带显色。确定 TXB_2-组胺连接物的区带并用刀片刮取。加入 1mL 乙醇—水（70∶30）溶液提取。离心后取出上清液，保存于－80℃备用。

（4）碘化标记　用氯胺 T 法。取 8μg TXB_2-组胺，经氮吹干后加入 10μL 磷酸盐缓冲液溶解。加入 0.5mCi 的 $Na^{125}I$，再加入 8μL（6μg）氯胺 T 反复混匀 20s，然后加入 8μL（128μg）偏重亚硫酸钠终止反应。将碘化标记液做薄层层析，展开剂为丙酮—甲醇（85∶15）。层析后作放射自显影，感光时间 5～6min。确定 TXB_2-组胺-^{125}I 区带位置并用刀片刮取。用 1mL 乙醇—水（70∶30）提取 2 次，将离心后的上清液置－30℃冰箱备用。

（5）放射免疫测定　将倍比稀释的 TXB_2 标准品（25～1 600ng/mL）或待测样本与 0.05mol/L Tris-EDTA 缓冲液（pH8）、0.5%γ-球蛋白、稀释抗体及 ^{125}I 示踪剂混合，置 4℃冰箱过夜。第 2 天自空白管起加 0.7mL 的 25%聚乙二醇 4000，混匀后在 4℃条件下离心，吸弃上清液，将沉淀物放入 γ-免疫计数仪中计数。然后，将不同浓度的（标准管－空白管）与（零标准管－空白管）比值在半数对数纸上画出标准曲线。从标准曲线上即可推算出每个待测样品 TXB_2 含量。

（二）临床意义

1. 增高　见于高凝状态和血栓栓塞病，如心肌梗死、糖尿病伴血管病变、中毒症、高脂血症、动脉粥样硬化、肺梗死、肾小球疾患及大手术后等。

2. 减低 见于环氧化酶和 TXA_2 合成酶缺乏症以及服用阿司匹林、苯磺唑酮、咪唑及其衍生物等药物。

【参考值】大鼠（213.15±23.10）ng/L，犬（145.2±42.0）ng/L。

第三节 凝血障碍检查

一、血块收缩试验

血液凝固后，血凝块发生收缩现象，主要与血小板功能有关。当血小板被激活后，相邻血小板通过膜上的α-辅肌动蛋白与α-辅肌动蛋白受体互相结合。肌动蛋白微丝一端通过肌动蛋白结合蛋白质与α-辅肌动蛋白抛锚于血小板的“2”线上，另一端伸向血小质包围中央的细胞器，短小的肌球蛋白微丝交错地位于肌动蛋白微丝之间。两种微丝互相滑动时，产生血小板收缩活动，使血小板表面向外伸出伪足，伪足牵动纤维蛋白丝，发生血块收缩，将血液中血清挤出，完成血块收缩反应。

（一）方法

1. 定性法 静脉血静置37℃水浴箱中，在不同时间内分别观察血块收缩情况。本法为简单的定性方法，可用于临床上粗略判断血小板的功能。有条件的单位，最好采用血块收缩定量试验，结果较准确。

2. 定量法 试管法。取2支清洁、脱脂、干燥的10mL刻度试管，自颈静脉采血，每管接取血液5mL。待血液完全凝固后，将试管放在37℃温箱或恒温水浴箱中，开始记录时间，以后每隔1h观察一次，记录血块开始收缩（即血块和试管壁之间出现了黄色透明的血清）的时间及血块完全收缩的时间。24h后，将析出的血清全部吸出并计算收缩指数，以两管的平均数报告结果。

$$\text{收缩指数}=\frac{\text{血清量（mL）}}{\text{全血总量（mL）}} \qquad \text{（式 6-3）}$$

（二）临床意义

1. 血块收缩时间延长或不收缩 见于血小板数减少、血小板功能障碍、纤维蛋白原或凝血酶原显著减少、原发性或继发性红细胞增多症。马的血斑病、渗出性胸膜炎时，血块收缩时间延缓。在马传染性贫血、血孢子虫病、严重的肝脏疾病时，血块往往不收缩。

2. 血块收缩过度 见于先天性因子ⅩⅢ缺乏症、严重贫血等。

【参考值】收缩指数：马0.5（0.3～0.7），牛0.45（0.31～0.56），山羊0.57（0.30～0.74），犬0.34（0.30～0.38）。

二、凝血时间测定

静脉血放在玻璃试管中，观察自采血开始至血凝所需的时间称为凝血时间（coagulation time，CT）。新鲜血液离体后，因子被异物表面（玻璃）激活，启动了内源性凝血。

由于血液中含有内源性凝血所需的全部凝血因子、血小板及钙离子，血液则发生凝固。本试验是反映自因子Ⅻ被负电荷表面（玻璃）激活，至纤维蛋白形成，一连串的复杂酶反应所需的时间，主要反映内源性凝血过程第一期有无异常。

（一）方法

1. 普通试管法（Lee－White 法） 仅能检出Ⅷ：C 水平＜2％的患者，本法不敏感，目前也趋于淘汰。

2. 硅管法（SCT） 本法与普通试管法的测定方法基本相同，唯一的区别是采用涂有硅油的试管。由于硅管内壁不易使内壁凝血因子接触活化，故凝血时间比普通试管长。

3. 活化凝血时间法（activated clotting time，ATC） 本法是在待检全血中加入白陶土部分凝血活酶悬液，先充分激活接触活化系统的凝血因子Ⅶ、Ⅵ等，并为凝血反应提供丰富的催化表面，从而提高了试验的第三性，是内源性系统第三的筛选试验之一，能检出Ⅷ：C 水平＜45％的亚临床血友病病畜。ACT 法也是监护体外循环肝素用量的较好的指标之一。

（二）临床意义

在大手术或肝、脾穿刺前进行本项测定，可以及早发现出血性素质疾病，以防大量出血。

1. 凝血时间延长 血浆内任何一种凝血因子的缺陷，几乎都可引起凝血时间延长，见于凝血因子Ⅷ、凝血因子Ⅸ、维生素 H 缺乏及伴有弥散性血管内凝血（DIC）的重症疾病等。血中抗凝物质增多时，凝血时间也可延长。

2. 凝血时间缩短 凝血时间明显缩短，说明体内有血栓形成的可能，或已开始形成血栓。

【参考值】玻片法：牛 5～6min，马 8～10min，猪 3.5～5min，犬 10min。

试管法：牛 8～11min，马 13～18min，山羊 6～11min，犬 7～16min。

三、出血时间测定

出血时间（bleeding time，BT）是指在一定条件下，人为刺破皮肤毛细血管后，从血液自然流出到自然停止所需时间。出血时间的长短主要与血管壁的完整性、收缩功能、血小板数量与功能及其在血浆中含量等有关。上述各种因素有缺陷时，出血时间可见延长。

（一）方法

在动物的耳尖部位剪毛消毒后，用细针头刺入 3～4mm，血液即自动流出，每隔 0.5min，用滤纸吸取血滴一次，如此，则纸上血迹逐渐缩小，出血停止时则不再留有血迹。计算血液流出到血迹消失之间的时间，即为出血时间。

（二）临床意义

出血时间延长，见于血管壁的缺陷、血小板缺乏症或出现异常血小板造成的血小板缺陷、严重的肝脏疾病、尿毒症、应用大剂量的抗凝剂。

【参考值】动物的正常出血时间为 2～5min。

四、活化部分凝血激酶时间测定

由于试管法凝血时间不够敏感，故在贫乏血小板的血浆中加入凝血因子激活剂如白陶土、硅藻土或鞣酸等，加速内源凝血系统的凝血过程。实际上活化部分凝血激酶时间（APTT）是激活剂脑磷脂血浆复钙时间。试验过程中加入激活剂是为了充分并加速因子Ⅻ和Ⅺ的活化；脑磷脂是为因子Ⅸa、Ⅷa、Ca^{2+}以及因子Xa、Va的活化提供催化表面。本试验是内源凝血系统较敏感的筛选试验，APTT延长意味着内源凝血系统诸因子的促凝活性降低。

（一）方法

1. 凝固法 本试验是在血浆中加入APTT试剂（接触因子激活物＋磷脂）和Ca^{2+}后，观察其凝血时间。如以白陶土为接触因子激活物，亦可称为白陶土部分凝血活酶时间（kaolin partial throboplastin time，KPTT）。本试验是内源性凝血功能的综合性检查。

2. 全自动血凝仪测定 血浆样本（50μL）经过一定时间（3min）温育后，加入部分凝血活酶时间反应试剂（50μL），加温1min，加入0.025mol/L $CaCl_2$ 50μL，加温4min，采用波长660nm的光照射反应物，通过测量散射光光强度的改变来测定凝血过程（纤维蛋白原转化为纤维蛋白）中的浊度变化，从散射光光强度的测定可得凝集曲线，反应物凝固的时间即活化部分凝血活酶时间。

（二）临床意义

APTT延长主要见于严重的肝脏疾病、维生素K缺乏、DIC等。

【参考值】临床检查时，应与健康动物进行对照试验，判定在延长时间10s以上为异常。参考值为：犬（24±5）s，猫（36±4）s，马（80±6）s，牛（47±3）s。

五、血浆凝血酶原时间测定

血浆凝血酶原时间测定通常称为凝血酶原时间（prothrombin time，PT）测定。在受检血浆中加入过量的组织凝血活酶的浸出液和适量的Ca^{2+}，观察血浆凝固时间，即为血浆凝血酶原时间，是反映血浆中凝血酶原、凝血因子Ⅴ、凝血因子Ⅶ、凝血因子Ⅹ及纤维蛋白原的试验，也是外源性凝血系统常用的筛选试验之一。PT是临床上广泛应用反映外源凝血系统的较敏感的筛选试验。

（一）方法

1. 凝固法

（1）在试管中加入0.129mol/L枸橼酸钠或0.1mol/L草酸钠溶液0.2mL，然后加受检血1.8mL混匀，低速离心，分离血浆。

（2）取小试管1支，加入血浆和兔脑粉浸出液各0.1mL，37℃预温，再加入0.1mL $CaCl_2$溶液37℃预温，立即开动秒表，不断倾斜试管，至液体流动停止所需时间，即为凝血酶原时间。重复操作2～3次，取平均值，并作正常对照。

2. 凝血仪法

（1）采血　取静脉血 1.8mL，加入含有 0.2mL 0.129mol/L 枸橼酸钠的试管中备用。

（2）分离血浆　抗凝血以 3 000r/min 离心 10min，分离血浆（贫血小板血浆）于试管中备用。

（3）溶解试剂　按说明书溶解钙凝血酶和正常混合冻干血浆，置室温 15min 后使用。

（4）预温　将钙凝血活酶试剂、正常动物混合血浆、待测血浆于 37℃预热 5min 后使用。

（5）测定　按仪器操作方法将正常动物混合血浆 0.1mL 与钙凝血活酶试剂 0.2mL 混匀。仪器自动测定混合物凝固的终点并显示正常动物混合血浆的 PT 秒数。

3. 试管法　前 4 个步骤同凝血仪法的操作。第 5 个步骤的测定方法如下：

加正常动物冻干血浆 0.1mL 于预热试管中，再加入混匀的钙凝血活酶试剂 0.2mL 混匀并开动秒表计时。8s 后，不时从水浴箱中取出试管观察混合液流动状态，当流动停止时终止计时，记录其秒数，即为正常动物混合冻干血浆的 PT 秒数，一般重复测定 2～3 次取平均值。

最后，取待检血浆重复第 4 和第 5 个步骤，测定待检血浆的 PT 秒数，重复 2～3 次取平均值。

（二）临床意义

1. PT 缩短　见于血液高凝状态如 DIC 早期、乙醚麻醉后、洋地黄中毒等。

2. PT 延长　主要见于先天性因子Ⅱ、Ⅴ、Ⅶ、Ⅹ减少及纤维蛋白原的缺乏（低或无纤维蛋白血症）、严重的肝脏疾病、维生素 K 缺乏、DIC 后期、纤维蛋白原减少等。

（三）注意事项

1. 采血应“一针见血”。抗凝剂与血液体积比为 1∶9，应准确。采血后 4h 内完成测定。

2. 钙凝血活酶必须标有国际敏感指标（ISI），ISI 越接近 1，试剂越敏感。

3. 标本测定前应测定正常动物混合血浆，其 PT 值在允许范围内才能测定样本。

【参考值】犬 9.3～10s，猫 8.1～9.1s，马 11～15s，猪 9.1s，绵羊 13～25s，牛 28.2s。

六、血浆纤维蛋白原含量的测定

纤维蛋白原（FIB）是一种多功能血浆球蛋白，在肝脏合成，其主要生理功能是作为凝血因子Ⅰ直接参与体内凝血过程。研究发现纤维蛋白原含量升高有促进心血管病发生的作用。纤维蛋白原是由 a（A）、p（B）和 7 三条肽链构成的二聚体分子。凝血酶裂解纤维蛋白原的甘氨酸—精氨酸链，使纤维蛋白原变为纤维蛋白单体（FM），后者再转变为纤维蛋白。其形成的浊度与 FIB 的含量成正比，因此无需另加任何试剂，即可由产生的浊度，用终点法或速率法算出 FIB 含量。

（一）方法

1. 仪器法　本法可用自动或半自动凝血仪按凝血酶时间（TT）测定法测定。可自动打印出结果。

2. Jacobsson 的改良法

（1）将纤维蛋白原冻干（标准）品（源于 89/644）加 1mL 蒸馏水复溶，加到含有 2mL 应用缓冲液（$Na_2O \cdot 2H_2O$ 0.882g；KH_2PO_4 2.77g/L，此为贮存缓冲液；将贮存缓冲液 1 份，加生理盐水 2 份即为应用缓冲液，pH 为 6.35）的有机玻璃浅盘或其他容器中。

（2）加入凝血酶液 50μL，迅速混匀，在室温中静置 2h。

（3）将容器倒扣于吸水的布上（其下可垫吸水纸），再用适当物质（加滤纸）将凝块吸干。将凝块取下，置于 50mL 生理盐水中洗涤 2 次，每次洗涤后均应将凝块吸干（可用玻璃挤压凝块），尽量除去含于凝块中的液体，以免液体中的其他血浆蛋白残留。必要时可在清洁棉布上挤压。

（4）小心将凝块加入含凝块溶解剂 7.5mL 的容器中，摇匀，直至凝块完全溶解。倒入光径为 1cm 的比色杯中，以凝块溶解剂为空白，在 280nm 和 315nm 波长读取吸光度。

（二）临床意义

1. 增多 见于急性传染病、急性感染、肾小球疾病活动期、烧伤、休克、外科大手术后、恶性肿瘤等。

2. 减少 见于 DIC 消耗性低凝血期及纤溶期、重症肝炎、肝硬化、重度贫血等。

【参考值】牛 3～7g/L，马 1～4g/L，猪 1～5g/L，绵羊 1～5g/L，兔 1.8～2.4g/L。

七、凝血酶凝固时间测定

纤维蛋白（原）的降解产物（FDP）有较强的抗凝作用。片段 X 和 Y 可与 FM 结合形成可溶性 FM 复合物，即可抑制凝血酶对纤维蛋白原的作用；片断 D 和 E 能阻止 FM 的聚合；片段 E 尚能与凝血酶竞争纤维蛋白原分子上的受体，抑制凝血酶从纤维蛋白原分子上分解出纤维蛋白 A 肽（FPA）和 B 肽（FPB）。因此，凝血酶凝固时间测定（TT 或 TCT）是检测 FDP 增多、血浆中肝素或类肝素物质及纤维蛋白原是否减少或异常的方法。

（一）方法

采用凝固法。

（二）临床意义

TT 延长见于纤维蛋白原明显减少或有结构异常、严重肝脏疾病、过敏性休克及发生 DIC 时。

【参考值】比对照超过 5s 以上有意义。

八、D-二聚体测定

D-二聚体是纤维蛋白原及（或）纤维蛋白单体（PM）经因子 XⅢa 作用后形成交联的纤维蛋白，纤维蛋白再经纤溶酶水解所产生的降解产物之一。纤溶蛋白降解产物中，唯

D-二聚体交联碎片可反映血栓形成后的溶栓活性。因此，理论上，D-二聚体的定量检测可定量反映药物的溶栓效果，及用于诊断、筛选新形成的血栓。

D-二聚体测定（D-dimer determination，D-D测定/D-dimer检测）：

（一）方法

定性采用乳胶凝集法，定量采用酶联免疫吸附试验（ELISA）、NycoCard D-二聚体测定。

1. 乳胶凝集法　被检血浆中D-二聚体与包被在乳胶颗粒上的单抗相作用，产生絮状沉淀反应。

优点：快速。

缺点：必须多次倍比稀释测定，且结果重复性差。

2. 酶联免疫吸附试验　以2个针对D-二聚体的单抗建立的抗原为中心、两侧为抗体的夹心ELISA。

缺点：①抗体与纤维蛋白（原）的D片断有部分反应。一般情况下，D片断吸有一个抗体结合部位，因此，不再与带显色物的抗体结合，但有时挂钩现象会干涉实验结果。②操作步骤复杂、费时，抗原抗体反应受温度时间影响。③每次实验需带标准曲线，因此，需留一批标本同时测定，不适用于临床患病动物及时诊断及治疗的需要。

3. NycoCard D-二聚体测定　免疫过滤胶体金显色反应法采用同种抗体夹心，即以包被的抗体捕获血浆中抗原（D-二聚体），加入偶联有胶体金的同种抗体显色。因此，也是以抗原为中心，两侧为抗体，但为同种抗体。因抗体特异性高，可与含D-二聚体的 多种片断结合使试验灵敏度增高。虽偶可与D片断结合，但不发生挂钩现象。

优点：快速（2min）、定量检测，灵敏度高、无挂钩，高温不溶。

缺点：特异性不强、受脂质颗粒干扰、肉眼比色，不可信影响，但阅读仪结果与ELISA结果可媲美。

（二）临床意义

DIC时，D-二聚体明显升高，呈阳性反应，它是诊断DIC的重要指标；在原发性纤溶症，D-二聚体不升高，呈阴性反应，是两者鉴别的重要指标。此外，在肝脏疾病、急性心肌梗死、脑血管病变、外科手术时，D-二聚体也见升高。

【参考值】兔（2.9±0.8）mg/L，大鼠（1.36±0.12）mg/L。

九、纤维蛋白（原）降解产物测定

纤维蛋白原和（或）纤维蛋白，经纤溶酶降解后，可以生成X（X'）、Y（Y'）、D和E（E'）等碎片，这些碎片统称为纤维蛋白（原）降解产物（FDP）。FDP具有抗凝作用。

（一）方法

1. 红细胞凝集抑制试验阳性　可用以测出受检血清中的FDP，在预先已被抗纤维蛋白原致敏的红细胞中加入受检血清，如血清含有与纤维蛋白原具有共同抗原簇的FDP增多时，红细胞发生凝集抑制。

2. 乳胶凝集试验（Fi试验）　应用特异的抗纤维蛋白原、D、E碎片抗体标记的乳胶颗粒。如患者的血浆中含有纤维蛋白降解产物特别是D、E碎片，就发生乳胶颗粒凝集。

3. 葡萄球菌聚集试验 纤维蛋白原和早期纤维蛋白降解产物可使某些凝固酶阴性的金黄色葡萄球菌聚集。如加入受检血清后呈阳性，表示含有纤维蛋白（原）的降解产物。

4. FDP酶联免疫吸附试验 应用抗纤维蛋白原抗体与受检标本中的抗原产生免疫反应，再加入辣根过氧化酶标记，产生的颜色与标本中FDP的含量成比例。

（二）临床意义

增高见于原发性和继发性纤溶症、溶栓疗法、肝硬化、尿毒症、肺栓塞、肾移植、深静脉血栓形成、妊娠及其中毒症、胰腺炎、胰腺坏死、糖尿病伴血管病变、恶性肿瘤、脑血栓形成等。在急性肾功能衰竭、肾移植、急性肾小球肾炎、肾病综合征时尿中FDP增高，这对肾脏疾病的预后判断具有重要的意义。

【参考值】大鼠血清（2.45±0.4）mg/L，兔血清（9.9±2.8）mg/L。

第四节　弥散性血管内凝血

弥散性血管内凝血（disseminated intravascular coagulation，DIC）是一种弥散而隐匿的广泛性微血管内凝血，是某些疾病发展过程中的一种病理状态。诱发DIC的病因十分复杂、常发生于感染、败血症、产科病、外科手术或创伤、恶性肿瘤等。发病的根本原因是上述诸多因素等导致机体凝血系统与抗凝系统平衡失调。发病早期凝血系统功能亢进，使血液处于高凝状态发生弥散性微血管血栓，其后因消耗了大量凝血因子又使血液进入低凝状态，继而由于广泛的微血栓形成纤溶系统被激活，功能亢进而溶解了纤维蛋白甚至纤维蛋白原和其他凝血因子，又因FDP的抗凝作用使血液更难凝固。最终导致严重出血，加之多脏器功能损伤而出现多部位出血、顽固性休克，内脏、皮肤及肢体出现栓塞以及溶血等表现。确诊DIC的关键是化验检查，因而要求化验指标简易快速。

实验室检查是DIC诊断的一项重要依据。有确诊意义的化验应该能直接反映凝血酶或纤溶酶活性，但目前临床上采用的大多数是这两者作用的间接反映。这方面开展的项目虽然比较多，但诊断DIC尚无特异性检验项目，需根据临床资料和实验室检查综合判断，其基本检验项目为3项过筛试验和3项确证试验（表6-2）。

DIC确诊标准：过筛试验全部阳性或有两项为阳性，再有一项确证试验阳性，结合临床即可确诊。

表6-2　DIC过筛试验和确证试验

	检查项目	DIC判断标准
过筛试验	血小板计数	明显减少
	血浆凝血酶原时间测定	较正常延长3s以上
	纤维蛋白原定量	减少
确证试验	3P试验	阳性
	凝血酶凝固时间测定	较正常延长3s以上
	纤溶酶原活性	增强

1. 反映凝血因子和血小板消耗的试验　①血小板计数：DIC过程中由于血小板大量消耗形成微血栓，故血小板计数减少。②凝血时间：在弥散性血管内凝血早期，血液处于一种高凝状态，凝血时间常缩短在5min以内，甚至采血时即在针管内凝固，这种现象对早期诊断DIC有很大帮助。晚期以继发性纤溶为主，血液呈低凝状态，故凝血时间大多延长。③凝血酶原时间（PT）：大部分动物凝血酶原时间延长。部分动物早期正常，随病情的发展而延长。④凝血酶时间（TY）：急性弥散性血管内凝血的患者延长，个别患者也可能正常或缩短。⑤纤维蛋白原（Fg）定量测定：大部分动物低于150mg/dL，也有部分动物早期正常或缩短，而在病程中逐渐延长。⑥白陶土部分凝血活酶时间（KPTT）：延长提示参与生成凝血活酶的因子减少，但慢性弥散性血管内凝血的动物，KPTT可以是正常。

2. 反映纤维蛋白溶解活力亢进方面的检查　①FDP测定：副凝试验——3P试验：假阳性较多，但假阴性少；乙醇凝胶试验：纤维蛋白原体与FDP结合的可溶性复合物在加入乙醇时，可有胶状物形成，本试验有假阴性结果，但其特异性高，假阳性少。②优球蛋白溶解时间（ELT）测定：此试验反映了纤溶酶的高低。正常＞120min。本试验阳性率低，为30％～50％。③纤溶酶原测定：正常血浆中含有丰富的纤溶酶原，弥散性血管内凝血时前活化素被激活，纤溶酶原转变成纤溶酶，故纤溶酶原降低。以酪氨酸为底物测定其活力，正常值为7～11U/mL。

3. 抗凝血酶Ⅲ的测定（AT－Ⅲ）　测定方法有凝血法、放射免疫法及发色底物测定法，后者敏感精确，采血量仅有几微升可为临床快速提供诊断。

4. 血片　外周血涂片后在显微镜下观察，若有红细胞碎片、棘形、盔形、三角形或不规则红细胞也有助于本病的诊断。

5. 纤维蛋白肽A（FPA）**和肽B**（FPB）**测定**　凝血酶能将纤维蛋白原αA链和αB链切断，先后释放出FPA和FPB，故血浆FPA和FPB含量增高，反映凝血酶活性的增强，发病时，百分之百的患畜FPA增高。

6. 纤维蛋白肽Bβ1－42和Bβ15－42测定　发病时，由于继发性的纤溶亢进，纤溶酶的血浆水平升高，水解纤维蛋白原Bβ链，释放出Bβ1－42；纤溶酶水解可溶性纤维蛋白单体释放出Bβ15－42，故血浆Bβ1－42和Bβ15－42水平升高，反映纤溶活力的增强。

7. D－二聚体测定　纤溶酶活性增强，水解经因子Ⅷ交联的纤维蛋白，会产生D－二聚体，故测定D－二聚体血浆含量增高或呈阳性反应，表明弥散性血管内凝血有纤维蛋白的降解，有继发性纤溶亢进。

参　考　文　献

贲素琴，倪松石，施裕新，等．2004．犬实验性肺血栓栓塞症后血清乳酸脱氢酶同工酶3和血浆D－二聚体的动态研究［J］．中国心血管杂志，9（3）：160－165．

丁韧，方培耀，孔令雯，等．1997．大鼠深Ⅱ度烫伤后纤溶酶原—纤溶酶系统的变化［J］．上海第二医科大学学报，17（suppl.）：34－36．

东北农学院．1985．临床兽医诊断学［M］．北京：农业出版社．

杜金行，史载祥，靳洪涛，等．2002．大蒜素对脑局灶缺血大鼠血小板活化功能及其结构的影响［J］．中日友好医院学报，16 (3)：152 - 156.
E. H. 科尔斯著 . 1986. 兽医临诊病理学 [M]. 朱坤熹，秦礼汇，等，译 . 上海：上海科学技术出版社 .
弗雷萨著 . 1997. 默克兽医手册 [M]. 韩谦，等，译 . 第 7 版 . 北京：中国农业大学出版社 .
郭定宗 . 2006. 兽医临床检验技术 [M]. 北京：化学工业出版社 .
贺杭，阎纪英，李保 . 1994. 尿激酶、前列腺素 E1 联合溶栓对家兔全身纤溶系统的影响 [J]. 中国循环杂志，9 (1)：42 - 44.
李斯 . 2002. 兽医临床症状鉴别诊疗技术标准与处方用药规范实用手册 [M]. 北京：世图音像电子出版社 .
倪有煌，李毓义 . 1996. 兽医内科学 [M]. 北京：中国农业出版社 .
钱希明，李中学，冯树声 . 1999. 抑肽酶对犬体外循环过程中血小板保护作用的实验研究 [J]. 第一军医大学学报，19 (6)：523 - 526.
司全金，李小鹰 . 2005. 不同浓度睾酮对雄兔凝血和纤溶系统的影响 [J]. 中国临床康复，9 (7)：85 - 87.
王夔 . 1996. 生命科学中的微量元素 [M]. 第 2 版 . 北京：中国计量出版社 .
王兆钺，陈德春，何杨，等 . 1986. ^{125}I-血栓烷 B_2 放射免疫测定 [J]. 苏州医学院学报，3：13 - 16.
杨岚，宋俊玲，田琼 . 2003. 血小板第 4 因子造血保护作用的实验研究 [J]. 西北国防医学杂志，24 (3)：188 - 190.
曾莉，凌立君，周玉春，等 . 2005. 活血通腑方对大鼠术后腹腔粘连的实验研究 [J]. 中国中西医结合外科杂志 . 11 (2)：135 - 137.
张建岳 . 2003. 新编实用兽医临床指南 [M]. 北京：中国林业出版社 .
赵德明 . 1998. 兽医病理学 [M]. 北京：中国农业大学出版社 .
中国人民解放军兽医大学 . 1991. 兽医防疫与诊疗技术常规 [M]. 长春：吉林科学技术出版社 .
周斌，张俊平，胡振林，等 . 1999. 纤维蛋白原降解产物对大鼠主动脉血管细胞的作用及蛋白激酶 C 抑制剂的影响 [J]. 第二军医大学学报，20 (3)：179 - 180.
J. Robert Duncan. 1978. Veterinary Laboratory Medicine [M]. Iowa：The Iowa State University Press.

第七章 血型及交叉配血试验

20世纪初，Ehrlich 和 Morgenroth 首先指出山羊红细胞表面有抗原存在，并且证明这些抗原有个体间的差异，这是研究家畜血型的开端。与此同时，Langsteiner 也发现人血液的个体差异，提出了当某一个人的红细胞同另一个人的血清混合时，可引起凝集的报道。自从 Ehrlich 和 Morgenroth 发现了红细胞上有许多可以区分羊血型的抗原以后，陆续出现很多有关各种家畜血型分类的报道。

一、动物的血型

（一）动物的血型

动物的血型，迄今为止进行了不少研究，但由于动物的种类繁多、分型方法不一，所得结果各异。根据红细胞膜是否存在某种抗原来判断血型，同种抗原被称为血型物质。有关各种动物的血型，现已经证明：马有 8 种血型（A、C、D、K、P、Q、T、U）；绵羊有 7 种血型（A、B、C、D、M、R－O、X－2）；猪有 13 种血型（A、B、C、E、F、G、H、I、J、K、L、M、N）；犬有 8 种血型（A_1、A_2、B、C、D、E、F、G），其中只有 A 因子具有很强的抗原性，犬血型的遗传目前不清楚，但 A、B、C 及 D 处于显性。37％的犬 A 呈阴性，其余 63％呈阳性。牛有 11 种血型（A、B、C、F－V、J、L、M、N、S、Z、R'－S'），奶牛共有 21 种血型（A_1、A_2、G_1、G_2、O_1、Y_2、B'、D'、E'_2、E'_3、F、A'、G、C_2、X_1、L'、L、S_1、U_1、U'、Z）。

（二）血型与红细胞凝集

1. 血型 血型通常是指红细胞膜上特异性抗原的类型。随着对血型本质的研究不断深入，有关血型的定义，有狭义和广义之分。

狭义的血型定义，以细胞膜抗原结构的差异为依据，进行分类的血细胞抗原型，如牛的 A、B、C 系，猪的 A、B、C 系等血型。此种血型可用抗体进行检测。

广义的血型定义，以蛋白质化学结构的微小差异即蛋白质多态性和同工酶为依据进行分类。如采用凝胶电泳法，可按血清或血浆中所含蛋白质划分 Pr 型（前蛋白型）、Alb 型（蛋白型）、Tf 型（铁传递蛋白型）和 Cp 型（血浆铜蓝蛋白型）等血型；有的可按所含各种酶的同工酶电泳图谱进行分类。

血型在畜牧兽医生产实践中应用广泛，具有一定的应用价值。在育种登记工作中鉴定血型，可以防止血统混乱。血型是动物出生后即能客观检查的遗传性状，如通过血型鉴定可以大致肯定或完全否定亲子关系。根据血型推断异性双胎的母犊长大后是否具有生育能力，用以诊断异性孪生不育。应用血型鉴定原理，进行初乳与仔畜红细胞的凝集反应试验，可以预防新生仔畜溶血病。白细胞，特别是淋巴细胞血型所表现的相容性，能在一定程度上反映组织移植的相容性。从遗传学角度，动物的血型与生产性能都是可遗传性状，它们之间有一定的相关性。

2. 红细胞凝集 血型不相容个体的血滴混合时，其中的红细胞凝集成簇，这种现象称为红细胞凝集。红细胞凝集的本质是抗原抗体反应。红细胞膜上具有的特异性蛋白质、糖蛋白或糖脂，在凝集反应中起着抗原的作用，称为凝集原，即血型抗原。血液中能与红细胞膜上的凝集原起反应的特异性抗体，称为凝集素，即血型抗体。白细胞和血小板上除了存在 A、B、H、M、N、P 等红细胞抗原外，还有它们特有的抗原。

(三) 家畜的红细胞血型

家畜主要用同种免疫血清的溶血反应，来检查红细胞抗原。马、牛、猪、绵羊、山羊、犬等动物红细胞的抗原型都已有大量研究，并被国际公认。家畜的正常血清中，红细胞血型抗体免疫效价很低，很少发生像人类 ABO 血型系统的红细胞凝集反应。但在输血时，必须做交叉配血试验。

(四) 家畜蛋白质型和酶型血型

目前已报道的家畜蛋白质型和酶型血型有：白蛋白型（Alb 型）、前白蛋白型（Pr 型）、后白蛋白型（Pa 型）、运铁蛋白型（Tf 型）、血浆铜蓝蛋白型（Cp 型）、血液结合素型（HP 型）、血浆脂蛋白型（Lpp 型）、血红蛋白型（Hb 型）、碳酸酐酶型（AC 型）、淀粉酶型（Am 型）、碱性磷酸酶型（AKP 型）、脂酶型（ES 型）、6-磷酸葡萄糖脱氢酶型（6-PGD 型）、乳酸脱氢酶型（LDH 型）等。

二、交叉配血（凝集）试验

交叉配血试验（CMT）是输血治疗前的必检项目，是临床安全输血的重要保证，因此，采用敏感的 CMT 对受血者和供血者的血液进行交叉配血，有着非常重要的临床意义。配血试验主要是检验受血动物血清中有无破坏供血动物红细胞的抗体。如果受血动物血清中没有能使供血动物红细胞破坏的抗体，即称为“配血相合”，反之称为“配血不合”。一般将配血试验的重点放在受血动物的血清与供血动物的红细胞配合方面，称为“主侧”或“直接配血”。但在全血输血时，不仅输入红细胞，而且还有血浆输入，如果输入的血浆中含有与受血动物的红细胞不相合的抗体，也可以破坏受血动物的红细胞。不过由于输入的血浆量少，其抗体可被稀释，故危险性较小。因此，把受血动物的红细胞与供血动物的血清配血，称为“次侧”或“间接配血”。“主侧”、“次侧”同时进行，称为交叉配血。

(一) 方法

1. 盐水法 将受血者和供血者的血标本，以 1 500r/min 离心 5 min，分离血清与红细胞，用生理盐水将红细胞配成 2%的悬液。取试管两支，标明主侧和次侧，主侧加受血者的血清 2 滴和供血者的红细胞悬液 1 滴，次侧加供血者的血清 2 滴和受血者的红细胞悬液 1 滴，以 3 000r/min 离心 15s 观察结果，出现凝集者为阳性，不凝集者为阴性。

2. 三滴试验法　用吸管吸取 4%枸橼酸钠溶液 1 滴，滴于清洁、干燥的载玻片上；再滴供血动物和受血动物的血液各 1 滴于抗凝剂中。用细玻璃棒搅拌均匀，观察有无凝集反应。若无凝集现象，表示血液相合；否则表示血液不合。

3. 微柱凝胶法（MGT）**法**

（1）将受血者标本（EDTA 抗凝）1 500r/min 离心 5min。

（2）用低离子介质溶液分别配制 2%供血者、受血者红细胞悬液各 0.5mL。

（3）取出配血卡，标记检测号，撕开封口膜。

（4）主侧：加 50μL 受血者血清于微柱孔中，并于相应微柱孔中加入 2%供血者红细胞悬液 50μL；次侧：加 50μL 供血者血清于微柱孔中，并于相应微柱孔中加入 2%受血者红细胞悬液 50μL。

（5）37℃孵育 15min 后离心 10min，肉眼观察结果。离心后红细胞沉积在凝胶管底部者，表明红细胞未发生凝集，为阴性反应，若红细胞聚集在凝胶带的上部，表明红细胞发生凝集，为阳性反应。

4. 试管法间接抗球蛋白试验（IAT）　对 MGT 法检测呈阳性的标本，再用试管法做间接抗球蛋白试验，以便进行对照比较。取试管两支，标记主侧管和次侧管，按上述方法加入受血者和供血者的血标本，置 37℃水浴 30min 后，用生理盐水洗涤 3 次，倒尽末次洗涤的盐水，吸干试管边缘的水分，于试管内加入抗球蛋白血清 2 滴，以 3 000r/min 离心 15s 观察结果。

5. 直接抗球蛋白试验（DAT）　将 MGT 法 CMT 阳性患者的红细胞用生理盐水洗涤 3 次，倒尽末次洗涤的盐水，吸干试管边缘的水分，加入抗球蛋白血清 2 滴，以 3 000r/min 离心 15s 观察结果，凝集者为阳性，不凝集者为阴性。在做直接和间接抗球蛋白试验时，为防止发生假阳性和假阴性反应及人为操作的误差，同时设立了阴、阳性对照（阴性对照：抗 D 血清 2 滴加 RhD 阴性压积红细胞 2 滴或 AB 型血清 2 滴加 RhD 阳性压积红细胞 2 滴；阳性对照：抗 D 血清 2 滴加 RhD 阳性压积红细胞 2 滴，混匀置 37℃ 30min，用生理盐水洗涤 3 次，吸干试管边缘的水分，加入抗球蛋白血清 2 滴，以 3 000r/min 离心 15s 观察结果）。

6. 凝聚胺试验 MPT 法　凝聚胺（polybrene）是一种多价阳离子溴化己二甲胺多聚物，具有中和肝素的作用，溶解后产生许多正电荷，能中和红细胞表面唾液酸所带的负电荷，使红细胞的 Zeta 电位降低，红细胞相互间容易接近，外加离心力的作用易诱发红细胞产生可逆的非特异性凝聚。反应体系中的低离子介质能大大促进抗原抗体反应，若反应过程有 IgG 分子已直接与红细胞搭桥，当非特异性的红细胞凝聚消散后，只有由抗原抗体反应引起的特异性凝集仍存在。MPT 的反应可分为 3 个步骤：①红细胞致敏阶段：红细胞在低离子介质中被相应的抗体致敏。②凝聚阶段：凝聚胺使红细胞非特异性地紧密接近，诱发凝聚现象，使抗体与相应抗原形成桥连。③再悬浮阶段：再悬液具有中和凝聚胺的作用，使凝聚胺诱发的非特异性凝集散开，而抗原抗体反应所致的特异性凝集不能散开，凝集的强度与抗体、抗原的浓度和性质等有关。

7. 微柱凝胶抗球蛋白技术（MGCT）　MGCT 交叉配血的基本操作：在微柱凝胶卡上选两个孔分别标为主、次侧；主侧加入用低离子液稀释至 1%的供血者红细胞 50μL，受血者血浆（或血清）25μL；次侧加入用低离子液稀释至1%的受血者红细胞50μL，供血者血浆（或血清）25μL；置37℃专用孵育器孵育15min，然后置于专用离心机1 000r/min离心10min，取出看结果。红细胞完全降至柱底者为阴性，完全或部分被阻挡于凝胶内者为阳性。

8. 柱凝集技术（CAT）

（1）将患者全血（EDTA抗凝）离心。

（2）用生理盐水分别配制4%供受者红细胞悬液250μL。

（3）取出配血卡（一张卡有6根微柱，柱中含有微玻璃珠、稀释剂、抗-IgG、抗-C_3d、抗-C_3b等），标记好主侧、次侧。

（4）主侧：加供血者4%红细胞悬液10μL，受血者血浆40μL，BLISS液50μL；次侧：加受血者4%红细胞悬液10μL，供血者血浆40μL，BLISS液50μL。

（5）37℃孵育100min，后离心5min，肉眼观察结果。

（二）临床意义

1. 血型与经济性能的关系　血型是动物的一种遗传性状，而家畜的各种经济性状在某种程度上也受遗传所控制。血型与生产性能之间的关系原则上可有3种方式。

（1）*基因多效性*　某些基因有多效性效应，那就是说，它们同时作用于两个或更多的性状。如果血型基因是多效性的，并且同时也影响经济上重要的性状，那么在遗传计划中利用血型分类就可能是一个有利条件。

（2）*两个位点之间的连锁*　支配血型的基因位点与支配经济性状的位点之间有连锁。连锁可呈正相关，也可呈负相关。血型与生理机能直接结合的正相关对生产有利，血型与抗病性也要求正相关而不是负相关。

（3）*血型基因的杂合效应*　指支配血型的某基因位点为杂合时，在适应性或某些经济性状上显示出杂种优势。在一个血型位点上的杂合体可能对遗传的生活力有利，因而也对生产性能有正的效应。

2. 血型与抗病育种　通过多年的研究人们发现，某些血型因子与畜禽对疾病的防御抵抗能力存在着比较明显的相关性。如鸡的主要组织相容性抗原因子与马立克氏病的相关；猪的SLA系统与猪对钩端螺旋体的抵抗力以及对萎缩性鼻炎（AR）的抵抗力等的相关。

3. 血型与品种间的遗传关系　利用血型（红细胞型、主要组织相容性抗原型、血清蛋白质和酶型、DNA多态性）研究，可用于不同类别的家畜及品种。在欧洲，利用血型来研究品种间的遗传关系、划分品种、预测杂交优势和研究品种起源已做了较多的工作。美国耶鲁大学的K. K. Kidd等研究了伊比利亚牛的起源。并和澳大利亚的Manw-ell等一起讨论了有关伊比利亚牛的政策。Manw-ell和Baker等还利用血清蛋白多态将世界牛种划分为7大类群，从而进一步推论出冰岛人的起源。日本学者从20世纪50年代后期应用血型研究日本家畜品种间的相关性及来源，其研究范围推及东南亚及我国台湾省。实践证明，利用血型研究地方家畜（禽）的品种特征是可行的。

4. 血型在其他方面的应用

（1）*在血统登记上的应用*　家畜的血型已发现有很多类型，具有完全相同血型的个体是很少的，而且血型是完全遗传而终生不变的。

（2）*用于亲子鉴定*　利用血型进行亲子鉴定是家畜后裔鉴定、品种培育和优良品种登记时的一项重要业务。

（3）*诊断异性孪生不育及卵性*　根据血型鉴定证明红细胞嵌合；根据白细胞的染色体分析证明性染色体嵌合；根据移植相容性证明免疫效应细胞的嵌合。

（4）*血型与新生儿溶血病*　新生儿溶血病是母子间血型不适合，母体血液中产生的血型抗体移行给新生儿，与其相应的红细胞抗原起反应，使红细胞迅速遭到破坏而发生的溶血病。母体血型抗体产生的原因，可能是因胎儿血液经胎盘溢出或胎盘血管破裂，胎儿红细胞进入母体内，那些在母体红细胞上不存在的单由父体遗传而来的红细胞抗原，刺激母体产生相应的抗同种异体红细胞的血型抗体。至于母体血型抗体移行给子代的途径，或者是通过子宫，或者是经初乳，因动物种类不同而不同。兔等的抗体只能通过胎盘传给子代；马、牛、羊、猪的抗体不能经胎盘，只能通过初乳传递给子代。新生儿溶血病可见于多种家畜。

5. 交叉配血（凝集）试验在临床输血中的重要性

（1）输血的目的多半是为了在外伤或手术出血后补偿循环血量和红细胞的不足，或增加血液蛋白浓度和血液凝固性，刺激造血机能，供给免疫抗体等。

（2）红细胞输入后的免疫应答反应。将红细胞从一个动物输给另一动物时，如果给血者红细胞上带有与受血者红细胞上相同的抗原，就不发生免疫应答反应。但若给血者红细胞带有受血者红细胞上所没有的抗原，由于天然同种抗体的存在，就可遭受速发型免疫袭击。当这些抗体与外来红细胞抗原结合时，可使输入的红细胞发生凝集、免疫溶解、调理和吞噬作用。在没有天然抗体存在时，同种异体红细胞在受血者体内激发一次免疫应答反应，于是输入的红细胞在受血者体内循环一段时间之后才形成抗体并发生免疫排除，再次输入同种异体红细胞，能加速这些细胞的排除。

（3）输血反应。虽然身体能持续地排除少量的衰老红细胞，但大量外来红细胞的迅速破坏，却能导致严重的病理反应，包括震颤、轻瘫、惊厥、发热和血红蛋白尿，有些动物还出现呼吸困难、咳嗽和下痢。这种破坏过程的症状一般与大量溶血有关。

参　考　文　献

陈学军，徐兴强，金小波．2002. 凝聚胺试验在抗体检测和交叉配血中的应用概况［J］. 中国输血杂志，15（6）：432－434.

程光潮，周德旺，吴丽城，等．1991. 鸡的血型研究［J］. 遗传学报，18（5）：415－423.

郭定宗．2006. 兽医临床检验技术［M］. 北京：化学工业出版社．

李育．2003. 柱凝集技术在交叉配血试验中的应用［J］. 浙江临床医学，5（6）：464－464.

刘坤学，谭琼．2004. 柱凝集技术在交叉配血中的应用［J］. 川北医学院学报，19（1）：188－189.

舒象武．2003. 应用微柱凝胶抗球蛋白技术进行交叉配血［J］. 中国现代医学杂志，13（13）：116－118.

杨世明，田榆，张勇萍，等．2007. 微柱凝胶法交叉配血试验及其影响因素的探讨［J］. 细胞与分子免疫学杂志，23（8）：780－781.

邹峄，陈世荃，黄路生．1990. 家畜血型及其应用［M］. 山东：山东科学技术出版社．

佐木清钢．1992. 家畜血液型及其应用［M］. 李世安，译．上海：上海科学技术出版社．

第八章

肾功能试验

第一节　概　述

肾脏功能试验是检查肾小球滤过功能及肾小管的排泄和吸收功能。了解这些功能，对于早期发现肾脏疾病具有一定的意义。

肾脏功能发生障碍，直接影响家畜体内代谢最终产物的清除。这不仅会使尿液的数量及其含有的化学成分有所改变，而且也会引起血液成分的改变，因此，在进行肾脏功能检查时，必须注意这些成分的异常变化。

分析肾脏功能的检查结果，应当结合病畜的临床症状及其有关的血、尿化验数据，进行综合分析方可提高诊断效率。

判断肾脏状态时，还应当注意引起少尿、无尿的其他因素，如尿结石、膀胱破裂、脱水、心脏功能不全及血液动力学的改变等，对于尿液的数量和成分都有影响。

到目前为止，测定家畜肾脏功能的方法尚不完善，人医的测定方法，有的可供兽医使用，有的引用过来有一定的困难，其中最为突出的一点就是定时收集尿液问题，这项课题的研究，在兽医方面，目前尚处在探索之中。

第二节　肾小球滤过功能试验

一、肌酐廓清率测定

【标本】

1. 试验前，动物避免剧烈活动。
2. 准确收集动物 24h 尿液，测定其肌酐的含量。为了避免导尿的麻烦，尽量使用集尿器。
3. 在收集尿液结束前抽静脉血，分离血浆或血清，测定肌酐含量。
4. 动物肌酐廓清率等于尿液肌酐含量与血液肌酐含量的比值与 24h 尿量的乘积。

【简介】血液肌酐有两个来源：一是体内肌酸的代谢产物，其生成恒定，不受饲料中蛋白质含量的影响；二是由肠腔吸收来的外源性肌酐。草食动物的饲料中外源性的肌酐含量很少。体内的肌酐由肾小球滤过，肾小管不重吸收且排泌很少，而血清（浆）肌酐浓度甚为稳定。内生肌酐清除试验基本能反映肾小球滤过功能。

【方法】比色法，速率法。

【参考值】尚无。为判定参考，可同时测定健康动物以作对照。

【临床意义】

1. 能较早地判断肾小球滤过功能有无损害，结果降低可早见于临床症状及血清尿素和肌酐的升高。

2. 多数患急性和慢性肾小球肾炎动物皆可有内生肌酐清除率降低。

3. 慢性肾炎晚期降低明显，但在氮质血症时，由于肾小管对肌酐的排泌相应增加，故其结果比实际清除率为偏高，而出现假性增高现象。

4. 内生肌酐清除率增高的临床意义不大，可见于动物的糖尿病和妊娠。

二、血尿素测定

【标本】抽取动物静脉血后分离血清，或采血加抗凝剂后分离血浆。

【简介】尿素在肝脏内合成后，通过血循环输送至肾脏，经肾小球滤过，肾小管重吸收一部分，大部分经尿排泄，当肾小球滤过功能降低时血中尿素增高，所以血尿素能反映肾小球滤过功能。

【方法】化学或酶反应比色法，酶偶联紫外吸收光度法。

【参考值】犬 3.1～9.2mmol/L，猫 5.5～11.1mmol/L，马 3.7～8.8mmol/L，牛 2.8～8.8mmol/L，猪 2.9～8.8mmol/，山羊 4.5～9.2mmol/L，绵羊 3.7～9.3mmol/L。

【临床意义】增高见于：

1. 肾前性如上消化道大出血、休克、严重脱水、严重创伤、心功能不全、高蛋白饮食、糖尿病酸中毒、急性传染病。

2. 肾性如急性肾小球肾炎、慢性肾盂肾炎、肾病晚期、肾功能衰竭及中毒性肾炎等。

3. 肾后性如前列腺肥大、尿路梗阻等。

减低较少见，如蛋白质摄入不足、严重肝功能障碍、妊娠、尿崩症等。

三、血清肌酐测定

【标本】抽静脉血分离血清，或经抗凝后分离血浆。

【简介】血液中肌酐极少量来源于食物，主要来源于体内肌肉组织。肌酐是肌酸的代谢产物，经肾小球滤过，不受肾小管重吸收，肾小球排泌很少，故基本上可以代表肾小球滤过率。由于肌酐清除较尿素快，故在血中肌酐含量有它的临床价值。

【方法】比色法，速率法。

【参考值】犬 44.2～141.11μmol/L，猫 44.2～167.96μmol/L，马 79.56～176.8μmol/L，牛 53.04～159.12μmol/L，猪 70.72～203.32μmol/L，山羊 61.88～132.6μmol/L，绵羊 79.56～176.8μmol/L。

【临床意义】血浆肌酐浓度反映肾脏损害、肾小球滤过率，较尿素、尿酸测定更为特异。增高见于中度至严重的肾脏损害，如各种原发性和继发性肾脏疾病，肾前性及肾性早期的损害一般不会使血肌酐浓度升高。若血肌酐与尿素同时测定时两者同时增高，说明肾功能严重损害。通常血肌酐浓度与疾病严重性平行，单纯血尿素增高多为肾外因素引起，如上消化道大出血和尿路梗阻时，一般不会使血肌酐浓度升高。

四、血清尿酸测定

【标本】抽动物静脉血分离血清。

【简介】血尿酸来源于体内核酸中嘌呤分解代谢的最终产物（约占80%）和食物中核蛋白分解代谢产物，血中尿酸少部分经肝脏分解破坏，大部分经肾小球滤过后，约有90%再由肾小管重吸收，所以尿酸的清除率很低。嘌呤代谢紊乱或肾脏排泄功能下降时，血尿酸则增高。肾脏排泄尿酸比肌酐困难，所以在肾脏病早期时血尿酸浓度首先增高，有利于早期诊断。

【方法】比色法，酶偶联比色法。

【参考值】犬 0.20～0.9mmol/L，猪 0.10～0.9mmol/L，马 0.85～1.0mmol/L，绵羊 0.00～1.9mmol/L，山羊 0.20～1.9mmol/L，牛 1.68～4.2 mmol/L，奶牛 0.00～2.7mmol/L。

【临床意义】

1. 增高　多见于家禽痛风，其他的肾功能减退如急性与慢性肾炎、肾结核、肾盂肾炎、肾积水等；核酸代谢增强的疾病如白血病、多发性骨髓瘤、真性红细胞增多症、溶血性贫血等；其他疾病如氯仿、四氯化碳、铅中毒等，或在进食富含嘌呤的食物如动物的肝、肾和贝类食物等外源性摄入而致。

2. 减低　可见于黄嘌呤尿、恶性贫血复发期时。

五、靛卡红排泄试验

【标本】

1. 实验动物试验前 6h 停止饮水。实验前导出膀胱的全部尿液作为对照。

2. 4%靛卡红溶液，马、牛均为 20mL，犬、猫为 1～5mL。注射后每 15min 导尿一次，观察尿液颜色的变化。

【简介】靛卡红和酚红一样，也是一种无毒、无刺激、在体内不起变化的染料，经肌肉或皮下注射入体内后，能迅速从肾小球滤过，随尿排出体外，观察其排出的速度，可以了解肾小球的滤过机能。

【方法】目视比色法。

【参考值】健康动物在 15min 时所导出的尿液呈黄绿色，3～4h 呈暗绿色，持续 14h 消失。

【临床意义】靛卡红实验中，若动物 1h 后尿中才出现黄绿色，为色素排泄延迟，见于肾小球性肾炎。

第三节　肾小管功能试验

一、酚红排泄试验

【同义词】酚磺酞排泄试验。

【标本】

1. 试验前一日及当日不能使用酚酞、磺溴酞钠（BSP）、青霉素、阿司匹林、利尿剂、大黄及静脉注射造影剂等药物。

2. 注射酚红前应先导尿，使膀胱排空，将此尿液作为对照用。

3. 静脉注射 6g/L 酚红（PSP）注射液，马、牛各为 20mL，犬、猫 1～5 mL，记录注射时间。

4. 注射后 15min、30min、1h、2h 分别导尿一次，共 4 次，每次均要求排尽尿液，记录各次尿量，并加蒸馏水稀释至 1 000mL。并与标准管进行比较。

【简介】酚红是一种无毒、无刺激、在体内不起变化的染料，经静脉注入体内后，一小部分由肝脏清除及经肾小球过滤外，大部分经过肾小管排泄。

【参考值】健康家畜在 15min 时，酚红排泄量为 25%以上，120min 时大于 55%。

【临床意义】肾小管机能降低时，15min 酚红排泄量低于 12%，120min 时低于 50%。主要见于慢性肾炎、肾小管肾病、肾动脉硬化症以及引起肾脏血液灌注不良的疾病（如休克、脱水或心血管疾病等）。

动物有尿路阻塞时，虽然肾单位功能和血流量均正常，但 BSP 排泄可减低。

动物 BSP 排出量增加偶见于甲状腺功能亢进症、某些肝脏病、血浆蛋白降低时，由于与清蛋白结合的染料减少而排泄增加。

二、尿浓缩稀释试验

【标本】

1. 给被测家畜装上集尿袋采集尿液。

2. 试验第 1 天按常规给家畜饲喂和给水，收集 24h 各次尿液，分别记录各次的尿量和密度。

3. 试验第 2 天给草料不给饮水。收集 24h 各次尿液，分别记录各次的尿量和密度。

4. 将第 1 天和第 2 天各次的尿量和密度相比较，然后判断结果。

【简介】通过对动物 2d 中尿液的量和密度对比，观察相互关系以了解肾浓缩功能是否正常。

对于尿毒症、体质虚弱及脱水的病例，不宜进行这项实验。

【参考值】健康动物第 2 天的排尿次数比第 1 天减少，而密度明显增大。马、牛的排尿次数减少 1～5 次，排尿量减少 2～5L，密度增大 0.008～0.019g/mL。其中以第 3～5 次所排的尿的密度最大。

【临床意义】在病理情况下，可见尿量减少，而密度并不增大。尿液浓缩能力下降，见于肾小管和脑垂体疾病，以及高血压病在肾功能失代偿期。

（旦巴次仁）

参 考 文 献

弗雷萨著．1997．默克兽医手册［M］．韩谦，等，译．第7版．北京：中国农业大学出版社：755－756．

赵德明．1998．兽医病理学［M］．北京：中国农业大学出版社．

Denny Meyer．2003．Veterinary Laboratory Medicine：Interpretation and Diagnosis［M］．Philadelphia：W. B Saunders company．

J．Robert Duncan．2003．Veterinary Laboratory Medicine［M］．Iowa：Blackwell Publishing Company．

Rick Daniels．2002．Delmar's Guide to Laboratory and Diagnostic Tests［M］．New York：Thomson Learning Inc．

第九章

尿 液 检 查

尿液是动物机体中具有重要意义的体液成分。尿液常规检查是临床基础检验的重要内容之一，是临床各种疾病检查中最常用的过筛检查手段之一，是评估和治疗肾脏疾病最常用的和不可取代的首选检验项目之一，是普及和应用面非常广泛的临床检验项目之一，是操作简便、快速、无须昂贵仪器、费用低廉、易于取得、无痛检查方法之一。动物泌尿器官本身或某些其他器官的疾病，都可引起尿液成分和性状的变化。因此，尿液检验在临床诊断、治疗和预后判断上，都具有重要意义。

第一节　尿标本采集与保存

一、尿标本采集的注意事项

1. 一般检查的尿标本应取新鲜尿。

2. 使用容器应清洁、干燥，以一次性容器为宜，容器上贴上检验标签。

3. 要注意避免异物混入标本中，如粪便等。

4. 标本留取后应及时送检，以免细菌繁殖及细胞溶解，不能在强光或阳光下照射，避免某些化学物质如尿胆原等因光分解或氧化而减弱。

二、采尿的原则和方法

动物的尿液可通过排尿、压迫膀胱、导尿或膀胱穿刺等采集。通常最好在早上采取尿样，因为这通常是一天中尿样浓度最高的时候。

1. 自然排尿　应用自然排尿时，中段尿液是最好的，因为开始的尿流会机械性地把尿道口和阴道或阴茎包皮中的污物冲洗出来。从笼子里或地面上采集到的尿样质量较差，但如果考虑到污染因素，还是十分有效的。

除自然排尿外，还可以采用其他方法诱导动物排尿。

2. 压迫膀胱排尿　大动物马和牛，可以采用通过直肠压迫膀胱的方法采集尿液，小动物可通过体外压迫膀胱的方法采集尿液。采用这种方法时要注意，如果动物发生尿道阻塞、泌尿系统存在外伤或膀胱本身有严重的病变时，不宜采用此法。

3. 导尿　一般情况下，尽量避免用导尿的方法来采集尿样。如果采用导尿来采集尿样，应当在无菌的条件下进行，同时，在操作中应注意不要对动物造成伤害。

4. 膀胱穿刺 膀胱穿刺可以避免损伤尿道口、阴道等，同时也避免了污染物进入尿液的机会。但操作时也要注意无菌，同时避免穿刺造成不必要的损伤及医源性的血尿和穿刺部位尿液进入腹腔。

三、尿标本的保存

尿液排出后，如不能立即送检，最好置于冰箱内保存，一般在4℃冰箱可保存6～8h，在留取标本时间放置较长过程时，如12h或24h，可加适量防腐剂以延迟内容物的分解。常用的有下列4种。

1. 甲醛 对镜检物质如细胞、管型等可起固定形态作用，但因含有还原性醛基，不适用于尿糖等化学成分的检查，一般用量为每100mL尿0.2～0.5mL。

2. 甲苯 一般用量为每100mL尿0.5～2mL，使尿液面形成薄膜，防止细菌繁殖。用于尿糖、尿蛋白作定量测定时留24h尿标本。

3. 浓盐酸 用量为每100mL尿0.5～1.0mL，适用于肾上腺素、儿茶酚胺、苦杏仁酸、17-羟类固醇与17-酮类固醇等的定量检测。

4. 30%醋酸 用量约为24h尿10mL，适用于醛固酮24h尿定量。

第二节 尿液理学检查

尿液的理学性质检验包括尿的尿量、尿色和透明度、相对密度、尿渗量及气味5项。

一、尿量

尿量主要取决于肾小球的滤过率，肾小管重吸收和浓缩与稀释功能。各种动物每昼夜的排尿量变化很大，影响尿液的因素很多，包括品种、体重、年龄、食物中含水量和含盐量、饮水量、运动量及大肠水分吸收情况、外界环境温度等。

（一）检验方法

最好的检验动物尿量的方法是使用代谢笼，收集24h尿量。

（二）临床意义

病例性多尿和尿量增多，见于急性肾病的利尿期、慢性弥漫性肾病、慢性弥漫性肾炎、糖尿病、肝脏衰竭、肾上腺皮质功能亢进、高钙血症（通过皮质激素抑制抗利尿激素分泌）、猫甲状旁腺机能亢进、尿崩症、原发性肾性糖尿、精神性烦渴、慢性弥漫性肾盂肾炎、子宫积脓、水肿液吸收等。

病理性少尿和尿量减少，见于急性肾病、脱水、休克、慢性肾炎末期和尿道阻塞等。

二、尿色和透明度

正常动物的尿色为淡黄色、黄色到深黄色，颜色的变化与尿量及尿液所含尿色素和尿胆色素多少有关。动物的正常的新鲜尿液是清亮的，放置时间稍长有结晶盐形成沉淀而变得混浊。而对有些犬、猫而言，云雾状尿液是正常的。

（一）颜色

1. 无色或黄色　一般相对密度低的稀薄尿液，见于动物大量饮水、肾病末期、尿崩症、肾上腺皮质功能亢进、子宫积脓、过量饮水和一些伴有糖尿的疾病。

2. 暗黄色或褐黄色　一般相对密度高的浓缩尿液，见于饮水减少或脱水、急性肾炎、热性疾病、胆红素尿（带黄色泡沫）和尿胆色素原尿。

3. 红色、葡萄酒色或褐色　常见于血尿、血红蛋白尿、肌红蛋白尿、卟啉尿或药物尿。血尿一般为红色云雾状，离心后上清液清亮，沉渣为红细胞。排尿开始即排红色尿，多为尿道下部或生殖道出血；排尿结束前排红色尿多为膀胱出血。血红蛋白尿和肌红蛋白尿为半透明的红褐色，离心后无红细胞沉淀，长期储存可变成褐色或黑褐色。卟啉尿为红色，服用大黄、芦荟、刚果红、硫化二苯胺等，尿液变为红色。

4. 绿色尿　见于用美蓝防腐的尿、胆绿色素尿和吖啶黄素尿。

5. 乳白色尿　见于尿中含有乳糜、脓细胞、大量磷酸盐和尿酸盐时。

（二）透明度

透明度也可以混浊度表示，分为清晰、雾状、去雾状混浊、明显混浊几个等级。混浊的程度根据尿中含混悬物质种类及量而定。正常尿混浊的主要原因是因含有结晶（由于pH改变或温度改变后形成或析出的）。病理性混浊可因尿中含有白细胞、红细胞及细菌等所致。尿中有黏蛋白、核蛋白，也可因pH变化析出而导致尿产生混浊。淋巴管破裂产生的乳糜尿也可引起混浊。在流行性出血热低血压期，尿中可出现蛋白、红细胞、上皮细胞等混合的凝固物。

【参考值】正常动物尿液颜色：黄牛尿液呈淡黄色；水牛尿液呈水样透明，放置不久因磷酸盐沉淀而变混浊；马排出的尿混浊而不透明，呈类黄白色；猪尿为透明无色；犬尿呈黄色。

三、相对密度

尿相对密度指尿液在4℃时与同体积纯水重量之比。是尿中所含溶质浓度的指标。尿液相对密度的高低与尿中水分、盐类及有机物的含量和溶解度有关，与尿液溶质（氯化钠等盐类、尿素）的浓度成正比，同时受年龄、饮食和尿量影响。在病理情况下则受尿糖、尿蛋白及细胞成分、管型等成分影响。正常动物的尿相对密度为1.001～1.065，猫可高达1.080。相对密度大于1.025（犬大于1.030，猫大于1.035），就表明肾脏浓缩能力正常。具有正常浓缩尿液的能力的动物，排出的尿相对密度比肾小球滤液（等渗尿）相对密度（1.008～1.012）高。动物机体脱水超过体重3%时，就会引起抗利尿激素（ADH）的释放，使尿液浓缩。

（一）检验方法

1. 化学试带法　又称干化学法，有仪器比色法和目视比色法。试带上含有酸碱指示剂和多聚电解质。

2. 折射计法　有座式临床折射计法和手提式折射计法。利用光线折射率与溶液中总固体量相关性进行测定。

3. 尿相对密度计法 用特制的仪器测定 4℃时，尿液与同体积纯水的重量（密度）之比。

4. 超声波法 利用声波在不同特性物质中传播速度与密度关系的性质，通过测定声波的偏移来测量。

5. 称量法 在同一温度下，分别称取同体积尿液和纯水的重量，进行比较，求得尿相对密度。

（二）临床意义

病理性尿相对密度降低的原因与病理性尿量增多的原因基本相同，但原发性肾性糖尿和糖尿病时，尿量增多，尿相对密度也升高。在慢性弥漫性肾脏疾病时，尿相对密度可稳定在等渗尿状态（1.008～1.012）。

病理性尿相对密度增加的原因与病理性尿量减少的原因也基本相同，但急性弥漫性肾炎时，尿量减少，尿相对密度也降低。

（三）注意事项

1. 尿液标本必须新鲜，不能含有强碱、强酸等物质（如奎宁、嘧啶等药物），这些物质的存在都会影响尿液相对密度的测定。当尿液 pH 大于 7 时，应在测定结果上加上 0.005 作为强碱尿的校正。尿液分析仪一般都有自动校正功能。

2. 尿液分析试纸实际是测定尿液中的离子浓度，尿液中的非离子化合物（如葡萄糖、造影剂等）对测定结果必然有一定的影响。

【参考值】健康家畜的尿相对密度变动范围：马 1.020～1.050（1.035），牛 1.025～1.045（1.035），羊 1.015～1.045（1.030），猪 1.010～1.030（1.015），犬 1.010～1.030（1.025）。

四、尿渗量

尿渗量是反映溶解在尿中具有渗透作用的溶质颗粒（分子或离子等）数量的一种指标，主要与尿中溶质颗粒数量、电荷有关，而与颗粒大小关系不大。尿渗量能较好地反映肾脏对溶质和水的相对排出速度，更确切地反映肾脏浓缩和稀释功能，因此，是评价肾脏浓缩功能较好的指标。

（一）检验方法

相对密度换算法、折光率查表法、冰点渗量计直接测定法。

1. 相对密度换算法 精确测定尿相对密度，以相对密度的后两位数乘 40 而得。

2. 折光率查表法 用临床折射计，精确校准基线后，测定尿液折射率，直接查表得出对应的尿渗量。

（二）临床意义

判断肾浓缩功能：低渗尿表明肾浓缩功能障碍。见于慢性肾盂肾炎、多囊肾、尿酸性肾病等慢性间质性病变时，也可见于慢性肾炎后期，以及急、慢性肾衰竭累及肾小管和间质。

五、尿气味

各种动物新鲜尿液，因含有不同的挥发性有机盐，而具有各自特殊的气味。尿液放置时间长了，由于细菌脲酶作用而使尿素分解生成氨，具有刺鼻气味。

临床意义：在病理情况下，如膀胱炎或尿道阻塞，当膀胱潴留时，尿液可具有刺鼻氨味；当膀胱和尿道有化脓性炎症、溃疡或坏死时，尿液可有蛋白质腐败的尸臭；酮尿病、糖尿病时，尿液有酮体臭味。

第三节 尿液化学检查

和血液生化不同，尿液生化很少进行精确的测定。这是因为关于正常尿液成分的重要信息是肾的排出率，而不是尿液中的浓度，因为浓度取决于同时排出的尿量多少。实际上，真正有效的方法是测定 24h 的排泄总量。

尿液化学性质检验包括尿液酸碱度、尿蛋白质、葡萄糖、酮体、胆红素、尿胆原和尿胆素、血红蛋白、亚硝酸盐、白细胞脂酶、维生素 C 及其他化学成分。

一、酸碱度（pH）

（一）检验方法

1. pH 试纸法 取 pH 试纸一小片，将一端浸入被检尿中，浸湿后与标准比色板对比，即可得到该被检尿的 pH。

2. 石蕊试纸法 用清洁镊子夹一小片红色或蓝色石蕊试纸，浸入被检尿中，浸湿后取出观察。如红色试纸变蓝则为碱性反应，蓝色试纸变红则为酸性反应，红、蓝试纸都不变色则为中性。

（二）临床意义

1. 酸性尿液 生理性酸性尿液主要见于肉食、吃奶仔畜、过量饲喂蛋白质、饥饿和长时间运动等。病理性酸性尿液主要见于各种热性病、严重腹泻、呼吸性酸中毒、酸中毒（糖尿病、尿毒症），以及内服酸性盐类药物，如酸性磷酸盐、氯化铵等。

2. 碱性尿液 生理性碱性尿液见于草食动物，病理性碱性尿液主要见于膀胱炎和膀胱麻痹造成的尿潴留、碱中毒等。用碱性盐类药物，如碳酸氢钠、柠檬酸钠、乳酸钠等，可以造成碱性尿液。

（三）注意事项

1. 被检尿液一定要新鲜，因为放置时间过长，可导致尿中 CO_2 丢失和细菌分解尿素而释放氨，使尿液变碱性。尿液 pH 变化，将影响到尿液中结晶形成的类型。

2. 在测定过程中，应严格按照规定的时间将试纸浸泡在尿液标本中，浸泡时间过长，尿 pH 呈减低趋势。

【参考值】测试范围 pH5～9，各种动物尿液的 pH 如下：马 7.2～7.8，牛 7.2～8.7，犊牛 7.0～8.3，山羊 8.0～8.5，羔羊 6.4～6.8，猪 6.5～7.8，犬 6.0～7.0，猫 6.0～7.0，兔 7.6～8.8。

二、蛋白质

尿蛋白测定是尿液化学成分检查的一个主要项目，尿液中混有血液、脓或生殖道分泌物等，易造成“假性蛋白尿”，应与蛋白尿予以区分。确定蛋白尿后应区分是一过性、间歇性或持续性。一过性蛋白尿尿蛋白程度轻，持续时间短或间歇出现，可能是体位性、功能性或病理性。如果由某些诱因引起，待诱因解除后在短期内可消失。持续性蛋白尿都属病理性，有肾实质损害，病畜常有原发病的临床表现，结合尿沉渣检查常见红细胞、白细胞与管型等有形成分，可通过下列试验予以鉴别。

间歇性蛋白尿试验：定期测定尿蛋白，可区分间歇性与持续性的蛋白尿，全日中各次尿标本的蛋白量均超过正常为持续蛋白尿。

体位性蛋白尿试验：与动物的体位有关。

（一）检验方法

1. 试纸法 在酸性条件下，蛋白质与某些指示剂（如溴甲酚蓝、溴甲酚绿等）结合，能改变指示剂的颜色。从试纸不同的颜色变化，可反应蛋白质的含量。

取试纸一条浸入被检尿中经 10～20s（一般 15s），立即取出与标准板比色，并按使用说明读取蛋白质的含量。

2. 加热煮沸法 蛋白质遇酸、热即凝固变性而呈白色混浊。

取酸化被检尿 5～10mL 于试管中，然后在酒精灯上加热至煮沸，如出现白色混浊或絮状沉淀，待冷却后再滴加 10%硝酸数滴，若混浊不消失，则说明尿中有蛋白质。若混浊物溶解消失，说明是磷酸盐类，为假阳性反应。

3. 磺柳酸法 在酸性环境中，磺柳酸的酸根阴离子与蛋白质的氨基酸阳离子结合，生成不溶性的蛋白质盐沉淀。

方法：取酸化尿液 1mL 于试管中，然后加入 5%磺基水杨酸数滴（或 20%磺柳酸与甲醇混合液 2～3 滴），待 3～5min 后观察，若尿中有蛋白质存在时，即出现混浊或沉淀。当有尿酸盐、酮体、蛋白质等存在时，也出现轻度混浊，但加热后混浊溶解消失，而蛋白质生成的混浊不消失，根据混浊程度判定结果。

（1）仍清晰，不显混浊为阴性（－）。

（2）白色混浊为阳性（＋）。

（3）稀薄乳样混浊为阳性（＋＋）。

（4）乳浊或有少量絮片存在为强阳性（＋＋＋）。

（5）絮状混浊为强阳性（＋＋＋＋）。

4. 尿蛋白计法 在酸性尿液中，苦味酸与蛋白质结合，生成不溶性蛋白盐，在室温静置 24h，根据沉淀物的多少算出蛋白质的含量。

（1）将尿液酸化，使之澄清透明。

（2）测定尿密度。一般要求被检尿密度在 1.006～1.008g/mL 最为适宜，如果尿密度高于 1.010g/mL 时，蛋白质沉淀不紧密，使结果偏高，必须首先加蒸馏水稀释后再测定。例如被检尿的密度为 1.024g/mL，应先将尿液变为 1.008g/mL，因此，可把被检尿的密度最后两位数字，除以希望密度的最后两位数字，其商为稀释倍数。即 24÷8=3，即将尿稀释 3 倍，则使被检尿的密度变为 1.008，然后把蛋白质的测定结果乘以 3。

（3）把混匀的被检尿加至蛋白计“U”刻度处，加试剂至“R”刻度处，然后加塞，慢慢颠倒蛋白计 10 余次，使之混匀，切勿产生泡沫，最后将蛋白计置室温中，静置 24h 后读数，若为稀释尿，将读数乘以稀释倍数。静置时的室温，应在 18～20℃，否则盐类在尿中析出，使结果偏高。

（4）读数为 1 000mL 尿液中含蛋白质的克数，除以 10，即得每 100mL 尿液中含蛋白质的克数。

5. 亚铁氰化钾法　加入 50%醋酸使尿液酸化，再加入 10%亚铁氰化钾液，使蛋白质沉淀，以沉淀量的多少，计算蛋白质的含量。

（1）根据被检尿蛋白质定性试验的结果，如尿液中蛋白质含量太高，应用 2～5 倍的蒸馏水将尿稀释。

（2）取尿 10.0mL，置于 15mL 刻度离心管中，然后加入 50%醋酸 2.0mL，10%亚铁氰化钾 3.0mL，混匀。

（3）放置 10min 后，1 500r/min 离心 3min。

（4）取出离心管，记录尿中沉淀物的毫升数，按表 9-1 查出尿蛋白质含量的百分数。如为稀释尿液，将查出的尿蛋白含量，乘以稀释倍数。最终，可计算出尿蛋白含量（g）。

表 9-1　尿蛋白沉淀物与尿蛋白质含量的百分数换算

沉淀数（mL）	蛋白含量（%）	沉淀数（mL）	蛋白含量（%）	沉淀数（mL）	蛋白含量（%）	沉淀数（mL）	蛋白含量（%）	沉淀数（mL）	蛋白含量（%）
0.05	0.010	0.70	0.146	1.8	0.375	2.9	0.604	4.0	0.833
0.10	0.021	0.80	0.167	1.9	0.396	3.0	0.625	4.1	0.854
0.15	0.031	0.90	0.187	2.0	0.417	3.1	0.646	4.2	0.875
0.20	0.042	1.0	0.208	2.1	0.438	3.2	0.667	4.3	0.896
0.25	0.052	1.1	0.229	2.2	0.458	3.3	0.687	4.4	0.917
0.30	0.063	1.2	0.250	2.3	0.479	3.4	0.708	4.5	0.938
0.35	0.073	1.3	0.271	2.4	0.500	3.5	0.729	4.6	0.958
0.40	0.083	1.4	0.292	2.5	0.521	3.6	0.750	4.7	0.979
0.45	0.094	1.5	0.313	2.6	0.542	3.7	0.771	4.8	1.000
0.50	0.104	1.6	0.333	2.7	0.563	3.8	0.792		
0.60	0.125	1.7	0.354	2.8	0.583	3.9	0.813		

（二）临床意义

尿中检测出蛋白质时，应区别是肾性（真性）蛋白尿或肾外性（假性）蛋白尿。肾性蛋白尿主要是由于肾脏的病变，导致肾小球的通透性增加，或者是肾小管的吸收减少，分泌蛋白增加，临床上见于肾炎等疾病。肾外性蛋白尿。主要是由于肾脏以下的尿路的病变和感染，导致尿中出现大量蛋白。临床上见于输尿管、膀胱和尿路的炎症。因此，在尿中检测出蛋白质时，应结合临床症状和尿沉渣检查来进行诊断患病部位。另外，某些热性病（如流感、传染性胸膜肺炎、猪丹毒、马传染性贫血、牛恶性卡他热等），急性中毒性疾病或慢性细菌性传染病（如结核、鼻疽、副结核等），以及血孢子虫病，都可出现蛋白尿。

（三）注意事项

1. 蛋白质试纸法使用范围，以尿液 pH 为 5～7 为宜。当 pH 在 8 以上时，应加稀醋酸校正 pH 后再试验，否则易出现假阳性。

2. 尿液标本必须新鲜，变质的尿液会使尿液的 pH 产生变化，或者尿液本身过酸、过碱都会影响测试结果。特别是含有奎宁、奎宁丁和嘧啶等药物时，尿液呈碱性（pH>8.0），超过了试纸本身的缓冲能力，可能出现假阳性结果。

3. 尿液分析试纸对于白蛋白的敏感度远远超过其他蛋白，因此，在尿液中含有其他种类的蛋白时，干化学法的测试结果可能为阴性。

4. 多种物质（大多为药物）对尿蛋白测定结果都有影响，如青霉素可以使测试结果偏低甚至出现假阴性；季铵盐、聚乙烯吡咯烷酮（PVP）、喹啉等可使试纸出现假阳性；某些洗涤液污染尿液时，测试结果会偏低。另外，大量饮水会稀释尿液，可能造成漏检。

三、葡萄糖

（一）检验方法

1. 试纸法 葡萄糖经葡萄糖氧化酶的作用产生葡萄糖酸，同时产生过氧化氢。后者经过氧化氢酶的催化，氧化一种受体（常用磷联甲苯胺）使之产生颜色，根据颜色深浅，判定尿糖含量。

方法：将试纸一头浸入新鲜被检尿中，约 5s 后取出，1min 后与标准比色板比色，报告结果。

2. 班氏定性法 在热碱性溶液中，葡萄糖的醛基被氧化，可使试剂中的高价铜还原为低价铜，而出现砖红色沉淀。

方法：取班氏试剂（硫酸铜 17.3g，枸橼酸钠 173g，无水碳酸钠 100g，加蒸馏水 1 000mL混合）2mL 于试管中，加热煮沸，再加新鲜被检尿液 2mL 于试管中，并煮沸 2min，观察结果（表 9-2）。

表 9-2 班氏定性法测定结果

符号	结果	约计葡萄糖含量（g/mL）
－	蓝色不变	无
＋	绿色	微量：0.5 以下
＋＋	绿黄色	少量：0.5～1.0
＋＋＋	土黄色	中等量：1.0～2.0
＋＋＋＋	砖红色	大量：2.0 以上

（二）临床意义

正常动物尿中只含有微量的糖，一般不能检出。尿糖增多有生理性的和病理性的两种。生理性的一般见于动物高度兴奋和过食葡萄糖或果糖，以及摄入大量的碳水化合物饲料时。猫在剧烈运动后或激动后，会出现暂时性的尿糖增高。病理性的尿糖增多见于高糖血症，由于超过了肾小管的重吸收能力而引起尿糖增多。发生高糖血症的病有糖尿病、肾上腺皮质功能亢进、牛生产瘫痪、牛神经疾病、甲状腺机能亢进、胰腺炎、羊肠毒血症、运输搐搦等。

静脉注射含糖液体会产生高糖血症和糖尿。

（三）注意事项

1. 因为尿糖分析试纸的后一步反应是氧化还原反应，当尿液中含有比色素还原能力更强的物质时，可使测试结果偏低甚至出现假阴性。如尿液中含有维生素 C 时就能使测试结果偏低甚至假阴性。

2. 班氏定性法中，尿中有多量蛋白质时，应加酸煮沸后再进行试验。若尿中含有大量还原物质（如水杨酸、链霉素、维生素 C、水合氯醛等）也会出现假阳性反应，注意判断。

四、酮体

酮体一般包括乙酰乙酸、β羟丁酸和丙酮，为正常动物体利用脂肪氧化产生的中间代谢产物，经血液运送至其也组织而被氧化供能并生成二氧化碳和水。正常动物产生的酮体很快被利用，在血中含量极微，为 1.5～2mg/dL，定性测试为阴性。但在饥饿、各种原因引起的糖代谢发生障碍，脂肪分解增加及糖尿病酸中毒时，因产生酮体速度大于组织利用速度，可出现酮血症，继而发生酮尿。

（一）检验方法

1. 试带法　用饱和硝基氢氰酸钠缓冲液制成试带，只与新鲜尿中乙酰乙酸起反应。试带法可检出尿中乙酰乙酸含量为微量（5mg/dL）、少量（10mg/dL）、中量（40mg/dL）、大量（80～160mg/dL）4 个级别。

2. 亚硝基铁氰化钠法　尿液中的乙酰乙酸、丙酮在碱性溶液中与亚硝基铁氰化钠作用生成红色或紫红色物质，加入醋酸溶液可抑制尿中所含肌酐产生的类似显色反应。

（1）取小试管 1 支，加尿 5mL，随即加入 5%亚硝基铁氰化钠溶液和 10%氢氧化钠溶液各 0.5mL（滴加 10 滴也可），充分混合，此时尿液呈现红色，继续滴加 20%醋酸溶液 1mL（滴加 20 滴也可），再充分混合，颜色不但不退反而加深的是酮体，颜色消退的是肌酐。

（2）判断结果。＋浅红色，＋＋红色，＋＋＋深红色，＋＋＋＋黑红色。

3. 改良罗氏法　亚硝基铁氰化钠在碱性溶液中与丙酮或乙酰乙酸作用，生成紫色化合物。

取试剂粉（亚硝基铁氰化钠 0.5g、无水碳酸钠 10g、碳酸铵 10g，将 3 种药品研磨混匀）约 0.1g 于载玻片上或反应盘内，加新鲜尿液 2 滴呈紫红色者为阳性，5min 后不显色为阴性反应。

（二）临床意义

1. 糖尿病酮症酸中毒 由于糖利用减少，分解脂肪产生酮体增加而引起酮症。未控制或治疗不当的糖尿病出现酸中毒或昏迷时，尿酮体检查极不准确。应与低血糖、心脑疾病乳酸中毒或高血糖高渗透性糖尿病昏迷相区别。酮症酸中毒时尿酮体阳性，而后者尿酮体一般不增高，但应注意糖尿病酮症者肾功能严重损伤而肾阈值增高时，尿酮体亦可减少，甚至完全消失。

2. 非糖尿病性酮症者 如感染性疾病，如肺炎、伤寒、败血症、结核等发热期，严重腹泻、呕吐、饥饿、禁食过久、全身麻醉后等均可出现酮尿，此种情况相当常见。妊娠时常因妊娠反应，呕吐、进食少，以致体脂降解代谢明显增多，发生酮尿。

3. 中毒 如氯仿、乙醚麻醉后、磷中毒等。

4. 服用双胍类降糖药 降糖灵等药物有抑制细胞呼吸的作用，可致动物出现血糖已降，但酮尿阳性的现象。

（三）注意事项

1. 由于尿酮体中的丙酮和乙酰乙酸都是挥发性物质；乙酰乙酸受热易分解成丙酮；尿液被细菌污染后，酮体消失，因此，尿样必须新鲜，检测应该及时，以免测试结果偏低或出现假阴性。

2. 干化学法测定酮体时对乙酰乙酸的敏感度约是丙酮的 7～10 倍，因此，与其他的检测方法存在一定的差别。

五、胆红素

大多数健康动物尿中无胆红素。犬因肾阈值低，大约 60％的正常犬尿液可检测出胆红素。在血清胆红素升高之前就可以检出胆红素尿。正常的猫尿中没有胆红素。

（一）检验方法

1. 碘环法 胆红素可被碘氧化成胆绿素而显绿色。反应式为 $C_{33}H_{36}N_4O_6+I_2 \rightarrow C_{33}H_{34}N_4O_6+2HI$。

取被检尿液 3mL 于试管中，用滴管慢慢沿试管壁加入稀碘液（碘 1.0g，碘化钾 2.0g，蒸馏水加至 100.0mL）1mL，停 1～2min 后观察结果。

2. 斑点试验法 尿中加入氯化钡使生成硫酸钡和磷酸钡，胆红素被硫酸钡吸附而沉淀，于沉渣上滴加三氯醋酸氯化高铁液，在酸性条件下，氯化高铁将胆红素氧化成胆绿素而呈绿色。

取新鲜尿 10mL 于试管中，加 10％三氯化钡 5mL，混匀过滤。将滤纸平铺在另外一张干滤纸上，加 1 滴三氯醋酸氯化高铁，如显绿色，则为阳性反应，证明尿中有胆红素存在；如不显绿色，则为阴性。

（二）临床意义

尿胆红素检验阳性，可以分为肝前性、肝性和肝后性 3 种。

肝前性：在临床上见于溶血性疾病（焦虫病、自身免疫性溶血性贫血）。

肝性：主要见于肝脏疾病（肝炎、肝硬化、肝坏死、肝肿瘤）、钩端螺旋体病及铜、磷和铊中毒。

肝后性：主要见于胆管阻塞（结石、肿瘤、寄生虫）。

（三）注意事项

1. 标本必须新鲜，以免胆红素被氧化成胆绿素，强烈的阳光会加速此反应。

2. 尿液中含有高浓度的维生素C或亚硝酸盐时，会抑制重氮偶合反应，可能出现假阴性结果。当患畜接受大剂量氯丙嗪治疗或尿中含有盐酸苯偶氮吡啶的代谢产物时，可呈假阴性。

六、尿胆原和尿胆素

肝脏把直接胆红素排入胆汁，然后排入肠道，经肠道细菌作用把直接胆红素还原为尿胆素原，其大部分在粪便中氧化为粪胆素，随粪便排出体外，少部分被吸收进入血液循环，其中又有大部分通过肝脏进入胆汁，少部分被肾脏排入尿液，氧化为尿胆素原。因此，正常动物尿中含有少量胆素原。

（一）检验方法

欧氏法：

尿胆原在酸性溶液中与对二甲氨基苯甲醛发生醛化反应，生成红色化合物。此醛化反应与尿胆原含吡咯环有关。

取新鲜无胆红素尿液5mL置于试管中，加入欧氏试剂（二甲氨基苯甲醛2g，溶于80mL蒸馏水内，然后加入20mL浓盐酸）0.5mL（约10滴），混匀。手持试管，在自然光线下，自管口向管底观察（在管底部衬以白纸，可使色泽更为显著）以判定结果。

（二）临床意义

1. 尿胆素原增多常见于肝脏疾病（肝炎、中毒性肝炎、肝硬化）、溶血性疾病、充血性心力衰竭、便秘和胆道阻塞的初期。

2. 尿胆素原减少见于肠道阻塞、肾炎的后期、多尿、腹泻、口服抗生素药物（抑制或杀死肠道细菌）等。

（三）注意事项

1. 尿液在膀胱内或室温条件下时间稍长可发生假阴性反应，强碱性尿液可提高尿胆素原值，强酸性尿液则使其值降低，药物中含有偶氮基染剂将妨碍其反应。

2. 由于分析试纸无尿胆原阴性的梯度，因此，分析试纸不能用来检测尿胆原的减少或消失。

3. 一些药物如吩噻嗪等可产生颜色干扰。尿液中含有大量维生素C或亚硝酸盐时，可抑制重氮偶合反应，使测试结果偏低甚至出现假阴性。

【参考值】欧氏法：含量正常，稍显淡红色；中度增加，加试剂1min后显红色；中度增加，加试剂后即刻显桃红色；含量减少，在20℃室温下5min不显红色。

七、血红蛋白

正常动物尿中不含血红蛋白。尿液中不能用肉眼直接观察出来的红细胞或血红蛋白叫做潜血，尿中混有一定量的血红蛋白时，称为血红蛋白尿。当血管内溶血时，血红蛋白大量增加，此时游离血红蛋白可由肾小球滤过而在尿中出现。肉眼血尿的确诊比较容易，尿通常呈鲜红至红褐色且混浊，尿离心沉淀后上清液透明，沉渣中可见大量红细胞；血红蛋白尿的尿液呈鲜红或红褐色，透明，尿离心沉淀后上清液颜色不变；显微镜血尿外观正常，但显微镜检查尿沉渣时可见少数红细胞。低渗、陈旧及碱性尿可使大约1/3的标本发生溶血而成血红蛋白尿，因此血红蛋白测定是诊断尿的重要手段之一。

（一）检验方法

1. 试带法 是把试带插入尿中，40s后取出，观察颜色变化，从而确定尿中血红蛋白含量。尿中血红蛋白能检出的级别有非溶血性微量、溶血性微量、少量（＋）、中等量（＋＋）和大量（＋＋＋）。试带法一般检验能力为0.015～0.060mg/dL游离血红蛋白。

2. 联苯胺法 血红蛋白中的铁质有类似过氧化酶的作用，可分解过氧化氢，放出新生态氧，使邻联甲苯胺氧化为联苯胺蓝，而呈绿色或蓝色。

取联苯胺少许置于试管中，加冰醋酸约2mL，振荡使其溶解，加入3%过氧化氢1～2mL，混合后，再加被检尿2mL，如液体出现绿色或蓝色，则为阳性反应，证明尿中有血液或血红蛋白。

3. 氨基比林法 在血红蛋白的触酶作用下，氨基比林被氧化为一种紫色的复合物。

取尿3～5mL置于试管内，加入5%氨基比林酒精与50%冰醋酸等量混合液1～2mL，再加入过氧化氢液1mL，混合。尿中含多量血红蛋白时呈紫色；含少量时，经过2～3min呈淡紫色。

（二）临床意义

1. 先天性溶血性贫血，如新生幼驹溶血性黄疸、遗传性球形红细胞增多症、药物或蚕豆等引起的溶血性贫血。

2. 自身免疫性溶血性贫血。

3. 血型不符输血所致溶血。

4. 物理因素如重度烧伤、电灼伤等所致。

5. 产后血红蛋白尿症和细菌性血红蛋白尿症。

6. 药物或化学品所致溶血，如苯肼、砷、苯、铅等，以及蛇毒、蜂毒、毒蕈、蕨类等动植物毒素引起。

（三）注意事项

1. 尿中含有大量维生素C时，可抑制或延缓其阳性反应。

2. 非溶血性微量是指尿中含有完整红细胞超过5个/μL，在试带上出现蓝色斑点。

八、亚硝酸盐

（一）反应原理

尿液中的亚硝酸盐与试纸带中的对氨基苯砷酸或磺胺发生重氮化反应，生成重氮盐，生成的重氮盐再与试纸上的N-1-萘基乙二胺盐酸盐或四氢苯并喹啉-3-酚偶联生成红色的偶氮化合物（盖氏试剂法）。

（二）临床意义

正常情况下，尿液亚硝酸盐的定性实验一般为阴性。当泌尿系统受到感染时，由于细菌还原硝酸盐生成亚硝酸盐，因此检测结果为阳性，常见于大肠杆菌引起的泌尿系统感染。尿液亚硝酸盐检测结果为阳性时，预示着尿液中的细菌数量在10万/mL以上。

（三）注意事项

1. 当尿液中缺少硝酸盐时，即使有细菌感染也会出现阴性结果；尿液在体内的留存时间太短会因为硝酸盐来不及还原而得到阴性结果。

2. 留取标本的样杯必须清洁，并及时送检，以免存放时间过长使细菌生长而出现假阳性结果。

3. 使用利尿剂后，尿中的亚硝酸盐含量降低，可能出现假阴性；硝基呋喃可降低反应的灵敏度；非那吡啶可引起假阳性；使用抗生素后，细菌被抑制可出现假阴性；尿液中含有大量维生素C时，也可能出现假阴性。

4. 高密度尿可降低测试反应的灵敏度，尿中的亚硝酸盐离子小于1.0mg/L时，可能出现假阴性结果。

九、白细胞脂酶

（一）反应原理

尿液中白细胞测定的反应原理是利用中性粒细胞内酯酶催化吲哚酚酯水解，产生游离酚，游离酚氧化偶合或与试纸中的重氮盐偶合而显色。

（二）临床意义

在各种尿路炎症情况下，尿液中都可能出现白细胞。白细胞的干化学检查可以和其他检查项目一起对尿液进行过筛检查。

（三）注意事项

1. 白细胞破裂后，酯酶释放到尿液中，干化学的检测结果可能是阳性，而镜检则为阴性。

2. 尿液被甲醛污染，或含有高浓度胆红素，或使用某些药物时可出现假阳性；尿蛋白＞5g/L，或尿液中含有大剂量庆大霉素等药物时，可是结果偏低或出现假阴性。

3. 尿液未混匀，尿液分析仪的载物台上有污染物等情况都会使结果产生偏差。

十、维生素C

一昼夜尿中排出的抗坏血酸量，为有机体对于此酸（维生素C）饱和程度的指标。检查尿中维生素C量的最简便的方法，为用碘酸（其效价长期使用不改变）滴定，以测定酸的还原能力。

(一) 检验方法

即碘酸法。将尿液用棉花滤过后取1mL于试管中，加入10mL蒸馏水中，再加入1mL醋酸液、1mL 2%碘化钾液及5滴2%淀粉液。混合后再用0.001mol/L碘酸钾液滴定至出现黄色，以黄色在30s内不消失为终点。

因已知0.001mol/L碘酸钾液1mL相当于维生素C 0.088mg，则100mL尿中所含维生素C可按下式算出：

$$维生素C=\frac{a\times 0.088\times 100}{b} \quad (式9-1)$$

式中：

a——0.001mol/L碘化钾毫升数；

b——尿的毫升数。

(二) 临床意义

尿中所含维生素C的量，与其服下（随饲料）的量有关。有机体缺乏维生素C时，其红细胞数及所含血红蛋白以及组织中动物淀粉、血糖、肝淀粉等的分解作用均降低，蛋白分解增强，血液凝固性降低，骨及软骨组织发生营养障碍，骨质变为疏松及引起骨脆症。

【参考值】马：夏季为11～16mg，冬季为9mg。

十一、其他化学成分

除以上10项常规尿液检查项目外，对于实验室，常常还包括尿乳糜试验、尿蓝母检验、尿液磷酸盐检验、尿肌红蛋白检查、尿中钙的检查、尿黑色素检查等。

第四节 尿液有形成分显微镜检查

尿液有形成分检查是指在尿中检出管型、各种病理意义的颗粒，如红细胞、白细胞、肾上皮细胞、细菌等成分的检查，以作为完整尿液分析不可缺少的重要组成部分，它对泌尿系统等疾病的诊断、定位、鉴别、预后判断、药物治疗监测及健康有机体筛查等有重要意义。

在正常或病理情况时，尿液可混悬有不同种类和不等数量的细胞、结晶体和管型等，其量的确定和鉴别还须借助显微镜检查。

1. 尿标本必须清洁新鲜，于排出后即行检验，放置5～6h即可发生腐败，使管型及红细胞因溶解而减少，甚至消失。

2. 每次操作中如检验的尿量、离心速度及时间、倒去上清尿液后管内余留尿量等均应取得一致，即所有尿液标本必须浓缩至相同体积时检验，以利于结果供临床参考时相互比较。

3. 肉眼观察已为血尿或脓尿时，则可直接吸取尿液观察，但必须在报告上注明未离心沉淀标本或未经浓缩量之结果值。

4. 报告方式以每一高倍视野下所见细胞的平均数值，每一低倍视野所见管型的平均数值报告之，或将沉淀物置于定量计数池内进行计数后以每微升个数报告之。

一、检查方法

（一）具体方法

包括玻片镜检法，有形成分定量分析法，自动尿有形成分冲液器及设置标准计数池法，倒置显微镜检查法，相差、干涉、偏光、荧光及电镜等检查法，染色鉴别法，流式分析仪分析法，层流式图像分析仪法等。

通常无需染色，即可进行尿有形成分检查。如果需要染色，有多种染色液可供选用。一般染色用 Sternheimer－Malbin 染色液，欲染细胞成分可用瑞氏染色液，欲染脂肪可用苏丹Ⅲ，欲染细菌可用革兰氏染液。Sternheimer－Malbin 染色法：0.2mL 尿沉渣中加入一滴染液，混合后吸到载玻片上，用盖玻片覆盖，3min 后镜检。此时，红细胞染成淡紫色，多形核粒细胞核染成橙红色，透明管型染成粉红色或淡紫色，细胞管型染成深紫色。

不论用哪种方法，其指导原则应是：①按标准化准确分析，强调分析的高度重复性及标准化，以获取有临床价值的试验数据。②采用单位体积（如：L）报告代替用低倍镜视野或高倍镜视野报告最低到最高值。③显微镜检查仍是尿有形成分检查的金标准。当自动分析颗粒出现报警信号或有形成分与物理化学方法结果不符时，应强调显微镜复查。要改变低倍镜看管型、高倍镜看细胞的传统概念。油镜检查（1 000×）更能鉴别上皮细胞与白细胞和尿中其他颗粒如红细胞、细菌、结晶或脂肪滴等。

1. 玻片镜检法　取尿液 10mL，离心 5min，相对离心力（RCF）为 400×g，剩余沉淀为 0.2mL，混匀后吸沉淀物约 20μL，滴入载玻片上，用 18mm ×18mm 盖玻片覆盖后镜检。先用低倍镜（10×10）观察全片，高倍镜（30×40）仔细观察，细胞检查 10 个高倍视野（HP），管型检查 20 个低倍视野（LP）。报告方式：××个细胞/HP，×个管型/LP。

2. 相差显微镜法　除了应用普通光学显微镜做尿液有形成分检查外，目前采用相差显微镜对尿中的红细胞形态进行分类和鉴定也是一种非常有价值的检查法。相差显微镜由于视野中明暗反差较大，因此对尿中异常形态的红细胞、管型、结晶有特殊的识别特点，易于辨认，特别是对形态异常的红细胞的辨认更加容易，对诊断和区分肾性或非肾性血尿很有帮助。

3. 其他　干涉显微镜、偏振光显微镜、荧光显微镜、扫描或透射电子显微镜都是近年来应用于尿有形成分检查的新的技术手段。如在干涉显微镜下观察尿中的细胞管型，可以感觉到管型的“三维立体空间”，清晰度显著提高。用透射电镜对尿液中有形成分浓缩物的超薄切片进行观察，可以准确发现肾脓肿和白色念珠菌感染的尿中的细菌管型和白色念珠菌管型，急性 DIC，尿中可发现血小板管型，而这些在普通显微镜下往往被误认为细颗粒管型或粗颗粒管型。偏振光显微镜对于尿中的脂类物质辨认能力很强，如在肾病综合征时，尿中可发现脂肪管型，可见到具有特异形态特征的胆固醇酯，即在管型的黑色背景中嵌有大小不等的明亮的球体，在球体中心为黑色的十字架形状，脂肪管型中的脂肪滴在偏振光显微镜下显示为具有典型特征的十字形结构，称为“马耳他十字，Maltese cross”。

（二）注意事项

由于尿排出 2 h 以上可发生细菌生长、蛋白分解、细胞破坏、pH 由酸性到碱性等变化，从而严重影响尿液分析的准确性。以往留尿标本要求：用清洁、有盖容器，留中段尿（防止尿道、阴道分泌物污染），及时送检。但由于随意尿受饮食、运动等多因素影响难以做到标准化，清晨第一次晨尿送检时已贮留膀胱时间较长，尿成分浓缩，适用于试带化学过筛、蛋白检验、临床化学定量（以肌酐做比值）、细菌检查、亚硝酸盐试验特别是沉渣镜检等多种目的。

二、尿液细胞

动物有形成分中如果见到少量红细胞［如 1～2 个/高倍视野（HP）］、几个上皮细胞（成年母畜尿中含有大量鳞状上皮细胞）及偶尔见到透明管型，都视为正常尿液。

（一）上皮细胞

1. 鳞状（扁平）**上皮细胞**　个体最大，不规则，边角有棱角，细胞核小。它来自尿道、阴道层和包皮上皮。在排出的尿和导出的尿的高倍视野中，含有少量鳞状上皮细胞是正常的。发情时可见尿中鳞状上皮细胞增多。

2. 移行上皮细胞　大小介于鳞状上皮细胞和肾上皮细胞之间，形状有圆形、纺锤形或尾形，常见几个细胞集聚在一起，它来自近端尿道、膀胱、输尿管和肾盂上皮。肾盂肾炎时可见此类细胞增多。

3. 肾（小圆）**上皮细胞**　个体小而圆，比白细胞稍大，常因变性而使其结构不清楚，与白细胞很难区别。它来自肾小管。急性肾炎时可见此类细胞增多。

（二）红细胞

红细胞呈圆形、橘黄色、有轻度折光，内部无任何结构。在浓缩尿中或酸性尿液中，红细胞往往皱缩，在碱性或相对密度较低尿液中则红细胞常肿胀；当尿液在体内滞留或放置过久后，血红蛋白可逸出，而红细胞呈空壳阴影，在稀薄尿中（相对密度小于 1.008）胞浆溶解，变成影细胞。一般认为，尿中出现红细胞多属病理现象，见于肾炎、肾盂肾炎、尿路感染、肾结石等疾病。

（三）白细胞和脓细胞

白细胞呈圆形，核分叶，胞浆内有颗粒，比肾上皮细胞小。白细胞在尿放置过久后变性，低渗或碱性尿中溶解或轮廓不清楚。脓细胞系指在炎症过程中死亡的中性粒细胞，外形多不规整，胞浆内充满颗粒，看不清细胞核，量较多，常聚集成堆，健康尿液中，仅有个别白细胞，无脓细胞，如大量存在则为病理现象，表示泌尿道有化脓性炎症，如肾盂肾炎、膀胱炎、尿道炎等。

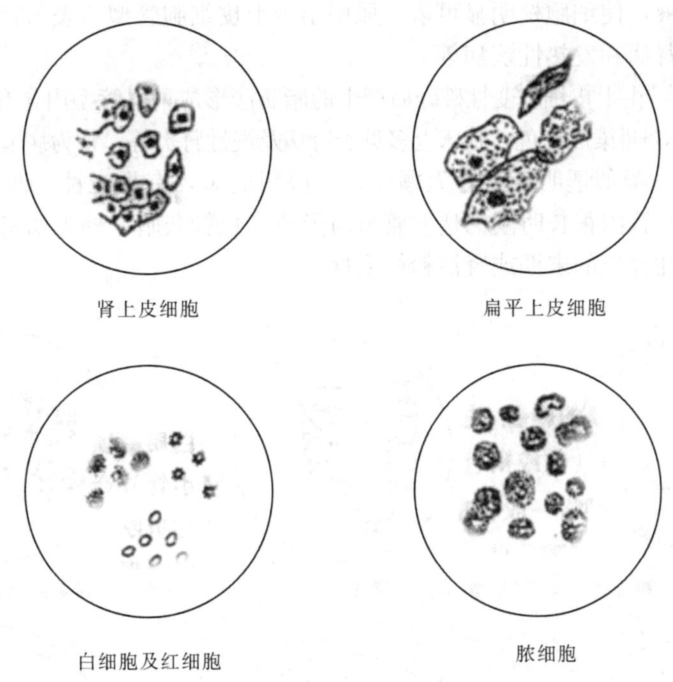

图 9-1 尿液有形成分之一

三、尿液管型

在病理状态下，蛋白质在肾小管内凝聚或由蛋白质与某些细胞相结合而形成的圆柱形物体，称为尿圆柱或管型，管型在碱性尿中将被溶解。根据构造不同，可分下列几种。

（一）透明管型

透明管型是一种无色，透明或半透明，构造均匀，较窄而两端钝圆，有时含有少许颗粒，在视野暗时也很难看清楚。其绝大部分由黏蛋白组成。在动物正常尿中可见，当肾有轻度或暂时性肾功能不全时（如高热、轻度肾病、全身麻醉时），尿内可见少量透明管型。

（二）颗粒管型

颗粒管型由黏蛋白、血浆蛋白和破碎的肾小管上皮细胞颗粒组成，乃是常见的一种管型。根据颗粒大小可分为粗颗粒管型和细颗粒管型。管型中的颗粒可能是源于肾小球疾病中的血清蛋白或肾小管变形的细胞破裂产物。见于急、慢性肾炎，尤其是肾小管损伤时更容易出现颗粒管型。

（三）细胞管型

1. 红细胞管型 管型中含有红细胞，通常细胞已残缺，显微镜下为淡绿色或黄绿色，见于肾的出血性炎症、急性间质性炎症。

2. 白细胞或脓细胞管型 管型内含有白细胞或脓细胞，也可和其他细胞形成混合管型。见于肾炎、肾化脓和肾盂肾炎。

3. 上皮细胞管型 类似透明管型，但管型内含有许多肾上皮细胞，如不能确认时，可滴加稀醋酸溶液，使细胞核明显可辨。尿中出现上皮细胞管型，表示肾小管细胞脱离变性，见于肾炎、肾病和发热性疾病等。

4. 脂肪管型 由上皮细胞变性破碎后产生的脂肪滴形成，以管型内含有多量脂肪滴为特征。脂肪滴可被苏丹Ⅲ染成红色，临床上多见于肾病及慢性肾炎等，常为病情严重的标志。

5. 蜡样管型 类似透明管型，无颗粒，一般粗而短，有折光性，两端不对齐，有折断分节，处于肾小管内很长时间的透明管型所形成。色较灰暗，外观如蜡状，见于严重的肾小球肾炎，慢性肾炎的末期或肾淀粉样变性。

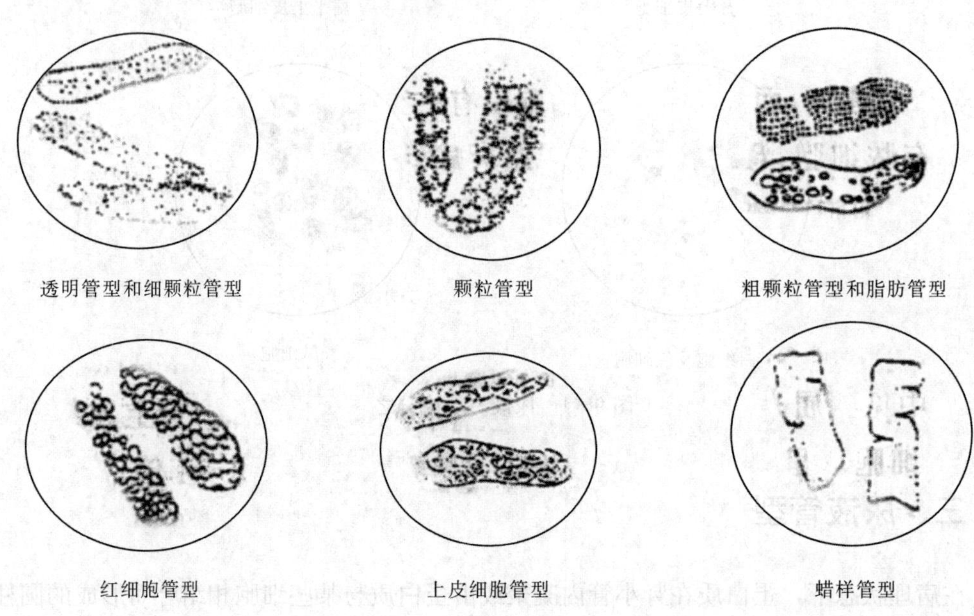

图 9－2 尿液有形成分之二

四、尿液结晶

尿中结晶物的形成与尿液 pH、结晶物的溶解性和浓度有关。正常酸性尿中含有尿酸、无定形尿酸盐，有时还含有草酸钙和马尿酸；正常碱性尿中含有磷酸胺镁、无定形磷酸盐、碳酸钙、(多见于马尿)，有时还含有尿酸胺。一般尿中出现的结晶物很少有临床意义，但有些结晶物的出现具有一定的临床意义。

(一) 碳酸钙

碳酸钙为草食动物（尤其是马）尿中的正常成分，其结晶多为球型，有放射条纹，有时呈磨刀石状、哑铃形和十字弓形。加醋酸后可产生二氧化碳气泡而溶解。草食动物尿中缺乏碳酸钙是尿液变酸的特征，若无明显饲养因素影响，则为病态；如果动物尿中重新出现碳酸钙，表示疾病好转。

(二) 尿酸胺

尿酸胺表面布满刺状突起，似曼陀罗果样，有时呈放射状，呈黄色或褐色。可在磷酸及盐酸中分解，形成棱柱状结晶。在氢氧化钾中能溶解产生氨。加热溶解，冷却后又析出结晶。新鲜尿中出现尿酸胺结晶提示有化脓性感染，见于膀胱炎及肾盂肾炎。

（三）磷酸钙

常见于碱性尿中，也见于中性或酸性尿中。多为单个无色的三棱形结晶，呈星状或束状等，加醋酸溶解，与碳酸钙不同的是其不产气。大量出现时提示有尿潴留、慢性膀胱炎或慢性肾炎等。

（四）磷酸胺镁

磷酸胺镁又称三重磷酸盐。是无色而两端带有斜面的三角棱柱体或六角、多角棱柱体，偶尔有雪花状或羽毛状。易溶于醋酸，但不溶于碱性液和热水中。新鲜尿液中如有磷酸胺镁存在是尿液在膀胱或肾盂中受细菌的作用，提示有膀胱炎或肾盂肾炎及化脓性肾炎。

（五）草酸钙

草酸钙见于酸性尿中，有时也见于中性或碱性尿中。结晶为无色而屈光力强的四角八面体，有两条明亮的对角线呈西式信封状，结晶大小差别很大，呈哑铃状、球形或各种八面体形。可溶于盐酸而不溶于醋酸，马在慢性肾炎和某些代谢病时可大量出现，新鲜马尿中出现多量草酸钙结晶还应考虑结石。

（六）马尿酸

马尿的正常成分，为棱柱状或针状结晶，不溶于盐酸或醋酸，但溶于氨水及酒精。动物服用苯甲酸及水杨酸制剂后，尿中马尿酸结晶增多。

（七）尿酸结晶

尿酸结晶呈磨刀状、块状、针状等，为黄褐色。不溶于水及酸，但溶于氢氧化钾溶液中，是肉食动物尿中正常成分，草食动物出现尿酸见于肾机能不全、发热性疾病、某些传染病及寄生虫病等。

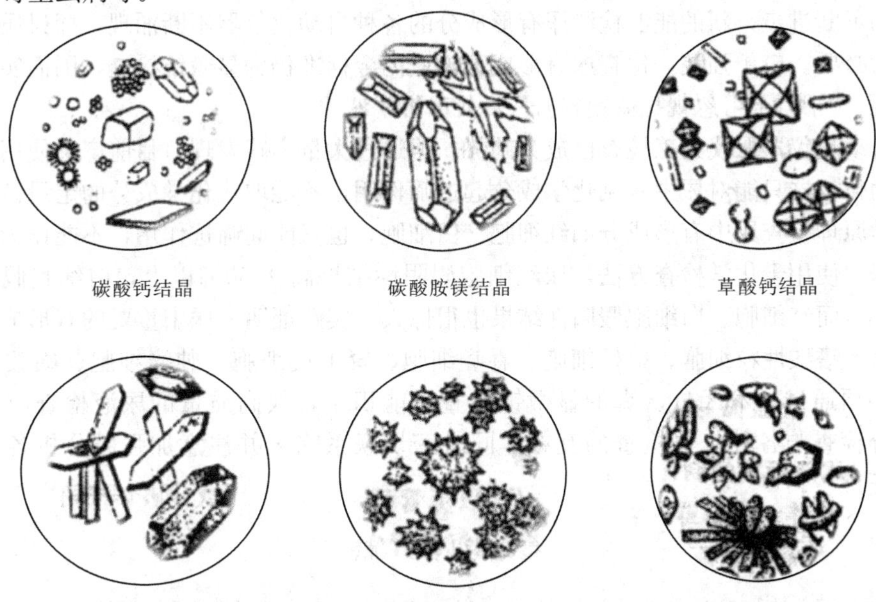

图 9-3 尿液有形成分之三

五、其他有形成分

除了上述有形成分外，尿液通过显微镜还可能看见其他有形成分。如微生物、寄生虫、精子等。

（一）微生物

1. 细菌 尿中单个或成串的杆菌，一般可以辨认。单个球菌在尿中不好辨认，但成串的球菌容易辨认。进行革兰氏染色或瑞氏染色时，细菌较容易辨认。正常尿液中无细菌，当尿液中出现细菌时提示可能有膀胱炎、肾炎、尿道炎、子宫炎、阴道炎或前列腺炎。

2. 真菌 尿液中有时看见分节的真菌菌丝或出芽的酵母菌，这是由尿污染造成，临床上无意义。

（二）寄生虫

尿中能检出有膨结线虫、皱襞毛细线虫等寄生虫虫卵，有时可检到犬恶丝虫的微丝蚴。

（三）精子

在未去势的雄性动物中见到，容易辨认，但无任何临床意义。

六、质量保证

由于尿有形成分（颗粒）存在多样、复杂、易变等特点，如何保证检查质量是一个比较困难的问题；形态学检查的质量控制涉及面广，难在缺乏校准参考及标准特质。随着检验技术的不断进步，新的能够检测尿有形成分的各种自动化仪器不断涌现，探讨质量保证措施成为必要。应予强调，检查尿有形成分方法的金标准仍为显微镜检查，因而实验室应高度重视，“千万不可忽视显微镜检查”。

用自动化仪器取代人工检查已成为趋势，但通过大量实践发现，目前广泛使用的尿干化学自动化仪器只能对尿中常见化学成分起过筛作用，不能取代化学成分的定量试验。而通过化学原理检查尿中有形成分如红细胞、白细胞，也只能起筛选作用，不能作为诊断疾病的依据。使用干化学检查方法，尿红细胞假阴性结果高达30%以上，白细胞假阴性达10%以上，而红细胞、白细胞假阳性结果也很惊人。实践证明，尿中重要的有形成分如红细胞管型、嗜酸性粒细胞、单核细胞、吞噬细胞、肾上皮细胞、肿瘤细胞、磺胺等药物结晶都必须通过技术人员认真的显微镜检查才能识别，故高质量的尿液检查应该是尿有形成分检查与各种仪器检查的互补，同时密切联系临床并注意加强尿分析各环节的质量保证。

参 考 文 献

北京市畜牧兽医总站．2006. 犬猫疾病诊疗技术［M］. 北京：中国农业科学技术出版社．

丛玉隆，马俊龙．1997. 尿液干化学分析与显微镜检查［J］. 临床检验信息导报，4（2）：38－40.

E. H. 科尔斯著 . 1986. 兽医临诊病理学［M］. 朱坤熹，秦礼让，等译 . 上海：上海科学技术出版社 .
顾可梁 . 2006. 尿有形成分分析几个问题［J］. 临床检验杂志，24（1）：74－74.
郭定宗 . 2006. 兽医临床检验技术［M］. 北京：化学工业出版社 .
贺永建，李向勇 . 2005. 兽医临床诊断学实习指导［M］. 重庆：西南师范大学出版社 .
林德贵 . 2004. 动物医院临床技术［M］. 北京：中国农业大学出版社 .
张时民 . 2006. 尿液有形成分检查的进展和临床应用专题［J］. 临床检验，12（6）：7－20.
中国人民解放军兽医大学 . 1991. 兽医防疫与诊疗技术常规［M］. 长春：吉林科学技术出版社 .
J. Robert Duncan. 2003. Veterinary Laboratory Medicine［M］. Iowa：Blackwell Publishing Company.

第十章 粪便检查

正常的粪便由已消化和未消化的食物残渣、消化道分泌物、大量细菌、无机盐、脱落的消化道上皮细胞和水分组成。粪便检查的目的在于：①了解消化道有无炎症、出血、寄生虫感染、恶性肿瘤等情况。②根据粪便的性状、组成而粗略地判断胃肠、胰腺、肝胆的功能情况。③检查粪便中有无致病菌以提供防治肠道传染病的根据。

粪便检查除用于诊断寄生虫外，也是兽医临床上了解消化系统病理变化的一种辅助方法。包括粪便的感官检查、化学检查以及显微镜检查。

第一节 标本的采集

粪便采集是粪便检验的必须手段，粪便采集的方法直接影响到结果的准确性，通常情况下，动物粪便标本采用自然排出的粪便，标本在采集时应注意下列事项：

1. 粪便采集前要明确检查目的，如检查服驱虫药后的排虫数需用便盆将全部粪便送检；粪便细菌学、病毒学检查时，应采集标本于消毒的洁净容器内；做化学和显微镜检查时，应采集新排出而未接触地面的部分，以免影响检查结果。必要时大家畜可以从直肠直接采集粪便，其他家畜可用50%甘油或生理盐水灌肠采粪。

2. 标本应新鲜，不得混有尿液、消毒剂、自来水，应在服用药物前留样。如当天不能检验，应放在阴凉处或冰箱内，但不能加防腐剂。采集粪便时，大家畜一般不少于60g。盛装粪便的广口容器应清洁，不漏水并有盖。根据检验项目的要求，应对盛装粪便容器加以选择。

3. 采集粪便标本时，应用干净的竹签挑取含有黏液、脓血或伪膜的粪便，外观无异常的粪便应从粪便的不同部位、深处及粪端多处取材，放入内衬刷蜡的专用粪便纸盒内送检，并应注明采集的日期。

4. 检查阿米巴滋养体，应立即送检，立即检查，寒冷季节尚须保温。

5. 检查潜血时，肉食或杂食动物应禁食肉类、血类食品，并停服铁剂及维生素 C 3d。

第二节 粪便常规检查

【标本】留取新鲜粪便至少 60g。

【简介】粪便常规检查为临床一般检查的重要项目之一。借此可了解胃、肠、胰腺、肝、胆功能的一些病理情况。

【方法】肉眼外观检查或显微镜检查。

【临床意义】

1. 颜色 由于饲料的种类及搭配比例不同以及季节的交替，健康家畜的粪便颜色也有差异。如放牧或饲喂青绿饲草时，粪便呈暗绿色；饲喂谷草、稻草或秋白草时，粪便呈黄褐色。

病理状态下，粪便可见下列3种颜色：

（1）黑褐色 见于消化道上部出血。不易判断是否出血时，应做粪便潜血检查。

（2）粪便有血丝、血块 见于消化道下部出血，特别是直肠出血，结肠和直肠癌等。

（3）粪便灰白 见于犬、猫的胆管阻塞，粪便含白色凝乳块为幼龄动物消化不良。

2. 硬度 健康马、骡、驴的粪便近似肾形或球形，含水丰富，约为75%，有一定的硬度，粪球落地时，一部分破碎，大部分完整。牛的粪便因精、粗料的搭配比例不同，粪便的硬度有所不同，奶牛和水牛的粪成堆，黄牛的粪便呈层叠状，含水85%。绵羊及山羊的粪便含水只有55%左右，较硬。大猪的粪含水为55%～85%，含水少的呈棒状，含水多的呈稠粥状。

在病理状态下，当肠管受到各种刺激后，肠管蠕动增加，肠内容物在肠管内停留时间短，肠壁吸收其中的水分减少，粪便稀软，甚至成水样，见于肠卡他、肠炎。当肠管运动机能减弱或肠肌迟缓时，肠内容物在肠管内停留时间延长，肠壁吸收其中的水分增多，粪便硬度增大，甚至成为干小的球形，见于马属动物的肠便秘初期。

3. 气味 健康家畜平均采食一般的饲料、饲草，粪便没有特别难闻的气味。猪吃精料较多时，粪便的臭味稍大。肉食动物以肉食为主，粪臭较大。异常的粪臭有：

（1）酸臭 见于各类动物的消化不良，主要是碳水化合物在肠道内发酵产酸。

（2）腐败臭 见于各种原因所致的肠炎，由于肠内炎性渗出物中的蛋白质被微生物作用，腐败分解产生硫化氢气体。

4. 粪便内混杂物 健康家畜粪便中除了正常的未被消化的饲草、饲料残渣以外，一般不见其他混杂物。粪便中出现的混杂物有：

（1）黏液 黏液外观黏稠透明，呈丝状或块状，见于肠炎的初期。如消化道上部的炎症，黏液混在粪内，拨开粪球或粪团才能见到，如消化道下部发炎，黏液附着在粪便表面。

（2）伪膜 伪膜的外观好似肠黏膜，但实际上不是真正的肠黏膜。伪膜是由炎性渗出物中的蛋白质及纤维素凝结而成，然后由肠管分段脱落，随着粪便排出体外。如进行镜检，镜下只见黏液和纤维丝，确不见肠上皮细胞。伪膜见于牛黏液膜性肠炎、消化道黏膜的深层炎症等。

（3）过粗的草渣及未消化的谷物颗粒 见于老龄家畜或患有牙齿磨灭不整的病畜，马属动物最为常见。

（4）脓球、脓汁、脓块 外观为灰白色，不透明，涂片或压片染色镜检，可见多量的脓球，见于消化道化脓性疾病。

（5）血块 见于消化道出血。上部消化道出血，血块暗黑，常混在粪内，粪潜血检验呈强阳性反应；下部消化道出血，血块鲜红或暗红，镜检可见尚未破崩的红细胞。

第三节　粪便显微镜检查

【标本】用牙签挑取少许新鲜粪便放置载玻片上，加少量生理盐水，混合并涂成薄层，加盖盖玻片，显微镜检查。

【简介】粪便显微镜检查为临床一般检查的重要项目之一。借此可了解胃、肠、胰腺、肝、胆功能的一些病理情况。

【方法】显微镜检查。

【临床意义】

1. 寄生虫　参见有关虫卵的形态和鉴定。

2. 微生物　参见有关细菌学检验部分。

3. 饲料残渣　植物细胞及植物组织，见有厚而有光泽的细胞膜及叶绿素，饲喂混合性食物时，可见植物细胞、淀粉颗粒及脂肪滴等；粪便中的脂肪滴多呈圆形，颜色淡黄，被苏丹Ⅲ染成红色。粪便中出现过多的脂肪滴为消化障碍、脂肪滴吸收不全的特征，见于慢性胰腺炎、胰腺功能不全和各种原因的腹泻。未被消化的淀粉颗粒滴加稀碘溶液后变为蓝色，消化不全的淀粉颗粒滴加稀碘溶液后，则显紫色或淡红色。

4. 细胞　各种细胞数量的多少，以高倍镜10个视野内的平均数报告。

(1) 红细胞　粪便中出现大量红细胞，可能为后部肠道出血。有少量散在、形态正常的红细胞，同时有多量的白细胞，说明肠道有炎症性疾患。高倍镜下红细胞近似圆形，略带浅黄色，有的边缘发生皱缩。见于犬、猫或其他小动物的胃肠炎。

(2) 白细胞　低倍镜下为灰白色，比红细胞稍大，多为中性粒细胞，高倍镜下白细胞为圆形，有核，结构清晰，常分散存在。见于犬、猫或其他小动物的肠炎。

(3) 上皮细胞　有扁平上皮细胞和柱状上皮细胞，前者来自肛门附近，后者来自肠黏膜。当发现多量的柱状上皮细胞，同时发现多量的白细胞和脓球，表明肠道有炎症和溃疡。

(4) 脓球　即死亡的白细胞，细胞核多已崩解，脓球的结构不清晰，常聚在一起或成堆存在。粪便中发现多量的白细胞及脓球，表明肠道有炎症和溃疡。

(5) 脂肪球　脂肪球呈正圆形，无色，折光性较强，易于辨认。见于哺乳幼畜消化不良性腹泻。

(6) 结晶　棱形结晶，见于急性出血性坏死性小肠炎和肠道溃疡等。

第四节　粪便化学检查

一、粪便酸碱度测定

【标本】动物新鲜粪便。

【简介】粪便的酸碱度取决于粪便中脂肪酸、乳酸或氨的含量。饲料中碳水化合物过度发酵则产生酸性物质，饲料中蛋白质腐败分解则产生碱性物质。借此可了解胃、肠、胰腺等的一些病理情况。

【方法】pH 试纸法或溴麝香草酚蓝法。

1. pH 试纸法 一般广泛用 pH 试纸（或精密 pH 试纸）测定粪便的 pH。

取 pH 试纸一条，用蒸馏水浸湿（若粪便稀软则不必浸湿），贴于粪便表面数秒钟，取下纸条与 pH 标准色板进行比较，即可得粪便的 pH。

2. 溴麝香草酚蓝法 取粪 2～3g，置于试管内，加中性蒸馏水 4～5 倍，混匀，加入 0.04%溴麝香草酚蓝 1～2 滴，1min 后呈绿色为中性反应，呈黄色为酸性反应，呈蓝色为碱性反应。

【临床意义】粪便的酸碱度与饲料成分及肠内容物的发酵或腐败分解程度有关。草食动物的粪呈碱性反应，但马的粪球内部常为弱酸性；肉食动物及杂食兽的粪，一般为弱碱性，有的为中性或酸性。肠内发酵过程旺盛时，由于形成多量有机酸，粪呈强酸反应。但当肠内蛋白质分解旺盛时，由于形成游离氨，而使粪呈强碱性反应，见于胃肠炎等。

二、粪便潜血试验

【同义词】隐血试验。

【标本】粪便 5～10g。

【简介】潜血为肉眼或显微镜检查未能确切辨别的粪便中血液，但可用过氧化物酶法或免疫法确认血红蛋白组分。一般检验常用联苯胺法、愈创木酯法和匹拉米酮法。愈创木酯法敏感性低，受仪器或药物干扰因素较少，假阳性率低；联苯胺法或邻联苯胺法敏感性高，假阳性率亦高；匹拉米酮法介于两者之间；免疫法可对微量血红蛋白发生反应，敏感性最高，专一性亦最强。由于健康动物每日粪便中可有一定量的血液排出，故可根据检查目的而选用不同方法。

【方法】过氧化物酶法或免疫法。

【注意事项】青草、马铃薯、甘薯等含有过氧化物酶，因此草食动物的粪便应加热以破坏该酶的活性。肉食动物进行粪便潜血试验时，必须 3～4d 内禁喂肉食，亦可将被检测粪便用蒸馏水调成粪混悬液，再加热以破坏该酶的活力，按尿潜血试验方法进行。所用的容器、试管应洁净，以免影响实验结果。

【参考值】正常动物过氧化物酶法阴性，免疫法阴性。

【临床意义】阳性见于病畜的消化道出血，如胃及十二指肠溃疡、结肠癌、出血性胃肠炎、马肠系膜动脉栓塞、牛创伤性网胃炎、真胃溃疡、羊血矛线虫等。一般消化性溃疡治疗好转或稳定期，隐血转阴性；恶性肿瘤常呈持续阳性。

三、粪便中有机酸测定

【标本】动物新鲜粪便 5～10g。

【简介】粪中含有各种有机酸，如醋酸、丙酸、乳酸等，其总量可采用联合滴定法测定。

【方法】联合滴定法。

粪便中的有机酸以及有机酸以外的其他酸或酸性盐，都能使粪便呈酸性反应，用过量氧化钙中和，则有机酸与钙形成溶于水的有机酸钙，而其他酸或酸性盐虽也能与钙离子结合形成钙盐，但不溶于水，加入三氯化铁水溶液使之形成絮状物而沉淀，过滤分离，除掉有机酸以外的酸或酸性盐。加酚酞作指示剂，用 0.1mol/L 盐酸滴定，以中和过剩的氢氧化钙。再以二甲氨基偶氮苯为指示剂，仍以 0.1mol/L 盐酸滴定，当盐酸把有机酸钙中的有机酸置换完毕后，多余的盐酸使指示剂变色，即为滴定终点。根据消耗的 0.1mol/L 盐酸量，间接推算出有机酸的量。

【参考值】健康马，每 10g 粪中有机酸为 5～14 滴定单位。其他动物粪便中的有机酸因饲料组成的不同而变动范围很大。

【临床意义】粪中有机酸的含量，可作为小肠内发酵程度的指标。有机酸含量增高，表明肠内发酵过程旺盛。马消化不良时，粪中有机酸含量可高于 12～14 滴定单位。

四、粪便中氨测定

【标本】取新鲜粪 10g，加水 100mL，混合后过滤。

【简介】粪中含有一定量的氨，特别是当肠内蛋白质腐败分解时，其总量可显著升高。

【方法】中和滴定法。氨为一种弱碱，如用强酸直接中和，因无适当的指示剂，不能直接滴定，当加入甲醛后，放出盐酸，再用标准氢氧化钠液滴定，可间接推算出氨的含量。

【正常值】健康马，每 10g 粪中含氨 0.5～2 滴定单位。

【临床意义】粪中氨的含量，可作为肠内腐败分解强度的指标，氨含量增多，表明肠内蛋白质腐败旺盛，形成大量游离氨。胃肠炎时，粪便氨含量显著增多，可达 2～3 滴定单位。

五、粪胆素测定

【标本】新鲜动物粪便 5～10g。

【简介】正常情况下，胆红素随胆汁进入肠道，由肠道细菌作用转化为粪胆原，粪胆原可继续在肠管后段被氧化为棕黄色粪胆素。动物在正常情况下，粪便中仅有少量的粪胆素而没有未被还原的胆红素。病理情况下，粪便中粪胆素可能增加或缺乏，还可出现尚未还原的胆红素。

【方法】氯化汞试验。

【参考值】正常情况下阳性。

【临床意义】健康家畜，粪便中含有少量粪胆素，检查为阳性；当动物患溶血性黄疸时，粪便中粪胆素增加，呈强阳性，同时出现尚未还原的胆红素，这时为暗红色；实质性黄疸时，粪胆素为阳性，阻塞性黄疸时，因胆红素进入肠道受阻，粪胆素含量减少或缺乏，故反应呈阴性。由于胆红素在肠道中转化有赖于肠道细菌，故动物长期给予抗生素或磺胺类药物者，粪胆素阴性反应并不提示胆管阻塞。

六、粪便脂肪定性测定

【同义词】脂肪镜检试验。

【标本】粪便 1～5g。

【简介】健康动物粪便显微镜检查时偶见脂肪球。小肠吸收不良患者粪便中排出大量脂肪，一般利用苏丹Ⅲ染料可与脂肪结合的特性作染色检查，为脂肪吸收功能的筛检试验。

【方法】染色后显微镜检查法。

【参考值】阴性至弱阳性，或平均 2.5 个脂肪滴/高倍视野（HP）。

【临床意义】增加见于动物胰腺功能不全、乳糜泻等小肠吸收不良综合征。

第五节　粪便寄生虫学检查

寄生于畜禽消化道的大部分蠕虫的虫卵、幼虫及某些成虫和虫体的节片，以及与消化道相通连的其他脏器，如肝脏、胰腺等处的寄生虫的虫卵，均可随粪便排出；甚至呼吸道的寄生虫虫卵，也可因痰液被咽下，随同粪便排出。因此，粪便检查是诊断各类蠕虫病的重要方法之一。

【标本】动物新鲜无污染的粪便。可以是动物自然排出的粪便，也可以人工取粪。

【简介】肠道寄生虫病的诊断多依靠在粪便中找到虫卵、原虫滋养体和包囊，找到这些直接证据就可以明确诊断为相应的寄生虫病和寄生虫感染。健康动物粪便一般没有寄生虫虫卵。

【方法】眼观检查和显微镜检查。

眼观检查：在镜检之前进行，先检查粪便的颜色、气味、有无血液等其他病变，特别是要仔细检查有无虫体、幼虫、绦虫体节等。

显微镜检查：主要用于粪便中虫卵检查和虫卵记数。

1. 直接涂片检查　用甘油水或清洁的常水数滴，滴在载玻片上，取适量粪便与水滴混匀，然后将粪便内的粗渣尽量除去，涂成相应大小的粪膜，加盖玻片镜检，先用低倍镜后用高倍镜进行检查。此法简便易行，但在虫卵较少时检出率不高。

2. 集卵法　包括水洗沉淀法、饱和盐水浮集法和锦纶兜浮集法。

（1）*水洗沉淀法*　本法适用于相对体积质量较大的吸虫卵和棘头虫卵的检查。取新鲜粪便 10g 左右置于烧杯中（若粪便干硬则先用研钵研碎），加水 40 倍，用玻璃棒充分搅拌，将稀释液用纱布过滤，除去粗渣，将滤液倒入试管中，沉淀 20～30min，倾去上层 2/3 液及底层粪渣物，注满清水搅匀静置。沉淀后再倾去上层水，如此反复 2～3 次。缓缓将试管中上层水全部倒出，用吸管取少量的剩余沉淀物置于载玻片上，涂布均匀，加盖玻片，用低倍镜观察。

（2）*饱和盐水浮集法*　本法适用于相对体积质量较小的线虫卵、某些绦虫卵和球虫卵的检查。取粪便 5～10g，加入 20 倍量的饱和食盐溶液，搅拌溶解后用纱布滤入另一烧杯中，去掉粪渣，静置 30～60min，使相对密度小于饱和食盐溶液的虫卵浮集于液面上，然后用直径 0.5～1cm 的铁丝圈平行接触液面，使铁圈中形成一个薄膜，将其抖落于载玻片上，加盖玻片后，先用低倍镜观察，再转到高倍镜检查。

(3) 锦纶兜浮集法　本法适用于相对体积质量较大的吸虫卵和棘头虫卵的检查。取粪便 5～10g，加水搅拌，先通过孔径 425～250μm 的铜丝筛，将滤液再通过孔径 60μm 的锦纶兜过滤，并用水充分冲洗网兜，直到滤液透明为止。然后取兜内残渣加适量清水做成压滴粪膜标本镜检。

【参考值】正常动物粪便中应无寄生虫卵、原虫、包囊、虫体。

【临床意义】

1. 在粪便中查到的如下寄生虫虫卵：蛔虫卵、鞭虫卵、日本血吸虫卵、姜片虫卵、肝吸虫卵、绦虫卵等，说明动物被以上寄生虫感染。

2. 可在粪便中查到的各种滴虫和鞭毛虫有：兰氏贾第鞭毛虫、肠鞭毛虫、肠内滴虫、华内滴虫、结肠小袋纤毛虫等，说明动物被以上寄生虫感染。

3. 可在粪便中查到的虫体和节片有：蛔虫、绦虫、阔头裂节绦虫等，说明动物被以上寄生虫感染。

参 考 文 献

倪有煌，李毓义. 1996. 兽医内科学［M］. 北京：中国农业出版社：78－89.

沈霞. 1999. 现代生物化学检验与临床实践［M］. 上海：上海科学技术文献出版社：62－93.

H. Richard Adams. 2001. Veterinary Pharmacology and Therapeutics［M］. Iowa：Iowa State University Press.

Kenneth S. Latimer. Duncan & Prasse's 2003. Veterinary Laboratory Medicine：Clinical Pathology［M］. Iowa：Iowa State University Press.

第十一章

体 液 检 查

第一节　脑脊液检查

脑脊液（CSF）是存在于脑室及蛛网膜下腔内的无色透明液体，是一种细胞外液。约70%的脑脊液是在脑室的脉络丛通过主动分泌和超滤的联合过程形成的，30%的脑脊液是由大脑实质、脊髓蛛网膜下隙以及脑室与脊髓中央腔面的室管膜所产生。脑脊液具有提供浮力保护脑和脊髓免受外力震荡损伤，调节颅内压力，供给脑、神经细胞营养物质，并运走其代谢产物，调节神经系统碱贮量，保持 pH 7.31～7.34 的作用。此外脑脊髓液还通过转运生物胺类物质影响垂体功能，参与神经内分泌调节。由于血脑屏障的存在，脉络丛上皮细胞对血浆各种物质的分泌和超滤具有选择性。但当中枢神经系统任何部位发生器质性病变时，由于脉络丛上皮细胞通透性发生改变，一些正常情况下不易透过血脑屏障的物质也可进入脑脊液，使脑脊液的容量和成分发生改变。通过对脑脊液物理学检查、显微镜检查、化学和免疫学检查及脑脊液病原学检查，可为疾病的诊断、治疗和预后判断提供依据。

一、脑脊液的采集与处理

（一）脑脊液的采集

1. 犬、兔脑脊液的采集　通常采取脊髓穿刺法，穿刺部位在两髂骨连线中点稍下方第 7 腰椎间隙。动物轻度麻醉后，侧卧位固定，使头部及尾部向腰部尽量屈曲，用左手拇、食指固定穿刺部位的皮肤，右手持腰穿刺针垂直刺入，当有落空感及动物的后肢跳动时，表明针已达椎管内（蛛网膜下腔），抽去针心，即见脑脊液流出。犬一次抽 2～3mL，采完脑脊液后，注入等量的生理盐水，以保持原来脑脊髓腔的压力。

2. 大鼠脑脊液的采集

（1）经侧脑室穿刺法　大鼠采集脑脊液时，先用湿纱布擦拭大鼠颈背部皮肤，剪去背毛暴露皮肤。两耳连线剪 1.5cm 左右横切口，在其中点向尾侧沿皮下剪开 2cm，将皮向两侧分离，扩大视野。紧贴大鼠头骨依次逐层剪切各肌层，断端依次拉向尾侧扩大视野。有出血时用干纱布按压止血，保持术口清洁。接近颈后黄韧带时，小心地用 7 号注射针头分离附盖的肌肉，暴露寰枕膜。用 1mL 注射器（针头用止血钳弄弯与针体成 150°钝角，针斜面向上，针尖端近水平）刺入蛛网膜下腔，固定针体，缓慢抽取脑脊液。抽取完毕缝好外层肌肉、皮肤。刀口处涂布磺胺药粉，防止感染。采完脑脊液后，注入等量的消毒生理盐水，以保持原来脑脊髓腔的压力。

（2）*经枕大孔穿刺法* 根据定位图谱要求调整大鼠脑定向仪，将麻醉好的大鼠头部固定在固定架上，头颈部剪毛、消毒，沿后正中线切一纵行 2cm 切口，用剪刀钝性分离颈部背侧肌肉。最深层附着在骨上的肌肉用手术刀背刮开，以避免出血，暴露寰枕筋膜后，直视下可看到枕骨大孔及脑组织。用尖头微量注射器，针尖位于枕骨大孔后外侧朝向小脑延髓池侧向进针，针尖完全进入后即可直接抽取脑脊液，若未见脑脊液流出，可轻微旋转针体。穿刺成功，采完脑脊液后，注入等量的消毒生理盐水或人工脑脊液，以保持原来脑脊髓腔的压力，然后用 TH 医用胶封闭穿刺孔，缝合好外层肌肉、皮肤，切口处应用磺胺药粉，防止感染，并维持头低尾高位 30min。

3. 小鼠脑脊髓液的采集 乙醚麻醉小鼠，置于一三角形棒上，用胶带固定其头部，使头下垂与体位形成 45°，以充分暴露枕颈部。从头至枕骨粗隆做中线切开 4mm，再至肩部 1mm，钝性分离。用虹膜剪剪去枕骨至寰椎肌肉，如出血可用烧灼器烧，见白色硬脑膜。用 22 号针头在枕骨和寰椎间 2mm 处刺破，用微量吸管吸取脑脊液。

4. 牛脑脊液的采集 牛站立保定，在穿刺部位用 0.5%的普鲁卡因进行局部浸润麻醉，在最后一个可触及的腰椎和第一个可触及的骶椎之间中点进针，用长 5cm 的 14 号穿刺针穿刺皮肤结缔组织和棘突间韧带，退出后用 10cm 长的 18 号腰穿针进针（带针芯），当进针 6～8cm 时可感觉到阻力，表明穿刺针进入弓状间韧带，退出针芯，脑脊液即可自动流出，采集 20～60mL 脑脊液。采完脑脊液后，注入等量的消毒生理盐水，以保持原来脑脊髓腔的压力。

（二）脑脊液的处理

将采集的脑脊液标本做好标记，收集标本后，应立即送检，并于 1h 内检验完毕。因标本放置过久，可致细胞破坏、葡萄糖等物质分解、细菌溶解等，影响检验结果。

（三）注意事项

1. 脑脊液应用无菌容器盛取，最好放在离心机的无菌管内，冬天应注意保温。
2. 脑脊液标本应立即送检。
3. 脑脊液标本应尽量避免凝固和混入血液，若混入血液应注明。
4. 用于微生物检验的标本应注意保温，不可置冰箱保存。

二、一般检查

（一）物理学检查

1. 颜色 正常脑脊液为无色透明液体，病理情况下可有不同的颜色改变。

（1）*红色* 常见于穿刺损伤或出血性病变。根据出血量的多少，可呈红色或淡红色。穿刺损伤引起的出血，前后 3 管标本中，第 1 管为红色血性脑脊液，第 2、3 管红色逐渐变淡，较易自行凝固，红细胞计数依次减少，离心沉淀后上清液逐渐透明。颅内或椎管内新鲜出血进入蛛网膜下腔，3 管红色均匀一致，各管间红细胞计数无明显差别，不会凝固，离心沉淀后上清液呈淡红色或黄色。

（2）*黄色* 常见于陈旧性蛛网膜下腔或脑室出血、椎管梗阻、化脓性脑膜炎、结核性脑膜炎和重症黄疸。陈旧性蛛网膜下腔出血或脑出血，为红细胞破坏、溶解，血红蛋白分解产生胆红素增加所致。出血4～8h即可溶血使脑脊液呈黄色，此时脑脊液隐血试验为阳性。出血停止后，黄色可持续3周左右。由髓外肿瘤、格林巴利综合征等引起的椎管梗阻性疾病，脑脊液蛋白质含量显著增高，当蛋白质含量高于1.5g/L时，脑脊液颜色变黄，且黄色深度与脑脊液中蛋白质含量呈正比。

（3）白色　多由于脑膜炎双球菌所引致的脑膜炎引起，也可见于结核性脑膜炎或真菌性脑膜炎。

（4）灰白色　见于肺炎双球菌或链球菌所致的脑膜炎。

（5）绿色　见于铜绿假单胞菌引起的脑膜炎。

（6）褐色或黑色　见于脑膜黑色素瘤。

2. 透明度　脑脊液透明度可用清晰透明、微浊和混浊描述。正常脑脊液清晰透明，脑脊液混浊主要由于感染或出血导致脑脊液中细胞成分增多所致，混浊程度与细胞数量有关，脑脊液中细胞数大于300×10^{6}/L时，可出现混浊。蛋白质含量增加或含有大量微生物脑脊液也可表现混浊。病毒性脑炎、脑梗死的脑脊液可呈透明外观，结核性脑膜炎的脑脊液常呈毛玻璃样轻度混浊，化脓性脑膜炎则呈明显混浊。

3. 凝固性　正常脑脊液标本静置12～24h不形成薄膜、凝块或沉淀。在炎症情况下，脑脊液中蛋白质（包括纤维蛋白原）含量增高，当脑脊液中蛋白质含量高于10g/L时，可形成凝块。化脓性脑膜炎的脑脊液静置1～2h可形成凝块或沉淀。结核性脑膜炎的脑脊液静置12～24h后，标本表面有薄膜或纤细凝块形成，取此薄膜或凝块作结核杆菌检查，可获得较高的阳性率。蛛网膜下腔梗阻时，由于脑脊液循环受阻，梗阻远端脑脊液蛋白质含量可高达15g/L，此时脑脊液可呈黄色胶冻状。填写报告时可用“无凝块”、“有凝块”、“有薄膜”、“胶冻状”等描述。

4. 相对密度　脑脊液的相对密度用脑脊髓液相对密度计测定。

测定方法：取脑脊液数毫升置于试管内，勿使液面浮有泡沫，然后将脑脊液相对密度计置于脑脊液中心，勿使其与管壁接触，然后观察，相对密度计与液面平行之数，即为脑脊液的相对密度。脑脊液的相对密度增高，见于马的重症传染性脑脊髓炎、脓性脑膜炎以及牛恶性卡他热。

表11-1　健康动物脑脊液相对密度

畜别	脑脊液相对密度	畜别	脑脊液相对密度
马	1.000～1.007	骆驼	1.003～1.007
牛	1.006～1.008	犬	1.006～1.007
绵羊	1.004～1.008	兔	1.004～1.006
山羊	1.004～1.008	猫	1.005～1.007

（二）显微镜检查

脑脊液显微镜检查主要是脑脊液中有形成分的检查，包括细胞总数计数、白细胞计数以及细胞分类计数。中枢神经系统疾病时，脑脊液中的细胞数可增多，其增多的程度及种类与疾病的性质有关。

1. 细胞总数计数

(1) 直接计数法　直接计数法适用于清晰透明或微混浊的积液，可直接计数细胞总数和有核细胞数。

计数方法：将采集的脑脊液混匀，用微量吸管吸出，并直接充入血细胞计数板的上下2个计数池内，静置2～3min。低倍显微镜下计数2个计数池内四角及中央共10个大方格内的细胞数。10个大方格内的细胞数，即为每微升脑脊液中的细胞总数。将结果$\times 10^6$，即为每升脑脊液的细胞总数。结果以"$\triangle \times 10^6$/L"方式报告。该法操作简便、省时，未稀释标本可减少稀释误差，适用于脑脊液清晰、透明的标本。

(2) 稀释计数法　稀释计数法适用于混浊的积液，需用生理盐水或白细胞稀释液稀释后，再计算细胞总数或有核细胞计数。

计数方法：用微量吸管准确吸取混匀的脑脊液20μL，加入含有0.38mL白细胞稀释液的试管中，充分混匀稀释的脑脊液，用微量吸管吸取并充入1个血细胞计数池，静置2～3min，低倍镜下计数四角4个大方格内的细胞数，将4个大方格内的细胞数$\times 50 \times 10^6$，即为每升脑脊液中的细胞总数。结果以"$\triangle \times 10^6$/L"方式报告。因要对标本进行稀释，该法操作相对费时，存在稀释误差，适用于混浊或带血的脑脊液标本。

(3) 注意事项

①为防止细胞变形、破坏或脑脊液凝固，细胞计数应在标本采集后1h内进行。

②充池前应充分混匀标本。

③细胞数少时，应使用Fuchs-RosenthaL计数板计数，以增加计数容积，减少误差。

④计数池用后，用75%乙醇浸泡消毒60min，忌用酚消毒，以免损坏计数池的刻度。

⑤稀释计数法可根据标本内细胞的多少调整稀释倍数。

2. 白细胞计数

原理：乙酸破坏脑脊液存在的红细胞，充入血细胞计数板，显微镜计数一定体积内所有细胞数量，经换算求出每升脑脊液中的白细胞总数。

计数方法：在小试管内加入乙酸1～2滴，转动试管，使试管内壁黏附乙酸后倾去，滴加混匀的脑脊液3～4滴，混匀，静置2～3min，待红细胞破坏。充分混匀脑脊液，用微量吸管吸取充入2个计数池，静置2～3min，低倍镜下计数2个计数池内四角及中央共10个大方格内的细胞数，即为每微升脑脊液中的白细胞总数。将结果$\times 10^6$，即为每升脑脊液的白细胞总数。结果以"$\triangle \times 10^6$/L"方式报告。

该法仅适用于非血性标本。若为血性或白细胞较多的标本，则应采用稀释计数法，即将脑脊液用1%乙酸溶液按一定倍数稀释后再充池计数。为避免出血引起白细胞数量增加对结果的影响，必须对白细胞计数结果进行校正。校正方法有以下两种：一是按照下式进行校正，校正后脑脊液白细胞＝校正前脑脊液白细胞$-\dfrac{\text{脑脊液红细胞数}}{\text{外周血红细胞数}}\times$外周血白细胞数；二是以红细胞与白细胞之比为700∶1关系，估计出血带入脑脊液的白细胞数，并加以扣除。

脑脊液白细胞显微镜计数法为目前常用方法，直接计数法简单，但管内壁沾湿的乙酸太少时，红细胞不能完全破坏；吸管或试管内壁沾湿的乙酸，使细胞被稀释，均影响计数结果准确性。稀释计数法红细胞破坏完全，结果相对准确，但操作较复杂。

注意事项：细胞计数时，应注意新型隐球菌与白细胞、红细胞的区别。新型隐球菌不溶于乙酸，加优质墨汁后可见不着色的荚膜；白细胞加酸后细胞核和细胞质更加明显；红细胞加酸后溶解。

3. 有核细胞分类计数

（1）*直接分类法*　白细胞计数后，将低倍镜改为高倍镜进行分类，主要依据细胞形态和核的形态进行分类，分别计数单个核细胞和多核细胞。应计数 100 个白细胞，若白细胞少于 100 个，应直接写出单核、多核细胞的具体数字。若细胞总数少于 30 个，则应改用染色分类计数。该法简便、快速，可直接在高倍镜下分类，但细胞放大倍数小，无法清楚地观察细胞结构，分类困难，准确性差，不利于陈旧性标本的分类，也不利于异常细胞的发现。

（2）*染色分类法*　如直接分类法不易区别细胞时，可将脑脊液离心沉淀，取沉淀涂片，制成均匀薄膜，置室温或 37℃温箱内待干，再进行瑞氏染色，然后用油镜观察分类，其准确性高于直接分类，同时可以发现异常细胞，但该法对细胞形态有影响。该法分类较详细，结果准确可靠，亦利于异常细胞如肿瘤细胞和白血病细胞等的发现。但操作较复杂、费时。

（3）*仪器法*　可采用血细胞分析仪进行脑脊液的细胞计数。该法简单、快速、可自动化。但结果受病理性、陈旧性标本中的组织细胞碎片及细胞变形等的影响。另外，脑脊液蛋白含量高或有凝块时易使仪器发生堵孔，故不推荐使用。

4. 临床意义　细胞数增多分为轻度增多、中度增多、高度增多和极度增多。极度增多，多见于化脓性脑膜炎，以中性粒细胞增高为主，在应用抗生素治疗后迅速下降。轻度或高度增多，多见于结核性脑膜炎，初期以中性粒细胞增高为主，但很快下降而以淋巴细胞为主，且有中性粒细胞、淋巴细胞及浆细胞同时存在现象。正常或轻度增多，多见于浆液性脑膜炎、流行性脑炎（病毒性脑炎）、脑水肿，增多的细胞以淋巴细胞为主。寄生虫感染，可见较多的嗜酸性粒细胞。急性脑膜白血病时脑脊液中白细胞数增加，可见相应的幼稚细胞及原始细胞。

（三）化学和免疫学检查

1. 酸碱度测定　测定方法：脑脊液的酸碱度通常用石蕊试纸测定。若蓝色试纸变红，则为酸性；红色试纸变蓝，则为碱性。精确测定脑脊液的 pH 时，用 pH 比色计测定，即以酚红或溴麝香草酚蓝为指示剂，与已知 pH 之色列比较。在马的传染性脑脊髓炎、麻痹性肌红素尿及犬糖尿病而呈现酸中毒时，脑脊液即偏酸，pH 为 6.91～6.98。健康动物脑脊液 pH 参考值见表 11－2。

表 11－2　健康动物脑脊液 pH

畜别	脑脊液 pH	畜别	脑脊液 pH
马	7.4～7.6	骆驼	7.6～7.8
牛	7.4～7.6	犬	7.4～7.6
绵羊	7.3～7.4	兔	7.4～7.5
山羊	7.3～7.4	猫	7.4～7.6

2. 蛋白质检查 正常脑脊液中蛋白质含量不到血浆蛋白的1%，主要为清蛋白。在中枢神经系统发生病变时，脑脊液中蛋白质含量可有不同程度的增高。检测脑脊液中蛋白质含量，可以协助对神经系统疾病的诊断。脑脊液清蛋白指数＝脑脊液清蛋白（g/L）/血清清蛋白（g/L）。脑脊液清蛋白仅来自血浆，故可判断血脑屏障损伤程度。脑脊液中蛋白质含量检测可分为定性试验和定量试验两大类。

（1）蛋白质定性试验

①Pandy 试验：

试验原理：脑脊液中蛋白质与苯酚结合成不溶性的蛋白盐而产生白色混浊。

试验方法：取1小试管，加入5%苯酚溶液2～3mL，用滴管垂直滴入脑脊液1～2滴，立即在荧光灯和黑色背景下，用肉眼观察有无白色混浊或沉淀，沉淀物的多少与标本中蛋白质含量成正比，根据混浊程度判断结果。结果以如下形式报告：

－：清晰透明；

±：在黑色背景下才能看到的白雾状；

＋：肉眼可见灰色混浊；

＋＋：明显的白色混浊；

＋＋＋：有白色絮状物出现；

＋＋＋＋：有白色凝块。

该方法样本用量少，操作简单，检测灵敏度高，结果易于观察，为临床常用方法，但是该方法过于敏感。

注意事项：所用的各种器材应保持洁净，避免污染；将苯酚溶液保存在37℃温箱中，避免假阴性的产生；苯酚纯度要高，避免假阳性的产生；由于Pandy试验灵敏度高，故部分正常脑脊液可出现极弱的阳性结果。如遇弱阳性不易观察出白色环时，可轻轻振动试管，较易观察，加入标本以后应该立即在黑色背景下观察。

②饱和硫酸铵试验［罗—琼（Ross－Jones）试验和Nonne－ApeLt试验］：

试验原理：脑脊液中球蛋白在饱和硫酸铵溶液中可产生白色混浊或沉淀。正常脑脊液内球蛋白含量很低，故实验结果为阴性。若球蛋白增多，则Ross－Jones试验阳性。除去球蛋白后再以乙酸煮沸测定白蛋白。

试验方法：取1小试管，加入0.5mL饱和硫酸铵溶液，用滴管沿管壁慢慢滴入脑脊液0.5mL，在荧光灯和黑色背景下，用肉眼观察有无白色混浊或沉淀及其程度。

结果判断：3min内在两液交界面形成白色混浊环，即为Ross－Jones试验阳性。将试管内两种液体震摇混匀，3min内出现白色混浊或沉淀，为Nonne－ApeLt试验Ⅰ相阳性，提示球蛋白增高；将上述混合液过滤，在滤液中加0.8mol/L乙酸少许，使之成为酸性，加热煮沸酸性过滤液，在荧光灯和黑色背景下，用肉眼观察有无白色混浊或沉淀及其程度，如3min内有白色沉淀出现，为Nonne－ApeLt试验Ⅱ相阳性，提示清蛋白增高。结果以“阴性”或“阳性”方式报告。

正常脑脊液中球蛋白质含量很低，Ross－Jones试验和Nonne－ApeLt试验均为阴性。Ross－Jones试验主要测定标本中球蛋白含量，其灵敏度较弱。Nonne－ApeLt试验可分别检测清蛋白和球蛋白，操作繁琐，故不常用。

注意事项：硫酸铵试剂纯度要高，否则可引起假阳性。

（2）蛋白质定量测定　脑脊液蛋白质定量测定常用比浊法和染料结合比色法等，可定量测定脑脊液的总蛋白、清蛋白和球蛋白含量。并可计算蛋白商（脑脊液球蛋白/脑脊液清蛋白）和脑脊液清蛋白指数（RaLb）[脑脊液清蛋白（g/L）/血清清蛋白（g/L）]，以反映血脑屏障的通透性及鞘内合成蛋白质量。健康动物脑脊液蛋白含量见表11-3。

表11-3　健康动物脑脊液总蛋白质含量（mg/dL）

畜别	脑脊液总蛋白质含量	畜别	脑脊液总蛋白质含量
马	29.7～40.0	骆驼	25.0～32.0
牛	23.3～30.0	犬	15.0～20.0
绵羊	20.0～25.0	兔	25.0～30.0
山羊	20.0～25.0	猫	6.0～16.0

①比浊法：又称浊度测定法，为测量透过悬浮质点介质的光强度来确定悬浮物质浓度的方法，这是一种光散射测量技术，当光束通过一含有悬浮质点的介质时，由于悬浮质点对光的散射作用和选择性的吸收，使透射光的强度减弱。该法简便、快速，无需特殊仪器。

②染料结合比色法：以丽春红-S和考马斯亮蓝法应用较多，主要运用考马斯亮蓝法，考马斯亮蓝在酸性溶液里呈棕茶色，吸收峰为460～590nm，在一定蛋白质浓度范围内，590nm处的吸光度与蛋白质浓度呈正比，当与蛋白质结合后变成蓝色，颜色深浅与结合蛋白质量呈线性关系，可定量测定蛋白质含量。该法的检测灵敏度及结果的重复性优于比浊法，标本用量少，一般只需50～100μL，灵敏度高，染料与蛋白结合快，显色稳定，可保持1h，操作简易。该法对试验条件的pH要求较高，酸度过高的试剂对蛋白质显色反应不灵敏或不显色；酸度过低的试剂，因试剂本身偏蓝，而影响显色。虽然蛋白质与染料结合的颜色在1h内基本稳定，但最好在10min内测定，而且显色后放置时间尽量保持一致。

③临床意义：脑脊液蛋白质含量增高提示血脑屏障破坏或脑脊液循环障碍。脑脊液总蛋白质含量增高见于中枢神经系统感染，如化脓性脑膜炎、结核性脑膜炎和病毒性脑炎；神经性病变如急性感染性多发性神经炎；颅内占位性病变或蛛网膜下隙梗阻，如脑肿瘤、硬外膜脓肿、颅内血肿、脊柱肿瘤或外伤等；颅内及蛛网膜下隙出血，如高血压合并脑动脉硬化、脑血管畸形、脑动脉瘤、出血性疾病等所致颅内及蛛网膜下隙出血；多发性硬化症、肺炎、尿毒症、日射病和热射病、伪狂犬病、牛恶性卡他热、高热性疾病、败血病等。蛋白商增高可见于多发性硬化症、脑脊髓膜炎、亚急性硬化性全脑炎等。RaLb增高提示血脑屏障破坏，通透性增高。

3. 葡萄糖测定　健康牛每100mL脑脊液葡萄糖含量为38.2～52.5mg，马每100mL脑脊液葡萄糖含量为54～58mg，绵羊、山羊每100mL脑脊液葡萄糖含量为39～62mg。血浆葡萄糖选择性通过血脑屏障进入脑脊液，其正常含量为血浆葡萄糖的60%～80%，并随年龄、品种、饲养情况及动物的生理状态而有变动。生长期的幼畜，其脑脊液葡萄糖含量较成年动物为高，体重轻的种马较体重重的种马为高，未妊娠牛较妊娠牛或产乳量高的奶牛为高，马匹由丰富的全价饲料转换为单纯麦秸饲养时，其脑脊液葡萄糖量降低。

①测定方法：目前常用葡萄糖氧化酶法或己糖激酶法，这两种测定方法均有试剂盒，严格按试剂盒说明书进行操作。己糖激酶法的特异性及准确性均高于葡萄糖氧化酶法。

②注意事项：测定脑脊液葡萄糖，最好在禁食4h后做腰穿，并在标本采集后30min内测定，以免糖酵解。如不能及时测定，可加入适量氟化钠，以抑制细菌或细胞对标本中葡萄糖的酵解，并放冰箱冷藏保存。在脑脊液穿刺前2～4h，应测定血浆葡萄糖作为对照，再计算脑脊液/血浆葡萄糖比值。脑脊液穿刺损伤时，脑脊液葡萄糖可假性增高。

③临床意义：脑脊液葡萄糖含量增高主要见于脑出血、下丘脑损害、糖尿病等。脑脊液葡萄糖降低见于中枢神经系统发生感染性病变，急性化脓性脑膜炎时，脑脊液葡萄糖降低早，且最为明显，疾病高峰期可降至为零。结核性或真菌性脑膜炎的中、晚期，脑脊液葡萄糖含量轻度降低，降低程度愈大，预后则愈差。病毒性脑炎，则多无明显变化。因此，脑脊液葡萄糖含量是中枢神经系统细菌性、真菌性感染的重要指标。颅内肿瘤可导致脑脊液葡萄糖降低，恶性肿瘤时，脑脊液葡萄糖降低尤为明显。脑寄生虫病也可致脑脊液葡萄糖降低，如脑囊虫病、弓形虫病。此外，各种原因引起的低糖血症，脑脊液葡萄糖也降低。

4. 氯化物测定 脑脊液氯化物测定方法与血清氯化物测定方法相同，主要有硝酸汞滴定法、电量分析法、离子选择性电极法和硫氰酸汞比色法，临床常用电极法。电极法分为直接电极法和间接电极法，小型电解质分析仪为直接法，标本直接测量，大型生化仪上配的电解质模块为间接法，标本经过自动精密稀释后再测量。

临床意义：正常脑脊液氯化物比血液中的含量高20%左右，以维持脑脊液和血浆渗透压之间平衡，其高低受血氯浓度、血液pH、血脑屏障通透性以及脑脊液中蛋白质含量等多种因素影响。脑脊液氯化物含量降低，常见于化脓性、结核性及真菌性脑膜炎。在结核性脑膜炎时，氯化物降低与葡萄糖降低同时出现，且降低尤为早和明显。严重呕吐、肾上腺皮质功能减退等导致氯化物丢失以及氯化物摄入过少等均引起血氯减低，脑脊液中氯化物含量也可因此下降。当脑脊液氯化物含量低于85mmol/L时，有可能导致呼吸中枢抑制，因此脑脊液氯化物含量明显减低应引起高度重视并及时采取相应措施。脑脊液氯化物含量升高，见于尿毒症、肾炎等引起的高氯血症、呼吸性碱中毒等。病毒性脑膜炎及脑炎可稍升高。

5. 酶类测定 正常情况下，血清酶不能通过血脑屏障进入脑脊液，因此，脑脊液中各种酶的活性远较血清低。中枢神经系统疾患时，由于血脑屏障通透性增加、脑组织破坏细胞内酶逸出或脑肿瘤细胞内酶释放等，均可引起脑脊液中各种酶的活性增加。

（1）乳酸脱氢酶（LD） 测定方法：LD为糖酵解酶，有LD_1、LD_2、LD_3、LD_4和LD_5 5种同工酶，正常脑脊液中的LD活性值约为血清的10%。LD测定常用比色法和速率法，其同工酶测定可用电泳法和免疫学法等，具体操作按试剂盒说明进行。

临床意义：脑脊液中LD活性增高见于中枢神经系统感染，以细菌性脑膜炎升高最为明显，尤以LD_4、LD_5为主，提示主要来自粒细胞；病毒性脑膜炎多正常或轻度增高，以LD_1和LD_2增高为主，提示来自脑组织；脑梗死、颅内出血的急性期、脑肿瘤的进展期及多发性硬化症、脑脓肿、脑积水、颅脑外伤、脑组织癌变时，以LD_4、LD_5活性增高为主，若LD_5超过总活性的10%，则对脑肿瘤或软脑膜继发性癌的诊断有重要意义。

（2）肌酸激酶（CK）　CK主要存在于骨骼肌、心肌和脑组织，为一种转移酶，正常脑脊液中的CK活性不到血浆的1/50，主要是CK-BB。

测定方法：主要有酶偶联速率法和肌酸显色法等，目前市售商品试剂盒多为酶偶联速率法。

临床意义：脑脊液中CK活性增高见于中枢神经系统感染，化脓性脑膜炎增高最为明显，结核性脑膜炎次之，病毒性脑膜炎正常或轻度增高。此外在脑梗死、脑或蛛网膜下隙出血、脱髓鞘病、进行性脑积水、癫痫等疾病时，CK活性亦增高。

（3）神经元特异性烯醇化酶（NSE）　NSE是糖代谢酶，为中枢神经特异性蛋白质，位于末梢神经元和神经内分泌细胞上，是一种可溶性蛋白质，含量占可溶性脑蛋白的3%。血清和脑脊液中均含有此酶。中枢神经系统中NSE活性是周围神经的10～100倍，由于NSE的特异性分布，现已将其作为神经细胞分化成熟及神经细胞损伤的重要标志。

测定方法：主要有分光光度法、生物发光法和酶联免疫吸附法等，这几种方法均有商品试剂盒。

临床意义：脑脊液中NSE活性值增高见于脑梗死，如急性脑出血、缺氧性脑损伤，且其增高程度与脑梗死的面积大小成正相关，是脑损伤程度及预后判断的重要指标之一。此外，NSE是神经母细胞瘤、髓性甲状腺瘤和小细胞肺癌的标志物。

（4）溶菌酶（Lys）　Lys是一种水解酶，主要存在于中性粒细胞、单核细胞及吞噬细胞的Lys体内。正常动物脑脊液中不含Lys或存在甚微，当病理损害情况下，Lys的活性值呈不同程度上升，根据病因不同，上升幅度也不一样。因此，测定脑脊液中Lys活性值，对判断与鉴别神经系统病毒与细菌、霉菌感染具有诊断价值。

测定方法：Lys活性的测定方法有平板法、比浊法及电泳法，目前最常用Lys试剂盒平板法，其原理是将灭活的微球菌混匀于琼脂或琼脂糖凝胶内制成平板，在凝胶板上打孔，孔内分别加入鸡蛋白Lys标准液和待测样品，经一定时间后测量溶菌圈直径，以此计算酶活性。溶菌环的直径与标本中Lys活性值的对数呈直线关系，且溶菌环清楚稳定、准确。

临床意义：脑脊液中Lys活性增高见于细菌性脑膜炎，以结核性脑膜炎增高最为显著，明显高于化脓性脑膜炎，且随病情恶化增高，病情缓解时下降，治愈后可降至为零。病毒性脑膜炎Lys活性多正常，故可用于结核性脑膜炎的鉴别诊断和预后判断。此外，脑肿瘤时Lys活性也增高。

（5）腺苷脱氨酶（ADA）　ADA是一种核苷酸氨基水解酶，为核酸代谢的重要酶类，以红细胞和T淋巴细胞内活性最为丰富。ADA与T淋巴细胞增殖、分化和数量密切相关，其增高是T淋巴细胞对某些特殊病变局部刺激产生的一种反应。当发生结核性脑膜炎时，T淋巴细胞数量及ADA活性水平明显增多。

测定方法：常用氨偶联酶法，用半自动生化分析仪检测脑脊液中ADA活性。

临床意义：结核性脑膜炎ADA活性增高最显著，且明显高于其他性质的脑膜炎，可用于诊断与鉴别诊断结核性脑膜炎。此外，化脓性脑膜炎时脑脊液中ADA活性也升高。

6. 免疫球蛋白检查 正常脑脊液中免疫球蛋白含量极低，只有微量的 IgG 和 IgA。若 IgG、IgA 含量增加，多由于血脑屏障破坏，血中免疫球蛋白进入脑脊液增多，或脑脊液中有激活的免疫细胞，局部合成增多。

测定方法：有免疫扩散法、免疫电泳法、免疫散射比浊法。免疫散射比浊测定法具有灵敏、快速且能上机自动化测定的优点，在临床实验室得到广泛应用。

临床意义：IgG 增高见于多发性硬化症及亚急性硬化性全脑炎、细菌性脑膜炎、病毒性脑膜炎、结核性脑膜炎、化脓性脑膜炎及脑囊虫病；IgG 降低见于癫痫、辐射损伤及服用类固醇药物等。IgA 增高见于化脓性脑膜炎、脑血管病、神经结核等。IgM 增高提示中枢神经系统感染，明显增高为急性化脓性脑膜炎的特征，可与病毒性脑膜炎鉴别，也可见于多发性硬化症、肿瘤、血管通透性改变和锥虫病等。

7. 其他成分测定 脑脊液中其他成分，如髓鞘碱性蛋白、急性时相反应蛋白、乳酸、谷氨酰胺、淋巴细胞亚群等的检测对中枢神经系统疾病的诊断、疗效观察和预后判断也具有重要价值。

（1）髓鞘碱性蛋白（MBP） MBP 是脊椎动物中枢神经系统少突细胞和周围神经系统雪旺细胞合成的一种强碱性膜蛋白，含有多种碱性氨基酸。当头部外伤引起神经组织细胞破坏并累及髓鞘时，MBP 即可进入脑脊液中，并经受损的血脑屏障渗透于血液。MBP 为神经组织特异蛋白，脑组织实质损伤特异指标。用酶联免疫吸附法检测脑脊液中 MBP 含量。多发性硬化症急性期脑脊液中 MBP 含量明显增高，可作为该病诊断和病情动态观察指标。

（2）急性时相反应蛋白（APR） APR 包括 AAT、AAG、Hp、CER、C4、C3、纤维蛋白原、C-反应蛋白等，其血浆浓度在炎症、创伤、心肌梗死、感染、肿瘤等情况下显著上升。脑脊液中 C-反应蛋白和血脑屏障有关，C-反应蛋白仅见于中枢神经系统炎症患畜脑脊液中，至恢复期则消失，因其水平高低与血脑屏障损害程度有关，故特异性较差。常采用免疫透射比浊法检测 APR。正常脑脊液中不含急性时相反应蛋白，仅在急性炎症或损伤时出现，化脓性脑膜炎和结核性脑膜炎时，脑脊液中 C-反应蛋白的含量明显增高。急性细菌性脑膜炎时，脑脊液和血清中 C-反应蛋白含量均增高，非细菌性脑膜炎时患畜 C-反应蛋白的含量基本正常。

（3）乳酸（LA） LA 是葡萄糖厌氧反应的最终产物。正常脑脊液中 LA 含量相对恒定，不受动脉血中 LA 含量的影响，治疗过程中输注的 LA 也不会引起脑脊液中 LA 含量增高。脑脊液中 LA 含量增高主要是由于各种原因引起的缺氧而致。

测定方法：采用氧化酶法，在全自动生化分析仪上测定。

临床意义：脑脊液中 LA 含量增高可见于脑组织缺血、缺氧；化脓性脑膜炎时细菌酵解葡萄糖使脑脊液中 LA 含量增高；过度换气可引起脑脊液中 LA 含量增高；出血性脑病，如蛛网膜下腔出血、红细胞无氧酵解使脑脊液中 LA 含量增高，且与出血时间有关，蛛网膜下腔出血发病当天脑脊液 LA 水平即明显增高，病情严重者，出血发生后 5～7d 脑脊液中 LA 水平仍继续增高，然后略有下降，但仍高于正常水平，病情好转后 2 周内恢复正常。

（4）谷氨酰胺（GLN） 脑组织氨基酸代谢过程中产生的游离氨对中枢神经系统有毒

性作用，在 GLN 合成酶的作用下，氨可合成 GLN 以清除脑组织中多余的氨。因此检测脑脊液中 GLN 含量可以反映脑组织中氨的含量。临床上可辅助诊断晚期肝硬化、肝昏迷、出血性脑膜炎和中枢神经系统感染等。目前主要用高效液相色谱法检测脑脊液中 GLN 的浓度。

（5）*色氨酸（Try）*　Try 有 L 型和 D 型同分异构体，此外还有消旋体 DL－Try。L－Try 是机体的必需氨基酸，参与机体蛋白质合成和代谢调节。正常脑脊液中氨基酸含量极微，Try 试验呈阴性，当中枢神经系统急性感染时，脑脊液中氨基酸成分发生改变，Try 试验可呈阳性，阳性率达 90％。此试验是早期诊断结核性脑膜炎的方法之一，简便易行，但是缺乏特异性，可作为诊断结核性脑膜炎的辅助方法。此外，化脓性脑膜炎或流行性脑炎时 Try 试验亦可呈阳性。用高效液相色谱法和氨基酸分析法检测脑脊液中 Try 的浓度。

（6）*淋巴细胞亚群*　由于血脑屏障的作用，中枢神经系统可能是一个具有特殊免疫系统和免疫反应的免疫学特区。正常脑脊液细胞总数为（0～10）$\times 10^{6}$/L，多为淋巴细胞，其中 T 淋巴细胞所占百分率高于外周血，这可能与脑脊液中 T 淋巴细胞参加再循环，而 B 淋巴细胞则不参加再循环，且 T 淋巴细胞半衰期较长有关。用流式细胞技术检测淋巴细胞亚群精准性高，而且具有快速、定量、多参数等特点。脑脊液 T 淋巴细胞数量减少，提示细胞免疫功能降低，见于中枢神经系统炎症，在自身免疫性疾病如多发性硬化症时，辅助性 T 淋巴细胞及 B 淋巴细胞的绝对值均增高。

（四）病原学检查

病原微生物检查对中枢神经系统感染性疾病早期诊断有参考价值。正常脑脊液中无病原微生物，检出任何细菌（排除污染）均有临床意义。化脓性脑膜炎最常见的病原体为脑膜炎奈瑟菌、肺炎链球菌及流感嗜血杆菌 B，其次为金黄色葡萄球菌、大肠杆菌、变形杆菌、厌氧菌及铜绿假单胞菌等。

1. 细菌检查

（1）*革兰氏染色*　主要用于脑脊液中肺炎链球菌、葡萄球菌、流感嗜血杆菌、铜绿假单胞菌、大肠埃希氏菌的检测等。取新鲜无菌脑脊液 2～3mL，2 000r/min 离心 15min，取沉淀物涂片，室温或 37℃温箱中干燥，切勿火焰固定，作革兰氏染色，油镜下检查。在化脓性脑膜炎，革兰氏染色显微镜检查的阳性率可达 60％～90％。混浊标本可采用不离心标本直接涂片法，当脑脊液中细菌数少于 1 000 个/μL 时可出现假阳性结果。若疑为流行性脑脊髓膜炎，则应用 0.5％～1％碱性亚甲蓝染色 30s，着重查找脑膜炎奈瑟菌。采用细胞玻片离心法、用吖啶橙荧光染料染色替代革兰氏染色，可提高细菌检出阳性率。

（2）*抗酸染色*　用于脑脊液的抗酸杆菌检查，若疑为结核性脑膜炎，则将脑脊液标本放置 2～4℃冰箱 24h，取其析出的薄膜涂片，固定后抗酸染色，油镜下找抗酸杆菌。如患畜已接受过抗生素治疗，因标本不会析出薄膜，应 3 000r/min 离心 20min，取沉淀物涂厚膜，以提高阳性检出率。另有报道，采用罗丹明 B 荧光染色可提高结核分支杆菌检出率。

（3）*细菌培养*　脑脊液病原微生物的分离培养和药物敏感试验是确定中枢神经系统感染病原体和治疗药物选择的重要依据。临床上主要用于脑膜炎奈瑟菌、葡萄球菌、链球菌、大肠埃希氏菌、流感嗜血杆菌等的分离培养和鉴定。实验室通常采用血平板培养基和巧克力平板培养基，巧克力平板需放入含 5%～10% CO_2 的培养箱中培养，以利于脑膜炎奈瑟菌、肺炎链球菌及流感嗜血杆菌的检出。增种中国蓝平板培养基有利于分离鉴定革兰氏阴性杆菌。要求采集的脑脊液在 4h 内做细菌培养，脑脊液需氧培养阳性率通常可达 80%左右。

2. 真菌检查 主要采用墨汁染色法。若疑为隐球菌性脑膜炎，则取脑脊液离心，取沉淀物涂片，加印度墨汁或经过滤处理的市售优质细颗粒墨汁，以 1∶1 的比例混合染色，加盖玻片，先在低倍镜下检查，如在黑色背景中发现有圆形透光小点，中间有一细胞大小圆形物质，即转到高倍镜仔细观察结构，新型隐球菌直径为 5～20μm，可见荚膜和出芽的球形孢子。Berned 认为采用墨汁染色法检查新型隐球菌有假阳性，推荐用苯胺黑染色法取代墨汁染色法检查脑脊液中新型隐球菌。利用乳胶凝集试验检测脑脊液中隐球菌的多糖抗原也可用于隐球菌性脑膜炎的诊断。另外，还可对脑脊液进行真菌培养后再进行鉴定。发现新型隐球菌，提示为隐球菌性脑膜炎。

3. 寄生虫检查 主要采用湿片浓缩显微镜检查法，将脑脊液标本离心，将其沉淀物倾倒在玻片上，低倍镜下检查是否有血吸虫卵、肺吸虫卵、弓形虫或阿米巴滋养体等。正常脑脊液中无寄生虫或虫卵，如发现血吸虫卵或肺吸虫卵，可诊断为脑型血吸虫病或脑型肺吸虫病，发现阿米巴滋养体诊断为阿米巴病，发现锥虫诊断为非洲锥虫病。若疑为脑囊虫病，采用 ELISA 法诊断猪脑囊尾蚴病具有高度的特异性。

三、临床应用

由于脑脊液细胞收集技术、细胞染色技术的不断提高和创新，以及脑脊液细胞分类的不断完善，使脑脊液检查广泛应用于临床诊断，成为中枢神经系统感染、脑血管病、肿瘤(包括脑肿瘤、白血病等)、寄生虫病诊断和病情监测的重要手段。此外，还可用于中枢神经系统细胞免疫功能监测。

(一) 在中枢神经系统感染性疾病诊疗中的应用

1. 细菌性脑膜炎 其病理过程大致分为渗出、增殖、修复和变性 4 期，其脑脊液细胞学特点如下：

(1) 渗出期 渗出期以中性粒细胞反应为主。其细胞学特点为中性粒细胞增多，可占白细胞总数的 90%或更高，早期以年幼的杆状细胞为主，且很快成为分叶粒细胞，这类炎性细胞具有很强的吞噬作用，故在其胞浆内外常可见到相应的致病菌，可导致细胞体积变小、染色变灰，核染色质浓密且失去原有结构呈块状，并逐渐演变成脓细胞。

(2) 增殖期 增殖期以单核—吞噬细胞反应为主。该期中性粒细胞处于退化状态，浆细胞增多，外形多不清晰，胞浆内含有较多空泡，激活的单核细胞明显增多，多数发育成巨噬细胞，并对细菌、衰老和破碎的其他细胞具有强大的吞噬作用。

(3) 修复期 修复期以淋巴细胞反应为主，当疾病进入修复期后，中性粒细胞消失，巨噬细胞老化，胞浆中出现较多空泡；浆细胞明显减少，最后正常的小淋巴细胞增多及其比例的正常化。如果细胞学检查出现以上情况，则提示病情的康复，反之提示病情的加重或复发。

2. 病毒性脑（膜）炎 细胞学特点以淋巴类细胞增多为主。发病早期也可出现少量中性粒细胞，但所占比例较低，持续时间甚短，常于24h内明显减少和消失，并很快被淋巴细胞增多所代替，形成典型的淋巴样细胞反应。当呈现异常细胞消退和淋巴细胞比例正常时，即提示病情的康复。

3. 结核性脑膜炎 结核菌感染以混合细胞反应为主。感染早期，以中性粒细胞增多为主，在整个病程中，中性粒细胞、激活淋巴细胞和浆细胞同时存在，此乃结核菌感染的一大特点。经有效治疗后，中性粒细胞下降较细菌性感染为快，较病毒性感染为慢。

4. 真菌性脑膜炎 其脑脊液细胞学特点常与结核菌感染相似，临床上以新型隐球菌感染最常见。但新型隐球菌的特点与结核菌不同，新型隐球菌大小不一、染色深蓝、周边有较多明显毛刺、呈圆形，其中部分菌体还可出现芽孢。

（二）在脑血管病诊疗中的应用

1. 在出血性脑血管病诊疗中的应用 脑血管破裂引起出血，一旦进入蛛网膜下腔后，必将引起软脑膜的一系列病理过程和相应的脑脊液细胞学改变。早期脑脊液为血性，可见大量红细胞和嗜中性粒细胞。3d后随着嗜中性粒细胞数目下降，激活单核细胞的比例增加，出现单核—吞噬细胞反应。其中以出现红细胞、含铁血黄素细胞和胆红素吞噬细胞而具有诊断价值。这些细胞分别于出血后1～3d、5～7d和7～10d出现。另外，上述吞噬细胞还可用于鉴别病理性和穿刺损伤性血性脑脊液，后者无上述吞噬细胞。

2. 在缺血性脑血管病诊疗中的应用 缺血性脑血管病引起脑梗死，又分缺血性梗死和出血性梗死。缺血性梗死脑脊液细胞学常无明显改变，仅偶有中性粒细胞增高，但无吞噬细胞出现。出血性梗死与蛛网膜下腔出血的脑脊液细胞学表现相似，但与之相比程度轻且持续时间短。

（三）在脑肿瘤诊疗中的应用

脑肿瘤分为原发性和继发性两大类。前者在脑脊液中瘤细胞检出率一般较低，后者较高。能否通过脑脊液细胞学检查发现瘤细胞，取决于肿瘤是否侵及蛛网膜下腔和脑软膜。由于脑脊液细胞具有自身的特殊分类和分布，互相混淆的情况较其他组织和体腔液细胞为少，故脑肿瘤细胞较易发现，而且较易诊断。肿瘤细胞的形态与正常细胞的差异很大，常有明显异形，表现为：细胞较正常为大而染色深，且大小不一致；细胞形态不一，常出现奇形怪状或多核细胞；胞浆染色不一致，胞浆染色呈不同程度的嗜碱性；正常细胞核的大小与细胞大小有一定的比例，而肿瘤细胞的核常偏大，故上述比例较正常为大，即“核浆比”增大。而且核的形态大小不一，极不规则。核膜增厚，染色深而不均匀。核仁形态不规则，数目增多，各个细胞的核仁数目也不一致；胞膜界线不清。

中枢神经系统白血病的传统诊断主要依据临床表现（如颅内压增高、脑膜刺激症状等）和脑脊液白细胞增数。但大量脑脊液检查结果表明，相当一部分中枢神经系统白血病病畜并无中枢神经系统受损症状，一般脑脊液细胞计数也正常，故目前唯一可靠的诊断方法为脑脊液白细胞检查，即只要在脑脊液内找到白血病细胞，便可确诊为脑膜白血病。白血病细胞和正常细胞的形态相似，呈现白血病细胞分裂现象，即可发现较多的原始、早幼阶段的细胞及少量成熟阶段的细胞，而中间阶段缺乏。经有效治疗后，脑脊液内的正常细胞和白血病细胞均可发生一定的形态学变化。

(四) 在中枢神经系统寄生虫病诊疗中的应用

常见的中枢神经系统寄生虫病有脑囊虫病和弓形虫病，其脑脊液细胞学表现的主要特点为嗜酸性粒细胞明显增多。另外，还有激活的淋巴细胞，病情好转后嗜酸性粒细胞比例下降。中枢神经系统淋巴瘤、白血病等患畜亦有脑脊液嗜酸性粒细胞增多，但这些疾病多伴有相应的脑脊液病理学改变。脑弓形虫病患畜脑脊液中有时可发现弓形虫滋养体，形态为一端较尖，另一端较钝圆的新月状或香蕉状，长 4～6μm，宽 1.55～2.2μm，胞体中央有一稍偏向一端的紫红色染色质，胞浆呈灰蓝色或淡粉色。

(五) 在中枢神经系统免疫功能评估中的应用

由于中枢神经系统的细胞免疫反应通常仅发生在脑脊液中，所以可通过脑脊液免疫细胞成分分析来评价中枢神经系统免疫功能。例如对脑脊液中成熟淋巴细胞的分析，采用非特异性酯酶染色法，结果健康动物一般染成 1～3 个致密而局限的粒状棕黄色沉淀物（阳性细胞），免疫功能低下的阳性率相应下降，免疫功能亢进的阳性率相应升高。非特异性酯酶染色法简单易行，对中枢神经系统疾病患畜细胞免疫功能的检测和药物疗效的评价等均具有一定价值。

(六) 脑脊液细胞学的动态进展

脑脊液细胞学在细胞生物学和分子生物学等学科的基础上不断发展，从细胞形态到细胞功能最终推动病因学的发展。例如采用自动图像分析法对细胞核和细胞形态进行定量测定，通过三维成像揭示脑脊液细胞内部的结构和某些细胞参数，分析细胞内的 DNA 和 RNA 含量有助于鉴别肿瘤性质等，均标志着现代高科技仪器和技术已逐渐应用到这一学科。总之，不同疾病脑脊液实验室检查的诊断灵敏度和特异性不同（表 11-4），因此，对不同类别的病因检查选用脑脊液特殊检测项目（表 11-5），将是准确建立诊断行之有效的方法。

表 11-4　脑脊液实验室检查对疾病诊断的灵敏度和特异性

灵敏度	特异性	疾　病
高	高	细菌性、结核性、真菌性脑膜炎
高	中	病毒性脑膜炎、蛛网膜下腔出血
中	高	脑膜恶性疾病
中	中	颅内出血、硬膜下血肿

表 11-5　根据不同病因选用脑脊液检查项目

常规检查项目	特定情况下的检查项目
脑脊液压力	病原体培养（细菌、病毒、结核分支杆菌检测）
细胞总数测定	染色（革兰氏染色、抗酸染色）
细胞分类（染色片）	真菌和细菌抗原检测
葡萄糖脑脊液/血浆比值测定	酶学检测
蛋白质测定	细胞学检查
	免疫球蛋白检查

第二节　浆膜腔积液检查

动物的胸膜腔、腹膜腔和心包腔等统称为浆膜腔。浆膜腔由两层浆膜围成，一层膜附着于腔壁，为壁层；另一层膜覆盖于腔内器官表面，为脏层。两层膜间含有的液体，称为浆膜腔液。正常情况下，浆膜腔仅含有少量液体，起润滑和减轻两层浆膜相互摩擦的作用。在病理情况下，如浆膜有炎症、循环障碍、恶性肿瘤浸润等时，浆膜腔内有大量液体潴留而形成浆膜腔积液。按照积液的部位，浆膜腔积液可分为腹腔积液（腹水）、胸腔积液（胸水）、心包腔积液等。

根据浆膜腔积液产生的病因和性质，可分为渗出液和漏出液。渗出液多为炎性积液，多由炎症或恶性肿瘤引起。常见于细菌感染，如化脓菌或结核分支杆菌引起的胸膜炎、腹膜炎和心包炎等，肿瘤、外伤、风湿病、系统性红斑狼疮、寄生虫感染和浆膜腔受到异物（胆汁、血液、胰液、胃液等）刺激等。漏出液为非炎性积液，一般由非炎症性原因引起。主要见于血浆清蛋白浓度明显降低的各种疾病，如营养不良、肾病综合征、严重贫血等；静脉回流受阻、充血性心力衰竭等；肾病综合征和肝硬化等。浆膜腔积液检验的目的在于鉴别积液的性质和寻找引起积液的致病因素。

一、浆膜腔积液的采集和处理

（一）标本采集与处理

积液标本应根据临床需要选择腹腔穿刺术、胸腔穿刺术或心包腔穿刺术进行采集。穿刺成功后，记录标本量，并留取中段液体于无菌容器内，并标示检查项目、被检动物名称和编号。一般情况下，一般性状检查、细胞学检查和化学检查各留取 2mL；细菌学检查留取 1mL（结核分支杆菌培养应留取 10～20mL）。为防止凝固，化学、免疫学和微生物学检查宜采用肝素抗凝；一般性状和细胞学检查宜加入 100g/L EDTA－K_2 抗凝；还应留取 1 管不加任何抗凝剂的积液标本，用于观察积液的凝固性。标本采集后最好在 1h 内送检。若不能及时送检，应加入标本量 1/10 的无水乙醇或 40％甲醛以固定细胞，并置冰箱冷藏保存。

（二）注意事项

1. 容器　应干燥、洁净、大小适宜，最好加盖。还应注明患病动物名称和识别号、标本采集日期和时间。

2. 标本采集

（1）如怀疑为感染性积液，应在抗生素治疗之前采集标本。

（2）做细菌学检查的标本必须留于无菌封口试管中，并注意无菌操作。

（3）根据检查项目正确选择和使用抗凝剂。

（4）若需与血液检测进行比较，采集血样本与穿刺术的时间间隔以 0.5h 之内为宜。

（5）若用于脂质测定，应在患畜空腹时采集积液标本。

3. 标本送检　标本采集后，送检及检测最好在 1h 内完成，以防止积液出现凝块、葡萄糖分解、细胞变性破坏、细菌自溶或死亡等变化而影响检测结果。

4. 标本处理

(1) 做细胞学检查的标本，为提高检出率，最好收集大量的标本，低速离心（500r/min，10min）后再检查。

(2) 做细胞学检查，必须迅速进行，可加入 1/10 标本量的无水乙醇或 40%的甲醛预固定。积液中如含有较多的纤维蛋白原或血性标本时，可按标本总量 1/10 比例加入 10^6 mmol/L 的枸橼酸钠溶液混合后再离心，以防止积液凝固。

(3) 做结核分支杆菌或真菌培养，需迅速进行。

(4) 若怀疑积液有结核分支杆菌，则可在 20mL 积液中加入 2 滴 5%吐温-80 溶液，然后离心显微镜检查，以提高检出率。

(5) 积液内可能含有病原微生物等，检查时应注意生物污染和生物安全。标本检验后，必须经过 10g/L 过氧乙酸或漂白粉消毒处理后才能排放入下水道内。所有盛积液容器必须经含 10g/L 过氧乙酸钠液中浸泡 2h，或用 5g/L 过氧乙酸浸泡 30～60min，而后用清水冲洗干净。使用一次性容器的，应先消毒，再销毁。

二、浆膜腔积液的一般检查

(一) 物理学检查

主要通过肉眼观察法，进行积液量、颜色、透明度、有无薄膜或凝块的观察，并准确报告。

1. 量与颜色 正常胸腔液、腹腔液和心包腔液为少量清澈、淡黄色的液体，病理情况下，液体增多，增多的程度与病变部位和病情有关，并可出现不同的颜色变化。一般漏出液颜色较浅，渗出液颜色较深且随病情而改变。浆膜腔积液常见的颜色改变及其临床意义如下。

(1) 红色 常见于穿刺损伤、结核、肿瘤、内脏损伤以及出血性疾病等，因积液混有血液引起，由于红细胞量的多少和出血时间的不同，可呈淡红色、鲜红色或暗红色。

(2) 白色 可呈脓性或乳白色，前者多由于化脓性感染使积液中存在大量白（脓）细胞引起，后者可见于真性乳糜液（淋巴瘤、肿块等引起胸导管或淋巴管梗阻或破裂所致）和假性乳糜液（积液含有大量脂肪变性细胞或胆固醇所致）。

(3) 绿色 常见于铜绿假单胞菌感染，黄绿色常见于类风湿病积液。

(4) 棕色 常见于阿米巴脓肿破溃进入胸腔或腹腔所致。

(5) 黑色 提示曲霉菌感染。

(6) 草黄色 多见于尿毒症引起的心包积液。

2. 透明度 正常浆膜腔液清晰透明，积液的透明度常与其所含细胞、细菌以及蛋白质的多少有关。漏出液因其所含细胞、蛋白质少，且无细菌常呈清晰透明或微混；渗出液因含有大量细菌、细胞，常呈不同程度的混浊；乳糜液因含有大量脂肪细胞亦呈混浊外观。其变化分别以“清晰透明”、“微混”、“混浊”来报告。

3. 凝固性 积液抽出放置后观察其凝固性，正常浆膜腔液无凝块。漏出液因含纤维蛋白原少，一般不发生凝固；渗出液由于含较多的纤维蛋白原、细菌、细胞破坏后释放的凝血活酶等产物，可自行凝固或形成凝块。此外，含碎屑样物的积液多见于类风湿病，黏稠样积液，提示有恶性间皮瘤。其变化以“凝固”、“不凝固”来报告。

4. 相对密度　浆膜腔积液相对密度的高低与其所含溶质，尤其是蛋白质的多少有关。漏出液的相对密度一般小于1.015；而渗出液由于含有较多的蛋白质和细胞等成分，相对密度常大于1.018。

（二）化学检查

浆膜腔积液的化学检查需将积液离心后取上清液进行，其检查方法与血清化学检查方法相同，且常需要与血清中的某些化学成分同时测定，并对比分析。

1. 浆膜腔积液黏蛋白定性试验

（1）实验原理　黏蛋白定性试验又称RivaLta（李凡他）试验，浆膜间皮细胞在炎症反应刺激下黏蛋白分泌增加，黏蛋白是一种酸性糖蛋白，等电点为pH 3～5，在稀乙酸溶液中，可产生白色雾状沉淀。该法常用于漏出液与渗出液的鉴别，漏出液黏蛋白定性试验常为阴性，渗出液常为阳性。

（2）实验方法　取100mL量筒，滴入2～3滴乙酸，再加蒸馏水至100mL。充分混匀（pH 3～5）并静置数分钟后，靠近量筒液面轻轻垂直滴加浆膜腔穿刺液1～2滴。立即在荧光灯下以黑色为背景，肉眼观察有无白色雾状沉淀产生及其下降速度。

（3）结果判断　根据有无白色雾状沉淀产生及其下降速度，结果以如下形式报告：

－：清晰，不显雾状或者有轻微白色雾状混浊，但在下降过程中逐渐消失。

±：渐呈白雾状。

＋：呈白雾状。

＋＋：白色薄云状。

＋＋＋：白色浓云状。

（4）注意事项

①血性积液应离心沉淀后取上清液进行试验。

②在量筒中加入乙酸和蒸馏水后应充分混匀，否则会产生假阴性。

③积液中球蛋白含量过高，试验可呈假阳性。可将积液滴入未加乙酸的蒸馏水中，因球蛋白不溶于水可出现白色雾状沉淀，借以鉴别。

④积液中的蛋白质总量可影响检测结果，蛋白质含量在30g/L以下时全部为阴性反应，30～40g/L者约80%为阳性，超过40g/L时全部呈阳性反应。

2. 蛋白质定量测定　积液中蛋白质种类及含量的测定有助于鉴别积液的性质，其总蛋白测定可采用双缩脲测定法，各蛋白质组分的分析可采用蛋白电泳法。

临床意义：通常漏出液蛋白质含量多小于25g/L，而渗出液多大于30g/L。炎性积液尤其是化脓性、结核性积液，蛋白质含量多大于40g/L。充血性心力衰竭、体内水钠潴留、肾病综合征等积液的蛋白质含量最低，仅为1～10g/L；肝硬化腹腔积液多为5～20g/L；恶性肿瘤所致积液多为20～40g/L；肝静脉阻塞综合征积液则可高达40～60g/L。

此外，检测血清—腹腔积液清蛋白梯度（SAAG），即血清清蛋白浓度减去腹腔积液清蛋白浓度，比积液总蛋白测定更有诊断和鉴别诊断价值。SAAG值高于11g/L为漏出液，低于11g/L为渗出液；高SAAG为良性积液，低SAAG为恶性积液；高SAAG常会出现门静脉高压，且梯度越大门静脉压越高；低SAAG，出现门静脉高压的可能性不大。

3. 葡萄糖测定 正常浆膜腔液中葡萄糖含量与血糖相似，在病理情况下，由于积液中的炎性细胞、细菌或肿瘤细胞等分解或利用葡萄糖增加，或血糖降低时从血液运转入积液的葡萄糖量减少等原因，导致积液中的葡萄糖含量降低。具体测定方法参照脑脊液葡萄糖的测定。

临床意义：

（1）漏出液与渗出液的鉴别 漏出液的葡萄糖含量较血糖稍低，渗出液中的葡萄糖含量明显降低（2.22～3.33mmol/L），有助于积液性质的鉴别。

（2）良性与恶性胸腔积液的鉴别 恶性胸腔积液葡萄糖含量降低，但一般不低于3.33mmol/L，而化脓性积液、风湿性积液、结核性积液、狼疮性积液、非化脓性感染性积液的葡萄糖含量为明显降低（小于3.33mmol/L）。

（3）结核性腹腔积液与肝硬化腹腔积液的鉴别 结核性腹腔积液中的葡萄糖含量与血糖比值为0.25～0.93，而肝硬化腹腔积液为1.00～3.68。

4. 酶学检查

（1）乳酸脱氢酶（LD） 测定原理：LD催化乳酸脱氢生成丙酮酸，同时氧化型辅酶Ⅰ被还原成还原型辅酶Ⅰ，在340nm处测定NADH的吸光度，计算出样品中LD活性。可用比色定量检测试剂盒进行检测。

临床意义：积液中LD活性测定可用于鉴别积液的性质或诊断某些疾病。漏出液LD活性与正常血清相近，若积液LD大于200U/L，且积液LD/血清LD比值大于0.6时，则多为渗出液。化脓性积液LD增高最明显，且增高程度与感染程度呈正相关，恶性积液次之，结核性积液仅轻微增高。若积液LD/血清LD大于1.0，则可能为恶性积液，为恶性肿瘤细胞分泌大量LD所致。

（2）溶菌酶（Lys） 测定方法：参照脑脊液溶菌酶测定方法。

临床意义：正常积液Lys含量为0～5mg/L，积液Lys/血清Lys比值小于1.0。大多数结核性积液的Lys含量大于30mg/L，且积液Lys/血清Lys比值大于1.0。此外，同时检测胸腔积液Lys的含量与LD活性更有助于积液性质的鉴别，结核性积液二者均增高，心力衰竭性积液则二者均减低，恶性积液则LD增高而Lys降低。

（3）腺苷脱氨酶（ADA） 测定方法：参照脑脊液ADA测定方法。

临床意义：T淋巴细胞内含有丰富的ADA，结核性积液因淋巴细胞增多，ADA活性常大于40U/L，其对结核性积液的诊断有重要意义；当抗结核药物治疗有效时，其活性随之下降，可作为结核性积液诊断和疗效观察的指标。

（4）碱性磷酸酶（ALP） ALP为非特异性水解酶。浆膜表面癌细胞可释放大量ALP，故恶性积液的ALP活性明显增高，且积液ALP/血清ALP比值大于1.0，而其他肿瘤性积液、非肿瘤性积液的比值则小于1.0。此外，小肠狭窄或穿孔所致腹腔积液ALP活性明显增高，具有一定的诊断参考价值。可用生化分析仪检测积液中ALP活性。

（5）淀粉酶（AMY） 唾液与胰液富含AMY，因此AMY活性检测有助于食管穿孔性胸腔积液和胰源性腹腔积液的判断及其相应疾病的诊断。食管穿孔时因唾液经穿孔处流入胸腔，使胸腔积液中 AMY 活性增高，且多发生在穿孔 2h 后，有助于食管穿孔的早期诊断。腹水 AMY 活性增高主要见于胰腺炎、胰腺肿瘤、胰腺损伤、胃或十二指肠穿孔、肠系膜静脉阻塞或小肠狭窄等。

检测方法：采集积液后，迅速用自动生化分析仪检测 AMY 活性。

（6）透明质酸酶（HA）　浆膜腔液中的 HA 主要由浆膜上皮细胞合成，胸腔积液中 HA 水平增高，常提示胸膜间皮瘤，临床上将其作为诊断间皮瘤的标志之一。

检测方法：可用试剂盒通过酶联免疫吸附法进行检测。

5. 脂质测定　积液的脂质测定有助于积液性质的判断。胸腔积液胆固醇小于 1.6mmol/L，提示为漏出液；大于 1.6mol/L，提示为渗出液。腹腔积液胆固醇小于 1.15mmol/L，为肝硬化性腹腔积液；大于 1.15mmol/L，提示为恶性腹膜转移癌。腹腔积液甘油三酯含量分别为：恶性积液＞肝硬化性及乳糜性积液＞其他良性积液。胆固醇和甘油三酯含量可通过生化分析仪测定。

（三）浆膜腔积液显微镜检查

1. 细胞计数

（1）计数方法　参照脑脊液细胞计数法。

（2）注意事项

①细胞计数应在标本采集后 1h 内进行，以免细胞变形、破坏或积液凝固，使结果降低。

②计数液用前应混匀，避免细胞分布不均而影响结果的准确性。

③细胞总数和有核细胞计数时应包括间皮细胞。

④如发现多量形态不规则、体积大、核大、核仁明显、胞质染色深、单个散在或成堆分布的细胞时，应怀疑为肿瘤细胞，需进一步做细胞学检查。

（3）临床意义

①红细胞：因 1 000mL 积液中混入 1 滴血液，积液即可呈红色，因此，积液呈红色不具有诊断价值。但如果积液中红细胞大于 100 000×10^6/L，则见于恶性肿瘤、穿刺损伤、创伤、肺梗死以及结核病等。若排除外伤，则以恶性肿瘤最为常见。

②有核细胞：有核细胞计数对鉴别漏出液与渗出液有一定参考价值。漏出液中有核细胞数量多小于 100×10^6/L，渗出液常大于 500×10^6/L。结核性与癌性积液有核细胞数常大于 200×10^6/L，而化脓性积液则常小于 1 000×10^6/L。心包积液有核细胞数大于 1 000×10^6/L，多提示为心包炎。腹腔积液有核细胞数量若大于 500×10^6/L，且主要为中性粒细胞（＞50%），则提示为细菌性腹膜炎。

2. 有核细胞分类

（1）计数方法

①直接分类法：有核细胞计数后，可直接转到高倍镜下，根据细胞体积和细胞核的形态分别计数单个核细胞（淋巴细胞、单核细胞和间皮细胞）和多个核细胞（粒细胞）。共计数 100 个细胞，并报告其百分率。具体方法参照脑脊液有核细胞计数方法。

②染色分类法：积液细胞形态异常或数量太多时，采集积液后立即将积液离心

(2 000r/min，5min)，取沉淀物推片，干燥，瑞氏或瑞—吉染色后，在油镜下分类计数。如见间皮细胞或肿瘤细胞等异常细胞，应另行报告，以助临床诊断。

(2) 注意事项　穿刺液应在抽取后立即离心，查找肿瘤细胞时可多张涂片，必要时，可制备稍厚涂片，在干燥前置于乙醚乙醇等量混合的溶液中固定 30min，用苏木素—伊红（HE）或巴氏染色，以提高肿瘤细胞检出率。

(3) 临床意义　漏出液中细胞较少，以淋巴细胞和间皮细胞为主，渗出液中细胞种类较多，其增多的程度及种类与疾病的性质有关。

①中性粒细胞增多：常见于化脓性积液、早期结核性积液、肺梗死等，以化脓性渗出液中性粒细胞增高最明显，常大于 $1\ 000\times10^6$/L。

②淋巴细胞增多：多提示慢性炎症，以小淋巴细胞为主，常见于结核性病变，也可见于充血、慢性炎症、病毒、支原体、肿瘤或结缔组织病等所致的渗出液。

③嗜酸性粒细胞增多：积液中嗜酸性粒细胞占白细胞总数 5%以上时为增多，常与空气或血液进入浆膜腔有关，提示为良性或自限性疾病。胸腔积液嗜酸性粒细胞增高常见于恶性肿瘤、外伤、充血性心力衰竭、肺梗死、石棉沉着病、寄生虫或真菌感染、间皮瘤等。腹腔积液嗜酸性粒细胞增高则常见于充血性心力衰竭、腹膜透析、血管炎、淋巴瘤等。

④浆细胞增多：积液中出现少量浆细胞不具有诊断意义，明显增多时多提示充血性心力衰竭、恶性肿瘤、多发性骨髓瘤浸润浆膜。

⑤间皮细胞增多：常提示浆膜受损，浆膜上皮脱落旺盛，多见于结核性积液、慢性恶性积液或淤血等。

⑥组织细胞：积液中存在大量中性粒细胞与组织细胞，提示炎症。

⑦肿瘤细胞：积液中找到肿瘤细胞是诊断恶性肿瘤及恶性肿瘤浆膜浸润或转移的重要依据，积液中常见的肿瘤细胞有淋巴瘤、白血病、胃肠道癌、胰腺癌、乳腺癌及卵巢癌等。

⑧其他细胞：偶见红斑狼疮细胞，陈旧性血性积液中可见含铁血黄素细胞。

(四) 免疫学检查

1. 免疫球蛋白检查　检测方法：参照脑脊液免疫球蛋白检测方法。

临床意义：正常浆膜腔中免疫球蛋白含量很少，这是由于免疫球蛋白为大分子物质，一般不易漏出血管外，若血管内皮损伤或通透性增高，由血液渗入浆膜腔的免疫球蛋白增多，则引起浆膜腔液中其含量增多。免疫球蛋白检查对鉴别漏出液及渗出液有重要意义。可同时检测血清和积液中的 IgG 和 IgA，进行胸（腹）水 IgG/血清 IgG、胸（腹）水 IgA/血清 IgA 的比值和这两个比值的平均值测定。若两个比值的平均值大于 0.5，为渗出液；若小于 0.5，则为漏出液。

2. C-反应蛋白测定　C-反应蛋白（CRP）由肝合成，是一种急性时相反应蛋白，在感染和损伤时合成明显增高，检出率几乎为 100%。CRP 小于 10mg/L 为漏出液，大于 10 mg/L 为渗出液。因此，CRP 对由于炎症而导致的胸腔积液或腹腔积液的诊断和鉴别诊断有重要参考价值。

3. 其他成分测定

(1) 肿瘤坏死因子（TNF）　TNF 主要由吞噬细胞产生。在结核性肉芽肿形成过程中，吞噬细胞活化并产生 TNF 增强，故测定积液中 TNF 有助于结核性积液的诊断。风湿性积液、子宫内膜异位积液 TNF 水平亦可升高，但明显低于结核性积液。

（2）γ-干扰素（γ-INF）　γ-INF 是由活化 T 细胞和 NK 细胞产生的细胞因子。结核性积液的 γ-INF 含量明显增高，而类风湿病性积液 γ-INF 则很低，可鉴别诊断。

（3）类风湿因子（RF）　RF 是变性 IgG 刺激机体产生的一种自身抗体，主要存在于类风湿关节炎患畜的血清和关节液中。若积液中 RF 效价大于 1∶320，且积液 RF 效价高于血清，则可提示为风湿病性积液。

以上 3 种成分检测均有试剂盒，严格参照试剂盒书进行操作。

（五）病原生物学检查

1. 细菌和真菌检查

（1）检查方法

①革兰氏染色：取无菌留取经肝素抗凝的积液，立即 2 000r/min，离心 15min，取沉淀物涂片、干燥（切勿用火焰固定）后，做革兰氏染色，油镜下检查。感染性积液常见的细菌有肺炎链球菌、葡萄球菌、大肠杆菌、流感嗜血杆菌、脆弱类杆菌属、铜绿假单胞菌、粪肠球菌、放线菌等。感染性积液可同时由多种细菌感染引起，检查时应特别注意。真菌引起的积液可找到菌丝、孢子等。

②抗酸染色：用于浆膜腔积液的结核分支杆菌检查。如怀疑为结核性积液，最好无菌采集积液 20mL，加入 2～3 滴 5%的吐温-80 溶液，立即 3 000r/min，离心 20min，取沉淀物制成厚膜涂片，固定后抗酸染色，油镜下查找抗酸杆菌。

③微生物培养：若积液的显微镜检查发现有细菌和真菌，可进一步做细菌培养（包括结核分支杆菌和真菌培养）以及药物敏感试验等。

（2）临床意义　正常浆膜腔液无细菌和真菌。如标本已肯定为漏出液，一般无需检查细菌，如肯定或怀疑为渗出液，则应进行细菌学检查。细菌检查对感染性积液病因和相应疾病的诊断都具有重要价值。

2. 寄生虫检查　主要采用湿片浓缩显微镜检查法，积液离心沉淀后，将沉淀物全部倒在玻片上，在低倍镜下查找寄生虫或寄生虫卵。若发现寄生虫卵或虫体，则提示积液有相应寄生虫引起的感染。通常乳糜样积液中可找到微丝蚴，阿米巴性积液进行碘液染色可找到阿米巴滋养体，孢子虫病胸腔积液中可找到棘球蚴的头节和小钩。

三、临床应用

（一）漏出液和渗出液的鉴别

不明原因的浆膜腔积液，通过穿刺液检验，大致可鉴别是漏出液还是渗出液。表 11-6 列出漏出液和渗出液的区别。

表 11-6　漏出液和渗出液的鉴别

项目	漏出液	渗出液
颜色	无色，有时淡黄	金黄、黄红、浅红、全红似血

（续）

项目	漏出液	渗出液
透明度	透明	混浊
气味	无特殊臭味	特殊臭味或腐败臭味
黏稠度	稀薄如水	稍带黏稠或黏稠
凝固性	一般不凝	一般易凝
密度	低于 1.018	高于 1.018
蛋白质	低于 2.5g/L	高于 3g/L
葡萄糖	与血糖含量近似	低于血糖含量
纤维蛋白原	低于 50mg/L	100～400mg/L
纤维蛋白	无	有时有
电泳图像	主要为白蛋白	与血清电泳图像相似
白细胞数	低于 100 个/μL	常在 50 000 个/μL
白细胞分类	少量淋巴细胞及间质细胞	多量中性粒细胞
细菌	（－）	（＋）
临床症状	无炎症症状	有炎症症状

（二）寻找病因

近年，由恶性肿瘤引起的胸腔积液和心包腔积液呈逐年上升的趋势。随着实验方法和技术的进步，临床上浆膜腔积液检查的内容日益增多，但由于浆膜腔积液的病因和性质复杂，依据单一或少数几项指标进行诊断具有局限性，必须结合临床和多项检查结果进行综合分析判断。积液特点及性质的鉴别，能为寻找积液的病因乃至疾病的诊断或鉴别诊断提供有效的参考，常见的积液特点及鉴别如下：

1. 脓性渗出液 黄色混浊，含有大量脓细胞和细菌。常见于葡萄球菌、链球菌、大肠埃希氏菌、铜绿假单胞菌、放线菌等感染，由化脓性细菌、肺炎链球菌引起的渗出液色深、黏稠，链球菌性渗出液多稀薄，呈淡黄色，放线菌性渗出液呈黄色或黄绿色、黏稠、恶臭，可找到特有的菌块，铜绿假单胞菌性渗出液可呈绿色。

2. 浆液性渗出液 黄色，半透明状黏稠液体，蛋白质含量为 30～50g/L，细胞数为（200～500）×10^6/L；常见于结核性、化脓性积液，亦见于风湿性积液、结缔组织病和肿瘤浆膜转移。

3. 血性渗出液 积液可呈不同程度的红色。常见于外伤、恶性肿瘤、结核及肺梗死等。肿瘤性血性积液抽取后很快凝固，涂片可找到肿瘤细胞，结核性血性积液凝固较慢，积液为果酱色提示阿米巴感染，应涂片查找阿米巴滋养体，积液呈不均匀血性或混有小凝块，提示为创伤引起。

4. 乳糜性渗出液 积液中脂肪浓度大于 4.0g/L 时，可呈乳白色混浊，常为丝虫病、纵隔肿瘤或淋巴结核、外伤等所致胸导管阻塞、破裂或受压引起。当积液中含有大量脂肪变性细胞时，因所含胆固醇、卵磷脂增高，也可呈乳糜样（假性乳糜渗出液），见于慢性胸、腹腔化脓性感染。

5. 纤维性渗出液　积液中含大量纤维蛋白（原），可分为浆液纤维性积液和脓性纤维性积液，前者见于系统性红斑狼疮，后者见于各种化脓性感染并出现大量纤维蛋白。

6. 胆固醇性渗出液　积液呈黄白色或黄褐色，混浊，常混有浮动的鳞片状、带有光泽且折光性强的结晶，静置后结晶沉积于管底。镜检可见到胆固醇结晶，与结核杆菌感染有关，多见于积液长期潴留。

7. 胆汁性渗出液　积液呈黄绿褐色，胆红素检测阳性，提示腹腔与胆道系统相通，见于胆汁性腹膜炎所致腹腔积液。

8. 腐败性渗出液　积液褐色或绿色，呈腐败臭味，多因肺脓肿破溃到胸腔所致，可找到腐败菌。

第三节　关节腔积液检查

关节腔是由关节软骨与关节囊滑膜层所围成的密闭、潜在腔隙，内有少量滑液，可润滑关节、减少摩擦。滑膜内含有丰富的血管和毛细淋巴管，可分泌滑膜液。滑膜液由血浆穿过滑膜层经透析而产生，并与滑膜细胞同时分泌的透明质酸蛋白质的复合物混合而成。正常关节腔中滑膜液的量很少，当关节有炎症、损伤等病变时，关节腔滑膜液增多，形成关节腔积液。滑膜液能营养、润滑关节面，排出关节腔内容物，保护关节并增强其效能。关节腔积液检查有助于某些关节疾病的诊断，并可对症状相似的疾病提供鉴别诊断依据。

一、关节腔积液的采集与处理

关节腔液需由临床兽医用注射器对关节腔无菌穿刺抽取。采取的关节液依据检查项目不同，采取不同的处理方法。作化学检查的关节腔液，宜采用肝素抗凝；做细胞学检查的关节腔液，宜采用 EDTA－K_2 抗凝；作理学检查的关节腔液，不加抗凝剂，用于观察积液的凝固性；微生物学检查的关节腔液，盛于含抗凝剂的无菌试管或小瓶中，混匀后立即送检。

在关节腔积液采集和处理过程中，有如下注意事项：

（1）严格无菌操作。

（2）抽取关节腔积液后最好立刻送检，如不能立刻送检，可分离细胞后进行保存，4℃下可保存 10d，必要时－20℃冷冻保存。

（3）怀疑关节感染而穿刺又显示阴性时，可取少量生理盐水对关节腔进行清洗，收集清洗液做细菌培养，观察培养结果。

（4）用于关节腔积液的抗凝剂不能影响关节腔积液的检查结果。

二、一般检查

（一）物理学检查

1. 数量　动物关节滑液量差异很大，视动物种类和关节的不同而定，正常关节腔内液体极少，当关节有炎症、创伤和化脓性感染时，关节腔液体量增多，而在动物患有退行性疾病时，关节腔液体含量正常或稍有增多。积液的多少可初步反映关节局部受刺激、炎症或感染的严重程度。关节腔积液采集困难可能与关节腔内有纤维蛋白、米粒样体（由胶原、细胞碎片和纤维蛋白等组成）、积液过于黏稠，以及穿刺针太细和穿刺部位不当有关。关节外伤或化脓性感染时，积液量增多而易于采集。

2. 颜色 大多数健康动物的关节腔积液是无色透明的，马的积液呈灰黄色。病理情况下，可出现不同的颜色变化。积液中含有新鲜血液时呈红色，含陈旧血液时呈琥珀色。积液混浊表明含有细胞和纤维蛋白。

（1）淡黄色 当关节腔穿刺受损伤时，红细胞渗出或轻微炎症所致。

（2）红色 关节腔积液呈不同程度的红色，见于各种原因引起的出血，如创伤、全身出血性疾病、恶性肿瘤、血小板减少等。穿刺损伤后的新鲜出血，在抽取积液时颜色逐渐变淡，且离心后上清液变清。陈旧性出血则为暗红色、褐色或黄褐色，离心后上清液为红棕色。

（3）乳白色 见于结核性、慢性类风湿性关节炎或痛风等，也可见继发于丝虫病及积液中有大量结晶时。

（4）脓性黄色 见于细菌感染引起的关节炎等疾病。

（5）绿色 见于绿脓杆菌性关节炎。

（6）金黄色积液 为胆固醇含量增高所致。

3. 透明度 正常关节腔内液体清晰透明，细胞成分、蛋白质、细菌增多时可导致其混浊，多见于炎性积液。炎性病变越重，混浊越明显，甚至呈脓性。积液内含有结晶、纤维蛋白、类淀粉样物、软组织碎屑或米粒样体等也可致其混浊，但较少见。

4. 黏稠度 正常关节腔液中，因含有丰富的透明质酸而富有高度的黏稠性，拉丝长度可达2.0cm以上，黏稠性的高低与透明质酸的浓度和质量呈正相关。如液滴未达到此长度而断落，表明黏稠度下降。黏稠度下降见于关节积液导致滑液内透明质酸被稀释，如关节炎症和关节积水；细菌产生透明质酸酶致使透明质酸被分解和严重滑膜炎导致产生的滑液量减少。关节炎症越重，积液的黏稠度越低。重度水肿、外伤引起的急性关节腔积液，因透明质酸被稀释，即使无炎症，黏稠度也降低。黏稠度增高，见于甲状腺功能减退、腱鞘囊肿及骨关节炎引起的黏液囊肿等。

5. 凝块形成 由于不含纤维蛋白原及其他凝血因子，因此，正常滑液不发生凝固现象。当关节有炎症时，血浆中凝血因子渗出增多，可使积液有凝块形成，且凝块形成的速度、大小与炎症的程度成正比。

根据凝块占试管中积液体积的多少，将凝块形成分为3种类型：

（1）轻度凝块形成 凝块占试管中积液体积的1/4，见于骨性关节炎、系统性硬化症及骨肿瘤等。

（2）中度凝块形成 凝块占试管内积液体积的1/2，见于类风湿性及晶体性关节炎。

（3）重度凝块形成 凝块占试管内积液体积的2/3，见于结核性、化脓性、类风湿性关节炎。

（二）化学检查

1. 黏蛋白凝固性　正常关节腔液中含有大量的黏蛋白，是透明质酸与蛋白质的复合物，呈黏稠状。在乙酸的作用下，形成坚实的黏蛋白凝块，可反映透明质酸的含量和聚合作用。正常关节腔液的黏蛋白凝块形成良好。关节腔液黏蛋白凝块形成不良与透明质酸—蛋白质复合物被稀释或破坏以及蛋白质含量增高有关，多见于化脓性关节炎、结核性关节炎、类风湿性关节炎和创伤性关节炎。

测定方法：取 1mL 关节液与 4mL 水混合，再加 7mol/L 醋酸 0.1～0.2mL，摇匀，室温静置 1h，观察凝固情况。如滑液清亮，并在其中出现致密黏稠的团块，则表明凝固性良好；如滑液混浊，并在其中出现少数小碎片，则表明凝固性很差。凝固性也有介于两者之间的。有人研究了正常牛跗关节的滑液发现，91.8%的牛，黏蛋白凝固性良好，8.2%的牛，黏蛋白凝固性中等。当发现黏蛋白凝固性很差时，表明黏蛋白已被分解（通常由细菌产生的酶引起）或已被稀释（由关节内积液引起），见于传染性关节病。抗凝剂 EDTA 可能会使黏蛋白凝固性降低。

2. 蛋白质定量测定　测定方法：目前常用的测定方法有定氮法、双缩脲法、FoLin－酚试剂法（Lowry 法）和紫外吸收法。另外，还有一种近年来普遍采用的新方法，即考马斯亮蓝法。

正常滑液中含有黏蛋白以外的其他蛋白质，包括 α、β 和 γ 球蛋白，牛的白蛋白与球蛋白的比率为（1.21±0.02）∶1。关节急性化脓性感染时，经常见到滑液中 γ 球蛋白百分比增高和白蛋白浓度降低，关节慢性非传染性疾病时，滑液中 β 球蛋白浓度增高。关节腔积液中蛋白质高低可反映关节感染的程度。一般情况下，关节腔积液中蛋白质增高最明显的是化脓性关节炎，其次是类风湿性关节炎和创伤性关节炎。

注意事项：每种测定法都有其优缺点。在选择方法时应考虑测定所要求的灵敏度和精确度、蛋白质的性质、溶液中存在的干扰物质及测定所需的时间。考马斯亮蓝法，由于其突出的优点，正得到越来越广泛的应用。

3. 葡萄糖测定

（1）测定方法　同脑脊液葡萄糖定量测定法。

（2）临床意义　正常滑液中葡萄糖的浓度较血清稍低，滑液中葡萄糖浓度的变化对多种关节疾病具有诊断价值。细菌性关节炎葡萄糖含量下降。另外，糖分解酶可能完全存在于多形核白细胞内，不含白细胞的滑液被分解的糖要比含有大量白细胞的滑液少得多；化脓性关节炎时，由于白细胞增多将葡萄糖转化为乳酸，以及细菌对葡萄糖的消耗增多而使葡萄糖降低，使血糖与关节腔积液葡萄糖的差值增大；结核性关节炎、类风湿性关节炎的积液葡萄糖含量也降低，但其降低程度较化脓性关节炎低。

（3）注意事项

①关节腔积液葡萄糖测定，一定要与动物空腹血糖测定同时进行，特别是禁食或低血糖时。进食后血糖与积液葡萄糖的平衡较慢且不易预测，因此，以空腹时积液葡萄糖浓度为准。

②采用含氟化物的试管留取积液标本，并且采集后立即检测，以防白细胞将葡萄糖转化为乳酸，影响其准确性。

4. 乳酸测定 测定方法：采用氧化酶法，在全自动生化分析仪上进行。

严重化脓性关节炎（包括非淋球菌性化脓性关节炎）时，应测定乳酸含量。当动物患化脓性关节炎时，关节腔积液的细胞对葡萄糖的利用和需氧量增高，同时也因局部炎症使血运不足及低氧代谢等导致乳酸含量增高。类风湿性关节炎的积液中乳酸含量可轻度增高。虽然乳酸测定的特异性较差，但也被作为一种早期诊断关节感染的指标之一。

5. 透明质酸测定 测定方法：采用酶联免疫吸附试验测定关节液中透明质酸含量。

临床意义：透明质酸是体液中发现的一种生物标志物，可以反映关节软骨、滑膜及骨的代谢，可作为反映骨关节炎病情变化的炎症反应指标，有助于骨关节炎的早期诊断。关节液透明质酸含量是软骨细胞和滑膜细胞分泌与关节清除动态平衡的结果。骨关节炎时滑膜增生肥厚，滑膜细胞数量增多，滑膜分泌透明质酸的量增多，使关节液透明质酸含量升高。

（三）显微镜检查

显微镜检查是关节腔积液检查的重要内容之一。主要检查内容有血细胞、结晶、特殊细胞等。

1. 细胞计数

（1）计数方法　参照脑脊液细胞计数法。

（2）临床意义　正常关节腔积液中无红细胞，白细胞极少，关节炎症时白细胞总数增高。白细胞计数诊断关节病变是非特异的，但可初步确定炎症性和非炎症性积液。

（3）注意事项

①细胞计数应在标本收集后1h进行，以免细胞变形、破坏或积液凝固，使计数结果降低。

②计数液充池前应混匀，避免细胞分布不均而影响结果。

③细胞总数和有核细胞计数应包括间皮细胞。

2. 细胞分类计数

（1）计数方法　可采用自动血液分析仪对关节液中的细胞进行分类计数，也可通过手工法用显微镜计数和涂片染色分类。

（2）临床意义　正常关节腔液中的细胞，以单核—吞噬细胞为主，偶见软骨细胞和组织细胞。炎性积液的中性粒细胞可超过75%，以75%为诊断界值，中性粒细胞增高对关节炎诊断的灵敏度为75%，特异性为92%。化脓性关节炎关节腔积液的中性粒细胞可达95%以上。中性粒细胞小于30%时，常见于非感染性疾病，如绒毛结节滑膜炎、创伤性关节炎、退变性关节炎、肿瘤等。中性粒细胞大于50%，常见于风湿性关节炎、痛风、类风湿性关节炎等。淋巴细胞增高，主要见于类风湿性关节炎早期、慢性感染、胶原性疾病等。单核细胞增高，可见于病毒性关节炎或血清病、系统性红斑狼疮等。嗜酸性粒细胞增高，见于风湿性关节炎及风湿热、寄生虫感染、关节造影术后等。

（3）注意事项

①穿刺液应在抽取后立即离心，取沉淀物制片。

②可多张涂片查找肿瘤细胞。必要时可制备稍厚涂片，在干燥前置于乙醚乙醇等量混合液中固定30min，用苏木素—伊红染色，以提高肿瘤细胞检出率。

3. 结晶

（1）检查方法　可用一般生物光学显微镜检查，最好采用偏振光显微镜检查，根据镜下结晶形态鉴别结晶的类型。将采集的关节腔积液滴于载玻片上一端，选一个边缘光滑的载玻片做推片，做成涂片，镜下观察。

（2）临床意义　关节腔积液结晶检查是关节腔积液检查的重要内容之一，主要用于鉴别痛风和假性痛风。关节腔积液中，常见的结晶有尿酸盐结晶、焦磷酸钙结晶、磷灰石结晶、草酸钙结晶等，见于各种痛风。结晶分为内源性结晶和外源性结晶，内源性结晶包括尿酸盐结晶、磷灰石结晶、胆固醇结晶等，外源性结晶多见于关节手术中手套的滑石粉脱落形成的结晶，以及治疗时注射的皮质类固醇形成的结晶，不同的结晶可同时存在。

①尿酸盐结晶：呈双折射的针状或杆状，长度为 5～20μm，细胞内尿酸盐结晶是急性尿酸盐痛风的特征，有尿酸盐结晶时，不排除同时有细菌存在。

②焦磷酸钙结晶：呈双折射的棒状、长方形或菱形，长 1～20μm，宽约为 4μm，多见软骨钙质沉着症、退行性关节炎、甲状腺功能低下和甲状旁腺功能亢进等假性痛风。

③磷灰石结晶：呈双折射性，仅有 1μm 大小，不易在光镜下认出，有时这些结晶重叠成球状时较易发现。这种结晶可被细胞吞噬后成为胞质内的包含体，偶见于关节钙化的积液中。

④胆固醇结晶：呈平板缺口形，慢性积液中可呈折射的针状或菱形，见于风湿性关节炎、结核性关节炎、创伤性关节炎和无菌性坏死性关节炎。

⑤草酸钙结晶：形态与尿液中草酸钙结晶相似，除游离于细胞外，有时吞噬细胞内也可出现草酸钙结晶，可见于慢性肾衰、先天性草酸盐代谢障碍引起的急、慢性关节炎的关节积液中。

⑥滑石粉结晶：呈十字架状，大小为 5～10μm，多见于手术后残留的滑石粉所致的慢性关节炎积液中。

⑦皮质类固醇结晶：呈针状、菱形，有时呈短棒状、盘状、碎片或重叠成大块状，主要见于注射皮质类固醇的关节腔积液中，并持续数月之久。

（3）注意事项

①结晶检查使用的载玻片和盖玻片应用乙醇处理并清洁后再用擦镜纸仔细擦干，以消除外来的颗粒。

②涂片时，勿用力挤压或摩擦，防止细胞由于挤压损伤或变形。

③标本用盖玻片盖上后，其边缘最好用干净的指甲油封固，以阻止其蒸发，指甲油与滑膜液交界处形成的结晶应忽略不计。

4. 特殊细胞检查　关节腔积液涂片，经姬姆萨或 Wright 染色寻找肿瘤细胞及其他特殊细胞。关节腔积液的特殊细胞有以下几种。

（1）类风湿细胞　中性粒细胞吞噬聚集的 IgM、IgG、类风湿因子、纤维蛋白、补体、免疫复合物及 DNA 颗粒等形成类风湿细胞，又称包涵体细胞。类风湿细胞是吞噬有抗原抗体复合物的一种带有折射周边的多核白细胞。另外，还可见到吞噬有多形核白细胞的巨大吞噬细胞。类风湿细胞主要见于类风湿性关节炎，尤其是类风湿因子阳性者，且此种患畜预后较差。类风湿细胞也可见于其他类型的炎性关节炎，甚至化脓性关节炎。

（2）赖特细胞　单核细胞或吞噬细胞吞噬完全分解的已脱颗粒死亡的中性粒细胞后形成赖特细胞。1个吞噬细胞可吞噬3～5个中性粒细胞，而1个单核细胞仅吞噬1个中性粒细胞。赖特细胞可见于痛风、幼年类风湿性关节炎的积液中。

5. 注意事项

（1）积液要充分混匀。

（2）用生理盐水或白细胞稀释液稀释积液，不用草酸盐或乙酸稀释，以防黏蛋白凝块的形成。

（3）采集积液后立即检查，以防白细胞自发凝集和产生假性晶体。

（四）微生物学检查

1. 检查方法

（1）革兰氏染色法　用于积液的细菌学检查。感染性积液常见的细菌有肺炎链球菌、葡萄糖球菌、大肠杆菌、流感嗜血杆菌、脆弱类杆菌属、铜绿假单胞菌、放线菌等。取无菌留取并经肝素抗凝的积液，立即以2 000r/min离心15min，取沉淀物涂片，干燥后，做革兰氏染色，油镜下检查。

（2）抗酸染色　用于浆膜腔积液的结核分支杆菌检查。最好无菌采集积液，并加入少许5%的吐温-80溶液，立即3 000r/min离心20min，取沉淀物制成厚膜涂片，固定后抗酸染色，油镜下查找抗酸杆菌。

2. 临床意义　微生物学检查是关节腔积液的常规检查项目之一。大约75%链球菌、50%革兰氏阴性杆菌及25%淋病奈瑟菌感染的关节腔积液中可发现致病菌。如果怀疑结核性感染可行抗酸染色寻找结核杆菌，必要时行结核杆菌培养或PCR检查，以提高阳性率。大约30%细菌性关节炎的关节腔积液中找不到细菌，因此，需氧菌培养阴性时，不能排除细菌性感染，还应考虑到厌氧菌和真菌的感染。正常浆膜腔积液无病原微生物。病原微生物检查对感染性积液的致病因素的查找和相应疾病的诊断具有重要价值。

三、临床应用

关节腔积液检查又称为“关节的液体活检”，对痛风、假性痛风、化脓性关节炎等关节病变的诊断尤为重要。关节腔积液检查还可为临床诊断提供新的依据，如类风湿性关节炎并发关节感染、关节内注射激素引起的类固醇结晶，或骨关节炎中焦磷酸钙或羟磷灰石引起的短暂滑膜炎等，关节腔穿积液检查还常用于以下情况：

（1）原因不明的关节腔积液伴肿痛。

（2）急性关节肿胀、疼痛或伴有局部皮肤发红和发热。

（3）关节炎伴关节腔积液过多，影响关节功能时。

（4）关节镜检查、滑膜活检或切除时。

（5）关节造影检查。

（6）关节腔内注射药物进行治疗的动物。

（7）大量关节腔积液伴关节张力增高时，穿刺抽取积液可减轻症状及潜在的关节损伤。

健康动物及常见关节炎的关节腔积液特征见表 11－7。

表 11－7　健康动物及常见几种关节炎的关节腔积液特征

关节炎	外观	凝块	白细胞（$\times10^6$/L）	葡萄糖（mmol/L）	清蛋白（g/L）	细菌	结晶
正常	草黄色、清亮	坚实	＜200	5.00	17	无	—
创伤性	淡红色、黄色	坚实	＜1 000	5.00	40	无	—
退行性	黄色、清亮	坚实	＜8 000	5.00	30	无	—
风湿性	黄色、稍混	稍易碎	＜10 000	5.00	37	无	—
类风湿性	柠檬色	混浊、易碎	＜5 000	4.33	47	无	偶见胆固醇
痛风	黄色、混浊	易碎	＜1 000	4.77	40	无	尿酸盐
假性痛风	黄色、混浊	坚实、易碎	＜5 000	—	—	无	焦磷酸盐
结核性	黄色、混浊	易碎	＜25 000	1.50	53	有	—
化脓性	灰色、混浊	易碎	80 00～200 000	1.17	48	有	—

第四节　精液检查

精液的主要组成成分为精子和精浆。精子生成于睾丸，在附睾中发育成熟。精子是雄性生殖细胞，约占总精液量的5%，余下95%为精浆。精浆是前列腺、精囊、附睾、尿道球腺和尿道旁腺分泌的混合物，是精子运送的载体，也是营养精子、激发精子活力的重要物质。睾丸、输精管及附属性腺的结构和功能损害可影响精液质量。精液检查可用于评估雄性动物的生育功能，为不育症诊断和疗效观察提供依据，辅助诊断雄性生殖系统疾病，为体外授精和精子库筛选优质精子。

一、精液的采集

（一）牛、马、驴的精液采集

1. 电刺激法　将动物保定于采精台上，用0.1%高锰酸钾溶液清洗腹部，除去尿道口周围的毛，擦干。清洗肛门，将电极（直肠型）着水后缓缓插入直肠内。为了避免动物产生紧张情绪，电极在直肠内滞留 2～3min 后再打开电源，采用连续刺激方式采精。起始电压为 0V，每个阶段增加 10V，电压从小到大，逐步增加到 60V，反复刺激 0.5～1min，同时进行睾丸按摩。如果未采集到精液，停止操作，休息 3～5min，再进行下一轮的刺激。见精液排出，则立即断电，收集精液。

2. 假阴道法　为避免疾病传播和精液污染，采精前，将包皮周围的毛剪短，对种公牛的包皮进行冲洗。采精时，采精人员站于公牛右后侧，右手持假阴道，假阴道外口朝向下方，待公牛爬上台牛时，采精人员迅速上前，左肩靠住公牛右腹的同时左手将其包皮托住，假阴道与公牛阴茎的角度相一致，配合好公牛的动作规律，双手配合将阴茎导入假阴道内，假阴道位置不变，公牛向前一冲即射精。射精后，采精员应将假阴道的集精瓶端下落，待公牛阴茎脱出后，取下集精瓶，收集精液。

（二）羊的精液采集

将公羊牵引至台羊后侧，采精员蹲在台羊右后侧，右手持假阴道，气卡活塞向下，靠在台羊臀部，假阴道和地面呈约35°角。当公羊爬跨台羊，伸出阴茎而尚未接触到台羊后躯时，用左手轻轻地托住阴茎包皮，将阴茎导入假阴道内，左手动作要迅速，公羊射精动作很快，发现公羊抬头、挺腰、前冲的动作时，表示射精完毕，全程只有几秒。采精员必须高度集中，动作敏捷，当公羊射精完毕从台羊落下时，假阴道应随公羊阴茎移动，待阴茎从假阴道中自行脱出后将假阴道直立，筒口向上，收集精液备检。

（三）猪的精液采集

采精人员采用左侧位蹲式，当种公猪爬跨台猪时，阴茎伸出，为防止阴茎头与台猪相互摩擦发生划伤，以右手的拇指指肚挡在阴茎头前面，同时，右手的中指、无名指、小指在阴茎伸出时，迅速而准确地握住阴茎头部的螺旋部位，中指的指肚恰好握在距阴茎头部3～4cm的螺旋隆凸部位，握住阴茎的松紧度以阴茎在手中不能滑动为宜。无名指、小指的握力小于中指为好，牵拉阴茎至挺直。随阴茎的转动利用腕力和指力上下而有节奏地握动，必要时可用拇指的指肚轻轻地摩擦阴茎的头部直至射精。射精时握茎的中指、无名指及小指的一切活动均停止，而处于静止状态，直至第一次射精完毕。重复上述动作，促使猪第二次射精。

注意事项：采精员取坐式，采精时应注意自身的安全；一次采精必须完全采尽，不要因所采集的精液量够用而停止。

（四）猴的精液采集

由两名饲养员保定笼内公猴的四肢，充分暴露生殖器，适当安抚，以免产生紧张情绪。操作人员为两人，一人用生理盐水湿纱布擦洗阴茎部位数次，以清洁阴部及增强导电性能。将两电极分别固定于阴茎体的龟头部及根部，另一人接通电源，由低逐渐向高，调整刺激器参数，波宽为10ms，每次刺激时间1～10s，共进行4轮刺激，每轮均进行2次刺激。第一轮刺激电压为32V，频率25Hz。如果10s内不能使其排精，可暂停1～2min，做第二次刺激，如果两次刺激不能排精，进行参数调整，以下依此类推。第二轮刺激电压为40V，频率25Hz；第三轮刺激电压为48V，频率30Hz；第四轮刺激电压为56V，频率30Hz，本轮刺激可重复刺激多次，直至射精。精液收集在50mL无菌锥形离心管内，置于装有25～28℃适量水的保温瓶内备用。

注意事项：每次刺激时间以不超过10s为宜，采精频率每周最多两次，注意给公猴适当补充营养。

（五）禽类精液采集

1. 双人背腹式按摩采精法　采精由两人操作，保定人员用双手握住公鸡的腿部，使其自然分开，大拇指扣住翅膀，使公鸡头向后，尾部朝向采精员，呈自然交配姿势。采精操作员左手手心向下，五指自然分开，弯曲放在公鸡背部，沿腰背向尾部轻轻地按摩2～3次，然后左手掌将尾羽拨向背部。当公鸡呈现出性兴奋时，采精员中指与无名指间夹住集精杯，右手拇指与食指分开，轻轻按摩公鸡趾骨下缘两侧，触摸抖动。当泄殖腔翻开时，左手将尾羽拨向背部，拇指与食指分开，轻轻挤压泄殖腔，公鸡即可射精，右手迅速将集精容器口置于泄殖腔下方接取精液。精液应立即置于25～30℃的保温瓶内备用。

2. 单人背腹式按摩法 将公鸡用活动式保定带保定于保定台上，呈半蹲姿势，尾部稍抬高，操作人员按照双人背腹式按摩采精方法进行采精操作。

3. 注意事项 采精过程中要求无粪便、血液等污染，如果精液中有血液和大量脓细胞，应将其隔离饲养，1周内不可再次采精。挤捏泄殖腔用力不宜过大，防止野蛮操作。

(六) 犬、貉、狐、貂的精液采集

1. 假阴道采精方法 采精前要对被采精动物进行为期1周的驯养，通过饲喂加强采精操作人员与动物的接触，以消除在采精时动物对陌生人、陌生环境的应激反应。

采精时将动物保定在采精架上，用0.2%新洁尔灭消毒液浸泡的毛巾对被采精动物的阴部和包皮部位进行清洗消毒。然后按摩阴茎根部，待阴茎勃起时，顺利将其导入假阴道，通过加压球刺激使其射精。

2. 电刺激采精方法 肌内注射氯胺酮（每千克体重4～5mg）对被采精动物进行麻醉保定，使其侧卧于采精台面上，腹部朝向采精者，便于接取精液。采精过程中如镇定状态不理想，可追加注射氯胺酮（每千克体重1mg）。采精室内要求清洁、干燥，温度20～25℃。

操作者一只手扒开包皮，推出阴茎龟头。另一只手持集精杯（或离心管），套住龟头待接取精液。另一人将探棒徐徐插入直肠内10～12cm，抵达输精管壶腹部，探棒需涂有消毒过的液体石蜡。根据动物反应及后肢收缩的程度，调节电流、电压控制器，逐档调高，由低到高逐渐加强。并不断前后轻轻滑动，调整刺激部位。直到动物后躯呈痉挛抽搐，阴茎勃起射精，收集排出的精液。完毕后，将电压调零，频率调回20Hz，关闭电源，取出直肠探棒，擦净、消毒。电刺激采精时，也可以同时辅以按摩生殖器。

3. 按摩法采精 犬的精液分三部分射出，第一部分为尿道小腺体分泌的水样液体，该部分不含精子；第二部分为睾丸所分泌的液体，富含精子，呈乳白色；第三部分为前列腺分泌物，该部分不含精子。犬射精量通常是指第二段精液的含量，为1～3mL。

采精人员在动物的左侧，左手拿集精杯（装有约40℃水），右手握住阴茎，上下按摩几次，当阴茎球节开始膨胀，阴茎勃起后，即发现有透明的液体射出。当第一部分射完后，左手的集精杯立即对准阴茎的龟头，这时握阴茎的右手要稍用力握住已膨胀的球节。当第一部分射出5s左右，右手继续压住球节，过5～10s第二部分精液射出。大部分犬只射第一部分，有些射第二部分，个别的犬射出第三部分。若阴茎充分勃起后仍不射精时可用左手两手指轻轻按摩龟头，右手注意不要压住阴茎下面的输精管。射精后的阴茎并不马上疲软，球节还要继续膨胀，2～3min后阴茎的勃起和球节的膨胀消退。

注意事项：要准备 3 个集精杯，每一部分精液分开接，以防收集到不含精子的精浆，采集的精液一定要注意保温。

（七）兔的精液采集

采集精液前，准备好假阴道器。将容积 3mL 的小试管插到接精孔上，由进水管注入 15～20mL 温水，保证假阴道内适当的温度（38.5～40.0℃）和压力（196Pa），然后将胶管游离端接到出水管上。

采精液时，将成年雌兔放入雄兔笼内，采精操作者左手固定雌兔头部，右手持假阴道置于雌兔的两后肢之间，当雄兔爬跨时，将其阴茎插入假阴道内，射精完毕取下，把精液收集到储存的小试管中。用无菌生理盐水冲洗假阴道内腔，干净后再进行下一只动物的精液采集。

（八）鼠的精液采集

利用筒式法保定鼠，用与鼠体躯相似的塑料筒制成鼠保定筒，塑料筒两端钻有插孔，一端有缺口。鼠钻入保定筒内后，迅速将铁钉插入插孔中，可限制鼠的伸缩，即可将鼠保定。旋转筒内保定好的鼠，使其生殖器暴露在缺口中，以便于精液收集。

1. 徒手法采精 小鼠保定后，用 75%的酒精将其生殖器消毒，待酒精挥发后，用手指轻轻按摩生殖器，促使其射精，收集精液。

2. 假阴道抽吸法采精 假阴道消毒后，用凡士林润滑内侧胶膜，从插管中轻轻吹入空气，待内侧胶膜充起后，迅速将插孔堵住，以防气体外逸。以手指轻轻按摩生殖器促使小鼠阴茎勃起，将阴茎迅速吸入假阴道（37℃预热），挤压吸管胶头使阴茎在管腔负压的作用下做活塞运动，同时可向假阴道内吹入气体，以增加胶膜对阴茎的压力。抽吸频率可由慢至快，直至射精，收集精液。

3. 电刺激采精 将直肠探子用 75%酒精消毒，用石蜡油（或凡士林）将其润滑，轻轻地插入小鼠直肠中，深度 2.5～3.0cm。如在插入过程中遇到阻力，则表明粪便尚未排出，则将探子退出，用手指轻揉下腹部，促使排便，然后再将直肠探子插入。打开电刺激采精仪，频率为 20Hz，起点电压为 2V，占空比为 5s/5s 通电刺激，刺激 30s 后，电压上调 1～2V，重复上述步骤。当生殖器充血勃起而向外突出，作好收集精液准备。

4. 注意事项 精液刚射出时为白色黏稠液体，但会在短时间内凝固成白色固体，因此应迅速收集精液到有稀释液的离心管中。如伴有淡黄色液体流出，则为尿液，应用灭菌纱布迅速擦干，以免污染精液。另外，在射精过程中，有透明液体伴随精液流出，可用移液器将其收集。

二、精液的处理

将采集的精液，按动物精液量不同选用不同容器转移，注意保温，即刻送检。

三、注意事项

（1）精液采集要做到 3 个固定，即固定采精场所、固定采精时间和固定采精人员。

（2）在采集精液标本前，动物必须禁欲3～5d，一般不超过5d。禁欲时间太长，精液量增加，但精子活力下降。

（3）采精前后不得剧烈运动，采精前剧烈运动会降低动物的性欲，采精前应让动物排掉大小便；采精完成后应立即用高效消毒液对阴茎等接触部位消毒，以防感染，采精结束后动物不可立即饮冷水，还应注意休息。

（4）精液如被粪便、尿酸盐污染，则应弃去。

（5）标本采集后应装在洁净、消毒的塑料试管内，加盖，但不能用乳胶或塑料避孕套盛标本，因避孕套内的滑石粉可影响精子活力。

四、精液检查

（一）物理学检查

1. 透明度和颜色 采得精液后，立即观察精液的透明度和色泽（表11-8）。

（1）*精液透明度高* 这是精子密度低的表现，这种精液不能用于输精。

（2）*精液带红色* 精液带红色，说明精液中混有血液，称之为血精。如精液呈鲜红色，一般认为是配种或采精时生殖道下部出血；如精液呈暗红色，一般认为是生殖道上部或副性腺出血，并且可能在射精前已经出血，射精时随同精液一起排出。对出现血精的动物，要及时治疗，通常可用一些止血药，同时配合使用一些消炎药物，以促进其损伤部位愈合。用药并停止采精，5d后，可采精检查精液是否还带血，如果带血应继续用药，血精不建议用于输精。

（3）*绿色或黄色精液* 这是由于精液中有脓液造成的，这种精液在一些老龄动物中偶有出现，主要是副性腺化脓性炎症所致，见于精囊炎和前列腺炎。

2. 精液量 精液量由集精杯直接读出，量少的用移液枪测量其体积。正常动物的精液量见表11-8。

一次射精量与射精频度呈负相关，精液量少于或大于正常量均视为异常。精浆是精子活动的介质，并可中和阴道的酸性分泌物，提供精子的生存环境。精液量减少，不利于精子通过阴道进入子宫和输卵管，影响受精。见于配种或采精过频、营养供给不合理、睾丸炎或睾丸退化。精液量增多，精子被稀释，也可致不育，此可因垂体前叶促性腺素分泌功能亢进，使雄激素的水平升高所致。若不射精，称为无精液症。

3. 液化时间 精液液化是指排精后，精液从胶冻状转变成流动状的过程。观察液化时间，标本需放在37℃，每10min观察1次。精液离体后5～10min开始液化，通常30min完全液化，超过60min仍有不液化或液化不完全属于异常，可能是由于前列腺分泌液化因子减少，导致蛋白水解酶缺乏，或前列腺炎症时破坏蛋白水解酶而引起。精液不液化或液化不完全可阻抑精子活动力，影响生育。如果精液刚射出后，不呈胶冻状或者黏稠度低，亦属异常，多见于输精管缺陷或见于先天性精囊液流出受阻。

4. 酸碱度（pH） 精液pH测定应在射精后1h内完成，取一小滴精液，用pH为5.0～8.4的精密试纸测定。各种动物精液pH正常范围见表11-8。

表 11-8　各种动物精液特点

动物	交尾时间	射精时间	颜色	精液量（mL）	精液密度（万/mm³）	活力	畸形率（%）	pH
牛	瞬间	瞬间	乳白	5～6	90～100	0.7	10	6.6～6.8
马	瞬间	数秒～十数秒	淡灰	50～150	20～30	0.7	15	7.2～7.6
猪	10min	5～10min	灰白	200～300	20	0.7	5～10	6.4～7.2
绵羊	瞬间	瞬间	乳白	0.5～2.0	300	0.7	5～10	6.4～7.2
犬	10min	1min	乳白	0.5～2.0	300	0.7	5～10	6.6～6.8
家兔	10s	瞬间	乳白	0.5～1.0	50～60	0.7	5～10	6.6～6.8
大鼠	10s	瞬间	乳白	0.1		0.7		
鸡	2s	1s	乳白	0.1～0.5	200～500	0.7	<20	6.5～7.4

（二）显微镜检查

1. 精子活率　精子活率是指精液中呈前进运动精子所占的百分率。

检查方法：取一滴稀释后的精液，采用压片法，在带恒温（38℃）装置的400倍显微镜下，观察直线运动的精子，每次检查3张片子，以10级评分法综合评定，100%直线前进运动的精子为1.0分，90%直线前进运动的精子为0.9分，依此类推。

临床意义：导致精子活力下降的常见因素有：①夏季炎热和发热引起睾丸温度升高，是精子活力下降的主要原因。在一般气候条件下，睾丸的温度较体温低3～5℃，这是最有利于精子生成的温度。但在高温、高湿的环境中，阴囊温度升高，会使动物产生精子的能力下降或完全停止，同时，产生的不成熟精子增多，贮存于附睾中的精子老化加快，导致精子活力减低。②动物发生睾丸炎、附睾炎、副性腺炎、尿生殖道炎等炎症，炎性分泌物均可导致精子死亡，造成精子活力降低。③采精过频或配种强度过大，精液中不成熟精子增多会降低精子的活力，而射精频率高，必然会使精液中不成熟精子增多。④包皮液和尿液对精子有很强的毒害作用，会使精子迅速死亡和凝集，导致活力下降。

2. 精子密度　精子密度是指每单位体积中的精子数，即精子浓度。

计数方法：同血细胞计数，将精液用生理盐水20倍稀释后，用移液器滴加到血细胞计数板池中，在显微镜下（400倍）数出5个（四角及中心大方格）大方格的精子数。计算每个大方格内精子数时，对压在大方格边线上的精子是数上不数下，数左不数右，数头不数尾。凡密度在 2×10^8 个/mL以上，且活率大于0.7的精液，常温或冷冻保存，可为体外授精和精子库筛选优质精子用。

计算公式：精子密度＝5个大方格内的精子数×5（计算室的面积）×10（计算室的高度）×20（精液的稀释倍数）×1000/mL。

临床意义：精液精子密度受品种、个体差异、季节等因素影响。饲料中蛋白质长期不足，维生素A、E缺乏，都可造成精液中精子过少，霉变饲料能明显降低精液量和精子密度。采精过频或配种强度过大，由于贮存于附睾和输精管中精子受睾丸生精能力的限制，精液中的精子密度会下降，有时会出现无精子精液。采精或配种时动物年龄过小，初次采精，精液中的精子是来自十几天甚至更长时间内产生的精子，在几次采精后，精液很快变稀，甚至突然精液中没有精子，故建议每周配种或采精不超过 2 次。

3. 精子形态　通过观察精子形态，可以了解各种形态的精子所占的比例。染色法观察精子形态更为准确。常用的染色法有姬姆萨染色法、改良巴氏染色法、勃力—利染色法和肖尔染色法等，实验室常采用改良巴氏染色法。在巴氏染色涂片中，精子头、体、尾部均着色，轮廓清晰易于辨认。现用预先固定染料的商品化载玻片，在玻片上直接滴 5～10μL 精液，加盖玻片，数分钟后精子着色，可以清楚地显示其形态结构，检查 200 个精子，观察并计数各种形态的精子及比率。

（1）正常精子形态　正常精子形似蝌蚪状，由头、体、尾三部分构成。头部轮廓规则，顶体清楚，顶体帽至少覆盖头部表面的 1/3，在精子头部前端呈透亮区，头长 4.0～5.0μm，宽 2.5～3.0μm；精子体中段细长，不超过头宽的 1/3，轮廓直而规则，与头纵轴成一直线，长 5～7μm，宽 1μm；尾部细长，弯而不卷曲，一般长 50～60μm；精子颈段、中段或尾部均无缺陷（图 11－1）。

（2）异常精子形态（图 11－2）

①头部异常：大圆头，头部长＞5.0μm，宽＞3.0μm；小圆头，头部长≤4.0μm，宽≤2.5μm；尖头，头部长＞7.0μm，宽＜3.0μm，顶体可不显示；其他如梨形头、锥形头、无头、双头、无顶体、顶体部分或全部脱落或混合畸形等。

②体部异常：体部呈分枝状，有 2 个体部；体部肿胀粗大，宽＞2.0μm；体部缺如。

③尾部异常：无尾，只见到游离或脱落的头部；短尾、双尾、多尾；曲尾，尾部异常卷曲，有时尾与头部长轴成 90°角或尾与头衔接；破尾，尾部畸形；或尾部联合缺陷。

④联合缺陷体：精子头、体、尾均有不同程度异常。

精子形态异常的，常有多种缺陷，此时只需记录 1 种，并优先记录头部缺陷，然后是体部缺陷，最后是尾部缺陷。脱落或游离的精子头作为异常形态计数，但不计数游离尾（避免重复）。卷尾与精子衰老有关，但高卷尾率与低渗透压有关，应予注意。畸形精子指数，是指计算各种精子缺陷的平均数目。此指标对预测体内、外精子功能有一定意义。因此，精子形态学分析应该是多参数的，应分别记录每种缺陷。

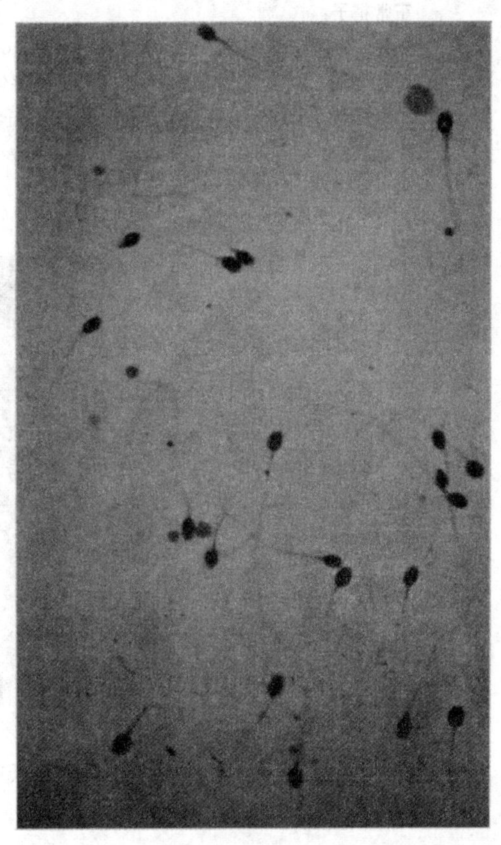

图 11－1　正常精子形态

（引自熊立凡．2005．临床检验基础）

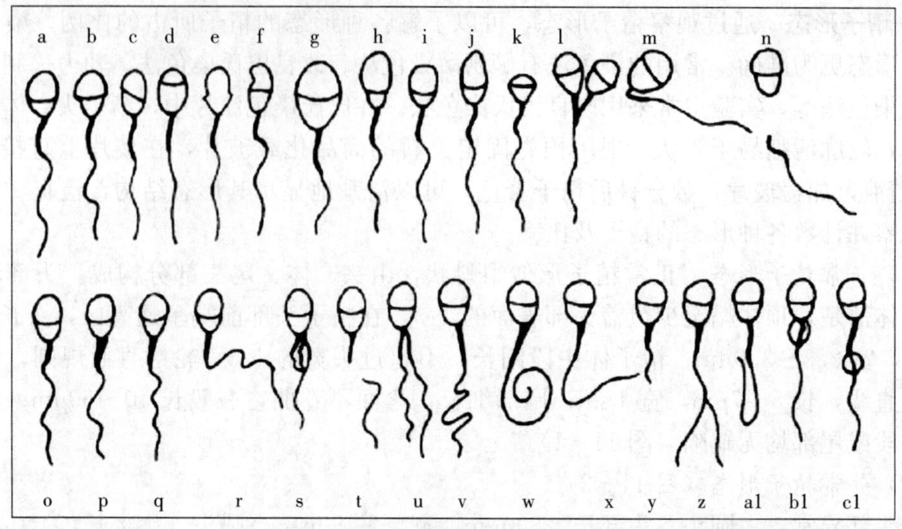

图 11-2 正常和异常精子模式图

（引自熊立凡.2005.临床检验基础）

正常精子：a

顶体异常：b. 顶体肿胀 c. 顶体部分异常 d. 小顶体 e. 顶体升高 f. 顶体部分缺失

头部异常：g. 大头 h. 变长 i. 平头 j. 茅尖样 k. 小头 l. 双头 m. 弯曲 n. 破损

中段异常：o. 缩短 p. 增粗 q. 短裂 r. 纤维状 s. 环状 t. 破损 u. 双体

尾部异常：v. 卷曲 w. 螺旋状 x. 弯曲 y. 缩短 z. 双尾 a1. 鞋拔状

微滴：b1. 近端微滴 c1. 远端微滴

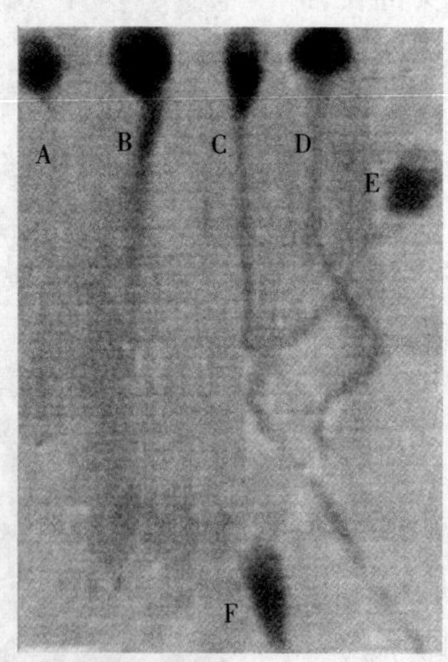

图 11-3 巴氏染色精子形态

（引自熊立凡.2005.临床检验基础）

A. 小头 B. 大头、中断粗 C. 梨形头 D. 小顶体、不规则区 E. 正常精子 F. 小顶体

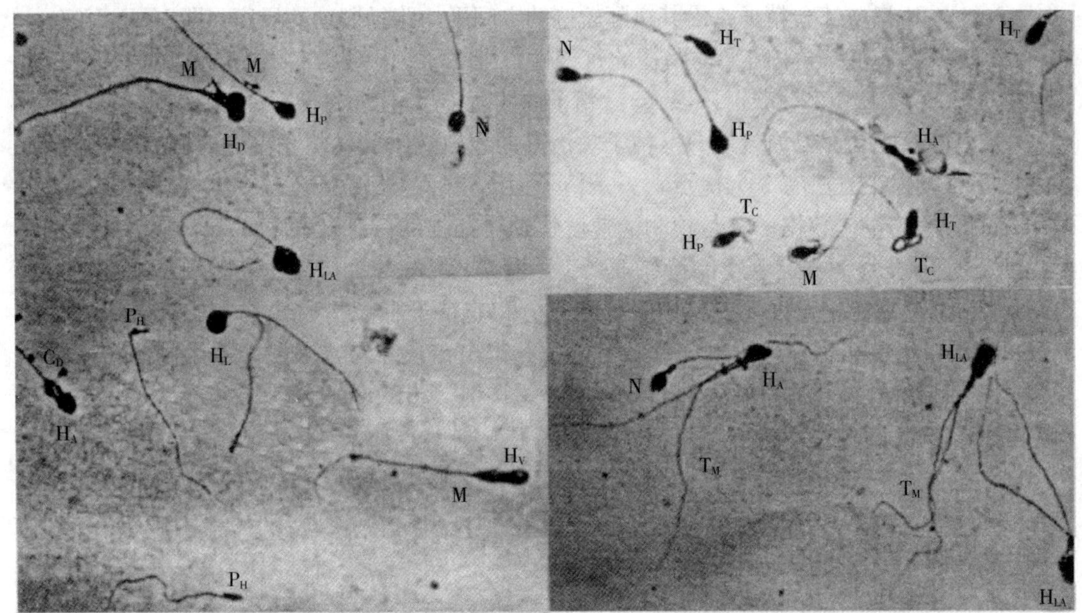

图 11-4 异常精子形态

H_A. 无定型头 H_D. 双头 H_L. 大头 H_{LA}. 无定型大头 H_P. 梨形头 H_T. 锥形头 H_V. 空泡样头 M. 颈和中段缺陷 C_D. 细胞质微滴 N. 正常 P_H. 尖头 T_C. 卷尾 T_M. 多尾

五、计算机辅助精液分析

计算机辅助精液分析是利用计算机视频技术，通过一台与显微镜相连接的录像机，确定和跟踪个体精子细胞活动一系列“运动学”参数。

在进行计算机辅助精液分析时，于特殊的精子计数板滴加 7μL 精液标本，计数池使用有固定深度的 Makler（10μm 深）和 Microcell（20μm 深）计数池，这样可保持一层精子游动，便于单个精子分析，放大倍数一般为 67 倍（物镜 10×，目镜 6.7×），每份标本至少追踪分析 200～400 个精子。CASA 系统分析精子运动的指标有：

（1）VCL 曲线速度（μm/s） 即显微镜下见到精子头沿实际的曲线运动轨迹的平均速度。

（2）VSL 直线速度（μm/s） 根据精子头在开始检测时的位置与最后所处位置之间的直线运动的时间平均速度。

（3）VAP 平均路径速度（μm/s） 精子头沿其空间平均轨迹移动的时间平均速度，这个轨迹是根据 CASA 仪器的算法对实际轨迹平整后计算出来的，计算方法因仪器不同而有所不同。

（4）ALH 精子头侧摆幅度（μm/s） 精子头沿其空间平均轨迹侧摆的幅度，以侧摆幅度的最大值或平均数值表示之。不同的 CASA 仪器用不同的计算方法计算 ALH，故数值不能直接比较。

（5）LIN 直线性 即曲线轨迹的直线性，即 VSL/VCL。

(6) WOB 摆动性　精子头沿其实际轨迹的空间平均路径摆动的尺度，即 VAP/VCL。

(7) STR 前向性　空间平均路径的直线性，即 VSL/VAP。

(8) BCF 鞭打频率（鞭打次数/s）　精子曲线轨迹超过其平均路径轨迹时间平均速率。

(9) MAD 平均移动角度（°）　精子头沿其曲线轨迹瞬间转折角度的时间平均绝对值。

CASA 较人工方法有 3 个优点，一是精子运动指标的检测更客观、更精确；二是能提供精子动力学的量化数据；三是检测的速度快，可捕捉的信息量大。CASA 系统计算精子运动所需时间约 1s，测定温度保持在 37℃。但 CASA 设备价格昂贵，检测成本高。CASA 评估精子密度的精确度还受精液中细胞成分和非精子颗粒物质影响，如精子密度大于 5×10^7/mL，通常会增加碰撞的频率，可能由此得出错误结果，因此，需用同源精浆或精子培养液稀释标本，稀释的标本密度为（2～5）$\times10^7$/mL。

第五节　阴道分泌物检查

一、阴道分泌物的采集和处理

阴唇部清洗消毒，然后用生理盐水浸湿的棉签、钝的吸管或玻璃棒穿过括约肌插进阴道，取分泌物，根据不同检查目的可自不同部位取材，一般采用消毒棉拭子自阴道穹隆后部、宫颈管口等处取材，制备成生理盐水涂片，待检。

注意事项：

(1) 标本采集前 24h，禁止交配、阴道灌洗和局部上药等；阴唇部应清洗消毒，以免影响检查结果。

(2) 取材所用消毒的刮板、吸管或棉拭子及装检样的试管必须清洁干燥，不黏有任何化学药品如乙醇、肥皂水等，不可使用润滑剂。细菌学检查应用无菌、加盖试管。试管必须注明被检动物标号、标本采集日期和时间。

(3) 标本检验后要按要求处理好，注意生物污染和生物安全。

二、一般检查

(一) 一般性状检查

正常阴道分泌物，为白色稀糊状、无气味、量多少不等。其性状与雌激素水平及生殖器充血情况有关，临近排卵期，分泌物量多，清澈透明，似蛋清；排卵 2～3d 后，分泌物混浊黏稠、量少；妊娠期，分泌物量较多。在病理情况下，阴道分泌物颜色性状可发生各种改变，见表 11-9。

表 11-9　阴道分泌物性状改变及临床意义

性　状	颜　色	临床意义
黏性分泌物	无色透明	应用雌激素药物后及卵巢颗粒细胞瘤
脓性分泌物	黄色或绿色	滴虫性阴道炎、慢性子宫颈炎、子宫内膜炎

（续）

性　状	颜　色	临床意义
豆腐渣样分泌物	白色	真菌性阴道炎
血性分泌物	淡红色	子宫颈癌、子宫颈息肉、子宫内膜下肌瘤
水样分泌物	黄色	子宫内膜下肌瘤、子宫颈癌、子宫体瘤、输卵管癌
奶油状分泌物	奶酪色	阴道加德纳菌感染

（二）显微镜检查

阴道分泌物显微镜检查是阴道分泌物检查中最重要的检查内容，一般包括清洁度、阴道毛滴虫及真菌检查。

1. 清洁度检查

（1）*检查方法*　取阴道分泌物，用生理盐水涂片，加盖玻片。先用低倍镜观察整个涂片和细胞等有形成分分布情况，再用高倍镜观察上皮细胞、白细胞（或脓细胞）、杆菌、球菌的数量。

（2）*结果判断*　根据上皮细胞、白细胞（或脓细胞）、杆菌、球菌的数量，按表11-10阴道分泌物清洁度判断标准分级。报告结果按“Ⅰ～Ⅳ”方式报告分泌物的分级。

表11-10　阴道分泌物清洁度判断标准

清洁度	杆菌	球菌	上皮细胞	白细胞或脓细胞（个/HPF）
Ⅰ	多	—	满视野	0～5
Ⅱ	中	少	1/2视野	5～15
Ⅲ	少	中	少	15～30
Ⅳ	—	大量	—	＞30

注：HPF指高倍视野。

（3）*临床意义*　阴道清洁度与阴道杆菌多少有关，而阴道杆菌的消长与卵巢功能、病原体侵袭等因素有关。单纯清洁度差而未发现病原体时，为非特异性阴道炎；清洁度为Ⅲ、Ⅳ度时，常可同时发现病原体，多见于各种阴道炎。

2. 滴虫检查

（1）*检查方法*　和清洁度检查共用同一张涂片。先用低倍镜观察全片（至少观察20个视野），若发现有比白细胞大2倍左右的活动小体，再用高倍镜观察；如见有头宽尾尖的倒置梨形、透明白色小体，且虫体顶端有4根前鞭毛，后端有1根后鞭毛，体侧有波动膜，在虫体前1/3处，有一个椭圆形的泡核，虫体顶端4根鞭毛的摆动及波动膜的扑动作螺旋式运动，则为滴虫。

（2）*结果判断*　未发现滴虫注明“未找到滴虫”；发现滴虫注明“找到滴虫”。

3. 真菌检查

（1）*检查方法*　和清洁度、滴虫检查共用同一张涂片。在检查清洁度和滴虫后，于阴道分泌物涂片上加1滴2.5mol/L KOH溶液，混匀后加盖玻片。先用低倍镜观察全片

（至少观察 20 个视野），若发现有菌丝样物，再转高倍镜仔细观察，如有菌丝及孢子（有时见有孢子），则为真菌。

湿片法简便、快速，易行，临床上常用。但阳性率较低，重复性较差，易漏检。涂片染色法操作相对复杂，费时，但阳性率较高，准确可靠。

（2）结果判断　未找到的注明“未找到真菌”；找到的注明“找到真菌”。

（3）参考范围　正常阴道清洁度为Ⅰ～Ⅳ级，无滴虫，不见或但见真菌。

（4）注意事项

①涂片应均匀平铺，不能聚成滴状；热天注意观察速度以防涂膜干燥。

②检查所用的试管、玻片必须干净，生理盐水务必新鲜，如生理盐水本身已长真菌，可影响真菌检出的可靠性。

③阴道毛滴虫活动、生长繁殖的适宜温度为 25～42℃，因此，检查滴虫时应注意保温。冬天检查滴虫使用的生理盐水需预先加温至 37℃。

④阴道分泌物中可能含有多种病原生物，操作时要注意个人生物安全防护，确保生物安全。用过的试管、玻片等务必投入指定的容器内，集中消毒处理。

三、临床应用

根据阴门、阴道黏液和阴道上皮在发情周期内周期性变化的特点，通过阴道分泌物检查可确定配种时间，识别繁殖障碍和早期妊娠诊断，另外对阴道炎和子宫炎等疾病具有辅助诊断价值。

1. 发情周期的判定

（1）休情期　发情期 2～3 周后进入休情期，阴门不肿胀，无黏液排出，不愿接触公畜。阴道细胞检查可见表层和中间未角质化的扁平上皮细胞，其特征是核大而圆，有囊泡，细胞质大，边缘圆而光滑；有少量中性粒细胞；缺乏红细胞。

（2）发情前期　阴门肿胀、阴道有红色黏液排出，愿意接触公畜。阴道细胞检查可见表层和中间未角质化的扁平上皮细胞，后阶段可能出现角质化细胞，有大量红细胞，中性粒细胞减少。

（3）发情期　在前 1～2 周曾有发情前的征候，阴门仍肿胀，排出的红色黏液转为白色黏液，接受公畜的爬跨。阴道细胞检查可见有表层角质化的扁平上皮细胞，其特征是细胞质边缘有突起，有许多折叠，核浓缩或无细胞核，缺乏中性粒细胞，发情早期阶段和发情高峰时有较多的红细胞，无细胞碎片。

（4）发情后期　前 1～2 周呈现发情前的征候，但阴门肿胀减轻，白色黏液排出量减少。阴道细胞检查可见有外底层（外底层细胞呈圆形，胶质带蓝色）和中间层的未角质化的扁平上皮细胞、大量的中性粒细胞；缺乏红细胞。由于角质层上皮细胞的崩解，本期早阶段可见细胞碎片。

2. 阴道炎与子宫炎的诊断　临床检查见有轻度的阴门肿胀，并排出白色至粉红色的黏液。同时缺乏有规律的发情周期。细胞学检查，急性炎症以中性粒细胞为主；慢性炎症除有中性粒细胞外，还有较多的组织细胞、浆细胞和淋巴细胞。其中中性粒细胞与未角质化的上皮细胞结成凝块。单纯靠阴道液检验，将炎症与发情前期或发情后期进行区别比较困难。但中性粒细胞和表层角质化的上皮细胞同时存在，则提示炎症存在，因为正常情况下，这两类细胞不会同时出现。应该指出的是，单凭细菌的存在对炎症的诊断不具有临床意义，因为在发情期也可见到某些微生物。

第六节 胃液和十二指肠引流液检查

胃液和十二指肠引流液检查可以了解动物胃肠道的消化和分泌功能及辅助诊断胃肠道疾病，在科研和疾病诊断中广泛应用。但随着纤维内镜及活检技术和超声诊断技术在消化系统疾病诊断中的广泛应用，大大提高了对胃肠道疾病诊断的准确性，胃液和十二指肠引流液检查逐渐减少。但是由于实际条件的限制，在实际生产和科研中胃液和十二指肠引流液检验一直被认为是检测的“金标准”。

一、胃液检查

单胃动物的胃液及牛、羊反刍动物瘤胃液的检验，对了解胃的分泌和消化功能，判定胃内容物的性状，鉴别诊断某些胃肠疾病，判断治疗效果，具有一定的意义。因此，胃液及瘤胃液的检查，是某些疾病重要辅助诊断的手段之一。胃液的检查主要是对单胃动物而言，因为反刍动物目前尚无理想的方法采集真胃液。

(一) 反刍动物瘤胃液的采集和处理

牛、羊等反刍动物瘤胃液可通过瘤胃穿刺来采集，但采集量较少，可用长针头在左侧肷窝部穿刺抽取，亦可在反刍时，用手将刚吐出的食团由口腔内取出，榨取瘤胃液。用量较多可通过由口腔插入粗口径的胃导管，确证进入瘤胃内后，将牛头压低用唧筒抽吸，有时亦可自行流出。科研中为满足长期定量采集瘤胃液，可进行人造瘤胃瘘管手术。羊直接用套管针或长针头在其肷窝处采取。采集瘤胃液后应注意保温并即刻送检。

(二) 瘤胃液的一般检查

1. 物理学检查

(1) *颜色* 反刍动物瘤胃液的颜色与饲料和饲养方式有关，舍饲以饲料和青贮饲料为主的反刍动物瘤胃液一般为黄褐色，而放牧类反刍动物一般为淡绿色。

(2) *气味* 健康动物瘤胃液有芳香味；酸臭味多见于瘤胃酸中毒，腐臭味多见于腐败性炎症或瘤胃碱中毒，恶臭味多是饲料停滞异常、消化不全发酵所致。

(3) *黏稠度* 瘤胃内容物降解产生大量非挥发性脂肪酸及肽蛋白等物质和大量微生物代谢活动使瘤胃液有一定的黏性。当黏稠度下降时，多见于胃机能下降，如奶牛酮病、瘤胃酸中毒和真胃变位等疾病。动物大量食入发酵类饲料，代谢产生多量蛋白质、皂苷和果胶等物质会造成瘤胃液黏稠度升高。

(4) *瘤胃液沉渣* 反刍动物瘤胃液沉渣少而细碎，瘤胃消化机能异常时表现为沉渣少但粗大。

2. 化学检查

(1) pH

①测定方法：瘤胃液pH检测一般用pH试纸或pH计进行测量。

②参考值：健康反刍动物瘤胃液的pH一般为6.0～7.0。但是根据不同的动物种属和饲料情况pH也不同。一般黄牛pH为6.5～8.0，乳牛pH为6.0～7.0，水牛pH为6.0～7.0，羊pH为6.0～7.5。

③临床意义：反刍动物瘤胃液的pH，与饲料的种类有很大关系，如喂给大量碳水化合物饲料，如过食谷物（如玉米等），反刍动物发生瘤胃酸中毒时，pH常在4.0左右。喂给蛋白质饲料过多及瘤胃碱中毒时，pH可达8.0以上，摄取大量尿素时，pH可达8.5以上。前胃弛缓时，pH可下降到5.5以下，也有少数病例pH升至8.0或更高。

(2) 气体　瘤胃液中含有CO_2、CH_4、O_2、H_2S等气体，CO_2占65%左右，CH_4占26%左右。

临床意义：健康家畜产气量一般是1～2mL/h（瘤胃发酵溶在瘤胃液中的气体），若产气<1mL/h说明胃液中糖、蛋白质缺乏，见于动物食欲不振、营养不良。动物发生瘤胃酸中毒时，瘤胃液中含有CO_2浓度明显上升；发生瘤胃臌气时，CH_4含量上升。

(3) 沉降活性试验　瘤胃内纤维素的酵解与瘤胃微生物群系的活性有直接相关性，沉降活性实验是检测瘤胃内微生物群系活性的一种最简便的方法。

①测定方法：吸取瘤胃液，滤去粗粒，将滤液静置于常温下的玻璃筒内，记录微粒物质的漂浮时间。

②参考值：健康牛、羊瘤胃液的沉降活性多在3～9 min。

③临床意义：若漂浮时间过长，表明瘤胃内微生物群系的活性降低，提示严重的消化不良。

(4) 纤维素消化试验

①测定方法：将棉线一端拴在一小金属球上，悬于装有瘤胃液的容器内，进行厌氧温浴，观察棉线被消化断离而金属球脱落的时间。

②参考值：健康反刍动物的消化时间一般不超过30h。

③临床意义：若这一消化时间超过30h，表明瘤胃内微生物群系对纤维素酵解的活性降低，提示消化代谢性病症。

(5) 发酵试验

①测定方法：取滤过胃液50mL，加入葡萄糖40mg，置于糖发酵管内，在37℃恒温箱中放置60min，读取产生气体的毫升数。

②参考值：健康牛、羊瘤胃液糖发酵试验，60min时可产气体1～2mL，最多可达5～6mL。

③临床意义：在前胃弛缓、瘤胃积食、营养不良以及某些发热性疾病导致食欲减退，由于瘤胃内的微生物活动减弱或停止，使糖发酵能力减低，当发生前胃疾病时气体的体积常在1mL以下。据测定，黄牛患前胃弛缓时，24h发酵所产生的气体仅有0.5mL。

3. 显微镜检查　健康反刍动物的瘤胃液含有大量的纤毛虫。纤毛虫的种类繁多，大小差异较大，如大虫体可达60μm×80μm，小虫体为20μm×40μm。它们对反刍动物瘤胃内容物的消化和代谢有重要作用，纤毛虫数目及活性检查，对疾病诊断和疗效观察有一定的意义。

（1）纤毛虫形态　体型小的尖毛虫科纤毛虫活动迅速而活泼，体型大的尖毛虫科纤毛虫活动缓慢而迟钝。

（2）纤毛虫计数　纤毛虫计数取样时，如用胃管抽取，应将胃管插到瘤胃背囊，切勿在瘤胃前庭区采样，因该区的内容物往往混有较多的唾液，纤毛虫相对较少，每次采样量至少应100mL。

①测定方法：有条件时应用特制加深的血细胞计数板，一般情况下可利用普通的血细胞计数板加以改制（即在计数板两侧凸起部沾以薄玻片，使计数池深度达0.5或1.0mm）。将滤过的瘤胃液直接滴在计数板上，再加上盖片，按白细胞计数法计数。但计算时不应乘稀释倍数，并应换算为每毫升瘤胃液中的纤毛虫数。

②参考值：健康反刍动物纤毛虫数约为40万/mL。黄牛为35万～92.5万/mL，水牛为7.5万～92万/mL，奶牛为20万～57.5万/mL。

③临床意义：纤毛虫是瘤胃正常消化必不可少的原虫。在前胃弛缓时，纤毛虫数可降至7.0万/mL，而在瘤胃积食及瘤胃酸中毒时，可下降至5.0万/mL以下，甚至无纤毛虫。当发生严重的瘤胃酸中毒或碱中毒时，几乎检测不到活的纤毛虫。瘤胃内纤毛虫数逐渐恢复，提示病情好转。

（3）纤毛虫活力检查

①测定方法：取新采集的瘤胃液，用两层纱布滤过后，滴在载玻片上涂成薄层后，用低倍镜观察10个视野，计算每个视野中纤毛虫的平均数，并计算其中有活动力的纤毛虫百分数。采集后的纤毛虫，由于受温度的影响，其活力逐渐下降，最好使用显微镜保温装置。

②参考值：黄牛活率为67%～89%，水牛活率为50%～95%，奶牛活率为50%～90%。

③临床意义：纤毛虫活率下降，活动性差，提示前胃机能障碍；纤毛虫活率显著下降甚至全部死亡说明瘤胃严重疾患。纤毛虫数量、活动性逐渐恢复提示病情逐渐好转。

（三）单胃动物胃液的检查

1. 胃液的采集　单胃动物胃液采集，如犬、猪和马等动物可强行保定后进行胃导管插管，抽取胃液。也服用呕吐药（盐酸阿扑吗啡），有呕吐反射后，接取呕吐液，一般采用胃导管插管。

2. 胃液的一般检查

（1）物理学检查　胃液物理性质的检查包括胃液数量、气味、相对密度、稠度和混杂物的检查。

①数量：健康大型单胃动物如马、骡，一次抽取的胃液可达150～500mL。当马的幽门痉挛时，一次可以抽出胃液数升之多；而在胃酸分泌不足的胃炎时，一次只能获得少量胃液，而小型单胃动物如犬等，可抽取10～50mL。

②气味：健康单胃动物的气味略带酸味，若胃液酸味浓厚，见于急性胃扩张或酸中毒；胃液带有恶臭味，见于饲料停滞，消化异常，大量发酵；胃液带有尸臭味，见于化脓性出血性胃炎。

③相对密度：多数文献记载胃液的正常相对密度为1.002 5～1.005 0。其数值的大小取决于内生性黏液的数量，但与外来的黏液数量也有一定的关系，当发生卡他性胃炎时，胃液相对密度增加；长期食欲减退，采食减少，胃液相对密度下降。

④黏稠度：胃液的黏稠度与食物残渣及所含黏液的多少有关。健康动物的胃内容物，通常呈水样状态。将胃液静置1h，正常情况下可分两层，上下层的高度基本相似。上层为透明的液状，下层为黏稠状沉淀。有时在液面之上分出第三层，为泡沫黏液，此为唾液。沉于底部的黏液为内生性黏液，浮于上部的为外生性黏液，如果内生性黏液大量增多，则为胃卡他的表现，当发生胃溃疡、糜烂时，胃液的黏稠度也增加。

（2）化学检查

①潜血检验：胃少量出血，肉眼无法识别时，应进行胃液潜血的检验。

测定方法：常用联苯氨法，其原理是血红蛋白有类似过氧化物酶的作用，它可分解过氧化氢而产生新生态氧，使联苯胺氧化为蓝色的联苯胺蓝。

参考值：食肉动物如犬等胃潜血检验多为阳性，健康的马属动物及猪的胃液潜血检验应为阴性。

临床意义：动物采食时划伤上消化道，可造成潜血检验阳性。当排除外源性血液进入胃时潜血检验呈阳性反应，则可能为胃溃疡、急性出血性胃炎、马胃蝇蚴寄生所致的损伤等。在口、咽、食管损伤或有出血性疾病时，胃液的潜血检验也会出现阳性反应。

②分泌量和总酸度：胃液分泌量有基础胃液分泌量和最大胃液分泌量之分，是衡量胃分泌功能的重要指标。胃液总酸度指胃内酸性反应物质酸度的总和，由游离盐酸（即未与蛋白质结合的盐酸）、结合盐酸（蛋白质结合的盐酸）、有机酸及酸性磷酸盐等酸性物质组成。

测定方法：中和100mL胃液时所消耗的0.10mol/L氢氧化钠的量即为胃液总酸度。

临床意义：胃液分泌量和总酸度的测定，对判断胃的消化和分泌机能有重要的意义。当胃液的量和总酸度增加时，表示分泌机能旺盛或亢进，称为胃酸过多症，如动物酸中毒；反之，说明胃的分泌机能降低，称为胃酸过少症，见于胃体部炎症、溃疡、糜烂、恶性贫血及低色素性贫血等。

③胃蛋白酶活性：胃蛋白酶活性是衡量胃液消化功能的重要指标，因为胃蛋白酶是胃液中的主要消化酶。胃蛋白酶原在pH 1.5～5.0时被激活成胃蛋白酶，可将动物食入的蛋白质分解为胨和脲（蛋白质的分解物）及部分氨基酸。

测定方法：胃蛋白酶在一定温度下，可消化蛋白质，取一定体积的胃液加入到毛细管中（内含凝固的蛋白质），观察毛细玻璃管中凝固蛋白质被消化的程度，以判断胃蛋白酶的消化能力。

临床意义：当凝固的蛋白过度消化时，见于胃液分泌过多症，不仅胃酸分泌过多，而且胃蛋白酶分泌液过多，动物多发生消化性溃疡。当胃液缺乏游离盐酸、同时缺乏胃蛋白酶时，则蛋白消化力减低，称为胃液缺乏症，见于慢性萎缩性胃炎。

3. 显微镜检查 将胃液放置或离心，取沉淀物置于载玻片上，用生理盐水稀释，加盖玻片镜检。除饲料碎片之外，应注意有无红细胞、白细胞、脓球、上皮细胞、细菌、真菌和寄生虫等。

红细胞：正常胃液内无红细胞，如有多量红细胞，且多次检查均发现红细胞，说明胃有溃疡、糜烂、炎症或其他损伤，也见于胃的物理性损伤导致的胃出血。

白细胞及脓球：健康动物胃液中几乎不能检测到白细胞，或者细胞数量很少，常和黏液混在一起。胃黏膜有炎性病变时，白细胞的渗出大量增加，可为正常的4～10倍。胃有卡他性炎症时，白细胞数量会大量增加，当有化脓性炎症时，除白细胞较多外，尚有大量脓球。

上皮细胞：正常因采食等因素将口、咽、食管的少量上皮细胞带入胃中，所以检测健康动物胃液时可检测到少量上皮细胞。患胃炎时，可有较多的柱状上皮细胞。

细菌及真菌：细菌及真菌可由饲料带入胃内。当盐酸缺乏时，可有大量杆菌和球菌。乳酸含量增多时，可见到大量乳酸杆菌。在食滞性胃扩张时，可有串珠状或散乱的椭圆形酵母菌，滴加碘液，可染成棕红色。

寄生虫卵及幼虫：在动物胃内寄生的虫体，猪蛔虫、食道口线虫、前后盘吸虫等。当动物肠道逆蠕动时，肠内寄生虫卵及幼虫进入胃内，如蛔虫、绦虫、吸虫、消化道圆线虫等。

二、十二指肠引流液检查

（一）十二指肠引流液的采集

十二指肠引流液实际上是十二指肠液、胰液、胆汁、少量胃液的混合物，引流液检查对于了解动物肝胆系统有无炎症、结石、梗阻、肿瘤及胰腺外分泌功能有重要意义。十二指肠引流液检查由于对动物的创伤较大，操作繁琐，在实际临床诊断中应用较少，但在科研和教学中应用较广。

1. 采集方法 十二指肠引流液主要采用手术方法安装十二指肠“T”形瘘管，且在反刍动物应用较多。常规切开右侧腹壁和腹膜，打开腹腔，将手伸入腹腔找到真胃，沿真胃向后即可找到十二指肠。安装瘘管部位应距幽门5cm以上，以防瘘管底座侧翼阻塞幽门。十二指肠的一段从切口拉出，用生理盐水浸泡的灭菌纱布塞住切口。安装T形瘘管时，在肠系膜附着的对侧，沿肠管方向缝入一圈缝线，纵向切开肠管，置入瘘管底座，做双层荷包缝合，以无菌生理盐水冲洗手术创口后，还纳瘘管底座于腹腔。在原切口后方作一略小于直管外径的小切口，用组织钳拉出瘘管，缝合大切口，随后用外夹片和圆形夹体外固定瘘管。如果引流液较少，可注入温热的硫酸镁刺激剂，10min后轻轻抽吸，弃掉先流出的硫酸镁，待有淡黄色液体流出时再收集，否则影响检测结果。

2. 注意事项

（1）引流液应及时送检（不超过30min），如能做到现场检查，可提高阳性率。

（2）十二指肠引液应在空腹时采取，以尽可能减少胃液的干扰。

（二）物理学检查

健康动物的十二指肠引流液呈淡黄色或柠檬黄色，透明或微混，较黏稠，pH呈略碱性，相对密度为1.007～1.032。马的十二指肠引流液60～160mL，牛达80～210mL，羊为30～90mL，猪为50～155mL。

十二指肠引流液的物理学特性对诊断有重要参考价值，特别要注意肝胆系统引流液的颜色、性状、有无团絮状物、胆砂及坏死组织等。十二指肠引流液的物理学特性可以出现以下改变。

1. 胆汁排出异常 无胆汁排出，多见于结石、肿瘤和寄生虫所致的胆总管梗阻，如胆石症、肝片吸虫、矛形双腔吸虫、前后盘吸虫及猪、马的胆道蛔虫。胆汁流出增多，常因胆胰壶腹括约肌（oddi 括约肌）松弛，胆囊运动过强所致，见于动物胆囊炎。马属动物无胆囊结构，故无此类症状。

2. 胆汁黏稠度异常 引流出异常黏稠胆汁，多由于胆石症所致，如犬胆石症。引流出稀薄胆汁，多因慢性胆囊炎而胆汁浓缩不良所致。

3. 胆汁透明度异常 胆汁中混入大量胃液时，可使胆汁中的胆盐沉淀而致胆汁混浊，加入 NaOH 后可使沉淀的胆盐被溶解而变清。当引流液被溶解后胆汁仍然混浊并出现较多的团絮状物，可能因动物十二指肠炎、胆管炎、胆结石、消化性溃疡、胰腺癌等使胆汁含有较多的白细胞、上皮细胞及血液。

4. 颗粒沉淀物 引流液中出现颗粒状沉淀物，见肝管和胆管结石，即胆石症。颗粒颜色为棕黑色多见于牛、猪、犬的胆红素钙结石，白色、淡黄色颗粒见于鼠、猴和狒狒的胆固醇结石。如果是黄色或棕褐色颗粒多为混合胆石，见于各种动物。一般认为是机体代谢紊乱，胆管和胆囊的感染性和寄生虫性炎症，细菌团块和脱落的上皮细胞等形成结石核心物质，以及胆汁淤滞等，使胆红素颗粒、胆固醇和矿物质盐结晶沉积于核心物质上而形成结石。

5. 颜色异常 引流液中有血丝，多是由于插管损伤所致。血性引流液，见于猪、犬、马的急性胃肠炎症、消化性溃疡［原本消化食物的胃酸（盐酸）和胃蛋白酶（酶的一种）却消化了自身的胃壁和十二指肠壁，从而损伤黏膜组织，引发消化性溃疡］、胆囊癌，以及牛、马等的机械损伤造成的肝内出血、全身出血性疾病等。引流液污秽陈旧并有血块，见于胆囊炎、胆囊癌、肝出血或肝机械损伤。引流液为白色可能是因胆囊水肿、胆汁酸显著减少、黏液增多所致。脓性引流液见于动物化脓性肝胆疾病。引流液为绿色或黑褐色见于猪、牛、羊、马和犬等动物的胆汁淤积和胆石症。

（三）化学检查

动物十二指肠引流液的化学检查主要是针对胰腺外分泌功能，即促胰酶素-促胰液素试验。化学检查可用十二指肠液进行，目前主要应用于犬的临床诊断。

1. 检测原理 动物注射促胰酶素和促胰液素，前者引起富含酶的黏稠胰液分泌，后者引起富含电解质和 HCO_3^- 的胰液分泌，通过十二指肠引流管采集胰液，检查胰液流出量、胰液中 HCO_3^- 浓度和酶（淀粉酶）的排出量，用于衡量动物胰腺的外分泌功能。

2. 检测方法 采集完胰液后，迅速用自动生化分析仪检测淀粉酶含量，用血气分析仪检测碳酸氢盐浓度。

3. 参考值 犬胰液流出量一般为 10～30mL/h。最高碳酸氢盐浓度为 60～73mmol/L，淀粉酶排出量（Somogyi 法）为（332 812.5± 84 819.78）U/L。

4. 注意事项 本试验虽然可检查胰腺的外分泌功能，但不够准确，加之操作差异性较大且复杂，对动物损伤明显，仅在必要时采用。

5. 临床意义　胰液流出量减少、重碳酸氢盐浓度减少及淀粉酶排出量减少等均属异常，其中以重碳酸盐浓度减少最为重要，然后依次是淀粉酶浓度减少及胰液流出量减少。常见于动物胆道疾病引发的慢性胰腺炎、胰腺癌以及其他因素引起的胰腺慢性炎症。动物胰腺囊性纤维性变时也会使胰液流出量、重碳酸盐浓度及淀粉酶排出量均减少。

（四）显微镜检查

显微镜检查主要针对引流液中的细胞、结晶、黏液和病原体进行检查。来自胰液的蛋白酶、淀粉酶及脂肪酶能消化和破坏细胞，对引流液中细胞成分的检出极为不利，因此，最好在十二指肠引流完后立即进行显微镜检查。不能立即送检的标本，每 10mL 引流液中可加 40%甲醛 8～10 滴以固定其细胞成分。

1. 细胞　引流液检查细胞成分无需离心沉淀，直接取其团絮状物显微镜下检查。

（1）红细胞　正常引流液无红细胞，但是进行十二指肠“T”形瘘管安装术时，插管会损伤肠道壁，引起少量红细胞；若引流液中含有大量红细胞，多是某些肝胆疾病造成的，见于猪、犬、马的急性胃肠炎，肝、胆和胰等脏器的炎症，消化性溃疡，结石或肿瘤等，还见于牛或马等使役动物的劳役性肝损伤和肝出血。

（2）白细胞　健康动物引流液中白细胞数目较少或没有，并且主要为中性粒细胞。当有十二指肠、肝、胆、胃炎时，引流液中白细胞可大量增多，并有吞噬细胞。

（3）上皮细胞　正常动物引流液中可有肠道柱状上皮细胞，常无临床意义。在十二指肠炎、胆管炎时，柱状上皮细胞会明显增多，并伴有白细胞增高和黏液。

（4）肿瘤细胞　引流液为血性时，离心沉淀，作巴氏染色。胞核染为深蓝色，鳞状上皮底层、中层及表层角化前细胞胞质染为绿色，表层不全角化细胞胞质染为粉红色，完全角化细胞胞质呈橘黄色，高分化鳞癌细胞可染成粉红色或橘黄色，腺癌胞质呈灰蓝色，中性粒细胞、淋巴细胞和吞噬细胞胞质均为蓝色，红细胞染成粉红色，黏液染成淡蓝色或粉红色。根据细胞颜色判断有无肿瘤细胞。十二指肠引流液的细胞学检查对动物胆囊癌、肝外胆管癌及胰头癌的诊断均有重要的参考价值。

2. 结晶　健康动物的十二指肠引流液中无结晶。当动物患有胆石症时可出现相应的结晶，常见的结晶为胆红素钙结晶、胆固醇结晶和混合结晶。胆红素钙结晶主要见于牛、猪和犬胆结石，胆红素钙结晶主要成分是胆红素钙，为棕黑色细小或较粗的颗粒状结晶，硬度不一，形状不定，有时呈胆泥或胆沙状。胆固醇结晶为白色透明或淡黄色缺角的长方形，主要成分是胆固醇，质较软，该类结晶多见于鼠猴和狒狒等动物；混合型结晶，主要成分为胆红素、胆固醇和碳酸钙，呈黄色和棕褐色，质较硬。若结晶伴有红细胞存在，提示可能有结石。当胆汁因混有胃液而出现胆盐沉淀时，则可出现多量灰黑色无定形（形状不规则）的胆盐结晶，加 NaOH 后则全部溶解消失。

3. 黏液　正常引流液中有少量黏液，呈溶解状态，故显微镜检查时看不到黏液丝。动物胆管感染时黏液分泌增多，如荚膜杆菌、葡萄球菌、链球菌等细菌感染引起的胆管炎。胆管阻塞也可导致胆管感染，如动物胆汁淤滞、胆结石以及牛、羊肝片吸虫，猪、马胆道蛔虫等直接刺激和阻塞，显微镜检查时可发现黏液丝。胆总管感染，特别是胆囊颈部感染时，黏液丝会增多，呈螺旋状排列，此乃因胆囊颈部的黏膜皱襞呈螺旋状所致。动物十二指肠卡他性炎症，如动物肠道传染病以及饲料中毒或有毒植物中毒引起的十二指肠卡他性炎症，黏液丝增多呈平行状排列，并附有少量白细胞。因此，黏液的增多及其排列状态对十二指肠和胆管感染的诊断及定位有一定参考价值。

4. 病原体

（1）寄生虫及虫卵　取少量引流液涂片，显微镜下观察有无寄生虫及虫卵，并观察其形态。蛔虫主要寄生在小肠中，引流液中很少检出虫体，多为蛔虫卵，蛔虫卵为短椭圆形，大小为（50～75）μm×（20～40）μm，黄褐色，卵壳厚。引流液中可检出肝片吸虫及其虫卵，主要发生在牛、羊等反刍动物，虫体扁平，外观呈叶片状，体长 20～35mm，体宽 5～13mm，虫体前段呈圆锥状突出，体表有许多小刺，口吸盘位于头锥的前端，口吸盘稍后方为腹吸盘。吸虫卵呈长的卵圆形，黄褐色，前端较窄，有一个不明显的卵盖，后端较钝，卵壳较薄而透明，卵内充满着卵黄和一个胚细胞，虫卵大小为（116～132）μm×（66～82）μm。引流液中也可检出前后盘吸虫和虫卵，其成虫寄生于牛、羊等反刍动物的瘤胃和胆管壁上，较多的幼虫寄生在真胃、小肠、胆管和胆囊上，虫体呈深红色，圆柱状、梨形或圆锥形，口吸盘位于虫体前端，后吸盘位于虫体后端。矛形双腔吸虫可寄生在牛、羊、猪、马、骆驼和兔的胆管和胆囊中，常见于我国各地，尤其是西北一带，虫体呈棕红色，体扁平而透明，呈柳叶状，腹吸盘大于口吸盘，近于圆形。为提高检出阳性率，必要时可将各部分液体离心沉淀后显微镜检查其全部沉渣。

（2）细菌　可采用涂片法，取少量引流液涂于玻片，革兰氏染色，根据染色情况进行判断，革兰氏阴性菌为红色，阳性菌为紫色，动物胆管感染致病菌主要是革兰氏阴性菌，而入侵肝脏的致病菌有革兰氏阳性菌和阴性菌，也可混合感染，如荚膜杆菌、葡萄球菌、链球菌等细菌感染引起的肝脏和胆管炎症。

三、临床应用

随着影像学诊断技术的发展，胃液和十二指肠引流液检查对胃肠道疾病和胆管疾病诊断的价值已越来越不明显，但在条件比较差的地区或者影像学诊断技术不能确诊的情况下，胃液和十二指肠引流液检查对诊断某些胃肠道疾病及肝、胆、胰腺疾病仍有一定的价值。

（1）反刍动物瘤胃液及十二指肠引流液的检查主要应用于科研中，兽医临床应用较少，瘤胃液检查对了解胃的分泌和消化功能、鉴别诊断某些胃肠疾病、判断治疗效果都有一定的意义。如瘤胃液 pH、纤毛虫数量和活性检查，对瘤胃酸中毒、瘤胃碱中毒、前胃弛缓等反刍动物疾病有重要的价值。

（2）单胃动物胃液检查可辅助诊断猪、马等动物的胃肠道疾病，如胃酸过多症、胃部溃疡、胃扩张、胃液缺乏症或某些细菌或病毒导致的胃肠道疾病。

（3）协助诊断某些寄生虫病　对可疑有寄生虫感染而又难以确诊时，常作十二指肠引流液检查，如反刍动物的肝片吸虫病、前后盘吸虫、矛形双腔吸虫等，猪或马蛔虫病的诊断。

（4）确定胆石的性质　对于胆囊造影不显影或 B 超检查不能确诊的结石，十二指肠引流液检查是唯一的选择，并且可进一步做胆石化学成分分析，以确定胆石的性质，如猪、牛、羊、犬等动物的胆固醇结石、混合结石和胆红素钙结石，还有胆管和胆囊的感染性和寄生虫性炎症导致的胆石症。

（5）诊断胰腺疾病　采用促胰酶素-促胰液素试验，观察动物胰液量、碳酸氢盐和淀粉酶的变化，对诊断动物慢性胰腺炎、胰腺癌有一定价值，尤其对一些名贵犬种或者经济动物有一定的意义。

第七节　羊水检查

妊娠期间，羊膜腔中的液体称为羊水，是胎儿在子宫内生长发育的液态环境，也是胎儿和母体进行物质交换的重要场所。妊娠早期，羊水来自两个途径，其一为母体血浆通过胎膜进入羊膜腔的透析液，其二为来自胎儿脐带和胎盘表面羊膜及尚未角化的胎儿皮肤产生的透析液。这种由透析形成的羊水，其蛋白质含量及钠离子浓度稍低于血浆，而其他成分与血浆相似。随着胎龄的增长，胎尿排入羊水，成为羊水的来源之一，妊娠中、后期，胎尿成为羊水的主要来源。应用放射性核素研究结果表明，羊水在胎儿与母体间不断循环交换，保持动态平衡。因此，羊水与胎儿的关系非常密切，羊水检查可以了解胎儿在子宫内的发育状况、胎儿成熟度以及在宫内状态，是产前诊断的重要方法之一。

一、羊水的采集与处理

（一）羊水采集方法

1. 羊羊水采集方法　采集的方法有两种，一种为在B超引导下经腹壁进行羊膜腔穿刺取羊水。具体方法为，首先将孕羊仰卧保定于保定架上，之后用B超进行羊膜腔定位，在B超引导下用煮沸消毒的穿刺针经腹壁刺入羊膜腔吸出羊水。双胎时，将先已吸过羊水的羊膜腔注入0.5%刚果红1mL，以防止在吸第二个胎儿羊水时，再吸出的还是第一个胎儿的羊水。另一种采集羊水的方法是通过手术剖腹取出子宫，将子宫壁切开，暴露出羊膜腔，然后用注射器吸取羊水。

2. 兔羊水采集方法　采集前禁食12h，饮水随意。按每千克体重1mL耳缘静脉注射3%戊巴比妥钠麻醉，仰卧固定于兔台上，腹正中线切口10cm，暴露子宫，无菌温盐水清洗子宫后切开，剪开羊膜，用注射器吸出羊水。

3. 鼠羊水采集方法　采集前12h禁食，饮水随意。按每100g体重0.35mg从腹腔注入水合氯醛注射液麻醉。将孕鼠置于鼠板上，固定头部和四肢，备皮，于下腹正中切口3cm，切开子宫壁，用注射器吸取羊水。

（二）羊水采集后的处理

将采集的羊水分为3类，一类为血液污染的，第二类为胎粪污染的，第三类为无污染的。抽出的羊水标本应立即送检，若不能立即送检，应置4℃冰箱保存，但不应超过24h。

二、一般检查

（一）物理学检查

1. 颜色　正常妊娠早期羊水为无色透明或淡黄色液体，妊娠晚期羊水中因混有胎儿脱落上皮细胞、胎脂、毛发、少量白细胞、清蛋白而略显混浊；若胎儿窘迫时，羊水中因混有胎粪而呈黄绿色或深绿色；母子血型不合时羊水中因含有大量胆红素而成为金黄色；羊膜腔内明显感染时，羊水呈脓性混浊且有臭味；胎盘功能减退或过期妊娠时，羊水为黄色、黏稠且能拉丝；如为棕红色或褐色多为胎儿已经死亡。

2. 羊水量 正常妊娠时羊水量初期逐渐增多，后期减少，羊水在胎儿与母体间不断交换，维持动态平衡。

测量方法：包括B型超声探测法、直接法和间接法等。B型超声探测法是测量最大羊水池与子宫轮廓相垂直深度，此法简便易行、无创无痛、准确性高；直接法是产畜破膜时收集羊水直接测量；间接法是将已知剂量的标记物注入羊水腔，从标记物被稀释的程度换算出羊水量。

临床意义：羊水过多，见于胎儿畸形，如无脑、脑膨出、脊柱裂或胎儿消化道畸形等；胎盘脐带病变，如胎盘绒毛血管瘤、脐带帆状附着、多胎妊娠等。羊水过少，见于胎儿畸形如先天肾缺失、双肾发育不全、尿道闭锁；过期妊娠，胎盘功能减退，由于灌注量不足导致羊水过少；胎儿宫内发育迟缓，如慢性缺氧引起胎儿血液循环重新分配、肾血流量下降、胎尿生成减少致羊水过少。

3. pH 妊娠晚期，胎儿肾排泄的固定酸增加，使羊水中P_{CO_2}上升，碳酸氢盐减少，pH略升高，过期妊娠及胎儿宫内发育迟缓者，羊水中P_{CO_2}均较正常时为高，如有胎儿死亡，因胎儿窒息继发的糖酵解作用可使羊水pH降低。

测定方法：常用指示剂法，常用的指示剂为溴麝香草酚蓝，在羊水上清液中加入该指示剂，一般在玻片上或试管中加羊水上清2～3滴，加溴麝香草酚蓝1滴于上清中，混匀，将颜色的变化与标准比色板比较判断pH。

注意事项：加指示剂于上清后要混匀，立即观察颜色的变化，肉眼观察时最好以白色作为背景。

（二）羊水中细胞的检查

羊水细胞依其来源分两类，一类来自胎儿表层的脱落细胞，核小，染色质较致密。另一类来自于羊膜的细胞，核大，细胞质的染色较深。用硫酸尼罗蓝染色，将羊水沉渣悬液滴在载玻片上，加0.1%硫酸尼罗蓝液1滴混合，加盖玻片经2～3min后，在火焰上缓慢加热至50～60℃，然后在光镜下观察，可将来自皮脂腺的细胞染成橘黄色，这类细胞增多，说明胎儿成熟。

（三）生化及免疫学检查

羊水的生化及免疫学检查主要用于遗传性代谢病的诊断。先天性代谢病产前诊断方法大都比较复杂。目前临床实验室能够开展一些方法简单主要用于黏多糖沉积病、开放性神经管缺陷和某些酶缺陷的检查。

1. 黏多糖沉积病的检查 黏多糖沉积病是由于细胞溶酶体酸性水解酶先天性缺陷所致，主要表现为严重的骨骼畸形、肝脾肿大及其他畸形。测定培养羊水细胞内酸性水解酶活性，是黏多糖沉积病产前诊断的最佳方法，该法对实验设备及操作人员技术水平要求较高，一般实验室难以开展。目前，临床实验室常用的两种较为简单实用的方法是甲苯胺蓝定性及糖醛酸半定量试验。

(1) 甲苯胺蓝定性试验

①检测原理：正常妊娠早期，羊水甲苯胺蓝定性试验为弱阳性，妊娠中、后期应为阴性。如妊娠中、后期羊水甲苯胺蓝定性试验阳性，提示胎儿患有黏多糖沉积病。本试验对产前诊断黏多糖沉积病有辅助诊断价值。

②检测方法：收集羊水，用吸管吸取 0.1mL 羊水，一滴一滴地滴于滤纸上，每滴一次羊水后即用吹风机吹干，使成 6cm 左右圆斑，将已吹干的羊水斑滤纸浸于 0.2%甲苯胺蓝染液（甲苯胺蓝 1g 加蒸馏水 100mL，再取该液 5mL 加丙酮 20mL 即成）染色 45s，取出使其自然干燥，将上述已干的染色羊水斑滤纸浸于 10%醋酸中（冰醋酸 10mL 加蒸馏水 90mL），浸泡 4min 脱色 1～2 次，空气中干燥。同时用正常羊水做对照。羊水斑处呈紫蓝色环状或点状为阳性，正常羊水斑无色为阴性。

(2) 糖醛酸半定量试验

①检测原理：肌酐中糖醛酸含量可以反映酸性黏多糖的多少。羊水中酸性黏多糖与四硼酸钠硫酸溶液反应后生成糖醛酸，以每毫升肌酐中糖醛酸的量反映酸性黏多糖的多少。随着妊娠的进展，糖醛酸含量逐渐减少。

②检测方法：吸取羊水上清液 0.2mL 加到盛有 5mL 四硼酸钠硫酸溶液（硫酸相对密度 1.84）的试管中，加塞，颠倒混匀，置沸水浴内 10min，取出，在室温中冷却。吸取 0.125%咔唑无水乙醇溶液 0.2mL，逐滴加入上述溶液中，颠倒混匀，置沸水浴内 15min，取出，在室温静置 2h。以四硼酸钠硫酸溶液为空白对照，在分光光度计 530nm 波长比色，读取光密度。吸取不同浓度的葡萄糖醛酸标准溶液各 0.2mL，重复上述操作，读取各管光密度，制成标准曲线。按照羊水样品的光密度，从标准曲线上求得其糖醛酸含量。测定每份羊水样品内的肌酐含量，作为糖醛酸浓度的计量单位。

2. 神经管缺陷的检查

(1) 甲胎蛋白（AFP）

①测定方法：取妊娠中期羊水上清，100 倍稀释后，按血清 AFP 免疫学方法测定。目前主要采用时间分辨荧光免疫法，通过时间分辨荧光分析仪用 AFP 测定试剂盒测定。检测 AFP 的新型方法还有化学发光免疫分析法（CLIA），同传统的方法相比，它继承了同位素灵敏度高的优点，同时克服了其放射性污染及半衰期短的缺点，但由于试剂成本高，CLIA 仍未广泛应用于临床。AFP 诊断开放神经管畸形的准确率达 90%以上。AFP 检测尚未用于兽医临床。

②临床意义：羊水甲胎蛋白的测定是目前诊断神经管缺陷的常规方法。AFP 主要在胎儿肝脏及卵黄囊内合成，羊水中 AFP 主要来自胎儿尿，小部分来自绒毛膜细胞。开放性神经管缺陷的胎儿，如无脑和脊柱裂胎儿，胎血内的 AFP 可从暴露的神经组织和脉络丛渗入羊水，使 AFP 高于正常 10 倍以上。羊水中 AFP 测定对胎儿神经管缺陷诊断属非特异性的检查。胎儿血中 AFP 含量比羊水高 150～200 倍，故穿刺伤及胎儿及胎盘，可出现假性升高（必须注意此点）。此外，胎儿其他畸形如先天性肾疾病、食管闭锁、脑积水、骶尾畸形瘤、染色体异常、糖尿病等各种原因引起的胎盘功能不足、流产、胎死宫内等，羊水 AFP 也可升高。

(2) 总胆碱酯酶（TChE） 依其对乙酰胆碱的亲和力差异，分为真性胆碱酯酶和假性胆碱酯酶两种。胎儿早期机体内即已合成 ChE，当胎儿神经还不成熟时，从胎儿的脑脊液和血液渗出到羊水中的 ChE 比成熟时为多，故作为羊水 TChE 测定，结合胎儿羊水中 AFP 含量，可用于对开放性神经管缺陷的诊断。

①测定方法：采用聚丙烯酰胺凝胶电泳法。收集羊水标本后，即 3 000r/min 离心 15min，取上清液立即测定或贮于－20℃，羊水标本、甘油、双蒸水及标记蛋白液各 25μL 等量混合，为加入每一标本孔的量，之后进行电泳。

②注意事项：检测时应注意温度不可过低，温度过低，存在氧分子或不纯物时都可能延迟凝胶聚合，为避免溶液中的气泡藏有氧分子而妨碍聚合，在聚合前将溶液分别抽气，然后再混合；新鲜羊水标本抽取后应立即离心，可去除污染的红细胞，如不能立即检测可－20℃保存；羊水穿刺时，前几滴羊水应予弃去。

（3）羊水中真性胆碱酯酶（AChE） 羊水中 AChE 活性增高与胎儿开放性神经管畸形高度相关。聚丙烯酰胺凝胶电泳分析是当前羊水中 AChE 定性常用的方法，定性分析 AChE，有助于胎儿开放性神经管畸形的确诊。

①测定方法：采集羊水后，即刻 3 000r/min 离心 15min，取上清液立即测定，羊水标本、甘油、双蒸水及标记蛋白液各 25μL 等量混合，为加入每一标本孔的量，之后在 pH 8.1 下进行聚丙烯酰胺凝胶电泳。聚丙烯酰胺交联网具有分子筛效应，因此，羊水中各种蛋白组分在向正极移动的过程中，可通过泳动速度将假性胆碱酯酶（PChE）和 AChE 分开，再根据酶学反应原理，与 ChE 底物乙酰硫代胆碱和反应试剂共同温育，ChE 分解底物产生的硫代胆碱与铜离子反应形成复合物，在酶区视野出现白色沉淀线。正常羊水电泳后可见一条慢速的 PChE 区带，快速的 AChE 区带极微。开放神经管缺陷羊水可见明显的快泳 AChE 区带，而同时等量加入 AChE 特异抑制剂（bw284c51 样品）电泳后，可见此 AChE 区带消失。

②注意事项：AChE 定性电泳时一定要做阳性与阴性对照，以保证结果判断准确无误，采用凝胶电泳分析，对无脑畸形和开放性脊柱裂的诊断率可达到 99.5%，但胎儿患脐疝流产和其他严重先天畸形，羊水 AChE 也可呈阳性，因此确诊还须结合其他检查综合考虑。

3. 胰腺纤维囊性变的检查

（1）γ-谷氨酰转移酶（γ-GT） γ-GT 是产前早期诊断胰腺纤维囊性变的最佳指标。在人，正常妊娠羊水 γ-GT 活性以妊娠 14～15 周时为最高，约为母体血浆的 10～100 倍，然后渐降，至胎龄 30～40 周时，只有 15 周时的 1/40，于 15 周左右测定 γ-GT 活性是产前早期诊断胰腺纤维囊性变的最佳指标，预测准确性达 77%～84%。γ-GT 下降的原因是富含 γ-GT 的小肠微绒毛停止发育或有酶的抑制物释入羊水所致。此外，胎儿的染色体病，如 21 三体或 18 三体综合征畸胎 γ-GT 也明显下降。因此，测定羊水中 γ-GT活性，对早期诊断胰腺纤维囊性变是一项非特异指标。可采用 γ-谷氨酰转移酶测定试剂盒进行检测，目前该项检查在兽医临床的应用未见报道。

（2）碱性磷酸酶 研究表明，胎儿 ALP 主要分为小肠型、胎盘型和组织非特异型三类。胎儿胰腺纤维囊性变时由于小肠黏膜表面微绒毛异常而致小肠型 ALP 极度下降，羊水中 ALP 活性明显降低，故检测羊水中 ALP 活性可以作为胎儿胰腺纤维囊性变的产前诊断指标。

测定方法：取羊水上清液用自动生化分析仪分析。

4. 死胎的检查

(1) 肌酸激酶（CK） 测定原理：羊水 CK 活性与胎龄无关，羊水 CK 升高，主要源于死胎组织的骨骼肌分解，所以 CK 活性与死亡时间呈正相关，而且是肌型 CK 升高。此外，畸胎瘤、腹裂或无脑畸胎羊水的脑型 CK 含量亦可升高。

测定方法：参照脑脊液 CK 测定方法。

(2) 乳酸脱氢酶（LD） 死胎羊水 LD 活性明显升高，但由于宫内组织损伤，羊水受红细胞污染等均可引起羊水 LD 增高，故特异性不强。具体检测方法可参照脑脊液 LD 的测定方法。

(四) 羊水细胞内酶分析

先天性代谢缺陷病系因基因突变导致某种酶的缺失，从而引起相关代谢过程抑制，代谢中间产物聚集而表现出多种临床症状。

测定方法：常规消毒，用穿刺针穿刺，首先用 5mL 注射器抽取约 1mL 羊水弃去，再换 10mL 注射器抽取羊水约 5mL，注入 1 次性的无菌离心管中，以 1 200～1 300r/min 离心 10min，弃去上清液，保留 0.5mL 羊水，轻轻混悬细胞。将羊水细胞放在铺有聚酯膜的塑料培养皿中，培养 8～14d，待细胞生长到 1 000～10 000 个，迅速将长有细胞的培养皿冰冻干燥，然后在显微镜下将其切成含 10～20 个细胞的小片，在石蜡的保护下，将其与少量底物保温，当细胞和底物发生反应后，用毛细管吸出已形成的荧光显色产物，在显微分光光度计或显微荧光光度计下进行测定。酶缺陷纯合子者不显色，杂合子者显色较正常对照减低。

三、胎儿成熟度检查

借助羊水中某种物质的消长可观察胎儿脏器功能，决定某一脏器的成熟度。如测定构成肺表面活性物质的磷脂浓度可判定肺成熟度，肌酐的量可判定肌肉及肾的成熟度，淀粉酶的活性可判定唾液腺的成熟度等。胎儿成熟度的监测是决定高危妊娠处理方针的一个重要依据。

(一) 肺成熟度检查

不同器官在出生后如何适应外界环境亦不同，其中以胎肺功能最为重要，它决定胎儿在出生后能否存活，因而在相当大的程度上，胎肺成熟度与胎儿成熟度可作为同义词。胎儿肺成熟的检查对判定特发性呼吸窘迫综合征（肺透明膜病，irds）极有意义。肺中肺表面活性物质（Ps）与胎肺发育成熟度密切相关。对维持肺泡的稳定起重要作用。表面活性物质由肺泡Ⅱ型细胞，尤其是其中板层小体合成、分泌、贮存，主要成分是磷脂酰胆碱即卵磷脂（L），卵磷脂中含二棕榈酸卵磷脂（DPPC），棕榈酸可降低肺泡表面张力。肺表面活性物质中还有磷脂酰甘油（PG）、磷脂酰肌醇（PI）、磷脂酰丝氨酸（PS）、磷脂酰乙醇胺（PE）、鞘磷脂（S）、甘油三酯和脂肪酸等。

1. 表面活性物质功能的测定

(1) 羊水泡沫试验　羊水中的一些物质可降低水的表面张力，经振荡后，在试管液面上形成稳定的泡沫层。在抗泡剂乙醇的作用下，由蛋白质、胆盐、游离脂肪酸和不饱和磷脂等形成的泡沫被迅速消除，而羊水中的肺泡表面活性物质和磷脂经振荡后形成的泡沫在室温下可保持数小时。

取试管 2 支，第一管羊水与 95%乙醇之比为 1∶1，第二管比例为 1∶2。经强力振荡 15～20s 后，静置 15min 后观察，如第二管表面存在完整泡沫环，则卵磷脂/鞘磷脂≥2，提示胎肺成熟，如仅第一管表面存在完整泡沫环，则卵磷脂/鞘磷脂可能<2，或两管均不见泡沫环，则提示胎肺不成熟。进一步精确的羊水泡沫试验还可以将羊水与 95%乙醇进行一系列的稀释试验。

该试验是最常用的现场试验，该法简易、快速、价廉、准确，但有一定主观性。

（2）泡沫稳定指数（FSI） 泡沫稳定指数为泡沫试验的改良方法。此方法是用 14 个体积梯度的 950mL/L 酒精管，每管加入 0.05mL 的羊水后加入酒精，使最终体积为 0.42、0.43、0.44mL，一直到 0.55mL。然后振荡 30s，静置 15s 后观察结果。以在液面处形成泡沫圈的最高酒精体积比为 FSI 值，当 FSI 达 0.47 时很少发生呼吸窘迫综合征。该试验较灵敏，但当羊水中有血液或胎粪污染时结果无效，可作为筛选性试验。

（3）微泡稳定试验 又称安定小泡试验，是将羊水用内径 1mm、长 22.5cm 的滴管吸至刻度 5cm 处，将吸管垂直于凹玻片中，将羊水排出再吸入 5cm 处，在 6s 内反复进行 20 次，把羊水滴入改良的 Neubauer 血细胞计数板中，静置 4min，用 10×40 的高倍镜计数二角大方格中的气泡数（气泡直径小于 15μm）。该法可直接检测羊水中表面活性物质的总量，优于只测定羊水中一种表面活性物质的其他方法，操作简便、快速（整个过程仅 8min），且可定量，目前已为日本广泛使用，据报道，该法对呼吸窘迫综合征的诊断率为 100%。

2. 羊水磷脂成分的定量检测

（1）卵磷脂/鞘磷脂（L/S） 卵磷脂含量可反映表面活性物质的含量，在产前其量迅速增加。根据动物种属不同，开始增加的时间各不相同。而鞘磷脂的含量在平稳中略有下降，所以二者的比值增加。因为血中卵磷脂含量几乎比羊水中高 9 倍，所以当羊水中有血污染时，假阳性率很高，以标准鞘磷脂作为对照可提高准确率，一般以 L/S≥2 为胎肺成熟的标准。

测定方法：常用薄层层析法和羊水红外光谱法。薄层层析法因其所需仪器较为简单，且操作过程简便、易行，一直被广泛使用，但容易受实际操作条件、样品及具体操作手法差异的影响。红外光谱法特征性强、测定快、试样用量少、操作简便，但分析灵敏度较低、定量分析误差较大。

（2）二棕榈酸卵磷脂（DPPC）和不饱和卵磷脂（DSPC） DPPC 是一种饱和脂肪酸，对降低肺泡表面张力、维持肺泡稳定性起着重要作用。气相色谱法检测羊水中 DPPC 是一种检测肺表面活性物质成分的高度特异性的实验室检测手段。羊水中 DSPC 的测定也可判断胎肺成熟度。

测定方法：常用薄层层析法和直接比色法。

（3）磷脂酰甘油 酸性磷脂（PG），可增进整个表面物质系统形成，增加表面活性物质在肺泡内层展开，还可增加 DPPC 的作用。PG 出现即代表肺发育成熟，然后其继续增加直至分娩，只要羊水中有 PG 存在，就不会发生呼吸窘迫综合征，如果 PG 与 L/S 不一致，则以 PG 值为准。羊水中 PG 除表面活性物质外，极少有其他来源，所以血或胎粪污染不影响 PG 检测。

测定方法：常用薄层层析法，此外，也可用乳胶凝集试验、酶标法等。薄层层析法因其所需仪器较为简单，且操作过程简便、易行，一直被广泛使用。

3. 羊水混浊度的评估

（1）*目测法*　怀孕早期及中期羊水黄而清，怀孕晚期变为无色，临近产前变混浊、絮状，可有胎脂。由于动物种属差异，出现混浊的时间也不相同。当羊水有胎脂则变混浊，通常提示有成熟的 L/S。

（2）*吸光度*　羊水吸光度测定是以羊水中磷脂类物质的含量与其浊度之间的关系为基础的。当波长为 650nm 时，羊水中磷脂类物质越多，A_{650}越大，胎儿的成熟度越好。

测定方法：以蒸馏水调零，光径 1cm，波长 650nm，读取光密度值。临床多以 650nm 时的吸光率≥0.15 为临界值判断胎肺成熟度。当光密度＞0.20 时，胎肺一定成熟；光密度＜0.10 时，胎肺不成熟。因此，650nm 光密度检测法可作为筛选检测，对于光密度为 0.10～0.20 的羊水再进行 L/S 或 PG 等检测。

4. 羊水荧光偏振度（FP）　测定原理：FP 检测是在羊水中加入脂溶性荧光探针，用荧光分光光度仪测定羊水全部磷脂微粒间微黏度，来估测胎肺成熟度的生物物理新方法。其原理是液性物质的表面张力与微黏度之间有密切关系，它是由液体分子间的相互作用所产生的一种物理变化，故肺表面活性物质产生的表面张力可以用羊水脂粒的微黏度来估测。当 L/S 升高时，FP 值下降，假阳性率低，但若标本中有血液则不能使用。此法测定成本费用高，但比 L/S 快捷，目前尚未广泛使用。

通过测定羊水指标判断胎肺成熟度须进行羊膜腔穿刺，有一定危险，主要是应用在人，在兽医临床中还未见报道。近年来一些学者把目光投向简单又无创伤的超声检查。目前常用的 B 超可检测各器官径线值、胎肺形态及胎肺回声，也可用多普勒超声判断胎肺成熟等指标。

（二）肾成熟度的检查

1. 羊水肌酐测定　羊水中的肌酐为胎儿肌组织中肌酸的代谢产物，经肾脏随胎儿尿液排入羊水，其排泄量是反映胎儿肾成熟度的可靠指标，但其浓度受羊水量和胎儿肌肉发育程度及孕畜血浆肌酐浓度的影响，在分析肌酐测定结果时须加以注意。

常用的测定方法有高效液相层析法、毛细管电泳法和碱性苦味酸法。

（1）*高效液相层析法*　肌酐在弱酸性环境中带正电荷，通过阳离子交换层析柱可与其他成分很好地分离。在 234nm 测定其吸光度。标本经除蛋白和乙酸乙酯处理后上柱分析。此法精密度高、特异性好、回收率高，但不适用于大批量的临床标本分析，通常作为肌酐测定的参考方法，用于评价市售肌酐测定试剂盒和某些科研项目。

（2）*毛细管电泳法*　羊水低速离心取上清液，用毛细管电泳分离，测定 235nm 处吸光度。本法测定线性范围宽，操作较为简便，但需毛细管电泳设备和进行血清标本的预处理。临床常规使用困难。

（3）*碱性苦味酸法*　肌酐在碱性条件下和苦味酸反应生成红黄色化合物，在波长 505～520nm 处比色分析。本法成本低廉，操作简便，是目前国内测定肌酐最常用的方法之一。

2. 羊水葡萄糖测定（AFG） AFG主要来源于母体血浆，部分来自胎尿。妊娠中随胎儿肾逐渐发育成熟，肾小管对葡萄糖的重吸收作用增强，由胎儿尿液排入羊水中的葡萄糖减少。随胎龄的增加，胎盘的通透性降低，由母体血浆进入羊水的葡萄糖也相应减少，故AFG逐步减低，因此测定AFG可以反映胎儿肾发育情况。

测定原理和测定方法：与脑脊液葡萄糖测定方法一致，采用葡萄糖测定试剂盒测定。

（三）肝成熟度检查

测定原理：羊水中胆红素浓度与胎儿肝脏酶系统发育成熟程度相关，检测羊水中胆红素浓度可以反映胎儿肝成熟程度，随着胎儿肝脏酶系统发育成熟，羊水中未结合胆红素逐渐减少，结合型胆红素逐渐增多。

测定方法：用分光光度法测定吸光度，取过滤羊水，以蒸馏水调零，胆红素在450nm处有吸收峰，读取A_{450}值，可以作为判断胎儿肝成熟度的一个指标。检测羊水A_{450}还可以辅助诊断胎儿溶血及评估溶血进展情况。

（四）皮肤成熟度检查

测定原理：羊水中的脂肪细胞，来自胎儿皮脂腺及汗腺的脱落细胞。随着胎龄的增加，胎儿皮脂腺逐渐发育成熟，羊水中脂肪细胞比率相应增高。因此计数羊水中脂肪细胞的百分率，可作为评价胎儿皮肤成熟程度的指标。

测定方法：羊水离心，取沉淀滴于载玻片上，加1.36mmol/ L硫酸尼罗蓝水溶液1滴混匀，加盖玻片1～2min，在火焰上缓慢加热到50～60℃，维持2～3min镜检。脂肪细胞染成橘黄色，无核，其他细胞呈蓝色，计数200～500个细胞，算出脂肪细胞百分率。

（五）唾液腺成熟度检查

测定原理：羊水中唾液腺型淀粉酶活性能够反映胎儿唾液腺成熟程度。羊水中淀粉酶根据其来源分为胰腺型同工酶和唾液腺型同工酶。胰腺型同工酶活性在妊娠过程中无明显变化，随胎龄发展，胎儿唾液腺开始有分泌功能，羊水中唾液腺型淀粉酶活性快速增高，因此测定羊水中淀粉酶活性可作为判断胎儿唾液腺成熟度的指标。羊水中淀粉酶活性测定采用Somogyi法，一般>120U/L为成熟。

参 考 文 献

蔡宝祥，刘秀梵，沈正达，等.2001. 家畜传染病学［M］. 北京：中国农业出版社.

曹远东，章龙珍，王梅申，等.2005. 两种采集SD大鼠脑脊液方法的比较［J］. 徐州医学院学报，25（4）：317-319.

查振刚.2005. 膝关节液微粒体理化特性测定用于关节疾病诊断与预后的研究［D］. 广州：暨南大学.

陈主初，吴瑞生.2001. 实验动物学［M］. 长沙：湖南科学技术出版社：191.

丛龙飞，康忠良.2006. 种公牛采精技术要点［J］. 繁殖育种，8：19-20.

丛玉隆.1999. 体液学检查进展［J］. 中华医学检验杂志，7，22（4）：246-2504.

东北农业大学主编.2001. 兽医临床诊断学［M］. 北京：中国农业出版社：211-215.

樊锦秀，李素珍，梅丽萍.1998. 血液分析仪在浆膜腔积液计数及分类中的应用［J］. 实用医技杂志，5（2）：449-450.

范秀军，孙郁柱，李生，等.2000. 哺乳动物胎儿肺成熟检测方法的研究概况［J］. 动物医学进展，23

(5)：31-33.
甘肃农业大学兽医系内科教研组编．1960. 兽医临床检验手册［M］. 北京：农垦出版社：70-76.
高航云，秦望森．1995. 实用临床检验诊断［M］. 郑州：河南科学技术出版社：73.
龚道元．2007. 临床基础检验学［M］. 北京：高等教育出版社：110-282.
和协超．2000. 电刺激采集大额牛精液及其超低温冷冻的初步研究［J］. 兽医学报，8（3）：239-240.
胡国英，程晓惠，周学武．2007. 鼠羊水栓塞肺病理变化及补体作用的探讨［J］. 中华医学实践杂志，6（7）：580-582.
胡玲，张迎梅．2008. 血清前白蛋白和C-反应蛋白联合检测临床意义［J］. 医学理论与实践，21（6）：649-651.
孔繁元，范学文．2005. 脑脊液细胞学检查的临床应用［J］. 新医学，31（5）：303-304.
寇丽筠．1999. 临床基础检验学［M］. 北京：人民卫生出版社：203-206.
李彬．2005. 寡克隆区带、24h鞘内合成率及IgG指数对多发性硬化的诊断价值［D］. 石家庄：河北医科大学．
李剑欣，张绪梅，徐琪寿．2005. 色氨酸的生理生化作用及其应用［J］. 氨基酸和生物资源，27（3）：58-62.
李聚学．2003. 小鼠的非手术法采精［J］. 动物学报，50（4）：657-661.
李克荣．2007. 鸡的人工授精技术［J］. 畜牧兽医科技信息（9）：34.
罗满林，顾为望．2002. 实验动物学［M］. 北京：中国农业出版社：244.
毛元英，曾尚霞．2005. 脑脊液中腺苷脱氨酶和C反应蛋白的检测［J］. 四川医学，26（7）：765.
宁振英，苏咏梅．2009. C-反应蛋白检测的临床应用［J］. 牡丹江医学院学报，30（3）：76-77.
施新猷．2000. 现代医学实验动物学［M］. 北京：人民军医出版社：328-330..
世界卫生组织．2001. 人类精液及精子—宫颈黏液相互作用实验室检验手册［M］. 国家计划生育委员会科学技术研究所，译．第4版．北京：人民卫生出版社：89-95.
宋翠荣．2007. 髓鞘碱性蛋白的临床应用［J］. 天津医科大学学报，13（1）：115-121.
粟秀初．2005. 脑脊液细胞学检查在中枢神经系统疾病诊疗中的应用［J］. 世界核心医学期刊文摘·神经病学，1（3）：1-2.
孙秀奎．2003. 徒手采集猪精液技术［J］. 黑龙江动物繁殖（1）：30-31.
万九生．2004. 狼种犬的精液采集技巧［J］. 养犬（1）：31-33.
王国金，卫小春，李鹏，等．2009. 血清和关节液透明质酸含量的测定及其意义［J］. 中国药物与临床，9：34-36.
王健，华明．1988. 尿蛋白SDS-CBG测定法［J］. 中国运动医学杂志，7（2）：83-84.
王力波．1998. 犬的采精与人工授精［J］. 黑龙江动物繁殖（6）：34-35.
王莉．2004. 结核性脑膜炎患者脑脊液中腺苷脱氨酶和结核抗体水平研究［D］. 长春：吉林大学．
王书林，王哲，王洪斌，等．2006. 兽医临床诊断学［M］. 北京：中国农业出版社．
王小龙，石发庆，张德群，等．2004. 兽医内科学［M］. 北京：中国农业大学出版社：161-197.
王晓丽，毕可东，张剑，等．2007. 奶牛人造瘤胃瘘管及十二指肠瘘管的手术体会［J］. 中国奶牛，1.
息今波．1994. 用人工假阴道器采集几种动物模型的精液及其质量分析［J］. 吉林医学院学报，14：5-7.
熊立凡，金大鸣．2004. 脑脊液常规检查及进展［J］. 中华检验医学杂志，27（10）：714716.
熊立凡，李树仁，丁磊，等．2005. 临床检验基础［M］. 北京市：人民卫生出版社：197-314.
张鹏．2005. 血浆乳酸测定方法的建立［J］. 实用医技杂志，12（19）：2831-2832.
张普光，魏森林，李淑荃．1994. 外伤性膝关节腔积液的超声诊断［J］. 医学影像学杂志，4（2）：

73 - 74.

张永英 . 2002. 波尔山羊的采精技术 [J]. 邯郸农业高等专科学校学报 (19): 21.

张之芬, 沈亚娟, 刘芸 . 2002. 中枢神经系统常见疾病的典型脑脊液细胞学表现 [J]. 现代诊断与治疗, 1 (4): 219 - 220.

郑新民 . 2005. 小鼠采精方法的研究 [J]. 中国比较医学杂志, 4 (15): 88 - 91.

中国畜牧兽医学会 . 2007. 中国畜牧兽医学会养犬学分会第十二次全国养犬学术研讨会论文集 [C]. 深圳: [出版者不详].

中国畜牧兽医学会 . 2008. 中国畜牧兽医学会动物解剖学及组织胚胎学分会第十五次学术研讨会论文集 [C]. 杨凌: [出版者不详].

邹立新, 魏忠华, 李清明, 等 . 2009. 脑脊液乳酸、蛋白含量和酶活性测定在脑膜炎临床中的应用 [J]. 重庆医学, 38 (19): 2439 - 2440.

Young - Min S A, Cawston T E, Griffiths I D. 2001. Markers of joint destruction: principles, problems, and potentiaL [J]. Ann Rheum Dis, 60: 545 - 549.

第十二章

兽医病理学检查

兽医病理学通过研究疾病的病因、发病机理和患病机体内所呈现的代谢、机能、形态、结构的变化，来阐明疾病发生、发展及其转归的规律，为疾病的诊断和防治提供理论基础。

兽医病理诊断技术是运用兽医病理学理论和病理学研究方法、手段对临床病例进行诊断的技术，是畜禽疾病诊断的重要方法之一。其目的和任务主要是研究各种动物疾病的病变特点，寻找疾病发生的原因和发生机理，从而对不同疾病做出病理学诊断和鉴别诊断，直接为临床防治疾病服务。

兽医病理诊断技术包括尸体剖检技术、病理常规组织学诊断技术、活体组织检查和细胞学检查技术、电子显微镜检查技术、免疫组织化学技术、原位核酸分子杂交技术和原位PCR技术、流式细胞仪技术、激光扫描共聚焦显微镜检查技术等。其中尸体剖检技术、病理常规组织学诊断技术、活体组织检查和细胞学检查技术是病理学研究和病理诊断中最基本、最重要、最常用的方法，国外把这3种研究（方法）喻为病理科室和病理医学的“ABC”。

第一节　尸体剖检技术

尸体剖检技术是运用病理解剖学知识，通过检查尸体的病理变化，来诊断疾病的一种方法。剖检时，必须对死亡动物尸体的病理变化做到全面观察，客观描述，详细记录，然后运用辩证唯物主义的观点，进行科学分析和推理判断，从中作出符合客观实际的病理解剖学诊断，为疾病的诊断和预防提供理论依据。

一、动物尸体剖检技术

动物尸体剖检简称尸检，它是运用病理解剖学及有关学科知识，通过检查动物尸体的病理变化，来诊断疾病的一种方法。它是病理学最基本的研究方法之一。尸检技术在兽医科学中具有重要作用，其特点是方便、迅速，客观，直接、准确。同时通过尸体剖检可以尽快发现和确诊某些传染病、寄生虫病和新发生的群发性疾病，特别是在畜禽发生群发性疾病的早期，通过扑杀先发病的动物，根据所见的病理变化进行诊断，可做到早诊断，早预防，使疾病造成的损失减低到最低程度。

有些疾病经过诊断和治疗，效果不好或死亡，通过尸体剖检直接观察尸体各器官、组织及细胞的各种病变，对其分析，找出临床诊断和治疗上的问题、导致疗效不好或死亡的原因。通过剖检，对动物的发病原因、病理变化等方面进一步深入研究，或发现新的疾病，为促进兽医学科和医学的发展积累更多的资料，可提高疾病诊断质量和治疗水平，为防疫部门及时采取防治措施提供依据。

有些疾病（狂犬病、肿瘤性疾病等），必须通过尸检，作病理学检查，才能最后确诊。通过尸体剖检广泛收集各种疾病的病理标本和病理资料，可以为深入研究和揭示某些疑难病症的发病机理并最终控制它们提供重要的基础资料。

尸体剖检的优点是可全面系统地检查，可随意取材，不受时间限制，因而诊断全面、确切，对死因的分析客观、可信。所以，它在总结经验、提高诊疗水平和解决医疗纠纷、法医纠纷等方面，在积累系统的病理资料、认识新病种及发展医学等方面，都做出了巨大贡献。

其缺点是：由于组织细胞的死后变化，会不同程度地影响酶类、抗原、超微结构以至组织细胞形态的检查。另外，所检查的多为静止于死前的晚期病变，无法观察早期病变及其动态变化过程。

二、尸体剖检的准备工作及注意事项

（一）事前准备

进行尸体剖检前，剖检者必须先仔细阅读送检单，了解病死畜禽生前的病史，包括临床各种化验、检查、诊断和死因；此外，还应注意到治疗后病程演变经过情况，以及临床工作人员对本例病理解剖所需解答的问题，做到心中有数。

根据临床症状，流行病学等检查所作出的初步诊断，确定动物尸体能否进行剖检。属于国家规定的禁止剖检的患病动物尸体，一定不能剖检，如炭疽。

（二）剖检器械及药品的准备

剖检常用的器械有：刀（剥皮刀、解剖刀、外科手术刀），剪（外科剪、肠剪、骨剪），镊子，骨锯，斧子，磨刀棒或磨石等。一般情况下，有一把刀、一把剪子和一把镊子即可工作。

剖检最常用的药品有：器械、动物尸体和环境消毒所需消毒药，如来苏儿、新洁尔灭、生石灰、苛性钠等；人员消毒所需消毒药，如75%酒精，碘酊等；组织取材所需的固定液（福尔马林、酒精）和贮存病理组织的容器等。

（三）剖检时间及地点的选择

1. 尸体剖检时间的选择　病理解剖时间应在动物死亡后尽快进行，以免因死后动物组织自溶而影响检查结果的正确性。特别是在夏天，因外界气温高，尸体极易腐败，使尸体剖检无法进行；同时，由于腐败分解，大量细菌繁殖，结果使病原检查也失去意义。

尸体剖检最好选择在白天进行，白天的自然光便于病变的观察，尤其是有些病变（如黄疸、变性）的颜色在自然光下才能分辨清楚。

2. 尸体剖检地点的选择　尸体剖检最好在专门的病理解剖室内进行。一些危害严重的传染病，一定要在具备相应解剖条件的病理解剖室内进行，防止病原的扩散。如条件不具备，可选择距房舍、畜群、道路和水源较远、地势高而干燥的地方剖检。剖检前先挖2m左右的深坑，坑内撒一些生石灰，坑旁铺上旧席子或旧报纸，将尸体放在上面进行剖检。小动物可在大小适宜的搪瓷盘内剖检。

（四）尸体的运送及处理

搬运病死动物尸体时，要以浸透消毒液的棉花堵塞尸体的天然孔，并用消毒液喷湿体表各部，以防病原扩散。运送尸体的车辆和绳索等，用后要严格消毒。尸体剖检前，先用消毒液清洗尸体体表，防止体表病变被污泥等覆盖和剖检时体表尘土、羽毛扬起。特别对死于传染病尸体时，要慎重，严防病原扩散、危害动物和人的健康。

尸体剖检完毕，尸体不得随意处理，严禁食用肉尸和内脏，未经处理的皮毛等物也不得利用。根据条件和疾病的性质，对尸体进行掩埋或焚烧处理。可立即将尸体、垫料和被污染的土层一起投入坑内，撒上生石灰或喷洒消毒液后，用土掩埋。有条件的可进行焚烧。

（五）剖检人员的自身防护

为了保障人和动物健康，在剖检过程中保持清洁并注意严格消毒。剖检时，剖检人员应穿好工作服、胶靴，围上围裙，戴好口罩、工作帽，戴好乳胶手套，外加薄纱手套。剖检操作时要稳妥，万一不慎割破皮肤，应立即停止剖检，以碘酒消毒伤口，更换剖检人员。如遇炭疽等人畜共患传染病，除局部用5%石炭酸腐蚀外，应立即就诊，并对现场彻底消毒。剖检完毕后，将用具、衣物清洗干净、消毒，一次性物品消毒后深埋或焚烧。

三、病理剖检报告的内容和编写

病理剖检报告的内容主要包括以下四部分：概述、剖检所见、病理解剖学诊断和结论。

（一）概述

概述部分主要记载动物的主人包括动物所属单位及畜主姓名，动物的种类、性别、年龄、毛色、用途、特征等，临床病症摘要及临床诊断，发病日期、死亡时间，剖检时间，剖检地点和剖检者的姓名等。

临床摘要及临床诊断的内容，包括简要病史、发病经过、主要症状、临床诊断、治疗经过、有关流行病学材料及有关实验室检验的各项结果等。了解患病动物发病的时间和发病后的主要表现、怎样发病及其进行情况、来诊前经过何种治疗及其疗效如何等内容，可作为诊治疾病时的一个参考，可作为查明发病原因的一个线索。

（二）剖检所见

以病理剖检记录为依据，按动物所呈现的病理变化主次顺序进行详细客观的记载。此项内容包括肉眼检查、组织学检查及实验室检验等。

病理剖检记录是对剖检所见和其他有关情况所做的客观记载，是病理剖检报告的重要依据，也是进行综合分析病症、研究疾病的原始资料之一。因此，剖检记录应力求完整、详细、客观。剖检记录最好在尸体剖检过程中进行，一般由术者口述，专人记录。条件不允许时，应在剖检完毕后立即补记。尸检记录可用预先印好的表格，临用时填写，也可用空白纸直接记录。最好用印制的剖检报告书写，可以避免遗漏。尸体剖检记录时应坚持以下三原则：

(1) 尸体剖检记录要客观。在剖检过程中或补记时，对观察到的病变要进行如实描述，实事求是，应反映出发生的病理变化的原貌，不能随意夸大，也不能忽略不明显的变化，不能主观臆想，不虚构。客观如实地进行病变的描述是尸检记录最重要的原则，

(2) 尸体剖检记录既要详细全面，又要突出重点。详细全面表现在剖检时，应仔细地、尽可能地找到尸体的全部病变，同时把这些病理变化逐一记录下来。只有详细全面，才能概括出某一疾病的全貌，有利于疾病的正确诊断。但是，大多数疾病表现出的病理变化，总是有较明显的特征，可能表现在某个器官组织或某一系统，因此，在记录时应突出重点，就是要全力找出主要病变。从而抓住主要矛盾，有助于疾病的诊断。

(3) 尸体剖检记录用词要明确、清楚。对于病理变化的描述，要客观地运用通俗易懂的语言文字加以表达，不可直接用病理学术语或名词代替病变的描述。如病变情况复杂，可绘图并配以文字说明，以求尽可能客观地反映病变的真实情况。可从器官和病变的大小、重量、体积、位置、形状、表面、颜色、湿度、透明度、切面、质地、结构、气味、厚度等方面逐一描述。对未见眼观变化的器官不能下“正常”、“无变化”的结论，可用“无肉眼可见变化”或“未见异常”等词来概括。

为了描述不失真，用词必须准确，不能含糊不清，应使描述的组织器官的变化，能反映出它本来的面貌。

现根据描述的范围，加以简要叙述。

(1) 位置　指各脏器的位置有无异常表现，脏器彼此间或脏器与体腔壁间有无粘连等。如肠扭转时可用扭转180°、360°等来表示。

(2) 大小、重量和体积　最好用数字表示，一般用厘米、克、毫升为单位。如因条件所限，也可用实物比喻，如针尖大、米粒大、黄豆大、蚕豆大、鸡蛋大等，不宜用“肿大”、“缩小”、“增多”、“减少”等主观判断的术语。

(3) 形状　一般用实物比拟，如圆形、椭圆形、菜花形、结节状等。

(4) 表面　指脏器表面及浆膜的异常表现，可采用絮状、绒毛样、凹陷或突起、虎斑状、斑点、干酪样、粉末样、光滑或粗糙、晦暗等。

(5) 颜色　单一的颜色可用鲜红、淡红、苍白、棕色、灰色、淡黄、鲜黄、暗黄等。两种颜色应用紫红、灰白、棕黄等（前者表示次色，后者表示主色）来形容。

为了表示病变颜色的分布，常用弥漫状、块状、点状、条索状等。对颜色状态的表示，常用指压看其有无改变而定，如指压退色等。

(6) 湿度　一般用湿润、干燥等。

(7) 透明度　一般用混浊、透明、半透明等。

(8) 切面　常用平整或突起、详细结构不清、血样物流出、呈海绵状等。

(9) 质地和结构　坚硬、柔软、有弹性、脆弱、胶样、水样、粥样、干酪样、髓样、肉样、颗粒状、结节状、橡皮样、面团样等。

(10) 气味　常用恶臭、酸败味等。

(11) 管状结构　常用扩张、狭窄、闭塞、弯曲等。

(12) 正常与否　对于无肉眼变化的器官，一般不用"正常"、"无变化"等名词，因为无肉眼变化不一定说明无细胞组织变化，通常可用"无肉眼可见变化"来概括。

(三) 病理解剖学诊断

病理解剖学诊断是根据剖检所见变化，进行综合分析，判断病变主次，采用病理学术语加以概括，肯定病变的性质。例如，出血性肠炎、肝淤血、肺水肿、肝脂肪变性等。

病理学诊断常常是以诊断为目的，从患畜体内获取的器官、组织、细胞或体液为对象，包括尸体剖检、外科病理学和细胞学。病理学长期以来被形象地喻为"桥梁学科"和"权威诊断"，这充分表明了它在医学中，特别是在临床医学中占有不可替代的重要地位。其理由主要是由病理学的性质和任务所决定的。

病理诊断是在观测器官的大体（肉眼）改变、镜下观察组织结构和细胞病变特征而做出的疾病诊断，因此它比临床上根据病史、症状和体征等做出的分析性诊断以及利用各种影像所做出的诊断更具有客观性和准确性。尽管现代分子生物学的诊断方法（如 PCR、原位杂交等）已逐步应用于医学诊断，但到目前为止，病理诊断仍被视为带有宣判性质的、权威性的诊断。由于病理诊断常通过活体组织检查或尸体剖检，来回答临床医生不能做出的确切诊断和死亡原因等问题。然而，病理诊断也不是绝对权威，更不是万能的，也和其他学科一样，有其固有的主、客观的局限性。

病理学诊断都是根据临床表现、手术所见、肉眼变化和光镜下特征综合作出的。有时尚需结合免疫组织化学、流式细胞分析、自动图像分析、超微结构，甚至随访结果才能确诊，所以是一门依赖经验积累的诊断学科，随着不断的实践和总结经验才能逐步提高。其次，活检标本和切片检查均属抽样检查，最终在光镜下见到的仅是病变的极小部分，有时不能代表整个病变，病理医师在诊断时和临床医师在阅读病理报告时均应加以注意，把握部分与整体的辩证统一。病理诊断必须密切结合临床所见和其他特殊检查。

(四) 结论

根据病理解剖学诊断，结合病畜（禽）生前的临床症状及其他临床诊断资料进行综合分析，找出病变之间的内在关系，病变与临床症状之间的关系，最后作出结论性判断，阐明动物发病和致死的原因，进一步作出疾病诊断，提出处理意见和建议，如猪瘟、棉子饼中毒等。

若无法作出疾病诊断，则仅列出病理解剖学诊断。最后主检者签名并注明报告时间。

四、动物死后的变化及其鉴别

动物死亡后，受体内存在的酸和细菌的作用，以及外界环境的影响，逐渐发生一系列的变化。如：尸冷、尸僵、尸斑、血液凝固、尸体自溶和腐败，称为尸体变化。正确辨认尸体变化，可以避免把某些死后变化误认为生前的病理变化，避免造成误判。

(一) 尸冷

动物死亡后，由于动物体内新陈代谢的停止，产热过程休止，尸体温度逐渐降至外界环境温度的水平。尸体温度下降的速度，在最初几小时较快，以后逐渐变慢。通常在室温条件，平均每小时下降1℃。当外界温度低时，尸冷可能发生快些。尸温检查有助于确定死亡的时间。但要注意，患破伤风的动物，由于死前全身肌肉的痉挛，产热过多，可能在死后的一个短时间内，不但不低，反而增高。

（二）尸僵

家畜在死亡后，肢体的肌肉收缩变硬，关节固定，整个尸体发生僵硬，称为尸僵。

尸僵一般在死后3～6h发生，10～20h最明显，24～48h开始缓解。根据尸僵的发生和缓解情况，大致可以判定家畜死亡的时间。尸僵通常是从头部开始，而后向颈部、前肢、躯干和后肢发展，检查尸僵是否发生，可按下颌骨的可动性和四肢能否屈伸来判定。解僵时，尸体按原来尸僵发生的顺序开始消失，肌肉变软。

心肌的尸僵在死后0.5h左右即可发生。肌肉发达的动物尸僵较明显。死于破伤风的动物，尸僵发生快而明显；死于败血症的动物，尸僵不显著或不出现；心肌变性或心力衰竭的心肌，则尸僵可不出现或不完全。

（三）尸斑

家畜死亡后，全身肌肉僵直收缩，心脏和血管也发生收缩，将心脏和动脉系统内的血液驱入到静脉系统中，并由于重力的关系，血管内的血液逐渐向尸体下垂部位发生沉降，一般反映在皮肤和内脏器官（如肺、肾等）的下部，呈青紫色的淤血区，称为坠积性淤血。尸体倒卧侧皮肤的坠积性淤血现象，称为尸斑（死后2～4h出现）。初期，用指压该部位可使红色消退，并且这种暗红色的斑可随尸体位置的变动而改变。后期，由于发生溶血使该部位组织染成污红色（死后24h左右出现），此时指压或改变尸体位置时也不会消失。家畜的皮肤厚，并有色素和覆盖被毛，尸斑不易察见。只有在剥皮后，可见卧侧的皮肤内面呈暗红色，皮下血管扩张。要注意不要把这种病变与生前的充血、淤血相混淆。在采取病料时，如无特异性病变或特殊需要，最好不取这些部位的组织。尸斑的强度可以反映出尸体内血液量的多少，其颜色通常是暗紫红色，时间愈长染色愈深。冷藏在冰箱内的尸斑呈绛红色，系低温下消耗氧少，血液内还留存较多氧合血红蛋白的结果。在某些中毒病例，尸斑的颜色可以作为推测死因的参考，如一氧化碳、氰化物中毒时尸体呈樱红色；而亚硝酸盐中毒时为灰褐色；硝基苯中毒时为蓝绿色。

（四）尸体自溶和腐败

尸体自溶是指体内组织受到酶（细胞溶酶体酶）的作用而引起自体消化过程，表现最明显的是胃和胰腺。当外界气温高、死亡时间较久剖检时，常见的胃肠道黏膜脱落（尤其是兔），就是一种自溶现象。

尸体腐败是指尸体组织蛋白由于细菌作用而发生腐败分解的现象。参与腐败过程的细菌主要是厌氧菌，它们主要来自消化道，但也有从体外进入的。尸体腐败可表现为腹围膨大、尸绿、尸臭、内脏器官腐败等。

（五）胆汁浸润

主要出现在胆囊附近的浆膜，呈淡黄色或淡绿色，为胆汁外渗的结果。

（六）死后凝血

动物死后不久，在心脏和大血管内的血液即凝固成血凝块。死亡快时，血凝块呈一致的暗紫红色。死亡较慢时，血凝块往往分为两层，上层呈黄色鸡油样，是血浆层，下层是暗红色红细胞层（鸡脂样凝血块）。死于败血症或窒息、缺氧的动物，血液凝固不良或不凝固。剖检时，要注意血凝块与生前形成的血栓相区别。

（七）血红蛋白浸润

沉积在静脉内的血液，红细胞很快发生崩解，血红蛋白溶解在血浆内，并透过血管壁向周围组织浸润，因此心内膜和血管内膜以及周围组织（例如胸膜、心包膜、腹膜）均被血红蛋白染成弥漫性红色，这种现象称为血红蛋白浸润。这种变化在某些中毒、败血病和其他一些血液凝固不全而溶血又出现较早的尸体较明显。

五、猪的剖检方法

为了保证剖检质量和提高工作效率，尸体剖检必须按一定的方法和顺序进行。但有时因剖检的目的和具体条件不同，也可有一定的灵活性。猪通常采用的剖检顺序为：外部检查→剥皮和皮下检查→内部检查→腹腔脏器的取出和检查→盆腔脏器的取出和检查→胸腔脏器的取出和检查→颅腔检查和脑的取出和检查→口腔和颈部器官的取出和检查→鼻腔的剖开和检查→脊椎管的剖开和检查→肌肉和关节的检查→骨和骨髓的检查。

（一）体表检查

通过体表检查可以为疾病诊断提供重要线索，为剖检的方向给予启示，还可以作为判断疾病的重要依据（如口蹄疫、炭疽、鼻疽、痘等）。检查的主要内容有：

营养状态：可根据肌肉发育、皮肤和被毛状况来判断。

皮肤：注意被毛的光泽度，皮肤的厚度、硬度和弹性，有无脱毛、褥疮、溃疡、脓肿、创伤、肿瘤、外寄生虫等。此外，还要注意检查有无皮下水肿和气肿。

天然孔的检查：首先检查各天然孔（眼、鼻、口、肛门、外生殖器等）的开闭状态及有无异物。

尸体变化的检查：可以确定病畜死亡的时间和姿势。

（二）内部检查

剖检猪时采用背卧位，为了稳定猪体，可切断四肢内侧肌肉体表的联系，使四肢平摊而固定，也可用物体垫在猪两侧肩部和腰荐部。

1. 皮下检查　在剥皮过程中进行，要注意检查皮下有无出血、水肿、脱水、炎症和脓肿，并观察皮下脂肪组织的多少、颜色、性状及病理变化性质等。要特别注意下颌淋巴结、颈浅淋巴结、腹股沟淋巴结的变化，注意检查其大小、颜色、硬度，与其周围组织的关系及切面的变化。小猪还要检查肋骨与肋软骨交界处有无串珠状肿大。

2. 腹腔的剖开、检查和脏器取出

（1）腹腔的剖开　从剑状软骨后方沿白线由前向后，直至耻骨联合作第一切线。然后再从剑状软骨沿左右两侧肋骨后缘至腰椎横突作第二、三切线，使腹壁切成两个大小相等的楔形，将其向两侧翻开，即可露出腹腔。

（2）腹腔的检查　应在腹腔剖开后立即进行。主要包括：

腹水的数量和性状。

腹腔内有无异常物质，如气体、血凝块、胃肠内容物、脓汁、寄生虫、肿瘤等。

腹膜的性状，是否光滑，有无充血、出血、纤维素、脓肿、破裂、肿瘤等。

腹腔脏器的位置和外形，注意有无变位、扭转、粘连、破裂、肿瘤、寄生虫结节以及淋巴结的性状。

横膈膜的紧张程度、有无破裂。

(3) 腹腔脏器的取出

①脾脏和网膜的采出：在左季肋部可见脾脏。提起脾脏，并在接近脾脏部切断网膜和其他联系后取出脾脏。然后再将网膜取出。

②空肠和回肠的取出：将结肠襻向右侧牵引，盲肠拉向左侧，露出回盲韧带与回肠。在距回盲口约15cm处，将回肠作二重结扎切断。然后握住回肠断端，用刀切离回肠、空肠的肠系膜，边分离边检查肠系膜淋巴结有无变化，直至十二指肠空肠曲，在空肠起始部作二重结扎并切断。取出空肠和回肠。

③大肠的取出：在骨盆腔口分离出直肠，将其中粪便挤向前方作一次结扎，并在结扎后方切断直肠。从直肠断端向前方切离肠系膜，至前肠系膜根部。分离结肠与十二指肠、胰腺之间的联系，切断前肠系膜根部血管、神经和结缔组织，以及结肠与背部之间的联系，即可取出大肠。

④胃和十二直肠的取出：先检查胃的外观，胰管和胆管的状况。胰管、胆管有异常时，可将胃、十二指肠、胰腺与肝脏一并取出。或将胆管开口附近的十二指肠结扎切断，与肝脏同时取出。胰管、胆管无异常时，可先切断食管末端，将胃牵引，切断胃肝韧带，肝十二指肠韧带，输胆管、胰管、十二指肠肠系膜，以及十二指肠与右肾间韧带，使胃与十二指肠一同取出。胃的检查，先观察其大小，浆膜面的色泽，有无粘连、胃壁有无破裂和穿孔等，然后由贲门沿小弯剪至幽门。胃剪开后，检查胃内容物的数量、性状、含水量、气味、色泽、成分、寄生虫等。最后检查胃黏膜的色泽，注意有无水肿、充血、溃疡、肥厚等病变。十二指肠的检查，是沿肠系膜附着部剪开十二指肠，先检查肠内容物，然后检查黏膜面。其要求同胃的检查。

⑤肾脏和肾上腺的取出：先检查肾的动静脉、输尿管和有关的淋巴结。注意该部血管有无血栓或动脉瘤。若输尿管有病变时，应将整个泌尿系统一并取出。否则可分别取出。先取左肾，切断和剥离其周围的浆膜和结缔组织，切断其血管和输尿管，即可取出。右肾用同法采取。先检查肾脏的形态、大小、色泽和质度。注意包膜的状态，是否光滑透明和容易剥离。包膜剥离后，检查肾表面的色泽，有无出血、瘢痕、梗死等病变。然后由肾的外侧面向肾门部将肾脏纵切为相等的两半，检查皮质和髓质的厚度、色泽、交界部血管状态和组织结构纹理。最后检查肾盂，注意其容积，有无积尿、积脓、结石等，以及黏膜的性状。肾上腺可与肾脏同时采取，或分别取出。

⑥肝脏和胰腺的取出：采取肝脏前，先检查与肝脏相联系的门脉和后腔静脉，注意有无血栓形成。然后切断肝脏与横膈膜相连的左三角韧带，注意肝和膈之间有无病理性的粘连，再切断圆韧带、镰状韧带、后腔静脉和冠状韧带，最后切断右三角韧带，取出肝脏。胰腺可附于肝脏一同取出，或先自肝脏分离取出。肝脏的检查时可先检查肝门部的动脉、静脉、胆管和淋巴结。然后检查肝脏的形态、大小、色泽、包膜性状、出血、结节、坏死

等。最后切开肝组织，观察切面的色泽、质度和含血量等情况，注意切面是否隆突，肝小叶结构是否清晰，有无脓肿、寄生虫性结节和坏死等。

3. 盆腔脏器的取出和检查　在未取出骨盆腔脏器前，先检查各器官的位置和概貌。可在保持各器官的生理联系下，一同取出。

用刀切离直肠与骨盆腔上壁的结缔组织。母畜还要切离子宫和卵巢，再由骨盆腔下壁切离膀胱和阴道，在肛门、阴门作圆形切离，即可取出骨盆腔脏器。

公畜骨盆腔脏器的检查，先分离直肠并进行检查。再检查包皮、龟头，然后由尿道口沿阴茎腹侧中线至尿道骨盆部剪开，检查尿道黏膜的状态。再由膀胱顶端沿其腹侧中线向尿道剪开，使与以上剪线相连。检查膀胱黏膜、尿量、色泽。将阴茎横切数段，检查有无病变。睾丸和附睾检查，要注意其外形、大小、质度和色泽，观察切面有无充血、出血、瘢痕、结节、化脓和坏死等。最后检查输精管、精囊、前列腺、尿道球腺。

母畜骨盆腔脏器的检查，直肠检查同于公畜，膀胱和尿道检查，由膀胱顶端起，沿腹侧中线直剪至尿道口，检查内容同前。

检查阴道和子宫时，先观察子宫的大小、子宫体和子宫角的形状。然后用肠剪伸入阴道，沿其背中线剪开阴道、子宫颈、子宫体、直至左右两侧子宫角的顶端。检查阴道、子宫颈、子宫内腔和黏膜面的性状、内容物的性质，并注意阔韧带和周围结缔组织的状况。输卵管的检查一般采取触摸，必要时还应剪开，注意有无阻塞、管壁厚度、黏膜状态。卵巢的检查，注意其外形、大小、重量和色泽等，然后作纵切，检查黄体和滤泡的状态。

4. 胸腔的剖开和检查

(1) 胸腔的打开　先检查胸腔是否为负压，然后从两侧最后肋骨的最高点至第一肋骨的中央部作第二锯线，锯开胸腔。用刀切断横膈附着部、心包、纵隔与胸骨间的联系，除去锯下的胸壁，即露出胸腔。

另一种剖开胸腔的方法，是用刀切断两侧肋骨与肋软骨的连接，去掉胸骨，逐一切断肋间肌肉，分别将肋骨向背侧扭转，掰开肋骨小头与周围关节的联系，露出胸腔。

(2) 胸腔器官的取出和检查

①胸腔的检查：观察胸膜腔有无液体、液体数量、透明度、色泽、性质、浓度和气味。注意浆膜是否光滑，有无粘连等病变。

②肺脏的检查：首先注意其大小、色泽、重量、质度、弹性、有无病灶及表面附着物等。然后用剪刀将支气管切开，注意检查支气管黏膜的色泽、表面附着物的数量、黏稠度。最后，将整个肺脏纵横切割数刀，观察切面有无病变，切面流出物的数量、色泽变化等。

③心脏的检查：心脏切开的方法是沿左纵沟左侧的切口，切至肺动脉起始部；沿左纵沟右侧的切口，切至主动脉起始部；然后将心脏翻转过来，沿右纵口左右两侧作平行切口，切至心尖部与左侧心切口相连；切口再通过房室口切至左心房及右心房。经过上述切线，心脏全部剖开。

检查心脏时，注意检查心腔内血液的含量及性状。检查心内膜的色泽、光滑度、有无出血，各个瓣膜、腱索是否肥厚，有无血栓形成和组织增生或缺损等病变。对心肌的检查，注意各部心肌的厚度、色泽、质度、有无出血、瘢痕、变性和坏死等。

5. 颅腔的剖开和脑的检查

(1) *颅腔的剖开* 清除头部的皮肤和肌肉，先在两侧眶上突连线处作一横锯线，再从此锯线两端经两侧额骨、顶骨侧面至枕骨外缘作二条纵锯线，再从枕骨大孔两侧作一“V”形锯线与二纵锯线相连。沿锯线撬开头顶骨，露出颅腔。颅顶骨除去后，观察骨片的厚度和其内面的形态。

检查硬脑膜，沿锯线剪开硬脑膜，检查硬脑膜、蛛网膜及脑脊液的数量和性状。然后用剪刀或外科刀将颅腔内的神经、血管切断。小心地将大脑、小脑和脑干一并取出，后取出垂体。

(2) *脑的检查* 先观察脑膜的性状，正常脑膜透明、平滑、湿润、有光泽。在病理情况下，可以出现充血、出血和混浊等病理变化。然后检查脑回和脑沟的状态，如有脑水肿、积水、肿瘤、脑充血等变化时，脑沟内有渗出物蓄积，脑沟变浅，脑回变平。并用手触检各部分脑实质的质度，脑实质变软是急性非化脓性炎症的表现，脑实质变硬是慢性脑炎时神经胶质增多或脑实质萎缩的结果。

脑的内部检查时，先用脑刀伸入纵沟中，自前而后，由上而下，一刀经过胼胝体、穹隆、松果体、四叠体、小脑蚓突、延脑，将脑切成两半。检查脉络丛，第三脑室、导水管和第四脑室的状态。再横切脑组织，切线相距 2～3cm，检查脑白质和灰质的色泽和质度，有无出血、坏死、包囊、脓肿、肿瘤等病变。脑垂体的检查，先检查其重量、大小，然后沿中线纵切，观察切面的色泽、质度、光泽和湿润度等。由于脑组织极易损坏，一般先固定后，再切开检查。脑的病变主要依靠组织学检查。

6. 口腔和颈部器官的取出和检查 取出前先检查颈部动脉、静脉、甲状腺、唾液腺及其导管，颌下和颈部淋巴结有无病变。取出时先在第一臼齿前下方锯断下颌支，再将刀插入口腔，由口角向耳根，沿上下臼齿间切断颊部肌肉。将刀尖伸入颌间，切断下颌支内面的肌肉和后缘的腮腺等。最后切断冠状突周围的肌肉与下颌关节的囊状韧带。握住下颌骨断端用力向后上方提举，下颌骨即可分离取出，口腔露出。此时以左手牵引舌头，切断与其联系的软组织、舌骨支，检查喉囊。然后分离咽和喉头、气管、食管周围的肌肉和结缔组织，即可将口腔和颈部的器官一并取出。

对仰卧的尸体，口腔器官的取出也可由两下颌支内侧切断肌肉，将舌从下颌间隙拉出，再分离其周围的联系，切断舌骨支，即可将口腔器官整个分离。然后按上法分离颈部器官。

舌黏膜的检查，按需要纵切或横切舌肌，检查其结构。如发现舌的侧缘有创伤或瘢痕时，应注意对同侧臼齿进行检查。

对咽喉部分的黏膜和扁桃体进行检查时，注意有无炎症、坏死或化脓。剪开食管，检查食管黏膜的状态，食管壁的厚度，有无局部扩张和狭窄，食管周围有无肿瘤、脓肿等病变。剪开喉头和气管，检查喉头软骨、肌肉和声门等有无异常，器官黏膜面有无病变或病理性附着物。

7. 鼻腔的剖开和检查 将头骨于距正中线 0.5cm 处纵行锯开，把头骨分成两半，其中的一半带有鼻中隔。用刀将鼻中隔沿其附着部切断取下。检查鼻中隔和鼻道黏膜的色泽、外形、有无出血、结节、糜烂、溃疡、穿孔、炎性渗出物等，必要时可在额骨部作横行锯线，以便检查颌窦和鼻甲窦。

8. 脊椎管的剖开和检查　先切除脊柱背侧棘突与椎弓上的软组织，然后用锯在棘突两边将椎弓锯开，用凿子掀起已分离的椎弓部，即露出脊髓硬膜。再切断与脊髓相联系的神经，取出脊髓。脊髓的检查要注意软脊膜的状态，脊髓液的性状，脊髓的外形、色泽、质度，并将脊髓作多段横切检查切面上灰质、白质和中央管有无病变。

9. 肌肉和关节的检查　肌肉的检查通常仅限于肉眼上有明显变化的部分，注意其色泽、硬度、有无出血、水肿、变性、坏死、炎症等病变。对某些以肌肉变化为主要表现形式的疾病，如白肌病、气肿疽、恶性水肿等，检查肌肉就十分重要。

关节的检查通常只对有关节炎的关节进行，可以切开关节囊，检查关节液的含量、性质和关节软骨表面的状态。

10. 骨和骨髓的检查　骨的检查主要用于骨组织发生疾病的病例，如局部骨组织的炎症、坏死、骨折、骨软症和佝偻病的病畜，放线菌病的受侵骨组织等，先进行肉眼观察，检验其硬度，检查其断面的形象。

骨髓的检查，对与造血系统有关的各种疾病极为重要。检查时可将长骨沿纵轴锯开，注意骨干和骨端的状态，红骨髓、黄骨髓的性质、分布等。或者在股骨中央部作相距 2cm 的横行锯线，待深达骨直径的 2/3 时，用骨凿除去锯线内的骨质，露出骨髓，挖取骨髓作触片或固定后作切片检查。

小猪的剖检，可自下颌沿颈部、腹部正中线至肛门切开，暴露胸腹腔，切开耻骨联合露出骨盆腔。然后将口腔、颈部、胸腔、腹腔和骨盆腔的器官一起取出。

六、马属动物的剖检方法

（一）外部检查

外部检查包括畜别、品种、年龄、性别、毛色、营养状况、皮肤、可视黏膜和尸体变化等。

1. 营养状况　根据肌肉的发育和皮下脂肪的蓄积状态来判断。

2. 可视黏膜　注意检查眼结膜、鼻腔、口腔、肛门和生殖器等黏膜。着重注意有无贫血、淤血、出血、黄疸、溃疡和外伤等变化，各天然孔的开闭状态；有无分泌物、排泄物及其性状等。

3. 体表一般检查　检查有无新旧外伤、被毛光泽度、厚度，有无脱毛、褥疮、溃疡、脓肿、创伤、肿瘤、外寄生虫、皮下（尤其是腹部皮下）有无浮肿和脓肿等。

（二）内部检查

包括剥皮、皮下检查、各体腔的剖开、内脏的取出及内脏器官的检查等。马的腹腔右侧为盲肠和大结肠占据，为便于腹腔器官的取出，在剖开腹腔时应取右侧卧位。剖开腹腔前，先将左前肢与左后肢自尸体分离。用水或消毒液将尸体洒湿，以免尘埃飞扬，扩散病原体。

1. 剥皮　先由下颌部至胸正中线切开皮肤，至脐部后把切线分为两条，绕开生殖器或乳房，最后会合于尾根部。然后沿四肢内面的正中线切开皮肤，到球节作一环形切线，再从这些切线剥下全身皮肤。因传染而死亡的尸体，一般不剥皮，以防病原体传播。在剥皮过程中，应注意检查浅表淋巴结的状态，要特别注意颌下、肩前、股前、乳房和浅腹股沟淋巴结的检查。检查肌肉状态，注意肌肉丰瘦、色泽和有无炎症、坏死或寄生虫病变。乳房检查要注意外形、体积、硬度和各乳头有无病变，然后沿腹面正中线切开乳房，分左右两半将乳房割下。乳房内部检查可作若干平行切面，注意其内乳汁的性状，排乳管的状态，实质与间质的比例，内部有无结节、脓肿、坏死、钙化、纤维化、囊肿或肿瘤等。公马外生殖器官检查，可先将其由腹壁切离至骨盆边缘，视检阴囊后，留待与骨盆腔中的内生殖器官同时取出检查。

2. 切离前、后肢　前肢，沿肩胛骨前缘切断臂头肌和颈斜方肌，再在肩胛骨的后缘切断背阔肌，在肩胛软骨部切断胸斜方肌，最后将前肢向上方牵引，由肩胛骨内侧切断胸肌、血管、神经、下锯肌、菱形肌等，取下前肢。后肢，在股骨大转子部切断臀肌及股后肌群，将后肢向背侧牵引，由内侧切断股内侧肌群、髋关节的回韧带和副韧带，即可取下后肢。

3. 腹腔脏器的取出

（1）切开腹腔　先将睾丸或乳房从腹壁切离。从肷窝沿肋弓切开腹壁至剑状软骨，再从肷窝沿髂骨体切开腹壁至耻骨前缘。切开腹壁后，立即检查腹腔液的量和性状；腹膜是否光滑，有无充血、淤血、出血、破裂、脓肿、粘连、肿瘤和寄生虫；腹腔内脏的位置是否正常，肠管有无变位、破裂，膈的紧张程度及有无破裂，大网膜脂肪的含量等。

（2）肠的取出

①小肠的取出：用两手握住大结肠的骨盆曲部，往腹腔外前方引出大结肠。

将小肠全部拿到腹腔外的背部，剥离十二指肠结肠韧带，在十二指肠与空肠之间结上两道结扎，从中间切断。

用左手抓住空肠的断端，向自已身前牵引，使肠系膜保持紧张，右手将刀从空肠断端开始，靠近肠管切断系膜，直到回盲系膜处进行两道结扎，并从中间切断，取出小肠。在取出小肠的同时，要注意做到边切边检查肠系膜和淋巴结等有无变化。

②小结肠的取出：先将小结肠拿回到腹腔内，再将直肠内的粪球向前方压挤，从直肠的起始部切断。抓住小结肠断端，切断后肠系膜，在十二指肠结肠韧带处，结扎小结肠，切断后取出。

③大结肠和盲肠的取出：先用手触摸前肠系膜动脉根，检查有无寄生虫性动脉瘤。然后将结肠上的两条动脉和盲肠上的两条动脉从肠壁上剥离，距前肠系膜动脉根约 30cm 处切断，并将其断端交由助手牵引。这时剖检者用左手握住小结肠断端，向自身的方向牵引，用右手剥离附在大结肠胃状膨大部和盲肠底部的胰脏，然后将胃状膨大部、盲肠底部和背部联结的结缔组织充分剥离，即可将大结肠、盲肠全部取出。

（3）脾、胃和十二指肠的取出　左手抓住脾头向外牵引，使其各部韧带呈紧张状态，并切断之，然后将脾同大网膜一起拿出。胃和十二指肠的取出，先从膈的食管孔切开膈肌，抓住食管用力牵引并切断。然后再切断胃和十二指肠周围的韧带，便可取出。

（4）胰腺、肝脏、肾脏和肾上腺的取出　胰脏可由左叶开始逐渐切下，或将胰脏附于肝门部和肝脏一同取出，也可随腔动脉、肠系膜一并取出。取出肝脏时，先切断左叶周围的韧带及后腔静脉，然后切断右叶周围的韧带、门静脉和肝动脉，便可取出。取出肾脏和肾上腺时，首先检查输尿管的状态，然后先取左肾，即沿腰肌剥离其周围的脂囊，并切断肾门处的血管和输尿管，便可取出。右肾用同样方法取出。肾上腺与肾脏同时取出，也可单独取出。

4. 胸腔脏器的取出

（1）锯开胸腔　锯开胸腔之前，先检查肋骨的高低及肋骨与肋软骨结合部的状态。剖开胸腔的方法有二：一是将膈的左半部从季肋部切下，用锯把左侧肋骨上端从靠近脊柱处和下端与胸骨连接处锯断，只留第一肋骨，这样即可将左胸腔全部暴露。另一种是用骨剪剪断靠近胸骨的肋软骨，用刀逐一切断肋骨之间的肋间肌，分别将每根肋骨向背侧扭转。并将肋骨小头周围的关节韧带扭断，使肋骨一根根被去除，暴露左侧胸腔。打开胸腔后，要注意检查胸腔液的量和性状；胸腔内有无血液、脓汁；胸膜面是否光滑，有无出血、炎症、肥厚，肺胸膜和肋胸膜有无粘连，纵隔和纵隔淋巴结、食管、大动脉和静脉有无异常；幼畜胸腺有无变化等。

（2）心脏的取出

①在心包左侧中央作十字形切口，将手洗净，把食指与中指插入心包腔，提起心尖，检查心包液的量和性状。

②沿心脏的左纵沟左右各 1cm 处，切开左、右心室，检查血量及其性状。

③将左手拇指与食指伸入心室的切口内，轻轻牵引，然后切断心基部的血管，取出心脏。

（3）肺脏的取出

①切断纵隔膜的背侧部检查右侧胸腔液的量和性状。

②切断纵隔膜的后部。

③切断胸腔前部的纵隔膜、气管、食管和前腔动脉，并在气管轮上做一小切口，将左手指和中指伸入切口牵引气管，即可将肺脏取出。

（4）腔动脉的取出　从前腔动脉至后腔动脉的最后分支部，沿胸椎、采腰椎的下面切断肋间动脉，即可将腔动脉和肠系膜一并取出。

5. 骨盆腔脏器的取出　首先锯断髂骨体，然后锯断耻骨和坐骨的髋臼支。除去锯断的骨体，用刀切离直肠与盆腔上壁的结缔组织。母马还要切离子宫与卵巢，再由骨盆腔下壁切离膀胱颈、阴道及生殖腺等，最后切断附着于直肠的肌肉，将肛门、阴门作圆形切离，即可取出骨盆腔脏器。

6. 口腔及颈部器官的取出

（1）切断咬肌。

（2）在下颌的第一臼齿前，锯断左侧下颌骨支。

（3）切断下颌骨支内面的肌肉和后缘的腮腺、下颌关节的韧带及冠状突周围的肌肉，将左侧下颌骨支取下。

（4）用左手握住舌头，切断舌骨支及其周围组织，再将喉、气管和食管的周围组织切离，直至胸腔入口处一并取出。

7. 颅腔的打开与脑的取出

（1）切断头部　沿环枕关节横断颈部，使头与颈分离，然后再除去下颌骨体及右侧下颌骨支。切除颅顶部附着的肌肉。

（2）取脑

①将头骨平放，沿两颞窝前缘横锯额骨。

②距前锯线往后 2～3cm 再锯一平行线。

③从颞窝前缘连线的中点至两颧弓上缘各锯一线。

④由颧弓至枕骨大孔，左右各锯一线。锯完上述锯线后，用锤和凿子撬去额部两条锯线间的骨片，将凿子伸入锯口内，用力揭开颅顶，即可使脑露出。然后，用外科刀切离硬脑膜，并切断脑底部的神经，细心地取出大脑、小脑、延脑和脑垂体。

8. 鼻腔的锯开　先沿两眼的前缘用锯横行锯断，然后在第一臼齿前缘锯断上颌骨，最后用锯纵行锯断鼻骨和硬腭，打开鼻腔，取出鼻中隔。

9. 脊髓的取出　先锯下一段胸骨（5～15cm），而后取一段肋软骨，插入椎管内，顶出脊髓；或沿椎弓的两侧与椎管平行锯开椎管，取出脊髓。

上述各体腔的打开和内脏的取出，是进行系统检查的程序。但程序的规定和选择，首先应服从于检查的目的，而不应把它看成是一成不变的。实践中，应该按照实际情况的需要，适当地改变或取舍某些剖检程序。例如，马患疑似脑炎时，也可先打开颅腔取出脑检查，然后再根据需要，检查其他部分。

10. 脏器的检查　脏器的检查是尸体剖检的重要一环，也是病理学诊断的重要依据。在检查中，对各脏器作认真细致的检查，客观地描述各种病理变化，并及时记录下来。

（1）腹腔器官的检查

①胃的检查：首先检查胃的大小，胃浆膜面的色泽，有无粘连、胃壁有无破裂。然后用肠剪由贲门沿大弯剪至幽门，检查胃内容物的量、性状、气味、寄生虫（如马蝇蛆）等。最后检查胃黏膜的色泽，有无水肿、出血、炎症等。

②大肠和小肠检查：打开肠管之前，应先检查肠管浆膜的色泽，有无粘连、肿瘤、寄生虫结节；同时检查淋巴结的性状等。打开肠管：小肠由十二指肠开始，沿肠系膜附着部向后剪开；盲肠沿纵带由盲肠底剪至盲肠尖，大结肠由盲肠结肠口开始，沿大结肠纵带剪开；小结肠沿肠系膜附着部剪开。各部肠管剪开时，要做到边剪开边检查肠内容物的量、性状、气味、有无血液、异物、寄生虫等。去掉肠内容物后，检查肠黏膜的性状。看不清时，可用水轻轻冲洗后检查。注意黏膜的色泽、厚度、淋巴组织（淋巴小结）的性状以及有无炎症等。

③脾脏检查：先检查脾脏大小、硬度、边缘的厚薄以及脾淋巴结的性状。然后检查脾脏被膜的性状和色泽。最后作切面检查，从脾头切至脾尾，检查脾髓的色泽，脾小体和脾小梁的性状，并用刀背或刀刃轻轻刮脾髓，检查血量的多少。

④肝脏的检查：先检查肝脏的大小、被膜的性状，边缘的厚薄，实质的硬度和色泽以及肝淋巴结、血管、肝管等的性状。然后作切面，检查切面的血量、色泽，切面是否隆突，肝小叶的结构是否清晰，有无脓肿、肝砂粒症及坏死灶等变化。

⑤胰脏检查：检查胰脏的色泽和硬度，沿胰脏的长径作切面，检查有无出血和寄生虫。

⑥肾脏检查：检查肾脏大小、硬度，切开后检查被膜是否容易剥离，肾表面的色泽、平滑度，有无疤痕、出血等变化。然后检查切面皮质和髓质的色泽，有无淤血、出血、化脓和坏死，切面是否隆突，以及肾盂、输尿管、肾淋巴结的性状。

⑦肾上腺检查：检查其外形、大小、色泽和硬度，然后作纵切或横切，检查皮质、髓质的色泽及有无出血。

（2）胸腔器官的检查

①心脏检查：首先检查心脏纵沟、冠状沟的脂肪量和性状以及有无出血。然后检查心脏的大小、色泽及心外膜有无出血和炎性渗出物。检查心外膜后，沿左纵沟左侧的切口，切至肺动脉的起始部；再沿左纵沟右侧的切口，切至主动脉起始部。然后将心脏翻转过来，沿右纵沟的左右侧各 1cm 处作平行切口；切至心尖与左侧切口相连接，通过房室口切至左心房及右心房。打开心腔后，检查心内膜色泽和有无出血，瓣膜是否肥厚，心肌的色泽、硬度、有无出血和变性等。

②肺脏检查：检查肺脏的大小，肺胸膜的色泽，以及有无出血和炎性渗出物等。然后用手触摸各肺叶，检查有无硬块、结节和气肿，并检查肺淋巴结的性状。而后用剪剪开气管和支气管，检查黏膜的性状、有无出血和渗出物等。最后将左右肺叶横切，检查切面的色泽和血液量的多少，有无炎性病变、鼻疽结节和寄生虫结节等。此外，还应注意支气管和间质的变化。

（3）口腔、鼻腔及颈部器官的检查

①口腔检查：检查牙齿的变化，口腔黏膜的色泽，有无外伤、溃疡和烂斑，舌黏膜有无出血与外伤。

②咽喉检查：检查黏膜色泽、淋巴结的性状。

③鼻腔检查：脑组织取出后，头骨于距正中线 0.5cm 处纵行锯开，把头骨分成两半，其中一半带有鼻中隔，用刀将鼻中隔沿其附着部切下，检查鼻中隔和鼻道黏膜的色泽、外形，有无出血、结节和溃疡，必要时可在额骨部作横行锯线，检查颌窦和鼻甲窦。

④下颌及颈部淋巴结检查：检查下颌及颈部淋巴结的大小、硬度、有无出血和化脓等。

（4）脑的检查　打开颅腔后，检查硬脑膜和软脑膜，有无充血、淤血、出血。切开大脑，检查脉络丛的性状及脑室有无积水。然后横切脑组织，检查有无出血及液化性坏死等。

（5）骨盆腔器官的检查

①膀胱检查：检查膀胱的大小、尿量、色泽，以及黏膜有无出血和炎症等。

②子宫检查：沿子宫体背侧剪开左右子宫角，检查子宫内膜的色泽，有无充血、出血及炎症等。

（6）肌肉的检查　通常只对眼观有明显变化的部分进行检查，注意其色泽、硬度和病变的性质等。对某些有明显肌肉病变的疾病，如白肌病、气肿疽和恶性水肿等，检查肌肉十分重要。

（7）脊椎管的剖开和脊髓的取出与检查　切除脊柱背侧棘突与椎弓上的软组织，用锯在棘突两边将椎弓锯开，用骨凿掀起已分离的椎弓部，即露出脊髓。先检查脊髓硬膜，注意脊髓液的数量和性状，再切断与脊髓相联系的神经，切断脊髓的上、下两端。即可将所分离的脊髓取出。脊髓检查要注意软脊膜状况和脊髓的色泽、外形与质地，再将脊髓作多个横切，检查切面上灰质、白质和中央管的状况。

七、反刍动物（牛、羊等）的剖检方法

牛的尸体剖检，通常采取左侧卧位，这样便于取出约占腹腔容积3/4的瘤胃。羊由于体躯小，故以背卧位（仰卧）更便于采取脏器。切开羊的胸腔方法是先用刀或骨剪切断肋软骨和胸骨联结部，再用刀伸入胸腔，划断脊柱左右侧胸壁肋骨与胸椎连接的关节，敞开胸腔，这样便于将胸腔内的心脏、肺脏和气管一并取出。现以牛为例来说明反刍动物的剖检方法。

（一）外部检查

外部检查包括检查畜别、品种、年龄、性别、毛色、营养状态，皮肤和可视黏膜以及部分尸征等。

（二）内部检查

包括剥皮、皮下检查、体腔的剖开及内脏器官的取出等。

1. 剥皮　将尸体仰卧，自下颌部起沿腹部正中线切开皮肤，至脐部后把切线分为两条，绕开生殖器或乳房，最后于尾根部汇合。再沿四肢内侧的正中线切开皮肤，到球节作一环形切线，然后剥下全身皮肤。传染病尸体，一般不剥皮。在剥皮过程中，应注意检查皮下的变化。

2. 切离前、后肢　为了便于内脏的检查与摘除，先将牛的右侧前、后肢切离。切离的方法是将前肢或后肢向背侧牵引，切断肢内侧肌肉、关节囊、血管、神经和结缔组织，再切离其外、前、后三方肌肉即可取下。

3. 腹腔脏器的取出

（1）切开腹腔　先将母畜乳房或公畜外生殖器从腹壁切除，然后从肷窝沿肋弓切开腹壁至剑状软骨，再从肷窝沿髂骨体切开腹壁至耻骨前缘。注意不要刺破肠管，造成粪水污染。切开腹腔后，检查有无肠变位、腹膜炎、腹水或腹腔积血等异常。

（2）腹腔器官取出　剖开腹腔后，在剑状软骨部可见到网胃，右侧肋骨后缘部为肝脏、胆囊和皱胃，右肷部可见盲肠，其余脏器均被网膜覆盖。因此，为了取出牛的腹腔器官，应先将网膜切除，并依次取出小肠、大肠、胃和其他器官。

①切取网膜：检查网膜的一般情况，然后将两层网膜撕下。

②空肠和回肠的取出：提起盲肠，沿盲肠体向前，在三角形的回盲韧带处切断，分离一段回肠，在距盲肠约15cm处作双重结扎，从结扎间切断。再抓住回肠断端向前牵引，使肠系膜呈紧张状态，在接近小肠部切断肠系膜。分离至十二指肠空肠曲，再作双重结扎，于两结扎间切断，即可取出全部空肠和回肠。与此同时，要检查肠系膜和淋巴结等有

无变化。

③大肠的取出：在骨盆口处将直肠内粪便向前挤压并在直肠末端作一次结扎，在结扎后方切断直肠。抓住直肠断端，由后向前分离直肠、结肠系膜至前肠系膜根部。再把横结肠、肠襻与十二指肠回行部之间的联系切断。最后切断前肠系膜根部的血管、神经和结缔组织，可取出整个大肠。

④胃、十二指肠和脾脏的取出：先将胆管、胰管与十二指肠之间的联系切断，然后分离十二指肠系膜。将瘤胃向后牵引，露出食管，并在末端结扎切断。再用力向后下方牵引瘤胃，用刀切离瘤胃与背部联系的组织，切断脾膈韧带，将胃、十二指肠及脾脏同时取出。

⑤胰、肝、肾和肾上腺的取出：胰脏可从左叶开始逐渐切下或将胰脏附于肝门部和肝脏一同取出．也可随腔动脉、肠系膜一并取出。

肝脏取出，先切断左叶周围的韧带及后腔静脉，然后切断右叶周围的韧带、门静脉和肝动脉（勿伤右肾），便可取出肝脏。

取出肾脏和肾上腺时，首先应检查输尿管的状态，然后先取左肾，即沿腰肌剥离其周围的脂肪囊，并切断肾门处的血管和输尿管，取出左肾。右肾用同样方法取出。肾上腺可与肾脏同时取出，也可单独取出。

4. 胸腔脏器的取出　打开胸腔和取出胸腔脏器的方法与猪相同。

5. 骨盆腔和颅腔的剖检　可参照猪的方法进行。

6. 口腔及颈部器官的取出　先切开咬肌，再在下颌骨的第一臼齿前，锯断左侧下颌支；再切开下颌支内面的肌肉和后缘的腮腺、下颌关节的韧带及冠状突周围的肌肉，将左侧下颌支取下；然后用左手握住舌头，切断舌骨支及其周围组织，再将喉、气管和食管的周围组织切离，直至胸腔入口处，即可取出口腔及颈部器官。

7. 鼻腔的锯开　沿鼻中线两侧各 1cm 纵行锯开鼻骨、额骨，暴露鼻腔、鼻中隔、鼻甲骨及鼻窦。

8. 脊髓的取出　剔去椎弓两侧的肌肉，凿（锯）断椎体，暴露椎管，切断脊神经，即可取出脊髓。

上述各体腔的打开和内脏的取出，是系统剖检的程序。在实际工作中，可根据生前的病性，进行重点剖检，适当地改变或取舍某些剖检程序。

八、家禽的剖检方法

家禽的解剖结构与大动物不同，在家禽的消化系统中，有发达的肌胃，肠管较短，而十二指肠较大，盲肠有 2 条。肺小，并固定在肋间隙中，有和肺相通的气囊。两侧肾脏固定在腰荐部，各 3 叶，无膀胱，输尿管直接通入泄殖腔。左侧卵巢发达，成年禽类右侧的卵巢退化，输卵管通入泄殖腔，睾丸位于腰区。鸡无淋巴结，淋巴组织散在于其他组织和器官中，但在泄殖腔上边却有一个独特的淋巴器官即腔上囊（或法氏囊）。在性成熟时（鸡 4～5 月龄，鸭 3～4 月龄）最大，以后逐渐萎缩，变小。现以鸡为代表，说明家禽尸检的顺序和方法。

（一）外部检查

外部检查主要包括羽毛、营养状况、天然孔、皮肤、骨和关节。

羽毛粗乱、脱落，常为慢性病或外寄生虫病的表现之一。在鸡白痢或其他有腹泻症状的疾病时，泄殖腔周围羽毛被大量粪便污染。鸡结核时，胸肌萎缩，龙骨嵴明显突出。特别注意冠和肉髯的颜色和大小，同时观察头部，体躯，颈部与腿部皮肤有无痘疹、出血、结节等病变。并注意各关节的粗细和变形等。

（二）体腔的剖开

用消毒药浸渍消毒羽毛后，拔除颈、胸和腹部的羽毛。切割两翅和两肢内侧基部与躯体的联系并将一肢压下，使尸体仰卧固定，由下颌间隙沿体中线至泄殖孔切开皮肤并向两侧分离。从泄殖腔（孔）至胸骨后端纵向切开体腔。在胸骨两侧的体壁上向前延长纵形切口，将两侧体壁剪开。再用骨剪剪断乌喙骨和锁骨，手锯龙骨嵴，向上前方用力搬拉，揭开胸骨，割离肝、心与胸骨的联系及其周围的软组织，即暴露体腔。注意气囊有无病菌生长或其他变化，特别要检查体腔内的炎性渗出物，体腔积血及卵黄性浆膜炎。

（三）器官的取出

依次取出心与心包、肝、脾、腺胃、肌胃、肠、胰、输卵管（或睾丸）、肺、肾。嗉囊与食管一起取出。鸭无明显的嗉囊，食管下部仅呈纺锤形膨大。

（四）各器官的检查

1. 口腔、食管、嗉囊、喉、气管 从喙角开始剪开口腔、食管和嗉囊，注意黏膜的变化和嗉囊内食物的量、性状和组成，然后剪开喉、气管，注意黏膜变化和管腔内分泌物的量和性状。

2. 鼻 横剪鼻孔前的上颌，挤压鼻部，检查其内容物。

3. 心肺、肝、胆 检查心包腔、心外膜、心肌、心房、心室、心内膜的变化。肺注意颜色和质地，有无结节或其他炎性变化。肝，注意颜色、大小、质地、表面的变化，有无坏死灶结节、肿瘤等病变。结核病时肝内可见结核结节，急性巴氏杆菌病时有许多小点状坏死灶。同时应检查胆囊、胆管和胆汁等变化。

4. 脾 注意大小、形状、表面、质地、颜色、切面的变化。

结核病时，脾常有结核结节，淋巴白血病和马立克氏病时，脾可能肿大或有肿瘤性病变。

5. 肾 注意大小、表面、质地、颜色、切面的变化。

淋巴细胞性白血病和马立克氏病时，肾有肿瘤结节，痛风病时有尿酸盐沉积。

6. 腺胃 检查腺胃黏膜、胃壁和内容物的性状。

新城疫时，黏膜上的腺乳头发生出血，坏死。传染性法氏囊炎时腺胃与肌胃交界处有出血。

7. 肌胃 检查类角质层（又称鸡内金），胃壁肌肉的变化及内容物的性状。

新城疫时，肌胃黏膜层有出血或坏死，肌胃溃疡等。

8. 肠与胰 检查肠浆膜、肠系膜、肠壁和黏膜的变化。

新城疫时，肠壁和黏膜多有出血和坏死、溃疡。球虫病时，盲肠发生明显的出血性坏死性炎、肿大、变硬，并有灰白色坏死灶。

9. 卵巢与输卵管　左侧卵巢发达，右侧成年已退化。注意卵巢的形状和颜色的变化。

沙门氏菌病时，卵泡常发生变形，颜色也会改变，有时卵泡破裂，卵黄物质污染整个体腔，形成干涸而坚硬的团块或包囊。马立克氏病时，卵巢中可见灰白色小灶，严重病例，卵巢成大小不等或不规则的团块，或形成灰白色结节。在某些输卵管炎或某些疾病时，管腔中卵会停滞、干涸或变成假结石。

10. 睾丸　注意其形状、大小、颜色、表面、切面和质地。

11. 法氏囊　注意其各种性状变化。

淋巴细胞性白血病时，腔上囊肿大，镜检可见淋巴滤泡扩大，其中有多成淋巴细胞；马立克氏病时，腔上囊也肿大，镜检淋巴滤泡之间有多形态瘤细胞大量增生，而滤泡则受压萎缩。

12. 神经　注意腰荐神经丛、坐骨神经丛和臂神经丛。

马立克氏病时，上述神经丛经常变粗或呈结节状，失去正常的光泽和纵形纹理。

13. 脑　可先剥离头部皮肤和其他软组织，在两眼中点的连线作一横切口，然后在两侧作弓形切口至枕孔。也可沿中线作纵切口，将头骨分为相等的两部分。除去顶部颅骨。分离脑与周围的联系，将其取出。注意脑膜和脑质有无病理变化。

九、食肉动物（猫、犬等）的剖检方法

食肉动物（犬、猫、狼等）的尸检，一般检查顺序为：外部检查→剥皮与皮下组织→腹腔的剖开与检查→胸腔剖开与检查→内脏器官的取出与检查→其他组织器官的检查。

（一）外部检查

犬瘟热时，鼻孔周围有淡黄色痂皮或分泌物（卡他性炎）。猫外耳道如有痂皮，常是外耳炎或耳疥癣的标志。乳腺炎、癌瘤或其他病变，也会在外部检查时发现。

（二）剥皮

背卧固定，剥皮，切离两前肢。检查皮下结缔组织和肌肉有无异常变化。

（三）腹腔的剖开与检查

食肉动物的整个消化道比其他动物的要短得多。十二指肠位于腹腔右侧并朝内盆腔方向伸延。左侧肠壁同胰毗连，称为十二指肠降部，当到达膀胱右侧时返向前左，称肠道弯曲，又称后曲，而斜向前方的一般称十二指肠升部。后者以十二指结肠韧带和结肠部相连。在左肾水平位，十二指肠从左向右延续为空肠。空肠系膜较长，肠襻有6～8个旋曲，然后与回肠连接。回肠通入盲肠，回肠韧带不明显。结肠呈U形，肠管口径并不比小肠大，依次称结肠升部（右侧），横部（和胃、胰接近），和降部（左侧），最后为直肠。

剖开时，从剑状软骨沿白线至耻骨前缘作切口，并在最后一肋骨后缘切开两侧腹壁。打开腹腔后可见肝和胃，其他器官被大网膜覆盖，将其除去则见十二指肠，空肠以及部分结肠和盲肠。

常可见到病理变化，如肝、胃的膈疝，肠套叠，胃扭转等。并区别病理性肠套叠和濒死时引起的肠套叠。胃扭转时，可见幽门位于左侧，局部呈绳索状，贲门及其上部食管扭

转，闭塞，紧张，同时胃扩张，胃大小弯和脾移至右侧。

（四）胸腔的剖开与检查

胸腔的剖开方法与马基本相同，幼犬也可采用小猪的剖开法。注意观察胸膜、胸腔液、心包液、肺等有无异常变化。如心包腔中有巧克力色液时，可怀疑结核病。

（五）器官的取出和检查

1. 切断脾、胃的联系，取出脾。

2. 在膈后结扎剪断食管，分离十二指肠系膜和十二指肠韧带的联系，在十二指肠空肠曲双结扎剪断肠管；切开肝周围有关韧带和联系。将胃、胰、十二指肠和肝一起取出。

3. 直肠后移结扎剪断，取出小肠和大肠，或按牛的剖检法分别取出大肠和小肠。

4. 取出肾。

腹腔器官的检查技术基本同牛、马。但食肉动物特别是犬，胃肠道内常有多种异物和寄生虫，因此应特别注意。

异物可引起许多疾病或病变（如肠炎、肠梗阻、肠穿孔、胃炎、胃溃疡等）甚至导致死亡。肠道寄生虫，多见蛔虫和绦虫，故可引起贫血和肾的损害。猫传染性胃肠炎或传染性白细胞减少症时，出现卡他性、出血性或纤维性胃肠炎变化，其中空肠和回肠更为明显。如犬传染性肝炎时，肝充血，膀胱壁水肿，镜下肝细胞变性、坏死、肝细胞核内有包涵体形成。老猫，可见到萎缩性肝硬化。必须指出，食肉动物的一些神经性病毒病，如狂犬病没有特征性眼观病变，应将整个脑或海马角材料送检。

十、兔的剖检方法

兔的尸检，除非必要，一般可不剥皮。解剖时常取背卧位，一般用2%来苏儿或其他消毒药液先把毛浸湿，固定四肢或切断肩胛骨内侧和关节周围的肌肉，使四肢摊开。然后沿腹正中线切开剑状软骨至肛门之间的腹壁，再沿左右最后肋骨纵切腹壁至脊柱部。这样腹腔脏器全部暴露。

按其他动物的尸检技术剖开胸腔，剪开心包膜视检。摘出并检查舌、食管、喉、气管、肺和心等颈与胸部器官。然后摘出大网膜，胃和小肠一起取出，而大肠（盲肠或结肠）单独取出。分离肝和其他组织联系，将其取出。对内脏进行检查。在检查肠道时，应注意其浆膜、黏膜、肠壁、蚓突、圆小囊和肠系膜淋巴结的各种变化。泌尿、生殖器官的检查同其他动物。脑的开颅方法同其他动物，在实际工作中，常采取边解剖，边摘出、边检查、边取材的方法，有的器官也可摘出，直接检查取材。

十一、小鼠和大鼠的剖检方法

将尸体放在瓷盘中或木板上，背卧，四肢以大头针固定，剖检通常只用小的剪刀，镊子和外科刀即可。

剖检时，从耻骨前缘至剑状软骨，并从剑状软骨至两侧腰区剪开皮肤和整个腹壁，将腹壁翻向侧后，腹腔即剖开。再从剑状软骨至下颌部，剖开胸腔。

胸腔和腹腔视检，各器官和检查可在连体的情况下逐个进行，在检查过程中根据需要取材。

腹腔剖检后各器官的位置为：前部为肝，前左为胃，胃右肝后为十二指肠，盲肠位于腹腔左后部，呈圆锥状，盲端细，在腹内呈弯曲状，盲肠小弯有回肠和结肠起始段，腹腔右侧和中部几乎全为空肠和部分回肠。脾位于胃的左右方，腹壁内侧。

消化道较短，主要部分为空肠和盲肠，结肠前段较粗，附着于盲肠大弯、胃分贲门和幽门区，前者浆膜面色白，后者色肉红。大鼠无胆囊。

十二、豚鼠的剖检方法

豚鼠（即天竺鼠、海猪或荷兰猪）是一种重要的实验动物，在微生物学和传染病学教学和科研工作中，其尸检技术特别重要。

（一）尸体剖开的方法

1. 将尸体放在瓷盘中或木板上，背卧，用剪刀（可手术刀）割离两前肢和两后肢内侧皮肤与肌肉等组织，轻压两前肢和两后肢躺下，使其比较稳定。沿腹部白线经胸骨下至下颌剪开皮肤，并向两侧剥皮，观察皮下组织的变化。

2. 沿腹中线切开腹壁，同时从剑状软骨向腰部横切到两侧，腹腔即剖开。

3. 割离膈，在胸腔两侧背缘自后向前剪断肋骨和肋间肌，以暴露胸腔器官。分离并割断胸骨舌肌，气管和食管即可显示。

（二）豚鼠的解剖特点

消化道分为食管、胃、小肠和大肠，在小肠中，十二指肠较短，略呈U形，其间为胰。空肠长而弯曲，主要位于腹腔中部和右侧。回肠自右向左进入盲肠，其入口即为结肠的起始部（盲肠口和回盲口部）。盲肠粗大，略弯曲，其小弯有盲结口，而大弯则附着升结肠前段。盲肠黏膜有灰白色的小区（直径为1cm）即淋巴集结。结肠依次分为升结肠，横结肠和降结肠。升结肠在右侧形成盘旋。降结肠延续到直肠，其末端称肛管。肛管的外口就是肛门。

豚鼠睾丸的一端（附睾头旁）有一个片状脂肪积聚物，大脂肪体。一对精囊，色白半透明，似充满内容物的肠管。阴茎稍弯曲，有阴茎骨。

（三）器官的取出和检查

胸腔剖开后，视检腔体、浆膜和各种器官的变化、位置。剪破心包，使心暴露，取出，检查。肺与气管一起取出，按常规检查。之后，取出脾，肝。消化道可一起取出，也可将胃与肠分别取出。详细检查各组织器官，注意对肾上腺的检查，并取出肾和膀胱。然后取出并检查生殖器官。如有必要，可剖检取脑，进一步作切片镜检。

十三、毛皮动物（水貂、狐狸、貉等）的剖检方法

在许多方面和其他动物相同。但因毛皮动物等具有较高的经济价值，除少数病例外，可进行剥皮，但凡是病死的毛皮动物，其毛皮等物质经规定的兽医卫生处理后方

可利用。

剖检前，必须了解动物生前有关情况，特别是动物的饲养管理和来源。

剥皮应尽量仔细，既不能造成人为的损伤皮张，又要注意皮下组织的病变。通常采取钝性或牵拉剥皮法。剥皮后按照猪的规定剖检法进行。

第二节 兽医病理学常规组织学检查技术

通过观察动物器官的组织病理学变化，对疾病作出诊断，称为病理组织学诊断。如巴氏杆菌病、沙门氏菌病、结核病、肿瘤等。常规的组织学诊断是采取病变组织制成病理组织切片或将脱落细胞制成涂片，经不同方法染色后，在光学显微镜下进行观察，分析、归纳组织细胞形态结构变化，诊断疾病及判定其类型及阶段等。由于分辨率比肉眼增加了数百倍，加深了对病变的认识，因而显著地提高了诊断的准确性。到目前为止，传统的组织学观察方法仍然是病理学研究和诊断的无可替代的最基本的方法。

一、组织的取材和固定方法

为了详细查明原因，作出正确的诊断，需要在剖检的同时选取病理组织学材料，及时固定，送至病理切片实验室制作切片，进行病理组织学检查。而病理组织切片，能否完整地、如实地显示原来的病理变化，在很大程度上取决于材料的选取、固定和寄送。

（一）病理组织学检查材料的选取

剖检者在剖检过程中，应根据需要亲自动手，有目的地进行选择，不可任意地切取或委托他人完成，同时要注意：

1. 有病变的器官或组织，要选择病变显著部分或可疑病灶。取样要全面而具有代表性，能显示病变的发展过程。在同一块组织中应包括病灶和正常组织两个部分，且应包括器官的重要结构部分。如胃、肠应包括从浆膜到黏膜各层组织，且能看到肠淋巴滤泡。肾脏应包括皮质、髓质和肾盂。心脏应包括心房、心室及其瓣膜各部分。在较大而重要病变处，可分别在不同部位采取组织多块，以代表病变各阶段的形态变化。

2. 各种疾病病变部位不同，选取病理材料时也不完全一样。遇病因不明的病例时，应多选取组织，以免遗漏病变。

3. 选取病理材料时，切勿挤压或损伤组织。切取组织块所用的刀剪要锋利，切取组织块时必须迅速而准确。为保持组织完整、避免人为的变化，即使是在肠黏膜上沾有粪便，也不得用手或其他用具刮抹。对柔软菲薄或易变形的组织如胃、肠、胆囊、肺，以及水肿的组织等的切取，更应注意。为了使胃肠黏膜保持原来的形态，在小动物可将整段肠管剪下，不加冲洗或挤压，直接投入固定液内。

4. 组织块在固定前最好不要用水冲，非冲不可时只可以用生理盐水轻轻冲洗。

5. 为了防止组织块在固定时发生弯曲、扭转，对易变形的组织如胃、肠、胆囊等，切取后将其浆膜面向下平放在稍硬厚的纸片上，然后徐徐浸入固定液中。对于较大的组织片，可用两片细铜丝网放在其内外两面系好，再行固定。

6. 选取的组织材料，厚度不应超过 2～4mm，才容易迅速固定。其面积应不小于 1.5～3cm^2，以便尽可能全面地观察病变。组织块的大小：通常长、宽各 1～1.5cm，厚度为 0.4cm 左右，必要时组织块的长、宽可增大到 1.5～3cm，但厚度最厚不宜超过 0.5cm，以便容易固定。尸检采取标本时，可先切取稍大的组织块，待固定几小时后，切取镜检组织块时再切小、切薄。修整组织的刀要锋利、清洁，切块垫板最好用硬度适当的石蜡做成的垫板（可用组织包埋用过的旧石蜡做），或用平整的木板。

7. 相类似的组织应分别置于不同的瓶中或切成不同的形状。如十二指肠可在组织块一端剪 1 个缺迹、空肠剪 2 个缺迹、回肠剪 3 个缺迹等，并加以描绘，注明该组织在器官上的部位，或用大头针插上编号，备以后辨认。

（二）病理组织学检查材料的固定

1. 石蜡组织切片 石蜡组织切片是最常用的组织切片制作方法，用于常规病理诊断。将手术或活检的组织标本用甲醛进行固定、石蜡包埋、切片、染色等复杂程序后在显微镜下观察组织细胞的生物结构。其流程需 3～5d 才能结束。

此法优点是组织切片质量好、观察全面、诊断准确率高。用于制作石蜡组织切片的病理组织材料应注意以下几点。

（1）病理组织材料应及时固定，以免发生死后变化影响诊断。为了使组织切片的结构清楚，

切取的组织块要立即投入固定液中，固定的组织愈新鲜愈好。

（2）固定液的种类较多，不同的固定液又各有其特点，可按要求进行选择。最常用的固定液是 4%甲醛水溶液。

①4%甲醛水溶液：

甲醛	1 份
自来水	9 份

②4%中性甲醛水溶液（pH 7.0）：

甲醛	120mL
$NaH_2PO_4 \cdot H_2O$	4g
Na_2HPO_4	13g
蒸馏水	880mL

③4%多聚甲醛固定液（用于免疫组织化学石蜡切片）：

多聚甲醛	4g
0.1mol/L pH 7.4 PB	100mL

多聚甲醛与 PB，在磁力搅拌器上，加热到 60℃左右，完全溶解，溶液变清（有时需加几滴 1mol/L NaOH ），最后 PB 补足至 100mL。

④Bouin 氏固定液（可用于组织学和免疫组织化学固定）：

苦味酸饱和水溶液	75mL
甲醛	25mL
冰醋酸	5mL

⑤ Carnoy 氏固定液（使用于染色体、DNA、RNA、糖原的固定）：

纯酒精　6 份

冰醋酸　1 份

三氯甲烷　3 份

(3) 为避免材料的挤压和扭转，装盛容器最好用广口瓶。薄壁组织，如胃肠道、胆囊等，可将其浆膜面贴附在厚纸片上再投入固定液中。

(4) 固定液要充足，最好要 10 倍于该组织体积。固定液容器不宜过小；容器底部可垫以脱脂棉花，以防止组织与容器粘边，影响组织固定不良或变形，肺脏组织含气多易漂浮于固定液面，要盖上薄片脱脂棉花，借棉花的虹吸现象，可不断地浸湿标本。

(5) 固定时间的长短，依固定液种类而异，过长或过短均不适宜。如用 4%甲醛水溶液固定，应于 24～48h 后，用水冲洗 10min，再放入新液中保存。用 Zenker 氏液固定 12～24h后，经水冲洗 24h，然后进行脱水处理。

(6) 在厚纸上用铅笔写好剖检编号（用石蜡浸渍），与组织块一同保存。瓶外必须注明号码。为了保持固定液的中性反应，可加入少量碳酸钙或碎大理石，用其上层澄清液。

2. 冷冻组织切片　冰冻切片法由 Paspail 发明于 1829 年，到目前已广泛地被病理学诊断、科研所利用。冰冻切片是在低温恒冷条件下，使组织迅速冷冻达到一定硬度制成的切片，冰冻切片的制作同石蜡切片的原理相似，但是冰冻切片不需脱水、浸蜡、脱蜡等繁琐步骤，因此，可以做到快速诊断，是快速病理诊断的手段之一。

冷冻组织切片技术需要对组织获取的部位比较精确，加上这种方法的制片质量不如石蜡切片好，所以快速病理诊断技术的误诊率也相对于常规病理诊断技术要高。因此，在使用该技术进行病理报告时应本着非常慎重的态度。

其优点是制片时间短，可作出快速诊断。其组织不要经任何处理，组织中的脂类、酯、糖、抗原等化学成分不会受到影响而得以保存。适用于脂类、酶、糖原、抗原抗体等检测。不足之处是组织细胞形态不如石蜡组织切片清晰，给诊断带来一定困难。而且制作冰冻切片比普通石蜡切片要求高，难度大，组织冷冻程度难以掌握，一般切片时，容易碎裂，不易切成薄片，染色时易脱片。

选取病变的组织块，切成长、宽、高各 1cm 的立方形，迅速放入液氮罐中，进行低温快速冷冻，这样，组织内不形成大的冰晶，避免组织细胞的人为损伤，有利于准确的病理诊断。

(三) 病理组织检查材料的包装与运送

1. 如将标本运送他处检查时，应把瓶口用石蜡等封住，并用棉花和油布包妥，盛在金属盒或筒内，再放入木箱中。木箱的空隙要用填充物塞紧，以免震动，若送大块标本时，先将标本固定几天，以后取出浸渍固定液的纱布几层，先装入金属容器中，再放入木箱。传染病病例的标本，一定要先固定杀菌，后置金属容器中包装，切不可麻痹大意，以免途中散布传染。

2. 执行剖检的单位，最好留有各种脏器的代表组织，以备必要时复检之用。

二、组织切片技术

（一）石蜡切片制作

1. 固定　采取的病理材料必须立即放入固定液中，及时进行固定，组织固定好后，方可进行脱水。

2. 脱水　组织经固定后，尚含有多量水分，而水与透明剂苯、石蜡根本不相融合。必须先把组织中的水分除去。但脱水剂必须是与水在任何比率下均能混合的液体，脱水剂常兼有硬化组织的作用。最常用的脱水剂为酒精、丙酮等。

（1）酒精　沸点78.4℃，为最常用的脱水剂。脱水能力强，并能使组织硬化，能较好地与二甲苯透明剂相混合。最终结果表明，只要脱水环节处理好，都会得到好的切片。脱水的程序为70%→80%→90%→95%→100%。各级酒精2～4h，视材料的大小、厚薄而定。100%酒精有硬化组织的作用，时间不宜太长，一般不超过3h。脑组织、脂肪组织或疏松结缔组织，脱水时间要适当延长。

（2）丙酮　沸点为56℃。脱水作用比乙醇强，但对组织块的收缩较大，主要用于快速脱水或固定兼脱水。脱水时间为1～3h。

3. 透明　透明对组织有洗脱酒精及透明两种作用。当组织中全部为透明剂占有时，光线可以透过，组织可呈现不同程度的透明状态，此种现象称为透明，具有这种作用的试剂称为透明剂。常用的透明剂有：

（1）二甲苯　是最常用的良好透明剂，不影响各种染色。二甲苯易溶于酒精，能溶解石蜡，也是封固剂，不吸收水，透明能力强，易使组织收缩、变脆，故组织块在二甲苯中不宜久留，特别对小动物组织材料必须严格控制好（各种器官的透明差异很大），通常为0.5～1h。

当用二甲苯透明时必须将组织放在专用二甲苯器皿中，这样可减少透明时间，有利于组织透明彻底，在换组织块透明时，所用的镊子等器具必须干燥，不得将水滴混入二甲苯中，因水滴易被组织吸收而影响透明度，潮湿天气更应引起注意。

（2）冬青油（水杨酸甲酯）为无色油样液体，易溶于醇、醚及冰醋酸，难溶于水。透明速度较慢，数小时或数天。一般经无水乙醇脱水后再入冬青油。

4. 浸蜡（透蜡）　组织经脱水透明后要用石蜡等支持剂透入内部，并除去组织中的透明剂，把软组织变为适当硬度的蜡块，以便切成切片。

浸蜡的要点有二：①石蜡要完全渗入细胞的每个部分：②石蜡要紧密而均匀地贴在细胞内外两面，使组织与石蜡成为不可分离的状态。为了减少组织的收缩和提高浸蜡的效果，浸蜡用的石蜡依据熔点不同，先经低熔点石蜡再经高熔点石蜡。一般设置熔点50～52℃为第一缸蜡，52～54℃为第二缸蜡；54～56℃为第三缸蜡，第三缸石蜡的熔点根据季节可进行调节，夏天使用熔点56～58℃或58～60℃石蜡，盛夏使用熔点60～62℃石蜡。

浸蜡的时间：根据不同组织类型及其大小而定：组织1～2cm大小，浸蜡2～3h；2～3cm浸蜡3～5h。对细胞密集、纤维成分少的组织，如肝、肾应减少时间；含脂肪和纤维成分较多的组织需增加时间。浸蜡时石蜡在温箱内的温度应与石蜡的熔点相配合，温度不可过高或过低，过高会使组织高度收缩变脆，无法切片，过低石蜡将凝固达不到浸蜡的作用。常规的做法是调节至略高于石蜡熔点 2～3℃。控制温度是浸蜡极其重要的关键。

5. 包埋 将液态的石蜡倒入金属包埋框或包埋的纸盒中，再将浸好蜡的组织块平放底部，注意切面方向朝下放置，待石蜡凝固后去掉包埋框，完全冷却变硬后再修整蜡块，要求组织外围的石蜡保留适中以便切片。

6. 切片前的准备工作

（1）修整蜡块 石蜡切片是以石蜡作为组织的支持媒介。应先将包埋的每块组织周围过多的石蜡切去，四周留约 2mm 的石蜡边。留得过少，使连续切片分片困难且易破坏组织；留得过多，徒占地方，同时使标本之间的距离过远而镜检不便。蜡块两边必须切成平行的直线，否则切下的蜡条弯曲，也不可修成圆角，致蜡带容易分开不能成条。

（2）玻片处理 一般玻片用 76mm×26mm 载玻片，厚度 1～1.5mm，厚度超过 1.5mm 的玻片不宜用于高倍镜及油镜的观察，选购玻片应注意：从侧面看白色的为优品，带蓝或绿色的为劣品，平面光滑不带波纹者为上品，稍有波纹者为次品，边缘光滑已加工磨边者为上品，边缘粗糙未经磨边者为次品。载玻片上面如有云雾斑点，系受霉菌侵蚀不能使用。

新的玻片也必须擦洗干净，否则染色时引起切片脱落，方法有煮沸洗涤法和洗液浸泡法。最后经 95%酒精浸泡脱脂、烘干。

将洗净的载玻片上均匀涂抹薄薄的一层蛋白甘油（防止组织脱片），放置冰箱备用。

7. 切片制作过程

（1）将预冷的蜡块固定在石蜡切片机上，使蜡块的切面与刀口成平行方向，刀的倾斜度通常为 15°，转动轮转推进器，调节切片厚度为 6μm，切成厚度均匀的切片。

（2）左手持毛笔，右手旋动切片机转把，切片带出来之后，用毛笔轻轻托起，再用眼科镊轻镊蜡片，以正面放入展片箱中，其水温 40～43℃。待摊平整后捞片。

（3）贴附切片 左手持载玻片之一端，垂直入水去贴附切片，右手用毛笔辅助推动，贴附至玻片上的 2/3 处。

（4）烤片 切片贴附后，放在空气中稍晾干，即可进行烤片。血块组织、皮肤组织必须及时烤片。但对脑组织、脂肪组织待完全晾干后才能进行，这样可防止产生气泡而影响染色。烤片的温度以蜡溶解为准。也可以放置 60℃烘箱内烘烤过夜。

8. 石蜡切片注意事项

（1）固定组织所用的固定液要充足，至少相当于标本总体积的 5 倍以上，标本容器及其口径有适当大小，使标本能原形进行固定，避免使标本遭受挤压。

（2）组织块透明在制片中是很重要的环节，如果组织不能透明，其原因可能有脱水未尽、组织太厚、透明时间不够以及与某些组织本身的性质有关等。因此，应从多方面考虑，尽可能使组织达到透明目的。通常根据透明时间与眼观相结合判断透明程度。

（3）凡是陈旧、腐败或干枯的组织不易制成好切片。

（4）固定失时或固定不当的组织，染色时常出现核染色质着色浅、轮廓不清，出现程度不等的片状发白区。

（5）组织脱水、透明和浸蜡过度，会造成组织过硬、过脆，特别是小动物组织应严格控制。

（6）切片刀不锋利，切片时会自行卷起或皱起，不能顺利连成长蜡带。切片刀有缺口，易造成切片断裂、破碎、不完整及刀痕等现象，不利于切片和观察。

（7）组织切片机各个零件和螺丝应旋紧，切片刀应固定牢固，否则将会产生震动，以致出现切片厚薄不匀和横皱纹等现象。

（二）冰冻切片制作

1. 组织制冷的不同方法

（1）*半导体制冷法*　这是一种利用 Peltier 效应原理制成的温差电偶并利用水循环将电偶发热一端的热量带走从而达到制冷目的的制冷方法，其制冷的效果与机器所设计的电流大小有关，半导体制冷的温度可以由电流强度进行控制。

（2）*恒冷箱式冰冻法*　这是目前使用最多的制作方法，国内外品牌甚多，其最大的优点是冷冻速度快，箱内温度可以达到－45～－4℃，其优质的性能可满足各种室温下的切片工作任务。

2. 组织处理方法　适用于多种类的标本冰冻切片。由于采用胶冻样包埋剂进行制作，故可以适合大多数组织标本，如破碎的组织、管腔组织、菲薄的囊壁、脂肪及细小组织等。冰冻切片质量的保证，除了切片刀刃锋利外，组织的冷冻程度很关键，过硬或冷冻不够，均切不出优质的切片，只有冷冻到适宜组织块切片程度时，迅速切片，才能切出完好的切片。所以针对不同器官的组织、组织的大小、质地应采取不同的冰冻切片温度和不同的处理方法。

（1）*实质和容易碎裂的组织*　心肌、淋巴结组织 1cm×0.5cm×0.5cm（长×宽×高）。此类组织块先用明胶包埋剂，再覆盖 OCT 包埋剂在外，冰冻时间不宜长，大约 1min 左右，温度调整为－19～－18℃，切片效果好。

（2）*脂肪类、软组织*　这类组织块切片前，先喷洒 OCT 包埋剂，迅速冷冻 3～4min，切片温度为－23℃左右，切片效果好。OCT 包埋剂有支撑和黏合组织块作用，切片温度偏低可使组织块稍硬一点，起中和作用。

（3）易碎和质地较硬组织，采用明胶和 OCT 混合包埋剂后速冻能减少脆裂。

（4）细小组织块因体积小，为了增大其体积便于切片，用 OCT 包埋剂支撑底部，使组织块包埋在其中偏上，这样开始用刀修组织块时，不会浪费组织，而且可保证切片时组织完整，同时贴片可增加冷冻切片与载玻片的黏合力。细小组织体积小，切片温度不宜过低，因为其中部冷冻容易达到，如切片温度＜－23℃组织容易变硬，不利切片。

（5）较大组织块含水分较多，如冷冻时间过长易出现冰晶，所以一定要速冻。切片温度不宜偏高，切片温度＞－19℃切不成片，易发生卷片、黏片现象。

切片的质量除与上述的处理方法有关外，还有其他一些注意事项，如防卷板和切片刀的角度关系到切片能否展开的问题，如未调整好，切片刀再好，也切不出一张好切片；切片力度和转速影响切片的厚度，用力不够、转速较慢，切片增厚；达不到所需切片厚度，较厚的切片贴片后染色时容易脱片；成片切出后，如不立即贴片，待拿出切片机，切片温度增高，水分溢出，切片组织变软，贴不成片；贴好切片后如未立即干，切片组织水分溢出，染色时容易脱片。

三、石蜡切片苏木精-伊红（HE）染色程序

（一）脱蜡至水

二甲苯Ⅰ 5～15min→二甲苯Ⅱ 5～15min→无水乙醇 3min→95%酒精 3min→80%酒精 3min→70%酒精 3min→自来水洗。

（二）染色

Harris 苏木素液 5～7min→自来水洗 5min→1%盐酸溶液分化 30s→自来水洗 5min→1%氨水返蓝 10s→自来水洗 15～20min→95%酒精 3min→1%伊红酒精溶液 1～2min。

（三）脱水、透明和封固

95%酒精 2min→无水酒精Ⅰ 2min→无水酒精Ⅱ 2min→二甲苯Ⅰ 5min→二甲苯Ⅱ 5min→中性树胶封固。

HE 染色结果：细胞核呈鲜明的蓝色，软骨基质、钙盐颗粒呈深蓝色，黏液呈灰蓝色。细胞质为深浅不同程度的粉红色至桃红色，细胞质内嗜酸性颗粒呈鲜红色，胶原纤维呈淡粉红色，弹性纤维呈亮粉红色，红细胞呈橘红色。质量上佳的染色切片，细胞核与细胞质蓝红相映，鲜艳，细胞核鲜明，核膜及核染色质颗粒均清晰可见。组织或细胞的一般形态结构特点及很多物质成分均能显示出来。

（四）染色注意事项

1. 任何石蜡切片必须经过二甲苯进行脱蜡后才能染色，石蜡切片要求平板烘干，以便组织与玻片粘贴牢固。组织切片脱蜡的好坏，与二甲苯的温度及时间有关，二甲苯使用时间过长，应及时更换。

2. 在 HE 染色过程中，其成败的关键在于分化，如果分化不当致使应该分化脱色的部分未脱去，或分化不足致染色不均匀，复染对也不能得到对比鲜明的色彩。另外，流水冲洗时间的长短对组织返蓝色彩鲜艳与否也有一定的关系。须要提及的是，染色的成败除染色技术以外，组织材料的过分陈旧或长期固定在甲醛中的组织，由于过度酸化都会影响染色；或组织固定不当，固定不足组织发生自溶等均会使染色模糊。

3. 伊红染色后必须经梯度酒精脱水，特别需要经过无水乙醇，脱水一定要彻底，否则，影响透明。

4. 脱水后，经二甲苯进行透明，才能封固。透明应注意时间充足，才能达到良好效果。封片时，中性树胶不能滴加太多或太少。封固好的切片应平放在摊片盘上，及时放置于恒温箱中 40～50℃烘烤 15h 左右，有利于切片的保存。

第三节　活体组织检查和细胞学检查

一、活体组织检查

活体组织检查简称活检，即用局部切取、穿刺、细针吸取、钳取、搔刮和手术摘取等

方法，从患病动物活体获取病变组织进行病理检查等。运用以上方法取下活检标本经肉眼观察及显微镜观察，做出病理诊断，这种检查方法有助于及时准确地诊断疾病及进行疗效判断。根据手术的需要，还可使用快速冰冻切片法，在30min时间内进行快速病理诊断（如良、恶性肿瘤的诊断），以便决定手术切除范围。所以活检对于临床诊断、治疗和预后都具有十分重要的意义。

此方法在人医临床上是非常常用的病理诊断方法，尤其是肿瘤病的诊断。在兽医临床上，国外也已应用很普遍，国内也已开始应用。如在动物医院宠物的肿瘤病、皮肤病、某些消化道疾病的诊断中；还有在畜禽的某些群发病诊断中，也可用活体组织检查法，如口蹄疫或水疱病的生前诊断取水疱液作检查。对珍稀动物的疾病诊断（如大熊猫等），活体组织检查可能更具优势。

活体组织检查的优点是材料新鲜，保持活组织状态，可以在疾病的各个阶段取材。缺点是不能在活动物身上任意取材，不能做全面系统的检查，取材有局限性。

二、细胞学检查

细胞学检查即对从患病动物体内收集来的细胞进行细胞学检查，又称脱落细胞学或涂抹细胞学检查，是通过采取病变处脱落的细胞，涂片染色后进行细胞学检查。细胞的来源可以是应用各种采集器在生殖道、食管、鼻咽部等病变部位直接采集的脱落细胞，也可以是自然分泌物、渗出物及排泄物（如尿）中的细胞或用细针直接穿刺病变部位所吸取的细胞。如取血液制作成血细胞涂片，取口腔分泌物、消化道排泄物等作涂/抹片，直接或经染色后在显微镜下观察。

细胞学检查的优点：方法简易，病体痛苦小。缺点：取材受限、脱落细胞常有变性、细胞分散、没有组织结构等，使诊断受到一定限制（包括血液细胞）。故在兽医临床上应用较少。

第四节　电子显微镜检查技术

自德国著名病理学家 Rudolf Virchow 于 1858 年创建了细胞病理学说以来，人们得以在光学显微镜下，直接观察研究患病机体组织细胞的形态学改变，分析其发生发展的规律，并从组织细胞水平对疾病作出诊断。由于受光学显微镜分辨能力的限制，要想看到更小的物体是不可能的。自从 1932 年第一台电子显微镜在德国问世以来，人们对细胞内各种细胞器的结构和功能有了深刻的认识，在医学、生物学等许多领域中得到广泛应用。

电子显微镜技术的应用，在阐明了一系列疾病病因的同时，也对研究和阐明疾病的发病机制提供了前所未有的手段，为对病变的组织细胞进行超微结构观察和诊断，首先应有相关的病理诊断医师和有关技术人员，两者缺一不可。病理诊断医师除具有比较丰富的组织病理学诊断经验外，尚应对超微病理学的理论和诊断知识，以及有关技术有一定基础，其他有关技术人员应具有电镜观察标本的制备技术，具有电镜维护技能及相关仪器设备的维护技能。此外，必须装备有高性能的电子显微镜，包括透射式电子显微镜以及扫描式电子显微镜和其他相应的仪器设备。

电子显微镜及样品制备技术特别是在对一些疾病的鉴别诊断上有其独到的优越性，但同时也有其“先天的”局限性。这主要是由于其所观察的标本范围极小，通常只能观察细胞的超微结构，即细胞的表面情况、细胞间的关系及细胞器的改变等，却难以观察病变组织的全貌及其与周围组织的关系状态。另外，电子显微镜实验室的装备和使用，价格昂贵，操作和维护过程也比较复杂。

电镜的种类很多，透射式电子显微镜是发展最早、应用最广、分辨本领最高的电子显微镜。随着科学技术的发展进步，在原有的透射式电子显微镜基础上，发展出扫描式电子显微镜、超高压电子显微镜、分析电子显微镜以及用做微区分析的电子探针等。而使用最广泛和最有代表性的是透射式电子显微镜。

一、透射电子显微镜及超薄切片技术

1932 年，德国物理学家克诺尔与卢斯卡发现可以用电子束来取代可见光，并创建了世界上第一台电子显微镜，这是一台雏形的透射式电子显微镜。电镜利用电子束穿透组织标本，观察细胞内部的微细结构的变化。

透射电子显微镜与光学显微镜的主要差别是，用炽热灯丝发射的电子束来代替可见光，用电磁“透镜”代替光学透镜，电磁透镜由线圈组成，当有电流通过时就产生磁场，这种磁场可使电子束折射，如同光学透镜使光线折射一样。发射电子的部分叫电子枪，由灯丝、栅极和阳极三部分组成，栅极位于灯丝和阳极之间。当电流通过灯丝时，灯丝发热，释放电子。阳极加有正电压，吸引电子飞向阳极。栅极加负电压，使电子流会聚成一细束。电子束穿过阳极中间的小孔，再经聚光镜作用，把电子束集中到标本上。电子束穿过标本后经物镜放大，再经投影镜放大（物镜与投影镜间有时还加入中间镜），最后将标本的影像显示在荧光屏上。如把荧光屏移开，使电子束射到照相底片上，标本的影像便被拍摄下来。

由于电子束穿透能力的限制，必须把标本切成厚度小于 0.1μm 以下的薄片，常用的超薄切片厚度是 50nm。因此，在进行透射式电子显微镜观察前，超薄切片技术是最基本、最常用的制备技术，是超微结构观察的基础。超薄切片的制作过程需要经过取材、固定、脱水、浸透、包埋、切片及染色等步骤。

（一）取材

1. 选择正确的取材部位 由于超薄切片的面积一般仅 2mm×4mm，或更小，故收集到的材料要求切得很小，因此必须选择正确的病变部位。例如肿瘤要选取非坏死区，肾脏则要取含有肾小球的皮质部，结缔组织包膜应除去，消化道、呼吸道黏膜上的附着物应小心去掉，并保护黏膜少受损伤，收集周围神经和肌肉等组织时要除去周围附着的脂肪和结缔组织。

2. 尽量维持材料的原始状态 对于新鲜的组织标本，切不可用自来水冲洗；曾被钳子、镊子等夹取的部位不能采用，把组织切成小块时不能挤压、牵拉。因此在取材时要求十分小心。为了适合病理诊断的要求和以后定位的方便，标本可取较大面积如 3mm×4mm，但此时应注意厚度不能超过 1mm（尽可能薄），否则会影响固定效果。

3. 材料收集到后，要快速切小固定　材料离开机体到进入固定液的间隔时间越短越好，尽可能在数分钟内完成。因为组织一旦失去血液供应，很快便会产生一系列的细微形态改变，这会给疾病的正确诊断带来一定困难，在温度较高时影响尤其严重。因此，将组织块切小固定时要保持低温操作以减少影响。在极其困难的情况下，材料实在无法立即固定时，只能暂时保存在 4℃冰箱中，但不能让其干燥，更不能低于 0℃而造成冰冻损伤。当然，这种保存材料的情况是在非常特殊的情况下采用的，而且其超微结构形态也会发生一系列变化。

4. 避免污染　取材时所用的器械及玻璃器皿，如刀、剪、镊子、牙签、蜡盘、瓶子、吸管和试管等，事先均应按要求清洗后烘干，不能沾有油污。每份标本所用的器材要各自分开，不得混用，以避免交叉污染。有的器材用过后要注意消毒，特别是用于收集传染性疾病标本的器材，要按规定彻底消毒或销毁。必要时也可使用一次性器材，要做好操作者的防护工作。

5. 做好文案工作　所有标本都应统一编号，详细登记各项有关资料。在制备过程中每一个步骤都应小心，绝不能弄混搞错，尤其当标本数量比较多时，操作者更要细心、谨慎。操作者要养成认真负责的良好习惯。

6. 特殊要求的标本必须特殊处理　比如，需要进行细胞化学实验和免疫标记的标本，以及需要做微量元素分析的标本等，都必须按各自相应的要求进行处理。

（二）固定

固定是整个标本制备过程中非常关键的一步，及时、正确的固定技术不但是使细胞超微形态结构尽量接近其生活时的状态所必需，也是为后续的标本制备处理作准备。如果固定不当，不但会使细胞形态发生改变，并对后续的包埋、切片及染色等工作造成困难。

组织取材后，必须立即固定，其间的间隔时间越短越好。

固定液的种类、固定液的 pH、缓冲液的离子组成、渗透压、固定时的温度、固定时间等因素都会影响固定的质量。

1. 组织块固定　常规采用戊二醛—锇酸双重固定法。

（1）*前固定*　用 2.5%戊二醛磷酸缓冲液固定液，或多聚甲醛—戊二醛混合固定液固定，温度为 4℃，固定液的用量为标本的 40 倍左右。

（2）*后固定*　用 1%锇酸固定液固定（4℃），固定后漂洗，进入脱水程序。

2. 游离细胞的固定　适用于培养细胞、外周血、骨髓、胸腹水或其他渗出液。如为贴壁生长的培养细胞，应先用橡皮刮子将细胞从培养管壁上轻轻刮下，或使用酶消化，使细胞脱离管壁，然后按以下方法固定。

（1）取收集细胞，置试管中离心，1 500～2 000r/min，离心 10～15min，弃上清液。1.25%二甲砷酸钠悬浮。

（2）2%戊二醛固定，4℃，30～60min。

（3）1 500～2 000r/min，离心 10～15min，离心后尽量吸去上清。加几滴融化的 2%琼脂并用细针搅拌均匀，也可以用牛血清白蛋白或 7%明胶代替琼脂。

(4) 缓慢加入 2%戊二醛，静置 2h 使细胞凝成团块。然后取出切成 1mm^3 小块放入缓冲液中漂洗后用 1% 锇酸固定液固定。

3. 灌注固定法 这是最好的固定方式。它是利用血液循环的途径将固定液灌注到所要固定的组织中，其特点是固定迅速、均匀。血管灌注固定可以采用全身灌注和局部灌注的方式。对于小动物，可以采用全身灌注的方式；对于大动物，可以采用局部灌注方式。通常采用的固定剂为 2%～4%戊二醛固定液，一般灌流固定 10～15min 后，再取下组织切成小块置 4℃继续浸泡固定 1h。

(三) 漂洗与脱水

常用的脱水剂是乙醇和丙酮，组织脱水要彻底；更换液体动作要迅速，防止样品干燥。

1. 组织固定后，应用漂洗液洗去残留的固定液，尤其是用醛类固定液固定后。一定要充分漂洗干净，一般需漂洗 5 次以上，漂洗时间为 2h 或过夜。这是因为醛会和锇酸起反应，产生细而致密的颗粒沉淀在样品中，既影响锇酸的固定作用，又会造成样品污染。此外，由于锇酸亦能和乙醇作用，产生沉淀，因而用锇酸固定后，也应把多余的锇酸固定液漂洗掉，但洗的时间可短些，10～15min 即可。

2. 常用的脱水剂是乙醇和丙酮。常采用先酒精后丙酮的脱水方法，浓度梯度依次为 30%、50%、70%、90%酒精，90%、100%（3 次）丙酮，每次 10～15min。若当天不能完成浸透等操作步骤，样品可放在 70%脱水剂中保存，千万不能放在无水乙醇或无水丙酮中过夜，否则脱水过度会引起更多物质被抽取，并且会使样品变脆，影响切片。脱水过程中应该注意两点：一是脱水要充分。脱水不完全会导致渗透不完全，造成切片困难，还会引起组织和细胞受损；二是更换脱水剂时动作要快，尤其是换无水乙醇和无水丙酮时，不要使样品干燥，否则样品内易产生小气泡而影响包埋剂的浸透。

(四) 浸透和包埋

常用包埋剂为环氧树脂。环氧树脂 618 是二酚醛丙烷型环氧树脂，相对分子质量低，热稳定性高，吸湿性小，可在一般环境下调配，操作简便，对超微结构影响较小，适于做电镜标本的包埋材料。

1. 浸透 组织块在用乙醇和无水丙酮（或环氧丙烷）脱水后，用包埋剂与无水丙酮（或环氧丙烷）按一定比例混合，逐渐渗透入组织块，取代乙醇。若包埋剂渗透不完全就会影响切片的质量和性能。一般组织块浸透过程如下：

无水丙酮或环氧丙烷：包埋剂＝1∶1，1～2h；无水丙酮或环氧丙烷：包埋剂＝1∶2，3h 或过夜；纯包埋剂 1～3h。

对皮肤等含很多致密结缔组织的标本要适当延长浸透时间，而单层培养细胞等可缩短浸透时间。

2. 包埋及聚合硬化 取药用空心胶囊（一般为 4 号透明胶囊）或特制的锥形塑料囊或多孔橡胶模板作包埋块的模子。先将胶囊或模板及标签置于 60℃温箱中 1～3h 烘干。包埋时，先在胶囊中滴一滴包埋剂，再将组织块用牙签挑至胶囊，然后注入包埋剂，放上小标签。或是先将胶囊注满包埋剂，再用牙签挑起组织块放在胶囊的液面中心，让组织块自然沉降到胶囊底部，然后加温聚合。有些组织要注意定位、切向问题，如肌肉是横切还是纵切；皮肤、黏膜、血管、神经等组织是切横断面还是纵切面等，取材时就应按需要将组织切成长条或特定形状。包埋时选用扁平的橡胶模板，注入包埋剂，将组织块按所需切的一端对准尖端进行包埋。

组织块包埋好后，放在干燥器里置于温箱中聚合，Epon812、环氧树脂 618 可置于 37℃，12h 或过夜，亦可直接放入 60℃温箱聚合，时间为 1～2 d，Spurr 树脂放在 70℃温箱 8h 即可。总之，要使包埋剂完全聚合，才能有均匀的硬度，否则会导致切片困难。

（五）修块与超薄切片

1. 修块 一般用手工对包埋块进行修整。将包埋块夹在特制的修块器上或拿在手中，在明亮处或放在解剖镜下，用什锦锉或锋利的刀片先锉或削去表面的包埋剂，露出组织，然后在组织的四周以和水平面成 45°的角度削去包埋剂，修成锥体形。

2 超薄切片

（1）安装包埋块。

（2）安装玻璃刀，调节刀与组织块的距离。

（3）预切片，换切片刀重新调节刀与组织块的距离。

（4）调节水槽液面高度与灯光位置。

（5）调节切片厚度及切片速度，切片。

（6）将切片捞在有支持膜的载网上。

漂浮在槽液上的切片必须收集到载网上才能观察，而收集切片的两个重要要求就是切片必须在载网中心及切片不互相重叠。收集切片的方法有多种，常用的有贴片法和捞片法。

贴片法就是将所要切片用眉毛针轻轻拨到一起，再将载网上有支持膜的一面朝下，从上向下对准切片带轻轻压下去，一接触到切片就提起，不能压得太深，然后用滤纸吸干槽液。此法较简单，但切片的边角容易翻转重叠，大的切片易被弄皱。捞片法是将载网伸向液面下方，对准聚集在一起的切片或切片带由下至上轻轻提起，使切片漂在载网中央，小心地用滤纸吸干水。此法难度较大，但捞起的切片比较平整。要求载网必须洗干净，具有亲水性。将收集了切片的载网保存在洁净的培养皿中准备染色。

（7）超薄切片厚度＜40 nm，切片呈暗灰色；切片厚度 40～50nm，呈灰色；切片厚度 50～70nm，呈银色；切片厚度 70～90nm，呈金色；切片厚度 90～150nm，呈紫色。

3 半薄切片定位 利用超薄切片机切厚度为 1 ～10μm 的切片，称厚切片或半薄切片。将切下的片子用镊子或吸管转移到干净的事先滴有蒸馏水的载玻片上，加温，使切片展平，干燥后经甲苯胺蓝染色，光学显微镜观察定位。

（六）染色

常用的染色剂有醋酸铀和柠檬酸铅。染色方法有 2 种。

1. 组织块染色 在脱水至 70％乙醇时，将组织块放在用 70％乙醇配制的饱和醋酸铀溶液中，染色时间 2h 以上，或在冰箱中过夜。

2. 切片染色 预先取一个清洁的培养皿，将石蜡溶解制作成蜡板，然后滴数滴染液于蜡板上，用镊子夹住载网的边缘，把贴有切片的一面朝下，使载网浮在液滴上，盖上培养皿，染色 10～20min。载网从染液中取出后，必须尽快用蒸馏水清洗干净。

在染色过程中，铅染液容易与空气中的二氧化碳结合形成碳酸铅颗粒，而污染切片。因此，在保存和使用染液时，要尽量减少与空气的接触。为防止铅沉淀污染，可在培养皿内放置氢氧化钠颗粒，以吸收空气中的二氧化碳。

（七）透射电镜检测

不同型号的透射电镜操作略有差异，具体操作时需根据各自的说明书进行。

二、扫描电子显微镜及样品制备技术

扫描式电子显微镜的基本原理是 Knoll 于 1935 年提出的，经过半个多世纪以来的研制和改进，现代商业产品的扫描电子显微镜分辨能力已达到约 25nm 或更高。

扫描电子显微镜的成像原理与透射电镜不同，是利用高压电子束射至物体表面，引起次级电子发射现象，通过显像管而呈像。

扫描电镜一般可分为 4 个重要组成部分：①形成电子探针的电子光学系统；②探针的电子束打击样品表面形成信息信号；③检测系统；④电子偏转系统。当阴极钨丝加热后产生电子束经过栅极和阳极得到加速和会聚，再经过几组电磁透镜，将电子束缩小为直径约为 100nm 的电子探针。缩小的电子束冲击样品表面，激发出次级电子，或称二次电子。次级电子的发射带有样品表面结构特征的信息。次级电子进入检波器，首先被集电器吸引，并冲击至闪烁体上而发光，光信号经光导管传至光电倍增管，再经视频放大器放大后送至明极射线管，在某一点上呈像。在电子束行进的途中加入一组电子偏转系统，使电子探针在样品表面按一定顺序扫描，并且使这一扫描过程与阴极射线的电子束在荧光屏上的移动同步，这样当探针沿着标本表面一点挨着一点移动时，标本表面各点发射的二次电子所带的信息叠加在阴极射线管的电子束上，这样在荧光屏上就扫描出一幅反映样品表面形态的图像，通过照相把图像拍摄下来。

扫描电镜的特点是它具有较大的景深，产生三维图像的立体感强，所以能用来观察样品的表面形态，在生物学研究中包括各种细胞的表面结构以及细胞断面上一些结构的立体像。其次还可在较大范围内连续地调节放大倍数，从相当于放大镜的 10～20 倍开始，到光学显微镜的数十倍至数百倍，直至透射电镜的 10 万倍。此外扫描电镜还可装备 X 线显微分析用的附件，使在观察样品形态结构的同时，进行对样品组成元素的定性和定量分析。

将病变组织样品经固定、脱水、干燥和金属镀膜后，用扫描电子显微镜观察标本细胞表面或断面的超微结构的变化。由于扫描电子显微镜呈现的是三维结构图像，因而可看到各种表面结构的相互关系。

（一）电子显微镜样品制备的原则

1. 处理步骤及操作过程中应注意防止对样品的污染和损伤，使被观察的样品尽可能地保持原有的外貌及微细结构，注意确认和保护样品的观察面。

2. 水和干燥处理时，要尽量减少和避免样品体积变小，表面收缩变形等人工损伤。

3. 样品表面的电阻率，增加样品的导电性能，以提高二次电子发射率，建立适当的反差和减少样品的充放电效应。

（二）样品的初步处理

1. 取材　扫描电子显微镜生物样品取材的基本原则与透射电镜的超薄切片法基本相同。取材部位要准确，大小要适当，观察组织细胞表面结构为主的样品可大一些，应特别要注意保护好观察面，尽量避免取材器械与待观察面的接触，样品可以大一些，但其直径不宜超过5mm，高度为3mm左右。观察组织细胞内部结构为主的样品，其直径应小于2mm，高度可在3mm左右。另外，移动样品可用无齿镊子或用牙签转移，特别是观察表面结构的样品必须用牙签转移。取材时要做好样品观察面的标记。

2. 样品的清洗

（1）*选用适当的清洗液*　贴附于一般组织表面的血液、黏液和其他分泌物，可选用等渗的生理盐水或固定液相应的缓冲液进行冲洗；游离的组织细胞（如精子、血细胞等）及处于悬浮液中内微生物等，可选用缓冲液清洗；表面覆盖大量黏液的样品（如胃、肠黏膜等），可在样品预固定后，选用低浓度蛋白水解酶（胰蛋白酶、糜蛋白等）对样品进行处理；培养细胞的清洗一般选用相应的组织液为宜。

（2）*清洗的方法*　较干净的生物组织可在固定以后置入盛有清洗液的干净小瓶内摇动清洗，并通过反复换清洗液达到清洗目的；表面覆盖大量黏液和杂质的样品，则在固定前利用振荡器进行清洗或用注射器加压冲洗；游离细胞及其他微小生物样品一般采用缓冲液离心清洗法（4 000r/min，3～5min，重复3～4次）；表面形态结构复杂、不易清洗的样品宜用超声清洗法，但要严格控制其频率和功率的强弱，谨防因强度过大或时间过长而引起样品破碎、变形。此外，观察组织细胞内部结构为主的样本常采用的先灌流清洗再固定取材的方法。

（三）固定

固定使生物样品的微细结构和外部形貌真实地保留下来，同时还可使组织硬化，增强在干燥过程中耐受表面张力变化的能力，提高样品对镜筒内高真空和电子束轰击的耐受力。所用固定剂及其配制和固定方法，基本与透射电镜样品制备相同，主要包括醛类（戊二醛、多聚甲醛）和四氧化锇。扫描电子显微镜生物样品固定仍以在4℃条件下完成固定过程较为适宜。对生物软组织采用戊二醛—锇酸双重固定法，即首先用戊二醛固定1～3h，经缓冲液充分清洗后，再用四氧化锇固定30～60min。

常用的固定剂：

（1）*戊二醛*　常用浓度为2%～3%，常与锇酸配合应用。其缺点是不能增加样品的二次电子发射率。

（2）*四氧化锇*　一般保存浓度为2%，常用工作浓度0.5%～1%。四氧化锇属重金属盐类，具有增加反差作用，因而可提高样品的二次电子发射率，其缺点是易氧化。

（四）脱水

由于扫描电子显微镜生物样品比透射电镜样品要大得多。因此样品的脱水好坏，对于保证金属镀膜装置和扫描电子显微镜镜筒的真空度，防止样品在高真空状态下的损坏变形等有着重要意义。所用的脱水剂和脱水操作程序与透射电镜样品制备基本相同，即用不同浓度的乙醇或丙酮，采用梯度脱水法逐步脱除样品中的水分。一般脱水剂的浓度依次为30%、50%、70%、80%、90%各15～20min，100%脱水操作2次，每次10min。如果样品块较小，脱水时间可相应缩短。脱水过程中防止样品较长时间暴露于空气中，发生空气干燥。

（五）样品的干燥

扫描电镜的生物样品经过脱水以后，所含大部分水分已被脱水剂取代，但样品内含有脱水溶剂及剩余少量水分，仍不符合高真空条件的要求，特别是样品表面溶剂及水分所形成的表面张力，在高真空状态下会导致表面结构的破坏。因此，经过脱水的样品仍需作进一步干燥处理，这是扫描电镜样品制备的成败关键。

常用的样品干燥法有空气干燥法、真空干燥及冷冻干燥法、临界点干燥法和叔丁醇干燥法等。后者是在冷冻干燥法的基础上建立起来的一种新方法。经 3 次 100%丙酮脱水处理的标本，分别置于 30%、50%、70%和 100%叔丁醇 15min。然后将标本容器置于液氮或其他骤冷剂中，使样品冷冻。而后将样品移入真空镀膜仪内，让样品中已结为冰的叔丁醇及其溶剂，在低真空状态下升华为气体，样品亦随之得到干燥。由于在升华过程中，固态直接转为气态，不经过中间的液体状态，因此不存在气相与液相之间的表面张力问题，对样品损伤较小。叔丁醇可减少单纯冷冻干燥形成的冰晶对样品的损坏，现在应用较广。

一般常用的样品干燥法主要有以下几种。

1. 自然干燥法 这是一种最简便而比较原始的干燥法。即将经过常规固定的样品，放入低表面张力的液体（如乙醇、丙酮等）内，采用脱水剂浓度递升的办法置换样品中的水分，然后使样品所含溶剂在空气中自然挥发。由于这些溶剂具有低表面张力的特点，因此在挥发过程中可减少样品的收缩及龟裂，并达到干燥的目的。自然干燥法有时仍然会造成样品变形或龟裂，故只适用于表面比较坚硬或含水分较少的生物样品。

2. 真空干燥法 真空干燥是将经过固定及脱水的样品，直接放入真空镀膜仪内，在低真空状态下使样品内的溶液逐渐挥发，当达到高真空时样品即可干燥，随后进行金属镀膜。这一方法比较简单易行，但仍存在一定的表面张力问题，故在缺少其他干燥手段时才选用。

3. 临界点干燥法 临界点干燥技术目前被认为是较理想的简便的干燥法，现已被国内外广泛采用。

（1）简要工作原理 临界点干燥仪是根据物质存在着临界状态的物理特性而研制的设备。在温度和压力的变化之下，物质存在的固态、液态和气态 3 种形式都可以相互转化。当温度、压力达到一定的数值时，气体的密度可增大到与液态一样，此时气相与液相的界面消失，液体的表面张力亦会随之消失，称为临界状态，此时的温度和压力，分别称为临界温度和临界压力。

临界点干燥仪利用物质在临界状态下液体表面张力被消除的特性，减少样品干燥过程中的变形和收缩，从而达到样品的完全干燥。

（2）过渡液的选择 液态 CO_2 的临界温度为 31.5℃、临界压力为 7.28MPa。液态 CO_2 作为临界点干燥的过渡液已被国内外普遍采用。此外，经过脱水处理以后的样品内含乙醇或丙酮等，出于这两种溶剂与 CO_2 的互溶性很差，故在干燥处理前，先用一种与 CO_2 互溶性好的中间液置换样品中的乙醇或丙酮。当选用液体 CO_2 作为干燥过渡液时，一般都以乙酸异戊酯作为置换剂，样品与其作用15min即可，随后进行临界点干燥。

（3）临界点干燥的操作程序

①样品处理：包括取材、固定、脱水、置换（乙酸异戊酯15min）。

②放置样品：把经过预处理的样品放入不锈钢样品篮内，而后将样品篮放进临界点干燥仪。

③液体CO_2注入：打开干燥器进气阀门，注入液体CO_2约占样品室空间的60%～70%，也可放入金属标尺测量，随即关闭贮液钢瓶阀和干燥仪进气阀门。

④CO_2置换：将样品室的温度控制在10℃以下，室内压力73kg/cm^2，保持15min。

⑤临界处理：使样品室的温度升高至35～40℃，室内压力逐渐升至80 kg/cm^{2}以上，液体CO_2在临界条件下由液态逐渐转变为临界状态，此过程维持5min左右。

⑥放气：在样品室温度仍在35～40℃的条件下。打开放气阀门，缓缓放出气体CO_2，稍后切断加热器，待压力降为零即可取出样品，此过程1～2h。

（六）样品的粘贴

扫描电镜样品在干燥处理后金属镀膜之前，需用特制导电胶或双面胶将样品贴在金属样品台上。扫描电镜专用导电胶有2种：一种是以银粉为主要原料并混以低电阻树脂液制成；另一种是将石墨粉拌以低电阻树脂液而成（均有商品出售），两者均为黏稠的糊状物。导电胶一般具有黏着力较强、容易挥发固化、干燥后表面电阻率低、导电性能好等特点，是生物样品扫描电镜制备所必备的。此外，某些微球、玻璃涂片的培养细胞、血细胞可用双面胶粘贴，经金属镀膜后作扫描电镜观察，此方法比较简便，适用于体积较小的样品。

（七）样品的导电处理

主要包括金属镀膜和组织导电技术两类。金属镀膜是采用特殊装置将电阻率小的金属，如金、铂、钯、银及碳等蒸发后覆盖在样品表面的方法。样品镀以金属膜（或碳膜）后，不仅能为入射电子提供通路，消除电荷积累的荷电现象，而且能提高二次电子发射率，增加倍噪比，提高图像反差，以便能获得细节丰富和分辨率高的图像。其次，样品经镀膜后，还能提高样品表面的机械强度，增强耐受电子束轰击能力，避免起泡、龟裂、穿孔、分解和漂移等不良现象的产生。此外，通过镀膜能把扫描电镜的信息来源限定于样品表面，即防止来自组织内部的信息参与成像。为了取得上述效果，所镀的金属膜应符合以下要求：①金属膜尽可能保持均匀的厚度。②膜本身没有结构，或者是微细到难以看出的程度。③膜要薄，不会掩盖样品表面原来的细微结构。④二次电子发射率好。⑤膜本身不因电子轰击而发生变化，在大气中保存样品不易变性（即化学稳定性好）。

金属镀膜包括真空喷镀法和离子镀膜法，后者又称为离子溅射，是增强生物样品导电性能的比较理想的技术方法。其原理是在真空罩的顶部和底部分别装有阴极和阳极，阴极的表面覆盖一层镀膜所用的金属（金、铂、金-钯或铂-钯合金），又称金属靶；样品放在阳极上，真空罩内事先通入氩、氖、氮等惰性气体，加以1 000～3 000V的直流电压。由于电场的作用，使真空罩内残留的气体分子被电离为阳离子和电子，它们分别飞向阴极和阳极，并不断地与其他气体分子相碰撞，表现为紫色的辉光放电现象。此外，阳离子又可轰击阴极上的金属靶，使部分金属原子被溅射出来，这些金属原子在电场的加速作用和气体分子的碰击下可从不同的方向和角度飞向阳极，并呈漫散射的方式覆盖在样品的表面，形成一层连续而均匀的金属膜。离子镀膜法与真空镀膜法的比较：①离子镀膜的颗粒细而均匀，有利于显示样品的微细结构。②离子溅射镀膜时，其金属粒子对凹凸不平、形貌复杂的样品，可以绕射进入，取得满意的镀膜效果，同时，其二次电子的发射量，也比真空镀膜法大。③离子镀膜时真空度低，不需要复杂的真空系统，并能减少镀膜时贵重金属的消耗。

组织导电法是利用某些金属盐溶液对生物体中的蛋白质、脂肪类及淀粉等成分的结合作用，使样品表面离子化或产生导电性能好的金属化合物，从而提高样品耐受电子束轰击的能力和导电率。

此法的基本处理过程，是将经过固定洗净的样品，用特殊的试剂处理后即可观察，此法由于不经过金属镀膜，所以不仅能节省时间，而且可以提高分辨率，同时还可对样品进行边观察边解剖；组织导电处理还具有坚韧组织，加强固定效果的作用。经透射电镜观察表明，用组织导电法处理样品，不会产生细胞的收缩或损伤，细胞器保存完整。用于组织导电的处理液应具备下列条件：①能对组织起染色作用；②组织结构保存完好；③不会污染样品；④不掩盖微细结构；⑤导电性良好；⑥二次电子发射量多，亮度大，反差强。

（八）电镜观察

经如上步骤，即可进行电镜观察并记录结果。

（九）注意事项

1. 由于扫描电镜对样品表面的要求非常严格，必须清洗干净，否则，可导致观察困难或错误判断。

2. 取材时要做到“动作快、环境冷、部位准”。固定前清洗的组织离体后应在2～3min清洗完毕并投入固定液内；固定后清洗的组织离体后应在1min以内投入固定液。固定液要预冷，取材部位必须准确。

3. 实验动物取材部位不宜多，否则会延误取材时间，导致组织自溶等人为假象的发生。

第五节　免疫组织化学技术

随着免疫学技术的发展，将抗原抗体反应与组织化学或细胞化学的呈色反应相结合，形成了免疫组织化学和免疫细胞化学技术。免疫组织化学，也称免疫细胞化学是将免疫学技术与组织病理学技术结合在一起，能对组织细胞内的化学成分（组织结构成分）、微生物结构等进行定性、定位和定量检测，从而分析、研究生物体的细胞组织代谢、功能及形态变化规律的科学。凡是能作抗原的物质，如蛋白质、多肽、核酸、酶、激素、磷脂、多糖、细胞膜表面的膜抗原和受体以及病原体（包括细菌和病毒抗原）等都可用相应的特异性抗体在组织、细胞内将其用免疫组织（细胞）化学手段检出和研究。它在研究组织或细胞内抗体、抗原的定位、定量，以及深入研究一些感染性疾病的发病机理等方面均具有重要作用。

由于抗原、抗体之间的结合是高度特异的，因此免疫组织化学技术具有高度的特异性、灵敏性和精确性，可检出及定位某些未知抗原或抗体成分，包括各种病原微生物、各种蛋白质、多肽、部分类脂及多糖，以及细胞表面的膜抗原和受体等。

按标记物或呈色物的不同，免疫组织化学分类有免疫荧光标记法、免疫酶组织化学法、亲和免疫组织化学技术、放射自显影标记法、胶体金法等。

一、免疫荧光组织化学技术

免疫荧光法是现代生物学和医学中广泛应用的方法之一，包括荧光抗体和荧光抗原技术，具有抗原抗体反应的特异性，染色技术的快速性，在细胞或组织上定位的准确性，以及荧光效应的灵敏性等优势。借助流式细胞仪，可对单个活细胞进行分析。借助激光共聚焦分析系统，可进行三维动态分析。但是，由于免疫荧光法必须具有荧光显微镜，荧光强度随时间的延长而逐渐消退，结果不易长期保存等缺点，在普及应用上受到一定限制，而逐渐被免疫酶法所取代。

以荧光素作为标记物，制成标记抗体，然后使荧光抗体与被检抗原发生特异性结合，形成的复合物在一定光的激发下产生荧光，借助荧光显微镜检测和定位抗原。

在免疫组织化学中发展最早，步骤简便，快速，应用广泛。

（一）荧光素

1. 原发荧光　约 2 万种物质，用紫外线激发时，可发出荧光。

继发荧光：荧光染料，可以使化合物产生大量荧光，称继发荧光。如吖啶橙与核酸。

用于免疫荧光法的常用荧光素有：

（1）异硫氰酸荧光素（FITC）　黄绿色，最常用，人眼对此色最敏感，一般标本中此色的自发荧光少于红色。最大吸收光谱为 490～494nm，最大发射光谱为 520～530nm。在碱性条件下，FITC 的异硫氰酸基与免疫球蛋白的自由氨基经碳酰氧化而形成硫碳氨基键，成为标记荧光抗体。一个 IgG 分子上最多能标记 15～20 个 FITC 分子。

（2）四甲基异硫氰酸罗达明（TRITC）　红色。

（3）四乙基罗达明 B200（RB200）　橘红色，最大吸收光谱为 570nm，最大发射光谱为 595～600nm。

（4）荧光素 propidium iodide（PI）　红色。

RB200、TRITC 常作为 FITC 的补充，用作双标记。

2. 荧光素的标记　通过化学作用，荧光素与抗体结合。

（二）免疫荧光染色技术间接法的操作步骤

1. 细胞涂片、新鲜组织冰冻切片、石蜡切片脱蜡至水。
2. 甲醇或冷丙酮固定 5～10min，干燥（石蜡切片直接进入下一步）。
3. PBS 洗涤。
4. 滴加最佳工作浓度的一抗，37℃孵育 30min 或 4℃过夜，PBS 洗涤。
5. 滴加标记二抗，37℃孵育 30min，PBS 洗涤。
6. 荧光显微镜观察或 50%缓冲甘油封片，4℃保存。

（三）荧光染色注意事项

1. 组织细胞要新鲜，最好使用冰冻切片。

2. 切片经染色后，应及时观察并照相，不宜长期保存，以免褪色。切片在4℃冰箱内过夜，其荧光强度减弱约30%。

3. 使用的载玻片厚度应为0.8～1.2mm，必须干净，无明显自发荧光；盖玻片厚度应为0.17mm左右，光洁，无明显自发荧光。

4. 使用荧光显微镜注意事项如下。

（1）应在暗室中进行。

（2）防止紫外线对眼睛的损害，不要长时间观察。

（3）观察时间以每次1～2h为宜，时间延长，汞灯发光强度下降，荧光减弱，标本的荧光也会减弱。

（4）荧光显微镜光源寿命有限，标本应集中检查，以节约时间，灯熄灭后再用时，必须待灯泡充分冷却后才能点燃，1d内应避免数次点燃光源。

5. 荧光图像的记录不仅具有形态学特征，而且具有荧光的颜色和强度，二者结合起来判断。

二、免疫酶组织化学技术

此法是抗原与抗体的特异性与酶的高效催化作用相结合的一种免疫标记法，是最常用的一项免疫组织化学技术。

（一）常用的标记酶及其底物

1. 辣根过氧化物酶（horseradish peroxidase，HRP） 广泛分布于植物界，因辣根中含量最高而得名。相对分子质量较小，标记物易透入细胞内部；应用最广泛；作用底物为过氧化氢；当酶与底物反应时，使同时加入的无色还原型染料（供氢体）转化为有色的氧化型染料沉积于局部，被检物得以标识。

供氢体：①二氨基联苯胺（3，3′-diamino-benzidine，DAB），反应产物呈棕色，不溶于水，不易褪色，电子密度高，可长期保存，显色后用中性树胶封固。②氨基乙基卡巴唑（3－amino－9－ethylcarbazo，AEC），反应产物为橘红色，呈色后用水溶性封固剂如甘油。③4－氯－1－萘酚（4-chloro－1－naphthol，CN），反应产物为灰蓝色，呈色后用水溶性封固剂如甘油。

AEC和CN不易长期保存样品结果，应及时观察成像。

2. 碱性磷酸酶（alkaline phosphatase，AP，AKP） 较难获得高纯度的制品，价格比辣根过氧化物酶贵，其标记物常为高度聚合的大分子，穿透细胞性能差，较少用于定位。

其反应包括：

（1）*偶氮偶联反应* 底物α－萘酚磷酸盐水解为α－萘酚，加入重氮化合物坚牢蓝（fast blue）或坚牢红（fast red），分别形成不溶性沉淀，为蓝色和红色。

（2）*靛蓝四唑反应* 溴氯羟吲哚磷酸盐水解氧化为靛蓝，而氮蓝四唑被还原成不溶性紫蓝色沉淀。

3. 葡萄糖氧化酶（glucose oxidase，GO）　来源于黑曲霉，底物为葡萄糖，供氢体为对硝基蓝四氮唑，终产物为不溶性的蓝色沉淀，由于葡萄糖氧化酶的相对分子质量为15 000，比 HRP 大 3 倍以上，并具有较多的氨基，在标记时易形成广泛的聚合，多用于双标记染色。

（二）免疫酶组织化学法的特点

1. 普通显微镜即能观察，无须特殊显微镜。

2. 显色反应后可作衬染，组织结构显示良好，使免疫定位准确。

3. 染色后切片能保持较长时间。

4. 有些酶反应沉积物具有电子密度，可用于免疫电镜，是当今应用最广的免疫组织化学技术。

5. 敏感性和特异性大大提高，节约了抗体。

（三）免疫酶组织化学法的操作步骤

以酶标间接法为例：

1. 细胞涂片和新鲜组织冰冻切片经丙酮固定；石蜡切片经脱蜡至水，入 PBS。

2. 以 0.3%～3%的 H_2O_2 溶液处理 20～30min，PBS 洗涤（消除内源性过氧化物酶）。

3. 复合酶消化，37℃孵育 20～30min 或微波修复，PBS 洗涤。

4. 正常山羊血清 1∶（5～10）或小牛血清白蛋白，室温作用 30min，弃去液体。

5. 滴加最佳工作浓度的一抗，37℃孵育 30min 至 1h 或 4℃过夜，PBS 洗涤。

6. 滴加标记二抗，37℃孵育 30min 至 1h，PBS 洗涤。

7. 底物显色，时间据情况调整。

8. PBS 洗涤，苏木素复染，常规脱水，透明，封片，显微镜观察。

阳性细胞内可见显色反应，根据标记酶和底物的不同，有特定的颜色。

三、亲和免疫组织化学技术

利用两种物质之间的高度亲和力而建立的一种方法，1976 年，Bayer 等称之为亲和组织化学。与免疫反应结合起来就成为亲和免疫组织化学技术，可使方法的敏感性进一步提高，更利于微量抗原（抗体）在细胞或亚细胞水平的定位。亲和免疫组织化学技术中的亲和物质包括亲和素和生物素，葡萄球菌 A 蛋白和植物凝集素等，其中以亲和素和生物素系统建立的各种方法，尤其是 SABC 法，在免疫组织化学技术中已成为应用最广泛的方法之一。

（一）亲和素—生物素技术的原理

亲和素（avidin）又称卵白素、抗生物素蛋白，相对分子质量 67 000，一种碱性蛋白，含 4 个结构相同的亚基，可与生物素、荧光素、酶等偶联结合。

生物素（biotin）又称维生素 H，相对分子质量小（244）。

亲和素有 4 个生物素亲和力极高的结合点，较抗原和抗体间的亲和力高出 100 万倍，生物素、亲和素都有与荧光素、铁蛋白和 HRP 等结合的能力，能够彼此牢固结合而不影响彼此的生物学活性，依此建立了抗生物素-生物素免疫组织化学技术。

1. 标记法（LAB 法）　先将生物素与抗体偶联，抗生物素与酶、荧光素等结合，形成复合物，然后通过生物素与抗生物素的亲和性连接在一起，方法简便。

2. 桥连抗生物素—生物素法（BAB法） 先将生物素分别与抗体、酶、荧光素等结合，形成生物素化复合物，再以游离亲和素为“桥”将生物素化抗体和生物素化酶连接，达到多层放大效果。

3. 亲和素—生物素—过氧化物酶复合物法（ABC法） 1981年，美籍华人Hsu首先报道。先将抗生物素与过氧化物酶标记的生物素结合，制备ABC复合物，此复合物中亲和素上的4个结合位点有3个位点与生物素化酶结合，留下一个位点与生物素化二抗结合。染色过程中依次加入特异性一抗、生物素化二抗、ABC复合物，最后进行显色反应定位。ABC法具有敏感性高，特异性强，背景染色淡等优点。

4. 酶标链霉亲和素—生物素—过氧化物酶复合物法（SABC法、SP法、LSAB法）

链霉亲和素，又称链霉卵白素（streptavidin，SA），自链霉菌中提取，相对分子质量较小（60 000），穿透性更高，背景更淡，SA几乎不与组织内的内源性凝集样物质发生非特异性结合，从而产生低背景，高放大的效果。

复合物：链霉亲和素与生物素化酶结合，构成SABC复合物，SABC复合物含有100个左右的过氧化物酶和50个左右的链霉亲和素，大量的酶保证具有很高的敏感性。

（二）亲和免疫组织化学技术基本步骤

以石蜡切片的SABC法为例。

1. 石蜡切片脱蜡至水，PBS洗涤。

2. 以0.3%～3%的 H_2O_2 溶液处理20～30min，PBS洗涤，以消除内源性过氧化物酶活性。

3. 复合酶消化，37℃孵育20～30min或微波修复，PBS洗涤。

4. 正常山羊血清1：（5～10）或小牛血清白蛋白，室温作用30min弃去液体。

5. 滴加最佳工作浓度的一抗，37℃孵育30min至1h或4℃过夜，PBS洗涤。

6. 滴加生物素化二抗，37℃孵育30min至1h，PBS洗涤。

7. 滴加SABC复合物，37℃或室温作用30min至1h，PBS洗涤。

8. 底物显色，时间据情况调整。

9. PBS洗涤，苏木素复染，常规脱水，透明，封片，显微镜观察。

阳性细胞内可见显色反应，根据标记酶和底物的不同，有特定的颜色。

（三）免疫酶组织技术的注意事项

1. 固定液或其他保护液中取出的组织切片，首先用实验中使用的缓冲液充分清洗。

2. 非免疫的正常血清，最好是与第二抗体同种属动物的血清，孵育切片后，不能洗涤，弃去多余液体后直接进行下面反应。

3. 在酶显色反应中应注意避光，并要注意控制时间。

四、免疫金银及铁标记技术

（一）免疫金技术（immunogold staining，IGS）

Geoghegan等于1978年首次应用免疫金探针检测B淋巴细胞表面抗原建立了光镜水

平的免疫金法。将胶体金颗粒标记在第二抗体或葡萄球菌 A 蛋白上，反应过程同酶标间接法。此方法染色程序简便，不用显色就能检测细胞表面抗原和细胞内抗原。一般要求金颗粒大小为 20nm，利于在光镜下显示出抗原抗体反应部位所呈现的红色。

基本操作步骤如下。

1. 切片脱蜡至水。

2. 双蒸水冲洗后，0.05mol/L TBS 洗涤，用 0.1%胰蛋白酶消化 10min，或 3mol/L 的尿素酶消化 20min。

3. 0.05mol/L pH7.4 TBS 洗涤，以 1%卵白蛋白封闭 15min。

4. 滴加第一抗体，37℃孵育 30min 至 1h 或 4℃过夜，TBS 洗涤。

5. 以 1%卵白蛋白封闭 10min。

6. 滴加金标记第二抗体，37℃孵育 45min，TBS 洗涤。

7. 双重蒸馏水洗涤，1%戊二醛洗 10min，双重蒸馏水洗涤。

8. 双蒸水洗涤，用 0.01%伊文斯蓝衬染 3min，50%缓冲甘油封片，观察。

结果：阳性结果为红色，背景清晰。

（二）免疫金银技术（immunogold-silver staining，IGSS）

1983 年，Holgate 等人将 IGS 与银显影方法相结合，创立了免疫金银法。

用对苯二酚将银离子还原成银原子，被还原的银原子围绕纯金颗粒形成一个“银壳”，该“银壳”具有催化作用，促成“银壳”越变越大，最终抗原位置得到清楚放大。

金银法使金颗粒周围吸附大量银颗粒，呈黑褐色，反差增强，大大提高了灵敏度，可节省金标抗体的用量，使小于 20nm 的金颗粒也能显现。

基本操作步骤如下。

1. 切片脱蜡至水。

2. 双蒸水冲洗后，TBS 洗涤，用 0.1%胰蛋白酶消化 10min，或 3mol/L 的尿素酶消化 20min。

3. 0.05mol/L pH7.4 TBS 洗涤。以 1%卵白蛋白封闭 15min。

4. 加第一抗体，37℃孵育 30min 至 1h 或 4℃过夜，0.05mol/L pH7.4 TBS 洗涤。

5. 以 1%卵白蛋白封闭 10min。

6. 以 PAG（10nm），37℃孵育 45min，0.05mol/L pH7.4 TBS 洗涤，双蒸水洗涤。

PAG 为 A 蛋白-抗 A 蛋白-金颗粒的复合物。

7. 1%戊二醛洗 10min，双重蒸馏水洗涤 5min；1%明胶洗 5min。

8. 入银显影液，暗室内显影至合理强度；双蒸水洗涤。

9. 用显影定影液（1∶4 或 1∶10）固定 5min。

10. 衬染，核固红衬染 3min 或甲基绿衬染 3min。

11. 脱水，透明，封固，观察。

结果：阳性结果为黑色颗粒，背景清晰。

第六节 原位核酸分子杂交技术和原位 PCR 技术

将分子生物学技术引入病理学研究领域，无疑为病理学的发展起到了巨大的推动作用。目前，分子生物学技术在形态学研究中应用最为广泛和最为成功的是核酸的原位杂交技术和原位 PCR 技术。

一、原位核酸分子杂交技术

原位核酸杂交是应用已知碱基序列并带有标记物的核酸作为探针与细胞或组织切片中待检测的核酸按碱基配对的原则进行杂交，对待检测的核酸实行检测的方法，是将组织化学与分子生物学技术相结合来检测和定位核酸的技术。适用于石蜡包埋组织切片、冰冻组织切片、细胞涂片、培养细胞爬片等。

目前病理学中多应用原位核酸杂交技术，具有特异性强、灵敏度高、定位准确的优点。此技术可用于病毒核酸的检测、基因表达和基因突变、易位等的研究，使探测基因与观察形态学密切结合起来。随着形态计量学的发展，流式细胞仪和图像分析仪等先进技术的应用，使病理学的定量研究得到长足发展，为诊断疾病、判断预后和研究发病学提供更客观、可靠的依据。

核酸原位杂交技术最早应用于 20 世纪 60 年代末期，但当时仅限于对体外条件下核酸分子片段的初步工作，直到 1975 年才见到较为系统地介绍在细胞内进行原位杂交的技术。而在常规福尔马林固定、石蜡包埋的组织切片中进行简便易行的原位杂交则是在 20 世纪 80 年代中后期。近年来，随着方法更为完善，应用也更加广泛，使原来用电镜和免疫组织方法达到的亚细胞和抗原决定簇水平的分辨能力提高到了核酸分子的水平，将病理组织学观察到的细胞面貌更真实、更微细、更精确地展示出来。

由于 DNA 分子双股螺旋在一定条件下可以解开（退火），而解开的双螺旋经重新配对后又能形成新的螺旋（复性），针对这一生物学特性，就可以用已知的核酸片段去检测未知的核酸分子，并能确定其所在的部位，达到定位和定量的目的。例如，用特异性的细菌、病毒的核酸作为探针对组织、细胞进行杂交，以便检测有无该病原体的感染。

原位杂交能在成分复杂的组织中进行单一细胞的研究而不受统一组织中其他成分的影响，因此，对那些细胞数量少而散在分布于其他组织中的细胞内 DNA 或 RNA 的研究更为方便。

原位杂交不需要从组织中提取核酸，对于组织中含量极低的靶序列有极高的敏感性，并可完整地保护组织和细胞的形态，更能准确地反映出组织细胞的相互关系及功能状态。

核酸原位杂交按检测物的不同，分为细胞内原位杂交和组织切片内原位杂交。根据所用探针及所要检测核酸的不同又可分为 DNA - DNA，RNA - DNA，RNA - RNA 杂交。但不论哪一种形式的杂交，都必须经过 5 个过程，即组织细胞的固定、预杂交、杂交、冲洗和显示。

（一）组织细胞的固定

进行原位核酸杂交的组织或细胞必须经过固定处理。固定的目的是为了保持细胞的形态结构，最大限度地保存细胞内的 DNA 或 RNA 的水平，使探针易于进入细胞或组织。适宜核酸杂交的理想固定液应具备下列特点：①能很好地保护组织细胞的形态。②对核酸无抽提、修饰与降解作用。③不改变核酸在细胞内的定位。④对核酸与探针的杂交过程无阻碍作用。⑤对杂交信号无遮蔽作用。⑥理化性质稳定、价格低廉。

组织的固定可采用以下方法。

1. 4%多聚甲醛是应用最为广泛的固定液之一，它能很好地保持组织或细胞内的 RNA，一般固定 10～15min RNA 的含量比较恒定。

2. 组织也可在取材后直接置入液氮冷冻，切片后才将其浸入 4%多聚甲醛约 10min，空气干燥后保存在－70℃。

3. 在病理学检查取材时多用 10%福尔马林固定和石蜡包埋，虽然对检测 DNA 和 mRNA 检测效果常低于冰冻切片，但也可获得杂交信号。

（二）玻片和组织切片的处理

1. 玻片的处理　玻片包括载玻片和盖玻片，应用热肥皂水刷洗、自来水清洗干净后，置于清洁液中浸泡 24h，清水洗净烘干，95%酒精中浸泡 24h 后蒸馏水冲洗，烘干，烘箱温度最好在 150℃或以上过夜，以除去任何 RNA 酶。盖玻片在有条件时最好用硅化处理，锡箔纸包裹无尘存放。

为了保证在整个实验过程中切片不脱落，载玻片应预先涂抹粘片剂。常用的粘片剂有铬矾—明胶液，多聚赖氨酸液和 APES（3-氨丙基三乙氧基硅烷），其中 APES 黏附效果好，比多聚赖氨酸便宜，制片后可长期保存应用。

2. 增强组织的通透性和核酸探针的穿透性　核酸原位杂交时，由于组织细胞中的核酸都与细胞内蛋白质结合，以核酸蛋白质复合体的形式存在于细胞质或细胞核中，固定过程中，固定液的交联作用使细胞质或细胞核内的各种生物大分子形成网络，影响探针的穿透力，阻碍杂交体的形成。因此，常用去垢剂和/或蛋白酶对组织细胞进行部分的消化酶解以去除核酸表面的蛋白质，以利于核酸探针对靶核酸进行杂交。常用的去垢剂有 Triton X-100 和十二烷基磺酸钠（SDS），常用的蛋白酶有蛋白酶 K、胃蛋白酶等。蛋白酶 K 的纯度、浓度、消化的时间在不同的组织细胞中相差极大，因此，必须进行一系列的预试验，找到适当的浓度及消化时间。

3. 减低背景染色　背景染色的形成是诸多因素构成的。预杂交是减低背景染色的一种有效手段。预杂交液和杂交液的区别在于前者不含探针和硫酸葡聚糖。将组织切片浸入预杂交液中可达到封闭非特异性杂交点的目的，从而减低背景染色。杂交后的酶处理和杂交后的洗涤均有助于减低背景染色。

4. 防止 RNA 酶的污染　由于 RNA 酶到处都存在，为防止其污染影响实验结果，在整个杂交前处理过程都需要戴消毒手套。所有实验用玻璃器皿及镊子都应进行 RNA 酶的消除处理。

（三）杂交

杂交过程是核酸原位杂交技术的主要环节，包括以下重要内容。

1. 探针的选择 核酸原位杂交中所用的探针可以是双链 DNA（dsDNA）也可以是单链 DNA（ssDNA），或为 RNA。近年来人工合成的寡核苷酸也得到了广泛应用。一般而言，标记的 DNA 或 RNA 探针都可用于 DNA 或 RNA 的定位，其长度为 50～300bp（碱基）最好，这个长度范围的探针在组织细胞中的穿透力好，杂交效率高。

2. 探针的标记 主要可分为放射性标记与非放射性标记两种方法。

（1）放射性标记 常用标记探针的放射性核素有^{32}P、^{35}S、^{14}C、^{3}H。放射性核素的敏感性高，方法简便，操作稳定，可应用核乳胶或 X 光片通过放射自显影的方法检测。由于放射性核素污染环境和危害健康等原因，在原位杂交中应用已日趋减少。

（2）非放射性标记 与放射性核素标记探针相比，非放射性标记具有安全、无放射性污染、稳定性好、显色快而易于观察等特点。其中生物素（Biotin）标记应用最多、最广。还有应用地高辛标记、荧光素标记、碱性磷酸酶标记、溴脱氧嘧啶标记等。

3. 杂交的条件 原位杂交的一个主要优点是，其杂交反应的特异性可通过调节反应条件而进行精确控制。杂交的特异性依赖于探针的结构、杂交温度，pH 及杂交液中甲酰胺和盐离子的浓度。碱基的错配可经过控制严格的杂交条件而排除。DNA 分子杂交实质上是双链 DNA 的变性和具有同源序列的两条单链的复性过程。维持 DNA 螺旋的力主要是氢键的疏水性相互作用。加热、有机溶剂及高盐浓度等均可导致 DNA 二级解构发生破坏，DNA 二级双螺旋解旋，两条链完全解离，但未破坏其一级结构。此过程称为 DNA 的变性。变性的 DNA 两条互补单链，在适当条件下重新缔合形成双链的过程称为复性或退火。复性并不是变性反应的一个简单逆反应过程。复性的过程是相当复杂的，变性过程可以在一个极短的时间内迅速完成，而复性则需要相对较长的时间才能完成。如果使热变性的 DNA 溶液迅速冷却，则只能形成一些不规则的碱基对，而不会完全恢复 DNA 双链结构。因此，建立合适的杂交条件是保证核酸原位杂交成败的关键。

（四）杂交后处理

杂交后冲洗是减少非特异性杂交的关键步骤，其 SSC 的浓度可低至 0.1×SSC。应用放射性核素探针时，冲洗可达几小时，而用生物素及地高辛等标记的探针冲洗时间则可缩短为 15min。冲洗时温度不能高于 50℃，否则将导致组织细胞结构的破坏及组织或细胞从切片上脱落，使实验失败。

（五）显示

核酸原位杂交结果的显示应体现特异性和敏感性。当 DNA 探针长度超过 0.5kb 时非特异性杂交增多，本底增高。此外，探针与无关基因中部分同源顺序的非特异性结合亦是非特异性杂交的原因之一。除探针的非特异性结合外，检测系统亦是导致非特异性结果的原因之一。生物素标记的探针，常用免疫组织化学技术检测，在许多组织中因含有内源性生物素（维生素 H）而出现假阳性结果。地高辛标记就不存在这种问题。高度敏感是原位杂交的优点之一，用放射性标记的 DNA 探针可检测到细胞内 20 个拷贝的 mRNA。组织的固定与杂交条件对敏感性也会产生影响。组织切除后若不及时固定，可能会由于 mRNA 的降解而影响结果，导致假阴性的出现。探针的长短、浓度、在组织中的穿透力、杂交及杂交后的冲洗严格性、检测系统的灵敏性等都可产生假阳性或假阴性结果。核酸原位杂交的高度敏感性和特异性，如果没有确切的阳性或阴性对照则很难加以评定，因此，除探针的选择应通过鉴定外，必须在每一次试验中选择阳性或阴性对照。

阳性对照可选择：①Northern 或 Southern 印记杂交。②将原位杂交与免疫组织化学联合应用。③用不同互补探针与靶核酸杂交。

阴性对照可选择：①用非标记 cDNA 预杂交。②用无关的非特异顺序（如载体）等作探针。③杂交前用 RNA 酶或 DNA 酶消化处理切片。

（六）地高辛（Dig）标记 DNA 探针在石蜡切片上检测 DNA 的方法

1. 组织切片的预处理

（1）组织以 10%中性福尔马林溶液固定，常规石蜡包埋，切片厚度 3～4μm，贴附于涂有黏片剂的玻片上。

（2）切片常规脱蜡至水，蒸馏水洗涤。

（3）入 PBS（含 5mmol/L $MgCl_2$，pH7.2～7.4），洗涤两次，每次 5min。

（4）入 0.2mmol/L HCl 20min，以除去蛋白质。

（5）50℃，2×SSC（含 5mmol/L EDTA）溶液中 30min。

（6）加入蛋白酶 K（1μg/mL，溶于 0.1mol/L PBS 中），37℃，20～25min。

（7）0.2mol/L 甘氨酸液室温处理 10min，终止蛋白酶反应。

（8）4%多聚甲醛（PBS 新鲜配制）室温处理 20min。

（9）PBS-$MgCl_2$（5mmol/L）漂洗 10min，2 次。

（10）脱水，自低浓度到高浓度乙醇和无水乙醇中各 3min，空气干燥。

2. 预杂交　加预杂交液，每张切片 20μL，42℃，水浴 30min；以封闭非特异性杂交位点。

3. 杂交　加杂交液，每张切片 10～20μL，加盖硅化盖片，将切片置于 95℃，10min，使探针及 DNA 变性，然后迅速置于冰上 1min，再将切片置于盛有 2×SSC 的湿盒内，42℃过夜（16～18h）。

4. 杂交后漂洗

（1）2×SSC 液内振动，移除盖片。

（2）2×SSC 中 55℃处理 10min，2 次。

（3）0.5×SSC 中 50℃处理 5min，2 次。

（4）缓冲液Ⅰ（100mmol/L Tris-HCl，15.0mmol/L NaCl，pH7.5）中处理 15min，室温。

（5）缓冲液Ⅱ（含 0.5%封阻试剂，缓冲液Ⅰ溶解）中，37℃，30min。

（6）加酶标地高辛抗体（1∶5 000，应用缓冲液Ⅰ稀释），37℃，30～120min。

（7）缓冲液Ⅰ室温处理 10min，2 次。

（8）缓冲液Ⅲ（100mmol/L Tris-HCl，100mmol/L NaCl，50mmol/L $MgCl_2$，pH9.5）中室温处理 5min。

5. 显色

（1）在 1mL 缓冲液Ⅲ中加入 4.5μL 四氮唑蓝（NBT）和 3.5μL 5-溴-4-氯-3-吲哚磷酸盐（BCIP）配成显色液或用 1∶50 稀释的 NBT/BCIP 贮存液，每张切片加显色液 30μL，置暗处显色 30min 至 2h，镜检其显色情况。

（2）缓冲液Ⅳ（10mmol/L Tris-HCl，1mmol/LEDAT，pH8.0）中处理 10min 终止反应，用核固红或甲基绿复染 5min，乙醇脱水，封片。

6. 结果 杂交阳性信号呈紫蓝色，细胞核呈红或绿色。

（七）cRNA 探针检测组织切片中 RNA 的原位核酸杂交方法

1. 组织切片的预处理

（1）*石蜡组织切片的预处理*

①组织以 4%多聚甲醛溶液（PBS 新配制）在室温固定 3～4h，常规石蜡包埋，切片厚度 3～4μm，贴附于涂有黏片剂的玻片上。

②切片常规脱蜡至水，双重蒸馏水洗涤 5min，2 次。

（2）*冰冻切片的处理*

①组织投入 4%多聚甲醛溶液（PBS 新配制），4℃固定 2～4h。

②倒去固定液后，加入 30%蔗糖溶液（PBS 新配制），4℃过夜，转－80℃或－140℃超低温冰箱保存。

③冰冻切片机切片，厚度 10μm，贴附于涂有黏片剂的玻片上；切片在－80℃超低温冰箱保存。

（3）*注意事项*

①采取的新鲜标本应立即作组织固定或低温储存，以免 mRNA 降解。

②标本尽可能采用多聚甲醛固定及蔗糖浸泡制作冰冻切片，既能避免 mRNA 降解，又能保持良好的组织形态。

③对于采用 10%中性福尔马林溶液固定标本的切片，固定时间不要超过 36h，以免引起 RNA 与蛋白质发生交连。

④在切片制作过程中，所使用的容器、器械都要经高压消毒，或清洁后用 0.1% DEPC 水清洗，再经双蒸水冲洗，避免外源性 RNA 酶污染。

2. 预杂交

（1）切片用 DEPC 处理的 PBS（140mmol/L NaCl，2.7mmol/L KCl，10mmol/L Na_2HPO_4，1.8mmol/L KH_2PO_4，pH7.4）孵育 2×5min，再用 DEPC 处理的含 100 mmol/L 甘氨酸 PBS 孵育切片 2×5min。

（2）用 DEPC 处理的含 0.3%Triton X－100 PBS 孵育切片 15min。

（3）用 DEPC 处理的含 PBS 漂洗 2×5min。

（4）冰冻切片用 TE 缓冲液（100mmol/L Tris-HCl，50mmol/L EDTA，pH8.0）配制的不含 RNA 酶的 5μg/mL 蛋白酶 K，在 37℃下通透切片 10～30min；石蜡切片用 TE 缓冲液配制的不含 RNA 酶的 5～20μg/mL 蛋白酶 K，在 37℃下通透切片 30min。

（5）在 4℃下用 DEPC 处理的 4%多聚甲醛 PBS 溶液作后固定 5min。

（6）用 DEPC 处理的 PBS 冲洗切片 2×5min。

（7）切片用乙酸酐处理，处理液含 0.25mmol/L 乙酸酐，0.1mmol/L 三乙醇胺，pH8.0，振荡漂洗 2×5min。

（8）在 37℃孵育切片后，杂交缓冲液冲洗（含 50%去离子甲酰胺的 4×SSC）至少 10min。

注意事项：

（1）切片的通透化　切片的通透化是RNA原位杂交的关键步骤，特别对回顾性资料尤为重要。因固定液种类和固定时间的不同，需作最佳通透化条件的探索，包括蛋白酶K的浓度、作用时间等。

（2）乙酸酐　由于乙酸酐极不稳定，宜将乙酸酐在使用前加到三乙醇胺缓冲液中。

（3）1×SSC　150mmol/L NaCl，15mmol/L柠檬酸钠，pH7.2。

3. 杂交

（1）制备杂交液（40%去离子甲酰胺、10%硫酸葡聚糖、1×Denhardt液、0.02% Fieoll、0.02%聚乙烯吡咯烷酮、10mg/mL去RNA酶的牛血清、2×SSC、10mmol/L DTT、1mg/mL变性的剪切鲑鱼精子DNA）。

（2）切片沥干后用杂交缓冲液漂洗，并沿组织周边擦干，加探针杂交液30μL/每张切片，加盖硅化盖片，将切片置于95℃，10min，使探针及DNA变性，然后迅速置于冰上1min，再将切片置于盛有2×SSC的湿盒内，42℃过夜（16～18h）。

4. 杂交后漂洗

（1）2×SSC液内振动，移除盖片。

（2）2×SSC中37℃处理15min，2次。

（3）0.1×SSC中37℃振荡漂洗30min，2次。

（4）为消除未杂交单股cRNA探针，在37℃含RNA酶A的NTE缓冲液（500mmol/L NaCl，10mmol/L Tris，1mmol/L EDTA，pH8.0）中漂洗30min。

（5）1×SSC中37℃处理15min，2次。

5. 显色

（1）用缓冲液A（100mmol/L Tris-HCl，150mmol/L NaCl，pH7.5）振荡漂洗10min，2次。

（2）滴加封闭液40μL（含0.1% Triton X-100和2%正常羊血清的缓冲液A，pH7.5）。

（3）抖去封闭液，每张切片加酶标地高辛抗体30μL，湿盒内作用2h。

（4）用缓冲液A振荡漂洗10min，2次。

（5）用缓冲液B（100mmol/L Tris-HCl，100mmol/L NaCl，50mmol/L $MgCl_2$，pH9.5）孵育切片10min。

（6）在10mL缓冲液B中加入45μL硝基四氮唑蓝（NBT）和35μL 5-溴-4-氯-3-吲哚磷酸盐（BCIP）配成显色液或用1∶50稀释的NBT/BCIP贮存液，每张切片加显色液100μL，置暗处显色30min至2h，镜检其显色情况。

（7）显色后用缓冲液C（10mmol/L Tris-HCl，1mmol/L EDAT，pH8.0）漂洗切片，蒸馏水终止反应。

（8）用核固红或甲基绿复染5min，水洗，封片。

6. 结果　杂交阳性信号呈紫蓝色，细胞核呈红或绿色。

二、原位 PCR 技术

原位 PCR 则是将组织切片或细胞涂片中的核酸（DNA 或 RNA 均可以）片段在原位进行扩增，在扩增中掺入示踪剂，或扩增后再行原位杂交等，以观察基因表达等。但原位 PCR 应用最广的还是用来检测组织或细胞中的病原微生物，其敏感性比原位杂交有明显提高。

（一）直接法原位 PCR

直接法原位 PCR 的特点是使扩增产物直接携带标记分子，当标本进行 PCR 扩增时，标记分子就掺入到扩增产物中，可用放射自显影、亲和组织化学等方法，检测扩增产物。直接法原位 PCR 的优点是操作简便，缺点是特异性较差，容易出现假阳性结果，且扩增效率低。

（二）间接法原位 PCR

间接法原位 PCR 是目前应用最广泛的原位 PCR 方法，其反应体系与常规 PCR 相同，当 PCR 原位扩增结束后，再用原位杂交技术检测特异扩增产物。因此间接法原位 PCR 步骤多，但它扩增效率高，特异性强。其主要步骤是标本固定，渗入，原位扩增，原位杂交及检测。

石蜡切片间接法原位 PCR 操作步骤如下：

1. 组织标本经 10%福尔马林溶液固定，石蜡包埋，切 5μm 厚切片贴于原位 PCR 载玻片上，载玻片先涂抹黏片剂。60℃烤片过夜。
2. 石蜡切片常规脱蜡至水。
3. 切片在 0.2mol/L HCl 中处理 10min。
4. 用 1～10μg/mL 蛋白酶 K 消化组织 37℃10min。
5. 切片用含甘氨酸 2mg/mL 的 PBS 洗，终止蛋白酶 K 消化。PBS 洗 2min。
6. 水洗，各级乙醇充分脱水，保留在无水乙醇中待检测。
7. 从无水乙醇取出切片，并使充分干燥。
8. 切片滴加特异性序列引物 30μL PCR 扩增反应液，覆盖硅化盖玻片，石蜡油封边。
9. 原位 PCR 仪金属块预热至 70℃，将切片放入，PCR 热循环，初次 94℃，变性 5min，退火，延伸 90s，然后 94℃、45℃、72℃各 1min，30 次循环。
10. 氯仿洗去盖玻片，4%多聚甲醛后固定 10min，各级乙醇充分脱水，充分干燥。
11. 切片上加地高辛标记的探针 30μL 杂交液，98℃变性 10min，－20℃退火 5min，湿盒内置 42℃将切片温育过夜。
12. 载玻片浸入 2×SSC 洗涤 5～10min，3 次；1×SSC 洗涤 5～10min，3 次。
13. 缓冲液洗涤 10min，3 次。
14. 加碱性磷酸酶标记的羊抗地高辛抗体复合物，37℃，在湿盒内温育 2h。
15. 缓冲液洗涤 5min，3 次。
16. 在 10mL 缓冲液 B 中加入 45μL 硝基四氮唑蓝（NBT）和 35μL 5-溴-4-氯-3-

吲哚磷酸盐（BCIP）配成显色液或用 1∶50 稀释的 NBT/BCIP 贮存液，每张切片加显色液 100μL，置暗处显色 30min 至 2h，镜检其显色情况。

17. 显色后用缓冲液 C（10mmol/L Tris-HCl，1mmol/L EDAT，pH8.0）漂洗切片，蒸馏水终止反应。

18. 用核固红或甲基绿复染 5min，水洗，水溶性封固剂（如甘油等）封片。

第七节　流式细胞仪技术

流式细胞仪技术是 20 世纪 70 年代发展起来的一种利用流式细胞仪对细胞等生物粒子的理化及生物学特性（细胞大小、DNA/RNA 含量、细胞表面抗原表达等）进行定量、快速、客观多参数相关检测分析的新技术。它借鉴了荧光显微镜技术与血细胞计数原理，同时利用荧光染料，激光技术，单克隆抗体技术以及电子计算机技术的发展，大大提高了检测速度与统计精确性，而且从同一个细胞中可以同时测得多种参数。

流式细胞仪技术在生命科学中的应用，标志着细胞生物学、肿瘤学、免疫学、病理学、分子生物学等研究进入了细胞和分子水平，为从微观认识细胞及横向比较特征提供了精密、准确的方法和仪器。

一、流式细胞术的基本原理

1. 流式细胞仪系统流程　标本→激光系统→流动系统→信号处理系统→放大系统→计算机系统→结果打印。

2. 基本原理　流式细胞仪技术的原理是将特殊处理的细胞悬液经过一细管，同时用特殊光线照射，当细胞通过时，光线发生不同角度的散射，经检测器变为电讯号，再经电子计算机贮存分析后画出直方图等。这一方法每秒钟能分析 1 000～10 000 个细胞。选择不同的单克隆抗体及荧光染料，人们可以利用流式细胞仪同时测定一个细胞上的多种不同特征；如果对具有某种特征的细胞有兴趣，人们还可以利用流式细胞仪的分选功能将其分选出来，以便进一步培养、研究。流式细胞术能进行多种细胞特征分析，包括细胞大小，胞浆的颗粒状态，细胞生长状态及所分布的细胞周期，核型倍体数与 DNA 含量，胞膜表面标记物变化及细胞内酶的含量等。

二、流式细胞术在病理学中的应用

1. 免疫表型分析

（1）*检测淋巴细胞亚群，监测细胞免疫状态*　淋巴细胞是机体免疫系统功能最重要的大细胞群，在免疫应答过程中，末梢血淋巴细胞发育分化成为功能不同的亚群。当亚群的数量和功能发生异常时，就能导致机体免疫紊乱并产生病理变化。流式细胞仪可以同时检测一种或几种淋巴细胞表面抗原，将不同的淋巴细胞亚群区分开来，并计算出它们之间的比例，通过对病畜淋巴细胞各亚群数量的测定来监控其免疫状态，并指导治疗。

（2）疾病诊断　为疾病诊断提供直接的或支持诊断的依据。

（3）免疫调节　细胞因子/受体的相互作用、共刺激分子受体/配体的相互作用等。

（4）发病机理分析　肿瘤的发病与机体的免疫力低下及信号传递障碍有关。

（5）其他　白血病/淋巴瘤免疫分型。黏附分子；TCR多态性检测；肿瘤癌基因及抑癌基因蛋白产物的检测；耐药蛋白的分析等；白血病/淋巴瘤免疫分型。

2. DNA含量及细胞周期分析　在细胞周期（G0、G1、S、G2、M）的各个时期，DNA的含量随各时相呈现出周期性的变化。通过核酸染料标记DNA，并由流式细胞仪进行分析，可以得到细胞各个时期的分布状态，计算出G0/G1%、S%及G2/M%。了解细胞的周期分布及细胞的增殖活性。也可利用细胞周期蛋白（CYCLIN）、Ki67、核增殖抗原（PCNA）等，对细胞周期进行精确的分期：G0、G1、S、G2、M，应用于肿瘤的早期诊断、肿瘤的良恶性判断、观察细胞的增殖状态及周期分布和疗效监测。

3. 定量分析

（1）检测细胞特异性标记物。流式细胞仪不但可以定性分析标记物，而且可以进行定量。用标记已知数量的荧光素分子的标准微球作参照，可以计算出每个细胞抗原决定簇的个数。

（2）CD4绝对计数。

（3）CD34绝对计数。

（4）可溶性物质（如细胞因子）的高通量定量检测。

4. 细胞功能分析

（1）吞噬功能试验。

（2）氧爆发试验。

（3）根据T淋巴细胞分泌细胞因子的不同将$CD4^+$或$CD8^+$分为介导细胞免疫的Ⅰ型细胞和介导体液免疫的Ⅱ型细胞。

（4）NK细胞的肿瘤杀伤活性检测。

（5）血小板的黏附、聚集功能检测。

5. 细胞凋亡研究

（1）鉴别凋亡与坏死。

（2）测定凋亡率。

（3）研究凋亡触发机制。

6. 其他

（1）微生物快速鉴定及药敏试验。

（2）运用抗体进行血小板抗原基因型分型。

（3）死、活细胞鉴定。

三、样品的制备

（一）单细胞悬液的制备

1. 天然单细胞悬液标本　包括血液细胞、胸腹水脱落细胞、各种检查获得的单细胞

（如食管或宫颈脱落细胞、内镜刷检样品细胞、膀胱冲洗细胞），这些标本经简单处理后就可送检。如血细胞检测需采用抗凝血，分选高纯度的淋巴细胞可先对淋巴细胞分离液进行预分离处理等。

2. 非单细胞悬液的标本　如体外单层培养细胞、实体组织、石蜡包埋组织等，需先分散成单细胞悬液才可送检。分散细胞的方法主要有3种：酶分散法、化学分散法和机械分离法。

（1）*酶分散法*　最常用的是胰蛋白酶，需用无钙、镁的平衡盐溶液配制，一般使用0.1%～0.5%的溶液，常用0.25%的溶液。胰蛋白酶的主要作用是使细胞间蛋白质水解，使细胞相互离散，需要掌握好时间、温度、pH等消化条件，使细胞损伤保持在最低限度。胰蛋白酶适用于消化细胞间质较少的软组织，如胚胎、上皮、肝、肾等组织，对传代培养细胞效果也很好。

对于不同的组织，除胰蛋白酶外，还可以用胶原酶、胰肽酶E、透明质酸酶或联合使用。

胶原酶对胶原的消化作用很强，它仅对细胞间质有消化作用，适用于消化分离纤维性组织、上皮组织及癌组织。钙离子、镁离子和血清对此酶的消化作用无影响。常用浓度为200U/mL或0.1～0.3μg/mL。

（2）*化学分散法*　最常用的化学分散剂是EDTA，作用较胰蛋白酶缓和，其主要原理是将组织细胞间起粘连作用的钙、镁离子置换出来，从而达到细胞分散的目的，与胰蛋白酶混合使用效果好。用无钙、镁的平衡盐溶液配制，常使用0.02%的溶液。

（3）*机械分离法*　使用镊子、剪刀或研磨器将组织破碎后，再用孔径约70μm的尼龙网过滤收集细胞悬液。脑组织，部分胚胎组织以及一些肿瘤组织使用此法。

（二）标本的固定

流式细胞分析技术要选用新鲜标本，除低温保存和需要用活体细胞测量的情况外，一般需要对待测标本进行适当的固定，以保持待测成分的完整性及防止细胞自溶。根据测量参数的要求，应选用不同的固定方法（或固定剂）。对固定剂的一般要求包括穿透性强、对荧光干扰小、对膜蛋白影响小。通常使用的固定剂有3种：甲醛、乙醇和丙酮。

进行DNA测量要求用新鲜标本，如不能立即测量，可用70%乙醇溶液固定后置4℃冰箱内保存。一般不使用醛类固定剂，避免对荧光的干扰。

进行细胞膜蛋白检测，是流式细胞仪技术检测的主要内容，包含检测T细胞亚群、白血病免疫分型、癌基因及抗癌基因的蛋白表达、多药耐药基因蛋白表达等。如待测蛋白位于膜表面，宜使用醛类固定剂（如多聚甲醛），而不宜采用醇类固定剂，因后者可导致膜上糖蛋白或脂蛋白的丢失，从而失去标记位点。如待测蛋白位于细胞内，则可使用醇类固定剂。

（三）标本染色

利用流式细胞仪技术检测细胞成分时，多需要对待测成分进行荧光染色。常用的荧光染料有20余种，其中包括抗生素类的光辉霉素（mithramycin，MI）和色霉素（chromomycin，CH）、Feulgen型试剂吖啶黄素（acriflavine）和核酸插入剂溴化乙啶（ethidium bromide，EB）与碘化丙啶（propidiumiodide，PI）等。

如果待测细胞成分与某种荧光染料有特异性亲和力，则可用该染料直接染色，如用PI或EB进行DNA染色。

在检测膜抗原时，则需要有识别待测膜抗原的特异性抗体。识别膜抗原的第一抗体多选用单克隆抗体。根据使用的第一抗体是否标记荧光染料，可分为直接染色法和间接染色法。

1. 直接免疫荧光标记法 取一定量细胞（约每毫升 1×10^6 个细胞），在每一管中分别加入 $50\mu L$ 的HAB，并充分混匀，于室温中静置1min以上，再直接加入连接有荧光素的抗体进行免疫标记反应（如做双标或多标染色，可把几种标记有不同荧光素的抗体同时加入）。孵育20～60min后，用PBS（pH7.2～7.4）洗1～2次，加入缓冲液重悬，上机检测。本方法操作简便，结果准确，易于分析，适用于同一细胞群多参数同时测定。虽然直标抗体试剂成本较高，但减少了间接标记法中较强的非特异荧光的干扰，因此，更适用于临床标本的检测。

2. 间接免疫荧光标记法 取一定量的细胞悬液（约每毫升 1×10^6 个细胞），先加入特异的第一抗体，待反应完全后洗去未结合抗体，再加入荧光标记的第二抗体，生成抗原—抗体—抗抗体复合物，以流式细胞仪检测其上标记的荧光素被激发后发出的荧光。本方法费用较低，二抗应用广泛，多用于科研标本的检测。但由于二抗一般为多克隆抗体，特异性较差，非特异性荧光背景较强，易影响实验结果。所以标本制备时应加入阴性或阳性对照。另外，由于间接免疫荧光标记法步骤较多，增加了细胞的丢失，不适用测定细胞数较少的标本。

第八节 激光扫描共聚焦显微镜检查技术

激光扫描共聚焦显微镜又称黏附式细胞仪，新型激光扫描显微成像系统，可对细胞内部非侵入式光学断层扫描成像，目前可测定细胞内DNA、RNA、骨架蛋白、细胞内pH、Ca^{2+} 的浓度、过氧化物、细胞间通讯等，是现代细胞生物物理学研究不可缺少的工具。

一、样品荧光标记前的预处理

激光扫描共聚焦显微镜可以检测的样品种类很多，在生物医学研究领域主要包括组织和细胞。

（一）组织切片标本的制备

1. 活的组织切片不需要固定，用于观察或测定组织具有活性状态下的一些生理指标，如脑组织中 Ca^{2+} 分布、pH变化、细胞死亡比例等。

2. 冷冻切片常用于免疫荧光标记和检测，具有荧光背景低、杂质干扰少等优点。

3. 固定组织切片样品易于保存，可进行多种操作，在保持观察样品结构完整和达到实验目的的前提下，切片的厚度宜越薄越好。

（二）细胞标本的制备

1. 贴壁生长细胞 上机检测时细胞必须是单层贴壁状态。

(1) 单纯对单个细胞进行形态学观察、三维重建、荧光定位、膜流动性等，细胞宜接种得稀疏一些，这样可使细胞充分伸展，显示出应有的形态和结构。

(2) 需统计细胞内某物质含量的高低或动态变化过程，细胞宜接种得密集一些，一般为 10^5 个/cm^2，让细胞布满视野但相互间又有空隙。但要注意最好不要连接成片，否则会造成实验结果分析困难，甚至影响定量检测结果。

2. 悬浮细胞

(1) 在试管中完成样品前处理。

(2) 调节合适的细胞浓度。

(3) 将细胞悬液滴于载玻片上。

(4) 加盖玻片，使样品封于载玻片和盖玻片之间。

(5) 上机测定。

(三) 激光扫描共聚焦显微镜需准备的器皿和要求

常用的器皿有盖玻片、载玻片、Petri 皿等。所有器皿要干净，无干扰荧光。

1. 盖玻片、载玻片　价格便宜，易得，使用方便，适用于多种样品观测。

2. Petri 皿　尤其适合细胞样品观测，常用的洗涤方法如下：

(1) 自来水冲洗，如内有贴壁细胞，应用酶先充分消化。

(2) 用中性清洁剂清洗。

(3) 置次强酸洗液中浸泡 6～10h。

(4) 自来水冲洗，蒸馏水浸泡过夜。

(5) 置干燥箱中 40℃烘干备用。

(6) 使用前紫外线照射 30～120min。

二、用荧光探针标记样品

样品预处理完后，用荧光探针对待研究物质进行标记，标记物在相应波长激光的激发下发出荧光，用仪器检测，荧光强度的高低反映出这种物质含量的多少。

1. 荧光标记　通常有两种方式。

(1) *直接标记法*　样本与荧光探针（或其衍生物）直接作用，使样品具有可以检测的特异荧光。大部分直接标记活细胞的荧光探针都是这一类。

(2) *免疫荧光法*　荧光探针首先将某些特定分子标记，这些特定分子再与细胞作用，荧光探针随这些特定分子进入细胞，并结合在靶分子或靶位点上，通过检测细胞内荧光强度和位点，达到检测细胞内靶分子的目的。

2. 荧光探针的贮存、配制

(1) 如果购进的荧光探针是固体状，固体状态保存。

(2) 一般情况下需要在避光低温（－20℃以下）条件下保存。

(3) 荧光探针不能反复冻融，否则容易失效。

(4) 工作液现用现配。

(5) 荧光探针的操作均需避光进行。

（6）配制贮存液　常用的溶剂如甲醇、乙醇、生理盐水等，应根据所用探针选择适当的溶剂，贮存液中荧光探针的浓度一般在10～1 000μmol/L。

参 考 文 献

龚志锦，詹镕洲．1994．病理组织制片和染色技术［M］．上海：上海科学技术出版社：10．

黄文方，刘华．2002．实用医学分析技术与应用［M］．北京：人民卫生出版社．

纪小龙，施作霖．1996．诊断免疫组织化学［M］．北京：军事医学科学出版社：12．

刘民培．2007．现代临床实验研究技术［M］．北京：清华大学出版社：8．

倪灿荣，马大烈，戴益民．2006．免疫组织化学实验技术及应用［M］．北京：化学工业出版社：5．

苏慧慈，刘彦仿．1995．原位PCR［M］．北京：科学出版社．

汪谦．2008．现代医学实验方法［M］．北京：人民卫生出版社：10．

王伯沄，李玉松，黄高昇，张远强．2000．病理学技术［M］．北京：人民卫生出版社：6．

杨勇骥．2003．实用生物医学电子显微镜技术［M］．上海：第二军医大学出版社．

袁兰．2004．激光扫描共聚焦显微镜技术教程［M］．北京：北京大学医学出版社．

第十三章

动物常见传染病的实验室诊断

第一节　人畜共患传染病

一、口蹄疫

口蹄疫（foot and mouth disease，FMD）是由口蹄疫病毒（foot and mouth disease virus，FMDV）引起的偶蹄动物的一种急性、热性、高度接触性传染病，该病传播途径多、传播速度快，感染动物通过气体中的悬浮微粒快速传播给其他动物，给养殖业造成巨大的经济损失。口蹄疫易感的动物是黄牛、水牛、猪、骆驼、羊等，临床上主要表现为体温升高、口腔黏膜、蹄部及乳房皮肤等软组织发生水疱和溃疡。新生仔猪常呈无临床症状死亡，主要原因是心肌炎导致心衰，病理变化为“虎斑心”，死亡率较高。育肥猪偶尔也见死亡，但死亡率较低，一般在5%以内。

口蹄疫病毒属于小RNA病毒科，口蹄疫病毒属，有7个血清型，即O型、A型、C型、亚洲Ⅰ型、南非1型、2型和3型，各个血清型间无交叉反应。所有血清型口蹄疫病毒导致的临床症状一样，另外，猪水疱病、猪水疱疹和水疱性口炎的临床症状也与口蹄疫相似，准确的诊断必须依赖实验室诊断。随着生物技术的迅速发展，口蹄疫的检测技术也得到了空前发展。目前口蹄疫实验室检测的方法主要包括病原学诊断、血清学实验技术和分子生物学实验技术。

[病原学诊断]

(一) 样品的采集和保存

口蹄疫属于高致病性病原微生物，在样品采集和保存过程中需严格按照相关国家有关规定进行采集、包装、运输和保存，包装不允许使用玻璃等易碎容器，严防病原在运输、保存等过程中泄漏。

1. 组织样品　水疱液或水疱皮中含有大量病毒，发病动物（牛、羊或猪）未破裂的舌面或蹄部、鼻镜、乳头等部位的水疱皮和水疱液是用于口蹄疫病毒分离、鉴定的最好样品。对临床健康但怀疑带毒的动物，可在屠宰后采集淋巴结、脊髓、肌肉等组织作为检测材料。

未破裂水疱中的水疱液用灭菌注射器吸出后装入灭菌小瓶中（可加适量抗生素），加盖并用胶带封口，并在外套上一层包装，标号标签，于4～8℃冷藏。

剪取新鲜水疱皮放入灭菌小瓶中，加适量50%甘油-磷酸盐缓冲液（pH7.4），盖紧并用胶带封口，并在外套上一层包装，标号标签，于－30℃以下保存。

在屠宰时采集组织样品3～5g装入洁净的容器中，外加一层包装，封口后立即放入盛有冰块的保温瓶（箱）内。然后尽快送往－30℃冰箱中冷冻保存。每份样品的包装瓶（袋）上均要贴上标签，写明采集地点、动物种类、编号、时间等。

2. 牛、羊食管—咽部分泌物（O－P液）样品 被检动物在采样前禁食（可饮水）12h，以免反刍胃内容物严重污染O－P液。采样用的特制探杯在使用前经0.2%柠檬酸或2%氢氧化钠浸泡，再用自来水冲洗。每采集完一头动物，探杯都要反复消毒和清洗。采样时动物站立保定，操作者左手打开牛口腔，右手握探杯，随吞咽动作将探杯送入食管上部10～15 cm，轻轻来回移动2～3次，然后将探杯拉出。如采集的O－P液被反刍胃内容物严重污染，要用生理盐水或自来水冲洗口腔后重新采样。在采样现场将采集到的8～10 mL O－P液倒入容量25mL以上并含有8 ～10mL细胞培养维持液，或0.04 mol/L PBS（pH7.4）的灭菌容器中。加盖翻口胶塞后充分摇匀。贴上防水标签，并写明样品编号、采集地点、动物种类、时间等，外加一层包装，尽快放入装有冰块的冷藏箱内。然后，转往－60℃冰箱保存。

3. 血清 无菌操作采集动物血，每头不少于10mL。自然凝固后无菌分离血清装入灭菌小瓶中，加盖密封后冷藏保存。每瓶贴标签并写明样品编号、采集地点、动物种类、时间等。

（二）样品的运送

所有样品均需双层包装并贴上标签，装入冰瓶或保温泡沫塑料盒内，同时加放－30℃预冰冻的保冷剂和适当的填充材料，再加盖密封。以最快方式，派专人送到或航寄到农业部指定单位。样品需写明送样单位名称和联系人姓名、联系地址、邮编、电话及传真号码等。送检材料应附有详细说明，包括采样时间、地点、动物种类、样品名称、数量、保存方式及有关疫病发生流行情况和临床症状等。

（三）样品的处理

水疱皮的处理：用小镊子取出水疱皮，用磷酸盐缓冲液漂洗3次并用灭菌滤纸吸干。放入灭菌研钵里并加灭菌石英砂研磨。加含抗生素的磷酸盐缓冲液制成1∶4悬液，浸毒2h，3 000r/min离心10min，取上清。

水疱液的处理：用枪头吸取水疱液，用含抗生素的磷酸盐缓冲液制成1∶4悬液。3 000r/min离心10min，取上清。

O－P液处理：用枪头吸取O－P液，用含抗生素的磷酸盐缓冲液制成1∶4悬液。3 000r/min离心10min，取上清。

（四）病毒的分离

取处理好的样品200μL接种于已长成单层的BHK－21细胞，并补加1mL维持液。盖紧瓶塞，放入包装盒中，37℃培养箱吸附30min。取出加入5mL含有1%新生牛血清的DMEM，盖紧瓶塞，放入包装盒中，37℃ 5% CO_2 培养箱中培养2～3d，每天观察细胞的病变情况，若接种后72h仍无细胞病变（CPE），就再次接种于另一瓶BHK－21细胞，如此盲传3代后仍未见CPE的为阴性；若接种后72h出现典型的CPE则收获病毒悬液于

2mL 的灭菌细胞冻存管，贴好标签，密封，并做好双层包装，用于直接接种并作进一步的血清学鉴定或冰箱保存。

[血清学诊断技术]

用于口蹄疫检测的方法主要有病毒中和试验、固相竞争酶联免疫吸附试验、液相阻断酶联免疫吸附试验和非结构蛋白 3ABC－ELISA 检测试验等。

（一）病毒中和试验

1. 血清　标准阳、阴性血清和待检血清均 56℃水浴灭活 30min。

2. 病毒　口蹄疫病毒 O、A、Asia I 及 SVDV 中和试验用种毒分别适应于 BHK－21 或 IBRS－2 单层细胞。收获的病毒液测定 $TCID_{50}$ 并分装成 1mL/管，－70℃保存备用。

3. 细胞　BHK－21 或 IBRS－2 传代细胞。

4. 细胞营养液和维持液

（1）*细胞维持液*　含有 3%胎牛血清和适当抗生素的 DMEM（购自 Invitrogen）。

（2）*细胞生长液*　含 10%胎牛血清（pH7.4）的 DMEM。培养细胞用。

5. 操作程序

（1）*待检血清的准备和稀释*　在生物安全柜内将血清的包装打开，在 96 孔细胞培养板中将血清作连续 2 倍稀释，一般含 4 个稀释度（如 1∶32～1∶4）。如有特殊需要，可作 6 个稀释度（1∶128～1∶4）。

（2）*病毒稀释和加样*

① 将口蹄疫病毒液稀释至每 50μL 100 $TCID_{50}$。

② 除细胞对照孔外，每孔加入 50μL 100 $TCID_{50}$ 的病毒液。

③ 细胞对照孔中加入 50μL 稀释液。

④ 微量反应板加盖，摇匀病毒—血清混合物并放入包装盒中，置于 37℃ 5% CO_2 培养箱作用 1h。

（3）*加入细胞*　加 100μL 细胞悬液（1×10^6/mL～2×10^6/mL 细胞）于所有孔中，37℃温箱孵育 4～5d 后观察结果。

（4）*结果判定*　FMDV 致 BHK－21 细胞病变很典型，在普通显微镜下易于识别，通常在 48h 后用倒置显微镜观察即可判定结果。试验成立的条件：

①标准阳性血清孔无 CPE 出现。

②细胞对照孔中细胞生长已形成单层，形态正常。

③病毒对照孔无细胞生长，或有少量病变细胞存留。

记录每份血清引起 CPE 的数目，根据 Reed-Muench 法计算血清的中和效价（PD_{50}）。

血清中和滴度为 1∶32 或更高者为阳性，血清中和滴度为 1∶32～1∶16 判为可疑，需进一步采样做试验，如第二次血清滴度大于或等于 1∶16 判为阳性。血清中和滴度为 1∶8判为阴性。

（二）酶联免疫吸附试验

酶联免疫吸附试验（ELISA）的基础是抗原或抗体的固相化及抗原或抗体的酶标记。

结合在固相载体表面的抗原或抗体仍保持其免疫学活性，酶标记的抗原或抗体既保留其免疫学活性，又保留酶的活性。在测定时，受检标本与固相载体表面的抗原或抗体起反应。再加入酶标记的抗原或抗体，也通过反应而结合在固相载体上。此时固相上的酶量与标本中受检物质的量呈一定的比例。加入酶反应的底物后，底物被酶催化成为有色产物，产物的量与标本中受检物质的量直接相关，故可根据呈色的深浅进行定性或定量分析。该方法敏感度（ng/mL）、重复性好。常用的主要有液相阻断酶联免疫吸附试验和口蹄疫非结构蛋白 3ABC 酶联免疫吸附试验，前者主要用于口蹄疫抗体水平的检测，不能区分野毒感染动物和灭活疫苗免疫动物；后者主要检测口蹄疫病毒野毒感染动物血清中的抗体，可区分疫苗免疫动物和野毒感染动物。

1. 液相阻断酶联免疫吸附试验（quid-phase blocking enzyme-linked immunosorbent assay，LpB-ELISA） 实验步骤如下：

（1）96 孔 ELISA 酶标板的酶孔加入 50μL 口蹄疫病毒 146S 抗原的兔抗血清（用 ELISA 包被液稀释成最适浓度），置湿盒中于室温包被过夜。

（2）酶标板用 PBS 洗 3 次。

（3）血清稀释从 1/8 开始（每孔 50μL），在 U 型 96 孔板中将待检血清作 2 倍系列，每份血清做 2 排。然后每孔加入 50μL 兔抗血清的同源病毒抗原（病毒用细胞增殖后灭活，并进行预滴定，加入等体积稀释剂后，滴定曲线上线大约为 1.5，稀释剂为含 0.05% 吐温—20）。4℃过夜或 37℃作用 1h。血清起始稀释度应为 1/16。

（4）加（3）中血清抗原混合物加入到（1）所包被的酶标板中，37℃轻轻振荡孵育 1h。

（5）PBS 洗 3 次，加入 50μL 豚鼠同源口蹄疫病毒抗血清，37℃作用 1h。

（6）洗板，每孔加入 50μL 的酶结合物，37℃孵育 1h。

（7）加酶底物，洗板，每孔加入 50uL 含 0.05% H_2O_2 的邻苯二胺。

（8）加终止液终止反应，将板置于酶标仪上，在 492nm 波长条件下读取光吸收值。

每次实验时，设立强阳性和 1∶32 的强阳性、弱阳性、阴性牛血清和试剂对照以及没有血清的试剂（抗原）对照。

结果判定：抗体滴度用 50%终滴度表示，即该稀释度 50%孔的抑制率大于抗原对照孔抑制率均数的 50%。滴度大于 1∶40 为阳性，滴度接近 1∶40 应用病毒中和试验重检。

2. 非结构蛋白检测试验（nonstructural protein antibody tests） 主要用来鉴别诊断口蹄疫病毒感染动物及疫苗免疫动物，常用间接酶联免疫吸附试验，其操作步骤同常规 ELISA 方法。

［分子生物学实验诊断技术］

分子生物学实验技术包括核酸杂交、等电点聚焦电泳、寡核苷酸指纹图谱分析、聚丙烯酰胺凝胶电泳、聚合酶链反应和实时荧光定量 PCR 等，其中聚合酶链反应在实验室中运用最为广泛。

（一）样品的处理

在生物安全三级实验室将病料的包装打开，取出病料。根据检测的要求，将各种组织分别剪碎，用研钵加灭菌石英砂磨碎。然后加 0.04mol/L 磷酸盐缓冲液（pH7.4）制成 1∶5悬液。2 000r/min 离心 10min，取上清液作为检测材料。

（二）总 RNA 的提取

1. 用 1.5mL 带盖塑料离心管，取 300μL 待检样品，再加 1mL Trizol 混匀，室温放置 5min。

2. 加 200μL 氯仿，剧烈混匀 15s，室温放置 2～3min。

3. 4℃条件下 12 000 *g* /min 离心 15min，将 500μL 上清液转入另一洁净管。

4. 加 500μL 异丙醇，室温放置 10min。

5. 4℃条件下 12 000 *g* /min 离心 10min，弃上清，沉淀用 75%乙醇洗 RNA 沉淀一次，自然干燥 15min。

6. 晾干后的核酸 RNA 用 30μL 的 DEPC 水溶解，可以直接用于逆转录试验，或在 －80℃以下保存备用。

（三）一步法 RT－PCR 检测 FMDV

1. 反应体系如下。

去离子水（Rnase Free Water）	28.75μL
5×TR－PCR　Buffer	10μL
10μmol/L　dNTP	2μL
Enzyme　Mix	2μL
Rnase　inhibitor	0.25μL
上游引物	1μL
下游引物	1μL
RNA　模板	5μL

总计：50μL

2. 扩增产物用琼脂糖胶检测，并对纯化的 PCR 产物进行测序。运用 RT－PCR 和 DNA 序列分析相结合进行病毒核酸序列分析是最具权威性的分析毒株异同的方法。此方法是国际上通用实验室诊断 FMDV 的方法，也是 OIE 推荐检测口蹄疫病毒一种很重要的方法。

（钱　平）

二、流行性感冒

流行性感冒（influenza）是由流行性感冒病毒引起的急性高度接触性传染病，人、哺乳动物和禽类都可以感染和发病。病毒分离鉴定、RT－PCR、血凝和血凝抑制试验以及 ELISA 是最常用的实验室诊断方法。

[病原学诊断]

(一) 病毒分离鉴定

该法仅适用于普通流行性感冒病毒的分离鉴定，高致病性禽流感病毒（H_5N_1）的分离应该在生物安全三级实验室进行。病料样品采集和处理后，可以接种细胞或鸡胚，如果分离哺乳动物的流感病毒，最好能够同时接种细胞和鸡胚。

1. 样品采集、处理和保存

（1）样品采集（以禽流感为例）

①泄殖腔拭子采集方法：将棉拭子插入泄殖腔 1.5～2cm，旋转后蘸上粪便。

②粪便样品：采泄殖腔拭子容易造成伤害，可只采集 5 个新鲜粪便样品（每个样品 1～2g），置于内含有抗生素 PBS（加 1～1.5mL PBS）的西林瓶中，封好口，贴好标签。保存粪便和泄殖腔拭子的 PBS 中抗生素浓度提高 5 倍。

③喉气管拭子采集方法：将棉拭子插入口腔至咽的后部直达喉气管，轻轻擦拭并慢慢旋转，蘸上气管分泌物。保存喉气管拭子的 PBS 溶液中需添加抗生素。

④血清样品：采集 10 只病禽的血样，心脏或翅静脉采血，每只病禽采血样 2～3mL，盛于西林瓶中或 10mL 离心管中，经离心或自然放置析出血清后，将血清移到另外的西林瓶或小塑料离心管中，盖紧瓶塞，封好口，贴好标签。不同禽只的血样不能混合。

⑤组织样品：每只禽采集肠管及肠内容物 1 份；肺和气管样品 1 份；肝、脾、肾、脑等各 1 份并分别采集。上述每个样品取样重量为 15～20g，放于样品袋或平皿中，如果重量不够可取全部脏器（如脾脏）。

样品应放在保存液中并低温保存，常用的保存液有普通肉汤，pH7.4～7.6 的 Hank′s、Eagle′s 或水解乳蛋白液（含有青、链霉素各 1 000U/ mL），样品应在采集后 24h 内送到实验室。

（2）样品处理

①拭子：使用混合器混合后将拭子中的液体挤出，静置 30min，取上清液过滤除菌后转入无菌的 1.5 mL EP 管中备用。

②粪便样品：盖紧样品管的盖子，用涡旋振荡器将标本管充分振荡，置 4℃冰箱待其自然沉淀 5～10min，取上清液过滤除菌后转入无菌的 1.5 mL EP 管中备用。

③肌肉或组织脏器：取待检样品约 2.0 g 于灭菌的研钵中充分研磨，加 10mL PBS 混匀，4℃，3 000r/min 离心 15min，取上清转入无菌的 1.5 mL EP 管中备用。

（3）样品保存　样品上清液过滤除菌后可直接接种或低温保存，在 2～8℃下保存应不超过 24h，若需长期保存应置－70℃以下，同时避免反复冻融（冻融不超过 3 次）；如采样时未加抗生素，应在接种前补加到分离的上清中，混匀后置 4℃ 1～2h 后方可接种。

2. 细胞接种

（1）培养细胞准备　传代培养的 MDCK 细胞，贴壁生长、胞质均一、生长旺盛，显微镜观察时细胞单层刚刚铺满瓶底。倾出生长液，用 DMEM 洗涤细胞单层 2 遍，即可用于病毒的分离。

（2）病毒样品接种　倾出细胞瓶中的生长液（DMEM 含 10%胎牛血清），加入 2mL 含 2μg/mL 胰酶的 DMEM，接种 200μL 分离的样品上清，盖上瓶塞，移至 37℃温箱吸附 30min。最后补加 6mL 含 2μg/mL 胰酶的 DMEM 液于细胞培养瓶中并移至 37℃温箱培养。

（3）细胞病变观察　每日检测细胞病变，根据病变的强度（细胞病变的特征是细胞肿胀变圆、间隙增大，细胞核固缩或破裂，严重时细胞部分或全部脱落）决定是否收获细胞悬液或者继续传代。

（4）细胞培养物的收获　当细胞中出现局部或者较大范围的典型细胞病变时（3～5d），收获细胞悬液加入终浓度为 0.5%的牛血清白蛋白，分装到冻存管中。即使无细胞病变也应该于 6～7d 收获，并盲传 3 代。

（5）病毒检测和保存　4℃ 3 000r/min 离心 5min 去除细胞碎片，取上清进行血凝试验并记录每个样品的血凝价，具有血凝价的样品应于－70℃保存，对没有血凝价的样品再传 2～3 代并逐代检测是否具有血凝价。

3. 鸡胚接种

（1）检胚　将鸡胚的盲端放置在蛋盘上，用照蛋灯的光束从斜上方照射鸡胚，正常发育的鸡胚应该内容物透亮、胚体明显、血管清晰，同时可以观察到胚动，而发育不全或者未受精的鸡胚内容物混浊，血管和胚体不可见。在气室边缘上方避开血管和胚体标记出接种的部位。

（2）鸡胚接种　每个样品接种 3 个鸡胚。先用 75%酒精和 2.5%碘酒依次消毒气室边缘的接种部位，再用打孔器在接种部位打孔，最后用 1mL 的一次性注射器吸取 200μL 样品处理液体，垂直进针 0.5～2cm 注入尿囊腔。用同一注射器和针头将同一样品依上法接种另外的两枚鸡胚，接种完后滴加融化的石蜡封口。

（3）鸡胚培养　接种好的鸡胚置 37℃温箱培养，每隔 12h 检胚一次，12h 时发生死亡的鸡胚一般认为是接种而致的意外死亡，剔除不要。应该检胚 2～3d，发现死亡的鸡胚及时拣出置 4℃冰箱。

（4）尿囊液的收获　鸡胚在收获前应 4℃过夜或者至少放置 4h。75%酒精和 2.5%碘酒依次消毒鸡胚气室，用无菌镊子打开蛋壳和气室，用 10mL 移液管吸取鸡胚尿囊液。

（5）病毒检测和保存　取收集的尿囊液进行血凝试验，如果没有血凝价应该在鸡胚中再传 2～3 代。如果有血凝价可以通过血凝抑制试验进行进一步鉴定，应该在收获分离物的 1d 内将分离物保存到－70℃条件下。

（二）RT－PCR

针对流感病毒的 RT－PCR 多是针对单基因或单个亚型的检测，目前流行较多的主要是 H5、H9 亚型的 AIV，所以针对 H5 和 H9 亚型禽流感的检测方法更加实用。

1. 引物的设计　根据 GenBank 中已发表的 AIV NP 和 HA 基因的高度保守序列，设计了 3 对特异性引物。

表 13-1 PCR 扩增所用引物与扩增片段大小

引物	序列	扩增片段（bp）
NP-F	5′-CAGATATTGGGCTATAAGGAC-3′	330
NP-R	5′-GCATTGTCTCCGAAGAAATAAG-3′	
H5A-F	5′-ACACATGCTCAGGACATACT-3′	550
H5A-R	5′-CTCTGATTCAGTGTTGATGT-3′	
H9A-F	5′-CTCCACACAGAGCACAATGG-3′	480
H9A-R	5′-GTTGTCACACTTGTTGTTGT-3′	

2. 病毒 RNA 的提取 按照 Trizol kit 说明书提取 AIVRNA，用 DEPC 处理的水溶解。

3. 病毒 RNA 的反转录 2μL RNA 和 3μL 3 种引物混合物（NP-F，H5A-F，H9A-F，各 20 fmol/L）70℃作用 5min 后，冰浴 5min；然后分别加入 5×RT-buffer 4μL，dNTP（2.5μmol/L）4μL，RNasin（40U/μL）1μL，$MgCl_2$ 2.4μL，DEPC 水 2.6μL，RT-E 1μL，总量为 20μL 的反转录反应体系，然后 25℃ 5min，42℃ 1～1.5h 后，70℃灭活 5min。

4. 多重 PCR 扩增 在总量为 30μL PCR 扩增体系中，分别加入 10×PCR 缓冲液（含 1.5 mmol/L Mg^{2+}）2.8μL、2.5 mmol/L dNTP 2μL、混合引物 3μL（3 对引物，每种引物终浓度为 10 fmol/L）、Taq 聚合酶 0.5μL、DMSO 2.4μL、cDNA 模板 2μL，加灭菌超纯水至 30μL，以 30μL 液体石蜡灭菌覆盖。PCR 扩增条件为：94℃预变性 3min；94℃变性 30s，48℃退火 40s，72℃延伸 40s，共 40 个循环；72℃延伸 10min 后 4℃保存。同时设立阴性对照。

5. 结果观察 取 PCR 扩增反应产物 10μL，Marker DL2000 5μL，分别加到含 EB 的 0.8%琼脂糖凝胶的各电泳孔中，在 80V 电压下电泳 30min，然后紫外线透射观察。若被检样品出现预期大小的 PCR 产物，则判断为阳性。

[血清学诊断]

(一) 血凝与血凝抑制试验

包括流感病毒在内的一些病毒能够使动物红细胞发生凝集的现象称为血凝，病毒特异性的抗体能够抑制血凝的发生即为血凝抑制。通过血凝试验可以初步确定分离的样品中含有具有血凝活性的病毒，而该病毒是否是流感病毒以及是流感病毒的哪种亚型，需要根据特异性抗体进行血凝抑制试验来鉴定。

1. 血凝试验

(1) 根据所用的红细胞种类选用适当的微量板（如用豚鼠或人 O 型红细胞时，应选用孔底呈 U 形的微量板，如用火鸡或鸡红细胞时，应用孔底呈 V 形的微量板）。将微量板横向放置：垂直方向称列，如孔 A1～H1 成为第一列；平行方向称行，如 A1～A12 称 A 行。

（2）除第一列各孔外（A1～H1），在微量血凝板的其余各孔中加 50μL PBS。

（3）用微量加样器在 A1 孔加入 100 μL 标准抗原作为阳性对照，B1～F1 孔各加 100 μL 待检病毒，H1 孔加 100μL PBS 作为阴性对照。

（4）用多道加样器从第一列各孔取 50 μL 病毒液，由第一列至第 12 列做倍比稀释，最后一列每孔弃去 50μL。

（5）每孔加入 50μL 红细胞悬液，轻弹微量板，使红细胞与病毒充分混合。

（6）室温孵育 30～60min，观察血凝现象并记录结果。血凝结果以＋＋＋＋，＋＋＋，＋＋，＋，－表示，以出现＋＋凝集的稀释度倒数作为判定血凝价的终点，即一个血凝单位。

附：血凝价判定标准

一层红细胞均匀铺在孔底者为＋＋＋＋；

基本同上，但边缘不整齐，有下垂趋向者为＋＋＋；

红细胞在孔底形成一个环状，四周有小凝集块者为＋＋；

红细胞在孔底形成一个小团，但边缘不光滑，四周有小凝集块者为＋；

红细胞在孔底形成一个小团，边缘光滑，整齐者为－。

2. 血凝抑制试验

（1）用受体破坏酶（receptor-destroying enzyme，RDE）处理标准血清去除非特异性凝集素。取 10μL 血清放在 EP 管加入 40μL RDE 液混合，37℃水浴过夜后 56℃水浴加热 30min，灭活 RDE。

（2）4 个血凝单位的病毒液的准备。1 个血凝单位指能引起等量的标准化红细胞 50％发生凝集的病毒量，进行血凝抑制试验时一般用 4 个血凝单位的病毒液。测定病毒原液的血凝价，根据测定病毒原液的血凝价乘以 4，即为 4 个血凝单位的稀释度。如，某病毒的血凝价为 2^8，则 4 个血凝单位的稀释度为 1∶2^6。

（3）加 PBS 或生理盐水 25μL 于 96 孔血凝板的第 B 行至 H 行的每一孔。

（4）加 1∶10 稀释的经受体破坏酶处理过的标准血清 50μL 于 A 行的每一孔。

（5）从 A 行各孔取 25μL 血清，倍比稀释至 H 行各孔，最后一孔弃去 25μL。

（6）将 25μL 被检病毒的 4 个血凝单位抗原加至各孔，混匀，室温静置 15～30min。

（7）每孔加 50μL 的红细胞（0.5％鸡红细胞）。

（8）室温静置 30～60min 后观察结果。

（9）以能完全抑制红细胞凝集的最小血清稀释度为终点，该孔稀释度即为 HI 效价。

（二）酶联免疫吸附试验

酶联免疫吸附试验是以免疫学反应为基础，将抗原、抗体的特异性反应与酶对底物的高效催化作用相结合的一种敏感性很高的试验技术。由于抗原、抗体的反应在一种固相载体——聚苯乙烯微量滴定板的孔中进行，每加入一种试剂孵育后，可通过洗涤除去多余的游离反应物，从而保证试验结果的特异性与稳定性。在实际应用中，通过不同的设计，具体的方法步骤可有多种。比较常用的是用于检测抗原的双抗体夹心法和用于检测抗体的间接法。

1. 双抗体夹心法（用于检测未知抗原，以检测 H5 亚型禽流感病毒为例）

（1）抗体的制备　分别制备针对 H5 亚型禽流感病毒的单抗和鸡源抗血清。

（2）包被　用包被液将单抗稀释至蛋白质含量为 0.5～20μg/mL，按 100uL/孔加入酶标板，4℃包被过夜。

（3）洗板　次日弃去孔内液体，在纸巾上轻轻拍打，以吸去残留液体，加入洗涤液（280～300μL/孔），洗涤 2～3 次，每次 3～5min。

（4）封闭　按 200～250μL/孔加入封闭液，室温 2～3d 或 37℃1～2d，也可 4℃封闭过夜，然后弃去孔内封闭液。

（5）样品处理　用洗涤液或样品稀释液将待检样品（含未知抗原）稀释至所需浓度。

（6）阴阳性对照　用洗涤液或样品稀释液将阴阳性对照稀释至所需浓度。

（7）加样　按排列顺序依次加入 50～100μL/孔稀释好的标准液、处理过的待检样品、阴性对照及阳性对照，室温或 37℃孵育 30～60min。

（8）洗板　同步骤（3）。

（9）加抗血清　将抗血清稀释后依次加入 100μL/孔，37℃孵育 30min。

（10）加酶标抗体　酶标抗体的稀释按产品说明书，按 50～100μL/孔加入新鲜配制的酶标抗体，室温或 37℃孵育 1h。

（11）洗板　同步骤（3）。

（12）加底物液显色　按 100～150μL/孔加入新配制的 TMB 底物溶液，室温避光反应 15～30min。

（13）终止反应　于各反应孔中加入 50μL 的终止液。

（14）结果判定　可于白色背景上，直接用裸眼观察结果，反应孔内颜色越深，阳性程度越强，阴性反应为无色或极浅，依据所呈颜色的深浅，以“+”、“-”号表示。也可在酶标仪上于 450nm（若以 ABTS 显色，则 410nm）处测 OD 值。检测时以空白对照孔调零后测各孔 OD 值，若样品孔中的 OD 值大于阴性对照孔的 2.1 倍，即为阳性。

2. 间接法（用于检测未知抗体，以检测 H5 亚型禽流感抗体为例）

（1）诊断抗原的制备　纯化的 H5 亚型禽流感病毒或者制备重组 H5 亚型禽流感病毒的 HA 蛋白并纯化。

（2）包被　用包被缓冲液将纯化抗原稀释至 0.5～20μg/mL，按 100μL/孔加入酶标板，4℃包被过夜，次日洗涤 2～3 次。

（3）洗板　次日弃去孔内液体，在纸巾上轻轻拍打，以吸去残留液体，加入洗涤液（280～300μL/孔），洗涤 2～3 次，每次 3～5min。

（4）封闭　按 200～250μL/孔加入封闭液，室温 2～3h 或 37℃1～2h，也可 4℃封闭过夜，然后弃去孔内封闭液。

（5）样品处理　用洗涤液或样品稀释液将待检样品稀释至所需浓度。

（6）阴阳性对照　用洗涤液或样品稀释液将阴阳性对照稀释至所需浓度。

（7）加样　按排列顺序依次加入 50～100μL/孔稀释好的标准液、处理过的待检样品（含未知抗体）、阴性对照及阳性对照，室温或 37℃孵育 30～60min。

（8）洗板　同步骤（3）。

（9）加酶标抗体　按50～100μL/孔加入新配制的酶标抗体（抗抗体），室温或37℃孵育1h；酶标抗体的稀释按产品说明书。

（10）洗板　同步骤（3）。

（11）加底物液显色　按100～150μL/孔加入新配制的TMB底物溶液，室温避光反应15～30min。

（12）终止反应　于各反应孔中加入50μL的终止液。

（13）结果判定　裸眼观察结果或用酶标仪测OD值，有色产物的生成量等于抗体量。

（三）胶体金试纸条

胶体金是一种常用的标记技术，是以胶体金作为示踪标志物应用于抗原抗体的一种新型的免疫标记技术。以检测H5亚型禽流感病毒抗原的胶体金试纸条为例，现将H5亚型禽流感特异性的抗体（多抗）以条带状固定在膜上，H5亚型禽流感单克隆抗体胶体金标记试剂吸附在结合垫上，当待检样本加到试纸条一端的样本垫上后，通过毛细作用向前移动，溶解结合垫上的胶体金标记试剂后相互反应，再移动至固定的抗体区域时，待检物与金标试剂的结合物又与之发生特异性结合而被截留，聚集在检测带上，可通过肉眼观察到显色结果。

1. 样品的处理

（1）鸡胚分离病毒尿囊液样本的处理方法　尿囊液样本于4℃，12 000r/min离心10min取上清液液待检。

（2）细胞培养病毒样本的处理方法　细胞培养液冻融一次后于4℃，3 000r/min离心5min取上清液待检。

（3）泄殖腔拭子检测样本的处理方法　将收集到粪便的棉拭子插入到含有样本处理液的样品管中，充分混合，使粪便样品溶解，于4℃，12 000r/min离心10min吸取上层液待检。

（4）内脏组织检测样本的处理方法　称取内脏组织块0.5g，置于匀浆器中，加无菌生理盐水1mL，研磨完全后取出组织浸出液，于4℃，12 000r/min离心10min，取上清液待检。

2. 检测　取适量待测样品（80～120μL）缓慢匀速滴加到样品孔中，当见到有红色液体开始在试纸条上向前移动时，放慢加样速度（注意不要使液体溢出加样孔），整个加样过程控制在2min左右。加样完成后将试纸条平放在桌面上，20min内观察并及时记录结果。

3. 结果判定（图13－1）

（1）阳性结果　在试纸条上出现两条红色的条带（检测带和质控带）。

（2）阴性结果　在试纸条上仅出现一条红色的条带（质控带）。

（3）无效结果　在质控带处不出现红色的条带。

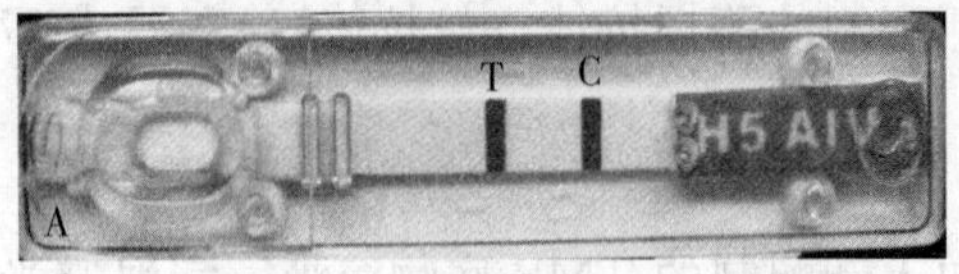

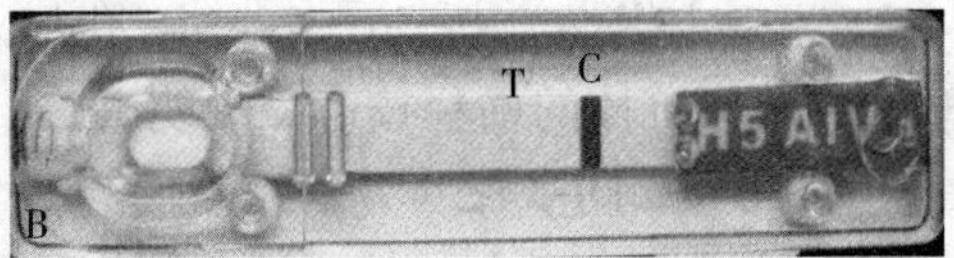

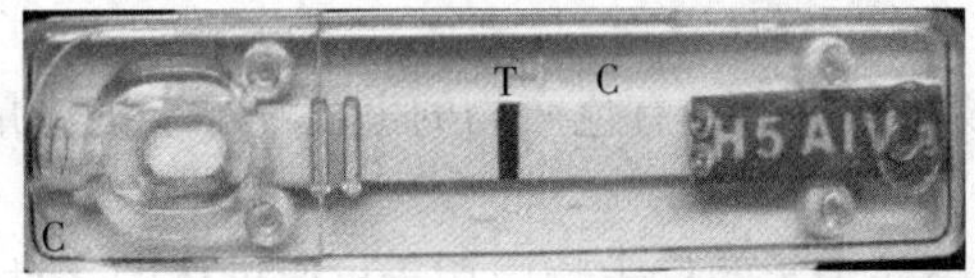

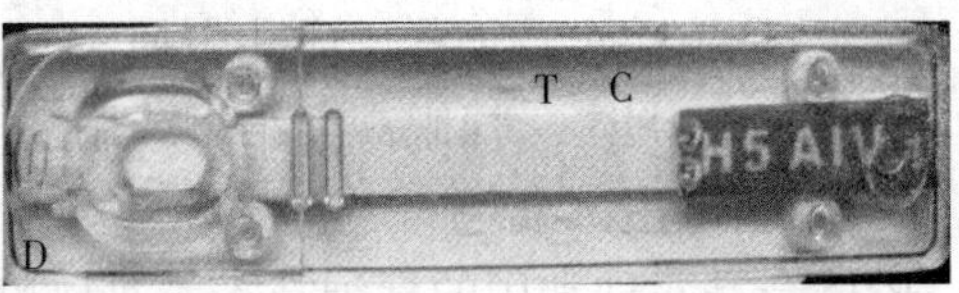

图 13-1 胶体金试纸条检测流感病毒抗原的结果判定

A. 阳性结果 B. 阴性结果 C、D. 无效结果

（徐晓娟）

三、狂犬病

狂犬病（Rabies）是由狂犬病病毒（Rabies virus）引起的一种急性人兽共患传染病。病毒主要侵害中枢神经系统，临床表现为狂躁不安、意识紊乱，最后发生麻痹而死。又名疯狗病，恐水症。一旦发病，死亡率100%。

狂犬病是现知的病死率最高的病毒性疾病。在从事狂犬病的试验和诊断时，需要在生物安全二级或更高级别的实验室进行。目前，狂犬病病毒的实验室诊断方法主要包括染色检查、病毒分离、血清学检验和分子生物学诊断等方法。其中，直接染色方法中荧光抗体试验是狂犬病最重要的诊断方法，狂犬病组织培养感染试验和小鼠接种试验是确诊的辅助方法，而病毒分离、中和试验、补体结合试验、间接荧光抗体试验、PCR技术、对流免疫电泳和Western印迹等新型诊断方法也应用于实验室诊断方法中。现将主要方法分述如下：

染色检查

(一) 直接染色法

该方法对犬脑的阳性检出率为70%左右，但应注意与犬瘟热病毒感染形成的包含体相区别。

1. 原理 狂犬病病毒在动物体内主要存在于中枢神经（海马角、大脑皮层、小脑等）细胞和唾液腺细胞内，并可在胞浆内形成特异的包含体——内基氏小体（图13-2）。因此，可以通过检测这种特异性包含体进行诊断。

2. 操作方法 剖检病犬切取海马回，大小约为1cm^{2}小块。将切去的组织置吸水纸上，切面向上，载玻片轻压切面，制成压印标本。室温自然干燥后，用塞莱（Seller）氏染色剂染色镜检，检查有无特异性包含体。阳性样品可见神经细胞的胞浆内有直径3～20μm，呈椭圆形，嗜酸性着色（鲜红色）的内基氏小体（Negri bodies）。检出内基氏小体，即可初步诊断为狂犬病。

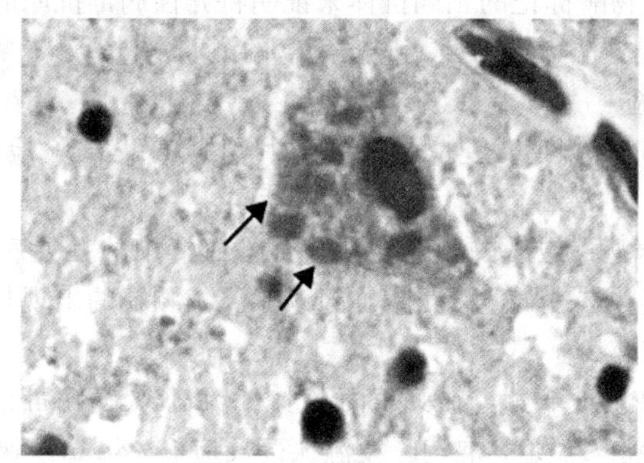

图 13-2　内基氏小体
（图片来源：Minoru Tobiume 等）

（二）荧光抗体检测（FAT）

该方法于 1958 年首次使用，并在 20 世纪 70 年代成为一种常规的狂犬病诊断方法，也是当今 WHO 专家委员会推荐的狂犬病诊断方法。该法具有简便，快速及准确的特点。

1. 原理　用异硫氰酸酯荧光素（FITC）标记的狂犬病毒特异性单克隆抗体可以与样品中的狂犬病病毒抗原结合，并在紫外光的激发下发出特异性荧光。因此，可以通过检测被检样品中是否有特异性荧光判定样品是否含有狂犬病病毒抗原。

2. 步骤　取可疑病脑组织或唾液腺制成触片或冰冻切片，并用丙酮进行固定。于已固定的标本上滴加经适当稀释的荧光抗体。置湿盒内，在 4℃孵育过夜或室温孵育 30min。经 PBS 充分洗涤后，用荧光显微镜进行观察。如果观察到特异性荧光即表明为狂犬病病毒阳性。

[病毒分离]

步骤：

取患病动物的脑或唾液腺等材料，用缓冲盐水或含 10%灭活豚鼠血清的生理盐水研磨成乳剂，脑内接种 5～7 日龄乳鼠，每只注射 0.03mL。接种后继续由母鼠同窝哺养，3～4h后如发现哺乳力减弱，痉挛，麻痹死亡，即可取其脑组织检查包含体，并制成抗原，作病毒鉴定。如经 7h 仍不发病，可杀死其中 2 只，取鼠脑作成悬液，如上传代。如第二代仍不发病，可再传代。连续盲传三代，观察 4 周而仍不发病者可判作阴性。也可应用 3 周龄以内的幼鼠，如上作脑内接种，每只 0.03mL。如有条件，可同时接种仓鼠肾原代细胞或仓鼠肾继代细胞如 BHK-21 细胞等。新分离的病毒可用电子显微镜直接观察，或者应用抗狂犬病特异免疫血清进行中和试验或血凝抑制试验加以鉴定。

[血清学检测]

（一）快速酶联免疫吸附实验（ELISA）检测狂犬病病毒抗原

1. 原理　先将抗狂犬病病毒核衣壳蛋白的特异性抗体 Ig G 包被酶标板，以捕获病毒抗原，而后加入过氧化物酶标记的相同抗体来证明特异性病毒抗原的存在。

2. 步骤 具体操作方法可以参照相应试剂盒的说明书进行。

（二）乳胶凝集试验

2003 年 Madhusudana 报道，建立了一种利用乳胶凝集试验检测狂犬病病毒抗体的方法。

1. 原理 用狂犬病病毒致敏的乳胶，在与被检血清中的狂犬病病毒抗体结合后，可以形成肉眼可见的凝集颗粒。因此，可以通过观察凝集颗粒的出现与否，判定被检血清中是否存在狂犬病病毒抗体。

2. 步骤 取一清洁的玻璃片，在其表面滴上 20μL 狂犬病病毒致敏的乳胶。然后再滴加 20μL 被检血清，并将二者充分混匀。室温振荡反应 3～5min，观察是否出现肉眼可见的凝集颗粒。试验过程中应设置标准阳性血清对照、阴性血清对照。

［分子生物学检测方法］

RT - PCR 方法

原理：利用狂犬病病毒特异性引物，套式聚合酶链式反应，扩增病毒基因片段，并结合扩增产物的电泳结果判定被检样品中是否含有狂犬病病毒核酸。

（一）样品的处理

取被检动物唾液、脑脊液、皮肤、脑组织标本，或感染病毒后的细胞培养物、鼠脑等组织，放入灭菌的匀浆器或匀浆机内，加入 PBS 匀浆，静置。将匀浆样品液反复冻融 3 次，取出后室温解冻，4℃ 1 000r/min 离心 10min，取上清液，用于 RNA 提取。

（二）RNA 的提取

（1）取处理好的上清 100μL，加 Trizol 试剂 1mL，充分混匀，室温静置 10min。

（2）加入三氯甲烷 200μL，混匀，室温静置 10min

（3）4℃，12 000r/min 离心，15min。

（4）取 500μL 上清于另一离心管，加入 500μL 异丙醇，混匀，室温静置。

（5）4℃，12 000r/min 离心，15min。

（6）弃上清，加 75%乙醇洗涤，7 500r/min 离心，5min。

（7）弃上清，风干，加入 20μL 0.1%DEPC 水溶解，－20℃储存备用。

（三）引物的设计

以特异性扩增核蛋白（N）基因最保守区域为目的片段，设计一对引物：

p1：5′- TTTGAGACTGCTCCTTTTG - 3′；

p2：5′- CCCATATAGCATCCTAC - 3。

扩增片段为 442 bp。

（四）提取的 RNA 逆转录成 cDNA

利用逆转录试剂盒，按照相应体系及反应条件进行扩增。以 TOYOBO RT - PCR 试剂盒为例，体系及反应条件如下：

表 13－2　反应体系

试　剂	体积（μL）
5×RT Buffer	4.0
dNTP	2.0
Oligo（dT）	0.5
RNase Inhibitor	0.5
ReverTra Ace	1.0
RNA	12.0
总体积	20

反应条件：将上述各试剂混合好后于 30℃反应 10min，然后转入 42℃继续反应 30min，99℃ 5min，最后冰浴 5min 后即可作为 PCR 反应模板。

（五）PCR 反应

反应体系与反应条件如下（以 TaKaRa 公司 LA Taq 试剂盒为例）：

表 13－3　反应体系

试　剂	体积（μL）
10×PCR Buffer	5.0
dNTP（2.5mmol/L）	8.0
上游引物（20μmol/L）	1.0
下游引物（20μmol/L）	1.0
Taq 酶（5U/ μL）	0.5
cDNA 模板	2.5
无菌水	32.0
总体积	50.0

反应条件：将上述各试剂混合后，在 PCR 仪上设定反应程序：94℃ 5min；94℃ 1min，56℃ 30s，72℃ 1min（35 个循环）；72℃，延伸 10min，最后于 4℃保存 30min 后取出 PCR 产物进行电泳检测。

（六）PCR 产物的鉴定

反应结束后，用 1%琼脂糖凝胶电泳分析 RT－PCR 扩增产物。若扩增出了 442bp 的特异性条带，说明被检样品中存在狂犬病病毒的感染。

注意事项：为避免狂犬病病毒降解，采集的病料需快速处理，进行低温保存，尽量避免病毒在外界环境中的降解。另外，防止 RNA 酶的污染是成功进行 RT－PCR 扩增的关键之一，由于 RNA 酶无处不在，且耐高温，所以在病毒基因组 RNA 的提取和 RT－PCR 扩增过程中，必须防止 RNA 酶的污染。

（曹胜波）

四、轮状病毒感染

轮状病毒感染（rotavirus infection）主要引起婴幼儿及幼龄动物的急性腹泻，在世界各国普遍流行，严重危害人类及动物健康。目前，检测轮状病毒（Rotavirus，RV）抗原的方法主要有病原的分离鉴定、乳胶凝集试验、间接 ELISA、双抗夹心 ELISA、RT-PCR 和实时荧光定量 RT-PCR 等；检测 RV 抗体的方法主要有间接 ELISA 方法。

［病原学诊断］

（一）病料的采集与处理

用无菌棉签采集患病动物的新鲜粪便或肠道内容物，用生理盐水稀释 5～10 倍，涡旋搅拌均匀，3 000r/min 离心 10min 取上清液，将上清液用 0.45μm 滤膜过滤后作待检样品，并加入终浓度 5μg/mL 的胰酶，37℃下感作 30min 用于后续的细胞接种。

（二）病毒的分离

将已长成单层的 MA-104 细胞用 DMEM 基础培养液洗 2～3 次，接种上述处理好的样品，每瓶 0.5mL，37℃吸附 1h，弃去接种液，补加维持液 5mL，37℃培养，并逐日观察接种细胞变化，待出现明显细胞病变（cytopathic effect，CPE）时收获病变细胞悬液，若初次接种的细胞无病变，则于接种 3～4h 后收获接种细胞，冻融 2～3 次，连续盲传 3～5代，盲传 5 代不出现 CPE 者废弃。

（三）分离病毒的鉴定

收获病毒后进一步通过血清学方法或分子生物学方法进行鉴定。

［血清学诊断］

（一）乳胶凝集试验

1. 原理　根据抗原与抗体特异性结合的原理，应用抗轮状病毒的抗体致敏乳胶，与相应的轮状病毒抗原发生特异性结合，通过乳胶凝集反应而显示。若出现乳白色凝集即可判断样品为阳性，含有轮状病毒，若无凝集反应则样品为阴性。

2. 操作步骤和方法

（1）用无菌棉签采集患病动物的新鲜粪便，用生理盐水稀释 10～20 倍，涡旋搅拌均匀，3 000r/min 离心 10min 取上清作待检样品。

（2）取一干净载玻片，分别吸取一滴约 50μL 抗轮状病毒的抗体致敏的乳胶于载玻片的中间。

（3）吸取相同体积的待检样品与上述乳胶混匀，同时做阳性和阴性对照，2min 内观察所出现的凝集现象。

（4）结果判定。如果待检样品出现与阳性对照相同的乳白色凝集则为阳性反应，表明待检样品中含有轮状病毒抗原。如果待检样品与阴性对照一致，无凝集现象则为阴性反应，表明待检样品为阴性，不含轮状病毒。

（二）双抗夹心 ELISA

1. 原理　以抗 RV IgG（Ab1）包被酶标板，加入待检样品后，再加入纯化后的另一种属的抗 RV 抗体（Ab2），感作后加入抗 Ab2 的酶标抗体，显色判断结果。

2. 操作步骤和方法

（1）利用制备好并纯化后的抗 RV 抗体（Ab1）作为抗原包被酶标板，4℃过夜。

（2）用无菌棉签采集患病动物的新鲜粪便，用生理盐水稀释 10 倍，涡旋搅拌均匀，3 000r/min 离心 10min 取上清作待检样品备用。

（3）于包被好的酶标板中加入含 0.05% Tween－20 的 PBST 的洗涤液 200μL，洗涤 3 次，每次 3～5min 并拍打干净，再于每孔加入 100μL 含 1% BSA 的 PBST 封闭液，37℃封闭 30min 至 1h。

（4）加入洗涤液洗板 3 次，加入处理好的待检样品，同时设置阳性对照、阴性对照和空白孔。每孔 100μL，37℃孵育 1h。

（5）弃去反应液，每孔加入 200μL 洗涤液洗板 3 次，每次 3～5min 并拍打干净，再加入 1∶1 000 的另一种属的抗 RV 抗体（Ab2），每孔 100μL，37℃孵育 1h。

（6）加入洗涤液洗板 5 次，每次 3～5min 并拍打干净，再加入 1∶6 000 稀释的抗 Ab2 的酶标抗体，每孔 100μL，37℃孵育 30min，再洗涤 3 次。

（7）加入四甲基联苯胺（TMB）底物液，每孔 100μL，室温避光显色 10～15min，最后加入 2mol/L 硫酸终止液 50μL/孔终止反应。使用酶标仪，以空白孔调零，测定每孔的 OD_{450nm}值。

（8）结果判定。检测孔 OD 值（S）/阴性对照 OD 值≥2.1 者为阳性；＜2.1 者为阴性。

（三）间接 ELISA 检测轮状病毒抗体

1. 全病毒抗原间接 ELISA 方法

（1）*原理*　以 RV 全病毒粒子为抗原包被酶标板，加入待检样品感作后，加入酶标抗体，显色判断结果。

（2）*操作步骤与方法*

①将纯化的 RV 全病毒粒子稀释成 0.52μg/mL 包被酶标板，4℃过夜。

②弃去包被液，每孔加入 200μL 含 0.05% Tween－20 的 PBST 洗涤液洗涤 3 次，每次 3～5min 并拍打干净，再于每孔加入 100μL 含 1% BSA 的 PBST 封闭液，37℃封闭 1h。

③加入洗涤液洗板 3 次，加入 1 ∶ 150 倍稀释的待检血清，同时设置阳性对照、阴性对照和空白孔。每孔 100μL，37℃孵育 1h。

④弃去反应液，每孔加入 200μL 洗涤液洗板 3 次，每次 3～5min 并拍打干净，再加入用封闭液适当稀释的酶标抗体（1∶2 500 稀释），每孔 100μL，37℃孵育 1h，再洗涤 3 次。

⑤加入新鲜配制的邻苯二胺—双氧水（OPD－H_2O_2）底物液，每孔 100μL，室温避光显色 10～15min，最后加入 2mol/L H_2SO_4 终止液 50μL/孔，终止反应。使用酶标仪，以空白孔调零，测定每孔的 OD_{492nm}值，并判定结果，测定 OD 值≥0.2 时判为阳性，否则

判为阴性。

2. VP7 蛋白抗原间接 ELISA

（1）原理　以表达的 RV VP7 蛋白质抗原包被酶标板，加入待检样品感作后，加入酶标抗体，显色判断结果。

（2）操作步骤与方法

①将表达的 VP7 蛋白质抗原稀释成 4μg/mL 包被酶标板，每孔 100μL，4℃过夜。

②弃去包被液，每孔加入 200μL 含 0.05% Tween－20 的 PBST 洗涤液洗涤 3 次，每次 3～5min 并拍打干净，再于每孔加入 100μL 含 5%脱脂乳的 PBST 封闭液，37℃封闭 1h。

③弃去封闭液，每孔加入 200μL 洗涤液洗板 3 次，每次 3～5min 并拍打干净，再加入 1∶100 倍稀释的待检血清，同时设置阳性对照、阴性对照和空白孔。每孔 100μL，37℃孵育 1h。

④弃去反应液，洗涤液洗板 3 次，再加入用封闭液适当稀释的酶标抗体（1∶5 000 稀释），每孔 100μL，37℃孵育 1h，再洗涤 3 次。

⑤加入新鲜配制的四甲基联苯胺（TMB）底物液，每孔 100μL，室温避光显色 10～15min，最后加入 2mol/L H_2SO_4 终止液 50μL/孔，终止反应。使用酶标仪，以空白孔调零，测定每孔的 OD_{450nm} 值，并计算每份样品的 S/P 值［（样品 OD_{450nm} －阴性对照 OD_{450nm}）/（阳性对照 OD_{450nm} －阴性对照 OD_{450nm}）］并判定结果。当样品 S/P 值≥0.041 时判为阳性；当样品 S/P 值＜0.033 时判为阴性，样品 S/P 值介于 0.041～0.033 时判为可疑。

［分子生物学诊断方法］

（一）RT－PCR

1. 原理　提取待检样品的 RNA 模板，利用反转录酶合成 cDNA 后，在特异性针对 RV 的高度保守的 VP7 基因的引物（P1：5′－GTATGGTATTGAATATACCAC－3′；P2：5′－GATCCTGTTGGC CATCC－3′）和四种脱氧核苷酸及 DNA 聚合酶存在的条件下，特异性扩增目的基因片段，并判定结果。

2. 操作步骤与方法

（1）用无菌棉签采集患病动物的新鲜粪便，用生理盐水稀释 10 倍，涡旋搅拌均匀，3 000r/min 离心 10min 取上清液作待检样品备用。

（2）处理后的上清液利用 Trizol 法提取总 RNA，即：首先吸取 200μL 待检样品上清液加入 1mL Trizol，振荡混匀后，加入 0.2mL 氯仿，涡旋振荡 15s，冰浴 10min。

（3）4℃ 12 000r/min 离心 5min。吸取约 600μL 上层透明水相转移至新管中，加入等体积的异丙醇，混匀，室温放置 10min。

（4）室温 12 000r/min 离心 10min，弃上清液。

（5）加入 1mL 75%乙醇洗涤 RNA 沉淀。室温 7 500r/min 离心 5min，用枪头吸尽残存的乙醇。

（6）打开离心管管盖，室温风干，使残存的少量乙醇挥发殆尽。沉淀 RNA 加入 20～

50μL DEPC 水溶解。

（7）利用逆转录酶和 Oliga dT 引物合成 cDNA。

（8）利用特异性引物进行 PCR 扩增反应。PCR 反应体系为 25μL 体系，具体如下：10×PCR 缓冲液 2.5μL，2.5mmol/L dNTPs 0.5μL，上下游引物各 0.5μL，cDNA 3μL，Taq DNA 聚合酶 0.5U，最后补充双蒸水（ddH_2O）至 25μL。PCR 反应条件为：94℃预变性 5min 后进入循环，94℃变性 1min，55℃退火 1min，72℃延伸 1min，30 个循环后再在 72℃充分延伸 10min。

（9）琼脂糖凝胶电泳检测 PCR 产物。若样品能扩增出大小约 342bp 的目的条带，而阴性对照不能扩增出任何条带，则判定样品阳性。

（二）实时荧光定量 RT－PCR（Real-time RT－PCR）

Real-time RT-PCR 检测 RV 是近年来发展和建立的一种特异、敏感和快速的方法，其主要原理是利用特异性针对 RV 的高度保守 VP7 基因的引物（P1：5′－GTATTATCCAAACGAAGCCG－3′；P2：5′－GCACAGCCACTCATTTAGTATTAG－3′）和荧光染料 SYBR Green 同时存在的条件下，特异性扩增目的基因片段，并根据扩增的目的基因拷贝数的标准曲线和检测到的样品的荧光信号判定结果。

操作步骤与方法：

（1）用无菌棉签采集患病动物的新鲜粪便，用生理盐水稀释 10 倍，涡旋搅拌均匀，3 000r/min 离心 10min 取上清液作待检样品备用。

（2）处理后的上清液利用 Trizol 法提取总 RNA，沉淀 RNA 用 20～50μL 无 RNAase 水溶解。

（3）利用逆转录酶合成 cDNA。

（4）将合成的 cDNA 与特异性引物、荧光染料 SYBR Green 同时混匀后进行荧光定量 PCR 反应，同时设置相应基因的重组质粒作为阳性对照并建立标准曲线，另设置阴性样品和空白对照。扩增体系为：上、下游引物各 0.5μL（10 μmol/L），10×SYBR® Green Realtime PCR Master Mix 12.5μL（包括反应缓冲液、dNTPs、$MgCl_2$、SYBR Green Ⅰ、Taq 酶），双蒸水 11μL，cDNA 样品 0.5μL。每个样品做 3 个重复。反应扩增条件为：50℃ 2min，94°C 预变性 5min，紧接着 35 个循环，95°C 5s，51°C 30s，72°C 30s，72°C 收集信号并观察曲线。

（5）根据扩增目的基因拷贝数的标准曲线和检测到的样品的荧光信号判定结果。若样品为阳性，则扩增曲线较为平滑，呈现与标准阳性对照类似的 S 形曲线。

（江云波）

五、伪狂犬病

伪狂犬病（pseudorabies）又称奥捷士奇病（Aujeszky′s disease，AD），是由伪狂犬病病毒（Pseudorabies virus，PrV）引起的多种家畜和野生动物的一种急性传染病，猪是该病毒的自然宿主和贮存者。各种日龄的猪均可感染，妊娠猪感染后可导致流产、死胎、木乃伊胎；后备母猪和空怀母猪感染后可引起不育、不发情和屡配不孕；公猪感染后表现为睾丸肿胀、萎缩、失去种用能力；新生仔猪感染后可引起大量死亡，15 日龄内死亡率可高达 100%；育肥猪感染后表现为发热、呼吸道症状以及生长迟缓、影响增重、降低饲料报酬。该病自 1902 年发现以来，已在全球范围内流行，并给全球养猪业造成了巨大的经济损失，成为严重危害养猪业的重大传染病之一。

伪狂犬病实验室诊断方法分为病原学诊断和血清学诊断两大类。

[病原学诊断]

(一) 病毒的分离培养

病毒分离多采用死胎或活产仔猪的脑、扁桃体、肾、肺、心、肝、脾等组织器官，剪碎后加 5～10 倍生理盐水（或 PBS 或培养基）匀浆，反复冻融 3 次，2 000r/min 离心 10min，取上清经 0.45μm 滤膜过滤除菌后，适量接种已长至单层的 IBRS－2、PK－15 或 BHK－21 等细胞，37℃培养观察特征性细胞病变效应（CPE），无病变时可盲传 2 代。出现 CPE 后再用已知的特异性血清通过血清学试验进行鉴定或 PCR 扩增病毒的特异基因片段进行鉴定。

(二) PCR 检测病毒核酸

1. 病料的处理

（1）病料的采集，同病毒的分离培养。

（2）将病料组织剪碎，然后转入匀浆器中充分匀浆，用 TEN 缓冲液［Tris－Cl（pH7.5）6.055g，NaCl 5.844g，EDTA 3.722g，加水定容至 1 000mL］按 1∶5 进行稀释。

（3）收集悬液于离心管内，－20℃反复冻融 3 次。

（4）取出，5 000r/min 离心 5min。

（5）取 472.5μL 上清液于另一离心管中，加入 25μL 10%的 SDS（终浓度为 0.5%）和 2.5μL 20mg/mL 的蛋白酶 K（终浓度为 100μg/mL）混匀，50℃水浴过夜。

（6）用等体积（500μL）的苯酚∶异戊醇、苯酚∶氯仿∶异戊醇、氯仿∶异戊醇各抽提一次。

（7）吸取上清液加 2 倍体积的无水乙醇、0.1 倍体积的 3mol/L NaAc，于－20℃沉淀 30min，10 000r/min 离心 10min。

（8）沉淀用 70%乙醇洗一次，真空抽干，用 20μL ddH_2O 溶解。－20℃保存备用。

（9）DNA 模板用前水浴煮沸 5min，并迅速置冰浴上。

2. PCR 扩增 PrV 的 gD 基因

（1）引物　上游引物：5′－CACGGAGGACGAGCTGGGGCT－3′；下游引物：5′－GTCCACGCCCCGCTTGAAGCT－3′。

扩增大小为 217bp。

（2）PCR 反应体系　10×Buffer 5.0μL，$MgCl_2$（15mmol/L）5.0μL，dNTPs（2mmol/L）3.0μL，上游引物（2μmol/L）8.0μL，下游引物（2μmol/L）8.0μL，Taq

酶 0.3μL (1.5U)，DNA 模板 5.0μL，加水至 50μL。

PCR 反应条件：95℃变性 4min 进入循环，循环参数为 95℃ 1min，65℃ 1min，72℃ 1min，35 个循环后 72℃ 5min，4℃保存。

（3）观察结果　取 10～20μL PCR 产物于 0.8％琼脂糖凝胶电泳，凝胶成像系统观察结果。

［血清学诊断方法］

常用的伪狂犬病血清学诊断方法主要包括酶联免疫吸附试验（ELISA）、血清中和试验（SN）、乳胶凝集试验（LAT）和间接荧光抗体技术（IFA）等。

（一）酶联免疫吸附试验

检测 PrV 抗体的 ELISA 方法主要有间接 ELISA 和阻断 ELISA 两种。

1. 间接 ELISA　孵育后洗去未吸附的抗原，加入被检血清，反应后洗去未参与反应的物质，加入酶标抗抗体，最后加入酶的底物进行显色，根据颜色变化或 OD 值的大小来判定被检血清中是否存在特异性抗体。具体操作步骤可以按照相应商品化试剂盒说明书进行。

2. 阻断 ELISA　以表达的病毒蛋白作抗原包被 ELISA 板，孵育后洗去未吸附的抗原，随后加入被检血清，反应后洗去未参与反应的物质，加入抗包被抗原的酶标抗体，感作后再洗涤，加入酶底物进行显色，样品中含有的特异抗体越多，颜色出现越慢、越浅。具体操作步骤可以按照相应商品化试剂盒说明书进行。

（二）血清中和试验（固定病毒—稀释血清）

1. 原理　抗体与相应的病毒粒子特异性地结合，使病毒的感染性丧失。

2. 操作步骤

（1）病毒 $TCID_{50}$的测定。用细胞生长液将病毒作连续 10 倍稀释，从 10^{-8}～10^{-1}，接种 96 孔细胞培养板，每孔 100μL，每个稀释度作 8 个重复，然后每孔加入 IBRS－2 或 PK－15细胞悬液 100μL，同时设细胞对照（只加 1 000μL 生长液和 1 000μL 细胞悬液），细胞对照做 8～16 个重复，37℃ 5％ CO_2 培养箱培养，观察 5～7h，记录细胞病变的情况，按 Reed-Muench 两氏法计算 $TCID_{50}$。

（2）将测好 $TCID_{50}$的病毒液稀释成 200 $TCID_{50}$的病毒悬液。

（3）在 96 孔细胞培养板中将待测血清（预先 56℃灭活 30min）作连续倍比稀释（具体方法是在 96 孔板中先加入 50μL 生长液，再加 50μL 待检血清，混匀后，吸 50μL 至下一孔，如此下去。一直到 1∶256），每个稀释度作 4 孔。

（4）在上述各孔内加入 50μL 稀释好的病毒液，混匀。

（5）同时设待检血清毒性对照，阴、阳性血清对照，病毒对照和正常细胞对照，其中病毒对照要作 200 个 $TCID_{50}$、20 个 $TCID_{50}$、2 个 $TCID_{50}$、0.2 个 $TCID_{50}$ 4 个不同浓度的对照。

（6）将 96 孔细胞培养板放入 37℃ 5％ CO_2 培养箱中作用 45～60min。

（7）感作完成后每孔加入 100μL 细胞悬液，继续置 37℃ 5％CO_2 培养箱培养，逐日观察并记录结果，一般要观察 5～6d。

（8）结果计算，按 Reed-Muench 两氏法进行。

（三）乳胶凝集试验

原理：表面载有可溶性抗原的乳胶在电解质存在下遇到相应的特异性抗体时能凝集成团。

操作过程：在一洁净载玻片上滴一滴（约 20μL）PrV 抗原致敏乳胶，再在一旁滴加一滴待检血清或全血，用牙签迅速将二者混合，摇动载玻片 1～2min，在 3～5min 内观察结果。同时设标准阳性和阴性血清对照。

判定标准：

100%凝集，表示为“＋＋＋＋”，全部乳胶凝集，颗粒聚于液滴边缘，液体完全透明；

75%凝集，表示为“＋＋＋”，大部分乳胶凝集，颗粒明显，液体稍混浊；

50%凝集，表示为“＋＋”，约 50%乳胶凝集，但颗粒较细，液体较混浊；

25%凝集，表示为“＋”，有少许凝集，液体混浊；

0%凝集，表示为“－”，混合液完全不凝集，液滴呈原有的均匀乳状。

以出现“＋＋”以上凝集即 50%发生凝集者，判为阳性凝集，PrV 抗体阳性。

（四）间接荧光抗体技术

将 PK－15 细胞在 24 孔板中培养，待细胞长成单层，接种 PrV Ea 株，留一排不接毒的正常细胞作为空白对照，出现病变后用甲醇固定 5min，然后用 PBS 洗涤 3 次，加入 50 倍稀释的待检血清样品，同时以 PrV 标准阳性血清和标准阴性血清作对照。37℃温育 30min，PBS 洗 3 次，加入异硫氰酸荧光素（fluorescein isocyanate，FITC）标记的羊抗猪 IgG（按说明书作适当稀释），37℃温育 30min，PBS 洗涤 3 次，在荧光显微镜下观察。如空白和已知的阴、阳性对照孔的结果均成立时，记录血清的检测结果。

（五）PrV 的鉴别诊断（区分基因缺失疫苗免疫动物和野毒感染动物）

原理：由于基因缺失疫苗免疫动物不产生针对缺失基因所编码蛋白的抗体，而野毒感染动物则能产生相应的抗体，因此以缺失基因编码的蛋白为抗原建立诊断方法就可以将基因缺失疫苗免疫动物与野毒感染动物区分开。

目前在伪狂犬病根除计划中所用的基因缺失疫苗主要是 PrV gE 基因缺失的疫苗，鉴别诊断方法主要是以原核表达的 gE 蛋白包被 ELISA 板建立间接 ELISA 方法。

（方六荣）

六、日本乙型脑炎

日本乙型脑炎（Japanese encephalitis，JE）又称流行性乙型脑炎（简称乙脑），是由乙脑病毒引起的一种严重威胁人、畜健康的中枢神经系统急性传染病。该病具有明显的季节性和一定的地理分布区域，多发生于蚊虫较多的夏、秋季节，属于自然疫源性疾病。

由于乙脑病毒比较难分离，所以临床诊断、血清学诊断和病理变化的诊断常作为诊断乙脑的常用方法。通过临床症状诊断和流行病学可以对该病做出初步诊断，而确诊必须依赖于实验室诊断方法，包括病原学诊断和血清学诊断。目前较为常用的实验室诊断方法介绍如下：

[病原学检测方法]

病原学方法可以直接检测被检样品中是否含有乙型脑炎病毒。该方法主要选取流产胎儿脑组织、胎盘等作为检测样品。

(一) 病毒分离鉴定

1. 采集流产胎儿的脑组织和脊髓样品，用缓冲盐水（含 2%小牛血清或 0.75%牛血清白蛋白、100μg/mL 链霉素和 100U/mL 青霉素，pH 7.4）制成 10%悬液（用于配置缓冲盐水的小牛血清应不含乙脑病毒抗体）。

2. 上述悬液以 1 500 *g* 离心 15min，取上清液，按照 0.02mL/只的剂量，经脑内接种 2～4 日龄昆明鼠乳鼠，观察 14h。

3. 采集濒死鼠或死亡鼠的脑组织，于－80℃保存，以作进一步传代。

4. 取第二代感染鼠脑接种于原代鸡胚或仓鼠肾细胞（BHK－21）以及白纹伊蚊（*Aedes albopictus*）C6/36 克隆细胞系，进行病毒扩增。

5. 将扩增的病毒经过蔗糖梯度离心后，进行负染、电镜观察，从形态学上对分离病毒进行鉴定。也可以利用针对乙脑病毒特异性抗体，通过间接免疫荧光方法，对接种了感染鼠脑的细胞进行染色，以判断是否为乙脑病毒。

(二) 间接免疫荧光方法

1. 将 BHK－21 细胞培养于 24 孔培养板，待细胞长成单层后，弃掉旧培养基，用无菌 PBS 洗细胞 3 次。

2. 每孔加入 20μL 处理好的被检脑组织样品，再加入无血清培养基 180μL，同时设不接毒的正常细胞对照、接种标准乙脑病毒的阳性对照，37℃温育 60min。

3. 吸弃孵育液，用 PBS 洗细胞一次，加入含有 5%牛血清的细胞培养基，37℃继续培养 72h。

4. 弃掉培养基，用 100%甲醇固定 5min，然后用 PBS 洗涤 3 次，加入一抗（鼠抗乙脑病毒单克隆抗体）。37℃温育 30min，PBS 洗 3 次，加入用 PBS 稀释的异硫氰酸荧光素（FITC）标记的羊抗鼠 IgG（1∶400），37℃温育 30min，PBS 洗 3 次，在荧光显微镜下观察。如正常细胞对照组无特异性绿色荧光，阳性对照组有特异性荧光（图 13－3），则试验成立，然后根据试验孔细胞是否有特异性绿色荧光判定被检样品中是否有乙脑病毒。

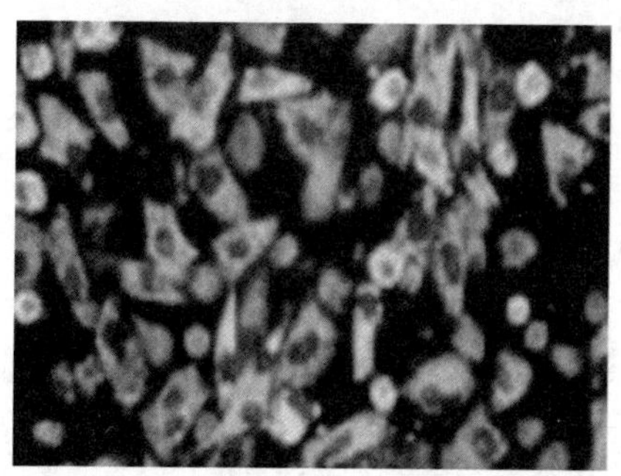

图 13－3　感染乙脑病毒的 BHK－21 细胞荧光

（李么明提供）

（三）RT－PCR 方法

目前已有多种 PCR 方法可用来检测乙脑病毒的感染，如 RT－PCR、套式 PCR、荧光定量 PCR 等，其中设计出合适的引物是各种 PCR 方法成功的关键，现如今已有多种软件可以用来设计满足不同需求的合适引物。E 蛋白是乙脑病毒主要的囊膜蛋白，也是病毒颗粒表面最重要的成分，它参与病毒粒子的吸附、穿入、致病和诱导宿主的免疫应答，所以往往是根据 E 蛋白编码基因的主要保守序列来设计引物进行 PCR 扩增，这里主要介绍一步法 RT－PCR 的具体操作过程：

1. 样品的处理　无菌条件下取被检动物的脑组织或脊髓液，放入灭菌的匀浆器或匀浆机内，加入 PBS 匀浆，静置。将匀浆样品液反复冻融 3 次，取出后室温解冻，4℃ 1 000r/min 离心 10min，取上清液，用于 RNA 提取。

2. RNA 的提取

（1）取处理好的上清液 100μL，加 Trizol 试剂 1mL，充分混匀，室温静置 10min。

（2）加入三氯甲烷 200μL，混匀，室温静置 10min。

（3）4℃，12 000r/min 离心，15min。

（4）取 500μL 上清于另一离心管，加入 500μL 异丙醇，混匀，室温静置。

（5）4℃，12 000r/min 离心，15min。

（6）弃上清液，加 75％乙醇洗涤，7 500 r/min 离心，5min。

（7）弃上清液，风干，加入 20μL 0.1％DEPC 水溶解，－20℃储存备用。

3. 引物的设计　参照已知乙脑病毒基因组序列，一般选取该病毒 E 基因其中一段作为靶序列进行引物设计，设计、合成一对特异性引物，以下引物序列仅供参考：扩增对象为 E 基因第 231～593bp 片段，扩增片段长度为 363bp。

P1 ：5′－TGGAGAAGCCCACAACGA－3′；

P2 ：5′－GTGTTCAGTCCACTCCTTG－3′。

4. 提取的 RNA 逆转录成 cDNA　利用逆转录试剂盒，按照相应体系及反应条件进行扩增。以 TOYOBO RT－PCR 试剂盒为例，体系及反应条件如表 13－4。

表 13－4　反应体系

试剂	体积（μL）
5×RT Buffer	4.0
dNTP	2.0
Oligo（dT）	0.5
RNase Inhibitor	0.5
ReverTra Ace	1.0
RNA	12.0
总体积	20

反应条件：将上述各试剂混合好后于 30℃反应 10min，然后转入 42℃继续反应 30min，99℃ 5min，最后冰浴 5min 后即可作为 PCR 反应模板。

5. PCR 反应　反应体系与反应条件如表 13－5（以 TaKaRa 公司 LA Taq 试剂盒为例）。

表 13－5　反应体系

试　剂	体积（μL）
10×PCR Buffer	5.0
dNTP（2.5mmol/L）	8.0
上游引物（20μmol/L）	1.0
下游引物（20μmol/L）	1.0
Taq 酶（5U/ μL）	0.5
cDNA 模板	2.5
无菌水	32.0
总体积	50.0

反应条件：将上述各试剂混合后，在 PCR 仪上设定反应程序：94℃ 5min；94℃ 1min，55℃ 30s，72℃ 1min（35 个循环）；72℃，延伸 10min，最后于 4℃保存 30min 后取出 PCR 产物进行电泳检测。

6. PCR 产物的鉴定　反应结束后，用 1％琼脂糖凝胶电泳分析 RT－PCR 扩增产物。若扩增出了 363bp 的特异性条带，说明被检样品中存在乙脑病毒的感染。

注意事项：由于乙脑病毒对热抵抗力弱，采集的病料需快速处理，进行低温保存，尽量避免病毒在外界环境中的降解。另外，防止 RNA 酶的污染是成功进行 RT－PCR 扩增的关键之一。由于 RNA 酶无处不在，且耐高温，因此，在病毒基因组 RNA 的提取和 RT－PCR 扩增过程中，必须防止 RNA 酶的污染。

[血清学诊断方法]

血清学实验可以有效地诊断动物群体中是否存在乙脑病毒的感染，也可以对免疫后的动物进行抗体监测。常用实验室方法介绍如下：

（一）病毒中和试验（蚀斑减数法）

动物感染乙脑病毒后，可以诱导机体产生针对乙脑病毒的特异性中和抗体，因此，可以根据被检动物血清中是否存在乙脑病毒中和抗体以判定是否感染乙脑病毒。OIE 所推荐的中和试验的具体程序如下：

1. 将被检血清 56℃水浴灭活 30min。

2. 在 24 孔板上用细胞培养液从 1∶10 开始，将被检血清进行倍比稀释。

3. 用细胞培养液将种毒（乳鼠脑中增殖的病毒）稀释为每 200μL 100 PFU（蚀斑形成单位，PFU）。每个稀释度的血清与等体积的稀释病毒混合（各 100μL，每孔总体积

200μL)。每板设稀释液对照、阴性血清对照和阳性血清对照。

4. 37℃孵育 90min。

5. 将上述 200μL 病毒/血清混合物分别接种到 BHK－21 细胞长满单层的 24 孔板中(200μL/孔)。

6. 置 37℃孵育 90min。

7. 吸弃接种物，加入 1mL 覆盖液（Eagle′s 营养液，含 1.5%羧甲基纤维素、1%～5%胎牛血清）。置 5%CO_2 培养箱中，37℃孵育 4h。

8. 取出培养板，每孔中加入 1mL 固定液（含 2.5%重铬酸钾、5%冰醋酸和 5%福尔马林的溶液），室温下固定 30min。

9. 室温下，每空加入 200μL 0.1%结晶紫溶液，染色 30min。

10. 倒去染液，用自来水轻轻冲洗细胞。

11. 风干细胞，计数蚀斑数。

12. 计算蚀斑数比无血清对照孔减少 50%或以上的血清稀释度。以蚀斑数比无血清对照孔减少 50%的最高稀释倍数为被检血清的中和抗体效价。

(二) 血凝血抑试验

血凝血抑试验是广泛应用于诊断日本脑炎的一种试验，但与其他黄病毒有交叉反应。因此，在进行本试验时，血清必须先用丙酮或高岭土处理，然后用同型红细胞吸附，以便除去非特异性红细胞凝集素。选用的鹅或 1 日龄雏鸡红细胞应在 pH6.6～7.0 条件下使用。在实验中选用的抗原为 8 单位的标准抗原。以下为 OIE 推荐的标准操作方法。

1. 血凝试验（HA）

(1) 病毒抗原制备

①用蔗糖—丙酮法从感染的乳鼠脑组织中抽提抗原：

A. 加 4 体积 8.5%蔗糖溶液匀浆感染的乳鼠脑组织。

B. 向匀浆内逐滴加入匀浆量 20 倍体积的冷丙酮。

C. 500*g* 离心 5min 后，弃上清液。

D. 沉淀物用与上述相同量的冷丙酮悬浮，冰浴 1h。

E. 500*g* 离心 5min 后，弃上清液。

F. 将沉淀物（稍带点丙酮）集中到一支试管内。

G. 500g 离心 5min 后，弃上清液。

H. 分散沉淀物于试管内壁，真空干燥 1～2h。

I. 用生理盐水溶解干燥的沉淀物，至匀浆原量的 0.4 倍。

J. 4℃下 8 000*g* 离心 1h，取上清液备用。

②从感染细胞中提取病毒抗原：

A. 收获经乙脑病毒感染的细胞悬液。

B. －20℃，冻融一次后，1 000 *g* 离心 15min，取上清液备用。

(2) 鹅红细胞的制备

①溶液：枸橼酸·葡萄糖溶液（ACD）：枸橼酸钠（$Na_3C_6H_5O_7 \cdot 2H_2O$）11.26g，枸橼酸（$H_3C_6H_5O_7 \cdot H_2O$）4.0g，右旋葡萄糖（$C_6H_{12}O_6$）11.0g，蒸馏水加至 500mL，

高压灭菌 10min 后备用。

葡萄糖明胶巴比妥溶液（DGV）：巴比妥 0.58g，明胶 0.60g，巴比妥钠 0.38g，氯化钙（$CaCl_2$）0.02g（如是 $CaCl_2 \cdot 2H_2O$ 则 0.026g），$MgSO_4 \cdot 7H_2O$ 0.12g，NaCl 8.50g，右旋葡萄糖 10.0g，蒸馏水加至 1 000mL，高压灭菌 10min 后备用。

②采血：1.5mL ACD 加 8.5mL 血液（即 0.5mL ACD 加 2.8mL 血液）。

③洗血（无菌操作）：

A. 1 体积上述血液加 2.5 体积 DGV，500*g* 离心 15min，弃上清液。

B. 用 3 倍于上述血液量的 DGV 重新悬浮沉淀的红细胞。

C. 500*g* 离心 15min，弃上清液。重复第 2、3 步 2 次（即重复洗涤 4 次）。

D. 将红细胞悬液移入玻璃瓶内。

④校正红细胞浓度：

A. 取 0.2mL 红细胞悬液加 7.8mL 0.9%生理盐水（即 1∶40 稀释）。

B. 移取部分稀释的红细胞悬液至测定管内，用分光光度计读取光密度值（OD_{490}）。

C. 调节红细胞母液，使其 1：40 稀释的 OD_{490} 光密度值至 0.450，即成红细胞母液（最终容量＝最初容量×$\frac{\text{吸收值 } OD_{490}}{0.450}$）。

D. 该红细胞母液置冷藏室内保存，可用 3 周。

E. 使用前，将母液轻轻摇匀，再用 VAD（见下文）作 1∶24 稀释。

(3) 抗原稀释

①母液（4℃保存）：

1.5mol/L 氯化钠溶液：NaCl 87.7g，加蒸馏水溶解，至总量 1 000mL。

0.5mol/L 硼酸溶液：H_3BO_3 30.92g，加蒸馏水并加温溶解，冷却后调整总量至 700mL。

1mol/L 氢氧化钠溶液：NaOH 40.0g，加蒸馏水溶解，至总量 1 000mL。

pH9.0 硼酸氯化钠溶液：1.5mol/L 氯化钠溶液 80mL，0.5mol/L 硼酸溶液 100mL，1mol/L 氢氧化钠溶液 24mL，加蒸馏水至总量 1 000mL。

4%牛血清白蛋白溶液：牛血清白蛋白 4g，pH9.0 硼酸氯化钠溶液 90mL，用 1mol/L 氢氧化钠溶液和 pH9.0 硼酸氯化钠溶液校正 pH 至 9.0，最终容量为 100mL。

②抗原稀释液：0.4%牛血清白蛋白硼酸氯化钠溶液（BABS）：4%牛血清白蛋白溶液 10mL，加 pH9.0 硼酸氯化钠溶液 90mL 即成。

在 U 型微量滴定板上用 BABS 将抗原作连续 2 倍稀释。

(4) 添加鹅红细胞

①母液：

1.5mol/L NaCl。

0.5mol/L 磷酸氢二钠溶液：Na_2HPO_4 70.99g（如是 $Na_2HPO_4 \cdot 12H_2O$，则是 179.08g），加蒸馏水至 1 000mL。

1.0mol/L 磷酸二氢钠溶液：$NaH_2PO_4 \cdot H_2O$ 138.01g（如是 $Na_2PO_4 \cdot 2H_2O$，则为 156.01g），加蒸馏水至 1 000mL。

②工作液：见表 13－6。

表 13－6　病毒校正稀释液（VAD）

VAD (pH)	1.5mol/L NaCl (mL)	0.5mol/L 磷酸氢二钠溶液（mL）	1.0mol/L 磷酸二氢钠溶液（mL）	蒸馏水加至 (mL)
6.0	100	32	184	1 000
6.2	100	62	160	1 000
6.4	100	112	144	1 000
6.6	100	160	120	1 000
6.8	100	192	104	1 000
7.0	100	240	80	1 000

注：表左列 pH 不是上述溶液混合后的值，而是与等量 pH9.0 BABS 混合后的 pH。

（5）试验程序

①1 倍体积鹅红细胞母液加 23 倍量 VAD（1：24 稀释）。

②于微量滴定板上每孔加稀释的抗原 25μL，再加 25μL 稀释的红细胞液。

③37℃感作 1h 后判读结果：

＋＋完全凝集（红细胞呈薄膜状均匀地分散于孔底）；

＋部分凝集（红细胞呈环状沉于管底，略带薄膜状）；

±极少凝集（红细胞呈小纽扣状沉于管底，周边有一些散在的薄膜状红细胞）；

－凝集阴性（红细胞全部沉于管底中央呈纽扣状）。

终点为呈现＋＋或＋凝集强度的最高稀释度。

效价为终点稀释度的倒数。

2. 血凝抑制试验（HI）

（1）被检血清的准备

①采血和血清分离：

A. 将采集的血样置 37℃ 1h，再置 4℃过夜。

B. 2 000*g* 离心 1min，从血凝块中分离血清。

C. 置 56℃灭活 30min。

D. 立即使用，置于－20℃保存。

②2-巯基乙醇处理：

A. 取 2 支小试管，每管加入 50μL 血清。

B. 一试管内加 0.13mol/L 2-巯基乙醇 PBS 150μL，另一管内加 PBS 15μL。

C. 37℃感作 1h，然后置冰浴中冷却。

③丙酮抽提：

A. 上述两试管内，各加冷丙酮 2.5mL，塞紧橡皮塞，置冰浴中抽提 5min。

B. 1 500*g* 离心 5h 后，弃上清液。

C. 重复 A 和 B 一次。

D. 分散沉淀物于管壁，在室温下真空抽干 1h。

E. 于各管加 pH9.0 硼酸氯化钠溶液 0.5mL，塞紧橡皮塞，置 4℃溶解沉淀物过夜。至此，血清已作了 1∶10 稀释。

④高岭土抽提（替代丙酮抽提法）：

A. 经酸洗过的高岭土用 pH9.0 硼酸氯化钠溶液配制成 25%浓度（25%高岭土溶液）。

B. 1 份血清加 4 份 pH9.0 硼酸氯化钠溶液，再加 5 份 25%高岭土溶液。

C. 室温下抽提 5min，其间晃动几次。

D. 1 000 *g* 离心 30min 上清即是 1∶10 稀释的血清。

⑤鹅红细胞吸收：

A. 于处理过的各血清中加入 1/50 体积量的鹅红细胞泥。

B. 置冰浴中吸收 2min。

C. 800 *g* 离心 10min，取上清液即可用于 HI 试验（血清仍为 1∶10 稀释）。

（2）血凝抑制试验操作步骤

①抗原凝集效价初滴定。将抗原稀释至每 50μL 4～8 单位。

②在微量滴定板上将被检血清作连续 2 倍稀释。

③血清稀释完毕后，于每孔滴加 25μL 稀释的抗原，将剩余的抗原加到空孔中，一起置 4℃过夜。

④用 VAD 将红细胞母液作 1∶24 稀释，于加有 50μL 血清抗原混合物的各孔内各加 50μL 稀释的红细胞液。37℃感作 1h 后判读结果。

⑤被完全抑制的血清最高稀释倍数的倒数为该被检血清的 HI 效价。

注意事项：HI 试验使用的细胞为新鲜的鹅红细胞或鸽的红细胞，由于血凝素极易丧失活性，而且对于 pH 要求比较严格，所以操作比较困难，不易进行临床检测和血清学调查。

（三）酶联免疫吸附试验

酶联免疫吸附试验是兽医临床中常用的主要实验方法之一。该方法操作简单，敏感性高。目前，市场上已有用于乙脑病毒临床诊断的酶联免疫吸附试验试剂盒销售。根据检测目的，可以大致将该方法分为两种类型：其一，检测乙脑病毒抗体酶联免疫吸附试验；其二，检测乙脑病毒抗原的酶联免疫吸附试验。具体操作步骤可以按照相应商品化试剂盒的说明书进行。

（四）乳胶凝集试验

该方法用于检测乙脑病毒抗体。其原理是用聚苯乙烯乳胶将可溶性乙脑抗原吸附于载体颗粒表面，当相应抗体与抗原结合时，载体颗粒也被动凝集，出现肉眼可见的反应。该方法由华中农业大学于 2000 年首次建立，现已研制成功了相应试剂盒，由武汉科前动物生物制品有限责任公司生产销售。该方法具有特异性强、灵敏性高、微量、快速、稳定、简易的特点，尤其适用于乙脑血清学的临床快速检测。

七、大肠杆菌病

大肠杆菌病（clobacillosis）是由致病性大肠杆菌引起的畜禽和人类的表现形式不同

的多种疾病的总称，实验室诊断主要通过从病变组织中分离细菌进行血清分型或者进行PCR检测对疾病进行诊断。

［细菌分离鉴定］

（一）样品采集

从发病未死亡动物的病变组织采集样品，进行细菌分离。应避免从死亡动物的腐败组织进行细菌分离，肠道中非致病性大肠杆菌可以迅速从肠道扩散到组织中。

（二）细菌分离与形态观察

采集无污染的病变组织，接种于伊红美蓝琼脂和麦康凯琼脂上，若大多数菌落在伊红美蓝上出现黑色有金属光泽的菌落，在麦康凯琼脂上出现亮红色菌落可以初步确定为大肠杆菌。挑取单菌落革兰氏染色后镜检可见中等大小、两端略圆的革兰氏阴性杆菌，单个或聚集成团。

（三）生化鉴定

挑取单个的大肠杆菌菌落，纯培养后进行生化鉴定（表 13－7），大肠杆菌在麦康凯琼脂上培养形成桃红色菌落，在伊红美蓝琼脂上培养形成黑色菌落，并具有以下生化特性：过氧化氢酶试验阳性，氧化酶试验阴性。具体如表 13－7 所述。

表 13－7　大肠杆菌的生化鉴定结果

麦康凯琼脂	（＋）桃红色菌落
伊红美蓝琼脂	（＋）黑色菌落
运动性	（V）
过氧化氢酶	（＋）
氧化酶	（－）
明胶	（－）
硫化氢	（－）
吲哚	（＋）
甲基红	（＋）
V－P 试验	（－）
柠檬酸盐	（－）
尿酶	（－）
KCN 培养基	（－）
赖氨酸脱羧酶	（＋）
鸟氨酸脱羧酶	（V）
苯丙氨酸脱羧酶	（－）
葡萄糖	（＋）
乳糖	（＋）
甘露醇	（＋）

（续）

半乳糖醇	（V）
蔗糖	（V）
水杨苷	（V）
侧金盏糖醇	（－）
肌醇	（－）

注：（＋）生长或发生反应；（－）不生长或不发生反应；（V）不同分离菌株反应特性不同。

1. 过氧化氢酶试验　挑取固体培养基上菌落一接种环，置于洁净试管内，滴加3％过氧化氢（现配现用）溶液2mL，观察结果。于半分钟内发生气泡者为阳性，不发生气泡者为阴性。

2. 氧化酶试验　氧化酶（细胞色素氧化酶）是细胞色素呼吸酶系统的最终呼吸酶。具有氧化酶的细菌，首先使细胞色素C氧化，再由氧化型细胞色素C使对苯二胺氧化，生成有色的醌类化合物。

（1）*试剂*　1％盐酸四甲基对苯二胺或1％盐酸二甲基对苯二胺。

（2）*方法*　常用方法有3种。

菌落法：直接滴加试剂于被检菌落上。

滤纸法：取洁净滤纸一小块，蘸取菌少许，然后加试剂。

试剂纸片法：将滤纸片浸泡于试剂中制成试剂纸片，取菌涂于试剂纸上。

（3）*结果*　细菌在与试剂接触10s内呈深紫色，为阳性。为保证结果的准确性，分别以铜绿假单胞菌和大肠杆菌作为阳性和阴性对照。

（4）*应用*　主要用于肠杆菌科细菌与假单胞菌的鉴别，前者为阴性，后者为阳性。奈瑟菌属、莫拉菌属细菌也呈阳性反应。

[血清分型]

购买商品化的大肠杆菌O抗原和H抗原的标准血清，对分离鉴定的大肠杆菌通过玻片凝集进行血清分型。结合血清流行病学的结果，确定分离株是否为该大肠杆菌病的病原。方法是取已知抗体（诊断血清）滴加在载玻片上，直接从培养基上刮取待检菌混匀于诊断血清中，数分钟后，如出现细菌凝集成块或肉眼可见的颗粒，即为反应阳性。

[PCR检测]

大肠杆菌病的表现形式和疾病类型复杂多样，不同病原的毒力因子和分子特征各异，目前虽然有检测特定毒力因子的PCR检测方法，但难以对某种大肠杆菌病进行确诊，在临床诊断中需根据宿主和疾病类型有选择地使用。影响较大的仔猪腹泻源大肠杆菌的PCR快速检测方法如下。

1. 细菌DNA模板的制备　肉汤培养的细菌，取培养物500μL以10 000 r/min离心

15min，去除上清后重新悬浮于 100μL 灭菌超纯水中；固体培养基培养的细菌，挑取单个菌落悬浮于 100μL 灭菌超纯水中。采用热煮沸法分别制备各细菌的 DNA 模板。

2. 参考菌株 参考菌株大肠杆菌 C83912 株（ST1＋）、C83710 株（ST1＋）、C83600 株（ST2＋LT1＋）、C83946 株（ST2＋LT1＋）、107/86 株（Stx2e＋）等，均为扬州大学兽医微生物实验室保存。所有细菌均划线接种于 LB 琼脂平板，37℃培养 24h。

3. PCR 引物 根据 GenBank 中登录的 LT1、ST1、ST2 以及毒力岛 HPI 基因序列，在其保守区域设计相应的特异性引物（表 13－8），用于 PCR 鉴定 ETEC 和 HPI^+ 大肠杆菌。

表 13－8 引物序列与扩增片段大小

引物	序列（5′－3′）	扩增片段（bp）
ST1－F	GGGTTGGCAATTTTTATTTCTGTA	183
ST1－R	ATTACAACAAAGTTCACAGCAGTA	
ST2－F	ATGTAAATACCTACAACGGGTGAT	360
ST2－R	TATTTGGGCGCCAAAGCATGCTCC	
LT1－F	TAGAGACCGGTATTACAGAAATCTGA	282
LT1－R	TCATCCCGAATTCTGTTATATATGTC	
irp2－F	AAGGATTCGCTGTTACCGGAC	280
irp2－R	TCGTCGGGCAGCGTTTCTTCT	

4. PCR 检测 ETEC 大肠杆菌 分别取参考菌株的 DNA 模板 2μL，10×PCR Buffer（Mg^{2+} Free）5μL、$MgCl_2$（25 mmol/L）5μL、4×dNTPs（10 mmol/L）4μL、引物（将 ST1－F、ST1－R、ST2－F、ST2－R、LT1－F、LT1－R 混合，浓度均为 50μmol/L）1μL、TaqDNA 聚合酶（5U/μL）1μL，加 H_2O 至 50μL；PCR 循环参数为 94℃ 4min；94℃ 30s，60℃ 30s，72℃ 1min，共 30 个循环，72℃延伸 10min。以 1％琼脂糖凝胶电泳并观察 PCR 产物的大小。

5. PCR 检测 HPI^+ 大肠杆菌 取 10×PCR Buffer 5μL、$MgCl_2$（25 mmol/L）4μL、4×dNTPs（10 mmol/L）4μL、引物 irp2－F 与 irp2－R（均为 50μmol/L）各 1μL、Taq 酶（5U/μL）1μL、参考菌株的 DNA 模板 2μL；加 H_2O 至 50μL；PCR 循环参数同上。

6. 结果判定 将 PCR 产物进行琼脂糖凝胶电泳，ETEC 或 HPI^+ 检测为阳性可判定为仔猪感染腹泻性大肠杆菌。

（徐晓娟）

八、结核病

结核病（tuberculosis）是由结核分支杆菌复合群引起的慢性、消耗性人兽共患性传染病。结核分支杆菌复合群包括结核分支杆菌（*Mycobacterium tuberculosis*）、牛分支杆菌（*Mycobacterium bovis*）、非洲分枝杆菌、田鼠分支杆菌和卡介苗（BCG，减毒牛分支杆菌）等成员。动物结核主要由牛分支杆菌引起，临床症状常不明显，主要诊断方法包括病理学诊断、细菌学诊断、免疫学诊断和分子生物学诊断等。

［病理组织学诊断］

结核病具有增殖、渗出和变质三种基本病理变化。

（一）增殖性为主的病变

增殖性为主的病变是结核病的特异性病理变化，即结核结节（包括结核性肉芽）（图13-4）。单个的结核结节，只有在显微镜下才能看到，肉眼看不见。多数结核结节融合成粟粒大小，边界分明，灰白色，半透明，位于胸膜下者，略隆起于肺表面。典型的结核结节由类上皮细胞、郎罕氏巨细胞和浸润的淋巴细胞形成。结节形成的过程是巨噬细胞吞噬和杀死结核菌，使病变局限化以防止细菌播散的过程，因此，抗酸染色在结核结节中难找到结核杆菌。在增殖性病变中有两型巨细胞：①郎罕氏巨细胞，胞体大，直径可达300μm，圆形或椭圆形，胞浆丰富，细胞核十几个到数十个，呈栅栏状排列于细胞边缘部。②异物巨细胞，胞体较前者小，核小，排列不整齐。

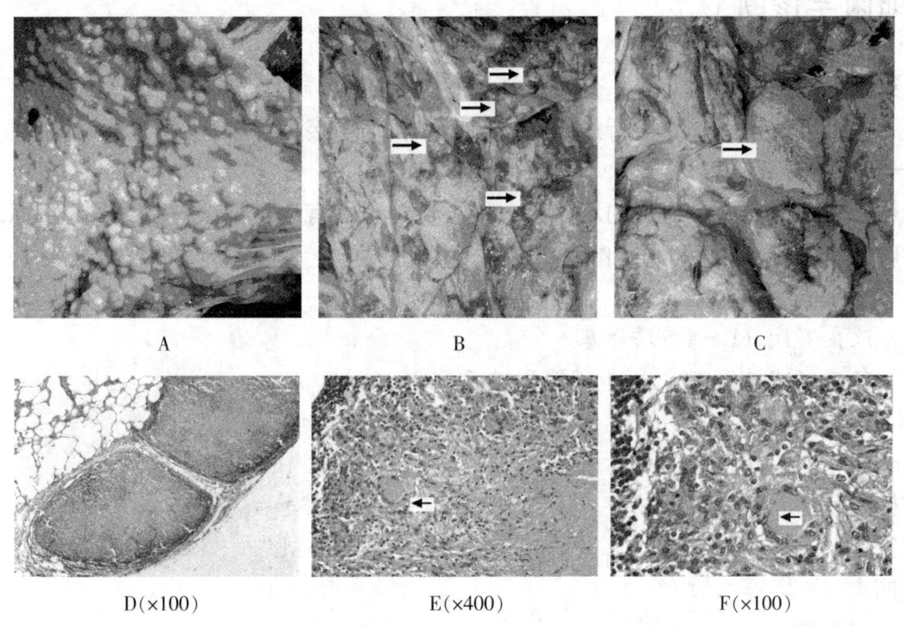

图13-4　结核结节的病理学观察

A. 腹膜上“珍珠”样结核结节　B. 肺部化脓性结核结节（箭头所示）　C. 结节的干酪样坏死（箭头所示）
D～F. 结核性肉芽肿经HE染色后在不同放大倍数下的显微镜检查。结核肉芽肿由纤维结缔组织包裹，病灶边缘有淋巴细胞、上皮样细胞和多核巨细胞（箭头所示），中间部分为坏死组织
（邓铨涛，郭爱珍，2008）

（二）以渗出性为主的病变

机体处于感染早期或急性期，可发生于肺、浆膜、滑膜和脑膜。由于血管通透性增

高，炎性细胞和蛋白质向血管外渗出，形成渗出性病变，表现为组织充血，浆液、中性粒细胞和淋巴细胞渗出，继之巨噬细胞出现，可见纤维蛋白渗出，并可见到大量淋巴细胞堆集成淋巴细胞结节，但这不是结核的特异性改变，在渗出性病变中可找到结核菌。当机体抵抗力强时，渗出性病变可被吸收，或转变成增殖性病变。但当机体抵抗力较弱时，渗出性病变则变为实质性病变。

（三）以变质为主的病变

结核性坏死，呈淡黄色，干燥，质硬呈均质状，形如干酪，又称为“干酪性坏死”。在坏死组织中，可仅见残留的原器官组织支架及无结构的颗粒状物。在质硬无液化的干酪坏死物中，结核杆菌由于缺氧和菌体崩解后释放出脂酸，脂酸可抑制结核菌的生长，因此很难找到菌体。干酪坏死物质在一定条件下还可液化，干酪液化后，坏死物质就沿支气管排出或播散到其他肺叶，造成支气管播散。原干酪灶则形成空洞，并有大量结核菌生长繁殖，成为结核病的传染源。

同一个病例的肺组织上常同时出现三种基本病变，但由于结核菌与机体状态的不同，病变的性质可以一种为主。

[细菌学诊断]

采集病牛的病灶、痰、尿、粪便、乳及其他分泌物样品，作抹片或集菌处理后抹片，用抗酸染色法染色镜检，并进行病原菌分离培养和动物接种等试验。

（一）细菌分离培养

结核分支杆菌需要在特殊的培养基上生长，常用的有改良罗氏培养基、酸性 L－J 培养基、碱性 L－J 培养基和丙酮酸钠培养基等。

1. 培养基配制方法

（1）改良罗氏（L－J）培养基

天门冬素（或纯度 95％以上谷氨酸钠 7.2g）	3.6g
KH_2PO_4	2.4g
$MgSO_4 \cdot 7H_2O$	0.24g
柠檬酸镁	0.6g
丙三醇	12mL
蒸馏水	600mL
马铃薯淀粉	30g
新鲜鸡卵液	1 000mL
2％孔雀绿水溶液	20mL

各盐类成分溶解后，加入马铃薯淀粉，混匀，沸水浴煮沸至淀粉成透明糊状，待冷却后加入经消毒纱布过滤的新鲜鸡卵液，混匀，再加入 2％孔雀绿水溶液，混匀，分装，每管 7mL，放置斜面于血清凝固器内 1～2 层为宜，斜面高度占试管 2/3，85℃凝固灭菌 50min。制成的培养基应斜面鲜艳，表面光滑，有一定的韧性和酸碱缓冲能力。制备好的培养基 37℃无菌试验 24h，检查培养基污染情况后置于 4℃避光保存，1 个月

内使用。

（2）酸性 L－J 培养基　将改良罗氏培养基中的 KH_2PO_4 增加为 14g，其他成分与制备方法同改良罗氏培养基。用于分支杆菌分离培养，标本用碱进行前处理时，选用本培养基。

（3）碱性 L－J 培养基　将 L－J 培养基中的 KH_2PO_4 2.4g 改为 3.6g，其他成分与制备方法同 L－J 培养基。用于分支杆菌分离培养，标本用酸处理时，选用本培养基。

（4）丙酮酸钠培养基

天门冬素（或纯度 95%以上谷氨酸钠 7.2g）	3.6g
KH_2PO_4	2.4g
$MgSO_4 \cdot 7H_2O$	0.24g
柠檬酸镁	0.6g
丙三醇	12mL
蒸馏水	600mL
马铃薯淀粉	30g
新鲜鸡卵液	1 000mL
2%孔雀绿水溶液	20mL

各盐类成分溶解后，用 4%NaOH 校正至 pH7.2 后，加入葡萄糖混匀。加入马铃薯淀粉，混匀，沸水浴煮沸至淀粉成透明糊状。以下步骤同 L－J 培养基。该培养基用于分离牛分支杆菌。

2. 样本前处理方法　样本在接种培养基前，必须进行前处理。处理方法与标本性质有关。

（1）硫酸消化法　用 4%～6%硫酸溶液将痰、尿、粪或病灶组织等按 1∶5 混合，然后置 37℃作用 1～2h，经 3 000～4 000r/min 离心 30min，弃上清，取沉淀物涂片镜检、培养和接种动物。也可用硫酸消化浓缩后，在沉淀物中加入 3%氢氧化钠中和，然后抹片镜检、培养和接种动物。

（2）氢氧化钠消化法　取氢氧化钠 35～40g，钾明矾 2g，溴麝香草酚蓝 20mg（预先用 60%酒精配制成 0.4%浓度，应用时按比例加入），蒸馏水 1 000mL 混合，即为氢氧化钠消化液。

将被检的痰、尿、粪便或病灶组织按 1∶5 的比例加入氢氧化钠消化液中，混匀后，37℃作用 2～3h，然后无菌滴加 5%～10%盐酸溶液进行中和，使标本的 pH 调到 6.8 左右（此时显淡黄绿色），以 3 000～4 000r/min 离心 15～20min，弃上清，取沉淀物涂片镜检、培养和接种动物。

在病料中加入等量的 4%氢氧化钠溶液，充分振摇 5～10min，然后用 3 000r/min 离心 15～20min，弃上清，加 1 滴酚红指示剂于沉淀物中，用 2mol/L 盐酸中和至淡红色，然后取沉淀物涂片镜检、培养和接种动物。

在痰液或小脓块中加入等量的 1%氢氧化钠溶液，充分振摇 15min，然后用 3 000r/min 离心 30min，取沉淀物涂片镜检、培养和接种动物。

对痰液的消化浓缩也可采用以下较温和的处理方法：取 1mol/L（或 4%）氢氧化钠

水溶液 50mL，0.1mol/L 柠檬酸钠 50mL，N-乙酰-L-半胱氨酸 0.5g，混合。取痰一份，加上述溶液 2 份，作用 24～48h，以 3 000r/min 离心 15min，取沉淀物涂片镜检、培养和接种动物。

（3）安替福民（Antiformin）沉淀浓缩法

溶液 A：碳酸钠 12g、漂白粉 8g、蒸馏水 80mL。

溶液 B：氢氧化钠 15g、蒸馏水 85mL。

应用时 A、B 两液等量混合，再用蒸馏水稀释成 15%～20%后使用，该溶液必须存放于棕色瓶内。

将被检样品置于试管中，加入 3～4 倍量的 15%～20%安替福民溶液，充分摇匀后 37℃作用 1h，加 1～2 倍量的灭菌蒸馏水，摇匀，3 000～4 000r/min 离心 20～30min，弃上清液，沉淀物加蒸馏水恢复原量后再离心一次，取沉淀物涂片镜检、培养和接种动物。

3. 接种和培养 取前处理的样本，无菌吸取 0.1mL，均匀接种在整个培养基斜面，每份标本接种 2 支培养基，接种后斜面向上于 37℃培养（图 13-5）。

4. 结果判定 接种后每周观察细菌生长情况，阳性生长者涂片验证并报告结果，培养至 8 周仍未生长者，报告分支杆菌阴性。

图 13-5 生长在 L-J 培养基上的结核分支杆菌

（二）染色鉴定

1. 抗酸染色

（1）染色剂配制

①石炭酸复红染色剂：碱性复红乙醇储存液（碱性复红 8g，溶于 95%乙醇 100mL 中）10mL，加 5%石炭酸水溶液至 100mL，混匀。

②盐酸乙醇脱色剂：浓盐酸 5mL 加 95%乙醇至 100mL，混匀。

③亚甲蓝复染剂：亚甲蓝储存液（亚甲蓝 0.3g 加 95%乙醇 50mL 待溶解后，加蒸馏水至 100mL）以蒸馏水 5 倍稀释，经充分振荡、混合均匀后，使用定性滤纸过滤。

（2）染色步骤

①涂片自然干燥后，火焰固定，平放于染色架上。

②滴加复红染色剂盖满玻片，微火加热至出现蒸汽后脱离火焰，保存染色 5min；染色期间保持染色液覆盖，必要时可续加染色剂，加温时勿使染色液沸腾。

③用流水自玻片背面上端轻洗，洗去染色液。

④滴加脱色剂，流过样本，至无可视红色为止。

⑤用流水自玻片背面上端轻洗，洗去脱色剂。

⑥滴加亚甲蓝复染剂，染色时间 30s。

⑦用流水自玻片背面上端轻洗，洗去复染液，干后镜检。

（3）镜检和报告　用双目光学显微镜（目镜 10×，油镜 100×）镜检，在淡蓝色背景下，抗酸杆菌呈红色，其他细菌和细胞呈蓝色（图 13-6）。判断标准如下：

抗酸杆菌阴性（－）：连续 300 个不同视野，未发现抗酸杆菌；

抗酸杆菌阳性（＋）：3～9 条/100 视野；

抗酸杆菌阳性（＋＋）：1～9 条/10 视野；

抗酸杆菌阳性（＋＋＋）：1～9 条/每视野；

抗酸杆菌阳性（＋＋＋＋）：≥10 条/每视野。

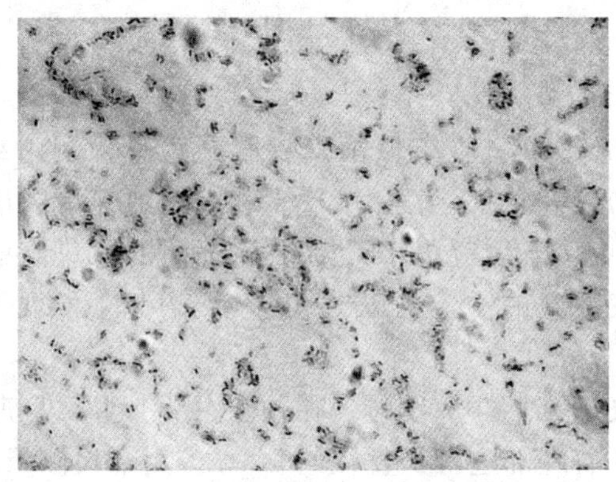

图 13-6　结核分支杆菌的抗酸染色

2. 荧光染色

（1）荧光染色试剂的配置

①金胺 O 染色液：1g 金胺 O 溶于 95%乙醇 100mL 内，加 5%石炭酸至 1 000mL，混匀。

②盐酸乙醇脱色液：35%浓盐酸 5mL，加 95%乙醇至 100mL，混匀。

③高锰酸钾复染液：0.5g 高锰酸钾加蒸馏水至 100mL，混匀。

（2）染色步骤　涂片自然干燥，经火焰固定后，平放于染色架上。加染色剂盖满玻片，染色 30min，水洗。加脱色剂盖满玻片，脱色 3min，至无黄色，水洗。加复染剂盖满玻片，复染 2min，水洗，干后镜检。

（3）镜检与报告　玻片在载玻台固定后，首先以目镜（10×）、物镜（20×）进行观察，发现疑似抗酸菌的杆状荧光颗粒时，用物镜（40×）确认菌体形态；在暗色背景下，抗酸杆菌呈黄绿色或橙色荧光（图 13-7）；荧光染色后涂片应在 24h 内检查，需隔夜时，置于 4℃保存，次日完成镜检。

按下列标准报告结果：

荧光染色抗酸杆菌阴性（－）：镜检 50 个视野内未发现抗酸杆菌；

荧光染色抗酸杆菌阳性：1～9 条/50 视野；

荧光染色抗酸杆菌（＋）：10～99 条/50 视野；

荧光染色抗酸杆菌（＋＋）：1～9 条/每视野；

荧光染色抗酸杆菌（＋＋＋）：10～99 条/每视野；

荧光染色抗酸杆菌（＋＋＋＋）：≥00 条/每视野。

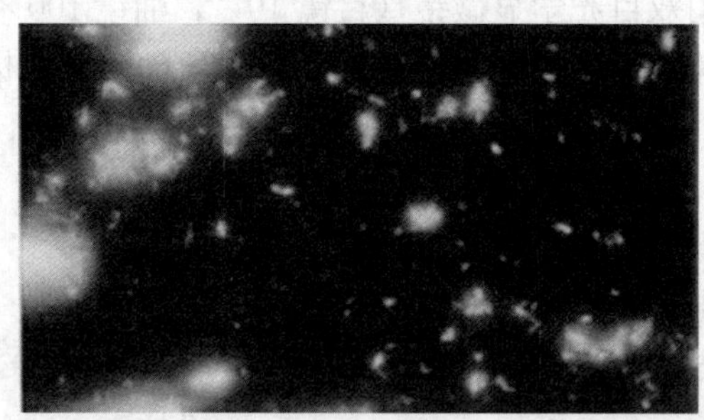

图 13-7　结核分支杆菌的荧光染色

3. 免疫学诊断

（1）牛结核菌素皮肤试验　牛结核菌素皮肤试验是检测由结核菌素引起的迟发性变态反应。结核菌素通常指旧结核菌素（OT）和结核菌纯蛋白衍生物（PPD），目前一般用 PPD。结核菌素皮内变态反应用于诊断结核杆菌的感染状态，牛结核菌素皮内变态反应是常用于牛结核检疫的法定方法，出生后 20d 的牛即可进行检测。操作方法如下：

①注射部位及术前处理：将牛只编号。在颈侧中部上 1/3 处剪毛（或提前一天剃毛），3 个月以内的犊牛也可在肩胛部进行，直径约 10cm。用卡尺测量术部中央皮皱厚度，做好记录。注意，术部应无明显的病变。

②注射剂量：不论大小牛只，一律皮内注射 0.1mL（含 2 000U）。即将牛型 PPD 稀释成每毫克 20 000U 后，皮内注射 0.1mL。冻干 PPD 稀释后当天用完。

③注射方法：先以 75%酒精消毒术部，然后皮内注射定量的牛型 PPD，注射后局部应出现小疱，如对注射有疑问时，应另选 15cm 以外的部位或对侧重作。

④注射次数和观察反应：皮内注射后经 72h 判定，仔细观察局部有无热痛、肿胀等炎性反应，并以卡尺测量皮皱厚度，作好详细记录。对疑似反应牛，应立即在另一侧以同一批 PPD 同一剂量进行第二次皮内注射，再经 72h 观察反应结果。

对阴性牛和疑似反应牛，于注射后 96h 和 120h 再分别观察一次，以防个别牛出现较晚的迟发型变态反应。

⑤结果判定标准：

阳性反应：局部有明显的炎性反应，皮厚差大于或等于 4.0mm。

疑似反应：局部炎性反应不明显，皮厚差大于或等于 2.0mm 和小于 4.0mm。

阴性反应：无炎性反应。皮厚差在 2.0mm 以下。

凡判定为疑似反应的牛只，于第一次检疫 60d 后进行复检，其结果仍为疑似反应时，经 60d 再复检，如仍为疑似反应，应判为阳性。

(2) 牛结核菌素比较皮内变态反应　操作方法与牛型 PPD 皮内变态反应试验相同，不同之处在于：在颈侧中部相距 12～15cm 的两个部位剪毛，分别量皮皱厚，同时注牛型 PPD 和禽型 PPD。禽型 PPD 的剂量为每头 0.1mL，含 0.25 万 U，即将禽型结核分支杆菌 PPD 稀释成每毫升含 2.5 万 U 后，皮内注射 0.1mL。

结果以两种 PPD 产生的皮肤增厚差进行比较，判定标准如下：

①对牛型 PPD 的反应为阳性（局部有明显的炎性反应，皮厚差大于或等于 4.0mm），并且对牛型 PPD 的反应大于对禽型 PPD 的反应，二者皮厚差在 2.0mm 以上，判为牛型结核分支杆菌 PPD 皮内变态反应试验阳性。

对已经定性为牛分支杆菌感染的牛群。其中即使少数牛的皮差在 2.0mm 以下，甚至对牛型 PPD 的反应略小于对禽型 PPD 的反应（反应差小于或等于 2.0mm），只要对牛型 PPD 的反应在 2.0mm 以上，也应判定为牛型 PPD 皮内变态反应阳性牛。

②对禽型 PPD 的反应大于对牛型 PPD 的反应，两者的皮差在 2.0mm 以上，判为禽型 PPD 皮内变态反应阳性。

对已经定性为副结核分支杆菌或禽型结核分支杆菌感染的牛群。其中即使少数牛的皮差在 2.0mm 以下，甚至对禽型 PPD 的反应略小于对牛型 PPD 的反应（不超过 2.0mm），只要对禽型 PPD 的反应在 2.0mm 以上，也应判为禽型 PPD 皮内变态反应阳性牛。

(3) γ-干扰素体外释放检测法　该方法在国际市场上已有商品试剂盒供应，如澳大利亚生产的 Bovigam™。国内也有单位研制成功。该方法在澳大利亚、美国等发达国家的牛结核病根除计划中发挥了重要作用。其基本原理是用结核菌素或结核杆菌特异性蛋白刺激外周血淋巴细胞释放 γ-干扰素（IFN-γ），通过检测 γ-干扰素浓度确定牛分支杆菌的感染状态，操作步骤分刺激与检测两阶段，具体见试剂盒说明。以下是 Bovigam™ 试剂盒的操作步骤：

①采血：采集待测牛血液（至少 5mL）放入肝素抗凝管中，轻轻颠倒数次使肝素溶解并与血液混合。室温（7～17℃，避免温度过高或过低）下并在采血后 30h 内运送到实验室进行培养。在任何情况下都不应该将血液贮存在冰箱中。

②血液的分装：分装前轻轻颠倒试管，充分混匀血液样品。由于本试验需要活的淋巴细胞，因此需要将细胞损伤降至最低。将抗凝血在无菌条件下加入 24 孔细胞培养板，每头动物 3 孔，每孔加入 1.5mL。

③加入刺激抗原：分别向加有血液的 3 个孔中无菌加入 100μL PBS（阴性抗原对照），禽型 PPD（PPD-A）或牛型 PPD（PPD-B）。将刺激物与血液充分混匀，最好微量高速震荡 1min。如果没有合适的仪器，将细胞培养板及其盖紧紧固定在一起，在光滑的表面上顺时针和逆时针各旋转 10 次，小心操作不要引起交叉污染，也不要让血液附在盖上。避免血液起泡。

④孵育：将细胞培养板在 37℃、5%CO_2 的湿温二氧化碳培养箱中孵育 16～24h。

⑤血浆样品的收获：用可调移液器小心吸取约 400μL 的上层血浆，转入独立的 1.5mL 离心管中用于 IFN-γ 检测。吸取血浆时应尽量避免吸入细胞，但污染极少量红细

胞不会影响 γ-干扰素 ELISA。血浆可在 2～8℃贮存 7h，在－20℃可贮存几个月。贮存前，每个贮存管必须用合适的盖子密封。在样品架上详细标记好相关的信息，检测前，样品必须恢复至室温并充分混匀。

⑥牛 IFN-γ 酶联免疫吸附试验（ELISA）：在进行试验前，应使待测样本和 96 孔 ELISA 板的温度达到室温，并溶解冻干试剂。

加入 50μL 绿色稀释液至检测孔中。

加入 50μL 待测样品和对照样品至含有 green diluent 的相应孔中，对照样品应最后加入。在微量振荡器上振荡 1min，彻底混匀。

封板，室温（17～27℃）孵育 55～65min。洗涤 6 次。第 6 次洗涤完毕后，将酶标板放在干净的滤纸上拍打几次，尽量除去残留的洗液。

每孔加入 100μL 新鲜配制的酶标结合物，充分振荡混匀。

封板，室温孵育 55～65min，按步骤 4 操作方法，洗涤 6 次。

每孔加入 100μL 新鲜配制的底物溶液，充分振荡混匀。

封板，室温避光孵育 30min，从加入底物开始计时。

每孔加入 50μL 终止液，轻轻摇动混匀。按照与加入底物的相同顺序，以相同速度加入终止液。

终止后 5min 内读出 OD_{450}，以 620～650nm 作为参照波长，然后用 OD 值计算结果。

⑦结果判定：

计算每个样品阳性抗原、禽 PPD 和牛 PPD 的平均 OD 值；

计算每头动物所有样品阴性抗原、禽 PPD 和牛 PPD 的平均 OD 值；

阳性＝牛型 PPD 孔的 OD 值－阴性抗原孔的 OD 值≥0.1 且牛型 PPD 孔的 OD 值－禽型 PPD 孔的 OD 值≥0.1　　（式 13-1）

阴性＝牛型 PPD 孔的 OD－阴性抗原孔的 OD 值＜0.1 或牛型 PPD 的 OD 值－禽型 PPD 值的 OD 值＜0.1　　（式 13-2）

在判断结果前必须检查对照样品的结果，确定阴性对照和阳性对照的平均 OD 值。可接受的平均 OD 值范围为：牛 γ-干扰素阴性对照＜0.13，各阴性对照重复孔的差值不能大于 0.04。牛 γ-干扰素阳性对照＞0.7，阳性对照重复孔 OD 值的变化不超过其平均 OD 值的 30%。以上两个条件如果有一项标准不符合，试验则无效，必须重新进行检测。

（4）牛结核抗体检测法（ELISA）　近十几年来，已尝试了多种抗原用于结核病的免疫学诊断，如 MPB70、MPB83、CFP10、ESAT6、Ag85、Ag60、38kD 抗原、Kp90、脂多糖、硫酸脑苷脂等。由于单种抗原检测的灵敏度低，一般使用多种抗原的混合物（鸡尾酒法）或多种蛋白的融合抗原作为诊断抗原，常见的检测方法有间接 ELISA（iELISA）。具体操作见试剂盒说明，以下是华中农业大学研制的，以 MPB70、MPB83、CFP10、ESAT6 四种融合蛋白作为诊断抗原的 iELISA 操作步骤：

用 pH9.6 的 0.05mol/L 碳酸盐缓冲液稀释抗原蛋白至包被浓度，按 100μL/孔包被酶标板，4℃包被过夜（12h）。

用 1×PBS 洗涤 3 次。

加入含0.5%脱脂乳的磷酸盐缓冲液（PBS，pH7.2），150μL/孔，37℃封闭1h。

用1×PBS洗涤3次。

加入用PBS稀释的待检血清（100μL/孔），37℃30min。

用1×PBS洗涤3次。

加入用PBS稀释好的羊抗牛IgG Fc（Rockland公司），100μL/孔，37℃30min。

用1×PBS洗涤3次。

加入底物A液（含H_2O_2的柠檬酸钠缓冲液）和底物B液（含3，5，3′，5′-邻苯二胺的乙醇溶液）各50μL/孔，室温避光显色10min。最后加入终止液（0.25%HF溶液）50μL/孔终止反应。底物A、B液和终止液均购自武汉科前责任有限公司。

10～15min内用酶联免疫检测仪测定波长630nm处的光密度值（OD_{630}）。计算样本的S/P值，根据阴阳界限值判断检测结果。S/P值计算公式如下：

S/P=［血清样本（S）OD_{630}－阴性对照（N）OD_{630}］/［阳性对照（P）OD_{630}－阴性对照（N）OD_{630}］

（5）牛结核抗体检测法（胶体金试纸条） 取50μL左右待检血清滴加在试纸条的样品孔中，15min内读取结果。

若待检血清中含有该抗原的抗体，血清将与抗原—胶体金复合物结合，形成抗体—抗原—胶体金复合物，遇到试纸条上检测线处预先包被的抗原蛋白时就会进一步形成抗体—抗原—胶体金复合物而被阻留，根据血清中抗体水平高低检测线会出现颜色深浅不同的酒红色条带。质控线处预先包被有抗IgG的二抗，可与抗原形成二抗—抗原—胶体金复合物，出现酒红色条带。因此，试纸条上出现两条带表示结果阳性；质控线出现条带，但检测线无条带时，判断为阴性；如果质控线上没有条带出现，则检测结果判为无效（图13-8）。

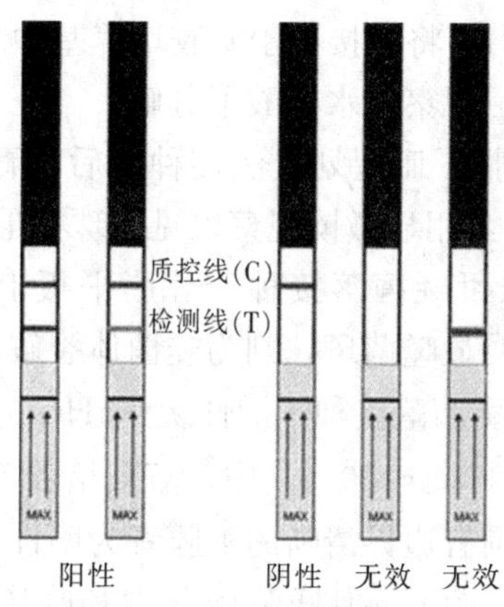

图13-8 试纸条结果判定示意图

九、炭疽

炭疽（anthrax）是由炭疽杆菌（*Bacillus anthracis*）所致的急性、热性人畜共患传染病。家畜以败血症、脾脏显著肿大、皮下和浆膜下结缔组织出现胶样浸润、血液凝固不良及局部炭疽痈为特征。炭疽杆菌在动物体内形成荚膜并具较强致病性，在体外不适宜的环境下易形成卵圆形的芽孢。按照《中华人民共和国动物防疫法》规定，对疑似炭疽病例，必须尽快通报当地兽医行政主管部门，由兽医行政主管部门负责组织诊断，在有资质的实验室进行，不允许私自解剖与诊断。炭疽病的诊断方法主要包括病原分离鉴定和免疫学两类。

[病原学诊断]

炭疽杆菌的病原学操作，应在生物安全二级实验室中进行。

（一）直接涂片镜检

取病畜濒死时或刚死亡动物的血液作涂片标本，猪炭疽要采取病变部淋巴结或渗出液涂片检查。涂片镜检发现有单个或短链排列的革兰氏阳性杆菌，姬姆萨染色时菌体呈红色，荚膜为深红紫色。

（二）分离培养

将无菌采取的疑似病例标本接种于血液琼脂平板、碳酸盐或普通琼脂平板上，置37℃培养18～24h。病人血液应先增菌培养，对污染杂菌较多的标本，可先经65℃经10h杀死无芽孢杂菌，然后接种于普通琼脂平板培养基上进行分离培养。炭疽杆菌接种于普通琼脂平皿中培养后菌落扁平粗糙、灰白色、干燥、边缘不整齐，在镜下观察可见菌落边缘呈卷发状和彗星状，在血平皿上菌落周围不溶血。

（三）鉴定方法

1. 生化鉴定 将增菌肉汤培养物进行生化实验，主要有如下项目：用半固体穿刺接种可疑菌培养24h后观察无动力；将菌接种于明胶培养基中培养后观察液化明胶；将菌接种于水杨酸培养基中培养24h后观察，水杨酸不分解。

2. 青霉素串珠试验 在琼脂平皿上划线法接种菌后将青霉素滤纸条（青霉素100U/mL）贴于平皿中培养3～6h后，用显微镜观察可见串珠样形态。

3. 噬菌体裂解试验 挑取可疑菌落接种于琼脂平板上，滴加炭疽诊断噬菌体，置37℃培养10～18h后观察，有明显噬菌斑，判为噬菌体裂解阳性。

4. 荚膜肿胀试验 挑取可疑菌落接种于活性炭 $NaHCO_3$ 琼脂平板上，放在 CO_2 培养袋或 CO_2 培养箱（CO_2 浓度为20%～40%）中，37℃培养5h，取少许培养物涂片做荚膜染色，镜下观察菌体，菌体周围有边界清晰的荚膜者为阳性。

5. 分子生物学鉴定 用于炭疽芽孢杆菌培养物和临床标本的直接检测，采用各种PCR方法，设计炭疽杆菌特异性引物进行特异性扩增，扩增后进行DNA序列分析。

（四）动物接种

取疑似动物的分泌物、组织液或所获得的纯培养物接种于小鼠或豚鼠等动物的皮下组织，如注射局部于24h内出现典型水肿，出血者为阳性反应，动物大多于36～48h内死亡，在动物内脏和血液中可检测到大量具有荚膜的炭疽杆菌。

（五）注意事项

对疑为因炭疽死亡的动物尸体，通常不做剖检，所需的血液与组织标本，均应以穿刺方式取得。标本的运输和贮藏均应按照相关规定严格执行。

［血清学诊断］

（一）Ascoli 氏沉淀试验

主要是通过检测炭疽杆菌菌体多糖抗原来鉴别诊断炭疽杆菌。用肝、脾、血液等组织制成的沉淀原或用腐败病料、皮张制成的浸出液与已知的炭疽沉淀素血清重叠于小玻璃试管内，若前者经 1～2min、后者经 15min 在两液接触面出现白色沉淀环即可确诊。

（二）炭疽杆菌荚膜荧光抗体染色

以病死畜的血液或脾脏涂片，固定后滴加异硫氰酸荧光素标记过的炭疽沉淀血清，置室温或 37℃染色 30min，倾去荧光抗体液，在 pH 为 8 的缓冲盐水中浸洗 10min，最后用蒸馏水轻轻冲洗，晾干。在荧光显微镜下检查，菌体周围有发光的荚膜，菌体较暗或不被染色者可判为阳性。

（三）酶联免疫吸附试验

此法用炭疽毒素的保护性抗原（protective antigen，PA）以 3～5μg/ mL，pH 9.5 碳酸盐缓冲液包被微量反应板，检测被检动物血清中针对保护性抗原的抗体滴度。

十、巴氏杆菌病

巴氏杆菌病（pasteurellosis）是主要由多杀性巴氏杆菌引起的，多种畜禽、野生动物及人类的一类传染病的总称，可以导致猪肺疫、牛羊出血性败血症和禽霍乱等危害严重的畜禽传染病，急性病例以败血症和炎性出血过程为主要特征。

［细菌学诊断］

（一）组织抹片镜检

无菌取发病动物的心血、肝脏、脾脏和肺脏等组织病料制作触片或涂抹成薄层，分别进行革兰氏染色和瑞氏染色、自然干燥后用油镜观察结果。巴氏杆菌为革兰氏阴性菌，瑞氏染色可观察到两极浓染现象。

（二）细菌分离培养

在无菌条件下用接种环取发病动物的心血分别接种到麦康凯平板和鲜血琼脂平板上，置 37℃恒温箱培养 18～24h。巴氏杆菌在麦康凯琼脂上不生长，而在鲜血琼脂平板上生长，24h 后可形成淡灰色、圆形、湿润、露珠样小菌落，菌落周围无溶血区，此时从典型菌落钩菌制成涂片，进行革兰氏染色和瑞氏染色，可观察到上述巴氏杆菌的细菌形态。

（三）细菌生化鉴定

在无菌操作台上用接种针取纯培养的细菌，接种于微量生化发酵管中，进行生化鉴定，48h 后观察结果。巴氏杆菌靛基质反应呈阳性，一般分解葡萄糖、蔗糖、果糖、半乳糖和甘露糖，产酸不产气，不能分解鼠李糖、戊醛糖、纤维二糖、棉子糖、菊糖、赤藓糖、乳糖、戊五醇、M-肌醇和水杨苷，不能液化明胶。

［PCR 诊断］

（一）PCR 引物

根据巴氏杆菌转录调节基因 *pm*0762 序列设计引物，上游引物 P1 序列为：5′-TTGTGCAGTTCCGCAAAATAA-3′；下游引物 P2 序列为：5′-TTCACCTGCAACAGCAAGAC-3′，其理论扩增长度为 567 bp。

（二）PCR 模板

用接种环挑取单菌落，悬浮于含 50μL 无菌水的 EP 管中，100℃水浴中煮沸 10min，然后迅速置于冰浴中冷却 5min，10 000r/min 离心 2min，上清即为 PCR 模板。

（三）PCR 反应体系

总体积 25μL，其中 10 × buffer 2.5μL，2.5mmol/L dNTPs 2.0μL，25mmol/L $MgCl_2$ 1.5μL，5U/μL Taq 酶 0.1μL，10μmol/L P1、P2 各 0.8μL，模板 2.0μL，灭菌双蒸水 15.3μL。

（四）PCR 反应条件

94℃预变性 5min 进入循环，94℃变性 30s，55℃退火 30s，72℃延伸 45s，共 30 个循环，最后 72℃延伸 10min。

（五）PCR 结果观察

取 PCR 扩增反应产物 10μL，Marker-DL2000 5μL，分别加到含 EB 的 0.8%琼脂糖凝胶的各电泳孔中，在 80V 电压下电泳 30min，然后在紫外线透射观察。在标准阳性对照出现一条大小为 567bp 的电泳带，同时阴性对照无此电泳区带的情况下试验成立。若被检样品出现的电泳带与标准阳性对照大小一致，结果判为巴氏杆菌阳性，反之则判为阴性。

［动物接种试验］

细菌纯培养物稀释后，以 100CFU 经皮下或腹腔内接种家兔、小鼠或易感鸡等实验动物，接种动物在 24～48h 内死亡，并可以从肝脏、心血中分离到巴氏杆菌。

十一、沙门氏菌病

沙门氏菌病（salmonellosis）是由肠杆菌科（Enterobacteriaceae）、沙门氏菌属（*Salmonella*）的沙门氏菌引起的人和动物共患的一类疾病的总称。在家畜和家禽主要表现为败血症和肠炎，也可使怀孕母畜发生流产。一般根据流行病学、临床症状和病理变化作出初步诊断，然后取病猪的血液、内脏器官、粪便等进行沙门氏菌的分离鉴定和分型鉴定及其他实验室诊断。实验室诊断主要有细菌学、分子生物学、免疫学及基因探针等方法。

[细菌学诊断]

(一) 涂片镜检

采取病畜的粪、尿或肝、肾、肠系膜淋巴结，流产胎儿的胃内容物，流产病畜的子宫分泌物少许等作涂片镜检或分离培养鉴定。将被检材料制成涂片，革兰氏染色镜检。沙门氏菌呈两端椭圆或卵圆形，不运动，不形成芽孢和荚膜的革兰氏阴性杆菌。

(二) 培养特性鉴定

粪拭子等病料接种于选择性富集肉汤（SS 增菌培养基）中，37℃培养过夜。取细菌富集样本接种于麦康凯琼脂，将无色透明或中间有黑色圆点的单菌落接种 SS 琼脂，取典型菌落接种于三糖铁（TSI）试管，37℃培养 18～24h，观察底层葡萄糖产酸或产酸产气、产生硫化氢变棕黑色、上层斜面乳糖不分解、不变色时则可初步判定为沙门氏菌。

(三) 生化和血清分型鉴定

取沙门氏菌典型菌落接种生化鉴定管，37℃培养 18～24h，参考《食品微生物学检验　沙门氏菌检验》（GB 4789.4—2010）进行结果判断。生化检验阳性菌进一步做血清分型鉴定。用接种环挑取单菌落，于玻片上均匀涂布于沙门氏菌标准血清中，顺时针摇晃玻片 1～2min，发生凝集者为阳性，呈均匀混浊者为阴性，并以生理盐水为对照。试验结果根据厂家的血清型列表解读，参照 Kauffmann-White 沙门氏菌血清型命名系统判定。

(四) 四甲基伞形酮辛脂试验（MUCT）

基本原理是沙门氏菌均产生辛脂酶，能水解 4-甲基伞形酮辛脂为底物的物质，在波长 365nm 紫外光照射下发射出可见的蓝绿色荧光，据此可快速作出沙门氏菌的初步诊断。操作方法：将待检标本接种于 MUCH 平板上，37℃培养 24h，在 MUCH 平板上培养的菌放置在波长 365nm 的紫外光照射下，呈蓝绿色荧光，为沙门氏菌生长阳性，即可初步诊断。

[分子生物学方法]

PCR 方法已经很成熟地用于沙门氏菌属的快速诊断。*invA* 基因是沙门氏菌属细菌的看家基因，自 Rahn 等 1992 年建立并证明扩增 *invA* 基因可以作为检测沙门氏菌的特异方法后，在扩增 invA 的基础上建立了各种 PCR 方法，并证实从各种病料中能特异性检测出沙门氏菌。操作方法：参照沙门氏菌 invA 基因序列，设计并合成一对引物，以疑似菌株为模板进行 PCR 扩增，同时设沙门氏菌标准株阳性对照和阴性对照，琼脂糖凝胶电泳检测扩增产物片段大小。若阳性对照和疑似菌扩增产物与预期大小相同，而阴性对照无结果则可判断为沙门氏菌。一般 PCR 反应程序为：94℃变性 4min 后进入 30 个循环，循环参数为 94℃ 30s，60℃ 30s，72℃ 30s；最后 72℃延伸 10min。

[免疫学诊断方法]

免疫学诊断方法是利用抗原抗体特异性反应原理检测病原或抗体。目前主要有免疫荧光、酶联免疫吸附试验及胶体金技术等。

(一) 免疫荧光技术

是用荧光素标记已知的抗原（或抗体），与特异抗体（或抗原）结合后产生荧光。可用吖啶橙标记免疫血清，用免疫荧光菌团培养法检测沙门氏菌。

1. 吖啶橙标记免疫荧光菌团培养　用胰蛋白胨水将各种沙门氏菌免疫血清的混合血清稀释 30 倍，吖啶橙稀释 10 万倍，分别取 0.01mL 置载玻片上，混合后，再滴加 0.01mL 待检菌液，置于湿盒内在 37℃温箱中培养，经 8～15h 于轻便荧光光源低倍镜下观察。

2. 结果判定

＋＋＋＋：菌团呈网状或碎雪花样聚合体，结构十分清晰，疏松适当，大小一致，鲜苹果绿色，色泽明亮。

＋＋＋：菌团呈圆形结构，结构清晰，边缘整齐，大小基本一致，着色均匀，亮度较好。

＋＋：菌团呈圆形或近圆形结构，边缘较整齐，大小稍有差别，亮度稍差（160 镜下可见细沙粒样结构）。

＋：菌团稀少且无一定形状，颜色较淡，结构模糊，反差不好。

－：无菌团。

“＋＋”以上判断为阳性结果。

(二) ELISA 方法

将抗原或抗体吸附于固相载体，在载体上进行免疫酶染色，底物显色后，用肉眼或分光光度计判定结果。具体操作应根据试剂盒的规定进行。

1. 直接 ELISA 方法　用被检样品直接包被 ELISA 板，固定后加酶标抗体，作用 0～60min 后，加入底物呈色 10min 后终止反应，于波长 450nm 读取 OD 值，并判定结果。

2. 夹心 ELISA 方法　用特异性的单克隆抗体包被酶标板，加入待检样品，作用 30～60min 后，加入多抗，作用 30min 后，加入二抗，作用 30min 后加入底物呈色，10min 后终止反应。读取 OD 值，并判定结果。沙门氏菌表面的脂多糖分子上的抗原、鞭毛抗原和外膜蛋白抗原的单抗或多抗均可用来包被。

3. 间接 ELISA 方法　用沙门氏菌表面的脂多糖分子上的抗原、鞭毛抗原和外膜蛋白抗原等作为包被抗原，加入待检血清，作用 30～60min 后，加入酶标二抗，再作用 30min 后，加入底物呈色 10min 后终止反应。读取 OD 值，并判定结果。

(三) 胶体金免疫层析

将特异性的抗原或抗体以条带状固定在膜上，胶体金标记试剂（抗体或单克隆抗体）吸附在结合垫上，当待检样本加到样本垫上后，溶解结合垫上的胶体金标记试剂并与之反应，通过毛细作用移动至固定的抗原或抗体的区域时，待检物与金标试剂的结合物又与之发生特异性结合而被截留，聚集在检测带上，可通过肉眼观察到显色结果，操作简单，检测迅速，可作现场检测之用。用金标记多种沙门氏菌多克隆抗体混合物，可用以检测样本中的沙门氏菌。

1. 抗体的制备与纯化　按常规方法制备各沙门氏菌的菌体抗原并免疫家兔，纯化，将三种纯化的抗体等量混合，采用抗原吸收法封闭混合抗体与其他肠道杆菌的交叉反应，低温保存。

2. 胶体金探针的制备　以柠檬酸三钠还原法制备胶体金溶胶，取适量混合抗体与胶体金溶胶制备并纯化胶体金探针。

3. 免疫层析检测条的制备　由样品板、络合板、硝酸纤维素膜及吸收板四部分组成。样品板和络合板用玻璃纤维，吸收板用吸水滤纸。玻璃纤维膜加胶体金探针，硝酸膜上包被抗沙门氏菌混合多抗（捕获带）及羊抗兔 IgG 或 SPA（对照带）。

4. 层析条组装　将吸收板、样品板及处理后的络合板、硝酸膜先后叠加，组装成完整的层析条。

5. 检测程序及结果判读　层析条的样品板端插入纯培养菌悬液中约 1cm，当液体上行到吸收板时，取出平放。经过一定时间（20min）后，捕获带和对照带均出现红色为阳性，只对照带出现红色为阴性，捕获带和对照带均不显色，则为试剂失效，需换新的层析条重测。

十二、布鲁氏菌病

布鲁氏菌病（brucellosis）简称布病，是由布鲁氏菌属的细菌侵入机体引起的一种人畜共患急性（或慢性）、传染性、变态反应性疾病。鉴定布鲁氏菌需要综合采用细菌形态、革兰氏染色和印记染色、菌落形态、生长特性、氧化酶及过氧化氢酶试验及抗布鲁氏菌多克隆抗体玻片凝集等试验。目前该病实验室诊断方法有细菌分离鉴定、试管凝集试验、虎红平板凝集试验、补体结合试验、双抗体夹心 ELISA、荧光定量 PCR 等实验室诊断，通常采用血清学检验进行确诊。

[细菌学检查]

包括显微镜检查、分离培养、动物试验。

病料最好用流产胎儿胃内容物、羊水及胎盘的坏死部分。如无这些材料，也可采用母畜阴道分泌物、乳汁或尿液。

（一）细菌显微镜检查

取胎盘绒毛叶组织、流产胎儿胃液或阴道分泌物作抹片，用改良的齐尔—尼尔森石炭酸复红原液（碱性复红 1g，溶于 10mL 纯乙醇中，加入 90mL 5%的石炭酸水溶液，混匀即成）的 1∶10 稀释液染色 10min，用 0.5%醋酸溶液脱色 20s，冲洗后，用 1%美蓝复染 20s，镜检。布鲁氏菌染成红色，背景为蓝色。布鲁氏菌大部分在细胞内，集结成团，少数在细胞外。衣原体和胎儿弧菌也引起流产，在抹片中也染成红色，但形态与布鲁氏菌不同。

（二）细菌分离培养

分离培养鉴定是诊断布鲁氏菌病最可靠的方法，只要从患病动物体内或排出物中发现病原体即可确诊。但由于患病动物身体状态、感染时期和发病过程等原因，往往不易检查出病原。因此，在进行细菌分离培养时，应选择适宜时机（如产后），采取适宜病料（如胎儿和产后排出物及患病动物的网状内皮细胞等），用适宜培养基分离培养才能成功。一般是将被检材料接种于两个同样的选择培养基［每 100mL 基础培养基（如血清葡萄糖琼脂、血清马铃薯浸液琼脂、胰酶消化蛋白胨琼脂、血清马丁汤琼脂）中加入抑菌药物：放线菌酮 10mL，杆菌肽 25U，多黏菌素 B 6U］，一个置 10％二氧化碳环境 37℃培养，一个置普通温箱 37℃培养，逐日观察，通常在 3～10h 可出现生长，然后移植于血清葡萄糖琼脂纯化。如符合下述全部条件，可认为是布鲁氏菌属的细菌：细小的革兰氏阴性球杆菌，无芽孢、荚膜和鞭毛，不运动，需氧，接触酶阳性，糖发酵，甲基红试验（MR），维培试验（VP），吲哚、柠檬酸盐利用等反应均为阴性，光滑型菌落能与布鲁氏菌阳性血清凝集，粗糙型菌落能与布鲁氏菌 R 血清凝集。

（三）动物试验

常用豚鼠进行。将病料乳悬液作腹腔或皮下注射，以后每隔 7～10h 采血检查血清抗体。如果凝集价达到 1 ∶ 50 以上即认为病料中有布鲁氏菌使豚鼠感染。若接种豚鼠发病死亡后，应剖检观察脾、肝等实质器官有无结节病变，并可用脾脏、淋巴结等进行细菌检查和分离。若接种豚鼠一直未发病死亡，可于接种后 5 周左右杀死豚鼠，进行同样细菌检查和分离。

［血清学实验室诊断］

（一）试管凝集试验（SAT）

1. 操作步骤

（1）*确定被检血清的稀释度*　牛、马、骆驼血清用 1∶50、1∶100、1∶200、1∶400 4 个稀释度；猪、山羊、绵羊和犬血清用 1∶25、1∶50、1∶100、1∶200 4 个稀释度。

大规模检疫时也可用 2 个稀释度，即牛、马、骆驼血清用 1∶50、1∶100，猪、山羊、绵羊和犬血清用 1∶25、1∶50，为测定强阳性血清效价，稀释度可以增加。

（2）*稀释被检血清*　猪、山羊、绵羊和犬血清的稀释，每份被检血清用 4 支试管，标记检验编号后第 1 管加 1.15mL 稀释液，第 2～4 管各加入 0.5mL 稀释液。取被检血清 0.1mL 加入第 1 管，充分混匀后吸弃 0.25mL。从第 1 管中吸取 0.5mL 加入到第 2 管，混合均匀后，再从第 2 管吸取 0.5mL 至第 3 管，如此倍比稀释至第 4 管，从第 4 管弃去 0.5mL，稀释完毕。从第 1 至第 4 管的血清稀释度分别为 1∶2.5、1∶25、1∶50、1∶100。牛、马和骆驼血清的稀释方法与上述方法基本一致，差异是第 1 管加 1.2 mL 稀释液和 50μL 被检血清。

（3）*加热灭活的全菌抗原*　将 0.5mL 抗原（1∶20）加入已稀释好的各血清管中，并振摇均匀，猪、羊或犬的血清稀释则依次变为 1∶25、1∶50、1∶100、1∶200，牛、马和骆驼的血清稀释度则依次变为 1∶50、1∶100、1∶200、1∶400。各反应管反应总量为 1 mL。

(4) 设立对照　每次试验都应设立下列对照：

阴性血清对照，阴性血清的稀释和加抗原的方法与被检血清同。

阳性血清对照，阳性血清的最高稀释度应超过其效价滴度，加抗原的方法与被检血清同。

抗原对照，在 0.5mL 稀释液中加 0.5mL 抗原 (1∶20)。

(5) 配制比浊管　每次试验均须配制比浊管，作为判定凝集反应程度的依据，先将抗原 (1∶20) 用等量稀释液作一倍稀释，然后按表 13-9 配制比浊管。

表 13-9　比浊管配置

试管号	1	2	3	4	5
抗原稀释液 1∶40 (mL)	1.00	0.75	0.50	0.25	0
0.5%石炭酸生理盐水 (mL)	0	0.25	0.50	0.75	1.00
清亮度 (%)	0	25	50	75	100
凝集度标记	－	＋	＋＋	＋＋＋	＋＋＋＋

注：＋＋＋＋完全凝集，菌体 100%下沉，上层液体 100%清亮；＋＋＋几乎完全凝集，上层液体 75%清亮；＋＋凝集很显著，液体 50%清亮；＋有沉淀，液体 25%清亮；－ 无沉淀，液体不清亮。

(6) 感作　所有试验管充分震荡后，置 37℃温箱感作 20h。

2. 结果判定　当阴性血清对照和抗原对照不出现凝集 (－)，阳性血清的凝集价达到其标准效价±1 个滴度时，试验成立，可以判定。否则，试验应重做。牛、马和骆驼血清于 1∶10 稀释度，猪、山羊、绵羊和犬于血清 1∶50 稀释度出现“＋＋”以上的凝集现象时，被检血清判定为阳性反应。出现＋＋以上凝集现象的最高血清稀释度为血清凝集价。需要采用国际凝集单位表示试验结果时，可按照附录 A 中的换算公式换算成国际凝集单位。

附录 A
(标准的附录)

国际凝集单位

国际凝集单位与血清效价的换算见式 (A.1)。

$$Y=1\,000 \cdot X / X_0 \qquad \text{式 (A.1)}$$

式中：

Y——国际凝集单位，U/mL；

X——被检血清效价 (凝集价)；

X_0——国际标准血清的效价。

注：国际标准血清是由 WHO 生物制品标准化专家委员会制定的，并规定国际标准血清每瓶含有 1 000个 U 凝集素抗体。公式中国际标准血清的效价是用所使用的试管凝集方法及抗原测定的。

例如，按所使用方法测定国际标准血清的最终效价为 1/800 (50%凝集)，而某一被检血清的最终凝集效价为 1/400 (50%凝集)，代入式 (A.1) 中。

1 000×400/800=500（U/mL）

即该被检血清的效价用国际凝集单位表示为500U/mL。

用本标准方法和指定单位生产的布鲁氏菌凝集抗原测定国际标准血清时，其效价正好为1/1 000，因此，本标准方法测定的被检血清的效价的倒数即为其国际单位数。例如本标准方法测定的被检血清最终效价为1/50，则用国际凝集单位表示为50 U/mL。

3. 注意事项 被检血清须按常规方法采血分离。血清必须新鲜，无明显蛋白絮凝物、无溶血、无腐败。运送和保存血清样品时要防止血清冻结和受热，以免影响凝集价。若3d内不能送到实验室，可用冷藏方法运送血清。实验中应注意反应体系的温度、电解质浓度及酸碱度（pH）。

（二）虎红平板凝集试验（RBT）

1. 试验原理 细菌或红细胞等颗粒抗原与相应抗体结合产生的细菌凝集或红细胞凝集现象。

2. 操作步骤

（1）取被检血清0.03mL与抗原0.03mL相混合，于4min内观察结果，凡出现“+”以上反应者均为阳性。对出现阳性反应的动物须进一步作补体结合试验，或其他辅助诊断试验。

（2）取抗原与布鲁氏菌病凝集试验阳性血清国家标准品25U、50U、100U、200U作平板凝集试验，做阳性对照；取新制抗原和参照抗原分别与5～10份阴性血清作平板凝集试验，做阴性对照。

（3）凝集反应强度标准

++++ 凝集块呈菌丛状，凝块间液体明显清亮。

+++ 凝集反应较强。

++ 形成较明显卷边，凝集块间液体稍清亮。

+ 稍有凝集，稍有卷边形成，凝集物间液体呈红色。

－ 无凝集，呈均匀粉红色。

3. 注意事项

（1）虎红平板凝集抗原使用前需充分摇匀，出现污染或有凝块时不得使用。冷藏保存的抗原和血清应在室温中放置30～60min后再进行试验。

（2）由于凝集性试验是基于检测针对布鲁氏菌多糖O_2链的抗体，因此，会与有类似多糖O_2链的细菌如耶尔森氏菌O_9等出现交叉反应。对出现阳性反应的动物，必须进一步作补体结合试验或其他辅助诊断试验。

（三）补体结合试验（CFT）

1. 试验原理 补体结合试验是根据抗原抗体复合物可以激活、固定补体的特性，用一定量的补体与致敏红细胞来检测抗原抗体间有无特异性结合。

此法在布鲁氏菌血清学诊断中，被认为是准确性最高的一种方法；特别是对慢性病例的检出，具有突出的优越性。因此在世界各国，它已被作为清除布鲁氏菌病动物必不可少的一种检疫诊断手段。

2. 操作步骤

（1）反应系统作用阶段，由倍比稀释的待检血清加最适浓度的抗原和补体。混合后37℃水浴作用30～90min或4℃冰箱过夜。

（2）溶血系统作用阶段，在上述管中加入致敏红细胞，置37℃水浴作用30～60min，观察是否有溶血现象。若最终表现不溶血，说明待检抗体已与相应抗原结合，反应结果是阳性；若最终表现溶血，则说明待检的抗体不存在或与抗原不相对应，反应结果是阴性。

3. 注意事项　补体结合反应操作繁杂，且需十分细致，参与反应的各个因子的量必须有恰当的比例。特别是补体和溶血素的用量。补体的用量必须恰如其分，例如，抗原抗体呈特异性结合，吸附补体，不应溶血，但因补体过多，多余部分转向溶血系统，发生溶血现象。又如抗原抗体为非特异性，抗原抗体不结合，不吸附补体，补体转向溶血系统，应完全溶血，但由于补体过少，不能全溶，影响结果判定。此外，溶血素的量也有一定影响，例如阴性血清应完全溶血，但溶血素量少，溶血不全，可被误以为弱阳性。而且这些因子的量又与其活性有关：活性强，用量少；活性弱，用量多。故在正式试验前，必须准确测定溶血素效价、溶血系统补体价、溶菌系统补体价等，测定活性以确定其用量。

由于猪的补体会干扰豚鼠补体的作用，导致实验的敏感性降低38%～40%，因而CFT不适合猪种布鲁氏菌病的检测。

（四）双抗夹心ELISA

1. 试验原理　ELISA的基础是抗原或抗体的固相化及抗原或抗体的酶标记。结合在固相载体表面的抗原或抗体仍保持其免疫学活性，酶标记的抗原或抗体既保留其免疫学活性，又保留酶的活性。受检标本与固相载体表面的抗原或抗体起反应。用洗涤的方法使固相载体上形成的抗原抗体复合物与液体中的其他物质分开，加入酶标记的抗原或抗体，通过反应也结合在固相载体上。加入酶反应的底物后，底物被酶催化成为有色产物，产物的量与标本中受检物质的量直接相关，根据呈色的深浅进行定性或定量分析。酶的催化效率很高，间接地放大了免疫反应的结果，使测定方法达到很高的敏感度。

2. 操作步骤

（1）包被　用包被缓冲液将抗体稀释至蛋白质含量为1～10μg/mL。在酶标板反应孔中加0.1mL，4℃过夜。次日，弃去孔内溶液，用洗涤缓冲液洗板3次，每次3min。

（2）加样　加一定浓度稀释的待检样品（同时做空白对照，阴性对照孔及阳性对照）0.1mL于上述已包被的反应孔中，置湿盒中，37℃，1h。用洗涤缓冲液洗板3次，每次3min。

（3）加酶标抗体　于各反应孔中，加入新鲜稀释的酶标抗体（经滴定后的稀释度）0.1mL。37℃，0.5～1h，用洗涤缓冲液洗板3次，每次3min。

（4）加底物液显色　于各反应孔中加入现配的TMB底物溶液0.1mL，37℃，10～30min。

（5）终止反应　于各反应孔中加入终止液0.05mL。

（6）结果判定　将酶标板在酶标仪上，于450nm（若ABTS显色，读410nm），读数，输出到Excel中。

(7) 以标准品浓度为横坐标，吸光度为纵坐标，生成标准曲线和直线回归方程式，根据公式计算未知样品的浓度，并记录。

3. 注意事项 采用方阵滴定法，对单抗和M及A单因子血清的最佳使用浓度、M和A单因子血清包被条件及单抗作用条件、封闭剂的应用、羊抗鼠IgG工作条件、底物溶液等反应条件进行优化，确定双抗夹心ELISA方法的操作程序。

(五) 变态反应检查

1. 实验原理 当机体受布鲁氏菌抗原作用后，导致T细胞致敏，致敏的T细胞再遇到相同抗原，能释放出各种淋巴因子。局部皮肤变态反应就是各种淋巴因子作用的结果。布鲁氏菌病的变态反应检查主要用于绵羊、山羊、牛和猪。

2. 操作步骤

(1) 检查羊时，在尾部注射0.1mL布鲁氏菌素。检查牛时，在牛的眼结膜滴0.1mL布鲁氏菌素。

(2) 注射过敏抗原后24、48h，检查皮肤反应结果，记录反应最强的一次。在羊只尾部能触摸到肿块为阳性。牛的眼结膜充血为阳性。

3. 注意事项

(1) 配制布鲁氏菌素要无菌操作，生理盐水瓶塞与布鲁氏菌素瓶塞要用75%酒精棉球消毒。如溶解后菌素浑浊，有絮状物、异物等情况，一律不得使用。

(2) 布鲁氏菌素应2～8℃冷藏保存，一经稀释后必须当天用完。

(六) 荧光定量PCR检测

1. 实验原理 采用TaqMan技术的实时荧光定量PCR方法（fluorescence quantitative PCR，FQ-PCR），其原理是在常规PCR基础上，添加一条标记了两个荧光基团的荧光双标记探针。一个标记在探针的5′端，称为荧光报告基团（R）［如FAM（6-羧基荧光素）］，另一个标记在探针的3′端，称为荧光淬灭基团（Q）［如TAMRA6-羧基4-甲基罗丹明］，两者构成能量传递结构，即5′端荧光报告基团所发出的荧光可被荧光淬灭基团吸收。探针的3′端羟基（OH）已被去除或磷酸化封闭，不具有延伸能力。采用TaqMan MGB探针，3′末端标记了自身不发射荧光的淬灭剂并连接了MGB（Minor groove-binder），既缩短了探针长度又提高了探针的Tm值和杂交稳定性。探针在无特异性PCR发生时，荧光信号不改变，当有特异PCR发生时，探针会在PCR过程中因Taq酶的5′→3′外切酶活性而水解掉，淬灭作用消失，荧光报告基团释放荧光信号，反应体系荧光信号伴随着PCR产物增加而增长。如果以每一个PCR循环的延伸阶段所测得的荧光信号值为纵坐标，以PCR循环数为横坐标作图，即可得到一条连接每一个循环荧光值的曲线——荧光扩增曲线。而当样品中不含有相应DNA模板时，则PCR过程中探针不被水解，不产生荧光信号，形成的扩增曲线为一水平直线。实时荧光定量PCR技术就是利用此原理，在PCR过程中，连续不断地检测反应体系中的荧光信号的变化。当信号增强到某一阈值（threshold）时，此时的循环次数（Ct值）就被记录下来。Ct值和PCR体系中起始DNA量的对数值之间有严格的线性关系，根据Ct值就可以确定起始DNA的数量。

目前用于布鲁氏菌荧光定量PCR检测已经有试剂盒。

2. 操作步骤

（1）样本的处理　对于血液、血清、流产分泌物等样品，可先冰浴 5min，然后 100℃煮 10min，12 000r/min 离心 5min，取 2μL 作为模板 DNA 加入到 PCR 反应体系中，进行 PCR 扩增反应。对于乳汁、脏器（要用研磨器充分磨碎）、血液、分泌物等样品，1mL 的量加入 200μL NET buffer［50mmol/L NaCl，125mmol/L EDTA，50mmol/L Tris-HCl（pH7.6）］200μL 24% SDS，80℃作用 10min，冷却至室温后加入蛋白酶 K 3μL、Rnase 12μL，37℃作用 1h，加入等体积饱和酚 1.4 mL，12 000r/min 离心 10min，将上清移入另一新管中；加入等体积酚：氯仿（体积比 1∶1）混匀，12 000r/min 离心 10min，将上清移入另一新管；加入等体积氯仿混匀，12 000 r/min 离心 10min，将上清移入另一新管；加入 2 倍体积无水乙醇混匀，－20℃沉淀过夜；14 000r/min 离心 10min 弃上清，加入 70%乙醇 1mL，12 000r/min 离心 10min，去上清，用 70%乙醇再重复洗一次，弃液体，室温干燥。加入 100μL 无菌去离子双蒸水，－20℃保存备用。取 1μL 作为模板 DNA 加入到 PCR 反应体系中，进行扩增反应。

（2）荧光定量 PCR 反应

①PCR 反应体系的组成：反应总体积 25μL，其组成见表 13－10。加样过程中，先加入水，再依次加入 Buffer、dNTP、引物、ExTaq，充分混匀，进行第一次分装，加入模板，将所有成分充分混合均匀，分装各反应管，进行荧光定量 PCR 反应。

表 13－10　荧光 PCR 反应体系

上游引物	1.5μL
下游引物	1.5μL
荧光探针	1.5μL
ExTaq	1.5μL
dNTP	3μL
10×buffer	2.5μL
待检模板或定量标准品	1μL
超纯水	12.5μL

②热循环反应参数：预变性 95℃ 2min，变性 92℃ 20s，退火 58℃ 20s，延伸 72℃ 30s，循环数为 35～45。

③反应体系总量的计算和预混：实验应预先将阳性质控标准品管，阴性质控（NTC）管，待检测样品管，除模板以外的其他组分按优化的反应体系充分混匀，进行第一次分装，标准品、NTC 对照、待检模板，充分混匀分装各管。此过程要确保相同处理各管反应液的均一性，注意更换移液器吸头，确保各管加样量一致。防止 96 孔反应板上各管间的交叉污染。

3. 注意事项

(1) 避免发生交叉污染　不同的实验区域应有其各自的清洁用具以防止交叉污染。

(2) 标本的采集　荧光定量 PCR 常用于检测动物临床标本，包括 EDTA 或枸橼酸钠抗凝全血、血清或血浆、肝、脾、分泌物拭子、组织渗出液等。当使用非密闭采样系统时，如采集脏器、分泌物等，必须注意防止样品间的污染。EDTA 或枸橼酸钠是首选的抗凝剂。不能使用肝素，因为肝素是 TaqE 的强抑制剂，而且在其以后的核酸提取步骤中很难去除。

(3) 样本的处理　标本的处理质量关系实验的成败，如果在提取过程中残留有机溶剂如酚、氯仿等，这些物质会对其后的 TaqE 扩增反应具有强烈的抑制作用，从而影响样品的扩增。

(4) 核酸的扩增　有很多因素可以引起核酸扩增检测的假阳性或假阴性结果，如扩增靶核酸中抑制剂存在、ExTaqE 失活、退火温度不对、标本或试剂受污染等。扩增仪孔中热传导的均一性极为重要，必须定期对扩增仪的温度控制和加热模块中热传导的一致性进行检查，以避免假阴性结果。

十三、链球菌病

链球菌病（streptococcicosis）是由链球菌属病原菌（*Streptococcus*）引起的一类重要的传染病。猪链球菌病的实验室诊断方法包括病原学诊断、血清学诊断和分子生物学诊断。

[病原学检查]

实验原理

病原学检查是猪链球菌病实验室诊断方法中最常用最基本的的技术。一般包括涂片镜检，病原的分离培养及培养特性、生理特性观察及生化反应，药敏试验，动物感染试验等，通过这些实验室检测出病原。

1. 涂片镜检　根据不同的病型采取不同的病料。败血型病猪，无菌操作采集新鲜的病死猪的心、肝、脾、肾和肺等病料，放入干净自封袋或容器内，无泄漏包装，尽快冷藏运送到实验室。淋巴结脓肿型病猪，可用无菌注射器吸取未破溃的淋巴结脓肿内的脓汁。脑膜炎型病猪，无菌采取脑脊髓液及少量脑组织。实验室诊断可用采集的病料直接涂片染色镜检，即用病猪的组织或血液或脓汁涂片，革兰氏染色镜检，可见到形态一致，数量不等的革兰氏阳性球菌，大多为单个或呈双排列，少量呈短链状排列，无鞭毛，无芽孢，不运动，无两极着色现象，菌体周围部分可见有荚膜。

2. 病原的分离培养及培养特性　无菌采取疑似链球菌病死猪肝、肾或关节囊液（关节炎型）或化脓组织分别在鲜血琼脂平板上划线分离培养，37℃培养 24h。涂片，经革兰氏染色后镜检，可见紫色短链球形或卵圆形细菌，单个或成对排列，无芽孢，有的有荚膜。将镜检中发现有 G^+ 双球或短链状球菌的肉汤培养物划线接种于马血琼脂平板、绵羊血琼脂平板上，37℃下培养 24h，挑取平板上单个可疑菌落涂片染色镜检，确定为链球菌后，接种于加有血清的 TSA 中，经培养无杂菌生长者，置 4℃冰箱备用。

猪链球菌兼性厌氧，对营养要求较高，在普通培养基上生长不良，在厌氧肉汤中生长良好，在半固体琼脂中不扩散。该菌体多为圆形或椭圆形，直径约 1μm，革兰氏阳性，在固体培养基上呈单球或双球状，少数呈短链状，在血液和肉汤培养基中可见呈长链状。在绵羊血、牛血平皿上生长的菌落直径约 1mm，表面突起，光滑湿润、圆整，半透明略带灰白色，菌落周围有轻微溶血环（属 α 溶血）。随着培养时间延长，菌落增大，可逐渐变为不透明，溶血现象更明显。在马血平板上呈 β 溶血。在山羊、兔及猪血琼脂上，溶血加剧，有形成 β 溶血倾向，但镜检细胞破坏不严重。在 THB、GMTB、脑心液体培养基 18～24h 底部形成沉淀，上清呈云雾状混浊。革兰氏染色阳性，菌体呈球形或卵圆形，结晶紫着色不良，固体培养多呈单个散在或成双存在，偶有短链状；液体培养多以链状存在。美蓝染色幼龄菌可见荚膜（图 13－9、图 13－10）。

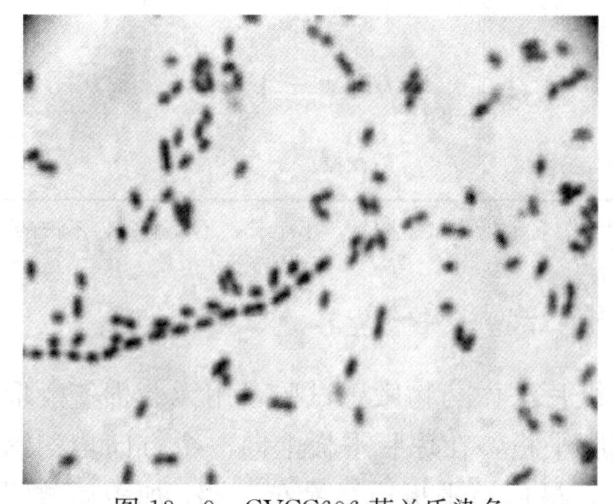

图 13－9　CVCC606 革兰氏染色

（高尚庆．猪链球菌 2 型生物学特性研究及蜂胶佐剂灭活疫苗的研制．2007.6）

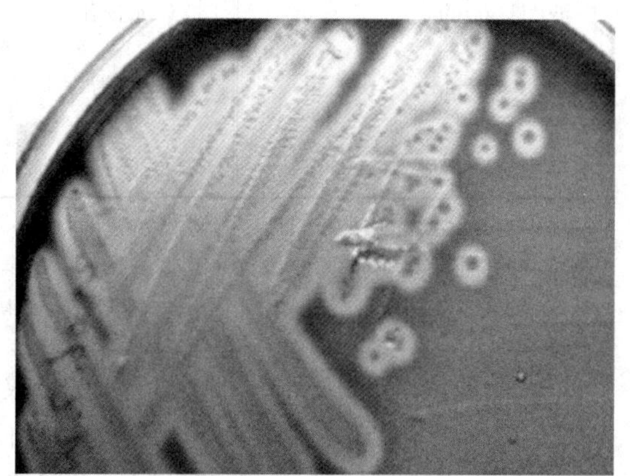

图 13－10　CVCC606 在血平板上的生长

（高尚庆．猪链球菌 2 型生物学特性研究及蜂胶佐剂灭活疫苗的研制．2007.6）

3．生理特性及生化反应　将分离的菌株接种于 pH9.6 的肉汤，分别经 60℃和 45℃ 30min 后移植于鲜血琼脂培养基；接种于 pH9.6 的肉汤、6.5％的 NaCl 肉汤以及 0.1％的美蓝牛乳培养基。猪链球菌 2 型的生长耐性情况见表 13－12。

对分离到的革兰氏阳性球菌进一步做生化反应进行鉴定，将在绵羊血平板上呈 α 溶血活性的单菌落接种微量生化发酵管中，进行各种常规生化试验。分别接种于 40％胆汁、10％胆汁、过氧化氢酶、氧化酶、淀粉、胆汁七叶苷、VP、山梨醇、阿拉伯糖、水杨苷、七叶苷、蕈糖、葡萄糖、乳糖、蔗糖、麦芽糖、棉籽糖、甘露糖、尿酸钠、海藻糖、菊糖等并记录各种生化试验结果。猪链球菌 2 型的生化特性详见表 13－11。但生化试验结果差异较大，所以仅以形态、培养和生化反应等表型特征难以将细菌准确定型，还需要借助其他的检测方法才能准确定型。

表 13-11 猪链球菌 2 型的生长耐性和生化特性

项目	结果	项目	结果	项目	结果
40%胆汁	+	pH 9.6 肉汤	−	阿拉伯糖	−
10%胆汁	+	0.1%美蓝牛乳	−	葡萄糖	+
溶血类型	A	胆汁七叶苷	+	乳糖	+
过氧化氢酶试验	−	VP 试验	−	蔗糖	+
氧化酶试验	−	三梨醇	+/−	麦芽糖	+
淀粉水解	+	七叶苷	+	棉籽糖	+/−
60 ℃ 30 min	−	水杨苷	+	甘露糖	+/−
45 ℃ 30 min	+	覃糖	+	尿酸钠	−
6.5%NaCl 肉汤	−	菊糖	−	海藻糖	+

注："+"表示生化试验阳性，生长，发酵糖，产酸。"−"表示生化试验阴性，不生长，不发酵糖，不产酸。"+/−"有的阳性，有的阴性。

（黄毓茂，黄引贤，余志东，等．猪链球菌 2 型病的初步研究．中国畜禽传染病）

4. 药敏试验 用标准平皿纸片法或药敏试纸片法做药物敏感试验，用无菌棉签蘸取分离菌的血清肉汤培养物，均匀涂布于鲜血琼脂平板，在琼脂平板上向一个方向均匀涂布，然后将平板每转动 60°涂布一次，共涂 3 次，最后沿平板边缘涂布一圈；加盖后放置 5min，待平板稍干后，用无菌镊子将各种药敏纸片分别平贴在培养基表面，并轻压使其紧贴平板表面，每个平板贴 4 张药敏纸片，各中心纸片相距 25mm，纸片与平板边缘不小于 15mm，贴好纸片的平板于 37℃培养 24h，分别测定抑菌环的大小。判定标准：抑菌环直径在 15mm 以上为高度敏感，10～15mm 为中度敏感，10mm 以下为低度敏感，无抑菌环为不敏感。药敏纸片的种类有：青霉素、氨苄青霉素、链霉素、土霉素、卡那霉素、庆大霉素、磺胺嘧啶、环丙沙星、恩诺沙星、丁胺卡那、头孢菌素、利福平、利高霉素等。大多猪链球菌对丁胺卡那霉素、利高霉素高敏，对头孢菌素、利福平、青霉素、卡那霉素中敏，对氨苄青霉素、链霉素、土霉素、庆大霉素、磺胺嘧啶、环丙沙星、恩诺沙星均低度敏感或者不敏感。

5. 动物感染试验 将分离菌株 24h 血斜面用灭菌的生理盐水适当稀释，配成悬浊液，腹腔注射健康小鼠，每只接种量 0.3～0.5mL，对照组注射同剂量的生理盐水，观察结果。如果发现小鼠注射病原菌 24h 后开始有死亡，死亡小鼠皮肤发绀，剖检肝、脾、肺、心出血，呈败血症，剖检发现注射部位有直径 0.9～1.1cm 的脓肿，脓汁呈黄绿色。对照组均未见死亡。进一步从死亡的小鼠的肝脏分离细菌，且进行鉴定。

[血清学诊断]

由于猪链球菌抗原成分比较复杂，关于猪链球菌抗体检测方法的研究很少。CPS是猪链球菌型特异性抗原，目前抗体检测的方法主要是ELISA检测抗CPS的抗体。目前该方法已经有试剂盒，由华中农业大学研制。

如果检测血清样品 OD_{630} 值≥0.35，判为阳性；样品 OD_{630} 值<0.35，判为阴性。

[分子生物学诊断]

采用分子生物学诊断技术检测猪链球菌2型可以更为方便、简捷，并具有较高的敏感性和特异性，可以直接使用分离物进行检测。针对猪链球菌2型的主要毒力因子，目前已建立一套相应的分子生物学检测方法。如基于胞内蛋白酶分子的差异，建立了多酶电泳法；基于核酸分子序列的差异建立了限制性内切酶图谱分析法，PCR法，随机扩增核酸片段多态性分析等。

（一）PCR扩增猪链球菌的特异核酸片段

1. 实验原理　PCR技术又称聚合酶链反应技术，是一种在体外（试管、切片等）扩增核酸的技术。该技术模拟体内天然DNA的复制过程。其基本原理是在模板、引物、4种dNTP和耐热DNA聚合酶存在的条件下，特异扩增位于两段已知序列之间的DNA区段的酶促合成反应。每一循环包括高温变性、低温退火、中温延伸三步反应。每一循环的产物作为下一个循环的模板，如此循环30次，介于两个引物之间的新生DNA片段理论上达到 2^{30} 拷贝（约为 10^9 个分子）。PCR技术的特异性取决于引物与模板结合的特异性。

2. 实验方法与步骤

（1）*病料样品处理*　采集待检猪的扁桃体置于−20℃保存。将TE缓冲液按1∶10加入组织中，研磨成悬液，装入灭菌的1.5mL Eppendorf管中，于−20℃反复冻融三次，3 000r /min离心10min，取上清250μL。阴阳性扁桃体对照也同样处理。

（2）*可疑培养物样品处理*　取可疑培养物25mL，4 ℃ 12 000r /min离心20min，弃上清液，用等体积0.1mol / L pH 7.2的PBS洗涤3次后，沉淀以250μL无菌去离子水悬浮，−20℃保存。阴阳性培养物对照也同样处理。

（3）*模板制备*　取样品250μL，100℃水浴10min后10 000r /min离心10min；收集上清，即为PCR模板，−20℃保存备用。

（4）*引物*　Smith等针对猪链球菌主要致病性菌株利用荚膜生物合成基因（capsular biosynthesis，cps）的DNA序列特性建立了血清型特异性PCR鉴定方法，设计了三对引物：第一对引物cps2J primers 5′-CAAACGCAAGGAATTACGGTATC-3′，5′-GAGTATCTAAAGAATGCCTATTG-3′；第二对引物cps1I primers 5′-GGCGGTCTAGCAGAATGCTCG-3′，5′-GCGAACTGTTACGAATGAC-3′；第三对引物cps9H primers 5′-GGCTACATATAATCGAAGCCC-3′，5′-CCGAAGTATCTGGGCTAC

TG－3′。利用 cps2J 引物进行 PCR 扩增，可以检测出 2 型和 1/2 型；利用 cps1I 引物进行 PCR 扩增，可以检测出 1 型和 14 型；利用 cps9H 引物进行 PCR 扩增，可以检测出 9 型。

（5）PCR 扩增　在 0.2mL PCR 反应管中，采用 20μL 体系，各反应成分为：10× buffer（含 Mg^{2+}）2.0μL，2.5 mmol/L dNTP 1.6μL，10μmol/L cps2J 上游引物 0.5μL，10μmol/L cps2J 下游引物 0.5μL，ExTaq 酶（5U/μL）0.2μL，模板 2μL，补水至 20μL。

反应条件：95℃预变性 3min 后进入循环，94℃ 30s，56℃退火 30s，72℃ 1min，35 个循环后，72℃延伸 10min，4℃保存。1%琼脂糖 80V 电泳 40min，凝胶成像系统下观察结果。

（6）PCR 产物序列分析　将得到的 PCR 产物用普通琼脂糖凝胶 DNA 回收试剂盒进行回收，克隆到 pMD19－T 载体上，测序。用 DNAstar 软件对测定的核苷酸序列进行分析，并与 GenBank 登录的序列进行同源性比较。

3. 注意事项　由于 PCR 极强的扩增能力和检测的灵敏性，微量样品污染便有可能导致假阳性结果的出现。为此在实验操作中应谨防污染的发生，并设置严格的对照，以提高 PCR 结果的正确性。

（二）脉冲凝胶电泳法（pulsed-field gel electrophoresis，PFGE）

1. 实验原理　脉冲场凝胶电泳法通过电泳时电场的不断改变，使凝胶中 DNA 分子的泳动方向做相应改变，由于不同 DNA 分子泳动速率差异，致使其在凝胶上呈现出不同的电泳带型而加以区分。PFGE 的分析结果基本上与血清型结果一致，但相对于血清型其分型结果更加详尽，分辨率准确性更好，更适合流行病学的调查。

2. 实验步骤

（1）琼脂糖包埋制备全基因 DNA　挑取待检菌单菌落接种 3～5mL LB 肉汤 37℃摇菌 6h，集菌 1 mL，12 000r/min 离心 1min，弃上清。取 1 mL CSB（100mmol/L Tris＋100mmol/L EDTA，pH8.0）悬菌。8 000 r/min 离心 3min，共洗 3 次，200μL CBS 悬液置 50℃水浴 10min。取 200μL 2%低熔点琼脂糖与菌悬液混合，每个样品制胶 2 块。

（2）蛋白消化　胶块置干净的试管中，加 3mL CBL（50mmol/L Tris ＋50 mmol/L EDTA ＋1%十二烷基氨酸钠）、30μL 蛋白酶 K 至终浓度 0.2mg/mL，54℃水浴轻摇 8～12h，弃去溶液，胶块置 54℃预热的 TE 10mL 50℃水浴轻摇 20min，共洗 4 次。

（3）酶切　切胶 1/4 块，加 40U 的 Xba I 酶切，37℃过夜。

（4）电泳染色　用 0.5×TBE 配置 1%的琼脂糖电泳胶，将胶块至于孔中倒胶。制备 2.5L 0.5 ×TBE 倒入电泳槽，将琼脂糖胶块放入电泳槽中。电泳参数：电压 6.0 V/cm，夹角 120°，温度 14℃，缓冲液 0.5×TBE，脉冲时间 1～40s，电泳 23h。5 mg/mL EB 染色 30min，双蒸水脱色 30min，读胶并判定结果。

（5）电泳带分析　将电泳带信息转换成 Excel 格式，用 Freeview 软件对其进行相似性比较。

（三）基因芯片检测方法

1. 实验原理　基因芯片的测序原理是杂交测序方法，即通过与一组已知序列的核酸探针杂交进行核酸序列测定的方法。在一块基片表面固定了序列已知的八核苷酸的探针。当溶液中带有荧光标记的核酸序列 TATGCAATCTAG，与基因芯片上对应位置的核酸探针产生互补匹配时，通过确定荧光强度最强的探针位置，获得一组序列完全互补的探针序列。据此可重组出靶核酸的序列。

2. 实验材料　基因芯片通过公司定制。

SS1、SS2、S9、SS14、SS1/2 国际标准株；SS2 强毒株；弱毒株。

欧洲 SS2 毒株 P1/7 全基因组序列从 Sanger 中心网站下载；Spotarray72 机器人点样系统、ScanarrayLite 激光共聚焦扫描仪为 PerkinElmer 公司产品；载玻片（S8902）、多聚赖氨酸（Poly-L-Lysine）、N-甲基吡咯烷酮（1-Methyl-2-pyrrolidinone）、SSC 杂交缓冲液均为 Sigma 公司产品；寡核苷酸（Oligo）探针由北京华大基因研究中心合成。

3. 实验步骤

（1）目的片段的获取与纯化　利用分子生物学软件，通过对 GenBank 中的 16S rDNA、cpsl（14）、cps2（1/2）、cps9、epf、fbp、gdh、mrp、sly 等基因序列进行同源性分析，确定各靶基因的保守序列区域作为探针。设定探针长度，并通过与其他物种的基因序列进行 BLAST 比对分析，确定各探针具有高度的特异性。用 ABI 公司 DNA 合成仪合成 Oligo，并经测序确认。

（2）芯片的点样及处理

①制备氨基玻片：将载玻片用强碱性乙醇溶液浸洗，双蒸水冲洗干净后，浸入 0.01%多聚赖氨酸溶液中包被 1h，取出用去离子水洗涤，烘干。室温放置 2 周，以使表面保持充分的疏水性。对所有的玻片进行扫描，剔除背景信号强度高的芯片。

②基因芯片的点制：依据所要点样的片段个数，预先确定各 Oligo 的点阵图，每个样品在芯片上各重复 4 次，同时设空白对照。将 Oligo 溶于 3×SSC 杂交缓冲液中，终浓度为 40μmol/L。使用 Spotarray72 按照预先设定的点阵序列，确定在玻璃片上点样的位置和点样方式，调整点样参数。将上述 Oligo 点到氨基化玻片上，点间距离为 265μm，室温下于干燥器中放置一周，固化玻片上的寡核苷酸。

③基因芯片的后处理：用 1×SSC 缓冲液水化上述芯片，使 Oligo 在所有点中分布都均匀一致；以总能量强度为 65mJ 的紫外射线照射玻片上的 Oligo 点，使 DNA 上的胸腺嘧啶脱氧核苷残基和玻片上氨基之间形成稳固的共价键；使用 N-甲基吡咯烷酮封闭芯片，降低非特异杂交点。

（3）基因组的标记　按常规方法大量抽提细菌基因组 DNA。取 1～20μg DNA 样品加入随机六聚体引物，dNTP，aa-dUTP 和 Klenow 酶，37℃反应 6h。取纯化后产物 2～10μg 溶于 10μL 去离子水中，加入 1mol/L 的碳酸氢钠（pH9.0～9.3）1μL，与适量的 Cy3 或 Cy5 混合，室温温育 80min；加入 4mol/L 乙醇胺 4.5μL 室温作用 20min，终止偶联。对偶联荧光素的产物进行回收纯化，并浓缩干燥。

（4）预杂交和杂交　取水化后的芯片置于杂交盒内，覆盖适当大小的洁净盖玻片，加入适当体积的预杂交液（约 25μL），盒内的保湿液使用 3×SSC，杂交盒加盖后 76℃加热 2min，然后快速置于 50℃预杂交 1.5～2h。预杂后，芯片用蒸馏水洗涤 5min，后依次用

70%和95%的乙醇洗涤数次，2 000r/min 离心 1min，即可用于杂交检测。

偶联有 Cy3/Cy5 的 DNA 样品溶于 7μL 水中，加入 21μL 杂交液，混匀 95℃变性 3min，13 000r/min 离心 5min，将杂交液加到芯片上 42℃温育 16h 以上。杂交后，依次用 2×SSC，0.1%SDS，0.2×SSC，0.1%SDS，0.2×SSC 溶液于脱色摇床上各洗涤芯片两次，每次 5min，离心机中甩干。

（5）扫描检测及分析杂交完毕，将芯片置于扫描仪上，分别用激发 Cy3 和 Ey5 的波长进行激光扫描，调整激光强度以获得最佳信噪比。扫描结果用 Genepix 软件进行分析。

4. 注意事项

基因芯片检测平台是一个复杂的信号检测系统，其特异性和灵敏度取决于多种因素。一是芯片质量，在点制芯片前，需要对芯片点样仪进行调试，检查点样针是否完好，点样针（Telechem，SMP3）的狭缝如果被堵或者狭缝顶部变形，都不能制备完美的芯片。二是点样仪的清洗系统务必处于正常工作状态，否则点样过程中点样针不能被清洗干净，易产生严重的交叉污染，导致杂交混杂甚至错误信号。三是待检 DNA 样品的纯度和样本量，样品不纯易产生非特异性杂交，样本量少于 2μg 则可能导致检测信号偏弱。

此外，杂交反应的质量和效率直接关系到检测结果的准确性，而杂交是一个复杂的过程，受很多因素的影响，如探针的密度、核酸二级结构、互补序列长度和支持介质等。

第二节　牛羊传染病

一、气肿疽

气肿疽（blackleg）又称黑腿病，是由气肿疽梭菌（*Clostridium chauvoei*）引起的牛羊的一种急性、发热性败血性传染病，其特征为肌肉丰满部位发生炎性气性肿胀，并常有跛行。

气肿疽梭菌为革兰氏染色阳性杆菌，专性厌氧，能形成芽孢。芽孢呈卵圆形，偏于菌体一端，偶尔位于菌体中央，形成芽孢的菌体呈勺状或柠檬状。菌体周身形成鞭毛，具有运动性。本菌在培养基表面自由扩散薄层生长，不形成荚膜。在血液琼脂上的菌落扁平，周边隆起如纽扣状，呈β溶血。与腐败梭菌的生化性状的区别是，本菌分解蔗糖，不分解水杨苷。

［病原学诊断］

（一）组织抹片镜检

1. 制作涂片　最好用新鲜病料，取病牛肿胀部肌肉，水肿液或用病死牛的肌肉、肝、脾、水肿液做涂片。

2. 革兰氏染色后镜检　可见到菌体革兰氏阳性，单个或两个相连的无荚膜、有芽孢，两端钝圆，宽 0.5～0.7μm，长 3～6μm，不形成长链，偶见两个相连的菌体的气肿疽梭菌。

（二）细菌分离鉴定

1. 菌落培养　将病料在无菌操作条件下接种于厌氧鲜血琼脂，37℃培养 24h，表面形成特殊菌落：呈灰白色，直径为 1～1.5mm，中央有乳头突起，如纽扣状，边缘不齐，菌落周围常有微弱的β型溶血区。

2. 生化实验　本菌可使明胶液化、牛乳凝固，不产生吲哚，能产生硫化氢，不能使脑培养基变黑，不能还原硝酸盐。MR 和 VP 都呈阳性。对葡萄糖、果糖、蔗糖、糊精均能生长发酵、产酸、产气，对杨苷、甘露醇、山梨醇、肌醇、肝糖、菊淀粉等不产酸不产气也不生长。但在含 0.2%的琼脂和硫乙醇酸钠并加入 Andrate 指示剂的发酵小管做试验，本菌除对上述所发酵的糖类同样产酸产气外，对甘露醇、肌醇不发酵、不产酸，但能生长并产生少量气。

3. 肉汤培养鉴定　将上述 4 种病料做成悬液，分别接种于普通肉汤、普通琼脂斜面和厌气肉肝汤（加入 0.5%的石炭酸，防止杂菌生长）中进行培养（厌气肉肝汤在接种前需煮沸 10min，进行充分排气除氧并用常水降温），37℃ 24h 后可见厌气肉肝汤出现混浊，液面有大量气泡，呈现产酸产气；而普通肉汤和琼脂斜面无任何生长物。

4. 血平板鉴定　用厌气肉肝汤培养物分别接种含 2%葡萄糖，10%绵羊红细胞的普通琼脂及含全血普通琼脂，每种病料的培养物接种 2 个平板，共计接种 10 个平板，接种后迅速用保险粉厌气培养法培养（用连二亚硫酸钠加等量的碳酸氢钠，约 5g 加水 1mL，立即盖严封蜡），37℃培养 12、24、36、48h，分别观察结果。经 24～36h，所有血平板均出现溶血。

5. 动物接种　选用 8 只豚鼠（体重 350～450g），分成 4 组，每组 2 只。第 1 组接种 24h 厌气肉肝汤培养物 0.2mL；第 2 组接种 0.4mL；第 3 组的两只豚鼠分别接种其无菌滤液 10mL、5mL；第 4 组分别接种加热到 52℃ 30min 的无菌滤液 10mL、5mL。在 36h 内，前三组豚鼠全部死亡，呈现标准的强毒力阳性反应，剖检肌肉呈黑红色且干燥，腹股沟部通常可见少量气泡；而第 4 组无反应，说明这种细菌的外毒素不耐热。

[分子生物学诊断]

聚合酶链式反应（PCR）

1. 引物　Sasaki 根据气肿疽梭菌 16S－23S rRNA 基因的沉默区设计一对特异性引物，扩增的目的基因片段为 509bp，引物如下：

Primer：IGSC4 5′-GAATTAAAACAACTTTATTAACAAATG-3′；

23UPCH 5′-GGATCAGAACTCTAAACCTTTCT-3′。

2. DNA 制备

（1）样本处理

①肌肉组织约 1g，加入 500μL 无菌生理盐水，使其被浸渍，并放置 5min，然后，把

肌肉组织从水中移走，保留肉汁。

②抗凝血 500μL。

③取 FAA 平板上的菌落一接种环。

（2）将上述样本重悬于 500μL 磷酸盐缓冲液，7 200*g* 离心 10min。

（3）弃上清液，沉淀再用 500μL 磷酸盐缓冲液洗涤一遍，7 200*g* 离心 10min，弃上清液。

（4）沉淀重悬于 250μL 无菌水中，沸水中煮沸 15min，之后保存于－20℃备用。

3. PCR 扩增 PCR 反应条件：94℃ 5min；94℃ 1min，54℃ 1min，72℃ 1.5min，30 个循环 72℃ 7min；4℃。

4. 结果判定 琼脂糖凝胶电泳检测可在 509bp 出现特异条带。同时用气肿疽梭菌 AN2548/02 煮沸的裂解物作为阳性对照，用与其关系比较接近的梭状芽孢杆菌（如败血梭菌和产气荚膜梭菌）作为阴性对照（E. Bagge 等，2009）。

二、放线菌病

放线菌病（actinomycosis）是由牛放线菌（*Actinomyces bovis*）引起的，是一种多菌性非接触性慢性传染病，又称大颌病、木舌病。本病的主要特征为头、颈、颌下和舌等部位发生化脓和结缔组织增生性硬肿或肿瘤样脓肿，也见乳牛乳腺的放线菌脓肿。

牛放线菌（*Actinomyces bovis*）为革兰氏阳性杆菌，无芽孢，不运动，呈菌丝状发育的厌氧菌。在 10% CO_2 环境中的厌氧培养基上生长良好。除葡萄糖外，还可发酵利用糖原、淀粉。触酶和氧化酶阴性。多数菌株不具溶血性，也不能利用胶原蛋白和酪蛋白。

[病原学诊断]

（一）无染色压滴标本镜检

1. 无菌采取病畜病灶、脓汁，放入无菌试管中，用无菌水或生理盐水稀释 5 倍，用力振荡，静置沉淀，然后弃掉上清液。

2. 再加生理盐水，反复洗涤 2～3 次，将沉淀倾入平皿内。

3. 将平皿放于黑纸上，用毛细管吸取淡黄色的小颗粒（菌芝）数个，置于载玻片上。

4. 加 15%氢氧化钾溶液于颗粒旁边（如颗粒已钙化特别坚硬时，可用盐酸溶解），覆以盖玻片，用力挤压至扁平，制成无染色压滴标本，于低倍镜（100～400 倍）下检查。

5. 结果判定 如果能看到放射状或菊花状的菌丝时，再结合临床症状，即可确诊。

（二）病原分离鉴定

1. 病料 采集与培养采集病灶中的硫黄样颗粒，于无菌研钵中研磨，接种于含有血清或血液的琼脂平板，置 37℃培养，进行有氧和厌氧培养，2d 后观察。

2. 培养特性检查 牛放线菌为厌氧菌。可见半透明、乳白色、不溶血的粗糙菌落，紧贴在培养基上，呈小米粒状，无气生菌丝。

3. 革兰氏染色镜检　牛放线菌中心部菌丝体染成暗紫色，四周的棍棒状体末端染成红黄色或蔷薇色。

4. 生化鉴定　能发酵麦芽糖、葡萄糖、果糖、半乳糖、木糖、蔗糖、甘露醇，产酸不产气，产生硫化氢，MR 阳性，吲哚阳性。

三、牛传染性角膜结膜炎

牛传染性角膜结膜炎（infectious keratoconjunctivitis，IK）又名红眼病（pink eye，PE），主要是由牛摩拉氏杆菌（*Moraxella bovis*）引起的危害牛、羊等反刍动物的一种急性传染病，以眼结膜和角膜发生明显的炎症变化，并伴有大量流泪为特征。疾病后期感染角膜呈乳白色，往往发生角膜混浊、溃疡甚至失明。

牛摩拉氏杆菌，培养时不需要特殊的生长因子，但营养要求严格，且湿度也要适宜。本菌能产生皮肤坏死性内毒素，并能在犊牛和兔的角膜内形成病灶。

［病原学诊断］

由牛摩拉氏杆菌感染引起的传染性角膜结膜炎，细菌学检查是确诊的主要依据，并注意区别牛摩拉氏杆菌和羊摩拉氏杆菌。

1. 病料采集　发病初期（即特异性抗体在眼分泌物中出现之前）用无菌棉拭子采集结膜囊内的分泌物、鼻液作为病料，置脑心浸液肉汤中立即送检。同时制作病料涂片，供染色检查用。

2. 革兰氏染色法染色镜检　牛摩拉氏杆菌革兰氏染色阴性，有荚膜，不形成芽孢，不运动。病料中常成双存在，偶见短链，具多形性，有时可见球状、杆状、丝状菌体。病料中检出病原菌，结合发病情况，可确诊。

3. 分离培养　用铂耳接种针钩取少量病料标本，划线或涂布接种于巧克力琼脂平板、牛血或羊血脑心琼脂（牛血优于羊血）培养基（平板应新制），置 35℃培养 24～48h。本菌可生长形成圆形、边缘整齐、光滑、半透明、灰白色的菌落。如接种于鲜血琼脂平板，呈 β 溶血。观察并挑选可疑菌落进行生化试验和血清学试验以鉴定分离菌株。初次分离菌株有荚膜。

4. 动物接种试验

（1）将 9 只小鼠分为对照组（3 只）和试验组（6 只）。

（2）将患牛角膜结膜囊分泌液涂布于试验组小鼠双眼，对照组用营养肉汤。

（3）考虑到可疑病原与紫外线的相互关系，接种第 2 天开始，白天即在自然光线下饲养。接种后第 7 天，实验组 1 小鼠单侧眼出现羞明流泪，第 8 天该鼠眼睑肿胀，眼分泌物增多，同时实验组又出现 2 只羞明流泪小鼠，精神沉郁，之后症状加剧，3 只小鼠分别在第 10 天、11 天死亡，其他鼠继续以同样方法饲养 5d，未见上述症状。另外，在死鼠患眼中检出革兰氏阴性球菌。

5. 培养特性检查　本菌为需氧菌，在含有血液或血清的培养基上生长良好。菌落呈半透明，灰白色，稍有黏性，并形成狭窄的透明溶血环。

6. 生化特性 本菌不发酵碳水化合物，硝酸盐还原及靛基质试验反应阴性，可以缓慢液化明胶，其他生化指标见表 13-12。

表 13-12 牛摩拉氏杆菌生化鉴定表

理化项目	触酶	氧化酶	需氧	运动性	普通琼脂肉汤中生长	42℃条件生长	麦康凯上生长	在4%NaCl肉汤生长	尿素酶	糖发酵实验				
										葡萄糖	乙醇	麦芽糖	木糖	蔗糖
实验结果	+	+	+	−	β	+	−	−	−	−	−	−	−	−

四、牛副结核

牛副结核病（bovine paratuberculosis）是由副结核分支杆菌（*Mycobacterium paratuberculosis*）引起反刍动物为主的慢性消耗性传染病，可通过病畜传染给人类或其他动物。以顽固性腹泻、肠黏膜增厚并形成皱襞为特征。

副结核分支杆菌为禽分支杆菌亚种（*Mycobacterium*，*avium* subsp. *paratuberculosis*），属于非结核抗酸菌群的一个种，其基因组与禽分支杆菌的同源性非常高。现在将其划为禽分支杆菌的一个亚种。该菌的特征为生长非常缓慢，在琼脂培养基上需 6 周以上才能形成可见的菌落，而且生长时为了形成分枝菌素，其营养成分需要螯合铁。

［病原学诊断］

抗酸染色镜检

1. 材料准备

（1）抗酸染色试剂 ①石炭酸复红液：碱性复红乙醇饱和液（95%乙醇 100mL，加碱性复红 5～10g）10mL，5%石炭酸水溶液 90mL，将二者混合均匀备用。②碱性美蓝染色液：美蓝乙醇饱和液（95%乙醇 100mL 中加美蓝 2g）20mL，0.01%氢氧化钾（KOH）水溶液 100mL 两者混合即成。③3%盐酸乙醇溶液：浓盐酸 3mL，95%乙醇 97mL 混合即成。

（2）0.5%氢氧化钠液

2. 操作方法

（1）样本处理 取待检粪样（尽可能取带有黏液或血丝的粪便）15～20g，加约 3 倍量的 0.5%氢氧化钠液，混匀，55℃水浴乳化 30min，以 4 层纱布过滤，取滤液 1 000r/min 离心 5min，去沉渣后，再以 3 000～4 000r/min 离心 30min，去上清液，沉淀备用。

（2）涂片制备 取上述处理后的粪便或者直肠刮取物、病变肠段黏膜直接涂片，火焰固定。

（3）抗酸染色镜检 将涂片置酒精灯外焰加热至产生蒸汽（不能煮沸）维持 2～5min 后，水洗，甩干，用 3%盐酸酒精脱色 0.5～1min，至无色脱出，水洗后再用碱性美蓝染色 1～2min，水洗，干燥，镜检。

3. 结果判定　经抗酸染色后，抗酸菌被染成红色，为抗酸阳性；其他细菌染成蓝色，为抗酸阴性。

背景细胞及杂质也被染成蓝色。如发现视野内有被染成红色、成丛排列的短杆菌即为细菌检查阳性（+），否则判为细菌检查阴性（-）。

[皮内变态反应试验]

1. 材料准备

（1）器材　游标卡尺、灭菌的 1 mL 注射器及针头、75%酒精棉、记录本等。

（2）变应原、副结核分支杆菌提纯蛋白衍生物（副结核 PPD）或禽分支杆菌提纯蛋白衍生物（禽结核 PPD）。

2. 操作方法

（1）将被检动物编号，在颈侧中 1/3 处中部的健康皮肤处剪毛，直径约 10cm，将注射部位的皮肤用手捏起，以卡尺测量皮肤皱褶厚度并记录。局部消毒。

（2）将变应原以灭菌生理盐水稀释至 0.5mg/mL，与皮肤呈 15°～20°的角度进行皮内注射。注射后注射部位应呈现绿豆至黄豆大小的小包。无论动物种类及大小一律皮内注射 0.1mL。如注至皮下或溢出，应于离原注射点 8cm 以远处补注一针，并在记录中加以说明。

（3）羊在尾根无毛的皱褶部进行皮内注射。

3. 结果判定　注射 72h 观察反应，检查注射部位有无热、肿、痛等炎性反应，并以卡尺测量注射部位的皮肤皱褶厚度。

（1）判定标准如下。

①变态反应阳性（+）：局部有炎性反应，皮厚差≥4mm。

②变态反应疑似（±）：局部炎性反应不明显，皮厚差 2.1～3.9mm。

③变态反应阴性（-）：局部 NKK 或炎性反应不明显，皮厚差≤2.0mm。

（2）羊有反应者（不论皮厚差大小和炎性反应轻重）判为变态反应阳性（+），无任何反应者判为变态反应阴性（-）。

（3）变态反应疑似，应于 3 个月后复检，于注射部位对侧的相应部位进行皮内注射，72h 后仍判为变态反应疑似，则判为变态反应阳性。

五、牛瘟

牛瘟（rinderpest）是由牛瘟病毒（Pestivirus bovis）引起偶蹄动物的急性传染病。特征为下痢，体温升高，白细胞减少。传播力强。牛和水牛的病死率高。

牛瘟病毒为副黏病毒科（Paramyxoiridae）、副黏病毒亚科（Paramyxovirinae）、麻疹病毒群（Morbillivirus）的负链单股 RNA 病毒。结构蛋白有 N、P/C/V、M、F、H、L。只有一个血清型。致病力和生物学特性因流行毒株不同而异。

[病原学检查]

病毒分离

1. 从血样中分离牛瘟病毒，需用抗凝血。抗凝血 2 500r/min 离心 15min，吸出血浆和红细胞之间的棕黄层，与 20mL 生理盐水混合，按洗涤程序离心 1 次，除去血浆中存在的早期中和抗体。另外，可以将淋巴结或脾脏用标准研磨或剪碎技术处理后无血清的培养维持液制成 20%（*w/v*）悬液用于病毒分离。

2. 细胞沉淀加入 2mL 维持液悬浮、混匀或者用淋巴结或脾脏组织悬液接种原代牛肾细胞或 Vero 细胞单层，定期换营养液，并观察特征性细胞病变。

3. CPE 特征。细胞变圆、有折射性、细胞皱缩、胞浆拉长（星状细胞）或巨细胞形成。

[血清学试验]

1. 琼脂免疫扩散试验（AGIDT） AGID 能在田间条件下诊断牛瘟。由于操作简便，能在感染组织中限定性地检测出牛瘟病毒，因此，该方法得到了广泛应用。

（1）琼脂板制备　1%（*w/v*）高级琼脂或琼脂糖，倒 4mm 在平皿或载玻片上，制成琼脂板。

（2）打孔　琼脂按 7 孔模型打孔。用载玻片则孔径 3mm，孔距 2mm。用平皿孔径 4mm，孔距 3mm。孔距越小，反应时间越短。

（3）待检抗原制备　用送检的淋巴结切面渗出液制备，如无渗出液，可取小块样品研磨；眼分泌物可直接用棉拭子或将拭子放注射器针管内挤压取得。

（4）加样　兔抗牛瘟高免血清加入中央孔，阳性对照抗原（用牛瘟感染细胞或阳性感染公牛肠系膜淋巴结浸液制备）加入周围 1、3、5 孔。阴性对照抗原加入周围第 4 孔。待检抗原是待检样品，加入第 2 孔和第 6 孔。

（5）感作　在 4℃或较低的室温下感作 24h 后观察结果。

（6）结果判定　在阳性抗原孔与中央孔之间形成沉淀线的前提下进行结果判定。待检孔与中央孔之间有清楚而明显的沉淀线判定阳性。

2. 中和试验　无菌采集急性病例血清，临床症状缓解后 2 周再采一次。用双份血清检查中和抗体的水平升高情况。

用牛肾细胞或 Vero 细胞做标准中和试验。

（1）灭活血清做 1∶2 或 1∶10 倍比稀释，与等量的病毒悬液（约 10^3 $TCID_{50}$/mL）混合，4℃过夜。

（2）分别在 5 个细胞培养管内加入 0.2mL 混合液，再立即加入 1mL 分散的细胞液（悬浮于生长液中，浓度 2×10^5/mL）。

（3）37℃斜置培养 3d，弃去表现病毒特异性细胞病变的培养管，其余的管内营养液倒掉后换维持液。

（4）转动培养，检查 7d 终判，计算终点，如攻毒剂量降至 $10^{1.8}$～$10^{2.8}$ $TCID_{50}$/管即为合格。

（5）加病毒混合后，血清稀释即增加 1 倍。过去，1∶2 稀释检测到抗体时即判为阳性，这一标准仍然对国际贸易及对疫苗检测可疑牛还是适用的，但对注苗后免疫力试验，1∶8 及其以上即可判为阳性。

中和试验也可在微量反应板上做。一般用灭菌的 96 孔平底细胞培养板。血清做 2 倍系列稀释（25μL）加 25μL 牛瘟病毒，使病毒滴度达 100$TCID_{50}$/孔，4℃过夜，每孔加 150μL 牛肾细胞 $1\times10^{3.6}$/mL 或 Vero 细胞，将板密封，37℃培养，显微镜观察 7d。接毒量、阴性和阳性判定标准与试管试验相同。

本试验可用于注苗后牛血清学监测，也能在野外普查中检测恢复期的动物。但不宜用于检测绵羊和山羊，因为羊血清中含有非特异性病毒抑制因子。

3. 竞争酶联免疫吸附试验（cELISA）　本试验是根据牛瘟单克隆抗体与血清样品中抗体竞争性结合固相的牛瘟抗原设计的。血清样品中牛瘟病毒抗体能阻断单克隆抗体的结合，在加入酶标抗鼠 IgG 结合物和底物/染色液后，引起溶液颜色减退。因为它是一种固相试验，每步骤都有冲洗程序，以除去未结合的试剂。

（1）材料准备　ELISA 抗原的制备，是用牛瘟病毒弱毒 Kabete “O” 株感染Madin-Darby 牛肾细胞（MDBK），用硫酸铵沉淀法或超声处理与离心相结合的方法制备。单抗必须是牛瘟特异的（不与小反刍兽疫发生交叉反应）。PBS 液（pH7.6）用于抗原吸收，所有其他试剂的稀释均用加有 0.1%（*v/v*）吐温－20 洗涤剂和 0.3%（*v/v*）正常牛血清的 PBS 液（阻断液）。加液量均为 50μL，并均是在轨道式振荡器上 37℃感作 1h。

（2）实验步骤

①用预先确定的最佳稀释度（一般 1∶100）的抗原包板，细胞板用 1∶5 稀释的 PBS 液（冲洗液）冲洗 3 次，除去未结合的抗原。

②再加入 10μL 纯血清与 40μL 阻断液稀释的待检血清。每板设强阳性、弱阳性和阴性对照。

③立即加入 50μL 用阻断液按预先确定的稀释度（一般 1∶1 000）的辣根过氧化物酶标记的免抗鼠结合物，感作，冲洗。

④加入 50μL 底物或染色液（过氧化氢/邻苯二胺），显色 10min。

⑤再加入 1mol/L 硫酸溶液封闭。用 ELISA 仪在 492nm 下判读。每板设有单克隆抗体对照，即加有抗原、单克隆抗体、酶结合物，不加待检血清，以计算每份血清抑制百分值（PI）。

血清抑制百分值大于 50%（即比原色减弱 50%者）判为阳性。

[分子生物学检查]

采用巢氏聚合酶链式反应（nPCR）。

1. 引物　刘金玲等根据牛瘟病毒 F 基因核苷酸序列，设计合成了 2 对特异性引物，用于 nPCR 扩增，用于快速鉴定牛瘟病毒，序列见表 13－13。

表 13-13 牛瘟 nPCR 检测引物

基因	引物	序列	产物长度（bp）
F	RPVF	5′-AAG AGG CTG TTG GGG AC-3′	436
	RPVF4	5′-GCT GGG TCC AAA TAA TGA-3′	
F	RPVF3a	5′-GCT CTG AAC GCT ATT ACTAAG-3′	235
	RPVF4a	5′-CTG CTT GTC GTA TTT CCTCAA-3′	

RPVF3，RPVF4 为外层 PCR 引物，RPVF3a，RPVF4a 为内层 PCR 引物，引物用超纯水按 50 pmol/μL 稀释。－20℃冻存备。

2. 病毒核酸的抽提 将牛瘟 Vero 细胞毒、牛瘟血毒用 Trizol 试剂盒抽提，方法按照说明书进行，然后用紫外分光光度计测核酸的含量及纯度。

3. cDNA 合成 采用 20μL 反应体系，在反应体中加入随机引物 2μL，BSA 2μL，dNTP 1μL，模板 8μL，5×RT Buffer 4μL，DTT 2μL，65℃预热 10min，后迅速转入 0℃制冷 10min。加入反转录酶 Supercript 1μL，按如下程序进行反转录，42℃ 60min，0℃ 15min，4℃ 30min，－20℃保存备用。

4. PCR 反应 50μL 反应体系：10 × Buffer 5.0μL，50 pmol/μL 引物 RPVF3，RPVF4 各 1.0μL，dNTPs 1μL，BSA 2μL，模板 2μL，Tag DNA 聚合酶 0.5μL，DEPC H_2O 37.5μL。

PCR 扩增程序：95℃预热 5min；94℃ 1min，51℃ 1min，72℃ 2min，共进行 30 个循环。

取上述 PCR 产物 1μL 做模板按下列体系进行 nPCR：10×Buffer 5.0μL，50pmol/μL 内层 PCR 引物 RPVF3a，RPVF4a 各 1.0μL，dNTPs 1μL，BSA 2μL，模板 1μL，Taq DNA 聚合酶 0.5μL，DEPC H_2O 38.5μL。PCR 扩增程序：95℃ 5min；94℃ 1min，51℃ 1min，72℃ 2min，共进行 30 个循环，72℃延伸 10min。

5. 结果判定 采用常规方法配置的浓度为 1%琼脂糖，将套氏 PCR 产物进行电泳分析，阳性结果：第一轮 PCR 扩增产物为 436bp，第二轮 PCR 扩增产物为 235bp。

六、牛传染性鼻气管炎

牛传染性鼻气管炎（infectious bovine rhinotracheitis），或称传染性脓疱性外阴阴道炎，是由牛传染性鼻气管炎病毒（Bovine infectious rhinotracheitis virus）引起的一种急性接触性传染病，以上呼吸道炎症为特征。在临床上表现为多种病型，如上呼吸道黏膜炎症、脓疱性外阴阴道炎、龟头炎、结膜炎、幼牛脑膜脑炎、乳房炎、流产等，可以认为由同一种病原引起多种病症的疫病，呈世界性分布。

本病病原为牛疱疹病毒 1 型。为疱疹病毒科（Herpesviridae）、疱疹病毒甲亚科（Alphaherpesvirinae）、水疱病毒属（*Varicellovirus*）。本病毒基因组为双链 DNA，用限制性内切酶酶切分析将其分成 1、2a 和 2b 三个亚型。1 亚型常致呼吸道感染，2 亚型多从生殖道病变中分离。后者的致病性比前者弱。用常规的血清学方法不能将二者区分开，因此，所有病毒株属于同一血清型。本病毒能凝集 C57BL 鼠的红细胞。病毒对理化因素的抵抗力较弱，易被热或适当的消毒剂灭活。

［病原学检查］

病毒分离鉴定

1. 材料准备

（1）病料的采集

①呼吸道拭子：用灭菌拭子伸入鼻道采取分泌物，然后放入含青霉素 1 000U/mL，链霉素 1 000μg/mL，pH7.2 的 Earle′s 液中。也可用棉拭子刮取眼分泌物，并用相同的方法处理。

②阴道拭子：用棉拭子采集脓包性外阴阴道炎早期病变的阴道黏液，放入含青霉素 1 000U/mL，链霉素 1 000μg/mL，pH7.2 的 Earle′s 液中。

③脑组织样品：在剖检时无菌采集脑组织。

④流产胎儿组织样品：刚死亡的胎儿，无菌采集肺、肾、脾等各种组织样品，放入每 1.0mL 含有 1 000U 青霉素，1 000μg 链霉素，pH7.2 的 Earle′s 液中。

⑤精液：至少采集新鲜精液，或冷冻精液 0.5mL，置液氮中保存备用。

（2）样品的运送　采集的样品立即放入 4℃冰箱保存，在 24h 内送到实验室。

（3）样品处理

①收到棉拭子样品后，先经冻融 2 次，并充分振动，拧干棉拭子，将样品液 10 000r/min 离心 10min，取上清液作为组织培养的接种分离材料。

②组织样品先用 Earle′s 液或 Hank′s 液（pH7.2）制成 20%的匀浆悬浮液，再经 10 000r/min 离心 10min，取上清液作为接种分离材料。

③精液冻融 2 次或超声波裂解，再经 10 000r/min 离心 10min，新鲜精液通常对细胞有毒性，在接种前应预先做稀释处理，用 Earle′s 液作 1∶15 稀释。

2. 样品接种　取经处理过的样品 0.2mL 接种到已形成良好单层的牛肾或睾丸原代或次代细胞培养瓶中。每份样品接种 4 瓶，于 37℃吸附 1h 后，倾去接种液，用 Earle′s 液洗 3 次，最后加入含 3%（不含 IBR 抗体）的犊牛血清细胞维持液 1mL。置 37℃培养，逐日观察细胞病变；若 7d 仍不出现致细胞病变，则收获培养物继代于新制备的细胞上，盲传 3 代后，观察细胞病变，出现病变者收获培养物，保存于−70℃待鉴定。

3. 病毒鉴定　病毒致细胞病变特点是细胞变圆，聚合，呈葡萄串状、拉网状，最后脱落。取出现上述病变的细胞培养物，经冻融、裂解 2 次后，以 10 000r/min 离心 10min，取上清再做下列试验。

（1）组织培养感染剂量（$TCID_{50}$）的测定　按 Reed - Muench 方法测定，计算分离物 $TCID_{50}$终点。

（2）分离物做血清中和试验　用 IBR 标准阳性血清（效价 1∶32 以上）和阴性血清

分别与该分离物做中和试验（固定血清—稀释病毒法）按 Reed-Muench 法分别计算 $TCID_{50}$。

如分离物引起典型的 IBR 细胞病变，并且经血清中和试验，其阳性血清组和阴性血清组的 $TCID_{50}$。对数之差≥2.5，则判该分离物为 IBR 病毒。

［包含体检查］

因本病毒可在牛胚肾、睾丸、肺和皮肤的培养细胞中生长，并形成核内包涵体，故可用感染的单层细胞涂片，用 Lendrum 染色法染色，镜检细胞核内包涵体，细胞核染成蓝色，包含体染成红色，胶原为黄色。也可采取病牛病变部的上皮组织（上呼吸道、眼结膜、角膜等组织）制作切片后染色、镜检。

［血清学试验］

（一）微量血清中和试验

1. 材料准备

（1）器材　灭菌的 96 孔细胞培养板，50μL、100μL、300μL 微量移液器，灭菌的塑料滴头，无毒透明胶带（其宽度与培养板一致），灭菌的塑料锥形带盖离心管，倒置显微镜。

（2）试验材料　IBRBaitha-Nu/67 弱毒株冻干毒，标准阳性血清，标准阴性血清。

（3）细胞培养液　L－E 细胞培养液。

（4）细胞　无菌采取犊牛肾或睾丸，按常规胰蛋白酶消化法制备牛肾（BK）或睾丸（BT）细胞，置 37℃温箱培养，长成良好单层备用，一般使用继代细胞，但不超过 4 代，传代细胞系（MDBK）也可使用。

（5）病毒抗原制备　将 IBRBaitha-Nu/67 弱毒株冻干毒用 L－E 细胞培养液（0.5%水解乳蛋白- Earle′s 液）作 10 倍稀释，长成良好单层的 BK 或 BT 细胞瓶，用 Earle′s 液洗 2 次后，按原培养液 1/10 量接毒，置 37℃温箱吸附 1h，然后加入 pH7.1～7.2 内含青霉素 200U/mL、链霉素 200μg/mL 的 L－E 液至原培养液量，37℃培养，待 80%～90%细胞出现典型的 IBR 病变时收获培养物，冻融 2 次后，以 3 000r/min 离心 20min，其上清液即为病毒抗原。测定病毒滴度（$TCID_{50}$）并分装小瓶，每瓶 1mL，做好标记和收毒日期，储存于－70℃备用。半年内病毒滴度保持不变。

（6）病毒滴度测定　将制备的病毒抗原，用 pH7.0～7.2 L－E 液作 10 倍递增稀释至 10^{-7}，每一个滴度接种细胞培养板 4 孔，每孔 50μL。随后每孔加入细胞悬液（含 50 万～60 万细胞/mL）100μL 和细胞培养液 50μL。设 4 孔细胞对照，用透明胶带封板，置 37℃培养，观察 1 周，每天记录细胞病变情况。50%细胞培养物感染量（$TCID_{50}$）：按 Reed-Muench 方法计算。即 $TCID_{50}$- 50%百分数的病毒稀释度的对数＋距离比值×稀释系数（10）的对数。

距离比值＝（高于 50%的百分数－50）/（高于 50%的百分数－低于 50%的百分数）

（7）被检血清　无菌采集分离血清，不加任何防腐剂。

2. 操作方法

（1）血清均于水浴中56℃灭活30min。

（2）将一瓶已知滴度IBR病毒抗原，用pH7.0～7.2 L－E液稀释成含$100TCID_{50}/50\mu L$。

（3）取0.3mL病毒悬液与等量的被检血清于塑料锥形管（或小试管中）中混合，置37℃温箱中和1h。

（4）将已中和的被检血清一病毒混合物加入培养板孔内，每个样品接种4孔，每孔$100\mu L$。

（5）于每一样品孔加入$100\mu L$细胞悬液，用透明胶带封板，置37℃温箱培养。

（6）每次试验时需设以下对照。

①标准阳性血清加抗原和标准阴性血清加抗原对照，其操作程序同（一）2（4），（一）2（5）。

②被检血清毒性对照：每份被检血清样品接种2孔，每孔$50\mu L$，再加细胞悬液$100\mu L$。

③细胞对照：每孔加$100\mu L$细胞悬液，再加细胞培养液$100\mu L$。

（7）实际使用病毒抗原工作量测定　将病毒抗原工作液（$100TCID_{50}/50\mu L$）作10倍递增稀释至10^{-3}，取病毒抗原工作液及每个稀释度接种4孔，每孔$50\mu L$，加细胞培养液$50\mu L$，再加细胞悬液$100\mu L$，按Reed-Muench方法，计算本次试验$TCID_{50}/50\mu L$的实际含量。

3. 结果判定

（1）判定方法　接种后72h判定结果。当病毒抗原工作液对照，标准阴性血清对照均出现典型细胞病变；标准阳性血清对照无细胞病变，被检血清对细胞无毒性，细胞对照正常，病毒抗原实际含量在$30～300TCID_{50}$时，方能判定，否则被认为无效。

（2）判定标准　未经稀释的被检血清能使50%或50%以上细胞孔不出现病变者判为阳性。

（二）酶联免疫吸附试验

1. 材料准备

（1）抗原　标准阴性血清，阳性血清和抗牛免疫球蛋白一辣根过氧化物酶标记抗体。

（2）溶液　抗原包被缓冲液、封闭液、洗涤液、底物溶液和终止液。

（3）器材　聚苯乙烯酶标反应板，酶标仪，微量可调移液器（$20～200\mu L$）和滴头。

2. 操作方法

（1）抗原包被　用包被缓冲液将抗原稀释至工作浓度包被反应板，每孔$150\mu L$ 4℃包被12h，包被板置4℃下30d内均可使用。

（2）洗板　甩掉孔内的包被液，注满洗涤液，再甩干，如此连续操作5遍。

（3）封闭　每孔注满封闭液，置37℃封闭90min，然后按（二）2（2）洗涤。

（4）加样　标准阴、阳性血清和被检血清均用封闭液作100倍稀释，每份被检血清加2孔，每孔$150\mu L$。每块板均设标准阴、阳性血清及稀释液对照各2孔。加样完毕后封板，放37℃孵育1h，再按（二）2（2）洗涤。

（5）*加酶标记抗体*　每孔加入用封闭液稀释至工作浓度的酶标记抗体150μL。置37℃再孵育1h，按（二）2（2）洗涤。

（6）*加底物*　每孔加底物溶液150μL，置室温（20℃左右）避光反应20min。

（7）*终止反应*　每孔加终止液25μL。

3. 结果判定

（1）*P/N比法*　被检样品（P）的吸光度值和阴性标准样品（N）值之比。

P/N<1.50，判为阴性；

2.0≥P/N>1.50，判为可疑；

P/N≥2.0，判为阳性。

（2）*目视比色法*　被检血清孔近于或浅于标准阴性血清孔者判为阴性；略深于标准阴性血清孔者判为可疑；明显深于标准阴性血清孔者判为阳性。

（3）凡可疑被检血清均应重检，仍为可疑时，则判为阴性。

［分子生物学实验］

PCR鉴定

1. 引物　根据OIE推荐的PCR引物。N1：5′-TACGACTCGTTCGCGCTCTC-3′；N2：5′-GGTACGTCTCCAAGCTGCCC-3′。扩增目的基因片段大小为478 bp。

2. 病毒DNA的提取　将病毒培养物冻融2～3次，取560 μL加入30μL 100 g/L SDS和3μL 20 g/L蛋白酶K，37℃水浴60min，先后以酚/氯仿和氯仿各抽提1次，0.8倍体积异丙醇沉淀，700mL/L乙醇洗涤，干燥后加适量超纯水溶解。

3. PCR扩增　50μL反应体系中加入10×Ex Taq buffer 5μL，dNTP（各2.5 mmol/L）4μL、$MgCl_2$（25mmol/L）4μL、引物（20μmol/L）各0.5μL，Ex Taq™酶0.25 μL、病毒DNA 2μL、ddH_2O至50μL。瞬间离心后进行PCR扩增。同时设MDBK细胞DNA和无DNA的空白对照。

扩增条件为：95℃预变性5min，95℃ 1min，65℃45s，72℃ 45s，10个循环；95℃ 1min，54℃ 45s，72℃ 45s，15个循环；95℃ 1 min，60℃ 45s，72℃ 45s，10个循环，最后72℃延伸10min。PCR产物用15g/L琼脂糖凝胶电泳后观察结果。

4. 结果分析　用IBRV特异性引物对分离培养物和IBRV标准株进行PCR扩增，若发现分离培养物和IBRV标准株均能扩增出与目的基因片段大小一致的特异性条带，扩增结果清晰，无杂带，则为阳性。

七、牛病毒性腹泻/黏膜病

牛病毒性腹泻/黏膜病（bovine viral diarrhea-mucosal disease）是由牛病毒性腹泻病毒（Bovine viral diarrhoea virus，BVDV）引起的接触性传染病，以腹泻和整个消化道黏膜坏死、糜烂或溃疡为特征。6 月龄以后的育成牛常发。

BVDV 为黄病毒科（*Flaviviridae*）、瘟病毒属（*Pestivirius*）。本病毒为单股正链 RNA 病毒，呈圆形，有囊膜，病毒粒子为直径 40～60nm 的圆形颗粒，一般无血凝性。根据病毒核酸序列的多样性，将本病毒分为 1 型和 2 型（基因型）。病毒 1 型和 2 型的抗原性有明显的差异，但是二者的致病性没有明显的不同。本病毒可用胎牛的肌肉细胞、睾丸细胞、鼻甲骨细胞和肾脏细胞系进行培养。有的毒株可致 CPE（cp 株），而有的毒株不能诱导 CPE（ncp 株）。病毒对温度敏感，56℃很快被灭活，在低温下稳定。一般消毒药均可杀灭。

［病原学诊断］

病毒分离鉴定

病毒分离有多种方法，但所有方法要在检测标准病毒制剂时出现最高敏感度，这包括在体外传 1 代或 1 代以上。采用常规方法进行病毒分离时，为检测非致细胞病变病毒，增加一个免疫标记步骤（荧光素或酶）。试管培养应包含飞片，在飞片上可直接固定和标记培养物。

1. 材料准备

（1）阳性参照毒株为牛黏膜病病毒俄勒冈毒株（Oregon C_{24}V）。

（2）BVD/MD 荧光抗体（BVD/MD－FA）、阳性血清。

（3）荧光显微镜。采用蓝紫光为激发光的透射式或落射式荧光显微镜。

（4）溶液配制。pH 7.0～7.2 0.01 mol/L 磷酸盐缓冲液，pH 9.0～9.5 0.5 mol/L 碳酸缓冲甘油。

2. 病毒分离

（1）样品的采集

①对于牛群、种公牛的检疫，无菌采血液或精液。

②对怀疑为急性感染期或持续感染的牛，采血或鼻分泌物。

③对流产、死胎，采胎儿的组织。

④对怀疑为死于黏膜病的牛，可采集血块和各组织，尤其是肠道集合淋巴组织。如果肠道样品已发生自溶，可采扁桃体或淋巴结。

（2）样品处理

①血液用常规方法分离血清。

②凝血块：冻融数次后，取析出的上清液（加入适量的双抗，即青、链霉素）。

③组织样品用含 1 000 U/mL 双抗的细胞培养液作 1∶10 倍的乳剂，离心取上清液。

④精液冻融 3 次（或超声波裂解处理），用细胞培养液作 1∶10 倍稀释，离心取上清液。

⑤鼻分泌物：用含 1 000 U（mg）/mL 双抗的培养液 4 倍稀释后，离心取上清液。

以上各样品处理后均需做无菌检验。

(3) 样品的接种培养

①将 10mL 牛睾丸原代细胞接种于小扁瓶，置 37℃静止培养。培养到细胞形成 80%以上单层。

②倒去培养液，接种样品，每瓶接种样品 1mL，每份样品接种 3 瓶。

③置 37℃吸附 2～3h。

④吸附后，将样品倒去，加维持液（另加 3%犊牛血清）10mL 置 37℃恒温培养。

⑤培养 6d 后，将其冻融 3 次，收集 3 瓶细胞及其培养基，混合后即为样品分离细胞培养物。

3. 样品分离物的病毒鉴定

(1) 分离物的细胞玻片培养

①将 1mL 牛睾丸原代细胞悬液，接种于带盖玻片的 Leighton′s，置 37℃培养，至盖玻片上细胞生长成 80%的单层。

②取 4 个 Leighton′s 管，倒去培养液，每瓶接种 (3) 5 中样品分离细胞培养物 1 mL。

③置 37℃吸附 2～3h。

④吸附后，加维持液 1 mL，置 37℃恒温培养 3d。

⑤取出细胞玻片，用 pH 7.6 PBS 轻轻漂洗，倾去液体，自然干燥。用纯丙酮室温固定 10～15min。

⑥取各组固定后的细胞玻片（样品组取半数，余者在必要时作抑制染色试验用），置湿盒内，细胞面向上，滴加 BVD/MD-FA，并使免疫荧光抗体（FA）铺满而又不溢出于细胞面。将湿盒盖盖严，置 37℃染色 2h。随后取出，用 pH 7.6 PBS 洗涤 3 次，倾去液体。

⑦封片：将细胞面向下，用碳酸盐缓冲甘油封贴于载玻片上。

(2) 对照

阳性参照组：取带有 3（1）①的 Leighton′s 管 2 管，每管接种 0.1 mL 100$TCID_{50}$的 Oregon C_{24}V，此后按 3（1）③～⑦方法操作。

阴性对照组：取带有 3（1）①的 Leighton′s 管 2 管，按 3（1）⑤～⑦方法操作。

(3) 镜检

①被 BVD/MDV 感染的细胞，在蓝紫光激发的荧光显微镜下，胞浆呈黄绿色的荧光，并常见有闪烁明亮黄绿色荧光的细小颗粒散布于胞浆内。未感染细胞无荧光。

②荧光观察记录：荧光在激发光照射下，随时间延长而明显减弱，因此在染色后，应尽快镜检及时记录，记录可分为：

(－) 无荧光；

(＋) 荧光微弱，形态不清晰；

(＋＋) 荧光较亮，形态清晰；

(＋＋＋～＋＋＋＋) 荧光较强，明亮闪烁，形态清晰。

[分子生物学诊断]

参照孟雨等（2010）建立的牛黏膜病 RT-PCR 诊断方法。该方法从样品 RNA 提取、反转录到PCR扩增以及电泳检测，全部过程可在4h内完成，不仅节省了时间，而且减少了操作步骤，可方便快捷地扩增出目的片段，适合于大规模推广应用。

1. 引物 根据BVDV 5′UTR基因序列设计一对特异性引物，PCR扩增产物为218bp，引物如下：

上游引物：5′- TGAGTACAGGGTAGTCGTCA - 3′；

下游引物：5′- TCAACTCCATGTGCCATGT - 3′。

2. RNA模板的制备 取解冻的待检病料（淋巴结等）3g左右，用灭菌的手术剪剪碎，加入适量的生理盐水或PBS溶液（pH7.2）混匀，用灭菌研磨器充分研磨，再用1.5mL Eppendorf管分装，反复冻融2～3次，－70℃保存备用。牛血清可直接进行提取。

取病毒液、病料混悬液250μL按Trizol试剂盒操作说明书提取病毒基因组RNA，用20μL DEPC水溶解，－20℃冻存备用。

3. RT - PCR扩增 取10 μL RNA，加入1 μL下游引物（20μmol/ L)、4μL 5 ×AMV缓冲液、4μL dNTPs、0. 5μL RNA酶抑制剂、0.5μL AMV，室温静置5min，42 ℃水浴1h进行反转录，获得cDNA模板。

PCR反应体系：10 ×PCR缓冲液2.5μL，dNTPs 2μL，上、下游引物各0.5μL（20μmol/ L)，rTaq DNA聚合酶0.5μL，cDNA 3μL，加水至25μL。

PCR反应程序为：95 ℃预变性5min；94℃ 40s，52℃ 40s，72℃ 50s，循环32次；72 ℃延伸8min，4℃ 10min。

4. 结果判定 反应结束后，分别取5μL PCR产物进行常规电泳检测，阳性样本可以获得218bp目的基因片段。

八、恶性卡他热

恶性卡他热（malignant catarrhal fever，MCF）是由恶性卡他热病毒引起牛的热性、急性、致死性传染病。以高热、双侧角膜混浊、口鼻部坏死和口腔黏膜溃疡为特征。虽为散发，但病死率很高。

牛羚型恶性卡他热（WA-MCF）病原为牛羚疱疹病毒1型（Alcelaphine herpesvirus 1，AHV1)，绵羊型恶性卡他热（SA-MCF）的病原为绵羊疱疹病毒2型（Ovine herpesvirus 2，OHV2)。两者都属于疱疹病毒科（Herpesviridae)、γ-疱疹病毒亚科（Gammaherpesvirinae)、猴病毒属（*Rhadinovirus*)。为双链DNA病毒，而且是很强的细胞结合型病毒。病毒粒子有囊膜，直径140～220nm，核衣壳呈20面体对称，核酸为双股DNA，细胞核内复制。

牛羚疱疹病毒1型病毒可用牛胸腺细胞等培养。而关于绵羊疱疹病毒2型病毒，现在只知道其与牛羚疱疹病毒1型病毒有同源基因，两者存在抗原交叉反应。

[血清学诊断]

(一) 病毒中和试验 (VN)

1. 材料 本法进行 AHV-1 抗体的检测，既可以用于自然感染宿主，也可用于指示宿主。其中第一种是应用 WC11 株的无细胞毒，或另外一种 AHV-2 进行的病毒中和试验。该试验是件很费力的工作，但可应用低传代细胞或细胞系在微量滴定板上进行。主要用于自然感染的野生动物、动物园动物，绵羊群感染范围和程度方面的研究。可以诱发高滴度 VN 抗体，但没有多大保护作用。

牛肾、甲状腺原代或次代细胞、低传代睾丸或其他合适的细胞培养物上生长的 AHV-1原种毒（WC11 美洲株），分装后置−70℃保存。滴定原种毒，按试验条件测算出 25μL 中和 100$TCID_{50}$的稀释度。

2. 试验程序

(1) 血清 56℃水浴灭活 30min。

(2) 在 96 孔平底细胞培养滴定板内，用细胞培养液对试验血清作 1：(2～16) 倍比稀释，另设阳性及阴性对照血清试验孔。每个稀释度 4 个孔，每孔 25μL。目前虽然没有标准血清，应用滴定法可以确定适当范围的阳性标准血清。

(3) 每孔加入 25μL WC11 原种病毒，用培养液稀释成100$TCID_{50}$/孔。

(4) 37℃培养 1h，剩余病毒原液做同样培养。

(5) 按 4 个 10 倍稀释步骤，回归滴定剩余病毒，每孔 25μL，每孔稀释度至少 4 孔。

(6) 每孔加 50μL 牛肾细胞悬液，浓度为 3×10^5 细胞/mL。

(7) 培养板在 CO_2 环境下培养 7～10h。

(8) 显微镜下观察 CPE。通过病毒回归滴定（应是 100$TCID_{50}$允许范围是 30～300）及对照血清验证实验。标准阳性血清应在 0.3 lg 范围内。

(9) 按 Spearman-karber 方法计算中和 50%病毒的血清稀释度作为待检血清的结果。

(10) 阴性血清在最低稀释倍数下应没有中和作用（1/2，相当于中和阶段稀释度的 1/4）。

(二) 间接荧光抗体试验 (IFA)

IFA 比病毒中和试验（VN）特异性要差，可用于鉴别 AHV-1 感染单层细胞中几种不同种类“早期”、“晚期”抗原。牛和试验感染兔在潜伏期间可产生 IFA 或 IPT 反应抗体，到后来出现临床病症阶段由于与其他一些牛疱疹病毒以及 OHV-2 病毒产生交叉反应，而降低了这两种方法的鉴别诊断价值。检测交叉反应抗体有时能够有效地支持 SA-MCF的诊断。

1. 材料及准备

制备固定载玻片：

将 AHV-1（WC11 株）接种于接近或新近融合的细胞培养物，未接种对照培养物也做同样处理。大约 4d，当 CPE 即将出现而又未出现时，弃去培养基，应用胰蛋白酶—乙二胺四乙酸溶液消化细胞，800g 离心 5min，弃掉上清液，用 10mL PBS 将细胞重新悬浮于800mL塑料培养瓶。

选择聚四氟乙烯包被的多孔载玻片，并将细胞悬液置于两孔中，风干后丙酮固定。加标准阳性和第二抗体结合物。在UV显微镜下检查阴性和阳性细胞染色状况。加入未感染细胞和/或用PBS调整细胞浓度，使其在玻片上恰好形成单层细胞，其中阳性细胞在阴性细胞背景中能清晰地看到。

将调整后的阳性细胞悬液和阴性对照悬液按要求加入多孔玻板，风干。丙酮固定10min，漂洗、干燥，置二氧化硅胶封口的容器内，−70℃保存。

另有一种替代方法比较容易评定，其方法是在莱顿试管或小室玻片上制备感染及非感染单层细胞。用细胞培养基将病毒稀释成150～200$TCID_{50}$/mL，接种单层细胞。感染及非感染细胞玻片均用丙酮固定，并置−70℃保存。

2. 试验程序

（1）PBS浸湿玻片5min，蒸馏水漂洗，风干。

（2）将血清用PBS做1/20稀释，染色背景过深的样品做较高倍数稀释，重新测试。即向每个样品的MCF病毒阳性细胞孔和阴性细胞对照孔加稀释液，其中也包括阴、阳性对照血清。最好应对阳性对照进行滴定并确定其终点，确认试验标准。

（3）置37℃湿盒培养30min。

（4）将孔中液体吸出，用PBS液冲洗玻片2次，每次5min。

（5）在PBS中搅拌洗涤1min，风干玻片。

（6）加上预先稀释的兔抗牛IgG FITC结合物。

（7）37℃培养20min，吸干玻片，用PBS冲洗2次，每次10min。

（8）应用$1/10^4$伊文思蓝（Evans blue）复染30s，PBS洗涤2min，蒸馏水浸湿，干燥后置于PBS/甘油液中（50/50）。

（9）应用荧光显微镜检查，可发现感染细胞与抗体的特异性结合。

（三）酶联免疫吸附试验（ELISA）

1. 间接竞争抑制酶联免疫吸附试验（indirect CI-ELISA） 这是用与AHV－1无明显区别的称为Minnesota病毒（MN-MCFV）分离物制备的抗克隆抗体A15（Mab A15）研发出检测OHV－2抗体的竞争抑制ELISA（CI-ELISA）。

试验步骤如下：

（1）MCFV抗原的制备 在细胞瓶中培养FMSK（fetal mouflon sheep kidney）细胞至单层，按1%量接毒，继续培养，至80%～90%细胞病变时，4 300×*g*离心30min收集含病毒的上清，再通过2cm，35%蔗糖柱125 000×*g*离心90s收集病毒沉淀，重悬于PBS，超声处理后置−20℃保存备用。

（2）96孔板包被抗原 用50mmol/L pH9.6的碳酸盐缓冲液稀释病毒，每孔含病毒0.25μg，4℃，18～20h，对照孔包被来自未感染FMSK细胞的蛋白（处理同MCFV抗原制备）。

（3）封闭 用PBST（PBS含0.1%吐温20）洗三次，再用20%脱脂牛奶25℃封闭2h。再用PBST洗三次。

（4）加样 250μL的稀释待检血清和50μL含有0.2μg Mab A15加入，25℃孵育1h。

再用 PBST 洗三次。

（5）加二抗　加入碱性磷酸酶标记的抗鼠 IgG 抗体 25℃孵育 1h。用 PBST 洗三次。

（6）加底物显色　加入 1mg/mL 对硝基苯磷酸盐 50μL，混匀孵育后，检测 OD_{414} 值。

判断：当一份样品的三个重复均值高于 3 倍 SD 而低于 6 个阴性血清样品的均值，而且重复 3 次，则该血清样品判为 MCFV 抗体阳性。

2. 直接竞争抑制酶联免疫吸附试验（direct CI-ELISA）　试验步骤如下：

（1）用 50mmol/L pH9.6 的碳酸盐缓冲液稀释病毒，每孔含 0.2μg 半纯化的病毒抗原，4℃，18～20h，对照孔包被来自未感染 FMSK 细胞的蛋白（处理同 MCFV 抗原制备）。

（2）用 0.05mol/L PBS（含 0.1mol/L 甘氨酸，0.5%牛血清白蛋白，0.44%NaCl）封闭。弃去封闭液。

（3）置 37℃低湿度，18h。再用塑料袋密封后，置于 4℃备用。单抗 Mab 15－A 用辣根过氧化酶标记。

（4）待检血清用 PBS 作 5 倍稀释，分别加至两反应孔中，留一孔加阴性血清。塑料袋包裹室温反应 60min。用 PBST（含 0.1%吐温-20）洗三次。

（5）各孔加入 50μL 预先设定浓度的 Mab 15－A，除了空白对照孔。覆盖塑料袋，室温 60min 孵育。用 PBST 三次洗涤。

（6）100μL TMB 底物加入至各孔，室温 60min 反应。用 0.18moL/L H_2SO_4 终止反应。

结果判定：用阻断率表示。

$$阻断率=100-（待测样 OD_{450} 均值/阴性样 OD_{450}）×100 \quad （式 13－3）$$

为了保证结果可靠，要求阴性血清对照的 OD_{450} 均值范围 0.4～2.0，而确定的阳性血清的阻断率≥25%。其他判定标准参照上文的间接竞争抑制酶联免疫吸附试验。

［分子生物学诊断］

1. Baxter（1993）建立的半巢氏 PCR 方法可以用于 OvHV－2 的病原诊断。

（1）引物　见表 13－14。

表 13－14　OvHV－2 半巢氏 PCR 检测引物

引物	序　列	序列位置	片段大小/bp
556	5′-AGTCTGGGTATATGAATCCAGATGGCTCTC-3′	38～68	NA
555	5′-TTCTGGGGTAGTGGCGAGCGAAGGCTTC-3′	275～247	238
755	5′-AAGATAAGCACCAGTTATGCATCTGATAAA-3′	460～431	422

（2）样本处理　EDTA 抗凝血 10mL 离心 1 400× g 18°C 35min，取白细胞层溶解于无菌的 0.2% NaCl 裂解红细胞，1min 后再加入 7.2% NaCl，然后用 PBS 洗涤 3 次，－20°C储存备用。

（3）DNA 提取　白细胞沉淀加入 10 体积抽提缓冲液（1mmol/L EDTA，50mmol/L

Tris，0.05% Tween－20)，蛋白酶K(200mg/mL)，RNase A(10mg/mL)，50℃消化过夜。灭活蛋白酶K(95℃，10min)。离心13 000×g，30 s。上清液可直接用于PCR扩增。

(4) PCR扩增　10μL含1μg DNA模板，35μL的溶液1［含终浓度10%DMSO，50mmol/L Tris-HCl(pH9.0)，50mmol/L KCl，1.5mmol/L $MgCl_2$，16mmol/L $(NH_4)_2SO_4$，0.01%明胶，1μmol/L引物556和755］。99℃预变性5min，60℃时加入5μL溶液2［含2U的SuperTaq聚合酶(HT Biotechnology)和脱氧核糖核酸(终浓度为200μmol/L的dATP、dGTP、dCTP和400μmol/L的dUTP)］。39个循环：94℃ 20s，60℃ 30s，72℃ 30s。

第一次PCR产物2.5μL，加入40μL新配制的溶液1(其中引物更换为556和555)，继续进行39个循环：94℃ 20s，60℃ 30s，72℃ 30s。

(5) 结果判定　10μL PCR产物在2%的琼脂糖凝胶中电泳，阳性样本可以获得238特异性DNA片段。

2. Hsu(1990)建立的PCR方法可以用于病原AHV－1的诊断。

(1) 引物　上游：5′－GTACACGTCCTTATATCTGTTATAAGTAGT－3′；下游：5′－GATCTGTTAAGAAGGACTCTGAAATGCAGC－3′。

(2) PCR反应　10mmol/L Tris-HCl(pH 8.3)，50mmol/L KCl，1.5mmol/L $MgCl_2$，0.01%明胶，1.25mmol/L dNTPs，1.0μmol/L引物，0.5U Taq聚合酶，病毒模板DNA(AHV－1 DNA模板1pg)。

循环程序：30个循环(92℃ 1min，62℃ 1min，72℃ 2min)。

(3) 结果　阳性样本预期扩增DNA片段大小为1 030bp。回收目的片段，用Xba I酶切成两个片段(602bp和426bp)进行验证。

3. 多重实时定量PCR　Cunha(2009)建立了多重实时定量PCR方法，该方法可以同时鉴定目前已知的能够引起反刍兽恶性卡他热的5种病原体，分别是羊疱疹病毒2型(OvHV－2)、猎羚疱疹病毒1型(AlHV－1)、山羊疱疹病毒2型(CpHV－2)、引起白尾鹿恶性卡他热的病原体(MCFV-WTD)和野山羊恶性卡他热病毒(MCFV-ibex)该方法具有较高的敏感性(97.2%)和特异性(100%)。

(1) 引物　见表13－15。

表13－15　多重实时定量PCR引物和探针

引物和探针	序列5′－3′和标记
dpo1771-F primer	CACACCCAACTGGAGTATGAC
dpo1831-R primer	ATGTTGTAGTGGGGCCAGTC
OvHV-2 probe	FAM-ATGTGCGCTTCGACCCTC-BHQ1
CpHV-2 probe	HEX-AGTTCCATTCTGAGCGGGT-BHQ1
MCFV-WTD probe	Texas Red-ACTTTAACCCCAACCGTCT-BHQ2
AlHV-1 probe	Cy5-TCGGTGGGTGACATTCAATA-BHQ2
MCFV-ibex probe	Cy5-CGTGCAGTTCCACCCCGAG-BHQ2
IPC probe	Tye705-GACCGCCATCGCTCCAC-BHQ2

（2）RT－PCR 扩增在 CFX96 real-time PCR（Bio-Rad）仪内进行。20μL 反应体系：10μL Express qPCR SuperMix Universal（Invitrogen），dpol771-F 和 dpol831-R primer 各 200 nmol/L，OvHV－2、CpHV－2、和 MCFV-WTD 探针各 80nmol/L，AlHV－1 探针 8nmol/L，MCFV-ibex 探针 8nmol/L，IPC 探针 8nmol/L，5.5×10^4 个拷贝的 IPC 寡核苷酸，100ng DNA 模板，最后加水补足体积。设阴性对照和阳性对照（用扩增的目的基因质粒作为对照）。

循环参数：50℃ 2min，95℃ 2min，然后进行 40 个循环（95℃ 15s，60℃ 45s）。

PCR 结果使用 CFX Manager software（Bio-Rad）分析，Ct≤40 为阳性。最优的阈值：FAM 298 相对荧光单位（RFU），HEX 248 RFU，Texas Red 94 RFU，Cy5 100（AlHV-1 probe），Cy5 50 RFU（MCFV-ibex probe），Tye705，45 RFU。

九、牛流行热

牛流行热（bovine ephemeral fever）又称作“三日热”、“暂时热”，是由牛流行热病毒所引起的牛急性、热性传染病。其临床特征是体温升高，出血性胃肠炎，气喘，间有瘫痪。一般取良性经过，发病率高，病死率低。

牛流行热病毒（Bovine epizootic fever virus），又名牛暂时热病毒（Bovine ephemeral virus），属弹状病毒科（Rhabdoviridae），暂时热病毒属（*Ephemerovirus*）的成员。成熟的病毒粒子长 130～220nm、宽 60～70nm，基因组为负链 RNA 病毒，有囊膜。

[病原学诊断]

（一）病毒分离鉴定

须采集体温升高初期病牛的肝素抗凝血，用 PBS 洗净的红细胞接种于 BHK－21 细胞、HmLu－1 细胞或 Vero 细胞后置 34℃培养，每隔 4～5 d 盲传 1 次，2～3 次后可见明显的细胞病变（CPE）。细胞变圆，胞浆呈颗粒状，随后由瓶壁脱落。于 Vero 细胞中，在接毒后 2～4d 出现针尖大的蚀斑，蚀斑直径在 6～8d 后增大至 1～1.5mm。旋转培养有利于病毒增殖和 CPE 产生。分离到的病毒有必要用免疫荧光抗体染色法或中和试验进行鉴定。也可从洗净的红细胞中抽提病毒 RNA，根据牛流行热病毒的 N 或者 G 蛋白的基因设计引物，用高敏感性的 RT－PCR 进行辅助性诊断。

（二）电子显微镜检查

将受检样品（病毒细胞培养物冻融后的离心上清液）作负性染色法或超薄切片法染色，然后进行电镜检查，可见典型的子弹状或锥形的病毒粒子。

（三）动物接种试验

采取病牛发热初期血液，收集血小板层和白细胞，做成悬浮液。接种于 1 日龄乳鼠、乳仓鼠的脑内。每日观察 2 次，一般接种 5～7d 发病，继而死亡，部分未死仓鼠安乐死后取其脑组织做成乳剂传代，继 3 代后可致仓鼠 100%死亡。然后以中和试验进行病毒鉴定。

为了确诊，可采病牛急性期血液或血沉管内的白细胞层，做成悬浮液，脑内接种乳鼠、乳仓鼠，常能分离到病毒。连续传代常可使潜伏期不断缩短：第一代6～10d；第二代5d左右；至第6～8代，仅2～3d即可使乳鼠全部发病死亡。分离到病毒以后，即可应用乳鼠或细胞培养物与已知标准免疫血清进行中和试验鉴定之。

标准免疫血清通常以强毒人工接种犊牛而制得。效力测定时，将其与10^{-2}稀释的牛暂时热感染鼠脑等量混合，应对2～3日龄乳鼠有100%的保护力。阴性对照血清应对上述鼠脑病毒10^{-6}～10^{-5}不呈现保护。

［血清学诊断］

（一）补体结合试验

1. 材料准备

（1）病毒

（2）补体　补体系采自体重450g以上的雄性豚鼠（5～10只）的混合血清，存放于－20℃备用。

（3）补体效价测定　补体效价测定方法：取1列试管编号，第1管补体用生理盐水稀释10倍，以后各管均取其前管稀释的补体7份，加生理盐水3份，即以7∶3的比例顺序稀释至11管。然后，将不同稀释的补体与不变量的C抗原、阴性血清和致敏红细胞充分振荡混合，在37℃水浴作用30min后判定结果。由于正式试验采用补体稀释法，对补体效价要求不十分严格，测定补体是为了准确掌握使用补体量的范围。

（4）3%绵羊红细胞　用常规方法制备。

（5）溶血素及其效价测定　溶血素均系购自兽医生物药品厂，每批产品在使用前按常规方法测定一次效价。正式试验时使用2个单位。

（6）致敏绵羊红细胞的制备　将两个单位的溶血素与3%绵羊红细胞液等量混合，混匀后于室温放置30min，然后再置37℃水浴10min，即致敏绵羊红细胞。

（7）标准阳性血清的制备　用实验室保存的牛流行热脱纤血毒（强毒）静脉接种牛，在第一次接种后的2～3周做第二次接种，以后每间隔1周接种一次，共5～6次，分别为10、15、20、25、30、35mL。在末次接种后的10～5d采样测定抗体效价，不合格时可再次接种病毒直至效价合格后，放血收集血清，置－20℃保存备用。

（8）受检血清　包活实验室人工感染病牛血清、免疫牛血清、自然感染病牛血清、健康牛血清和其他病牛血清。上述各种血清试验前均于56℃，30min灭活，试验时作4倍稀释。

（9）抗原的制备

①病毒增殖：细胞培养及病毒增殖使用BHK－21细胞，用0.25%的胰酶分散细胞，以199和1640等量混合液加10%犊牛灭活血清作细胞生长液，加2%灭活犊牛血清作为细胞维持液。上述培养液均用5.6%$NaHCO_3$溶液调整pH至7.0左右，并添加青霉素100U/mL、链霉素100μg/mL。增殖病毒用方瓶静止培养。当培养48～72h细胞形成单层倒掉培养液，按培养液1/10量接种1∶100稀释的病毒，置37℃吸附1h，然后倒掉接种液，按培养液的原量或1.5倍量添加维持液，置34℃静止培养，待48～72h CPE达90%

以上即可收毒。

②细胞毒冻融抗原的制备：

第一，把 CPE 达 90%以上的细胞置－20℃和 37℃（水浴）反复冻融三次后收集于三角瓶内，按细胞病毒液的 2%加入灭活的豚鼠血清，置 4℃冰箱过夜。

第二，次日将上述细胞病毒液置－30℃和 37℃（水浴）再反复冻融五次，随后以 20 000g离心沉淀 20min，除去絮状沉淀物，收集上清液。

第三，上清液再以 20 000g 离心 1h，弃去沉淀物，上清液即为细胞毒冻融抗原（简称 V 抗原）。

第四，按上述同样方法制备不接种病毒的 BHK－21 细胞抗原，作为对照抗原（简称 C 抗原）。

抗原滴定用标准阳性血清，以补体稀释法测定抗原效价。在标准阳性血清中，V、C 列抗原应有明显的差值，而在生理盐水和阴性血清中不应出现差值。具体方法见补体结合反应操作程序部分。

③抗原特异性试验：将制备的抗原与已知的人工感染病牛恢复血清进行补体结合试验，以检测其特异性。

④抗原非特异性试验：用制备的抗原检查牛流行热非疫区的健康牛的血清，以观察非特异性反应的出现情况。

⑤抗原对非特异性抗体的交叉试验：以制备的抗原对牛传染性鼻气管炎（IBR）标准阳性血清、牛病毒性腹泻—黏膜病（BVD/MD）阳性血清、牛白血病（BLV）牛血清和焦虫病病牛血清进行交叉试验，检测抗原的特异性。

⑥抗原的保存期试验：将制备的抗原置－20℃条件下保存，定期抽检抗原效价。

2. 补体结合反应操作程序 将不变剂量抗原、抗体和可变量补体滴入试管后，充分振荡，置在 0～4℃冰箱 16～20h，次日取出，置室温 30min，然后滴加致敏红细胞液，充分振荡混匀，于 37℃水浴 30min，取出后，置室温 2～4h，待不溶血的红细胞全部沉淀后判定。

3. 判定标准 观察不溶血度，以 V、C 列不溶血度的差值判定。牛流行热补体结合反应结果的判定标准是：效价在 0.3 以上者判为＋，0.1～0.2 者判为±，0 者判为－。

判定注意事项：

①判定不溶血度，注意管底剩余的红细胞量及上清颜色。在计$\#^{++}$、$\#^{+}$、$\#^{\pm}$时主要依据上清颜色（白、黄、红），在计＋＋、＋、±时主要观察管底红细胞数（多、少、模糊），多是指多于$\#^{+}$管的 1/2 沉淀细胞数。由于被检血清黄染程度不同，所以在完全不溶血的情况下，上清颜色也不一致，不能把上清黄色判成＃。因为补体浓度有梯度，所以只能允许$\#^{+}$连续存在，其他都不应该连续存在。

②为了避免误差，V、C 应成对判定，同时注意上下左右各管标准应一致。

③以出现在两对管以上者较为可靠，仅出现一对管时，不能最终判定，必要时重做。

（二）间接免疫荧光法

1. 材料 病毒、被检血清、标准阳性血清、兔抗牛荧光标记 IgG。

2. 方法

（1）抗原标本片的制备 将 BEF 病毒接种于 BHK－21 细胞，当 CPE 达 70%以上时，将细胞刮取下来，以1 000g离心5min，弃掉上清后，加入灭菌生理盐水，再以1 000g离心5min。取沉淀的染毒细胞作抗原标本涂片，待其自然干燥，在室温（18～25℃）条件下用丙酮固定10min。先用0.1mol/L pH7.2～7.4 PBS冲洗一次。后用无离子水再洗一次，吹干的抗原标本片可直接用于染色，也可置干燥、密封的标本盒内，于普通冰箱保存，以备染色用。按上述同样方法把未接毒的细胞制成抗原对照标本片。

（2）染色　取制备的抗原标本片及对照标本片，将经生理盐水作10倍稀释的特异性阳性血清、阴性血清及待检血清分别滴加在抗原标本片和对照标本片上，置湿盒中于37℃温育30～45min，用0.01mol/L PBS（pH7.2～7.4）轻轻冲洗，然后顺序浸泡于三缸PBS中，每缸浸泡3～5min，再用无离子水轻轻冲洗一次，风扇吹干。将经0.2%伊文思蓝稀释成16～32倍的荧光抗体滴加于抗原标本片上，置湿盒37℃温育30～45min，然后按上述冲洗方法处理吹干，用碳酸缓冲甘油封裱。

（3）镜检及判定　将上述染色片用荧光镜在6.3×40倍下观察。阳性结果：细胞膜应呈现明亮黄绿色荧光，中心细胞核呈棕褐色，背景呈暗褐色。阴性结果：不出现荧光。

[分子生物学诊断]

实时定量RT-PCR检测（real-time RT-quantative PCR）

1. 引物与探针

引物：Bef70F　5′-GAGATCAAATGTCCACAACGTTTAA-3′；

Bef117R　5′-AATGTTCATCCTTTGCAAGATTATGA-3′；

荧光探针：5′-AATTATCACTTCAAGCCC-3′。

2. 病毒RNA提取　按照试剂盒Tri Reagent™说明进行：250μL的组织匀浆或血清，与750μL的Tri Reagent和75μL 1-溴-3氯丙烷（BCP）混合后，4℃ 20 500g离心15min，取水相450μL加入等体积的异丙醇沉淀，再4℃ 20 500g离心15min，用75%乙醇洗一次。

3. 反转录　200ng的总RNA溶于缓冲液中（50mmol/L Tris-HCl，pH8.3，50mmol/L KCl，10mmol/L $MgCl_2$，0.5mg亚精胺，10mmol/L DTT），15U的反转录酶（AMV）（Chimerx公司），10U的RNA酶抑制剂（Promega），50ng的引物，总体积20μL。42℃ 30min，然后98℃ 5min。

4. 实时定量PCR　12.5μL主缓冲体系，2μL的反转录产物，每个引物各100ng，1μL的荧光素标记探针，仪器：Prism 7 000 apparatus（ABI，USA），

反应条件：50℃ 2min，95℃ 10min，40个循环：95℃ 15s，60℃ 1min。最后结果用ABI Prism 7000 SDS软件分析。

十、白血病

牛白血病（bovine leukaemia）是牛的一种慢性肿瘤性疾病，有多种病理类型，其中以淋巴细胞性白血病最为多见。主要病征为淋巴样细胞恶性增生形成淋巴肉瘤，进行性恶

病质和高度病死率。

本病病原为牛白血病病毒（Bovine leukaemia virus，BLV）。本病毒属于反录病毒科（Retroviridae）、丁型反录病毒属（*Delta retrovirus*）的代表种。病毒粒子呈球形，直径80～120nm，芯髓直径60～90nm，外包双层囊膜，膜上有11nm长的纤突。病毒核衣壳呈20面体对称，中心是螺旋状的60～70S单股正向线状RNA，能产生反转录酶。反转录酶以病毒RNA为模板合成DNA前病毒，前病毒能整合到宿主细胞的染色体上。本病毒能够凝集绵羊和鼠红细胞。

[临床和血象检查]

根据临床所见及牛白血病特征，潜伏期长，多见于4～8岁的母牛，在牛群中陆续发生许多病例。直肠检查触摸腹股沟和髂下淋巴结增大，具有一定的诊断意义。血液学检查发现患病牛呈现周围性和顽固性淋巴细胞增多。目前欧洲许多国家根据表13－16和表13－17所列的白细胞和淋巴细胞的增生指数进行判断，也可参照表13－18。

但由于个体、各种因素的干扰及其他疾病的影响，临床血液学判定结果有一定的局限性，仍需结合血清学或电镜检查。

表13－16　2岁以上的牛白血病血液学判定指标

白细胞总数（mm^3）	淋巴细胞（%）	判定
10 000以下	60以下	正常
10 000～18 000	60～75	可疑
18 000以上	75以上	白血病阳性

表13－17　2岁以下的牛白血病血液学判定指标

白细胞总数（mm^3）	淋巴细胞（%）	判定
12 000以下	60以下	正常
12 000～18 000	60～75	可疑
18 000以上	75以上	白血病阳性

表13－18　淋巴细胞绝对值诊断牛白血病检索表

（王贞照，1985）

年龄	正常		可疑	阳性	
	数目	百分率（%）		数目	百分率（%）
1～6月龄	<8 500	<80	<850～12 000	>12 000	>80
7月龄至2岁	<8 000	<75	800～11 000	>11 000	>75
3岁	<7 000	<70	7 000～9 500	>9 500	>70
4岁	<6 500	<70	6 500～8 500	>8 500	>70
5岁	<6 500	<70	6 500～7 500	>7 500	>70
6岁	<6 000	<70	6 000～7 500	>7 500	>70
6岁以上	<5 500	<70	5 500～7 500	>7 500	>70

[病原检查]

(一) BLV 抗原或 BLV 颗粒的检查法

电子显微镜检查：采集病牛血液或病变淋巴中的白细胞，体外培养 24h，超薄切片进行电镜检查，常可发现包浆内的典型病毒粒子，但其检出率不高，操作复杂。

(二) 合胞体感染测定

低代次的牛胚脾细胞与接种 BLV 或与 BLV 感染的细胞混合培养时，将迅速形成合胞体。根据这一现象建立的合胞体感染性测定法，具有较高的敏感性和特异性，可用作定量测定，重复性好，甚至可以用来评价其他诊断方法的敏感性和可靠性。

1. 首先培养低代次的牛胚脾细胞作为指示细胞，取约 4×10^5 个牛胚脾细胞接种于 60mm 的组织培养皿内，24h 后，以 DEDA - Dextran（二乙氨乙基葡聚糖）溶液泡洗细胞单层 30min。

2. 随后接种含 5×10^6 个来自被检牛血沉管中白细胞层的活淋巴细胞营养液 2mL，37℃培养 48h，冲洗细胞单层，再加入营养液，继续孵育 4～5d，计数培养物内的合胞体（含 5 个核以上的细胞）。

3. 对照培养物是先将被检测淋巴细胞分别用抗白血病阴、阳性参考血清处理，然后再按上述方法测定合胞体形成能力。

绵羊的生物学测定：BLV 很容易传播给绵羊，并且产生肿瘤活性。事实证明，所有绵羊经任何途径均可感染，接种感染 2～3 周后，能够产生 BLV 抗体，经数月至 7 年之内，所有绵羊因肿瘤而死亡，根据这一点，可以实时进行生物学测定。

(三) 血清学检查

采用琼脂凝胶免疫扩散试验（ID）（NT/T 574—2002；刘春明，2007）。

1. 材料　打孔器（内径 5mm），琼脂糖（试验级）；抗原，标准阳性血清，阴性血清。

2. 方法

（1）琼脂糖凝胶板制备　在磷酸缓冲液（0.05mol/L pH7.2）100mL 中加入琼脂糖（试剂级）1.0g，加入 NaCl 分析试剂 8.5g，10%硫柳汞（试剂级）1mL。将上述各种成分混合，加热充分溶解，趁热加到平皿中，注意不要产生气泡。每个平皿内加琼脂糖溶液 15～17mL（直径 9cm），凝胶板厚度为 2mm。待凝固后把平皿倒置，放在 4℃冰箱中保存 10d。

（2）打孔　在坐标纸上画好七孔型，孔径 5mm，孔距 3mm。把图案放在琼脂板平皿下，用打孔器按图形准确位置打孔。孔内琼脂用针头小心挑出，勿破坏周围琼脂，将平皿底部在酒精灯上略烤封底。

（3）滴加抗原和血清　七孔型中央孔加抗原（Ag），1、3、5 孔加标准阳性血清，2、4、6 孔分别加三份被检血清。各孔一次加满，以不溢出为准，平皿加盖后放在湿盒中，于室温（20℃以上）作用，24 和 48h 各检查一次，检查时用斜射强光，背景要暗。

（4）结果判定

①阳性：A 标准阳性血清与抗原孔之间有两条沉淀线。靠抗原孔的是 gp51（对乙醚敏感的囊膜蛋白）抗体沉淀线，靠血清孔为 P24（抗乙醚的核蛋白）抗体沉淀线。B 抗原孔和被检血清之间出现一条清晰的沉淀线，并与标准阳性的 gp51 沉淀线完全融合。少数被检血清在 gp51 沉淀线的外侧（靠被检测血清孔）还出现第二条沉淀线并与标准阳性血清的 P24 沉淀线完全融合。C 抗原孔和被检血清孔之间虽无明显的沉淀线，但使两侧标准阳性血清形成的沉淀线末端向毗邻的被检血清孔内测弯曲（主要是 gp51 沉淀线）。

②阴性：被检血清孔与抗原孔之间的沉淀线，标准阳性血清形成的沉淀线直伸到被检血清孔的边缘。

③疑似：标准阳性血清孔与抗原之间的沉淀线末端似乎向毗邻被检血清孔内测弯曲，但不易判定时需重检，仍为疑似判定为阳性。

［分子生物学诊断］

（一）巢式聚合酶链式反应（nPCR）

王汉中（1995）利用 nPCR 技术建立了直接检测白细胞内 BLV 前病毒 DNA 的方法，该方法能有效地克服血清学检测的缺陷，例如：在病毒早期感染阶段不能检测出抗体；易产生假阴性结果；由于新生小牛能从母乳中获得抗体，因此血清学方法不能区别是被动免疫或主动免疫。为牛白血病的诊断提供了一个安全、有效、快速的检测方法。

1. 引物和探针 env-gp51 基因产物是 BLV 的主要表面抗原，且该基因具有高度保守序列，不易产生变异，采用针对此基因设计的引物扩增，可以有效防止假阳性结果的出现。参照 GenEMBL databa（登录号 Ko2120）。引物见表 13－19。

表 13－19 引物的核苷酸序列及 nPCR 产物的长度（bp）

引物	序列（5′-3′）	位置	产物 bp
外引物			
Primer－1	GTCCCAAGTCTCCCAGATACA	503～5 055	427
Primer－2	TATAGCACAGTCTGGGAAGGC	546～5 442	
内引物			
Primer－3	CACAAGGGCGGCGCCGGTTTGGGAGCCAGG	510～5 130	305
Primer－4	GACAGAGGGAACCCAGTCACTGTTCAACTG	540～5 376	

2. 样本处理及 DNA 制备 利用 Fical-Paquc 分离方法从临床血样中分离外周淋巴细胞。Fical-Paquc 为 Pharmacia 产品，具体操作见产品说明。

用酚—氯仿抽提法制备基因组。

3. nPCR 体外扩增 50μL 体系：2.5μL 基因组，2×RT-PCR buffer 25μL（50mmol/L pH8.4 Tris-HCl，150mmol/L KCl，5mmol/L $MgCl_2$，0.5mmol/L dNTPs），上下游引物

各 2.5μL（20μmol/L），*Taq* DNA 聚合酶 0.5U，补充灭菌去离子水至 50μL。

Nested PCR 体外扩增：第一次扩增和第二次扩增的条件基本一样。扩增的第一阶段的 5 个循环条件为 80℃热启动，随后 94℃变性 45s，48℃退火 1min，72℃延长 1min，此后，退火温度为 43℃ 1min，而最后一次循环的延长时间为 7min。整个 PCR 过程为 32 个循环。

第一次扩增完成后，从中吸取 5μL 产物转移到含有一对内部引物的体系中进行第二次扩增。两次扩增的反应体积均为 50μL。

4. nPCR 扩增产物的鉴定　吸取 10μL 的扩增产物于 2% 琼脂糖凝胶电泳（220V，25min），用 EB（溴化乙锭）染色，紫外灯下观察，阳性样本：第一次扩增可以获得 427bp 的特异性 DNA 片段，第二次扩增可以获得 305bp 的特异性 DNA 片段；或者第一次扩增后未见目的 DNA 片段，但第二次扩增后可见 305bp 的特异性 DNA 片段。

（二）LUX_{TM}实时荧光聚合酶链式反应

刘志玲（2009）等采用 LUX_{TM}新型荧光 PCR 技术原理，设计并合成 1 对单标记 LUX_{TM}荧光引物，建立了 LUX_{TM}荧光 PCR 和 RT-PCR 方法，可快速检测 BLV 前病毒 DNA 和病毒 RNA。该方法具有特异性强、敏感性高、重复性好、检测快速的特点，检测全程（包括核酸提取、荧光 PCR 扩增反应和熔解曲线分析）仅需约 3h，LUX_{TM}荧光 RT-PCR 对 RNA 前病毒的检测敏感性达 0.49ng/μL，荧光 PCR 对 pTblv-gp51 重组质粒的检测敏感性可达 0.138 拷贝，比 OIE 规程的巢式 PCR 方法高 10^4 倍以上。对临床血清学阳性样品的检测试验证实，本研究所建立的 LUX_{TM}荧光 PCR/RT-PCR 体系可应用于临床的快速检测。

1. 引物　根据 BLV gp51 基因序列（登录号：GenBankK02120）设计 LUX 荧光 PCR 引物，扩增产物对应序列 5 362～5 446bp 区域。上游引物为：5′-CAACTGAACCCGACTTTCCCCAG-3′，5′端添加发夹结构形成序列，3′端标记 FAM 荧光基团。下游引物为：5′-AAGGCCCGTGCTGTTTGGTTTA-3′。

2. 病毒核酸提取　病毒液或血清样品低速离心取上清，动物组织样品按 1∶5 的比例加灭菌 PBS 缓冲液充分研磨，冻融后低速离心取上清液。经上述预处理的样品，经采用 RNA 纯化试剂盒（Rochehigh pure RNA isolation Kit）提取总 RNA。病毒液、牛血清样品的 DNA 提取采用 QIAgen 方法（QIAgenCat No. 51304）提取。

3. BLV LUX_{TM}荧光 PCR/RT-PCR 反应　LUX_{TM}荧光 PCR 试验在 ABI7500 荧光 PCR 仪上进行。

（1）BLV LUX_{TM}荧光 PCR 反应

①25μL 反应体系：12.5μL Platinum R Quanti-tative PCR Super Mix UDG（包含 Platinum R Taq DNA 聚合酶的混合物为 Invitrogen 公司产品），50mmol/L Mg^{2+} 1μL，gp51 基因上下游引物（10μmol/L）各 1μL，5μL 核酸样品。

②反应条件：50℃ 2min，95℃ 2min；然后 95℃ 15s，65℃ 40s，40 个循环；在 65℃反应时检测荧光信号；熔解曲线循环条件采用 95℃ 15s，60℃ 30s，97℃ 15s。反应结束，根据扩增曲线、Ct 值和熔解曲线判定结果。

（2）BLV LUX_{TM}荧光 RT-PCR 反应

①25μL 反应体系：反应体系含有 12.5μL Reaction Mix（Invitrogen），1～2U SuperScript™Ⅲ RT/Platinum Taq Mix（M-MLV 逆转录酶与 PlatinumTaq DNA 聚合酶混合物），5μL 核酸样品，gp51 基因 LUX_{TM}上下游引物（10μmol/L）各 1μL。

②荧光 RT-PCR 反应条件：60℃ 15min，95℃ 2min；然后 95℃ 15s，65℃ 40s，45 个循环；在 65℃反应时检测荧光信号；熔解曲线循环条件与（1）相同。

4. 结果判定 根据扩增曲线、Ct 值和熔解曲线判定结果。在熔解曲线中，BLV DNA 和 BLV RNA 阳性样本在约 83.3℃出现 BLV 反应吸收峰。

（三）环介导的等温扩增（LAMP）技术

Komiyama（2009）建立了 LAMP 技术用于检测 BLV 感染，具有快速、敏感和简单的特点，也适合于没有特殊设备的实验室使用。

1. 血样中 DNA 的提取 来自 EDTA 处理的牛血 1 500r/min 离心 10min，收集血沉棕黄层，用 PBS 洗涤 2 次，用 Wizard DNA purification kit（Promega）按步骤提取 DNA，并溶于 TE 中保存备用。

2. LAMP 所用引物 见表 13－20。

表 13－20 环介导的等温扩增引物

引物	位置	序列（5′－3′）
F3	55～72	AGACGTCAGCTGCCAGAA
B3	275～293	GGATAGCCGACAAGAAGGT
FIP	F2：93～111	AGCAGGTGAGGTCAGCAGCT
	F1c：149～168	TGGCTAGAATCCCCGTACC
BIP	B2：247～265	CTGTCGAGTTAGCGGCACCA
	B1c：192～211	AAGAGAGCTCAGGACCGAG
FLP	112～130	GGAAAGGGGAAGTTGGGGA
BLP	216～38	CGTTCTTCTCCTGAGACCCTCGT

3. LAMP 反应 按照 Loopamp DNA amplification kit（Japan）进行。25μL 体系中包含各 40pmol/L 的内引物（FIP 和 BIP），各 5pmol/L 的外引物（F3 和 B3），各 20pmol/L 的环引物（FLP 和 BLP），1×反应混合物，8U 的 Bst DNA 聚合酶，2μL 的 DNA 模板。混匀后 63℃孵育 1h，之后 80℃反应 10min 终止反应。

4. 结果判定 反应扩增的 DNA 通过琼脂糖电泳或用肉眼及分光光度计测定浊度。OD 值大于 0.1 则可以认为是阳性。特异性的扩增产物经 *Hae* Ⅲ酶切（酶切位点在 F1c 和 B1c 之间），再通过 3%琼脂糖凝胶电泳，EB 染色，紫外成像系统下显示 100bp 和 134bp 的条带，可判定阳性。

十一、羊传染性胸膜肺炎

山羊接触传染性胸膜肺炎（contagious caprine pleuropneumonia）是由山羊支原体山羊肺炎亚种（*Mycoplasma capricolum* subsp. *Capripnerumoniae*，Mcc）引起的一种高度接触性传染病。以高热、咳嗽、胸和胸膜发生浆液性、纤维素性炎症为特征。

Mcc 为细小、多形性的微生物，革兰氏染色阴性。本菌为专性需氧菌，在 Thiaucourt 氏培养基（PPLO 肉汤中含 20%猪或马血清和 10%新鲜酵母浸液及葡萄糖和丙酮酸钠）上生长良好，固体培养时最好在湿润烛缸中，可长出畸形菌落，形状不规则，经传代培养后出现正常的煎蛋样菌落。对理化因素的抵抗力很弱。对红霉素高度敏感，四环素也有较强的抑菌作用，对青、链霉素不敏感。

［病原学检查］

病原分离鉴定

1. 分离培养　FM-4 培养基制备参见毕丁仁（1998）介绍的方法。无菌采集山羊病变肺组织（病健交界部）置于青霉素瓶内剪碎，加 5mL 培养液，振摇洗净后取 $1cm^2$ 左右的肺组织块加入支原体液体培养基中，37℃培养 3～5d，待培养基颜色变黄后，用 0.45μm 微孔滤器过滤培养。取 24h 后开始变黄的培养物作过滤传代，连续过滤传代三次。从传代过程中培养基颜色始终变黄的液体培养基中取 0.3mL 培养物，用 L 型玻璃管均匀涂布营养琼脂平板上，37℃烛缸厌氧培养。

2. 形态学鉴定

（1）镜检　取 1.5mL 变黄的液体培养基 16 000*g* 离心 20min，收集菌体，分别作革兰氏染色和瑞氏染色镜检。

（2）菌落形态观察　将支原体固体培养基倒置于体视显微镜下，观察菌落在琼脂平板上的生长状态。

（3）电镜观察　取 10mL 变黄的液体培养基 16 000*g* 离心 20min，收集菌体，用四氧化锇固定，双氧铀进行负染后在透射电子显微镜下观察其形态。

［血清学诊断］

目前，该病的血清学诊断方法有生长抑制试验、代谢抑制试验、表面荧光抗体试验（间接法）、直接补体结合试验（微量法）、间接血凝试验（IHA）、间接酶联免疫吸附试验（ELISA）。但这些方法对仪器设备及操作者要求比较高，掌握难度较大，而且这些方法必须在实验室完成，需要有较好的设备和经过训练的人员才能进行，操作比较繁琐、费时，不能做到对该病诊断的快速、简单、易于操作的要求。而乳胶凝集试验既可作为定性判断，还具有操作过程较短，操作简便的特点，可用于基层大批样本的感染情况普查。

现将乳胶凝集试验的操作介绍如下：

1. 材料 支原体、阳性血清、待检血清及健康羊血清、10%空白乳胶。

2. 乳胶凝集抗原的制备

（1）pH8.2 的硼酸缓冲液 硼酸 8.04g，硼酸钠 6.67g 溶于生理盐水。

（2）1%胰蛋白酶溶液 胰酶 1g，溶于硼酸缓冲液中；溶后，置冰箱过夜离心后加 pH8.2 的硼酸缓冲液至 100mL。

（3）乳胶处理 取 10%聚苯乙烯乳胶与蒸馏水按 1∶4 比例混合，混合均匀后，加 1%胰蛋白酶溶液，及 pH8.2 的硼酸缓冲液，置 45℃水浴过夜，第 2 天以 4 000r/min 离心沉淀 1h，弃去上清，沉淀物用 pH8.2 的硼酸缓冲液稀释至 5mL。

（4）致敏原的制备 选择适宜的培养基，将菌株接种于液体培养基内，在含 5℃的 CO_2 培养箱中培养 7d 左右，将生长良好的支原体培养物以 3 000r/min 离心 30min 弃去沉淀，取上清液以 8 000r/min 离心后，取沉淀物即为浓缩菌液，将浓缩菌液采用超声将其破碎后以 10 000r/min 离心后，取上清液用 10%石炭酸稀释成浓度为 1%的菌液，上清液即为致敏原，致敏原制成后加入适量的结晶紫。

（5）乳胶致敏 将致敏原逐滴加入等量胰酶处理过的乳胶中，边加边搅拌，使致敏原与乳胶均匀混合，经 45℃水浴过夜后，置 4℃冰箱保存备用。

（6）致敏乳胶的鉴定 取病羊血清、健康羊血清、生理盐水各 1 滴各加等量致敏原，轻轻摇动，5min 内观察结果，前者发现明显的凝集，而后二者仍呈均匀混浊，即可应用。

3. 检测方法 取玻璃板一块，吸取 30μL 乳胶凝集抗原数滴，再分别吸取等量的肺炎支原体病羊待检血清，轻轻摇动，使抗原与待检物充分混匀 5min 内观察结果，以对照不凝集，待检血清出现“++”以上凝集，判为阳性；加样时每加一个待检血清样品要及时更换一次滴头，在每次实验时均设阴性血清及生理盐水作为对照。

[分子生物学试验]

采用聚合酶链反应（PCR）。

1. 引物设计 引物设计参照 GeneBank 上公布的支原体部分 16 SRNA 序列，使用 Primer6.0 软件设计了一对通用引物，引物序列为：

Primer A：5′-AGGCAGCAGTAGGGGAAT-3′；

Primer B：5′-CCAGGGTATCTAATCCTG-3′。

扩增产物预计为 453bp，引物用 ddH_2O 适当稀释后，分装小管−20℃保存备用。

2. DNA 模板的制备 取 1mL MOP 培养物，12 000r/min 离心 30min，pH7.2 的 PBS 洗涤并重悬浮，重复洗涤两次，用 STE 50μL 悬浮。100℃水浴 10min，快速冰浴 5min，取上清液用于 PCR 扩增。

3. PCR 反应体系及反应条件 总反应体积为 25μL，按常规加入 PCR 缓冲液（10× buffer）2.5μL，10mmol/L dNTPs 2.0μL，Taq 聚合酶 0.2μL，引物 2.0μL（Primer A，B 各 1.0μL），样品模板（DNA）1.0μL，Mg^{2+} 2.5μL，加 ddH_2O 至总体积 25μL。

采用 AmpGeneDNA Thermal Cycler 4800 型 PCR 仪进行 PCR 扩增试验。扩增条件为：预变性 94℃5min；94℃变性 30s，55℃退火 30s，72℃延伸 1min，循环 35 次；最后

72℃延伸10min。

4. PCR产物的电泳分析　取10μL PCR产物，在100V电压，0.8%琼脂糖凝胶中电泳，溴化乙锭染色后，紫外灯下观察结果并拍照，若出现扩增带，扩增片段为453bp左右，则表明为阳性，否则为阴性。

十二、羊梭菌性疾病

羊梭菌性疾病（closfridiosis of sheep）是由梭状芽孢杆菌属中的微生物所致的一类疾病，主要是以消化道症状为主，包括羊快疫（braxy）、羊肠毒血症（enterotoxaemia）、羊猝狙（struck）、羊黑疫（black disease）、羔羊痢疾（lamb dysentery）。

羊快疫是由腐败梭菌（*Clostridium septicum*）引起的绵羊的一种非接触传染性的急性致死性疾病。其特征是发病急，病程短，死亡快，真胃（第四胃）和十二指肠黏膜呈现出血性坏死性炎症。

羊肠毒血症是由D型产气荚膜梭菌（*C. perfringens*）引起的一种急性接触性传染病。本病的主要特征是发病急，病程短，死后肾组织软化，因而得名“软肾病”。

羊猝狙是由C型产气荚膜梭菌（*C. perfringens*）引起的羊传染病。本病以急性死亡、腹膜炎和溃疡性肠炎为特征。

羊黑疫是由B型诺维氏梭菌（*C. novyi*）引起的绵羊和山羊的一种急性致死性毒血症。以肝脏发生实质性坏死为特征，因此又名为传染性坏死性肝炎（infectious necrotic-hepatitis）。

羔羊痢疾是由B型产气荚膜梭菌（*C. perfringens*）引起的初生羔羊的一种急性毒血症。其特征为持续性剧烈腹泻、小肠急性炎症和溃疡，死亡率很高。

［病原学诊断］

（一）病原分离

1. 厌氧培养法　梭菌是厌氧菌，所以要培养梭菌，首先就必须提供厌氧环境。厌氧培养的方法很多，但不外乎2个类型。一个是将培养基本身造成厌氧状态；另一个是在培养基空间造成厌氧环境，现将比较简单而又有效的方法介绍如下。

（1）本身为厌氧状态的培养法

①厌气肉肝汤：这是培养梭菌常用的厌气性液体培养基。其制法如下。

取牛（羊）肉除去脂肪及结缔组织，切碎，加入2倍量的蒸馏水，在低温下浸渍，过夜，煮沸30min或不经浸渍直接煮沸1h，补足失水，沉淀，取上清液，以数层纱布加薄层脱脂棉或单用粗滤纸过滤，加1%蛋白胨及0.5%NaCl，滴定pH7.8，装瓶高压灭菌（103.4kPa）20min，此即储存的肉汤。若将其上清液倾出，修正至pH7.6，加热煮沸并冷却后以细滤纸过滤，分装试管后如前高压灭菌，即为常用之肉汤培养基。取牛（羊）肝脏切成5cm^{3}左右大块，如上法加水煮沸、过滤、加药剂滴定pH，装瓶灭菌，即可制成储存的肝汤，供随时使用。

取上述肉肝汤等量混合、修正 pH 至 7.8，加热煮沸并冷却，过滤，分装于装有小肝块的试管中，加一层液体石蜡，加棉塞后高压 116℃40min，即为厌气肉肝汤。所加的小肝块，系将制肝汤后肝脏切成黄豆大的小方块用蒸馏水淘洗数次后晾干而成。其添加量应为所加培养基的 10%。

若当天制备肉汤及肝汤，可在煮沸粗滤后即将两者混合，再按量添加蛋白胨及 NaCl，滴定至 pH7.8，煮沸冷却后过滤，如前分装高压即成。若于过滤之前加入葡萄糖，即为加葡萄糖厌气肉肝汤。葡萄糖的用量一般为 0.2%。

此培养基的肝块，具有还原作用。石蜡能隔绝氧气，作为厌氧状态。

② 半固体深层培养基：取储存肉汤（或新制成的肉汤）盛于烧杯之中，修正其 pH 为 8.0，加琼脂 0.75%，包装后高压使琼脂溶化，渣滓沉淀于杯底，冷却后去底部沉淀，溶化后加入葡萄糖 0.1%，分装于试管中，使培养基深度约为 6cm，高压灭菌即成。半固体状态有阻碍氧气渗入的作用，培养基的下层可保持一定的厌氧状态。若于其中加入硫乙醇酸钠 0.1%，则厌氧程度更佳。但此等培养基放置过久，氧气也逐渐渗入，需于临用前间接加热煮沸 15min，冷却后用，此培养基仍有相当硬度。当做成培养基以后，细菌可在其中生成单个菌落，故可用以检查梭菌在琼脂深部菌落的形状。另外，对氧气需要类型不同的细菌在培养基中生长的部位不同，需氧菌长于表面，厌氧菌可在距离表面相当距离以下才有生长，兼性厌氧菌上下均长，微嗜氧菌在表面下 2～3mm 处长成一薄层。因此，还可以用以检查细菌对氧气的需要。

③ 加还原剂的培养基：在培养基加入还原剂，用于造成厌氧状态，在许多培养基中都有所应用。常用的还原剂有：

硫乙醇酸钠：使用浓度常为 0.01%～0.1%。应当注意，有些批号的此一制品，长期放置后对细菌稍呈毒性。不过若将接种量增大，细菌仍可生长。

还原铁：如还原铁粉、铁片、铁丝、铁钉等。

（2）*在培养空间造成厌氧环境的方法*

① 抽气法：将接种了细菌的培养基，置于适当的容器（如真空干燥器）内，抽去其中空气，密闭培养。此法的缺点是固体培养基易于干燥，可能影响细菌的生长。部分真空易使倒置的培养基坠下，所造成的厌氧程度较低，不能满足较严格厌氧菌生长的需要。

② 焦性没食子酸法：每升容器加焦性没食子酸 1g 及 10%NaOH，以吸收氧气。应用的方法很多，可将培养器和培养管等置于另一容器内培养。也可以将上述药剂加于培养器或培养管内（注意：不能与培养基接触）密闭培养。无论采用何种方法，都应当注意，需将容器迅速密闭。因二药作用迅速，稍迟不能达到造成厌氧环境的目的，或影响其厌氧程度。

2. 梭菌的分离培养方法

（1）*分离培养的基本方法*　梭菌的分离培养和其他细菌一样，其基本方法是首先得到单个菌落，然后用单个菌落移植于另一培养基中，以取得纯培养。常用方法如下：

① 划线分离：将检验材料或培养物在葡萄糖鲜血琼脂平面上划线接种，于厌氧环境中培养 2～4d 后，挑取单个菌落移植于另一培养基中。

② 摇震培养分离法：取深层琼脂数管加热融化并冷却至 50℃左右，取接种材料连续接种稀释，立即直立于凉水内凝固，培养后选定单个菌落，于此菌落稍下方将试管切断，将琼脂柱推于灭菌平皿内，选此菌落移植。

无论采取划线或振摇分离，都应该对菌落仔细检查，除了尽可能以肉眼观察保证其为单个菌落没有与其他菌落相混杂外，还应取其一部分作抹片镜检，来加以初步判定。

（2）分离培养的辅助方法　细菌的分离，有时因严重污染而难以获得单个菌落。因此，需要采用一定的方法加以辅助。

加热法：将检验材料制成悬浮液，加热至 80℃ 20min（诺维氏梭菌可煮沸 5min），然后，接种培养 PA 或将材料先接种于液体培养基中，经同样加热后，再进行培养。此法可杀灭污染的不耐热细菌，而有利于梭菌（能产生芽孢者）分离。

3. 梭菌的鉴定方法　细菌的鉴定有赖于形态学特征、培养特征、生化特征、病原性及毒力以及细菌或其毒素的抗原性等各方面性状的检查。此等性状的检查，必须在获得纯培养后方能进行，否则会造成错误。见表 13－21。

表 13－21　羊猝狙与羊快疫、羊黑疫、羊炭疽、羊肠毒血症的区别

病名	羊快疫	羊黑疫	羔羊痢疾	羊猝狙	羊肠毒血症
病原名称	腐败梭菌	B 型诺维氏梭菌	B 型产气荚膜梭菌	C 型产气荚膜梭菌	D 型产气荚膜梭菌
培养特性检查	在普通琼脂可生长，在加 0.5%葡萄糖和 5%血清的培养基上更好，最适 pH7.6	培养基中需加 0.03%地硫苏糖醇，最适 pH 7.2～7.4	可在葡萄糖血清琼脂，血液琼脂，肉汤中良好生长	可在葡萄糖血清琼脂，血液琼脂，肉汤中良好生长	可在葡萄糖血清琼脂，血液琼脂，肉汤中良好生长
梭菌的形态学检查	G^+ 两端钝圆的杆菌	G^+ 呈短链排列	G^+ 厌氧粗大杆菌	G^+ 厌氧粗大杆菌	G^+ 厌氧粗大杆菌
生化特性检查	能分解单糖，葡萄糖，果糖，麦芽糖，乳糖，杨苷等产酸产气，但不发酵甘露醇，卫矛醇，甘油或蔗糖	只分解葡萄糖产酸产气，其他糖类反应因菌株而异，MP 及 VP 试验阴性	能还原硝酸盐，可分解葡萄糖，乳糖，半乳糖，麦芽糖，单奶糖，蔗糖，棉子糖，木胶糖，淀粉及果糖，产酸产气。对水杨苷，木糖，甘露醇，卫矛醇，菊淀粉不产酸	能还原硝酸盐，可分解葡萄糖，乳糖，半乳糖，麦芽糖，单奶糖，蔗糖，棉子糖，木胶糖，淀粉及果糖，产酸产气。对水杨苷，木糖，甘露醇，卫矛醇，菊淀粉不产酸	能还原硝酸盐，可分解葡萄糖，乳糖，半乳糖，麦芽糖，单奶糖，蔗糖，棉子糖，木胶糖，淀粉及果糖，产酸产气。对水杨苷，木糖，甘露醇，卫矛醇，菊淀粉不产酸
对氧状态	专性厌氧菌	厌氧菌	厌氧菌	厌氧菌	厌氧菌
运动性	＋	＋	－	－	－
溶血	有溶血	β 型溶血	双溶血环	双溶血环	双溶血环
牛奶	产酸	缓慢变酸	凝固牛奶产气，使奶渣变黑	凝固牛奶产气，使奶渣变黑	凝固牛奶产气，使奶渣变黑

（续）

病名	羊快疫	羊黑疫	羔羊痢疾	羊猝狙	羊肠毒血症
菌型	肝脏切面长丝状	肝切面可见大杆菌	血液、内脏多无菌	血液、内脏多无菌	血液、内脏多无菌
菌落	稍隆起、灰白、边缘不整	浅薄透明周边不整	灰白色、圆形、边缘呈锯齿状大菌落	灰白色、圆形、边缘呈锯齿状大菌落	灰白色、圆形、边缘呈锯齿状大菌落

[产气荚膜梭菌毒素的鉴定]

1. PCR 引物 据赵耘等针对产气荚膜梭菌编码 α、β、ε、ι 毒素的基因（cpa、cpb、etx 及 iA）设计了 4 对特异 PCR 引物，用于鉴别这 4 种毒素，引物见表 13－22。

2. PCR 扩增 PCR 反应总量为 50μL。取一洁净 PCR 管置于冰上，添加 10×PCR 缓冲液（包括 10mmol/L Tris-HCl，50mmol/L KCl 和 0.1％Triton X－100 ）5uL、dNTP 混合物各 200μmol/L，上下游引物各 0.1～1.0μmol/L、模板 DNA 0.1～2.0μg（从 4℃冰箱取出各菌株血平板培养物，用灭菌枪头挑取平板上的单个菌落，稀释成悬浮液作为模板）、Taq DNA 聚合酶 1～2U、$MgCl_2$ 1.5mmol/L，添加 ddH_2O 至 50μL。反应条件：94℃预变性 10min，按以下参数循环 30 次：94℃ 30s、47℃ 30s、72℃ 1min，末次循环后在 72℃延伸 10min，取 10uL 扩增产物于 2％琼脂糖凝胶电泳观察结果。

表 13－22　引物的序列和位置

基因	引物序列（5′－3′）	位置	扩增片段大小/bp
cpa	GCTAATGTTACTGCCGTTGA	1 438～1 457	324
	CCTCTGATACTGTGTAAG	1 762～1 743	
cpb	GCGAATATGCTGGAATCATCTA	871～891	196
	GCAGGAACATTAGTATATCTTC	1 067～1 064	
ext	GCGGTGATATCCATCTATTC	227～246	665
	CCACTTACTTGTCCTACTAAC	882～862	
ia	ACTACTCTCAGACAAGACAG	275～294	446
	CTTTCCTTCTATTACTATACG	721～701	

3. 结果 PCR 完成后取 5μL PCR 产物在 1.5％琼脂糖凝胶中 90V 30 ～40min，用凝胶成像系统观察 PCR 扩增结果，将得到的特异性 DNA 片段与 cpa、cpb、ext 和 ia 目的基因片段比较，与其相符者则证明含有相应毒素。

十三、羊传染性脓疱

羊传染性脓疱（contagious pustular dermatitis）是羊口疮病毒（Orf virus）引起的主要侵害羔羊的一种急性接触性传染病，俗称羊口疮或口疮，又名羊传染性脓疱性皮炎。其特征是在羊口唇等处的皮肤、黏膜形成红斑、丘疹、水疱、脓疱、溃疡，最后结成疣状厚痂。该病毒为痘病毒科（Poxviridae）、脊椎动物痘病毒亚科（Chordopoxvirinae）、副痘病毒属（*Parapoxvirus*）成员。本病毒为双链DNA病毒，与同属牛丘疹性口炎病毒和伪牛痘病毒有血清学交叉反应。但是，可以通过限制性内切酶酶切分析病毒DNA，病毒囊膜DNA序列分析和PCR产物限制性内切酶酶切电泳带型等试验进行以上病毒的鉴别。

［病原学诊断］

（一）电镜观察

取发病羔羊的脓疱和丘疹皮，置于研钵中加灭菌中性玻璃砂充分研磨后，加少量生理盐水或0.1mol/L PBS制成混悬液，以3 000r/min离心30min，用毛细管吸取上清，滴至已制备好的铜网上，2～3min后，用滤纸吸除铜网上多余的上清，再用磷钨酸染1～3min，吸除多余染料，干燥后进行电镜观察。可观察到大小为170～280nm，椭圆形，表面呈绳索样有规律的螺旋缠绕的病毒粒子。其表面结构的排列方式为：绳索物沿病毒粒子的长轴呈8字形斜向平行环绕，其环数近乎一致，结合流行病学、临床症状以及病理变化，综合分析即可确诊。

（二）病毒分离鉴定

1. 病料采集　病毒对干燥具有极高的抵抗力，干燥痂皮内的病毒可以存活几个月乃至几年。一般在病变局部采集水疱液、水疱皮、脓疱皮以及较深层痂皮。

2. 分离培养　羊口疮病毒可用胎羊皮肤细胞，牛羊睾丸细胞和肾细胞，人羊膜细胞等进行分离培养。一般接种后48～60h，可见细胞变圆、团聚和脱落病变，并可观察到胞浆内嗜酸性包含体。应用标准阳性血清进行病毒中和试验或者PCR方法进行鉴定。

［动物接种试验］

（一）感染材料的制备

感染材料：取自发病羊采集的脓痂，置于研钵中剪碎，加灭菌的中性玻璃砂，充分研磨后加pH 7.2磷酸缓冲液制成10倍稀释的悬液，含青霉素、链霉素各2 000U/mL，以2 500r/min离心30min，提取上清，置于37℃温箱中3～4h，然后存于冰箱中备用。

感染对照材料：取上述感染材料，于100℃煮沸30min，作为感染对照材料。

（二）感染动物及试验方法

1. 用15～90日龄的羔羊10只，在唇部、耳部、右腿股内侧划痕接种感染材料，左侧腋窝处划痕接种感染对照材料。试验羊羔在接种后，每天测温2次并观察局部变化和全身变化，时间为30d。

2. 用200g豚鼠和白色幼兔各5只，分别在背部两侧取面积3cm×2cm部位，一侧划痕接种感染材料，一侧划痕接种感染对照材料。各划痕部位剪毛消毒2h后，用注射针头划破皮肤，呈条纹状，至溢出少量血液时，沿划痕线接种感染材料或感染对照材料。

3. 用5只30日龄猫，也在右腿股内侧划痕接种感染材料，左侧腋窝处划痕接种感染对照材料。

（三）结果判定

1. 羔羊试验结果为10只羔羊全部发病，均有潮红、肿胀、丘疹、水疱、脓疱、结痂等变化，但随日龄不同，发病的潜伏期、发热和局部病变出现的先后、轻重有差异，日龄越大，发病越慢、症状越轻。

2. 豚鼠试验无异常变化。

3. 家兔试验均无炎性反应，4只脱毛、皮肤裸露，再次划痕接种，无典型变化。

4. 幼猫接种试验结果均有潮红、丘疹，后形成脓疱并结痂。

综上，根据其流行病学的可感动物，可初步判定该病。

[分子生物学诊断]

采用聚合酶链式反应（PCR）。

1. 引物设计与合成 智龙等根据OR2FV的全基因序列，选择较保守的H2L基因序列，设计1对引物，预计扩增目的片段大小为507 bp。引物如下：

P1：5′-CGAACTTCCACCTCAACCACTCC-3′；

P2：5′-CCTTGACGATGTCGCCCTTCT-3′。

2. 病毒DNA的制备 羊口疮病毒在－20℃反复冻融3次，10 000r/min离心10min，取上清备用。临床病料：用20mmoL/L PBS淋洗羊病变皮肤组织，用灭菌剪刀剪碎后，加入石英砂反复碾磨，收集匀浆，反复冻融2～3次，10 000r/min离心10min，收集上清备用。取上述样品各500μL用SDS蛋白酶K法提取DNA，再用50μL灭菌去离子水溶解后用作PCR模板，－20℃保存备用。

3. PCR扩增 采用50μL反应体系，即10×PCR Buffer（含$MgCl_2$）5μL、dNTPs（10mmol/L）1μL、Taq DNA聚合酶（2.5U/μL）1μL、上下游引物（10 pmol/μL）各2.5μL、DNA模板1μL、灭菌双蒸水（ddH_2O）37μL。

扩增条件为：94℃预变性5min，然后进入94℃变性1min，55℃退火1min和72℃延伸1min的34个循环，最后72℃延伸10min。

4. 结果判定 取PCR产物8μL与溴酚蓝缓冲液2μL混匀，1%琼脂糖凝胶中电泳，溴化乙锭染色后，于凝胶成像系统观察结果，若结果产物里出现507bp大小的基因片段，则为阳性，即表示该检测样品里有羊传染性脓疱的病毒，若未出现则表示没有该病毒。

十四、蓝舌病

蓝舌病（bluetongue）是由蓝舌病病毒导致的绵羊、山羊和牛的疾病。临床特征为口腔黏膜、舌、蹄冠部充血出血和溃疡、糜烂、吞咽障碍等。蓝舌病病毒（Blue tongue virus，BTV）。属呼肠孤病毒科（Reoviridae）、环状病毒属（*Orbivirus*）成员。为双链RNA病毒，能抵抗有机溶剂，在低于pH6.5的酸性溶液中被灭活。在全世界，该病毒分为25个血清型，不同地区的流行毒株的血清型和致病力不同。

[病原学诊断]

（一）病毒分离

对家养和野生反刍动物的诊断程序是一样的。常用的病毒分离系统有多种，但最有效的两种是鸡胚和绵羊。

1. 鸡胚分离

（1）从发热动物中采血并放进加有肝素或乙二胺四乙酸（EDTA）或柠檬酸钠等抗凝剂的试管，用灭菌PBS洗3次并重悬于PBS或等渗的NaCl溶液中，于4℃存放，或立即用于病毒分离。已死的动物，分离病毒的最好器官是脾和淋巴结，处理方法与血液相同。

（2）将洗涤的血细胞溶于双蒸水中或在PBS中经超声波处理，取0.1mL静脉接种6～12枚10～12日龄鸡胚ECE，此方法有难度并需预先练习。

（3）33.5℃湿盒中孵育，每日照蛋，24h内死亡的胚视为非特异死亡。

（4）将2～7d内的死胚置于4℃保存。杀死7d活胚，感染的鸡胚通常出血；去头后，匀浆（死胚和存活7d胚匀浆要分开），离心，去掉沉渣。

（5）上清中的病毒用RT-PCR、抗原捕获ELISA或继续在组织培养扩增后用间接免疫荧光或免疫过氧化物酶法鉴定等。

（6）如果接种的样品不致死鸡胚，取第一代鸡胚盲传到第二代鸡胚，继续传代。这也可在组织培养上进行。

注意：血样不能长时间冷冻保存，血样应保存在草酸盐一石炭酸甘油（OPG）中，如果可以冷冻，要保存在乳糖蛋白胨缓冲液－70℃或温度更低的冰箱，冷冻保存，病毒在－20℃长时间保存后不稳定。

2. 细胞培养分离　血细胞裂解物中的病毒可用脑内接种新生鼠或加在仓鼠肾原代细胞或继代细胞BHK-21、非洲绿猴肾细胞（Vero）、L细胞、白纹伊蚊（AA）细胞上培养。初次分离直接加到细胞上，分离效果往往不如经ECE传代的效果好。最有效的分离为，可将第一代ECE匀浆接种于AA细胞，再检测抗原或同时接种于哺乳动物细胞如BHK-21或Vero。对AA的CPE无需观察。而在37℃ 5%的CO_2湿温箱中培养的细胞要观察5d CPE。如无CPE，则须要在组织培养上接种第二代。出现CPE的细胞营养液的BTV的鉴定用抗原捕获ELISA、免疫荧光、免疫酶或病毒中和试验予以证实。

3. 用绵羊分离病毒

（1）可用从 10～500mL 血液制备的洗涤红细胞，或 10～50mL 组织悬液接种绵羊。一次皮下接种 10～20mL。为分离病毒可大剂量静脉注射。

（2）接种的绵羊要养 28d，并用琼扩（AGID）或竞争 ELISA 检测抗体。

[血清学诊断]

（一）琼脂扩散试验（AGID）

检测抗 BTV 抗体的 AGID 试验方法易于操作，抗原容易制备。从 1982 年开始此方法成为国际反刍动物贸易中的标准检测方法。但是 AGID 检测 BTV 的一个缺点是其特异性不足，即可检测到其他环状病毒，特别是 EHD 群中的病毒抗体。

1. 材料和器械

（1）抗原　将 BHK 或 Vero 细胞以单血清型 BTV 感染 24～48h，生产粗制可溶性制品作为抗原。可用沉淀或超滤法浓缩抗原。阴性和阳性血清，按说明书要求使用。

（2）器械　直径 6cm 平皿，外径 4mm 打孔器，眼科手术镊子。

（3）待检血清　血清应无污染，3 个月内在 4℃保存，常温保存 15d 内，可用于检测。

2. 试验方法

（1）琼脂平皿的制作

①琼脂糖基配制：琼脂糖 0.8～0.9g，生理盐水 100mL，按 1 ∶ 10 000 比例加入叠氮钠或硫柳汞，调整 pH7.4～7.6，高压消毒 10min。

②琼脂平皿制备：融化的琼脂待冷至 45～50℃时，以无菌手术倒入直径 6cm 平皿中，每平皿约 7mL。厚度约为 4mm，待凝固后置 4℃保存备用。

③打孔：用直径 4mm 金属打孔器在已凝固的琼脂糖凝胶平皿上打孔（各孔排列如图 13－11 所示）。孔距为 3mm，打孔后用针挑出切下的孔内琼脂块，封底。

（2）加样　用微量加样器或毛细管，吸取抗原或血清滴于孔内：中央孔滴加抗原，周围的 1、3、5 孔滴加待检血清，2、4、6 孔滴标准阳性血清，样品以加满不溢出为度。加样后静置 10min，放入 37℃温箱中进行反应。分别在 24、48、72h 观察并记录结果。

3. 结果判定　判定时将琼脂平皿置暗背景或侧强光照射下观察。标准阳性血清与抗原孔之间出现一条清晰的白色沉淀线，则认为试验可以成立；如果沉淀线没有或不明显，则本试验不能成立，应重做。

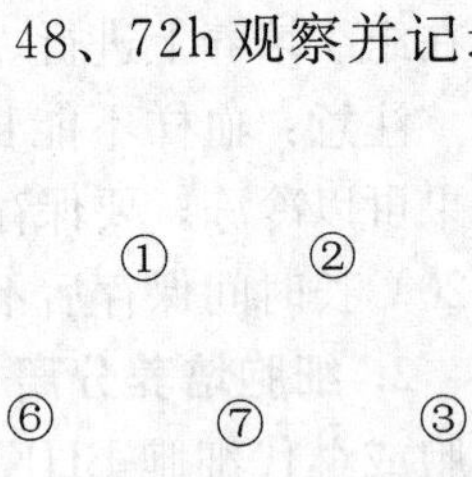

①　②

⑥　⑦　③

⑤　④

图 13－11　AGID 各孔排列图

（1）阳性　待检血清孔与抗原孔之间出现明显清晰白色沉淀线，并与标准阳性血清孔的沉淀线相融合（图 13－12）。

（2）阴性　待检血清孔与抗原孔之间无沉淀，标准阳性血清孔的沉淀线直伸孔边，判为阴性（图 13－13）。

（3）弱阳性　标准阳性血清孔沉淀线在被检孔处向抗原孔侧弯曲，但不形成完整的线，则待检血清判为弱阳性，应重复试验，若重复仍为弱阳性反应时判阳性（图 13-14）。

（4）非特异性反应　在抗原孔与待检血清之间的沉淀线粗而混浊，或与标准阳性血清孔沉淀线交叉并直伸孔边时则认为非特异性反应，应重试（图 13-15）。

（5）试验后 24、48、72h 判定中凡出现沉淀线均应记录，并判为阳性，凡 72h 仍未见沉淀反应者判为阴性。

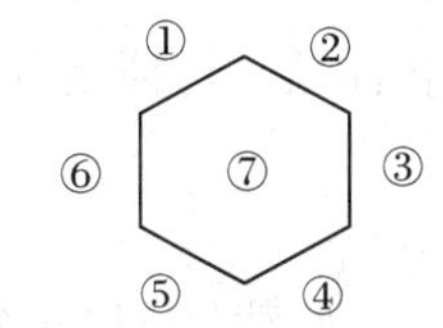

图 13-12　阳性（1、3、5）

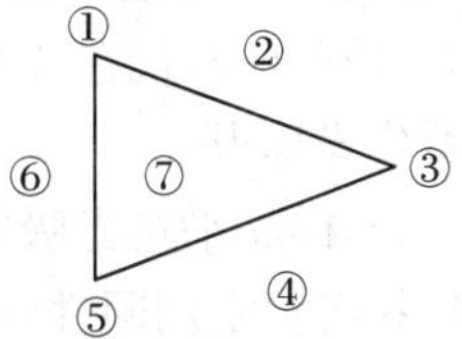

图 13-13　阴性（1、3、5）

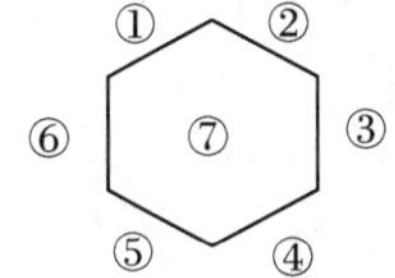

图 13-14　弱阳性（5）

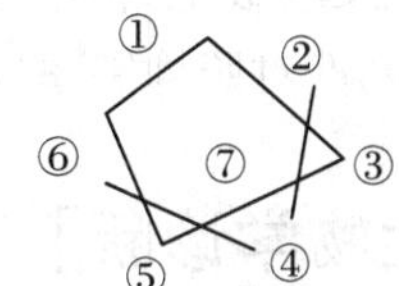

图 13-15　非特异性（3、5）

注意：所有弱阳性样品和其他有可疑结果的样品应重新检查，所用孔径为 5.3mm，孔距为 2.4mm，或者用下面介绍的竞争 ELISA。

（二）竞争酶联免疫吸附试验（C-ELISA）

竞争或阻断 ELISA 能检测 BTV 特异性抗体而不和其他环状病毒发生交叉反应，使用群特异性单抗群中的任一种都具有特异性，如 Mab3-17A3 或 Mab20E9，许多实验室研制生产单抗，通常有些区别，但都和主要核心蛋白 VP7 的氨基末端区域结合。在 C-ELISA 中，被检血清中的抗体和单抗竞争性地与抗原结合。在比较了一些国际实验室的研究后，下面的 C-ELISA 方法被定为标准方法：

试验程序：

（1）向 96 孔细胞培养板每孔中加入 50～100μL 细胞培养制备、超声处理的抗原或杆状病毒或酵母表达收获的 VP7 抗原，抗原用 0.05mol/L 碳酸盐缓冲液（pH9.6）稀释。4℃过夜或 37℃保温 1h。

（2）用 PBST（0.01mol/L 磷酸盐缓冲液含 0.05%或 0.1%吐温-20 pH7.2）洗 5 次。

（3）加入待检抗血清 50μL，同一稀释度加到 2 个孔（抗血清用含 3%BSA 的 PBST 作 5 倍或 10 倍稀释）。

（4）立即向每孔中加入 50μL 事先已标定稀释浓度的单抗（用含 3%BSA 的 PBST 稀释），单抗对照孔加入稀释缓冲液代替被检血清。

（5）平板置 37℃孵育 1h 或者 25℃孵育 3h，不断摇动。

(6) 用上面的方法洗过以后，每孔中加入 100μL 适宜浓度的辣根过氧化物酶标记的兔抗鼠 IgG（H+L）（IgG 用含 2%普通牛血清的 PBST 稀释）。

(7) 37℃孵育 1h 后，倒掉孔内液体，用 PBS 或 PBST 洗 5 次，加入 100μL 底物（含 1.0mmol/L ABTS，4mmol/L H_2O_2 溶于 50mmol/L 柠檬酸盐中，pH4.0），平板放置在 25℃，反应 30min，不断摇动。也可用其他底物，反应过程中也需不断摇动适当的时间以便显色。

(8) 加入终止剂（如叠氮钠）终止反应。

(9) 用 ELISA 检测仪在 414nm 波长处测定光吸收值，各样品平均抑制百分数由光吸收值根据下面公式算得：

抑制＝100－样品平均光吸收值/单抗对照平均吸收值×100%

注意：有些实验室用阳性对照血清作为测前的 0%抑制，以此替代 MAb 对照。

(10) 抑制百分率大于 50%判为阳性，抑制百分率在 40%～50%判为可疑。血清平行检测的两孔结果可能有变化，只要它们不在选定抑制值的两边，就无影响。

(11) 每个反应板上都应设有强阳性，弱阳性和阴性血清对照，弱阳性显示 60%～80%抑制率，阴性对照抑制率应不超过 40%。

[分子生物学诊断]

采用反转录聚合酶链反应（RT－PCR）。

1. 提取病毒 RNA

(1) 从待检和未感染对照动物收集的全血放进含 EDTA 的试管，800～1 000 *g* 离心 10min。将血浆抽出，将红细胞（RBCs）轻轻地重悬到灭菌 PBS 中，将 RBCs 以 1 000*g* 离心 10min 压积，吸去上清。

(2) 将 400μL 待检 RBCs 放入 1.7mL 的小离心管中，对照的 400μL RBCs 分别加到另 2 个小离心管。各管中加入等体积无 RNase 的水，短时间旋振使之混合和溶解细胞。两管待检红细胞－70℃保存以进行重复试验。

(3) 待检和对照的裂解 RBCs 以 12 000～16 000*g* 离心 10min，弃去上清液。再加进 800μL 无 RNase 水，旋振后再以同样速度离心 10min，弃去上清液，倾干 RBCs 表面水分。

(4) 将 5μL 10^3～10^7 PFU 的蓝舌病病毒加入到含 RBCs 沉淀的对照管，作为阳性对照。其余对照 RBCs 管仍作阴性对照。

(5) RNA 提取的其他步骤按照 IsoQuick 试剂盒说明书进行。

(6) 将乙醇中的 RNA 以 12 000*g* 离心 5min，倒去乙醇，将管子倒置流干。沉淀可能不明显，但不可干透，因为这会使重悬困难。干的沉淀易从倒放的管子里掉下来。

(7) 加 12μL 无 RNase 水到每一管内，混合后放在 65℃ 5～10min。

2. 反转录聚合酶链反应（RT－PCR）

第一阶段 PCR 的引物（从核苷酸 11～284 扩增 RNA）：

引物 A：5′-GTTCTCTAGTTGACCACC-3′；

引物 B：5′- AAGCCAGACTGTTTCCCGAT - 3′。

套式 PCR 引物（从 170～270 段扩增 RNA）

引物 C：5′- GCAGCATTTTGAGAGAGCGA - 3′；

引物 D：5′- CCCGATCATACATTGCCTCTT - 3′。

在生物安全罩内，以无核酸酶水制备含 200pmol/μL 引物 A、B、C、D 的储存液，并保存于－70℃。

（1）第一阶段将 4.0μL 引物（A＋B）混合液加进每管，各管均保持在冰箱内。再将 4μL 待检样品和阴阳性对照样品分别加到有 4μL 引物混合物的 PCR 管中。按照 Superscript™Preamplification System（LifeTechnolog）说明进行制备 cDNA。

（2）PCR 扩增（这是对 GeneAmpPCR 系统 9600 设定的，对其他热循环器要根据情况另定）。1 个循环：95℃ 3min，58℃ 20s，74℃ 30s；40 个循环：95℃ 25s，58℃ 20s，74℃ 25s；1 个循环：95℃ 25s，58℃ 20s，74℃ 5s，4℃持续。将 PCR 反应管置于净化橱进行套式反应，在冰中放置 15min。

套式 PCR 扩增：无核酸酶水 17μL/管，套式引物混合液（C＋D）4.0μL/管，第一阶段扩增产物 1.5μL，石蜡珠。将管子放在热循环器中，98℃ 4min，以形成蜡层；再加入无核酸酶水 17μL/管，10×PCR 缓冲液 5.0μL，$MgCl_2$ 3.5μL，dNTP 混合液 4.5μL，TaqDNA 聚合酶 0.5μL，这时每管体积 52μL。扩增程序：1 个循环：95℃ 3min，58℃ 20s，72℃ 30s，40 个循环：95℃ 20s，58℃ 20s，72℃ 20s；1 个循环：95℃ 20s，58℃ 20s，72℃ 5s，4℃保持。

3. 电泳分析 PCR 产物　试验结果成立的条件是：阳性对照必须出现正确分子大小的带，而阴性对照和无 RNA 对照不出现带。BTV 阳性样品有 101bp 带。如被检样品出现与阳性对照同样迁移率的带，则可认为是阳性。重复样品应出现同样反应；如果两者不同，应进行重复试验。

十五、小反刍兽疫

小反刍兽疫（peste des petits ruminant）是由小反刍兽疫病毒（Pestedespetitsruminantsvirus，PPRV）引起的小反刍动物的一种急性接触传染性疾病。主要表现为发病急剧、高温稽留、眼鼻分泌物增加、腹泻和肺炎。主要感染绵羊和山羊，危害相当严重。

［病原学诊断］

病毒分离鉴定

1. 样品采集　活体动物采集眼睑下结膜分泌物和鼻腔、颊部及直肠黏膜病料拭子。采集全血时加抗凝剂如肝素，供病毒分离、PCR 和血液学检验用。病死动物采集淋巴结，特别是肠系膜和支气管淋巴结，脾和肠黏膜也应采集。样品通常置于冰瓶运送。在暴发的后期应采集血样做血清学诊断。

2. 病毒分离鉴定 PPRV 可以用原代羔羊肾或非洲绿猴肾（Vero）细胞组织培养分离。细胞长成单层后，接种可疑材料（拭子材料，血沉棕黄层或 10%的组织悬液），每天观察细胞病变（CPE）。PPRV 产生 CPE 一般在 5d 内，在羔羊肾细胞中 CPE 特征主要为细胞变圆、圆缩，最终形成合胞体，在 Vero 细胞中有时很难看到合胞体，如果有合胞体存在，也非常小。但如用染色剂染感染细胞，小的合胞体就可看到。合胞体的细胞核呈圆周排列，犹如表盘状。用盖玻片培养，到 5d 就出现细胞病变，有胞质内和核内包涵体。有些细胞形成空泡，感染组织的组织病理学切片染色可以观察到同样的变化。5～6d 后通常应进行盲传继代，因 CPE 出现需要一定时间。

[血清学诊断]

（一）病毒中和试验

此方法敏感、特异，但是费时，标准中和试验方法是在原代羔羊肾细胞或无原代细胞时，用 Vero 细胞的转管培养进行的。

1. 1 mL 2 倍系列稀释的灭活血清与 10^3 $TCID_{50}$/mL 病毒悬液（等体积）混合。

2. 病毒/血清混合物在 37℃下孵育 1h 或者是在 4℃过夜。

3. 取 5 支转管，每管加 0. 2 mL 混合液，并立即加入含 2×10^5 个细胞/mL 的 Vero 细胞悬液 1 mL。

4. 斜置于 37℃下培养 3d。

5. 弃去出现病毒特异的 CPE 管子，其余培养管换维持液，并继续旋转培养 7d，如果每管病毒攻击剂量下降到 $10^{1.8}$～$10^{2.8}$ $TCID_{50}$仍可接受。

6. 结果判定。血清 1 ∶ 8 稀释能检出抗体时，该血清被判为阳性。

通常情况下，可与牛瘟病毒进行交叉中和试验，当 PPR 中和滴度高于牛瘟 2 倍时，则判为 PPR 阳性。

（二）免疫捕获酶联免疫吸附试验

免疫捕获酶联免疫吸附试验（ELISA），使用多种抗- N 单克隆抗体（MAb），可快速鉴别 PPR 或牛瘟病毒，因为这两个病在地理分布上相同、并可感染同种动物，鉴别诊断就显非常重要。

1. 100μL 捕获 MAb 溶液包被微量滴定 ELISA 板。该 MAb 与牛瘟和 PPR 起反应。

2. 洗涤后，4 孔加入 50μL 样品悬浮液，对照孔加缓冲液。

3. 2 孔立即加 25μL 生物素标记的 PPR 单克隆抗体和 25μL 抗生物素蛋白链菌素—过氧化氢酶，另外 2 孔加入 25μL 牛瘟单克隆抗体和 25μL 抗生物素蛋白链菌素—过氧氢酶。

4. 微量板在 37℃下恒定振荡 1h。

5. 3 次强力洗涤后，加入 100μL 过氧化氢一邻苯二胺（OPD）溶液，在室温下孵育 10min 以上。

6. 加入 100μL H_2SO_4 终止反应，以分光光度计/ELISA 读数仪 492nm 测定光吸收值。

7. 结果判定。用每个空白对照（PPR 空白和牛瘟空白对照），以 3 次的平均吸收值计算临界点。也可用夹心 ELISA：样品首先与检测用 MAb 反应，再用吸附到 ELISA 微量板上的第二 MAb 捕获免疫复合物。

该试验既特异又很敏感（每孔 $10^{0.6}$ $TCID_{50}$ PPR 病毒，每孔 $10^{2.2}$ $TCID_{50}$ 牛瘟病毒均可检测到），2h 就可获得结果。

（三）琼脂凝胶免疫扩散（AGID）

AGID 是一种非常简单而廉价的方法，任何实验室甚至在野外都可进行。

1. 材料准备

（1）抗原制备　标准 PPR 病毒抗原是由肠系膜或支气管淋巴结、脾或肺组织材料加缓冲盐水研磨制成 1/3 悬浮液，以 500*g* 离心 10～20min，收集上清液等量分装，储存在－20℃下，此抗原可以保持 1～3 年。对照抗原用正常组织以同样方法制备。

（2）标准抗血清制备　标准抗血清是以每毫升含病毒滴度过 10^4 $TCID_{50}$（50%组织培养感染量）的 PPR 病毒 5mL 高免绵羊，每周注射一次，共 4 周。最后一次注射 5～7d 后放血。用标准牛瘟高免抗血清检测 PPR 抗原同样有效。

（3）琼脂板制备　用生理盐水配制 1%琼脂，盐水中加入硫柳汞（0.4g/L）或叠氮钠（1.25g/L）作为抑菌剂并倒入平皿内（5cm 平皿加 6mL）。在琼脂层上打 6 角形的孔和一个中心孔，孔径及孔距均为 5mm。

2. 操作方法　中心孔加阳性血清，周围的三个孔加阳性抗原，一孔加阴性抗原，剩余两孔加被检抗原。阴性对照抗原孔需与阳性对抗原孔交替设置。

3. 结果判定　通常 18～24h 后在抗原与血清孔之间出现 1～3 条沉淀线。用 5%的冰醋酸洗琼脂 5min，能够使沉淀线更加清晰。如与阳性对照抗原沉淀线相同，则判为阳性反应。

注意：所有阴性试验都明显地表现后才应该记录阴性结果；本试验 1d 就可获得结果，对检测温和型 PPR 灵敏度不高，这是由于病毒抗原含量低的缘故。

[分子生物学诊断]

采用巢氏聚合酶链式反应（nPCR）。

姚李四等先用基于扩增核蛋白基因的普通 PCR 进行筛选，再用 nPCR 进行排除和鉴定 PPR，该方法在我国实际应用中，具有快速、准确、经济的优点。

1. 引物

（1）外扩增引物

F1：5′- TCTCGGAAATCGCCTCACAGACTG - 3′；

R1：5′- CCTCCTCCTGGTCCTCCAGAATCT - 3′。

（2）内扩增引物

F2：5′- TAGACTCTCGCGAGAGT - 3′；

R2：5′- ATGAGGGAGAGTCGCCTA - 3′。

第一次 PCR 扩增后，可以扩增出 350 bp 的核酸片段，以第一次 PCR 扩增产物为模板进行的二次PCR，可扩增出170 bp的核酸片段。

2. RNA提取 用Trizol法提取，参照说明书，具体为：在800μL的Trizol中加200μL病毒培养液或其10倍序列稀释液或100 mg液氮研磨的组织样本，加200μL氯仿，振荡器上混匀30s；12 000r/min（13 200 *g*）离心4℃10min，小心吸取上层水相（约600μL）于不含RNA酶的1.5 mL微量离心管中，加入0.5倍体积的异丙醇，混匀，12 000r/min 4℃离心10min，小心弃上清，加入800μL的75%乙醇（DEPC水配置），混匀，4℃离心5min，小心弃上清。重复一次，晾干或高温烤干；加入10μL DEPC处理水溶解RNA，轻轻混匀。

3. cDNA合成和PCR 用M-MLV逆转录酶进行cDNA合成，参照说明书。总体系为50μL。第一轮：PCR的反应体系为2×PCR Master 25μL，F1、R1引物各1μL，cDNA2.5μL，加水至50μL。PCR扩增程序：94℃预变性5min，94℃变性2s、55℃退火20s、72℃延伸20s，循环35次，最后72℃延伸5min，4℃保存。

第二轮PCR的反应体系为2×PCR Master 25μL，F2、R2引物各1μL，第一轮PCR产物2μL，加水至50μL。PCR扩增程序：94℃预变性5min，94℃变性15s、退火55℃1s、72℃延伸15s，循环30次，最后72℃延伸5min，4℃保存。

4. 结果判定 扩增结束后，取10μL PCR扩增产物直接上样电泳，在凝胶成像系统观察，若第一轮扩增目的基因350bp，第二轮扩增目的基因170bp，则为阳性，即有该病毒感染；若未出现目的大小的基因片段，则为阴性，即没有该病毒感染。

第三节　马的传染病

一、马腺疫

马腺疫（strangles）是由马链球菌马亚种（*Streptococcus equi* subsp. *equi*）引起马属动物的一种急性接触性传染病。其典型病例以发热、鼻黏膜炎、咽黏膜炎及下颌淋巴结肿胀化脓为特征。主要发生于马驹及幼龄马。常呈散在发生或地方流行性。

[细菌分离与培养]

(一) 实验材料

恒温箱、高压蒸汽灭菌器、显微镜、试管架、灭菌小试管、5mL灭菌注射器、煮沸消毒器、外科剪、棉棒、镊子、载玻片、铂金耳、酒精灯等。

(二) 培养基及实验动物

1. 培养基 10%血清肉汤、5%～10%血清琼脂平板、5%绵羊血液琼脂平板及美蓝牛乳培养基。

2. 实验动物 昆明系小鼠，体重17～20g，清洁级。

(三) 病料标本采集

病马的鼻液及下颌淋巴结未破溃脓肿，以碘酒及酒精消毒后，用注射器吸取脓汁注入灭菌小试管中；已破溃的脓肿，以灭菌生理盐水浸湿的棉棒蘸取脓汁或鼻腔分泌液放于灭菌小试管中，立即检查，或放 4℃冰箱中保存待检。

（四）直接镜检

1. 操作方法　将病料标本涂于载玻片上，干燥、固定、进行革兰氏染色。

2. 观察结果　马腺疫链球菌的形态及染色特征是：在脓细胞间散布着由几个甚至上百个串珠样革兰氏阳性球菌组成的波浪状弯曲的长链状，各菌大小不等，多呈扁球状，直径约 1μm，菌体着色不均。

（五）分离培养

1. 操作方法　用铂金耳钓取病料，接种于 10%血清肉汤做增菌培养，接种于 5%～10%血清琼脂平板及 5%绵羊血液琼脂平板做分离培养，于 37℃恒温箱中孵育 24～72h。

2. 结果观察　观察到下述结果，符合马腺疫链球菌培养特征：

（1）10%血清肉汤　培养后，生成长链条状，24h 肉汤轻度混浊，48h 后长成长链条状的菌体缠绕一起，呈棉絮状沉于试管底，72h 以后上清液清朗。

（2）5%～10%血清琼脂　形成圆形、透明、闪光、中央微隆起、表面光滑的露珠样小菌落。强毒株的菌落表面常呈颗粒状结构，用放大镜观察更为明显。

（3）5%绵羊血液琼脂　发生β型溶血，即在露珠状小菌落周围形成界限分明、完全透明的溶血带，该带的宽度可达 2～3mm 以上。

［生物化学特性］

1. 操作方法　选可疑菌落，接种于糖发酵管和生化培养基中，于 37℃孵育 72h。

2. 结果观察　分别于孵育后 24、48 及 72h 观察记录结果。符合以下特性，确定为马腺疫链球菌：

（1）糖发酵试验　发酵葡萄糖、麦芽糖、蔗糖、甘露糖、单奶糖、杨苷等，产酸不产气；不发酵蕈糖、山梨醇、甘露醇、乳糖。

（2）其他生化试验　不分解马尿酸钠，不还原硝酸盐，不还原美蓝牛乳，在胆汁中不被溶解。

［小鼠感染试验］

1. 操作方法　用灭菌注射器吸取 10%血清肉汤 0.1～0.2mL，或以灭菌的 pH7.2 的磷酸盐缓冲液（PBS）稀释成 1∶3～1∶2 的脓汁 0.3～0.5mL，分别注于 3 只小鼠皮下，观察 3～5d。

2. 观察结果　小鼠在 24～36h 发生败血症或脓毒败血症死亡。剖检时，在腹腔液、心血、肝、脾等中检出呈短链条或双球菌状链球菌，可确定为有毒力的马腺疫链球菌。

二、马接触传染性子宫炎

马接触传染性子宫炎（contagious equine metritis）是马生殖道泰勒菌（*Taylorella equigenitalis*）引起马的一种急性传染病。以发生子宫颈炎、子宫内膜炎及阴道炎为特征。通常于交配后2～14d出现临床症状，主要表现是由阴道内流出大量脓性黏液渗出物。

马生殖道泰勒菌，呈球杆状或杆状，微需氧菌，革兰氏阴性，有时呈多形性。至于血清型和亚种尚不清楚，但存在对链霉素敏感性不同的生物型。在普通培养基上不生长，在巧克力琼脂培养基上生长良好。触酶、氧化酶和磷酸酯合成酶为阳性，其余生化特性为阴性。对青霉素类等多种抗生素敏感。

[细胞学诊断]

患病母马的子宫内膜、子宫颈管和阴道的黏膜，以及在各处滞留的渗出物的涂片中可看到大量的白细胞（多形核白细胞和淋巴细胞）和脱落的上皮细胞，可作为CEM的辅助诊断。在子宫内膜炎的临床症状消失以后，在按压标本中仍可看到多形核白细胞。涂片通常用李希曼氏法染色，但若鉴别其中的细菌，以革兰氏染色法较好。正常母马子宫内膜的按压标本一般看不到炎性细胞，配种后1周左右，按压标本中可见到多形核白细胞，但无分泌物。

[病原学检查]

（一）细菌学诊断

1. 病料的采取 基于临床症状的初步诊断必须经CEM病原菌的培养方可确诊。对于未孕母马，用于细菌学检查的拭子应采取子宫、子宫颈管、尿道、阴蒂窝和阴蒂窦的病料。采样最适宜的时间是发情期的早期，此时子宫颈开始松弛，从子宫颈管可以采集到含有病原菌的子宫渗出物。位于阴蒂头被侧的阴蒂窝和阴蒂窦适于CEM病原菌的生存，CEM病原菌可以在这些部位长期存在。对怀孕母马，只能从尿道拭子和阴蒂拭子采样。对公马，应该用拭子从龟头窝和阴茎鞘皱襞中采样。

注意：拭子采集一定要注意卫生。每匹马使用一副手套，子宫拭子应该特别注意防止污染，拭子要放入添加生物碳的Amies转移培养基中送到实验室（Eaglesome M. D, 1980）。

2. 细菌的分离培养 实验室收到标本后，应尽快作分离培养。每个拭子应分别接种几个Eugou巧克力琼脂（或胰蛋白胨巧克力琼脂）平板和Eugou血琼脂（或胰蛋白胨血琼脂）平板，然后将拭子放入含氯化血红素（25μg/mL）的Eugou肉汤或庖肉汤中。每个拭子至少要接种两个巧克力琼脂平板，一个含链霉素（400μg/mL）、两性霉素B（5μg/mL）和结晶紫（1μg/mL），用以分离对链霉素敏感菌株。有条件的话，最好使用Timoney等改良的Eugou巧克力琼脂。

将一组血平板置普通恒温箱于有氧条件下培养 2d，每 24h 检查一次，观察有无杂菌污染。将一组血平板、巧克力琼脂平板和液体培养基置湿度高、含 10%CO_2 的培养罐或培养箱中，37℃培养 6～15d。每 24h 检查一次。大多数阳性标本培养 48～72h，在巧克力琼脂上即可见马生殖道泰勒氏菌的特征菌落，而血琼脂则不然。有的阳性标本培养 15d 无菌生长可认为阴性。若培养 72h 尚未见可疑菌落，则应将已培养 3d 的肉汤转种巧克力琼脂平板，继续检查。检查少数标本也可用烛罐。无论用何种方法培养，均应设野外分离到的已知马生殖道泰勒氏菌的培养对照，以核查培养条件是否合宜（方元，1989）。

3. 生化试验　马生殖道泰勒菌糖类发酵试验阴性包括葡萄糖、蔗糖、麦芽糖、乳糖、木糖、果糖、鼠李糖、菊糖、甘露醇和山梨醇；不能液化明胶，不能产生靛基质和尿酶，不能利用枸橼酸盐，能够产生过氧化氢酶和淀粉酶，能还原硝酸盐，MR 阴性，VP 试验阳性。

（二）直接涂片镜检

取病马子宫颈和阴道分泌物，最好是由子宫内膜采取病料，涂片革兰氏染色镜检。在急性病例，于涂片中可见大量炎性细胞，主要是多形核白细胞和许多单个或成对（末端与末端相连）的革兰氏阴性球杆菌——马生殖道泰勒氏菌，它们游离存在或位于中性粒细胞胞浆内。慢性感染病料涂片或带菌母马子宫内膜和母马、公马生殖道其他部位的涂片检查价值不大，因为马生殖道泰勒氏菌数量少并且混有大量污染菌。

（三）动物接种实验

目前，尚无易感实验动物，需用马、驴作动物试验，故很少使用。只在一个地区或国家首次发现本病鉴定分离病原菌的致病力和检查优良种公马是否感染本病时才使用这一手段。

检查分离菌株的致病力时，可将待检菌的悬液 6mL（4×10^6 个菌/mL）接种于易感母马的生殖道内。接种后逐日作临床和细菌学检查。易感马于接种马生殖道泰勒氏菌后 1～3d，子宫颈和膣前庭即呈现明显炎症，并排出分泌物，持续 10～17d。分泌物消失后，炎症尚可持续存在 3d。在有分泌物期间，细菌学检查多为阳性。

在检查公马时，可使之与一些母马配种，然后观察母马的临床表现，并定期采母马的生殖道标本作分离培养。

［血清学检查］

只适用于感染母马的诊断，而不适用于公马（公马感染后无任何临诊床症状。C. Cahill 认为，公马感染纯粹是外表污染，并不是真正感染。因为病菌不侵袭组织，不产生抗体，所以血清学试验不适用公马的诊断）（沈正达，1981）。

血清学检查有试管凝集试验和抗球蛋白试验、平板凝集试验、补体结合试验、被动血凝试验、酶联免疫吸附试验、免疫扩散试验和间接荧光抗体试验等。试管凝集试验与抗球蛋白试验对急性感染有诊断价值，感染 7d 即呈阳性，感染后 3 周滴度达高峰，但 3～6 周后即转为阴性。补体结合试验适合于诊断慢性感染和带菌马，感染后 10d 出现抗体，15d 达阳性滴度，3 周滴度达高峰，阳性滴度可保持 10 周。

(一) 玻板凝集反应

1. 血清用 pH6.0 含 0.01 硫柳汞的磷酸盐缓冲盐水作 1∶4 稀释，56℃灭活 45min。

2. 抗原用同样缓冲盐水制成含菌 2%的原液，临用前用等量 10%盐水稀释成工作抗原。

3. 0.04mL 工作抗原加 0.04mL 稀释过的被检血清，置于定速玻板旋转器上 4min，10min 后观察结果。

4. 结果判定。液体清亮，内有絮片者认为发生了凝集；液体混浊，无絮片者认为未发生凝集。对发生凝集的样品再滴定其滴度，1∶16 或以上认为系阳性。母马配种后 15～45d 试血最好，45d 以后抗体即迅速下降，以致不能检出，但此时菌检仍可能出现阳性结果。

(二) 试管凝集反应和抗球蛋白反应

1. 抗原的制备。先将 CEMO 在生理盐水内煮沸 2h，然后悬浮于 0.5%石炭酸生理盐水内，使之相当于勃朗氏比浊管第 5 管（与流产布鲁氏菌抗原比浊相同）。

2. 血清稀释。血清用 0.5%石炭酸生理盐水做成 1∶5、1∶10、1∶20、1∶40…1∶640等稀释度，每管 0.5mL，然后每管各加抗原悬液 0.5mL，血清的最后稀释度为 1∶10，1∶20、1∶40、1∶80…1∶1 280 等。

3. 充分混合后置于标准布鲁氏菌血清反应架内感作过夜，次晨观察结果，以“－”、“＋”、“＋＋”、“＋＋＋”、“＋＋＋＋”表示凝集程度。

4. 凝集反应完成后，将试管在 1 400*g* 离心 10min，使细菌在管底形成团块，弃去上清，将菌块用生理盐水洗涤 2 次，然后悬浮于生理盐水内。

5. 在沉淀管内，加 2 滴上述抗原悬液和 2 滴 1∶300 稀释的抗马球蛋白液，感作过夜，次晨观察结果，同试管凝集反应一样，也用“－”、“＋”、“＋＋”、“＋＋＋”、“＋＋＋＋”表示凝集程度。AGT 旨在检出不完全抗体。

判定标准是：试管凝集反应 1∶20 或以下凝集时为阴性，1∶80 或以上凝集时为阳性，如 1∶40 凝集，而 1∶80 不凝集时为可疑。可疑样品应再做抗球蛋白反应，如其滴度与试管凝集反应相同，判为阴性，如抗球蛋白反应的滴度比试管凝集反应高出一个或一个以上时，则判为阳性。此法同玻板凝集反应一样，以急性期应用效果较好。

(三) 补体结合反应

有试管法和平板法两种。

1. 试管法 试验步骤如下：

①据 J. M. Donahue，试管补体结合反应的稀释剂始终用 pH7.4 的盐酸三羟甲基氨基—甲烷缓冲液。将血清作 1 ∶ 4 稀释，56℃灭活 30min。

②每一样品用 2 支 13×100mm 试管，一为试验管，一为抗补体对照管，各加 0.2mL 灭活血清，置冰箱内 45min。

③然后加 0.2mL 抗原于试验管中，0.2mL 缓冲液于抗补体对照管中。所有试管各加 0.2mL 补体（2 单位），置冰箱过夜。

④次晨，制备 2%绵羊红细胞悬液，与等量溶血素（2 单位）混合，在室温致敏 15min，每管加 0.4mL 致敏红细胞液，37℃水浴 1h。另设其他必要的对照。

结果判定：如抗补体对照管全溶，试验管完全不溶（＋＋＋＋），判为阳性。对阳性血清再进一步滴定以测其最终滴度。1 ∶ 4 或以上结合补体，认为已感染。

2. 平板法　做平板补体结合反应时，据 P. Croxton-Smith 报道，使用 WHO80 孔凝集反应板。稀释剂用加有钙和镁的巴比妥缓冲液。

①血清 60℃灭活 1h，然后在凹孔内从 1∶2 开始稀释成 1∶2 、1∶4、1∶10、1∶20 四个稀释度，每孔 0.2mL。

②再向每孔加补体 0.2mL（1 单位）和抗原 0.2mL。另设血清抗补体对照和其他必要的对照。

③将反应板置 37℃ 1h，每孔加 0.4mL 致敏红细胞液（3%绵羊红细胞悬液与等量 1∶200溶血素混合，置室温至少 30min）。在室温置 30～60min，或 4 ℃下 30min，然后判读结果。

结果判定：以 0、1、2、3、4（依次为：100% 、75%、50%、25%、0%溶血）表示结合程度。血清 1∶4 或以上呈“4”反应者为阳性。1∶4呈“1”、“2”、“3”反应者为可疑。补体结合反应比较敏感，不但能检出急性期病马，而且也能检出难于分离细菌的慢性病例和带菌母马，但其缺点是血清抗补体现象严重。补体结合反应的抗原可以用与上述试管凝集反应相同的细菌悬液。

（四）被动血凝试验

据 D. S. Fernie 等报道，抗原的制备方法是：

1. 将在液体培养基里生长的 CEMO 离心，用磷酸盐缓冲液（PBS）洗涤两次，再悬浮于 PBS 中，使每毫升含菌 250mg。

2. 将菌悬液置于四周是冰碴的玻璃管中，用 MSE 型近距离声波定位器（装有在 20kHz 下摆动 6.8μm、直径为 20mm 的探头）将菌细胞裂解 4min，在 4℃下以 20 000r/min 离心 30min，上清液即为抗原，置－20℃保存备用。

3. 红细胞液是用甲醛处理过的火鸡红细胞，用盐水配成 10%悬液（内加 0.1%叠氮钠），此液在 1℃可保存 6 个月。将甲醛化红细胞用鞣酸处理后，用 EMO 抗原致敏。

4. 血清样品在 56℃灭活 30min，用等量甲醛化火鸡红细胞泥在室温吸收。

5. 离心后用上清液，在 U 形微量反应板上进行滴定。稀释剂始终用含 1%火鸡血清的生理盐水。

6. 将血清对倍系列稀释，从 1∶4 一直到 1∶4 096，每孔 25μL。每孔加 25μL 致敏红细胞液，摇振混合，室温放置 2h 后判读结果。血清发生凝集的最高稀释度为其最终滴度。

实验结果判定：凡滴度在 1∶256 或以上者为阳性，1∶32 或以下者为阴性，1∶32 以上为可疑。被动血凝试验快速、敏感、不存在抗补体现象，对早期和晚期病马均能检出。

[分子生物学诊断]

Nancy 研究表明，应用选择培养基（加抗生素）培养细菌的方法分离率只有 1.5%，应用非选择培养基（不加抗生素）培养细菌然后用聚合酶链反应（PCR）检测马泰勒生殖道杆菌阳性率可以达到 35%。现将该 PCR 方法进行简要介绍（M. C，1994）。

1. 引物 根据马生殖道泰勒菌16S rDNA保守区而设计的特异性引物（表13-23），扩增目的基因大小585bp，引物如下：

表13-23 马生殖道泰勒菌16S rDNA保守区扩增引物

基因	引物	序列	产物长度（bp）	引物位置
16S rDNA	上游	5′-CAGCATAAGGAGAGCTTGCTTYTCT-3′	585	70～94
	下游	5′-CTCGACAGYTAGAAATGCAGT-3′		635～655

2. 模板DNA制备

（1）生殖道棉拭子 棉拭子置于0.7mL Eppendorf管，加入0.2 mL PBS，管底和盖钻小孔后放进2.0mL Eppendorf管，3 000 ×*g*离心10min。菌体沉淀至2.0mL离心管管底，弃上清后加入50μL去离子水，100℃煮沸15min，最后12 000 × *g*离心1min。

（2）纯化的细菌或者培养2～6d的无抗生素培养板中的细菌刮取1铂耳溶于PBS，离心3 000× *g* 10min，沉淀加入100μL去离子水，100℃煮沸15min，最后12 000 × *g*离心1min。

3. PCR扩增 反应体系100μL：10mmol/L DNA溶液或细胞裂解液，10mmol/L Tris-HCl（pH 9.0 25℃）50 mmol/L KCl，1.5 mmol/L $MgCl_2$，0.1% Triton X-100，0.2mmol/L dNTPs，引物各100pmol，2.5U Taq DNA聚合酶（Promega）。

循环程序：在Gene Amp 9600 Thermocycler（Perkin-Elmer Cetus）进行PCR扩增，94℃ 30s；55℃ 15s；72℃ 1min，35个循环。

4. 结果判定 取10μL PCR产物在2%琼脂糖上进行电泳分析，阳性样本可以扩增到特异性的585bp DNA片段。

三、马流行性淋巴管炎

马流行性淋巴管炎（epizootic lymphangitis）的病原为伪皮疽组织胞浆菌（*Histoplasma farciminosum*），目前国际公认本菌的分类学位置是半知菌纲、念珠菌目、组织胞浆菌科、组织胞浆菌属。本病分布于地中海、非洲、亚洲和俄罗斯等地。目前，除马感染外，其他动物未见感染本病的报道。本病在低湿地区及多雨年份、洪水泛滥之后发生较多，无明显季节性，但一般秋末到冬初发生较多。主要表现为皮肤、皮下组织及黏膜发生结节、脓肿、溃疡和淋巴管索状肿及串珠状结节。

[病原学诊断]

（一）组织抹片镜检

取病变部的脓汁（最好是结节内的脓汁）涂片，加少量10%～30%氢氧化钠溶液或生理盐水充分混匀，盖上盖玻片，或将脓汁涂片用姬姆萨法染色，在400～600倍的普通显微镜下用弱光检查，可见到呈卵圆形或瓜子形、具有双层膜的酵母样细胞。大小（2～

3）μm×（3～5）μm，一端或两端较尖锐，多单在或 2～3 个排列，菌体胞浆均匀，可见 2～4个圆形、呈回旋运动的小颗粒。

（二）病原分离及鉴定

1. 材料

（1）培养基

① 脑、心组织浸液：将牛（或羊、兔）脑、心组织各称取 500g，分别加 1 000mL 水（或蒸馏水）。4℃冷浸 24h，然后快速加温至 100℃，15～20min 后，用多层脱脂纱布过滤，分别收集滤液并加水至 1 000mL。100℃灭菌 15min，4℃保存备用。

②肝、脾组织浸液：肝、脾组织各 500g，分别加入 1 000mL 水（或蒸馏水），60～70℃加温 600min，并不断搅拌后，再将水温度升至 100℃，经 15～20min，按脑、心组织浸液方法过滤，分别收集滤液加水至 1 000mL。100℃灭菌 15min，4℃保存备用。

③培养基配制：上述 4 种浸液各 25mL，蛋白胨、水解乳蛋白、葡萄糖各 1.0g，琼脂粉 1.5～2.0g，用 1mol/L 氢氧化钠调至 pH 7.8。每试管 5.0mL 分装，100℃灭菌 15min，室温冷凝后，4℃保存备用。用前将试管培养基水浴溶化，待温度降至 40～45℃，每试管加入 0.5mL 无菌牛（或羊、兔）血清，室温制成斜面。

（2）病料采集　选择软化的未破溃的皮肤结节，剪除结节及其周围的被毛。消毒后小心切开结节，无菌操作采取脓液于无菌空试管内或无菌平皿内，或摘取整个结节（小心不要弄破）于无菌平皿内。

2. 操作方法

（1）分离培养　无菌操作将采集的样品用接种棒钩取绿豆粒至黄豆粒大小的脓液，或切取结节内壁小的组织块，放置培养基斜面下 1/3 处。28℃恒温培养。若培养超过 10d，向试管内加灭菌生理盐水，加入量以不超过培养物为宜。

（2）经 4～5d 培养，在原接种部位（绿豆粒至黄豆粒大小脓液或组织块）上面出现乳白色至淡灰色小菌落，之后菌落逐渐出现突起的皱褶，色泽也逐渐变深。7d 呈较大的不整形皱褶菌落。当接种的试管斜面有杂菌生长时应废除。

3. 结果判定　因为伪皮疽组织胞浆菌在培养基上呈以菌丝为主的方式生长发育繁殖，分支分隔、粗细不均，菌丝末端形成瓶状假分生孢子，形成突起不整形皱褶菌落。当出现上述生长情况的菌落时，则可认定是伪皮疽组织胞浆菌。

[变态反应]

当处在潜伏期或隐性感染状态时，需做变态反应诊断。这种诊断法检出率很高，对进出口马属动物应作伪皮疽组织胞浆菌素变态反应检查。操作方法如下：

（一）材料

伪皮疽组织胞浆菌素，5%石炭酸，游标尺，注射器及针头，剪毛剪等。

（二）操作方法

1. 注射部位及术前处理　在被检动物颈左侧中上 1/3 处的健康皮肤剪毛，面积为 2cm×2cm。用游标尺测量剪毛部位皮肤皱襞生理厚度。5%石炭酸溶液消毒剪毛部位。

2. 注射方法和剂量 用灭菌注射器于皮内注射伪皮疽组织胞浆菌素 0.3mL（成年马属动物）或 0.2mL（2 岁以内驹），每例更换针头。被注射部位应出现小包，若无小包，应另选部位或对侧颈再注射。注射后 3d 内禁止使役和摩擦注射部位。

3. 观察 注射后 48h 和 72h，用游标尺测量注射部位皮肤皱襞厚度。

（三）结果判定

1. 判定 依据 2 次测量反应最强一次判定。皮肤厚度反应差＝反应皮肤皱襞厚度－皮肤生理皱襞厚度。

阳性反应（＋）：皮肤厚度反应差≥5.1cm；

疑似反应（±）：皮肤厚度反应差在 3.1～5.0cm；

阴性反应（－）：皮肤厚度反应差≤3.0cm。

2. 疑似反应病例 凡疑似反应病例，间隔 1 周在对侧颈部再注射一次伪皮疽组织胞浆菌素。2 次疑似反应判定阳性。

［血清学试验］

（一）间接荧光抗体试验（参照 Fawi 介绍的方法进行）

1. 制备抗原片。取病料在载玻片上涂片或用盐水将培养的酵母样菌体乳化制成薄的涂片。

2. 将涂片通过火焰固定。

3. 用磷酸盐缓冲液（PBS）浸洗 1min。

4. 加未稀释的被检血清，37℃感作 30min。

5. 用 PBS 浸洗 3 次，每次 10min。

6. 加入滴度适宜的异硫氰酸荧光素（FITC）标记抗马抗体，37℃孵育 30min。

7. 用 PBS 浸洗 3 次，每次 10min。

8. 用荧光显微镜检查。

（二）被动血凝试验（参照 Gabal 和 Khalifa 介绍的方法进行）

1. 菌体在沙保氏葡萄糖琼脂上繁殖 8 周，刮取 5 个菌落磨碎，悬浮在 200mL 盐水中，超声波处理 20min。过滤除去残留的菌丝体，滤液作 1∶160 稀释。

2. 洗涤健康绵羊红细胞（RBC），用鞣酸处理，洗涤，配成 1%细胞悬液。

3. 取稀释的抗原与鞣酸化的 RBC 混合，37℃水浴感作 1h，离心收集红细胞泥，用缓冲盐水洗 3 次配成 1%红细胞悬液。

4. 被检血清 56℃灭活 30min，再用等体积的经过洗涤的 RBC 吸收。

5. 试管中加入稀释血清（0.5mL）以及 0.05mL 抗原吸附的鞣化 RBC。

6. 2h 和 12h 时判读凝集情况。

7. 红细胞分散在管底呈颗粒状，判为凝集；沉淀在管底中央呈纽扣状，判为凝集阴性。

四、马传染性鼻肺炎

马传染性鼻肺炎（equine rhinopneumonitis）是由马疱疹病毒Ⅰ型和Ⅳ型引发马的疾病总称。主要发生于2月龄以上和断乳的幼驹，世界各产马国家均有发生。马驹初次感染表现为鼻肺炎，妊娠马感染表现为流产、死产。Ⅰ型病毒感染时，有时表现神经症状。

[病原学检查]

（一）病毒分离鉴定

1. 采集样本　最好是在出现呼吸道症状的极早期，即发热期采集鼻咽分泌物分离病毒。方法是：

（1）将5cm×5cm大小的海绵纱布，缠在50cm长的软不锈钢丝（套在乳胶橡皮管内）的一端，以无菌手术擦拭鼻咽部而获取样品。

（2）将拭子从不锈钢丝上取下，放入3mL冷的液体运输培养基（无血清MEM，加抗生素，不冻结），立即送往病毒实验室。为延长病毒感染性，可在培养基中加入适量的牛血清白蛋白或明胶。

（3）在有流产胎儿时，以无菌操作采取肺、肝、脾和胸腺等组织的样品进行病毒学检验最易成功，其中以肺脏病毒的检出率最高，其次为肝，再次为脾和胸腺。这些组织样品在送往实验室前，应4℃保存。不能在几小时内处理的样品，应置－70℃保存。在患EHV-1型神经性疾病的马死前，病毒常能从急性病例的血液白细胞中分离到。若从血液白细胞中分离病毒，无菌采血加柠檬酸钠或肝素抗凝，并用冰保存（不宜冻结），立即送往实验室。

2. 样本处理

（1）*对于采自鼻咽部的病料可用以下方法处理*　将鼻咽拭子和3mL运输培养基放入经灭菌的10mL注射器中，转动注射器芯子，将拭子中的液体挤到一灭菌试管中。挤出的液体通过灭菌的0.45μm薄膜滤菌器滤入第二支无菌试管备用或储存于－70℃。

（2）*对于采自流产胎儿组织或患神经性病死马组织的病料处理*　将流产胎儿肝、肺、胸腺、脾或来自神经性病例的中枢神经系统组织块剪成1mm^{3}的小块放于平皿中，紧接着加含有抗生素的无血清培养液于组织研磨器中研磨，制成10%（w/v）匀浆液，差速离心除去组织块，最后用1 200g离心10min后吸出上清，用灭菌的0.45μm滤器过滤除菌备用或储存于－70℃。

（3）*外周血样本处理方法*　将含有柠檬酸钠或肝素抗凝剂的冷藏保存的血液试管翻转混合，并在室温静置1h，倒出含丰富白细胞的上层血浆，以640g离心15min，弃去上清，稍转试管使白细胞悬浮于少量剩余血清中；用灭菌PBS 10mL离心洗涤2次（300g离心10min），最后一次离心后，白细胞再悬浮于1mL含2%胎牛血清的维持液中备用。

注意：白细胞培养在马麻痹病的早期常能成功地检测到EHV-1，分离细胞应该用马成纤维细胞。

3. 病毒分离

（1）细胞接种样本　将0.2～0.5mL经过处理的样本接种到单层细胞培养瓶上。另设未接种的单层培养细胞作为对照组，仅加灭菌的运输培养基同时孵育。

（2）病毒吸附培养

①鼻咽部样本接种细胞在平台摇床上37℃孵育1.5～2h使病毒吸附。病毒吸附后，除去接种物，用PBS冲洗细胞单层两次，添加维持液［MEM，含2%胎牛血清（FCS）］和双倍标准含量的抗生素（青霉素、链霉素、庆大霉素和两性霉素B）。

②流产胎儿组织或患神经性病死马组织样本37℃孵育1.5～2h后，更换维持液，继续孵育7d或到出现细胞病变为止。

③白细胞悬液样本接种细胞后35℃孵育7d（不要倒去接种物）。因为致细胞病变在大量白细胞接种物中很难观察到，所以将上述细胞培养物反复冻融后，分别取0.5mL按上法盲传一代。

（3）接种的培养瓶应每天用显微镜检查，看是否出现疱疹病毒特征性的致细胞病变效应（CPE，病灶变圆、折光性增强和细胞脱落）。接种一周后未出现CPE的培养物，应取其少量液体和细胞在新的单层细胞生进行盲传。盲传的效果通常不好。

注意：对于采自流产胎儿组织或患神经性病死马组织的病料可用兔肾细胞（RK-13）、乳仓鼠细胞（BHK-21）、牛肾细胞（MDBK）分离，但以马源细胞培养最敏感。若检查不常发生的EHV-4型流产病例，则须用马源细胞分离。

4. 病毒鉴定

（1）当至少75%的细胞出现病变时，由细胞瓶内刮下细胞培养物。

（2）用0.5mL的PBS悬浮，取50μL的细胞悬液放于多孔载玻片的两孔中，风干后用100%丙酮固定10min。

（3）对照细胞悬液（未感染的阴性对照、感染EHV-1的阳性对照、感染EHV-4的阳性对照）也分别加于同一载玻片的另两孔中。

（4）对照组细胞可提前准备，小量分装，冷冻保存。加1滴适当稀释的EHV-1特异性单克隆抗体于两孔中的一孔，另一孔加1滴适当稀释的EHV-4特异性单克隆抗体，湿盒中37℃，30min后，多余未反应的抗体用PBS冲洗两次；每次10min。

（5）与病毒抗原结合的单克隆抗体用异硫氰酸荧光素（FTTC）标记的山羊抗鼠IgG检测。将稀释的结合物加入各孔，置37℃ 30min，用PBS冲洗两次。

（6）用荧光显微镜检查细胞，通过与已知型抗体呈现的特异性荧光反应来确定病毒的型。

5. 马疱疹病毒的理化特性鉴别　本病毒不能在宿主体外长时间存活。病毒对乙醚、氯仿、乙醇、胰蛋白酶和肝素等敏感，可被许多表面活性剂如肥皂等灭活。0.35%甲醛液可迅速灭活病毒。pH4以下和pH10以上迅速被灭活。pH6.0～6.7最适于病毒保存。冷冻保存时以−70℃以下为佳。在56℃下约经10min灭活，对紫外线照射和反复冻融都很敏感。蒸馏水中的病毒，在22℃静置1h，感染滴度下降至原来的1/10。在野外自然条件下留在玻璃、铁器和草叶表面的病毒可存活数天。黏附在马毛上的病毒能保持感染性35～42d。

［血清学诊断］

（一）病毒中和试验

血清学试验通常用定量的病毒和倍比稀释的被检马血清，在96孔平底微量平板（组织培养级）上进行，每一血清稀释度样品至少要加两孔，全过程用无血清MEM作稀释液。在临用之前将已知滴度的病毒稀释到25μL含100$TCID_{50}$，E－Derm或RK－13单层细胞用EDTA/胰蛋白酶消化，悬浮使其细胞量为5×10^5/mL。注意，RK－13细胞可用于EHV－1，但用于EHV－4时不产生明显的CPE。每次试验必须设阴性血清对照、阳性血清对照、正常细胞对照、病毒感染性对照和被检血清细胞毒性对照。抗体的最终中和滴度为能保护两孔培养细胞免于病毒感染的最高血清稀释度的倒数。

试验程序

（1）试验组和对照组血清在56℃水浴中灭活30min。

（2）在微量反应板上每孔加25μL无血清MEM。

（3）吸取各试验血清加于A排和B排孔内，25μL/孔，第一排作为血清毒性对照，第二排是被检血清的第一次稀释。然后，从B排开始，向下作倍比稀释，即混合后吸取25μL加入下一孔，再充分混合，如法依次稀释，直至最后。每板可测定6个血清样。

（4）加25μL适当稀释的EHV－1或EHV－4病毒（100$TCID_{50}$/孔）于各孔，A排血清对照除外。注意血清的最终稀释度加入病毒后在1/256到1/4之间。

（5）另取反应板设对照，应包括已知滴度的阴性和阳性马血清对照、细胞对照（无病毒）、病毒对照（无血清）。病毒对照孔中的病毒滴度根据试验中病毒的实际用量推算。

（6）将反应板在含5%CO_2培养箱37℃孵育1h。

（7）每孔加50μL准备好的E－Derm或RK－13细胞悬液（用MEM－10%FCS配成5×10^5细胞/mL）。

（8）在37℃，含5%CO_2的培养箱中孵育4～5d。

（9）在显微镜下检查CPE，记录试验结果。另外，细胞单层也可按下法进行固定、染色以观察CPE：倒掉培养液后，将反应板浸于含2mg/mL结晶紫、10%福尔马林、45%甲醇、45%水的溶液中15min，接着用自来水冲洗。

（10）单层细胞完整的孔染成蓝色，而被病毒破坏的单层细胞孔不着色。细胞对照、阳性血清对照、血清细胞毒性对照染成蓝色；病毒对照和阴性血清对照不着染；每孔加入的病毒量为$10^{1.5}$～$10^{2.5}$$TCID_{50}$。如果100%的单层细胞无病变，则病毒中和试验成立，使双孔病毒完全中和（无CPE出现）的血清最高稀释度是该血清的终点滴度。

（11）计算各份试验血清的中和滴度，并对比每个病例急性期和恢复期的血清滴度是否增加4倍或4倍以上。

（二）补体结合试验

此法是最常用的血清抗体调查和回顾性诊断方法。

1. 一般用RK－13、BHK－21单层细胞培养物生产抗原。

2. 待大部分细胞产生 CPE 后收毒，冻融 3 次，3 000r/min 离心 20min，其上清液即为补体结合抗原。

3. 被检马血清经 56℃、30min 灭活后，从 4 倍开始作倍比稀释直到 64 倍或 128 倍。

4. 加入抗原、补体后，放 4℃过夜。

5. 加致敏红细胞，放 37℃水浴感作 30min 后判定。

发生 50%溶血的血清最高稀释倍数即为血清的效价。

[分子生物学试验]

(一) 多重 PCR 检测和区分 3 种马疱疹病毒

1. 引物 朱来华等人根据 EHV－1、EHV－2 和 EHV－4 的全基因序列，通过 BLAST 比对分析，选择较保守的糖蛋白 B 基因序列为扩增区，设计、筛选 3 对特异性片段引物，见表 13－24。

表 13－24 EHV－1、EHV－2 和 EHV－4 多重 PCR 检测引物

基因	引物	序列	产物长度（bp）
EHV－1	上游	5′－AAGAGGAGCACGTGTTGGAT－3′	226
	下游	5′－TTGAAGGACGAATAGGACGC－3′	
EHV－2	上游	5′－ATGACTTAGAGAAGATATCTCACT－3′	333
	下游	5′－ATCAAAGACGCTACTATCTATATG－3′	
EHV－4	上游	5′－TAAAGCTTCGGATACACCCAAAAATGTC－3′	570
	下游	5′－GAGCCCGTCTGCGACTCCCAAAAATGTG－3′	

2. 病毒 DNA 制备 用 DNA 抽提试剂盒（TaKaRa）提取病毒 DNA，操作按照说明书进行。

3. PCR 扩增 参考有关 PCR 文献介绍的方法，优化各步反应条件及参加反应试剂的最佳浓度，在梯度 PCR 仪（Eppendorf Mastereyeler oradient）上进行 DNA 扩增。反应总体积 25μL（含 1×PCR 缓冲液，2.0μmol/L 引物对，100ng 模板 DNA，200μmol/L dNTP，2.5m mol/L $MgCl_2$，0.5U Taq DNA 聚合酶），筛选并确定 PCR 工作程序：95℃ 5min；然后 95℃ 30s、60℃ 30s、72℃ 1min，30 个循环；最后 72℃延伸 5min，4℃保温。

4. PCR 扩增结果判定 PCR 产物经电泳后在凝胶成像系统中观察，若出现大小为 409bp 的基因片段，则为阳性，即为有疱疹病毒Ⅰ型；若未出现，则为阴性，即表示没有检测到疱疹病毒Ⅰ型。

(二) EvaGreen 的荧光 PCR 的检测

目前，本病的诊断一般采用病毒中和试验（VN）以及病毒分离鉴定。国内对马疱疹病毒的研究比较少，本文采用的马鼻肺炎多重 PCR 技术已分别成功应用于出入境马属动物的抗体、病毒的检测，为出入境马属动物的检验检疫提供了非常实用的检测手段，填补了国内空白。采用 EvaGreen 建立的荧光 PCR 灵敏性显著提高，最低检测限达 1fg 的病毒

DNA，即约16个拷贝的EHV，并可从血清中和试验阳性但病毒分离阴性的马的可疑组织样品（肺脏、脾脏）检测到EHV-1特异性核酸。研究表明，由于荧光PCR在快速度、灵敏性、特异性、可靠性等方面的优点，在需要检测低水平的非感染性马疱疹病毒或潜在感染时，是一种非常实用的替代手段。

1. 引物　根据基因库（GenBank）中EHV-1、EHV-2、EHV-3和EHV-4的全基因序列，通过BLAST比对分析，选择较保守的糖蛋白B基因序列为扩增区，设计、筛选3对引物，见表13-25。

表13-25　EHV-1、EHV-2、EHV-3和EHV-4 EvaGreen荧光PCR检测引物

引物	引物序列	片段大小（bp）
EHV-1-F	5′-GTCATGTCCTCTGGTTGCCGTTCT-3′	409
EHV-1-R	5′-TGAGGATCCATCCTCAGCGAGTATACC-3	
EHV-2-F	5′-AACCCGGCCAACCCCTTTCTGC-3′	377
EHV-2-R	5′-GTCTCGTTCCACCCGTCCCTGTCA-3′	
EHV 3-F	5′-ACCGGCGGCATTCTCGTGTCC-3′	209
EHV 3-R	5′-CTGCTGTCATTATGCAGGGA-3′	
EHV-4-F	5′-CTGCTGTCATTATGCAGGGA-3′	323
EHV-4-R	5′-CGCTAGTGTCATCATCGTCG-3′	

2. 病毒DNA提取　用DNA提取试剂盒提取各病毒DNA。取病毒培养物1mL，用冷冻离心机（Eppendorf 5810 R，Germany）800*g*离心30s，弃上清；取沉淀加20μL RNaseA和200μL DT液，振荡悬浮后，65℃温浴5min；加入400μL DL液和25μL Proteinase K，迅速振荡混匀，置65℃温浴15min；加入200μL异丙醇，剧烈颠倒混匀后，移取600μL至吸附柱中，离心30s，弃去收集管中的液体；加入500μL W1液，静置1min后，离心30s；将吸附柱移入另外一个干净的收集管中，加入500μL W1液，离心15s；弃掉收集管中的液体，再将吸附柱放入同一个收集管中，离心1min；将吸附柱移入一个干净的1.5mL离心管中，在吸附膜中央加入100μL T1液，65℃静置5min后，离心1min；移出吸附柱，洗脱液用70%乙醇洗涤沉淀3次，干燥，溶解于100μL TE（0.01 mol/L Tris-Cl，0.01mol/L EDTA pH8.0），用核酸蛋白分析仪（Beckman DU 640，USA）测定核酸浓度后，作为PCR反应的模板，4℃保存备用。

3. DNA扩增（PCR）　引物扩增条件选择：在梯度PCR仪（Eppendorf Mastercycler Gradient，Germany）上优化各步反应条件及最佳参加反应试剂的浓度，筛选并确定PCR工作程序。每对引物的PCR试验设空白对照NTC（no template control）。

在0.2 mL PCR反应管中，依次加入2.5μL 10×PCR缓冲液，2.0μL 10×dNTP（2.5mmol/L），0.5μL 20 pmol/μL引物F和0.5μL 20 pmol/μL引物R，0.2μL Taq DNA聚合酶（5 U/μL），2.0μL $MgCl_2$（25 mmol/L），1.0μL（10 ng/μL）DNA模板，2.5μL 10×Eva Green，加入双蒸水13.8μL使反应体积达到25μL。

在荧光PCR仪（ABI 7900HT，Applied Biosystem，USA）上进行PCR，其反应程

序为 94℃ 3min，然后 94℃ 15s，60℃ 30s 进行 40 个循环；最后做溶解曲线（95℃ 15s，60℃ 15s，95℃ 15s）。

4. 结果判定 若 PCR 扩增的片段为特异性产物，EHV-1、EHV-2、EHV-3 和 EHV-4 各自特异性的溶解曲线峰值分别出现在 79℃、86℃、84℃、81℃，判定结果为阳性；若在别的温度处出现吸收峰，即是非特异性扩增的产物，判定结果为阴性。

五、美洲马脑脊髓炎

美洲马脑脊髓炎（american equine encephalomyelitis）根据患畜呈现神经症状，发生于夏秋的蚊虫滋生期以及脑的病理组织学变化，可作出初步诊断。确诊还必须依靠病毒分离、鉴定和血清学检查。此外，化学药物中毒、饲料霉菌中毒、狂犬病、李氏杆菌病、乙型脑炎、苏联马脑炎和马波纳病等也与本病有类似之处，诊断时应注意鉴别。

[病原学诊断]

(一) 病料的采集和处理

病原学诊断要求分离病毒的材料包括马和其他发病动物的脑以及媒介昆虫组织，必须新鲜。最理想的方法是扑杀一个濒死期患畜，立即取出脑组织（大脑皮层和海马角），迅速冷藏，并尽快送至实验室。必要时可切取 $1cm^3$ 大小的脑组织，浸泡于 50%中性甘油盐水中，实验室在收到标本后，立即加入 0.5%水解乳蛋白的 Hank's 液和青霉素、链霉素中，用匀浆机制成 10%乳剂，离心沉淀后，取上清液做动物接种用。另外，动物病毒血症期间的全血和血清中含有病毒，也可做病毒分离之用，但要求必须尽早在发病初期采血，分离血浆或血清。

(二) 病毒分离

上述脑组织、血浆和血清等材料可以接种小鼠、豚鼠、鸡胚、新生雏鸡或仓鼠肾原代细胞、鸡胚或鸭胚原代细胞以及 BHK-21 等细胞株。

1. 小鼠 取 3 周龄小鼠（乳鼠更为敏感），脑内接种 0.02～0.03mL。皮下和脑内或脑内和腹腔同时接种（0.2～0.3mL），效果更好。接种后每天观察 1～2 次，直至第 10d。小鼠常在 3～5d 发病，发病时被毛逆立、弓背、畏寒、离群、抽搐、痉挛，最后死亡。

2. 豚鼠 以体重 150～200g 的幼年豚鼠，脑内接种 0.1～0.2mL 待检材料，通常于 3～4d发病死亡。也可作皮下和腹腔注射，但病毒分离率不如脑内接种。

3. 新生雏鸡 刚出生的雏鸡，特别是在脑内接种时，可以用其分离极微量的病毒，是初次分离病毒的理想实验动物。

4. 鸡胚 可将 1～2 滴待检材料直接接种于 9～10 日龄鸡胚的绒毛尿囊膜上，也可取 0.2mL 注入尿囊腔内。鸡胚通常在 15～24h 内死亡，胚体和绒毛尿囊膜含有大量病毒。

5. 细胞培养 以原代鸭胚或鸡胚细胞和仓鼠肾细胞最为敏感。可将待检材料稀释为 10^{-5}～10^{-2}的不同浓度，接种单层细胞，置 37℃吸附 30～60min 后，加入维持液，继续置 37℃培养出现细胞病变（约 5d）即可收毒，供进一步传代或鉴定用。

（三）病毒鉴定

通常采用交叉中和试验。最简单的方法是用小鼠或豚鼠作动物中和试验，即用美洲马脑脊髓炎病毒的高免血清分别与100个小鼠或豚鼠 LD_{50} 的待鉴定病毒混合，置 37℃感作 1h 后，接种小鼠或豚鼠来进行判定。也可应用细胞培养进行测定。

［血清学诊断］

目前，用于美洲马脑脊髓炎血清学诊断的方法，有病毒抗原的检测和特异性抗体的检测。

病毒抗原的检测有将濒死期或新死亡动物的脑组织作成抗原后，用美洲马脑脊髓炎的标准免疫血清进行常规补体结合试验，检测抗原。另外，双抗体 ELISA、间接免疫荧光法以及快速、敏感和特异的分子诊断方法也可用于检测该病。

（一）血凝抑制试验（HI）

1. 材料准备

（1）抗原　通常用蔗糖和丙酮提取的感染鼠脑制成。这种抗原经 1.0％ β-丙内酯处理灭活。在缺乏国际标准血清的情况下，抗原需用当地标准阳性血清滴定。正常抗原或对照抗原是经类似的提取和稀释的正常鼠脑制成。做试验时，为使 4～8 个血凝单位抗原量能凝集 50％红细胞，应将抗原稀释。抗原稀释度的选择取决于每份抗原的血凝试验。每份抗原用 pH5.8～6.6（间隔 0.2）溶液稀释的鹅红细胞滴定。

（2）血清　pH9.0 的硼酸盐溶液稀释至 1∶10，然后 56℃灭活 30mim，用白陶土处理以除去非特异性血清抑制物。血清必须用 0.05mL 积压的鹅红细胞 4℃孵育 20min 充分吸附后才能使用。

2. 操作步骤　将血清加入 96 孔圆底微量滴定板，pH9.0，含 0.4％牛白蛋白的硼酸盐 2 倍倍比稀释，然后加入抗原。将反应板放在 4℃作用过夜。从正常白公鸡获取的 RBC，用葡萄糖—明胶—巴比妥液洗涤 3 次，制成 7.0％的悬液。然后，将 7.0％的悬液在适当 pH 液中 1∶24 稀释，立即加入反应板。将反应板 37℃孵育 30min。每次试验设阳性和阴性血清对照。只有在对照血清出现预期结果时，才认为试验有效。

3. 结果判定　滴度为 1∶20～1∶10 为可疑，1∶40 以下为阳性。

（二）补体结合反应（CF）

CF 常用于抗体检测。

1. 材料准备

（1）抗原　通常用蔗糖和丙酮提取的感染鼠脑制成。这种抗原经 1.0％ β-丙内酯处理灭活。在缺乏国际标准血清的情况下，抗原需用当地标准阳性血清滴定。正常抗原或对照抗原是经类似的提取和稀释的正常鼠脑制成。

（2）血清　用含 1％明胶的巴比妥缓冲盐水（VBSG）1∶4 稀释，56℃灭活 30min。阳性血清 2 倍稀释。

2. 操作步骤 按照滴定阳性血清所确定的补体结合反应的抗原量，用 VBSG 稀释 CF 抗原和对照抗原（正常鼠脑组织），豚鼠补体 VBSG 稀释至含 5 个 50%补体溶血单位（CH_{50}）。血清、抗原和补体加入 96 孔圆底微量滴定板 4℃反应 18h。绵羊红细胞（SRBC）浓度标定为 2.8%。根据所用补体要求选择的稀释度滴定溶血素。用溶血素致敏 2.8%SRBC，并加入反应板的每个孔中。试验板 37℃孵育 30min。然后离心（200 g），记录溶血的孔数。同时作如下对照：①血清和对照血清每个孔分别加 $5CH_{50}$ 和 $2.5CH_{50}$ 补体；②抗原和对照抗原每个孔分别加 $5CH_{50}$ 和 $2.5CH_{50}$；③$5CH_{50}$、$2.5CH_{50}$ 和 $1.25CH_{50}$ 的稀释补体；④SRBC 与 CF 抗原相应的特异性结合补体的血清最高稀释度的倒数称为滴度。

3. 结果判定 如果没有溶血现象发生，滴度为 1∶4，即可判为阳性。

4. 注意事项 为避免抗补体影响，必须尽可能从血液中及时分离血清。试验中须设阳性和阴性对照。

[分子生物学诊断]

(一) NASBA、RT-PCR 和 TaqMan RT-PCR 检测 EEE 和 WEE 病毒

Lambert（2003）等创建了核酸序列扩增实验（NASBA）、反转录 PCR（RT-PCR）和 TaqMan 核酸扩增试验（TaqMan RT-PCR）等 3 种用于鉴别诊断美洲东部马脑脊髓炎（EEE）和西部马脑脊髓炎（WEE）的分子生物学诊断方法。这 3 种方法均具有较强的特异性，敏感性均比病毒分离的方法高，其中 TaqMan RT-PCR 敏感性最高，这 3 种方法不但可以用于分离后的病毒鉴定，而且可以直接用于蚊子和脊椎动物组织样本的检测。

1. 病料处理、RNA 提取以及 cDNA 合成 可参照波纳病。

2. 引物 EEE 病毒的引物设计根据北美 EEE 毒株 82V2137（GenBank 登录号 U01034）序列，WEE 病毒引物设计根据 WEE 病毒株 71V-1658（GenBank 登录号 AF214040）。引物见表 13-26。

表 13-26 NASBA 引物和探针，RT-PCR 引物，TaqMan RT-PCR 引物序列

引物	位置	序列（5′-3′）	产物（bp）
		EEE NASBA	
EEE 9597	9 597～9 616	GATGCAAGGTCGCATATGAGCACATGGAT-GGCCGCACGAA	208
EEE 9804c	9 804～9 783	AATTCTAATACGACTCACTATAGG-GAGAAGGCAGCAAAGTAACGCCAGGAGTA	
EEE 9619probe	9 619～9 643	GGTAGTCTATTACTACAACAGATAC	
		EEE RT-PCR	
EEE 5640	5 640～5 659	CGGCAGCGGAATTTGACGAG	433

（续）

引物	位置	序列（5′-3′）	产物（bp）
EEE 6072C	6 047～6 072	ACTTTGACGGCCACTTCTGCTGATGA	
		EEE TaqMan	
EEE 9391	9 391～9 411	ACACCGCACCCTGATTTTACA	69
EEE 9459c	9 459～9 439	CTTCCAAGTGACCTGGTCGTC	
EEE 9414probe	9 414～9 434	TGCACCCGGACCATCCGACCT	
		WEE NASBA	
WEE 9336	9 336～9 356	GATGCAAGGTCGCATATGAGCGAG-CAGACGCAACAGCAGAA	233
WEE 9566C	9 566～9 545	AATTCTAATACGACTCACTATAGGGAGAA-GAACAGGATAGCAAGAGCGACACCA	
WEE 9390probe	9 390～9 414	GTGGGGCGAGAAGGGCTGGAGTACG	
		WEE RT-PCR	
WEE 5100	5 100～5 122	GTTTGGCGGCGTCTCGTTCTCTA	338
WEE 5437c	5 437～5 414	TCCGTGGTGCTGGTACTGGTCTGT	
		WEE TaqMan	
WEE 10 248	10 248～10 267	CTGAAAGTCGGCCTGCGTAT	67
WEE 10 314c	10 314～10 295	CGCCATTGACGAACGTATCC	
WEE 10 271probe	10 271～10 293	ATACGGCAATACCACCGCG	

注：NASBA 上游引物有 5′增强化学发光（5′ECL）；下游引物有 T7 启动子序列。

3. 操作方法

（1）NASBA　5μL RNA 模板，50 pmol 引物（Table 1），使用 NucliSens basickit（bioMerieux，Durham，N. C.）进行扩增，然后使用 Nuclisens reader（bioMerieux）分析结果，EEE 目的基因 208bp，WEE 目的基因 233。

（2）RT-PCR　50μL 反应体系：5μL RNA 模板，50 pmol 引物（Table 1），其他操作按照 RT-PCR kit（Roche Molecular Biochemicals）说明进行，同时设阴性对照，用无 RNase 和 DNase 水 5μL 替代 RNA，其他同上。

扩增条件：45°C 1h，94°C 3min，1 个循环；94°C 30s，55°C 1min，68°C 3min，45 个循环，5μL，取 5μL PCR 产物进行琼脂糖凝胶电泳分析，对照成立的前提下，EEE 阳性样本应该扩增到 433bp 产物，WEE 阳性样本应该扩增到 338bp 产物。

（3）TaqMan RT-PCR 检测　50μL 反应体系：5μL RNA 模板，50pmol 引物（Table 1），10pmol 探针，其他操作按照 TaqMan RT-PCR kit（PE Applied Biosystems，Foster City，Calif.）说明进行，同时设 8 个阴性对照，用无 RNase 和 DNase 水 5μL 替代 RNA，其他同上。

使用 ABI Prism 7700（PE Applied Biosystems）PCR 扩增和荧光检测分析：样本进行

45个循环，其他扩增条件按照试剂盒推荐条件进行。当 CT（临界值）≤37，样本 Rn 值（荧光值）是 8 个阴性对照孔平均值的 2 倍以上时，结果判定为阳性。如果 Rn 值满足 2 个阳性对照样本之一，判定为疑似。

（4）NASBA、RT－PCR 和 TaqMan RT－PCR 检测 EEE 和 WEE 病毒的敏感性　RT－PCR 可以检测到<1 PFU 的 EEE 病毒 RNA，而 NASBA 和 TaqMan RT－PCR 可以检测<0.1 PFU 的 EEE 病毒 RNA，比 RT－PCR 敏感 10 倍以上。RT－PCR 可以检测到<100 PFU 的 WEE RNA，NASBA 可以检测到<10 PFU 的 WEE 病毒 RNA，而 TaqMan RT－PCR 检测 WEE 病毒 RNA 的敏感性是 NASBA 的 100 倍，是 RT－PCR 的 1 000倍，即检测量<0.1 PFU。

（二）基因芯片技术

南京农业大学动物医学院和山东检验检疫局研究人员（陆承平，朱来华等，2006）通过分子克隆技术获得东部马脑脊髓炎病毒的一段高度保守的特异性基因片段，用芯片点样仪逐点分配到处理过的玻片上，制备成基因检测芯片。提取样品中的 RNA，进行反转录和荧光标记后滴加到芯片上进行特异性杂交，对杂交结果进行扫描检测和计算机软件分析。该检测方法不但快速、准确和敏感，而且可同时进行多种病毒的检测。

六、波纳病

波纳病（borna disease）是由波纳病病毒（Borna disease virus）引发马、牛和猫的中枢神经性疾病。特征为行动异常和运动机能障碍。波纳病病毒。为单股负链病毒目（Mononegavirales）、波纳病病毒科（Bornaviridae），波纳病病毒属（*Bornavirus*）有囊膜的单链 RNA 病毒。对神经组织有亲和性，在细胞核内复制。

[病原学诊断]

病毒分离（VI）在患病马的脑和脊髓中收集样本，作为接种材料。

1. 可用病毒感染的小猎犬肾（MDCK）细胞系分离病毒。可将待检材料稀释，接种单层细胞，出现细胞病变后即可收毒。

2. 做鸡胚接种（ECE）可将 1～2 滴待检材料直接接种于 9～10 日龄鸡胚的绒毛尿囊膜上，也可取 0.2mL 注入尿囊腔内。鸡胚通常 15～24h 内死亡，胚体和绒毛尿囊膜含有大量病毒。

3. 家兔脑内接种试验。可以用幼兔脑组织原代细胞从发病动物脑组织或外周血白细胞中分离病毒，出现阳性结果后可确诊。

[血清学诊断]

p40 和 p24 分别在感染细胞的胞核和胞浆中表达水平较高，所以其产生的抗体经常作为检测的主要目标。

（一）酶联免疫吸附试验（ELISA）

ELISA是高度特异和敏感的免疫学实验，可以通过提高所使用抗原或抗体的纯化水平，增强反应的特异性。ELISA反应可以发现ng水平的抗体。如果绘制了合适的标准曲线，ELISA可以用来定量。

1. 包被 用50μL羊anti－GST抗体包被（用pH9.6的碳酸氢盐缓冲液）过夜后洗涤。

2. 加重组蛋白 加入50μL GST－BDVp24，GST－BDVp40重组蛋白，反应30min洗涤。

3. 加待测样本 加入待测的脊髓脑脊液（或血清）样本50μL，反应30min，洗涤。

4. 加酶标羊抗样本的IgG 加入酶标羊抗样本的IgG 50μL（用稀释液1∶2 000稀释），37°反应1h。

5. 显色 各孔加入底物溶液100μL，室温20min，加H_2SO_4 50μL终止反应。

6. 判定 用分光光度计测定在492nm光密度吸收值判定结果。

（二）间接免疫荧光（IFA）

IFA是最早应用于检测BDV感染的血清学方法。以感染BDVhe/80株的小猎犬肾（MDCK）细胞作为抗原，感染BDV的动物血清作为阳性对照。用IFA检测到血清中存在BDV－IgG抗体，而健康对照者的血清中则无该抗体。

方法：采取病马脑和脊髓组织做冰冻切片，丙酮固定10min，滴加荧光标记的波纳病IgG，置37℃恒湿恒温箱中，用PBS液洗3次，每次15min，再用双蒸水冲洗，晾干，加碳酸盐缓冲甘油封片，在较暗场所用荧光显微镜观察。

结果判定：当阴性、阳性血清标本对照成立时，即抗原和阳性血清反应呈现核内颗粒状、局灶性荧光，被检样品在荧光显微镜下见到特异荧光，可判为阳性（＋）；反之为阴性（－）。特异荧光是BDV感染细胞和抗体结合的典型表现。

（三）免疫印迹反应（Western）

一些文章还指出用Western-blot检测波纳病病毒的抗体。即通过电泳，在一条硝酸纤维膜上显示不同的条带，Western免疫印迹反应能够发现对于全谱病毒蛋白的抗体，当血清样本应用于硝酸纤维素膜时，来自于感染了特定病毒的动物的抗体与特定的病毒蛋白在合适的位置结合。当用一定试剂处理硝酸纤维膜时，这些带变黑且变得明显。因为它提供了血清样本的全病毒抗体谱，这一测试是目前所用的最为特异的病毒诊断测试。

此外，补体结合试验、免疫组化试验、免疫印迹（IB）以及免疫电镜检查也被用于检测抗体。对外周血白细胞样品，可以用ELISA和荧光标记细胞分类法（FACS）来检测波纳病病毒抗原，现已成为一种检测波纳病病毒感染的主要手段。

［分子生物学诊断］

巢氏聚合酶链式反应（nPCR）

（一）引物

Sorg等根据BDV p38/40蛋白基因设计2对套氏PCR引物，外层引物P1、P2扩增产物 270 bp，内层引物 P3、P4 扩增产物 212 bp。引物见表 13-27。

表 13-27 波纳病病毒 nPCR 检测引物

基因	引物	序列	产物长度（bp）	引物位置
p38/40	P1	5′-GTCACGGCGCGATATGTTTC-3′	270	150～169
	P2	5′-GATGACGATCCTATCACAACC-3′		399～419
p38/40	P3	5′-GCCCAGCCTTGTGTTTCTAT-3′	212	180～199
	P4	5′-GTAATGAGCAACAATGGCTG-3′		372～391

（二）样本处理与 RNA 提取

脑和脊髓用液氮固定后研磨，重悬于去 DEPC 处理的离子水中，离心后取上清 140μL，按照 QIAamp 病毒的 RNA 提取试剂盒（QIAGEN）说明书步骤提取病毒 RNA。

（三）cDNA 合成

2μL RNA 溶液，Rnase 抑制剂 5 U，10mmol/L 随机引物，70℃水浴 10min，置冰上制冷。

然后加入 1× RT buffer［50mmol/L Tris（pH 8.3），75mmol/L KCl，3mmol/L $MgCl_2$］，10mmol/L DTT，250mmol/L dNTPs，200U Superscript Ⅱ反转录酶，补加 DEPC 处理水至 20μL，45℃水浴 1h，最后 100℃ 5min 终止反应。

（四）PCR 扩增条件

PCR 扩增体系 50μL：1×PCR buffer［10mmol/L Tris（pH 9.0），50mmol/L KCl，0.01% 明胶（w/v），1.5mmol/L $MgCl_2$，0.1%Triton X-100］，0.2mmol/L（each）specific primer，200mmol/L dNTPs，0.25U Taq DNA 聚合酶，10μL cDNA，50μL 液体石蜡。

循环参数：首先 95℃ 5min，60℃ 5min，72℃ 1min，1 个循环；然后 95℃ 20s，60℃ 20s，72℃ 1min，40 个循环，72℃ 10min。

用内层引物扩增时以第一次 PCR 扩增的产物 2μL 作为模板，体系其他成分与第一次扩增相同，循环次数减为 35 个循环。

（五）结果判定

取 12μL PCR 扩增的产物，于 1.5%琼脂糖中进行凝胶电泳，内层 PCR 引物扩增出 212bp 特异性 DNA 片段时样本判定为阳性。

七、马流行性感冒

马流行性感冒（equine influenza）是由马流行性感冒病毒（equine influenza virus，EIV）引起马属动物的一种急性高度接触传染性疾病。在临床上以发热、咳嗽及流浆液性鼻汁为主要特征。多呈暴发性流行，发病率高而病死率甚低。EIV 为正黏病毒科（Orthomyxoviridae）、A 型流感病毒属（*Influenzavirus*）的 RNA 病毒。分为 EIV 1 型和 EIV 2 型。EIV 2 型每年都有变异，约从 1989 年开始，欧洲病毒系和美洲病毒系两个基因群独自进化。

［血象（血常规）检查］

采集病畜血液进行血象检查。淋巴细胞显著减少，中性粒细胞正常，单核细胞增多。白细胞总数比正常值减少，$1mm^3$ 仅 4 000 个左右。

［呼吸道黏膜柱状上皮细胞包含体检查］

取鼻黏膜或气管黏膜在载玻片上制成压印标本，干燥后用甲醇固定，水洗，进行蔓氏（Mann′s）法染色（1%甲基蓝 3.5 mL，1%伊红 3.5 mL，蒸馏水 10.0mL，分别保存于冰箱内，现用现混合），5～10min 后镜检。可见柱状细胞胞浆染成粉红色，其中散在有深红色的包含体。

［病毒的分离］

（一）病料采集

用棉签擦拭发病初期马属动物鼻、咽部黏膜，迅速放入盛肉汤的试管，置冰盒中 12h 内送实验室处理。

（二）病料处理

将装病料的试管充分振荡，使棉签上的内容物洗入肉汤液中，取出棉签。然后加入青链霉素，使肉汤中青、链霉素含量各为每毫升 1 000U，充分混匀，置 4℃冰箱中作用2～3 h 后接种。

（三）接种孵育

取 9 日龄鸡胚，气室部经碘酒、酒精消毒。在胚胎面与气室交界边缘上约 1mm 处开一直径约 2mm 小口，将吸有上述肉汤的注射器安上 6 号针头，垂直刺入 1.5cm，向羊膜腔注射 0.1mL。再把针头抽出，向尿囊腔注射 0.1mL。最后用蜡烛封口，置 36℃孵育。弃去 24h 内死亡的鸡胚，孵育 72h。

（四）尿液羊水的收集

用碘酒和酒精消毒鸡胚气室部蛋壳，取掉气室部蛋壳，用眼科镊小心地将壳膜和绒毛尿囊膜撕破，用小号注射器吸出尿囊液盛入试管中，而后再轻轻提起羊膜，将毛细吸管插入羊膜腔吸出羊水放入同一试管中。

（五）盲传

把收集尿液接种于 9 日龄鸡胚，进行第一次盲传，37℃、72h 后收获。将收获液再接种，进行第二、三次盲传，后两次盲传孵育时间均为 48h。第三次盲传后收获液置－20℃的冰箱中保存待用。

(六) 病毒鉴定

分别收集的羊水和尿液做红细胞凝集试验，血凝试验阳性标准，进一步测定其血凝滴度，再与已知的阳性血清做血凝抑制试验，已确定病性。阴性标准盲传5代，如血凝仍为阴性，即可废弃。

［电镜观察］

将鸡胚培养物羊水和尿囊液以3 000g/min离心30min，取上清再以上述转速和时间离心，取上清以10 000g/min离心60min，再取上清以35 000g/min离心180min，弃上清将沉淀物漂浮。将漂浮的物质作镜检材料，用磷钨酸负染，电镜观察，见病毒颗粒呈多形性，有丝状、圆形、三角形等，但各种形态都有明显的绒毛状突起囊膜，具有流感病毒的典型特征。选出一株HA效价达到2^8的尿囊液分离物，用电子显微镜负染色观察，发现典型的大小为100nm左右的椭圆形流感病毒颗粒。

［血清学试验］

血凝和血凝抑制试验

1. 试验材料 病毒尿囊液；待检马血清；0.8%鸡红血细胞。

2. 血凝试验确定血凝单位

(1) 在血凝板第一排各孔中加25μL PBS。

(2) 其中第一孔中加入25μL病毒抗原，按1∶2逐级稀释，最后一孔不加抗原做对照。

(3) 每孔中加入50μL红细胞悬液，22℃作用30min，HA滴度为50%红细胞出现凝集的最高稀释倍数。

3. 标准抗原的配置 根据确定的血凝单位，对抗原进行稀释，制备4单位标准抗原，采用上一步制备测得17的HA价，除以4即为稀释倍数。

4. 血凝试验（HA）

(1) 取国产一次性96孔微量板一块，各孔预先加入25μL生理盐水。

(2) 第一孔中加入25μL待检血清，按1∶2逐级稀释，最后一孔不加血清做对照。

(3) 每孔加入5中所制备4单位标准抗原25μL，置室温30min。

(4) 每孔加入50μL 0.7%鸡红细胞液，置室温30min。

(5) 将滴定板倾斜70°判定结果，无凝集反应记录为阳性。

5. 血凝抑制试验（HI）

(1) 在微量血凝板上，自第1孔至第12孔，每孔加生理盐水25μL。

(2) 取25μL标准阳性血清（试验前用霍乱滤液处理，除去非特异性红细胞凝集抑制因子），从第1孔开始，依次作倍比稀释至最后一个孔，最后一个孔弃去25μL。

(3) 每孔加入25μL 4单位标准抗原，振荡混匀，静置3～5min。

(4) 每孔加1%鸡红细胞悬液50μL，同时设4单位标准抗原对照（25μL生理盐水＋

25μL 4 单位标准抗原＋ 50μL 红细胞）及红细胞对照（50μL 生理盐水＋50μL 红细胞），振荡混匀。

（5）室温静置 15min 后开始观察结果，一直观察到 30min。

结果判定：以完全抑制红细胞凝集的血清最高稀释度为血凝抑制抗体效价。

6. 注意事项

（1）红细胞来源　不同病毒，凝集红细胞的种类和程度不同；不同个体的红细胞对 HA 和 HI 有一定程度影响。

（2）红细胞浓度　多用 1%，也有用 0.75%、0.5%或 0.25%，过多的红细胞影响 HA 和 HI 的判定。

（3）温度　不同的病毒，反应的最适温度也不同。

（4）溶液　0.85%氯化钠溶液比磷酸缓冲盐水出现的凝集要清晰。

（5）甘油　甘油对病毒凝集有稳定性或减慢血凝解离作用，有助于获得比较确切的血凝滴度和血清的血凝抑制滴度。

（6）pH　一般 pH7.0 时红细胞沉降最充分，pH5.8 以下时红细胞自凝，pH7.8 以上时红细胞易洗脱。

（7）血清　不溶血、不腐败，尽量减少污染，试验前需作适当的处理（血清中存在非特异性的血凝物质和血凝抑制物质）。

[分子生物学诊断]

RT - PCR 和荧光定量 PCR

RT - PCR 是近年来才应用于检测流感病毒的一种体外基因扩增技术，是将 RNA 的反转录（RT）和 cDNA 的聚合酶链式扩增（PCR）相结合的技术。荧光定量 PCR 是在常规 PCR 基础上加入荧光标记探针来实现其定量功能的。该技术优点是封闭反应无需 PCR 后处理；特异性强，灵敏度高；采用对数期分析，摒弃终点数据，定量准确；定量范围宽，可达到 10 个数量级；仪器在线式实时检测，结果直观，避免人为判断；可实现一管双检或多检；操作安全缩短时间，提高效率。该技术比病毒分离及 DFA 敏感，在扩增效率相同的情况下，长的扩增产物的信号要强于短的扩增产物。

1. 步骤

（1）设计引物和探针　贾晓庆等设计了针对马流感病毒 H_3N_8 的 NA 基因的荧光 RT - PCR 引物和探针，见表 13 - 28。

（2）RNA 提取和 cDNA 的合成　取尿囊液 EIV 用 Trizol（Invitrogen）提取 RNA，用无 RNase 的 dH_2O 10μL 溶解沉淀。反转录体系含 5×AMV Buffer 4μL、10mmol/L dNTP 2μL、RNaseInhibitor 20U、Oligo（dT）或下游引物 50pmol、AMV 反转录酶 10U、RNA 模板 2～5μL，加无 RNase 的 dH_2O 至 20μL。45℃反转录 1h 后，迅速冷却至 4℃，分装，立即用于 PCR 或于－70℃保存备用。

表 13-28 马流感病毒 H_3N_8 的 NA 基因的荧光 RT-PCR 引物和探针

基因	引物	序列	产物长度（bp）	引物位置
HA	上游	5′-ATGGTTGATGGGTGGTATGG-3′	605	1 114～1 133
	下游	5′-TTGCACCTGATGTTGCCTTT-3′		1 699～1 718
NA	上游	5′-TTATTGGGTGATGACTGACG-3′	682	731～750
	下游	5′-AAGAATAGCTCCATCGTGCC-3′		1 393～1 412
NA	上游	5′-CACCGAACCACTTTGTGA-3′	70	278～295
	下游	5′-GGAATACGAATTGGGTCG-3′		330～346
探针		5′-CCAGGGCTTTGCACCATTTTCC-3′		299～320

（3）荧光 PCR　采用 25μL 反应体系，取 Lightcycler 毛细管加入 10×ExTaqBuffer 2.5μL、dNTP 200μmol/L、$MgCl_2$ 5.0mmol/L、TaqMan 探针 300nmol/L、引物（20μmol/L）各 0.5μL、ExTaq™酶 0.25μL、BSA（0.05%）4μL、cDNA 1μL、加 dH_2O 至 25μL。瞬间离心后于 Lightcycler 定量 PCR 仪进行 PCR 扩增。扩增条件：95℃预变性 5min 后；95℃ 20s、55℃ 1min，45 个循环。同时设定不加 cDNA 的阴性对照。

（4）PCR 扩增　取 PCR 管加入 10×ExTaq Buffer 5μL、dNTP（各 2.5mmol/L）4μL、$MgCl_2$（25mmol/L）4μL、引物各 0.5μL、ExTaq™ 酶 0.25μL、cDNA 2～5μL、加 dH_2O 至 50μL。瞬间离心后进行 PCR 扩增。同时设定不加 cDNA 的阴性对照。

HA 基因扩增：94℃预变性 5min；94℃ 30s、57℃ 1min、72℃ 1min，35 个循环；再以 72℃延伸 10min。取 10μL 扩增产物用 1.0%琼脂糖电泳观察结果。

NA 基因扩增条件：94℃预变性 5min 后；94℃ 1min、55℃ 40s、72℃ 50s，35 个循环；72℃延伸 5min。

2. 结果　阳性样本在荧光 PCR 分析系统中可见特异性曲线，在 HA 和 NA 基因的 RT-PCR 扩增中可分别获得 605 bp 和 682 bp 特异性条带。

建立的 NA 基因荧光 PCR，其检测灵敏度比常规 RT-PCR 高 10～1 000 倍，具有快速、特异、灵敏且无 EB 污染等优点，但也易受到模板、操作误差等诸多因素的干扰。二者结合使用，既保证了检测的准确性，又提高了检测的灵敏度，可为 EIV 的诊断、检测和研究提供有效的手段。

八、马传染性贫血

马传染性贫血（equine infectious anemia，EIA）是由反转录病毒引起，经吸血昆虫传播，只发生于马属动物，以反复发作、贫血和持续病毒血症为特征的传染性疾病。马传染性贫血病毒（EIAV）为反转录病毒科（Retroviridae）、正反转录病毒亚科（Orthoretrovirinae）、慢病毒属（*Lentivirus*）的 RNA 病毒。EIAV 能在短时间内反复连续进行抗原变异，从而逃避宿主的免疫系统，同时病毒基因组可整合到单核细胞和巨噬细胞的染色体上，因此马感染后呈现持续性病毒血症，终身无法治愈。

[病原学诊断]

(一) 血液学检查

1. 血沉加快，初速 15min 可达 60 刻度以上。

2. 红细胞数减少病马的中后期减少到 500 万甚至 300 万以下。

3. 出现吞铁细胞病马发热后期，退热 1 周内出现吞铁细胞可达 21 万以上。急性、亚急性病马为颗粒型；慢性病马为弥散型。

4. 白细胞及白细胞相的变化 马传贫发热初期，白细胞总数稍有增加，并出现中性白细胞一时性增多。在发热中，后期白细胞总数减少而淋巴细胞增多，成年马可达 50%以上，幼驹（1～2 岁）可达 70%以上，单核细胞增加到 5%～10%。

(二) 吞铁细胞检查方法

1. 白细胞的收集 采集被检马的血液至含抗凝集剂的试管内，待血液静置 1h，抽取试管内的血浆（最好取靠近红细胞层的），放入离心管内，1 000r/min 离心 5min。倒掉上清液，管底的沉淀物即为白细胞。

2. 涂片 用毛细管将白细胞搅匀后，吸取、滴放在载玻片一端，制成涂片，室温下干燥。要求血细胞膜比一般血片稍厚一些；每头份血样涂 2 片，干燥后用铅笔在膜中央写明编号和日期；毛细管吸取一份白细胞后，用生理盐水冲洗干净，方可吸取另一份白细胞样品。

3. 固定 放入盛有甲醛溶液的密闭容器内，勿接触甲醛溶液，涂面向下，利用甲醛蒸气固定 3～5min。

4. 染色

(1) 染色液的配制

①10%黄血盐（亚铁氰化钾）溶液 黄血盐 10g，加蒸馏水 100mL，混合溶解后，贮存于褐色瓶中备用。

②20%盐酸溶液 盐酸 20mL，加蒸馏水 80mL 混合备用。

③50 倍复红溶液 10%复红溶液 1mL，加蒸馏水 49mL，混合备用（10%复红水溶液是复红原液 10mL 加蒸馏水 90mL；复红原液是碱性复红 10g，加无水酒精 l00mL）。亦可用 0.1%派洛宁染色。

(2) 染色顺序

①铁反应：涂片上加满 10%黄血盐溶液与 20%盐酸等量混合液（现用现配，剩余弃掉），室温静置 10～15min。

②水洗：用蒸馏水洗 1～2min。

③复红染色：载满 50 倍复红水溶液静置 1～3min，染至淡红色为止。

④水洗：同上。

⑤干燥：室温下自然干燥。

(3) 注意事项

①染色过程中尽量避免灰尘，避免与含铁物质接触。

②10%黄血盐容易发生变质，保存期不宜过长。经过较长时间保存的黄血盐溶液，使用前可与等量的20%盐酸溶液混合，观察其颜色变化。混合液呈淡蓝到深蓝色者不能使用；无色、淡黄色或微蓝色可以使用。

③复红染色要掌握适度，过浅或过深都影响吞铁细胞的检查。

5. 镜检吞铁细胞内的含铁血黄素呈淡蓝色乃至深蓝色。有颗粒型、弥漫型和混合型3种形态。白细胞的细胞质染成淡红色。核呈鲜红色；红细胞染成橙黄色。

用油镜（接目镜5×或7×）从涂片四角观察4个视野，计算出每一个视野平均白细胞数，沿涂片周围检查10 000个白细胞，所发现吞铁细胞数即为万分比数。如第一片检出0.02%者，再检查第二片。检出率以两片中高者为准。

[血清学诊断]

(一) 马传染性贫血病琼脂扩散试验

1. 检验用琼脂板的制备

(1) 取优质琼脂1g时，可直接放入含有0.1‰硫柳汞的100mL的PBS或BBS中，用热水融化混匀。

(2) 融化后以两层纱布夹薄层脱脂棉过滤，除去不溶性杂质。

(3) 将直径90mm的平皿放在水平台上，每平皿倒入热融化琼脂液15～18mL，厚度2.5mm左右，注意勿产生气泡，冷凝后加盖，把平皿倒置，防止水分蒸发，放在普通冰箱中可保存2周左右。

根据受检血清样品多少亦可采用大、中、小三种不同规格的玻璃板。10cm×16cm的玻璃板加注热琼脂液40mL；6cm×7cm的加注11mL；3.2cm×7.6cm的加注6mL。

(4) 打孔　反应孔现用现打。打孔器为外径4mm及6mm直径的薄壁型金属管。在坐标纸上画好七孔形图案。把坐标纸放在带有琼脂板的平皿或玻璃板下面，照图案固定位置上用金属管打孔，将切下的琼脂片取出，勿使琼脂膜与玻璃面离动。外周孔径为6mm，中央孔径为4mm，孔间距3mm。

2. 抗原　检验用抗原按马传贫琼扩抗原生产制造及检验试行规程进行生产。

3. 血清

(1) 检验用标准阳性血清　能与标准抗原在12h内产生明显致密的沉淀线的马传贫血清，做8倍以上的稀释仍保持阳性反应者为宜。小量分装，冻结保存，使用时要注意防止散毒。

(2) 受检血清　来自受检马匹的不腐败的血清，勿加防腐剂和抗凝剂。

4. 抗原及血清的添加　孔型制完后用琼脂写字墨水在琼脂板上端写上日期及编号等。在图13-16中央孔加抗原，2、5孔加检验用标准阳性血清，其余1、3、4、6孔分别加入受检马血清，G为加抗原孔，加至孔满为止。平皿加盖，待孔中液体吸干后，将平皿倒置，以防水分蒸发；琼脂板则放入铺有数层湿纱布的带盖搪瓷盘中。置15～30℃条件下进行反应，逐日观察3d并记录结果。

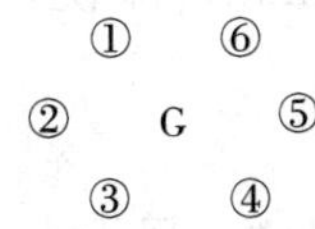

图 13-16　7 孔型

5. 结果判定

阳性：当检验用标准阳性血清孔与抗原孔之间只有一条明显致密的沉淀线时，受检血清孔与抗原孔之间形成一条沉淀线；或者阳性血清的沉淀线末端向毗邻的受检血清的抗原侧偏弯者，此受检血清判定为阳性。

阴性：受检血清与抗原孔之间不形成沉淀线，或者标准阳性血清孔与抗原孔之间的沉淀线向毗邻的受检血清孔直伸或向受检血清为阴性。

疑似：标准阳性血清孔与抗原之间的沉淀线末端，似乎向毗邻受检血清孔内侧偏弯，但不易判断时，可将抗原稀释 2、4、6、8 倍进行复试，最后判定结果。观察时间可延至 5d。在观察结果时，最好从不同折光角度仔细观察平皿上抗原与受检血清孔之间有无沉淀线。为了观察方便，可在与平皿有适当距离的下方，置一黑色纸等，有助于检查。

判定时要注意非特异性沉淀线。例如，当受检马匹近期注射过组织培养疫苗的乙型脑炎等，可见与检验用标准阳性血清的沉淀线末端不是融合而为交叉状，两个血清间产生的自家免疫沉淀线等。

（二）间接荧光抗体法

基本原理是将已知抗体或抗原标记荧光素，用此特异性试剂，浸染含有相应抗原或抗体的组织细胞标本，借助抗原抗体的特异性结合，于抗原或抗体的存在部位呈现荧光，从而可以定位标本内的抗原或抗体。这种方法特异性和敏感性都较高，是一种较好的马传贫快速诊断方法。

1. 兔抗马 IgG 荧光血清　选用 ID 效价 1∶20 以上，以对 5 倍稀释健康马血清感作标本染色不出现非特异荧光为合格。

2. 血清标本　传染性贫血马、骡血清标本。也可取类症病马血清（锥虫、钩端螺旋体、鼻疽及乙脑病马血清，梨形虫、恶性肿瘤骡血清等）做对照。

3. 感染马传染性贫血病毒驴胎传代细胞涂片（抗原底物片）**的制作**　按常规病毒培养方法收获带毒细胞，弃维持液并以 pH7.2 PBS 洗 3 次，最后一次弃 PBS 液，加适量 0.25%胰蛋白酶液，于 37℃温箱消化 5～10min，弃胰酶液继续消化 20～30min，500～1 000r/min 离心 10min，弃上清液，用 10mL PBS 将细胞悬浮于 800mL 塑料培养瓶。

选择聚四氟乙烯包被的多孔载玻片，并将细胞悬液置于 2 孔中，风干后用丙酮固定。加标准阳性血清和第二抗体结合物。在 UV 显微镜下检查阳性和阴性细胞染色状况。加入未感染的细胞，和/或用 PBS 调整细胞浓度，使其在玻片上恰好形成单层细胞，其中阳性细胞在阴性细胞背景中能清晰地看到。将调整后阳性细胞的悬液和阴性对照悬液按要求加入多孔玻片，风干。丙酮固定 10min，漂洗，干燥，置二氧化硅胶封口的容器内，−70℃保存。

4. 步骤

（1）PBS 浸湿玻片 5min，蒸馏水漂洗，风干。

（2）将血清用 PBS 作 1∶20 稀释，染色背景过深的样品做较高倍稀释，得重新测试。即向每个样品的病毒阳性细胞孔和阴性细胞对照孔加稀释的血清样品。最好应对阳性对照进行滴定确定其终点，确认试验标准。

（3）置 37℃湿盒培养 30min。

（4）将孔中液体吸出，用 PBS 液冲洗玻片 2 次，每次 5min。

（5）在 PBS 中搅拌洗涤 1h，风干玻片。

（6）加上预先稀释的兔抗马 IgG－FITC 结合物。

（7）37℃培养 20min，吸干玻片，用 PBS 冲洗 2 次，每次 10min。

（8）应用 $1/10^4$ 伊文思蓝（Evans blue）复染 30s，PBS 洗涤 2min，蒸馏水浸湿，干燥后置于 PBS/甘油液中（50/50）。

（9）应用荧光显微镜检查，阳性者细胞内可见有明亮鲜绿色特异荧光。

（三）滤纸片标本间接荧光抗体试验

本方法适用于现场检疫，疫点净化等。用感染马传染性贫血病毒驴胎传代细胞涂片制成抗原底物片，将被检马静脉血浸渍于滤纸片一端，放阴凉处风干，送检。将被检标本按规定大小剪下，浸于定量 PBS 溶液中，使血清溶下后取出滤纸片，加入抗原底物片，轻振荡水浴 30min，取出底物片充分水洗，再用兔抗马 IgG 荧光抗体染色，封裱，镜检。凡与阴性对照有明显差异，在细胞质内有亮绿色特异荧光者为阳性。

（四）免疫酶斑点法

用生物工程杂交瘤技术，研制出马传贫疫苗抗原株系特异的酶联单克隆抗体试剂，以斑点试验与免疫扩散试验相结合的方法，用于马传染性贫血病与疫苗注射马血清抗体鉴别。此方法特异性好、灵敏、快捷，方法简便易行。目前已在进出口马匹马传贫检疫中广泛应用（已有商品化试剂盒出售）。

[分子生物学诊断]

（一）反转录套式聚合酶链反应（RT－nPCR）

当处于 EIAV 感染早期或者免疫应答反应不够强烈时，应用血清学方法诊断 EIA 容易造成假阴性。Langemeier（1996）等建立了用于检测 EIAV *gag* 基因的 RT－nPCR。对小马进行人工感染后应用传统病毒分离、琼脂扩散实验和 RT－nPCR 进行诊断，结果攻毒后 3d 就可以用 RT－nPCR 检测到 EIAV *gag* 基因，9～13d 才可以分离到病毒，20～23d 用琼脂扩散实验才可以检测到抗体，可见 RT－nPCR 适合于 EIA 的早期诊断。现将方法介绍如下：

1. 引物　主要根据 EIAV *gag* 基因组设计，参照基因的 GenBank 登录号 M16575、K03334、M11337 和 M14855，引物序列见表 13－29。

表 13-29　EIAV RT-nPCR 检测引物

引物		EIAV *gag* 位置	序列（5′-3′）	产物（bp）
p26-1	p15	758～779	GGCATCATTCCAGCTCCTAAGA	853
p26-2	p11	1589～1611	ATGTTTGTGCTGCCTTTAGTGG	
p26-11	p26	1023～1043	CAGGCAGGACAAAAGCAGATA	262
p26-22	p26	1262～1285	GCTTTAGGTTTTCCAATCATCAC	

2. 样本处理　通过静脉采集枸橼酸钠抗凝血，立即放在冰上，在 1h 内处理。400×*g* 离心 10min，收集血浆，立即放入－70℃，备用。2mL 血浆置于 2.2mL，10℃ 14 000×*g* 条件下离心 30min，弃上清，沉淀用于 RNA 的提取。

3. RNA 提取及 cDNA　可参照波纳病。

4. nPCR 反应

（1）外层引物 PCR 扩增条件　80μL 体系：20μL cDNA 作为模板，1.5mmol/L $MgCl_2$，50mmol/L KCl，10mmol/L Tris-HCl（pH 8.3），1mmol/L dNTPs，引物p26-1 和 p26-2 各 0.75mmol/L，2.5U Taq DNA 聚合酶。最后加入少量矿物油。

循环条件：先进行 5 个循环，94℃ 30s，50℃ 30s，72℃ 30s，然后进行 25 个循环，94℃ 30s，45℃ 30s，72℃ 30s，最后 72℃延伸 7min，4℃保持。

（2）nPCR 扩增条件　100μL 体系：外层引物 PCR 扩增产物 5μL 作为模板，1.5 mmol/L $MgCl_2$，50mmol/L KCl，10mmol/L Tris-HCl（pH 8.3），1 mmol/L dNTPs，引物 p26-11 和 p26-22 各 0.75mmol/L，2.5U Taq DNA 聚合酶。最后加入少量矿物油。

循环条件与第一次 PCR 扩增条件相同。

5. 结果判定　PCR 扩增产物进行 0.8%琼脂糖凝胶电泳分析，阳性样本第一次 PCR 扩增时能够得到 853 bp 的特异性 DNA 片段，第二次 PCR 扩增时能够得到 262 bp 的特异性 DNA 片段。

（二）实时定量聚合酶链式反应（RT-PCR）

梁华等（2005）建立了实时定量 PCR 检测血浆 EIAV 载量的方法。该 PCR 反应在 10^1～10^9 copies/mL 具有良好的线性关系，反应的检出下限为 10 copies/mL。而且将本试验所用引物和探针序列与国内 4 个毒（LN40、D510、FDD 和 DLV）的序列比较，同源性为 100%。与国外毒株 wyoming 株、EIAVuk 株、pSPEI2 AV19 和 EIAVWSU5 比较，探针的同源性为 80%，上引物的同源性为 71.4%，下游引物的同源性为 1%，因此作者认为本试验中设计的引物和探针可特异地用于我国 EIAV 毒株的检测分析。现将该方法介绍如下：

1. 引物和 Taqman 探针的设计　以强毒株 LN40 序列为标准，引物和 Taqman 探针设计在 gag 基因上，见表 13-30。

表 13 - 30　EIAV Taqman RT - PCR 引物和探针

引物	基因	序列（5′- 3′）	引物（bp）
RT1	*gag*	CAGATTGCTGTCTCAGATAAA	66
RT2	*gag*	GTGTCTGTCAGGAATTTAGTT	
Taqman 探针	*gag*	TCAGCCGGATGTCCCTCACT	

2. RNA 的提取　按照 Qiagen 公司 viral RNAminikit 说明书提取：加入 140μL 血浆，最后以 60μL AVE 缓冲液洗脱得到 RNA，于－80℃保存备用。

3. 实时定量 PCR　检测用 QuantiTectTM probe RT - PCR kit（Qiagen）在 ABI Prism 7700（Perkin2Elmer）仪器上进行。标准品和待测样品均设置 3 个复孔进行检测，取其均值。

反应体系为：2 ×RT - PCR master mix 25μL，上下游引物各 0. 4μmol/mL，Taqman 探针 0. 2μmol/mL，RT mix 0. 5μL，RNA 样品和标准品 10μL，加 nuclease-free water 补到 50μL。

反应条件为 50℃ 30min，95℃ 15min，然后 95℃ 15s，60℃ 60 s，共 40 个循环。检测到的荧光信号用 Sequence Detection Soft-ware Version 1. 9. 1（Perkin-Elmer）进行分析。

4. 反应的敏感性和定量范围　将 EIAV gag RNA 转录产物 10 倍梯度稀释作为标准品来检测定量范围。在 10^1～10^9 copies/mL 范围内标准曲线呈现良好的线性关系（ R2 = 0. 999 5），检测下限为 10 copies/mL。

九、马传染性支气管炎

马传染性支气管炎（equine contagious bronchitis）又名马传染性咳嗽，是由病毒引起马的一种以咳嗽为特征的传染性极强、传播迅速的传染病。病的特征是呈现结膜炎、咳嗽和支气管炎。世界各地均有发生，我国已多次报道本病。

[实验室诊断]

目前，该病没有标准的实验室诊断方法，主要根据本病呈暴发流行、传染性猛烈、传播迅速、发病率高，结合患马表现阵发性咳嗽和全身症状轻微等特点即可确诊。结合 X 线检查，肺部有较粗的肺纹理的支气管阴影，但无炎症病灶。

第四节　猪的传染病

一、猪瘟

猪瘟（swine classic fever）是一种急性、热性和高度接触传染的病毒性传染病。猪瘟在世界养猪国家有不同程度流行，猪瘟的实验室诊断包括病毒分离、荧光抗体检测和检查特异性抗体等。

[病原学诊断]

(一)病毒分离

1. 取1～2g待检病料(扁桃体、淋巴结、脾)放入灭菌研钵中,剪刀剪碎,加入少量无菌生理盐水,将其研磨匀浆,再加入Hank's平衡盐溶液或细胞培养液,制成20%(w/v)组织悬液。

2. 按1/10的比例加入抗生素浓缩液(青霉素10 000U/mL、链霉素10 000U/mL),混匀后室温作用1h后1 000r/min离心15min,取上清液备用。

3. 用胰酶消化处于对数生长期的PK-15细胞单层,将所得细胞悬液以1 000r/min离心10min,再用一定量EMEM生长液(5%胎牛血清[无BVDV抗体,56℃灭活30min]、0.3%谷氨酰胺、青霉素100U/mL、链霉素100U/mL)悬浮,使细胞浓度为2×10^6/mL。

4. 9份细胞悬液与1份上清液混合,接种到放置了盖玻片的细胞培养板中(6孔板),同时设细胞悬液作阴性对照;另设接种猪瘟病毒作阳性对照。

5. 经培养24、48、72h,分别取组织上清培养物及阴性对照培养物、阳性对照培养物,取出细胞玻片,以磷酸缓冲盐水(PBS液,pH7.2,0.01mol/L)或生理盐水洗涤2次,每次5min,用冷丙酮(分析纯)固定10min,晾干,采用猪瘟病毒荧光抗体染色法进行检测。

6. 根据细胞玻片猪瘟荧光抗体染色强度,判定病毒在细胞中的增殖情况,若荧光较弱或为阴性,应按步骤4将组织上清细胞培养物进行病毒盲传。

(二)猪体回归感染试验

将病猪的淋巴结和脾脏,磨碎后用生理盐水作1∶10稀释,对3只健康的猪经肌内注射途径接种,每种病料接种2头,2.0mL/头,对照2头。每日检测体温2次,观察1周;2周后扑杀,观察病理变化。

(三)兔体交互免疫试验

1. 试验原理　猪瘟强毒不引起家兔产生发热反应,但能使其产生免疫力;猪瘟兔化弱毒能使家兔产生定型热反应,但对强毒免疫后产生免疫力的家兔不引起发热反应。

2. 试验动物　1.5～2kg、体温波动不大的大耳白兔,并在试验前1d测基础体温。

3. 试验操作方法　将病猪的淋巴结和脾脏,磨碎后用生理盐水作1∶10稀释,对3只健康家兔作肌内注射,5mL/只,另设3只注射生理盐水作为对照兔,间隔5d对所有家兔静脉注射1∶20的猪瘟兔化病毒(淋巴脾脏毒),1mL/只,24h后,每隔6h测体温1次,连续测96h,对照组2/3出现定型热或轻型热,试验成立。

4. 结果与分析　注射生理盐水的对照组家兔在静脉注射兔化弱毒后发生定型热反应,说明试验成立,可以对结果进行分析。试验组家兔接种病料后不发热,兔化弱毒静脉注射后也不发热,说明感染的是猪瘟;试验组家兔接种病料后不发热,兔化弱毒静脉注射后发热,说明感染的不是猪瘟。试验组家兔接种病料后发热,兔化弱毒静脉注射后也不发热,说明感染的是猪瘟弱毒；试验组家兔接种病料后发热，兔化弱毒静脉注射后发热，说明是由其他致热原引起的发热。具体见表 13-31。

表 13-31 猪瘟兔体交互免疫试验结果分析

	接种病料后有/无发热	接种猪瘟兔化弱毒后有/无发热	结果
发热	无	无	猪瘟
	无	有	非猪瘟
	有	无	弱毒
	有	有	其他致热原

（四）免疫荧光检测病原

免疫荧光检测有直接法和间接法，直接法是指将猪瘟的特异性抗体用荧光染料异硫氰酸荧光素（FITC）标记，与可能含有待检抗原的组织标本相互作用，从而对抗原做出检测；而间接法是指用 FITC 标记猪的二抗，再与组织标本相互作用，对抗原进行检测。

1. 切取病变的扁桃体、脾、肾和回肠组织 1cm×1cm×0.5cm，用冷凝剂或蒸馏水冷冻包埋。在冷冻器中冻结组织块。

2. 将组织块切为 4～8μm 厚的切片并置于 10mm×32mm 无脂的盖玻片（待切片的组织块先切除右上角作为标记）。

3. 待组织切片干后，加冰乙酸在室温固定 10min 或者直接于 37℃固定 20min。

4. 将固定的切片浸入 PBS 并迅速拿出，用吸水纸吸取多余的水分，置于有一定湿度的温箱中。

5. 加猪瘟的抗血清到切片上于 37℃作用 30min；如果需要加荧光标记的二抗，于室温用 PBS 洗剂切片 5 次（2min/次），再加荧光标记的二抗。

6. 用 PBS 洗剂切片 5 次（2min/次）。

7. 用吸水纸吸取盖玻片上多余的 PBS，切片朝下将盖玻片置于载玻片上。

8. 移去多余的液体并用荧光显微镜观察，阳性切片中出现明亮的发荧光的细胞。

（五）RT-PCR 检测病原

1. 引物的设计 参考已发表的猪瘟病毒（HCV）Alfort 株的基因序列，设计合成一对引物，扩增大小为 507bp，引物序列如下：

XZ98：5′-GCTCCTGGTTGGTAACCTCGG-3′；

XZ99：5′-TGATGCTGTCACACAGGTGAA-3′。

2. 病毒 RNA 的提取 按照 Trizol kit 说明书提取 AIVRNA，用 DEPC 处理的水溶解。

3. cDNA 的合成 采用 20μL 的反应体系，于 PCR 反应管中一次加入下列试剂：4μL 25 mmol/L $MgCl_2$，2μL 10×PCR 缓冲液，2μL 10 mmol/L dNTP，1μL 20U/μL RNA 抑制剂，1μL 50 pmol/μL 随机引物，1μL 5U /Ml Mulv 反转录酶，待检 RNA 模板 2.5 μL，用无 RNA 水加至总体积为 20μL。瞬时离心，置 PCR 仪上，42℃ 60min，99℃ 变性 5min，4℃ 冷却 5min，cDNA 合成结束。

4. PCR 扩增 采用 100μL 反应体系，在 20μL cDNA 产物管中加入 6μL 25mmol/L $MgCl_2$，8μL 10×PCR 缓冲液，100 pmol/L 的引物 XZ98 和 XZ99 个 1μL，0.5μL 5U/μL Taq DNA 聚合酶，用无菌水加至总体积为 100 μL。置 PCR 仪上，首先 94℃变性 5min；然后 94℃ 变性 1min，60℃退火 1min，72℃延伸 1min，循环 35 次；最后 72℃延伸 10min，于 4℃结束反应。

5. PCR 产物的检测 用凝胶电泳的方法，取 15μL RT－PCR 产物加入 5μL 加样缓冲液，以 80V 电压电泳，经 EB 染色后将凝胶置紫外检测仪上观察分析并记录结果。

[血清学诊断]

目前用于检测猪瘟抗体的方法主要是间接血凝。

猪场进行猪瘟免疫后，间接血凝检测母源抗体的效价一般为 1∶512，其产下的仔猪在一周内的抗体滴度为 1∶256 或 1∶128 应是正常的，如果仔猪抗体高于母源抗体或抗体水平过低或抗体滴度不整齐，离散度很大就很有可能是感染了猪瘟野毒。对免疫后的育肥猪，当抗体水平过低（小于 1∶16）或过高（大于 1∶512），也有可能是感染了猪瘟野毒。具体检测方法如下：

1. 微量板放置 将微量板横向放置，垂直方向称列，如孔 A1～H1 称为第一列；平行方向称行，如 A1－A12 称 A 行。

2. 稀释待检血清 在血凝板上每行的第 1～10 孔各加稀释液 50μL 后，在第 1 孔加待检血清 50μL，混匀后从中取出 50μL 加入第 2 孔，依此类推直至第 10 孔丢弃 50μL。从第 1 孔至第 10 孔的血清稀释度依次为 1∶2、1∶4、1∶8、1∶16、1∶32、1∶64、1∶128、1∶256、1∶512、1∶1024。

3. 稀释阳性血清 在血凝板的 H 行第 1 孔加稀释液 70μL，第 2～8 孔各加稀释液 50μL。吸取阳性血清 10μL，加入第 1 孔混匀并从中取出 50μL 加入第 2 孔，直到第 7 孔混匀并丢弃 50μL。该孔的阳性血清稀释度则为 1∶512。该行即为阳性血清对照孔。

4. 稀释阴性血清 在血凝板上 H 行的第 9、10 孔加稀释液 60μL，取阴性血清 20μL 混匀后取出 30μL 丢弃，此孔即为阴性血清对照孔。

5. 稀释液对照孔 在血凝板上的第 H 行的第 11、12 孔加稀释液 50μL 即为稀释液对照孔。

6. 加致敏红细胞 加病毒致敏的红细胞 50μL，置微量振荡器上振荡或用手摇匀，室温下静置 1h 观察结果。

7. 判定方法和标准 先观察阴性血清和稀释液对照孔，红细胞应全部沉入孔底，无凝集现象（－）为合格；阳性血清对照应呈（＋＋＋）凝集为合格。

在以上 3 孔对照合格的情况下，观察待检血清各孔的凝集程度，以呈“＋＋”凝集的待检血清最大稀释度为血凝效价（血凝价）。血清的血凝价达到 1∶16 为免疫合格。

附 血凝价判定标准

一层红细胞均匀铺在孔底者为＋＋＋＋；

基本同上，但边缘不整齐，有下垂趋向者为＋＋＋；

红细胞在孔底形成一个环状，四周有小凝集块者为＋＋；

红细胞在孔底形成一个小团，但边缘不光滑，四周有小凝集块者为＋；

红细胞在孔底形成一个小团，边缘光滑，整齐者为－。

二、非洲猪瘟

非洲猪瘟（african swine fever）是由非洲猪瘟病毒引起猪的一种急性、高致死性传染病，其症状和病变与猪瘟很难区分，所以实验室诊断方法尤为重要。红细胞吸附试验和荧光抗体检测是使用较多的方法，由于非洲猪瘟不能进行疫苗免疫，所以其抗体检测如间接免疫荧光、酶联免疫吸附试验等对疾病的诊断也具有重要意义。

［病原学诊断］

（一）红细胞吸附试验

猪的红细胞能够吸附在感染了非洲猪瘟的猪单核和巨噬细胞的表面，通过这一现象可以对非洲猪瘟做出确诊，偶尔会发现有不能使红细胞发生吸附的无毒株。可以用感染猪的血液或组织悬液接种原代猪的单核或猪肺泡巨噬细胞制备吸附用细胞，或者分离从实验室感染或田间感染猪的白细胞。

1. 收集猪的抗凝血（去纤维抗凝或加入抗凝剂肝素）。

2. 400 *g* 离心 30min 收集单核和巨噬细胞，加入 3 倍体积 0.83%的氯化铵到白细胞，混合并在室温作用 15min。650 *g* 离心 15min 并轻轻地移去上清，用培养基或 PBS 洗涤沉淀。

3. 用含有 10%～30%猪血清的培养基重悬细胞至 10^6～10^7 细胞/mL。为了防止非特异性吸附，培养基中应该包含来自同一动物的血清或血浆。

4. 将细胞悬液分装在试管（1.5mL/管）中并倾斜置于 37℃ 水浴，或者加在 96 -孔板中（200μL/孔）37℃ 培养。

注意：2～4d 的培养物最敏感。

5. 将准备的样品接种 3 个试管或孔（0.2mL/管或 0.02mL/孔），建议接种 1/10 和 1/100 稀释的样品到细胞培养物中。

6. 接种红细胞吸附病毒的阳性对照，同时留出未接种的作为阴性对照。

7. 3d 后，加新鲜制备的 1%猪红细胞悬液到试管或孔中（0.2mL/管或 0.02mL /孔）。

8. 每天观察细胞培养物，连续观察 7～10d，观察细胞病变和红细胞吸附现象。

9. 结果观察：在病毒感染的细胞表面会出现大量的红细胞吸附，细胞病变典型的细胞表面吸附的红细胞较少。

（二）PCR 检测

从非洲猪瘟病毒基因组中保守区域选择引物，可以对大量的病毒做出检测，包括不能发生红细胞凝集和低毒力的毒株。取病变组织样品，使用 High Pure PCR Template Preparation Kit（Roche Diagnostics）或其他DNA提取试剂盒提取组织或接种细胞中的DNA，可直接作为PCR的模板。PCR引物5′-ATGGATACCGAGGGAATAGC-3′（P1）；5′-CTTACCGATGAAAATGATAC-3′（P2）。PCR反应体系如下，待PCR反应完成后，进行琼脂糖凝胶电泳检测。检测试剂用量见13-32。

表13-32　非洲猪瘟PCR检测试剂用量

ddH_2O	20.75μL
5×PCR buffer	5μL
$MgCl_2$（25mmol/L）	4μL
1.25mmol/L dNTPs	8μL
P1（20μmol）	1μL
P2（20μmol）	1μL
TaqE（5U/μL）	0.25μL
模板	10μL
总计	50μL

［血清学诊断］

（一）荧光抗体检测

荧光抗体检测用来检测可以发病猪或者实验室感染猪的组织，阳性结果和临床症状与病变可以对非洲猪瘟做出初步诊断，进而可进行红细胞吸附试验进行确诊。

1. 涂布被检组织或者接种的单核巨噬细胞于玻片上，在空气中干燥并用丙酮在室温固定10min。

2. 用异硫氰酸荧光素标记的抗非洲猪瘟的抗体对固定的样本染色，在37℃加湿的温箱中作用1h。

3. 用相同的方法固定和染色阴阳性对照。

4. 将玻片浸入洁净的PBS洗涤4次，在样品上加一滴PBS/甘油，在荧光显微镜下观察。

5. 结果观察：在组织或单核巨噬细胞的胞浆中观察到特异性的荧光颗粒即为阳性。

（二）间接免疫荧光检测

非洲猪瘟目前没有疫苗可以使用，通过抗体检测可以对该病做出诊断。在玻片上固定感染的细胞，与待检血清相互作用，再加荧光标记的二抗，通过荧光显微镜观察荧光的有无进行诊断。

1. 制备非洲猪瘟感染的猪肾细胞（5 $\times 10^5$ cells/mL），涂一滴细胞悬液于玻片上并用丙酮在室温固定10min。

2. 血清于 56°C 灭活 30min。

3. 加稀释后的被检血清、阴阳性血清于固定的玻片上（感染和非感染的固定细胞），在 37°C 加湿的温箱中作用 1h。

4. 将玻片依次浸入 PBS 和去离子水中洗涤，连续洗涤 4 次。

5. 用异硫氰酸荧光素标记的抗非洲猪瘟的抗体对固定的样本染色，在 37°C 加湿的温箱中作用 1h。

6. 将玻片依次浸入 PBS 和去离子水中洗涤，连续洗涤 4 次，在样品上加一滴 PBS/甘油，在荧光显微镜下观察。

7. 结果观察：阳性血清在感染的细胞上应该出现阳性结果，其余对照都应该是阴性，此时被检血清出现荧光才可判为阳性。

三、猪传染性胃肠炎

猪传染性胃肠炎（transmissible gastroenteritis，TGE）是由猪传染性胃肠炎病毒（Transmissible Gastroenteritis virus，TGEV）引起的猪的一种高度接触性急性胃肠道传染病，以严重腹泻、呕吐、脱水和 2 周龄以内仔猪高死亡率为特征。目前诊断 TGEV 抗原的方法主要有 RT－PCR、病原的分离鉴定、免疫荧光法、间接双抗夹心 ELISA、实时荧光定量 RT－PCR 方法等；检测 TGEV 抗体的方法主要有竞争 ELISA 方法。

［RT－PCR 方法］

原理：提取待检样品的 RNA 模板，利用反转录酶合成 cDNA 后，特异性扩增 TGEV 的高度保守基因 N 基因，根据扩增目的基因片段判定结果。

操作步骤与方法：

1. 用无菌棉签采集患病动物的新鲜粪便，用生理盐水或 PBS 稀释 5～10 倍，涡旋搅拌均匀，3 000r/min 离心 10min 取上清作待检样品备用。

2. 处理后的上清利用 Trizol 法提取总 RNA，沉淀 RNA 用 20～50μL 无 RNAase 水溶解。

3. 利用逆转录酶和 Oliga dT 引物合成 cDNA。

4. 特异性引物（P1：5′－AGGAACGTGACCTYAAAGACATCCC－3′；P2：5′－CCAGGATAAGCCGGTCTAACATTG－3′）进行 PCR 扩增反应。反应体系为 25μL，具体如下：cDNA2.5μL，10×PCR Buffer 2.5μL，2mmol/L dNTPs 1μL，上下游引物各 0.5μL，Taq DNA 聚合酶 2U，补充双蒸水（ddH_2O）至总体积 25μL。PCR 反应条件为：94℃预变性 3min 后进入循环，94℃变性 1min，50℃退火 1min，72℃延伸 1min，共 30 个循环，最后 72℃延伸 10min。

5. 琼脂糖凝胶电泳检测 PCR 产物。若能扩增出大小约 540bp 的目的条带，而阴性对照不能扩增出任何条带，则判定样品阳性。

[病毒的分离]

1. 用无菌棉签采集患病动物的新鲜粪便或肠道内容物，用生理盐水稀释 5～10 倍，涡旋搅拌均匀，3 000r/min 离心 10min 取上清，将上清用 0.45μm 滤膜过滤后作待检样品。

2. 将处理好的粪便或肠道内容物接种长满单层的原代猪肾细胞、甲状腺细胞或 ST 传代细胞。

3. 初次接种的细胞连续盲传 2～3 代至出现明显的细胞病变（CPE），在 ST 或猪甲状腺细胞上出现膨胀的圆形或长形外观如气球状的 CPE 时收获病毒。为提高病毒的分离率，在细胞培养液中添加终浓度 30μg/mL 的胰酶可进一步提高 ST 细胞的敏感性。

[免疫荧光法]

原理：采集患病猪的空肠、十二指肠黏膜涂片，或采取空肠、十二指肠和扁桃体制备成冷冻切片，应用特异性的 TGEV 多克隆抗体或单克隆抗体进行直接免疫荧光或间接免疫荧光检测猪传染性胃肠炎病毒抗原。

操作步骤和方法：

1. 采集病死猪或捕杀猪的空肠、十二指肠黏膜，并制成涂片。或者采集病死猪或捕杀猪的空肠、十二指肠或活体扁桃体组织制备成冰冻切片。

2. 将制备好的冰冻切片放置室温平衡 15min 后，用组化油笔圈出待染组织，置 PBS 中再浸泡 10min。

3. 用含 10%山羊血清的 PBS 封闭切片，室温 1h。

4. 加入用封闭液稀释 1∶1 000 的抗 TGEV 单克隆抗体，4℃避光孵育 8～12h。

5. PBS 洗 3 次，每次 10min，加入用封闭液稀释 100 倍的 FITC 标记的羊抗鼠二抗，室温反应 1h。

6. PBS 洗 3 次，每次 10min，甘油封片，荧光显微镜下观察结果并拍照（整个实验过程中勿使切片表面干燥）。

[双抗夹心 ELISA 检测抗原]

原理：以纯化的抗 TGEV 单克隆抗体（Ab1）包被酶标板，加入待检样品后，再加入兔抗 TGEV 的抗体（Ab2），感作后加入羊抗兔酶标抗体，显色判断结果。

操作步骤和方法：

1. 利用制备好并纯化的抗 TGEV 单克隆抗体（Ab1）作为抗原包被酶标板。4℃包被过夜。

2. 用无菌棉签采集患病动物的新鲜粪便，用生理盐水稀释 10 倍，涡旋搅拌均匀，3 000r/min 离心 10min 取上清作待检样品备用。

3. 以含 0.05%Tween－20 的 PBST 洗涤液洗涤包被好的酶标板 3 次，每孔加入 100μL 封闭液（含 0.5%脱脂乳的 PBST），37℃封闭 30min 至 1h。

4. 加入洗涤液洗板 3 次，加入处理好的待检样品，同时设置阳性对照、阴性对照和空白孔。每孔 100μL，37℃孵育 1h。

5. 每孔加入 200μL 洗涤液洗板 3 次，每次 3～5min 并拍打干净，再加入 1∶100 稀释的兔抗 TGEV 多克隆抗体（Ab2），每孔 100μL，37℃孵育 1h。

6. 加入洗涤液洗板 5 次，每次 3～5min 并拍打干净，再加入 1∶5 000 稀释的羊抗兔酶标抗体，每孔 100μL，37℃孵育 30min，再洗涤 3 次。

7. 加入新鲜配制的 TMB 底物液，每孔 100μL，室温避光显色 10～15min，最后加入 H_2SO_4 终止液 50μL/孔终止反应。使用酶标仪，以空白孔调零，测定每孔的 OD_{450nm}值。

8. 结果判定。检测孔 OD 值（S）/阴性对照 OD 值≥2.1 者为阳性；＜2.1 者为阴性。

［竞争 ELISA 检测抗体］

原理：将患病动物的抗体与特异性抗 TGEV 的酶标单抗同时与结合在固相载体上的 TGEV 感作，或者先将患病动物待检抗体与结合在固相载体上的 TGEV 感作后，再加入特异性抗 TGEV 的酶标单抗反应，最后加入酶标底物显色并判定结果。颜色越深表明待检样品中所含特异性抗体越少或阴性，颜色越浅表明待检样品为阳性，所含特异性抗体较多。

操作步骤和方法：

1. 将健康生长的 ST 细胞传代加入新的 96 孔细胞培养板中，37℃、5%CO_2 培养箱继续培养至长满单层。

2. 将 TGEV 病毒液稀释 500 倍接种长满单层的 ST 细胞。

3. 感染 16～24h 至 10%～20%的细胞出现细胞病变时，用 PBS（pH7.2）漂洗 2～3 次。

4. 加入预冷的丙酮，－20℃固定细胞 15min。

5. 吸弃固定的丙酮，室温平衡 3～5min，用含 0.05% Tween－20 的 PBS（PBST）洗涤 3 次。

6. 每孔加入 100μL 含 1%脱脂牛奶的 PBST 于室温封闭 1～2h。

7. PBST 洗涤 3 次，每次 3～5min。

8. 将用封闭液稀释 50 倍的患病动物的血清加入 96 孔细胞板中，每孔 100μL，同时设置阳性对照、阴性对照和空白对照，每个样品做 3 个重复，37℃感作 1h。

9. 吸弃感作后的血清，每孔加入 200μL 的 PBST 洗涤 3～5 次，每次 3～5min，加入用封闭液稀释 2 000 倍的抗 TGEV 的酶标抗体 100μL，37℃反应 30min 至 1h，或 4℃反应过夜。

10. 吸弃每孔中的反应液，每孔加入 200μL 的 PBST 洗涤 3～5 次，每次 3～5min，再加入酶标反应底物邻苯二胺，室温避光显色 15～20min，最后再加入 2mol/L H_2SO_4 终止液终止反应，用酶标仪读取每孔的吸光值（OD_{490nm}值），计算每份样品的阻断率并判定结果。阻断率（%）=［1－（待测样品 OD 值－空白孔 OD 值）/（阴性对照孔 OD 值－空白孔 OD 值）］×100%。若样品的阻断率≥50%，判为阳性，否则为阴性。

［实时荧光定量 RT－PCR 法（Real－time RT－PCR）］

原理：利用特异性针对 TGEV 的高度保守基因 ORF6 基因的引物（P1：5′－TGGGGAGATGAATCCAAAAC－3′；P2：5′－AGGGTTATGGGGTTGAAGAATGAA－3′）和 Taqman 探针（5′FAM－CGTGGTCGCTCCAATTCCCGTGGT－TAMRA3′）特异性扩增目的基因片段，根据扩增目的基因拷贝数标准曲线和检测到的样品的荧光信号判定结果。

操作步骤与方法：

1. 用无菌棉签采集患病动物的新鲜粪便，用生理盐水稀释 10 倍，涡旋搅拌均匀，3 000r/min 离心 10min 取上清作待检样品备用。
2. 处理后的上清利用 Trizol 法提取总 RNA，沉淀 RNA 用适量无 RNAase 水溶解。
3. 利用逆转录酶和 Oligao DT 引物合成 cDNA。
4. 将合成的 cDNA 与特异性引物和 Taqman 探针同时混匀后进行荧光定量 PCR 反应，同时设置相应基因的重组质粒作为阳性对照建立标准曲线，另设置阴性样品和空白对照。荧光定量 PCR 扩增体系为：上下游引物及 Taqman 探针（10μmol/L）各 0.5μL，cDNA 样品 2μL，Premix Ex Taq（2×）12.5μL，最后补充双蒸水至 25μL。每个样品做 3 个重复。反应扩增条件为：95℃ 1min；95℃ 15s，60℃ 30s；40 个循环。
5. 根据扩增目的基因拷贝数的标准曲线和检测到的样品的荧光信号判定结果。若样品为阳性，则扩增曲线较为平滑，呈现与标准阳性对照类似的 S 形曲线。

四、猪流行性腹泻

猪流行性腹泻（porcine epidemic diarrhea，PED）是由猪流行性腹泻病毒（porcine epidemic diarrhea virus，PEDV）引起的猪的一种高度接触性肠道传染病，各种年龄猪均易感，临床症状和病变与猪传染性胃肠炎极为相似。发病率高，死亡率低，哺乳仔猪、架子猪和育肥猪的发病率可达 100%，母猪的发病率为 15%～90%。目前诊断 PEDV 抗原的方法主要有 RT－PCR、病原的分离与鉴定、免疫荧光法、实时荧光定量 RT－PCR 方法等；检测 PEDV 抗体的方法主要有微量血清中和试验和间接 ELISA 方法。

［RT－PCR 方法］

原理：提取待检样品的 RNA 模板，反转录酶合成 cDNA 后，利用特异性引物（P1：5′－TATTTGTGGTYTTGGTYGTAATGC－3′；P2：5′－GGCTGTTTGGTAACTAATTTRCCA－3′）PCR 扩增 PEDV 的高度保守 N 基因，根据扩增目的基因片段的大小

判定结果。

操作步骤与方法：

1. 用无菌棉签采集患病动物的新鲜粪便，用生理盐水或 PBS 稀释 5～10 倍，涡旋搅拌均匀，3 000r/min 离心 10min 取上清作待检样品备用。

2. 处理后的上清利用 Trizol 法提取总 RNA，沉淀 RNA 用 20～50μL 无 RNAase 水溶解。

3. 利用逆转录酶和 Oligo dT 引物合成 cDNA。

4. PCR 特异性扩增 N 基因。反应体系总体积为 25μL，各反应介质为：cDNA2.5μL，10×PCR Buffer 2.5μL，2.5mmol/L dNTPs 2μL，上下游引物各 1μL，Taq 聚合酶 3U，补充双蒸水（ddH_2O）至 25μL。PCR 反应条件为：94℃预变性 3min 后进入循环，94℃变性 1min，45℃退火 1min，72℃延伸 1min，30 个循环，最后 72℃延伸 10min。

5. 琼脂糖凝胶电泳检测 PCR 产物。若样品扩增出约 890bp 的 DNA 条带，而阴性没有任何扩增条带，则判定为阳性。

[病毒分离与鉴定]

1. 用无菌棉签采集患病动物的新鲜粪便或肠道内容物，用生理盐水稀释 5～10 倍，涡旋搅拌均匀，3 000r/min 离心 10min 取上清，将上清用 0.45μm 滤膜过滤后作待检样品。

2. 将处理好的病毒分离物中加入 60μg/mL 胰酶，室温作用数分钟；长满单层的仔猪肾传代细胞（PK 细胞）在接种前也用含相同浓度胰酶的细胞维持液作用数分钟，倾去细胞维持液，接入经过处理的病毒分离物，37℃吸附 1h，弃去接种物，加入细胞维持液置 37℃培养，每天观察细胞病变。

3. 初次接种的细胞如若没有明显细胞病变，则连续盲传 2～3 代至出现明显的细胞病变。在 PK 细胞上出现明显的细胞界限模糊、细胞圆缩、崩解、拉网脱落的细胞病变时收获病毒。

4. 利用 RT-PCR 方法或免疫荧光法鉴定分离获得的病毒。

[实时荧光定量 RT-PCR 法]

原理：利用特异性探针对 PEDV 的高度保守的 N 基因的引物（P1：5′-AACAAATCCAGGGCCACT T-3′；P2：5′-TAAACTGGCGATCTGAGCA -3′）和 Taqman 探针（5′FAM-TCAAAGACATCCCAGA GTGGAGGAGAAT-TAMRA3′）特异性扩增目的基因片段，并根据扩增目的基因拷贝数标准曲线和检测到的荧光信号判定结果。

操作步骤与方法：

1. 用无菌棉签采集患病动物的新鲜粪便，用生理盐水稀释 10 倍，涡旋搅拌均匀，3 000r/min离心 10min 取上清作待检样品备用。

2. 处理后的上清利用 Trizol 法提取总 RNA，沉淀 RNA 用适量无 RNAase 水溶解。

3. 利用逆转录酶和 Oligo dT 引物合成 cDNA。

4. 将合成的 cDNA 与特异性引物、Taqman 探针以及 Ex Taq 聚合酶同时混匀后进行荧光定量 PCR 反应。扩增体系为：上下游引物及 Taqman 探针（10 μmol/L）各 0.5μL，cDNA 样品 2μL，Premix Ex Taq（2×）12.5μL，最后补充双蒸水至 25 μL。每个样品做 3 个重复。反应扩增条件为：50℃ 30min；95℃ 10s，60℃ 30s；40 个循环。

5. 根据扩增目的基因拷贝数的标准曲线和检测到的样品的荧光信号判定结果。若样品为阳性，则扩增曲线较为平滑，呈现与标准阳性对照类似的 S 形曲线。

［免疫荧光法］

原理：采集患病猪的空肠、十二指肠黏膜涂片，或采取空肠、十二指肠和扁桃体制备成冷冻切片，应用特异性的 PEDV 多克隆抗体或单克隆抗体进行直接免疫荧光或间接免疫荧光检测猪流行性腹泻病毒抗原。

操作步骤和方法：

1. 采集病死猪或捕杀猪的空肠、十二指肠黏膜，并制成涂片。或者采取病死猪或捕杀猪的空肠、十二指肠或活体扁桃体组织制备成冰冻切片。

2. 将制备好的冰冻切片放置室温平衡 15min 后，用组化油笔圈出待染组织，置 PBS 中再浸泡 10min。

3. 用含 10%山羊血清的 PBS 封闭切片，室温 1h。

4. 加入用封闭液 1∶500 稀释的抗 PEDV 单克隆抗体，4℃避光孵育 8～12h。

5. PBS 洗 3 次，每次 10min，加入用 1∶100 稀释的 FITC 标记的羊抗鼠二抗，室温反应 1h。

6. PBS 洗 3 次，每次 10min，甘油封片，荧光显微镜下观察结果并拍照（整个实验过程中勿使切片表面干燥）。

［微量血清中和试验］

原理：将患病动物的血清与 PEDV 感作 1h 后接种易感细胞 PK 细胞，如果含有特异性抗 PEDV 中和抗体存在，则能够保护 PK 细胞不发生细胞病变，反之则不能保护 PK 细胞发生细胞病变。

操作步骤和方法：

1. 采集患病动物的全血，并分离获得血清作为待检血清样品。

2. 利用 PK 细胞测定 PEDV 的半数组织培养物感染量（$TCID_{50}$）。

3. 将待检血清按 2 倍的倍比稀释方法与 100$TCID_{50}$ PEDV 混匀，加入 96 孔细胞培养板中，每孔 100μL，37℃感作 1h。每个稀释度做 4～8 个重复。同时设置 100$TCID_{50}$、10$TCID_{50}$、1$TCID_{50}$、0.1$TCID_{50}$病毒对照和细胞对照。

4. 加入消化好的 PK 细胞悬液，每孔 100μL，放置 37℃，5%CO_2 培养箱继续培养 2～3d，观察细胞病变结果，如果待检血清能够保护易感细胞不发生 CPE，则为阳性；反之则为阴性。

[间接 ELISA 方法]

原理：以 PEDV 全病毒粒子或特异性表达抗原 N 蛋白包被酶标板，加入待检样品感作后，加入酶标抗体，显色判断结果。

操作步骤与方法：

1. 利用纯化的 PEDV 全病毒粒子或特异性表达抗原（如 N 蛋白）包被酶标板。

2. 以含 0.05%Tween－20 的 PBST 洗涤液洗涤包被好的酶标板 3 次，每孔加入 100μL 封闭液（含 0.5%脱脂乳的 PBST），37℃封闭 30min 至 1h。

3. 加入洗涤液洗板 3 次，加入 1∶100 稀释的患病动物的待检血清，同时设置阳性对照、阴性对照和空白孔。每孔 100μL，37℃孵育 1h。

4. 每孔加入 200μL 洗涤液洗板 3 次，每次 3～5min 并拍打干净，再加入 1∶5 000 稀释的羊抗猪酶标抗体，每孔 100μL，37℃孵育 30min，再洗涤 3 次。

5. 加入四甲基联苯胺（TMB）底物液，每孔 100μL，室温避光显色 10～15min，最后加入 2mol/L H_2SO_4 终止液 50μL/孔终止反应。使用酶标仪，以空白孔调零，测定每孔的 OD_{450nm} 并判定结果。

五、猪水泡病

猪水泡病（swine vesicular disease）是由猪水泡病毒引起的一种急性传染病，该病流行性强，发病率高。临床症状与猪口蹄疫相似，主要以蹄部、口部、鼻端和腹部、乳头周围皮肤和黏膜等软组织发生水疱为特征，其自然宿主是猪，牛、羊等家畜不发病，猪不分性别、年龄、品种均可感染。猪水泡病病毒与口蹄疫病毒均属于小 RNA 病毒科，但猪水泡病病毒属于肠道病毒属，病毒粒子呈球形，大小 22～23nm，无囊膜，对 pH3.0～5.0 表现稳定。

病猪、潜伏期的猪和病愈带毒猪是其主要传染源。自然感染潜伏期一般为 2～5d，有的可能延长到 7～8d，甚至更长。临床症状分为典型、温和型和亚临床型。由于猪口蹄疫、猪水泡病、猪水疱性疹和水疱性口炎等四种疾病临床表现都是出现水疱，仅凭临床症状很难区分。下面介绍一下猪水泡病常见的实验室诊断方法。

[物学诊断]

虽然猪口蹄疫、猪水泡病、猪水疱性疹和水疱性口炎等四种病原所致的临床症状类似，但由于病原不同，对本动物和实验动物的致病性不一样，因此，实验室可以通过将病料接种实验动物加以区分。

将病料分别接种 1～3 日龄乳鼠和 7～9 日龄小鼠，如果两组小鼠均死亡，则为口蹄疫；如果仅 1～3 日龄乳鼠组死亡，则为猪水泡病。另外，口蹄疫对酸敏感，猪水泡病病毒在 pH3～5 的条件下稳定。病料经 pH3～5 的缓冲液处理后接种 1～3 日龄乳鼠，能致乳鼠死亡的是猪水泡病；不能则为口蹄疫。具体如表 13－33 所示。

表 13－33　猪水泡病生物学诊断结果分析

试验动物	接种途径	动物数量	猪水泡病	口蹄疫	水疱性口炎	猪水疱疹
猪	皮内（鼻和唇）或皮肤划痕	2	＋	＋	＋	＋
	静脉	2	＋	＋	＋	＋
	蹄冠或蹄叉	1	＋	＋	○	○
马	肌肉内	1	－	－	＋	－
	舌皮内	1	－	－	＋	
牛	肌肉内	1	－	＋	－	－
	舌皮内	1	－	＋	＋	－
绵羊	舌皮内	2	－	＋		－
豚鼠	趾部皮内	2	－	＋	＋	－
乳鼠（5 日龄以内）	腹腔内或皮下	10	＋	＋	＋	－
7～9 日龄小鼠	腹腔内或皮下	10	－	＋	＋	－
细胞培养			猪肾 PK15，猪睾丸、仓鼠肾以及鼠胚成纤维细胞	牛、猪、羊、乳兔肾细胞、地鼠肾传代细胞	牛、猪、仓鼠肾以及鸡胚成纤维细胞	猪胚肾细胞

注：＋代表阳性，－代表阴性，±代表可疑，○代表无数据。

［原学诊断］

由于猪水泡病与口蹄疫等疾病临床症状相似，因此，准确的诊断必需依赖实验室。目前，猪水泡病病原实验室诊断方法主要有病毒的分离、ELISA 和 RT－PCR 方法。通过 ELISA 和 RT－PCR 都可以检测猪水泡病病原或其基因组，与病毒的分离具有相同的诊断价值。但 ELISA 和 RT－PCR 方法较病毒分离快，适合筛选实验，但经典方法是病毒分离。

猪水泡病病原诊断最佳样品是水疱液或水疱皮，对于疑似亚临床感染病例，粪便也可选择为样本。粪便样本可以从感染的猪上或猪场地面上收集。粪便中的病毒量相对较少，不适合直接用 ELISA 和 RT－PCR 方法进行病原诊断或病毒分离，通常通过细胞扩增病毒，然后通过 ELISA 或 RT－PCR 将猪肠道病毒和猪水泡病病毒区分开来。

（一）样品的处理

病料：通过在研钵里加入少量组织培养基和抗生素使用研棒研磨制备悬液。加入培养基制成 10％的悬液，在 4℃条件下 10 000r/min 高速离心 20～30min，收集上清。

粪便处理：约 20g 的粪便用少量组织培养液或磷酸盐缓冲液重悬。悬液通过涡旋处理，在4℃条件下10 000r/min高速离心20～30min。收集上清，并通过0.45μm孔径过滤器过滤。

（二）病毒的分离

将经上述处理的上皮或粪便悬液接种到IBRS-2单层细胞或者其他敏感猪的细胞中，在适宜的器皿中培养。为了与猪口蹄疫进行区分，应在牛细胞系上进行平行传代。一般SVD病毒只在猪源细胞上生长，但有报道说该病毒在羔羊肾细胞中也能分离到。细胞培养基含有10%牛血清，以促进细胞生长，维持液含3%牛血清，所有的培养基中均需添加适量的抗生素。

每天观察细胞生长，如果观察到细胞病变，收集上清液，通过ELISA（或其他恰当的方法，如RT-PCR）进行病毒鉴定。无病变的细胞在48h或72h之后进行盲传，一般盲传3～4代，如果没有病变，则弃之。

（三）免疫学方法

间接夹心ELISA取代了补体结合反应进行猪水泡病病毒的诊断。该方法同样适用于口蹄疫的诊断。

1. 用兔抗SVD病毒的血清（捕获血清）包被ELISA板。

2. 将被检样品上清加入到酶标板中并孵育，同时设阴阳性对照以控制实验条件。

3. 加入豚鼠抗SVD病毒的检测血清，然后接着加入连接在辣根过氧化物酶标记的兔抗豚鼠的二抗。

注意：每步实验都要用洗涤液充分洗掉未结合的抗原。如果加入底物后发生显色反应则表明是阳性反应。强阳性可以通过肉眼判断，但是也可以通过酶标仪进行测量，吸光度大于或等于0.1表明是阳性。

另外，可以用合适的单克隆抗体来替代豚鼠和兔抗血清来包被ELISA板作为捕获抗体，或连接在过氧化物酶上作为示踪抗体。

（四）核酸检测方法

RT-PCR是一种有效地用于检测临床和亚临床样品的SVD病毒基因组的方法。

RT-PCR方法关键之一是RNA的提取，目前有很多试剂盒用于病毒RNA的提取，对于粪便中SVD病毒RNA提取，利用SVD病毒特异单克隆抗体的免疫捕获技术是很有效的。

1. 粪便中SVD病毒RNA提取：利用单抗5B7捕获病毒抗原，然后提取病毒RNA或使用合适的商业试剂盒进行RNA提取。

2. 利用提取的猪水泡病毒RNA进行反转录。混合物（20μL体系）包含4μL的5×AMV的缓冲液，2μL的10mmol/L dNTP混合物，1μL的随机引物pd（N）6（100pmol），0.3μL RNase抑制物，0.2μL AMV反转录酶，0.5μL BSA和12μL的DEPC水。在42℃作用60min，然后在95℃作用3min。

3. 将猪水泡病毒的基因组进行PCR扩增：20μL PCR扩增体系包括5μL cDNA，0.55μL 2mol/L KCl（终浓度为44mmol/L），2μL 10 mmol/L dNTP混合物，1μL（10pmol）pSVDV-SA_2下游引物（5′-TCACGTTTGTCCAGGTTACC-3′），1μL（10pmol）pSVDV-SS_4上游引物（5′-TTCAGAATGATTGCATATGGGG-3′），

0.25μL Taq 和 15.2μL ddH_2O。

4. 将 PCR 管放置到 PCR 仪上，安下列程序设定：94℃ 3min；94℃ 20s，60℃ 20s，72℃ 30s，40 个循环；最后 72℃ 延伸 5s。

5. 从 20uL 体系中取出部分加入 4uL 的染色液，在 2%的琼脂糖中进行电泳检测，发现 154bp 的条带证明为阳性结果。

通过测序、比较分析 SVD 的核苷酸序列，有利于 SVD 病毒的遗传进化关系分析，对 SVD 分子流行病学研究具有重要的参考价值。

[血清学诊断]

SVD 血清学诊断是实验室中用于疾病监测和出口产品检测常用的方法，SVD 常用的血清学诊断方法有：病毒中和试验、双向免疫扩散试验、径向免疫试验、对流免疫试验和酶联免疫吸附试验。其中，病毒中和试验和酶联免疫吸附试验最为常用。病毒中和试验是公认的标准测试，但缺点是需要 2～3d 才能完成，并需使用活的 SVD 病毒等材料。ELISA 更快速，更容易标准化。5B7 竞争 ELISA（MAC 的 ELISA 法）是一种用于 SVD 的抗体检测较为可靠的技术。

（一）病毒中和试验（国际贸易规定检测方法）

实验通常用 IBRS－2 细胞（或其他合适的敏感细胞），血清在使用前需 56℃ 灭活 30min。培养基为含有适当浓度抗生素的完全 Eagle′s 培养基。

1. 血清从 1/4 稀释度开始，然后做连续 2 倍稀释，每份血清两行，同时设置弱阳性血清、阴性血清、细胞对照和病毒对照。

2. 每孔加入 50μL 含有 100 个 $TCID_{50}$ 或 50%组织培养感染剂量的病毒悬液，细胞对照和病毒对照加 50μL 病毒稀释液。置于 37 ℃ CO_2 培养箱作用 1h。

3. 每孔加入 10^6/mL 的细胞悬液（含 10%的胎牛血清和适量抗生素的生长液）。置于 37℃ 5% CO_2 培养箱孵育 2～3d。

4. 孵育 2～3d 后，可以见到细胞病变；通常在第 3 天进行固定和染色。用含有 0.05%亚甲基蓝的 10%福尔马林/生理盐水固定和染色反应 30min，吸出固定/染色液，然后用自来水轻轻冲洗。

5. 阳性孔细胞呈现蓝染，阴性则为白色的空斑。在对照试验成立下，抑制 50%病毒增殖的血清稀释度为滴定度。

6. 结果说明：病毒中和滴度大于或等于 1/11，结果为阴性。滴度在 1/32～1/16 为可疑，小于或等于 1/45 为阳性。然而，由于滴度取决于所使用的细胞系，因此，各个参考实验室应利用 OIE 提供的标准试剂建立自己的标准。

（二）酶联免疫吸附试验（ELISA）

SVD 血清学捕获 ELISA 基本过程是：首先，用包被有 SDV 单克隆抗体 5B7 酶标板捕获 SVD 抗原；然后，加入待检血清和 HRP 标记的 SVD 5B7 抗体，通过被检血清与抗原结合以抑制 HRP 标记的单抗和 SVD 抗原结合评价血清效价；最后，加入酶标底物显色并通过酶标仪读取数据。具体步骤如下：

1. ELISA 板用 pH9.6 的碳酸盐缓冲液包被 SVD 单克隆抗体 5B7，每孔 50μL，置于 4℃孵育过夜。

2. 用含有 0.05% Tween－20 缓冲液洗 ELISA 板 3 次，每孔加入 50μL 优化的猪水泡病病毒抗原（猪水泡病病毒生长于 IBRS－2 细胞中，澄清，过滤，灭活）。将酶标板置于 37℃孵育 1h。

3. 用含有 0.05% Tween－20 缓冲液洗 ELISA 板 3 次，加入 50μL 待测血清和对照血清（血清作 3 倍系列稀释，即加 10μL 血清到 65μL 稀释液中，然后取 25μL 加入到含有 50μL 稀释液孔中，混匀后弃 25μL），37℃孵育 1h。

4. 每孔加入 25μL HRP 标记的单克隆抗体 5B7，37℃作用 1h。

5. 经充分洗涤后，每孔加入 50μL 底物液。

6. 10min 后加入 50μL 2 mol/L H_2SO_4 以终止反应，在全自动定量酶标仪上读数。

7. 结果判定。在 1/7.5 的稀释度中，抑制率≥80%时，血清是阳性，在 1/7.5 的稀释度中，抑制率＜70%，说明是阴性。

六、猪繁殖与呼吸综合征

猪繁殖与呼吸综合征（porcine reproductive and respiratory syndrome，PRRS）是由猪繁殖与呼吸综合征病毒引起的猪的一种病毒性传染病，以母猪发热、厌食、早产、流产、死胎、弱仔等繁殖障碍及各种年龄猪的呼吸系统疾病和高死亡率为特征。

猪繁殖与呼吸综合征于 1987 年在美国首次发现，1991 年由荷兰学者 Wensvoort 分离到病毒。最初，由于不能确定该病的病因，曾将其称为“猪神秘病”、“猪不育和呼吸道综合征”、“流行性流产与呼吸道综合征”和“猪蓝耳病”等。1991 年，欧共体提出将该病统一命名为“猪繁殖与呼吸综合征（PRRS）”，1992 年得到国际兽疫局的认可，目前这一病名已为大多数国家所接受。

猪繁殖与呼吸综合征已遍及世界各养猪国家，我国自 1996 年首次报道以来，已广泛流行于各养猪场，并且近几年还出现了致病力更强的变异性猪繁殖与呼吸综合征病毒的流行。

[病原学诊断]

(一) 病料采集与处理

尽量无菌采集病死猪或病猪的肺脏、脑组织或发病猪的血液分离血清，对采集的肺脏和脑组织剪碎后加入 5～10 倍无菌的生理盐水（或 PBS 或细胞培养液如 DMEM、1640 等），将病料研磨匀浆，反复冻融 3 次后 2 000/min 离心 10min，取上清于－80℃冰箱保存备用。也可收集病死猪或病猪的肺脏制备肺泡巨噬细胞用于病毒的分离或病原的检测。

(二) 病毒分离培养

将处理好的病料上清经 0.22μm 滤膜过滤除菌后接种于已长成单层的原代猪肺泡巨噬

细胞（PAM）或 Marc-145 细胞，最好是同时接种两种细胞，于 37℃吸附 1～2h，吸弃接种物，加入适量的 DMEM 维持液，于 37℃继续培养 4～5d，观察细胞病变（CPE），无病变时可盲传 2 代。

若病料为从病死猪或发病猪肺脏制备的肺泡巨噬细胞，可以将其与正常猪的肺泡巨噬细胞共培养，培养 4～5d，观察细胞病变，无病变时可盲传 2 代。也可将获得的病猪肺泡巨噬细胞冻融 3 次后离心取上清，接种原代 PAM 或 Marc-145 细胞，培养 4～5d，观察细胞病变，无病变时可盲传 2 代。出现 CPE 后再用已知的特异性血清通过血清学试验进行鉴定，或通过 RT-PCR 扩增病毒的特异基因片段进行鉴定。

（三）RT-PCR 检测病原

取上述处理的病料上清或血清 200μL 至 1.5mL 离心管，每管加入 1mL RNA-SOLV® Reagent RNA Isolation Solvent，颠倒混匀，室温静置 5～10min。每管加入 200μL 氯仿，涡旋 15s，严格冰浴 10min，4℃ 12 000r/min 离心 10min。取 80%的上清转至新的 1.5mL 离心管，加入 500μL 异丙醇，混匀，室温静置 10min，室温 12 000r/min 离心 10min。弃上清，每管加入 1.2 mL 无水乙醇和 300μL DEPC 水，轻微涡旋，7 500r/min 离心 5min，弃上清，用枪头吸干残留水分，风干 5～10min，最后加入 20μL DEPC 水溶解。紫外分光光度计测定 A_{260} 及 A_{280} 值，确定样品 RNA 含量及纯度，－70℃保存备用。

1. RT-PCR 扩增 PRRSV ORF7 基因 由于 PRRSV ORF7 基因保守性较强，因此，常常通过检测 ORF7 基因来确定有无 PRRSV 感染。

引物序列为：

上游引物：5′-TAGGTGACTTAGAGGCACAGT-3′；

下游引物：5′-TAAATATGCCAAATAACAAC-3′。

扩增片段大小为 480bp。

ORF7 RT-PCR 反应体系见表 13-34。

表 13-34 PRRSV ORF7 RT-PCR 反应体系

成分	加样量
$MgCl_2$（25mmol/L）	10.0μL
10×RNA Buffer	5.0μL
dNTPs	5.0μL
RNase Inhibitor	1.0μL
AMV 反转录酶	1.0μL
AMV-optimized Taq	1.0μL
上游引物	1.0μL
下游引物	1.0μL
RNA 模板	适量体积（1μg）
RNase Free H_2O	适量至终体积 50.0μL

ORF7 RT-PCR 反应条件为：50.0℃反转录 30min，95.0℃预变性 5min 进入循环，

95.0℃变性1min，55.0℃退火1min，72.0℃延伸1min，35个循环，72.0℃延伸10min，4℃保存。取10μL PCR产物于0.8%琼脂糖凝胶中进行电泳，凝胶成像系统观察结果。

2. RT-PCR 扩增 PRRSV Nsp2 基因 2006年在中国出现的变异PRRSV与经典PRRSV的一个典型不同在于Nsp2基因出现了不连续的30个氨基酸缺失，设计位于缺失区域两端相对保守区的引物对PRRSV Nsp2基因进行扩增，PRRSV变异株和经典毒株预期扩增产物长度分别为418bp和508bp，从而可以区分经典的PRRSV与变异的PRRSV。

引物序列为：

上游引物：5′-TGGGCGACAATGTCCCTAAC-3′；

下游引物：5′-GCTGAGTATTTTGGGCGTGTG-3′。

Nsp2 RT-PCR反应体系与ORF7 RT-PCR反应体系相同。

Nsp2 RT-PCR反应条件为：50.0℃反转录30min，95.0℃预变性5min进入循环，95.0℃变性1min，57.0℃退火1min，72.0℃延伸1min，35个循环数，72.0℃延伸10min，4℃保存。取10μL PCR产物于0.8%琼脂糖凝胶中进行电泳，凝胶成像系统观察结果。

[血清学诊断]

(一) 血清中和试验

原理：抗体与相应的病毒粒子特异性地结合，使病毒的感染性丧失。

操作步骤：

1. 将测好 $TCID_{50}$ 的病毒液稀释成200 $TCID_{50}$ 的病毒悬液。

2. 在96孔细胞培养板中将待测血清（预先56℃灭活30min）作连续倍比稀释（具体方法是在96孔板中先加入50μL生长液，再加50μL待检血清，混匀后，吸50μL至下一孔，如此下去，一直到1：256），每个稀释度作4孔。

3. 在上述各孔内加入50μL稀释好的病毒液，混匀。

4. 同时设待检血清毒性对照，阴、阳性血清对照，病毒对照和正常细胞对照，其中病毒对照要作200个 $TCID_{50}$、20个 $TCID_{50}$、2个 $TCID_{50}$、0.2个 $TCID_{50}$ 4个不同浓度的对照。

5. 将96孔细胞培养板放入37℃ 5% CO_2 培养箱中作用45～60min。

6. 感作完成后每孔加入100μL Marc-145细胞悬液，继续置37℃ 5% CO_2 培养箱培养，逐日观察并记录结果，一般要观察5～6d。

7. 结果计算，按Reed-Muench法进行。

(二) 酶联免疫吸附试验（ELISA）

目前商品化的检测PRRSV抗体的ELISA试剂盒主要有IDEXX公司的全病毒ELISA试剂盒和法国的PRRSV蛋白ELISA试剂盒，具体操作按试剂盒说明书进行。

(三) 间接荧光抗体试验

1. 将Marc-145细胞培养于24孔培养板，待细胞长至70%～80%融合后，接种PRRSV，同时设不接毒的正常细胞对照，待细胞出现轻微病变后用-20℃预冷30min和

80%丙酮固定10min，然后用PBS洗涤三次，每次5min。

2. 加入待检的血清样品（1∶50稀释），同时做阳性（抗PRRSV高免血清1∶50稀释）和阴性（未免疫猪血清1∶50稀释）对照。37℃温育30min，PBS洗3次。

3. 加入异硫氰酸荧光素（fluorescein isocyanate，FITC）标记的羊抗猪IgG（sigma 1∶100），37℃温育30min，PBS洗3次，在荧光显微镜下观察。如空白和已知的阴、阳性对照孔的结果均成立时，记录各个待检测样品的检测结果。

（四）免疫过氧化物酶单层试验

将Marc-145细胞接种于96孔细胞培养板，待长成单层时，接种PRRS病毒于孔板的奇数列，偶数列设未接种病毒的细胞对照，置温箱继续培养，待细胞出现病变时用丙酮-PBS液固定，将待检猪血清按1∶2、1∶4、1∶8等比例稀释，以PRRSV标准阴、阳性血清作对照，每份稀释的血清分别加入1个接毒孔和1个细胞对照孔，置37℃湿盒孵育1h，PBS洗涤3次，加入稀释的辣根过氧化物酶—葡萄球菌A蛋白标记物（HRP-SPA），100μL每孔，置37℃湿盒孵育1h，PBS洗涤3次，加3-氨基-9-乙基咪唑（AEC）反应液显色，用光学显微镜观察判定结果。

七、猪细小病毒感染

猪细小病毒（Porcine parvovirus，PPV）感染主要引起猪的繁殖障碍，其特征是受感染母猪，特别是初产母猪发生流产、产死胎、畸形胎、木乃伊胎及病弱仔猪，母猪本身无明显症状。

[病原学诊断]

（一）病毒分离培养

病毒分离一般采用流产或死产胎儿的新鲜脏器，包括脑、肾、肝、肺、睾丸、胎盘及肠系膜淋巴结等，其中以肠系膜淋巴结和肝脏的分离率最高。将采集的病料组织剪碎后加5～10倍生理盐水（或PBS或培养基）匀浆，反复冻融3次，2 000r/min离心10min，取上清经0.2μm滤膜过滤除菌后取适量同步接种IBRS-2或PK-15细胞，37℃培养观察特征性细胞病变（CPE），无病变时可盲传2代。出现CPE后再用已知的特异性血清通过血清学试验进行鉴定，或通过PCR扩增病毒的特异基因片段进行鉴定。

（二）PCR检测病毒核酸

1. 病料的采集与处理

（1）病料的采集，同病毒分离培养。

（2）将病料组织剪碎，然后转入匀浆器中充分匀浆，用TEN缓冲液［Tris-Cl（pH7.5）6.055g，NaCl 5.844g，EDTA 3.722g，加水定容至1 000mL］按1∶5进行稀释。

（3）收集悬液于离心管内，−20℃反复冻融3次。

（4）取出，5 000r/min离心5min。

(5) 取 472.5μL 上清液于另一离心管中，加入 25μL 10%的 SDS（终浓度为 0.5%）和 2.5μL 20mg/mL 的蛋白酶 K（终浓度为 100μg/mL）混匀，50℃水浴过夜。

(6) 用等体积（500μL）的苯酚：异戊醇、苯酚：氯仿：异戊醇、氯仿：异戊醇各抽提一次。

(7) 吸取上清液加入 2 倍体积的无水乙醇、0.1 倍体积的 3mol/L NaAc，于−20℃沉淀 30min，10 000r/min 离心 10min。

(8) 沉淀用 70%乙醇洗一次，真空抽干，用 20μL ddH_2O 溶解。−20℃保存备用。

(9) DNA 模板用前水浴煮沸 5min，并迅速置冰浴上。

2. PCR 扩增 PPV VP2 基因

引物序列为：

上游引物：5′-TGGTCTCCTTCTGTGGTAGG-3′；

下游引物：5′-CAGAATCAGCAACCTCAC-3′。

扩增大小为 445bp。

PCR 反应体系：10× Buffer 5.0μL，$MgCl_2$ 终浓度为 3m mol/L，dNTPs 终浓度为（100±1）mol/L，Taq 酶 0.5U，引物终浓度（0.3±1）mol/L，模板［（3～5）±1］mol/L，最后用双蒸水补至（50±1）mol/L。

PCR 反应条件为 95℃变性 3min 后进入循环，循环参数为 94℃ 30s，58℃ 30s，72℃ 1min，30 个循环后，72℃延伸 10min。4℃保存。

取 10～20μL PCR 产物于 0.8%琼脂糖凝胶电泳，凝胶成像系统观察结果。

[血清学诊断]

（一）HA 和 HI 相关试剂

0.9%生理盐水：将 0.9g NaCl 溶于 100.0mL 蒸馏水中，高压蒸气灭菌后，室温保存备用。

阿氏（Alsever's）液：取 2.1g 葡萄糖，0.8g 枸橼酸钠，0.4g NaCl，溶解于 100mL 双蒸水中，用 10%枸橼酸调节 pH 至 6.1，过滤除菌或高压灭菌后，置 4℃保存备用。

1%豚鼠红细胞：无菌采集豚鼠全血至 4 倍体积的阿氏液中，混匀后 3 000r/min 离心 5min，弃上清。用生理盐水重悬红细胞后，3 000r/min 离心 3min，弃上清，如此重复 3 次，再用 100 倍体积的生理盐水重悬豚鼠红细胞，置 4℃保存备用，保存期不超过 7d。

25%白陶土悬液：取 25.0g 白陶土，用 100.0mL 1mol/L HCl 悬浮，3 000r/min 离心 5min，弃上清，如此洗涤 3 次，再用生理盐水洗涤 3 次，最后用 100.0mL 生理盐水悬浮，1mol/L NaOH 调 pH 至 7.2，4℃保存备用，保存期不超过 6 个月。

20%豚鼠红细胞：无菌采集豚鼠全血至 4 体积的阿氏液中，混匀后 3 000r/min 离心 5min，弃上清。用生理盐水重悬红细胞后，3 000r/min 离心 3min，弃上清，如此重复 3 次，再用 80 倍体积的生理盐水重悬豚鼠红细胞，适宜现配现用。

（二）红细胞凝集试验（HA）

在 V 型 96 孔反应板上，每孔加入 50μL 生理盐水，于第 1 孔中加入 50μL 待测 PPV

病毒液混匀后，吸 50μL 加到第 2 孔中，混匀后，再吸 50μL 加到第 3 孔中，依此类推，直到第 11 孔混匀后弃去 50μL，此时病毒液的稀释度为 1∶2～2 048，第 12 孔加 50μL 生理盐水作为红细胞悬液对照。然后每孔均加入 50μL 1%豚鼠红细胞悬液，振荡 15s 混匀后，置室温（25℃）2h 后观察结果。在红细胞悬液对照不发生凝集的条件下，即可进行试验组的结果判读：

＋＋＋：凝集的红细胞呈薄膜状均匀覆盖孔底，强烈凝集时则皱缩成团；

＋＋：　凝集的红细胞覆盖孔底，但中央有少量红细胞沉降成小圆点；

＋ ：　红细胞沉于孔底中央，但周围仍有散在的红细胞凝集；

－：　红细胞全部沉于孔底中央，周围无散在的红细胞凝集；

待检病毒液的血凝效价为可以完全凝集红细胞（＋＋＋）的最高稀释度。

（三）血凝抑制试验（HI）

待检血清的处理：取 100μL 待检血清，56℃水浴灭活 30min 后，加入 300μL 25%白陶土悬液，混匀后室温作用 30min，10 000r/min 离心 5min，吸取上清，加入 100μL 20%豚鼠红细胞泥，振荡混匀后 37℃作用 1h，6 000r/min 离心 5min，收集上清即为 1∶4 稀释后的血清样品。

操作步骤：在 V 型 96 孔血凝反应板中，每孔中加入 50μL 生理盐水，红细胞对照孔加 100μL 生理盐水，随后在第 1 孔中加入经处理的待检血清 50μL，混匀后取出 50μL 加到第 2 孔中，依此类推，直到第 10 孔，弃去 50μL，此时待检血清的稀释度分别为 1∶8，1∶16…1∶4096。除红细胞对照孔外，每孔再加入 4×血凝单位的 PPV 病毒液 50μL，此时第 11 孔即为病毒对照孔，振荡后 37℃作用 1h，然后每孔加入 50μL 1%豚鼠红细胞悬液，振荡混匀后置室温（25℃）作用 2h，观察试验结果。

结果判定：以能够完全抑制 4×血凝单位病毒抗原的血清最高稀释倍数作为被检血清的血凝抑制抗体效价，当抗体效价在 1∶16 以上时判为猪细小病毒血凝抑制抗体阳性。

八、猪圆环病毒感染

猪圆环病毒病（porcine circovirus infection）是由猪 2 型圆环病毒（Porcine circovirus type 2，PCV－2）感染引起的一系列疾病的总称。目前，由 PCV－2 导致的疾病主要包括：断奶仔猪多系统衰竭综合征（post-weaning multisystemic wasting syndrome，PMWS）、皮炎和肾病综合征（porcine dermatitis and nephropathy syndrome PDNS）、间质性肺炎、繁殖障碍等。

PCV－2 主要侵害机体的免疫系统，导致免疫抑制，临床病例多以混合感染的形式出现。同时，由于 PCV－2 感染并无特征性临床症状和病理变化，因此，该病的临床诊断比较困难，必须借助实验室检测手段才可以确诊。目前，实验室诊断方法可分为两类：一类是病原学方法；一类是血清学方法。病原学检测方法主要有病毒分离鉴定、PCR、间接免疫荧光、原位核酸杂交等，血清学检测方法主要有酶联免疫吸附实验（ELISA）、免疫过氧化物酶单层试验（IPMA）、间接免疫荧光等。

[病原学诊断方法]

(一) 病毒分离鉴定

取发病猪组织样品（一般取肿大的淋巴结、肺脏等），经研磨制成组织悬液，反复冻融 3 次后，4℃ 3 000 r/min 离心 20min，上清接种于无 PCV 污染的 PK-15 细胞。24h 后用 300mmol/L D-氨基葡萄糖作用细胞 30min，PBS 洗涤后继续培养，以提高病毒的增殖量。由于该病毒感染不引起明显的细胞病变（CPE），因此，在病毒接种后 3d，可以用免疫细胞化学法、间接免疫荧光法进行染色，以确定病毒是否在 PK-15 细胞中增殖。在细胞中大量增殖病毒后，收集病毒液，经蔗糖梯度超速离心、负染后，进行电镜观察（图 13-17）。PCV-2 病毒粒子为无囊膜的 20 面体对称结构，直径大小为 17 nm。

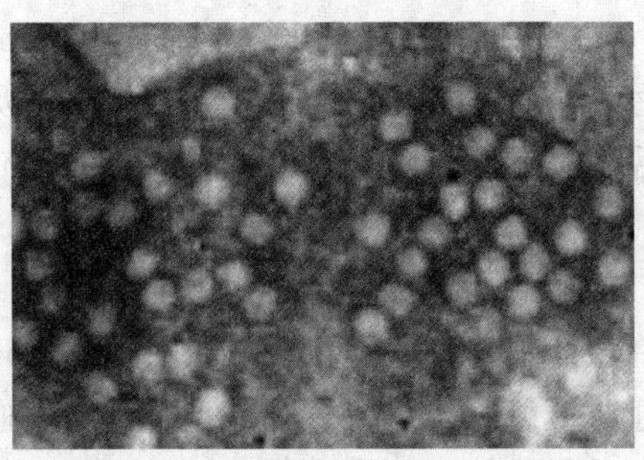

图 13-17　猪圆环病毒粒子电镜照片

（Kenji 提供）

(二) PCR

PCR 是一种快速、简便、特异的诊断方法，可直接检测病毒核酸，是目前 PCV-2 临床应用最广泛的一种病原学诊断方法。目前，国内外已经建立了多种形式的 PCR 方法，包括常规 PCR、多重 PCR、套式 PCR、PCR-RFLP 等。常规 PCR 方法的具体操作步骤如下：

1. 基因组 DNA 模板制备

（1）将病料组织加入 TE（pH8.0）缓冲液中匀浆，-70℃反复冻融 3 次。

（2）5 000 r/min 离心 5min，取上清，转入另一小离心管中。

（3）加入 10%SDS 和蛋白酶 K 并使之终浓度分别为 0.5%和 0.1mg/mL，于 50℃水浴消化过夜。

（4）加入等体积的平衡酚，涡旋震荡混匀。

（5）10 000r/min 离心 5min，小心吸取上层水相。

（6）加入等体积的苯酚：氯仿：异戊醇（25∶24∶1），涡旋。10 000r/min 离心 5min，小心吸取上层水相转入另一管中。

（7）加入 2 倍体积的无水乙醇，10% 3mol/L NaAC，-20℃沉淀 30min。

（8）10 000r/min 离心 10min，弃上清，用 75%乙醇洗沉淀并真空抽干。

（9）加入 20μL ddH_2O 或 TE 重悬沉淀，即为基因组 DNA 模板，-20℃保存备用。

2. PCR 反应与检测

(1) 根据发表的 PCV-2 全基因组序列，设计一对扩增 PCV-2 ORF2 基因部分片段的特异性引物，扩增目的片段大小为 494bp。

P1：5′-CACGGATATTGTAGTCCTGGT-3′；

P2：5′-GACAGTATATCCGAAGGTGCGG-3′。

(2) 按照表 13-35 反应体系进行 PCR 反应（50μL 反应体系），同时设立阳性和阴性对照。

表 13-35　PCR 反应体系

10×Buffer	5μL
25mmol/L $MgCl_2$	3μL
10mmol/L dNTPs	1μL
5μmol/L P1	2.5μL
5μmol/L P2	2.5μL
Taq	0.5μL
模板	1μL
无菌水	34.5μL
总体积	50μL

(3) *反应程序*　94℃变性 3min，然后进行 35 个循环（94℃ 1min，55℃ 1min，72℃ 90s），最后 72℃延伸 10min。

(4) *PCR 产物的鉴定*　取 5μL PCR 产物，用 0.8%琼脂凝胶进行电泳检测。阳性结果可见 494bp 特异性条带。

(三) 间接免疫荧光方法（IFA）

这一方法主要用于分离病毒的鉴定及检测病变组织或猪源细胞 PCV 的感染情况。主要操作步骤如下：

1. 将疑似病料按病毒分离鉴定中所述方法处理后接种于 PK-15 细胞并继续培养 3d。

2. 加入 100%甲醛作用 10min，用 PBS 洗 3 次后，加入抗 PCV-2 抗体，室温孵育 1h。

3. 用 PBS 洗 3 次，再加入荧光素标记的二抗，室温孵育 30min。

4. 用 PBS 洗 3 次后，用倒置荧光显微镜观察结果。同时设抗体阴性血清对照组和细胞对照组。

5. 阳性结果可见细胞中出现特异性荧光（图 13-18）。

(四) 原位核酸杂交（ISH）

根据 PCV-2 核酸序列，设计特异性核酸探针，可以利用原位杂交方法检测 PCV-2 在细胞、组织内的定位。该方法中最常用的是地高辛标记探针。具体方法可以参照常规原位杂交实验操作方法。

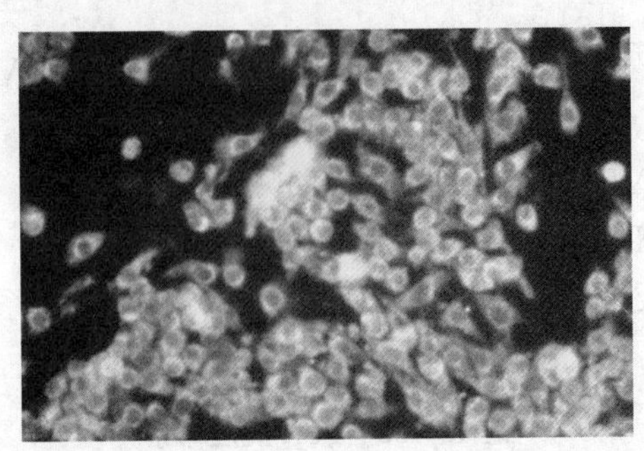

图 13-18　间接免疫荧光检测 PK-15 细胞中的 PCV-2

（严伟东提供）

［血清学检测方法］

（一）酶联免疫吸附试验（ELISA）

ELISA 可以检测抗体，也可以检测抗原，具有诊断速度快、敏感性高、特异性强等优点，是目前应用最广泛的一种 PCV-2 临床血清学诊断方法。该方法国内外均有成熟的试剂盒销售，具体操作方法可以参照试剂盒说明书。

（二）免疫过氧化物酶单层细胞实验（IPMA）

IPMA 是将感染有 PCV-2 的 PK-15 细胞在 96 孔板上长成单层后，用于检测被检血清中的 PCV-2 抗体。操作方法如下：

1. 将 PCV-2 同步接种于 PK-15 细胞悬液中，并接种于 96 孔板，同时做细胞对照。

2. 37℃，5% CO_2 条件下培养至细胞形成单层。

3. 用丙酮-PBS 固定液作用 10min，干燥后置－20℃备用。

4. 用前，将固定好的 96 孔板置室温预热，PBS 浸洗 1 次。

5. 用 PBS 液将待检血清按一定比例系列稀释后，加入抗原孔及细胞对照孔，置 37℃湿盒孵育 1h，同时设 PCV 阳、阴性血清对照。

6. PBS 洗涤 3 次，加入稀释的 HRP-SPA 液，置 37℃湿盒孵育 1h。

7. PBS 洗涤 3 次，加 AEC 反应液显色，用光学显微镜观察判定结果。

九、猪梭菌性肠炎

猪梭菌性肠炎（clostridial enteritis of piglets）又名仔猪红痢，为新生仔猪的肠道传染病。病原体是 C 型产气荚膜梭菌（亦称魏氏梭菌），但其致病因子是细菌产生的毒素，因此是一种肠毒血症。

［细菌学检查］

该菌是两端稍钝圆的大杆菌，呈粗杆状，边缘笔直，以单个菌体或呈双排列，大小为

(4～8) μm× (1～1.5) μm。革兰氏染色阳性。在动物体内产生荚膜是本菌的最大特点。能产生与菌体直径相同的芽孢，芽孢呈卵圆形，位于菌体中央或近端。本菌能产生 12 种外毒素，主要为坏死和致死性毒素。根据外毒属的种类，可将其分为 A、B、C、D、E 等 5 个型。

（一）肠内容物涂片

无菌采取十二指肠和空肠内容物涂片，直接染色镜检可见两端钝圆的革兰氏阳性杆菌，多单在，少数 2 个相连（图 13－19）。有时在心血、肝组织中也可以检出。检查培养物，形态染色特性同上，无鞭毛、不运动。此菌虽是芽孢杆菌，芽孢一般位于菌体的中央或近端，直径比菌体直径大或相同，但无论在触片或培养物中均不易见到芽孢。

（二）细菌分离培养

十二指肠、空肠内容物在 80℃水中加热 30min 后，分别接种于肉肝汤和肉肝胃膜汤中，37℃培养 4h 开始出现小气泡，18h 后大量的气体将试管中固体石蜡冲至试管顶部。培养基均匀混浊，由橙色变黄。肝片不变黑而呈肉红色。血平板接种，厌氧培养 48h，形成纽扣状菌落，β 型溶血，溶血环外周有不明显的溶血晕（图 13－20 和图 13－21）。

（三）生化检测

C 型产气荚膜梭菌对糖的分解能力极强，能分解葡萄糖、麦芽糖、蔗糖、乳糖、山梨糖、甘油等，能使其产酸产气，不形成靛基质。取上述肉汤培养物接种于牛乳培养基中 37℃培养 8～12h 后，根据可分解乳糖产酸、出现暴烈发酵现象可判断为产气荚膜梭菌。

（四）兔泡沫肝试验

取分离菌肉汤培养物，3mL 静脉注射家兔，1h 后将兔处死，置 37℃恒温 8h 后剖检，见肝脏充满气体，兔肝肿胀成泡沫状，比正常肝大 2～3 倍，且肝组织成烂泥状，一触即破。肠腔中也产生大量的气体，因而兔腹围显著增大。镜检肝，可见革兰氏阳性大杆菌，荚膜清晰浓染。

（五）豚鼠皮肤蓝斑试验

分点皮内注射待检样品 0.05～0.1mL，经 2～3h 后肢静脉注射 10 %～25 %伊文斯蓝 1.0mL，30min 后观察局部毛细血管渗透性显著增加，一般于 1h 后局部呈环状蓝色反应，即为阳性。

[毒素检测]

主要包括动物致死性试验、毒素抗毒素中和试验、卵磷脂水解试验和酶联免疫吸附试验等，其中以毒素抗毒素中和试验最为特异，但这些方法均费时费力，敏感性较低。

（一）毒素抗毒素中和试验

采取死亡的急性病猪的空肠内容物或腹腔积液，加等量生理盐水搅拌均匀后，3 000r/min 离心 30～60min。上清液经细菌滤器过滤，取滤液静脉注射体重 18～22g 的小鼠 5 只，0.2～0.5mL/只，同时以上述滤液与 C 型产气荚膜梭菌抗毒素混合，作用 40min 后，注射另一组小鼠（对照）。如注射滤液的一组小鼠迅速死亡（一般 10h 内全部死亡），而对照组 72h 仍存活，则可确诊为该病。

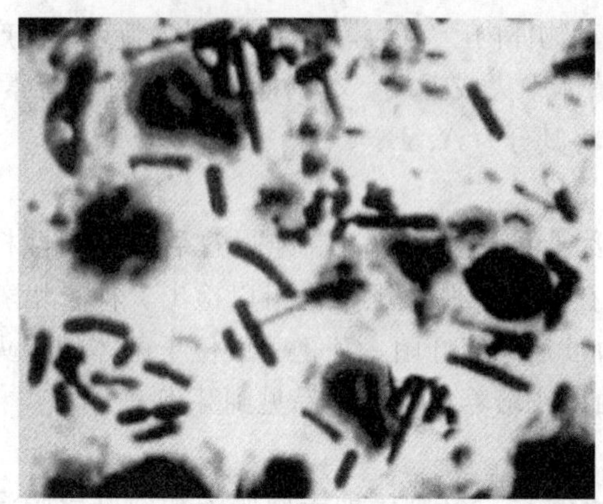

图 13-19

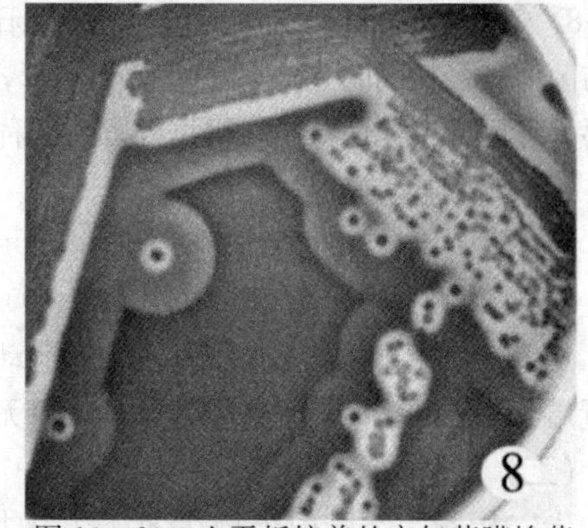

图 13-20　血平板培养的产气荚膜梭菌
（来自于郑州牧业工程高等专科学校
动物医学系传染病教研室）

（二）卵磷脂水解试验

细菌产生的 α 毒素即卵磷脂酶 C 能水解卵磷脂，经钙离子作用，能迅速分解卵黄或血清中的卵磷脂形成混浊沉淀状的甘油酯和水溶性磷酸胆碱。将待检菌划线接种或点种在卵黄琼脂平板上，置 35℃ 孵育 3～6h，3h 后在菌落周围形成乳白色混浊，即为卵磷脂酶试验阳性，6h 后该混浊圈可扩大到直径 5～6mm。

（三）酶联免疫吸附试验（ELISA）

目前采用较多的是用 ELISA 检测魏氏梭菌各种毒素，McClane 和 Poxfton 研究小组首先制备了魏氏梭菌 CPE 的单克隆抗体，并成功建立了单抗双抗体夹心 ELISA 测定魏氏梭菌 ε 毒素的检测方法。

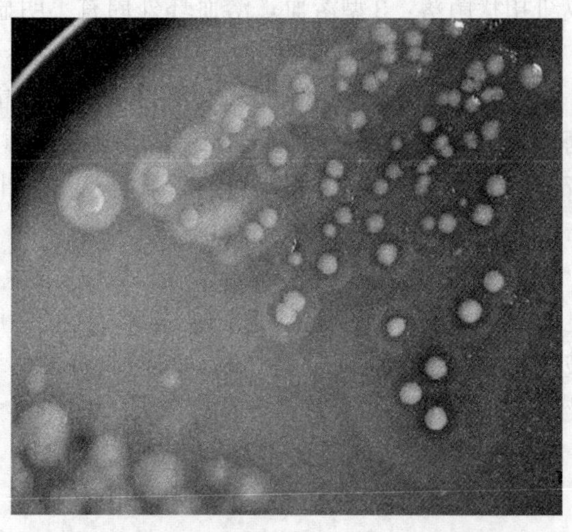

图 13-21　血平板培养的产气荚膜梭菌
（焦静波，2009）

[分子生物学方法]

与传统的方法比较，该类方法具有快速、灵敏、准确的特点。最先报道应用常规 PCR 检测魏氏梭菌 α 毒素，对基因片段进行限制性内切酶分析，特异性高，且在扩增后 2h 内即可获得结果，可以对粪便样品中的细菌进行检测，其敏感度可达每克 2.95 $\times 10^8$ 个菌。套式 PCR 能进一步提高检测灵敏度，对细菌的检测极限更可低至 1～6 个菌体。随后又发展了多重 PCR 和实时定量（Real-time quantitive）PCR 技术。随着分子生物学技术的不断发展进步，PCR 技术还被用于 C 型产气荚膜梭菌毒素的检测和血清型分类中来。

PCR 检测试验步骤如下：

1. 设计引物　针对魏氏梭菌特异基因（如 α 毒素）设计引物（5′- GCTAATGTTACTGCCGTTGACC - 3′和 3′- TCTGATACATCGTGTAAG - 5′；5′- TGCTAATGTTACTGCCGTTGATAG - 3′和 5′- ATAATCCCAATCATCCCAACTATG - 3′）。

2. 反应条件　直接以分离得到的可疑菌落或培养物为模板，进行扩增。例 KALENDERH 和 ERTAfiHB 的 PCR 反应程序为 95°C 预变性 5min 然后经 30 个循环（94 °C变性 1min，56°C 退火 1min，72°C 延伸 2min）。

3. 电泳检测　取扩增产物在 1.5%琼脂糖凝胶上电泳，溴化乙锭（EB）染色，紫外光下观察结果并照相保存，见图13 - 22。

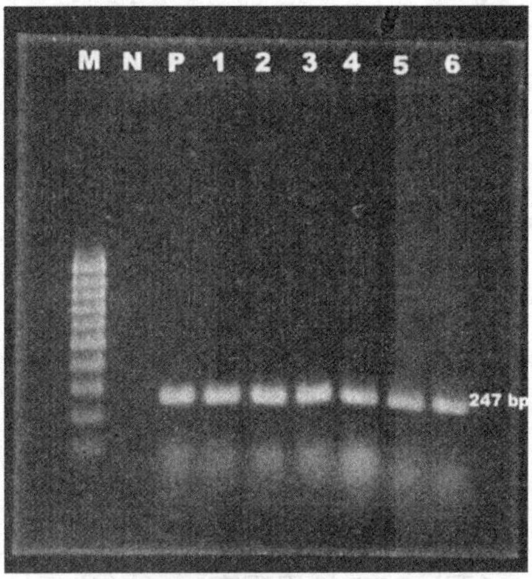

图 13 - 22　产气荚膜梭菌分离株 PCR 电泳图
（M：Marker；N：阴性对照；P：阳性对照 1～6；临床分离株）

十、猪痢疾

猪痢疾（swine dysentery）是由致病性猪痢疾短螺旋体引起的猪的一种肠道传染病，主要表现为黏液性或黏液出血性下痢，大肠黏膜发生卡他性出血性炎症，严重的发展为纤维素性坏死性炎症。

［细菌学检查］

（一）粪样镜检

取急性病猪的新鲜粪便（最好为黏液）或直肠拭子或大肠黏膜制成抹片，干燥固定后用结晶紫染色液染色 3～5min，水洗、吸干后在油镜下进行观察。每份病料制作 2 张抹片，每片至少观察 10 个视野，当多数视野中至少有 3～5 条以上猪痢疾短螺旋体时，可初步诊断为猪痢疾。也可将上述病料悬于生理盐水中，作成悬液标本，在暗视野显微镜下观察（400 倍），菌体呈蛇样活泼运动。典型的猪痢疾短螺旋体长 6～8μm，有 4～6 个弯曲，两端尖锐，呈缓慢旋转的螺丝线状。

（二）大肠样品镜检

取病猪大肠组织按常规方法制作病理组织切片，取其中一个组织切片用结晶紫或姬姆萨染色液染色，另一组织切片用苏木素一伊红染色，封片、镜检。可见到大肠黏膜表层上皮细胞变性坏死、炎症反应局限于黏膜下至黏膜下层，同时在黏膜表面或大肠腺窝等处存在有不同数量的猪痢疾密螺旋体。

（三）猪痢疾短螺旋体分离培养

分离本菌多采用添加大观霉素（400μg/mL）等抑菌剂的胰蛋白大豆琼脂培养基，加入 5%～10%牛、绵羊、马或家兔抗凝血，采用直接接种法或稀释接种法，于 1.103×10^5 Pa下（80%H_2＋20% CO_2）以钯作为催化剂的厌氧环境中 38～42℃培养，每隔 2d 检查 1 次，当培养基出现无菌落的 β 溶血区即表明有猪痢疾短螺旋体生长，经继代分离，一般经 2～4 代即可纯化。

[PCR 鉴定]

(一) PCR 引物

根据猪痢疾短螺旋体基因组序列设计引物，上游引物序列 P1 为：5′- GGTACAGGCGGAAACAGACCT T - 3′；下游引物序列 P2 为：5′- TCCTATTCTCTGACCTACTG - 3′，其理论扩增长度为 1 550 bp。

(二) PCR 模板

用接种环挑取培养好的细菌悬浮于含 50μL 无菌水的 EP 管中，100℃水浴中煮沸 10min，然后迅速置于冰浴中冷却 5min，10 000r/min 离心 2min，上清即为 PCR 模板。

(三) PCR 反应体系

总体积 25μL，其中 10 × buffer 2.5μL、2.5mmol/L dNTPs 2.0μL、25mmol/L $MgCl_2$ 1.5μL、5U/μL Taq 酶 0.1μL、10μmol/L P1、P2 各 0.8μL、模板 2.0μL、灭菌双蒸水 15.3μL。

(四) PCR 反应条件

94℃预变性 5min，94℃变性 60s，65℃退火 60s，72℃延伸 120s，共 30 个循环，最后 72℃延伸 10min。

(五) PCR 结果观察

取 PCR 扩增反应产物 10μL，Marker DL2000 5 μL，分别加到含 EB 的 0.8%琼脂糖凝胶的各电泳孔中，在 80V 电压下电泳 30min，凝胶成像系统观察结果。在标准阳性对照出现一条大小为 1 550bp 的电泳带，同时阴性对照无此电泳区带的情况下试验成立。若被检样品出现的电泳带与标准阳性对照大小一致，结果判为猪痢疾短螺旋体阳性，反之则判为阴性。

[动物接种试验]

用实验动物进行肠致病性试验，是区别致病性猪痢疾短螺旋体和无害螺旋体的一项重要鉴定方法。实验动物常用的有幼猪、幼小鼠及幼豚鼠等，被检菌株的传代代次最好在 15 代以内。

(一) 灌服感染试验

选择 3～6 周龄的健康仔猪，每菌株培养物用猪 2 头。仔猪先饥饿 24～48h，再用胃管投入，每天 1 次，每次 50mL（含菌数 0.5 亿～5 亿/mL），连服 2d，观察 30d。其中有 1 头猪发病，即表示此菌为致病性菌株。

(二) 肠段结扎试验

选择 10～12 周龄猪 2 头，手术前饥饿 48h。手术区在左侧腹壁，打开腹腔后，将结肠袢露出，先向预结扎肠段注入 250～500mL 生理盐水，将试验区肠内容物冲洗干净，然后分段结扎肠管，每段 5～10cm，间距为 2cm。若被检菌株是 4 份，则结扎 5 段，其中一段为生理盐水对照，并分别向各结扎肠段注射 5mL（含菌数 0.5 亿～5 亿/mL）。另一头作反方向结扎肠段注射。每头猪做 5～6 个肠段结扎。结果观察：致病性菌株接种肠段后，肠段发生膨大，液体蓄积 3～70mL，或肠黏膜充血、出血，并有黏液或纤维渗出，肠内容物涂片镜检可见到大量的短螺旋体，并重新分离到此菌，则可认为具有致病性。该试验也可用兔（1.5～2kg）回肠或结肠结扎肠段进行，但应在接种物内加入多黏菌素 B 或多黏菌素 E 200～400μg/mL，才能保证反应的相对特异性。

十一、猪增生性肠炎

猪增生性肠炎（porcine proliferative enteritis/enteropathy，PPE）又称猪增生性肠病，是由专性胞内劳森菌引起的猪的接触性传染病，以回肠和结肠隐窝内未成熟的肠细胞发生根瘤样增生为特征。病原胞内劳森菌是一种专性细胞内寄生细菌，革兰氏阴性，抗酸，微需氧，大多数无鞭毛，无芽孢，为弯曲或 S 型细菌，大小为（1.25～1.75）μm×（0.25～0.43）μm，具有波状的 3 层膜作外壁。

［PCR 鉴定］

（一）PCR 引物

引物根据胞内劳森菌 16S rRNA 基因序列设计，上游引物序列 P1 为：5′-TATGGC-TGTCAACACTCCG-3′；下游引物序列 P2 为：5′-TGAAGGTATTGGTATT CTCC-3′，其理论扩增长度为 319bp。

（二）PCR 模板

将粪便反复冻融 3 次，以 5 000r/min 离心 5min，取上清液移到新的 EP 管，以 10 000r/min离心 5min，留取沉淀，用 50μL 无菌水吹打均匀，悬浮，沸水煮沸 5min，−20℃冷冻 5min，12 000r/min 离心 5min，上清液作为 PCR 模板，−70℃保存备用。

（三）PCR 反应体系

总体积 25μL，其中 10 × buffer 2.5μL，2.5mmol/L dNTPs 2.0μL，25mmol/L $MgCl_2$ 1.5μL，5U/μL Taq 酶 0.1μL，10μmol/L P1、P2 各 0.8μL，模板 2.0μL，灭菌双蒸水 15.3μL。

（四）PCR 反应条件

94℃预变性 5min，94℃变性 30s，55℃退火 30s，72℃延伸 45s，共 30 个循环，最后 72℃延伸 10min。

（五）PCR 结果观察

取 PCR 扩增反应产物 10μL，Marker DL2000 5μL，分别加到含 EB 的 0.8%琼脂糖凝胶的各电泳孔中，在 80V 电压下电泳 30min，然后在紫外线透射观察。在标准阳性对照出现一条大小为 319bp 的电泳带，同时阴性对照无此电泳区带的情况下试验成立。若被检样品出现的电泳带与标准阳性对照大小一致，结果判为胞内劳森菌阳性，反之则判为阴性。

［血清学检测］

猪增生性肠炎血清抗体的检测可用阻断 ELISA 诊断试剂盒进行：

1. 于96孔ELISA微孔反应板（已包被胞内劳森菌单抗，单抗上结合有胞内劳森菌灭活抗原）中分别加入10倍稀释的血清样品及阴、阳性血清，每孔100μL，37℃孵育60min后洗涤3次。

2. 每孔加入100μL HRP结合物，37℃孵育60min后洗涤3次。

3. 每孔加入100μL底物液（四甲基联苯胺和双氧水），18℃～25℃孵育10min后加入50μL终止液。

4. 在450nm处测量每孔D值，然后依照下列公式计算PI：PI＝［（$D_{450nm,N}$－$D_{450nm,S}$）/ $D_{450nm,P}$］/ $D_{450nm,N}$×100，其中$D_{450nm,N}$为阴性对照值，$D_{450nm,S}$为阳性对照值。结果判定：PI＞30为阳性，20≤PI≤30为可疑，PI＜20为阴性。

十二、猪传染性胸膜肺炎

猪传染性胸膜肺炎（porcine contagious pleuropneumoniae，PCP）是由猪胸膜肺炎放线杆菌（*Actinobacillus pleuropneu-moniae*，APP）引起的猪的传染性呼吸道疾病。该病诊断方法有病原分离鉴定、酶联免疫吸附试验、补体结合反应、凝集试验、荧光抗体试验、DNA杂交试验、PCR诊断等方法。但是，目前该病最新和最常用的实验室诊断方法主要是细菌分离鉴定、毒素ApxⅣ ELISA及基于毒素ApxⅣA-PCR诊断。

[病原学诊断]

(一) 细菌分离鉴定

1. 细菌分离和培养 根据流行情况、临床症状和剖检病理变化，怀疑有本病可进行细菌的分离鉴定。取新鲜支气管、鼻腔的分泌物及肺部病变区组织，接种到10%无菌绵羊琼脂，或划有β-溶血性金黄色葡萄球菌十字线的血琼脂平皿，于含5% CO_2的37℃温箱培养18～24h，黏液型菌落生长为圆整，中间凸起，闪光不透明，直径1～1.5mm，并呈鲜明的金红带蓝虹光，结构细致，对培养基有蚀刻性。光滑型菌落，圆整较扁平，闪光性较弱，透明度较大，以红色虹光为主，菌体比前者略大，结构细致，对培养基的蚀刻性不强或无。

2. 生化鉴定 取上述可疑菌落进行生化鉴定和血清学分型。APP鉴定要点为：尿素酶试验阳性；CAMP试验阳性；β-溶血；NAD依赖性或卫星现象。如果前四项符合则可判定为APP生物Ⅰ型菌，如果前3项符合第4项不符合可判定为APP生物Ⅱ型菌。

(二) 毒素APX ⅣA-PCR诊断

1. 原理 在APP中发现了一个新的RTX毒素，由APX ⅣA基因编码。此APXⅣA毒素基因与ApxⅠ、ApxⅡ、Apx Ⅲ毒素基因不同，ApxⅣ存在于所有血清型APP中，且具有种特异性。APXⅣA的3′端存在一个大小422 bp基因片段，比较保守，具有很高的种特异性。因此，将样品处理后分离培养细菌，基于此片段的PCR可以对细菌进行准确的实验室诊断，看其是否为APP。

2. 操作步骤

(1) 含NAD的8%鲜血琼脂培养基制备　普通培养基，冷却到40～50℃时倒入8%

的脱纤马血及0.07%的外源V因子（NAD，尼克酰胺腺嘌呤二核酸，用前须经细菌过滤器过滤），倒平皿，置4℃冰箱保存待用。用于分离及培养APP。

（2）病原菌分离　将病料接种于含V因子的鲜血琼脂平板，置5% CO_2 恒温培养箱37℃培养24h，用接种环挑取β溶血的直径约2mm的露珠样可疑菌落于100μL无菌双蒸水中。

（3）细菌DNA的提取　菌液以10 000r/min离心5min，弃上清；加入 ddH_2O 100μL重悬，100℃水浴8min，放入－20℃冰箱，冻融后再以12 000r/min离心4min，最后取上清作为DNA模板，置－20℃保存待用。

（4）引物序列及扩增片段大小

上游引物（pIV-1）：5′-TGGCACTGACGGTGATGA-3′（6018～6035）；

下游引物（pIV-2）5′-GGCCATCGACTCAACCAT-3′（6442～6459）。

引物由上海生工生物工程技术服务有限公司合成。预期扩增的片段为422bp。

（5）ApxⅣA毒力基因的扩增　25μL PCR反应体系如下：10×Buffer 2.5μL、d NTP（MIX）2μL、p1（上游引物）1μL、p2（下游引物）0.5μL、Taq酶5μL、DNA模板2μL、双蒸水加至25μL，在PCR仪进行以下反应：97℃ 5min；94℃ 30s，52℃ 30s，72℃ 30s，35个循环；2℃延伸7min。

（6）琼脂糖凝胶电泳检测PCR产物　取7μL PCR产物样品加入琼脂糖凝胶的点样孔中，电压80V，电流约50 mA，约15min后用紫外分析仪观察。

（7）产物检测及结果判定　用TAE缓冲液制备1%琼脂糖凝胶。将扩增产物与电泳上样缓冲液混匀后点入样品孔，100V电泳30min左右，在紫外灯下观察特异条带的有无，照相记录。能扩增422bp特异性片段，为阳性；不能扩增出422bp特异性片段，则为阴性。

[血清学诊断方法]

检测毒素ApxⅣ抗体的酶联免疫吸附试验（已有现成试剂盒，华中农业大学研制）

1. 原理　采用猪胸膜肺炎放线杆菌ApxⅣ的基因工程表达产物包被微孔板，在试验中，加入稀释的对照血清和待检血清，经温育后，若样品中含有抗猪胸膜肺炎放线杆菌ApxⅣ蛋白的特异性抗体，则将与检测板上抗原结合，经洗涤除去未结合的抗体和其他成分后；再加入酶标二抗，与检测板上抗原抗体复合物发生特异性结合；再经洗涤除去未结合的酶结合物，在孔中加TMB底物液，与酶反应形成蓝色产物，加入HF溶液终止反应后，用酶标仪630nm波长测定各反应孔中的OD值。

2. 样品制备　取动物全血，按常规方法制备血清，要求血清清亮，无溶血。

3. 样品稀释　在血清稀释板中按1∶40的体积稀释待检血清（195μL样品稀释液中加5μL待检血清）。注意：阳性对照和阴性对照1∶4稀释（180μL样品稀释液中加60μL对照血清）。

4. 操作步骤

（1）取预包被的检测板（根据样品多少，可拆开分次使用），先用配制好的洗涤液洗板1次，将稀释好的待检血清取100μL加入到检测板孔中。阴性对照和阳性对照各设2孔，每孔100μL。轻轻振匀孔中样品（勿溢出），置37℃温育30min。甩掉板孔中的溶液，用洗涤液洗板5次，200μL/孔，每次静置3min倒掉，再在干净吸水纸上拍干。

（2）每孔加羊抗猪酶标二抗100μL，置37℃温育30min。

（3）洗涤5次。切记每次在干净吸水纸上拍干。

（4）每孔先加底物液A一滴（50μL）、再加底物液B一滴（50μL），混匀，室温（18～25℃）避光显色10min。

（5）每孔加终止液1滴（50μL），10min内测定结果（测定前在振荡器上轻轻震动一下）。

5. 结果判定 在酶标仪上测各孔OD_{630nm}值。试验成立的条件是阳性对照孔平均OD_{630nm}值大于或等于0.6，阴性对照孔平均OD_{630nm}值小于0.2。

6. 注意事项

（1）TMB（底物液B）不要暴露于强光，避免接触氧化剂。

（2）待检血清样品数量较多时，应先使用血清稀释板稀释完所有要检测血清，再将稀释好的血清转移到检测板，使反应时间一致。

（3）操作过程中移液、定时和洗涤等过程必须精确。

十三、猪地方流行性肺炎（猪支原体肺炎）

猪支原体肺炎（mycoplasmal hyopneumoniae of swine，MPS）是由猪肺炎支原体（*Mycoplasma hyopneumoniae*，Mhp）引起的猪的一种高发病率、低死亡率的慢性呼吸道传染病，国外常称为猪地方流行性肺炎，而在我国常被称为猪气喘病（喘气病）。猪支原体肺炎实验室诊断与一般细菌不一样，用于诊断猪肺炎支原体感染的“黄金标准”技术——细菌学培养非常困难，通常很少使用。以屠宰场监测或田间剖检为形式的死后组织病理学检查、血清学抗体检测和PCR检测病原方法是用于诊断猪肺炎支原体最常用技术。

[组织病理学检查]

切取肺门淋巴结、肺脏的病变部，生理盐水洗去血污，Leica冰冻切片机切片，切片厚5μm，HE染色，PM-10AD显微镜下观察。

（一）肺脏的组织病理学变化

可见小支气管、细支气管、终末细支气管、肺泡管和肺泡腔内有大量炎症渗出物（图13-23）。渗出物呈浆液性，其中混有单核细胞、中性粒细胞，淋巴细胞和脱落的肺泡上皮细胞。支气管和细支气管上皮细胞纤毛数量减少。由于肺泡扩张和肺泡上皮脱落，肺泡隔变得很薄（图13-24）。

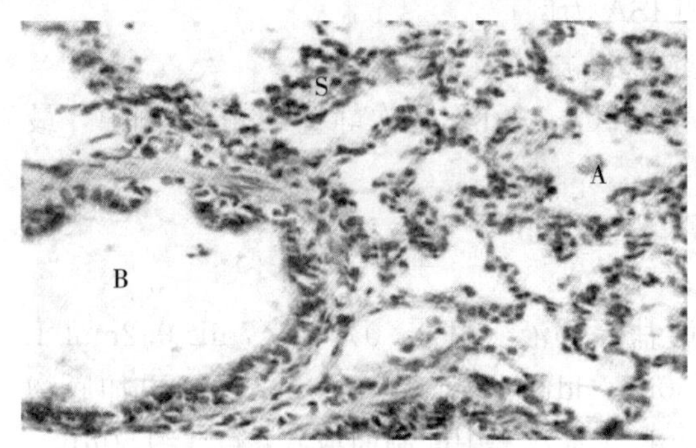

图 13－23　肺脏切片（400×）

（A 为肺泡；S 为肺泡隔；B 为终末细支气管）

（黄秋玲，猪支原体肺炎的诊断与防治，安徽农业科学，2006，34（12）：2668－2669）

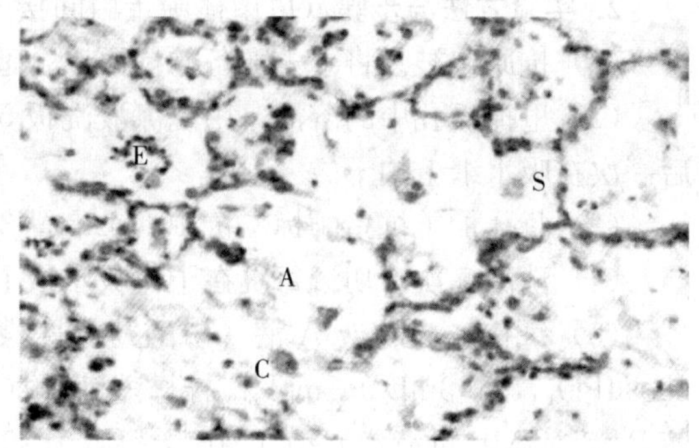

图 13－24　肺脏切片（400×）

（A 为肺泡；C 为巨噬细胞；S 为肺泡隔；E 为脱落的肺泡上皮）

（黄秋玲等，猪支原体肺炎的诊断与防治，安徽农业科学，2006，34（12）：2668－2669）

（二）淋巴结的组织病理学变化

淋巴小结数量增多，体积增大，相邻淋巴小结常连在一起，界线模糊不清。生发中心的明区增大，与暗区和帽部混在一起。周围组织水肿，毛细血管扩张充血，网状细胞之间出现较大的空隙。周围组织内有少量的小出血灶（图 13－25）。

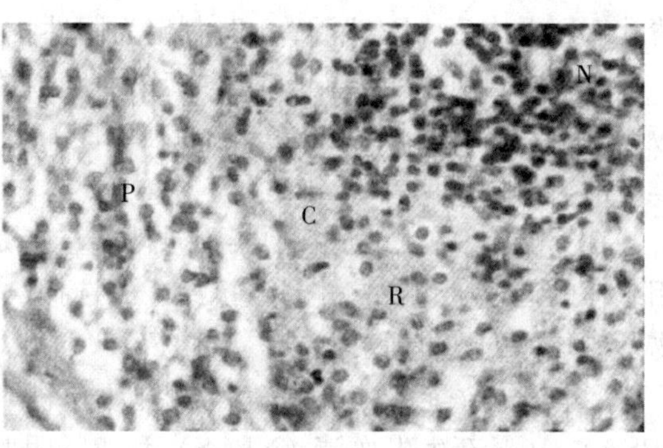

图 13－25　淋巴结切片（400×）

（R 为红细胞；C 为毛细血管；P 为周围组织；N 为淋巴小结）

［血清学抗体检测技术］

目前用于 MPS 的血清学试验有放射免疫扩散测定、补体结合反应、间接血凝试验、凝集试验及酶联免疫吸附试验等，其中酶联免疫吸附试验更为理想，也是目前最常用技术。

酶联免疫吸附试验（ELISA）

1. 原理　ELISA 是以免疫学反应为基础，将抗原、抗体的特异性反应与酶对底物的高效催化作用相结合起来的一种敏感性很高的试验技术。由于抗原、抗体的反应在一种固相载体——聚苯乙烯微量滴定板的孔中进行，每加入一种试剂孵育后，可通过洗涤除去多余的游离反应物，从而保证试验结果的特异性与稳定性。在实际应用中，通过不同的设计，具体的方法步骤可有多种，即用于检测抗体的间接法、用于检测抗原的双抗体夹心法，以及用于检测小分子抗原或半抗原的抗原竞争法等。比较常用的是 ELISA 双抗体夹心法及 ELISA 间接法。

ELISA 是目前国内外最常用于诊断 Mhp 的方法之一，具有能进行定量分析、敏感性高、特异性强的特点。目前主要有基于全菌膜抗原、SDS 提取物抗原、P_{46} 抗原、P_{97} 抗原的间接 ELISA，也有基于 40kD 膜蛋白和 P46 蛋白单抗阻断 ELISA。

2. 实验方法与步骤（以菌体膜蛋白间接 ELISA 为例）

（1）抗原包被。将事先准备的抗原以合适浓度包被 96 孔酶标板。

（2）甩掉板孔中的溶液，用洗涤液洗板 5 次，200μL/孔，每次静置 3min 后倒掉，最后一次在吸水纸上拍干。

（3）每孔加羊抗猪酶标二抗 100μL，置 37℃温育 30min。

（4）洗涤 5 次。切记每次在干净吸水纸上拍干。

（5）每孔加底物液 A 液［磷酸盐—柠檬酸盐缓冲液（pH 5.0）：25.7mL 0.2mol/L Na_2HPO_4，24.3mL 0.1mol/L 柠檬酸液，加 50mL ddH_2O］1 滴（约 50μL）、再加底物液 B 液（TMB 母液：0.2g TMB 干粉溶于 100mL 无水乙醇中配制而成）1 滴（约 50μL），混匀，室温避光显色 10min。

（6）每孔加终止液 1 滴（约 50μL），15min 内测定结果。

3. 间接 ELISA 检测猪血清抗体效价与结果判定 用酶标仪检测 OD 值，以空白对照调零，P 为各检测孔的值，N 为阴性对照的平均值，即 P/N＝待检血清孔的 OD 值/阴性血清孔 OD 平均值，P/N ≥2.1 时判定为阳性。

4. 注意事项 正式试验时，应分别以阳性对照与阴性对照控制试验条件，待检样品应作一式二份，以保证实验结果的准确性。有时本底较高，说明有非特异性反应，可采用羊血清、兔血清或 BSA 等封闭。

在 ELISA 中，进行各项实验条件的选择是很重要的，其中包括：封闭液的选择、固相载体的选择、包被抗体（或抗原）的选择、酶标记抗体工作浓度和时间的选择、酶的底物及供氢体的选择等。

（1）封闭液的选择 按确定的抗原包被条件和抗体工作浓度，将 1％牛血清白蛋白（BSA）、10％新生牛血清（NBCS）和 2％明胶分别用 PBST 稀释作为封闭液，进行 EL ISA 试验。终止后在酶标仪上读取 OD_{450} 值。当阳性血清 OD 值最低的封闭液确定为最佳。

（2）酶标二抗最佳稀释度和工作时间的选择 按确定的抗原包被条件和抗体工作浓度，将酶标二抗按 1∶7 500、1∶10 000 和 1∶20 000 稀释加入酶标板中，37℃ 作用 60min，加入现配的 TMB 底物作用 15min，加终止液，在酶标仪上读取 OD_{450} 值。同时在确定的酶标二抗最佳稀释度基础上，将酶标二抗与 TMB 底物作用时间分别设为 45min、60min 和 90min，进行 EL ISA 试验。以阳性血清 OD 值接近 1，P/N 值最大时酶结合物的稀释浓度为酶结合物最佳工作浓度，以及酶结合物最佳作用时间。

［PCR 诊断技术］

PCR 技术的基本原理类似于 DNA 的天然复制过程，其特异性依赖于与靶序列两端互补的寡核苷酸引物。PCR 由变性→退火→延伸三个基本反应步骤构成：①模板 DNA 的变性：模板 DNA 经加热至 93℃左右一定时间后，模板 DNA 双链或经 PCR 扩增形成的双链 DNA 解离，使之成为单链，以便它与引物结合，为下轮反应作准备。②模板 DNA 与引物的退火（复性）：模板 DNA 经加热变性成单链后，温度降至 55℃左右，引物与模板 DNA 单链的互补序列配对结合。③引物的延伸：DNA 模板—引物结合物在 TaqDNA 聚合酶的作用下，以 dNTP 为反应原料，靶序列为模板，按碱基配对与半保留复制原理，合成一条新的与模板 DNA 链互补的半保留复制链，重复循环变性→退火→延伸三过程，就可获得更多的“半保留复制链”，而且这种新链又可成为下次循环的模板。每完成一个循环需 2～4min，2～3h 就能将待扩增目的基因扩增放大几百万倍。到达平台期所需循环次数取决于样品中模板的拷贝。

Mhp 存在一些免疫显性蛋白。包括细胞溶质蛋白 P_{36}，3 个膜蛋白 P_{46}、P_{65} 和 P_{74}，以及黏附素 P_{97}。其中 P_{36} 是乳酸脱氢酶蛋白（LDH），具有高度保守性和种族特异性的抗原决定区域。可以诱导早期免疫反应。因此，根据 P_{36} 基因设计 1 对特异性引物，建立快速准确的 PCR 诊断方法。

（一）病料样品处理

采集待检猪的肺脏置于－20℃保存。将 TE 缓冲液按 1∶10 加入组织中，研磨成悬液，装入灭菌的 1.5mL Eppendorf 管中，于－20℃反复冻融 3 次，3 000r/min 离心 10min，取上清 250μL。阴阳性肺脏对照也同样处理。

（二）可疑培养物样品处理

取可疑培养物 25mL 4℃ 12 000r/min 离心 20min，弃上清液，用等体积 0.1mol/L pH 7.2 的 PBS 洗涤 3 次后，沉淀以 250μL 无菌去离子水悬浮，－20℃保存。阴阳性培养物对照也同样处理。

（三）DNA 的提取

取样品 250μL，100℃ 水浴 10min 后 10 000r/min 离心 10min，收集上清，即为 PCR 模板，－20℃保存备用。

（四）引物设计

根据 GenBank 中报道的 P_{36} 基因序列设计两条引物，引物序列为：

P1：5′-TTACAGCGGGAAGACC-3′；

P2：5′-CGGCGAGAAACTGGATA-3′。

（五）P_{36} 的 PCR 扩增

PCR 扩增体系为：10×PCR buffer 5.0μL，$MgCl_2$（25mmol/L）2.0μL，dNTP（2.5mmol/L）3.0μL，引物 P1（50pmol/μL）0.5μL，引物 P2（50pmol/μL）0.5μL，模板 DNA 2.0μL，Taq 酶（5U/μL）0.2μL 加双蒸水至 50μL。反应条件为：95℃ 预变性 8min，80℃ 1min 进行热启动后加酶，98℃ 变性 1s，49℃ 退火 1min，72℃ 延伸 2min，34 个循环，72℃ 延伸 10min。取 10μL PCR 扩增产物，用 1%的琼脂糖凝胶在 120V 电压下电泳鉴定，出现 427bp 条带的样品，判为阳性。

（六）注意事项

可疑肺脏组织的病变程度与 PCR 条带明暗具有相关性，试验中检测样品的采集关系到试验的结果，从肉眼可见的病变组织与健康组织的交界处取样，PCR 结果较好且较易统一采样方法。此外，已感染猪肺炎支原体但还未形成病变的组织也能用此法检出。

十四、副猪嗜血杆菌病

副猪嗜血杆菌病（Glässer's disease）是由副猪嗜血杆菌引起的猪的多发性浆膜炎和

关节炎，主要临诊症状为发热、咳嗽、呼吸困难、消瘦、跛行、共济失调和被毛粗乱等。剖检病理变化表现为胸膜炎、肺炎、心包炎、腹膜炎、关节炎和脑膜炎等。

[细菌学诊断]

（一）组织抹片镜检

无菌取发病动物的心血、心包液、胸腹炎、关节液或脑脊液等制成抹片，干燥后进行革兰氏染色、吸干水分后用油镜观察。副猪嗜血杆菌为革兰氏阴性菌，具有多种不同的形态，在显微镜下可观察到从单个的球杆菌到长的、细长的，甚至丝状的菌体。

（二）细菌分离培养

在无菌条件下采集具有发热、呼吸困难、关节肿大和神经症状等临床特征病猪的心血、心包液、胸腹炎、关节液或脑脊液等作为样品，用接种环接种到胰蛋白大豆琼脂平板（TSA）上，置37℃恒温箱培养36～48h。副猪嗜血杆菌在胰蛋白大豆琼脂平板生长36h后可形成圆形、隆起、表面光滑、边缘整齐、灰白色的小菌落。菌落的大小可因菌种的不同而异，从针头大直至绿豆大小。此时从典型菌落钩菌制成涂片，革兰氏染色后镜检可观察到上述副猪嗜血杆菌的细菌形态。从培养皿挑取单个可疑菌落纯培养并作进一步鉴定。

（三）细菌生化鉴定

在无菌操作台上，用接种环分别挑取纯培养的细菌，水平划线于绵羊鲜血琼脂平板上，再挑取金黄色葡萄球菌垂直于水平线划线，37℃培养36～48h，看是否有“卫星生长现象”（即在葡萄球菌菌苔附近待测菌菌落生长较大，而远侧菌落生长较小甚至没有菌落生长），同时观察可疑菌的菌落周围是否具有溶血现象，挑取具有“卫星生长现象”（即细菌生长依赖NAD）并且不溶血的菌落做进一步生化鉴定。在无菌操作台上用接种针取纯培养的细菌，接种于微量生化发酵管中，进行生化鉴定，48h后观察结果。

将副猪嗜血杆菌水平划线于鲜血琼脂平板上，再挑取金黄色葡萄球菌垂直于水平线划线，37℃培养24～48h，呈现出典型的“卫星生长”现象，并且不出现溶血。该菌脲酶试验阴性，氧化酶试验阴性，接触酶试验阳性，可发酵葡萄糖、蔗糖、果糖、半乳糖、D-核糖和麦芽糖等。

[PCR鉴定]

（一）PCR引物

引物根据副猪嗜血杆菌16S rRNA（M75065）序列设计，上游引物P1序列为：5′-GTGATGAGGAAGGGTGGTGT-3′；下游引物P2序列为：5′-GGCTTCGTCACCCT-CTGT-3′，其理论扩增长度为822bp。

（二）PCR模板

用接种环挑取单个菌落，悬浮于含50μL无菌水的EP管中，100℃水浴中煮沸10min，然后迅速置于冰浴中冷却5min，10 000r/min离心2min，上清即为PCR模板。

(三) PCR 反应体系

总体积 25μL，其中 10 × buffer 2.5μL、2.5mmol/L dNTPs 2.0μL、25mmol/L $MgCl_2$ 1.5μL、5U/μL Taq 酶 0.1μL、10μmol/L P1、P2 各 0.8μL、模板 2.0μL、灭菌双蒸水 15.3μL。

(四) PCR 反应条件

94℃预变性 5min，94℃变性 30s，60℃退火 30s，72℃延伸 45s，共 30 个循环，最后 72℃延伸 10min。

(五) PCR 结果观察

取 PCR 扩增反应产物 10μL，Marker DL 2000 5μL，分别加到含 EB 的 0.8%琼脂糖凝胶的各电泳孔中，在 80V 电压下电泳 30min，然后紫外线透射观察。在标准阳性对照出现一条大小为 822bp 的电泳带，同时阴性对照无此电泳区带的情况下试验成立。若被检样品出现的电泳带与标准阳性对照大小一致，结果判为副猪嗜血杆菌阳性，反之则判为阴性。

附 培养基的配制

1. 0.1%NAD 贮存液的配制 将 1g 烟酰胺腺嘌呤二核苷酸（NAD）溶解于 1mL 蒸馏水中，再加入蒸馏水配成 1 000mL，用灭菌的孔径 0.22μm 细菌滤器滤过，分装于灭菌玻璃瓶中，于 4℃冷藏备用。

2. TSA 固体培养基的制备 准确称取胰蛋白大豆琼脂（TSA）40g，加入 940mL 蒸馏水，充分摇匀后加热至充分溶解。121℃高压蒸汽灭菌 15min，待冷却至 45℃左右加入 50mL 无菌小牛血清、10mL 过滤除菌的 0.1%NAD 贮存液，充分摇匀后倒平皿，于 4℃冷藏备用。

3. 绵羊鲜血琼脂平板的制备 准确称取胰蛋白大豆琼脂 30g 溶于 900mL 蒸馏水，充分摇匀，加热至充分溶解。121℃高温灭菌 15min，冷却至 45℃左右加入 100mL 无菌脱纤绵羊血，轻轻混匀后倒平皿，于 4℃冷藏备用。

十五、猪传染性萎缩性鼻炎

猪传染性萎缩性鼻炎（swine infectious atrophic rhinitis，AR）又称慢性萎缩性鼻炎或萎缩性鼻炎，是由猪支气管败血波氏杆菌和产毒素多杀性巴氏杆菌引起的猪的一种慢性接触性呼吸道传染病。该病以鼻炎、鼻中隔扭曲、鼻甲骨萎缩和病猪生长迟缓为特征，临诊表现为打喷嚏、鼻塞、流鼻涕、鼻出血、颜面部变形或歪斜，常见于 2～5 月龄猪。

实验室诊断猪传染性萎缩性鼻炎，应从疑似病猪的鼻腔采集鼻拭子，同时进行支气管败血波氏杆菌及产毒素性多杀性巴氏杆菌的分离与鉴定。以 4～16 周龄特别是 4～8 周龄猪的细菌分离率最高。

[细菌学检查]

(一) 样品采集

鼻拭子的采集：猪只保定以后，用挤去多余酒精的酒精棉先将其鼻孔内缘清拭，再将鼻孔周围清拭。棉拭子插入鼻孔后，先通过前庭弯曲部，然后直达鼻道中部，旋转拭子将鼻分泌物取出，将拭子插入灭菌空试管中，最后用试管棉塞将拭子杆上端固定。

组织样品的采集：解剖猪时，应同时采取鼻腔后部和气管的分泌物及肺组织进行培养。鼻锯开术部及鼻锯应火焰消毒，由鼻断端插入拭子直达筛板，采取两侧鼻腔后部的分泌物。由声门插入拭子达气管下部，在气管壁旋转拭子取出气管上下部的分泌物。在肺门部采取肺组织，如有肺炎并在病变部采取组织块；也可以用拭子插入肺断面采取肺液和破碎组织。

（二）细菌分离培养

所有样品都直接涂抹在已干燥的分离平板上。分离猪支气管败血波氏杆菌使用血红素呋喃唑酮改良麦康凯琼脂（HFMA）平板，分离产毒素多杀性巴氏杆菌使用新霉素洁霉素血液马丁琼脂（NLHMA）平板。猪支气管败血波氏杆菌于 HFMA 平板上 37℃培养 40～72h，细菌菌落不变，直径 1～2mm，圆整、光滑、隆起、透明、略呈茶色，较大的菌落中心较厚呈茶黄色，对光观察呈浅蓝色。产毒素多杀性巴氏杆菌于 NLHMA 平板上 37℃培养 18～24h，根据菌落形态和荧光结构，挑取可疑菌落移植鉴定。产毒素多杀性巴氏杆菌菌落直径 1～2mm，圆整、光滑、隆起、透明，菌落或呈黏液状融合；对光观察有明显荧光；以 45°折射线于暗室内在实体显微镜下扩大约 10 倍观察，呈特征的橘红或灰红色光泽，结构均质，即 Fo 荧光型或 Fo 类似菌落。间有变异型菌落，光泽变浅或无光泽，有粗纹或结构发粗，或夹有浅色分化扇区等。

（三）细菌特性鉴定

1. 猪支气管败血波氏杆菌的特性鉴定

（1）生化鉴定　该菌为革兰氏阴性小杆菌。氧化和发酵（O/F）试验阴性，即非氧化非发酵严格好氧菌。具有以下生化特性（一般 37℃培养 3～5d 记录最后结果）：包括乳糖、葡萄糖、蔗糖在内的所有糖类不氧化不发酵（不产酸、不产气），迅速分解蛋白胨明显产碱，液面有厚菌膜；吲哚试验阴性；不产生硫化氢或轻微产生；甲基红（MR）试验及维培（VP）试验均阴性；还原硝酸盐；分解尿素及利用枸橼酸，均呈明显的阳性反应；不液化明胶；石蕊牛乳产碱不消化；有运动性，在半固体平板表面呈明显的膜状扩散生长，扩散膜边缘比较光滑；但 0.05%～0.1%琼脂半固体高层穿刺 37℃培养，只在表面或表层生长，不呈扩散生长。

（2）菌相鉴定　将分离平板上的典型单个菌落划种于绵羊血改良鲍姜氏琼脂平板（凝结水已干燥）上，置 37℃潮湿箱中培养。24h 前呈杆菌、球杆菌，40～48h 典型Ⅰ相菌落者呈整齐的类球菌、球杆菌、染色均匀；Ⅱ相和Ⅲ相菌落者呈不整齐的球杆菌、杆菌，或有短链。

2. 产毒素多杀性巴氏杆菌的生化鉴定　该菌为革兰氏阴性小杆菌，呈两极染色。不溶血，无运动性。具有以下生化特性：对蔗糖、葡萄糖、木糖、甘露醇及果糖产酸，对乳糖、麦芽糖、阿拉伯糖及杨苷不产酸。VP、MR、尿素酶、枸橼酸盐利用、明胶液化、石蕊牛乳均为阴性；不产生硫化氢；硝酸盐还原及吲哚试验均为阳性。在三糖铁半固体高层小管穿刺生长特点为沿穿刺线呈不扩散生长，高层变橘黄色；斜面呈薄苔生长，变橘红或橘红黄色；凝结水变橘红色，轻浊生长，无菌膜；不产气、不变黑。

［PCR 鉴定］

（一）PCR 引物

引物根据猪支气管败血波氏杆菌鞭毛基因序列设计，上游引物序列 Fla1 为：5′- TG-

GCGCCTGCCCTAT－3′；下游引物序列 Fla2 为：5′－AGGCTCCCAAGAGAGAAAG-GCTT－3′，其理论扩增长度为 237bp。引物根据巴氏杆菌序列设计，上游引物序列 KMT1 为：5′－ATGCGCTATTTACCCAGTGG－3′；下游引物序列 KMT2 为：5′－GCTGTAAACGAACTCGCCAC－3′，其理论扩增长度为 457bp。

（二）PCR 模板

1. 猪支气管败血波氏杆菌　用接种环挑取单菌落，悬浮于含 50μL 无菌水的 EP 管中，100℃水浴中煮沸 10min，然后迅速置于冰浴中冷却 5min，10 000r/min 离心 2min，上清即为 PCR 模板。PCR 反应体系：总体积 25μL，其中 10×buffer 2.5μL、2.5mmol/L dNTPs 2.0μL、25mmol/L $MgCl_2$ 1.5μL、5U/μL Taq 酶 0.1μL、10μmol/L 引物 Fla1 和 Fla2 各 0.8μL、模板 2.0μL、灭菌双蒸水 15.3μL。

2. 产毒素多杀性巴氏杆菌　用接种环挑取单菌落，悬浮于含 50μL 无菌水的 EP 管中，100℃水浴中煮沸 10min，然后迅速置于冰浴中冷却 5min，10 000r/min 离心 2min，上清即为 PCR 模板。PCR 反应体系：总体积 25μL，其中 10×buffer 2.5μL、2.5mmol/L dNTPs 2.0μL、25mmol/L $MgCl_2$ 1.5μL、5U/μL Taq 酶 0.1μL、10μmol/L 引物 KMT1 和 KMT2 各 0.8μL、模板 2.0μL、灭菌双蒸水 15.3μL。

（三）PCR 反应条件

1. 猪支气管败血波氏杆菌　94℃预变性 5min，94℃变性 30s，58℃退火 30s，72℃延伸 30s，共 30 个循环，最后 72℃延伸 10min。

2. 产毒素多杀性巴氏杆菌　94℃预变性 5min，94℃变性 30s，56℃退火 30s，72℃延伸 40s，共 30 个循环，最后 72℃延伸 10min。

（四）PCR 结果观察

取 PCR 扩增反应产物 10μL，Marker DL 2000 5μL，分别加到含 EB 的 0.8%琼脂糖凝胶的各电泳孔中，在 80V 电压下电泳 30min，然后在紫外线透射观察。扩增猪支气管败血波氏杆菌时在标准阳性对照出现一条大小为 237bp 的电泳带，扩增产毒素多杀性巴氏杆菌时大小为 457bp 的电泳带，同时阴性对照无此电泳区带的情况下试验成立。若被检样品出现的电泳带与标准阳性对照大小一致，结果判阳性，反之则判为阴性。

[动物试验]

（一）猪支气管败血波氏杆菌

典型Ⅰ相菌鲍姜氏琼脂平板培养物以 pH 为 7.0 的磷酸盐缓冲液制成含活菌 10^4～10^9/mL 的菌液，接种小鼠、豚鼠或家兔。小鼠每只腹腔注射菌液 0.5mL，观察 7d，一般在 3d 内致死，存活者可见脾明显萎缩。豚鼠或家兔背部脱毛，每个点皮内注射菌液 0.1mL，注射后 48h 左右注射点出现皮肤坏死区，动物不死。

（二）产毒素多杀性巴氏杆菌皮肤坏死毒素产生能力检查

体重 350～400g 健康豚鼠，背部两侧注射部剪毛（注意不要损伤皮肤），使用 1mL 注射器及 4～6 号针头，皮内注射分离株马丁肉汤 37℃ 36h（或 36～72h）培养物 0.1mL。注射点距背中线 1.5cm，各注射点相距 2cm 以上。设阳性及阴性参考菌株和同批马丁肉汤注射点为对照，并在大腿内侧肌内注射硫酸庆大霉素 4 万 U（1mL）。注射后 24、48 及 72h 观察并测量注射点皮肤红肿及坏死区的大小。坏死区直径 1.0cm 左右为皮肤坏死毒素产生（DNT）阳性，小于 0.5cm 为可疑，无反应或仅红肿为阴性。可疑必须复试。阳性株对照的坏死区直径应大于 1.0cm，阴性株及马丁肉汤对照应均为阴性。

附　培养基的配制

(一) 血红素呋喃唑酮改良麦康凯琼脂（HFMA）培养基配制方法

1. 基础琼脂

蛋白胨	2%
氯化钠	0.5%
琼脂粉	1.2%
葡萄糖	1.0%
乳糖	1.0%
三号胆盐（Oxoid）	0.15%
中性红	0.003%（1%水溶液 3ml/L）
蒸馏水	加至 1 000mL

加热溶化，分装。110℃，20min 灭菌，pH 为 7.0～7.2。培养基呈淡红色。贮存于室温或 4℃冰箱备用。

2. 添加物

1%呋喃唑酮二甲基甲酰胺溶液	0.05mL/100mL（终浓度为 5μg/mL）
10%牛或绵羊红细胞裂解液	1mL（终浓度为 1∶1 000）

4℃冰箱备用。呋喃唑酮二甲基甲酰胺溶液临用时加热溶解。

3. 配制方法　基础琼脂水浴加热充分溶化，冷到 55～60℃，加入呋喃唑酮二甲基甲酰胺溶液及红细胞裂解液，立即充分摇匀后倒平皿，干燥后使用，或贮于 4℃冰箱 1 周内使用。防霉生长可加入两性霉素 B 10μg/mL 或放线酮 30～50μg/mL。对污染较重的鼻腔拭子，可再加大观霉素 5～10μg/mL（活性成分）。

4. 用途　用于鼻拭子分离猪支气管败血波氏杆菌。

(二) 新霉素洁霉素血液马丁琼脂（NLHMA）培养基配制方法

1. 成分

马丁琼脂	pH 7.2～7.4
脱纤牛血	0.2%
硫酸新霉素	2μg/mL
盐酸洁霉素（林可霉素）	1μg/mL

2. 配制方法　马丁琼脂水浴加热充分溶化，冷至约 55℃加入脱纤牛血、新霉素及洁霉素，立即充分摇匀，倒平板。干燥后使用，或贮于 4℃冰箱 1 周内使用。

3. 用途　用于鼻拭子分离产毒素多杀性巴氏杆菌。

(三) 绵羊血改良鲍姜琼脂培养基配制方法

1. 马铃薯浸出液

白皮马铃薯（去芽，去皮，切长条）　500g

甘油蒸馏水（热蒸馏水 1 000mL，甘油 40mL，甘油的终浓度为 1%）

洗净去皮的马铃薯条加入甘油蒸馏水，119～120℃加热 30min，不要振荡，倾出上清液使用。

2. 琼脂液

氯化钠	16.8g（终浓度为 0.6%）
蛋白胨	14g（终浓度为 0.5%）

琼脂粉	33.6g（终浓度为1.2%）
蒸馏水	加至2 100mL

加热溶解30min即为琼脂液。

3. 配制方法　琼脂液制备好以后立即加入马铃薯浸出液的上清液700mL（二者比例为3∶1）。混合，继续加热溶化，四层纱布过滤，分装，116℃ 30min，冷至55℃加入脱纤绵羊血，立即充分混合，勿起泡沫，制成斜面管或倒平板，置4℃冰箱1周后使用为佳。

4. 用途　用于猪支气管败血波氏杆菌的纯培养及菌相鉴定。

第五节　禽类传染病

一、鸡新城疫

鸡新城疫（Newcastle disease，ND）又称亚洲鸡瘟，是由新城疫病毒（NDV）引起的一种主要侵害鸡、火鸡、野禽及观赏鸟类的高度接触传染性、致死性疾病。对该病确诊要进行病毒分离和鉴定，也可通过血清学诊断来判定。

[新城疫病毒的分离鉴定]

采集病、死鸡气管、支气管、肺、肝、脾、粪便、肠内容物、泄殖腔拭子或喉气管拭子作为病毒分离的样品。病料研磨后加入生理盐水，稀释成10%的悬液，低速离心后取上清，加入双抗（青霉素2 000U/mL、链霉素2mg/mL），4℃孵育过夜。取处理好的病料悬液接种4～5个9～10日龄的SPF鸡胚，以尿囊腔接种每胚0.2mL。接种后的鸡胚在37℃继续孵育，收集接种后24～72h的死胚和垂死胚的尿囊液作血凝试验（HA）。若尿囊液血凝试验阳性，表明分离到有血凝性的病毒；然后用标准新城疫阳性血清进行血凝抑制试验（HI），可确诊分离的病毒是否是新城疫病毒。

[微量HA和HI试验]

（一）微量血凝试验（HA）

在V型血凝板的每孔中滴加生理盐水或PBS（pH 7.0～7.2）0.05mL，共3排；将抗原（分离增殖的病料）滴加于第1列孔，每孔0.05mL，然后由左至右顺序倍比稀释至第11列孔，再从第11列孔各吸0.05mL弃之，最后一列不加抗原作为对照；于每孔中加入1%红细胞悬液0.05mL，置微型振荡器上振荡1min；置37℃ 15～20min，以出现完全凝集的抗原最大稀释度为该抗原的血凝滴度，以平均值表示结果。

以红细胞凝集50%的最高稀释度，作为判定血凝价的终点，即一个血凝单位（U）。表13-36表明该新城疫病毒的血凝价为2^9。则4U=2^7（即128×），8U=2^6（即64×）。

特别要指出的是仅凭血凝结果不能说明病料中含有新城疫病毒，因为具有血凝性的病毒还包括禽流感病毒、减蛋综合征病毒（腺病毒）等。因此，分离到的病毒若出现血凝性，需与NDV的阳性抗体进行HI试验，若其血凝性能被该已知抗体所抑制，才能判定分离到的病毒为新城疫病毒。

表 13-36　血凝试验（HA）

孔号	1	2	3	4	5	6	7	8	9	10	11	对照
稀释倍数	2	2^2	2^3	2^4	2^5	2^6	2^7	2^8	2^9	2^{10}	2^{11}	
生理盐水（μL）	50	50	50	50	50	50	50	50	50	50	50	50
病毒抗原（μL）	50	50	50	50	50	50	50	50	50	50	50	弃 50
1%红细胞（μL）	50	50	50	50	50	50	50	50	50	50	50	50
立即振荡 2min 左右，静置 20～30min												
结果	++++	++++	++++	++++	+++	+++	+++	++	++	+	−	−

（二）微量血凝抑制试验（HI）

以 4 个 HA 单位（即 4U）的抗原进行 HI 试验。

第 1 孔加入 8 个单位的病毒抗原液 0.05mL，从第 2 孔至 11 孔，每孔 4 个单位病毒抗原液 0.05mL。用移液器吸被检血清 0.05mL 放入第 1 孔，混匀后吸 0.05mL 放入第 2 孔，依次倍比稀释至第 11 孔，吸 0.05mL 弃去，12 孔不加病毒设为血清对照；置 37℃下作用 20min。用移液器滴加 0.05mL 红细胞悬液于各孔中，振荡混合后在 37℃下静置 15min，判定结果。每次测定应设已知滴度的标准阳性血清对照（表 13-37）。

表 13-37　血凝抑制试验

孔号	1	2	3	4	5	6	7	8	9	10	11	对照
8U 抗原（μL）	50											
4U 抗原（μL）		50	50	50	50	50	50	50	50	50	50	50
被检血清（μL）	50	50	50	50	50	50	50	50	50	50	50	弃 50
室温静置 10min												
1%红细胞（μL）	50	50	50	50	50	50	50	50	50	50	50	50
立即振荡 2min，静置 20～30min												
结果	−	−	−	−	−	+	++	++	+++	++++	++++	++++

血凝抑制试验结果判定：在对照出现正确结果的情况下，以抑制 50%红细胞凝集的最大稀释度为该血清的 HI 滴度。

鸡群 HI 滴度的高低在一定程度上反映了免疫保护水平的高低。鸡群 HI 滴度离散度较小时，而 HI 滴度较高，其保护水平也高。HI 滴度在 2^6～2^{10} 的鸡群保护率达 90%～100%，蛋鸡 HI 滴度在 2^8 以上，可以保护鸡群不感染。若鸡群有 10%左右鸡出现 2^{11} 或以上的 HI 滴度，说明鸡群已发生新城疫强毒的感染。

[血清中和（SN）试验]

SN 可以在鸡胚、细胞培养或易感鸡中进行。方法是在鸡新城疫阳性血清中，加入一定量的待检病毒，两者混合均匀后，接种 9～11 日龄的 SPF 鸡胚或鸡胚成纤维细胞或有易感性的鸡，并设不加阳性血清的病毒对照。结果注射阳性血清和待检病毒混合材料的鸡胚或鸡不死亡，鸡胚成纤维细胞无病变，而对照组死亡或细胞培养出现病变，则可判定待检材料中含有新城疫病毒。

［酶联免疫吸附试验］

酶联免疫吸附试验（ELISA）是将抗原或抗体吸附在固相载体上，用酶标记的抗原抗体反应在固相表面上进行，通过显色反应来检测抗原或抗体的方法。目前，ELISA 法是使用最多同时也是发展最快的用来检测 NDV 抗原抗体的技术。

以夹心 ELISA 法检测鸡新城疫病毒为例，介绍其检测方法。

（一）材料

1. 抗体 1（IgG_1）　用 NDV 弱毒苗滴鼻或多次注射健康鸡，采血并经提取纯化制得。

2. 抗体 2（IgG_2）　用 NDV 弱毒苗多次注射健康家兔，采血并经提取纯化制得。

3. 山羊抗兔酶标记抗体（E-Ab）　可以商品化购买。

4. 阳性对照抗原、阴性对照抗原

5. 被检组织 Ag　取可疑病鸡气管，研磨后用保温液稀释成 1∶20～1∶10。

6. 包被液（0.025mol/L pH 9.6 碳酸盐缓冲液）

7. 洗涤液　pH 7.4 0.05%吐温-20（Tween-20）的 PBS。

8. 保温液　0.5% BSA 洗涤液。

9. 底物液　TMB-过氧化氢尿素溶液。

10. 终止液　2mol/L H_2SO_4。

（二）方法

1. 包被 Ab_1　IgG_1 用 pH 9.6 0.05M 碳酸盐缓冲液稀释成一定浓度。用微量吸液器吸取稀释好的 IgG 加入滴定板内，100μL/孔。加盖后，置 37℃ 1h 取出放 4℃冰箱，或直接放入 4℃冰箱过夜。

2. 洗涤　次日从冰箱中取出滴定板，甩干内容物，用滴管向孔内加入洗涤液，静置 3min，甩干，再加洗涤液，如此泡洗 3 次，最后一次甩干后，将板孔朝下放在滤纸上反复拍打干净。

3. 加被检样品　100μL/孔，每个样品加 2 孔，对照孔分别加阳性对照 Ag、阴性对照 Ag 和保温液，100μL/孔，置 37℃，30min。

4. 洗涤　同上。

5. 加 Ab_2　用保温液将 Ab_2 稀释成一定浓度，置 37℃，30min。

6. 洗涤　同上。

7. 加 E-Ab　用保温液将 E-Ab 稀释成一定浓度，100μL/孔，置 37℃，30min。

8. 洗涤　同上。

9. 加底物溶液　加入新鲜配制底物溶液，100μL/孔，室温避光静置 15～20min。

10. 终止反应　每孔加终止剂 50μL（一滴），室温 5min，终止反应。

(三) 结果判定

1. 目测 被检孔颜色比正常对照孔明显深者或接近阳性对照孔以及相同者判为阳性，否则判为阴性。

2. 比色测定 OD 值>0.4 以上，P/N 值>2.0 以上者为阳性，只具其一，或 OD 值在 0.2～0.4 之间者为可疑；OD<0.4，P/N 值<0.2 者为阴性。

[胶体金检测方法]

免疫胶体金技术是指以胶体金为标记物，应用于免疫组织化学及免疫分析中，对细胞或某些标本中的多糖、糖蛋白、蛋白质、多肽、激素和核酸等生物大分子进行定位及定性检测的一种免疫学技术。目前该技术已广泛应用于动物疫病病原和抗体的检测，是检测速度最快、最有前景的一种检测方法。

胶体金检测技术实际上是免疫金标记技术和抗原抗体反应相结合而形成的一种应用形式，相比 ELISA，除标记物不同外，同样属于抗原抗体反应。此种检测方法具有明显的优点：使用方便，不需经过特殊培训；短时间获得检测结果，一般 10～15min；运输方便，易保存；检测标本种类多，可用于血液、尿液或粪便等的检测。

(一) 胶体金免疫层析试纸条的构成

胶体金免疫层析试纸条主要由以下几部分组成：样品垫、金标结合垫（金标垫）、层析膜、吸收垫、背衬及应用于试纸条上的各种试剂，根据下述示意图依次层叠起来组成（图 13-26）。要研制开发一种性能优良的免疫层析试纸条，必须根据所要达到的指标和产品性能（敏感性、特异性、检测时间、检测模式、稳定性等）来合理地选择所需的材料，其中以层析膜和金标结合垫最为重要。

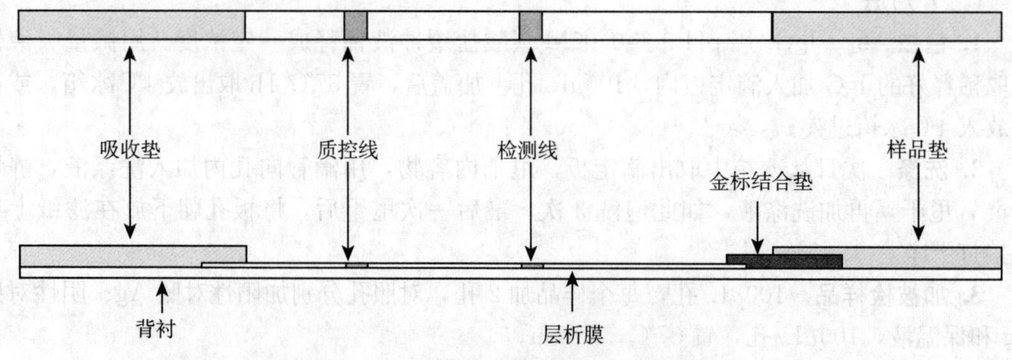

图 13-26 胶体金免疫层析试纸条构成图

（彭伏虎，2008）

(二) 以双抗体夹心法为例介绍检测新城疫病毒的基本原理

如图 13-27 所示：金标为鼠源抗 ND 单克隆抗体（抗体 1）与胶体金的复合物，检测线包被另一 NDV 抗体（抗体 2），质控线包被羊抗鼠多克隆抗体。当待检样品中含有一定量的 NDV 时，样本通过层析作用到达金标垫位置，NDV 和金标抗体发生反应，再层析到检测线位置，与检测线的另一 NDV 抗体发生反应，形成双抗体夹心复合物（金标记抗体—抗原—包被抗体），这样就把金标记抗体通过 NDV 桥连到检测线上，达到一定量后，金标显色为肉眼可见的水平，多余的金标抗体继续泳动到质控线位置，与质控线二抗发生反应，形成复合物（金标记抗体—二抗），聚集并产生肉眼可见的红色条带，这样就得到阳性结果。样品中不含 NDV 时，金标和检测线抗体不发生反应，而质控线则显色，这样就得到了阴性结果。当检测线和质控线均不显色时，表示试纸条无效。

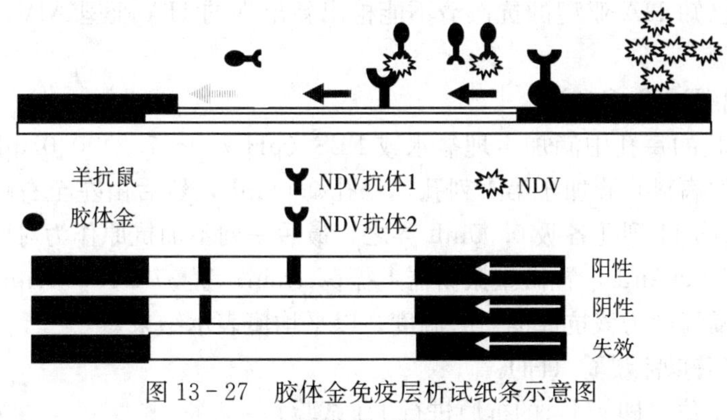

图 13-27　胶体金免疫层析试纸条示意图
（彭伏虎，2008）

[其他方法]

检测新城疫病毒的其他方法还有荧光抗体法、反转录-聚合酶链式反应技术、核酸探针技术等，在实际检测过程中可以和其他方法配合使用，以便提高实验室检测结果的准确性。

二、禽流感

禽流感（avian influenza，AI）是由 A 型流感病毒引起的一种禽类的烈性传染病。禽流感的实验室诊断主要有以下几种方法。

[病毒的分离鉴定]

无菌操作法采集的病料（气管及内脏等）经处理（与新城疫的样品处理类似）后接种 9～11 日龄鸡胚，收取尿囊液测定血凝活性，若为阴性则应继续盲传 2～3 代。取具有血凝活性尿囊液对应鸡胚的尿囊膜制备琼扩抗原，然后用免疫扩散等方法来检测特异核心抗原—核蛋白（NP）或基质蛋白（M），再用血凝抑制试验和神经氨酸酶抑制试验鉴定 A 型流感病毒亚型。分离鉴定的同时，进行致病力测定，确定毒力强弱。

病毒的分离鉴定方法对禽流感的诊断非常准确，但操作程序繁琐、耗时费力。

[血凝（HA）和血凝抑制（HI）试验]

HI 试验是 WHO 进行全球流感监测所采用的普及方法。当检测出具血凝素活性的样品后，需要用已知阳性血清进行 HI 试验来验证，并据此确定其亚型，也可用 HI 试验来测定和定量感染后或注射疫苗后的特异性血清抗体。HI 试验是通过特异性抗体与相应亚型的 AIV 作用后，封闭了其血凝素的活性而抑制了 HA 现象。我国哈尔滨兽医研究所已经制备了所有 H_1～H_{15} 和 N_1～N_9 的标准诊断及分型抗原和血清，为我国禽流感病毒株的分离和鉴定工作奠定了良好的基础。HA 和 HI 试验简便快速、特异性好，是亚型鉴定的常用方法，但用已知 HA 亚型的抗血清不能检出新出现的 HA 亚型 AIV，此时可以采用琼脂凝胶扩散试验。

（一）微量血凝试验（HA）

在 V 型血凝板的每孔中滴加生理盐水或 PBS（pH 7.0～7.2）0.05mL，共 3 排；将抗原（分离增殖的病料）滴加于第 1 列孔，每孔 0.05mL，然后由左至右顺序倍比稀释至第 11 列孔，再从第 11 列孔各吸 0.05mL 弃之，最后一列不加抗原作为对照；于每孔中加入 1%红细胞悬液 0.05mL，置微型振荡器上振荡 1min；置 37℃15～20min，以出现完全凝集的抗原最大稀释度为该抗原的血凝滴度，以平均值表示结果。

（二）微量血凝抑制试验（HI）

以 4 个 HA 单位（即 4U）的抗原进行 HI 试验。

第 1 孔加入 8 个单位的病毒抗原液 0.05mL，从第 2 孔至 11 孔，每孔 4 个单位病毒抗原液 0.05mL。用移液器吸被检血清 0.05mL 放入第 1 孔，混匀后吸 0.05mL 放入第 2 孔，依次倍比稀释至第 11 孔，吸 0.05mL 弃去，12 孔不加病毒设为血清对照；置 37℃下作用 20min。用移液器滴加 0.05mL 红细胞悬液于各孔中，振荡混合后在 37℃下静置 15min，判定结果。每次测定应设已知滴度的标准阳性血清对照。

血凝抑制试验结果判定：在对照出现正确结果的情况下，以完全抑制红细胞凝集的最大稀释度为该血清的 HI 滴度。

结果判定时，标准阳性血清符合要求，试验结果才有效。一般以 HI 滴度小于或等于 2^2，判为 HI 试验阴性；HI 滴度等于 2^3，判为可疑，此时重复一次，若 HI 滴度仍等于 2^3，判为阳性；HI 滴度大于或等于 2^4，判为 HI 试验阳性。

［琼脂凝胶扩散试验］

琼脂凝胶扩散试验（AGID）是用来检测 A 型流感病毒群特异性血清抗体即抗核蛋白（NP）和基质蛋白（MP）抗体的一项试验，AGID 最常用的方法是免疫双扩散（IDD）。另外，还有免疫单辐射扩散试验（SRD）和对流免疫电泳（CIE）。其中 SRD 可对抗体进行定性或定量检测。而 CIE 相对而言则较为敏感，操作简单，所需时间最短，1h 即可出结果。李海燕等用 0.5g/mL 的 NP－40 处理病毒蛋白作为 AGID 试验用抗原，能检出 AI 各型阳性血清，而与 ND、MD、IB 等 15 种其他鸡的疫病阳性血清均无交叉反应。也有人用 AIV 核蛋白作为抗原进行 AGID 试验，并取得了良好效果。赵增连等在琼脂板中加入 3%的 PEG－6000，AGID 的敏感性有所提高，且更加快速省时。

[病毒中和试验]

由于能中和病毒的抗体是针对病毒囊膜的，因此，病毒中和试验（VNT）与HI试验结果相似。通过在鸡胚尿囊液的血凝活性或细胞培养的血细胞吸附作用，能使不出现HA活性或细胞吸附作用的最高稀释度即为血清中和抗体滴度。鸡胚死亡或呈现HA活性或两者同时呈现，表示鸡胚感染AIV。该试验临床上几乎不用，但在病毒鉴定中仍作为一种经典方法，许多新的检测方法都要以其为标准来进行比较。

[酶联免疫吸附试验]

酶联免疫吸附试验（ELISA）具有无可比拟的敏感性。1974年Jennings等首先用ELISA方法对流感病毒免疫后抗体产生规律进行监测。Abraham等（1986）报道了ELISA抗原快速提纯法，大大增强特异性抗原的免疫及吸附性结合，还可使抗原用量大大减少。2000年我国哈尔滨兽医研究所用通过杆状病毒在昆虫细胞中表达的禽流感NP蛋白应用于ELISA诊断技术，具有用量少灵敏性高，并可在微克的基础上检测出禽流感病毒的抗体。用表达的AIV重组核蛋白和单克隆抗体建立的间接ELISA和竞争ELISA诊断方法已用于检测抗A型AIV的核蛋白抗体，这两种方法具有较高的敏感性和特异性，且间接ELISA已研制出试剂盒。Skosihalli建立了用于AIV快速诊断的抗原捕捉酶联免疫吸附试验——双夹心ELISA。我国建立的AI间接ELISA和AI抗体斑点ELISA诊断技术，既可用于早期诊断，又可用于抗体的监测。以夹心ELISA为例，介绍检测AIV抗原的方法。

（一）鸡抗AIV和兔抗AIV高免血清的制备

鸡抗AIV和兔抗AIV高免血清可以购买，也可以自己制备。具体方法是：将禽流感病毒HB株（H_9N_2亚型）种毒用灭菌生理盐水作2倍稀释后，加双抗，在4℃作用12h；低速离心，取上清通过尿囊腔接种10日龄SPF鸡胚，37℃温箱孵育，收获48～96h内死亡鸡胚尿囊液及96h的活胚尿囊液；经30 000r/min超速离心1h，弃上清，沉淀用浓缩前尿囊液1/30体积的0.01mol/L pH 7.2的磷酸盐缓冲液重悬，所得重悬液作为免疫原的水相，与等量弗氏完全佐剂（第一次）和弗氏不完全佐剂（以后各次）混合后分3～4次免疫鸡或兔。最后一次免疫后10d采血，测定效价，并将血清用饱和$(NH_4)_2SO_4$和G-200纯化后备用。

（二）夹心ELISA操作过程

1. 按常规方法纯化鸡抗AIV高免血清和兔抗AIV高免血清。

2. 以纯化的鸡抗AIV IgG（Ab_1）作一定稀释后包被ELISA反应板，100μL/孔。置37℃、1h，或4℃冰箱过夜。

3. PBST洗涤3次，每次3min。

4. 每孔加0.5%BSA 100μL，37℃，30min。

5. 加用稀释液稀释的被检样品，同时设用保温液稀释的阳性、阴性和空白对照，均为 100μL/孔，置 37℃，30min。

6. 洗涤，与（2）相同。

7. 加用稀释液作一定倍数稀释的纯化兔抗 AIV IgG（Ab_2），100μL/孔，37℃，30min。

8. 洗涤，与（2）相同。

9. 加用稀释液作一定倍数稀释的山羊抗兔辣根过氧化物酶标记抗体，100μL/孔，置 37℃，30min。

10. 洗涤，与（2）相同。

11. 加底物溶液，100μL/孔，室温避光反应 5～15min。

12. 每孔加终止剂，50μL，室温下 5min，终止反应。

13. 用空白孔调零，测 450nm 波长下的 OD 值。

结果判定，阳性对照孔 OD 值≥0.2，阴性对照孔 OD 值＜0.2，为试验结果正确，若被检样品孔 OD 值＜0.2，为阴性；被检样品孔 OD 值≥0.2，为阳性。

[胶体金检测方法]

胶体金检测方法已广泛应用于动物疫病病原和抗体的检测，是检测速度最快、最有前景的一种检测方法，其基本原理见新城疫部分。这里以检测禽流感病毒抗原为例，介绍禽流感病毒通用型胶体金检测原理及方法。

如图 13－28 所示，AIV 快速检测试纸条由样品垫、金标垫、硝酸纤维素膜（NC 膜）、吸水垫依次黏附于 PVC 底板上组成。NC 膜上包被有鸡抗 AIV IgG 和羊抗鼠 IgG，分别作为检测线（T）和质控线（C）；金标垫上涂覆有固态化的金标抗 AIV－NP 单抗作为示踪物。向样品垫滴加样品后，样品在毛细管作用下向前泳动，当泳动至金标垫时，固态化的金标抗 AIV－NP 单抗迅速溶解释放，一起向前泳动至 T 线，若样品中含有 AIV，

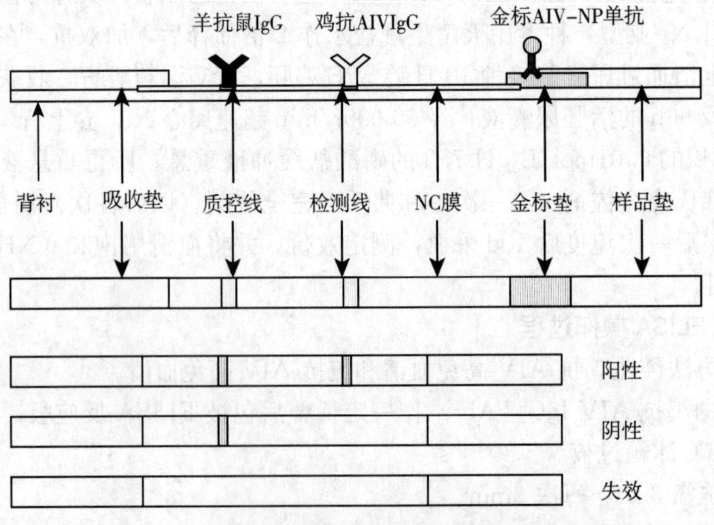

图 13－28　禽流感通用型胶体金免疫层析试纸条示意图

（彭伏虎，2008）

金标抗 AIV－NP 单抗与 AIV 复合物与包被于 NC 膜上的鸡抗 AIV IgG 形成金标抗 AIV－NP 单抗－AIV－鸡抗 AIV IgG 复合物而被截获，在 T 线形成红色条带，部分金标单抗穿过 T 线被包被于 C 线的羊抗鼠 IgG 截获，形成红色条带，即判为阳性反应；反之，若样品中不含有 AIV，金标抗 AIV－NP 单抗与包被于 NC 膜上的鸡抗 AIV IgG 不能形成免疫复合物，而穿过 T 线被 C 线截获，形成红色条带，判为阴性反应；若两条线均未出现，则表明试纸条已失效。

需要注意的是，通过以上方法检测的结果只能说明是否是禽流感病毒，若要知道具体是哪个亚型，必须通过 HA 和 HI 试验或将胶体金检测方法中的金标 AIV－NP 单抗换成金标 AIV－HA 单抗。

[分子生物学诊断技术]

近几年发展起来的 RT－PCR 分子诊断技术，具有高度的敏感性和特异性，并可大大缩短 AIV 的检出时间，克服了传统的 AI 诊断技术病毒分离鉴定试验周期长的缺点，为 AI 早期快速诊断提供了敏感、快速、适用的方法。现已建立了可以直接从临床病料的感染组织中检测 AIV 的 RT－PCR 诊断技术（刘明等，2000），可用于所有亚型 AIV 感染的早期快速诊断。刘泽文等（2002）根据 AIV 的 NP 基因，设计并优化了检测禽流感核酸的逆转录套式 PCR 法，能够用于检测所有亚型的 AIV 核酸；Taisuke 等采用 RT－PCR 方法快速地测定 HA 裂解位点基因，用于强毒或弱毒感染鸡的病料检测时，发现 RT－PCR 均能检出 HA 基因，甚至对那些用标准方法从鸡胚中检测病毒阴性的病料仍能检测出 HA 基因。结合 HA 裂解位点的序列分析，这种 RT－PCR 方法是用于评价 AIV 致病潜力的理想方法。黄庚明等（2001）用 PCR 技术制备了核蛋白基因片段（NPC）的地高辛标记 cDNA 探针，建立并优化了检测 AIV 的探针杂交法。

三、鸡传染性法氏囊病

传染性法氏囊病（infectious bursal disease，IBD）是由传染性法氏囊病毒（IBDV）引起的一种急性、接触传染性疾病，以法氏囊发炎、坏死、萎缩和法氏囊内淋巴细胞严重受损为特征，从而引起鸡的免疫机能障碍，抑制免疫应答，是目前养禽业最重要的疾病之一。

[双向琼脂扩散试验]

本法又称为琼脂凝胶扩散（AGP），是检测血清中特异性抗体或法氏囊组织中病毒抗原的最常用诊断方法。

（一）原理

琼脂是一种含有硫酸基的多糖体，100℃时能溶于水，45℃以下凝固形成凝胶。琼脂凝胶呈多孔结构，孔内充满水分，其孔径大小决定于琼脂浓度。1％琼脂凝胶孔径为

85nm，允许大分子物质（分子量十几至几百万以上）自由通过。由于大多数可溶性 Ag、Ab 分子量都在 20 万以下，所以它们在琼脂或琼脂糖（琼脂纯化产物）凝胶中几乎可以自由扩散，因此，琼脂或琼脂糖成为免疫沉淀技术最常用的基质材料。

所谓琼脂扩散指可溶性 Ag 与 Ab 在含有电介质的半固体（1%）琼脂内进行自由扩散，当 Ag 与 Ab 由高浓度部位向低浓度部位扩散，二者相遇时，如果二者对应且比例适当，则可在相遇处形成白色沉淀线，为阳性反应。沉淀物在凝胶中可长时间保持固定位置，不仅便于观察，而且可以染色保存。另外，沉淀带对于组成它的 Ag、Ab 具有特异地不可透过性，而对其他的 Ag 和 Ab 是可透过的，所以一条沉淀带即可代表一种 Ag - Ab 系统的沉淀物。若两种一致的抗原或抗体从两个不同的孔扩散，当与从第三个孔扩散的它们的抗体或抗原反应时，彼此将以一定的角度形成融合的沉淀线（一致的反应，图 13 - 29）。在同样条件下，两种无共同决定簇的抗原与它们的抗体（混合放在中心孔）反应时，彼此将以一定的角度形成两条交叉的沉淀线（非同一性反应，图 13 - 29）。在部分一致的情况下，上述两种情况都可能出现，即形成部分交叉和部分融合的沉淀线（图 13 - 29）。

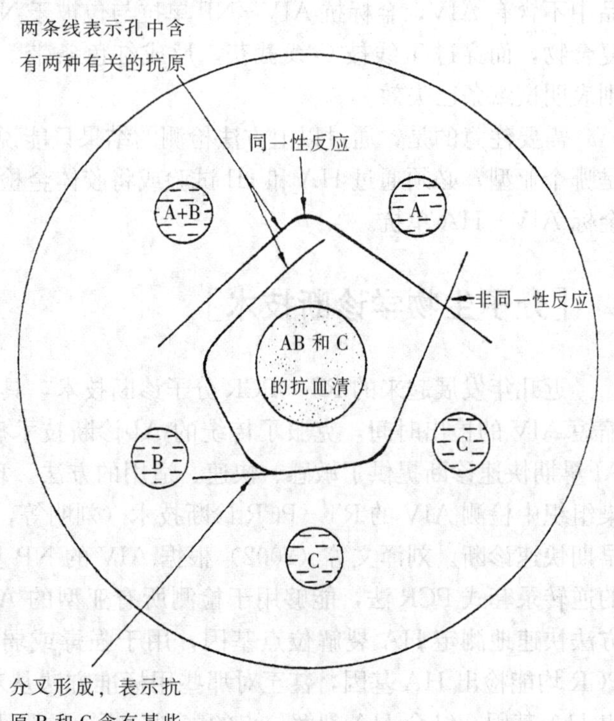

图 13 - 29　双向琼脂扩散试验

(二) 应用

1. 法氏囊病毒抗原的检测

(1) 受检抗原　采取受检鸡法氏囊，研磨后加生理盐水（1∶1）制成组织悬液，3 000r/min离心 10min，取上清液备用。

(2) 标准抗原　可以直接购买。

(3) 标准阳性血清　法氏囊标准阳性血清可以制备也可以直接购买。前者可以采用标准毒株按一般免疫程序免疫鸡 3～4 次，最后一次免疫结束后采集鸡的血清，测定抗体滴度，若能与标准 Ag 在 24h 内出现明显致密沉淀线则视为合格。

(4) 琼脂凝胶板　称取琼脂糖 1.0g、NaCl 8.0g 装入三角烧瓶，用蒸馏水定容至 100mL，煮沸溶解。趁热倒入平皿内（勿有气泡），使成约 3mm 厚的琼脂凝胶，待冷却凝固后，按七孔形打孔，即中央 1 孔、周围 6 孔，中央孔与外周孔边缘距离均为 3～4mm，打完孔后，将平皿置酒精火焰上稍加热封底，以防加样后从孔底漏掉。

方法：

（1）加样　按图 13－30 中央孔加已知标准 Ab＋，外周孔（2、3、5、6 孔）加被检 Ag（?）及标准对照 Ag（Ag＋、Ag－）（1、4 孔）；加样后盖上皿盖，倒放，置 37℃扩散 18～24h 或室温放置 24～72h，逐日观察。

（2）判定

阳性：标准阳性对照孔之间有明显的沉淀线时，受检孔与中央孔之间形成沉淀线并与对照沉淀线融合，或阳性对照孔沉淀线向毗邻的受检孔内侧偏弯者，受检孔判为阳性；

阴性：受检孔与中央孔之间无沉淀线，或阳性对照孔沉淀线向毗邻的受检孔直伸或向其外侧偏弯者，受检孔判为阴性。

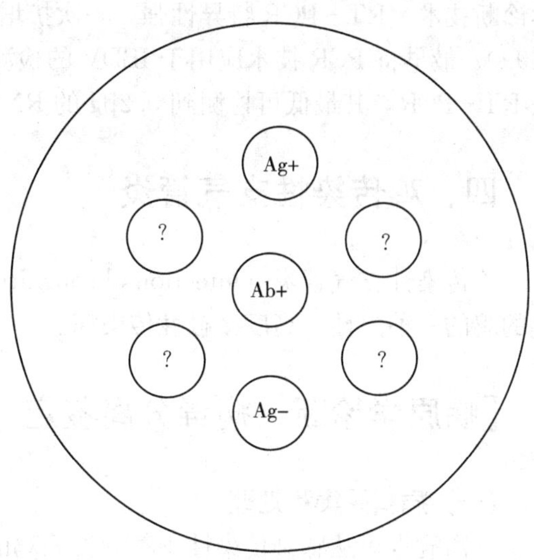

图 13－30　双向琼脂扩散示意图

2. 法氏囊病毒抗体的检测　法氏囊病毒抗体的检测与抗原检测类似，只是将图 13－33 中的中间孔换成标准阳性抗原，外周孔（2、3、5、6 孔）加被检 Ab 及标准对照 Ab（1、4 孔）；如若测定抗体效价，则中央孔加已知抗原，外周孔分别加入 2^0、2^1、2^2、2^3、2^4、2^5…稀释的被检抗体，以出现沉淀线的血清最高稀释度作为该抗体的琼脂扩散效价。该方法一般用于母源抗体或免疫后抗体的检测，为免疫时间提供参考。

［酶联免疫吸附试验］

酶联免疫吸附试验（ELISA）特异性和敏感性好，适用于大规模检测，是目前临床上广泛采用的检测 IBD 的方法，包括间接法和双夹心法。间接法主要用于测定 IBDV 的抗体，其主要原理是将纯化后的病毒包被于固相载体上，然后加入被检抗体，再加入酶标记的抗体，反应一段时间后加入相应底物，通过显色来判定抗体效价。王桂枝等从抗 IBDV 高免蛋黄液中提取 IgG，用作包被抗体和酶标记，建立了检测 IBDV 的双抗体夹心法 ELISA。

［荧光抗体技术］

取病鸡的法氏囊组织作触片或冰冻切片，利用特异性的荧光抗体染色处理后进行镜检。根据荧光可以判定病毒感染的程度和部位。

［IBDV 分子生物学检测方法］

在 IBDV 的分子生物学检测方法中，RT－PCR 是应用最广泛并且最成功的分子生物学诊断技术。RT-PCR特异性强，一次扩增一般就可以检测出样品中的IBDV。Davis等（1990）最早将PCR技术应用于IBDV的检测，KatariaR S等（2001）建立了优化的一步法RT-PCR，其最低可检测到0.2pg的RNA。

四、鸡传染性支气管炎

鸡传染性支气管炎（infectious bronchitis，IB）是由传染性支气管炎病毒（IBV）引起的鸡的一种急性、高度接触性传染病。

[病原学诊断（病毒分离鉴定）]

（一）病料采集和处理

分离病毒可从感染传染性支气管炎病鸡的气管、支气管和肺等部位采集病料，采集病料的时间最好在感染后2周内，否则就不容易从这些部位分离获得病毒，这时可以采集盲肠扁桃体作为病料，因为病毒在肠道内清除的速度较其他部位慢。对于不同类型的鸡传染性支气管炎病毒，可视临床发病情况选取肺、肾脏、输卵管等不同部位作为病料。试验性感染鸡可在感染后12～49d内发现病毒，分离时间越早，分离成功率越高。病料组织应无菌采取，用灭菌组织研磨器处理后，稀释或悬浮于每毫升含1 000U青霉素和1 000U链霉素pH 7.2的缓冲盐水中，并置室温感作30min，也可用硫酸庆大霉素，用量为每mL含100～200μg。病料要尽快进行病毒分离，否则要进行低温冷冻保存。

1. 气管的处理 将气管样品横向剪成1～2mm宽的小块，最好研磨后放入无菌的离心管中，加3mL含有抗生素的缓冲盐水，振荡3min，在室温静置10min，取上清用于病毒分离。

2. 气管黏液的处理 剪下整个气管，平放于无菌的平皿表面，用剪刀纵向剪开气管，用刮刀刮下气管内的黏液。将黏液放进含有0.5mL抗生素缓冲盐水中，振荡30s，2 000r/min离心5min，上清可用于病毒分离。

3. 组织的处理 将病鸡肺、肾、输卵管或盲肠扁桃体等组织经研磨器磨成匀浆，用含有抗生素的缓冲盐水制成10%乳剂。2 000r/min离心5min，上清可用于病毒分离。

4. 泄殖腔棉拭子的处理 将泄殖腔棉拭子放入无菌试管内，加适量含抗生素的缓冲盐水，反复摇动，静置后可取液体用于病毒分离。

（二）病毒分离

传染性支气管炎病毒可在鸡胚、气管环组织和鸡肾细胞培养中生长，初次分离最好在鸡胚中进行。

1. 鸡胚培养 经尿囊腔内接种0.2mL上述上清液于9～11个SPF鸡胚。每日照蛋1次，24h内死亡鸡胚弃掉，2～7d内死亡的鸡胚可能为病毒致死。取接种后2～7d鸡胚5个，置4℃，18～24h后收获尿囊液（作为盲传的第1代）。因为初次分离的IBV一般不引起鸡胚死亡或可见的病变。盲传第1代的鸡胚尿囊液在缓冲盐水中做2倍稀释，按前述方法再接种9～11日龄鸡胚盲传第2代，盲传最少应连续传3代（少数传染性支气管炎毒株需 6～7 代才可适用于鸡胚)，最后一次传代后，在第 7d 时打开鸡胚进行检查，与同日龄的鸡胚作比较检查，如果鸡胚有下述的一部分或全部病灶，则可认为已分离出传染性支气管炎病毒。

(1) 胚蜷缩，脚压在头部以上。

(2) 矮小，胚可能只有正常胚的 1/3 大小。

(3) 羊膜增厚。

(4) 羽毛发育不正常或杆状羽毛。

(5) 肾脏肿大且有尿酸盐沉积。

蜷缩被认为是最具特征的病变，一般只是引起胚矮小。具体情况需要根据病史、临床症状和病理变化来对毒株进行综合判定。

2. 气管环组织培养 鸡气管组织培养的优点是那些不适应鸡胚的传染性支气管炎野毒，在气管组织培养第 1 代即可产生纤毛止动效应，而不需要多次传代。

方法是：取 18～20 日龄的鸡胚制备气管组织培养物，在 Eagle's - HEPES 培养液中，置 37℃的转瓶（15r/h）中培养。接种后 24～48h，可见气管环组织培养的纤毛运动停止。该方法存在一些缺点，首先制备和维持气管组织培养需要细胞培养和设备。另外，对分离出的野毒尚需进行鉴别和检测，因为在接种 3d 后，新城疫和传染性支气管炎病毒均可产生纤毛止动效应，为此需作出二者的鉴别。

3. 细胞培养 细胞培养一般不作传染性支气管炎病毒的初次分离使用，因为传染性支气管炎病毒在做细胞培养之前，需要先适应鸡胚。

（三）病毒鉴定

1. 理化特性 传染性支气管炎病毒有囊膜，螺旋对称，病毒粒子呈多形态性，直径 80～120nm，56℃经 15min 可被灭活。传染性支气管炎病毒可被脂溶剂如乙醚或氯仿灭活。

2. 生物学特性 某些传染性支气管炎病毒经磷脂酶 C 处理后，可以凝集鸡的红细胞，其特异性的抗血清可抑制相应病毒的血凝性。

3. 传染性支气管炎病毒的鉴别 鸡胚典型传染性支气管炎病灶分离出的病毒接种鸡胚后，如能产生前述的传染性支气管炎典型病灶，结合其理化特性及生物学特性，则可对分离的病毒进行鉴定。

[血清学诊断方法]

中和试验和血凝抑制试验是目前用于传染性支气管炎病毒血清学分型的主要方法，琼脂扩散试验和 ELISA 可用于鉴定传染性支气管炎病毒，但不能用作传染性支气管炎病毒的血清学分型，其敏感性和特异性较差。

（一）琼脂扩散试验

将传染性支气管炎病毒接种鸡胚，收获尿囊膜或将尿囊液浓缩，即可作为琼扩抗原，用该抗原可以检测鸡血清中的抗体。中央孔放抗原，周边孔放被检血清，抗原与血清之间出现沉淀线时即为阳性反应。具体操作如下：

1. 试验准备

（1）IBV 标准阳性血清的制备　IBV 标准阳性血清可以直接购买，也可以制备，其方法是：将刚出壳的 SPF 雏鸡隔离饲养 4 周，接种标准毒株［如 Massachusetts 41（M41）］。接种途径为滴鼻、点眼或气管内注射。7～10d 后再免疫 1 次，10d 后采血分离血清，备用。

（2）IBV 标准抗原的制备　IBV 标准抗原可以直接购买，也可以制备，其方法是：将 IBV 病毒液 0.2mL，经尿囊腔接种 9～11 日龄 SPF 鸡胚，37℃下培养，24h 内的死胚弃去。收集接种 IBV 后 48～72h 的绒毛尿囊膜和鸡胚尿囊液。将绒毛尿囊膜制成匀浆，然后反复冻融 3～5 次，在 4℃下，10 000*g* 离心 30min，弃沉淀留上清备用。将尿囊液装入透析袋，用 PEG－20000 浓缩 10～20 倍，保存于－30℃备用。备用的抗原短期保存可在－20℃，长期保存加保护剂后冷冻干燥保存。

（3）琼脂板制备　与法氏囊病中琼脂板制备的方法相同。

2. 操作步骤　将制备好的琼脂板用打孔器打成梅花形孔。中间孔放入抗原，周边 1、3、5 孔加阳性血清，2、4、6 孔加待检血清，将平皿置于 37℃下，24～48h 内观察结果。

3. 结果与分析　如果标准抗原与标准抗体间出现条带，说明实验结果有效，否则实验失败。若待检血清孔与中间抗原孔之间形成沉淀线，并与邻近阳性孔沉淀线融合时判为阳性；若待检血清孔与中间抗原孔之间无沉淀线，但邻近阳性血清孔的沉淀线弯向待检血清孔内侧时判为弱阳性，应重做一次，仍为弱阳性者判为阳性；若待检血清孔与中间抗原孔之间无沉淀线或者邻近阳性血清孔的沉淀线不向待检血清孔内侧弯曲时判为阴性。

由于该法灵敏度低，若能出现较清晰的沉淀线，表明其血清抗体水平较高。

（二）中和试验（NT）

用已知的 IB 特异性抗血清与野外分离的疑似病毒做中和试验，可以确定野外分离病毒的血清型。中和试验可以在鸡胚、气管组织或鸡肾细胞上进行培养。

1. 固定血清稀释病毒法　将已知病毒型的阳性血清、阴性血清分别与不同稀释倍数的分离病毒液混合，37℃作用 60min。每一混合液尿囊腔接种 0.1mL 至 8 个 9～11 日龄的 SPF 鸡胚，37℃孵育 7d，24h 内死亡者废弃。孵育之后检查鸡胚，通过鸡胚的健康变化可以对病毒进行定型。

2. 固定病毒稀释抗体法　试验方法基本与前者相同，只是固定与稀释样品相互置换。

（三）血凝（HA）和血凝抑制（HI）试验

传染性支气管炎的 HA 与 HI 试验与前述鸡新城疫的方法基本相同。主要不同之处在于传染性支气管炎病毒需要用磷脂酶 C 处理后才能做血凝抗原。血凝抑制时，若已知型的血清能抑制血凝作用，就可以确定该传染性支气管炎病毒的血清型。由于并非所有传染性支气管炎病毒经磷脂酶 C 处理后都可以产生血凝作用，所以该法的应用有一定的局限性。

（四）酶联免疫吸附试验（ELISA）

在对鸡群的感染或免疫状态进行多样本检测时可用酶联免疫吸附试验。方法是将传染性支气管炎病毒包被在 96 孔酶标板上，采集急性发病期（或免疫前）和恢复期（或免疫后）的血清，先将急性期（或免疫前）采集的血清样品保存于－20℃，在采集到恢复期

（或免疫后）的血清后再进行试验。为了减少试验中的误差，应同时检测不同期采集的血清，若恢复期血清的抗体滴度高于急性期的抗体滴度，则表明鸡群感染了传染性支气管炎；若免疫后血清的抗体滴度明显高于免疫前血清的抗体滴度，则表明鸡群的免疫状况较好。目前市场上有很多成品ELISA试剂盒。

（五）反转录多聚酶链式反应（RT-PCR）

RT-PCR是将RNA的反转录（RT）和cDNA的聚合酶链式扩增（PCR）相结合的技术。首先经反转录酶的作用从RNA合成cDNA，再以cDNA为模板，扩增合成目的片段。逆转录反应可以使用逆转录酶，以随机引物、Oligo（dT）或基因特异性的引物（GSP）起始。RT-PCR可以一步法或两步法的形式进行。在两步法RT-PCR中，每一步都在最佳条件下进行。cDNA的合成首先在逆转录缓冲液中进行，然后取出1/10的反应产物进行PCR。在一步法RT-PCR中，逆转录和PCR在同时为逆转录和PCR优化的条件下，在一只管中顺次进行。有关使用RT-PCR方法诊断IBV的报道很多，在此不做叙述。

（六）限制性酶切片段长度多态性分析（RFLP）

限制性片段长度多态性技术的原理是检测DNA在限制性内切酶酶切后形成的特定DNA片段的大小。因此凡是可以引起酶切位点变异的突变如点突变（新产生和去除酶切位点）和一段DNA的重新组织（如插入和缺失造成酶切位点间的长度发生变化）等均可导致RFLP的产生。何永强等（2000）采用该方法对我国浙江地区流行的IBV进行了研究，发现其可能是新的变异株。目前，该方法主要用于毒株的分型及流行病学调查。

五、鸡传染性贫血病

鸡传染性贫血（infectious Anemia）是由鸡传染性贫血病毒（Chicken infectious anemia virus，CIAV）引起的，以雏鸡再生障碍性贫血、全身淋巴组织萎缩、皮下和肌肉出血为特征的传染病。

[病毒的分离与培养]

（一）样品的采集

发病鸡的所有组织均可用于CIAV的分离，但一般认为肝脏的含毒量最高，因此肝脏被认为是分离CIAV最好的材料。将采集的病料用pH 7.2 0.01mol/L PBS制成组织悬液，加双抗，低速离心30min，取上清于－70℃处理5min，加等量氯仿室温作用15min，其间不时摇动，再低速离心15min，取上清液备用。

（二）分离培养

将上述制备的样品于鸡胚、1日龄雏鸡或MDCC-MSB_1细胞系上进行病毒分离培养。

1. 鸡胚接种　CIAV经卵黄囊接种5日龄SPF鸡胚后，第14天收集全胚，可获得较高滴度的病毒。一些毒株在接种后16～20d可引起明显的鸡胚死亡。

2. 1日龄雏鸡接种　将上述样品接种1日龄雏鸡肌肉或腹腔是初次分离最好的方法。

取0.1ml样品肌内接种1日龄SPF雏鸡，14d后采抗凝血，测定血细胞比容，如低于27%则表明贫血，表明分离的病料中含有CIAV，可同时配合尸检。

3. 细胞培养 采用MSB1细胞分离病毒，用含5%～10%犊牛血清的RPMI1640营养液制备的细胞悬液，每管分装1mL，置41℃培养箱内培养，然后每管接种待检材料0.1mL，每份至少接种2管，当细胞增殖，培养物由红变黄时，取0.2mL细胞悬液移入加有1mL新鲜培养液的试管内继代。当接种材料中存在CIAV并感染细胞时，会出现CPE，对培养细胞进行传代，若不能再继续传代者判为阳性，一般规定盲传7代，以决定材料中有无CIAV存在。

[血清学检测]

检测CIAV常用的血清方法有病毒中和试验（VN）、间接免疫荧光（IIFA）和ELISA等，其中VN敏感性高，但费时；IIFA与ELISA敏感性高，特异性强，且时间短，适用于该病的诊断和流行病学调查。

（一）酶联免疫吸附试验（ELISA）

1. ELISA抗原的制备 取1mL效价在10^5～10^6 $TCID_{50}$的CIAV液，接种到MDCC-MSB1细胞（细胞浓度2×10^5～3×10^5个/mL），培养72h后收获，－20℃反复冻融3次，超声波处理，10 000*g*离心30min，去除细胞碎片，取上清液80 000*g*离心3h，弃上清液，将沉淀用pH 8.7，0.01mol/L Tris-HCl缓冲液溶解，使终体积为病毒原液的1%，该病毒液用作ELISA包被抗原。用同样方法制备未感染细胞的ELISA抗原。制备好的抗原－70℃保存备用。

2. 操作程序

（1）包被　以0.05mol/L的碳酸盐缓冲液（pH 9.6）稀释抗原，每孔加入100μL，室温下过夜。

（2）洗涤　洗涤液为pH 7.2的0.02mol/L PBS-吐温20（吐温20浓度为0.05%）。倒掉包被液后，以洗液洗板3次，每次3min。

（3）加样　样品稀释液为含有0.05%牛血清白蛋白的洗液。样品稀释好后，每孔加100μL，并加阳性、阴性血清，同时设立空白对照。37℃作用1h，洗涤3次。

（4）加酶标记抗体　用样品稀释液将辣根过氧化物酶标记的抗鸡IgG抗体（可以购买）适度稀释，每孔加100μL，37℃作用1h。洗涤3次。

（5）加底物显色　加入新鲜配制的OPD-H_2O_2底物溶液，100μL/孔，室温避光静置5～15min。每孔加入50μL H_2SO_4（2.5mol/L）终止反应，于492nm读取OD值。若用TMP做底物显色，则在450nm读取OD值。

（6）判定　用酶标测定仪读取OD值，以空白对照调零点，计算P/N比值。P/N≤0.15为阴性，0.15<P/N<0.2为疑似，P/N≥0.2为阳性。或者凭肉眼判断，当被检样品颜色和阳性对照接近或明显比阳性对照深者判为阳性，否则判为阴性。

（二）间接免疫荧光试验（IIFA）

本试验涉及的主要材料试剂有CIAV（阳性抗原）、无CIAV的培养细胞（阴性抗原）、抗 CIAV 阳性血清、0.01mol/L pH 7.4 的 PBS 液、荧光标记的抗鸡 IgG 等。

1. 组织抗原的检测　取敏感动物试验中感染鸡肝脏做组织冰冻切片，用丙酮固定 10min；0.01mol/L pH 7.4 的 PBS 液洗 3 次，每次 3min：洗完后用滤纸尽量吸干水分，加入已知抗 CIAV 阳性血清（适当稀释），放入湿盒内，37℃作用 30min；取出后用 0.01mol/L pH 7.4 的 PBS 液洗 3 次，每次 3min：加入荧光标记的抗鸡 IgG 抗体，放入湿盒内 37℃作用 30min；取出后用 0.01mol/L，pH 7.4 的 PBS 液洗 3 次，每次 3min；洗涤后用甘油缓冲液封片，进行荧光显微镜镜检，同时需设立阴性血清对照。CIAV 感染阳性组织切片在显微镜下可见荧光标记。

2. 细胞抗原的检测　将组织毒接种于 MDCC－MSB1 细胞，继代 6～7 次，收集感染细胞，反复冻融 3 次，作为种毒二次接种 MDCC－MSB1 细胞，48h 后收获感染细胞，1 000r/min离心 5min，弃上清液，加入 PBS 液将细胞沉淀悬浮起来，1 000r/min 离心 5min，再用 PBS 液洗 1 次。弃上清液，用余液将细胞沉淀悬起。取细胞悬浮液微量，涂布于载玻片上，吹干，丙酮固定 10min，作为细胞抗原。同样制备已知阳性抗原对照。

将固定好的细胞抗原置 0.01mol/L pH 7.4 的 PBS 液中洗 3 次，每次 3min；洗完后用滤纸尽量吸干水分，加入抗 CIAV 阳性血清，放入湿盒内，37℃作用 30min；取出后用 0.01mol/L，pH 7.4 的 PBS 液洗 3 次，每次 3min；加入荧光标记的抗鸡 IgG 抗体（按照说明书事先稀释一定倍数）。放入湿盒内 37℃作用 30min；0.01mol/L，pH 7.4 的 PBS 液洗 3 次，每次 3min：洗涤后甘油缓冲液封片，进行荧光显微镜镜检。同时需设立阳性对照和阴性血清对照。

CIAV 感染阳性细胞涂片在荧光显微镜下可见 MDCC－MSB1 细胞肿胀，细胞核内颗粒状或弥散状荧光。荧光标记细胞的多少与毒株的感染力有关。阳性对照可见到同样结果，阴性对照细胞内不出现荧光颗粒。

（三）中和试验（NV）

血清中和试验既可用雏鸡、又可以用细胞培养方法进行，该法敏感性很高，但需要 3～4 周方能完成。用雏鸡作中和试验时，用 1 日龄 SPF 鸡进行，将血清 5 倍稀释后在 56℃灭活 30min，与等体积 2×10^3 $TCID_{50}$/mL 的 CIAV 混合后 37℃作用 1h，接种 5 只 1 日龄 SPF 易感染鸡，每只 0.1mL 后确定其感染性，3 只或 3 只以上鸡抑制 CIAV 感染，则中和抗体阳性；也可将待检血清与 CIAV 混合物接种 MSB1 细胞，分别接种 2 管，每管 0.1mL，每隔 2d 传代 1 次，当培养物不呈红色，细胞传代不被抑制时，判为中和抗体阳性。

（四）聚合酶链反应（PCR）检测

目前有很多实验室建立了 PCR 方法，用于检测感染的 MSB1 细胞、鸡组织或疫苗中的 CIAV DNA。敏感性高，特异性强。

1. DNA 模板提取　感染鸡不同组织分别取少量，分别研磨后用适量 PBS 稀释，反复冻融 3 次，5 000r/min 离心 5min 取上清液加入蛋白酶 K（100μg/mL），SDS（1%），56℃消化 2h，用等体积的苯酚、氯仿、异戊醇（质量比 25∶24∶1）溶液及氯仿分别抽提 1 次，两倍体积预冷的无水乙醇沉淀后溶于少量 TE（pH 8.0）中。CIAV 感染细胞经反复 3 次冻融后按同样方法提取细胞毒 DNA。

2. 引物设计 根据发表的CIAV基因组序列设计一对引物，上下游引物分别位于基因组358bp和1042bp处，引物序列分别为：

上游5′-ATACTCGAGGCGGTCCGGGTGGATGC-3′；

下游5′-GGTGCGGCCGCCTCACACTATACGT-3′。

扩增片段大小为684bp。

3. PCR反应条件及程序 PCR反应管中加入10倍PCR反应缓冲液5μL，dNTP2μL（0.4mmol/L），上下游引物分别为2μL（10nmol/L），Taq酶1μL，模板DNA 1μL，加双蒸水补足至50μL，混匀后上覆2滴液体石蜡，置PCR仪上反应。具体程序为：经94℃变性5min变性后，进行94℃，1min；55℃ 1min；72℃ 2min，共30个循环，最后经72℃ 5min延伸后结束（杨兵等，2003）。取10μL扩增产物用1.0%琼脂糖电泳，观察结果。若在684bp处出现条带，则为阳性，否则为阴性。

六、鸭瘟

鸭瘟（duck plague）又称鸭病毒性肠炎（duck virus enteritis，DVE），是由鸭瘟疱疹病毒引起鸭的一种急性、热性、败血性、接触性传染病。根据鸭瘟的流行特点（传播迅速、发病率和死亡率高，鸭、鹅发病而其他家禽和家畜不感染等）、特征性症状（体温升高、肿头流泪、两脚麻痹、绿色稀粪等）及眼观病变（皮肤出血，皮下及胸腹腔内有黄色胶样浸润，伪膜坏死性食管炎，腺胃黏膜出血，泄殖腔黏膜充血、出血、水肿和坏死，肝脏有不规则的坏死灶）不难作出诊断。在缺乏典型病变的情况下，可通过病毒分离和鉴定进行确诊，故实验室诊断多用于该病的检疫和防疫。

[病料的采集和病毒分离培养]

(一) 样品采集

鸭瘟病毒分离时，肝、脾或肾等组织为首选，也可取脑及有病变的食管、腺胃、肠道等。无菌采取病料组织后，用含青霉素2 000U/mL和链霉素2 000μg/mL的缓冲盐水制成5%～10%的组织悬液，低速离心后，取上清液备用。

(二) 病毒的分离培养

1. 鸭胚接种 鸭瘟病毒能在9～12日龄鸭胚中繁殖和传代，随着代次增加，鸭胚在4～6d死亡。致死的胚体出血、水肿，绒毛尿囊膜上有灰白色坏死灶，肝也有坏死灶。具体步骤：取上述上清液接种于9～12日龄易感鸭胚的绒毛尿囊膜上，接种后4～10d死亡，呈现特征性的病理变化，即可分离到病毒。如果初次分离为阴性，需收获绒毛尿囊膜做进一步传代，经盲传2～4代后，也可分离到病毒。该病毒也能适应于鹅胚，但不能直接适应于鸡胚，必须在鸭胚和鹅胚传几代后，才能适应于鸡胚。

2. 细胞培养 鸭瘟病毒能在鸭胚细胞内增殖，接种后6～8h开始能检测出细胞外病毒，60h后达最高滴度。病毒在细胞培养上可引起细胞病理变化，细胞的特征性病变是细胞透明度降低、颗粒增加以及胞浆浓缩、变圆、脱落。

[血清学诊断]

(一) 中和试验

血清学试验在诊断急性鸭瘟感染中的价值不大，但用鸭胚和细胞培养病毒做中和试验，可用于监测鸭瘟病毒的感染。中和试验主要用于监测鸭血清中的中和抗体。中和试验所用的方法有2种：一种是固定血清稀释病毒法；另一种是固定病毒稀释血清法。以下做简要介绍：

1. 固定血清稀释病毒法　用鸭瘟的鸡胚适应毒在缓冲盐水中连续做10倍稀释，被检血清在56℃灭活30min并做1∶5稀释，等量的10倍连续稀释病毒液与1∶5稀释的血清相混合，混合液在37℃水浴槽内处理30min。取混合液接种5个9～10日龄鸡胚，经绒毛尿囊膜接种0.2mL，取病毒的连续稀释液接种同样数量的鸡胚作为对照。每日照蛋2次，连续观察6d并记录死亡胚数。按Reed－Muench法计算中和指数，中和指数在1.75或以上时为阳性，即表示血清中有中和抗体。健康鸭血清中和指数0～1.50为阴性。

2. 固定病毒稀释血清法　可用鸭胚成纤维细胞做微量中和试验，每孔加50个蚀斑形成单位的病毒，被检血清在56℃灭活30min，并用M199培养液连续做2倍稀释，病毒与连续稀释的血清等量混合后，37℃条件下处理30min，接种细胞后培养48～72h，观察蚀斑形成，能100%抑制蚀斑形成的稀释血清判为阳性。血清效价达1∶8或更高时为阳性。

(二) 反向被动血凝试验

反应于96孔“V”形微量滴定板上进行。试验用样品经0.025mL稀释液系列倍比稀释，并制备双份。抗鸭瘟病毒绵羊血清和未免疫绵羊血清用等体积已处理过的绵羊红细胞于37℃吸附30min，去除非特异凝集素。一份样品稀释液加0.025mL 1%抗鸭瘟病毒绵羊血清；另一份加0.025mL 1%未免疫绵羊血清。加盖，在振荡器上混匀。37℃孵育30min后，各孔加入0.025mL包被红细胞液。振荡，25℃孵育3h和24h后读取血凝结果。发生明显凝集的样品最高稀释度判为终点，即为含有1个血凝单位（HAU）的鸭瘟病毒抗原。当1%抗鸭瘟病毒绵羊血清稀释度为抗原的1/4或更少时，样品判为反向被动血凝试验阳性。样品中的病毒滴度用HAU/mL表示。

[荧光实时定量PCR]

荧光实时定量PCR是一项新检测技术，它结合了PCR技术的核酸高效扩增、探针技术的高特异性、光谱技术的高敏感性等优点，能够对PCR过程实时监测，做到真正意义上的定量。

(一) DEV－CHv部分基因序列的测定

根据GenBank上登录的DEV保守基因序列（AF064639）设计了1对引物，上、下游引物序列分别为5′－GGACAGCGTACCACAGATAA－3′和5′－ACAAATCCCAAGCGTAG－3′，做常规PCR并对产物测序，获得DEV－CHv部分保守基因序列。

（二）荧光实时定量 PCR 引物合理性验证及试验条件的优化

通过电泳检测 PCR 产物和进行熔点曲线分析来验证定量 PCR 引物的合理性。参照软件 Primer express2.0 和定量 PCR 热启动酶产品说明确定本试验条件。采用 25μL 体系，其中加 5×PCR 缓冲液 5μL，10mmol/L dNTPs 0.5μL，20μmol/μL 上、下游引物各 0.625μL，5U/μL Taq 酶 0.2μL，模板 2μL，补灭菌超纯水至 25μL；然后进行两步 PCR：95℃预变性 60s；94℃变性 30s，60℃退火—延伸 30s，进行 50 个循环。

（三）荧光实时定量 PCR 标准曲线的制作

获得的常规 PCR 产物经 UltraPure TMPCR 试剂盒纯化后作为标准品，用核酸蛋白检测仪测定其 OD_{260} 值，计算标准品核酸摩尔浓度，再转换为拷贝数/μL。以标准品为模板，采用 10 倍系列稀释法构建绝对定量标准曲线。

（四）荧光实时定量 PCR 对 DEV－CHv 在 DEF 中增殖的检测

于接毒后第 6、10、14、18、22、26、30、34、38、42、46、50h 分别取样，同时设 DEF 对照。上清取样方法：准确吸取 500μL 上清，置 1.5mL Eppendorf 管中。细胞取样方法：倾弃上清，用 PBS 轻轻清洗细胞表面 1 次，倾尽瓶内液体后加 PBS 500μL 和细胞分散剂 50μL 消化细胞单层，加 5mL PBS 将 DEF 彻底吹离瓶底，准确吸取 500μL 悬液，置 1.5mL Eppendorf 管中。用建立的荧光实时定量 PCR 方法进行检测，每样品设 3 个重复。将 CT 值换算成核酸拷贝数以反映病毒增殖规律。

七、鸡病毒性肝炎

鸡病毒性肝炎（virus hepatitis of chicken）又称鸡包含体肝炎（inclusion body hepatitis），是由腺病毒（Adenovirus）感染引起的肝炎、再生障碍性贫血，以及轻微呼吸道和产蛋量减少的综合征。该病最早由 Helmboldt 等在美国发现，随后在加拿大、澳大利亚、新西兰等国也相继报道。

［病毒分离］

1. 鸡胚接种 取患病鸡的肝脏研磨后，用灭菌生理盐水制成 1∶5 的组织悬液，离心 30min（3 500r/min），取上清液经青、链霉素处理后，经微孔滤器滤过（φ200nm），经卵黄囊接种于 12 日龄 SPF 鸡胚（0.2mL/只）。取接种 48h 后死胚的肝组织，同上述方法处理后，在鸡胚连续传代 2～3 代，第三代死胚肝组织作为细胞传代病料，同时取病理组织材料分别经 10％福尔马林和 2.5％戊二醛固定制片，进行病理组织学检查和电镜检查。

2. 细胞接种 取第三代死胚肝组织，用 Hank's 液制成 10％的组织悬液，冻融 3 次，离心，取上清液感染鸡胚肾原代细胞，待出现较明显的细胞病变（CPE）后收获细胞液，感染细胞经姬姆萨染色后，可在核内看到包含体。

［血清学诊断］

1. 病毒中和（VN）试验　将阳性血清置56℃灭活30min，用Hank's液2倍依次稀释的阳性血清与等量病料悬液等量混合，37℃作用1h，分别感染细胞（0.1mL/孔）。同上述方法，用倍比稀释的阳性血清分别与已知抗原液作用后，感染细胞作为阳性对照，另设正常细胞和血清对细胞的毒性对照。

结果判定：病料悬液、已知抗原和正常细胞分别与阳性血清混合后，均无细胞病变产生，而待检病料悬液与已知抗原接种的细胞经培养后出现细胞病变，即可判定待检材料为阳性，反之为阴性。

2. 琼脂凝胶扩散试验（AGPT）　AGPT可以用已知的阳性抗体检测病料中是否含有相应的抗原，或用已知抗原检测鸡血清中是否含有相应抗体，其方法与NDV的基本相同。需要注意的是检测病料抗原时，其抗原一定要是分离培养增殖的抗原（其病毒浓度较高，出现假阴性的可能性要小）；检测鸡血清中抗体时要考虑到因腺病毒在禽群中普遍存在，有特异性抗体并不一定能证明本病存在，若发病期和康复期该病的抗体水平明显升高可确诊为该病感染。

3. 病毒回归试验　取经鸡胚传代5～6代的病毒液，用PBS（pH 7.2）10倍稀释后，经消化道感染30只1日龄SPF雏鸡，观察临床症状，分期捕杀，对眼观病变明显的肝组织进行病理组织学检查。

4. 病毒的PCR鉴定　可对病毒的特异性基因进行PCR扩增，由于禽腺病毒六邻体抗原对禽类来说是血清特异性的，不是群特异性的，与禽腺病毒的其他血清型不产生交叉反应，这对于临床诊断过程中病毒的确诊有着很重要的现实意义。例如，根据GenBank中Ⅰ群禽腺病毒代表株CELO病毒株的Hexon保守区基因组序列，设计引物进行PCR鉴定。

八、鸡马立克氏病

鸡马立克氏病（Marek's disease，MD）是由马立克氏病毒（MDV）引起的鸡最常见的淋巴组织增生病，以外周神经、性腺、虹膜、各种内脏、肌肉和皮肤的淋巴样细胞浸润、增生和肿瘤形成为特征。MD存在于世界所有养禽国家和地区，其危害随着养鸡业的集约化而增大。

MDV在商业鸡群中普遍存在，但在感染鸡中发生MD的比例相对较低。接种疫苗的鸡群能够得到保护不发生MD，但仍能感染MDV强毒。因此，临床病例MD的确诊或鉴别诊断，必须在MDV强毒感染的基础上，结合该病的流行病学、临床症状、组织病理学特征和肿瘤标记等做出判断。检查鸡群MDV强毒感染的常用方法有病毒分离与鉴定、检查组织中的病毒标记（抗原或特异性DNA）和血清中的特异抗体。其中琼脂免疫扩散试验（AGP）因简便易行而广泛应用于MDV抗原或MDV抗体的检测。

[临床病理学诊断]

1. 临床症状 在鸡群中，病鸡临床症状表现为瘫痪，并且两腿前后伸展呈“劈叉”姿势时，一般可以作为MD的示病症状，可初步判定为MD。

2. 临床病理变化

(1) 神经病理变化 神经型MD的病理变化表现为外周神经肿胀，呈半透明水肿样，色泽变淡，横纹消失，其肿胀程度一般为正常神经的2～3倍，由于多为不对称性，通过比较对侧神经将有助于判断。

(2) 皮肤病理变化 皮肤型MD病理变化比较少见，其病理变化表现为：以皮肤的羽毛囊为中心，形成半球形隆起的肿瘤，其表面有时可见鳞片状棕色痂皮。

(3) 眼睛病理变化 眼型MD是由于淋巴细胞浸润虹膜而导致的病理变化，虹膜呈环状或斑点状褪色，出现淡灰色；瞳孔不规则，有时偏向虹膜一侧。

3. 病理组织学变化 采集病鸡肿胀的外周神经和内脏的肿瘤组织样品，按常规方法制备石蜡包埋、切片、苏木素—伊红（HE）染色，通过普通光学显微镜进行病理组织学观察判定。

根据病变组织中浸润细胞的种类及形态学，外周神经病理组织学变化可分为A、B、C三个型。在同一只鸡的不同神经可能会出现不同的病变型。A型病变以淋巴母细胞，大、中、小淋巴细胞及巨噬细胞的增生浸润为主。B型病变表现神经水肿，神经纤维被水肿液分离，水肿液中以小淋巴细胞、浆细胞和雪旺氏细胞增生为主。C型病变为轻微的水肿和轻度小淋巴细胞增生。

内脏和其他组织的肿瘤与A型神经病变相似。通常为大小各异的淋巴细胞增生为主。

4. 鉴别诊断 禽白血病（LL）和网状内皮组织增生病（RE）是两种主要的在病理剖检中容易与缺乏外周神经病变的内脏型MD相混淆的传染病。一般需要通过流行病学和病理组织学进行鉴别诊断。

(1) 与LL鉴别诊断 在流行病学方面，LL一般发生于16周龄以上的鸡，并多发生于24～40周龄。而MD的死亡高峰一般发生在10～20周龄。另外，LL的发病率较低，一般不超过5%，而MD的发病率较高。

LL肿瘤病理组织学变化主要表现为大小均一的淋巴母细胞增生浸润。另外，在LL与MD引起的法氏囊肿瘤中，其肿瘤细胞的浸润部位存在着差异。MD肿瘤细胞主要在滤泡间增殖，而LL肿瘤细胞则主要在滤泡内增殖。

(2) 与RE鉴别诊断 尽管RE在不同的鸡群中感染率差异较大，但一般发病率较低。本病的病理组织学特点为：未分化的大型肿瘤细胞增殖，肿瘤细胞具有丰富的嗜碱性细胞质、核大而淡染，核内有较大的嗜碱性核仁，肿瘤细胞多见有丝分裂像。

[病毒的分离鉴定]

1. 病料的采集 在同一鸡群中，往往存在着不同毒力的MDV流行株，从表现MD

症状的病鸡分离的病毒具有致病性，从无症状鸡分离到的病毒可能是低毒力或无毒力的MDV。因此，只有从表现MD症状或病变的鸡中分离到的MDV才可能具有诊断意义。用于分离病毒的材料，可以采用病鸡的抗凝血或从抗凝血中分离的白细胞，也可将病鸡的脾采用机械或胰蛋白酶消化的方法制备成细胞悬液，或采用鸡的羽髓浸出液。由于MDV具有高度的细胞结合性，在分离材料的处理过程中，除保持无菌条件外，还必须保持分离细胞的生理活性。

2. 病毒分离

(1) *雏鸡接种* 将病料（如病鸡的抗凝血等）经腹腔接种于1日龄或8日龄以内无特定病原体（SPF）雏鸡，在隔离环境中饲养，接种后2～4周内用血清法来检查试验鸡是否感染了MDV的强毒。

(2) *鸡胚接种* 将病料悬液接种于4～5日龄的鸡胚卵黄囊内或直接接种在绒毛尿囊膜（CAM）上，分别于接种后4～6d或10～12d在CAM上产生典型的疱疹病毒痘斑。在检查痘斑时，应注意区别其他病原引起的类似痘斑。

(3) *细胞培养* 常用鸡肾细胞（CKC）和鸭胚成纤维细胞（DEF）分离1型MDV，用鸡纤维细胞（CEF）分离2型MDV和3型MDV（HVT）。将病料（如抗凝血中分离的白细胞）接种于已形成单层的敏感细胞上培养，培养24h后，洗掉接种物，加维持液或覆盖琼脂继续培养，5～14d内出现典型的细胞病变（CPE），对照应无CPE出现。但有时需要进行1～2代盲传才能观察到细胞病变。对病毒进行鉴定，一般依据蚀斑形态作出初步判定，但最终血清型的确定还需要用血清学特异性的单克隆抗体、PCR或致病性试验进行鉴定。

3. 病毒鉴定

(1) *特异性单克隆抗体鉴定* 将细胞分离的病毒进行蚀斑克隆，通过相应的单克隆抗体荧光检测，可以鉴定出分离物中MDV的血清型。该方法特异、准确，缺点是不能区别MDVⅠ型的强毒株和疫苗株。

(2) *DNA探针技术* Davidson等利用核酸探针进行DNA-DNA斑点杂交（Dot blot）检测羽毛尖抽提物MDV的DNA，试验结果表明Dot blot敏感性和特异性高，与AGP和间接ELISA有良好的相关性。Levy等利用核酸探针从HVT免疫鸡的羽毛囊中检出MDV的DNA，证实HVT免疫不能阻止MDV在鸡羽毛囊中的复制。崔治中等用digoingenin标记DNA作为探针，能从强毒感染25d的鸡羽毛囊中检出MDV的DNA。蒋玉雯用digoxigenin标记MDVⅠ型特异性DNA作为探针，对广西三黄鸡MDV自然感染作了调查，同时，从人工感染鸡脏器检出Ⅰ型MDV DNA。已有报道通过原位杂交技术用于MDV和HVT感染细胞定位。

(3) *PCR检测* 在Ⅰ型MDV的DNA中的长独特区（UL）和短独特区（US）之间存在着一段132bp的重复序列，其重复序列的多少可以作为区别强毒株和弱毒株的标志。一般在MDV强毒株或vvMDV DNA中这段重复序列为2～3个，而弱毒株如CVI 988或Ⅰ型MDV人工致弱疫苗株的重复序列为9个左右。根据这一特征建立的PCR检测方法，可以根据PCR产物的大小鉴别强弱毒。同时根据Ⅰ型MDV和Ⅲ型MDV（HVT）的A抗原基因序列分别设计的特异性引物，可以用于Ⅰ型MDV、Ⅱ型MDV、Ⅲ型MDV之间的鉴别。将这些特异性引物配合使用，既可以用于 MDV 不同血清型的鉴别，也可以用于Ⅰ型 MDV 强弱毒的鉴别。此外，PCR 方法具有很强的特异性和敏感性，适用于 MD 的早期诊断。

可用 PCR 鉴别引起鸡各种肿瘤的 MDV、网状内皮增生病病毒（REV）、淋巴白血病病毒（LLV）和淋巴增生性疾病病毒（LPDV）。

[血清学诊断]

已建立的 MD 血清学诊断方法有：琼脂凝胶沉淀试验（AGP）、病毒中和试验（VN）、间接血凝试验（IHA）和间接荧光抗体试验（IFA）等。

1. 琼脂凝胶沉淀试验

（1）试验准备

①阳性抗原的准备：阳性抗原通过细胞培养低代次的 MDV 接种到 CK 或 CEF 细胞上培养制得。也可用病鸡的羽囊制备，其方法是将病鸡皮肤红肿感染处的羽毛从贴近皮肤处剪掉，然后剪下带有羽囊的皮肤称重，加入 2 倍量 pH 7.2 的 PBS 研磨。反复冻融 4 次后，以 2 500r/min 离心沉淀 20min，置低温冰箱中保存备用。

②阳性血清的制备：可购买，也可自制。方法是用已知的标准 MD 抗原与鸡群中的慢性病鸡或康复鸡的血清做琼脂凝胶试验，如出现清晰的沉淀线，则为 MD 阳性血清。采血分离血清加 0.01%硫柳汞防腐，冻结保存备用。

③药械：琼脂、含 8.5%NaCl 的 pH 7.2～7.4 PBS、孔径 3mm 的打孔器、微量移液器及塑料吸头、平皿等。

④琼脂平板的制备：用含 8.5%NaCl 的 PBS（0.01mol/L，pH 7.4）配制 1%的琼脂凝胶，水浴加热使琼脂充分溶化后冷却至 60～70℃时倒入平皿，冷凝后，倒置放入冰箱中备用。

（2）操作　按梅花形打孔，中央孔直径 4mm，外周孔直径及孔间距 3.5mm。中央孔加阳性抗原，外周孔分别加入待检血清和阳性血清，每孔加液量为 0.025mL，注意避免液体溢出孔外。加样完毕后，盖上平皿盖，然后放入湿盒中。最好置于 22～25℃ 24h 判定结果。温度高于 25℃易使沉淀线变形，低于 22℃则会延缓沉淀线的出现。

检测未知病毒抗原时，中央孔加阳性血清，在其外周插入待检鸡的胫外、股外或翼下含髓羽毛，1～3 根羽毛用 1 个孔。置于 37℃温箱中扩散 48h，观察并记录结果。

（3）结果判定及判定标准　将琼脂板置日光灯或侧强光下进行观察，当标准阳性血清与标准抗原孔间有明显沉淀线，而待检血清与标准抗原孔间或待检抗原与标准阳性血清孔之间有明显沉淀线，且此沉淀线与标准抗原和标准血清孔间的沉淀线末端相融合，则待检样品为阳性。

当标准阳性血清与标准抗原孔的沉淀线的末端在毗邻的待检血清孔或待检抗原孔处的末端向中央孔方向弯曲时，待检样品为弱阳性。

当标准阳性血清与标准抗原孔间有明显沉淀线，而待检血清与标准抗原孔或待检抗原与标准阳性血清孔之间无沉淀线，或标准阳性血清与抗原孔间的沉淀线末端向毗邻的待检血清孔或待检抗原孔直伸或向外侧偏弯曲时，该待检血清为阴性。

介于阴、阳性之间为可疑。可疑应重检，仍为可疑判为阳性。

2. 病毒中和试验

（1）试验准备　①标准病毒：病毒滴度为 10^3 PFU/mL 的 SPGA－EDTA 缓冲液中的非细胞结合病毒悬浮液。②待检血清：取自待检鸡新鲜血液分离的血清。

（2）操作　将 1 份 2～10 倍稀释的待检血清或血浆与 4 份标准病毒悬液混合，在 37℃或室温下作用 30min，同时设立阳性和阴性血清对照。然后取血清-病毒混合物 0.2mL，接种于 2 瓶培养 24h 的 CK 细胞单层，37℃吸附 30min，加入新鲜培养液，此后隔日换液，于接种后 6～8d 计数空斑。

（3）结果判定　与对照阳性血清比较，引起病毒滴度至少下降 50％的血清稀释度的倒数即为血清滴度。

3. 间接血凝试验

（1）试验准备　①抗原：MD 疱疹病毒抗原，可购买或取病鸡的羽髓制备。②致敏红细胞：取未经稀释的抗原，加入等量的 1％鸡红细胞悬液，于 37℃放置 2h，取出后用生理盐水洗涤 3 次。③待检血清：采自待检鸡新鲜血液分离的血清。

（2）操作　将待检血清做 1∶2、1∶4、1∶8…倍比稀释，在塑料凹板每个孔内分别滴加各个稀释度的血清 0.1mL，再加入 1％的抗原致敏红细胞 0.1mL，混匀后置于 37℃温箱中作用 2h 观察结果。

（3）结果判定　以红细胞能完全凝集的血清最高稀释倍数为该血清的滴度，凝集滴度在 1∶16 以上时者判为阳性；不凝集者判为阴性。

4. 间接荧光抗体试验　首先在盖玻片上培养 CK 单层细胞，接种 MDV，待其产生清晰的空斑时（CPE 融合之前），盖玻片用 PBS 冲洗 1 次后，放入 34℃的丙酮中固定 5min（该固定的盖玻片可在－20℃贮存并能在几周内使用），滴加待检血清充分作用后，用适当稀释度的抗鸡 γ 球蛋白荧光抗体染色。如果在局灶性病变的圆形细胞中出现荧光，而对照材料中没有，即证明待检血清中存在 MD 抗体。

九、鸡传染性鼻炎

鸡传染性鼻炎（infectious coryza，IC）是由副鸡嗜血杆菌（*Haemophilus paragallinarum*，HPG）引起鸡的一种急性呼吸系统疾病，主要症状为鼻腔和窦的炎症，表现流涕、面部水肿和结膜炎。本病分布于全世界，由于感染的产蛋鸡产蛋减少 10％～40％，生长鸡增重停滞及淘汰鸡数增加，常造成严重经济损失。

［病料的采集和保存］

1. 病料的采集　用灭菌棉拭子自 2～3 只病鸡的窦内、气管或气囊无菌采取病料，直接在血液琼脂培养基表面涂抹，一般在窦腔内取样都可以获得副鸡嗜血杆菌的纯培养。

2. 保存　副鸡嗜血杆菌对外界环境抵抗力很弱，离开鸡体后最多能存活 5h。该菌在

4℃条件下只能存活 7～10d，接种卵黄囊后菌液可冻干保存或于－70℃冷冻保存。如果在短时间内不进行培养，可将病料冷冻保存，以备日后分离病原菌。

[细菌的分离培养]

副鸡嗜血杆菌对营养的要求较高，需氧或兼性厌氧，生长需要 V 因子，即烟酰胺腺嘌呤二核苷酸（NAD），鲜血琼脂或巧克力琼脂可满足该菌的营养需求，经 24h 后可形成露滴样小菌落，不溶血。本菌可经鸡胚卵黄囊内接种，24～48h 内致死鸡胚，在卵黄和鸡胚内含菌量较高。

葡萄球菌生长时可产生 V 因子并扩散至培养基中，因此在平皿上将葡萄球菌与分离菌交叉画线，置于 5%～10% CO_2 环境中，培养 24h 后，如分离菌为副鸡嗜血杆菌，则可见在葡萄球菌菌落附近生长的菌落旺盛，菌落呈小露珠样，菌落直径 0.3mm，离葡萄球菌菌落越远则菌落越小，此种现象称为“卫星现象”，它是该菌鉴定的重要依据。

获得纯培养后，可以进行生化鉴定及本动物的回归试验。

[血清学诊断]

（一）血清分型

目前有关副鸡嗜血杆菌血清分型的方法主要有 4 种，即凝集试验分型、血凝抑制（HI）试验分型、型特异性单抗分型和琼脂凝胶沉淀试验分型。Kune 将 HPG 分为Ⅰ、Ⅱ、Ⅲ3 个血清群，分别与 Page 的 A 型、B 型、C 型相对应，其中Ⅰ血清群和Ⅱ血清群各有 4 个血清型，Ⅲ血清群有 1 个型，这种方法可将 Page 无法定型的菌株轻易进行分型。此外，在 A 型、B 型特异性单抗基础上建立的阻断 ELISA 及 Dot－ELISA 也可用于 HPG 的血清分型，其中阻断 ELISA 用于检测型特异性抗体，Dot－ELISA 用于检测型特异性抗原，此法操作简便，具有较好的敏感性和特异性，对菌株的分型结果与 Page 的凝集试验分型基本吻合。目前的研究结果表明，A、C 两型具有不同程度的致病力，而 B 型致病与否因菌株而异。A、B、C 3 型的区别见表 13－38。

表 13－38　ICA、B、C 3 型的区别

血清型	毒力	对动物红细胞的凝集作用
A	强	凝集马、牛、绵羊、鸡和豚鼠红细胞
B	弱	凝集少数动物红细胞
C	很弱或无毒力	不凝集红细胞

（二）血清学试验

常用的血清学试验包括平板凝集试验（SPA）、琼脂扩散试验（AGP）、血凝抑制试验（HI）等。SPA 与 AGP 方法简便易行，既可用菌株作抗原去检测其他血清型抗体，还可选择血清对分离菌株进行分型；不过 SPA 抗原存在自凝和不凝的问题，若用胰酶和透明质酸酶处理菌体细胞，有时可避免其发生。HI 方法常用于 IC 免疫后抗体滴度的上升情况，以此来评价疫苗免疫效果及鸡群安全状况，也用于感染的跟踪调查，但目前主要使用的特异性抗原只有 A 和 C 两个血清型。

1. 平板凝集试验（SPA）　用已知的传染性鼻炎抗血清检验分离的被检菌。在载玻片上各加 50μL 标准阳性血清和 50μL 生理盐水，然后向其中分别加入 50μL 被检抗原（6×10^9CFU/mL），充分混合后，作用 3～5min 判定结果。判定标准见表 13－39。

表 13－39　SPA 结果判定标准

编号	反应表现	判定	记录符号	定性区分
1	有明显絮状或片状凝集片，液体清亮	强阳性	＋＋＋	＋
2	有大量针头样颗粒，量多，液体较清亮	阳性	＋＋	＋
3	针头样颗粒，量较少，稍浑浊	弱阳性	＋	＋
4	液体无颗粒，均匀而浑浊	阴性	－	－

同样，也可用副鸡嗜血杆菌制备抗原，即可用于检测鸡血清中的抗体。

2. 琼脂扩散试验（AGP）　将副鸡嗜血杆菌制成悬液，用超声波或反复冻融将菌体裂解，即为试验用抗原，通常使用的 AGP 抗原浓度比平板凝集试验抗原浓度高 50 倍。在含 8％氯化钠和 0.01％硫柳汞的 pH 7.2 磷酸盐缓冲液中加入 1％的琼脂，加热溶化后倒入平皿，待凝固后在琼脂平板上打梅花孔，酒精灯微微加热封底，中央孔加琼扩抗原，外周孔分别加入阴性血清、阳性血清和待检血清，加样完毕后，置于湿盒内，37℃扩散 24h，观察试验结果，阳性血清孔与抗原孔之间应出现清晰的沉淀线，阴性血清无沉淀线，被检血清与抗原之间出现沉淀线且其与阳性对照的沉淀线末端相融合者为阳性。

3. 血凝（HA）**和血凝抑制试验**（HI）　首先，准备醛化红细胞，用于血凝活性（HA）的测定和血凝抑制（HI）试验。采集鸡血与阿氏液 1∶1 混合，用生理盐水离心洗涤 5 次，每次 1 500r/min，10min，将沉淀的红细胞吸起，用 pH 8.2 的醛化盐溶液配成红细胞悬液，按 24∶1 加入戊二醛储存液（25％）迅速混合，置 4℃搅拌 30～45min，再用生理盐水离心洗涤 5 次，去离子水洗涤 5 次，最后将沉淀红细胞用 PBS 配成 10％悬液，加入 0.01％的硫柳汞 4℃冰箱避光保存，3 个月内使用。

血凝活性（HA）测定：A 型菌株能凝集动物的新鲜红细胞，C 型菌株经过硫氰化钾和超声波或只用超声波处理后才能凝集醛化的红细胞。

HA 试验操作步骤如下：

（1）取洁净血凝板，将抗原用生理盐水从 5 倍开始作两倍递增稀释加入 1～11 列孔中，每孔体积为 100μL，第 12 列孔只加生理盐水作为红细胞对照孔。

（2）每孔加 1％醛化红细胞（A 型抗原可用新鲜红细胞）100μL。

（3）充分振荡混合后，在室温静置 30～60min（以红细胞对照孔中红细胞完全沉底为准）。

（4）判定抗原的血凝价（HA 效价）。红细胞发生完全凝集的抗原最大稀释倍数。

HI 抗体与鸡体的免疫力明显相关，因此疫苗免疫后鸡体内型特异性 HI 抗体水平成为评价疫苗保护力的重要指标。若免疫鸡 HI 抗体为 1∶5 时，A 型可获得 77.8％，C 型可获得 77.9％的保护率，若 HI 抗体在 1∶10 以上，则可获得 90％以上的保护率。

HI 试验操作步骤如下：

（1）用 1%的醛化红细胞测定抗原的血凝价（HA 效价），红细胞发生完全凝集的抗原最大稀释倍数。

（2）被检血清的吸附，将被检血清用 10%的鸡醛化红细胞做 5 倍稀释，室温下作用 4h 或 4℃过夜，中间充分振荡不少于 5 次，1 500r/min 离心 10min，取上清即为 5 倍稀释的被检血清。

（3）在 96 孔 V 型血凝板上用生理盐水将 5 倍稀释的被检血清进行 2 倍递增系列稀释，每行测定一份血清，每孔 50μL。

（4）用生理盐水将抗原稀释为 4 个 HA 效价单位的抗原，每孔加 50μL；充分振荡，于室温下作用 30min 以上。

（5）每孔加入 1%的醛化红细胞 50μL，充分振荡，置室温下作用 30～60min。

结果判断：判定血凝抑制效价，即完全抑制红细胞凝集的最高血清稀释倍数。能完全抑制红细胞凝集判为阳性。

4. 酶联免疫吸附试验（ELISA） ELISA 的敏感性和特异性优于 SPA、AGP 和 HI 方法，间接 ELISA 及阻断 ELISA 是检测副鸡嗜血杆菌特异性抗体的方法，敏感性和特异性均较高，批次间的差异率在 10%以内，4℃可保存 10 个月以上。

间接 ELISA 诊断方法如下：

（1）抗原包被　将抗原用包被液稀释至工作浓度，加入酶标板各孔中，每孔 100μL，4℃冰箱过夜。

（2）洗涤　甩净孔内抗原溶液，用洗涤液加满各孔，放置 5min，然后甩净，重复 3 次。

（3）加被检血清　用稀释液将被检血清做 1∶100 稀释，每孔加 100μL，每次操作设置阴性对照、阳性对照和空白对照，分别加入同样稀释的阴性、阳性血清和稀释液 100μL，加不同的血清样品时应换吸头，37℃温箱中作用 30min。

（4）洗涤　同步骤（2）。

（5）加羊抗鸡 IgG 酶标抗体　用稀释液将酶标抗体稀释至工作浓度，每孔加 100μL，37℃温箱中作用 30min。

（6）洗涤　同步骤（2）。

（7）显色　加入底物液 100μL，室温避光反应 5min 左右（至阴性对照孔开始产生颜色时）。

（8）终止及读数　每孔 50μL 终止液终止显色，然后用 ELISA 读数仪读取每孔 492nm 处的吸光度（OD）值。

（9）结果判定与表示方法　将样品中的 OD 值代入下面公式中计算：

S/N＝被检血清样品的 OD 值/阴性对照平均 OD 值

若 S/N≥2 则结果判为阳性，记为“＋”，否则判为阴性，记为“－”。

［分子生物学诊断］

已报道建立的 PCR 诊断方法主要针对副鸡嗜血杆菌的 *aro*A 基因、16S rDNA 基因及血凝素基因（HA）设计引物进行 PCR 扩增。此外，亦有 DNA 限制性内切酶分析（REA）等其他试验方法的报道。

常规的 PCR 程序：

（1）引物设计　张欢等参照 GenBank 中已发表的副鸡嗜血杆菌血凝素（HA）基因设计了一对特异性引物 P1：5′- GAAAAAGATGGTAGCCGTGT - 3′；P2：5′- TAACCG-CATCACATTTCG - 3′，扩增产物片段大小为 412bp，通过对 PCR 反应体系和扩增条件的优化，建立了针对副鸡嗜血杆菌的 PCR 检测方法。

（2）临床样品的采集　无菌操作，打开可疑病鸡的眶下窦，用灭菌棉拭子蘸取其中的黏液或浆液，浸入 0.8～1.0mL 生理盐水的 1.5mL 离心管内，室温放置 0.5h 后，将棉拭子在管壁上尽量挤干，然后弃至消毒液缸中。

（3）临床样品的预处理　将浸过棉拭子的离心管以 8 000～10 000r/min 离心 10min，小心吸去大部分上清液，保留 20μL 左右液体（若原始样品中混有血液，可 2 000r/min 离心 3～5min，使红细胞沉于管底，将上清液转到新管，再高速离心）。经上述处理过的样品，可开始消化，或在－20℃保存。

（4）临床样品消化　用吸头将离心管中沉淀物与剩余液体混合均匀，从中取 1μL 置于含 9μL PCR 消化液的 0.5mL 小离心管中（注意：做不同样品时应换吸头），然后压紧离心管盖，56℃水浴 1h，然后 95℃ 10min，再冰浴 10min 后进行 PCR 扩增或置－20℃保存。

（5）PCR 菌落样品制备　挑取平皿上的可疑菌落，加入含 10μL 蒸馏水的 0.5mL 的小离心管中，压紧管盖，95℃加热 10min，再冰浴 10min 后进行 PCR 扩增或－20℃保存。

（6）PCR 阴阳性对照样品制备　用 10μL 消化液作为阴性对照样品，用 9μL 消化液加 1μL 已知阳性对照物作为阳性对照样品。56℃水浴 1h，然后 95℃，10min，再冰浴 10min 后进行 PCR 扩增或置－20℃保存。

（7）PCR 扩增　将样品管瞬时离心，使附着于管顶、壁上的液滴沉下，然后加 15μL PCR 反应液，使总积为 25μL，瞬时离心，然后加入 50μL 矿物油，置 PCR 仪上进行扩增反应。

（8）琼脂凝胶电泳　从各 PCR 反应管中分别取 10μL 反应产物与 2μL 加样缓冲液混合均匀，然后加入到 0.8%的琼脂糖凝胶样品孔中。初次操作时应设置 DNA 分子量对照，60～80V 稳压电泳 30～50min，至加样缓冲液的染料带走出 2～3cm 时停止电泳。

结果：在紫外检测仪下观察结果，必要时可拍照保存。阴性对照样品不应有条带，被检样品若出现与阳性对照同样大小的一条 DNA 带，则判为阳性，记作“＋”，若无此带，则判为阴性，记为“－”。阴、阳性对照应分别出现阴、阳性结果，否则，全部样品应该重做。

十、鸭疫里默氏杆菌病

鸭疫里默氏杆菌病是由鸭疫里默氏杆菌（*Riemerella anatipestifer*，RA）引起的雏鸭的一种急性、接触性、败血性传染病。我国于 1982 年首次报道本病，目前各养鸭区域均有发生，发病率与死亡率均很高，是目前严重危害养鸭业的主要传染病之一。

［细菌的分离鉴定］

无菌采集心血、肝或脑等病料，接种于5%牛血清TSA培养基上，置于7%CO_2的环境中37℃培养24～48h，观察菌落形态并做纯培养，对其生化特性进行鉴定。如果有标准定型血清，可采用玻片凝集试验或琼脂扩散试验进行血清型的鉴定。

［血清型鉴定］

1. 琼脂凝胶免疫扩散试验（AGID） 琼脂凝胶免疫扩散试验，简称琼扩试验，是在琼脂凝胶中进行的抗原抗体免疫沉淀反应，可用于血清学定型。AGID特异性比较高，试验结果反映的是不同菌株之间的抗原差异，而非血清型的差异。

琼扩试验操作步骤：用蒸馏水溶解NaCl和琼脂粉，最终浓度分别为8.5%和0.9%，混合后水煮融化，倾于平板上，胶厚2～3mm，冷却后用梅花打孔器打孔，即中央1个孔，周围6个孔。血清加在中央孔，抗原加在外围孔。将孔加满，37℃温箱中过夜后，判读结果。出现清晰沉淀线者，记录为阳性。

2. 凝集试验 凝集试验分为玻片凝集试验和试管凝集试验两种。应用玻片凝集试验可以实现细菌的快速鉴定，并对分离到的菌株的血清型进行大范围的粗略筛选，但要准确定型还必须依赖于试管凝集试验。试管凝集试验可以更为准确的进行血清型鉴定、流行病学调查以及抗体效价检测。当供试菌与参照菌的凝集效价相等或仅差1个滴度时，一般可认为二者属于相同的血清型；当凝集效价相差3个或3个以上滴度时，一般可认为该二者属于不同的血清型。

玻片凝集试验步骤：取洁净载玻片一张，滴蒸馏水一滴，用接种环蘸取待检菌的纯培养物少许（1～2个菌落），于蒸馏水中混匀，滴加未稀释的阳性血清一滴。将载玻片轻轻反复摆动，或用接种环涂开，同时观察结果，几秒钟后，出现清晰的乳白色絮状凝集块者，即为阳性反应。

3. 间接ELISA 目前已报道的用于鸭疫里氏杆菌检测的间接ELISA方法，包被抗原主要是脂多糖、菌体裂解物、表面抗原P_{45}和外膜蛋白OmpA。

操作步骤：

（1）RA裂解抗原用包被缓冲液稀释后，每孔100μL，在湿盒中37℃包被酶标板2h，用洗涤液洗涤3次，每次5min。

（2）用1%BSA 37℃湿盒中封闭30min，洗涤同上。

（3）每孔加入稀释的血清100μL，37℃湿盒中反应45min，洗涤同上。

（4）每孔加入工作浓度的酶100μL，37℃湿盒中孵育60min，洗涤同上。

（5）每孔加入100μL的底物液，37℃湿盒中避光反应40min。

（6）加入50μL的终止液，然后在酶标仪上测量OD_{450}值。

4. 荧光抗体技术 取肝脏或脑组织病料制成涂片，火焰固定，用特异的荧光抗体染色（直接法），在荧光显微镜下检查。鸭疫里氏杆菌呈黄绿色环状结构，多为单个存在，或呈短链状排列。

5. 间接免疫组织化学法　刘维平等（2005）应用血清 1 型 RA 作为抗原，制备兔抗 RA 的 IgG 并加以纯化，优化反应条件，建立了检测雏鸭感染 RA 的间接免疫酶组织化学法，在对雏鸭人工感染 RA 病例和疑似病例的各组织器官检测发现，RA 抗原分布于细胞质、组织间隙和血液。该法特异、直观、敏感，最大优势是切片中的细节比荧光染色清楚得多，能够对抗原进行精确定位，可对人工感染和临床感染的雏鸭 RA 进行诊断，研究 RA 致病机理。与其他方法相比，该方法不仅能检测到活的细菌，同样能检测到死亡菌体抗原，且由于该技术兼有抗原抗体反应的特异性和酶显色反应的放大作用，故在抗原含量较少时也能检出，反应产物形成稳定的沉淀物，不会从产生部位向外扩散，切片染色可长久保存，不会消失，用普通光学显微镜即能观察。

6. PCR 检测法　目前用于 PCR 方法检测 RA 的靶基因是 16S rRNA 基因和外膜蛋白 A（OmpA）基因。

（1）*PCR 引物*　根据 RA 外膜蛋白 A（OmpA）的基因序列，在其高度保守区设计了一对特异性引物：P1：5′-GAACTTTGGTCTTGGTATCC-3′；P2：5′-CAGATGCAGCTCTTTCTCTA-3′，目的片段为 671bp。

（2）*PCR 反应体系及程序*　在 50μL 的体系中进行：10×buffer 5μL，2.5mmol $MgCl_2$ 4μL，2.5mmol dNTP 2μL，40μmol P1 和 P2 各 1μL，DNA 模板 1μL，Taq DNA 聚合酶 1μL，双蒸水 35μL；PCR 反应程序：94℃ 5min，进入循环，94℃ 40s，55.5℃ 40s，72℃ 45s，30 个循环，最后 72℃延伸 10min。反应结束后，1%琼脂糖凝胶电泳，凝胶成像系统拍照，若出现 670bp 大小的条带，表明样品为阳性。

十一、鸡慢性呼吸道病

鸡败血支原体（*Mycoplasma gallisepticum*，MG）是重要的鸡病原体之一，感染后常引起鸡的慢性呼吸道病，并容易诱发其他传染病，对养鸡生产危害极大。检疫和淘汰带菌鸡或病鸡，建立无病种鸡群是防制本病的重要措施。

目前常用的诊断方法有病原的分离鉴定和血清学方法。MG 血清学方法有平板凝集试验、血凝抑制试验、酶联免疫吸附试验等。MG 分子生物学方法也逐渐应用于鸡败血支原体的诊断，如限制性内切酶分析、PCR、核酸探针等。

[鸡败血支原体（MG）分离鉴定]

MG 的分离鉴定是诊断本病最可靠的方法，也是最经典的方法。但该方法繁杂、工作量大。MG 一般为球形、卵圆形，有时为棒状或球杆状。直径为 0.2～0.5μm，利用瑞氏染色液或姬姆萨染色液染色时呈淡紫色。分离培养 MG 时，培养基中必须加入 10%～20%的动物血清。经过 3～5d 的培养，MG 会在平板上形成表面光滑、圆形透明、边缘整齐、中心区呈乳头状突起的菌落。菌落中心嵌入培养基中，呈特殊的荷包蛋状。MG 的生物学特性是利用葡萄糖和麦芽糖，能凝集鸡、火鸡和仓鼠等动物红细胞，这是它与非致病性支原体的主要区别。

1. MG的分离鉴定 无菌采集病鸡喉头、气囊部位，或鼻甲骨、眶下窦、气囊和肺，直接放入加有血清的肉汤培养基中，放在37℃温箱中，培养3～5d，如培养基中加有酚红指示剂时，可使培养基变黄，培养物接种在固体培养基上，72h后检查有无菌落生长；也可将液体培养基盲传2～3代，再接种固体培养基上，如果在固体培养基上看见有可疑的露珠状小菌落时，可接种液体和固体培养基进行分离纯化，直到得到纯化的支原体株。

(1) 支原体形态观察 若为液体培养基培养物，涂片，若为固体培养基培养物，挑取典型菌落涂片，自然干燥，甲醇固定，姬姆萨染色30min，1 000倍显微镜下观察。菌落形态观察：将培养皿置40倍显微镜下观察。

(2) 培养物的部分理化特性鉴定 胆固醇需要试验按张道永（1999）的方法进行，将菌体均匀涂布于琼脂培养基，贴以浸有0.02mL 1.5%洋地黄皂苷酒精溶液的直径6mm的滤纸片，观察圆纸片周围有无抑制生长现象。抑制带>0.3cm即判为阳性，表明其生长需要胆固醇。

(3) 菌落着色试验 采用Diemm染色法，将菌落染色、镜检，观察菌落中心是否呈深蓝色。

(4) 分解葡萄糖和精氨酸试验 液体培养基中分别加葡萄糖和精氨酸，调pH至7.4，接菌后培养3～5d，若变黄则为发酵葡萄糖，若变紫红色则为发酵精氨酸。

(5) 鸡红细胞吸附试验 将配制好的0.25%鸡红细胞悬液15mL，倒入已培养好的疑似菌落平板上，37℃放置20min，弃去红细胞悬液，用PBS轻洗表面3次，40倍显微镜观察，看菌落表面有无红细胞吸附。

2. 镜检 将接种环在酒精灯上火焰消毒，然后蘸取鸡的呼吸道下部的渗出液体，用姬姆萨染色后放于显微镜下观察。大部分呈球状，但还有的呈丝状、螺旋状等不规则形态，姬姆萨染色良好呈淡紫色。

[血清学方法]

血清学方法是诊断MG感染的典型方法，根据血清学检测结果再结合病史和典型症状，可以在支原体分离鉴定之前作出初步诊断。

1. 平板凝集试验（PA） 该方法检测血清中的抗体凝集效价，是生产上用得最多的一种方法。首先用磷酸盐缓冲盐水将血清进行2倍系列稀释，然后取1滴抗原与1滴稀释血清混合，在1～2min内判定结果。能使抗原凝集的血清最高稀释倍数为血清的凝集效价。

平板凝集反应的优点是快速、经济、敏感性高，感染禽可早在感染后7～10d就表现阳性反应。其缺点是特异性低，容易出现假阳性反应。为了减少假阳性反应的出现，实验时一定要用无污染、未冻结过的新鲜血清。

2. 血凝抑制试验（HI） 该方法用于检测血清中的抗体效价或诊断本病病原。测定抗体效价反应使用的抗原是将幼龄的培养物离心，将沉淀细胞用少量磷酸盐缓冲盐水悬浮，并与等体积的甘油混合。分装后于－70℃保存。使用时首先测定其对红细胞的凝集价，然后用已知效价的抗体对其做凝集抑制试验，如果两者相近或者相差1～2个滴度即可判定该病原体为本支原体。

此方法特异性高，但敏感性低于平板凝集试验，一般鸡感染3周以后才能被检出阳性。该方法可以直接检测抗血凝素的抗体，它具有特异、准确的优点，但敏感性差。

3. 试管凝集试验　将试管凝集反应抗原以pH 7.1～7.2的石炭酸磷酸盐缓冲液20倍稀释，在试管内加入0.08mL被检血清，加入已稀释抗原1mL，充分混合后在37℃过夜，检查结果。上部液体清亮、管底明显凝集沉淀的为阳性反应，否则为阴性反应。

4. 间接酶联免疫吸附试验（Dot－ELISA）

（1）*NC膜的处理*　将NC膜剪成适当大小，用铅笔在膜正面划6mm×6mm的方格。置蒸馏水中洗5min（室温下振荡进行）。取出后室温干燥15～30min。

（2）*点样*　将抗原样品以1～5μL的量在方格中心点样，室温自然干燥。

（3）*点样NC膜的处理*　浸入含TBS缓冲液的10%福尔马林中10min，在TBS中洗3次，共5min，再浸入含0.3%H_2O_2的TBS中10～30min，同样用TBS洗3次。

（4）*封闭*　将NC膜浸入封闭液（含3%明胶的TBS）37℃封闭1h。然后用含0.05%吐温-20的TBS（TTBS）洗3次。

（5）*加兔高免疫血清*　将NC膜浸入含3%明胶的TTBS（TTGBS）稀释的兔免疫血清作用1h，用TTBS洗3次。

（6）*加酶标羊抗兔IgG*　将NC膜浸入用TTGBS稀释的酶标羊抗兔IgG室温作用1h，其间人工振荡3～5次，每次3～5min，然后用TTBS洗3次，再用TBS洗2次。

（7）*加底物溶液*　将NC膜浸入新鲜配制的底物溶液，显色15～30min，然后将NC膜用蒸馏水浸洗2～3min，终止反应。

自然干燥后判定结果，凡出现比较规则的蓝紫色或蓝灰色斑点者判为阳性（+），与阴性对照相同且不呈现可见斑点者判为阴性（－），介于两者之间判为可疑。

[分子生物学方法]

1. 限制性核酸内切酶分析法　利用某种限制性内切酶消化支原体基因组，消化后的基因组经电泳染色后，用紫外检测仪观察结果，由于限制性内切酶的类型不同，种内的不同株将产生不同的限制性内切酶图谱。因此，根据内切酶的特异性和凝胶电泳的功能，将这两方面结合起来应用于MG的鉴定。

2. DNA探针法　核酸探针和单克隆抗体是目前解决病原体鉴别诊断的有效方法，而核酸探针似乎更具优越性，它不受二次感染和抗原变异的影响。核酸探针技术灵敏性高，特异性强，对MG各菌株具有广谱识别作用，而与MS等其他支原体无交叉反应，还可区别野外强毒株和疫苗株，是检测疫苗株的可靠方法。

3. 聚合酶链式反应（PCR）　PCR具有很高的敏感性，可用于MG的鉴定和检测。目前已有MG的PCR试剂盒，并在实验室获得了预期的结果。PCR方法与核酸探针法相比，具有敏感、所需时间短等优点。

十二、禽曲霉菌病

禽曲霉菌病（avian aspergillosis），是由真菌中的曲霉菌引起的多种禽类的真菌性疾病，其主要病原有烟曲霉、黑曲霉、黄曲霉等，主要侵害呼吸器官，常见急性、群发性暴发，发病率和死亡率较高。

曲霉菌病的诊断主要依据病原菌的分离鉴定、临床症状、病理变化、流行病学和动物试验等。由于血清学试验具有灵敏、特异、快速以及操作微量化、自动化等优点，作为禽曲霉菌病特异诊断手段，近年来受到人们高度重视和广泛研究。

[病原菌形态学镜检]

1. 直接涂片镜检 取肺部黄白色结节或其他部位的病料，放入灭菌平皿内，用剪刀尽量剪碎，取少量剪碎组织于载玻片上，向其中加入10%～20%氢氧化钾溶液1～2滴，加盖玻片后，在酒精灯上微加温，然后轻压盖玻片，使其透明。显微镜下观察可见短的分支状分隔菌丝，菌丝直径2～4μm，据此可作出初步诊断。肺部病变易观察到菌丝，气囊上的小结节则难以看到。

2. 组织切片镜检 取病料组织块（不超过1cm^3）置于装有10%中性缓冲福尔马林固定液的广口瓶中，固定3～7d，之后修块。用流水冲洗12～24h，经梯度酒精脱水、二甲苯透明后，做成石蜡切片，常规HE染色，镜检，可见菌丝红染。

3. 分离物直接制片镜检 用接种针挑取少量培养物，置于载玻片上，滴加少量乳酸苯酚液（配方：乳酸20mL、石炭酸20g、甘油40mL和蒸馏水20mL。若要观察菌丝结构，可在该溶液中加入0.05g棉蓝），用针将菌丝体分开，加盖玻片，置显微镜下观察。曲霉菌的形态特征是分生孢子呈串珠状，孢子柄膨大形成烧瓶形的顶囊，囊上呈放射状排列。烟曲霉菌的菌丝是由具横隔的分支菌丝构成，呈圆柱状，色泽由绿色、暗绿色至熏烟色；其他曲霉菌的顶囊多呈球形，顶囊表面密集放射状生长的单层小柄，末端连接孢子，孢子为球形或近球形，表面带细刺。

[分离鉴定]

取肺组织典型病变接种于萨布罗琼脂平板培养基上，37℃培养36h，肉眼可见中心带有烟绿色、稍凸起、周边呈散射纤毛样菌落，镜检可见典型菌落结构，分生孢子呈典型致密的柱状排列，顶囊呈倒立烧瓶样，菌丝分隔。

[血清学诊断]

根据曲霉菌的某些特征即可对大多数曲霉菌病病原作出鉴别，因此，血清学试验通常不用于禽曲霉菌病的诊断，但有用烟曲霉菌和黄曲霉菌制备抗原来检测实验感染火鸡体内是否存在相关抗体的报道。其他已报道的血清学试验有琼脂扩散试验和酶联免疫吸附试验。

禽感染曲霉病的原因是饲喂了被霉菌污染的饲料。为防止本病的发生，一方面，在饲料运输、贮存中加强管理，注意防潮、防霉；另一方面，在饲喂前，对饲料进行仔细检查，不喂霉变饲料，误喂后应立即停用，并采取综合性防治措施，避免造成更大的损失。

第六节　犬、猫传染病

一、犬瘟热

犬瘟热（canine distemper）是由犬瘟热病毒引起的犬的一种高度接触性、致死性传染病。早期体温呈双相热型，症状类似感冒，随后以支气管炎、卡他性肺炎、胃肠炎为特征。病后期可见有神经症状出现如痉挛、抽搐。部分病例可出现鼻部和角垫高度角化。犬瘟热在18世纪的末叶已流行于欧洲。1905年Carre证实是由病毒引起的。本病已分布于全世界。1983年我国吉林延边地区发生此病，发病率为30.7%，病死率为83.6%。犬瘟热病原属副黏病毒科（Paramyxoviridae）麻疹病毒属（*Morbillivirus*）。

[病原学诊断]

（一）病料采集及处理

取发病犬或病死犬的胸腺、脾、淋巴结和有神经症状的脑等病料，用Earle's液制成10%乳剂。

（二）病毒分离

1. 细胞培养　无菌采取犬的脾、胸腺、淋巴结，有神经症状的犬采取小脑等，研碎制成悬液，按1∶10稀释成匀浆，离心取上清液，接种于犬或犊牛肾细胞及鸡胚成纤维细胞培养。哺乳动物的细胞被感染发生颗粒变性和形成空泡，常伴有合胞体形成。接种后2～3d，用荧光抗体检测培养物中的病毒抗原。

2. 鸡胚接种　将已制备好的标本液0.1mL接种7～8日龄鸡胚的绒毛尿囊膜上，每份接种5～7枚。一般在接后18～48h或更长的时间，绒毛尿囊发生水肿，出现白色或红色的斑点，在肿大的上皮细胞细胞质内有包含体。致死的鸡胚充血、点状出血，头部出血较为严重。若接种后5～6d仍不死亡，应进行剖检，观察病变并作病毒检查。对死亡的鸡胚应作细胞培养，以排除细菌污染。

3. 动物接种试验　将标本液3～5mL经幼犬皮下、肌肉或腹腔注射。幼犬经过3～7d的潜伏期后，体温升至39.5～42℃，持续8～48h。这时病犬的眼鼻流出水样后变为脓性的分泌物，同时表现疲倦、食欲缺乏。然后经过1～2d的无热间歇期，随后体温再度升高，病情恶化，出现呕吐、下痢和呼吸道卡他性炎症以及肺炎。貂经过4～12d的潜伏期后，口腔周围出现水泡，眼和鼻流出分泌物，然后结痂，体温升高达40℃以上，并发生下痢和肺炎。最急性型的病貂出现神经症状，口吐白沫，抽搐而死。对于接种的犬死亡或捕杀，采集病料用荧光抗体试验或琼脂扩散试验进行检查。

（三）病毒鉴定

1. 电子显微镜检查 取病毒分离物负染后，在电镜下观察，可见到本病的病毒粒子，呈圆形，直径为115～160nm，也有人报道为100～300nm。其含有一个直径为15～17.5nm的核衣壳螺旋和一个7.5～8.5nm的双层轮廓的套膜。在套膜上长着1.3nm近似于对称排列的杆状突起。

2. 理化特性 本病毒对干燥和寒冷抵抗力较强，在－70℃条件下冻干毒可保存毒力1年以上。在室温下仅存活7～8d，55℃存活30min，100℃1min失去活力。日光照射14h可将病毒杀死。对有机溶剂敏感。最适pH 7.0～8.0。30%氢氧化钠溶液、3%福尔马林、5%石炭酸溶液均可灭活。病毒可在犬、雪貂及鸡胚成纤维细胞和犊牛肾细胞上培养，生长繁殖。

[包含体检查]

犬瘟热在所有易感动物器官的上皮组织、网状内皮系统，大小神经胶质细胞、中枢神经系统的神经细胞和脑室细胞、膀胱、胆囊、胆管、肾和肾盂上皮细胞内，都有嗜酸性包涵体形成。犬瘟热包含体具有特异性，而且检出率很高。

[血清学诊断]

（一）免疫荧光试验（直接法）

用幼犬免疫后的高免血清，提取免疫球蛋白IgG，以异硫氰酸荧光素与IgG结合，经层析柱洗脱，兔肝粉处理制成犬瘟热荧光抗体。生前可用有明显症状的犬采血分离白细胞涂片。死后可取肝、脾、肾、淋巴结等组织抹片。将涂片用冷丙酮固定，自然干燥，按RFA的使用效价，然后用0.02%伊文斯蓝溶液稀释后滴于涂片上，放于37℃湿润条件下染色30min。水洗、吹干、封固后在荧光显微镜下观察。

结果判定：细胞质内见有苹果绿色荧光，细胞清晰可见呈暗黑色，可判为阳性；如细胞质为紫红色或暗黄色无荧光，细胞核不清，可判为阴性。

（二）酶联免疫吸附试验（PPA－ELISA）

用金黄色葡萄球菌A蛋白（SPA）与辣根过氧化物酶结合，作为抗体制成PPA，用Vero细胞培养抗原。用病犬或迫杀的病犬血清或全血作为检样，也可用干燥滤纸血样代替。将血清或滤纸血样（印剪后0.025mL）浸于微量反应板内，从10×开始2倍递升到80×4个滴度。分别滴加已包被的Vero细胞抗原的微量反应载玻片上，放于37℃湿润条件下作用30min，使抗原和抗体充分结合为抗原抗体复合物（被检血样为阴性则不结合）。取出后用PBS连续换液冲洗，吹干后放于载玻片上滴加按使用效价稀释好的PPA。然后放于37℃湿润条件下作用30min，使SPA同抗原抗体复合物中的抗体充分结合（如被检血清为阴性，因无可结合的抗体蛋白，则不能同SPA结合），取出后用PBS连续换液冲洗。吸干后在底物显色液中染色，作用20min。标准对照阳性血清孔呈现褐色时，立即用水充分冲洗，吹干后在显微镜下观察。

结果判定：如平均在每个视野内见有1～5个淡褐色或褐色的细胞核、细胞质分明，轮廓清晰的细胞可判为阳性；如细胞完整清晰可见，无任何褐色着染，可判为阴性；细胞轮廓不清，仅有褐色着染，可判为疑似，应重检。该法特异性强，敏感、快速、简便。

（三）中和试验（固定病毒稀释血清）

将灭活的被检血清用PBS作倍比稀释成不同的稀释度，然后每个稀释度均与等量已知病毒液（100～1 000EID_{50}/0.1mL）混合，37℃作用1h后，以0.2mL接种7～10日龄鸡胚绒毛尿囊膜，每一稀释度接种4～5枚鸡胚，放于37℃条件下孵育7d，每日照蛋及时检出死胚，记录检查鸡胚绒毛尿囊膜上有无灰白色痘斑及水肿。试验需设：待检血清不加病毒、阴性血清和阳性血清对照。

中和试验也可用细胞培养进行，如用Vero细胞。通常在微量培养板上进行测定，即先在培养板上每孔各加0.05mL营养液（内含10%犊牛血清的199营养液），将被检血清连续倍比稀释至8个稀释度，随后各孔加入0.05mL病毒液（含100$TCID_{50}$）。将血清-病毒混合液放于37℃下感作2h，再在各孔中加入0.05mL细胞悬液（约含20 000个Vero细胞），加塑料盖，置于5% CO_2 37℃培养箱中进行培养，每日记录观察。试验对照与用鸡胚试验相同。

结果判定：在试验对照正确的条件下，按Reed和Muench法计算鸡胚或细胞的半数保护量（PD_{50}）即为中和价。一般恢复期血清的中和价是急性期血清的4倍，即可判为阳性。

二、犬传染性肝炎

犬传染性肝炎（infectious canine hepatitis）也称犬蓝眼病。1947年丹麦Rubarfh确定本病原为一种病毒。1949年Siedentopf等证明犬传染性肝炎与流行性脑炎为同一病毒。该病为犬的常见病，在世界许多国家犬群中都存在。犬传染性肝炎病毒为腺病毒科（Adenoviridae）乳腺病毒属（*Mastadenovirus*）中的成员。犬腺病毒有2个血清型，1型为传染性肝炎，2型引起犬呼吸道病。该病在临床上表现急性、败血性症状。

［病原学诊断］

（一）病料的采集及处理

取病犬发病初期的血液、扁桃体棉拭子或病死犬肝、脾乳剂，经滤过或抗生素除菌。

（二）病毒分离

1. 细胞培养　病犬生前采取发热期的血液，用棉棒采取尿液、扁桃体等。死后采取全身各脏器和腹腔液，尤其肝、脾最佳。病料研磨后接种于犬肾原代细胞或幼犬眼前房中，可出现特征性病变，并可检出核内包涵体。同时，还可以检测病毒的理化特性。

2. 动物接种　采取病料，尤其肾、脾等制成乳剂，离心取上清液，接种未吃初乳的新生仔犬，出现症状后进行捕杀，无菌采取肾脏作带毒培养，然后用电镜检查病毒。

3. 电子显微镜检查 取病毒的分离物进行负染，在电镜下进行观察。可见病毒粒子为无囊膜 20 面体对称，呈球形，大小为 70～90nm，有 252 个壳粒，直径为 7～9nm。

[血清学诊断]

(一) 血清中和试验

1. 固定病毒稀释血清法 首先将被检血清 5 倍稀释，于 56℃灭活 30min 后，用 Hank's 液进行倍比稀释。然后，取事先已滴定的病毒液（含 200$TCID_{50}$）与不同稀释度的血清等量混合，在 37℃水浴中作用 1～2h，每一稀释度接种 5～6 瓶细胞培养物，每瓶 0.2mL，置 37℃下进行培养、观察，记录细胞病变情况。同时，应设置病毒对照，高浓度的血清对细胞毒性的对照，空白对照，阴、阳性血清对照。

结果判定：所得结果按 Karber 法计算 50%保护量（PD_{50}），即血清的中和价。

2. 固定血清稀释病毒法 将病毒原液作 10 倍递进稀释，分装两列试管，第一列加等量正常血清，为对照组；第二列加待检血清，混合后放于 37℃ 1h，然后分别接种细胞于 37℃下培养，逐日记录每组细胞病变情况。最后用 Reed-Muench 法分别计算试验组和对照组的 $TCID_{50}$ 中和指数。其中和指数计算方法是：试验组 $TCID_{50}$ 的对数—对照组 $TCID_{50}$ 的对数之差的反对数。

结果判定：如果待检血清中和指数＞50 者可判为阳性，10～49 为可疑，＜10 者为阴性。

(二) 琼脂扩散试验

取优质琼脂粉 1～1.2g，放入含 0.02%硫柳汞的 0.01mol/L，pH 7.4 磷酸缓冲盐水 100mL 中。然后放于水浴锅中热煮沸 1h，中间振荡数次，使其溶化均匀。将已融化好的琼脂液加入平皿或琼脂板上，冷却后用琼脂打孔器或放模式图上用金属管打孔，抗原孔为 4mm，在距抗原孔 4mm 的周围打 6 个孔径为 6mm 的血清孔。首先将孔内的琼脂块取出，然后在每个孔内加入很少的热琼脂液，或者加热玻板（或平皿）背面，使底部琼脂稍微融化。将琼脂板或平皿编号后，用毛细管将抗原滴于中央孔（约 0.04mL），按被检血清的顺序号将其依次用毛细管滴于每个抗原孔两侧的血清孔中。每分血清滴加 1 孔，滴满为止（约 0.07mL）。抗原孔上下的血清孔滴加标准阳性血清。最后将平皿或琼脂板放于湿润的瓷盘中，加盖后放于 22～26℃温箱中 3d，每天观察 1 次。

结果判定：①在受检的血清孔与抗原孔之间有明显的沉淀线，并且与标准阳性血清的沉淀线末端相连接者，可判为强阳性（＋＋＋）。②如在受检血清孔与抗原之间有较弱的沉淀线，并且与标准阳性血清的沉淀线末端相连接者，可判为阳性（＋＋）。③在标准阳性血清孔与抗原孔之间的沉淀线末端向受检血清孔内侧弯曲者，可判为弱阳性（＋）。④标准阳性血清孔与抗原孔之间出现沉淀线末端向受检血清孔内侧弯或稍弯者，可判疑似（±）。⑤受检血清孔与抗原孔之间不形成沉淀线，或者标准阳性血清的沉淀线向邻近的受检血清孔直伸或向其外侧偏弯者，可判为阴性（—）。

三、犬细小病毒病

犬细小病毒（CPV）是引起犬科动物以剧烈的呕吐、出血性肠炎、非化脓性心肌炎和白细胞显著减少为主要特征的烈性传染病病毒。犬细小病毒病感染率高、发病急、病程短、传染性强、死亡率高，是危害我国养犬业最为严重的传染病之一，可造成严重的经济损失。CPV 为无囊膜，单负股 DNA 病毒，基因组长 5 323bp，由 3 个结构蛋白：VP1、VP2 和 VP3 组成。其中 VP2 是其保护性颗粒抗原。有研究表明，VP2 可诱导犬产生中和抗体，并能保护犬抵御强毒的攻击。该病毒粒子很小，直径 20～22nm，呈二十面体对称。核酸分子量为 1.5×10^6～2.0×10^6，碱基中 G+C 的含量占总量的 41%～53%。本病在欧、美等一些国家相继有流行和造成幼犬群损失颇重的报道。我国 1982 年证实此病后，已分离到多株病毒。

［病原学诊断］

1. 样品处理　采集疑似 CPV 感染犬血便，用 PBS 稀释成 20%悬液，加入青、链霉素终浓度为 1 000U。反复冻融 3 次，12 000r/min 离心 10min，取上清液，经 0.22μm 滤膜过滤除菌后为分离病毒样，－80℃保存。取 1mL 经过处理的病料上清液同步接种 CRFK 细胞，加入足量的含 5%新生牛血清的 MEM 培养基，于 5% CO_2 37℃培养，连续观察培养 5d，冻融后收获细胞毒，继续传代培养至第 3 代。每代病毒做血凝试验检测病毒生长情况。所有代次病毒－80℃存放。病料上清液接种于 CRFK 细胞后的第 5 天，5 个病料接种的细胞出现细胞病变，呈现单个细胞圆缩、脱落，有的呈现细胞片状脱落。

2. 血凝试验　标记 96 孔反应板，每孔加 PBS 各 50μL，每列第 1 孔加入待检样品 50μL，混匀后由第 1 孔吸出 50μL 至第二孔，以此倍比稀释至第 11 孔，最后 1 孔做阴性对照；所有反应孔均加入 50μL 1% 猪红细胞；封闭后放于 4℃ 孵育 1～2h；读取并记录试验结果。以完全凝集红细胞的最大稀释度为该样品的血凝（HA）价。

3. PCR 检测　提取分离病毒第 3 代细胞培养物的 DNA 作模板。然后，引物设计和合成：根据已发表的 CPV 的 DNA 序列（GenBank 登录号：EU310373），利用 primer 5.0 软件设计引物，由上海英骏生物有限公司合成。上游引物（P1）：5′-CACGGAAGAGTATCCAGAAGGA-3′，下游引物（P2）：5′-GGTGCTAGTTGATATGTAATAAACA-3′。获得 PCR 产物后，进行凝胶电泳。取扩增产物 5μL 与溴酚蓝加样缓冲液混匀，在 1%的琼脂糖凝胶上电泳，电压为 80V，30min 后，于凝胶成像系统内观察结果，照相。判定：PCR 扩增出与预期片段相符的 83bp 的核酸带。

4. 免疫荧光鉴定　用含 5% 胎牛血清的 MEM 培养基稀释细胞至 2×10^5 个/mL。用多道移液器在 96 孔板每孔加 100μL 细胞悬液，将分离毒接种 96 孔 CRFK 细胞（200 $TCID_{50}$/孔），同时设未接毒的正常细胞对照，在 37℃，4%～6% CO_2 培养 3d 后，弃培养液，用 100～300μL/孔 PBS 洗 2 次，第 2 次洗后拍掉残留的水滴，在通风橱里加入预冷的甲醇丙酮液（甲醇、丙酮体积比 1∶4）100μL/ 孔，室温 5～15min，甩干固定液，分别加入适当稀释的犬细小病毒荧光抗体，37℃ 作用 30min，经 PBS 洗涤 3 次后，倒置荧光显微镜下观察。分离毒接种 CRFK 细胞，48h 后 30％细胞出现细胞病变，弃去细胞维持液，甲醇、丙酮固定后，感染细胞与 CPV 荧光抗体出现绿色的胞浆荧光，细胞核着色浅，胞浆内呈现颗粒状亮点；同时正常 CRFK 对照组未见荧光。

［胶体金试验］

1. 取粪便 1g，加生理盐水 5mL，充分摇匀后静置 5min。

2. 取粪便上清液 5～7 滴，滴入试纸样品孔，水平放置，30min 内观察结果。

3. 结果判定。

（1）阳性　检测区（T）和对照区（C）分别出现一条紫红色线。

（2）阴性　只在对照区（C）出现一条紫红色线。

（3）无效　检测区（T）和对照区（C）无紫红色线出现。

［包含体检查］

1. 组织的收集与处理　对病犬进行临床症状观察后，前臂静脉采血，麻醉后颈动脉放血致死，解剖观察组织病理变化及取其相关病变部位。取心、肝、脾、肺、肾、胆囊、胃、十二指肠、空肠、回肠、盲肠、结肠、大肠、肠系膜淋巴结、肺门淋巴结、膀胱、大脑、小脑等组织，放入 10％中性甲醛液中固定好后备用。

2. 病理组织切片的制作

（1）取材　取出固定好后的组织，切取制作切片所需组织。组织必须小而薄，故切取组织块的大小一般为 0.5cm×0.5cm×0.2cm 或 1cm×1cm×0.3cm 或 1.5cm×1.5cm×0.5cm，最厚勿超过 0.5cm。

（2）洗涤　一定要把渗入组织的固定液洗去，然后再进行下一步骤的操作，将修整好的组织块浸泡在水中，流水过夜 24 小时。

（3）脱水　组织进行梯度乙醇脱水（70％酒精脱水 1h→80％酒精脱水 1h→90％酒精脱水 1h→95％酒精脱水 1h→95％酒精脱水 1h→100％酒精脱水 1h→100％酒精脱水 1h，→100％酒精脱水 1h）。

（4）透明　组织在脱水以后，必须通过透明剂的作用才能浸蜡。由于透明剂既可与脱水剂相混合，又能和石蜡混合，故它可以替出脱水剂（如酒精），在代替脱水剂后使石蜡渗入。常用的透明剂有水杨酸甲酯（冬青油），浸泡组织透明过夜。

（5）浸蜡　配制和使用新蜡时必须经久煮炼，因新蜡内含有气体，不能立刻使用，加温至 70℃熔化，凝固后再熔化，反复加温多次，去除石蜡内的气体，过滤后使用。通常在室温 10～19℃选用 52～55℃的石蜡，冬季室温较低时所用石蜡熔点也宜低，以 46～48℃为宜，夏季室温较高以 56～58℃为宜，否则较难切片。因此，控制温度是浸蜡极其重要的关键。

（6）包埋　迅速用温镊子夹取组织块平放于包埋框的底部，注意切片方向一般朝下放置；将包埋框浸入冷水中，使其急速均匀地凝固，以免石蜡产生结晶，难于切片；当石蜡即将凝固时将带组织编码的标签插入蜡中使其一起凝固。在水中浸入 30min，待石蜡完全凝固后即可取出切片。

（7）切片　用组织切片机将包埋好的蜡块切成厚约 5μm 的切片，展片、附贴、摊片、烘片后即可进入染色。

（8）HE 染色　染色之前对切片进行脱蜡水洗，即用二甲苯溶解切片上的石蜡，再用由高浓度到低浓度的梯度乙醇洗掉二甲苯，最后用蒸馏水洗后进行染色。染色步骤如下：苏木素染色 5～10min→水洗→盐酸乙醇浸泡数秒→水洗→弱碱性水溶液显色数秒→水洗→5g/L 伊红染液染色 2～8min→水洗→60％酒精脱水→70％酒精脱水→80％酒精脱水→95％酒精脱水→100％酒精脱水→二甲苯透明 2 次，封片即可。

3. 镜检　见图 13－31、图 13－32、图 13－33、图 13－34。

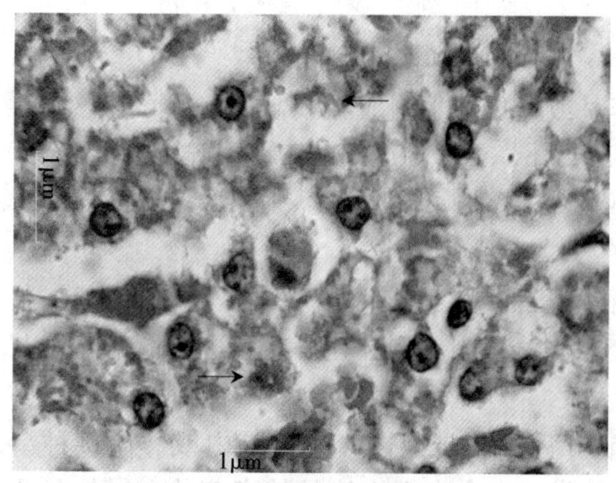

图 13－31　肝细胞内呈现多个包含体×1 000

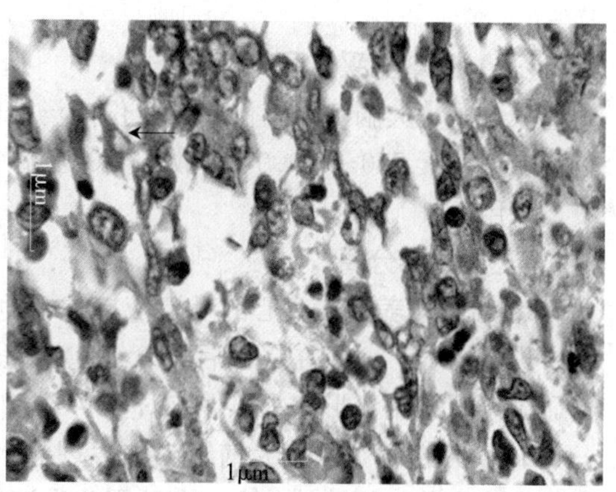

图 13－32　肺坏死的支气管上皮细胞内包含体×400

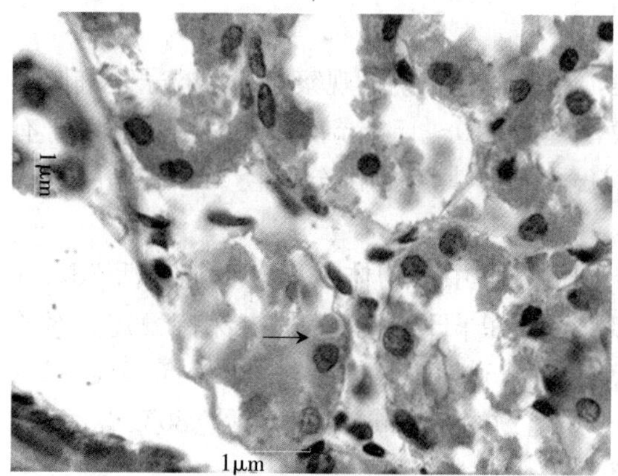

图 13－33　肾近曲小管上皮细胞内包含体×1 000

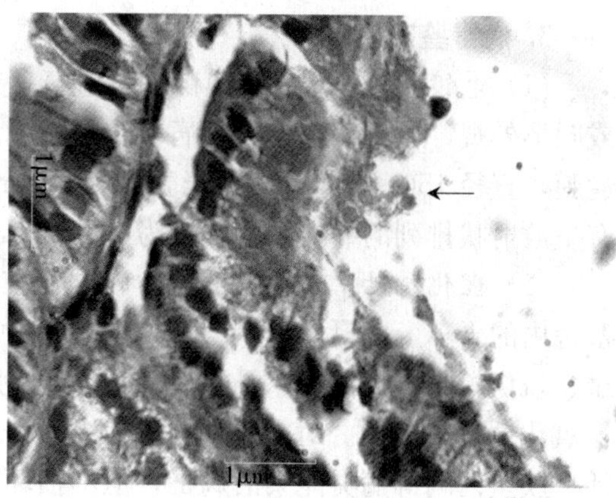

图 13－34　胆囊黏膜上皮细胞内包含体×1 000

四、犬伪狂犬病

犬伪狂犬病（pseudorabies），也称犬奥者氏奇病（Morbirs Aujeszkyi）或阿氏病。1813年前后发生于美国，1902年匈牙利学者Aujeszky首次报道了犬、猫和牛的病例。1931年Shope试验证明，犬伪狂犬病与阿氏病为同一疾病。该病在美国、南美、墨西哥、北非、伊朗、马来西亚和我国台湾省均先后作了报道。本病的病原为疱疹病毒科（Herpetoviridae）疱疹病毒属（*Herpesvirus*）中的成员。本病是一种急性、热性传染病，除感染犬外也感染其他哺乳动物，如猪、牛、羊等。临床上主要表现脑脊髓炎和皮肤奇痒。

［病原学诊断］

（一）病料的采集及处理

取可疑病犬脑组织1份，加9份肉汤培养基或生理盐水制成悬液，并在每mL中加青霉素、链霉素500～1 000U，放于4℃冰箱12～24h，经1 500r/min离心5min后取上清液，备用。

（二）病毒分离

1. 细胞培养　取离心的上清液接种于地鼠的肾细胞（维持液量20∶1），置于37℃温箱中进行培养，一般在接种后24h细胞出现聚融和萎缩，见到坏死病变。也可取培养物电子显微镜观察病毒形态加以确诊。

2. 动物接种　取病犬脑组织加生理盐水研碎后制成悬液，给小鼠脑内或鼻内接种会出现发痒症状，可持续12h。也可用此悬液接种猫，也会出现本病的特有症状。另外，还可用病毒分离物给家兔皮下或肌内注射，每只兔0.5～1mL，注射后20～36h，家兔出现剧痒、啃咬皮肤等症状。

3. 病毒鉴定

（1）电镜观察　用已分离的病毒进行负染，在电子显微镜下观察。病毒粒子呈椭圆形或圆形外观，位于细胞核内的病毒粒子无囊膜，直径110～150nm；包浆内的病毒粒子有囊膜，直径150～180nm。衣壳壳粒长12nm、宽9nm，其空心部分直径4nm。囊膜表面有呈放射状排列的纤突，其长度为8～10nm。

（2）理化特性　本病毒抵抗力较强，在不同的液体中和物体表面至少能存活7d，在畜舍内的干草上，夏季存活30d，冬季为46d。病毒在pH 4～9范围内保持稳定。对乙醚、氯仿等脂溶剂，福尔马林和紫外线照射等敏感。5%石炭酸2min灭活，0.5%～1%氢氧化钠迅速灭活。对热抵抗力较强，55～60℃经30～50min才能灭活，80℃ 3min灭活。胰蛋白酶等酶类能灭活病毒，但不损坏衣壳。

[血清学诊断]

(一)免疫荧光试验(直接法)

将采取的病犬脑组织进行冷冻,用切片机制成切片,贴于洁净的载玻片上,用风扇吹干,丙酮固定。然后用 PBS 洗涤 3 次,每次 3min,最后用蒸馏水 5～10min 脱盐。将标本放于室温中干燥或用吸水纸印干。接着在标本上滴加适量的荧光抗体,置湿盒中,与 37℃条件下作用 30min,再用 PBS 将荧光抗体溶液轻轻冲洗后,再将其通过 3 杯 PBS 溶液后用吸纸吸干。最后,将磷酸甘油滴于标本上,盖上盖玻片,封片。同时,应设阴、阳性标本对照。将标本放于荧光显微镜上观察。

结果判定:在阴、阳性标本对照成立时,被检标本于镜下见到特异性荧光可判为阳性(+);不出现荧光判为阴性(-)。

(二)血清中和试验

首先将待检血清灭能并作 2 倍或 4 倍连续稀释。取不同稀释度的被检血清,各 0.1mL 与等量的病毒液(约含 100 个 $TCID_{50}$)混合,置于室温中作用 1h 后,接种于生长良好并形成单层的地鼠肾细胞上,每管(瓶)0.2mL。试验同时,设阳性和阴性血清以及病毒和细胞对照。于 37℃条件下培养,然后用光学显微镜每日观察 1 次至 7d 为止,并记录细胞病变出现情况,按 Reed - Muench 法计算中和价。

结果判定:细胞对照无 CPE,阳性血清能抑制细胞产生 CPE,阴性血清产生 CPE 的条件下,进行被检血清的判定:

1. 阴性(-) 2 倍稀释的被检血清不能抑制病毒引起细胞产生 CPE。

2. 疑似(±) 2 倍稀释的被检血清能抑制病毒引起细胞产生 CPE。

3. 阳性(+) 4 倍或以上稀释的被检血清能抑制病毒引起细胞产生 CPE。

五、犬疱疹病毒感染

犬疱疹病毒感染(canine herpesvirus infection)于 1965 年在美国首次发现。此后在欧洲等地区发生,目前在世界各养犬地区存在此病。我国养犬业中也有本病感染。主要引起生后 1 月龄仔犬死亡,1 周龄内的仔犬多发,死亡率为 80%。成年犬处于潜伏感染状态。从健康犬的呼吸道及流产儿乃至胎儿,可分离到病毒。本病的病原为疱疹病毒科(Herptoviridae)疱疹病毒属(*Herptovirus*)中的成员。临床的主要特征仔犬为致死性呼吸道病症,母犬为生殖道疾病。

[病原学诊断]

(一)病料采集和处理

采取幼龄犬的肝、肾、脾、肺等病料制成悬液,制备犬肾细胞单层等。

（二）病毒分离

1. 细胞培养 采取幼龄病犬的肝、肾、脾、肺等病料制成悬液，或用棉拭子取犬的口腔、上呼吸道及阴道拭子样品制成洗涤液。灭菌后，接种犬肾单层细胞置于35～37℃条件下培养，接毒后2～4d收获，细胞出现圆缩和脱落病变。在单层细胞上见细胞坏死，周围细胞圆缩的蚀斑。对细胞作包含体染色，见有不清楚的核内包含体。可用电镜和中和试验检测病毒。

2. 电子显微镜检查 取病幼犬的细胞培养物，进行负染色，在电子显微镜下观察病毒粒子。未成熟的病毒粒子直径90～100nm，无囊膜。成熟的病毒粒子直径120～200nm，带有囊膜。病毒粒子有162个壳粒，呈20面体。囊膜为双层膜，表面有突起，部分病毒的核心外观呈十字形或星形。

［血清学诊断］

（一）蚀斑减数试验

首先将被检血清用Hank′s液按2倍递进稀释成1∶10、1∶20、1∶40、1∶80、1∶160和1∶320等6个稀释度。再将测定的已知蚀斑单位的犬疱疹病毒稀释成含100蚀斑单位（PFU）。然后将6个血清稀释度分别与含100PFU病毒等量混合，37℃感作1h。每个稀释度的血清—病毒混合液接种4个已形成良好单层的犬肾细胞的蚀斑瓶，每瓶0.5mL。置37℃ 1h，使病毒吸附，然后加入在50℃水浴预热的营养琼脂10mL，平放1h待凝固。将细胞面向上，于37℃温箱培养3～4d，同时稀释的病毒加等量Hank′s液，同样处理作为病毒对照。经4d培养分别计算蚀斑数，用karber法计算血清中和效价。

结果判定：试验组与对照组比较，能使蚀斑减少50%的血清稀释度为蚀斑减数效价，即为血清中和效价。

（二）免疫荧光试验

取症状明显的幼龄病犬的肾、肝、脾、肺和肾上腺，将其切成10mm×5mm×3mm小块，浸于液氮中，使之迅速冻结，然后用冷冻切片机切成薄片，贴于玻片上（对于成年犬或康复犬，用棉拭子蘸取口腔、呼吸道和阴道黏膜进行涂片），用丙酮或乙醇固定（固定液的浓度为，丙酮100%、乙醇100%），用PBS洗涤3次，每次3min，用异硫氰酸荧光素标记的荧光抗体染色，然后置于湿盒内在37℃作用30min，染色后用0.01mol/L、pH 7.5PBS洗涤以除去未与标本中抗原反应的标记抗体。将标本滴加甘油（9份甘油加1份PBS），用盖玻片封片，放于显微镜下观察。试验阴性标本和阳性标本对照与被检标本进行同样处理。

结果判定：在阳性标本的胞浆内出现黄绿色颗粒，阴性标本不出现荧光的条件下，被检样品的胞浆内出现黄绿色颗粒可判为阳性（+）；不出现黄绿色荧光的判为阴性（－）。

六、犬冠状病毒病

犬冠状病毒病（canine coronavirus disease）又称犬冠状病毒性腹泻（canine coronavirus diarrhea)。犬冠状病毒病在德国军犬中首次发生。1971 年 Binn 等从军犬的粪便中首次分离出病毒。1978 年在世界各地普遍暴发流行。以后比利时、英国、泰国、澳大利亚、法国等先后报道了本病。我国江苏、辽宁、吉林、黑龙江、江西、陕西等地的军犬、民犬及试验犬中也发生了此病，幼犬的发病率为 100%，病死率为 50%。本病的病原为冠状病毒科（Coronaviridae）冠状病毒属（*Coronavirus*）中的成员。该病的临床特征为呕吐、腹泻和脱水。

[病原学诊断]

（一）病料的采集及处理

病犬的粪便含有很多的病毒粒子，应采集病犬的粪便分离病毒。

（二）病毒的分离

细胞培养：取病犬的粪便，经常规处理后，接种犬的原代细胞和传代细胞，如犬的原代肾细胞和胸腺细胞、胚胎、滑膜及 A－72 细胞等。用本病毒感染后第 2 天即可产生与冠状病毒相似的细胞病变。然后取细胞培养物与已知的标准阳性血清进行中和试验，鉴定本病毒。

（三）电子显微镜检查

取粪便用氯仿处理后低速离心，取上清液滴于铜网上，经磷钨酸负染后，用电子显微镜观察病毒。可见本病毒多为球形或椭圆形，长 75～120nm、宽 75～80nm。有囊膜，其表面有 20nm 的纤突，纤突末端呈球状，使整个纤突呈花瓣状。

[血清学诊断]

（一）酶联免疫吸附试验（ELISA，双抗体夹心法）

利用犬冠状病毒高免血清提取 IgG，以 pH 9.6 的碳酸盐缓冲液稀释至 1mg/mL，滴加于聚苯乙烯微量滴定板孔内，每孔 100μL，于 4℃包被过夜，并用 5%兔血清的 PBS（pH 7.4，含 0.05%吐温－20）37℃封闭 1h。然后用 PBS 洗涤液泡洗 3 次，每次 3min，甩干后加入 1∶10 稀释的待检病毒，每孔 100μL，37℃感作 2h。再用上述洗涤液泡洗 3 次，随后加入 1∶400 稀释的抗冠状病毒的酶标抗体 100μL，37℃感作 2h，加上述洗涤液泡洗 3 次以上。最后加邻苯二胺 H_2O_2 酶底物溶液 100μL，室温感作 30min，再加 50μL 2mol/L 硫酸终止反应。

结果判定：目测法，用肉眼观察反应物的颜色变化，来判断阴性或阳性。分光光度计测定 492nm 波长为 A_{492} 值，进行判定。以 P/N 大于 2 为阳性。

（二）免疫荧光试验（直接法）

将病犬的肾、脾等病料，制成小块（或石蜡包埋），用冷冻切片机切片，然后将切好的组织片贴于洁净的载玻片上，风扇吹干，丙酮固定。将固定的标本用 PBS 洗涤液洗 3 次，每次 3min，最后放蒸馏水中 5～10min 脱盐。将标本置于室温干燥或用吸水纸吸干。然后在标本上滴加适量的荧光抗体，置湿盒中于 37℃条件下感作 30min。再用 PBS 液将荧光抗体溶液轻轻冲洗掉，将其通过三杯 PBS 溶液，用吸水纸吸干。最后用磷酸甘油滴于标本上，盖上盖玻片，封片。放于荧光显微镜上进行观察。直接法应设阴性、阳性标本对照。

结果判定：阳性标本对照出现鲜亮的黄绿色荧光，阴性标本无荧光时，如被检样本见有鲜亮黄绿色特异性荧光可判为阳性（+）；不出现荧光者判为阴性（−）。

七、犬副流感病毒感染

1967 年 Binn 等首次从患呼吸道病犬中用肾细胞培养分离出副流感病毒 5 型。1980 年，Evermann 等从出现后躯麻痹和运动失调犬的脑脊液中分离到此病毒。犬副流感病毒感染（canine parainfluenza virus infections）在世界各养犬国家均有发生和流行，尤其新购入的犬常呈呼吸道感染。病犬是主要传染源。自然感染的主要途径为呼吸道。各种年龄的犬均可感染，但幼龄犬病情较重。本病的病原为疱疹病毒科（Herpesviridae）疱疹病毒亚科（Alphaherpesvirnae）水痘病毒属（*Varicellovirus*）中的成员。临床特征为，2 周龄以内的幼犬呈急性致死性呼吸道病症；2 周龄以上的犬为亚临床感染，表现气管炎、支气管炎；母犬不孕、流产；公犬阴茎炎和包皮炎。

[病原学诊断]

(一) 病料的采集和处理

采集鼻黏膜、气管、肺及淋巴结病料，制成悬液，离心后去上清液。

(二) 病毒分离

细胞培养：取离心上清液接种犬肾细胞放于 35～37℃培养，每隔 4～5d，用豚鼠红细胞吸附试验检验一次，盲传 2～3 代，能形成特征性的融合细胞，分离时用特异性豚鼠免疫血清进行血凝抑制试验或补体结合试验鉴定病毒。

(三) 电镜检查病毒

用微量移液管吸取样品悬液，离心后取其上清液，直接滴在有支持膜的铜网上。待 1min 左右，用 1 片净滤纸从网边吸去液体，稍干后用移液器取染色液滴在网上染色 30s 或 1min。再用滤纸吸去染色液，待干后马上在电镜下观察。可见到多形性、一般为球状的病毒粒子，其直径为 100～180nm。囊膜表面有特征性突起，长（8～10）nm×8nm。

[血清学诊断]

(一) 血清中和试验（固定病毒稀释血清法）

将已滴定的病毒原液稀释成 $200TCID_{50}$（或 LD_{50}、ELD_{50}）与等量血清混合后，为 $100TCID_{50}$；血清先用 5×稀释，置 56℃灭活 30min，再用 Hank′s 液倍比稀释；取病毒液与不同稀释度的血清等量混合，在 37℃水浴中作用 1～2h，每管接种 0.2mL 犬肾细胞培养物，后置于 36℃条件下培养，观察细胞病变。同时设不加血清的病毒液对照，空白对照，阴性、阳性血清对照。

结果判定：按照 Karber 法计算 50%保护量（PD_{50}）即为血清的中和价。如用肉眼观察，如果细胞培养物出现病变，说明血清中没有本病的中和抗体，可判为阴性（－）；如过细胞培养物中无细胞病变，说明抗原与抗体中和，可判为阳性（＋）。

（二）血凝抑制试验

取 5×10 大孔板，将待检血清倍比稀释，每份血清加 1～8 孔。第一孔的稀释倍数如未经处理，则先加 0.4mL 生理盐水，然后加入 0.1mL 待检血清混合作 1：5 稀释后，依次作倍比稀释，再依次加入 4 单位血凝素和 1%红细胞悬液 0.25mL，第 9 孔不加血清，为血凝素对照。第 10 孔不加血清和血凝素为盐水对照。微量血凝试验，各孔以滴计算未处理血清，第 1 孔为 1 滴血清加 1 滴盐水，起始稀释为 2×，稀释到第 10 孔 1024×，11、12 孔为血凝素、盐水对照。在同一块板的另一排孔进行血凝素效价校正。

结果判定：完全抑制的血清最大稀释倍数为该血清的血凝抑制价，如血凝抑制价为 80×，血凝素的校正试验结果与预期的不一致，需提高或降低该血清的血凝抑制价，如果 1 单位和 0.5 单位血凝结果为＋＋＋＋和＋＋，表明血凝素抗原用量高了一个滴度，则该血凝价也应提高 1 个滴度，为 160×。相反，如 1 个单位和 0.5 单位为＋、－，则表明血凝素低了一个滴度，而血凝抑制价也应下降 1 个滴度，改为 40×。

附　双抗体夹心检测

（一）检测原理

试纸为免疫层析法对犬副流感病毒（CPIV AG）进行双抗体夹心检测。检测样品为犬的呼吸道分泌物。

（二）样本要求

1. 该试纸采集样品为犬的呼吸道分泌物。
2. 采集样品后，充分在试管中搅拌稀释，取其上清。
3. 样品一般须当即冷藏保存，超过 24h 的，应该冷冻保存。

（三）检测步骤

1. 用棉签从鼻孔内刮取鼻涕及鼻腔内壁分泌物。
2. 将棉签浸入装有样品稀释液的试管，充分搅拌混匀后，用一次性吸管取上清液。
3. 取出试纸，开封后平放在桌面，从滴管中缓慢而准确地逐滴加入 3～5 滴混合液。
4. 当样品孔内的样品溶液彻底流干净后，观察窗内膜面仍然是一片红色时，可以稍后再滴加约 2 滴洁净水或溶液，有助于反应尽快完成。
5. 5～10min 后，当观察窗膜面由红全部转成白色后（CT 线例外），即可判读结果。30min 后的微弱 T 线判为阴性或可疑。

（四）结果判定

阴性：当位置 C 显示出红色线条，而位置 T 不显色时，判为阴性。

备注：当位置 T 处出现模糊的色迹，但不显示为清楚的线形状时，判阴性。

阳性：当位置 C 显示出红色线条，而位置 T 同时显示出红色线条时，判为阳性。

备注：位置 T 处红色线条的颜色深浅直接与检测物质多少相关。当检测物质含量很高时，位置 T 处的线条可能在出现后，红色又慢慢变淡，甚至消失。建议将样品数倍稀释后再进行检测，红色线条就可以稳定了。

无效：当位置 C 不显示出红色线条，则无论位置 T 显示出红色线条与否，则判为无效。

八、猫白血病

猫白血病（feline leukmia）又称猫白血病肉瘤综合征。猫白血病于1964年Jarrett等在美国首次发现，并从猫体分离到病毒。本病在世界许多国家的猫中发生，发病率和死亡率都很高，是猫的一种重要传染病。该病的病原为反转录病毒科（Retroviridae）肿瘤病毒亚科（Oncovirinae）、C型肿瘤病毒属（*TYP Concovirus* group）、哺乳动物C型肿瘤病毒亚属中的猫白血病病毒（Feline lerkemia virus，FeLV）和猫肉瘤病毒（Feline sarcoma virus，FeSV）。其临床特征是贫血、嗜眠、食欲减少和消瘦。

[病原学诊断]

（一）病料的采集

取病猫的血浆、肿大的脾脏、胸腺和淋巴结等。

（二）病毒的分离

1. 细胞培养 通常用病猫骨髓抽提液接种胎猫肾细胞单层，置于37℃条件下进行培养。一般在接种后第5d左右进行观察，可见到合胞体。在电镜观察可见到典型的C型病毒粒子。如采取血检阳性的病猫的淋巴细胞进行培养，几乎都能检出病毒粒子。

2. 电子显微镜检查 取细胞培养物反复冻融3次，然后以3 000r/min离心30min，除去细胞碎片，取上清液滴于铜网上，再加1滴负染液，将铜网接触吸水纸的边缘，吸去多余混合液，置空气中1～2min后，即可检查。可以看到病毒呈圆形或椭圆形，直径为90～110nm，中央有单股RNA和类核体，衣壳包围着核体，最外层为囊膜，上面有许多纤突。

[血清学诊断]

（一）免疫荧光试验

采取病猫的血浆、脾、胸腺和淋巴结等切成小块，用冷冻切片机进行切片，贴于载玻片上，用风扇吹干，丙酮固定。将已固定的标本用PBS液洗3次，每次3min，再置蒸馏水中5～10min脱盐。然后将标本放于室温中干燥或用吸水纸吸干。接着在玻片上滴加适量的荧光抗体进行染色，放于湿盒中置于37℃条件下作用30min后，用PBS将荧光抗体溶液轻轻冲洗掉，再将其通过3杯PBS溶液，用吸纸吸干。最后用磷酸甘油滴于玻片上，盖上盖玻片，封片。同时应设阴性和阳性血清标本对照。最后放于荧光显微镜上观察。

结果判定：当阴性、阳性血清标本对照成立时如在荧光显微镜上能见到C型病毒粒子的特异荧光，可判为阳性；反之为阴性。

（二）酶联免疫吸附试验（ELISA）

在微量滴定板上，每孔加0.2mL已知抗原（用0.1mol/L pH 9.6碳酸盐缓冲液将抗原稀释成1～10ug/μL），置于37℃水浴保温3h，或4℃过夜。微量板用含0.05%吐温-20的0.02mol/L pH 7.4的PBS洗3次，将水甩干。然后在微量板上每孔加0.2mL稀释的待检血清，置37℃1h或室温3h。然后用PBS再洗3次。每孔再加0.2mL稀释的酶标记抗免疫球蛋白（用含1%牛血清白蛋白的吐温-20的PBS稀释），放于37℃条件下1h或室温3h。再用PBS洗涤液冲洗3次。然后，加适当的邻苯二胺酶底物，导致底物颜色反应，而颜色的深浅程度和速率与待检血清中的抗体含量有关。最后进行分光光度计测定与肉眼观察。

结果判定：目测产生橘黄色反应的孔其血清为阳性。用分光光度计在400nm读取每孔反应溶液的光吸收值（OD值），读数为0.2的孔，其血清为阳性。

（三）琼脂扩散试验

称1g琼脂糖加入AGB液（甘油酸15g、巴比妥钠0.52g、迭氮钠0.2g，去离子水加至200mL，用4.2mol/L HCI调pH至8.0）中到100mL，121℃高压蒸气10min，使琼脂融化，趁热倒入平皿内20mL，厚度为3mm，凝固后用打孔器打孔，孔径为4mm，孔距为3mm，将孔内的琼脂块挑出，接着向孔内补滴琼脂，以免孔底有渗漏。然后用微量滴样器加样。中心孔加标准抗原，周围1、2、3孔加标准阳性血清，2、4、6孔加被检血清。再将平皿放于密闭、潮湿的容器中，室温扩散，每日观察2次，直至出现肉眼可见的白色沉淀线为止。

结果判定：当标准阳性血清与抗原孔中间形成一条清晰、致密的沉淀线时，方可进行判定。被检血清孔与抗原孔出现的沉淀线弯曲环联，判为阳性（＋）；被检血清无沉淀线或所出现的沉淀线与阳性对照的沉淀线交叉者，判为阴性（－）；被检孔沉淀线不清晰或阳性孔的沉淀线向导被检孔微弯时，判为疑似（±），应重检。重检结果相同判为阳性。

九、猫病毒性鼻气管炎

猫病毒性鼻气管炎（feline viral rhinotracheitis，FVR）于1957年Crandell等首次从病猫体内分离出病毒。以后，在英国、瑞士、加拿大、荷兰、匈牙利、日本等国均报道了FVR。据了解，在我国的猫场、家猫及试验猫均有本病存在。FVR病原为疱疹病毒科（Herpesviridae）甲型疱疹病毒亚科（Alphaherpes virinae）猫疱疹病毒1型中的成员。在临床上以喷嚏、流泪、结膜炎和鼻炎为特征。

［病原学诊断］

（一）病料的采集和处理

从病猫鼻、咽和喉头黏膜采取病料，或采取病猫肝、肾、脾等，猫肺或睾丸原代细胞等。

（二）病毒分离

1. 细胞培养　从急性发热期的病猫取鼻、咽、喉头黏膜和结膜拭子，放于高浓度抗生素的营养液内，经挤压取出，并于4℃感作2～4h，然后接种于猫肺或睾丸原代细胞上培养，37℃孵育2h，更换维持液，逐日观察有无细胞病变出现。如果细胞出现病变可判为阳性。再将培养物3 000r/min离心，取上清液，即为病毒。同时，用已知猫疱疹病毒1型的免疫血清，对新分离的病毒作中和试验。

2. 动物接种试验 取细胞培养物研碎成乳剂，通过鼻内、眼内、皮下、肌内、静脉接种幼猫（猫是唯一的感染动物），48h 内可出现上呼吸道症状和体温升高，并可持续 6～10d。

3. 包含体检查 在载玻片上加 1 滴生理盐水，用外科圆刃刀刮取呼吸道黏膜，与载玻片上盐水混合，涂制均匀成片。自然干燥，也可用甲醇固定 3min。然后将已固定好的涂片放平，用吸管滴加稀释好的染色液数滴，经 1min 后倒掉，用蒸馏水或自来水冲洗，冲去残留的染色液。吸干或自然干燥后用油镜检查。结果，上皮细胞染成蓝至紫色，细胞质染成淡紫丁香花色，包含体染成鲜红色或深红色。

4. 电子显微镜检查 采取病猫的鼻、咽、喉头黏膜部病料。接种猫肺原代细胞，进行培养。待其出现细胞病变后反复冻融 3 次以上。然后 3 000r/min 离心 30min，除去细胞碎片，取上清制片。用微量移液器吸取样品悬液，直接滴在有支持膜的铜网上，待 1min 左右，用 1 片净滤纸从网边吸去液体，稍干后用移液器取染色液滴在网上染色 30s 或 1min。再用滤纸吸去染液，待干后立即在电镜下观察。可见到衣壳呈 20 面体对称，直径为 100～150nm，衣壳上有 162 个壳粒的、有囊膜的病毒粒子。

[血清学诊断]

(一) 血清中和试验（固定病毒稀释血清法）

采取病猫的病料制成悬液，接种猫的睾丸原代细胞，进行培养，待出现病变后，反复冻融 3 次，使病毒从细胞内释放出来。然后将培养物 3 000r/min 离心 30min，取其上清液，进行毒价测定。首先将已滴定好的病毒原液稀释成 $200TID_{50}$ 与等量血清混合后，每个接种剂量含有 $100TCID_{50}$；将血清置 56℃灭活 30min，再用 Hank′s 液倍比稀释。再取病毒液与不同稀释度的血清混合，在 37℃水浴作用 1～2h，每一稀释度接种 3～6 瓶细胞培养物，观察细胞病变。同时设不加血清的病毒液对照、空白对照、阳性和阴性血清对照。记录细胞病变出现情况，按 Reed - Muench 法计算中和价。

结果判定：细胞对照 CPE，阳性血清能抑制细胞产生 CPE，阴性血清产生 CPE 的条件下，进行被检血清的判定。2 倍稀释的被检血清不能抑制病毒引起细胞产生 CPE，判为阴性（－）；4 倍或以上稀释的被检血清能抑制病毒引起细胞产生 CPE，判为阳性（＋）；2 倍稀释的被检血清能抑制病毒引起细胞产生 CPE，判为疑似。

(二) 荧光抗体试验

先将病料切成 10mm×5mm×3mm 小块，浸于液氮中使其冻结，然后用冷冻切片机切成薄片，贴于玻片上，用丙酮固定后，再用 PBS 洗涤 3 次，每次 3min。以后，用异硫氰酸荧光素标记的荧光抗体溶液染色，放于湿盒内在 37℃作用 30min，再用 PBS 洗涤液将剩余的荧光抗体溶液轻轻冲洗后，将其通过 3 杯 PBS 溶液，用吸纸吸干。然后用磷酸甘油滴于玻片上，盖上盖玻片，封片。应设阴性、阳性标本对照。最后将玻片放于荧光显微镜上观察。

结果判定：在阳性标本的胞浆内出现绿色荧光颗粒，阴性标本不出现荧光的条件下，被检样品在荧光显微镜上如见到特异荧光，可判为阳性（＋）；反之为阴性（－）。

十、猫传染性腹膜炎

1963 年 Holzworth 较详细地报道了猫传染性腹膜炎（feline infectonitis peritonitis，FIP）的特有症状。1966 年 Wolf 等通过试验证明了本病的传染性，并命名为猫传染性腹膜炎。1977 年 Hozinek 等确定了该病原为冠状病毒。FIP 病毒为冠状病毒科（Coronaviridae）冠状病毒属（*Coronavirus*）中的猫传染性腹膜炎病毒（Feline infectonitis virus）。FIP 病毒主要感染猫，猫科动物中的美洲狮和美洲豹也可感染本病。临床症状以腹膜炎及出现腹水为主要特征。

[病原学诊断]

（一）病料的采集

采集病猫的腹腔渗出物、血液及腹腔和胸腔的匀浆液等。

（二）病原的分离

1. 细胞培养　采取病料接种猫胎细胞培养物，如 Fcwf－4 等置 37℃条件下培养，每天进行观察。如出现细胞病变，再用电子显微镜或荧光抗体等检查病毒粒子。也可用健康的幼猫巨噬细胞分离病毒，或者用病猫肾脏作细胞培养分离病毒。

2. 动物接种试验　取病猫的血液、腹腔渗出物或将肾脏研碎制成乳剂，人工接种健康幼猫或 SPF 猫，会急性发病。出现本病的症状后，再作电子显微镜检查病毒，可见到冠状病毒粒子。

（三）病毒鉴定

1. 采取病猫的病料接种猫胎细胞培养物，出现病变后，用电子显微镜观察病毒粒子。可见病毒呈圆形或多形性，呈冠状、螺旋对称，有囊膜，表面有 15～20nm 花瓣状纤突，病毒颗粒大小为 16～75nm。

2. 对热和乙醚等敏感，在室温下 24h 失去活性。对酸性环境、低温及酚的抵抗力较强。

[血清学诊断]

（一）免疫荧光试验（直接法）

采取病猫的肾、脾、肝等病料，切成 10mm×5mm×3mm 小块，浸于液氮中，取出立即用冷冻切片机切片，将薄片贴于玻片上，在室温下将其尽快吹干，丙酮固定后在要染色的标本上直接滴加荧光抗体，使标记的抗体与其相应的抗原结合，用 PBS 液洗涤，封片，镜检。同时应设阴性、阳性标本对照。

结果判定：如果在阳性标本的细胞内出现黄绿色的荧光，在阴性标本的细胞内不出现荧光，被检样品在荧光显微镜下见到特异荧光，可判为阳性（＋）；反之为阴性（－）。

（二）酶联免疫吸附试验（ELISA）

将本病毒的可溶性抗原用碳酸缓冲液作 1∶200 稀释。接着用稀释的抗原致敏微量滴定板，每孔加 0.3mL，在 4℃过夜。孵育后，甩去孔内抗原溶液，用 PBS 液洗涤 3 次，洗后甩干。然后再将已知的阴性、阳性血清用 PBS 液 1∶10、1∶100、1∶1 000 稀释。再将待检血清用同样缓冲液作 1∶100 稀释。每个致敏孔分别加 0.3mL 稀释的阳性、阴性和待检血清，在室温孵育 2h。去掉孵育的血清，用 PBS 液洗 3 次，甩干。这时，每孔加 0.3mL 1∶700 稀释的辣根过氧化物酶结合的兔抗人球蛋白抗体溶液，室温孵育 3h。然后每孔加 0.3mL 饱和联苯二胺溶液（底物溶液），在室温孵育 30min。最后，在每孔加入 50μL 2mol/L NaOH 溶液终止反应。

结果判定：肉眼观察产生黄色、深褐色反应的血清孔为阳性。或者用酶标测试仪测定各孔光密度值（OD 值），读数为 0.2 的孔，其血清为阳性。

（三）血清中和试验

用 0.25mL 的稀释液将各种血清作 2×稀释，每孔留下 0.025mL 稀释血清。接着每孔加入 0.025mL 病毒液。然后将微量滴定板在室温下放置 30min，使血清中的抗体与病毒相互作用。每孔再加入 0.025mL 细胞悬液。加完血清—病毒孔后，多加几孔作细胞对照（由 0.025mL 稀释液和 0.025mL 细胞悬液）。左后每孔加入 0.05mL 矿物油封孔。将平板加盖密封置湿空气下 35℃温箱中培养。经过 48h 培养后进行观察。

结果判定：待检血清和阳性对照血清孔，病毒已被中和，各孔长出细胞单层，可判为阳性；如病毒未被中和，各孔细胞退化，产生病变，则判为阴性。按计算中和指数的公式（中和指数＝试验组 LD_{50}÷对照组 LD_{50}），计算出血清中和价。通常待检血清的中和指数大于 50 者，可判为阳性；10～49 为疑似；小于 10 为阴性。

十一、猫嵌杯状病毒感染

猫嵌杯状病毒感染（feline Calincivirus infections）是由猫嵌杯状病毒引起的猫的一种呼吸道传染病。

1957 年 Fastier 首先分离到病毒。目前，在世界上许多国家都有本病发生并分离到病毒。Scitl 在 1957 年指出，该病毒是新购入猫呼吸道感染最重要的病原之一。1980 年 Pcolmer 报道，40%～45%的猫上呼吸道感染是由此病毒引起的。因此，本病对猫有一定威胁。猫嵌杯状病毒（Feline calicivirus，FCV）为嵌杯病毒科（Calicivridae）嵌杯病毒属（*Calicivirus*）中的成员。该病以双相发热，出现上呼吸道症状，发病率高，病死率低为特征。

[病原学诊断]

（一）病料的采集

采集病猫的眼结膜、扁桃体活组织、鼻腔排出物和肺组织等。

（二）病毒分离

1. 细胞培养　采取病猫的鼻腔分泌物、扁桃体及肺组织，研碎后制成乳剂，用离心机离心后，取上清液接种猫肾细胞，放于37℃条件下进行培养，在48h内细胞会产生病变。

2. 动物接种试验　采取病料，研碎后制成乳剂，给健康猫接种，使其出现呼吸道症状，如结膜炎、鼻炎、气管炎等症状。

（三）病毒鉴定

1. 电子显微镜观察　采取细胞培养物进行负染色，在电子显微镜下观察。可见病毒粒子直径为30～40nm，有32个空心壳粒，呈20面体对称排列。

2. 理化特性　本病毒对乙醚、氯仿和温和的洗涤剂有抵抗力，pH 3时被灭活，pH 4～5时比较稳定。50℃ 30min可灭活。1～2mol/L NaCl可部分地提高病毒的耐热力，但在1mol/L $MgCl_2$，50℃条件下病毒可被灭活。

[血清学诊断]

（一）荧光抗体试验

先将病料切成10mn×5mn×3mn小块，浸于液氮中，使之冻结，然后在冷冻切片机上切成薄片，贴于玻片上，丙酮或乙醇固定（固定夜的浓度为，丙酮100%、乙醇为95%或100%）固定，通常在湿盒内，于室温或37℃用异硫氢荧光素标记的荧光抗体染色30min。染色后用0.01mol/L，pH 7.5 PBS洗涤，以除去未与标本中抗原反应的标记抗体。然后用磷酸甘油滴于玻片上，盖上盖玻片，封片。最后将玻片放于荧光显微镜上观察。应设阴性、阳性标本对照。

结果判定：在阳性标本的胞浆内出现黄绿荧光，阴性标本不出现荧光的条件下，被检样品在荧光显微镜上如见到特异荧光，可判为阳性（+）；反之为阴性（-）。

（二）琼脂扩散试验

先制备琼脂板，称1g琼脂糖加入AGB液（甘油酸15g、巴比妥钠0.52g、迭氮钠0.2g，去离子水加至200mL，用4.2mol/L HCl调pH到8.0）到100mL，121℃高压蒸气10min，使琼脂融化。待温度降至50～60℃时倒入90mm平皿内20mL，厚度为3mm，凝固后用打孔器打孔，孔径为4mm，孔距为3mm，将孔内的琼脂挑出，向孔内补滴琼脂，以免孔底有渗漏。然后用微量滴样器加样。中心孔加标准抗原，周围1、3、5孔加标准阳性血清，2、4、6孔加被检血清。再将平皿放于密闭、潮湿的容器中，室温扩散，每日观察2次，至出现肉眼可见的白色沉淀线为止。

结果判定：当标准阳性血清与抗原孔中间形成一个清晰、致密的沉淀线时，才能进行判定。待检血清孔与阳性孔出现沉淀线向阳性血清孔出现的沉淀线或弯曲环联，可判为阳性（+）；待检血清孔无沉淀线，或出现的沉淀线与阳性对照的沉淀线交叉者，可判为阴性（-）；待检孔沉淀线不清晰或阳性孔的沉淀线向被检孔微弯曲，可判为可疑（±），需重检。重检时应加大检样量，重检结果相同，可判为阳性（+）。

十二、猫泛白细胞减少症

猫泛白细胞减少症（feline panleukopenia）也叫猫传染性肠炎（Enteritis infectiosa felum）或称猫瘟热（Feline distemper）。猫泛白细胞减少症从19世纪30年代起，被欧美一些学者所发现，1957年Bolin首次分离培养出病毒。1964年Johnson从一头类似猫传染性肠炎症的豹的脾脏分离出同样的病毒，并鉴定为细小病毒，从此研究有显著进展。幼猫多发，感染率为70%，病死率为50%～60%。本病病毒为细小毒科（Parvoviridae）细小病毒属（*Parvovirus*）中的成员。

［病原学诊断］

（一）样品采集

急性病例发病后3～4d，可采取各种组织如肠、胃、肝、肾等，血液和分泌物。已死亡的猫最好采取小肠、脾和胸腺。存活动物可采取血液和粪便。

（二）病毒分离

1. 细胞培养 取病猫的粪便或病死猫的肠黏膜及肠内容物、脾、淋巴结及胸腺，经冻融，离心，除菌后，接种于仔猫肾细胞上，37℃培养。接种病料后3、5、7d，分别取培养物HE染色，或用姬姆萨染色后镜检，观察细胞病变，并可见到Cowdry氏包含体。

2. 动物试验 取病死猫的肝、脾、肠系膜淋巴结制成无菌悬液。经口和腹腔接种HE阴性的断乳仔猫，2～4d发病，出现典型症状，7～10d后死亡。

3. 电子显微镜检查 取有本病症状猫的粪便，经差速或超速离心处理提取病毒作免疫电镜检查；或取粪便直接或适当稀释后，以3 000r/min离心，沉淀15min，吸取上清液，加入等量氯仿，振荡10min，离心沉淀后，取上清液直接进行负染后用电子显微镜检查；或加入免疫血清后作免疫电镜检查。可见到细小病毒无囊膜，直径18～24nm，呈20面体对称，可能有3个壳粒。核直径为14～17nm。

［血清学诊断］

血清中和试验

用已知标准血清，在猫次代细胞培养物上进行中和试验。因细胞病变不明显，以检出核内包含体为判定指标。在倍比稀释的血清管内，加入等量的病毒悬液（100～300$TCID_{50}$/0.1mL），混匀，放于37℃感作2h，然后以0.2mL接种细胞培养管（在原代细胞作次代培养后2～3h，每个稀释度接种4管），每个细胞管补充维持液至总量1mL（每管均装有盖玻片）。放37℃条件下培养4d，取出盖玻片作包含体检查。

结果判定：如果在猫原代细胞培养物检出核内包含体可判为阳性；反之为阴性。

十三、猫免疫缺陷综合征

猫免疫缺陷综合征（feline acquired immunodeficiency syndrome），也叫艾滋病，是由猫免疫缺陷病毒引起猫的慢性接触性传染病。由于这种免疫为后天获得的，故又称获得性免疫缺陷综合征。

1986 年 Pedersem 在美国从一群发病猫中分离到本病毒，发病症状类似猫白血病，但是该猫群已多年无猫白血病的发生，因此，怀疑为一种新的病毒所致的疾病。由于该病毒嗜 T 淋巴细胞，当时称为猫嗜 T 淋巴细胞病毒。用病猫的全血接种 SPF 猫，表现淋巴腺瘤、发热、白细胞减少，因此，怀疑为慢病毒。电镜观察病毒粒子，具有典型的慢病毒形态特征。在 1988 年，Yamamoto 等将其重命名为猫免疫缺陷病病毒（FIV）。在美国、日本和欧洲等地普遍发生。本病以免疫功能缺陷、继发性和机会性感染、神经系统紊乱及发生恶性肿瘤为特征。

［病原学诊断］

（一）病料的采集

取病猫的血液、淋巴结、结肠的溃疡灶，盲肠的肉芽肿、脾、肝、肾等。

（二）病毒分离

1. 细胞培养　将猫外周血淋巴细胞经刀豆 A（5μg/mL）处理后，培养于含人 IL－2（100U/mL）的 RPMT 培养液中，然后加入被检猫血液制备的血沉棕黄色层，37℃下培养 14d 后，产生细胞病变。然后取细胞病变阳性培养物进行电子显微镜观察。

2. 动物接种试验　采取病猫的血液或淋巴结、肾、脾等研碎制成悬液，接种感染家兔，14d 后会出现血清抗体，用荧光抗体技术进行检测。

（三）病毒鉴定

1. 在电子显微镜下可见到细胞外成熟的病毒粒子，呈圆形或椭圆形，直径为 105nm×125nm，具有很短的囊膜纤突。病毒核心由锥形壳围绕一个电子致密的偏心核构成，在核心壳和病毒外膜内侧的颗粒物之间，有一个多边的电子疏松间隙。

2. 该病毒适合在猫原代细胞中复制，如原代的外周血液中淋巴细胞及单核细胞，胸腺细胞、脾细胞等。不感染鼠及狗的原代淋巴细胞。自然感染猫血中存在抗体，人工感染猫约 4 周后产生抗体。

［血清学诊断］

（一）免疫荧光试验（直接法）

先将病料切成小块（10mm×5mm×3mm），浸入液氮中使之冻结，然后在冷冻切片机上切成薄片，贴于玻片上，用丙酮固定后，用 PBS 洗涤剂洗 3 次，每次 3min。以后用已配制好的荧光抗体溶液染色，放于湿盒内在 37℃作用 30min，再用 PBS 溶液将荧光抗体溶液轻轻冲洗，然后将玻片通过 3 杯 PBS 溶液，用吸纸吸干。最后用磷酸甘油滴于玻片上，盖上盖玻片，封片。同时，应设阴性、阳性标本对照。最后将玻片放于荧光显微镜下观察。

结果判定：在阳性标本的细胞内出现黄绿色荧光，在阴性标本的细胞内不出现荧光，被检样品在荧光显微镜下如见到特异荧光，可为阳性（＋）；反之为阴性（－）。

（二）斑点-酶联免疫吸附试验（Dot－ELISA）

用铅笔在硝酸纤维膜（NC）的光滑面分成 0.5cm×0.5cm 小格。用碳酸盐缓冲液将兔抗艾滋病病毒 IgG 抗体稀释至 50μg/mL，每格点样 2μL，室温晾干。再以 0.01mol/L PBS、1%吐温-20、5%小牛血清（pH 7.4）的封闭液在 37℃作用 30min，洗涤 3 次，每次 3min，晾干备用。再用小滤纸片分别蘸取阴性、阳性血清及待检抗原置每一小格内，37℃作用 30min，用 PBS 洗涤。将兔抗艾滋病病毒 IgG（第一抗体）用封闭液稀释至 25μg/mL，倒入含有反应膜的平皿中，37℃感作 30min，用 PBS 洗涤。用封闭液将羊抗兔酶标抗体（第二抗体）稀释至 1 000 倍，倒入含有反应膜的平皿中，37℃感作 30min，洗涤。用 pH 7.6 的 Tris－HCl 缓冲液将 DAB 稀释至 0.5mg/mL，室温显色 10min 后，判定结果。

结果判定：在对照成立的条件下，与背景颜色一致判为阴性（－）；具有肉眼可见的棕色斑点，可判为阳性（＋）。

（三）鉴别诊断

由于猫艾滋病与猫白血病有些相似之处，故对其进行鉴别诊断。现将两种病毒性疾病的特征作以比较详见表 13－40。

表 13－40　猫艾滋病与猫白血病特点比较

特点	猫艾滋病病毒感染	猫白血病病毒感染
病原	慢病毒	RNA 肿瘤病毒
水平传播	撕咬	密切接触，撕咬
经子宫传播	无或很少	常见
经乳传播	无或很少	常见
含病毒分泌物或排泄物	唾液	唾液、泪液、尿、粪便
预后	死亡	许多成年猫可康复
发病年龄	5 岁以上猫	一般 5 岁以上

第七节　兔的传染病

一、兔瘟

兔瘟又称兔出血症（rabbit haemorrhagic disease，RHS），是由兔出血症病毒引起兔的急性、热性、败血性、高度接触传染性、高度致死性传染病。以全身实质器官出血、肝脾肿大为主要特征。OIE 将其列为 B 类疫病。我国自 1984 年刘胜江等在江苏省首次发现本病以来，朝鲜、韩国、意大利、捷克、苏联、匈牙利、西班牙、德国、法国、比利时、瑞士、波兰、墨西哥等国都相继发现本病。此后，欧洲进行了兔出血症病毒的病原学和血清学回顾性调查，发现1982年保存的病料中即含有RHDV相关的病毒，他们还从保存了12～13年的血清样品中检出了相关的病毒抗体，说明该病毒在欧洲的兔群中已经存在了许多年，但当时的欧洲兔群中并没有暴发RHD。鉴于中国在20世纪80年代初期大量从德国（原西德）引进长毛兔，1984年开始暴发RHD。兔出血症以传染性极强，实质脏器淤血、出血，发病率和死亡率极高为特征。本病仅发生于兔，以3月龄以上的兔最易感。病原为兔出血症病毒，属于杯状病毒科（Caliciviridae）杯状病毒属（*Calicivirus*）。根据特征性的临床症状、病理变化和流行病学资料可对兔出血症作出初步诊断，确诊需进行病毒的分离、鉴定和血清学试验。

［病原学诊断］

（一）病料的采集和处理

无菌采集病、死兔肝、脾、肾等实质脏器，放置于灭菌容器中，冰冻保存。用于病毒的分离、动物回归试验及血凝和血凝抑制试验。

将采集的病料放入无菌的玻璃研磨器中，一边研磨，一边按10%～20%（*w/v*）比例加入无菌生理盐水制成匀浆。冻融1次后，加入青霉素、链霉素各1 000U，37℃温箱温育1h。3 000r/min离心20min，吸取上清液，分装小瓶小管，低温冰箱（－40～－20℃）保存。

（二）动物回归试验

按每千克体重0.3～0.5mL的剂量，肌内接种体重约2kg易感兔。发病兔表现典型兔出血症症状，可以见到以实质器官淤血、出血为主要特征的病理变化。无菌采取肝、脾、肾材料，提纯病毒，进行电镜检查。

（三）电子显微镜检查

1. 病料处理　将无菌采集的死亡兔的肝脏或脾脏，用生理盐水制成10%的组织匀浆液，3 000r/min离心20min，弃沉淀，将上清液40 000r/min离心90min；弃去上液，用生理盐水悬浮沉淀物，即为电镜观察样品。

2. 电镜观察　将样品悬液一滴（约20μL）滴于蜡盘上。取被覆Formvar膜的铜网，膜面向下放到液滴上，吸附2～3min，取下铜网，用滤纸吸去多余的液体。稍干后，将该铜网放到2%磷钨酸染色液1～2min。用滤纸吸去染液，晾干，立即进行电镜检查。

兔出血症病毒（RHDV）粒子呈球形，直径32～36nm，为20面体对称，无囊膜。病毒粒子的衣壳由32个高5～6nm的圆柱状壳粒组成，但嵌杯状的结构不典型，核心直径为17～23nm。电镜下还可见少数没有核心的病毒空衣壳。

［血清学诊断］

（一）血凝和血凝抑制试验

1. 血凝试验（HA）

(1) 玻片法(定性试验)

稀释液:生理盐水或PBS(pH 7.2)。

被检材料:采集病兔的肝脏和脾脏,用生理盐水或磷酸盐缓冲液制成20%的组织匀浆液,冻融1次,经3 000r/min离心20min,收集上清液作为被检材料。

2%人O型红细胞悬液(红细胞液):取在阿氏液中4℃保存2周以内或在血浆中4℃保存4周内的红细胞,加3~5倍量稀释液,1 500r/min离心10min,洗涤3次,最后用稀释液将红细胞配成2%悬液。

试验方法:用滴管吸取被检材料和生理盐水各1滴,滴于玻片两端,再用另一滴管吸取2%红细胞各1滴与被检材料和生理盐水混合,轻轻转动玻片,于室温下3~5min内观察结果。

结果判定:如生理盐水中红细胞均匀混浊,而被检材料中红细胞呈块状或颗粒状凝集者判为阳性;否则,判为阴性。该方法可用于兔出血症的快速鉴别诊断。

(2) 血凝板法　稀释液、被检材料以及2%红细胞同"(1)玻片法(定性试验)"所述。

试验方法:用微量加样器吸取稀释液100μL于血凝板各孔中。在每排的第1孔中分别加入等量被检材料,并作2倍系列稀释,直至第11孔,弃去100μL,第12孔为生理盐水红细胞对照。稀释完毕后,吸取2%红细胞悬液100μL加入各孔中,轻轻摇动血凝板以便将各孔中的液体混合均匀。置37℃温箱作用30min后,观察试验结果。

结果判定与结果解释:红细胞完全凝集(++++)的最高样品稀释倍数为病毒的血凝价或1个血凝单位。多数病兔肝组织悬液的病毒血凝价在10×(8~16)之间,在兔出血症流行初期,病兔肝血凝价可达10×(128~256),个别血凝价较高者可达10×512以上。一般血凝滴度在10以上,才可判为RHDV阳性。

影响试验的因素比较多,如红细胞的浓度、微量板的类型、反应的环境、进行HI时血清是否灭活等,所以在做HA及HI试验时一定要固定反应条件,并要设立标准对照,以增强反应的准确性。虽然4℃保存的红细胞7d内均可使用,但最好采用新鲜的红细胞,现用现配。各种脏器HA效价,以肝、脾最高,肺脏和肾脏次之,心肌最低。对于出口肉RHDV检疫,可将兔肉匀浆冻融后,用聚乙二醇浓缩50~100倍,再用此法测出兔肉中是否带RHDV。

2. 血凝抑制试验(HI)　HI主要用于检测抗体,在U型微量反应板上进行。

(1) 兔出血症的诊断　稀释液、被检材料以及2%红细胞同上述。

阳性血清:取自兔瘟(兔出血症)疫苗免疫兔或人工感染康复兔,冰冻保存,血凝价要求在10×32以上,用前作10倍稀释。

阴性血清:取自非疫区、未经免疫的正常健康兔,冰冻保存。血凝抑制价位在5倍以下,用前作10倍稀释。

试验方法:①用微量移液器吸取100μL作10倍稀释的阳性和阴性血清,分别加入血凝板的孔中,阳性及阴性血清各1列(11个孔,每列的第12孔为10倍稀释病毒对照);②取被检材料100μL加入阳性及阴性血清列的第1孔中,并作2倍系列稀释,直到第10孔,弃去100μL;第11孔为阳(阴)性血清对照,第12孔为10倍稀释病毒对照;③用微量加样器吸取2%红细胞100μL加入各孔中，轻轻摇动混匀；④37℃温箱作用30min后观察结果。

结果判定：当10倍稀释病毒对照及阴性血清对照表现红细胞凝集，而被检血清表现抑制红细胞凝集者判为阳性。

（2）*兔出血症抗体的测定*　稀释液、2%红细胞液和阴性血清等同上述。

被检血清：取自兔出血症病毒接种兔或欲检测抗体效价的兔。

含4个血凝单位病毒抗原：用人工感染典型发病死亡的家兔肝组织悬液进行血凝试验，根据血凝价对肝组织进行稀释（如：当血凝价为160时，则将肝组织作40倍稀释），即得含4个血凝单位的病毒抗原。每毫升加入1 000U的双抗，冰冻保存不超过2个月（最好在试验前配制4个血凝单位抗原，或在每次检测前重新校正血凝价）。

试验方法：①用微量移液器吸取50μL稀释液，加到血凝块的第2～12孔中；②吸取5倍稀释的被检血清于第1孔和第2孔中，并从第2孔起，作2倍系列稀释，直至第10孔，弃去50μL（第11孔为阴性血清对照，第12孔为病毒对照）；③吸取含4个血凝单位病毒抗原50μL加到各孔中；④混匀后，置37℃温箱作用30min，观察试验结果。

结果判定：以出现完全抑制的血清最高稀释倍数为该被检血清的血凝抑制效价。

（二）琼脂（糖）免疫扩散试验

此法简便易行，特异性强，很适合于现场使用。

免疫扩散抗原：人工感染RHDV72h内死亡兔的肝脏，经无菌检验后，按1∶5比例加入灭菌PBS（pH 7.2）研磨，制成混悬液，置−20℃冻融3次，以1 150×g低速离心30min，收集上清液即为低速离心抗原。

阳性血清：用接种兔出血症病毒死亡的兔的肝脏乳剂1mL，经肌内注射健康兔，分别于耐过后13d和21d再接毒一次，于末次接毒后12d，自颈动脉放血，分离高免血清。

阴性血清：用健康兔肝脏乳剂5mL，肌内接种兔，方法与阳性血清相同。

琼脂（糖）板的准备：取琼脂糖1g，加入0.01mol/L Tris缓冲液（pH 8.6）100mL。再加入10mL甲基橙液，融化后制2mm厚的橘红色琼脂板。

试验方法：按六角形打孔，孔距为4mm；中间孔径为5mm，加抗原；周围孔径为4mm，加被检血清。室温下放置24～72h判定结果。

判定方法：当出现乳白色沉淀线，并与阳性对照血清的沉淀线相融合者为阳性。

（三）免疫酶组织化学染色

此法主要用于发病机理研究，分析病毒感染主要靶器官和靶细胞，以及阳性细胞在组织中的分布位置。印压片则主要用于病毒复制部位和释放规律研究。

兔出血症阴阳性血清：如上所述。

被检材料：被检兔的肝脏。

稀释液和洗涤液：0.01mol/L pH 7.4 PBS（0.2mol/L NaH_2PO_4溶液95mL、0.2mol/L Na_2HPO_4溶液405mL、NaCl 8.77g，加无离子水至1 000mL）。

底物缓冲液：0.05mol/L Tris-HCl缓冲液（0.02mol/L Tris溶液50mL、0.2mol/L HCl 38.4mL，加无离子水至200mL）。

底物溶液：3,3-二氨基联苯胺（DAB）50mg，0.05mol/L Tris-HCl缓冲液

100mL，过滤，4℃冰箱避光保存，临用前加终浓度0.03%的H_2O_2。

免疫酶组织化学染色方法：

1. 病理组织压片的制备 ①在制组织压印片前，先将玻片在酒精灯上加温，以利于组织黏着；②将新鲜的被检兔的肝脏材料用手术刀切出一个新鲜切面，用吸水纸吸出血液，以其切面在玻片上压印，并进行编号；③压印片用吹风机吹干或自然干燥后，置于玻片架上一起放入1% H_2O_2-甲醇液中处理及固定5min；④取出用PBS冲洗，甩干。

2. 包被 ①将阳性血清用PBS稀释80倍；②取制备好的标本片以编号的次序排列在湿盒的支架上，每个压印片上分别滴加稀释的阳性血清，进行包被；③37℃温箱湿盒中孵育10min；④取出，在流水中洗1次，并集中于玻片架上，放在PBS中洗3次，甩干。

3. 加HRP-ProteinA试剂 取包被好的标本放在湿盒支架上，分别滴加工作浓度HPR-ProteinA。移入37℃温箱中10min。取出，用流水冲洗1次，再用PBS浸洗3次，甩干。

4. 加底物溶液 每块标本上滴加底物溶液，在室温中显色5min。用流水冲洗2次，甩干。

5. 结果判定 ①肉眼观察：凡压印片中的组织细胞被染成肉眼可见的浅棕色或棕黄色者，判为阳性；阴性材料无此现象。②光学显微镜观察：凡涂片中的组织细胞被染成棕色或棕黄色者判为阳性。根据阳性材料在视野中阳性细胞的多少评价阳性价。“＋＋＋＋”，整个视野中90%以上是阳性细胞，呈片状；“＋＋＋”，整个视野中75%左右是阳性细胞，呈岛屿状：“＋＋”，整个视野中有50%左右为阳性细胞：“＋”，整个视野中只有25%左右是阳性细胞；“±”，整个视野中只有零星的几个阳性细胞；“－”，整个视野中无阳性细胞。凡出现“＋”以上的被检材料，均判为阳性；“±”的材料，需用HA试验加以证实。

（四）免疫金染色

各种病变组织用冷冻埋法进行冷冻切片，固定后与兔RHDV血清IgG作用后，用胶体金SPA代替第二抗体，作免疫金染色，常规HE复染。有胶体金颗粒沉着的部位即为病毒抗原存在之处，呈黑色。如作超薄切片，染色后作电镜观察，可在亚细胞水平上作抗原定位。

（五）间接血凝试验（IHA）

间接血凝抗原制备的最适条件：抗原浓度115μg/mL，在37℃致敏1h，最适反应温度为37℃45min。

采用纯化的病毒致敏以戊二醛醛化的绵羊红细胞，用于检测RHDV抗体，其敏感性比HI高32倍、比AGP高1 024倍。

二、兔轮状病毒感染

兔轮状病毒感染（rabbit rotavirus infection）是由兔轮状病毒引起的30～60日龄仔兔的以脱水和水样腹泻为特征的传染病，成年兔多呈隐性感染。兔轮状病毒（Lapine Rotavirus，LaRV）首次由Bryden等（1976）从腹泻死亡的仔兔粪便发现并分离到。Petric

等（1978）、Takahashi（1979）等、Thouless 等（1977）分别在加拿大、日本、美国的商品兔场的血清学调查结果表明，大多数幼兔和成年兔都感染过轮状病毒。徐春厚等（1990）在我国兔场中，用 ELISA 和电镜检测幼兔腹泻粪便样品，发现了轮状病毒抗原和完整的病毒粒子。兔轮状病毒为呼肠孤病毒科（Reoviridae）轮状病毒属（*Rotavirus*）的成员。完整病毒颗粒表面光滑，有感染性；外壳自然脱落或经化学方法处理脱落后成为粗糙型颗粒，而失去感染性。本病毒的感染主要局限于小肠和结肠，小肠和结肠表现为明显的扩张、黏膜出血。虽然从本病的流行病学和特征的临床症状即可做出初步诊断，但是急性腹泻的病因较多，往往需要更准确的实验室试验才能确诊，即从粪便中检出轮状病毒或其抗原，或者从血清中检出轮状病毒抗体。

［病原学诊断］

（一）样本的采集和处理

血液：无菌采集患兔急性期与恢复期血液各数 mL，分离血清。置－20℃保存备用。

粪便：采取腹泻粪样或后段小肠肠内容物约 10g，于灭菌大试管中，置冰壶冷藏，送实验室处理。用 0.01mol/L pH 7.4 PBS 配成 20％悬浮液，经 3 500r/min 4℃下离心 30min，取上清液。

（二）电子显微镜检查

1. 样品处理　采取腹泻粪便或后段小肠内容物 10g，用 0.15mol/L pH 7.6 的 PBS 作 4 倍稀释，倾入盛有玻璃珠的灭菌玻璃瓶中，充分振荡 30min。吸取悬液，以 3 000r/min 离心 20min，除去粗大的纤维和颗粒。吸取上清液，再以 10 000r/min 离心 30min。将上清液用孔径为 0.22μm 的滤膜过滤，再以 38 000r/min 超速离心 90min。倾去上清液，将沉淀物研磨或用超声波处理，悬浮于几滴蒸馏水中，即为电镜观察样品。

2. 实验方法　将电镜观察样品滴加于铜网上，用 2％的 pH 7.0 磷钨酸负染，透射电镜观察病毒形态。

3. 结果判定　轮状病毒粒子略呈圆形，具有双层衣壳。直径为 65～75nm。中央为一个电子致密的六角形核心，直径 37～40nm，周围绕有一个电子透明层。壳粒由此向外呈辐射状排列，构成内衣壳。外围为一层由光滑膜构成的外衣壳，厚约 20nm。只要见到这种特征性车轮状结构的病毒粒子即可确诊。

（三）病毒的分离培养

取粪样上清，加入青霉素、链霉素，混合后，置 4℃过夜，次日培养无菌后作为接种物。在 37℃条件下，用 10～20μg/mL 终浓度的胰酶溶液处理 1h，接种到已长成单层的 MA104 细胞培养物上，每瓶接毒量为 1/10 体积，37℃旋转吸附 1h，将粪样标本悬液吸尽，Hank's 液洗涤 2 次，加入含胰酶 1～2μg/mL 的维持液，37℃旋转培养，4～5d 后收获，冻融 3 次。按同法在培养细胞上连续传 3～4 代。观察各代接种的培养物上的 CPE 产生，并用免疫荧光或电子显微镜检查有无轮状病毒粒子。

（四）病毒核酸电泳

用于直接检测轮状病毒感染，并同时鉴定出病毒基因型，是迄今用于轮状病毒鉴定的主要手段，也是研究轮状病毒分类学和流行病学的最常见方法。

1. 样品采集 被检兔的粪便样品或 MA104 细胞培养的轮状病毒。

2. 样品处理 ①取粪便 250μL，加入 Eppendorf 管中，再加等量 2%SDS 溶液，振荡混合 30s，立即加入苯酚—氯仿混合液 500μL，振荡混合。10 000r/min 离心沉淀 5min 吸取上层水相即为核酸样品，立即进行电泳。②MA104 细胞培养的病毒经冻融、高速离心、超速离心和蔗糖密度梯度离心制备病毒样品。

3. 电泳与染色 取核酸样品 20～40μL，加样品稀释液 30～60μL，混匀，随后将 Eppendorf 管放入 90℃水浴加热 2min。将经过加热处理的核酸样品液加入聚丙烯酰胺凝胶板的相应的泳道中，300～500V 电泳 1h 后，用10%乙醇、0.5%乙酸固定 15min。硝酸盐染色后观察，根据病毒 RNA 节段的数目和图示做出判断。

兔轮状病毒为 11 个节段，分为 4 个区段，各带的排列位置为 4∶2∶3∶2 型，长型（即第 10 和 11 节段之间的距离较长）。

［血清学诊断］

（一）免疫荧光试验

免疫荧光试验作为一种粪便中轮状病毒检测的快速方法，其试验结果具有与用电子显微镜检查结果、细胞培养等基本相似或完全一致的结果。进行免疫荧光试验时，要求载玻片和盖玻片必须清洁，透光性好，载玻片的厚度不超过 1.2mm。

1. 样品采集 发病兔的病变小肠。

2. 显微镜标本的制备 用特质的冰冻切片机（CO_2 制冷或半导体循环水制冷）将采集的样品切成 4μm 左右的厚度，迅速粘贴于载玻片上，不得折叠或皱褶，并立即吹干固定。

3. 固定 将制备好的显微镜标本浸泡到预冷的戊二醛中固定 10min，待戊二醛自然挥发后，检查轮状病毒抗原。

4. 染色 ①将待检染色标本通过一下火焰，使微热，去湿气，立即将各标本区用蜡笔画圈；②用吸管滴加含 2～4 个染色单位异硫氰荧光素（FITC）标记兔轮状病毒抗体 1～2 滴，使布满整个标本区；③将玻片置湿盒 37℃温箱 30min；④将玻片取出，以吸管吸 PBS 冲去标记抗体液（注意：各标本区的抗体液不得串流），然后置大量 PBS 中漂洗 15min；⑤干燥、加缓冲甘油封载玻片、荧光显微镜镜检。

5. 进行 IF 时必须设立下列对照 ①阴性对照：正常小肠细胞＋荧光抗体；②标本自发荧光对照：标本加上 1～2 滴 PBS；③阳性对照：标记抗体＋已知阳性标本。

6. 结果判定 阴性对照和标本自发荧光对照无荧光或仅有弱荧光，待检标本强荧光或与阳性对照类似，则为特异性阳性染色。

（二）单抗一步法检测轮状病毒抗原

1. 被检材料 被检兔的小肠、粪便或小肠内容物。

2. 稀释液和洗涤液 0.01mol/L pH 7.4 PBS（0.2mol/L NaH_2PO_4 溶液 95mL、0.2mol/L Na_2HPO_4 溶液 405mL、NaCl 8.77g，加无离子水至 1 000mL）。

3. 底物缓冲液（pH 5.0 的磷酸盐—柠檬酸缓冲液）　0.2mol/L 磷酸氢二钠（28.4g/L）25.7mL、0.1mol/L 柠檬酸（19.2g/L）24.3mL，加无离子水至 50mL。

4. 底物溶液　用上述底物缓冲液 100mL 溶解 40g 联苯二胺，然后加 30% H_2O_2 0.15mL。此溶液必须现用现配。

5. 诊断板的制备　将单克隆抗体作为第一抗体，用 0.05mol/L pH 9.6 的碳酸盐缓冲液稀释后包被聚苯乙烯微量反应板，4℃过夜。次日，用含 0.05%Tween - 20 的 PBST（0.01mol/L、pH 7.2）洗涤液洗 3 次，每次 2～3min；再加 100μL 含 1%牛血清白蛋白的 PBST，37℃封闭 1h；同上洗 3 次。

6. 操作步骤　①在各试验孔中各加入 50μL 粪便上清液和用 PBST 稀释至工作浓度的辣根过氧化物酶标记的兔抗 LaRV IgG，室温下微量振荡器上振荡 10min；②PBST（0.01mol/L pH 7.2）洗 3 次，每次 2～3min；③加入邻苯二胺底物溶液（用 pH 5.0 的磷酸盐-柠檬酸缓冲液 100mg 的邻苯二胺，然后加 30%双氧水 150μL，该溶液必须现用现配）100μL，室温反应 10～15min；④加入 50μL 2mol/L 硫酸溶液终止反应。

7. 结果判定　酶标读数测定仪测定各测定孔在 492nm 下的 OD 值，以阴性对照的 2 倍的 OD 值为判定界限，大于阴性对照 OD 值的 2 倍者判为阳性。

（三）间接 ELISA 试验

用于兔血清抗 LaRV 抗体的检测以及单抗制备中阳性株的筛选。

1. 被检材料　被检兔的血清，融合骨髓瘤细胞培养上清、小鼠腹水或血清（检测单克隆抗体阳性克隆株）。

稀释液、洗涤液、底物缓冲液和底物溶液的配制同“单抗一步法检测轮状病毒抗原”部分。

2. LaRV 纯化抗原的制备　①将 LaRV 接种到生长良好的第 24～43 代 MA104 传代细胞上，置 37℃旋转培养，定时观察细胞病变，待 90%以上细胞脱落时收获；②−40℃冻融 3 次，3 000r/min 离心 30min；③取上清，装入透析袋，用聚乙二醇- 6 000 包埋，4℃下浓缩 3～4 倍；④收集浓缩液，40 000r/min 4℃离心 60min，弃上清液，用少量灭菌 0.01%mol/L PBS 重悬；⑤经蔗糖不连续密度梯度（25%、45%、60%）35 000r/min 4℃离心 60min；⑥小心收集 45%～60%蔗糖之间的病毒区带，再加 10 倍量 PBS 稀释，40 000r/min离心 90min；⑦收集沉淀，用 5 倍量 PBS 重悬，紫外分光光度计测定蛋白含量。此即为提纯的 LaRV 抗原。

3. 辣根过氧化物酶（HRP）标记羊抗兔 IgG 的制备　将 20mg HRP 溶解于 4.5mL 蒸馏水中，加入 0.1mol/L 过碘酸钠 2.0mL，轻轻搅拌 20min；加入 0.8mL 乙二醇继续搅拌 10min。过 Sephadex G - 25 层析柱，用 0.001mol/L 醋酸缓冲液（pH 4.2）平衡、洗脱，收集棕色部分，用聚乙二醇（分子量 6 000）浓缩至 4.0mL。向上述溶液中加抗体 40mg，逐滴加 1.0mol/L 碳酸盐缓冲液（pH 9.5）6 滴，使 pH 升至 9.5 左右，室温下搅拌 2h。加入硼氢化钠（4mg/mL）0.4mL，置 4℃ 2h。然后，在 0.02mol/L PB - 0.14mol/L NaCl 缓冲液（pH 7.2）中透析平衡过夜。反应混合物过 Sephadex G - 200 层析柱纯化。用聚乙二醇浓缩，分装后，置于−20℃冰箱备用。

4. 诊断板制备　①用 0.05mol/L pH 9.6 碳酸盐缓冲液将抗原稀释成最适浓度（相当

于1mg/mL)，每孔加入100μL，加盖，4℃冰箱过夜；②PBST（0.01mol/L pH 7.2）洗3次，每次2～3min；③每孔加入100μL 1%牛血清白蛋白，37℃封闭2h；④PBST（0.01mol/L、pH 7.2）洗3次，每次2～3min，甩干，4℃冰箱保存备用。

5. 操作步骤 ①用含0.2%牛血清白蛋白的PBST将被检血清作100倍稀释，加入到相应的反应孔中，每孔100μL，37℃温箱作用90min；②PBST（0.01mol/L pH 7.2）洗3次，每次2～3min；③加入用PBST稀释成工作浓度的酶标记抗体100μL，37℃作用90min；④PBST（0.01mol/L pH 7.2）洗3次，每次2～3min；⑤每孔加入100μL新配置的含0.04%邻苯二胺和0.15%过氧化氢水溶液的磷酸盐-柠檬酸缓冲液，室温反应10min；⑥1mol/L硫酸终止反应。

6. 结果判定 测定492nm处的OD值，并判定结果。当被检血清孔的OD值大于或等于0.2时，判为阳性。

（四）Dot-ELISA

方法基本同间接ELISA试验，不同之处在于所使用的固相载体为混合纤维素膜，所采用的底物溶液是：含0.05%二氧基联苯胺，0.2%双氧水溶液（含过氧化氢30%）的Tris-HCl缓冲液（每200mL Tris-HCl缓冲液含0.02mol/L Tris溶液50mL，0.2mol/L HCl 38.4mL）。室温下反应3～5min，自来水冲洗终止反应，并判定结果。

结果判定：凡出现棕色圆形斑点或浅棕色斑点及中心稍浅，与周围由界限清晰的圆圈者判为阳性，不显色或仅有界限不清的圆圈者判为阴性。

（五）中和试验

以血清稀释法在MA-104细胞的试管培养物上进行。

1. 中和试验抗原 ①在微量培养板上培养MA104细胞，每孔0.2mL，内含5×10^4个细胞；②待其长成细胞单层后，接种不同稀释度的粪便或病毒悬液，每孔50μL；③37℃孵育24h后，用荧光抗体检查荧光细胞。选择每50μL中含有10^4个以上荧光细胞单位的粪便或病毒悬液作为抗原。

2. 操作步骤 ①将粪便液或病毒培养液稀释至100～200个荧光细胞单位/50μL；②加入等量倍比稀释的兔抗轮状病毒抗体，37℃感作1h；③分别加入到微量培养板的各孔的细胞培养物中，每个血清稀释度接种2管细胞培养物，37℃培养24h；④用荧光抗体染色。以2管中至少有1管呈现完全中和的最高血清稀释度的倒数作为抗体效价。

3. 结果解释 能完全中和病毒的血清最高稀释倍数即为该血清的中和价。

三、兔黏液瘤病

兔黏液瘤病（myxomatosis）是由兔黏液瘤病毒（Myxomatosis virus）引起的一种高度接触性、致死性传染病，其特征为全身皮下尤其是颜面部和天然孔周围皮下发生黏液瘤性肿胀。

Sanarelli于1986年在南美的乌拉圭发现本病。此后，在欧洲、美洲及大洋洲许多国家发生流行。1976年，有33个国家和地区报告有本病发生。近年来本病有向亚洲蔓延的趋势。在首次发病地区，发病率和死亡率都在90%以上。

兔黏液瘤病毒为痘病毒科（Poxviridae）、兔痘病毒属（*Leporipoxvirus*）的成员。乌拉圭和巴西的野兔是黏液瘤病毒的储主，蚊是其传播媒介。

黏液瘤病毒在鸡胚绒毛尿囊膜能够很好地繁殖，形成痘斑，痘斑的大小因病毒株的不同而有区别。能在兔、鸡、大鼠、地鼠、豚鼠等动物的原代细胞培养物上增殖，引起 CPE。

本病的症状和病理变化都一定的特征，结合流行病学不难作出诊断。由实验室检查所获得的阳性结果来确诊。

[病原学诊断]

（一）样品采集和处理

1. 样品采集　无菌手术采集新鲜的病变组织。

2. 样品处理　将表皮和真皮分开，用磷酸盐缓冲液（PBS）洗涤后置于玻璃匀浆器中，按 1g 组织/4.5～9mL PBS 比例加入 PBS 液，磨碎后，反复冻融 2 次，经 1 500r/min 离心 10min，收集上清液，加入双抗（青霉素和链霉素）各 1 000U，冰箱保存备用。

（二）病原分离、鉴定

1. 易感兔接种　将处理好的样品在幼龄易感兔耳后或已拔毛的背腰部皮内注射 0.2mL。2～5d 应出现原发性病灶（接种部位出现组织损伤和炎性红斑），随后出现结膜炎。如接种后 15d 兔子存活，可用血清学方法检测证实本病。

2. 鸡胚接种　将病料接种于 11～13 日龄鸡胚绒毛尿囊膜，孵育 4～6d，病毒在绒毛尿囊膜上产生明显的灶性痘斑。

3. 细胞培养

（1）细胞　可以用兔肾（原代或传代）细胞、鸡胚成纤维细胞、兔睾丸细胞培养分离黏液瘤病毒。

（2）接种材料　内含双抗（青霉素和链霉素）各 100U 的 MEM 病变组织匀浆上清液（处理方法可参考“样品采集和处理”部分）。

（3）病毒分离　将接种材料接种到已长成单层的细胞上，吸附 2h；倾去接种物，用少量的营养液洗涤细胞单层，然后加入维持液。24～48h 后出现典型的痘病毒细胞病变（CPE），一些细胞融合形成胞浆合胞体。

由于毒株不同，形成的合胞体大小也不一致，从 2～50 个甚至 100 个细胞核聚集在一起。有些细胞核发生了变化，染色质形成大小不同、数目不等的嗜碱性聚集物，使培养物呈现豹皮样外观。有时出现嗜酸性粒细胞包含体，散在分布。感染细胞变圆、萎缩和核浓缩，然后溶解脱落，随后所有的细胞均被感染，细胞单层完全脱落。

4. 琼脂免疫扩散试验　琼脂免疫扩散试验操作简便、快速，24～48h 可得到结果。

（1）试验材料　待检兔的病变组织或血清。

（2）琼脂板的制备　用优质琼脂 0.6g、乙二胺四乙酸（EDTA）2.5g、氯化钠 4.5g、蒸馏水 500mL 配制而成，加入 0.01%硫柳汞防腐。

（3）试验方法 1　①将待检兔的病变组织制成 1∶10 的匀浆，血清样品可直接使用；

②按孔径 6mm、孔距 5mm 打孔，将标准阳性血清和待检样品加入相应的孔中；③37℃湿盒中反应 24～48h，观察试验结果。

(4) 试验方法 2　①将一小部分组织直接放入琼脂中，在相距 5mm 处放一浸有抗血清的滤纸片；②37℃湿盒中反应 24～48h，观察试验结果。

(5) 结果判定　48h 内出现 3 条（最常见）沉淀线，则表明有黏液瘤病抗原的存在。

5. 电镜观察

(1) 样品采集　皮肤肿瘤组织或病毒的细胞分离物。

(2) 样品处理与观察　将皮肤肿瘤组织或病毒的细胞分离物作超薄切片，磷钨酸负染电镜下观察。

(3) 结果判定　黏液瘤病毒为卵圆形或砖形的病毒颗粒，病毒粒子的核心呈两面凹的圆盘状，核心的两边各有卵圆形的侧体。

[血清学诊断]

(一) 琼脂（糖）免疫扩散试验

该方法既能检测抗原又能检测抗体。由于黏液瘤病毒的抗原成分比较复杂，与相应抗血清进行琼脂扩散试验时可形成多条沉淀线，因此，试验应出现 3 条沉淀线。如果试验血清中含有抗体，3 条线中至少有 1 条弯曲向抗原滤纸条；否则成直线。如果试验血清中含有抗原，则少有 1 条弯向标准血清滤纸条。

1. 样品采集　被检兔的全血或血清。

2. 试验方法　①将含标准血清和抗原的滤纸条放置于琼脂板琼脂表面，含被检血清或全血的滤纸放置于标准血清和抗原中间的琼脂板表面上；②37℃湿盒中反应 24～48h 后判定结果。也可按常规方法进行琼脂免疫扩散试验。

(二) 补体结合反应（CF）

补体结合反应是目前兔黏液瘤病诊断所用的标准方法。应用微量反应板进行补体结合反应采用的是固定抗原（病毒滴度为 100$TCIE_{50}$）稀释血清的方法。

1. 样品采集　待检兔的血清。

2. 抗原制备　将黏液瘤病毒 Lausanne 株细胞培养物按“易感兔接种”提供的方法接种易感兔，6～7d 后取黏液瘤样病变组织，用巴比妥缓冲液制成 1/5 的匀浆，离心后取上清液，加入 0.5%氯仿去除抗补体活性的物质，将抗原用标准阳性血清滴定后置－70℃冰箱保存备用。

3. 标准阳性血清　将黏液瘤病毒弱毒株免疫黏液瘤病抗体阴性成年兔，4 周后再接种一次由 Lausanne 毒株引起的黏液瘤病病料。3 周后采血，CF 试验测定抗体滴度。如果抗体达到 1/640 以上，则放血，分离血清，分装后置－20℃冰箱保存备用（补体、1%绵羊红细胞、溶血素以及致敏红细胞的制备以及补体、溶血素的滴定方法见“兔轮状病毒感染”中“补体结合反应”部分）。

4. 标准试剂的滴定　①标准血清 60℃水浴灭活 30min；②应用 pH 7.2 钙—镁—巴比妥缓冲液（CMV）倍比稀释参考血清，从 1：2 至 1：4 096，应用 96 孔平底微量滴定板测定，在每行中，每个稀释度加到 1 个孔，每孔 25μL；③取试管，就 CMV 将抗原作倍比稀释，从 1∶10 至 1∶1 280；④将稀释的抗原（从试管转移）的每个稀释度加到每一纵行的各孔中，从 1∶10 至 1∶1 280，每孔 25μL；⑤所有的孔中加 25μL［6H_{50}单位（50%溶血）］补体；⑥用塑料薄膜覆盖反应板，37℃作用 1h 或 4℃作用 14h（或过夜）；⑦每孔加入致敏红细胞 50μL；⑧覆盖反应板，37℃作用 30min；⑨结果判定：能够使标准血清最高稀释发生完全溶血的抗原最高稀释倍数作为 25μL 中该稀释度的一个抗原单位（AgU）。

5. 补体结合反应（CF）　①阴性、阳性血清 60℃水浴灭活 30min；②应用 CMV 作为稀释液对试验血清和对照血清进行 2 倍系列稀释，从 1∶4 至 1∶1 024，使用 96 孔圆底微量滴定板，每孔 25μL，设置抗原、血清、补体和红细胞对照；③每孔内加 25μL 1AgU（除血清、补体、红细胞对照外），然后加 6 个 H_{50} 单位补体，每孔 25μL（除红细胞对照外）；④用塑料薄膜覆盖反应板，4℃作用 14h（过夜）；⑤每孔加入 50μL 致敏红细胞；⑥覆盖反应板，37℃作用 30miN；⑦应用补体对照（H_{100}）和 CMV 制备 H_{100}、H_{75}、H_{50}、H_{25}溶血对照。

6. 结果判定　当 1∶4 稀释的阴性血清溶血抑制小于 50%时试验成立。经离心或 4℃被动沉淀后记录，能够抑制 50%溶血的血清最高血清稀释倍数为血清最后试验结果。

四、兔水泡性口炎

兔水泡性口炎（rabbit vesicular stomatitis）是一种由病毒引起的以口腔黏膜水疱性炎症为主的急性传染病，又名“流涎病”。水泡性口炎病毒（Vesicular Stomatitis Virus，VSV）属弹状病毒科（Rhabdoviridae）、水泡性口炎病毒属，主要存在于病兔口腔黏膜坏死组织和唾液中。多种动物均可感染，但常见于牛和猪，在家兔主要是 1～3 月龄的仔兔易发病，自然感染途径主要是消化道。健康兔采食被病原污染的饲料时，病毒可通过舌、唇、口腔黏膜而侵入。人在接触病兔或被水泡性口炎病毒感染时，在正常情况下只产生类流感症状，而不产生水泡，所以在涉及水泡性口炎病毒的所有操作（包括来自兔的感染材料），均应有足够的生物安全措施。根据流涎和口腔炎症等临床表现，一般即可做出诊断。

［病原学诊断］

（一）病原分离与鉴定

病毒分离可采用细胞培养、8～10 日龄鸡胚、2～7 日龄未断乳小鼠或 3 周龄小鼠的脑内接种来复制和分离水泡性口炎病毒，新分离的病毒用中和试验、补体结合反应和琼脂扩散试验进行鉴定。应用血清学方法检测抗体时，应进行双份血清的测定。

1. 样品采集与保存　水疱液、未破裂的水疱上皮或新破裂的水疱上皮是最好的诊断样品，这些样品可以从口损伤部采集。上皮样品放在含有 pH 7.2～7.7 的缓冲甘油的瓶子中，上皮样品与缓冲甘油的比例不得超过 1∶10（*w*/*v*），样品必须保存在 4℃或－20℃以下。

2. 样品处理 将采集的水泡上皮放入无菌玻璃研磨器，一边研磨，一边加入无菌PBS，制成10%（w/v）的匀浆。冻融1次后，加入青霉素、链霉素各100U，37℃温箱温育1h。3 000r/min离心20min，吸取上清液，用于病原分离与鉴定。水泡液直接加入青霉素、链霉素各100U，37℃温箱温育1h，离心后收集上清。

3. 鸡胚接种 将病料接种8日龄鸡胚绒毛尿囊膜，置37℃孵育。鸡胚在1～2d（敏感者12h）内死亡，且有明显充血和出血病变者为水泡性口炎病毒。但是，必须注意水泡性口炎病毒在初次分离时也可能不致死鸡胚，但绒毛尿囊膜通常肥厚，应收获绒毛尿囊膜进行传代。

4. 细胞培养 细胞培养可用幼仓鼠（BHK-21）细胞和IB-RS-2细胞，采用转瓶培养技术培养（因为这种培养方法比静止培养更敏感），均能产生细胞病变效应（CPE）。

（二）酶联免疫吸附试验

1. 样品采集 未稀释的澄清的细胞培养上清液、水泡上皮，用于病原分离的小鼠骨骼肌、鸡胚。

2. 样品处理 将采集的水泡上皮、小鼠骨骼肌或鸡胚放入无菌玻璃研磨器，同“病原分离与鉴定”中所述的方法制成10%（w/v）的匀浆，冻融1次后3 000r/min离心20min，吸取上清液备用。细胞培养上清液无须处理，可直接使用。

3. 固相载体 用pH 9.6的碳酸盐缓冲液（CBS）将兔抗血清或正常血清适当稀释后，包被ELISA反应板，每孔50μL，4℃过夜。次日，PBST洗板1次，用2%卵白蛋白PBS稀释液室温下封闭1h。

4. 血清及酶结合物稀释液（PBSTB）含0.05%吐温-20、1%卵白蛋白、2%正常兔血清和2%正常牛血清的PBS。

5. 间接夹心ELISA ①将被检样品的抗原悬液加到相应的孔中，每孔50μL，置于轨道振荡器上37℃振荡孵育30min；②PBST（0.01mol/L、PH7.2）洗板5次，每次2～3min；③将与包被兔血清相应的用PBSTB作适当稀释的VS病毒单价或多价豚鼠抗血清加到相应的孔中，每孔50μL，置于轨道振荡器上37℃振荡孵育30min；④同上用PBST洗板；⑤将用PBSTB稀释至工作浓度的辣根过氧化物酶标记羊抗豚鼠IgG加入各孔，每孔50μL，置于轨道振荡器上37℃振荡孵育30min；⑥同上用PBST洗板；⑦每孔加入50μL新配置的含0.04%邻苯二胺和0.15%过氧化氢水溶液的磷酸盐-柠檬酸缓冲液，室温下反应15min；⑧1mol/L硫酸终止反应，每孔50μL。

6. 结果解释 一个抗血清在与其他抗血清、正常血清以及对照作比较时，样品吸收值大于20%时，则认为其相应的血清型为阳性。

（三）补体结合反应（CF）

CF不及ELISA试验敏感，且易受到补体和抗补体因子的影响，当得不到ELISA试剂时，可使用补体结合试验。

1. 样品采集与处理 同酶联免疫吸附试验。

2. 抗血清 豚鼠抗NJ型水泡性口炎病毒的单价抗血清和豚鼠抗IND型VS病毒的多价抗血清，用巴比妥缓冲液（VB）稀释成含2.5CFU_{50}（50%补体结合单位）的稀释物，并将其加到微量板相应孔内，每孔25μL。

3. 被检样品　将抗原悬液加入到含血清的各孔中，每孔 25μL。

4. 补体　将 $4CHU5_{50}$（50%补体溶血单位）加到上述含血清和抗原的各孔中，抗血清、被检样品和补体的混合物于 37℃孵育 30min，每孔 25μL。

5. 溶血系统　用 $10HU_{50}$（50%溶血单位）兔抗绵羊红细胞血清致敏绵羊红细胞，并用巴比妥缓冲液（VB）制悬液，加到各孔中，每孔 50μL。混合物于 37℃孵育 30min，随后，离心微量板，并用肉眼观察反应。

6. 结果解释　当对照成立，而一个型的抗血清大于其他型抗血清以及对照组相比其样品溶血小于 20%时，则认为其相应的血清是阳性。

[血清学试验]

血清学特异抗体的鉴定和定量最好用液相阻断 ELISA（LP-ELISA）和病毒中和试验，补体结合试验可用于早期抗体的定量。

（一）液相阻断 ELISA

1. 样品采集　被检兔的血清样品。

2. 固相载体　用 pH 9.6 的碳酸盐（CBS）缓冲液将兔抗血清作适当稀释，包被 ELISA 反应板，4℃过夜。然后用含 0.05% Tween-20 的 PBS（PBST）洗板 3 次，再用 2%卵白蛋白室温封闭 1h。洗板 3 次备用。

3. 液相　从 1∶4 开始，将每份被检血清作 2 倍系列稀释，将等体积的水泡性口炎病毒的糖蛋白（70%反应的稀释物）加到各份样品中，并于 37℃孵育 1h，然后将混合物的 50μL 转移到 ELISA 反应板中，每个稀释度加 2 个孔，置于轨道振荡器上于 37℃反应 30min。试验中同时设标准阴性血清和阳性血清对照。

将与包被血清相应的水泡性口炎病毒的单价或多价的豚鼠抗血清用 PBSTB 作适当稀释，分别加到相应的孔中，置轨道振荡器上 37℃振荡 30min。

将辣根过氧化物酶标记的兔抗豚鼠 1gG 用 PBSTB 作适当稀释后加入各孔，置轨道振荡器上 37℃反应 30min。

每孔加入 50μL 新配置的含 0.04%邻苯二胺和 0.15%过氧化氢水溶液的磷酸盐—柠檬酸缓冲液，室温下反应 15min。1mol/L 硫酸终止反应，每孔 50μL。酶标测定仪测定 492nm 处的光吸收值。

4. 结果判定　以阴性血清对照的 OD 值降低到 50%时的 log10 表示 50%终点滴度。滴度大于 1.3（1∶20）时，被认为是阳性（Sperarmann-Karber）。

（二）竞争酶联免疫吸附试验（竞争 ELISA）

1. 样品采集　被检兔的血清样品。

2. 固相载体　用 pH 9.6 的碳酸盐缓冲液稀释抗原，以每孔 50μL 加到 ELISA 反应板中。4℃过夜，PBST 洗板 3 次，加入 100μL 卵白蛋白 25℃封闭 30min。PBST 洗板 3 次，备用。

用 1%脱脂乳（冻干的脱脂乳用 PBS 作 1∶100 稀释）1∶8 稀释血清，并将稀释血清以每孔 50μL 加到各样品的反应孔中，每份样品加 2 个孔。将反应板置 37℃孵育 30min，不洗板，再按每孔 50μL 多克隆腹水加到每个孔中，并于 37℃孵育 30min，洗板 3 次。

每孔加入用 1%脱脂乳稀释的山羊抗小鼠的辣根过氧化物酶结合物 50μL。将板置于 37℃孵育 30min。洗板 3 次，每孔加入四甲基联苯胺（TMB）底物溶液［将 TMB 溶解于无水乙醇中，配制成 2mg/mL 的 TMB 浓缩液；取 500μL TMB 浓缩液加入到 9.5mL pH 5.4 的磷酸盐—柠檬酸缓冲液（0.1mol/L 柠檬酸 44.8mL、0.2mol/L 磷酸氢二钠 55.2mL，加无离子水至 100mL 即成）中，临用前加入 75μL 30% H_2O_2。配制好的底物溶液必须在 1h 内用完］50μL，置 25℃孵育 20min，然后每孔加 0.05mol/L H_2SO_4 50μL，将板置于 450nm 波长下判读。

3. 结果判定 如果光吸收值小于或等于稀释剂对照的光吸收值的 50%时，样品即判阳性。

（三）病毒中和试验

病毒中和试验在平底微量组织培养板中进行。

1. 样品采集 被检兔的血清样品。

2. 样品处理 在试验前，预先将被检血清和阴阳性对照血清于 56℃灭活 30min。

3. 病毒 IB-RS-2 细胞单层培养 VS 病毒，以液体培养基保存，或加 50%甘油后于−20℃冰冻保存。

4. 血清稀释与病毒中和 将血清在微量细胞培养板上以 2 倍系列稀释，每份血清使用两排孔，每孔加入相同体积的大约含 100$TCID_{50}$ 的水泡性口炎病毒 50μL，置 37℃孵育 60min。待病毒和血清抗体中和之后，弃去微量培养板各孔多余的液体，使每孔留下 50μL 混合液后，向各孔内加入含 30 000 个 IB-RS-2 细胞悬液 150μL，用合适的盖盖紧，置于 5% CO_2 环境中 37℃培养 48h。

5. 结果解释 没有出现 CPE 的孔被认为是保护了。当所用的 100$TCID_{50}$ 的量为 30～300$TCID_{50}$，而阳性和阴性标准血清的滴度是他们的平均值（预先建立的）2 倍之内时，用 Spearman-Karber 方法计算终点滴度。每份血清的中和滴度以 log10 表示。血清滴度大于 1.6（1∶40）时，被认为是水泡性口炎病毒阳性。

（四）补体结合反应

补体结合反应可定量检测早期抗体，但敏感性低，且经常受到前补体或非特异因子的影响。

1. 样品采集与处理 被检兔的血清样品。

2. 抗原制备 将 VS 病毒高度稀释后，接种 IB-RS-2 细胞单层，待出现细胞病变后，收集病毒，按“兔轮状病毒感染”中介绍的方法进行病毒滴定，制备 2 单位抗原。

3. 补体 将 2 倍稀释的血清与 CFU_{50} 已知抗原和 4CHU_{50} 补体相混合，37℃孵育 3h（或 4℃过夜）。

4. 溶血系统 用 10HU_{50}（50%溶血单位）兔抗绵羊红细胞血清致敏绵羊红细胞，并用巴比妥缓冲液（VB）制成悬液，加到各孔中，每孔 50μL。混合物于 37℃孵育 30min，随后，离心微量板，并用肉眼观察反应。

5. 结果解释 在对照成立的前提下，不溶血的最高血清稀释倍数是血清的滴度，滴度为 1∶5 或高于 1∶5 时，被认为是阳性。

五、兔口腔乳头号状瘤

兔口腔乳头号状瘤（rabbit oral papillomatosis）是由兔口腔乳头号状瘤病毒（Rabbit oral papillomavirus，ROPV）引起的兔的一种良性口腔肿瘤病。Parson 等（1936）首次报道本病，他们通过对美国纽约州的几个兔场的调查，认为 17%的兔的口腔中有小的乳头状瘤。Weisbroth 等（1970）报道了在北美的穴兔自然感染的病例。我国尚未见到关于本病的报道。在分类学上，兔口腔乳头状瘤病毒属于乳多空病毒科（Papovaviridae）乳头状瘤病毒属（*Papillomavirus*），是 50～52nm 的 DNA 病毒。在 50%甘油中生存 2 年以上，65℃ 30min 加热不能被灭活，70℃加热 30min 仍有一部残留病毒。本病毒可以实验感染 *Sylvilagus* 属或 *Lepus* 属等其他啮齿动物，病毒抗原性与兔乳头状瘤病毒有区别。临床上根据典型的病变即可做出诊断，即该病的病毒只发生于口腔黏膜，不发生于皮肤。

［病原学诊断］

目前，还没在细胞上成功地培养兔口腔乳头状瘤病毒的报道，也没有较成熟的血清学诊断方法，但可用口腔乳头状瘤接种易感兔，看是否可以复制出同样的疾病。

（一）样品采集

采集病兔的口腔乳头状瘤作为被检材料。

（二）样品处理

将口腔乳头瘤用生理盐水制成 10%的匀浆。

（三）接种

用同一病料分别接种易感兔的舌腹面的口腔黏膜和眼结膜，至少观察 6 周。

（四）结果判定

一般于口腔黏膜接种后 9～38d 出现口腔乳头状瘤，上皮增生，其下有纤维血管瘤状结构，但眼结膜接种后不发病，可以认为病料中含有口腔乳头状瘤病毒。

六、兔魏氏梭菌病

兔魏氏梭菌病（clostriium welchii disease）又称产气荚膜梭状芽孢杆菌病（clostridium perfringens disease），是由 A 型产气荚膜梭状芽孢杆菌（*Clostridium perfringens*）引起兔的一种急性消化道传染病，以急性剧烈腹泻和迅速死亡为主要特征。本病病原为魏氏梭菌（*Clostridium welchii*），属梭状芽孢杆菌属（*Clostridium*）。为厌氧性两端钝圆的粗大杆菌。Losbougries 早在 1936 年就提到有梭状芽孢杆菌存在的原发性肠毒血症病例。直到 1978 年，才由 Patton 等证实，死于腹泻的盲肠内容物中存在 E 型产气荚膜梭状芽孢杆菌毒素。但据江苏省农业科学院畜牧兽医研究所（1980）研究证实，A 型魏氏梭菌是我国家兔急性下痢的病原之一。根据流行病学、临床症状和剖检病变等主要特点，可作出初步诊断，但确诊仍需进行微生物学诊断。

[病原学诊断]

(一) 病料采集

采集病兔或死兔的空肠、回肠、盲肠内容物，肠黏膜，粪便，以及脏器、心血等作为被检材料。

(二) 抹片镜检

把空肠内容物制成抹片，革兰氏染色镜检。可看到很多革兰氏阳性的大杆菌，呈单个或成对存在，菌端圆整；部分菌有芽孢（一般很少见），位于菌体的中央或亚中央。骆氏美蓝荚膜染色可见到染成红色的荚膜。

(三) 分离培养

1. 样品处理 将肠内容物加适量生理盐水，混匀，80℃加热 10min，2 000r/min 离心 10min。无菌采集的脏器及心血不需要处理，可直接用于细菌分离培养。

2. 细菌分离 ①取离心上清液或无菌采集的脏器及心血，接种于厌气肉肝汤中，37℃温箱培养 20～24h。②取液体培养物划线接种在山羊鲜血琼脂平板上（或兔鲜血琼脂平板），进行厌氧分离培养。

3. 培养特性 鲜血琼脂平板上分离培养所得的菌落呈正圆形，边缘整齐，表面光滑隆起，灰白色的纽扣状不透明菌落，菌落周围有溶血圈，内圈透明为β溶血，外圈较暗为α溶血。再经过生化试验和标准血清定型即可确诊。

4. 生化试验 在牛乳培养基中，培养 8～10h 后，魏氏梭菌能分解乳中的糖产酸，凝固酪蛋白，使之成海绵状，呈汹涌发酵反应。液化明胶，不产生吲哚，还原硝酸盐，产生硫化氢。分解葡萄糖、乳糖、麦芽糖、蔗糖、棉子糖、海藻糖、肌醇、淀粉、山梨醇，产酸产气。

(四) 动物接种试验

1. 接种材料 用接种环挑取“分离培养”中获得细菌纯培养物，接种厌氧肉肝汤中，37℃温箱培养 18～20h；或将“分离培养”中获得细菌纯培养物转接到兔（或绵羊）鲜血琼脂平板，37℃温箱厌氧培养 18～20h 后，用灭菌生理盐水洗下菌苔。

2. 小鼠毒力试验 将 18～20h 液体纯培养物腹腔接种体重为 20g 左右的小鼠，每只注射 0.5mL，观察 3d。如小鼠死亡，进行细菌分离培养及涂片镜检。

3. 家兔毒力试验 将 18～20h 液体培养物或固体培养物用灭菌生理盐水洗下的菌悬液耳静脉接种家兔，每只兔 0.5mL，10min 后扑杀，置 37℃温箱 5～8h 后，体内充满气体，腹部膨胀。剖检，内脏器官有许多气泡，尤其是肝脏，似海绵羊，俗称“海绵肝”或“泡沫肝”。然后，以肝脏为材料进行细菌的分离培养及染色鉴定。

(五) 毒素分离与鉴定

兔魏氏梭菌病的主要致病因子是细菌在生长发育过程中产生的各种毒素。各种毒素均有其特定抗原性，可用中和试验定型。通常仅对 4 种主要致死毒素进行鉴定。

1. 肠内容物实验动物接种 以生理盐水制成 2 倍稀释的悬液，远心分离。上清液经 Seiz 滤器 E. K 滤板过滤，取滤液腹腔接种实验动物：①小鼠每只 0.1～0.2mL，在 24h 内死亡；②家兔每只1.5mL，即出现拉稀粪，每只注射5mL，在24h死亡，即证明有毒素存在。

2. 产气荚膜梭菌定型血清中和试验 先测定滤液对小鼠的最小致死量，取3～5个小鼠致死量，分别与0.1mL魏氏梭菌定型血清相混合，37℃中和1h，然后以中和液腹腔注射16～20g小鼠，观察24h，按表13-41判定结果。同时，应设立对照组，取同剂量的滤液与0.1mL灭菌生理盐水混合，在37℃下作用1h，腹腔注射16～20g小鼠，对照组应于24h内全部部死亡。实验时，每组至少要用4只小鼠。

3. 魏氏梭菌α毒素的检测 魏氏梭菌α毒素具有卵磷脂酶活性，能水解卵磷脂产生不饱和脂肪酸，产生的不饱和脂肪酸还可与溶液中的钙离子反应生成钙皂，使溶液混浊。利用卵磷脂的水解及水解抑制试验可以证明α毒素的存在。

卵黄液配制：取一只蛋的卵黄，放入500mL无离子水中，混匀后加入0.3g醋酸钙，20g高岭土，搅拌通过布氏漏斗再经过Seitz滤器过滤除菌，分装在灭菌小瓶中，即为卵黄液。卵黄液最好现用现配，冰箱保存不要超过1周。卵磷脂水解试验如下程序所示：

$$\underset{0.2\text{mL}}{\text{毒素}} + \xrightarrow[0.8\text{mL}]{\text{生理盐水}} \text{加 0.5mL 卵黄液} \xrightarrow{37℃,\ 1\text{h}} \text{判定}$$

变混或产生白色絮状物者判为阳性（+）；无变化者判为阴性（—）。

表13-41 魏氏梭菌毒素抗毒素中和表

魏氏梭菌毒素	各定型血清中和能力				
	A型	B型	C型	D型	E型
A型	+	+	+	+	+
B型	—	+	±	—	—
C型	—	+	+	—	—
D型	—	+	—	+	—
E型	—	—	—	—	+

注："+"表示能中和；"—"表示不能中和。

为了保证卵磷脂水解试验的可靠性，还必须用标准抗毒素与毒素中和，再进行卵磷脂水解试验。凡卵磷脂水解被抑制者判为阳性（与对照一样，无变化），否则判为α毒素阴性（出现混浊或絮状物）。方法如下：

$$\underset{0.2\text{mL}}{\text{毒素}} + \underset{0.7\text{mL}}{\text{生理盐水}} + \underset{0.1\text{mL}}{\text{抗毒素}} \xrightarrow{37℃,\ 30\text{min}} \text{加 0.5mL 卵黄液} \xrightarrow{37℃,\ 1\text{h}} \text{判定}$$

阴性对照：

$$\underset{0.7\text{mL}}{\text{生理盐水}} + \underset{0.3\text{mL}}{\text{卵黄液}} \xrightarrow{37℃,\ 1\text{h}} \text{判定}$$

还可用蛋黄琼脂测定毒素是否产生乳光圈，从而确定α毒素的存在。蛋黄琼脂的配制方法如下：以无菌手术取出卵黄，用等量的0.85%氯化钠溶液将蛋黄稀释制成蛋黄液。取0.1g硫酸镁、1.0g磷酸二氢钾、5.0g磷酸氢二钠、2.0g葡萄糖、20.0g氯化钠、

40.0g 蛋白胨、25.0g 琼脂，121℃灭菌 15min。在 9 份上述溶液中加入 1 份蛋黄液制成平板即成（琼脂液冷却到 56℃时再加入蛋黄液）。

4. 肠毒素的检测 肠毒素是引起动物魏氏梭菌性腹泻和人类食物中毒的主要致病因素，根据它的生物学特性，可以用下列方法进行检测。

（1）*兔肠段结扎试验* 取 2.0～2.5kg 的家兔，实验前禁食 2d，麻醉后剖腹取出小肠，自回盲瓣 50cm 处的肠段用于结扎，每段长 8～10cm。将 3.0mL 肠毒素稀释液或生理盐水注入各结扎肠段，然后将小肠放回原处，缝合腹壁，18～24h 后，静脉注射 10%硫酸镁溶液将兔致死，眼观检查各结扎段的液体容量。如每厘米大于等于 1mL 者为阳性，表示能产生肠毒素。该法使用比较广泛，对肠毒素活性测定是普遍使用方法。

（2）*小鼠试验* 取体重约 15g 的小鼠，静脉注射 0.5mL 二倍稀释的肠毒素。小鼠应于 30min 内死亡，计算每 mL 毒素的小鼠致死量。

（3）*豚鼠皮肤毛细血管通透性亢进试验* 将待检菌株培养物经 8 000r/min 离心 15min 后的上清液用生理盐水作系列稀释，皮内注射到豚鼠的剃毛部位（背部），剂量为 0.05mL，阳性者在注射后 10～15min 内即出现红肿反应。20～30min 后，静脉注射 1mL 2.5%的伊文斯蓝溶液，60min 后测定皮肤蓝斑的直径。

另外，还可以通过体外试验进行测定，即用无菌的毒素上清液接种长成单层的绿猴肾细胞（Vero 细胞），Hela 细胞等。显微镜下观察细胞，并用标准阳性血清进行中和试验。测定时溶液中必须加 Ca^{2+}（0.9mmol/L），因为 Ca^{2+} 是肠毒素与细胞受体结合后引起细胞“发泡”的必不可少的离子。

（六）溶血试验

将待检菌株的液体培养物离心，取离心上清液 0.5mL 加入小试管，再加 0.5%绵羊红细胞悬液 0.5mL，混匀，置 37℃水浴箱内，于作用后的 30min、60min、120min 和 24h 观察溶血情况。阳性者于 60min 内发生溶血。

［血清学诊断］

（一）凝集反应

将 A、B、D 型魏氏梭菌接种于肉肝汤，37℃厌氧培养 24h，取培养物与所分离的菌株制备的高免血清进行凝集反应。A 型菌株与高免血清发生凝集。

（二）对流免疫电泳

1 琼脂糖板的浇制与打孔 将 1g 琼脂糖加热溶解于 100mL 巴比妥缓冲液（pH 8.6，0.05mol/L）中，制成约 3mm 厚琼脂板。按孔径 4mm，孔距 5mm 平行打孔后，备用。

2. 加样与电泳 在阳极端加阴性血清，阴极端加粪样上清液。用双层滤纸或纱布作电桥，以 4～6V/cm 的稳定电压电泳 1h，立即观察；或置 4℃冰箱每小时观察一次，至电泳后 4h。

3. 结果判定 以抗原、抗体孔间出现肉眼可见的沉淀线为阳性；电泳结束后 4h 不见沉淀线判为阴性。

(三) 间接血凝试验 (IHA) 及间接血凝抑制试验 (IHI)

1. 抗原制造　将A型魏氏梭菌接种肉肝汤（接种前加入0.1%硫代乙醇酸钠），37℃培养6h，4℃条件下4 500r/min离心30min，取上清液，经Seitz滤器过滤，滤液加入硫酸铵，使成40%饱和度，置4℃冰箱1h。4℃下4 500r/min离心30min，弃上清液，沉淀物以PBS溶解后，4℃ 4 500r/min离心30min，收集上清液，此即为A型魏氏梭菌粗制外毒素。将毒素通过Sephadex G－200柱层析，收集洗脱液，用卵磷脂水解试验及水解抑制试验测定α毒素活性峰，汇总α毒素活性组分，收集后以紫外分光光度计测定其蛋白含量。

2. IHA试验　按常规法进行。即将兔血清在96孔V形微量血凝板上进行系列稀释，加入用2.0μg/mL的A型魏氏梭菌毒素致敏的醛化绵羊红细胞（用pH 4.0，0.01mol/L醋酸缓冲液稀释）。血清效价在1∶2以上判为阳性。

3. IHI试验

（1）样品采集　自然下痢兔粪便和下痢病死兔的胃及各段肠内容物。

（2）样品处理　将自然下痢兔粪便和下痢病死兔的胃及各段肠内容物，加入pH 7.2 0.02mol/L PBS制成10%悬液，4℃放置30min，离心（4 000r/min，60min），即为待检样品。

（3）操作步骤　①在微量血凝板上加入待检样品（25μL/孔），用前述pH 7.2，0.02mol/L PBS作倍比系列稀释。②加入等量4个血凝单位A型魏氏梭菌抗毒素，混匀，37℃温育40min。③加入1.0%毒素致敏绵羊红细胞（25μL/孔），混匀，37℃放置1h，观察结果。

（4）结果判定　以能使抗毒素血凝价降至“＋＋”（50%凝集）的样品最高稀释度表示样品的抑制效价。试验设置阴性对照、阳性对照和空白对照。

(四) Eot－ELISA

1. 抗原制备

（1）粗提外毒素　将A型魏氏梭菌接种肉肝汤（接种前加入0.1%硫代硫酸钠），37℃培养6h，在4℃条件下8 000r/min离心30min，取上清液，经蔡氏滤器过滤，滤液加入硫酸铵，使成40%饱和度，置4℃冰箱1h。4℃ 8 000r/min离心30min，弃上清液，沉淀物以无菌PBS溶解后，加入饱和硫酸铵，使成40%饱和度，重复上述操作，沉淀以适量无菌PBS溶解后，4℃ 8 000r/min离心30min，收集上清液，即为粗提A型魏氏梭菌外毒素。于PBS中4℃透析至无硫酸根离子，分装、保存、备用。

（2）纯化A型魏氏梭菌外毒素的制备　将粗提A型魏氏梭菌外毒素通过Sephadex G－200柱层析，收集洗脱液，用卵磷脂水解试验及水解抑制试验测定α毒素活性峰，并收集α毒素活性峰，浓缩后以分光光度计测定蛋白含量。分装，保存。包被用抗原需在4℃、pH 9.6碳酸盐缓冲液中透析24h。

2. 诊断膜的制备　取魏氏梭菌精制外毒素，用pH 9.6碳酸盐缓冲液作适当稀释后，包被到0.44μm的微孔滤膜上，每点1μL，37℃温箱干燥30min后，用2%牛血清白蛋白封闭30min，PBST洗涤3次，晾干备用。

3. 操作　用稀释液将被检血清作1∶10稀释，将诊断膜置于稀释后的血清中，37℃

孵育 60min，洗涤液洗 4 次；浸入用稀释液稀释至工作浓度的 HRP-山羊抗兔 IgG 中，37℃作用 60min，洗 4 次；将膜浸入 DAB 底物溶液中，室温下作用 2～3min，自来水洗涤，终止反应，晾干，判定。

4. 结果判定 棕色圆形斑点或浅棕色圆形斑点，中心稍浅以及具有界限清晰的浅棕色圆圈者判为阳性。

参 考 文 献

B. E. 斯特劳，S. D. 阿莱尔，W. L. 蒙加林，D. J. 泰勒 . 2000. 猪病学 [M]. 赵德明，张仲秋，沈建忠，主译 . 第 8 版 . 北京：中国农业大学出版社 .

B W 卡尔尼克 . 1999. 禽病学 [M]. 高福，苏敬良，译 . 第 10 版 . 北京：中国农业出版社 .

白文彬，姜春凌，严隽端，等 . 1988. 牛流行热病毒微量血清中和试验 [J]. 中国畜禽传染病 (4).

白文彬，田枫岚，王春，等 . 1985. 牛流行热补体结合反应诊断方法的研究 [J]. 家畜传染病 (2).

白文彬，于康震 . 2002. 动物传染病诊断学 [M]. 北京：中国农业出版社 .

毕丁仁，王桂枝 . 1998. 动物霉形体及研究方法 [M]. 北京：中国农业出版社：83-91.

蔡宝祥，殷震，等 . 1993. 动物传染病诊断学 [M]. 南京：江苏科学技术出版社 .

蔡宝祥 . 2000. 家禽传染病学 [M]. 第 3 版 . 北京：中国农业出版社 .

陈溥言 . 2008. 兽医传染病学 [M]. 第 5 版 . 北京：中国农业出版社 .

程安春，汪铭书，陈孝跃，等 . 2003. 我国鸭疫里默菌血清型调查及新血清型的发现和病原特性 [J]. 中国兽医学报，23：320-323.

程安春，汪铭书，方鹏飞，等 . 2004. 间接酶联免疫吸附试验（ELISA）检测血清 4 型鸭疫里默氏杆菌抗体的研究 [J]. 中国家禽 (16)：14-17.

程晓霞，王劭，朱小丽，陈仕龙，林锋强，陈少莺 . 2009. 鸡传染性支气管炎病毒 RT-PCR 检测方法的建立 [J]. 中国农学通讯，25 (5).

崔尚金，陈化兰，唐秀英，等 . 1998. 禽流感 RT-PCR 诊断法的建立 [J]. 中国畜禽传染病，20 (2)：105-107.

崔治中，Lee L F. 1991. 用非放射的 Digoxigenin 标记的 DNA 探针检出马立克氏病病毒 DNA [J]. 江苏农学院学报，12 (1)：1-6.

崔治中 . 1992. 用非放射性 DNA 探针从感染鸡羽囊中检出 I 型马立克氏病病毒 [J]. 中国兽医科技，22 (9)：20-21.

戴荣四 . 2004. 鸡新城疫免疫胶体金诊断技术的研究 [D]. 长沙：湖南农业大学 .

樊晓京，朱益群，黄建生 . 1997. 用反向间接血凝抑制试验检测传染性法氏囊病血清抗体 [J]. 中国畜禽传染病，(3)：31-33.

范秋香 . 2008. 牛放线菌病的诊断及治疗 [J]. 福建畜牧兽医，30 (3).

甘孟侯 . 1999. 中国禽病学 [M]. 北京：中国农业出版社 .

甘孟候，杨汉春 . 2005. 中国猪病学 [M]. 北京：中国农业出版社 .

高玲美，田夫林，牛钟相，等 . 2004. 新城疫快速诊断试纸条的研制及初步应用 [J]. 中国动物检疫，21 (8)：22-23.

高玉花，等 . 2009. 猪支原体肺炎诊断方法研究进展 [J]. 国外畜牧学——猪与禽，29 (3).

郭宇飞，程安春，汪铭书，等 . 2006. 鸭病毒性肠炎病毒荧光实时定量 PCR 检测方法的建立和应用 [J]. 中国兽医科学，36 (6)：444-448.

何军伟，申凌梅 . 2009. 鸡传染性鼻炎的实验室诊断技术 [J]. 畜牧与饲料科学，30 (11-12)：1361-

1437.
何永强，周继勇，于涟，等．2000. 应用 RT－PCR 和 RFLP 分析肾型鸡传染性支气管炎病毒基因型［J］. 浙江农业学报，12（3）：117－120.
侯加法．2002. 小动物疾病学［M］. 北京：中国农业出版社．
胡来根．2009. 牛流行热的诊断与防治［J］. 畜牧与饲料科学，30（5）.
黄庚明，辛朝安．2001. PCR 制备地高辛标记的探针检测禽流感病毒核酸［J］. 中国兽医杂志，37（12）：327.
黄海龙，胡桂学，陶淑霞．2004. 猪传染性胃肠炎和猪流行性腹泻诊断方法研究进展［J］. 动物医学进展，25（3）：43－46.
黄河龙．2010. 鸭瘟检测方法的研究进展［J］. 安徽农业科学，38（4）：1851－1852，1863.
黄金海，王英珍，丁伯良，等．2001. 间接 E LISA 检测鸡传染性鼻炎抗体的研究［J］. 中国预防兽医学报，23（6）：454－457.
蒋凤英，胡建华．2004. 用单抗夹心 ELISA 快速检测新城疫病毒［J］. 上海农业学报，20（4）：130－133.
蒋玉雯，黄安国，白安斌，等．1998. 地高辛标记 DNA 探针对鸡马立克氏病的流行病学研究［J］. 中国兽医学报，18（3）：230－232.
焦文强，殷相平，柳纪省．2009. 猪圆环病毒检测技术研究进展［J］. 动物医学进展，30（12）：82－86.
李光富，陈溥言，蔡宝祥．1993. 异羟基洋地黄毒苷元核酸探针对马立克氏病毒 DNA 检测［J］. 南京农业大学学报，16（4）：85－88.
李海燕，辛晓光，天国斌，等．1998. 间接酶联免疫吸附试验检测禽流感抗体的最佳工作条件［J］. 中国畜禽传染病，20（4）：233－235.
李海燕，辛晓光，田国斌，等．1999. 禽流感抗体斑点－ELISA 诊断技术的研究［J］. 中国预防兽医学报，21（5）：321－324.
李海燕，于康震，辛晓光，等．2000. 禽流感病毒重组核蛋白 ELISA 诊断技术的研究［J］. 中国预防兽医学报，22（3）：182－185.
李凯伦，李鹏，王萍．2006. 牛羊疫病免疫诊断技术［M］. 北京：中国农业大学出版社．
李通瑞．1995. 动物检疫［M］. 北京：中国农业出版社．
李卫忠，张玲，刘文忠．2005. 牛气肿疽的诊断与防治［J］. 畜牧兽医科技信息（6）.
李希友，田夫林，张秀娥，等．2006. 单抗标记检测新城疫病毒免疫胶体金试纸条的研制［J］. 西南农业学报，19（6）：1162－1165.
李新萍，陶岳，张孝恩，等．2006. 乳胶凝集法诊断绵羊传染性胸膜肺炎的探讨［J］. 中国动物检疫，23（11）.
李一经．2008. 猪传染性疾病快速检测技术［M］. 北京：化学工业出版社．
李媛，辛九庆，高玉龙，等．2005. 绵羊肺炎支原体 PCR 诊断方法的建立［J］. 畜牧兽医科技信息（12）.
刘邓，袁秀芳，徐丽华，等．2008. 猪传染性胃肠炎诊断技术研究进展［J］. 动物医学进展，29（12）：64－68.
刘金玲，支海兵．2004. 牛瘟 PCR 检测方法的建立［J］. 动物医学进展，25（3）.
刘明，于康震，崔尚金．2000. RT－PCR 快速诊断禽流感的研究［J］. 中国预防兽医学报，22（增刊）：176－179.
刘明春，赵玉军．2007. 国家法定牛羊疫病诊断与防制［M］. 北京：中国轻工业出版社．
刘维平，程安春，汪铭书，等．2005. 间接免疫组化法检测鸭疫里默氏杆菌感染和抗原定位［J］. 中国兽医学报，25 (4)：362 - 365.
刘泽文，徐涤平 . 2003. 鸡传染性贫血实验室诊断技术研究进展 [J]. 湖北畜牧兽医 (5)：25 - 27.
刘泽文，徐涤平，杨峻，等 . 2003. 应用逆转录套式 PCR 检测禽流感病毒核酸研究 [J]. 湖北农业科学 (4)：90 - 92.
刘志玲，陈茹，马静云，等 . 2009. 牛白血病病毒 LUX™ 实时荧光聚合酶链式反应检测方法的建立 [J]. 中国预防兽医学报，31 (5).
吕爱军，胡荣 . 2000. 鸡传染性支气管炎的诊断和防治研究进展 [J]. 禽病与禽病防治，10 (4)：23 - 25.
马贵平 . 1993. 进出境动物检疫手册 [M]. 北京：北京农业大学出版社 .
马兴树 . 2006. 禽传染病实验室诊断技术 [M]. 北京：化学工业出版社 .
孟雨，吴发兴，朱紫祥，等 . 2010. 牛病毒性腹泻病毒 RT - PCR 检测方法的建立及应用 [J]. 中国兽医科学，40 (1).
孟玉学，杨为敏 . 2009. 鸡马立克氏病的实验室诊断技术 [J]. 畜牧与饲料科学，30 (11 - 12)：125 - 126.
苗得园，孙惠玲，陈晓峰，等 . 2006. 副鸡嗜血杆菌的分离鉴定及我国鸡传染性鼻炎的流行状况分析 [J]. 中国预防兽医学报，28 (4)：392 - 395.
牟建青，艾武，张秀美，等 . 2000. 鸡毒支原体感染的诊断与防治研究进展 [J]. 山东农业科学，4：54 - 56.
农牧渔业部动物检疫所 . 1986. 动物检疫 [M]. 上海：上海科学出版社 .
彭伏虎 . 2008. 禽流感与新城疫胶体金免疫层析快速检测技术及初步应用研究 [D]. 武汉：华中农业大学 .
朴范泽 . 2004. 家畜传染病学 . 北京：中国科学文化出版社 .
钱建飞，陈溥言，蔡宝祥 . 1992. 鸡马立克氏病病毒光敏生物素核酸探针的制备及应用 [J]. 中国畜禽传染病 (3)：50 - 52.
曲丰发，张大丙，郑献进，等 . 2005. 鸭疫里默氏菌 16S rDNA 基因的 PCR - RFLP 分析 [J]. 中国兽医杂志 (41)：11 - 14.
任家琰，霍乃蕊，郭建华 . 2000. 用 PCR 和探针杂交法检测鸡败血霉形体 [J]. 中国兽医学报 (3)：156 - 159.
沈关心，周汝麟 . 2002. 现代免疫学实验技术 [M]. 武汉：湖北科学技术出版社：124 - 130.
宋延华，刘福安 . 1999. 原位杂交检测鸡的马立克氏病 [J]. 动物医学进展，20 (3)：17 - 20.
孙继国，张艳英，郑世学 . 2002. 2 株鸡传染性法氏囊病病毒超强毒株的分离鉴定 [J]. 中国兽医学报，22 (5)：442 - 444.
唐泰山，邓碧华，王凯民，等 . 2006. 1 株牛病毒性鼻气管炎病毒的分离鉴定 [J]. 动物医学进展，27 (6).
田风林，魏锁成 . 2008. 动物轮状病毒胃肠炎的研究进展 [J]. 西北民族大学学报，29 (70)：43 - 48.
田枫岚，王春，白文彬，等 . 1985. 牛流行热间接免疫荧光诊断方法的研究 [J]. 家畜传染病 (4).
王栋，刘众心，张立春 . 1991. 从山羊分离出绵羊肺炎霉形体的报告 [J]. 中国兽医杂志，17 (6).
王汉中 . 1995. Nested PCR 在检测牛白血病病毒前病毒中的应用 [J]. 中国病毒学，10 (4).
王红宁 . 2000. 禽传染性支气管炎综合防治 [M]. 北京：中国农业出版社 .
王华，王君玮，徐天刚，王志亮 . 2008. 非洲猪瘟流行病学和诊断方法的研究进展 [J]. 中国兽医科学，38 (06)：544 - 548.
王乐义，陈福勇 . 2005. 新城疫间接 ELISA 抗体检测试剂盒的研究 [J]. 中国畜牧兽医，22 (2)：

43-45.

王锡坤，鞠复帮，王立南，等．1987. 禽流感琼脂扩散试验抗原制备方法的研究［J］．中国畜禽传染病（1）：24-26.

王香．2009. 鸭瘟的发生与防治［J］．畜牧与饲料科学，30（6）：69-70.

王泽霖，王丽，姚惠霞，等．2004. 应用 RT-PCR 对新城疫病毒分离株毒力的快速鉴定［J］．中国兽医学报，24（4）：317-319.

王贞照，陈以楠，张楹，等．1985. 奶牛淋巴细胞性白血病的诊断［J］．上海农业学报，1（2）.

韦平，秦爱建．2005. 重要动物病毒分子生物学［M］．北京：科学出版社．

吴志明，刘莲芝，等．2006. 动物疫病防控知识宝典［M］．北京：中国农业出版社．

夏咸柱．1993. 养犬大全［M］．长春：吉林人民出版社．

向智龙，程振涛．2010. 羊口疮病毒 PCR 检测方法的建立和应用［J］．贵州农业科学，38（7）.

肖运才，李自力，胡思顺，等．2004. 王桂枝禽流感病毒夹心 ELISA 快速检测方法的研究［J］．畜牧兽医学报，35（5）：536-541.

小沼操，明石博臣，菊池直哉，等．2008. 动物感染症［M］．朴范泽，何伟勇，罗廷荣，译．北京：中国农业出版社．

许金俊，朱国强，许益民，等．1997. 鸡传染性腺胃炎腺胃的初步调查［J］．中国兽医杂志，23（11）：11-121.

杨兵，徐福洲，等．2003. 应用 PCR 方法检测鸡传染性贫血病毒［J］．华北农学报，18（3）：90-92.

杨建远，邓舜洲，何后军．2005. PCR 法快速检测鸭疫里氏杆菌的研究［J］．江西农业大学学报，27（3）：39-442.

杨增歧，赵余放，张淑霞．1996. 鸡传染性支气管炎的诊断方法［J］．辽宁畜牧兽医，16（12）：22-231.

姚建聪，何启盖，王娟，等．2003. 猪传染性胸膜肺炎诊断方法研究进展［J］．动物医学进展，24（2）：41-44.

姚李四，陈颖．2006. RT-PCR 检测小反刍兽疫病毒核酸方法的建立［J］．中国动物检疫，23.

殷震，刘景华．1997. 动物病毒学［M］．北京，科学出版社．

于大海，崔砚林．1997. 中国进出境动物检疫规范［M］．北京：中国农业出版社．

于洋，李敬双，李铁，等．2005. 鸡败血支原体感染的诊治［J］．中国家禽，27（15）：32-33.

张安国，刘彦，左颖，等．1999. 鸡腺胃型传支气管炎的诊断及病毒分离鉴定［J］．中国兽医科技，29（11）：24-251.

张大丙，郑献进，曲丰发．2006. 鸭疫里默氏菌一个可能新型的鉴定［J］．中国预防兽医学报，28（1）：98-100.

张大丙．2004. 不同参照菌和不同试验方法对鸭疫里默氏菌分型的影响［J］．中国兽医杂志，40（10）：12-14.

张冬冬，张大丙．2006. 用间接 ELISA 检测鸭疫里默氏菌不同血清型之间的交叉反应［J］．中国兽医杂志，42（6）：23-25.

张欢，侯佳蕾，张彦红，等．2009. 副鸡嗜血杆菌 PCR 检测方法的建立［J］．广东畜牧畜牧兽医科技，01.

张峻峰，金利逊，赵晓春．1988. 牛传染性角膜结膜炎的诊治［J］．中国畜禽传染病，20（2）.

张太翔，等．2009. 实时荧光定量 PCR 检测鸡传染性贫血病毒方法的建立［J］．中国动物检疫，26（11）：58-61.

张志美，张春华，张颖，等．2008. 鸭瘟的诊断及防治措施［J］．水禽世界（4）：28-29.

赵耘，杜昕波，等.2008. 多重PCR鉴定不同毒素型的产气荚膜梭菌菌落［J］. 微生物学通报，35（6）.

赵增连，陈溥言，林祥梅，等. 1997. 一种敏感的禽流感病毒快速定型双扩散法［J］. 中国兽医学报，17（3）：290－291.

郑福英，蔺国珍，邱昌庆.2007. 牛流行热病毒 G_1 抗原表位基因在大肠杆菌中的表达、纯化及抗原性鉴定［J］. 微生物学报，47（3）.

郑明球. 2006. 家畜传染病学实验指导［M］. 北京：中国农业出版社.

郑明球，蔡宝祥，姜平. 2010. 动物传染病诊治彩色图谱［M］. 第2版. 北京，中国农业出版社.

智海东，杨志，解生亮，等. 2009. 鸡包涵体肝炎病毒CELOV株的鉴定研究［J］. 中国兽药杂志，43（1）：6－9.

中国农业科学院哈尔滨兽医研究所.1998. 兽医微生物学［M］. 北京：中国农业出版社.

中国农业科学院哈尔滨兽医研究所.2008. 动物传染病学［M］. 北京：中国农业出版社.

周毅，吴玉石，段宏安，等.2009. 牛白血病病毒env（gp51）基因的克隆和原核表达及间接ELISA抗体检测方法的建立［J］. 畜牧兽医学报，40（4）.

朱红，周宗情.2001. 应用斑点酶联免疫吸附试验快速检测传染性法氏囊病毒［J］. 上海畜牧兽医通讯（1）：18.

朱雪冬. 李雨来. 2009. 鸡传染性贫血病的实验室诊断技术［J］. 畜牧与饲料科学，30（11－12）：123－124.

Abraham A，Sivanandan V，Halvorson A，et al. 1986. Standardization of enzyme-linked immunosorbent assay for avian influenza virus antibodies in turkeys［J］. Am. J. Vet. Res，47（3）：561－566.

Andrea M Makkaya，Peter J Krellb，EA va Nagya. 1999. Antibody detection-based differential ELISA for NDV-infected or vaccinated chickens versus NDV HN-subunit vaccinated chickens［J］. Veterinary Microbiology，66：209－222.

Chiacco S，Kurzbauer R，Sehaffner G. 1996. The complete DNA sequence and genomic organization of avian adenovirus CELO［J］. J Virol，70（2）：2939－2949.

Cunha C W，Otto L，Taus NS，et al. 2009. Development of a Multiplex Real-Time PCR for Detection and Differentiation of Malignant Catarrhal Fever Viruses in Clinical Samples［J］. J Clin Microbiol，47（8）.

D. Hsu，L. M. Shih，A. E. Castro，Y. C. Zee. 1990. A diagnostic method to detect alcelaphine herpesvirus－1 of malignant catarrhal fever using the polymerase chain reaction［J］. Arch Virol，114.

Davidson I，Malkinson M，Strenger C，et al. 1988. An improved ELISA method，using a streptavidin-biotin complex，for detecting Marek's disease virus antigens in feather-tips of infected chiekens［J］. J Virol Methods. 14：237－241.

Davidson I，Maray T，Malkinson M，et al. 1986. Detection of Marek's disease virus antigens and DNA in feathers from infected chiekens［J］. J Virol Methods，13（3）：231－244.

E Bagge，S Sternberg Lewerin and K－E Johansson. 2009. Detection and identification by PCR of Clostridium chauvoei in clinical isolates，bovine faeces and substrates from biogas plant［J］. Acta Veterinaria Scandinavica，51（1）.

Hansen W R，Brown S E，Nashold S W，et. al. 1999. Identifi-cation of duck plague virus by polymerase chain reaction［J］. Avian Dis，43：106－115.

Herbrink P，Van Russel F J，Warnaar W O. 1982. The Antigen spot test（AST）：A Highly sensitive Assay for the detection of antibodies［J］. J. Immunol. Methods，48：293－298.

Hong Li，Travis C. McGuire，et al. 2001. A simpler，more sensitive competitive inhibition enzyme-linked immunosorbent assay for detection of antibody to malignant catarrhal fever viruses［J］. J Vet Diagn Invest，13.

Jonathan Katz，Bruce Seal，Julia Ridpath. 1991. Molecular diagnosis of alcelaphine herpesvirus (malignant catarrhal fever) infections by nested amplification of viral DNA in bovine blood buffy coat specimens [J]. J Vet Diagn Invest，3.

Kataria R S，Tiwari A K，Nanthakumar T，et al. 2001. One step RT－PCR for the Detection of inetious-bursal disease virus snelinieal samples [J]. Veterinary Researeh Communieations，25：429－436.

Kempf I. 1993. The Polymerase Chain Reaction for detection of Mycoplasma gallisepticum [J]. Avian pathology，22：739－750.

Komiyama C，Suzuki K，Miura Y，et al. 2009. Development of loop-mediated isothermal amplification method for diagnosis of bovine leukemia virus infection [J]. J Virol Methods，157 (2).

Kusiluka LJ，Ojeniyi B，Friis NF，et al. 2000. Mycoplasmas isolaed from the respiratory tract of cattle and goats inTanzania [J]. Acta Vet Scand：41 (3).

Levy H，Maray T，Davidson I，et al. 1991. Replication of Marek's disease virus in chieken feather tips containing vaccinal turkey herpesvirus DNA [J]. AvainPathol，20：35－44.

Li H，Shen DT，Knowles DP，et al. 1994. Competitive Inhibition Enzyme-Linked Immunosorbent Assay for Antibody in Sheep and Other Ruminants to a Conserved Epitope of Malignant Catarrhal Fever Virus [J]. J. Clin. Microbiol，32 (7).

Markowski-Grimsrud C J，MillerM M，Schat K A. 2002. Development of strain-specific Real-time PCR and PCR assaysforquantitationof chicken anemia virus [J]. Journal of VirologicalMethods，101 (1－2)：135－147.

Moral C H，Soriano A C，Salazar M S，et al. 1999. Molecular cloning and sequencing of the aroA gene from Actinobacillus pleuropneumoniae and its use in a PCR Assay for rapid identification [J]. Journal of Clinical Microbiology，37：1575－1578.

OIE. 1992. Animal Health Code. Sixth Edition.

OIE. 1992. Manual of Standards for Diagnostic Tests and Vaccines，(A5).

OIE. 1993. World Animal Health.

OIE. 2009. Manual of Diagnostic Tests and Vaccines for Terrestrial Animals.

Ojkic D，Martin E，Swinton J，et al. 2008. Genotyping of CanadianIsolates of Fowl adenoviruses [J]. Avian Pathol，37 (1)：95－100.

Oliveira，S.，Pijoan，C. 2004. *Haemophilus parasuis*：new trends on diagnosis，epidemiology and control [J]. Vet. Microbiol. 99：1－12.

Pathansophon P，Sawada T，Tanticharonenyos T. 1995. New serotypes of Riemerella anatipestifer isolated from ducks in Thaiand [J]. Avian Pathology，24：195－199.

Plummer P J，Alefantis T，Kaplan S，et al. 1998. Detection of enteritis virus by polymerase chain reaction [J]. Avian Dis，42：554－556.

S. I. F. Baxter，I. Pow，A. Bridgen，H. W. Reid. 1993. PCR detection of the sheep-associated agent of malignant catarrhal fever [J]. Arch Virol，132 (1－2).

S. J. Fraser a，P. F. Nettleton a，B. M Dutia，et al. 2006，Development of an enzyme-linked immunosorbent assay for the detection of antibodies against malignant catarrhal [J]. Vet Microbiol，116.

Shoemaker D D，Linsly P S. 2002. Recent developments in DNA microarrays [J]. Curr Opin Microbiol，5 (3)：334－337.

Sohini Dey，Chitra Upadhyay，C. Madhan Mohan，et al. 2009. Formation of subviral particles of the capsid protein VP2 of infectious bursal disease virus and its application in serological diagnosis [J]. Journal of Virological Methods, (157): 84 - 89.

StHill C A, Silva R F, Sharma J M. 2004. Detection and localization of avian alpha herpesviruses in embryonic tissues following in ovo exposure [J]. Virus Res, 100 (2): 243 - 248.

Stram Y, Kuznetzova L, Levin A, et al. 2005. A real-time RT-quantative (q) PCR for the detection of bovine ephemeral fever virus [J]. J. Virol. Methods, 130 (1 - 2).

Y Sasaki, K Yamamoto, A Kojima, et al. 2000. Rapid and Direct Detection of Clostridium chauvoei by PCR of the16S - 23S rDNA Spacer Region and Partial 23S rDNA Sequences [J]. J Vet Med Sci, 62 (12).

Zheng FY, Lin GZ, Qiu CQ, et al. 2009. Development and application of G1 - ELISA for detection of antibodies against bovine ephemeral fever virus [J]. Res Vet Sci, 87 (2).

Zheng FY, Lin GZ, Qiu CQ, et al. 2010. Serological detection of bovine ephemeral fever virus using an indirect ELISA based on antigenic site G1 expressed in Pichia pastoris [J]. Vet J, 185 (2).

第十四章

动物寄生虫病检验

第一节 血液寄生虫检查

一、血吸虫病

血吸虫病（schistosomiasis）是由日本血吸虫（*Schistosoma japonicum*）、埃及血吸虫（*Schistosoma haematobium*）或曼氏血吸虫（*Schistosoma mansoni*）成虫寄生在人、牛、猪或其他哺乳动物的肠系膜静脉和门静脉的血液中，引起的一种人兽共患寄生虫病，在我国仅有日本血吸虫病流行。日本血吸虫病诊断方法分为传统病原学检测方法、免疫学检测方法及分子生物学检测方法 3 大类。

[传统病原学检测方法]

(一) 尼龙袋集卵孵化法 [参考血吸虫病诊断标准及处理原则 (GB 15977—1995)]

操作步骤：取受检者粪便约 30g，先置于 40～60 目/in* 的铜丝筛中，铜丝筛置于下口夹有铁夹的尼龙绢（260 目/in）袋口上，淋水调浆，使粪液直接滤入尼龙绢袋中，然后移去铜丝筛，继续淋水冲洗袋内粪渣，并用竹筷在袋外轻轻刮动助滤，直到滤出液变清。取下夹于袋底下口的铁夹，将袋内沉渣淋洗入三角烧瓶。若需加做沉淀镜检，可在烧瓶中吸取沉渣 3～4 滴放在载玻片上，抹成涂片，涂面应占载玻片面积的 2/3。涂片的厚度以能透过涂片尚能看清印刷字体为标准，将涂片置于低倍显微镜下检查。全片镜检时间不宜少于 2min，每份粪便至少检查两张涂片，镜检时应仔细识别血吸虫卵和其他蠕虫卵。然后，将盛有粪便沉渣的三角烧瓶加水至离瓶口 1cm 处，放入孵化室（箱）或在室温下孵化。一定时间后取出烧瓶，观察毛蚴。一般需观察 2～3 次，观察时间随温度高低而不同。温度高时孵出较早；温度低时毛蚴孵出迟。气温超过 30℃时，第 1 次观察可在 0.5～1h 后进行，阴性者可在 4h 后观察第 2 次，8h 后观察第 3 次，3 次均为阴性者，判作阴性结果；气温在 26～30℃时，可在孵化后 4h 开始观察，阴性者 8h 及 12h 再各观察 1 次；气温在 20～25℃时，则可在 8h 后观察第 1 次，12h 后观察第 2 次；如利用自然气温孵化，一昼夜之间的气温悬殊，可在操作后的次晨再观察 1 次；气温在 20℃时则在 12h 后和 24h 后各观察 1 次。一般室温在 20℃上下时，可利用自然气温孵化，无需加温。

---

* 1in=0.0254m。

观察毛蚴时，应将烧瓶向着光源，并衬以黑纸板。要注意毛蚴与水中原生动物的区别。如有怀疑，可用毛细吸管吸出，在显微镜下鉴别。

（二）改良加藤厚涂片法［参考血吸虫病诊断标准及处理原则（GB 15977—1995）］

操作方法：置尼龙绢片于受检粪样上，用软性塑料刮片在尼龙绢片上轻刮，粪便细渣即由绢片微孔中露至绢片表面。将定量板（3cm×4cm×2.5cm，板中圆孔的孔径为3.5mm，刮平后，孔中可容粪量41.1mg）放在载玻片中部，以刮片从尼龙绢片上刮取细粪渣填入定量板的中央孔中，填满刮平。小心提起定量板，粪样即留在载玻片上。取一张经甘油孔雀绿溶液浸渍24h的亲水性玻璃纸（30mm×30mm），盖在粪便上，用橡皮塞或另一块载玻片覆于玻璃纸上轻压，使粪便均匀展开至玻璃纸边缘。编号后置于室温25℃，相对湿度75%下过夜，镜检。对薄壳虫卵，如钩虫卵等的透明时间以0.5～1.0h为宜，最长不能超过2h，否则会因透明过度而漏检。每份粪样至少需做2张涂片，以镜检每片平均检出的虫卵数乘以24即为1g粪便中的虫卵数（EPG）。

（三）集卵透明法［参考血吸虫病诊断标准及处理原则（GB 15977—1995）］

操作步骤：将粪便充分搅匀后，取5g置于搪瓷杯中，加水调成粪液。把粪液通过60目/in的铜丝筛淋水滤入2只套叠在一起的尼龙袋中（袋深20cm，袋口直径8cm，外袋260目/in，内袋120目/in）。然后移去铜丝筛，继续淋水冲洗袋内粪渣，并把袋轻轻振荡，使加速过滤，直至滤出液变清为止。用药勺刮取外袋内全部沉渣，分作涂片。在沉渣涂片上，覆盖经甘油—孔雀绿溶液浸渍24h的亲水玻璃纸（2cm×5cm），以牙签压匀，置室温过夜，次日镜检。以全部沉渣获得的虫卵数相加，再除以5得出每克粪便中虫卵数（EPG）。

［免疫学检查方法］

（一）环卵沉淀试验（COPT）［参考血吸虫病诊断标准及处理原则（GB 15977—1995）］

1. 虫卵　热处理超声干燥虫卵粉。以重感染兔血清（接种尾蚴1 500～2 000条，42d的兔血清）测试环沉率>30%为合格。

2. 操作方法　先用熔化的石蜡在洁净的载玻片两端分别划两条相距20mm的蜡线，在蜡线之间加受检者血清2滴（0.05～0.10mL），然后用针头挑取干卵100～150个，加入血清中，混匀，覆以24mm×24mm盖玻片，四周用石蜡密封后，置于37℃温箱中，经48～72h后用低倍（80～100）×显微镜观察反应结果，疑似者应在高倍（400×）显微镜下加以识别。

为简化操作亦可选用预制干卵PVC膜片，只需加入血清，置湿盒中37℃保温经24h取出，倾去血清，加少量盐水显微镜下观察反应。

3. 反应标准

（1）典型的阳性反应为泡状、指状或细长卷曲的带状沉淀物，边缘较整齐，有明显的折光。其中泡状沉淀物大于10μm（约相当于两个红细胞大小），才能定为阳性。阳性反应的标本片，应观察100个成熟虫卵，计算其沉淀率；阴性者必须看完全片。

（2）阴性反应虫卵周围光滑，无沉淀物；或有小于10μm的泡状沉淀物。

（3）阳性反应的强度和环沉率

①“+”虫卵周围出现泡状、指状沉淀物的面积小于虫卵面积的1/4；细长卷曲的带状沉淀物小于虫卵的长径。

②“++”虫卵周围出现泡状、指状沉淀物的面积大于虫卵面积的1/4；细长卷曲的带状沉淀物相当于或超过虫卵的长径。

③“+++”虫卵周围出现泡状、指状沉淀物的面积大于虫卵面积的1/2；细长卷曲的带状沉淀物相当于或超过虫卵长径的2倍。

（二）间接血球凝集试验（IHA）[参考血吸虫病诊断标准及处理原则（GB 15977—1995）]

1. 抗原　用葡聚糖凝胶G100初步纯化的可溶性血吸虫卵抗原致敏的绵羊红细胞作为抗原。所用绵羊红细胞先经2.5%戊二醛醛化及1∶5 000鞣酸溶液鞣化后再行致敏。致敏后的红细胞以含10%蔗糖及1%正常兔血清的pH 7.2的PBS配5%悬液，分装安瓿低压冻干封存。每批致敏红细胞作效价测定，滴度达1∶1 280～2 560为合格。

2. 操作方法　启开安瓿，每支以1mL蒸馏水稀释混匀备用。用微量滴管加4滴（0.025mL/滴）生理盐水于U形微量血凝反应板第1排第2孔内，第3孔空白，第4孔加1滴。第1孔内储存待检血清，并从中吸取血清1滴加入第2孔内，充分混匀后，吸出两滴于第3孔和第4孔各加1滴。在第4孔混匀后弃去1滴使第3孔、第4孔血清稀释度分别为1∶5、1∶10。用定量吸管吸取致敏红细胞悬液，于第3孔和第4孔内各加1滴，立即旋转振摇2min，室温下静置1h左右，观察结果。每次试验均应有阳性血清及生理盐水作阳性和阴性对照。

3. 结果判断　阴性反应为红细胞全部沉入孔底，肉眼见一边缘光滑，致密的小圆点。

阳性反应：

++++红细胞形成薄层凝集，边缘呈现不规则的皱褶。

+++ 红细胞形成薄层凝集，充满整个孔底。

++ 红细胞形成薄层凝集，面积较+++者小。

+ 红细胞大部分沉积于孔底，形成一圆点，周围有少量凝集的红细胞，肉眼见周边模糊（或中间出现较为明显的空白点）。

反应标准：以血清1∶10稀释出现阳性反应可判为血吸虫病患者。

（三）酶联免疫吸附试验（ELISA）

1. 原理　ELISA是指以酶作为标记物、以抗原和抗体之间免疫结合反应为基础的固相吸附测定方法。因此，一个ELISA测定试剂，其有机组成部分包括：①包被的抗原或抗体的固相支持物，即聚苯乙烯塑料微孔或试管；②酶标记的抗体或抗原；③酶的反应底物等。抗原或抗体的固相化，并不影响其免疫结合活性，酶标记的抗体或抗原亦是如此，并且标记酶的活性不因标记过程而丧失。整个测定中，抗原与抗体的结合反应在固相支持物上进行，反应结果的判断，以酶与其底物作用后的显色或产生荧光或发光反应为标准，显色或产生荧光或发光的强度，与临床标本中待测物的浓度成正比或反比关系。目前国内的ELISA试剂盒均以酶的显色反应来完成测定。

2. 参考血吸虫病诊断标准及处理原则（GB 15977—1995）

（1）抗原　经50%～75%饱和硫酸铵纯化的日本血吸虫虫卵可溶性抗原（AEA）。

（2）操作方法　已包被AEA抗原的40孔聚苯乙烯塑料板用前以PBST（pH 7.4）洗涤1次。

血清用PBST稀释成1∶200，每孔加0.1mL，每份血清加2个孔，置有盖湿盒内，20～37℃温育30min。去尽反应板孔内的液体，用PBST灌满各孔，3～5min后去尽孔内液体，如此反复洗涤3次。每孔加1∶1 000稀释辣根过氧化物（HRP）酶结合物0.1mL，置有盖湿盒内，20～37℃温育30min。去尽反应板孔内的液体，用PBST灌满各孔，3～5min后去尽孔内液体，如此反复洗涤3次。加OPD底物溶液（OPD20mg＋pH 5.0柠檬酸磷酸盐缓冲液50mL，用前加30％H_2O_2 20μL）0.1mL，置有盖湿盒内，20～37℃温育。每孔加2mol/L H_2SO_4 25μL，终止反应。用酶标检测仪读取492nm的吸光值。每份标本求出2孔实测的OD平均值，再用标准血清予以校正。

（3）反应标准　每次每板标准血清的OD值应控制在0.79～1.15范围，若达不到此质控范围，应重新测试。标本OD值≥0.5判为阳性。

3. 李友2008年利用重组的LHD－Sj23－KGLHD－Sj23－KG蛋白，建立了间接ELISA诊断方法

（1）反应液的配制

①包被液（25mmol/L碳酸盐缓冲液pH 9.6）：Na_2CO_3 1.59g，$NaHCO_3$ 2.93g，加ddH_2O至1 000mL。

②洗涤液（0.05％吐温-20 PBS pH 7.4）：NaCl 8.02g，KCl 0.201g，Na_2HPO_4 1.44g，KH_2PO_4 0.24g，ddH_2O定容至1 000mL，0.5mL吐温－20，加ddH_2O至1 000mL。

③保温液：牛血清白蛋白（BSA）0.1g，加洗涤液定容至100mL。

④封闭液：牛血清白蛋白（BSA）0.5g，加洗涤液定容至100mL。

⑤0.1mol/L柠檬酸液：柠檬酸2.1g，加入ddH_2O充分溶解，定容至100mL。

⑥底物缓冲液（磷酸盐—柠檬酸盐缓冲液，pH 5.0）：25.7mL 0.2mol/L Na_2HPO_4，24.3mL 0.1mol/L柠檬酸液，50mL ddH_2O。

⑦0.2％ TMB母液：TMB（四甲基联苯胺）干粉0.2g溶于100mL无水乙醇中配制而成。

⑧底物液：新鲜配制。TMB母液用底物缓冲液按1∶20的比例稀释，每毫升底物液加入30％H_2O_2 0.2μL。

⑨终止液：0.25％氢氟酸（HF）。

⑩抗原：重组蛋白LHD－Sj23－KG在*E. coli* BL21－CodonPlus中诱导表达，取诱导表达后的菌液，4℃ 8 000r/min离心5min，弃上清。沉淀以1/10原培养基体积的缓冲液A重悬，反复冻融2～3次，冰浴中高强度超声波处理8次，间隔10s/次。4℃ 12 000r/min离心10min，弃上清。沉淀用PBS（pH 7.4）和脱氧胆酸钠（DOC，终浓度为0.2％）洗涤2次后，加入19.7mL缓冲液A及0.3mL 20％的十二烷基肌氨酸钠（SKL）溶液，剧烈搅动，使其缓慢溶解，室温静置2h。然后4℃ 12 000r/min离心10min，弃沉淀，上清中加入终浓度为0.2％的聚乙二醇4000（PEG 4000），1.0mmol/L的氧化型谷胱甘肽及2.0mmol/L的还原型谷胱甘肽，室温静置2h。以PBS（pH 7.4）透

析 3d，取出分装，−20℃保存备用。

(2) 操作方法 将抗原用包被液稀释至最佳包被浓度（1.59μg/mL），包被 96 孔 ELISA 板，100μL/孔。于 37℃温育 1h 后放置于 4℃过夜。次日取出，甩干，加入洗涤液 180μL，轻轻振荡后静置 3min，甩干，如此洗涤 3 次，最后一次甩干后在滤纸上拍干。然后每孔加入 150μL 封闭液（1.0% 脱脂奶），37℃温育 1h，甩干后在滤纸上拍干。然后用保温液将血清作适宜倍数稀释（1∶100），加入孔中，100μL/孔，37℃温育 1h 后，如上洗涤 3 次，每次间隔 3min，最后一次拍干。加入 1∶40 000 稀释的山羊抗牛 IgG - HRP（用保温液稀释）100μL/孔，37℃温育 1.5h。取出如上洗涤 4 次，加入 TMB 底物液 100μL/孔，室温避光静置 5～15min。加入 50μL 0.25% HF 终止反应，用酶标仪测定 OD_{630} 值，判定结果。标本 OD 值大于 0.25 判为阳性。

(四) 乳胶凝集试验（LA）[参考血吸虫病诊断标准及处理原则（GB 15977—1995）]

血清标本用生理盐水 1∶10 稀释。在反应板各格子上分别滴加稀释血清以及阳性和阴性控制血清各 1 滴（50μL）。滴加血吸虫乳胶试剂 1 滴（50μL），轻轻摇动 10min，有清晰凝集者为阳性，不出现凝集者为阴性。1∶10 稀释血清阳性者可进一步倍比稀释，重复上述测定，呈现凝集的血清最高稀释度即为抗体滴度。

[分子生物学诊断方法]

(一) 聚合酶链式反应（PCR）方法

1. 原理 类似于 DNA 的天然复制过程，其特异性依赖于与靶序列两端互补的寡核苷酸引物。PCR 由变性→退火→延伸 3 个基本反应步骤构成：①模板 DNA 的变性：模板 DNA 经加热至 93℃左右一定时间后，使模板 DNA 双链或经 PCR 扩增形成的双链 DNA 解离，使之成为单链，以便它与引物结合，为下轮反应作准备；②模板 DNA 与引物的退火（复性）：模板 DNA 经加热变性成单链后，温度降至 55℃左右，引物与模板 DNA 单链的互补序列配对结合；③引物的延伸：DNA 模板—引物结合物在 TaqDNA 聚合酶的作用下，以 dNTP 为反应原料，靶序列为模板，按碱基配对与半保留复制原理，合成一条新的与模板 DNA 链互补的半保留复制链，重复循环变性→退火→延伸三过程，就可获得更多的“半保留复制链”，而且这种新链又可成为下次循环的模板。每完成一个循环需 2～4min，2～3h 就能将待扩增目的基因扩增放大几百万倍。到达平台期所需循环次数取决于样品中模板的拷贝。

2. 方法

(1) 引物设计 选定靶基因，使用 primer5.0 软件设计一对特异性引物。

夏超明等建立了基于 SjR2 的日本血吸虫 PCR 诊断方法（Xia 等，2009）。

粪便中血吸虫虫卵 DNA 的提取方法根据 Steiner 方法稍加改进（Steiner 等，1995）：2mL 的双蒸水混合 1g 的粪便，用 100 目的铜筛进行过滤，500*g* 5min 离心后去除上清。沉淀用 500μL 的 ROSE 缓冲液进行重悬。剧烈震荡 10min 后，12 000*g* 10min 离心后，吸取尽可能多的上清，加入 5μL 的蛋白酶 K（25mg/mL）。所得的混悬液 60℃ 3h，不时震荡。12 000*g* 10min 离心，吸取约 440μL 的上清添加到一新的 EP 管中，100℃ 10min。吸取其中的200μL上清，加入500μL的冰乙醇和50μL 3mol/L乙酸钠，－20℃沉淀3h。然后14 000g 15min离心后，丢掉上清，沉淀用500μL 70%的乙醇清洗，15 000g 5min离心后，丢掉上清。沉淀在37℃干燥15min，然后用100μL的TE缓冲液重悬。

ROSE缓冲液配方：10mmol/L Tris，pH 8.0；270mmol/L EDTA，pH 8.0；1% sodium lauryl sulfate；1%聚乙烯吡咯烷酮。

正向引物：5′-TCTAATGCTATTGGTTTGAGT-3′；

反向引物：5′-TTCCTTATTTCACAAGGTGA-3′。

(2) 反应体系　10×PCR缓冲液2.5μL，1.5μL 25mmol/L $MgCl_2$，2.5mmol/L dNTP 2μL，rTaq DNA聚合酶（Takara）0.4μL，引物各0.5μL，模板1～4μL，灭菌双蒸水补至25μL。

(3) 反应条件　94℃ 3min；94℃ 60s，55℃ 60s，72℃ 60s，35个循环；72℃延伸7min。

(4) 结果检测　PCR反应结束后取10μL的PCR产物加到含EB的0.8%的琼脂糖胶中进行电泳检测结果。扩到约230bp目的带的样品为阳性，否则为阴性。

(二) 实时荧光定量（RT-PCR）方法

Lier（2006）等人建立了检测粪便中日本血吸虫的实时荧光定量PCR诊断方法。其提取粪便中血吸虫虫卵的方法采用了ROSE方法和QIAamp DNA Stool Mini Kit的方法。检测极限可以达到每克粪便1个虫卵。其以日本血吸虫线粒体中NADH脱氢酶Ⅰ基因为靶基因设计SYBR Green荧光定量PCR引物：

正向引物：5′-TGRTTTAGATGATTTGGGTGTGC-3′；

反向引物：5′-AACCCCCACAGTCACTAGCATAA-3′。

扩增的片段大小为82bp。

反应体系：引物各1pmol，模板5μL，2μL SYBR® Green I Mastermix，ddH_2O加至25μL。设不加模板的阴性对照。

反应程序如下：50℃ 2min，95℃ 10min；95℃ 15s，60℃ 1min，40个循环；95℃ 20min。

(三) 环介导等温扩增（LAMP）方法

1. 原理　针对靶基因的6个不同的区域设计4条特异性引物，依靠一种高活性链置换DNA聚合酶，使得链置换DNA合成在不停地自我循环。

2. 方法　选定靶基因，设计引物。

(1) 许静（2008）等建立了日本血吸虫的LAMP检测方法。这种方法可以检测出极微量的日本血吸虫DNA（0.08fg/μL）。其针对日本血吸虫Sj2R基因设计LAMP反应引物：

FIP：5′-CTACGACTCTAGAATCCCGCTCCGCGAATGACTGTGCTTGGATC -3′；

BIP：5′-CCTACTTGATATAACGTTCGAACGTATTGGTTTGAGTTCACGAAACGT-3′；

F3：5′-GCCGGTTCCTTATTTTCACAAGG-3′；

B3：5′-CTAACATAATTTATCGCCTTGCG-3′。

反应体系：反应体积 25μL，其中包括：10×Bst－DNA polymerase Buffer，2.5μL，4mmol/L $MgSO_4$，1.4mmol/L dNTP，F3、B3 各 0.2mmol/L，FIP、BIP 各 0.8mmol/L，0.8mmol/L Betaie，8U Bst－DNA polymerase，模板 2μL，补水至 25μL，混匀，65℃水浴 1.5h。

检测：每管 1 000×SYBR GreenⅠ染料 1～2μL，变绿则为阳性，不变色则为阴性；或分别取 6μL 扩增产物经 1.2%琼脂糖凝胶电泳，阳性为大小不一的梯形条带。

（2）曹仁祺（2010）等也建立了基于日本血吸虫 rbp 基因的环介导等温扩增方法。检测极限可以达到每克粪便 1.25 个虫卵。其所用引物如下：

F3：5′－TACGGTAGGTCTCCTCCAAG－3′；

B3：5′－CGTATAGCACAATCTGCCTC－3′；

FIP：5′－GCAGGTCATCAATAGTCGTCCTCGATGGGATGGTATCGCT－3′；

BIP：5′－CGATTTGGTGAAGTCGGTGATGATCAGTGCAGTAGCGAACG－3′。

反应体系：反应体积 25μL，其中包括：10×Bst－DNA polymerase Buffer，2.5μL，1.0mmol/L dNTP，F3、B3 各 0.25mmol/L，FIP、BIP 各 1.6mmol/L，1.6mmol/L Betaie，8U Bst－DNA polymerase，模板 4μL，补水至 25μL，混匀，62.5℃水浴 50min。

检测：每管 1 000×SYBR GreenⅠ染料 1～2μL，变绿则为阳性，不变色则为阴性（图 14－1）；或分别取 6μL 扩增产物经 1.2%琼脂糖凝胶电泳，阳性为大小不一的梯形条带（图 14－2）。

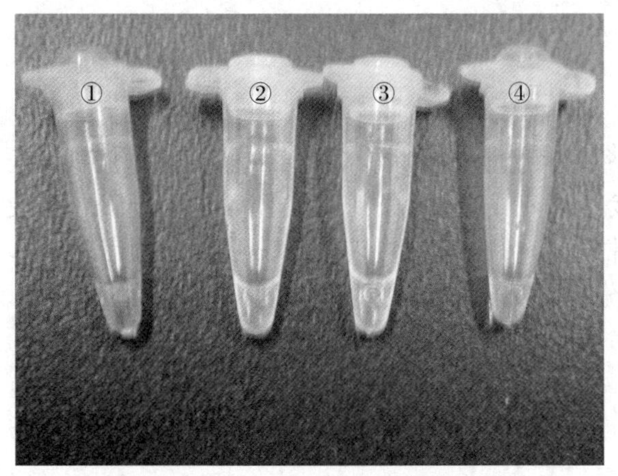

图 14－1　LAMP 扩增结果的判断
1 管：阴性对照；其余 3 管：阳性结果

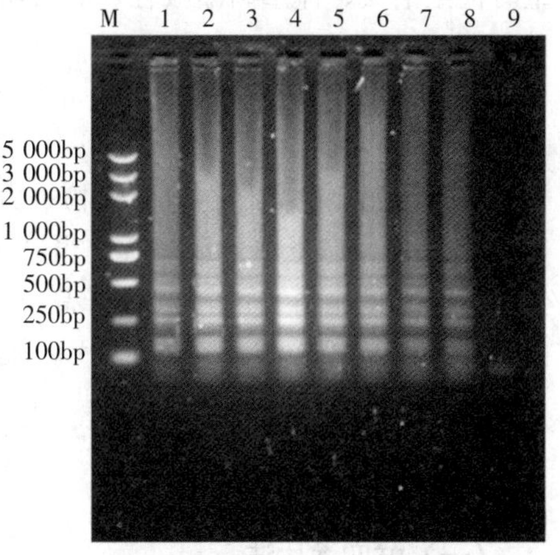

图 14－2　LAMP 产物凝胶
M：transplus 2K marker；
lane 1～8：为阳性对照；lane 9：阴性对照

二、犬心丝虫病

犬心丝虫病（dirofilariasis）是由犬心丝虫（*Dirofilaria immitis*）寄生于犬的右心室及肺动脉（少见于胸腔、支气管内）引起循环障碍、呼吸困难及贫血等症状的一种丝虫病。除感染犬外，猫及其他野生肉食动物也可被感染。雌虫产出的幼虫——微丝蚴进入并寄生在患犬的外周血液循环中，当蚊子等中间宿主吸血时，微丝蚴进入蚊子体内，发育为侵袭性幼虫，犬被微丝蚴阳性蚊子叮咬即可被感染。

犬心丝虫病生前诊断主要依靠临床症状观察，结合外周血液内微丝蚴检查，如有特性的皮肤病变出现，在病灶中心采血检查血丝蚴，发现幼虫即可确诊。另外可采用商品化的试剂进行抗原检测。除了上述2种常用的诊断方法外，亦可配合其他诊断技术如胸腔X线摄影、心脏超声波、心电图等提高确诊率。患犬死后可通过尸体剖检，观察其病理变化或在患犬右心室、肺动脉中发现心丝虫虫体，也可得以确诊（刘佩红等，2008）。

临床症状观察：早期病犬不表现临床症状，随着病情的发展出现运动后突发性咳嗽、体重减轻、不耐运动。寄生虫虫体波及肺动脉导致其内膜增生时，出现呼吸困难、腹水、四肢浮肿、胸水、心包积液、肺水肿。并发急性腔静脉综合征时，突然出现血红蛋白尿、贫血、黄疸及尿毒症等症状。

听诊：①心脏听诊：右心膨大和腔静脉症候群发生时，由于虫体干扰血流和三尖瓣闭锁不全导致听诊时，可发现心缩期杂音或三尖瓣逆流音；约90%伴发腔静脉症候群的心丝虫病犬心脏听诊时可听见明显的三尖瓣逆流音；由于肺动脉高血压和肺大动脉环扩张致瓣膜闭锁不全的影响，造成肺动脉血液的逆流，因此在听诊时可以听见心舒期杂音；因肺动脉高血压的影响致第二心音出现分裂性心杂音。②肺脏听诊：病犬吸气时，偶尔可听见轻微至明显的分裂性杂音，病畜会因为右侧淤血性心力衰竭而引发全身性的临床症状，颈静脉搏动/扩张、肝肿大和腹水、胸腔内有胸水蓄积，听诊时发现模糊性肺音和心音，严重时甚至消失、体重渐渐减轻、心脏听诊可发现奔马性心节律，且第三心音明显增强。

[血液学检查]

心丝虫感染的病例在血液学检查方面往往可见血细胞减少，严重病例血细胞压积降低至10%，血浆白蛋白含量降低。当肝脏发生坏死或淤血时，肝功能指数就会上升，血液生化检查可见血清谷丙转氨酶升高（正常值为40U/L，约高达80U/L时则预后不良），血清尿素氮升高至14～21mmol/L。尿液分析则发现白蛋白尿、血红素尿和高胆红素尿。

[微丝蚴的观察]

（一）鲜血涂片法

取末梢血2滴，置于载玻片上，制成厚滴片，直接在镜下观察活动的微丝蚴。或待血片干燥以蒸馏水溶解红细胞，趁湿片时镜检。也可在血片干燥后用甲醇固定，姬姆萨染色后镜检。

（二）离心集虫法

静脉采血1mL于试管中，加20mL/L甲醛9mL，或70mL/L醋酸5mL，亦或加10mL/L稀盐酸5mL，混合均匀，裂解红细胞。2 500r/min离心20min，弃上清，取沉渣涂片镜检，或涂片后用1mL/L美蓝液混合，加盖玻片镜检。

(三) 过滤法

采血 1mL 加 25mL/L 枸橼酸钠 5mL，倒入 300 目筛网中过滤。用定性滤纸沾干筛网背面的血液后直接镜检。

过滤法观察虫体最为直接，抗凝血中的细胞可通过筛网滤掉，只有虫体能留在滤网网格中，低倍镜下很容易观察到。离心集虫裂解红细胞时，适合采用稀盐酸、醋酸，甲醛可使沉淀物浑浊，不易挑取，本法最好染色后镜检，虫体更为明显。

[免疫学检查方法]

酶联免疫吸附试验已用于本病的流行病学调查，但用于雌性成虫制成的抗原做血清学检查时，只能检测有雌性成虫感染的犬，当感染程度轻微时（如犬体内的心丝虫成虫少于 5 条时），检查结果也可能显示阴性，如果单纯由雄性成虫感染的犬则显示阴性。

侯洪烈等（2007）建立的间接 ELISA 方法如下：

犬恶丝虫成虫粗抗原的提纯：将犬恶丝虫成虫用生理盐水洗净、剪碎，加入冷 pH 7.4 磷酸盐缓冲液（PBS）研磨，液氮反复冻融 6～8 次，超声波粉碎，10 000r/min 离心 30min，取上清液，测定蛋白含量。将适当浓度的上清液装 SephadexG2200 凝胶柱，用 0.01mol/L pH 7.4 PBS 洗脱，分别收集各峰洗脱液。共出现 2 个洗脱峰，紫外分光光度法测定蛋白含量分别为 1 峰 0. 025mg/mL，2 峰为 0.03mg/mL。分装，－20℃保存。

操作方法：取第 1 峰作为抗原，用包被液稀释至最佳包被浓度（1∶64），包被 96 孔 ELISA 板，100μL/孔。于 37℃温育 1h 后放置于 4℃过夜。次日取出，甩干，加入洗涤液 180μL，轻轻振荡后静置 3min，甩干，如此洗涤 3 次，最后一次甩干后在滤纸上拍干。然后每孔加入 150μL 封闭液（1.0% 脱脂奶），37℃温育 1h，甩干后在滤纸上拍干。然后用保温液将血清作适宜倍数稀释（1∶160），加入孔中，100μL/孔，37℃温育 1h 后，如上洗涤 3 次，每次间隔 3min，最后一次拍干。加入 1∶40 稀释的酶联葡萄球菌 A 蛋白（HRP-SPA）100μL/孔，37℃温育 1.5h。取出如上洗涤 4 次，加入过氧化氢—邻苯二胺底物液 100μL/孔，室温避光静置 5～15min。加入 50μL 0.25% HF 终止反应，用酶标仪测定 OD_{490} 值，判定结果。标本 OD 值大于 0.06 判为阳性。

[分子生物学诊断]

(一) PCR 检测法

PCR 检测法具有较高的灵敏性和特异性。PCR 检测法可以鉴别血液样品中丝虫的遗传物质。检测结果不受丝虫年龄大小和早期感染的影响，能对早期感染进行确认。PCR 检测法的取材量很少，只要有 2 个心丝虫细胞存在时即可检测出来。因此，其在犬心丝虫的诊断上具有良好的应用前景。

Mar 等（2002）基于犬恶心丝虫的 ITS2 基因建立的 PCR 诊断方法如下：

血液 DNA 提取方法：400μL 全血用含有 1% SDS，0.1mol/L NaCl 和 10mmol/L EDTA 的 0.1mol/L Tris-HCl（pH 8.0）溶解，100μg/mL 的蛋白酶 K 55℃消化 2h，然后用苯酚/

氯仿/异戊醇（25∶24∶1）抽提，乙醇沉淀，然后用50μL TE缓冲液溶解，−70℃保存。

根据核糖体RNA基因序列（GenBank登录号AF217800）设计的引物如下：

正向引物：5′-CATCAGGTGATGATGTGATGAT-3′；

反向引物：5′-TTGATTGGATTTTAACGTATCATTT-3′。

反应体系：10×PCR缓冲液5μL，3.5μL 25mmol/L $MgCl_2$，0.1mmol/L dNTP，rTaq DNA聚合酶（Takara）2.5U，引物各0.3mM，模板5μL，灭菌双蒸水补至50μL。

PCR反应条件如下：94℃ 3min；94℃ 3min，63℃ 1min，72℃ 30s，30个循环；72℃延伸7min。

PCR结果检测：PCR反应结束后取5μL的PCR产物加到含EB的0.8%琼脂糖胶中进行电泳检测结果。扩增到约1 200bp目的带的样品为阳性，否则为阴性。

（二）实时荧光定量PCR（Real-Time PCR）方法

Thanchomnang（2010）等人建立了检测蚊媒及犬中心丝虫的实时荧光定量PCR诊断方法。蚊媒及血液DNA用试剂盒提取（Macherey-Nagel，Duren，Germany），荧光定量PCR引物：

PCR正向引物DI-F：5′-ATGATGATTGCTCAATTAAGTAGAC-3′；

PCR反向引物DI-R：5′-GATAATCTGATCGATATTGACCCT-3′。

杂交探针：

5′端DILC640：5′-Red 640-GCTCGTGGATCGATGAAGAACGCAGCT-Phosphate-3′；

3′端530荧光素DIFL530：5′-ATTTTTCAATAACTCTAAGCGGGGATCACC-3′。

PCR反应体系（20μL）：LightCycler Faststart DNA Master HybProbemixture，2mmol/L $MgCl_2$，引物各0.5mmol/L，探针DILC640 0.4mmol/L，DIFL530 0.2mmol/L，模板5μL，加ddH_2O至20μL

反应程序：95℃ 10s，45℃ 15s，72℃ 15s，45个循环；95℃ 20s，40℃ 30s，75℃ 1min。

［病理检查］

成虫寄生于肺动脉和右心房阻塞血流，使心脏不能推出正常血量供应机体所需，导致心脏肥大和扩张，心肌纤维渐渐失去其收缩力。此外，虫体不断地机械性刺激心内膜，使平滑的心内膜变得粗糙不平，易形成微小血栓进入血流，造成微血管栓塞，导致局部缺血、坏死。微丝蚴可阻塞小静脉，造成微循环障碍。

三、巴贝斯虫病

巴贝斯虫病，又称梨形虫病、蜱热、德克萨斯热等，是由巴贝斯属的多种蜱传性、红细胞内的原虫引起的。这些寄生虫可引起多种脊椎动物发病，临床上主要以发热、血红蛋白尿、溶血性贫血和死亡为特征（刘恩勇和赵俊龙，2001）。巴贝斯虫的诊断包括病原学诊断、血清学诊断和分子生物学诊断方法。

［传统病原学检测方法］

最常用的诊断方法仍然是经典的涂片、染色、镜检。涂片包括血涂片和脑涂片，染色主要是姬姆萨染色法和瑞氏染色法。

（一）血涂片检测（姬姆萨染色法）

1. 原理　姬姆萨染料是一种复合性染料，呈中性。目前该染料已成为研究细胞生物学、遗传学的常规染料，尤其在动、植物核型分析、人类染色体病的检查和染色体显带技术中应用最广泛。该染液是一种优良的核染色剂，染色效果较稳定，易被工作者采纳。

2. 姬姆萨染色液　姬姆萨染料 1g，甲醇 50mL，中性甘油 50mL。将染料置研钵中，加少量甘油充分研磨，最后加入全部甘油，55～60℃水浴放置 1～2h，冷却后加入甲醇，储存于棕色试剂瓶中 1～2 周，过滤备用。

姬姆萨工作液：使用时将原液用磷酸缓冲液（pH 7.0）作 1 ∶ 10 倍稀释使用。

3. 操作步骤　采外周血液（一般为牛耳静脉）1μL 制成薄血涂片，甲醇作用 5min，用瑞氏：姬姆萨：PBS（pH 7.4）为 1∶1∶2 的方法染色 10min，然后镜检。发现红细胞内有典型特征的虫体，如梨形、双芽形则为巴贝斯虫（图 14－3）。

这种方法可靠性高，但很难查到急性感染和亚临床病例的虫体，且不能区分不同种以及混合感染等。

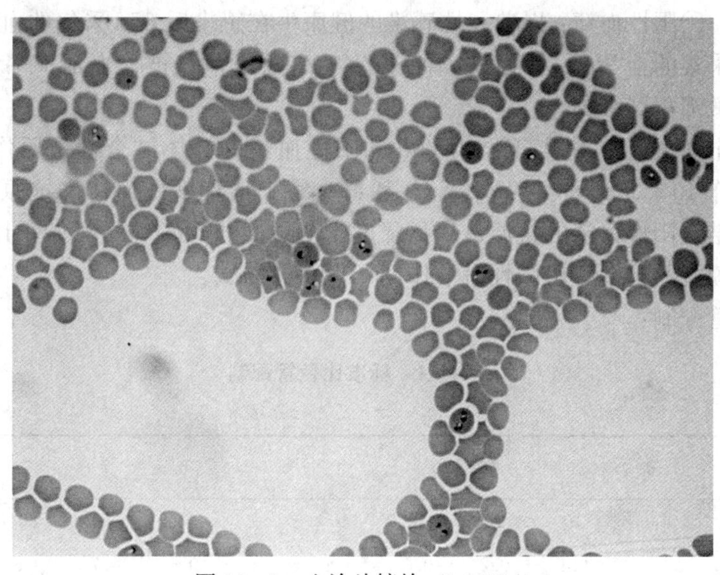

图 14－3　血涂片镜检（1 000×）

（二）体外培养检测法

体外培养技术使实验室从带虫动物分离巴贝斯虫成为现实。吕伟 2009 年报道了牛巴贝斯虫的体外培养方法，其方法主要参考了 Levy 的微气静相培养技术并稍加改进，操作如下：

取经 VYM 液洗涤的健康牛红细胞和牛巴贝斯虫病牛红细胞各 50μL，移入 24 孔培养板内，用完全培养液 900μL 悬浮，使红细胞染虫率为 0.5%～1.5%。在 37℃、5%CO_2 培养箱中培养，每 12h 取出 800μL 上清液，移出上清液后轻轻混匀，取 5μL 红细胞涂片（姬姆萨染色，油镜下牛巴贝斯虫的生长情况和红细胞的染虫率），然后在孔内添加 80μL 完全培养液，悬浮后继续培养。每 24h 补充一次红细胞。

VYM 液配方：$CaCl_2.H_2O$ 16.0mg，KCl 400.0mg，KH_2PO_4 1 415.4mg，$MgSO_4\cdot7H_2O$ 154mg，$Na_2HPO_4\cdot7H_2O$ 1 450.0mg，NaCl 7 077.0mg，葡萄糖 20.5g，双蒸水加至 1L，含 0.25mmol/L 腺嘌呤 67.6mg/L 和 50mmol/L 鸟苷 141.6mg/L。

[血清学检查方法]

血清学诊断方面已建立了补体结合反应（CFT）、间接免疫荧光抗体试验（IFAT）、酶联免疫吸附试验（ELISA）、凝集试验（AT）等方法。

（一）补体结合反应（CFT）

Mahoncyt 首次建立了牛巴贝斯虫病的补体结合试验诊断方法。他从染有双芽巴贝斯虫的病牛红细胞中制备了补体结合性抗原，成功地应用于流行病学研究，同时也开创了免疫学诊断技术在巴贝斯虫病诊断中的应用先例。

1. 材料

（1）明胶巴比妥缓冲液（GVB）。

（2）血清　①阳性血清：以单一株感染的健康牛在感染后 67d 采集的血清以及牛人工感染后 16d 内采集的血清；②阴性血清：新生犊牛血清；③被检血清；绵羊红细胞溶血素；补体；致敏绵羊红细胞。

2. 方法　抗原测定：用人工感染 60d 的阳性血清同补体结合性抗原作棋盘法判定。血清抗原分别作 10×、20×、40×、80×稀释，每个稀释度设血清和抗原的对照管。完全或几乎完全结合阳性血清的抗原最高稀释度定为一个抗原单位，试验采用 2 单位抗原，用正常红细胞膜抗原与同一份阳性血清作同样程序的测试。

标准比色管配制：

表 14-1　标准比色管配制

单位：mL

管　号	0	1	2	3	4	5	6	7	8	9	10
溶血（%）	0	10	20	30	40	50	60	70	80	90	100
溶血红细胞	1	0.1	0.2	0.3	0.4	0.5	0.6	0.7	0.8	0.9	1.0
2%红细胞	1.0	0.9	0.8	0.7	0.6	0.5	0.4	0.3	0.2	0.1	0
判定符号	#			+++			++		+		—

注：溶血红细胞可用阴性血清按正式试验程序反应获得，亦可直接用溶血系统对照管试验程序获得。

采用小量法补体结合反应加量法。即各要素总容积为 0.6mL，其中血清、二单位抗原、二单位溶血素和红细胞均为 0.1mL，二单位补体 0.2mL。被检血清设 5×、10×、20×及 50×血清对照管共 4 支。每批试验设抗原、补体、红细胞脆性对照和已知效价阳性血清和已知阴性血清对照。血清、抗原和补体 3 要素混合后于 37℃水浴感作 30min。加致敏红细胞后继续感作 30min 即可初判，然后置 4℃ 4h 或过夜可终判。设一组标准管帮助判定。补体结合率不少于 50%的血清最高稀释度确定为血清效价。

（二）酶联免疫吸附试验（ELISA）

1. 东方巴贝斯虫病间接 ELISA 诊断方法　周丹娜等 2009 年利用重组表达的东方巴贝斯虫 Bop29 蛋白，建立了间接 ELISA 诊断方法。其主要操作步骤如下：

将抗原用包被液稀释至最佳包被浓度，包被 96 孔 ELISA 板，100μL/孔。于 37℃温育 1h 后置于 4℃过夜。次日取出，甩干，加入洗涤液 200μL，轻轻振荡后静置 3min，甩干，如此洗涤 3 次，最后一次甩干后在滤纸上拍干。然后每孔加入 150μL 封闭液，37℃温育 45min，甩干后在滤纸上拍干。然后用保温液将血清作适宜倍数稀释，加入孔中，100μL/孔，37℃温育 45min 后，如上洗涤 3 次，每次间隔 3min，最后一次拍干。加入 1∶5 000 或 1∶10 000 稀释的山羊抗牛 IgG-HRP（用保温液稀释）100μL/孔，37℃温育 45min。取出如上洗涤 4 次，加入 TMB 底物液 100μL/孔，室温避光静置 5～15min。加入 50μL 0.25% HF 终止反应，用酶标仪测定 OD_{630} 值，判定结果。

结果判定：OD_{630} 大于 0.25 为东方巴贝斯虫阳性，小于或等于 0.25 则为东方巴贝斯虫阴性。

2. 驽巴贝斯虫病竞争性抑制酶联免疫吸附试验（C-ELISA）　Kappmeyer 等（1999）利用重组表达的驽巴贝斯虫 RAP-1 蛋白及其单克隆抗体，建立了竞争 ELISA 方法。

（1）溶液配置　抗原包被液：2.93g $NaHCO_3$，1.59g Na_2CO_3，用足量的超纯水溶解，用超纯水定容到 1L。

①调整 pH 到 9.6。C-ELISA 洗涤液（高盐稀释液）：29.5g NaCl，0.22g NaH_2PO_4，1.19g Na_2HPO_4，2.0mL Tween-20，用足量的超纯量水溶解，然后用超纯水定容到 1L。

②混合均匀，调整 pH 到 7.4，121℃高压灭菌。

③驽巴贝斯虫抗原为棒状体相关蛋白（RAP-1）重组抗原，在大肠杆菌中表达。抗体为单克隆抗体，识别驽巴贝斯虫 60KD 抗原的一个表位。

（2）操作步骤

①用抗原包被液稀释马泰勒虫或驽巴贝斯虫抗原，包被微量滴定板，每孔 50μL。稀释度通过血清学滴定技术确定。反应板用密封胶带密封，4℃过夜，然后冻存于－70℃，可用 6 个月。

②一抗单克隆抗体和过氧化物酶标记的二抗按照制造商的说明在使用时用制造商提供的抗体稀释液稀释。

③从－70℃取出反应板，室温融化，倾去包被液，用含 0.2% Tween-20 和 20%脱脂奶的 PBS 溶液封闭 1h。用 C-ELISA 洗涤液洗 2 次。

对照血清和被检血清用血清稀释液做 2 倍稀释后，每孔加样 50μL。被检血清加 1 孔或2孔，阳性对照血清和空白对照加2孔，阴性对照血清在微量滴定板的不同地方加3孔。置湿盒中室温（21～25℃）反应15min后，用C-ELISA洗涤液洗3次。

④每孔中加入50μL稀释的一抗单克隆抗体，置湿盒中室温（21～25℃）反应30min后，用C-ELISA洗涤液洗3次。

⑤每孔中加入50μL稀释的生物素化的抗鼠IgG二抗，置湿盒中室温（21～25℃）反应30min后，用C-ELISA洗涤液洗3次。

⑥抗生物素溶液、碱性磷酸酶及其底物来自ABC-AP试剂盒，显色过程按照试剂盒操作。

⑦每孔中加入50μL终止液，立即用酶标仪读板。

⑧将平板置波长405nm读数。对所有的对照血清和空白孔，计算两个复孔OD的平均值。一个有效的试验，阴性对照的OD值应>0.300并<2.000，阳性对照血清的平均抑制效果应≥30%。

⑨如果被检血清的抑制效果≥30%，判为阳性，如果抑制效果<30%，则为阴性。

（三）凝集试验（AT）

凝集试验主要是间接血凝试验（IHA）、乳胶凝集试验（LAT）、皂土凝集试验（BAT）、毛细管凝集试验（CAT）等。

1. 间接血凝试验（IHA）　Curnow等首次报道了用间接血凝方法诊断牛的巴贝斯虫病。随后，Gooder（1973）报道并评述了这种方法的实用性。用间接血凝试验方法检测牛双芽巴贝斯虫病。试验步骤如下：

在每瓶冻干抗原中加入含犊牛血清10ml/L的PBS（pH 7.0）5mL，搅匀后过夜即可使用。被检血清56℃灭活30min，用含犊牛血清10mL/L的PBS自1∶10起倍比稀释，用16号针头滴加于96孔V形血凝板孔中，每孔1滴，约0.01mL，并设阳性血清、阴性血清、稀释液和未致敏红细胞对照。野外调查时，血清只作1∶10稀释，每份滴加2孔。加样完毕后置微型振荡器上振荡2～3min，室温静置2～3h后判定结果。

结果判定：若各对照孔均成立，则1∶10稀释孔有“++”以上凝集者判为阳性，有“+”凝集判为可疑，完全不凝集的判为阴性。

2. 乳胶凝集试验（LAT）　邓干臻等报道应用体外培养所得的可溶性牛巴贝斯虫抗原进行乳胶凝集试验。试验步骤如下：

取致敏乳胶和稀释的血清各30μL，置于黑底玻板上混匀，铺展成直径为2 cm的圆形，25～30℃反应，5min内观察结果，温度稍低时，可适当延长时间，但一般不超过30min。必要时可置于温箱保温（保持一定湿度）。

判断标准：乳胶全部凝集，有大的凝集反应颗粒，液体透明为“++ ++”；凝集颗粒明显可见，液体较透明为“+++”；仅1/4凝集，可见很小的凝集颗粒，液体混浊为“+”；介于“+++”与“+”之间的为“++”；不凝集为“—”。

（四）免疫印记法试验（Western blotting）

Reinhard等将免疫印迹法应用到马巴贝斯虫病的诊断上，最后确定Western blotting可用于巴贝斯虫感染时的鉴别诊断及ELISA检测阳性结果的确证。试验步骤如下：

1. 制备抗原样品，500μL寄生虫抗原中加500μL蛋白质加样缓冲液，100℃加热

10min，12 000r/min 离心 3min。

2. 在聚丙烯酰胺凝胶加样孔中加抗原 15μL，加 150V 电压电泳 2h。

3. 切下凝胶，从阴极到阳极依次在电转装置上加滤纸、凝胶、NC 膜、滤纸，夹紧，于电转缓冲液中，100V 电泳 1h。

4. 取 NC 膜，PBS 洗膜 2 次，0.2%丽春红染色，铅笔标记蛋白质标准分子量所在位置。PBS 洗膜数次，至丽春红全部褪去，3%BSA（PBS）4℃过夜或 37℃1h。

5. PBS 洗膜数次，加阳性血清（3%BSA 稀释），37℃作用 1h。

6. 生理盐水洗膜数次，加酶标记二抗（3%BSA 稀释），37℃作用 1h。

7. 生理盐水洗膜，加底物显色，生理盐水漂洗，PBS 终止反应。

判定：阳性：在相应分子量大小处出现清晰的现色条带。阴性：在理论位置无明显的染色条带。

[分子生物学诊断方法]

随着分子生物学技术在兽医临床上的应用，已有多种分子生物学技术运用于巴贝斯虫病的诊断。包括半巢式 PCR、恒温扩增（LAMP）、反向线性斑点杂交等检测方法。

(一) 半巢式 PCR

刘琴（2003）等建立了东方巴贝斯虫基于 18S rRNA 高变区的半巢式 PCR（Semi-nested PCR），引物如下：

P1：5′-AACCTGGTTGATCCTGCCAGTAGT-3′；

B1：5′-TGAGAAACGGCTACCACA-3′；

B2：5′-CACACGCACAACGCTGAA-3′。

半巢式 PCR 反应体系：25μL 体系中加入 2.5μL 10×buffer，1.75mmol/L $MgCl_2$，200μmol/L dNTPs，各 0.5μmol/L 引物 B1 和 B2，0.1μmol/L 引物 P1 和 2.0U 的 Taq DNA 聚合酶，5μL 的模板 DNA，其余用水补齐。同时设空白阴性对照。

半巢式 PCR 反应条件如下：95℃ 5min；94℃ 30s，61℃ 30s，72℃ 45s，30 个循环；94℃ 30s，56℃ 30s，72℃ 30s，30 个循环；72℃ 10min。

结果检测：PCR 反应结束后取 10μL 的 PCR 产物加到含 EB 的 0.8%的琼脂糖胶中进行电泳检测结果。扩增到约 256bp 目的带的样品为阳性，否则为阴性。

(二) 环介导等温扩增（LAMP）

贺兰等 2009 年建立了东方巴贝斯虫基于 18S rRNA 高变区的 LAMP 快速检测方法，此方法特异性强、敏感性高，引物序列如下：

F3：5′-TTTCAGCGTTGTGCGTGTG-3′；

B3：5′-TAAATACGAATGCCCCCAAC-3′；

FIP：5′-GCCTGCTTGAAACACTCTAATTTTCTCTTTTGGCCGTCTCACTTCG-C-3′；

BIP：5′-GAGCATGGAATAATAGAGTAGGACCTCCATTACCAAGGTAACAA-AACCAAC-3′。

反应体系如下：反应体积 25μL，其中包括：10×Bst - DNA polymerase Buffer，2.5μL，4mmol/L $MgSO_4$，1.4mmol/L dNTP，F3、B3 各 0.2mmol/L，FIP、BIP 各 1.6mmol/L，1.0mmol/L Betaie，8U Bst - DNA polymerase，模板 1μL，补水至 25μL，混匀。

反应程序：63℃水浴 50min，85℃ 10min 终止反应。

检测：每管 1 000×SYBR Green Ⅰ染料 1～2μL，变绿则为阳性，不变色则为阴性；或分别取 6μL 扩增产物经 1.2%琼脂糖凝胶电泳，阳性为大小不一的梯形条带。

（三）反向线性斑点杂交（reverse line blot，RLB）

反向线性斑点杂交技术最初用于诊断镰刀形贫血病，1999 年 Gubbles 等成功地用此技术检测和区分当时已知的巴贝斯虫和泰勒虫。反向线性斑点杂交的基本原理是将特异性的探针固化在膜上面，将 PCR 引物用放射性物质或生物素标记之后扩增靶 DNA，然后将扩增产物与膜上的探针杂交，之后用放射显影或光生物素显影，以确定 PCR 产物与探针是否有反应。操作步骤主要分膜的准备、杂交及膜的回收 3 个部分。

1. RLB 探针（5′- 3′）

Theileria/Babesia catch all：TAATGGTTAATAGGAR(AG)CR(AG)GTTG；

Babesia catch all 1：ATTAGAGTGTTTCAAGCAGAC；

Babesia catch all 2：ACTAGAGTGTTTCAAACAGGC；

Babesia orientalis：CCTCTTTTGGCCGTCTCACT；

Babesia bigemina：CGTTTTTTCCCTTTTGTTGG；

Babesia bovis：CAGGTTTCGCCTGTATAATTGAG；

Babesia divergens：ACTR(AG)ATGTCGAGATTGCA；

Babesia major：TCCGACTTTGGTTGGTGT；

Babesia occultans：CCTCTTTTGGCCCATCTCGTC。

2. 试验前膜的准备

（1）取 10μL 100pmol 的探针，用 150μL 0.5mol/L 的 $NaHCO_3$ 做稀释，同时在膜上标上日期，以区分膜的正反面。

（2）新配制 16%的 EDAC，将准备好的膜在室温下孵育 10min，然后将膜放置在 Miniblotter 中固定好，用真空泵将样孔中的液体抽干。

（3）每孔加入 150μL 的探针稀释液，Miniblotter 的第一孔和最后一孔加墨水，室温孵育 2min。

（4）用真空泵将 Miniblotter 上样孔里的探针溶液除去。

（5）将膜从板上取下，放入新配制的 100mL 100mmol/L 的 NaOH 中，反应 8min。

（6）用 100mL 2×SSPE/0.1% SDS 在 60℃洗膜 5min，此时膜已经可用于下一步的杂交试验。

（7）如果不直接用则需加入 20mmol/L EDTA pH 8.0，水平摇床摇 15min，室温，将膜放入塑料袋中，4℃储存，如保存时间长可加入 2mL 20mmol/L pH 8 EDTA。

3. RLB 杂交步骤

（1）将准备好的膜放在 2×SSPE/0.1%SDS 中室温作用 5min。

（2）20μL PCR 产物加 150μL 的 2×SSPE/0.1%SDS，PCR 仪中 99℃变性 10min，冰

浴 5min。

（3）将膜固定在 Miniblotter 板中，注意膜的正反面，真空泵去除上样孔里的液体。

（4）将稀释好的 PCR 产物加入上样孔中，空孔加入 2×SSPE/0.1%SDS。

（5）在杂交炉中 42℃ 60min。

（6）取出用真空泵将上样孔中的液体抽出，2×SSPE/0.5% SDS，50℃洗 10min，洗两次（2×SSPE/0.5% SDS 在水浴摇床预热）。

（7）10mL 2×SSPE/0.5% SDS 加 2.5μL 的链霉菌抗生素蛋白—过氧化物酶，42℃孵育 45～60min。

（8）2×SSPE/0.5%SDS 42℃，洗两次，每次 20min（水浴摇床）。

（9）2×SSPE 在室温洗 5min，洗两次（水平摇床）。

（10）加 10mL ECL（5mL ECL1 ＋ 5mL ECL2）在膜上，摇床摇并保持湿润 1min，将膜放入曝光盒中，上下各一张塑料膜。

（11）暗室中将底片放在 X-ray 盒中，曝光 10min，显影。

4. RLB 杂交膜的回收（标记好探针的膜可以重复用 20 次左右）

（1）用 100mL 预热的 1% SDS 在水浴摇床中洗膜 30min，并重复 1 次。

（2）用 20mM 的 EDTA 常温下洗膜 15min，重复 1 次。

（3）加入 2mL 20mM 的 EDTA，4℃保存。

5. RLB 降落 PCR 引物（巴贝斯虫/泰勒虫）

RLB-F2：5′-GACACAGGGAGGTAGTGACAAG-3′；

RLB-R2：5′-Biotin CTAAGAATTTCACCTCTGACAGT-3′。

6. RLB 降落 PCR 程序

37℃ 3min，94℃ 10min；

94℃ 20s，67℃ 30s，72℃ 30s，2 个循环；

94℃ 20s，65℃ 30s，72℃ 30s，2 个循环；

94℃ 20s，63℃ 30s，72℃ 30s，2 个循环；

94℃ 20s，61℃ 30s，72℃ 30s，2 个循环；

94℃ 20s，59℃ 30s，72℃ 30s，2 个循环；

94℃ 20s，57℃ 30s，72℃ 30s，40 个循环；

72℃ 7min。

四、泰勒虫病

牛泰勒虫病是由泰勒科（Theileriidae）泰勒属（*Theileria*）的各种原虫寄生于牛羊和其他野生动物巨噬细胞、淋巴细胞和红细胞内所引起的以高热稽留、贫血、消瘦和体表淋巴结肿大为主要临床症状的一种血液性原虫病（许应天等，1997；蒋金书，2001）。国际上大多数学者所公认的泰勒虫主要有 6 种：即环形泰勒虫（*Theileria anulata*）、瑟氏泰勒虫（*Theileria sergenti*）、小泰勒虫（*Theileria parva*）、突变泰勒虫（*Theileria mutanus*）、斑羚泰勒虫（*Theileria taurotragi*）和附膜泰勒虫（*Theileria velifera*）。我国所报道的牛泰勒虫主要有 2 种：环形泰勒虫（*Theileria anulata*）和瑟氏泰勒虫（*Theileria sergenti*）。

泰勒虫病的诊断分为传统病原学诊断、血清学诊断及分子生物学诊断。

[传统病原学诊断]

传统病原学诊断包括血涂片检查，淋巴结穿刺涂片检查。

（一）血涂片检查

采集外周血液（一般为耳静脉）制成薄血液涂片，甲醇固定后一般用姬姆萨染色，镜检观察红细胞内有无杆形、梨籽形等特征性虫体（图 14－4），再结合临床症状和流行病学资料，可以得出较为可靠的诊断结论。但由于显微镜检察的精确度和敏感度受存在于血液循环中虫体含量的限制，因此对慢性感染和亚临床症状的病例，往往因血涂片不易查到虫体而容易造成误诊。此外，该方法很难区别不同种类的泰勒虫，也不易区分泰勒虫和巴贝斯虫（Liu 等，2007）。

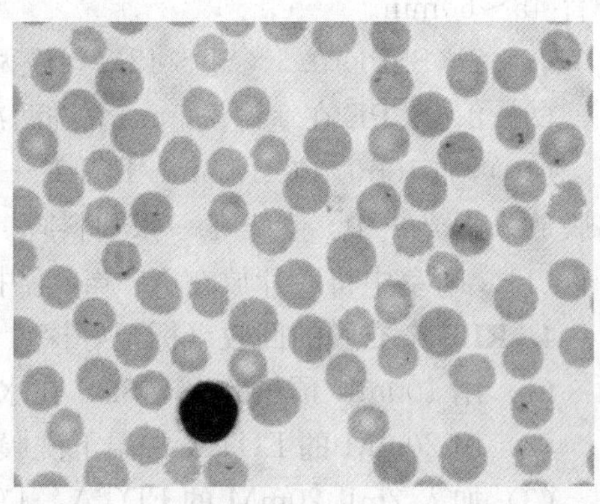

图 14－4　泰勒虫姬姆萨染色图（1 000×）（刘琴，2007）

步骤：采集血液样品后，立即制作鲜血薄涂片，自然干燥后甲醇固定 5～10min，竖立血涂片在染缸中用姬姆萨工作液染色 0.5～1h，取出后冲洗干净，晾干后用 10×100 倍显微镜观察。

注意事项：需要经验丰富的技术人员进行镜检。

（二）淋巴结穿刺涂片检查

主要在发病早期进行，通过观察涂片内有无裂殖体（又称柯赫氏体或石榴体）而予以诊断（图 14－5）。多年来，对瑟氏泰勒虫究竟是否存在裂殖生殖的问题在学术界曾一度存在一定的争议。但随着诊断技术的不断革新，目前已经得到了明确的证实：即瑟氏泰勒虫与环形泰勒虫一样有裂殖体，存在着裂殖生殖（Kawamoto 等，1990；翟俊英，1992）。

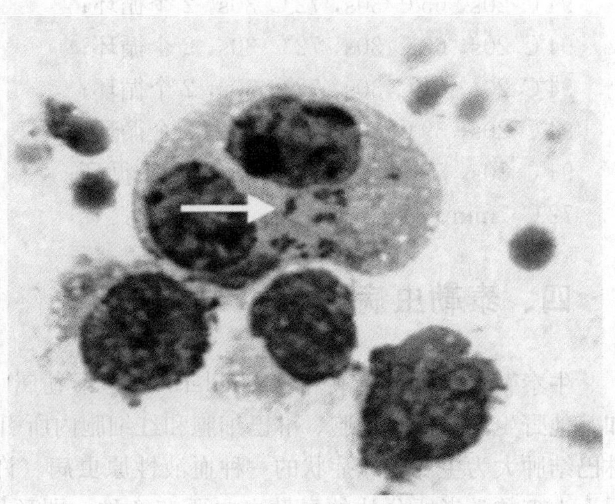

图 14－5　淋巴结中的柯赫氏体，姬姆萨染色（1 000×）（Al－Dubaib，2007）

淋巴结穿刺（lymph nodepuncture）取得抽出液，以其制作涂片作细胞学或细菌学检查可协助疾病的诊断。具体方法如下：

1. 选择适于穿刺的部位，一般取肿大较明显的淋巴结。

2. 常规消毒局部皮肤和术者手指。

3. 术者以左手食指和拇指固定淋巴结，右手持 10mL 干燥注射器将针头直接刺入淋巴结内，深度依淋巴结大小而定，然后边拔针边用力抽吸，利用空针内的负压将淋巴结内的液体和细胞成分吸出。

4. 固定注射器内栓，拔出针头后将注射器取下，充气后再将针头内的抽出液喷射到玻璃片上制成均匀涂片，姬姆萨染色镜检（方法同上）。

5. 注意事项：

（1）若未能获得抽出物时，可将针头再由原穿刺点刺入，并可在不同方向连续穿刺，抽吸数次，只要不发生出血直到取得抽出物为止。

（2）注意选择易于固定的部位，淋巴结不宜过小，且应远离大血管。

［血清学诊断方法（间接 ELISA 诊断方法）］

赵金华等（2008）利用真核表达泰勒虫膜表面蛋白 p33 建立了间接 ELISA 诊断方法。

1. 溶液的配制

（1）包被液（25mmol/L 碳酸盐缓冲液 pH 9.6）　Na_2CO_3 1.59g，$NaHCO_3$ 2.93g，加 ddH_2O 至 1 000mL。

（2）洗涤液（0.05%吐温-20 PBS pH 7.4）　NaCl 8.02g，KCl 0.201g，Na_2HPO_4 1.44g，KH_2PO_4 0.24g，ddH_2O 定容至 1 000mL，0.5mL 吐温-20（Tween-20），加 ddH_2O 至 1 000mL。

（3）保温液　牛血清白蛋白（BSA）0.1g，洗涤液定容至 100mL。

（4）封闭液　牛血清白蛋白（BSA）0.5g，洗涤液定容至 100mL。

（5）0.1mol/L 柠檬酸液　柠檬酸 2.1g，加入 ddH_2O 充分溶解，定容至 100mL。

（6）底物缓冲液（磷酸盐—柠檬酸盐缓冲液，pH 5.0）　25.7mL 0.2mol/L Na_2HPO_4，24.3mL 0.1mol/L 柠檬酸液，50mL ddH_2O。

（7）0.2% TMB 母液　TMB（四甲基联苯胺）干粉 0.2g 溶于 100mL 无水乙醇中配制而成。

（8）底物液　新鲜配制。TMB 母液用底物缓冲液按 1∶20 的比例稀释，每毫升底物液加入 30% H_2O_2 0.2μL。

（9）终止液　0.25% 氢氟酸（HF）。

2. 具体操作步骤

（1）将抗原用包被液稀释至最佳包被浓度，包被 96 孔 ELISA 板，100μL/孔，于 4℃ 过夜。

（2）次日取出，甩干，加入洗涤液 180μL/孔，轻轻振荡后静置 3min，甩干，如此洗涤 4～5 次，最后一次甩干后在干净的纱布上拍干。

（3）然后加入 150μL/孔封闭液，37℃温育 2h，甩干后在干净的纱布拍干。然后用保温液将血清作适宜倍数稀释，加入孔中，100μL/孔，37℃温育2h后，如上洗涤4～5次，每次间隔3min，最后一次拍干。

（4）加入1∶10 000的山羊抗牛IgG－HRP（用保温液稀释）100μL/孔，37℃温育1h。

（5）取出如上洗涤4次，加入TMB底物液100μL/孔，室温避光静置8min。

（6）加入50μL 0.25% HF终止5nin后结束反应，用酶标仪测定OD_{630}值，判定结果。

[分子生物学检测方法]

(一) PCR诊断方法

王利霞等（2010）根据瑟氏泰勒虫p33基因为靶基因建立了PCR诊断方法。

1. 引物序列

正向引物：5′-GTAAGACTYGACTACTTCT-3′；

反向引物：5′-AGGCGATGAGRAMAGCGCTGAG-3′。

2. 配制反应体系 PCR反应体系为25μL：10×PCR（含MgCl2）缓冲液2.5μL，dNTPs 0.8μL，rTaq DNA聚合酶0.3μL，引物各0.35μL，模板5～10μL，灭菌双蒸水补至25μL。

3. PCR反应条件 96℃ 5min；94℃ 30s，55℃ 30s，72℃ 30s，32个循环周期；72℃ 10min结束反应。

4. PCR结果检测 PCR反应结束后取10μL的PCR产物加到含EB的0.8%的琼脂糖凝胶中进行电泳检测结果。扩增到约300bp目的带的样品为阳性，否则为阴性。

(二) 环介导等温扩增技术（LAMP）

原理：针对靶基因的6个不同的区域设计4条特异性引物，依靠一种高活性链置换DNA聚合酶，使得链置换DNA合成在不停地自我循环。

方法：选定靶基因，使用LAMP引物设计的在线网站（http：//primerexplorer.jp/e/），只要导入靶基因就能自动生成成组引物。

王利霞等（2010）以瑟氏泰勒虫p33基因为靶基因，设计引物，建立了LAMP诊断方法，方法如下：

1. 引物序列

F3：5′-GTAAGACTYGACTACTTCT-3′；

B3：5′-AGGCGATGAGRAMAGCGCTGAG-3′；

FIP：5′-GCCTCGCTCTGCTCAAGCTTTTTTGAGAGATTCAAGGAGGTTTACTTC-3′；

BIP：5′-TGAACAATGCTTGGCCTTTGTTTTACGGCAAGTGGTGAGAACTT-3′。

2. 反应体系 10× LAMP buffer，2.5μL；模板，3μL；F3 0.2μmol/L；B3 0.2μmol/L；FIP 1.5μmol/L；BIP 1.5μmol/L；dNTP 200μmol/L；甜菜碱0.8mol/L；Bst酶8U；双蒸水补齐至25μL。

3. 反应程序　置 63℃水浴锅 50min。80℃，2min，终止反应。

4. 检测　每管 1000×SYBR Green Ⅰ染料 1～2μL，变绿则为阳性，不变色（橙色）则为阴性；或分别取 6μL 扩增产物经 1.2%琼脂糖凝胶电泳，阳性为大小不一的梯形条带。

5. 注意事项　因 LAMP 敏感性很高，所以操作中尽量避免污染，配制体系和检测结果不要在同一操作间操作。

五、附红细胞体病

附红细胞体病是由附红细胞体（*Eperythrozoon*）寄生于多种动物的红细胞表面、血浆及骨髓中引起的一种人畜共患病。附红细胞体寄生于红细胞的表面或游离于血浆中，主要引起贫血、黄疸、发热等症状。

关于附红细胞体的分类地位目前仍有争议，传统的分类学方法将附红细胞体列为立克次氏体，但是近年来 16S rRNA 基因的系统发育分析结果表明，附红细胞体更接近于支原体（*Mycoplasma*）。

附红细胞体病的诊断方法主要有传统病原学诊断方法、免疫学诊断及分子生物学诊断方法

[传统病原学诊断方法]

（一）鲜血压片法

取新鲜抗凝血一滴加等体积的生理盐水混匀后，加盖玻片，高倍镜或油镜下观察红细胞的形态。100%临床送检的血液红细胞出现不同程度的变形，部分呈现针芒状，红细胞表面有多个突起，如图 14 - 6 和图 14 - 7，并且红细胞密集的区域，变形率高达 95%以上。观察到可自主运动的物体，但形态不明。此方法主要观察到的是红细胞的变形程度和运动中的虫体，但是国外并没有该方法应用于诊断附红细胞体病的报道。

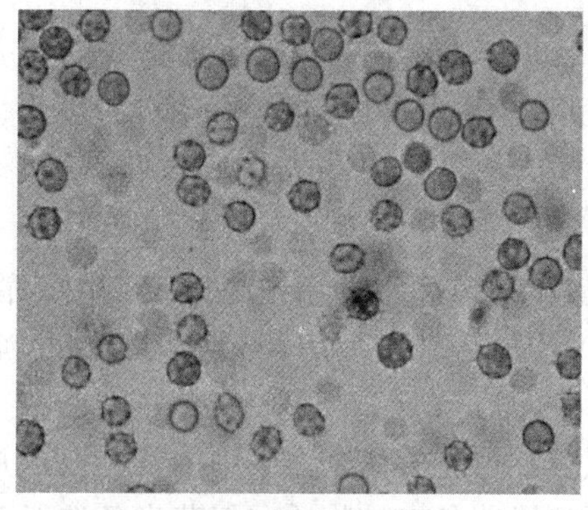

图 14 - 6　血液压片检查（400×）

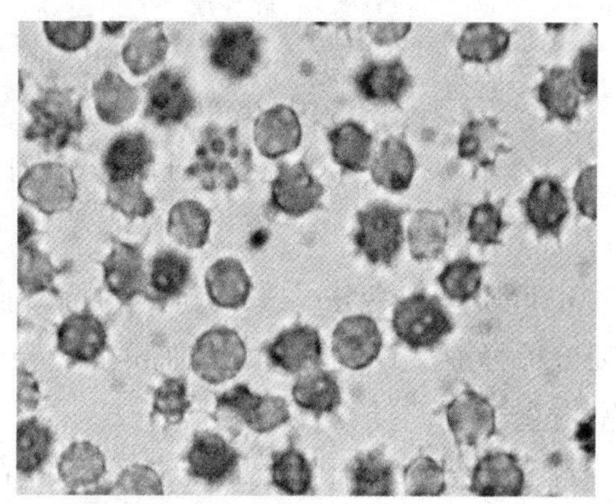

图 14 - 7　血液压片检查（1 000×）

（二）血涂片染色法

1. 染色液配制

（1）姬姆萨染色液　姬姆萨染料 1g，甲醇 50mL，中性甘油 50mL。将染料置乳钵中，加少量甘油充分研磨，最后加入全部甘油，55～60℃水浴放置 1～2h，冷却后加入甲醇，储存于棕色试剂瓶中 1～2 周，过滤备用。

（2）姬姆萨工作液　使用时将原液用磷酸缓冲液（pH 7.0）作 1∶100 倍稀释使用。

（3）瑞氏染液　瑞氏染料 830mg 或 1g，甲醇 500mL 或 600mL，将染料置乳钵中，加少量甘油充分研磨，再加较多量甲醇研磨似一面镜光亮，静置片刻，将上层液体倒入储存瓶内，再加甲醇研磨，重复数次，直至乳钵内染料及甲醇用完为止，摇匀，密封瓶口，存室温暗处，一般储存 3 个月以上为佳。

（4）吖啶橙染色液　用吖啶橙 1g，加 pH 6.5～7.0 磷酸缓冲液 100mL 配制成 1%吖啶橙母液。染色时，将吖啶橙 0.1mL 加生理盐水 9.9mL 配成万分之一稀释液。

2. 姬姆萨染色法　采集的新鲜血液，立即制作鲜血涂片，自然干燥后甲醇固定 5～10min，竖立血涂片在染缸中用姬姆萨工作液染色 12～16h，以减少染料颗粒的附着，取出后冲洗干净，晾干后观察。

若发现红细胞变形为锯齿状红细胞、棘形红细胞，红细胞上附着有紫红色，蓝紫色的颗粒，有折光性，且大小不一等，可判断为附红细胞体阳性（图 14－8）。

但由于姬姆萨染色对胞核着色偏深，核结构显示较差。而瑞氏染色的染料配方浓度对细胞核着色程度适中，细胞核结构和色泽清晰艳丽，对核结构的识别较佳，故可采用姬姆萨染色和瑞氏染色相结合的方法。只需将姬姆萨染液和瑞氏染液按 1∶1 的比例相混合，再按照上述方法染色即可。

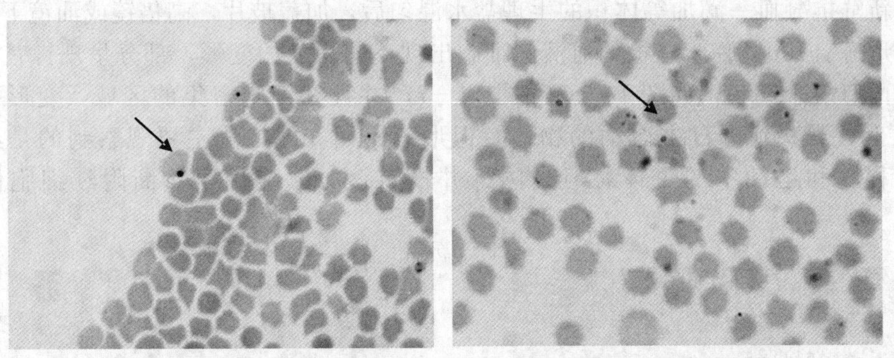

图 14－8　姬姆萨染色血涂片（1 000×）

（箭头指示的为姬姆萨染色的紫红色的附红细胞体附着于红细胞上或游离于胞浆中）

3. 吖啶橙染色法　采集新鲜的抗凝血，立即制作鲜血涂片，用甲醇固定，用滴管取吖啶橙稀释液 2～3 滴，滴于血膜上，染色 40～60s，加盖玻片。用荧光显微镜蓝色滤片暗室检查。

若能观察到红细胞表面或边缘有黄绿色的发光点，也有游离于血浆中的发光点，并且大小不一，则可以判断为附红细胞体阳性。由于吖啶橙着色有核物质，仅荧光条件下看到黄绿色的点（如图 14－9 右，图 14－10），自然光和荧光同时存在下可看到红细胞和较弱的黄绿色小点如图 14－11。

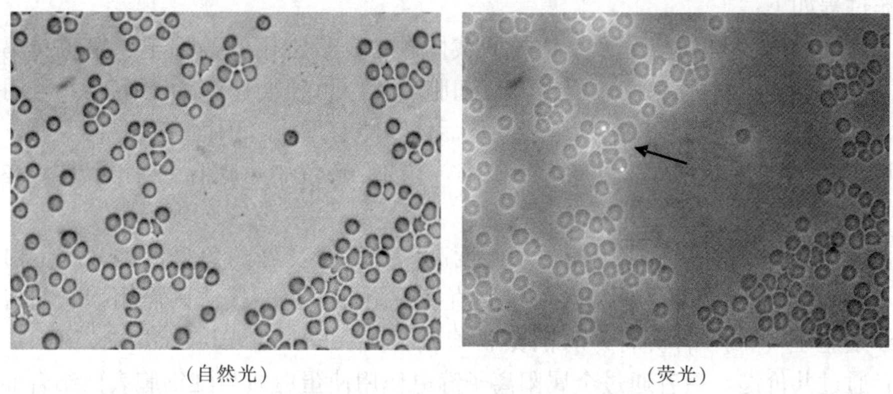

（自然光）　　（荧光）

图 14－9　吖啶橙染色血图片的自然光和全荧光下的比较（400×）

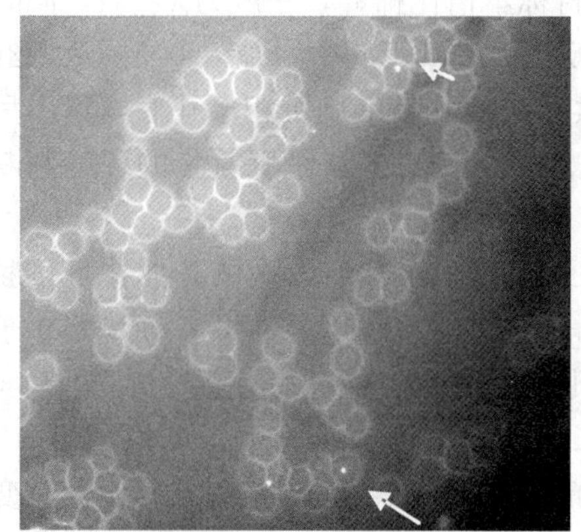

图 14－10　吖啶橙染色血涂片（400×）

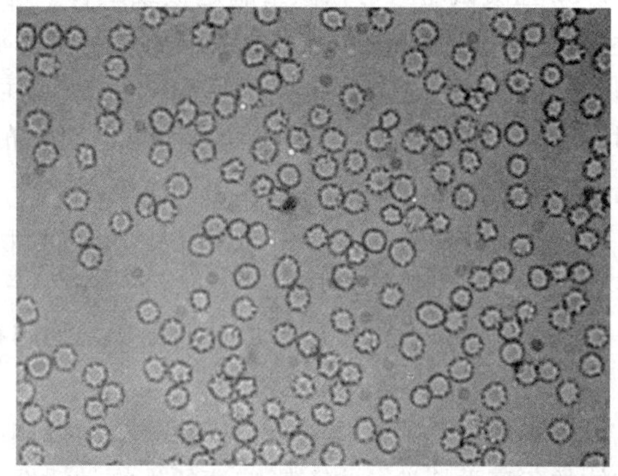

图 14－11　吖啶橙染色血涂片（400×，部分自然光）

［免疫学诊断］

在血清学诊断方面已建立了间接血凝试验（IHA）、酶联免疫吸附试验（ELISA）等方法。

（一）间接血凝试验

间接血凝试验是将抗原（或抗体）包被于红细胞表面，成为致敏的载体，然后与相应的抗体（或抗原）结合，从而使红细胞聚在一起，出现可见的凝集反应。

Smith 等人于 1975 年首次用纯化后的抗原和接种 *E. suis* 后恢复的猪体内获得的抗体收集的 IgM 和 IgG 进行 IHA 试验，结果接种猪血清效价达 1∶40 以上，并且用 IHA 检测了 15 000 头猪的附红细胞体病血清抗体，发现 85％为阴性，7％可疑，8％为阳性，从而确定了检测血清抗体在猪群检测中的意义。

1989 年 Baljel. G 等人用此方法对位于德国南部 16 个猪群中的 138 头猪进行了针对猪附红细胞体的血清学检测。检测结果表明猪群中最大抗体滴度仅仅只存在 2 个月，在 2～

3 个月内，抗体的滴度就降到此方法的检测水平以下。

操作过程如下：

1. 载体的制备 红细胞是大小均一的载体颗粒，最常用的为绵羊、家兔、鸡的红细胞及 O 型人红细胞。一般在致敏前先将红细胞醛化，可长期保存而不溶血。常用的醛类有甲醛、戊二醛、丙酮醛等。红细胞经醛化后体积略有增大，两面突起呈圆盘状。醛化红细胞能耐 60℃的加热，并可反复冻融不破碎，在 4℃环境中可保存 3～6 个月，在－20℃的环境中可保存 1 年以上。

2. 致敏 致敏用的抗原或抗体要求纯度高，并保持良好的免疫活性。用蛋白质致敏红在低 pH，低离子浓度下，用醛化红细胞直接吸附即可。间接法则需用耦联剂将蛋白质结合到红细胞上。常用耦联剂为双耦氮联苯胺（bis-diazotized benzidine，BDB）和氯化铬。前者通过共价键，后者通过金属阳离子静电作用使蛋白质与红细胞表面结合而达到致敏的目的。

3. 血凝试验 可在微量滴定板或试管中进行，将标本倍比稀释，一般为 1∶64，同时设不含标本的稀释液对照孔。在含稀释标本 1 滴的板孔（或试管）中，加入 0.5%致敏红细胞悬液 1 滴，充分混匀，置室温 1～2h，即可观察结果。凡红细胞沉积于孔底，集中呈圆点的为不凝集（－）。如红细胞凝集，则分布于孔底周围。根据红细胞凝集的程度判断阳性反应的强弱，以凝集的孔为滴度终点。

4. 结果判定 －：红细胞沉积于孔底；＋：红细胞沉积于孔底，周围有散在少量凝集；＋＋：红细胞形成层凝集，边缘较松散，＋＋＋：红细胞形成片层凝集，面积略多于＋＋；＋＋＋＋：红细胞形成片层凝集，均匀布满孔底，或边缘皱缩如花边状。

（二）酶联免疫吸附试验

酶联免疫吸附试验的原理：酶分子与抗体或抗抗体分子共价结合，此种结合不会改变抗体的免疫学特性，也不影响酶的生物学活性。此种酶标记抗体可与吸附在固相载体上的抗原或抗体发生特异性结合。滴加底物溶液后，底物可在酶作用下使其所含的供氢体由无色的还原型变成有色的氧化型，出现颜色反应。因此，可通过底物的颜色反应来判定有无相应的免疫反应，颜色反应的深浅与标本中相应抗体或抗原的量呈正比。

Lang 等（1986）利用分离的绵羊附红细胞体抗原进行了 ELISA，并与 IHA 进行比较，发现 ELISA 的敏感性比 IHA 高 8 倍。Hsu 等（1992）对 ELISA 检测猪附红细胞体与 IHA 检测方法进行了比较，结果两种方法差异极显著，ELISA 检测方法的敏感性高于 IHA。秦建华等（2004）建立的羊附红细胞体病 ELISA 检测方法，对羊附红细胞体的最小检出量为 50.30μg/mL。

1. 猪附红细胞体的 PPA－ELISA 韩惠瑛等（2005）建立了辣根过氧化物酶标记葡萄球菌 A 蛋白（SPA）取代酶标第二抗体进行 ELISA 检测猪附红体的 PPA－ELISA，敏感性和特异性好。其具体的材料与方法如下：

（1）猪附红细胞体抗原的制备 对感染附红细胞体的猪，进行染色及 PCR 检测外周血。当外周血中 60%红细胞感染附红细胞体时，无菌前腔静脉采集抗凝血（3.8%枸橼酸钠溶液做抗凝剂）2 000r/min 离心 15min，弃上清和中间的白细胞层，用适量生理盐水将红细胞泥悬浮，加入等体积的淋巴细胞分离，3 000r/min 离心 20min，弃上清和白细胞，将剩余的红细胞用 pH 7.4 PBS 或生理盐水洗涤 2 次。加入 2 倍体积的 PBS，56℃水浴 30min，取上清，经 1.2μm 滤器过滤后，滤液 12 000r/min 离心 1h，沉淀即为附红细胞体，沉淀经 PBS 反复洗涤 3 次去除残余宿主血浆蛋白。加 1mL PBS 重悬沉淀，超声波裂解 10min；裂解液 2 000r/min 离心 10min；取上清液用紫外分光光度计测定其蛋白含量，－20℃保存。将一健康小型猪血液按照上述相同步骤进行分离，－20℃保存。

（2）猪附红细胞体阳性血清的制备　用纯化猪附红细胞体制成油乳剂疫苗免疫家兔，每周 1 次，连续 4 次，每次免疫前采取心血分离血清，用 ELISA 检测其抗体效价，当效价达 1∶1 000 以上时，收集血清，作为猪附红细胞体阳性血清。

（3）操作步骤

①压迹：在硝酸纤维薄膜（NC）上做压迹处理。

②点样：将处理好的检样滴于 NC 膜上的圆圈内，干燥。

③封闭：将 NC 膜置于封闭剂（用蒸馏水配制的 3g/L 明胶溶液）中封闭 30min。

④洗涤：用 PBST 漂洗反应板 3 次，略干。

⑤加阳性血清：将 NC 膜置于反应板孔内，每孔加入按 1∶640 稀释的阳性血清 100μL，37℃作用 30min。

⑥洗涤：用 PBST 漂洗反应板 3 次，略干。

⑦加酶标葡萄球菌 A 蛋白（SPA）：将按 1∶40 稀释的 SPA 加入孔内，每孔 100μL，37℃作用 30min。

⑧洗涤：用 PBST 漂洗反应板 3 次，略干。

⑨显色：于反应板每孔中加入 3，3－二氨基联苯二胺盐酸盐底物溶液 100μL，显色 10～15min。

⑩终止：甩去孔内液体，加入蒸馏水，终止反应，干燥。

（4）结果判定　直接观察 NC 膜，压迹呈现棕色斑点者判为阳性，不显色者记为阴性。

2. 猪附红细胞体双抗夹心 ELISA　朱凝瑜等（2010）建立了猪附红细胞体的双抗夹心 ELISA 检测方法，所用的猪附红细胞体的抗原及阳性血清的制备方法与之前描述的 PPA－ELISA 方法相同，此双抗夹心 ELISA 方法的操作程序如下：

（1）取鼠抗附红细胞体阳性血清按 1∶200 稀释后包被 96 孔酶标板，设阴性对照和空白对照，4℃过夜。

（2）弃掉包被液，以洗涤液洗涤 3 次，每次 3～5min。

（3）每孔加入封闭液（1%明胶溶液）200μL，37℃孵育 1h 后洗涤。

（4）加入抗原，每孔 100μL，37℃反应 1h，洗涤。

（5）加入按 1∶400 稀释后的兔抗附红细胞体阳性血清，每孔 100μL，37℃反应 1h，洗涤。

（6）加入按 1∶8 000 稀释后的辣根过氧化物酶标羊抗兔 IgG，每孔 100μL，37℃作用 1h 后洗涤。

（7）每孔加底物溶液 100μL，室温下闭光反应 10min。

（8）每孔加入终止液 50μL 终止反应。

结果判定：用酶标仪在波长450nm条件下测定各孔OD值，被检血清OD_{450}值≥0.41时定为阳性，反之为阴性。

3. 牛温氏附红细胞体病双抗体夹心ELISA 黄占欣等（2007）用过碘酸钠改良法制备酶标抗体，建立了从血液中检测奶牛温氏附红细胞体抗原的双抗体夹心ELISA。其具体的材料与方法如下：

（1）温氏附红细胞体抗原的制备 牛耳静脉采血加抗凝剂，置于离心管中。取此抗凝血1滴于载玻片上，加3倍量生理盐水稀释，轻盖盖玻片，1 000倍显微镜下观察。如果红细胞附红细胞体感染率大于90%，立即对该牛进行颈静脉采血，用5%柠檬酸钠抗凝。取此抗凝血，加2倍生理盐水充分洗涤，1 500r/min离心10min；弃上清液，去除血浆蛋白，分离出附有附红细胞体的红细胞，用上述洗涤方法洗涤2次；加少量PBST，室温轻摇1h，立即56℃水浴1～2min，使附红细胞体脱离红细胞；1500r/min离心约10min；取上清液于另一个离心管中，再经12 000r/min离心1.5h；弃上清液，加1mL生理盐水稀释，超声波裂解10min；裂解液2 000r/min离心10min，取上清液用紫外分光光度代测定其蛋白含量；－20℃保存。

（2）阴性血清的制备 选镜检阴性的犊牛2头，每天注射免疫抑制剂地塞米松，按每千克体重0.3mg，连用7d。隔离饲养14d，每天镜检，确定为阴性者颈静脉采血100mL，2 000r/min离心5min，分离上清液作为阴性对照，－20℃保存。

（3）阳性血清的制备及IgG的纯化与标记 取抗原用常规方法免疫家兔，用间接ELISA法检测抗体效价，待效价达1∶1 280时，采集血液分离血清。采用辛酸硫酸铵法纯化IgG；采用辣根过氧化物酶（HRP）标记IgG抗体。

（4）操作步骤

①抗体包被：取纯化后的兔抗温氏附红细胞体IgG包被96孔酶标板（抗体最适包被量为156μg/mL，即320倍稀释），并设阴性对照和空白对照各3个重复。

②洗板：弃掉包被液，以洗涤液洗涤3次，每次3～5min。

③封闭：每孔加入封闭液100μL（5%犊牛血清），用洗涤液洗涤3次。

④加样：将待检抗原按最佳稀释倍数稀释，每孔100μL，37℃反应1h，用洗涤液洗涤3次。

注意：附红细胞体悬液、全血及带有附红细胞体的红细胞与纯化抗体反应（P/N值大于2.00）的最大稀释倍数分别为1∶640、1∶160和1∶40，可按照此浓度检测血液中的附红细胞体抗原。纯红细胞与纯化抗体为阴性反应（P/N值小于2.00），不能用来检测血液中附红细胞体的抗原。

⑤加酶标抗体：将酶标抗体稀释400倍，每孔100μL，37℃反应1h，用洗涤液洗涤3次。

⑥加底物显色：每孔加新配制的底物溶液100μL，室温下闭光反应15min。

⑦终止反应：每孔加入终止液50μL，终止反应。

⑧测OD值：立即用酶标仪在波长492nm条件下测定各孔OD值。

结果判定：用酶标仪进行检测，P/N值大于或等于2.00的样品为阳性；P/N值小于2.00的样品为阴性。

4. 羊附红细胞体 ELISA　秦建华等（2004）以辣根过氧化物酶（HRP）标记的羊抗兔抗体为酶标二抗，建立了快速检测羊附红细胞体 ELISA 方法。其抗原的制备，阳性血清与阴性血清的制备与黄占欣等人建立的温氏附红细胞体的 ELISA 方法相同，此检测羊附红细胞体的 ELISA 的具体程序如下：

（1）抗原包被　取羊附红细胞体抗原稀释 64 倍后包被 96 孔酶标板，每孔 100μL，并设阴性对照和空白对照各 3 个重复。

（2）洗板　弃掉包被液，以洗涤液洗涤 3 次，每次 3～5min。

（3）封闭　每孔加入封闭液 100μL（2% BSA），用洗涤液洗涤 3 次。

（4）加样　将待检血清 160 倍稀释，每孔 100μL，37℃反应 1h，用洗涤液洗涤 3 次。

（5）加酶标二抗　将酶标抗体稀释 1 000 倍，每孔 100μL，37℃反应 1h，用洗涤液洗涤 3 次。

（6）加底物显色　每孔加新配制的底物溶液 100μL，室温下闭光反应 15min。

（7）终止反应　每孔加入终止液 50μL，终止反应。

（8）测 OD 值　立即用酶标仪在波长 492nm 条件下测定各孔 OD 值。

结果判定：用酶标仪进行检测，P/N 值大于或等于 2.00 的样品为阳性；P/N 值小于 1.50 的样品为阴性；P/N 值大于 1.50 小于 2.00 为可疑。

然而，以上酶联免疫吸附试验（ELISA）中所应用的抗原都是从实验感染猪的外周血中得到的复合的和成分未定的抗原，之后必须在实验室内以一种费时的步骤被纯化。因此，在抗原的制备中所得到的是从不同批次的猪中提取的成分有很大差异的抗原。很显然，这阻碍了精确的和标准的血清学诊断方法的建立。为此，2006 年，Hoelzle 等人通过将猪血清中免疫球蛋白和白蛋白的清除，降低了试验的背景值，显著地提高了抗原的特异性。

随着猪附红细胞体中具有免疫原性的抗原 HspA1 和 MSG1 的发现，Katharina Hoelzle 等人于 2007 年分别用全虫抗原，重组 HspA1 蛋白和重组 MSG1 蛋白建立了 3 种酶联免疫吸附试验（ELISA）的方法。结果显示重组 HspA1 蛋白和重组 MSG1 蛋白所介导的 ELISA 方法具有更好的敏感性和特异性。

［分子生物学诊断］

随着分子生物学技术在兽医临床上的应用，已有多种分子生物学技术运用于猪附红细胞体病的诊断。包括分子杂交、聚合酶链式反应（PCR）以及荧光定量 PCR（Real-time PCR）等检测方法。

Oberst 等（1990）首先建立了 DNA 探针杂交技术，他们从感染 *E. suis* 血液中提取 DNA，以 32P 标记的探针，可以用于检测各种样品，区别猪是否被 *E. suis* 感染。他们（1994）又利用 λgt11 构建了 *E. suis* DNA 基因库，从中选出的 Ksu－2 克隆子，用 Ksu－2 DNA 的一部分为引物，PCR 扩增 Ksu－2 基因并标记为探针，可以检测感染 7d 后的样品，但不能检测潜伏期 1～6d 内的血液样品。

Messick（1999）等首次利用 *E. suis* 的 16S rRNA gene 的保守区及其上的多变区设计引物进行特异性的 PCR 扩增，该试验的灵敏度较高，可以检测虫体的最小量为每 941～

27 272 个红细胞中有一个虫体检出。用扩增的片段作为探针与用 EcoR Ⅰ酶切的全基因组进行 Southern 杂交，有两条杂交带，与 16S rRNA 序列中 EcoR Ⅰ酶切位点相一致，从而证实了其准确性。

(一) 猪附红细胞体的 PCR 诊断方法

张浩吉等人（2005）利用猪附红体的 16S rRNA 基因设计引物扩增 523bp 的片段，敏感性可达到对 *E. suis* 基因组 160pg 的最小检测量，但在较低的退火温度下与猫的血巴尔通氏体 CA 株和猪丹毒丝菌有交叉反应。

具体引物序列如下：

上游引物：5′-CTCATCCGAGGAGAATAGCA-3′；

下游引物：5′-ATCTTCACCGCGAACACTT-3′。

上游引物位于猪附红细胞体 16S rRNA 基因的 119～138 位，下游引物位于 623～641 位，预计扩增片段长度为 523bp。

PCR 扩增体系：体系的总体积为 50μL，其中 Premix-Taq 25μL（组成为 TaKaRa Ex Taq 1.25U/25μL；dNTP 为 2×conc.，各 0.4mmol/L；Ex Taq Buffer 为 2×conc.，4mmol/L Mg^{2+}），上述设计的引物（浓度为 50μmol/L）各 1μL，猪附红细胞体 DNA 标准模板 1μL，然后加 H_2O 至 50μL。扩增参数为：预变性 94℃ 10min；然后 94℃ 1min，57.8℃ 45s，72℃ 45s，进行 32 个循环；最后于 72℃延伸 7min。

PCR 产物的鉴定，取 6μL PCR 产物，经含溴化乙锭的 1%琼脂糖凝胶电泳，在紫外透射台上观察特异性扩增片段的大小并拍照。若能观察到大小约为 523bp 的条带，则证明为猪附红细胞体感染。

(二) 温氏附红细胞体的 PCR 诊断方法

王健等（2009）根据温氏附红细胞体的 16S rRNA 基因参考序列的保守区，利用软件设计合成了 1 对特异性引物，对温氏附红细胞体的基因组 DNA 进行 PCR 检测。

具体引物序列如下：

上游引物：5′-AGTGGCAAACGGGCGAGTAATA-3′；

下游引物：5′-TAACCAAACATCTCAAGACACG-3′。

PCR 扩增体系：体系的总体积为 20μL，Taq DNA polymerase 0.5μL，10×PCR Buffer 2μL，dNTP 2μL，上下游引物各 1μL，DNA 模板 2μL，加灭菌水补足 20μL。PCR 循环反应条件为：94℃预变性 10min；然后 94℃变性 1min，52℃退火 1min，72℃延伸 2min，共 30 个循环；最后 72℃延伸 10min。

PCR 产物的鉴定，取 6μL PCR 产物，经含溴化乙锭的 1%琼脂糖凝胶电泳，在紫外透射台上观察特异性扩增片段的大小并拍照。若能观察到大小约为 985bp 的条带，则证明为猪附红细胞体感染。

(三) 羊附红细胞体的 PCR 诊断方法

周作勇等（2010）根据温氏附红细胞体的 16S rRNA 基因序列设计特异性引物，建立了羊附红细胞体的 PCR 诊断方法。

具体引物序列如下：

上游引物：5′-CGAACGAGTAGAACTTGTTCTGCT-3′（位于基因序列 56～79

位）；

下游引物：5′- TAGTACCATCAAGGCGCGCTCAT - 3′（位于基因序列 453～475 位）。

PCR 扩增体系：总体积为 25μL，其中 10×PCR Buffer 2.5μL，$MgCl_2$ 和 dNTP 各 1μL，上下游引物各 0.5μL，Taq DNA polymerase 0.25μL，ddH_2O 18.75μL，模板 1μL。

PCR 循环反应条件为：94℃预变性 10min；然后 94℃变性 30s，58.5℃退火 30s，72℃延伸 30s，共 30 个循环；最后 72℃延伸 7min。

PCR 产物的鉴定，取 6μL PCR 产物，经含溴化乙锭的 1%琼脂糖凝胶电泳，在紫外透射台上观察特异性扩增片段的大小并拍照。若能观察到大小约为 420bp 的条带，则证明为羊附红细胞体感染。

（四）猪附红细胞体的 Real-time PCR 诊断方法

2007 年，L. E. Hoelzle 等人建立了基于猪附红细胞体的 MSG1 基因的 Real-time PCR 方法。此方法能扩增到 MSG1 上的 178bp 的目标基因，其具体的引物和探针如下：

表 14-2　Real lime PCR 检测附红细胞体所用引物和探针序列

引物/探针	核苷酸序列（5′- 3′）	引物或探针序列在 Msg1 序列上的位置（nt）
Msg1 - Fw	ACAACTAATGCACTAGCTCCTATC	478～501
Msg1 - Rv	GCTCC TGTAGTTGTAGGAATAATTGA	631～656
Probe msg1 - 1	TTCACGCTTTCACTTCTGACCAAAGAC-Fluorescein	554～580
Probe msg1 - 2	LCRed - 640 - CAAGACTCTCCTCACTCTGACCTAAGAAGAGC-phosphate	583～614

PCR 扩增体系：在每根玻璃毛细管中加入 5μL 提取的 DNA 模板和 15μL PCR 反应混合物，混合物中包括 4μL Master Mix（5×；包括 reaction buffer，hot - start Taq polymerase，dNTPs，和 2mmol/L $MgCl_2$），2μL 引物探针混合物（10×；包括每条引物 0.5μmol/L，每个探针 0.2μmol/L），和 9μL ddH_2O。

PCR 循环反应条件为：94℃预变性 15min；然后 94℃变性 15s，60℃退火 20s，72℃延伸 10s，共 40 个循环；最后 72℃延伸 7min。

此荧光定量 PCR 方法的敏感性为 100%，特异性为 96.7%，对控制猪群中附红细胞体病的流行和对此病进行早期诊断起着重要的作用。但此种方法在温氏附红细胞体和羊附红细胞体中没有报道。

六、弓形虫病

弓形虫病（toxoplasmosis）是由刚地弓形虫（*Toxoplasma gondii*）引起的以孕妇和孕畜流产、弱胎、死胎、畸胎和生长受阻、死亡等为特征的人兽共患病。该病广泛存在于世界各地，宿主范围十分广泛，人及大多数动物感染率都较高，是人类优生的大敌，是当今新生儿致畸的四大病因之一。弓形虫病的临床症状无明显特异性，且多呈现隐性感染，故依据临床症状和流行病学难以作出诊断。目前弓形虫病主要依据实验室诊断，主要方法有病原学检查方法、免疫学诊断方法和分子生物学诊断方法。

[病原学检查]

弓形虫病病原学诊断较困难，以直接查到速殖子或卵囊为确诊标准。常用的有涂片检查法，视病情不同可取组织液、脑脊液、血液涂片染色镜检；也可取胎盘组织、脑组织（死胎）等切片做活组织检查。发现速殖子或假包囊者可诊断为急性弓形虫感染，但发现包囊者尚不能确诊为弓形虫感染，还应结合其他临床资料进行综合分析。也可做动物接种以分离病原体而诊断，常以脑脊液或淋巴穿刺液接种小鼠来进行。对猫，还应收集粪便，用饱和食盐水漂浮法检查是否存在卵囊。

（一）直接涂片或组织切片检查法

将所采集的检查病料直接涂抹或压印在玻片上，用姬姆萨染液或瑞氏染液染色镜检。发现典型的新月形滋养体（图 14－12）或组织包囊（图 14－13）可确诊。此法诊断弓形虫病非常准确，但检出率低。

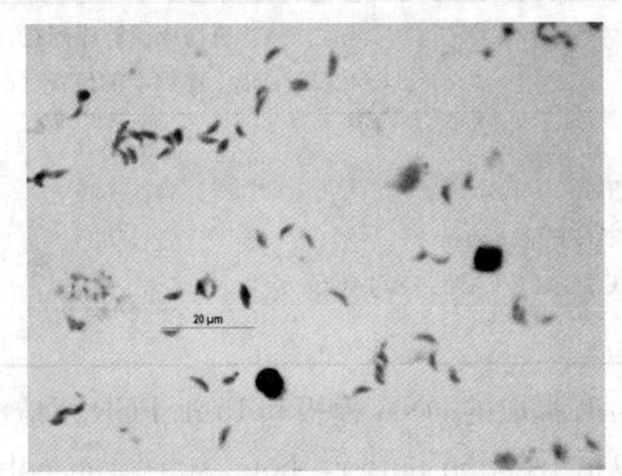

图 14－12　光学显微镜下腹水中新月形滋养体

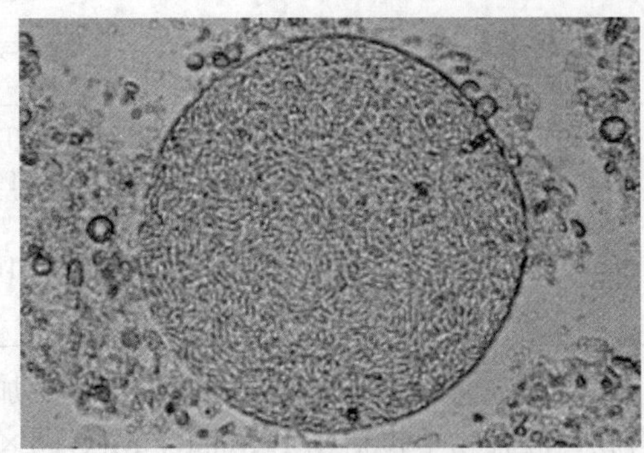

图 14－13　光学显微镜下脑组织中包囊

（二）动物接种

将所采集的检查病料以研钵或匀浆器研碎后，加 5～10 倍生理盐水混匀，2～3 层纱布过滤，250～500r/min 离心 3min 后，取上清腹腔接种幼龄小鼠，观察发病情况。如未获成功，则可采取小鼠的肝、脾、淋巴结及脑等组织制成组织悬液再腹腔接种健康小鼠，如此盲传 2～3 代，可提高检出率。但此法耗时太长。

（三）卵囊检查法

取粪便用饱和盐水或蔗糖溶液（30％）漂浮法收集卵囊镜检。但检出率低。如图 14－14 为光学显微镜下观察到的猫粪便中的卵囊（D. J. P. Ferguson，2009，Identification of faecal transmission of Toxoplasma gondii：Small science，large charac-

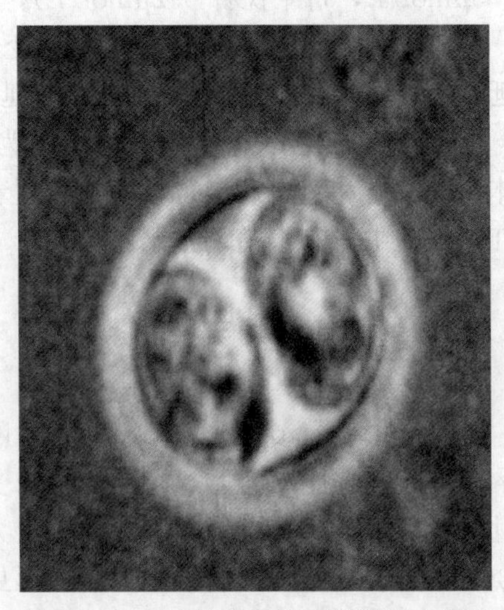

图 14－14　光学显微镜下猫粪便中卵囊

ters)。

操作方法：取粪便约5g，加水15～20mL，以260目尼龙袋或4层纱布过滤。取滤液离心5～10min，吸弃上清液，加蔗糖溶液（蔗糖500g，蒸馏水320mL，石炭酸6.5mL）再离心，取其表液膜镜检（高倍镜或油镜）。

注意事项：弓形虫卵囊在漂浮液中浮力较大，常紧贴于盖片之下，但1h后卵囊脱水变形不易辨认，故应立即镜检。也可用饱和硫酸锌溶液或饱和盐水替代蔗糖溶液。

[免疫学抗体诊断]

从血清或脑脊液内检测到特异性抗体是诊断弓形虫病应用广泛的重要辅助手段。主要方法包括：染色试验（DT）、间接血凝试验（IHA）、乳胶凝集试验（LAT）、间接免疫荧光试验（IFA）、酶联免疫吸附试验（ELISA）等。

（一）染色试验（DT）

Sabin和Feldman（1948）首先建立该方法用于弓形虫病的诊断。DT被认为特异性强、敏感性高，重复性好，与其他诊断方法相比具有较高的符合率，是最早使用和公认的可靠方法。但DT需要适宜的含辅助因子的人血清作为致活剂及以活虫体作为抗原，操作繁琐，成本高，危险性大，作为常规诊断方法而广泛应用受到极大限制。

材料和试剂：弓形虫速殖子为抗原；采用正常人血清为致活因子。碱性美蓝溶液，取美蓝0.3g加入95%酒精30mL，制成饱和酒精溶液过滤后，加氢氧化钾溶液（0.1g/L）100mL，摇匀。要求临用时新鲜配制。待检血清经56℃ 30min灭活，冰箱保存备用。

操作方法：将待检血清用生理盐水倍比稀释，每孔0.1mL，加上述稀释的弓形虫速殖子0.1mL，置37℃水浴1h，加碱性美蓝溶液0.02mL/孔，37℃水浴15min，以每孔聚悬液1滴于载玻片上，加盖玻片，高倍显微镜检查，计数100个弓形虫速殖子，统计着色和不着色速殖子比例数。

结果判定：以能使50%弓形虫不着色的血清最高稀释度为该血清染色试验阳性效价。阳性血清稀释度1∶8为隐性感染；1∶256为活动性感染；1∶1 024为急性感染。

注意事项：新鲜弓形虫滋养体和正常血清混合，在37℃作用1h或室温数小时后，大部分弓形虫失去原来的新月形，而变为圆形或椭圆形，用碱性美蓝染色时着色很深。但新鲜弓形虫和免疫血清混合时，虫体仍保持原有形态，用碱性美蓝染色时，着色很浅或不着色。其原因可能是由于弓形虫受到特异性抗体和辅助因子协同作用后，虫体细胞变性，结果虫体对碱性美蓝不易着色。

（二）间接血凝试验（IHA）

Jacob和Lunde（1957）首先将该法用于弓形虫病检测。间接血凝试验是以红细胞作免疫配体的载体，并以红细胞凝集读数的血清学方法。最常用的红细胞为绵羊或人（O型）红细胞，来源方便。目前均用醛化红细胞，可保存半年而不失其免疫吸附性能。

操作步骤如下：

1. 红细胞鞣化和致敏

（1）取醛化红细胞用0.15mol/L，pH 7.2 PBS离心洗涤2次，并用PBS配成2.5%

悬液。

(2) 加等量 1∶2 000 鞣酸溶液（鞣酸不同批号，质量相差较大必须预试测定适宜浓度）37℃孵育 20min，经常摇动。

(3) 离心去上清，PBS 洗 1 次，再用 0.15mol/L，pH 6.4 PBS 配成 10%悬液。

(4) 每份悬液加等量适当稀释的抗原液，置于 37℃水浴箱中 30min（每 5min 振动 1 次），离心去上清，pH 7.2PBS 洗 2 次，再用含 1%正常血清，10%蔗糖缓冲液配成 5%细胞悬液。加 1‰叠氮钠防腐，存 4℃或减压冻干备用，每批致敏细胞均需用已知阳性和阴性血清滴定灵敏度或特异性。阳性滴度在 1∶640 以上，阴性血清不出现反应者可用。

2. 微量血凝试验 在 U 型（或 V 型）微量血凝板上，将被试血清用 1%正常血清或 BSA 生理盐水作倍比系列稀释，每孔含稀释血清 0.05mL，每孔加 0.01mL 致敏红细胞悬液（可用标定过的 OT 针头滴加），充分振荡摇匀，加盖于室温静置 1～2h 读取结果。

3. 根据红细胞在孔底的沉积类型而定 “－”，红细胞沉于管底，呈圆点形，外周光滑：“±”，红细胞沉于管底，周围不光滑或中心有白色小点：“＋”，红细胞沉积范围很小，呈较明显的环形圈：“＋＋”，红细胞沉积范围较小，其中可出现淡淡的环形圈：“＋＋＋”，红细胞布满管底呈毛玻璃状：“＋＋＋＋”，红细胞呈片状凝集或边缘卷曲。呈明显阳性反应（＋）的最高稀释度为该血清的滴度或效价。

(三) 乳胶凝集试验（LAT）

LAT 是使用乳胶颗粒作为抗原载体用于玻片凝集试验检测抗 *T. gondii* 抗体。一般在感染后 7～10d 即可检测到抗 *T. gondii* 抗体，检测的抗体包括 IgG 和 IgM 型抗体。LAT 既可用于早期诊断，又可用于抗体的监测，特别适合于现场检测和大规模血清流行病学调查。但传统抗原致敏的乳胶存在非特异性问题。江涛（2006）建立了基于弓形虫 MIC3 重组抗原的乳胶凝集试验方法。

1. 操作方法 在一张洁净载玻片上滴 1 滴（约 20μL）含弓形虫抗原的致敏乳胶，再在旁边加 1 滴待检血清，用牙签迅速将二者混合，轻轻晃动载玻片 0.5～1min，在 2～3min 内观察结果。同时设标准阳性和阴性血清对照。

2. 判定标准

100%凝集，表示“＋＋＋＋”，全部乳胶凝集，颗粒聚于液滴边缘，液体完全透明；

75%凝集，表示“＋＋＋”，大部分乳胶凝集，颗粒明显，液体稍混浊；

50% 凝集，表示“＋＋”，约 50%乳胶凝集，但颗粒较细，液体较混浊；

25%凝集，表示“＋”，有少许凝集，液体呈混浊；

0%，表示“－”，混合液完全不凝集，液滴呈原有的均匀状。

以出现“＋＋”以上凝集即 50%凝集者判为阳性凝集，即弓形虫抗体阳性。

(四) 酶联免疫吸附试验（ELISA）

ELISA 是一种用酶标记抗原或抗体，在固相反应板上进行抗原抗体反应的方法。常用于检测体液中的微量抗原和抗体，具有灵敏度高、特异性强、操作简单、容易判断等优点。将研究的微量反应板酶联试验应用于检测弓形虫特异抗原，可获得与染色试验（DT）及间接血凝试验（IHA）良好的符合率，ELISA 在弓形虫诊断上的应用与创新日见增多。江涛（2006）用重组 MIC3 蛋白作为抗原建立了间接 ELISA 方法。

1. 方法步骤

（1）将抗原用包被液稀释至最佳包被浓度，包被 96 孔 ELISA 板，100μL/孔。于 37℃温育 1h 后放置于 4℃过夜。

（2）取出包被板，甩干，加入洗涤液 180μL，轻轻振荡后静置 3min，甩干，如此洗涤 3 次，最后一次甩干后在滤纸上拍干。

（3）每孔加入 150μL 封闭液，37℃温育 45min，甩干后在滤纸上拍干。

（4）用保温液将血清作适宜倍数稀释，加入孔中，100μL/孔，37℃温育 45min。

（5）如上洗涤 3 次，每次间隔 3min，最后一次拍干。

（6）加入用保温液稀释的二抗 100μL/孔，37℃温育 1h。

（7）如上洗涤 4 次。

（8）加入 TMB 底物液 100μL/孔，室温避光静置 5～15min。

（9）加入 50μL 0.25% HF 终止反应，用酶标仪测定 OD_{630}值，判定结果。

2. 注意事项 若包被抗体与第二抗体来自不同种的供体，则可应用市售抗免疫球蛋白结合物。同时，不同的酶要求选择相应底物，操作时应选择正确底物液来进行显色。

（五）间接免疫荧光试验（IFA）

间接免疫荧光试验是将抗原与未标记的特异性抗体结合，然后使之与荧光标记的抗免疫球蛋白抗体（抗抗体）结合，三者的复合物可发出荧光。本法的优点是制备一种荧光标记的抗体，可以用于多种抗原，抗体系统的检查，即可用以测定抗原，也可用来测定抗体。IFA 的抗原可用虫体或含虫体的组织切片或涂片，经充分干燥后低温长期保存备用。一张载片可等距置放多个抗原位点用以同时检测多个样本或确定滴度。IFA 敏感性高、特异性强，但用于诊断时应注意避免和降低标本中出现的假阳性（即非特异性荧光）等问题。Gennari（2004）用 RH 株弓形虫速殖子作为抗原，进行间接免疫荧光试验。

1. 操作步骤

（1）抗原标本处理，用记号笔或蜡笔将各个抗原位点围圈隔离。

（2）在每个抗原位置滴加已稀释的血清样本或样本稀释系列，使样本液充满圈内，置湿盒 37℃孵育 30min。

（3）用 pH 8.0 的 0.01mol/L PBS 冲洗后再置同样 PBS 液中浸泡 5min，不时摇动，如此 2 遍，然后取出吹干。

（4）在抗原位点滴加经 pH 8.0 PBS 适当稀释的 IgG 荧光抗体（每批结合物的工作浓度需经滴定），使完全覆盖抗原膜，置湿盒 37℃孵育 30min。

（5）经洗涤后用 0.01%伊文思蓝液复染 10min，然后以 PBS 流水冲洗 0.5～1min，风干。

（6）用 pH 8.5 或 pH 8.0 碳酸（或磷酸）缓冲甘油封片，也可加一小滴 PBS（pH 8.0）覆以盖片镜检。

以见有符合被检物形态结构的黄绿色清晰荧光发光体、而阴性对照不可见者为阳性反应。根据荧光亮度及被检物形态轮廓的清晰度把反应强度按 5 级区别（＋＋＋，＋＋，＋，±，－）。＋以上的荧光强度为阳性。

2. 注意事项 镜检应及时进行以防免疫光衰变。可使用荧光光源或轻便荧光光源，配以适合的激发滤片和吸收滤片，在低倍镜或高倍镜下检查。

［分子生物学诊断方法］

（一）PCR 技术

PCR 技术以其灵敏、特异、高效的特点，如今已成为弓形虫病实验室诊断的重要手段。Burg（1989）等以 B1 基因作为靶基因，已成功地从细胞裂解物中检出仅含的一个弓形虫。

组织或腹水中弓形虫 DNA 的提取：将采集的组织材料应用 TIANamp Genomic DNA Kit 来进行 DNA 的提取。

PCR 正向引物 Forward：5′- GGAACTGCATCCGTTCATGAG - 3′；

PCR 反向引物 Reverse：5′- TCTTTAAAGCGTTCGTGGTC - 3′。

PCR 反应体系（25μL）：10×PCR buffer 2.5μL，dNTPs mixture（10mM）1.0μL，rTaq DNA polymerase（5 U）0.2μL，引物（10 pmol）各 2μL，template DNA 2μL，无菌双蒸水加至 25μL。

PCR 反应程序：94℃ 10min；94℃ 1min，55℃ 1min，72℃ 1min，40 个循环；72℃ 10min。

PCR 结果检测：PCR 反应结束后取 10μL 的 PCR 产物加到含 EB 的 0.8%的琼脂糖胶中进行电泳检测结果。扩增到约 194bp 目的带的样品为阳性，否则为阴性。

（二）环介导等温扩增（LAMP）

环介导等温扩增（LAMP）是由日本学者 Notomi 于 2000 年发明的一种新型体外恒温核酸扩增方法，主要是利用 4 种不同的特异性引物识别靶基因的 6 个特定区域，在等温条件进行高效扩增反应，基因的扩增和产物的检测可一步完成。Sotiriadou（2008）针对弓形虫的 B1 和 TgOWP 基因，分别建立 LAMP 方法。Zhang（2009）基于弓形虫高度重复的 529 bp 基因建立了 LAMP 检测方法。

聂浩（2010）等建立了基于 MIC3 的 LAMP 诊断方法。具体方法如下：

F3：5′- TAGATGTATTGATGACGCCTCG - 3′；

B3：5′- TATTCATTTTTTCACTCAAGCTCC - 3′；

BIP：5′- AATTCGGCATCAGCGCGTCCCCCGATTCTCCTTTCCCAT - 3′；

FIP：5′- GACTTCGACTCCTTCCACACACGGAGAATGCTACACCTGCGAGT - 3′；

LF：5′- CTCCGCCTTGAAGTCACTC - 3′；

BF：5′- GATCTGCTTCCGCAACCTCC - 3′。

反应体系：10×Bst DNA 聚合酶缓冲液 2.5μL，FIP、BIP 1.6μmol/L，LF、LB 0.8μmol/L，F3、B3 0.3μmol/L，dNTPs 1.4mmol/L，$MgCl_2$ 7.0mmol/L，Bst DNA 聚合酶 8 U，DNA 模板 2μL，ddH_2O 加至 25μL。

反应程序：95℃ 5min；65℃ 50～70min；80℃ 2min。

结果判定：每管加入 1 000×SYBR Green Ⅰ染料 1～2μL 染色，绿色判为阳性，棕色为阴性；或分别取 6μL 扩增产物经 1.2%琼脂糖凝胶电泳。

(三) 实时荧光定量 PCR (real - time PCR)

Susanne Buchbinder 等（2003）建立了基于 P30 基因的弓形虫实时荧光定量 PCR 方法。

PCR 正向引物 Forward：5′- CGCGCCCACACTGATG - 3′；

PCR 反向引物 Reverse：5′- GCAACCAGTCAGCGTCGT - 3′。

杂交探针：5′- AGCCAGAGCCTCATCGGTCGTC - 3′FL；

Red640 - 5′- ATAATGTCGCAAGGTGCTCCTACGGT - 3′。

PCR 反应体系（20μL）：10 × PCR buffer（200mmol/L，Tris - HCl，pH 8.4，500mmol/L KCl），BSA 0.2μg/μL，$MgCl_2$ 3mmol/L，dNTPs mixture（10mM）1mmol/L，Platinum TaqDNA polymerase 1U，引物各 1μmol/L，探针各 300nmol/L，模板 2μL，加 ddH_2O 至 20μL。

反应程序：94℃ 30s；94℃ 0s，59℃ 10s，72℃ 25s，45 个循环。

第二节　皮肤寄生虫检查

一、疥螨病

疥螨病是由永久性体外寄生虫猪疥螨（*Sarcoptes scabiei* var. *suis*）寄生于猪的皮肤表皮层内，引起剧烈瘙痒的接触性皮肤病，猪疥螨病俗称猪癞子。猪疥螨的体型很小，雌雄异体，身体呈圆形，微黄白色，背面隆起，腹面扁平。雌虫长 0.33～0.45mm，宽 0.25～0.35mm；雄虫长 0.2～0.23mm，宽 0.14～0.19mm。其体型如图 14 - 15。

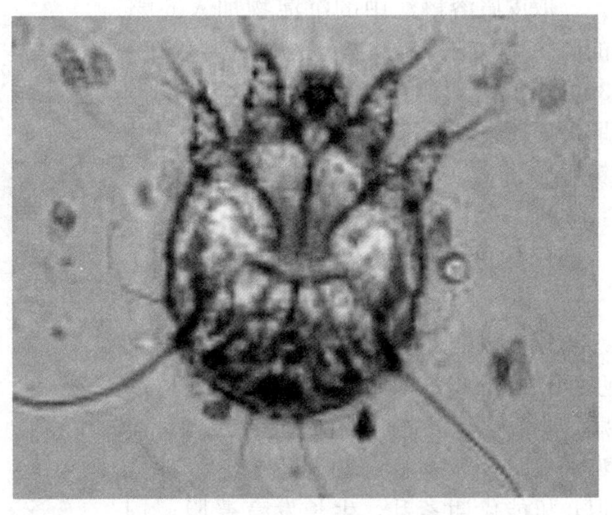

图 14 - 15　光学显微镜下猪疥螨

疥螨的检查除根据临床症状外，必须通过皮屑检查，发现虫体，方可确诊。

[病料的采集]

在患病部位与健康部位的交界处采取病料，先剪毛，再涂甘油以湿润皮肤，然后用消毒的外科刀用力刮取表皮，直到刮至皮肤微有出血为止，将刮到的病料收集到培养皿或其他容器中，在刮破处涂上碘酊消毒。

[检查方法]

(一) 直接检查法

将病料置于载玻片上，加 1～2 滴 50%的甘油水溶液或煤油，使皮屑散开，加上盖玻片，在低倍显微镜或解剖镜下检查。由于皮屑被透明，疥螨很容易看到。或者将病料置于玻璃平皿中，日光暴晒或在酒精灯或火炉边微微加热，将平皿至于黑色板上，用放大镜或低倍镜检查，发现活动的虫体，即可确诊。这种方法在刮取病料时，采病料部位不能涂甘油。

(二) 温水检查法

即用幼虫分离法装置，将刮取物放在盛有 40℃左右温水的漏斗上的铜筛中，经 0.5～1h。由于温热作用，疥螨从痂皮中爬出，集成小团沉于管底，取沉淀物进行镜检。

(三) 皮屑溶解法

将病料置于烧杯中，加入 10%NaOH 或 KOH 适量，浸泡 2h 或者置于酒精灯上加热煮沸 2～3min，使痂皮完全溶解，然后静置 20min 或离心 2～3min，弃去上清液，吸取沉淀物检查。

(四) 漂浮法

取皮屑溶解法中的沉淀物加入 60%的硫代硫酸钠溶液，充分混匀后离心 2～3min。疥螨即漂浮于液面，用金属圈蘸取液面薄膜，抖落于载玻片上，加盖玻片镜检。

二、痒螨病

痒螨病是由疥螨科、痒螨属的痒螨寄生于动物的皮肤表面所引起的慢性皮肤病，本病引起患畜剧烈的痒觉以及各种类型的皮肤炎症。病畜烦躁不安，食欲减退，机能代谢紊乱，生长发育受阻，饲料报酬下降，严重者可因高度衰竭而死亡。痒螨的体型较疥螨大，雌雄异体，身体呈长圆形，(0.3～0.9) mm×(0.2～0.52) mm，透明的淡褐色角皮上具有稀疏的刚毛和细皱纹，其体型如图 14-16。

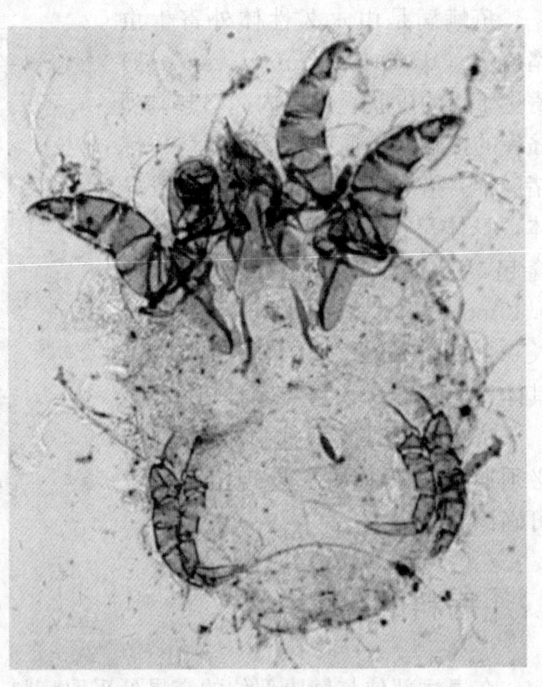

图 14-16 光学显微镜下的痒螨

痒螨的检测方法同疥螨病。

三、蠕形螨病

蠕形螨病又称毛囊虫病或脂螨病，是由于蠕形螨科中的各种蠕形螨寄生于毛囊或皮脂腺而引起的皮肤病。各种家畜各其固定的蠕形螨寄生，有犬蠕形螨、猪蠕形螨、牛蠕形螨、马蠕形螨等。蠕形螨虫体狭长如蠕虫样，呈半透明乳白色，一般长 0.17～0.44mm，宽约 0.045～0.065mm。全体分为颚体、足体和末体 3 个部分。

蠕形螨病的诊断，挤压皮肤的结节，采取挤出的脓性物，在显微镜下见到大量虫体即可确诊（李国清，2006）。

四、突变漆螨病

突变漆螨病由漆螨属的突变漆螨（*Cnemidocoptes mutans*）寄生于鸡引起的。虫体钻入皮肤，引起炎症，脚上先起鳞片，接着皮肤增生，变为粗糙，并发生裂缝，渗出物干燥后形成灰白色痂皮，如同石灰样，故称“石灰脚”病。突变漆螨雌雄异体，背面无鳞片及棒状刚毛；第一对足基节的支条延及背面；雄虫足端均有吸盘，雌虫足端全无，肛门位于虫体末端。雄虫大小为（0.195～0.2）mm×（0.12～0.13）mm，卵圆形，足较长，呈圆锥形。雌虫大小为（0.408～0.44）mm×（0.33～0.38）mm，接近圆形，足极短。

其检测方法同疥螨。

五、蜱病

硬蜱类的蜱是家畜体表一种重要的外寄生虫，通常称硬蜱。硬蜱科与兽医学有关的有七个属：硬蜱、血蜱、牛蜱、璃眼蜱、革蜱、扇头蜱、花蜱属。全部营寄生生活，是家畜体表的一类吸血性外寄生虫。成蜱雌雄异体，呈长椭圆形，背腹扁平，头胸部和腹部愈合为一。虫体区分为假头和躯体两部，如图 14-17。

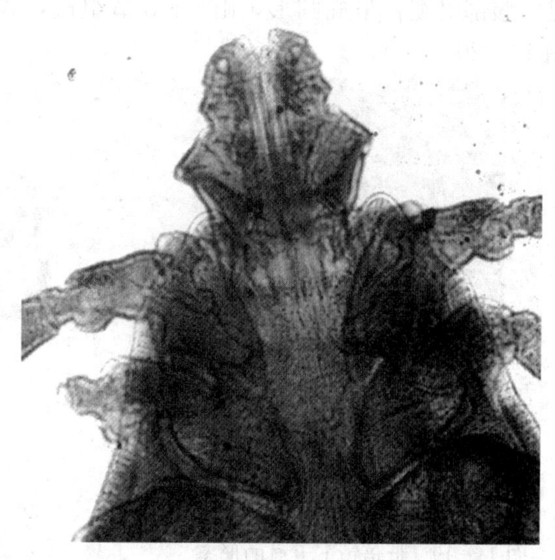

图 14-17　硬蜱的假头及躯干前部

蜱的检测，直接在动物皮肤上摘取蜱，取雄蜱在显微镜低倍镜下观察，并鉴定蜱的种类。先看硬蜱的雄蜱腹侧后沿，无肛沟为牛蜱属；有肛沟且肛沟在肛门之前为硬蜱属；肛沟在肛门后，假头基为六边形为扇头蜱；假头基梯形，须肢宽短，第二节外缘显著向外突出形成角突，无眼，足基节Ⅰ后缘不分叉则为血蜱属；盾板单色，眼呈半球形镶嵌在眼眶内，且须肢长则为璃眼蜱属；如见盾板有银白色珐琅斑，腹面基节Ⅰ至Ⅳ渐次增大则为革蜱属；如见盾板有花斑，体型较宽则为花蜱属。简易鉴定法如图14－18所示。

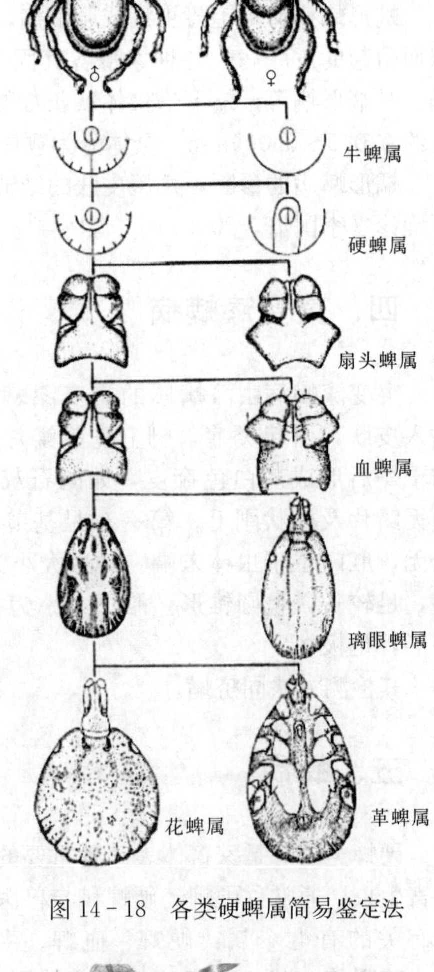

图14－18　各类硬蜱属简易鉴定法

六、虱病

虱病是永久性寄生虫虱寄生在家畜体表引起的一类寄生虫病。当虱大量寄生时，动物皮肤发痒，不安，脱毛，皮肤发炎及消瘦等。本病分布很广，是牛、羊、鸡常见的外寄生虫。虱有严格的宿主特异性，各种家畜的虱不能相互感染而寄生。

虱体扁平，分头、胸、腹三部分，无翅，依据口器结构及采食方式分为吸血虱和食毛虱两类，俗称血虱和毛虱。

毛虱长0.5～0.6mm，雌虫比雄虫大，头端钝圆，头部的宽度大于胸部，头前端通常圆而阔，腹部比胸部宽，如图14－19。

血虱与毛虱的区别是头部窄于胸部，头部呈圆锥形，胸部宽，由3节组成，每节有一对足。腹部更宽，呈椭圆形，由6～8节组成，如图14－20。

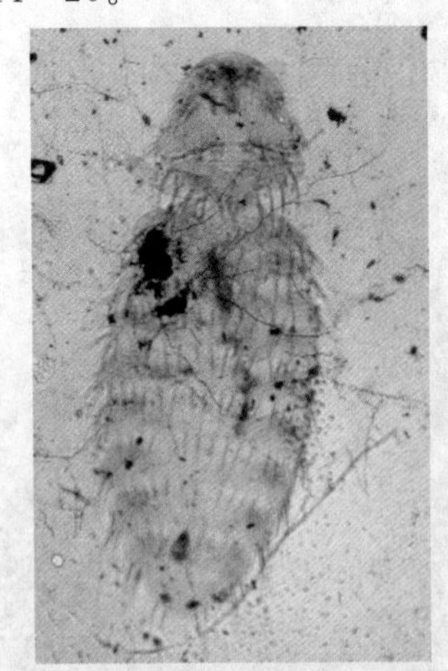

图14－19　低倍镜下毛虱的形态

图14－20　低倍镜下血虱的形态

虱的检测，仔细检查家畜体表发现虱及虱卵，即可确诊。

第三节　消化道寄生虫检查

一、蛔虫病

蛔虫病主要是幼年动物的疾病，也是家畜和家禽寄生虫病中的常见多发病，流行和分布广，病原为蛔科，弓首科及禽蛔科的各种线虫。猪蛔虫病是由蛔科（Ascaridae）的猪蛔虫（*Ascaris suum*）寄生于猪小肠引起的一种寄生虫病，猪蛔虫雌雄异体寄生于猪，雄虫（15～25）cm×0.3cm，雌虫（20～40）cm×0.5cm。雄虫尾部卷曲，有时可见伸出的一对交合刺。虫卵中等大小：（50～70）μm×（40～60）μm，形态如图 14-21。牛蛔虫病是由弓首科（Toxocaridae）弓首属（*Toxocara*）的犊弓首蛔虫（*Toxocara vitulorum*）寄生于犊牛小肠引起的一种寄生虫病，雄虫长15～26cm，雌虫长 14～30cm。虫卵中等大小：（69～95）μm×（60～77）μm，近乎球形，有厚的蛋白质外壳，如图 14-22。鸡蛔虫病是由禽蛔科（Ascaridiidae）的鸡蛔虫（*Ascaridia galli*）寄生于鸡的小肠内引起的一类寄生虫病。鸡蛔虫是鸡体内最大的一种线虫，雄虫长 26～70mm，雌虫长 65～110mm，虫卵大小为（70～90）μm×（47～51）μm，卵壳厚而光滑，深灰色，新排出的虫卵内含单个胚细胞。

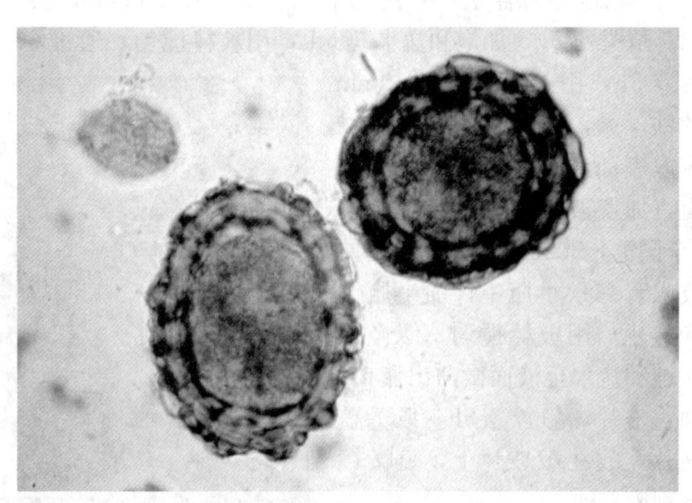

图 14-21　显微镜下猪蛔虫虫卵形态

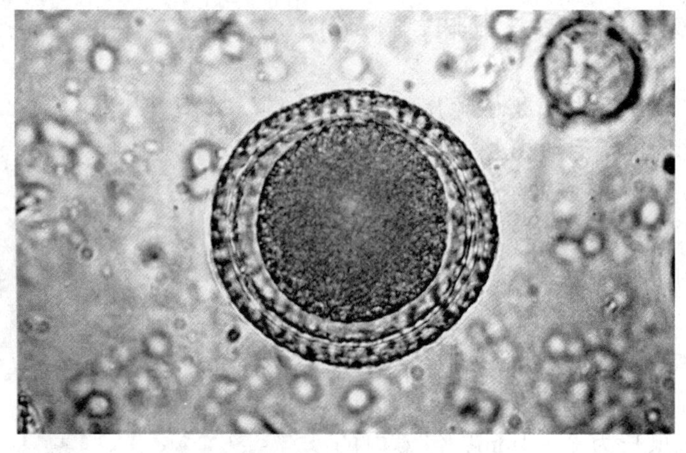

图 14-22　显微镜下犊牛蛔虫虫卵形态

蛔虫病的诊断可先根据流行病学资料和临床症状做出初步判断，但确诊需做实验室检查。对于 2 月龄以上的小猪，生前诊断可用直接涂片法检查虫卵。它是检查虫卵的最简单方法，检查时，取洁净载玻片，放少量粪便于玻片中央，滴 1～3 滴 5%甘油生理盐水于粪便混匀，涂片的厚薄以透过涂片隐约可见书上的字迹为宜，加盖玻片镜检（李国清，2006）。对于2月龄以下的猪，因其体内尚无发育到性成熟的蛔虫，因此不能用粪便检查做生前诊断。死后剖检，在患畜肺部可见有大量出血点，将肺组织撕碎，用幼虫分离的贝尔曼式装置处理，可见大量的蛔虫幼虫。

犊牛新蛔虫病的诊断，一方面可根据临床症状，主要是腹泻，有时混有血液，有特殊恶臭，病犊软弱无力，被毛粗乱等；另一方面可结合流行病学资料综合分析，确诊须在粪便中检出虫卵或虫体。粪检方法可用水洗沉淀法或饱和盐水漂浮法。

水洗沉淀法：取被检粪便5g，加清水60mL以上，用玻棒搅匀，通过60目铜筛过滤到另一胶杯中，静置0.5h，倾去上层液，保留沉渣，再加水混匀，再沉淀；如此反复操作直到上层液体透明后，倾去上清，取沉渣，涂在载玻片上，加盖玻片，在显微镜下观察。

饱和盐水漂浮法：常用的饱和盐水（在1 000mL沸水中加入380g食盐）做漂浮检出。取粪便5g，加饱和盐水50mL，用玻棒搅匀，通过60目铜筛过滤到另一胶杯中，静置0.5h，用一直径5～10mm的铁丝圈，与液面平行接触以蘸取表面液膜，抖落于载玻片上，加盖玻片在显微镜下检查（李国清，2006）。或取1g粪便放入青霉素小瓶中，加半瓶饱和盐水，用玻棒搅匀，缓慢加入饱和盐水至液面微凸出瓶口，加盖玻片，静置0.5h，取下盖玻片，放在载玻片上，显微镜下观察。

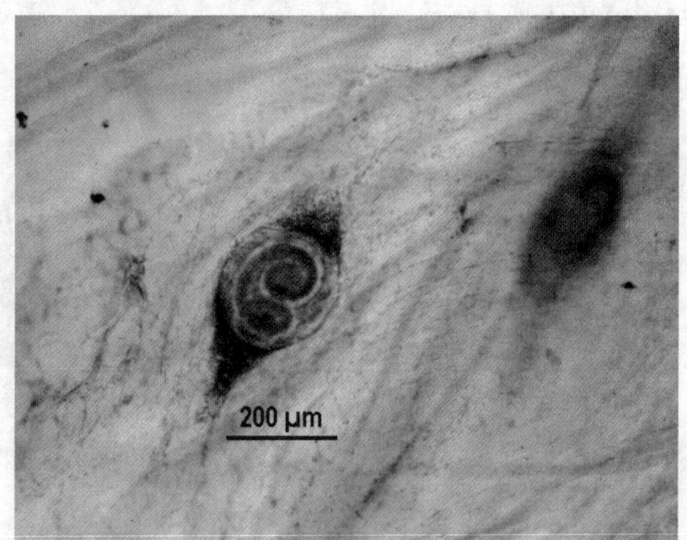

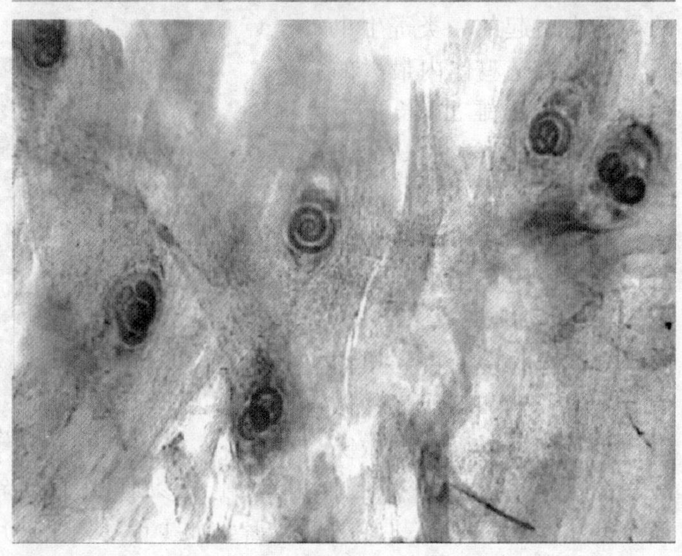

图14-23　肌肉中旋毛虫肌幼虫

二、旋毛虫病

旋毛虫病是由毛尾目、毛形科的旋毛形线虫（*Trichinella spiralis*）寄生所引起的一种人兽共患病。该病是肉品检验的必检项目之一，在公共卫生上具有重要意义。

旋毛虫的成虫细小，雌雄异体，雄虫长为1.2～1.6mm，雌虫长为3～4mm。包囊内的幼虫似螺旋状卷曲，充分发育了的幼虫，通常有2.5个盘旋（如图14－23）。包囊呈梭形，其长轴与肌纤维平行，有两层壁，其中一般含 1 条幼虫，但有的可达 6～7 条。

旋毛虫病的生前诊断困难，猪旋毛虫病常在宰后检出，方法为肉眼和镜检相结合，检查膈肌，即当发现肌纤维间有细小白点时，撕去肌膜，剪下麦粒大小的肉样 24 块，放于两玻片之间压薄，低倍镜下观察有无包囊，但在感染早期及轻度感染时不易检出。

用消化法检查幼虫更为确切，取肉样，用搅拌机搅碎，每克加入 60mL 水，0.5g 胃蛋白酶、0.7mL 浓盐酸，混匀，37℃消化 0.5～1h 后，分离沉渣中的幼虫，镜检。

目前国内外用 ELISA 等方法作为猪的生前诊断方法。ELISA 法检测血清抗体阳性符合率可达 93%～96%。王睿等利用旋毛虫 Ts21 重组蛋白和排泄分泌抗原 ES 建立了间接 ELISA 诊断方法。

旋毛虫 Ts21 重组蛋白与肌幼虫 ES 抗原的制备：构建旋毛虫抗原基因 Ts21 表达质粒 pMAL－c2X－Ts21，Ts21 重组蛋白经 IPTG 诱导表达，MBP 亲和层析纯化，纯化后的蛋白浓度为 1.886mg/mL。旋毛虫肌幼虫 ES 抗原浓度为 6.69mg/mL。

应用旋毛虫 Ts21 重组蛋白与肌幼虫 ES 抗原分别建立 Ts21－ELISA 与 ES－ELISA，按常规间接 ELISA 方法操作，Ts21 重组蛋白与 ES 抗原的包被浓度均为 5μg/mL，封闭液为 2%牛血清白蛋白（BSA）－PBST。血清稀释度为 1∶100，每份样本加 2 孔，100μL/孔。酶结合物为辣根过氧化物酶标记的羊抗人 IgG（工作浓度 1∶500，购自北京中山生物技术有限公司）或羊抗小鼠 IgG（工作浓度 1∶3 000，购自北京鼎国生物制品公司）。底物为邻苯二胺（OPD）。每次实验时均设旋毛虫感染小鼠阳性血清、正常小鼠阴性血清及 PBS 对照。2mol/L H_2SO_4 终止反应后用酶标仪（SUNRISE，美国 TECAN 公司）测定样品孔的吸光度（OD_{492}值）。以待测样本 OD 值大于阴性对照 OD 值 2.1 倍时判为阳性。

三、鞭虫病

鞭虫病是由毛尾科毛尾属（*Trichuris*）的猪毛尾线虫寄生在家畜的大肠引起的一种寄生虫病。毛尾线虫呈乳白色，前为食管，细长，后为体部，短粗，整个外形像鞭子，故称鞭虫。虫卵呈棕黄色，腰鼓状，卵壳厚，两端有卵塞。猪毛尾线虫（*Trichuris suis*）雄虫长 20～52mm，雌虫长 39～53mm，食管占据虫体全长的 2/3，虫卵中等大小，（50～68）μm×（21～31）μm，柠檬状，两端透明，如图 14－24。绵羊毛尾线虫（*Trichuris oviss*）的雄虫长 50～80mm。食管部占虫体全长的 3/4，雌虫长 35～70mm，食管部占虫体全长的 2/3～4/5。虫卵中等大小，（70～80）μm×（30～40）μm，如图 14－25。

临床上消化紊乱，轻度贫血，肠炎及出血性腹泻时，可怀疑为本病，应立即进行粪检确诊。毛尾线虫的虫卵易与其他虫卵区别，其粪便检查可用直接涂片法和饱和盐水漂浮法，参照蛔虫的检测。剖检时大肠检出多量虫体可确诊。

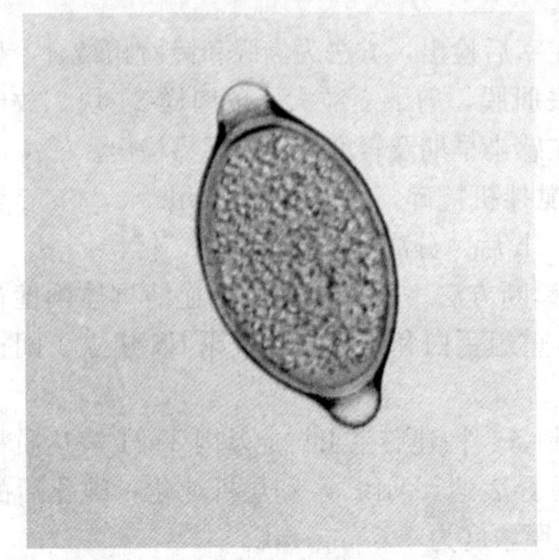

图 14-24　显微镜下猪毛尾线虫虫卵

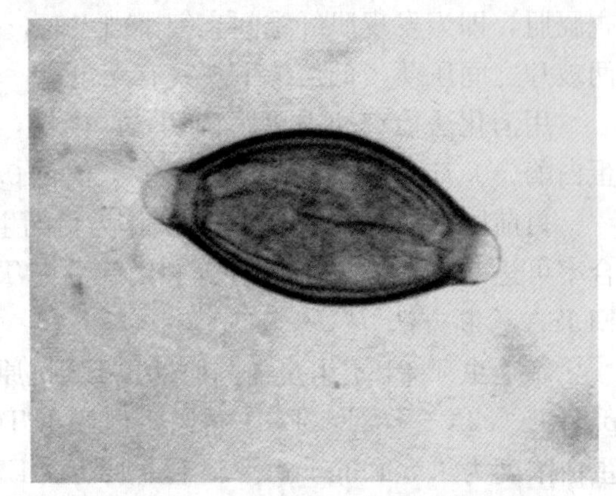

图 14-25　显微镜下绵羊毛尾线虫虫卵

四、食道口线虫病

食道口线虫病是有食道口科（Oesophagostomatidae）、食道口线虫属（*Oesophagostomum*）的寄生虫寄生在反刍家畜和猪的大肠主要是结肠引起的一种寄生虫病。由于某些种类的食道口线虫幼虫可钻入宿主肠黏膜。使肠壁形成结节，故食道口线虫又叫结节虫。

牛羊食道口线虫常见的种类有哥伦比亚食道口线虫（*Oesophagostomum columbianum*）、微管食道口线虫（*O. velulosum*）、粗纹食道口线虫（*O. asperum*）、辐射食道口线虫（*O. radiatum*）、甘肃食道口线虫（*O. kansuensis*）。哥伦比亚食道口线虫雄虫长 12～13.5mm，雌虫长 16.7～18.6mm，虫卵呈椭圆形，大小为（73～89）μm×(34～45) μm；微管食道口线虫雄虫长 12～14mm，雌虫长 16～20mm；粗纹食道口线虫雄虫长 13～15mm，雌虫长 17.3～20.3mm；辐射食道口线虫雄虫长 13.9～15.2mm，雌虫长 14.7～18mm，虫卵呈椭圆形，大小为（75～98）μm×(46～54）μm；甘肃食道口线虫雄虫长 14.5～16.5mm，雌虫长 18～22mm；虫卵在 25～27℃时，10～ 17h 孵出一期幼虫。

猪食道口线虫常见的种类有 3 种。有齿食道口线虫（*Oesophagostomum dentatum*）虫体呈乳白色，主要寄生于结肠，雄虫（8～9）mm×(0.14～0.37）mm，雌虫（8～11.3）mm×(0.416～0.566）mm。长尾食道口线虫（*O. longicaudum*），主要寄生于盲肠，结肠，雄虫（6.5～8.5）mm×(0.28～0.4）mm，雌虫（8.2～9.4）mm×(0.4～0.48）mm。短尾食道口线虫（*O. brevicaudum*）主要寄生于结肠，雄虫（6.2～6.8）mm×(0.31～0.449）mm，雌虫（6.4～8.5）mm×(0.31～0.45）mm，尾长 81～120μm。

食道口线虫的诊断根据临床症状，流行病学资料进行初步判断，生前可用漂浮法检测粪便中的虫卵，卵结节虫卵和其他圆线虫的虫卵很难区别，可用贝尔曼式装置，分离幼虫，培养至三期幼虫，进行鉴别，食道口线虫三期幼虫肠细胞 16～24 个，细胞呈三角形。

五、颚口线虫病

颚口线虫病是由刚刺颚口线虫（*G. nathostoma hispidum*）寄生于猪胃内引起的一直寄生虫病。刚刺颚口线虫新鲜虫体淡红色，表皮菲薄，可看见体内白色生殖器官。头端呈球形膨大，其上由 11 横列小棘，头顶端有两片大侧唇，如图 14－26。虫体全身长有小棘，雄虫 15～25mm，有交合刺一对，不等长。雌虫 22～45mm。卵呈椭圆形，黄褐色，一端有帽状结构，大小为（72～74）μm×（39～42）μm，内含 1～2 个卵细胞。如图 14－27。

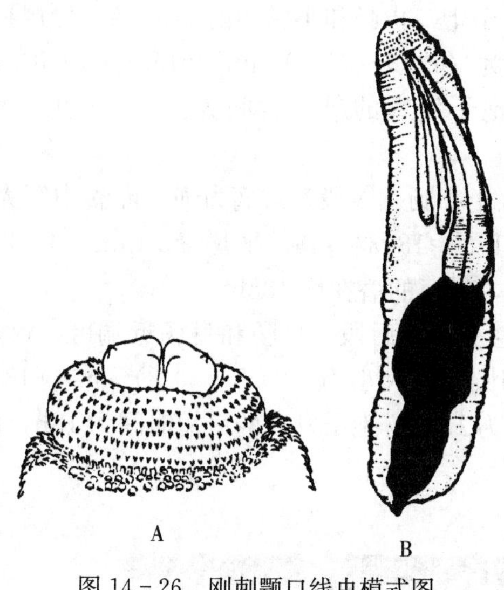

图 14－26　刚刺颚口线虫模式图

（李国清，2006）

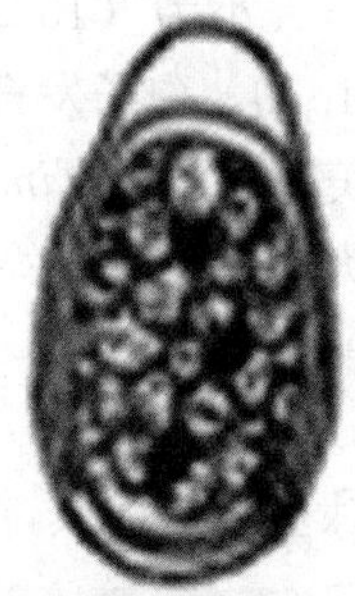

图 14－27　刚刺颚口线虫虫卵模式图

刚刺颚口线虫病诊断可用漂浮法或水洗沉淀法查虫卵，参考蛔虫病虫卵检测方法。

六、球虫病

球虫病是孢子虫纲球虫目的艾美耳科的球虫寄生与家畜家禽的上皮细胞引起的一种原虫病，其分布广泛，球虫均为细胞内寄生，且有很强的种属特异性，不互相感染，在兽医上有两个很重要的属，艾美耳属和等孢属。艾美耳属的特点是卵囊内的胚孢子形成 4 个孢子囊，每个孢子囊内含 2 个子孢子，广泛寄生于各种家畜。等孢属的特点是卵囊内的胚孢子形成 2 个孢子囊，每个孢子囊内含 4 个子孢子，通常寄生于人、犬、猫及其他肉食动物。

鸡球虫病对雏鸡危害十分严重，分布很广，鸡的艾美耳球虫，全世界报道的有 9 种，但世界公认的有 7 种。

柔嫩艾美耳球虫（*Eimeria tenella*）寄生于盲肠，致病力最强，卵囊为宽卵圆形，少数为椭圆形，大小为（19.5～26）μm×（16.5～22.8）μm，平均 22μm×19μm，卵囊指数为 1.16。孢子发育的最短时间为 18h，最长为 30h，最短的潜在期 115h。

巨型艾美耳球虫（*Eimeria maxima*）寄生于小肠，以中段为主，卵囊大，卵圆形，大小为（21.5～42.5）μm×（16.5～29.8）μm，平均 30.5μm×20.7μm，卵囊指数为 1.47。孢子发育的最短时间为 30h，最短的潜在期 1h。

堆形艾美耳球虫（*Eimeria acervulian*）寄生于十二指肠和小肠前段，主要在十二指肠。卵囊中等大小，卵圆形，大小为（17.7～20.2）μm×（13.7～16.3）μm，平均 18.3μm×14.6μm，卵囊指数为 1.25。孢子发育的最短时间为 17h，最短的潜在期 97h。

和缓艾美耳球虫（*Eimeria mitis*）寄生于小肠前段，致病力弱，卵囊小近圆形，大小为（11.7～18.7）μm×（11～18）μm，平均 15.6μm×14.2μm，卵囊指数为 1.09。孢子发育的最短时间为 15h，最短的潜在期 93h。

早熟艾美耳球虫（*Eimeria praecox*）寄生于十二指肠和小肠的前 1/3，致病力弱，卵囊较大，多数为卵圆形，其次为椭圆形，大小为（19.8～24.7）μm×（15.7～19.8）μm，平均 21.3μm×17.1μm，卵囊指数为 1.24。孢子发育的最短时间为 12h，最短的潜在期 84h。

毒害艾美耳球虫（*Eimeria necatrix*）寄生于小肠 1/3 段，致病力强，卵囊中等大小，呈长卵圆形，大小为（13.2～22.7）μm×（11.3～18.3）μm，平均 20.4μm×17.2μm，卵囊指数为 1.19。孢子发育的最短时间为 18h，最短的潜在期 138h。

布什艾美耳球虫（*Eimeria brunetti*）寄生于小肠后段、直肠和盲肠近端区，致病力强，卵囊较大，仅次于巨型艾美耳球虫，呈卵圆形，大小为（20.7～30.3）μm×（18.1～24.2）μm，平均 24.6μm×18.8μm，卵囊指数为 1.31。孢子发育的最短时间为 18h，最短的潜在期 120h。

各种鸡球虫卵囊模式，如图 14－28。

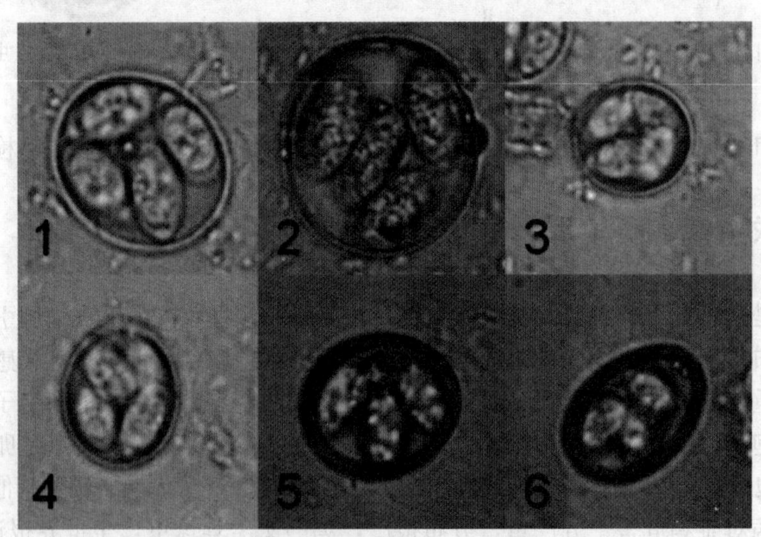

图 14－28　各种鸡球虫的孢子化卵囊（400×）

1. 柔嫩艾美耳球虫　2. 巨型艾美耳球虫　3. 和缓艾美耳球虫　4. 堆型艾美耳球虫
5. 毒害艾美耳球虫　6. 早熟艾美耳球虫

（李微，2009）

猪体内最常见的球虫是猪艾美球虫（*E. suis*）、粗糙艾美耳球虫（*E. scabra*）；其次是猪等孢球虫（*Isospora suis*）、蒂氏艾美耳球虫（*E. deblieck*）。

粗糙艾美耳球虫卵囊呈长椭圆形，卵囊壁两层，厚为1.5～2μm，粗糙，黄褐色，有辐射状条纹。有胚孔，宽为3.5～4.5μm。无胚孔帽。有1个极粒，无卵囊余体。卵囊大小为（23.2～37.1）μm×（16.2～28.5）μm，平均34.2μm×23.5μm（n=25）。形状指数为1.56。孢子囊卵圆形，有粗颗粒组成的孢子囊余体，有斯氏体，无亚斯氏体。孢子囊大小为（10.7～18.0）μm×（9.4～5.4）μm，平均15.7μm×7.3μm。

猪艾美耳球虫卵囊椭圆形，卵囊壁两层，厚为1.0～1.5μm，光滑无色，无胚孔，有1个极粒，无卵囊余体。卵囊大小为（13.7～22.5）μm×（12.0～17.5）μm，平均20.0μm×15.0μm。卵囊指数为1.47。孢子囊卵圆形，孢子囊余体颗粒数量少，可见斯氏体。孢子囊大小为（11.5～5.6）μm×（7.5～3.8）μm，平均8.7μm×5.3μm。

蒂氏艾美耳球虫卵囊椭圆形，卵囊壁两层，厚1μm，光滑无色，无胚孔和卵囊余体，有1～3个极粒。卵囊大小（17.6～24.4）μm×（14.8～18.9）μm，平均19.8μm×16.8μm。卵囊指数为2.25。孢子囊不对称，孢子囊余体颗粒较多。斯氏体明显。孢子囊的大小为（12.7～18.5）μm×（5.3～7.7）μm，平均14.8μm×6.4μm。

猪等孢球虫卵囊球形或亚球形，卵囊壁单层，厚为0.16～0.18μm，光滑无色，无胚孔和卵囊余体，无极粒。卵囊大小（25～19.0）μm×（23.4～15.4）μm，平均21.2μm×19.1μm。卵囊指数为1.17。孢子囊大小（15.6～11.0）μm×（12.4～9.0）μm，平均13.6μm×11.8μm。

各种猪球虫卵囊模式，如图14-29。

球虫的诊断不能只根据从粪便和肠壁刮取物中发现卵囊就确诊，正确的诊断，需要根据粪便检查、临床症状、流行病学调查和病理变化等多方面的因素加以综合判断。

粪检可用漂浮法，在显微镜下观察，根据卵囊特征做出初步的鉴定，各种鸡球虫卵囊图见图14-28。然后根据病变部位、裂殖体大小、最短潜伏期、孢子化最短时间进行综合判断。

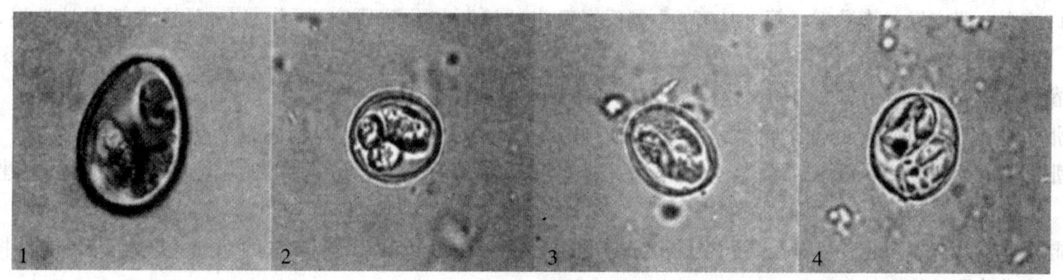

图14-29　粪便中猪球虫卵囊（400×）

1. 粗糙艾美耳球虫卵囊　2. 猪艾美耳球虫　3. 蒂氏艾美耳球虫卵囊　4. 猪等孢球虫卵囊

参 考 文 献

曹仁祺. 2010. 牛日本血吸虫病环介导等温扩增诊断方法的建立和初步应用［D］. 武汉：华中农业大学.

邓干臻，刘钟灵．1993. 乳胶凝集试验诊断水牛巴贝斯虫病的研究［J］. 华中农业大学学报．12（3）：265－271.

韩惠瑛，孟日增，贾鸿莲，马海利．2005. 猪附红细胞体 PPA－ELISA 检测方法的建立［J］. 中国兽医科技，35：49－51.

侯洪烈，张西臣，李建华，宫鹏涛．2007. 犬恶丝虫病 ELISA 诊断方法的建立［J］. 中国病原生物学杂志，2（1）：35－36.

黄占欣，索勋，秦建华，王健，米同国．2007. 牛附红细胞体病双抗体夹心 ELISA 诊断方法的建立［J］. 黑龙江畜牧兽医，10.

江涛．2006. 猪弓形虫病分子诊断方法的建立与基因免疫研究［D］. 武汉：华中农业大学．

蒋金书．2001. 动物原虫病学［M］. 北京：中国农业大学出版社．

李国清．2006. 兽医寄生虫学（双语版）［M］. 北京：中国农业大学出版社．

李微．2009. 哈尔滨地区鸡球虫种类调查及柔嫩艾美耳球虫 3－1E 基因的原核表达［D］. 哈尔滨：东北农业大学．

李友．2008. 牛血吸虫病分子 ELISA 诊断方法的建立与应用［D］. 武汉：华中农业大学．

刘恩勇，赵俊龙．2000. 巴贝斯虫病［M］. 武汉：湖北人民出版社．

刘佩红，沈莉萍，龚国华．2008. 犬心丝虫病的诊断与防治［J］. 动物医学进展（11）：104－106.

刘琴．2007. 东方巴贝斯虫 cDNA 文库的构建及其应用［D］. 武汉：华中农业大学．

罗建勋．2004. 巴贝斯虫未定种的发现及牛巴贝斯虫病的免疫诊断和药物治疗研究［D］. 南京：南京农业大学．

吕伟．2009. 牛巴贝斯虫流行病学初步调查及体外培养研究［D］. 乌鲁木齐：新疆农业大学．

聂浩．2010. 弓形虫—伪狂犬病毒二价基因工程疫苗的研究［D］. 武汉：华中农业大学．

索勋，杨晓野．2005. 高级寄生虫学实验指导［M］. 北京：中国农业科学技术出版社：10.

王健，刘媛，秦建华，张富梅．2009. 温氏附红细胞体 PCR 检测方法的建立［J］. 畜牧与兽医，41（12）.

王睿，王中全，崔晶．2009. 旋毛虫 Ts21 重组蛋白的免疫诊断价值及免疫保护作用的研究［J］. 中国寄生虫学与寄生虫病杂志，27（1）：17－21.

吴鉴三，张肖正，王树双．1989. 牛巴贝斯虫病的诊断进展概况［J］. 动物检疫，6（1）：51－54.

许静．2008. 核酸检测技术在日本血吸虫感染宿主早期诊断及疗效考核中的应用研究［D］. 苏州：苏州大学．

许应天，张守发，李顺玉，等．1997. 牛瑟氏泰勒虫的诊断与预防研究进展［J］. 延边大学农学学报，19（4）：271－275.

翟俊英．1992. 奶牛焦虫病的快速检验方法［J］. 中国兽医杂志，18（6）：30－31.

张东林．弓 2008. 形虫病分子诊断方法及弓形虫分离株耐药性的研究［D］. 武汉：华中农业大学．

张浩吉，谢明权，张健騑，覃宗华，蔡建平，王政富，顾万军．2005. 猪附红细胞体 PCR 检测方法的建立和初步应用［J］. 中国兽医学报，25（5）：480－483.

赵金华．2008. 湖北省牛瑟氏泰勒虫的分子进化分析及分子诊断 iELISA 方法的建立［D］. 武汉：华中农业大学．

中国畜牧兽医学会．2004. 中国畜牧兽医学会家畜寄生虫学分会第五次代表大会暨第八次学术研讨会论文集［C］. 桂林：［出版者不详］.

中华人民共和国国家标准 GB 15977—1995　血吸虫病诊断标准及处理原则［S］.

周金林，沈杰．1994. 牛巴贝斯虫病的诊断进展概况［J］. 中国兽医寄生虫，2（1）：52－54.

周作勇，聂奎，周荣琼，刘凤英，陈艳灵．2010. 羊附红细胞体 PCR 诊断方法的建立及应用［J］. 西南大学学报（自然科学版），32（2）.

朱凝瑜，袁聪俐，杨志彪，华修国．2010．猪附红细胞体双抗夹心 ELISA 检测方法的建立［J］．上海交通大学学报（农业科学版），28（2）．

Albert M. D.，Sabin B.，Harry M. D.，Feldman A.，Senior Fellow. 1949. Chorioretinopathy associated with other evidence ofcerebral damage in childhood：A syndrome of unknown etiology separable fromcongenital toxoplasmosis［J］. The Journal of Pediatrics，35：296－309.

Al-Dubaib M，Omer OH，Mahmoud OM，Hashad ME. 2007. Concurrent infection with bovine leukaemia virus and Theileria annulata in a Friesian calf［J］. Trop Anim Health Prod，39（2）：91－95.

Arnon D Jurberg，Áureo A de Oliveira. 2008. A new miracidia hatching device for diagnosing schistosomiasis［J］. Mem Inst Oswaldo Cruz，Rio de Janeiro，103（1）：112－114.

Baljer，G.，Heinritzi，K.，Wieler，L. 1989. Indirect hemagglutination for Eperythrozoon suis detection in experimentally and spontaneously infected swine. Zentrabl［J］. Veterina ¨rmed. B，36：417－423.

Burg J L，Grover C M，Pouletty P，Boothroyd J C. 1989. Direct and sensitive detection of a pathogenic protozoan，Toxoplasma gondii，by polymerase chain reaction［J］. J Clin Microbiol，27（8）：1787－1792.

Ferguson D. J. P.. 2009. Identification of faecal transmission of Toxoplasma gondii：Small science，large characters［J］. International Journal for Parasitology，39：871－875.

Gennari S M，Canon-Franco W A，Yai L E，de Souza S L，Santos L C，Farias N A，Ruas J，Rossi F W，Gomes A A. 2004. Seroprevalence of Toxoplasma gondii antibodies from wild canids from Brazil［J］. Vet Parasitol，121（3－4）：337－340.

Gubbels，J.，De Vos，A.，Van der Weide，M.，Viseras，J.，Schouls，L.，De Vries，E.，Jongejan，F. 1999. Simultaneous detection of bovine Theileria and Babesia species by reverse line blot hybridization［J］. Journal of Clinical Microbiology，37：1782－1789.

He，L.，Zhou，Y.，Oosthuizen，M.，Zhao，J. 2009. Loop-mediated isothermal amplification（LAMP）detection of Babesia orientalis in water buffalo（Bubalus babalis，Linnaeus，1758）in China［J］. Veterinary parasitology，165（1－2）：36－40.

Hoelzle，K.，Grimm，J.，Ritzmann，M.，Heinritzi，K.，Torgerson，P.，Hamburger，A.，Wittenbrink，M. M.，Hoelzle，L. E.，2007. Detection of antibodies against Mycoplasma suis using recombinant antigens and correlation of serological results to hematological findings［J］. Clin. Vaccine Immunol，14：1616－1622.

Hoelzle，L. E.，Helbling，M.，Hoelzle，K.，Ritzmann，M.，Heinritzi，K.，Wittenbrink，M. M.，2007. First LightCycler real-time PCR assay for the quantitative detection of Mycoplasma suis in clinical samples［J］. J. Microbiol. Methods，70：346－354.

Hoelzle，L. E.，Hoelzle，K.，Ritzmann，M.，Heinritzi，K.，Wittenbrink，M. M. 2006. Mycoplasma suis antigens recognized during humoral immune response in experimentally infected pigs［J］. Clin. Vaccine Immunol. 13，116－122.

Hsu FS，Liu MC，Chou SM，Zachary JF，Smith AR. 1992. Evaluation of an enzyme-linked immunosorbent assay for detection of Eperythrozoon suis antibodies in swine［J］. Am J Vet Res，53：352－354.

Kappmeyer LS，Perryman LE，Hines SA，Baszler TV，Katz JB，Hennager SG，Knowles DP. 1999. Detection of equine antibodies to babesia caballi by recombinant B. caballi rhoptry-associated protein 1 in a competitive-inhibition enzyme-linked immunosorbent assay［J］. J Clin Microbiol，37（7）：2285－2290.

Kawamoto S. 1990. Intraerythrotic schizogony of Theileria sergenti in cattle［J］. Nippon Juigaku Zasshi，52（6）：35－38.

Lang FM，Ferrier GR，Nicholls TJ. 1986. Separation of Eperythrozoon ovis from erythrocytes［J］. Vet

Rec, 119: 359.

Lee J. Y., Lee S. E., Lee E. G., Song K. H.. 2008. Nested PCR-based detection of Toxoplasma gondii in German shepherd dogs and stray cats in South Korea [J]. Research in Veterinary Science. 85: 125 - 127.

Leon Jacobs, Milford N. Lunde. 1957. Hemagglutination Test for Toxoplasmosis [J]. Science, 125: 1035.

Lier, T., Simonsen, G. S., Haaheim, H., Hjelmevoll, S. O., Vennervald, B. J., Johansen, M. V.. 2006. Novel real-time PCR for detection of Schistosoma japonicum in stool [J]. Southeast Asian J Trop Med Public Health, 37: 257 - 264.

Liu, Q., Zhou, Y., Zhou, D., Liu, E., Du, K., Chen, S., Yao, B., Zhao, J. 2007, Semi-nested PCR detection of Babesia orientalis in its natural hosts Rhipicephalus haemaphysaloides and buffalo [J]. Veterinary parasitology, 143: 260 - 266.

Mar, P. H., Yang, I. C., Chang, G. N., Fei, A. C. 2002. Specific polymerase chain reaction for differential diagnosis of Dirofilaria immitis and Dipetalonema reconditum using primers derived from internal transcribed spacer region 2 (ITS2) [J]. Vet. Parasitol, 106: 243 - 252.

Messick JB, Cooper SK, Melody Huntley. 1999. Development and Evaluation of a Ploymerase Chain Reaction Assay Using the 16S rRNA Gene for Detection of Eperythrozoon suis Infection [J]. J Vet Diagn Invest, 11: 229 - 236.

Oberst RD, Hall SM, Jasso RA, Arridt T, Wen L. 1990. Recombinant DNA Probe Detecting Eperythrozoon suis in Swine Blood [J]. Am J Vet Res, 51: 1760 - 1764.

Parida, M., Sannarangaiah, S., Dash, P. K., Rao, P. V., Morita, K. 2008. Loop mediated isothermal amplification (LAMP): a new generation of innovative gene amplification technique; perspectives in clinical diagnosis of infections diseases [J]. Rev Med Virol, 18: 407 - 421.

Smith AR, Rahn T. 1975. An Indirect Hemagglutination Test for the Diagnosis of Eperythrozoon suis Infection in Swine Am [J]. J Vet Res, 36: 1319 - 1321.

Steiner, J. J., Poklemba, C. J., Fjellstrom, R. G. and Elliott L. F. 1995. A rapid one-tube genomic DNA extraction process for PCR and RAPD analyses [J]. Nucleic Acids Research, 23 (13): 2569 - 2570.

Susanne Buchbinder, Rosemarie Blatz, Arne Christian Rodloff. 2003. Comparison of real-time PCR detection methods for B1 and P30 genes of Toxoplasma gondii [J]. Diagnostic Microbiology and Infectious Disease, 45: 269 - 271.

Thanchomnang T, Intapan PM, Lulitanond V, Sangmaneedet S, Chungpivat S, Taweethavonsawat P, Choochote W, Maleewong W. 2010. Rapid detection of Dirofilaria immitis in mosquito vectors and dogs using a real-time fluorescence resonance energy transfer PCR and melting curve analysis [J]. Vet Parasitol, 168 (3 - 4): 255 - 260.

Wang LX, He L, Fang R, Song QQ, Tu P, Jenkins A, Zhou YQ, Zhao JL. 2010. Loop-mediated isothermal amplification (LAMP) assay for detection of Theileria sergenti infection targeting the p33 gene [J]. Vet Parasitol, 171 (1 - 2): 159 - 162.

Xia, C. M., Rong, R., Lu, Z. X., Shi, C. J., Xu, J., Zhang, H. Q., Gong, W., Luo, W. 2009. Schistosoma japonicum: a PCR assay for the early detection and evaluation of treatment in a rabbit model [J]. Exp Parasitol, 121: 175 - 179.

Zhou, D. N., Du, F., Liu, Q., Zhou, Y. Q., Zhao, J. L. 2009. A 29 - kDa merozoite protein is a prospective antigen for serological diagnosis of Babesia orientalis infection in buffaloes [J]. Veterinary Parasitology, 162 (1 - 2): 1 - 6.

第十五章

常见毒物检验

第一节　饲料毒物

一、棉酚*

棉酚以游离棉酚和结合棉酚两种状态存在。结合棉酚中活性醛基被封闭，对动物几乎无毒，对动物具有毒害作用的主要是游离棉酚。游离棉酚的测定方法有比色法和液相色谱法。常用的比色法为苯胺比色法，苯胺比色法准确度高，精密度好。国家标准方法（GB 13086—1991）采用苯胺比色法，该方法不需要使用棉酚标准品，仪器设备简单，便于推广应用。此节主要介绍苯胺比色法的原理、主要试剂、仪器设备及操作步骤。

（一）测定原理

在 3-氨基-1-丙醇存在下，用异丙醇与正己烷的混合溶剂提取游离棉酚，用苯胺使棉酚转化为苯胺棉酚，在最大吸收波长 440nm 处进行比色测定。

（二）试剂和溶液

除特殊规定外，本方法所用试剂均为分析纯，水为蒸馏水或相应纯度的水。

1. 异丙醇。

2. 正己烷。

3. 冰乙酸。

4. 苯胺（$C_6H_5NH_2$）。如果测定的空白试验吸收值超过 0.022 时，在苯胺中加入锌粉进行蒸馏，弃去开始和最后的 10%蒸馏部分，放入棕色的玻璃瓶内贮存在 0～4℃冰箱中，该试剂可稳定几个月。

5. 3-氨基-1-丙醇（$H_2NCH_2CH_2CH_2OH$）。

6. 异丙醇—正己烷混合溶剂，6+4，$V+V$。

7. 溶剂 A。量取约 500mL 异丙醇—正己烷混合溶剂、2mL 3-氨基-1-丙醇、8mL 冰乙酸和 50mL 水于 1 000mL 的容量瓶中，再用异丙醇—正己烷混合试剂定容至刻度。

（三）仪器、设备

1. 分光光度计，有 10mm 比色池，可在 440nm 处测量吸光度。

2. 振荡器，振荡频率 120～130 次/min，往复。

3. 恒温水浴锅。

---

* 棉酚快速检测试纸条（棉酚标准比色卡）已研制成功。

4. 具塞三角瓶，100mL、250mL。

5. 容量瓶，25mL，棕色。

6. 吸量管，1mL、3mL、10mL。

7. 移液管，10mL、50mL。

8. 漏斗，直径 50mm。

9. 表玻璃，直径 60mm。

(四) 试样的选取与制备

采集具有代表性的棉籽饼、粕样品至少 2 kg，四分法缩分至约 250g，磨碎，过 2.8mm 孔筛，混匀，装入密闭容器，防止试样变质，低温保存备用。

(五) 测定步骤

1. 称取 1～2g 试样（精确到 0.001g），置于 250mL 具塞三角瓶中，加入 20 粒玻璃珠，用移液管准确加入 50mL 溶剂 A，塞紧瓶塞，放入振荡器内振荡 1h（每分钟 120 次左右）。用干燥的定量滤纸过滤，过滤时在漏斗上加盖一表玻璃以减少溶剂挥发，弃去最初几滴滤液，收集滤液于 100mL 三角瓶中。

2. 用吸量管吸取等量双份滤液 5～10mL（每份含 50～100μg 的棉酚）分别至 2 个 25mL 棕色容量瓶 a 和 b 中，如果需要，用溶剂 A 补充至 10mL。

3. 用异丙醇—正己烷混合溶剂稀释 a 至刻度，摇匀，该溶液用作试样测定液的参比溶液。

4. 用移液管吸取 2 份 10mL 的溶剂 A 分别至两个 25mL 棕色容量瓶 a_0 和 b_0 中。

5. 用异丙醇—正己烷混合溶剂补充容量瓶 a_0 至刻度，摇匀，该溶液用作空白测定液的参比溶液。

6. 加 2.0mL 苯胺于容量瓶 b 和 b_0 中，在沸水浴上加热 30min 显色。

7. 冷却至室温，用异丙醇—正己烷混合溶剂定容，摇匀并静置 1h。

8. 用 10mm 比色池在波长 440nm 处，用分光光度计以 a_0 为参比溶液测定空白测定液 b_0 的吸光度，以 a 为参比溶液测定试样测定液 b 的吸光度，从试样测定液的吸光度值中减去空白测定液的吸光度值，得到校正吸光度 A。

(六) 结果计算

试样中游离棉酚的质量分数（mg/kg）按公式 15－1 计算。

$$X=\frac{A\times 1\,250\times 1\,000}{K\times m\times V}=\frac{A\times 1.25}{K\times m\times V}\times 10^{6} \qquad (式\ 15-1)$$

式中：

A——校正吸光度；

m——试样质量，g；

V——测定用滤液的体积，mL；

K——质量吸收系数，游离棉酚为 $62.5cm^{-1}\cdot g^{-1}\cdot L$。

(七) 结果表示与重复性

每个试样取 2 个平行样进行测定，以其算术平均值为结果。结果表示到 20mg/kg。

同一分析者对同一试样同时或快速连续地进行 2 次测定，所得结果之间的差值：游离棉酚含量<500mg/kg 时，不得超过平均值的 15%；游离棉酚含量为 500～750mg/kg 时，绝对相差不得超过 75mg/kg；游离棉酚含量>750mg/kg 时，不得超过平均值的 10%。

（八）注意事项

1. 在沸水浴上加热显色时，容量瓶塞应保持松弛状态，以免容量瓶内压力过高造成容量瓶破裂；加热结束后，应立刻取出容量瓶塞，以免冷却后造成容量瓶内负压，使取塞困难。

2. 测定中使用了易燃溶剂，应远离明火，防止火灾。

二、亚硝酸盐

亚硝酸盐含量的测定常用重氮偶合比色法。根据使用的试剂不同又分为 α-萘胺法和盐酸萘乙二胺法，α-萘胺毒性强且有异臭，目前已很少使用。此处介绍盐酸萘乙二胺法（GB13085—2005）。

（一）测定原理

样品在弱碱性条件下除去蛋白质，在弱酸性条件下试样中的亚硝酸盐与对氨基苯磺酸反应，生成重氮化合物，再与 N－1－萘基乙二胺偶合形成紫红色化合物，进行比色测定。

（二）试剂

试剂不加说明者，均为分析纯试剂，水为蒸馏水。

1. 氯化铵缓冲液　1 000mL 容量瓶中加入 500mL 水，加入 20mL 盐酸，混匀，加入 50mL 氢氧化铵，用水稀释至刻度。用稀盐酸和稀氢氧化铵调节 pH 至 9.6～9.7。

2. 硫酸锌溶液（0.42mol/L）　称取 120g 硫酸锌（$ZnSO_4 \cdot 7H_2O$），用水溶解，并稀释至 1 000mL。

3. 氢氧化钠溶液（20g/L）　称取 20g 氢氧化钠，用水溶解，并稀释至 1 000mL。

4. 60%乙酸溶液　量取 600mL 乙酸于 1 000mL 容量瓶中，用水稀释至刻度。

5. 对氨基苯磺酸溶液　称取 5g 对氨基苯磺酸，溶于 700mL 水和 300mL 冰乙酸中，置棕色瓶保存，1 周内有效。

6. N－1－萘基乙二胺溶液（1g/L）　称取 0.1g N－1－萘基乙二胺，加乙酸溶解并稀释至 100mL，混匀后置棕色瓶中，在冰箱内保存，1 周内有效。

7. 显色剂　临用前将 N－1－萘基乙二胺溶液和对氨基苯磺酸溶液等体积混合。

8. 亚硝酸钠标准溶液　称取 250.0mg 经（115±5)℃烘至恒重的亚硝酸钠，加水溶解，移入 500mL 容量瓶中，加 100mL 氯化铵缓冲液，加水稀释至刻度，混匀，在 4℃避光保存。此溶液每毫升相当于 500μg 亚硝酸钠。

9. 亚硝酸钠标准工作液　临用前，吸取亚硝酸钠标准溶液 1.00mL，置于 100mL 容量瓶中，加水稀释至刻度，此溶液每毫升相当于 5.0μg 亚硝酸钠。

（三）仪器与设备

1. 分光光度计，有 1cm 比色杯，可在 550nm 处测量。

2. 小型粉碎机。

3. 分析天平，感量 0.000 1g 。

4. 恒温水浴锅。

5. 容量瓶，100mL、200mL、500mL、1 000mL。

6. 烧杯，100mL、200mL、500mL。

7. 吸量管，1mL、2mL、5mL、10mL 。

8. 移液管，10mL。

9. 容量瓶，25mL。

10. 长颈漏斗，直径 75～90mm。

（四）试样的制备

采集有代表性的样品，四分法缩分至约 250g，粉碎，过 1mm 孔筛，混匀，装入密闭容器中，低温保存备用。

（五）测定步骤

1. 试液制备 称取约 5g 试样，精确到 0.001g，置于 200mL 烧杯中，加 70mL 水和 1.2mL 氢氧化钠溶液，混匀，用氢氧化钠溶液调至 pH 为 8～9，全部转移至 200mL 容量瓶中，加 10mL 硫酸锌溶液，混匀，如不产生白色沉淀，再补滴氢氧化钠溶液，直至产生沉淀为止，混匀，置 60℃水浴中加热 10min，取出后冷却至室温，加水至刻度，混匀。放置 0.5h，用滤纸过滤，弃去初滤液 20mL，收集滤液备用。

2. 亚硝酸盐标准曲线的制备 吸取 0、0.5、1.0、2.0、3.0、4.0、5.0mL 亚硝酸钠标准工作液（相当于 0、2.5、5、10、15、20、25μg 亚硝酸钠），分别置于 25mL 容量瓶中。于各瓶中分别加入 4.5mL 氯化铵缓冲液，加 2.5mL 乙酸后立即加入 5.0mL 显色剂，加水至刻度，混匀，在避光处静置 25min，用 1cm 比色杯（灵敏度低时可换 2cm 比色杯），以零管调节零点，于波长 538nm 处测吸光度，以吸光度为纵坐标，各溶液中所含亚硝酸钠质量为横坐标，绘制标准曲线或计算回归方程。

含亚硝酸盐低的试样以制备低含量标准曲线计算，标准系列为：吸取 0、0.4、0.8、1.2、1.6、2.0mL 亚硝酸钠标准工作液（相当于 0、2、4、6、8、10μg 亚硝酸钠）。

3. 测定 吸取 10.0mL 上述试液于 25mL 容量瓶中，按上述自“分别加入 4.5mL 氯化铵缓冲液”起，进行显色和测量试液的吸光度（A_1）。

另取 10.0mL 试液于 25mL 容量瓶中，用水定容至刻度，以水调节零点，测定其吸光度（A_0）。从试液吸光度值 A_1 中扣除吸光度值 A_0 后得吸光度值 A，即 $A=A_1-A_0$，再将 A 代入回归方程进行计算。

（六）测定结果

1. 计算公式 试样中亚硝酸盐的质量分数（mg/kg）按公式 15 - 2 计算。

$$X=\frac{m_2\times v_1\times 1\,000}{m_1\times v_2\times 1\,000} \qquad \text{（式 15 - 2）}$$

式中：

X——样品中亚硝酸盐（以亚硝酸钠计）的含量，mg/kg；

m_1——样品质量，g；

m_2——测定用样液中亚硝酸盐（以亚硝酸钠计）的质量，μg；

V_1——样品处理液总体积，mL；

V_2——测定用样液体积，mL；

1 000——单位换算系数。

2. 结果表示　每个试样取 2 个平行样进行测定，以其算术平均值为结果。

结果表示到 0.1mg/kg。

3. 重复性　同一分析者对同一试样同时或快速连续地进行两次测定，所得结果之间的相对偏差：在亚硝酸盐（以亚硝酸钠计）含量小于或等于 20mg/kg 时，不得大于 10%；在亚硝酸盐（以亚硝酸钠计）含量大于 20mg/kg 时，不得大于 5%。

（七）注意事项

1. 样品滤液颜色较深时，可加活性炭脱色。

2. 在酸性条件下，亚硝酸盐易转化挥发，因此，对高水分样品应尽快分析或碱化后暂存。

三、黄曲霉毒素

黄曲霉毒素（aflatoxin，AF）主要污染玉米、花生、棉籽及其饼（粕），对多种动物均表现出很强的细胞毒性，可致癌和致突变。饲料中常见的黄曲霉毒素污染的种类为 B_1、B_2、G_1、G_2，其中以黄曲霉毒素 B_1 含量最高，毒性最大。黄曲霉毒素 B_1 的检测方法主要有薄层色谱法、酶联免疫吸附法、液相色谱法等。各种方法各有优缺点，薄层色谱法为半定量方法，最低检出量为 5μg/kg；酶联免疫吸附法的最低检出量可达 0.1 μg/kg，但有时有假阳性结果；液相色谱方法需要有大型仪器设备。本节主要介绍薄层色谱法（GB/T 8381—2008）。

（一）原理

样品中的黄曲霉毒素 B_1 经提取、柱层析、洗脱、浓缩、薄层分离后，在 365nm 波长紫外灯光下产生蓝紫色荧光，根据其在薄层板上显示荧光的最低检出量来测定含量。

（二）试剂

本实验所用试剂除特别注明外，均使用分析纯试剂，水为蒸馏水，符合 GB/T 6682—2008 的 3 级用水规定。

1. 有机试剂、三氯甲烷 、甲醇、正己烷或石油醚（沸程 30～60℃）、苯、乙腈、无水乙醚或乙醚（经无水硫酸钠脱水）、丙酮。以上试剂于试验时先进行试剂空白试验，如不干扰测定即可使用，否则需逐一检测进行重蒸。

2. 苯—乙腈混合液。量取 98mL 苯，加 2mL 乙腈混匀。

3. 三氯甲烷—甲醇混合液。量取 97mL 三氯甲烷，3mL 甲醇混匀。

4. 硅胶，柱层析用，80～200 目。

5. 或者薄层色谱用硅胶（GF254），硅胶 G 薄层层析板。

6. 三氟乙酸。

7. 无水硫酸钠。

8. 硅藻土。

9. 黄曲霉毒素标准溶液（10μg/mL）。准确称取 1～1.2mg 黄曲霉毒素 B_1 标准品，先加入 2mL 乙腈溶解，再用苯稀释至 100mL，置于 4℃冰箱中保存。用紫外分光光度计测此标准溶液的最大吸收峰的波长及该波长的吸光度值，并按公式 15－3 计算该标准溶液的浓度：

$$X_1=\frac{A\times M\times 1\,000}{E_2} \qquad \text{（式 15－3）}$$

式中：

X_1——黄曲霉毒素 B_1 标准溶液的浓度，μg/mL；

A——测得的吸光值；

M——黄曲霉毒素 B_1 的分子量，312；

E_2——黄曲霉毒素 B_1 在苯—乙腈混合液中的摩尔消光系数，19 800。

根据计算，用苯—乙腈混合液调整标准溶液浓度为 10μg/mL，并用分光光度计核对其浓度。

10. 黄曲霉毒素标准工作液（0.04μg/mL）。准确吸取 10μg/mL 黄曲霉毒素标准溶液 0.40mL 于 100mL 容量瓶中，加苯—乙腈混合液稀释至刻度，混匀。此溶液相当于黄曲霉毒素 B_1 0.04μg/mL，置于 4℃冰箱中保存。

11. 次氯酸钠溶液。取 100g 漂白粉，加入 500mL 水，搅拌均匀，另将 80g 工业用碳酸钠（$Na_2CO_3 \cdot 10H_2O$）溶于 500mL 温水中，再将两液混合、搅拌，澄清后过滤。此滤液含次氯酸钠浓度为 2.5%。若用漂粉精制备，则碳酸钠的量可以加倍，所得溶液的浓度约为 5%。

（三）仪器

1. 薄层板涂布器。
2. 展开槽，内长 25cm、宽 6cm、高 4cm。
3. 紫外光灯，100～125W，带有波长 365nm 滤光片。
4. 玻璃板 5cm×20cm。
5. 旋转蒸发器或蒸发皿。
6. 电动振荡器。
7. 天平。
8. 具塞刻度试管，10.0mL，2.0mL。
9. 微量注射器或血红蛋白吸管。
10. 层析管，内径 2.2cm，长 30cm，下带活塞，上有贮液器。

（四）操作方法

1. 取样及样品的制备 根据规定检取有代表性的样品。饲料中黄曲霉毒素的污染分布不均匀，应尽量大量取样，并将该大量粉碎样品混合均匀，以保证检测结果的相对可靠。粉碎过 20 目筛，连续多次用四分法缩分至 0.5～1kg，混匀。

2. 提取 取 20g 制备样品，置于磨口锥形瓶中，加 10g 硅藻土，10mL 水和 100mL 三氯甲烷，加塞，在振荡器上振荡 30min，用滤纸过滤，滤液不少于 50mL。

3. 柱层析纯化

（1）柱的制备 柱中加三氯甲烷约 2/3，加 5g 无水硫酸钠，使表面平整，小量慢加

10g 柱层析硅胶，小心排出气泡，静置 15min，再慢慢加入 10g 无水硫酸钠，打开活塞，让液体留下，直至液体到达硫酸钠层上表面，关闭活塞。

（2）纯化　用移液管取 50mL 滤液，放入烧杯中，加 100mL 正己烷，混合均匀后定量转移至层析柱中，用正己烷洗涤烧杯倒入柱中。打开活塞，使液体以 8～12mL/min 流下，直至达到硫酸钠层上面，再把 100mL 乙醚倒入柱子，使液体再流至硫酸钠层上层表面，弃去以上收集液体，整个过程保证柱不干。

用 150mL 三氯甲烷—甲醇液洗脱柱子，用旋转蒸发器烧瓶收集全部洗脱液。在 50℃以下减压蒸馏，用苯—乙腈混合液定量转移残留物到刻度试管中，经 50℃以下水浴挥发，使液体体积到 2.0mL 为止。洗脱液也可在蒸发皿中经 50℃以下水浴挥发干，再用苯—乙腈转移至具塞刻度试管中。

4. 薄层板的制备　称取约 3g 硅胶 G，加相当于硅胶量 2～3 倍的水，用力研磨 1～2min 至糊状后立即倒入涂布器内，推成 5cm×20cm，厚度约 0.25mm 的薄层板 3 块。在空气中干燥约 15min 后，在 100℃活化 2h，取出，放干燥器中保存。一般可保存2～3d,若放置时间较长，可再活化后使用。或直接使用商品硅胶 G 薄层层析板。

5. 样品的测定

（1）点样　将薄层板边缘附着的吸附剂刮净，在距薄层板下端 3cm 的基线上用微量注射器或血红蛋白吸管滴加样液。一块板可滴加 4 个点，点距边缘和间距约为 1cm，点直径约为 3mm。在同一板上滴加点的大小应一致，滴加时可用吹风机冷风边吹边加。滴加样式如下：

第一点：10μL 黄曲霉毒素 B_1 标准使用液（0.04μg/mL）。

第二点：20μL 样液。

第三点：20μL 样液＋10μL 0.04μg/mL 黄曲霉毒素 B_1 标准使用液。

第四点：20μL 样液＋10μL 0.2μg/mL 黄曲霉毒素 B_1 标准使用液。

（2）展开与观察　在展开槽内加 10mL 无水乙醚，预展 12cm，取出挥干。再于另一展开槽内加 10mL 丙酮—三氯甲烷混合液（8＋92），展开 10～12cm，取出。在紫外光下观察结果，方法如下。

由于样液点上加滴黄曲霉毒素 B_1 标准使用液，可使黄曲霉毒素 B_1 标准点与样液中的黄曲霉毒素 B_1 荧光点重叠。如样液为阴性，薄层板上的第 3 点中黄曲霉毒素 B_1 为 0.000 4μg，可用作检查在样液内黄曲霉毒素 B_1 最低检出量是否正常出现；如为阳性，则起定性作用。薄层板上的第 4 点中黄曲霉毒素 B_1 为 0.002μg，主要起定位作用。

若第二点在与黄曲霉毒素 B_1 标准点的相应位置上无蓝紫色荧光点，表示样品中黄曲霉毒素 B_1 含量在 5μg/kg 以下；如在相应位置上有蓝紫色荧光点，则需进行确证试验。

（3）确证试验　为了证实薄层板上样液荧光系由黄曲霉毒素 B_1 产生的，加滴三氟乙酸，产生黄曲霉毒素 B_1 的衍生物，展开后此衍生物的比移值约在 0.1。于薄层板左边依次滴加 2 个点。

第一点：10μL 0.04μg/mL 黄曲霉毒素 B_1 标准使用液。

第二点：20μL 样液。

于以上两点各加 1 小滴三氟乙酸盖于其上，反应 5min 后，用低于 40℃热风吹 2min 后，再依次于薄层板上滴加以下 2 个点。

第三点：10μL 0.04μg/mL 黄曲霉毒素 B_1 标准使用液。

第四点：20μL 样液。

再展开，在紫外光灯下观察样液是否产生与黄曲霉毒素 B_1 标准点相同的衍生物。未加三氟乙酸的 3、4 两点，可依次作为样液与标准的衍生物空白对照。

（4）稀释定量　样液中的黄曲霉毒素 B_1 荧光点的荧光强度如与黄曲霉毒素 B_1 标准点的最低检出量（0.000 4μg）的荧光强度一致，则样品中黄曲霉毒素 B_1 含量即为 5μg/kg。如样液中荧光强度比最低检出量强，则根据其强度估计减少滴加微升数或将样液稀释后再滴加不同微升数，直至样液点的荧光强度与最低检出量的荧光强度一致为止。滴加式样如下：

第一点：10μL 0.04μg/mL 黄曲霉毒素 B_1 标准使用液。

第二点：根据情况滴加 10μL 样液。

第三点：根据情况滴加 15μL 样液。

第四点：根据情况滴加 20μL 样液。

6. 结果计算　样品中黄曲霉毒素 B_1 的含量按公式 15-4 计算：

$$X_2 = 0.000\,4 \times \frac{V_1 D \times 1\,000}{m \times V_2} \qquad (\text{式 } 15-4)$$

式中：

X_2——样品中黄曲霉毒素 B_1 的含量，μg/kg；

V_1——加入苯—乙腈混合液的体积，mL；

V_2——与标准点最低检出量（0.000 4μg）荧光强度一致时滴加样液的体积，mL；

m——浓缩液中所相当的样品质量，g；

D——浓缩样液的总稀释倍数；

0.000 4——黄曲霉毒素 B_1 的最低检出量，μg。

（五）注意事项

1. 凡接触黄曲霉毒素的容器，需用 4%次氯酸钠溶液浸泡半天后或用 5%次氯酸钠溶液浸泡片刻后清洗备用，分析人员操作时要带上医用乳胶手套。

2. 对局部发霉变质的样品检验时，应单独取样检验；如果样品脂肪含量超过 5%，粉碎前应脱脂，分析结果应以未脱脂样品计。

四、玉米赤霉烯酮

玉米赤霉烯酮（zearalenone，ZEN），又称 F-2 毒素，主要污染玉米、小麦、大米、大麦、小米和燕麦等谷物。玉米赤霉烯酮的检测主要有薄层色谱方法、酶联免疫吸附法、免疫亲和柱—荧光光度法、液相色谱方法和气相色谱—质谱方法等。薄层色谱方法的最低检测量是 20ng，也是我国饲料卫生标准检测玉米赤霉烯酮的仲裁方法。本节主要介绍应用薄层色谱方法检测饲料中玉米赤霉烯酮，主要内容参照 GB/T19540—2004。

（一）原理

样品中的玉米赤霉烯酮用三氯甲烷提取，提取液经液—液萃取、浓缩，然后进行薄层色谱分离，限量定量，或用薄层扫描仪测定荧光斑点的吸收值，外标法定量。

（二）试剂

本实验所用试剂除特别注明外，均使用分析纯试剂，水为蒸馏水。

1. 三氯甲烷。

2. 40g /L 氢氧化钠溶液。称取 4 g 氢氧化钠，加水适量溶解，用水稀释至 100mL。

3. 磷酸溶液，体积比分别为 1∶10 和 1∶19。

4. 无水硫酸钠。650℃灼烧 4h，冷却后贮于干燥器中备用。

5. 展开剂。三氯甲烷∶丙酮∶苯∶乙酸为 18∶2∶8∶1。

6. 显色剂。20g 氯化铝（$AlCl_3 \cdot 6H_2O$）溶于 100mL 乙醇中。

7. 薄层板。称取 4g 硅胶 G 置于研钵中加 10mL 0.5%羧甲基纤维素钠水溶液研磨至糊状。立即倒入薄层板涂布器内制备成 10cm×20cm、厚度 0.3mm 的薄层板，在空气中干燥后，用甲醇预展薄层板至前沿，吹干，标记方向，在 105～110℃活化 1h，置于干燥器内保存备用。

8. ZEN 标准储备溶液。称取适量的 ZEN 标准品，用甲醇配制成约 100μg/mL ZEN 标准储备溶液。避光，于－5℃ 以下储存。以甲醇为参比，用紫外分光光度计测定此标准溶液在 314nm 处吸光值，按公式 15－5 计算该标准溶液的浓度：

$$X_1 = \frac{A \times M \times 100}{\varepsilon \times \delta} \quad \text{（式 15－5）}$$

式中：

X_1——ZEN 标准溶液的浓度，μg/mL；

A——测得的吸光度值；

M——ZEN 的分子量，318；

ε——ZEN 在甲醇中的分子吸收系数，600；

δ——比色杯的光径长度，cm。

9. ZEN 标准工作液（20μg/mL）。根据计算的标准储备液的浓度，精密吸取标准储备液适量，用三氯甲烷稀释成浓度为 20μg/mL 的标准工作溶液。

注意：凡接触 ZEN 的容器，需用 4%次氯酸钠溶液浸泡半天或用 5%次氯酸钠溶液浸泡片刻后清洗备用；分析人员操作时要带上医用乳胶手套。

（三）仪器

1. 薄层板涂布器。

2. 展开槽，25cm×15cm×5cm（立式，磨口）。

3. 紫外光灯，100～125W，带有波长 254nm、365nm 滤光片。

4. 玻璃板，10cm×20cm。

5. 旋转蒸发器或蒸发皿。

6. 电动振荡器。

7. 天平。

8. 玻璃器皿有分液漏斗、漏斗。所有玻璃器皿均需用稀盐酸浸泡后清洗干净。

9. 微量注射器。

10. 薄层色谱扫描仪，配有汞灯光源。

（四）操作方法

1. 样品的前处理 称取约20g制备好的样品（精确至0.01g）于具塞锥形瓶中，加入8mL水和100mL三氯甲烷，盖紧瓶塞后在振荡器上振荡1h，加入10g无水硫酸钠，混匀，用滤纸过滤，滤液不少于50mL。

量取50mL滤液于分液漏斗中，沿管壁慢慢地加入氢氧化钠溶液10mL，并轻轻转动1min，静置使分层，将三氯甲烷相转移至第2个分液漏斗中；用氢氧化钠溶液10mL重复提取1次，弃去三氯甲烷层，氢氧化钠溶液层并入原分液漏斗中；用少量蒸馏水淋洗第2个分液漏斗，洗液倒入原分液漏斗中；再用5mL三氯甲烷重复洗2次，弃去三氯甲烷层。向氢氧化钠溶液层中加入6mL磷酸溶液（1：10）后，再用磷酸溶液（1：19）调节pH值至9.5左右，于分液漏斗中加入15mL三氯甲烷，振摇，将三氯甲烷层经盛有约5g无水硫酸钠的慢速滤纸的漏斗中，滤入浓缩瓶中，再用15mL三氯甲烷重复提取2次，三氯甲烷层一并滤入浓缩瓶中，最后用少量三氯甲烷淋洗滤器，洗液全部并于浓缩瓶中。减压浓缩至小体积，将其全量转移至具塞试管中，在氮气流下蒸发至干，用2mL三氯甲烷溶解残渣。摇匀，供薄层色谱点样用。

2. 点样 在距薄层板下端1.5～2cm的基线上，以1cm的间距，依次点标准工作溶液2.5、5、10、20μL（相当于50、100、200、400ng）和试样液20μL。

3. 展开 在展开槽内加展开剂，将薄层板放入其中，展至离原点13～15cm处，取出挥干。

4. 观察与确证 将展开后的薄层板置于波长254nm紫外光灯下，观察与ZEN（50ng）标准点比移值相同处的试样的蓝绿色荧光点。若相同位置上未出现荧光点，则试样中的ZEN含量在本测定方法的最低检测量500μg/kg以下。如果相同位置上出现荧光点，用显色剂对准各荧光点进行喷雾，130℃加热5min后在365nm紫外光灯下，观察荧光点由蓝绿色变为蓝紫色，且荧光强度明显加强，可确证试样中含有ZEN。于荧光点下方用铅笔标记，待扫描定量测定。

5. 定量

（1）*薄层扫描工作参数* 高压汞灯光源；激发波长为313nm，发射波长为400nm；检测方式为反射；狭缝可根据斑点大小进行调节；扫描方式为锯齿扫描。

（2）*标准曲线的绘制* 以ZE N标准工作溶液质量为横坐标，峰面积为纵坐标，绘制标准曲线。

6. 结果计算 根据试样液荧光斑点峰面积积分值从标准曲线上查出相对应的ZEN质量，按公式15-6计算样品中ZEN的含量：

$$X=\frac{m_1\times V_1}{m_0\times V_2} \qquad \text{（式 15-6）}$$

式中：

X——样品中ZEN的含量，μg/kg；

V_1——试样液最后定容的体积，μL；

V_2——试样液点样体积，μL；

m_1——从标准曲线上查得试样液点对应的ZEN质量，ng；

m_0——最后提取液相当试样的质量，g。

五、氟

氟主要来源于高氟饲料和高氟饮水，反刍动物氟的测定有比色法和氟离子选择电极法，比色法又可分为增色法和减色法。比色法干扰因素较多，目前已较少使用。氟离子选择电极法操作简单，目前应用较多。此处介绍氟离子选择电极法（GB/T 13083—2002）。

（一）测定原理

氟离子选择电极的氟化镧单晶膜对氟离子产生选择性的对数响应，氟电极和饱和甘汞电极在被测试液中，电位差可随溶液中氟离子活度的变化而改变，电位变化规律符合能斯特方程式 $E=E^{\circ}-\frac{2.303RT}{F}\lg^{c_F}$，此处 E 与 $\lg^{c_F}$ 呈线性关系，$2.303RT/F$ 为该直线的斜率（25℃时为 59.16）。

在水溶液中，易与氟离子形成络合物的三价铁（Fe^{3+}）、三价铝（Al^{3+}）及硅酸根（SiO^{2-}）等离子干扰氟离子测定，其他常见离子对氟离子测定无影响。在测量溶液的酸度为 pH5～6 时，用总离子强度缓冲液消除干扰离子及酸度的影响。

（二）试剂与材料

全部溶液贮于聚乙烯塑料瓶中。

1. 乙酸钠溶液，c（$CH_3COONa \cdot 3H_2O$）＝3mol/L。

称取 204g 乙酸钠（$CH_3COONa \cdot 3H_2O$），溶于约 300mL 水中，待溶液温度恢复到室温后，以 1mol/L 乙酸调节至 pH7.0，移入 500mL 容量瓶，加水至刻度。

2. 柠檬酸钠溶液，c（$Na_3C_6H_5O_7 \cdot 2H_2O$）＝0.75mol/L。

称取 110g 柠檬酸钠（$Na_3C_6H_5O_7 \cdot 2H_2O$），溶于约 300mL 水中，加高氯酸（$HClO_4$）14mL，移入 500mL 容量瓶，加水至刻度。

3. 总离子强度缓冲液。

乙酸钠溶液与柠檬酸钠溶液等量混合，临用时配制。

4. 盐酸溶液，c（HCl）＝1mol/L。

量取 10mL 盐酸，加水稀释至 120mL。

5. 氟标准溶液

（1）*氟标准贮备液*　称取经 100℃干燥 4h 冷却的氟化钠（分析纯）0.221 0g，溶于水，移入 100mL 容量瓶中，加水至刻度，混匀，贮备于塑料瓶中，置冰箱内保存，此液每毫升相当于 1.0mg 氟。

（2）*氟标准溶液*　临用时准确吸取氟贮备液 10.00mL 于 100mL 容量瓶中，加水至刻度，混匀。此液每毫升相当于 100.0μg 氟。

（3）*氟标准稀溶液*　准确吸取氟标准溶液 10.00mL 于 100mL 容量瓶中，加水至刻度，混匀，此液每毫升相当于 10.0μg 氟，即配即用。

（三）仪器

1. 氟离子选择电极，测量范围 5×10^{-7}～10^{-1}mol/L，pF－1 型或与之相当的电极。

2. 甘汞电极，232 型或与之相当的电极。

3. 磁力搅拌器。

4. 酸度计，测量范围 0～1 400mV，pHS－3 型或与之相当的酸度计或电位计。

5. 分析天平，感量 0.000 1g。

6. 纳氏比色管，50mL。

7. 容量瓶，50mL、100mL。

8. 超声波提取器。

(四) 步骤

1. 氟标准工作液的制备 吸取氟标准稀溶液 0.50、1.00、2.00、5.00、10.00mL，再吸取氟标准溶液 2.00、5.00mL 分别置于 50mL 容量瓶中，于各容量瓶中分别加入盐酸溶液 5.00mL，总离子强度缓冲液 25mL，加水至刻度，混匀。上述标准工作液的浓度分别为 0.1、0.2 、0.4、1.0、2.0、4.0、10.0μg/mL。

2. 试液制备 精确称取 0.5～1g 试样（精确至 0.000 2g），置于 50mL 纳氏比色管中，加入盐酸溶液 5.0mL，密闭提取 1h（不时轻轻摇动比色管），应尽量避免样品黏于管壁上，或置于超声波提取器中密闭提取 20min。提取后加总离子强度缓冲 25mL，加水至刻度，混匀，干过滤。滤液供测定用。

3. 测定 将氟电极和甘汞电极与测定仪器的负端和正端连接，将电极插入盛有水的 50mL 聚乙烯塑料烧杯中，并预热仪器，在磁力搅拌器上以恒速搅拌，读取平衡电位值，更换 2～3 次水，待电位值平衡后，即可进行标准液和试样液的电位测定。

由低到高浓度分别测定氟标准工作液的平衡电位。同法测定试液的平衡电位，以平衡电位为纵坐标，氟标准工作液的氟离子浓度的对数为横坐标，用回归方程计算绘制标准曲线。每次测定均应同时绘制标准曲线，从标准曲线上计算出试液的氟离子浓度。

(五) 结果计算

氟含量按公式 15－7 计算

$$X=\frac{\rho\times 50\times 1\,000}{m\times 1\,000}=\frac{\rho}{m}\times 50 \qquad \text{(式 15－7)}$$

式中：

X——试样中氟的含量，mg/kg；

ρ——试液中氟的浓度，μg/mL；

m——试样质量，g；

50——测试液体积，mL。

(六) 允许差

同一分析者对同一样品同时或快速连续地进行两次测定，所得结果之间的相对偏差在试样中氟含量小于或等于 50mg/kg 时，不超过 10%；在试样中氟含量大于 50mg/kg 时，不超过 5%。

(七) 注意事项

本方法对氟测定的线性范围（测定液中氟浓度）为 10^{-6}～10^{-1}mol/L，实际测定时最好控制在 10^{-5}～10^{-3}mol/L。

六、食盐

饲料配合时因计量错误、重复添加及使用了食盐含量过高的鱼粉、酱油渣等造成动物食盐中毒的现象时有发生。目前，食盐的测定有氯离子选择电极法、滴定法等。滴定法为经典方法，试剂及设备简单，较为常用，此处主要介绍滴定法（GB/T 6439—2007）。

（一）方法原理

在酸性条件下，加入过量硝酸银溶液使样品溶液中的氯化物形成氯化银沉淀，除去沉淀后，用硫氰酸铵回滴过量的硝酸银，根据消耗的硫氰酸铵的量，计算出其氯化物的含量。

（二）试剂

使用试剂除特殊规定外应为分析纯。

1. 硝酸。

2. 硫酸铁（60g/L）。称取硫酸铁［$Fe_2(SO_4)_3 \cdot \times H_2O$］60g 加水微热溶解后，调成1 000mL。

3. 硫酸铁指示剂。250g/L 的硫酸铁水溶液，过滤除去不溶物，与等体积的浓硝酸混合均匀。

4. 氨水溶液。取氨水：蒸馏水＝1∶19。

5. 硫氰酸铵［$c(NH_4CNS)$ ＝0.02moL/L］。称取硫氰酸铵 1.52g 溶于 1 000mL 水中。

6. 氯化钠标准贮备溶液。基准级氯化钠于 500℃灼烧 1h，干燥器中冷却保存，称取5.8454g 溶解于水中，转入 1 000mL 容量瓶中，用水稀释至刻度，摇匀。此氯化钠标准贮备液的浓度为 0.100 0mol/L。

7. 氯化钠标准工作液。准确吸取氯化钠标准贮备溶液 20.00mL 于 100mL 容量瓶中，用水稀释至刻度，摇匀。此氯化钠标准溶液的浓度为 0.020 0mol/L。

8. 硝酸银标准溶液［$c(AgNO_3)$ ＝0.02mol/L］。称取 3.4g 硝酸银溶于 1 000mL 水中，贮于棕色瓶内。

（1）体积比　吸取硝酸银溶液 20.00mL，加硝酸 4mL，指示剂 2mL，在剧烈摇动下用硫氰酸铵溶液滴定，滴至终点为持久的淡红色，按公式 15－8 计算两溶液的体积比 F。

$$F=\frac{20.00}{V_2} \qquad \text{（式 15－8）}$$

式中：

F——硝酸银与硫氰酸铵溶液的体积比；

20.00——硝酸银溶液的体积，mL；

V_2——硫氰酸铵溶液体积，mL。

（2）标定　准确移取氯化钠标准溶液 10.00mL 于 100mL 容量瓶中，加硝酸 4mL，硝酸银标准溶液 25.00mL，振荡使沉淀凝结，用水稀释至刻度，摇匀，静置 5min，过滤入干燥锥形瓶中，吸取滤液 50.00mL，加硫酸铁指示剂 2mL，用硫氰酸铵溶液滴定出现淡红棕色，且30s不褪色即为终点。

硝酸银标准溶液浓度，按式15-9计算。

$$c(AgNO_3)=\frac{m\times(20/1\,000)(10/100)}{0.058\,45\times(V_1-F\times V_2\times100/50)} \quad (式15-9)$$

式中：

$c(AgNO_3)$——硝酸银标准溶液摩尔浓度，mol/L；

m——氯化钠质量，g；

V_1——硝酸银标准溶液体积，mL；

V_2——硫氰酸铵溶液体积，mL；

F——硝酸银与硫氰酸铵溶液的体积比；

0.058 45——与1.00mL硝酸银标准溶液［$c(AgNO_3)=1.000\,0$mol/L］相当的以克表示的氯化钠质量。

（三）仪器设备

1. 实验室用样品粉碎机或研钵。
2. 分样筛，孔径0.45mm（40目）。
3. 分析天平，感量0.000 1g。
4. 刻度移液管，10mL、2mL。
5. 移液管，50mL、25mL。
6. 滴定管，酸式，25mL。
7. 容量瓶，100mL、1 000mL。
8. 烧杯，250mL。
9. 滤纸，快速，直径15.0cm；慢速，直径12.5cm。

（四）样品的选取和制取

选取有代表性的样品，粉碎至40目，用四分法缩减至200g，密封保存，以防止样品组分的变化或变质。

（五）测定步骤

1. 氯化物的提取 称取样品适量（氯含量在0.8%以内，称取样品5g左右；氯含量在0.8%～1.6%，称取样品3g左右；氯含量在1.6%以上，称取样品1g左右），准确至0.000 2g，准确加入硫酸铁溶液50mL，氨水溶液100mL，搅拌数分钟，放置10min，用干的快速滤纸过滤。

2. 测定 准确吸取滤液50.00mL，于100mL容量瓶中，加浓硝酸10mL，硝酸银标准溶液25.00mL，用力振荡使沉淀凝结，用水稀释至刻度，摇匀。静置5min，干过滤入150mL干燥锥形瓶中或静置（过夜）沉化，吸取滤液（澄清液）50.00mL，加硫酸铁指示剂10mL，用硫氰酸铵溶液滴定，出现淡橘红色，且30s不褪色即为终点。

（六）测定结果的计算

氯化物含量用氯元素的百分含量来表示，按公式15-10计算。

$$Cl(\%)=\frac{(V_1-V_2)\times F\times100/50\times c\times150\times0.0355}{m\times50}\times100 \quad (式15-10)$$

式中：

m——样品质量，g；

V_1——硝酸银溶液体积，mL；

V_2——滴定消耗的硫氰酸铵溶液体积，mL；

F——硝酸银与硫氰酸铵溶液体积比；

c——硝酸银的摩尔浓度，mol/L；

0.035 5——与 1.00mL 硝酸银标准溶液［c（$AgNO_3$）＝1.000 0 mol/L］相当的以克表示的氯元素的质量。

(七) 允许差

每个样品应取 2 份平行样进行测定，以其算术平均值为分析结果。氯含量在 3%以下（含 3%），允许绝对差 0.05；氯含量在 3%以上，允许相对偏差 3%。

(八) 快速测定方法

1. 原理　用硝酸银滴定 Cl^- 时，形成溶解性较低的 AgCl 沉淀，当 Cl^- 与 Ag^+ 完全结合后，Ag^+ 与铬酸根形成砖红色的铬酸银沉淀。

2. 步骤

(1) 称取 5g 样品，准确加蒸馏水 200mL，搅拌 15min，放置 15min。

(2) 准确移取上清液 20mL，加蒸馏水 50mL，5%铬酸钾指示剂 1mL。

(3) 用标准硝酸银溶液滴定，呈现砖红色，且 1min 不褪色为终点。

3. 计算　氯的含量以质量分数表示，按公式 15－11 计算：

$$Cl\ (\%) = \frac{(V - V_0) \times C \times 200 \times 0.0355}{m \times 20} \times 100 \qquad (式\ 15-11)$$

式中：

m——样品质量，g；

V——样品滴定消耗硝酸银溶液的体积，mL；

V_0——空白消耗硝酸银溶液的体积，mL；

C——硝酸银的摩尔浓度，mol/L。

4. 允许差　每个样品应取 2 份平行样进行测定，以其算数平均值为分析结果。氯含量在 3%以下（含 3%），允许绝对差 0.05；氯含量在 3%以上，允许相对偏差 3%。

七、氰化物

目前，因投毒造成动物氰化物中毒的事件已很少发生，但因使用了氰甙含量很高的饲料原料，如大量使用亚麻子饼粕、有毒木薯及其副产品等造成动物中毒的事件时有发生，因此，测定氰化物含量仍有实际临床价值。氰化物的测定方法主要有比色法、硝酸银滴定法和氰离子选择电极法。干扰氰化物测定的物质比较多，金属离子、脂肪酸、硫化物、还原剂或氧化剂等均会影响测定。因此，一般都采用蒸馏预处理方法除去干扰物质再进行测定。此处介绍硝酸银滴定法（GB/T 13084—2006）。

(一) 测定原理

以氰甙形式存在于植物体内的氰化物经水浸泡水解后，进行水蒸气蒸馏，蒸出的氢氰酸被碱液吸收。在碱性条件下，以碘化钾为指标，用硝酸银标准溶液滴定定量。

（二）试剂和溶液

除特殊规定外，本方法所用试剂均为分析纯，水为蒸馏水或相应纯度的水。

1. 氢氧化钠溶液（5%） 称取5g氢氧化钠，溶于水，加水稀释至100mL。

2. 氨水（6 mol/L） 量取400mL浓氨水，加水稀释至100mL。

3. 硝酸铅溶液（0.5%） 称取0.5g硝酸铅溶于水，加水稀释至100mL。

4. 硝酸银标准贮备液（0.1 mol/L）

（1）制备 称取17.5g硝酸银，溶于1 000mL水中，混匀，置暗处，密闭保存于玻璃塞棕色瓶中。

（2）标定 称取经500～600℃灼烧至恒重的基准氯化钠1.5g，准确至0.002g。用水溶解，移入250mL容量瓶中，加水稀释至刻度，摇匀。准确移取此溶液25mL于250mL锥形瓶中，加入25mL水及1mL 5%铬酸钾溶液，再用0.1mol/L硝酸银标准贮备液滴定至溶液呈微红色为终点。

硝酸银标准贮备液的摩尔浓度按公式15-12计算：

$$c_o=\frac{m_o\times 25}{V_1\times 0.058\,45\times 250}=\frac{m_o}{V_1}\times 1.710\,9 \qquad (\text{式 } 15-12)$$

式中：

c_o——硝酸银标准贮备液的摩尔浓度，mol/L；

m_o——基准氯化钠质量，g；

V_1——硝酸银标准贮备液的用量，mL；

0.058 45——每毫摩尔氯化钠的质量，g。

5. 硝酸银标准工作液（0.01mol/L） 于临用前将0.1mol/L硝酸银标准贮备液用煮沸并冷却的水稀释10倍，必要时应重新标定。

6. 碘化钾溶液（5%） 称取5g碘化钾，溶于水，加水稀至100mL。

7. 铬酸钾溶液（5%） 称取5g铬酸钾，溶于水，加水稀释至100mL。

（三）仪器和设备

1. 水蒸气蒸馏装置，蒸馏烧瓶2 500～3 000mL。
2. 微量滴定管，2mL。
3. 分析天平，感量0.000 1g。
4. 凯氏烧瓶，500mL。
5. 容量瓶，250mL（棕色）。
6. 锥形瓶，250mL。
7. 吸量管，2mL、10mL。
8. 移液管，100mL。

（四）试样制备

采集具有代表性的样品，至少2kg，四分法缩分至约250g，磨碎，过1mm孔筛，混匀，装入密闭容器，防止试样变质，低温保存备用。

（五）测定步骤

1. 试样水解 称取10～20g试样于凯氏烧瓶中，精确到0.001g，加水约200mL，塞严瓶口，在室温下放置 2～4h，使其水解。

2. 试样蒸馏　将盛有水解试样的凯氏烧瓶迅速连接于水蒸气蒸馏装置，使冷凝管下端浸入盛有 20mL 5％氢氧化钠溶液的锥形瓶的液面下，通水蒸气进行蒸馏，收集蒸馏液 150～160mL，取下锥形瓶，加入 10mL 0.5％硝酸铅溶液，混匀，静置 15min，经滤纸过滤于 250mL 容量瓶中，用水洗涤沉淀物和锥形瓶 3 次，每次 10mL，并入滤液中，加水稀释至刻度，混匀。

3. 测定　准确移取 100mL 滤液置另一锥形瓶中，加入 8mL 6 mol/L 氨水和 2mL 5％碘化钾溶液，混匀，在黑色背景衬托下，用微量滴定管以硝酸银标准工作液滴定至出现混浊时为终点，记录硝酸银标准工作液消耗体积。

在和试样测定相同的条件下，做试剂空白试验，即以蒸馏水代替蒸馏液，用硝酸银标准工作液滴定，记录其消耗体积。

（六）结果计算与表示

试样中质量分数 X（mg/kg）按公式 15－13 计算。

$$X=c\times(V-V_0)\times 54\times\frac{250}{100}\times\frac{1\,000}{m}=\frac{c(V-V_0)}{m}\times 135\,000 \qquad (式\ 15-13)$$

式中：

m——试样质量，g；

c——硝酸银标准工作液摩尔浓度，mol/L；

V——试样测定硝酸银标准工作液消耗体积，mL；

V_0——空白试验硝酸银标准工作液消耗体积，mL；

54——1mL 的 1mol/L 硝酸银相当于氢氰酸的质量，mg。

每个试样取 2 个平行样进行测定，以其算术平均值为结果。结果表示到 1mg/kg。

（七）重复性

同一分析者对同一试样同时或快速连续地进行两次测定，所得结果之间的差值：

在氰化物含量小于或等于 50mg/kg 时，不得超过平均值的 20％；

在氰化物含量大于 50mg/kg 时，不得超过平均值的 10％。

第二节　农　　药

一、有机磷

过去采用酶化学法、薄层层析法及生物学方法等测定有机磷农药的残留，这些方法在过去一定时期内都起过积极作用，但准确性较低，分析过程繁杂，目前已较少使用。目前广泛使用的为气相色谱法，该法灵敏度高、选择性好，并可同时对多种有机磷农药残留进行测定（GB/T 18969—2003）。

（一）原理

以丙酮提取有机磷农药，滤液用水和饱和氯化钠（NaCl）溶液稀释。经二氯甲烷萃取，浓缩后用 10％水脱活硅胶层析柱净化。然后用磷选择性检测器进行气谱检测。

(二) 试剂与材料

仅用分析纯和适合做残留分析纯度的试剂。

通过在相同条件下做空白试验来检查试剂纯度。色谱图上应没有任何杂质峰干扰。

1. 蒸馏水。

2. 正己烷。

3. 丙酮。

4. 二氯甲烷。

5. 乙酸乙酯。

6. 硅胶，用10%水（质量百分数）脱活。130℃ 活化粒度为63～200μm 的硅胶60 过夜，在干燥器中冷却至室温后，将硅胶倒入密封的玻璃容器中。加足够蒸馏水使质量百分浓度为10%。用机械或手用力摇动30s，静止30min，其间应不时摇动，30min 后硅胶即可用。此硅胶6h之内必须使用。

7. 洗脱溶剂，混合二氯甲烷与正己烷（1+1）。

8. 惰性气体，如氮气。

9. 无水硫酸钠。

10. 饱和氯化钠（NaCl）溶液。

11. 农药标准品。①谷硫磷：O，O-二甲基-S-（4-氧代-1，2，3-苯并三氮苯-3-甲基）二硫代磷酸酯；②乐果：O，O-二甲基-S-（N-甲基氨基甲酰甲基）二硫代磷酸酯；③乙硫磷：双-（O，O-二乙基二硫代磷酸酯）-甲烷；④马拉硫磷：O，O-二甲基-S-［1，2-双（乙氧羰基）乙基］二硫代磷酸酯；⑤甲基对硫磷：O，O-二甲基-O-（对硝基苯基）硫逐磷酸酯；⑥伏杀磷：O，O-二乙基-S-［（6-氯-2-氧苯并噁唑啉-3-基）甲基］二硫代磷酸酯；⑦蝇毒磷：O，O-二乙基-O-（3-氯-4-甲基-2-氧代-2-氢-1-苯并吡喃-7）硫逐磷酸酯。

12. 内标，三丁基磷酸酯。

13. 农药标准溶液。

（1）贮备液　浓度为1 000μg/mL。

按如下方法，每种农药标准做一个贮备液，作为农药标准品和内标。

称一定量的农药（精确到0.1μg/mL），使得标准品和内标物浓度为1 000μg/mL。称量时注意各标准品的纯度。将称量物转移到100mL 容量瓶中，溶解于乙酸乙酯中并用乙酸乙酯定容至刻度。黑暗处4℃可保存6个月。

（2）中间溶液　浓度为10pg/mL。

分别用移液管取1mL 贮备液，加入到100mL 容量瓶中，用乙酸乙酯稀释到刻度。这些溶液可在4℃黑暗处保存1个月。

注：农药标准品保存适当时是稳定的，研究表明，所有的纯农药标准品，在－18℃时可稳定15年。农药的甲苯贮备液（1mg/kg）至少可稳定3年。

以下推荐的方法可以延长保存时间：转移部分标准品溶液到带有螺旋口的琥珀色小瓶中，称重，然后贮存在－20℃，需要时，将小瓶从冷藏室中取出，放置到室温，称重。如果净重的累积损失量（由于蒸发）比冷冻前达10%或更多，则不可使用。按此方法，可使用时间超过 1 个月中间溶液（通常用 25mL 瓶装），用后称重，重新冷冻。

(3) 工作液　浓度为 0.5μg/mL。

用移液管吸取 5mL 中间溶液加入到 100mL 容量瓶中，用乙酸乙酯定容。在 4℃、黑暗条件下，此溶液可稳定保存 1 个月。

14. 空白试样，与被测样品同类但不含检测物质的样品。

(三) 仪器

使用前，用清洗剂彻底清洗所有玻璃仪器，以免杂质干扰。冲洗过程为先用水，后用丙酮，最后干燥。忌用塑料容器，勿用油脂润滑活塞，否则杂质会混入溶剂中。

1. 分液漏斗，500mL 和 1 000mL 容量，配聚四氟乙烯旋塞和盖子。

2. 吸滤瓶，500mL 容量。

3. 布氏漏斗，瓷性滤芯，内径为 90mm。

4. 刻度管，10mL 容量，配聚四氟乙烯塞子。

5. 玻璃层析柱，长约 300mm，内径为 8～10mm，内装孔径为 40～100μm 玻璃滤片或玻璃毛。

6. 旋转蒸发器，配备 100mL 和 500mL 的圆底烧瓶，水浴温度为 40℃。

7. 振荡器或高速匀浆机。

8. 气相色谱系统

(1) 仪器　不分流或柱头进样系统、色谱柱、磷选择检测器、静电计、毫伏记录器和积分器、数据处理软件和计算机系统。

进样口、柱箱和检测器应分别有独立加热装置。控温精度为 0.1℃的气谱系统，可根据仪器使用特性调整参数，使之最优化。

(2) 条件　根据仪器使用说明，进样口和检测器温度分别为 220～240℃和 180～380℃。有机磷的分离用色谱柱及温度程序采用推荐条件。

(3) 进样设备　自动进样器或其他适当的进样装置。

手动进样，可用 1～5μL 的微量进样器，针长适用于进样（不分流或柱头）。在将溶液注入气相色谱仪前，先用纯溶剂洗进样器 10 次，然后用待测试液洗 5 次。进样后，用纯溶剂洗 5 次。

(4) 柱　毛细管柱应涂上无极性到中等极性范围的固定相，推荐使用如 SE－30、SE－54、OV－17 或其他等效固定相。

填充色谱柱，长 2～4m，内径 2～4mm，内装 10% DC－200，涂于 Chromosorb WHP，粒度为 0.15～0.18mm，或 2% QF－1 和 1.5% DC－200 的混合固定相，涂于 Chromosorb WHP，粒度为 0.125～1.15mm，也可用有机磷农药分析时推荐使用的其他固定相替代。

色谱柱温度程序可参考以下示例进行，以使农药的混合组分分离。新的柱子安装后，应在略高于最高操作温度老化至少 48h。

①示例 1：

柱：石英玻璃毛细管 OV－1，长 25m，内径 0.25mm，膜厚 0.25μm。

柱温：初温 60℃，保持 2min，以 20℃/min 升温至 130℃，再以 8℃/min 升温至

240℃，保持 5min。

进样器：250℃，不分流延迟 45s，或柱头进样。

检测器：选择 N、P 检测器 P 型，280℃，或质谱检测器。

②示例 2：

柱：石英玻璃毛细管 SE－54，长 25m，内径 0.25mm，膜厚 0.25μm。

柱温：初温 60℃，保持 0.5min，以 30℃/min 升温至 130℃，再以 6℃/min 升温至 240℃，保持 2min。

进样器：250℃，不分流延迟 45s，或柱头进样。

检测器：选择 N、P 检测器 P 型，280℃，或质谱检测器。

③示例 3：

柱：石英玻璃毛细管 OV－17，长 30m，内径 0.25mm，膜厚 0.25μm。

柱温：初温 60℃，保持 0.5min，以 30℃/min 升温至 160℃，再以 6℃/min 升温至 240℃，保持 4min。

进样器：250℃，不分流延迟 45s，或柱头进样。

检测器：选择 N、P 检测器 P 型，285℃，或质谱检测器。

(5) 检测器　使用磷选择检测器（FPD 或 NPDP 型），各有机磷农药的最小检测限在 50pg。

(6) 载气　纯氮、纯氦或纯氢气。

0.5nm 的分子筛安装在载气气路上，使用前在 350℃活化 4～8h。

每当装配新气瓶或必要时，应重新活化分子筛。

(7) 补充气　用氢气或空气。

(8) 系统的线性确证　用 0.1～2ng 的对硫磷检查系统线性。

准备 0.05～1.0μg/mL 的对硫磷工作液，进样量为 2μL，以峰值（面积或峰高）对对硫磷质量（ng）作图，图形应是一条通过原点的直线。如果不呈线性，应确定检测器响应为线性的浓度范围。

(四) 步骤

1. 概述　分析时应做空白，以作参比校正之用。试样和相同基质的空白试样均按分析步骤进行。

2. 试样　干燥的和低湿度的样品应全部过 1mm 孔径分析筛，高湿度的样品如青草、青贮饲料等应切碎混匀。

干燥或低湿度的试样，称取 50g，高湿度的样品，称取 100g（精确到 0.1g）。放入 1 000mL 锥形瓶中。

3. 提取　加水使试样总含水量约 100g，浸泡 5min 左右。加 200mL 丙酮，塞紧瓶塞，在摇床上振荡提取 2h 或在匀浆机上匀浆 2min。用真空泵抽滤，在布氏漏斗中用中性滤纸，滤液接入 500mL 的吸滤瓶中。分两次加入 25mL 丙酮清洗容器和滤纸上的残渣，滤液收集到同一个滤瓶中。

将滤液转入 1 000mL 分液漏斗中。滤瓶用 100mL 二氯甲烷清洗，清洗液也倒入分液漏斗中，加 250mL 水和 50mL 饱和氯化钠溶液振摇 2min，使相分离，放出下层（二氯甲烷）到500mL分液漏斗中，再用50mL二氯甲烷萃取两次，合并二氯甲烷到同一分液漏斗中。

用100mL水清洗二氯甲烷提取物两次，弃去水相。

将20g无水硫酸钠加到滤纸上，真空过滤二氯甲烷提取物，滤液接入500mL烧瓶中。用10mL二氯甲烷冲洗分液漏斗两次。

减压浓缩至2mL左右。温度不超过40℃。用1～2mL的正己烷将浓缩物转移到10mL刻度管中，在氮气下浓缩至1mL，不要让溶液干了，否则农药会由于挥发或溶解度差而损失。

4. 柱净化

(1) 柱的制备　加5g质量分数为10%的水脱活硅胶到玻璃层析柱内。在硅胶顶部，加5g无水硫酸钠。再用20mL正己烷预洗柱子。

注：硅石或弗罗里硅土（即MilliporrSEPP AK）也可代替硅胶，但需检验柱效及干扰情况。

(2) 净化　用1～2mL正己烷将浓缩的提取物定量转移到层析柱顶部。

用50mL洗脱液洗出有机磷农药，收集洗脱液到100mL的真空蒸发器的烧瓶中。

按"3. 提取"浓缩洗脱液，用乙酸乙酯定容到10mL。

当使用内标法时，加乙酸乙酯定容到10mL之前，先加0.5mL磷酸三丁酯内标中间液。用空白试液做参比标准溶液。

5. 气相色谱仪　在推荐使用条件下，待气相色谱仪稳定。先注射1～2μL标准工作液，再注射等量的样品净化液，必要时需稀释。

根据保留时间，确定各种农药的峰。

通过标准工作液中各已知浓度农药的峰值进行比较，确定试样溶液中各农药的浓度。

如果结果相当或大于最高残留限量（MRLs），将适量标准中间液加到空白试液中，以保证参比液的峰值在试样液峰值的25%以内。用乙酸乙酯稀释到10mL，进样量与试液进样量相同。

通过比较试样与相应的已知农药浓度的参比试液的峰值来确定农药的浓度。

（五）结果计算及表示方法

根据公式15-14计算试样中各农药的残留量：

$$W=\frac{A\times m_s\times V}{A_s\times m\times V_1} \qquad \text{（式 15-14）}$$

式中：

W——试样中各种农药的残留量，单位为mg/kg；

A——试样（5.4.2）峰值；

A_s——工作液（3.13.3）或参比试液（5.4.2）中对应农药的峰值；

m_s——标准品的进样质量，单位为ng；

V——稀释后试样总体积，单位为mL；

V_1——试样进样量，单位为μL；

m——试样的质量，单位为 g。

（六）精密度

大于 0.1mg/kg 时两次平行测定的相对偏差不大于 10%。

小于 0.1mg/kg 时两次平行测定的相对偏差不大于 20%。

（七）注意事项

用于检测配合饲料、预混合饲料及饲料原料中谷硫磷、乐果、乙硫磷、马拉硫磷、甲基对硫磷、伏杀磷、蝇毒磷等农药中一种或几种的残留量，各农药的检测限依次为 0.01mg/kg、0.01mg/kg、0.01mg/kg、0.05mg/kg、0.01mg/kg、0.01mg/kg、0.02mg/kg。

二、氨基甲酸酯类农药

氨基甲酸酯类农药毒性作用机理与有机磷农药相似，但对温血动物毒性相对较弱，胆碱酯酶活性可自行恢复，目前使用较多，因此，中毒事件发生较多。氨基甲酸酯类农药残留测定常用的方法有比色法、高效液相色谱法等。比色法具有较高的灵敏度和准确性，但干扰因素多，净化过程复杂。高效液相色谱法相对快速、简便，但需要比较昂贵的仪器。目前主要采用气相色谱法，可同时对多种氨基甲酸酯类农药残留进行测定（GB/T 19373—2003）。

（一）原理

以丙酮提取配合饲料或浓缩饲料中氨基甲酸酯类农药，加硫酸钠水溶液，用石油醚提取，经弗罗里硅土柱净化，然后用配有氮磷检测器（NPD）和毛细管柱的气相色谱仪测定。

（二）试剂与材料

除特殊说明外，所用试剂均为分析纯，有机溶剂在检测前均应做空白试验，以检查试剂的纯度，色谱图上应没有干扰检测的杂质峰。

1. 蒸馏水。
2. 丙酮。
3. 石油醚（沸程范围 60～90℃）。
4. 乙酸乙酯。
5. 二氯甲烷。
6. 二氯甲烷+石油醚溶液（1+1）。
7. 无水硫酸钠。
8. 20g/L 硫酸钠溶液。称取 20g 无水硫酸钠溶于 1L 水中。
9. 弗罗里硅土（0.15～0.18mm）。使用前经 130℃烘 4h，保存于干燥器内备用。
10. 洗脱液。吸取 60mL 乙酸乙酯+40mL 石油醚混合。
11. 农药标准品。速灭威（间甲苯基-N-甲基氨基甲酸酯）：99%；叶蝉散（邻异丙基苯基甲基氨基甲酸酯）：99%；仲丁威（邻仲丁基苯基甲基氨基甲酸酯）：99%；噁虫威[2，3-（异丙撑二氧）萘基 N-甲基氨基甲酸酯]：98.5%；呋喃丹（2，3-二氢-2，2-

二甲基-7-本并呋喃基-甲基氨基甲酸酯)：99%；抗蚜威（5，6-二甲基-N-二甲氨基-4-嘧啶基-2甲基氨基甲酸酯)：98%；西维因（1-萘基N-甲基氨基甲酸酯)：98%。

12. 农药标准溶液。

(1) 贮备液　称取农药标准品各20mg精确到0.1mg，分别用乙酸乙酯溶解在100mL容量瓶中，并定容到100mL，各农药标准品浓度为200mg/L。

(2) 中间液　吸取中各农药标准贮备液1.0mL置于同一100mL容量瓶中，用乙酸乙酯定容到100mL。此时混合农药标准浓度为2.0mg/L。

(3) 工作液　吸取不同体积的中间液，用乙酸乙酯配制成各农药浓度为0.1mg/L、0.2mg/L、0.3mg/L、0.4mg/L、0.5mg/L的工作液。

(三) 仪器

1. 三角瓶，500mL具塞。

2. 分液漏斗，500mL具塞。

3. 层析柱，长17cm、内径1cm玻璃层析柱。依次加少许玻璃棉或脱脂棉，2g无水硫酸钠，6g氟罗里硅土，4g无水硫酸钠，稍加振动使层析柱充实。

注意　为避免杂质干扰，常规实验室仪器使用前要彻底清洗，用水冲洗干净，再用丙酮清洗，干燥后方可使用。忌用塑料容器，勿用油脂润滑活塞。

4. 分析天平，感量0.000 1g。

5. 旋转蒸发器。

6. 超声波提取器。

7. 离心机，3 000r/min。

8. 气相色谱仪。配备氮、磷检测器（NPD)，毛细管柱，柱径0.25mm，长2.5m，HP-5液膜厚度2～3μm。

(四) 步骤

1. 提取　准确称取（10±0.1）g经粉碎并完全通过0.45mm孔径分析筛的样品，放入三角瓶内，加100mL丙酮，于超声波提取器内提取20min，每隔5min摇动一次，然后转移到100mL离心管内，3 000r/min离心5min，取清液50mL加到分液漏斗内，加100mL硫酸钠溶液，依次加50mL、30mL、30mL二氯甲烷+石油醚用分液漏斗提取、合并二氯甲烷石油醚提取液经20g无水硫酸钠脱水，收集在旋转浓缩器内，于60℃水浴上，减压浓缩到约2mL，待柱净化。

2. 净化　用洗脱液50mL预洗层析柱，弃去，将浓缩的提取液转移到层析柱内，用5mL洗脱液分数次洗涤烧瓶也转移到层析柱内，用洗脱液20mL，收集洗脱液于浓缩器内，减压浓缩到约2mL，转移到5mL刻度试管内，用2mL石油醚分数次洗涤浓缩器也转移到同一试管内，用氮气吹至近干，用石油醚定容到1mL，供气相色谱测定。

3. 气相色谱测定

(1) 气相色谱条件

载气：氮气，柱流速2.0mL/min。

不分流进样，延迟时间0.6min。

温度：进样口280℃、检测器280℃、柱箱170℃保持1min，以8℃/min的速度升温

至 230℃恒温 12min，

检测器条件：氢气流速 3.0mL/min；空气流速 80mL/min；补充气流速 20mL/min。

（2）定性定量测定　气相色谱仪稳定后，注入 1μmL 农药标准工作液和试样液，7 种氨基甲酸酯类农药出峰最快为速灭威，如将速灭威的比保留值定为 1.0，则叶蝉散为 1.10；仲丁威为 1.26；噁虫威为 1.40；呋喃丹为 1.89；抗蚜威为 2.03；西维因为 2.59。

根据比保留值比较对试样中的氨基甲酸酯类农药进行定性确认。

根据农药标准工作液中已知浓度各农药的峰值（高或面积）与试样中确认的各农药的峰值（峰高或峰面积）比较进行定量测定。

注意：在进行气相色谱分析时，应每间隔 5～6 个试样注入一次标准工作液，以检验仪器的灵敏度是否发生变化。

（五）结果计算及表示方法

调整农药标准工作液中各农药的浓度，使峰值（峰高或峰面积）与试样中各农药的峰值（峰高或峰面积）相近。依公式 15－15 进行单标比较计算试样中各农药的残留量 W（mg/kg）。

$$W=\frac{A\times m_s\times V}{A_s\times m\times V_1} \quad (式 15-15)$$

式中：

A——试样溶液中各农药的峰值；

A_s——标准工作液中各种农药的峰值；

m_s——标准工作液中各种农药标准品的进样质量，单位为 ng；

V——试样溶液的定容体积，单位为 mL；

V_1——试样溶液的注入体积，单位为 μL；

m——试样的质量，单位为 g。

结果表示至小数点后两位。

（六）允许差

如农药残留量超过 0.2mg/kg 时，分析结果的相对偏差应小于 10%，农药残留量低于 0.2mg/kg 时，分析结果的相对偏差应小于 20%。

（七）注意事项

本方法适用于配合饲料和浓缩饲料中速灭威、叶蝉散、仲丁威、噁虫威、呋喃丹、抗蚜威和西维因七种氨基甲酸酯类农药残留量的测定。对抗蚜威的最小检测浓度为 0.02 mg/kg，对速灭威、叶蝉散、仲丁威、噁虫威、呋喃丹和西维因的最小检测浓度为 0.04 mg/kg。

三、拟除虫菊酯类农药

除虫菊酯类农药是目前我国使用量比较大的一类农药，目前主要用电子捕获气相色谱法，可同时对多种除虫菊酯类农药残留量进行测定（GB/T 19372—2003）。

（一）原理

以丙酮提取配合饲料或浓缩饲料中除虫菊酯类农药，加硫酸钠溶液，用石油醚提取，经弗罗里硅土柱净化，然后用配有电子捕获检测器和毛细管柱的气相色谱仪测定。

（二）试剂与材料

除特殊说明外，所用试剂均为分析纯，有机溶剂在检测前均应做空白试验以检查试剂的纯度，色谱图上应没有干扰检测的杂质峰。

1. 水符合 GB/T 6682—2008 二级用水规定。

2. 丙酮。

3. 石油醚（沸程范围 60～90℃）。

4. 乙酸乙酯。

5. 无水硫酸钠。

6. 硫酸钠溶液。称取 20g 无水硫酸钠溶于 1L 水中。

7. 弗罗里硅土（直径 0.15～0.18mm）。使用前经 130℃烘 4h，保存于干燥器内备用。

8. 洗脱液。5mL 乙酸乙酯＋95mL 石油醚混合。

9. 农药标准品。联苯菊酯；甲苯菊酯［a-氰基-3-苯氧基苄基-2，2，3，3-四甲基环丙烷羧酸酯］：98%；三氟氯氰菊酯［3-（2-氯-3，3，3-三氟丙烯基）-2，2-二早基环丙烷羧酸 a-氯基-3-苯氧基苄基酯］：98%；氯菊酯［（3-苯氯苄基）甲基顺式，反式（±）-3-（2，2-二氯乙烯基）-2，2-二甲基环丙烷羧酸酯］：98%；氯氰菊酯［a-氰基-（3-苯氧苄基）（1RS）-IR，3R-3-（2，2-二氯乙烯基）-2，2-二甲基环丙烷羧酸酯］：99%；氰戊菊酯［a-氰基-3-苯氧苄基（R，S）-2-（4 氯苯基-3-甲基丁酸酯］：97%；氟胺氰菊酯［N-（2-氯-4-三氟甲基苯基）-DL-a-氨基异戊酸-a-氰基（3-苯氧基苄基甲基酯）］：96%；溴氰菊酯［a-氰基苯氧基苄基（1R，3R）-3-（3，2-二溴乙烯基-2，3-二甲基环丙烷羧酸酯］：99%。

10. 农药标准溶液。

（1）*贮备液* 称取农药标准品各 20mg 精确到 0.1mg，分别用石油醚溶解在 100mL 容量瓶中，并定容到 100mL，各农药标准品浓度为 200mg/L。

（2）*中间液* 吸取各农药标准贮备液 1.0mL 置于同一 100mL 容量瓶中，用石油醚定容到 100mL。此时混合农药标准浓度为 2.0mg/L。

（3）*工作液* 吸取不同体积的中间液，用石油醚配制成各农药浓度为 0.0 5mg/L、0.10mg/L、0.2 0mg/L、0.30mg/L、0.40mg/L、0.50mg/L 的工作液。

（三）仪器

1. 具塞三角瓶，500mL

2. 分液漏斗，500mL.

3. 层析柱，长 17cm，内径 1cm 玻璃层析柱，依次加少许玻璃棉或脱脂棉，2g 无水硫酸钠，4g 氟罗里硅土、4g 无水硫酸钠，稍加振动使之充实。

注意：为避免杂质干扰，常规实验室仪器使用前要彻底清洗用水冲洗干净后，再用丙酮清洗，干燥后方可使用。忌用塑料容器，勿用油脂润滑活塞。

4. 旋转蒸发器。

5. 超声波提取器。

6. 离心机，3 000r/min。

7. 气相色谱仪。电子捕获检测器（^{63}Ni ECD），毛细管柱，内径 0.25mm，柱长 2.5m，db-1 液膜厚度 2～3μm。

（四）步骤

1. 提取 准确称取（10±0.1）g 经粉碎并完全通过 0.45mm 孔径分析筛的样品，放入三角瓶内，加 100mL 丙酮，于超声波提取器内，超声提取 20min，每隔 5min 摇动一次，然后转移到 100mL 离心管内，3 000r/min 离心 5min，取上清液 50mL 加到分液漏斗内，加 100mL 20g/L 硫酸钠溶液，依次加 50、30、30mL 石油醚提取，合并石油醚提取液经 20g 无水硫酸钠脱水，收集在旋转浓缩器内，于 60℃水浴上，减压浓缩到约 5mL，转移到 50mL 烧杯内，另用 5mL 石油醚分数次洗涤浓缩器，也转移到同一 50mL 烧杯内，用氮气吹至近干，加 2mL 洗脱液溶解，待柱净化。

2. 净化 用洗脱液 50mL 预洗层析柱弃去，将浓缩的提取液转移到层析柱内，用 5mL 洗脱液分数次洗涤烧杯也转移到层析柱内，用 70mL 洗脱液洗脱，收集洗脱液于浓缩器内，减压浓缩到约 2mL，转移到 5mL 刻度试管内，用 2mL 石油醚分数次洗涤浓缩器也转到同一试管内，用氮气吹至近干，用石油醚定容到 1mL，供气相色谱测定。

3. 气相色谱测定

（1）气相色谱条件 载气：氮气，柱流速 2.0mL/min。

分流进样：分流比为 30∶1。

温度：进样口 280℃、检测器 300℃、柱箱 235℃。

（2）定性定量测定 在气相色谱仪稳定后，注入 1μL 农药标准工作液和试样液，8 种除虫菊酯类农药出峰最快的为联苯菊酯，如将此峰的比保留值定为 1.0，则甲氰菊酯为 1.25；三氟氯氰菊酯为 1.86；氯菊酯为 1.97；氯氰菊酯的 3 个组分为 3.18、3.44、3.63；氰戊菊酯的 2 个组分为 4.47、4.96；氟胺氰菊酯的 2 个组分为 5.52、5.75；溴氰菊酯为 6.23。

根据比保留值比较对试样中的除虫菊酯类农药进行定性确认。根据农药标准工作液中已知浓度各农药的峰值（峰高或峰面积）与试样中确认的各农药的峰值（峰高或峰面积）比较进行定量测定。

注意：在进行气相色谱分析时，应每间隔 5 个试样注入一次标准工作液，以检验仪器的灵敏度。

（五）结果计算

调整农药标准工作液中各农药的浓度，使峰值（峰高或峰面积）与试样中各农药的峰值（峰高或峰面积）相近。依公式 15-16 进行单点比较计算试样中各农药的残留量 W（mg/kg）：

$$W=\frac{A \cdot m_s \cdot V}{A_s \cdot m \cdot V_1} \quad \text{（式 15-16）}$$

式中：

A——试样溶液中各农药的峰值；

A_s——标准工作液中各农药的峰值；

m_s——标准工作液中各农药的进样质量，单位为 ng；

V——试样的定容体积，单位为 mL；

V_1——试样溶液的注入体积，单位为 μL；

m——试样的质量，单位为 g。

结果表示至小数点后两位。

（六）允许差

如农药残留量超过 0.1mg/kg 时，分析结果的相对误差应小于 10%；农药残留量低于 0.1mg/kg 时，分析结果的相对误差应小于 20%。

（七）注意事项

本方法适用于配合饲料和浓缩饲料中联苯菊酯、甲氰菊酯、三氟氯氰菊酯、氯菊酯、氯氰菊酯、氰戊菊酯、氟胺氰菊酯和溴氰菊酯 8 种除虫菊酯类农药残留量的测定。联苯菊酯、甲氰菊酯、三氟氯氰菊酯的最小检测浓度为 0.005mg/kg；氯菊酯、氯氰菊酯、氰戊菊酯、氟胺氰菊酯和溴氰菊酯的最小检测浓度为 0.02mg/kg。

第三节　灭鼠药

一、磷化物

目前用于灭鼠和杀虫的磷化物主要有磷化锌、磷化铝、磷化钙等。这些物质遇水或在酸性条件下产生磷化氢，具有强烈刺激性，具有胃杀和触杀作用。磷化物的定量测定多通过测定磷含量后进行折算，因样品中磷酸盐形式的磷对动物实际无毒，因此，磷定量测定结果对磷化物中毒诊断无太大实际价值。本文介绍磷化物定性测定。

（一）测定原理

在酸性条件下，磷与锌粒和酸产生的新生态氢反应生成磷化氢气体，再与溴化汞试纸生成黄色至橙色的色斑。硫化氢气体有类似的反应，可用醋酸铅棉花除去干扰。

（二）试剂和溶液

除特殊规定外，本方法所用试剂均为分析纯，水为蒸馏水或相应纯度的水。

1. 5%溴化汞—乙醇溶液。

2. 10%乙酸铅溶液。

3. 盐酸。

4. 无砷锌粒。

5. 15%碘化钾溶液。称取 75g 碘化钾溶于水中，定容至 500mL，贮存于棕色瓶中。

6. 氯化亚锡溶液。称取 40g 氯化亚锡（$SnCl_2 \cdot 2H_2O$），加盐酸溶解并稀释至 100mL，加入数颗金属锡粒。

7. 溴化汞试纸。将剪成直径 2cm 的圆形滤纸片，在 5%溴化汞乙醇溶液中浸渍 1h，保存于冰箱中，临用前置暗处阴干备用。

8. 乙酸铅棉花。用 10%乙酸铅溶液浸透脱脂棉后，压除多余溶液，并使疏松，在 100℃以下干燥后，贮存于玻璃瓶中。

(三) 仪器和器皿

同砷的测定。

(四) 测定步骤

取5～10g样品及同量试剂空白液于测砷瓶中，加5mL 15%碘化钾溶液，5滴酸性氯化亚锡溶液和5mL盐酸，各加水至40mL。

于上述样品、空白的测砷瓶中各加3g锌粒。立即塞上预先装有乙酸铅棉花及溴化汞试纸的测砷管，于25℃放置1h，取出试样及试剂空白的溴化汞试纸，观察有无黄褐色斑及色斑深浅。

(五) 结果判定

在溴化汞试纸上能产生黄褐色的化合物除磷化物外还有砷化物和锑化物，因此，溴化汞试纸上有黄褐色点时可判为磷化物可疑，需进一步验证。

可将溴化汞试纸色斑处加水湿润，在氨气中熏蒸5min左右，如果颜色不变，则可判为磷化物；如颜色变黑，则可判为砷化物。将溴化汞试纸在盐酸雾中熏蒸10min左右，若色斑褪去，则为锑化物，不褪则为砷化物。

二、敌鼠

敌鼠是普遍使用的一种新型抗凝血杀鼠药，化学名为2-(二苯基乙酰基)茚三酮，可用三氯化铁显色法定性检测。

1. 原理 敌鼠或其钠盐，在酸性介质中能与三氯化铁作用发生反应，生成砖红色物质。

2. 试剂 10%酒石酸溶液、1%三氯化铁溶液、无水乙醇。

3. 测定步骤 取5～10g样品于150mL锥形瓶中，加50mL无水乙醇，振摇30min，过滤，滤液备用。

取3支25mL比色管，第1支比色管中加入10mL无水乙醇，其余2支比色管中分别加入5mL滤液，并加无水乙醇至10mL刻度，摇匀后各管加入1%三氯化铁0.5mL，加酒石酸溶液1.0mL，摇匀放置2min后，观察。

4. 结果判定 样品中有敌鼠存在时，反应液中有砖红色物质生成。

三、氟乙酰胺

测定氟乙酰胺的方法很多，如纸层析、羟肟酸反应、硫靛蓝反应及测定无机氟含量等，总体来看，这些定性或定量方法均不太理想。本文介绍实验室常用的羟肟酸反应和硫靛蓝反应法。

(一) 样品处理

取可疑样品20g左右，如含水量高，应低温蒸干。加入50mL无水乙醇，振摇浸提1h，过滤，滤液低温蒸干，加入2mL无水乙醇溶解，制成待检液备用。

（二）羟肟酸反应

1. 原理　在碱性条件下，氟乙酰胺与羟胺反应，生成氟乙酰胺羟肟酸，其再与三价铁离子反应，生成紫红色化合物，借以判定氟乙酰胺的存在。

2. 试剂　20%盐酸羟胺：取 20g 盐酸羟胺，加水溶解，定容至 100mL。

3mol/L 氢氧化钠溶液：取 12g 氢氧化钠，加水溶解，定容至 100mL。

3mol/L 盐酸溶液：取 25mL 浓盐酸，加水定容至 100mL。

1% 三氯化铁溶液：取 1g 三氯化铁，用 3mol/L 盐酸溶液溶解，定容至 100mL。

3. 测定步骤　取检液 4 滴于 10mL 小试管中，加入 3mol/L 氢氧化钠溶液和 20%盐酸羟胺各 4 滴，沸水浴 5min，冷却后加入 1 % 三氯化铁溶液 4～6 滴，摇匀观察。

4. 结果判定　有氟乙酰胺存在时，溶液呈紫红色。

（三）硫靛蓝反应法

1. 原理　在碱性条件下，氟乙酰胺与邻硫羟甲苯酸反应，其铁氰反应生成红色硫靛蓝，借此判定氟乙酰胺的存在。

2. 试剂　3mol/L 氢氧化钠溶液：取 12g 氢氧化钠，加水溶解，定容至 100mL。

邻硫羟甲苯酸溶液：取 0.5g 邻硫羟甲苯酸，3mol/L 氢氧化钠溶液 2mL，加水溶解，定容至 50mL。

2%铁氰化钾溶液：取 1g 铁氰化钾，加水溶解，定容至 50mL。

3. 测定步骤　取检液 2 滴于 10mL 玻璃试管中，加入 1 滴 3mol/L 氢氧化钠溶液和 2 滴邻硫羟甲苯酸溶液，125℃下反应 90min，冷却后加 4 滴水，用小玻棒研磨溶解，滴加 2%铁氰化钾溶液，摇匀，观察。

4. 结果判定　有氟乙酰胺存在时，溶液呈红色。

（四）注意事项

1. 乙醇滤液可在水浴上蒸干，但乙醇易燃，不得直接明火加热；

2. 氟乙酰胺高温下可升华，滤液水浴近干时，水温不宜超过 70℃。

3. 有三氯甲烷存在时，羟肟酸反应法中也可使溶液呈紫红色，出现假阳性，机理暂不清楚。

四、安妥

安妥化学名为甲—萘硫脲，是常用的杀鼠剂。安妥不溶于水，溶于碱和一般有机溶剂。安妥的定性检测常用偶氮法。

1. 原理　安妥经酸水解后生成 α-萘胺，与经重氮化的氨基苯磺酸偶合，生成紫红色的偶氮染料，借此判定样品中是否存在安妥。

2. 试剂

（1）丙酮或无水乙醇。

（2）对氨基苯磺酸混合试剂。取 0.1g 亚硝酸钠，1.0g 对氨基苯磺酸 9g 酒石酸，充分研磨混匀，储于棕色瓶中备用。

3. 测定步骤　取 10～20g 检样，置于具有塞三角瓶中，加适量丙酮或无水乙醇浸泡，振摇30～60min后，加活性炭过滤，置水浴上蒸干，残渣供检。

取提取残渣少许于小试管中，加无水乙醇2mL溶解，加对氨基苯磺酸混合试剂20mg左右，充分溶解，水浴上加热5min，取出放置5min后观察。若含有安妥，溶液显紫红色；无色或淡黄色为阴性。

4. 注意事项

（1）本方法中使用了易燃有机溶剂丙酮或无水乙醇，应注意安全，禁止与明火接触。

（2）本方法最低检出量为0.2mg左右，据此，可根据安妥污染量增加或减少检样量。

（3）试剂添加量不宜过多，以免引起误判。如混合试剂中含有亚硝酸钠，试剂添加量多时可产生黄—暗红色浑浊。

五、毒鼠强

毒鼠强又名没鼠命、四二四、三步倒、气死猫等，化学名称为四亚甲基二砜四胺，是一种剧毒急性鼠药，是国家早已禁止生产和使用的化学物质，但因其合成工艺简单，民间仍有不法分子非法生产、使用，因此，人、畜毒鼠强中毒事件时有发生。毒鼠强的测定方法有薄层色谱法、气相色谱法、快速化学分析法等，此处介绍参考龙铁军等（2000）建立的快速测定法。

（一）样品处理

取可疑样品20g左右，如含水量高，应先蒸干。加入50mL丙酮，振摇浸提1h，过滤，滤液于10mL试管中低温蒸干备用。

（二）变色酸法

1. 试剂　30％硫酸：取15mL浓硫酸，沿玻棒小心加入水中，并不时搅动，定容至50mL。

2％变色酸溶液：称取变色酸2g，加水溶解，定容至100mL，于棕色瓶中置暗处保存备用。

2. 测定步骤　在上述含提取物的试管内加入0.5mL 30％硫酸，用细玻棒研匀，置80℃水浴10min，冷却后沿试管壁小心加水至1.0mL，再加2％变色酸溶液0.1mL，摇匀，加浓硫酸1.0mL摇匀。置沸水浴15min，观察试液颜色变化，同时作空白和阳性对照。

3. 结果判断　阳性反应溶液呈淡紫红色深紫红色，阴性呈淡黄色。

（三）盐酸苯肼法

1. 试剂　60％硫酸：取30mL浓硫酸，沿玻棒小心加入水中，并不时搅动，定容至50mL。

2％盐酸苯肼溶液：取1g纯度为99％盐酸苯肼，加水溶解，定容至50mL。

2％铁氰化钾溶液：取1g铁氰化钾，加水溶解，定容至50mL。

2. 测定步骤　在上述含提取物的试管内加入0.5mL 60％硫酸，用细玻棒研匀，置80℃水浴15min后，冷却，加2％盐酸苯肼溶液0.5mL，摇匀，静置10min，加2％铁氰化钾溶液3～4滴，摇匀。观察试液颜色变化，同时作空白和阳性对照。

3. 结果判断　阳性反应溶液呈淡红色至鲜红色，阴性呈淡黄色。

(四) 注意事项

1. 本检验方法中用到强腐蚀性浓硫酸，应小心操作。

2. 提取液用到丙酮，为易燃物，应远离明火。

第四节　重金属元素

一、砷

砷的测定有砷斑法、银盐法、氢化物原子吸收光谱法及原子荧光法等，其中砷斑法仪器设备简单，灵敏度高，临床中较为常用。此处介绍砷斑法（GB/T 5009.011）。

(一) 测定原理

样品经消化后，在酸性条件下，以碘化钾、氯化亚锡将五价砷还原为三价砷，然后与锌粒和酸产生的新生态氢反应生成砷化氢气体，再与溴化汞试纸生成黄色至橙色的色斑，与标准砷斑比较定量。硫化氢气体有类似的反应，可用醋酸铅棉花除去干扰。

(二) 试剂和溶液

除特殊规定外，本方法所用试剂均为分析纯，水为蒸馏水或相应纯度的水。

1. 5%溴化汞—乙醇溶液。

2. 6mol/L 盐酸。

3. 硝酸。

4. 10%乙酸铅溶液。

5. 硫酸。

6. 硝酸—高氯酸混合液（4+1）。

7. 氧化镁。

8. 盐酸。

9. 20%氢氧化钠溶液。

10. 无砷锌粒。

11. 硝酸镁及硝酸镁溶液。称取 15g 硝酸镁 [$Mg(NO_3)_2 \cdot 6H_2O$] 溶于 1 000mL 水中。

12. 15%碘化钾溶液。称取 75g 碘化钾溶于水中，定容至 500mL。贮存于棕色瓶中。

13. 氯化亚锡溶液。称取 40g 氯化亚锡（$SnCl_2 \cdot 2H_2O$），加盐酸溶解并稀释至 100mL，加入数颗金属锡粒。

14. 溴化汞试纸。将剪成直径 2cm 的圆形滤纸片，在 5%溴化汞乙醇溶液中浸渍 1h，保存于冰箱中，临用前置暗处阴干备用。

15. 乙酸铅棉花。用 10%乙酸铅溶液浸透脱脂棉后，压除多余溶液，并使疏松，在 100℃以下干燥后，贮存于玻璃瓶中。

16. 砷标准溶液。精确称取 0.1320g 已在 105℃干燥 2h 的三氧化二砷于 250mL 烧杯中，加 5mL 20%氢氧化钠溶液，溶解后加 25mL 10%硫酸，移入 1 000mL 容量瓶中，加刚煮沸并冷却的水至刻度，贮于棕色瓶中。此溶液相当于 0.1mg/mL。

17. 砷标准使用液。吸取 1.0mL 砷标准溶液于 100mL 容量瓶中，加 1mL 10%硫酸，加水稀释至刻度。此溶液相当于 1μg/mL。

18. 10%硫酸溶液。量取 5.7mL 硫酸于 80mL 水中，冷却后加水至 100mL。

（三）仪器和器皿

1. 测砷装置，见图 15－1。

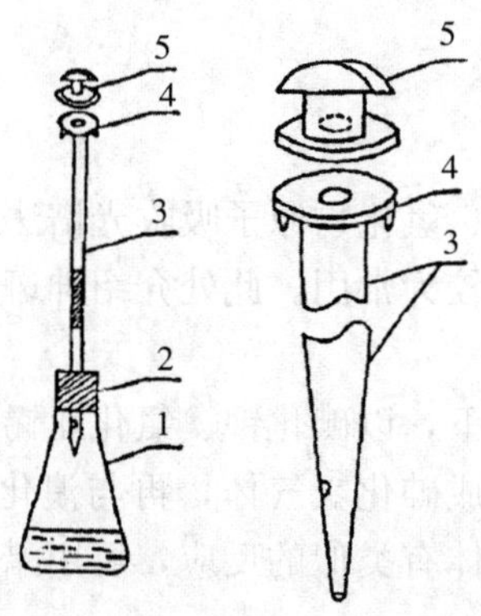

图 15－1　砷斑法测定装置

1. 锥形瓶　2. 橡皮塞　3. 测砷管
4. 管口　5. 玻璃帽

（1）100mL 锥形瓶。

（2）橡皮塞，中间有一孔。

（3）玻璃测砷管，全长 18cm，上粗下细。自管口向下至 14cm 一段的内径为 6.5mm，自此以下逐渐狭细，末端内径为 1～3mm，近末端 1cm 处有一孔，直径 2mm，狭细部分紧密插入橡皮塞中，使下部伸出至小孔恰在橡皮塞下面。上部较粗部分装放乙酸铅棉花，长 5～6cm，上端至管口处至少 3cm，测砷管顶端为圆形扁平的管口上面磨平，下面两侧各有一钩，为固定玻璃帽用。

（4）玻璃帽。下面磨平，上面有弯月形凹槽，中央有圆孔，直径 6.5mm。使用时将玻璃帽盖在测砷管的管口，使圆孔互相吻合，中间夹一溴化汞试纸光面向下，用橡皮圈或其他适宜的方法将玻璃帽与测砷管固定。

2. 分析天平，感量 0.000 1g。

3. 可调式电炉。

4. 瓷坩埚，30mL。

5. 高温炉，温控 0～950℃。

（四）测定步骤

1. 样品消化　称取试样 3～4g（精确到 0.001g），置于 250mL 凯氏瓶中，加水少许湿润试样，加 30mL 混合酸，放置 4h 以上或过夜，置电炉上从室温开始消解。待棕色气体消失后，提高消解温度，至冒白烟（SO_3）数分钟（务必除尽硝酸），此时溶液应清亮无色或淡黄色，瓶内溶液体积近似硫酸用量，残渣为白色。若瓶内溶液呈棕色，冷却后添加适量硝酸和高氯酸，直到消解完全。冷却，加 1mol/L 盐酸溶液 10mL，煮沸，稍冷，转移到 50mL 容量瓶中，用水洗涤凯氏瓶 3～5 次，洗液并入容量瓶中，然后定容，摇匀，待测。

2. 测定　吸取 20mL 消化后样品液（2g）及同量试剂空白液于测砷瓶中，加 5mL 15％碘化钾溶液，5 滴酸性氯化亚锡溶液和 5mL 盐酸（样品如用湿法消化液，则应减去硫酸的毫升数。如用干法消化液，则应减去盐酸毫升数），各加水至 35mL。

另吸取 0mL、0.5mL、1.0mL、2.0mL 砷标准使用液（相当于 0μg、0.5μg、1.0μg、2.0μg 砷），分别置于测砷瓶中，其余程序同样品程序。

于上述样品、空白、标准溶液的测砷瓶中各加 3g 锌粒。立即塞上预先装有乙酸铅棉花及溴化汞试纸的测砷管，于 25℃放置 1h，取出试样及试剂空白的溴化汞试纸与标准砷斑比较。

（五）结果计算

1. 计算公式　样品中总砷含量（X），以质量分数 mg/kg 表示，按式 15－17 计算。

$$X=\frac{(A_1-A_0)}{m\times\frac{V_2}{V_1}} \qquad (式 15-17)$$

式中：

A_1——测试样品消化液中砷的量，μg；

A_2——测试空白消化液中砷的量，μg；

m——样品质量，g；

V_2——测定样品消化液的体积，mL；

V_1——样品消化液的总体积，mL；

2. 结果表示　计算结果保留两位有效数字。

3. 精密度　在重复性条件下获得的两次独立测定结果的绝对差值不得超过算术平均值的 15％。

（六）注意事项

1. 反应体系中，氢离子浓度最好为 C（H^+）＝2.5～3.6 mol/L。
2. 实验中使用了砷、汞、铅等重金属元素，应注意个人卫生。

二、硒

硒的测定有荧光法、氢化物原子吸收光谱法、氢化物原子荧光光谱法等。荧光法为经典方法，但荧光素需要进口且不稳定，目前应用较少，氢化物原子荧光光谱法干扰因素少，灵敏度高，较为常用。此处介绍原子荧光光谱法（GB/T 13883—2008）。

（一）原理

试样经酸加热消化后，在 6mol/L 盐酸（HCl）介质中，将试样中的六价硒还原成四价硒，用硼氢化钠（$NaBH_4$）或硼氢化钾（KBH_4）作还原剂，将四价硒在盐酸介质中还原成硒化氢（SeH_2），由载气（氩气）带入原子化器中进行原子化，在硒特制空心阴极灯照射下，基态硒原子被激发至高能态，在去活化回到基态时，发射出特征波长的荧光，其荧光强度与硒含量成正比，与标准系列比较定量。

（二）试剂和溶液

1. 硝酸（优级纯）。

2. 高氯酸（优级纯）

3. 盐酸（优级纯）。

4. 硝酸+高氯酸（4+1）混合酸。

5. 氢氧化钠（优级纯）。

6. 硼酸化钠溶液（8g/L）。称取 8.0g 硼氢化钠（$NaBH_4$），溶于氢氧化钠溶液（5g/L）中，然后定容至 1 000mL。

7. 铁氰化钾（100g/L）。称取 10.0g 铁氰化钾［$K_3Fe(CN)_6$］，溶于 100mL 水中，混匀。

8. 硒标准储备液。精确称取 100.0mg 硒（光谱纯），溶于少量硝酸中，加 2mL 高氯酸，置沸水浴中加热 3～4h 冷却后再加 8.4mL 盐酸，再置沸水浴中煮 2min，准确稀释至 1 000mL，其盐酸浓度为 0.1mol/L，此储备液浓度为每毫升相当于 100μg 硒。

9. 硒标准应用液：取 100μg/mL 硒标准储备液 1.0mL，定容至 100mL，此应用液浓度为 1μg/mL。

（三）仪器、设备

1. 分析天平，感量 0.000 1g。

2. 原子荧光光度计。

3. 电热板。

4. 自动控温消化炉。

5. 实验室用样品粉碎机。

6. 容量瓶，50mL。

（四）测定步骤

1. 试样处理

（1）饲料样品　称取 0.5～2.0g 试样，精确到 0.000 1g，置于 150mL 高型烧杯内，加 10.0mL 混合酸及几粒玻璃珠，盖上表面皿冷消化过夜。次日于电热板上加热，并及时补加混合酸。当溶液变为清亮无色并伴有白烟时，再继续加热至剩余体积 2mL 左右，切不可蒸干。冷却，再加 5mL 6mol/L 盐酸，继续加热至溶液变为清亮无色并伴有白烟出现，以完全将六价硒还原成四价硒。冷却，转移定容至 50mL 容量瓶中。同时做空白试验。

（2）样品处理　吸取 10mL 试样消化液于 15mL 离心管中，加浓盐酸 2mL，铁氰化钾溶液 1mL，混匀待测。

2. 标准曲线的配制　分别取 0mL、0.2mL、0.3mL、0.4mL、0.5mL 标准应用液于 15mL 离心管中用去离子水定容至 10mL，再分别加浓盐酸 2mL，铁氰化钾溶液 1mL，混匀，制成标准工作曲线。

3. 测定

（1）仪器参考条件　光电倍增管负高压，340V；硒空心阴极灯电流，60mA；原子化温度，800℃；炉高，8mm；载气流速，500mL/min；屏蔽气流速，1 000mL/min；测量方式，标准曲线法，读数方式，峰面积；延迟时间，1s；读数时间，15s；加液时间，8s；进样体积，2mL。

（2）测定方式 根据实际情况任选以下一种方法。

①浓度测定方式测量：设定好仪器最佳条件，逐步将炉温升至所需温度后，稳定10～20min后开始测量。连续用标准系列的零管进样，待读数稳定之后，转入标准系列测量，绘制标准曲线。转入试样测量，分别测定试样空白和试样消化液，每次测定不同的试样前都应清洗进样器。试样测定结果按公式15－18计算。

②仪器自动计算结果方式测量：设定好仪器最佳条件，在试样参数画面，输入试样质量（g或mL）和稀释体积（mL）参数，并选择结果的浓度单位，逐步将炉温升至所需温度后，稳定10～20min后开始测量。连续用标准系列的零管进样，待读数稳定之后，转入标准系列测量，绘制标准曲线。在转入试样测定之前，再进入空白值测量状态，用试样空白消化液进样，让仪器取其均值作为扣底的空白值。随后即可依次测定试样。测定完毕后，选择"打印报告"即可将测定结果自动打印。

（五）测定结果

1. 计算公式 试样中硒的质量分数ω（mg/kg）按公式15－18进行计算。

$$\omega=\frac{(C-C_0)\times V\times 1000}{m\times 1000\times 1000} \quad \text{（式 15－18）}$$

式中：

C——试样消化液中硒的质量分数，ng/mL；

C_0——试剂空白液中硒的质量分数，ng/mL；

m——试样质量；

V——试样消化液总体积，mL。

2. 结果的表示 每个试样平行测定2次，以其算术平均值为结果。分析计算结果表示到0.001mg/kg。

3. 重复性 同一分析者对同一试样同时或快速连续地进行2次测定，所得结果之间的差值：当硒的质量分数不大于0.100mg/kg时，不得超过平均值的40%；当硒的质量分数大于0.1mg/kg而小于0.4mg/kg时，不得超过平均值的20%；当硒的质量分数大于0.400mg/kg时，不得超过平均值的15%。

（六）注意事项

目前动物急性硒中毒的事件较少见，生产中主要为慢性中毒。不同动物对硒的敏感性不同，当检样中硒含量大于2mg/kg且连续摄入10d以上时才有诊断意义。

三、镉

镉的测定有火焰原子吸收光谱法、石墨炉原子吸收光谱法、比色法及原子荧光法，检出限以石墨炉原子吸收光谱法最低，原子荧光法次之，火焰原子吸收光谱法较高，比色法最高。此处介绍常用的火焰原子吸收光谱法（GB/T 13082—1991）。

(一) 原理

以干灰化法分解样品，在酸性条件下，有碘化钾存在时，镉离子与碘离子形成络合物，被甲基异丁酮萃取分离，将有机相喷入空气—乙炔火焰，使镉原子化，测定其对特征共振线 228.8nm 的吸光度，与标准系列比较而求得镉的含量。

(二) 试剂和溶液

除特殊规定外，本方法所用试剂均为分析纯，水为重蒸馏水。

1. 硝酸，优级纯。

2. 盐酸，优级纯。

3. 2 mol/L 碘化钾溶液。称取 332g 碘化钾，溶于水，加水稀释至 1 000mL，

4. 5%抗坏血酸溶液。称取 5g 抗坏血酸，溶于水，加水稀释至 100mL（临用时配制）。

5. 1mol/L 盐酸溶液。量取 10mL 盐酸，加入 110mL 水，摇匀。

6. 甲基异丁酮［$CH_3COCH_2CH(CH_3)_2$］。

7. 镉标准贮备液。称取高纯金属镉（Cd，99.99%）0.100 0g 于 250mL 三角烧瓶中，加入 10mL 1∶1 硝酸，在电热板上加热溶解完全后，蒸干，取下冷却，加入 20mL 1∶1 盐酸及 20mL 水，继续加热溶解，取下冷却后，移入 1 000mL 容量瓶中，用水稀释至刻度，摇匀，此溶液每毫升相当于 100μg 镉。

8. 镉标准中间液。吸取 10mL 镉标准贮备液于 100mL 容量瓶中，以 1mol/L 盐酸稀释至刻度，摇匀，此溶液每毫升相当于 10μg 镉。

9. 镉标准工作液。吸取 10mL 镉标准中间液于 100mL 容量瓶中，以 1 mol/L 盐酸稀释至刻度，摇匀，此溶液每毫升相当于 1μg 镉。

(三) 仪器、设备

分析天平，感量 0.000 1 g。

马福炉。

原子吸收分光光度计。

硬质烧杯，100mL。

容量瓶，50mL。

具塞比色管，25mL。

吸量管，1mL、2mL、5mL、10mL。

移液管，5mL、10mL、15mL、20mL

(四) 试样制备

采集具有代表性的样品，至少 2kg，装于广口试样瓶中，防止试样变质，低温保存备用。四分法缩分至约 250g，磨碎，过 1mm 筛，混匀，装入密闭广口试样瓶中，低温保存备用。

(五) 测定步骤

1. 试样处理 准确称取 5～10g 试样于 100mL 硬质烧杯中，置于马福炉内，微开炉门，由低温开始，先升至 200℃保持 1h，再升至 300℃保持 1h，最后升温至 500℃灼烧 16h，直至试样成白色或灰白色，无碳粒为止。

取出冷却，加水润湿，加 10m L 硝酸，在电热板或砂浴上加热分解试样至近干，冷后加 10mL 1 mol/L 盐酸溶液，将盐类加热溶解，内容物移入 50mL 容量瓶中，再以 1 mol/L盐酸溶液反复洗涤烧杯，洗液并入容量瓶中，以 1 mol/L 盐酸溶液稀释至刻度，摇匀备用。

2. 标准曲线绘制 精确量取镉标准工作液 0mL、1.25mL、2.50mL、5.00mL、7.50mL、10.00m L，分别置于 25mL 具塞比色管中，以 1mol/L 盐酸溶液稀释至 15mL，依次加入 2mL 碘化钾溶液，摇匀，加 1mL 抗坏血酸溶液，摇匀，准确加入 5mL 甲基异丁酮，振动萃取 3～5min，静置分层后，有机相导入原子吸收分光光度计，在波长 228.8nm 处测其吸光度，以吸光度为纵坐标，浓度为横坐标，绘制标准曲线。

3. 测定 准确分取 15～20mL 待测试样溶液及同量试剂空白溶液于 25mL 具塞比色管中，依次加入 2mL 碘化钾溶液，其余同标准曲线绘制测定步骤。

（六）测定结果

1. 镉含量计算 样品中镉含量按公式 15－19 计算。

$$X=\frac{(A_1-A_2)\times V_1}{m\times V_2} \qquad \text{（式 15－19）}$$

式中：

X——试样中镉的含量，mg/kg；

A_1——待测试样溶液中镉的质量，μg；

A_2——试剂空白溶液中镉的质量，μg；

m——试样质量，g；

V_2——待测试样溶液体积，mL；

V_1——试样处理液总体积，mL。

2. 结果表示 每个试样取 2 个平行样进行测定，以其算术平均值为结果。结果表示到 0.01mg/kg。

3. 重复性 同一分析者对同一试样同时或快速连续地进行 2 次测定，所得结果之间的差值：在镉含量小于或等于 0.5mg/kg 时，不得超过平均值的 50％；在镉含量大于 0.5mg/kg而小于 1mg/kg 时，不得超过平均值的 30％；在镉含量大于或等于 1mg/kg 时，不得超过平均值的 20％。

参 考 文 献

龙铁军，周方求，肖求文，吴笃卿，朱攀．2000. 毒鼠强快速化学检测方法研究［J］．实用预防医学，7（5）：328－329.

史志诚．2001. 动物毒物学［M］．北京：中国农业出版社：828－831.

于炎湖．1992. 饲料毒物学附毒物分析［M］．北京：农业出版社．

中华人民共和国国家标准 GB/T 13082—1991 饲料中镉的测定方法［S］．

中华人民共和国国家标准 GB/T 13083—2002 饲料中氟的测定 氟离子选择电极法［S］．

中华人民共和国国家标准 GB/T 13084—2006 饲料中氰化物的测定［S］．

中华人民共和国国家标准 GB/T 13085—2005 饲料中亚硝酸盐的测定 比色法［S］．

中华人民共和国国家标准 GB/T 13086—1991 饲料中游离棉酚的测定方法［S］．

中华人民共和国国家标准 GB/T 13883—2008　饲料中硒的测定［S］.
中华人民共和国国家标准 GB/T 18969—2003　饲料中有机磷农药残留量的测定 气相色谱法［S］.
中华人民共和国国家标准 GB/T 19372—2003　饲料中除虫菊酯类农药残留量测定 气相色谱法［S］.
中华人民共和国国家标准 GB/T 19373—2003　饲料中氨基甲酸酯类农药残留量测定 气相色谱法［S］.
中华人民共和国国家标准 GB/T 19540—2004　饲料中玉米赤霉烯酮的测定［S］.
中华人民共和国国家标准 GB/T 5009.011—2003　食品中总砷及无机砷的测定［S］.
中华人民共和国国家标准 GB/T 6439—2007　饲料中水溶性氯化物的测定［S］.
中华人民共和国国家标准 GB/T 8381—2008　饲料中黄曲霉毒素 B_1 的测定方法［S］.

第十六章

兽医实验室常用技术

第一节　酶联免疫吸附试验

自从 Engvall 和 Perlman（1971）首次报道建立酶联免疫吸附试验（ELISA）以来，由于 ELISA 具有快速、敏感、简便、结果易于判断、可大批量检测、易于标准化等优点，使其得到迅速发展和广泛应用。尽管早期的 ELISA 由于特异性不够高而妨碍了其在实际中应用的步伐，但随着方法的不断改进、材料的不断更新，尤其是采用基因工程方法制备包被抗原，都大大提高了 ELISA 的特异性，加之电脑化程度极高的酶标仪的使用，使 ELISA 更为简便实用和标准化，从而使其成为最广泛应用的检测方法之一。

目前 ELISA 方法已被广泛应用于动物疫病的临床诊断，用于传染性疾病的诊断、血清流行病学调查、抗体水平的评价及微生物抗原的检测等。

一、基本原理

ELISA 方法的基本原理是酶分子与抗体或抗抗体分子共价结合，此种结合不会改变抗体的免疫学特性，也不影响酶的生物学活性。此种酶标记抗体可与吸附在固相载体上的抗原或抗体发生特异性结合。滴加底物溶液后，底物可在酶作用下使其所含的供氢体由无色的还原型变成有色的氧化型，出现颜色反应。因此，可通过底物的颜色反应来判定有无相应的免疫反应，颜色反应的深浅与标本中相应抗体或抗原的量呈正比。此种显色反应可通过酶标仪进行定量测定，这样就将酶化学反应的敏感性和抗原抗体反应的特异性结合起来，使 ELISA 方法成为一种既特异又敏感的检测方法。

二、用于标记的酶

用于标记抗体或抗抗体的酶须具有下列特性：有高度的活性和敏感性；在室温下稳定；反应产物易于显现；能商品化生产。目前应用较多的有辣根过氧化物酶（HRP）、碱性磷酸酶、葡萄糖氧化酶等，其中以 HRP 应用最广。

1. 辣根过氧化物酶（HRP）　过氧化物酶广泛分布于植物中，辣根中含量最高，从辣根中提取的称辣根过氧化物酶（HRP），是由无色酶蛋白和深棕色的铁卟啉构成的一种糖蛋白（含糖量 18%），分子量约为 40 000，约由 300 个氨基酸组成，等电点为 pH3～9，催化反应的最适 pH 因供氢体不同而稍有差异，一般多在 pH5 左右。此酶溶于水和50%饱和度以下的硫酸铵溶液。酶蛋白和辅基的最大吸收光谱分别为275nm和403nm。

酶的纯度以RZ表示：$RZ=OD_{403}/OD_{275}$。

纯酶的RZ多在3.0以上，最高为3.4。RZ在0.6以下的酶制品为粗酶，非酶蛋白约占75%，不能用于标记。RZ在2.5以上者方可用于标记。HRP的作用底物为过氧化氢，催化反应时的供氢体有4种：①邻苯二胺（OPD），产物为橙色，可溶性、敏感性高，最大吸收值在490nm，可用肉眼观察判别，容易被浓硫酸终止反应，颜色可在数小时内不改变，是目前国内ELISA中最常用的一种。②联大茴香胺（OD），产物为橘黄色，最大吸收值在400nm，颜色较稳定。③5-氨基水杨酸（5-AS），产物为深棕色，最大吸收值在449nm，部分溶解，敏感性较差。④邻联甲苯胺（OT），产物为蓝色，最大吸收值在630nm，部分溶解，不稳定，不耐酸，但反应快，颜色明显。

2. 碱性磷酸酶 系从小牛肠黏膜和大肠杆菌中提取，由多个同工酶组成。它们的底物种类很多，常用者为硝基苯磷酸盐，廉价无毒性。酶解产物呈黄色，可溶，最大吸收值在400nm。酶的活性以在pH10反应系统中，37℃ 1min水解1μg磷酸苯二钠为一个单位。

三、抗体的酶标记方法

良好的酶结合物取决于两个条件：即高效价的抗体和高活性的酶。抗体的活性和纯度对制备标记抗体至关重要，因为特异性免疫反应随抗体活性和纯度的增加而增强。在酶标记过程中，抗体的活性有所降低，故需要纯度高、效价高及抗原亲和力强的抗体球蛋白，最好使用亲和层析提纯的抗体，可提高敏感性，而且可稀释使用，减少非特异性吸附。

酶与抗体交联，常用戊二醛法和过碘酸盐氧化法。郭春祥建立的HRP标记抗体的改良过碘酸钠法简单易行，标记效果好，特别适用于实验室的小批量制备。其标记程序为：将5μg HRP溶于0.5mL蒸馏水中，加入新鲜配制的0.06 mol/L的过碘酸钠（$NaIO_4$）水溶液0.5mL，混匀置4℃冰箱30min，取出加入0.16mol/L的乙二醇水溶液0.5mL，室温放置30min后加入含5g纯化抗体的水溶液1mL，混匀并装透析袋，以0.05mol/L、pH9.5的碳酸盐缓冲液于4℃冰箱中慢慢搅拌透析6h（或过夜）使之结合，然后吸出，加5g/mL的硼氢化钠（$NaBH_4$）溶液0.2mL，置4℃冰箱2h，将上述结合物混合液加入等体积饱和硫酸铵溶液，置4℃冰箱30min后离心，将所得沉淀物溶于少许0.02mol/L、pH7.4的PBS中，并将其4℃透析过夜，次日离心除去不溶物，即得到酶标抗体，用0.02mol/L、pH7.4的PBS稀释至5mL，进行测定后，冷冻干燥或低温保存。

四、ELISA方法的基本类型、用途及操作程序

根据ELISA操作原理的不同分为间接ELISA、双抗体夹心ELISA、竞争ELISA等。

1. 间接ELISA 本法主要用于检测抗体。以检测鸡新城疫病毒（NDV）抗体的间接ELISA方法为例介绍本法的操作程序（图16-1）。

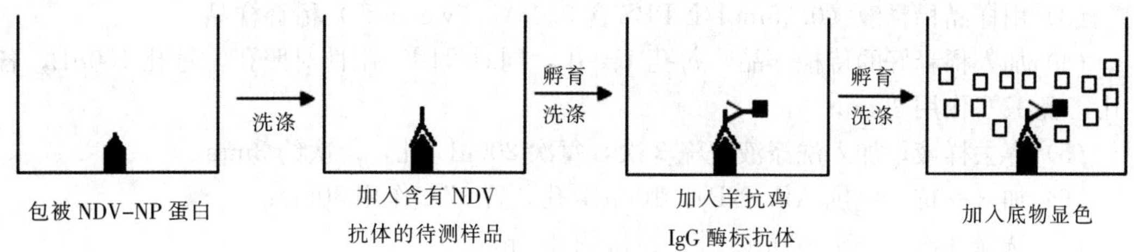

图 16-1　间接 ELISA 示意图

（1）以包被液（碳酸钠—碳酸氢钠缓冲液 0.05mol/L，pH9.6）稀释 NDV 核蛋白（NDV-NP），每孔 0.1mL 包被酶标板，37℃温育 2～3h 或 4℃过夜。

（2）弃去包被液，酶标板用去离子水或 PBS-Tween 液（0.005mol/L PBS 含 0.05％ Tween-20）冲洗 3 次，甩干，用样品稀释液（0.05mol/L PBS 含 0.05％Tween-20）稀释样品（待检血清）。

（3）加入稀释好的待检血清，每孔 100μL，同时设阴、阳性对照孔，每孔 100μL，各 1 孔，置 37℃作用 30min。

（4）弃去样液，加入洗涤液洗涤 3 次，每次 200μL/孔，每次约 3min。

（5）加入羊抗鸡 IgG 酶标抗体，100μL/孔，置 37℃作用 30min。

（6）洗涤 3 次，每次 200μL/孔，每次约 3min。

（7）加入新鲜配制的底物系统，每孔 0.1mL，室温（20～25℃）避光显色 10min。

（8）每孔加入终止液一滴（约 50μL），混匀后目测或用分光光度计测定吸收值来判断。

结果判定：①目测：被检孔颜色比正常对照孔明显深者或接近阳性对照孔以及相同者判为阳性，否则判为阴性。②比色测定：OD 值＞0.4 以上，P/N 值＞2.0 以上者为阳性；只具其一，或 OD 值为 0.2～0.4 者可疑；OD＜0.4，P/N 值＜0.2 者为阴性。

2. 夹心 ELISA　本法主要用于检测大分子抗原。现以检测禽流感病毒（AIV）的双抗体夹心 ELISA 方法为例介绍本法的操作程序（图 16-2）。

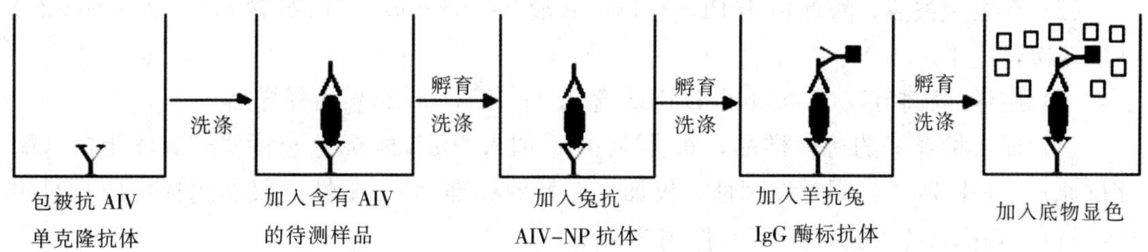

图 16-2　夹心 ELISA 示意图

（1）以包被液（碳酸钠—碳酸氢钠缓冲液 0.05mol/L，pH9.6）稀释抗 AIV 单克隆抗体，每孔 0.10mL 包被酶标板，37℃温育 2～3h 或 4℃过夜。

（2）弃去包被液，酶标板用 PBS-Tween 液（0.005mol/L PBS 含 0.05％Tween-20）冲洗 3 次，甩干。

（3）用样品稀释液（0.05mol/L PBS 含 0.05% Tween-20）稀释样品。

（4）加入稀释好的待检样品，每孔 100μL，同时设阴、阳性对照孔，每孔 100μL，各 1 孔，置 37℃作用 30min。

（5）弃去样液，加入洗涤液洗涤 3 次，每次 200μL/孔，每次约 3min。

（6）加入一抗（兔抗 AIV-NP），100μL/孔，置 37℃作用 30min。

（7）洗涤 3 次，每次 200μL/孔，每次约 3min。

（8）加入羊抗兔 IgG 酶标抗体，100μL/孔，置 37℃作用 30min。

（9）洗涤 3 次，每次 200μL/孔，每次约 3min。

（10）加入新鲜配制的底物系统，每孔 0.1ml，室温（20～25℃）避光显色 10min。

（11）每孔加入终止液一滴（约 50μL），混匀后目测或用分光光度计测定吸收值来判断。

结果判定：①目测：被检孔颜色比正常对照孔明显深者或接近阳性对照孔以及相同者判为阳性，否则判为阴性。②比色测定：OD 值＞0.4 以上，P/N 值＞2.0 以上者为阳性；只具其一，或 OD 值为 0.2～0.4 者可疑；OD＜0.4，P/N 值＜0.2 者为阴性。

3. 竞争 ELISA 此法主要用于测定小分子抗原及半抗原，现以检测克仑特罗（瘦肉精）残留的竞争 ELISA 方法为例介绍本法的操作程序（图 16-3）。

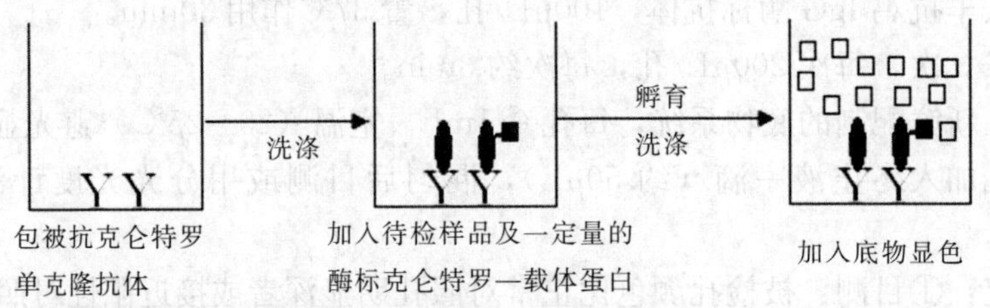

图 16-3 竞争 ELISA 示意图

（1）以包被液（碳酸钠—碳酸氢钠缓冲液 0.05mol/L，pH9.6）稀释抗克仑特罗单克隆抗体，每孔 0.1mL 包被酶标板，37℃温育 2～3h 或 4℃过夜。

（2）弃去包被液，酶标板用 PBS－Tween 液（0.005mol/L PBS 含 0.05%Tween-20）冲洗 3 次，甩干。

（3）用样品稀释液（0.05mol/L PBS 含 0.05%Tween-20）稀释样品。

（4）加入稀释好的待检样品，每孔 50μL；加入 50μL 酶标克仑特罗—载体蛋白（酶标抗原），每孔 50μL，同时设阴性（仅加克仑特罗标准品）、阳性（仅加酶标抗原）对照孔，每孔 50μL，各 1 孔，置 37℃作用 30min。

（5）弃去样液，加入洗涤液洗涤 3 次，每次 200μL/孔，每次约 3min。

（6）加入新鲜配制的底物系统，每孔 0.1mL，室温（20～25℃）避光显色 10min。

（7）每孔加入终止液一滴（约 50μL），用分光光度计测定吸收值来判断。

被结合的酶标抗原的量由酶催化底物反应产生有色产物的量来确定，如果待检溶液中抗原越多，被结合的标记抗原的量就越少，有色产物就减少，这样根据有色产物的变化就可求出未知抗原的量。此法的优点在于快速、特异性高、且可用于小分子抗原及半抗原的检测；其主要不足在于每种抗原都要进行酶标记，而且因为抗原的结构不同，还需应用不同的结合方法。此外，试验中应用酶标抗原的量较多。

第二节 胶体金技术

胶体金技术是20世纪90年代以来在酶联免疫吸附试验、乳胶凝集试验、单克隆抗体技术、免疫层析技术和新材料技术基础上发展起来的一种新型体外快速诊断方法，是继三大标记技术（荧光素、放射性同位素和酶）后发展起来的固相标记免疫测定技术。该技术是一种以条状纤维层析材料为固相载体，利用毛细作用原理，借助于胶体金显色的免疫学反应。利用胶体金技术可以建立胶体金免疫层析试纸条，该试纸条主要由样品垫、金标垫、层析膜、吸收垫、背衬以及应用于试纸条上的各种试剂组成。

与其他诊断方法比较，胶体金试纸检测方法具有以下优点：①操作简单，只需要一步反应；②检测快速，可在几分钟之内得出结果；③灵敏准确，结果受外因影响较小；④不需要专业人员操作；⑤不需任何仪器和设备，更适合于基层的现场应用；⑥成本低廉。目前已被广泛应用于兽医临床诊断。

一、胶体金的性质及制备

胶体金（colloidal gold）也称金溶胶（goldsol），是金盐被还原成原子金后形成的金颗粒悬液。胶体金颗粒由一个基础金核（原子金周围包含有11个金原子的二十面体）及包围在外的双离子层构成，紧连在金核表面的是内层负离子（$AuCl_2^-$），外层离子层 H^+ 则分散在胶体间的溶液中，金颗粒表面所包围的阴性电荷层，叫做zeta电位（图16-4），可以使胶体金颗粒之间相互排斥，以维持胶体金的稳定状态。胶体金颗粒表面所带的电荷使其对蛋白质有很强的吸附功能，可以与葡萄球菌A蛋白、免疫球蛋白、毒素、糖蛋白、酶、抗生素、激素、牛血清白蛋白等非共价结合，形成胶体金标记物。

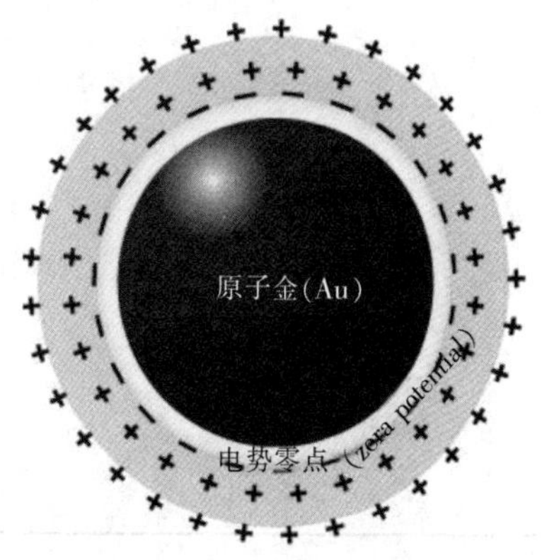

图16-4 胶体金颗粒
(Chandler等，2000)

胶体金颗粒并非是理想的圆球，较小的胶体金颗粒基本是圆球形，较大的胶体金颗粒（一般指直径大于30nm）多呈椭圆形。在电子显微镜下可观察胶体金的颗粒形态。胶体金溶液是一种相对稳定液体的、均匀液体的，胶体金颗粒呈单一分散状态悬浮于液体。胶体金具有胶体的多种特性，电解质能够破坏其胶体的稳定状态，胶体金颗粒发生聚沉；一些蛋白质等大分子物质对胶体金有保护、加强稳定性的作用。由于大小不同的胶体金颗粒具有不同的光散射作用，胶体金溶液会呈现出橙红色、红色、酒红色、紫红色、紫色等各种颜色，在510～550nm波长范围内有一吸收峰，峰的位置随胶体金颗粒直径增大而向长波区移动，颗粒的分布宽度也趋于变大，稳定性下降。

胶体金溶液的制备有许多种方法，其中最常用的是化学还原法。用不同种类、不同剂量的还原剂，可以控制所产生的粒子大小。即粒子的大小取决于反应溶液中最初还原试剂的数量，还原剂浓度越高，氯化金的还原也就从更多的还原中心开始，因此产生的胶体金粒子数量越多，但粒径也越小。目前常用的还原剂有柠檬酸钠、鞣酸、白磷、乙醇、过氧化氢、硼氢化钠、抗坏血酸等。以下是几种常用的制备方法：

（1）*柠檬酸钠还原法*　此方法由 Frens 创立，制备程序很简单，胶体金的颗粒大小较一致。该方法一般先将 0.01%的 $HAuCl_4$ 溶液加热至沸腾，迅速加入一定量 1%柠檬酸三钠水溶液，开始有些蓝色，然后浅蓝、蓝色，再加热出现红色，煮沸 7～10min 出现透明的橙红色。

按照 Frens 法还可以制备出其他不同颗粒大小的胶体金。许多研究证明该法制备胶体金的金颗粒大小是柠檬酸三钠用量的函数，基本的规律是柠檬三钠用量多，胶体金颗粒直径小，柠檬酸三钠用量越少，胶体金颗粒直径越大（表 16－1）。

表 16－1　柠檬酸三钠用量与胶体金颗粒直径的关系

直径（nm）	1%柠檬酸三钠（mL）	0.01% $HAuCl_4$（mL）
10.0	5.0	100
15.0	4.0	100
25.0	1.5	100
50.0	1.0	100
60.0	0.75	100
70.0	0.60	100
98.0	0.42	100
147.0	0.32	100
160.0	0.25	100

（2）*鞣酸还原法*　取 0.01% $HAuCl_4$ 水溶液 100mL，加热煮沸，快速加入 2mL 1%柠檬酸钠水溶液及 0.45mL 1%鞣酸，持续 5min 后即生成平均直径为 5.7nm 的胶体金。

（3）*鞣酸—柠檬酸钠还原法*　该法是以 1982 年 Muhlpfordt 法为基础，1985 年 Slot 与 Geuze 对该法进行了改良，适合于双标及多标研究。首先，根据所需要的胶体金颗粒分别配制 A 液和 B 液，将配制好的 A、B 两液在水浴锅中加热到 60℃，将 A 液迅速加入 B 中，继续加热直至胶体金变成橙红色，时间需 7～10min。用鞣酸—柠檬酸三钠还原法，柠檬酸三钠主要为还原剂，而鞣酸则有双重作用，一是还原作用，二是保护作用，控制“晶核”的形成过程，即鞣酸的用量多少决定胶体金颗粒的大小形成，通过改变鞣酸的用量就可以改变胶体金的颗粒大小（表 16－2），而且颗粒的直径均匀一致。

表 16－2　鞣酸-柠檬酸三钠还原法

胶体金直径 (nm)	A液				B液	
	1%柠檬酸三钠 (mL)	0.1mol/L K_2CO_3 (mL)	1%鞣酸 (mL)	H_2O (mL)	1%氯金酸 ($HAuCl_4$) (mL)	H_2O (mL)
3.3	4	0.2	4	11.8	1	79
5.0	4	0.2	0.7	15.1	1	79
10	4	0.025	0.1	15.875	1	79
15	4	0.0025	0.01	15.987	1	79

（4）*白磷还原法*　取 1.5mL 1% $HAuCl_4$ 水溶液和 1.4mL 0.1mol/L K_2CO_3，加至 120mL 双蒸水中；再加入 1mL 白磷乙醚饱和液，室温搅拌 15min。煮沸，回流至溶液由棕红色变为红色，约需 5min。此法制备的胶体金颗粒直径为 6nm。

（5）*抗坏血酸还原法*　取 1% $HAuCl_4$ 水溶液 1mL 至烧瓶内，加入 0.2mol/L K_2CO_3 1.5mL 及双蒸水 25mL，混匀后置冰浴内，搅拌下加入 1mL 0.7%抗坏血酸水溶液，液体呈紫红色。随后加双蒸水至 100mL，加热至溶液变为红色为止。制得胶体金颗粒直径为 8～13nm。

（6）*乙醇—超声波法*　将 0.1mL 1% $HAuCl_4$ 水溶液用蒸馏水稀释至 50mL，并用 0.2mol/L K_2CO_3 调 pH 至中性加入 0.5mL 乙醇，随后将超声波探头插入到该液内约 1cm 深处超声处理。2min 后溶液变为粉红色，直径 6～10nm 的胶体金即生成。

（7）*硼氢化钠还原法*　在预冷至 4℃的 40mL 双蒸水中加入 0.6mL 1% $HAuCl_4$ 水溶液及 0.2mol/L K_2CO_3 溶液 0.2mL。剧烈搅拌下，迅速加入新鲜配制的硼氢化钠水溶液（0.5mg/mL）0.4mL，重复 3～5 次加入，直至溶液颜色从蓝紫色变为橙红色后不再改变为止，继续再搅拌 5min 即得直径为 2～5nm 的胶体金。

二、免疫胶体金

胶体金可以和蛋白质等生物大分子物质结合。免疫胶体金的制备过程，即胶体金标记过程，实质上是抗体蛋白等生物大分子被吸附到胶体金颗粒表面的包被过程。在免疫组织化学中，将胶体金结合蛋白质的复合物称为金探针，用于免疫测定时多简称为免疫胶体金（immuno-colloidal gold）。

胶体金与抗体结合的机制尚未十分清楚，大多数人认为：两者的结合是物理吸附性的，胶体金颗粒表面带负电荷，与蛋白质分子的正电荷之间靠静电力相互吸引，达到范德华引力范围内即形成牢固的结合。而 Constance 则提出不同的观点，认为抗体是通过三个作用力与胶体金相结合的（图 16－5）：一是静电引力（a），二是疏水交互作用（b），三是配位键（c）。胶体金是带负电荷的疏水性胶体，其粒子的表面不仅展示了静电荷特性，同时也展示了疏水特性，而胶体金主要是通过其疏水区域吸引并结合待标记蛋白的亲水性基团，从而在标记时，需要降低电荷的引力使疏水作用占有利地位，当 pH 调节到适当值时，蛋白质的净电荷数将为零或略带负电，这将阻止蛋白质因为静电引力而聚集，但同时却保留了其亲水作用，从而促使蛋白质和胶体金结合。除抗体蛋白外，胶体金还可与其他多种生物大分子如 SPA、PHA、ConA 等结合。由于结合过程主要是物理作用，因此，并不影响蛋白质的生物活性。

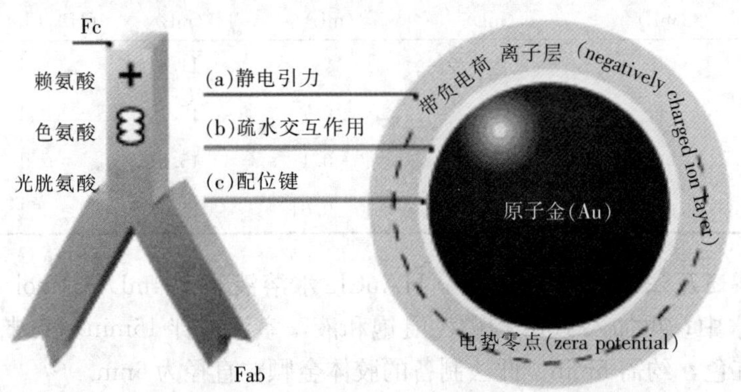

图 16－5 抗体与胶体金结合力的示意图

选择所需直径的金颗粒胶体金溶液与特定的蛋白质结合，形成稳定的蛋白质-胶体金复合物，即得到特异的胶体金标记蛋白质。制备结果受多种因素影响，如颗粒大小、离子浓度、蛋白质用量及标记体系 pH 等。其中影响最大的是标记体系的 pH 和蛋白质用量。

胶体金标记蛋白前一般使用 0.1 mol/L K_2CO_3 或 0.1 mol/L HCl 调节胶体金溶液的 pH 至略大于抗体蛋白等电点 0.5 个 pH 单位，Roth 给出了一些常用蛋白质的最适宜 pH（表 16－3）。

表 16－3 几种常用蛋白质标记时胶体金的 pH

蛋白质	pH
抗体（γ球蛋白）	9.0
亲和层析的 IgG	7.6
单克隆抗体	8.2
F（ab）2	7.2
SPA（葡萄球菌蛋白）	6.0
蓖麻子植物凝血素Ⅰ	8.0
蓖麻子植物凝血素Ⅱ	8.0
花生凝集素	6.3
大豆凝集素	6.1
扁豆凝集素	6.9
荆豆凝集素	6.3
过氧化物酶	8.0
类卵黏蛋白	4.8

（续）

蛋白质	pH
血浆铜蓝蛋白	7.0
α-胎球蛋白	6.5
小牛血清白蛋白	6.5
牛血清白蛋白	5.5
牛血球白蛋白结合肽	4.5
牛血清白蛋白结合胰岛素	5.3
霍乱毒素	6.9
破伤风毒素	6.9
DNA 酶	6.0
RNA 酶	9.0
低密度脂蛋白	5.5
α_2-巨球蛋白	6.0
抗生物素蛋白（亲和素）	10.0
链霉抗生物素蛋白	6.6
麦胚凝集素	9.9

抗体（抗原）用量是影响标记结果的另一重要因素。抗体用量较标记所需的含量低时，会产生游离的胶体金，而高于所要求的含量则会影响到最终检测时的灵敏度。稳定复合物的最小抗体（抗原）浓度可采用 Mey 氏稳定化试验测定：1mL 胶体金中加入 0.1mL 不同浓度的抗体（抗原）溶液，室温放置 2～5min 后加入 0.1mL 10%NaCl 溶液，5min 后观察颜色变化，混合液颜色刚好由红变蓝时的抗体（抗原）的浓度即为所需最小抗体浓度。由于肉眼观察难以辨别胶体金溶液颜色的微小变化，因此，可见光分光光度法是一个好的选择：对复合物在 400～600nm 范围内进行扫描，得到最大吸收波长，在此波长下分别测量由不同抗体（抗原）浓度形成的复合物的吸光度，以吸光度值对抗体（抗原）浓度作图，在抗体（抗原）浓度增加而吸光度几乎没有变化的那个点所对应的抗体（抗原）浓度即为最小抗体（抗原）浓度。选择好合适的 pH 和抗体（抗原）用量后，将 1/10 体积的适量的抗体（抗原）加入到已调节好 pH 的胶体金溶液中，混匀 30min，加入一定浓度的 PEG 或 BSA 以饱和游离的胶体金。制备好的金标抗体复合物还需要进行纯化。纯化的目的在于除去未充分稳定的胶体金颗粒及其形成的凝聚物以及未标记的物质。目前常使用低温超速离心法进行纯化。离心速度及时间因胶体金的大小和标记物的种类而异，先低速离心，弃去聚集的金颗粒所形成的沉淀，然后于低温高速离心，将松散的沙状沉淀悬浮混匀即为纯化好的金标记物。下面是几种常见金标记物离心纯化时所用转速（表 16－4）。

表 16-4　几种金标记物离心时所用转速参考表

胶体金颗粒直径（nm）	蛋白质	时间（min）	转速（r/min）
3.0	GAR IgG	60	30 000
5.0	GAR IgG	50	25 000
10.0	RAM IgG	50	19 000
15.0	SPA	40	17 000
15.0	ALcc IgG	40	17 000
20.0	SPA	40	13 000
25.0	SPA	35	12 000

注：GAR IgG 为羊抗兔 IgG；RAM IgG 为兔抗鼠 IgG；ALcc IgG 为抗肝细胞癌 IgG；SPA 为葡萄球菌 A 蛋白。

三、层析材料

要发展一种性能优良的胶体金免疫层析试纸条，必须根据所要达到的指标和产品性能（如敏感性、特异性、检测时间、检测模式、检测系统、结果显示等）来合理地选择所需的层析材料。

1. 层析膜　膜是免疫层析试纸条中最重要的材料之一，膜的理化性能如厚度、孔径、空隙率、长短、有无背衬等都直接或间接影响着膜的层析性能，膜的层析性能反过来又影响着免疫层析分析的敏感性、特异性和检测线的连续性。膜的层析性能主要体现在两个方面：一方面是蛋白结合能力；另一方面是层析能力。对于一定的膜而言，其容纳蛋白的能力取决于蛋白分子的大小和结构，如膜容纳 IgG 的能力大约是 $1\mu g/cm^2$，这远远大于产生可视信号所需蛋白的浓度，因此，蛋白结合能力一般不会影响试纸条的设计。膜的层析能力即层析率主要指分析样品从膜的一端泳动到另一端的速度，由于层析率难以计量，因此一般用单位距离内的层析时间来表示：s/cm；膜的层析能力是设计免疫层析试纸条时必须考虑的因素。如果以 R 代表免疫复合物的量，K 代表所用抗原抗体的亲和常数，当层析率为 1 时则它们之间满足下述关系：R＝K［Ag］［Ab］。如果层析率加倍，则 R＝ K［0.5Ag］［0.5Ab］＝0.25 K［Ag］［Ab］，那么分析的敏感性就会大大地降低。

对于不同的层析膜如尼龙膜、PVDF 膜、聚酯膜、纤维素膜等而言，其与蛋白结合的机理是不一样的，如表 16-5 所示。

表 16-5　不同膜的蛋白吸附机理

膜的类型	结合机理
纤维素膜	静电吸附
PVDF 膜	疏水结合
尼龙膜	静电吸附
聚酯膜	疏水结合

在实际的运用中，以硝酸纤维素膜（NC 膜）的运用较多，这主要取决于 NC 膜的两个特性：高的蛋白吸附容量及其良好的亲水性所赋予的 NC 膜的优良层析特性。图 16－6 显示了 NC 膜与蛋白质在结合过程中所用的活性基团结构：

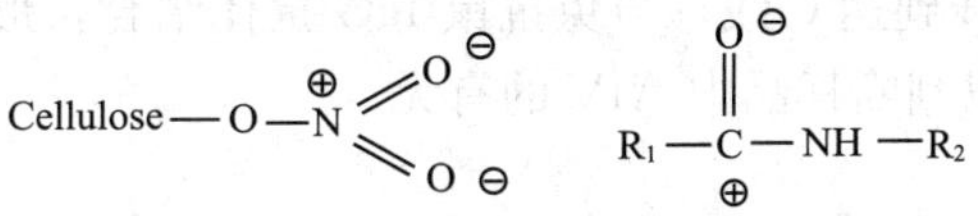

$$\text{Cellulose}-\text{O}-\overset{\oplus}{\text{N}}\begin{matrix}\nearrow \text{O}^{\ominus} \\ \searrow \text{O}^{\ominus}\end{matrix} \qquad \text{R}_1-\underset{\oplus}{\overset{\overset{\text{O}^{\ominus}}{\|}}{\text{C}}}-\text{NH}-\text{R}_2$$

图 16－6　NC 膜与蛋白质的活性基团结构

对膜进行处理，可提高其吸附能力及结合的紧密度，减少非特异性吸附，提高反应的灵敏度，降低成本。常用方法有戊二醛活化法和表面活性剂改性法。

2. 样品垫　样品垫在免疫层析系统中具有多种功能，其中最主要的是提高样品层析到连接垫的均一性和可控性，同时还控制着样品层析到连接垫的速度。样品垫上添加了一些别的如蛋白质、洗涤剂、黏性增强剂、缓冲液等成分后，还具有一些特殊的功能：增加样品的黏稠性；提高样品与检测试剂的结合能力；阻止分析物与其他成分的非特异性结合；改变样品的化学特性，以有利于在检测线上形成免疫复合物。

可用作样品垫的材料主要有两种：一种是网状的编织物，通常称作筛，在应用时具有良好的张力和可操作性，但它只有很小的基质容量。另一种是纤维素状的滤膜，它有较高的基质容量，是制作样品垫应用较多的一种材料。

3. 金标垫　金标垫具有多种功能，其中最主要的是作为胶体金附着的载体，并将样品与胶体金免疫反应形成的复合物均一的层析到膜上。理想的金标垫材料应具有以下功能：较低的非特异性吸附能力；均一的层析性能；均匀的基质容量；较低的阻逆性；易操作性和均一的可压缩性。

用于金标垫的材料是一种非编织状的滤膜，如玻璃纤维、聚丙烯塑料、聚乙烯塑料等。

4. 吸收垫　吸收垫的主要功能是增加进入层析膜的样品体积，将非特异吸附在层析膜上的颗粒洗掉，降低层析膜的背景色，相对增加分析的敏感性。用于吸收垫的材料一般是纤维素滤膜。

5. 背衬的选择　背衬的主要作用是作为以上各种材料的支撑体，上述各种材料依次黏附于背衬上构成免疫层析试纸条。用作背衬的材料一般是附有压敏胶的聚酯和塑料。

四、胶体金试纸检测法原理

胶体金试纸检测方法可以用于抗原的检测，也可以用于抗体的检测。对于大分子抗原检测多采用夹心法，对于抗体检测多采用间接法，对于小分子半抗原多采用竞争抑制法。

1. 夹心法　以禽流感病毒（AIV）的检测为例来说明（图 16－7）：以胶体金标记的鼠抗 AIV 某一抗原位点的单克隆抗体（单抗 1）固定于金标垫上，检测线（T）为鼠抗 AIV 另一抗原位点的单克隆抗体（单抗 2），质控线（C 线）为抗鼠 Ig G 抗体。检测时，样品中的AIV在毛细作用下向上泳动，与胶体金标记抗体免疫结合，形成AIV-金标单抗1的抗原抗体免疫复合物，免疫复合物继续向上泳动被T线上的另一种单克隆抗体（单抗2）捕获，形成单抗2-AIV-单抗1的夹心结构，并借助于胶体金显示红色条带；过量金标单抗1穿过T线到达C线，与兔抗鼠IgG抗体结合，形成红色的质控条带，根据检测线颜色的有无可以判断样品中AIV的有无。

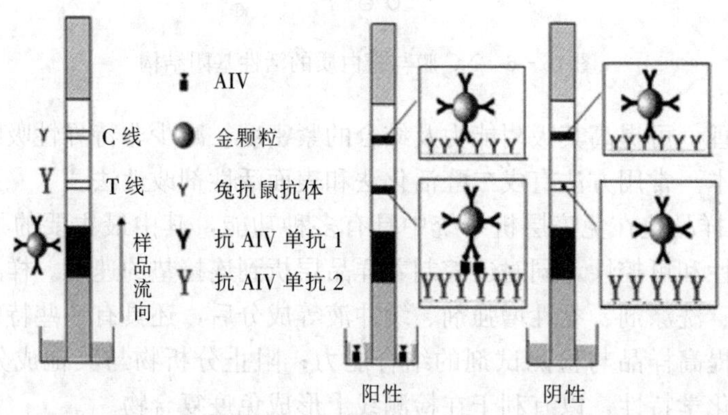

图16-7　夹心法示意图

2. 间接法　以禽流感病毒（AIV）抗体的检测为例来说明（图16-8）：以胶体金标记的抗鸡IgG Fc单克隆抗体固定于金标垫上，检测线（T）为AIV核蛋白（NP），质控线（C）为兔抗鼠抗体。检测时，样品中的禽流感病毒（AIV）抗体在毛细作用下向上泳动，与胶体金标记抗鸡IgG Fc单克隆抗体结合，形成金标抗鸡IgG Fc单克隆抗体-AIV抗体免疫复合物，该复合物继续向上泳动被T线上的AIV NP蛋白捕获，形成金标抗鸡IgG Fc单克隆抗体-AIV抗体-NP的结构，并借助于胶体金显示红色条带；过量的金标抗鸡IgG Fc单克隆抗体穿过T线到达C线，与兔抗鼠抗体结合，形成红色的质控条带，根据检测线颜色的有无可以判断样品中AIV抗体的有无。

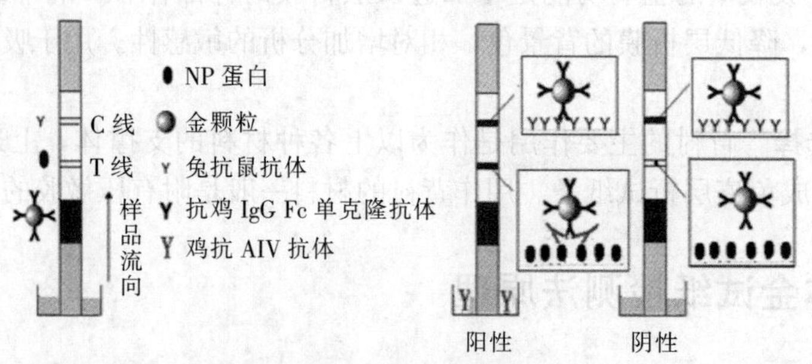

图16-8　间接法示意图

3. 竞争抑制反应原理　以磺胺嘧啶（SD）的残留检测为例来说明，如图16-9所示。以胶体金标记的抗SD单克隆抗体固定于金标垫上，检测线（T）为SD与牛血清白蛋白（BSA）的偶联物（SD-BSA），质控线（C）为兔抗鼠IgG抗体。检测时，样品中的SD在毛细作用下向上泳动，与金标抗SD单克隆抗体结合，形成金标抗SD单克隆抗体-SD

免疫复合物，抑制其与T线的SD-BSA偶联物的结合，使T线截获的金标抗体的量减少，T线颜色变浅，部分金标单抗或其复合物穿过T线被C线截获，形成红色条带；T线颜色的深浅与样品中磺胺嘧啶的含量成负相关，当样品中SD的量足够大时，T线将无颜色出现，仅C线出现红色条带。

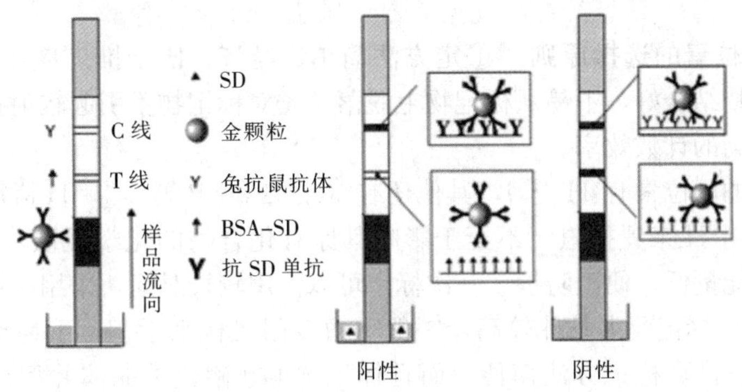

图16-9 竞争抑制反应原理示意图

4. 胶体金试纸的检测及结果判定

(1) 检测　将试纸测试端插入待测样品液中，5～10min后，观察NC膜的显色情况。

(2) 结果判断　对于采用夹心法及间接法构建的试纸条的出现两条红色线时，判为阳性；只出现一条红色C线时，判为阴性。对于采用竞争抑制法构建测试纸条，出现两条红色线时，判为阴性，只出现一条红色C线时，判为阳性；不出现任何红色线时，表示操作有误或试纸失效。

第三节 放射免疫测定技术

放射免疫测定（RIA）是以放射性同位素作示踪剂的标记免疫分析方法，由于此项技术具有灵敏度高、特异性强、重复性好、样品及试剂用量少、测定方法易规范化和自动化等多个优点，特别适用于激素、多肽等含量微少物质的超微量分析。

一、基本原理

经典放射免疫分析（RIA）是采用标记抗原（Ag＊）和非标记抗原（Ag）竞争性结合有限量特异性抗体（Ab）的反应。该反应体系中随着Ag的增加则反应体系中Ag＊分子与Ab结合的机会减少，形成Ag＊-Ab复合物以及测定时的放射量也降低。若以未结合的Ag＊为F，Ag＊-Ab复合物为B，则B/（B+F）与Ag的量变存在着函数关系。

因此，RIA方法设计为用定量的Ag＊，限量的Ab及一系列已知浓度的Ag（标准抗原）共同反应后，将Ag＊-Ab复合物（B）与游离的Ag＊（F）分离，测定各自放射性强度并计算出相应反应参数比值或B/（B+F）结合率；以标准抗原浓度为横坐标，反应参数作纵坐标，绘制成标准曲线（也称竞争—抑制曲线）。待测样品同条件进行反应，最后通过计算相应反应参数，即可在该曲线上对应查得待测抗原的含量。

二、抗原的标记

1. 放射性同位素的选择原则 ①定方法简单、经济、便于推广应用。②易于防护。③同位素与标记物结合好，不易从标记物上脱落。④对标记物不引起辐射损伤，不使蛋白变性。⑤具有较高的计数效率。

目前，常用的同位素有^{3}H、^{125}I，其他还有^{14}C、^{35}S和^{32}P等。①^{3}H因所有的有机化合物中均含有氢，用^{3}H来置换氢，不至于影响其原有化合物的化学性质。^{3}H的半衰期长，是一个弱衰变，能量低，便于防护。一次标记可以使用较长时间，采用闪烁仪测量，测量效力可达60%。^{3}H标记要求条件较高，一般需由专门机构来承担，不易推广。②^{125}I碘标记的化合物比度高，标记方法简便，而且标记物可在碘化钠晶体井型计数器上直接测定。^{125}I发射射线，含有酪氨酸的蛋白质和多肽均可用放射性I标记。目前，连接标记技术已有相当发展，致使许多非蛋白质和多肽的半抗原也可以用碘来标记。另外碘的放射能量较大，半衰期也较短。

虽然^{125}I的放射比活性仅为^{131}I的13%，但^{125}I的半衰期较^{131}I长，同位素丰度大，辐射损伤小，计数效率也较高，因此，^{125}I比^{131}I更为常用。

2. 标记方法 目前，常用的是碘标记法。碘标记的方法很多，如氯化碘法、乳过氧化酶法、过氯酸法和连接标记法等。但比较起来，氯胺T碘化标记法最为简便，效果好，易于采用。

氯胺T碘化标记法的原理：氯胺T是一种氧化剂，在水溶液中可以缓慢地释放次氯酸，因而可以在标记的过程中形成一种能产生温和氧化效果的中间体，它可使放射性碘离子氧化而呈活泼形式的碘离子，并取代抗原分子中酪氨酸苯环羟基邻位的一个或两个氢原子，使之成为含有碘化酪氨酸的多肽链。其标记过程为：

（1）将蛋白质抗原用0.5mol/L pH7.5 PB液稀释为20μg/μL，取5～10μL。

（2）取Na^{125}I 5μL。

（3）将1mg氯胺T溶于0.1mL 0.5mol/L pH7.5 PB液中。

（4）再将Na^{125}I和氯胺T分别缓缓加入蛋白质液中，于冰浴中边加边搅拌，加完后再搅拌5min。

（5）加0.1mL（含3mg）偏重硫酸钠（以PB液配制）。

（6）再加1%碘化钾液1滴，看液体是否完全透明。如仍呈棕色，应继续加少许的偏重硫酸钠。

（7）过SephadexG50柱，取第一峰，即为碘标记的蛋白质抗原。

3. 标记的最佳条件

（1）放射性碘比活性要高。

（2）反应体积要小。

（3）标记反应的pH，以pH7.5为宜，超过8.5，碘则取代酪氨酸以外的其他成分。

(4) 氯胺T的用量必须事先测定。其方法为确定标记的蛋白质存在时，10%的三氯醋酸能沉淀最大量放射性碘所需要的最小量的氯胺T。氯胺T的用量必须适当。用量少，虽能满足反应的要求，但产率低；用量大易使蛋白质变性。

(5) 蛋白质的浓度决定碘化的效率。对含量中等的氯胺酸的蛋白质而言，在蛋白质浓度为1mg/mL，蛋白质的回收率为100%；浓度为300μg/mL，则为80%～90%；当浓度降至50μg/mL时，则回收率只有60%～70%。

4. 标记物的鉴定

(1) 放射性化学纯度鉴定是指某一化学形式的放射性物质的放射强度在该样品中所占放射性总强度的百分比。鉴定方法为：取标记的蛋白质或多肽抗原液少许，加入1%～2%载体蛋白及等量的15%三氯醋酸，摇匀静置数分钟后，3 000r/min离心15min分别测上清液（含游离碘）及沉淀（含标记抗原）的放射活性。一般要求游离碘含量占总放射性碘的5%以下。标记抗原贮藏较久后，仍有部分放射碘从标记物上脱落下来，使用时应除去后再用，否则影响放射免疫分析的精确度。

(2) 免疫化学活性鉴定　采用碘标记的抗原，通常由于氧化剂的作用可引起部分活性的损伤，而采用^{3}H、^{14}C等标记的抗原，则不改变抗原的化学结构。免疫活性的检查方法：以少量的标记抗原加过量的抗体，在适当的条件下充分反应后，分离B、F，分别测定其放射性，算出结合率。此值应在80%以上，最大可超过90%。该值越大，表示标记的免疫化学活性损失越少。

(3) 放射强度　放射性强度以比度表示。即单位重量抗原的放射性强度。比度越高，敏感性越高。因此根据测定需要的敏感度，要求适当比度的标记抗原。标记抗原比度的计算是依据放射性碘的利用率。

三、测定方法及设备

RIA具体测定方法包括以下3个主要步骤：

1. 抗原抗体反应　根据RIA原理，需将未标记抗原（标准品和待测样品），标记抗原和抗血清加入反应试管中，在一定条件（温度、时间及介质pH）下进行竞争—抑制反应。为取得最佳实验效果（如灵敏度及检测浓度范围），上述三种主要试剂可同时反应（平衡法），也可采用非平衡法：先加待测样品（或标准品）和抗血清，结合平衡后，再加入标记抗原竞争与抗体结合。反应温度和时间可依据具体待检抗原的特性和所用抗体亲和力高低等条件选择：若抗原性质稳定且含量高，反应温度可选室温或37℃、时间可较短（数小时）；若抗原性质不稳定（如某些小分子肽）或含量甚微、或抗体亲和力较低，则应选低温（4℃）长时间（20～24h）反应条件。

2. 分离结合与游离标记物　RIA反应平衡后，标记抗原与试剂抗体形成免疫复合物（B），需加入适当的沉淀剂才能将其彻底沉淀，然后采用一定的方法使其与游离的标记抗原（F）分离。

B、F分离步骤所造成的误差是RIA实验误差的重要组成部分，可影响方法的灵敏度和测定的准确性。理想的分离方法应：B、F分离完全迅速；分离剂和过程不影响反应平衡；操作简单、重复性好以及经济。目前 RIA 常用的分离方法有以下几种：第二抗体沉淀法、聚乙二醇（PEG）沉淀法和 PR 试剂法。其中，PR 试剂法是目前 RIA 应用最多的分离方法。

3. 放射性测量及数据处理 分离 B、F 后，即可对标记抗原抗体复合物（B）进行放射性测量，也可测定游离标记抗原（F）。用于放射性测量的仪器有：用于测量 γ 射线的（井型）晶体闪烁计数仪和用于测量 p 射线的液体闪烁计数仪。

第四节 微量分析技术

抗体能追踪抗原，在抗原所在部位与之结合，一旦结合后就不易洗脱。但此种结合反应肉眼不易察出。有一些物质在超量时，即能用某种特殊理化因素将其检查出来。如将这些物质标记在抗体上（或抗原分子上），就能利用抗体抗原特异性结合的特性，检查抗原或抗体的所在部位（定位），此即标记抗体技术（labelled antibody technique）。

标记技术目前主要有：荧光抗体技术、酶标记技术、同位素标记技术（即放射免疫）和铁蛋白标记等。这些技术不仅可用于抗原的定位，还可用于抗原或抗体的超微量检测，其敏感程度远远超过常规的血清学方法。

此外，如将抗原标记即可用以检测抗体，也可将抗体标记，用以检测抗原和抗体。总之标记技术目前发展很快，新方法层出不穷，已成为现代生物化学和分子生物学研究的重要工具。

一、免疫荧光技术

免疫荧光技术（immunofluorescence technique）又称为荧光抗体技术（fluorecent antibody technique）。它是在免疫学、生物化学和显微镜技术发展的基础上建立起来的一项技术，把免疫学的特异性、敏感性和显微镜技术的精确性有机地结合起来，使之成为现代生物学、医学和兽医学广泛应用的免疫学技术之一。免疫荧光技术包括荧光抗体技术和荧光抗原技术，实际工作中常用荧光抗体抗术，所以通称荧光抗体技术。

早在 20 世纪 30 年代初期，就有人试图将荧光素标记到蛋白质分子上，以研究其免疫学特性。但是，由于敏感性太差，而未能应用。1941 年美国学者 Coons 和 Greech 等合成了一种新的荧光素—异氰酸荧光素（fluorescein isocyanate，FIC）。这种色素可以有效地标记抗体蛋白而不损害抗体，为荧光抗体技术的应用奠定了基础。但是，由于标记技术比较复杂，仍然未能普及应用。1958 年 Riggs 等合成异硫氰酸荧光黄（fluorescein isothiocyanate，FITC）以后，能够很容易地将其抗体蛋白形成稳定的结合物，这一技术才得到了迅速的推广和广泛的应用。

免疫荧光技术自从 1941 年问世以来，经过不断的改进，技术上已日趋完善，成为一种既准确又快速的诊断技术。因此，应用范围也日益扩大，在免疫学、细菌学、病毒学、病理学、组织学以及临床诊断等方面都得了广泛应用。近年来，这项技术在兽医科学上的应用也比较普通，特别是一些流行严重的家畜、家禽及其他动物传染病的快速诊断，提供了一条新的途径。如在口蹄疫、马传染性贫血、狂犬病、伪狂犬病、猪瘟、猪丹毒、猪水泡病、猪传染性胃肠炎、鸡马立克氏病等许多细菌性和病毒性传染病等的诊断上都取得了一定的成就，基本上达到了既准确又快速的诊断目的。此外，有人对布鲁氏菌病、巴氏杆菌病、钩端螺旋体病等的诊断也进行了研究。

1. 荧光色素

（1）荧光的特性

①荧光的产生：荧光色素是一种染料，它在紫外线或蓝紫光，绿光照射下，能吸收足够能量的光量子，发生电子重新分布，而被激化，激化状态的分子若能稳定在 10^{-8}s 的时间，则能发射光能，而恢复原来电子分布状态，故几乎在激化的同时，激化分子发射比激发光波较长的可见光，称荧光。

②荧光效能：即荧光色素的发射光量子数目与吸收光量子数目之比。如荧光素二钠的水溶液的荧光效能为 0.71，而罗丹明为 0.25，故前者荧光效能较后者为高。但荧光色素的荧光强度与激发光的波长及强度有关，激发光波长接近于荧光色素的最大吸收峰波长者，荧光强度最大，如异硫氰荧光素（FITC）的荧光强度以激发光波长近于 490nm 者为最强。

③荧光的猝灭：荧光色素在激发光的持续照射下，则发射荧光减弱或猝灭。这与激发分子中的电子不能恢复原状，能量不能以荧光形式发射有关。但有莱塞线短时间的脉冲瞬息照射，使间隔以一定时间的暗期（不照射），则可显著减少荧光猝灭，如 FITC 照射 1/50s,间隔 60s 的暗期，则荧光的发射可达最初荧光的 84.6％。

（2）荧光色素　用于标记抗体的荧光色素必须具有化学上的活性基因，使易与蛋白稳定结合，能发射可见、对视觉敏感的荧光颜色，荧光效应强，性质比较稳定，不影响抗体的活性，不影响抗原与抗体特异性结合。常用的荧光色素有：

①异硫氰酸荧光素（FITC）：在碱性条件下，它以异硫氰酸基与免疫球蛋白中氨基酸（主要是赖氨酸）的氨基经碳酰氨化而形成硫碳氨基键，成为标记荧光免疫球蛋白，即荧光抗体。一个 IgG 分子上最多能标记 15～20 个 FITC，其最大吸收峰波长为 490nm，但标记抗体后则为 495nm。最大发射光波为 525nm，呈翠绿色荧光。FITC 较稳定，宜存于冷暗干燥处，否则会加速降解。FITC 有结晶型和无定型两种，结晶型主要是同分异构体Ⅰ。其荧光强度大，它载于寅式盐（Celite）上，占 10％的总重量，以便于称取。无定型粉末有同分异构体Ⅰ及Ⅱ和一些前体，荧光强度比结晶型为小。

②四甲基异硫氰酸罗丹明（TMRITC）：亦有结晶型同分异构体 R 及无定型粉末两种，通过异硫氰基与蛋白质结合，其最大吸收峰波长为 554nm，最大发射光波长为 620nm。呈橙红色荧光，与 FITC 的翠绿色荧光对比鲜明，常用于双重标记染色，因荧光猝灭慢，也用于单独标记染色。

③四乙基罗丹明（RB200）：本品为硫酸钠盐无定型粉末，不能直接与蛋白结合，需在五氯化磷作用下转变成磺酸酰氯，则可与蛋白质的赖氨酸氨基结合。最大吸收峰波长为 575nm，最大发射光波长为 600nm，呈橘红色荧光。

2. 抗血清　抗体效价：制备荧光抗体需高效价免疫血清。抗体的效价，用稀释抗原法的环状沉淀试验或免疫扩散试验测定，必须达 1∶4 000；用稀释抗体法的免疫双扩散试验，必须达 1∶32～1∶64；用于直接标记的抗菌抗体效价，直接定量凝集试验须达 1∶2 560；抗病毒的效价，血球凝集抑制试验，中和试验及补体结合试验的测定，均宜在 1∶256以上。

3. 抗体标记原理 用于标记抗体蛋白的荧光素均具有活泼的化学基团，在适宜条件下，它与抗体蛋白质的氨基酸自由结合，形成荧光素—蛋白质结合物，即荧光抗体。由于二者的结合是依靠化学链的连接，所以结合比较牢固而稳定。例如异硫氰酸荧光黄与抗体球蛋白的结合反应式如下：

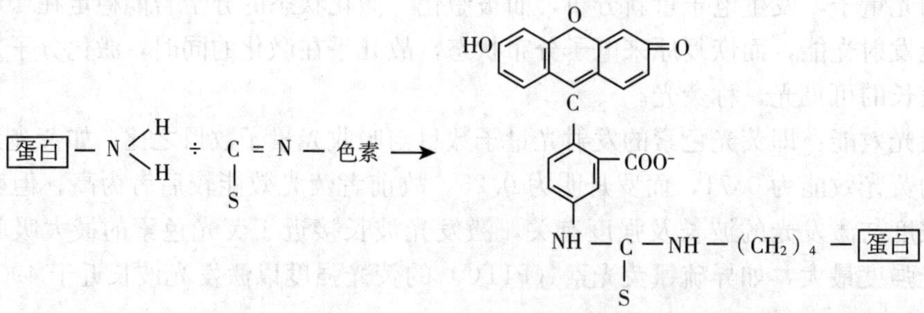

HO O O C COO⁻

蛋白 — N(H)(H) ÷ C(S) = N — 色素 ⟶ NH — C(S) — NH — $(CH_2)_4$ — 蛋白

图 16-10 异硫氰酸荧光黄与抗体球蛋白的结合反应式

4. 染色方法

（1）直接染色法 将荧光色素标记在抗体上，直接和相应抗原反应，其优点是方法简便，非特异荧光染色因素少。缺点是不够敏感，且一种标记抗体只能测定一种抗原（图 16-11）。方法如下：

①于标本片上滴加标记抗体，放在湿盒中，37℃温箱 30min 后取出。

②先以 PBS（pH7.4）流水冲洗，继以顺序过 PBS 三缸浸泡，每缸 3min，不时振荡，末次再以 pH7.4 PBS 浸泡 1～2min，电风扇吹干。

③滴加缓冲甘油封片（甘油 1 份加 1 份 pH7.4 PBS 配成）。

直接法用于组织细胞内抗原的定位，只要抗血清效价高均可。

（2）间接染色法 其原理同抗球蛋白试验，此法有两对抗原—抗体系统，第一对是欲测抗原及其相应未标记抗体；第二对是抗体球蛋白及其相应荧光色素标记的抗球蛋白抗体。由于夹层球蛋白分子上有多个抗原决定基，因而能结合多个荧光色素标记抗球蛋白抗体分子，所以间接法比直接法敏感。间接法另一优点是标记一种抗球蛋白抗体，可用于多种抗原，抗体系统的检查，又由于间接法是染抗原体复合物，因此，能用已知抗原查血清中特异抗体的存在，或用已知特异抗体检查标本中的抗原。本法缺点是因素多，比直接法易出现非特异荧光染色，故需条件严格（图 16-11）。

5. 特异性试验 确定特异荧光前，必须排除非特异荧光的可能，故应作对照试验，对照试验的方法很多，常须作下列几个对照。

（1）抗体特异性对照 标记非对应抗体，染特定抗原，应荧光阴性，或标记抗体，染非对应抗原，亦应荧光阴性。间接法中，夹层加正常血清，应荧光阴性。

（2）标记程度适用性对照 标记正常动物的球蛋白（该动物与制备免疫血清的动物相同），其 F/P 比值，及蛋白含量均与特异标记抗体相似，染色应荧光阴性。

(3) 特异抗原吸收试验 标记抗体预先以过量相应抗原吸收去除，再作染色，应荧光阴性，若抗原为不溶性者（细菌、细胞），可直接加入吸收后，离心去除抗原，留上清液应用。若抗原为可溶性抗原，可用免疫亲和层析柱法吸收标记抗体，或用戊二醛使抗原聚合成不溶性物，再吸收，便于吸收后离心除净。

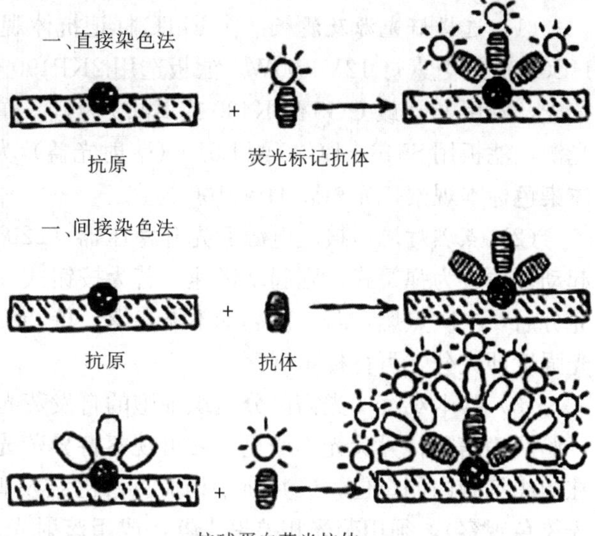

图 16-11 荧光抗体染色法

吸收法须用免疫双扩散及免疫电泳方法鉴定，确实吸收干净，才可应用。

(4) 阻断试验 即用未标记免疫血清，结合于特异抗原决定簇上，使标记抗体结合不上，而无荧光。未标记抗体的用量为标记抗体量的 10～20 倍。因未标记免疫血清亦可呈非特异阻断，所以应同时用未标记正常动物血清或正常动物球蛋白作阻断对照，后者应不能阻断。阻断试验分一步法和二步法两种。

①一步法：

A. 按抗体含量比为 1∶20～1∶10 将标记抗体与未标记抗体混合，再按同样比例，将标记抗体与未标记正常球蛋白混合。

B. 玻片的左右两侧分别涂上抗原（或贴上切片）。

C. 以 A 的两种混合液分别滴于玻片左右两侧的抗原膜上，37℃ 30min。

D. 冲洗、封片如前述。

②二步法：

A. 玻片左右两侧分别涂上抗原（或贴上切片）。

B. 于玻片的左侧抗原膜上滴加未标记抗体，其浓度为标记抗体浓度的 10～20 倍，右侧抗原膜上滴加正常球蛋白（其浓度亦为标记抗体浓度的 10～20 倍）。37℃ 30min 染色后，冲洗吹干，如前。

C. 再于玻片左右两侧抗原膜上，均滴加标记抗体，37℃ 30min 染色后，冲洗，吹干，封片如前述。

以上为直接染色法的两种阻断方法，间接染色法亦有相应两种阻断法，唯用标记抗球蛋白抗体与未标记抗球蛋白抗体按 1∶20～1∶10 混合染色。

由于抗原抗体结合的不牢固性，标记抗体与未标记抗体间会有所竞争，阻断效果不一定完全，而是以荧光显著减弱即为阻断阳性。

(5) 自发荧光对照 组织标本不作染色，直接封片观察。

6. 荧光显微镜使用要点及标本观察要点 荧光显微镜要求在防震台上，带有荧光分光光度计者，室内应有空气调节设备，使室温波动不超±5℃。荧光标本观察需按下列程序进行。

(1) 选择好光源及滤板　作 FITC 标记抗体观察时，光源用 XBO150 瓦最宜，亦可用 HBO200 或卤素灯 12V 100W，滤板选用 2KP490＋K480 配 K510 最宜。为区分组织自发荧光，则用 Ugl 或 UG5 配 K430 或 K460 为宜。作罗丹明类标记抗体染色时，用 HBO200 光源，滤板用 S546＋BG36 配 L610（落射光益）为宜。若作 FITC 及罗丹明类双重标记抗体染色标本观察，光源以 HBO100 为宜。

(2) 点燃灯泡　接上电源后先开稳压器（220V），使起动装置预热 5min，然后起动，起动开关若为弹簧式，则起动迅速，若为按钮式，则每次起动不应超过 1～2s，一般预热充分后，一次点燃，若一次起动不能点燃，待 2min 后再起动。灯泡点燃后 5min，光源发光强度即充分，可行标本观察。

(3) 标本观察　先需区分组织细胞的自发荧光及荧光色素的发射荧光，然后观察对照试验，确信非特异荧光不明显，才可观察特异荧光结果。为观察抗原（或抗体、补体等）在组织细胞内的定位，或判断末梢血、淋巴结及脾脏中的 T 及 B 细胞所占百分率（膜荧光染色观察），须用荧光相差聚光器，或用落射光观察荧光，用透射光相差聚光器观察细胞或组织结构，若单纯计数淋巴细胞中荧光细胞占总细胞数的百分率，则配用普通钨丝灯经过透射光照明即可。作双重标记抗体染色时，可用落射光，或落射光与透射光联合照明，分别观察 FITC 标记抗体染色阳性细胞，及罗丹明类标记抗体染色阳性细胞，为观察两种抗原免疫学上的相关性，做活细胞膜荧光染色时，不加 NaN_3，以观察两种抗原是否共同形成“帽状”聚体，并于同一“帽”内存在。对于免疫病理及肿瘤免疫的研究，须作连续切片，一片作荧光染色，一片 HE 染色，均摄下照片，对比观察。荧光抗体染色标本，观察过荧光后，可用 PBS 浸泡过夜去封片甘油，再作 H. E 染色检查，但其细胞结构的清晰度较差。

(4) 显微镜的维护　观察时间一次以 2～3h 为宜，若时间过短，起动次数多，灯泡寿命短；过长，光源发射光的强度减弱。为防止高压汞灯发热高，需用电扇散热，电扇在灯泡起动前开动。工作中途灯泡自动熄灭，则迅速关闭启动装置，检查外来电压及稳压压情及灯泡点燃时间（累积总小时数）。相隔 15～30min 后，待灯泡冷却，汞蒸汽挥发复原后再启动，继续工作。每更换一次灯泡必须重新调整光源，调至合适位置即固定不动，不要经常调节，工作完毕保持清洁，镜台非玻璃处用软纱布擦，玻璃表面，若有油污用羚羊皮蘸蒸馏水擦净。镜头不洁用油镜纸擦，若擦不净，再用油镜纸蘸取少量二甲苯擦净。全镜套防尘罩。保持室内整洁。

每次观察完毕，记录汞灯泡点燃时间。

7. 免疫荧光技术的特点

(1) 高度特异性　由于抗原抗体反应具有高度的特异性，所以免疫荧光技术与普通病理组织学染色法有着完全不同的特点。用这种方法所染出的物质是特定的抗原物质。例如，在被检材料内（肠管内容物）有大肠杆菌、产气杆菌及沙门氏菌等存在时，若用抗沙门氏菌的荧光抗体染色，发生荧光的只是沙门氏菌，其他细菌一般不出现荧光。所以即使在污染严重的标本中，也可以检查出特定的细菌。

(2) 高度敏感性　抗原抗体反应不仅具有高度特异性而且具有高度敏感性，抗原物质虽然进行高位稀释，也能与抗体发生特异性反应，所以荧光抗体技术的敏感性也非常高。当然在高度敏感的反应中，所要寻找的抗原或抗体还是要有一定浓度界限的。

（3）较好的快速性　由于免疫荧光技术中的染色反应，发生于抗原抗体反应第一阶段，即抗原与抗体结合后，便可以在荧光显微镜下发现它，而有些血清学反应出现反应较慢。荧光抗体技术一般在1～2h内便可得出结果，近年来又开始建立更为快速的操作程序，可以在1～2min内得出结果，所以荧光抗体技术比较快速。

此外，免疫荧光技术虽具有灵敏、快速、特异等优点，但也具有一定的缺点，主要表现在易产生非特异性荧光，客观性不足，对荧光的判断带有一定的主观性；需要特殊昂贵的仪器，标本不易保存等，使该技术的应用受到了一定的限制。

二、BAS免疫酶技术

生物系—亲和素（抗生物素）系统（biotin-avidin system，BAS）是20世纪70年代后期发展起来的一种新型生物反应放大系统，由于具有特殊的放大作用和高度稳定性，故显著提高了检测的敏感性，为微量Ag/Ab的检测开辟了新的途径。

（一）生物素

生物素（biotin）是一种广泛分布于动植物体内的生长因子，尤其蛋黄、肝、肾等组织中含量较高。它以辅酶形式参加多种羧化酶反应，故又称之为辅酶R或维生素H。

生物素是一种无色结晶化合物，分子量为244.31，分子式为$C_{10}H_{10}O_3N_2S$，等电点为3.5，环状结构，其中Ⅰ环是咪唑酮环，又称Ureido环，是与亲和素结合的主要部位；Ⅱ环是噻吩环，并带有一个戊酸的侧链，末端羟基是标记抗体和酶的唯一结构。已知有α和β两型（图16-12），α型存在于卵黄中，β型存在于肝组织中。两型的生物功能基本相同，溶于热水而不溶于脂性溶剂，常温下很稳定，但加热或有氧化剂存在时，可失掉活性。

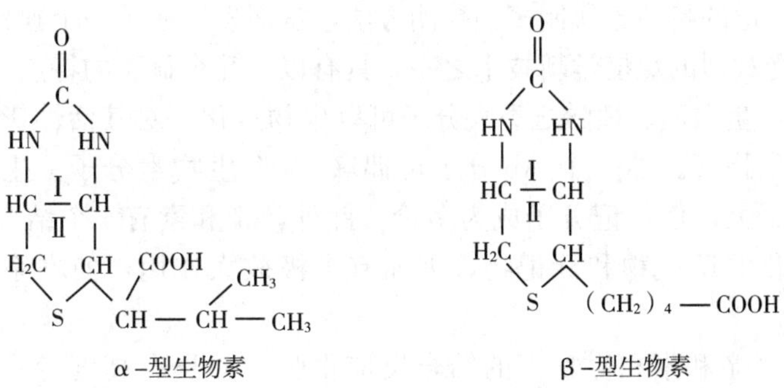

图16-12　生物素结构式

（二）亲和素

亲和素分子量68 000，等电点为pH10.0～10.5。纯品为白色粉末，易溶于水，在pH2～13缓冲液中性质稳定，对热的耐受性也较强，消化道多种蛋白质水解酶不能使其失活，但对强光和Fe^{2+}较敏感。亲和素在正常情况下四聚体，即由四个相同的亚单位所组成。因为每个亚单位可结合一个生物素分子，所以每个亲和素子结合 4 个生物素分子。亲和素的每个亚单位中的 128 个氨基酸残基，氨基端是丙氨酸，羧基端是谷氨酸。每个亚单位中有 4 个色氨酸残基，分别是位于肽链中 10、70、97 和 110 号位上。色氨酸与亲和素的活性密切相关。因为亲和素就通过色氨酸与生物素上的 Ureido 环结合的。如果氧化一个色氨酸，其活性将丧失一半，而氧化两个色氨酸时，则其活性将全部丧失。

亲和素的活性单位是以结合生物素的量来表示的，即以能结合 1μg 生物素所需的亲和素的量为 1 个亲和素活性单位。1μg 亲和素含 13～15 个活性单位。亲和素摩尔消光系数值 g280，结合生物素后 g280 不变；但 g232＝9 300 时，结合生物素后，最大 g232 升至 11 800，即△g232＝25 000，亲和素在紫外光谱上的这种吸光特点，对判断其纯度和活性很有用。例如，测定活性时，可在一定浓度蛋白溶液中，逐次加入已知量的生物素，在 232nm 处观察 OD 值，至 OD 值不再增加时，所加入的生物素的微克数就是已知量与亲和素蛋白的活性单位。另外，亲和素能与阳离子染料结合。利用这一特点，观察其与 4’-羟基偶氮苯甲酸结合后光吸收峰和颜色的变化，也可以测定其活性。该染料原料呈黄色，在 348nm 处有吸收峰；当与亲和素结合后，变成红色，在 480nm 处出现吸收峰。

亲和素对生物素有很强的亲和力，结合常数（Ka）达 10^{15} mol/L，而抗体和半抗原间的 Ka 为 10^5～10^{11} mol/L，SPA 对 IgG Fc 段的 Ka 是 10^6 mol/L，凝集素对相应糖基的 Ka×10^{10} mol/L，由此可见亲和素与生物素之间的亲和力至少是抗原—抗体反应间亲和力的万倍以上。亲和素一旦结合生物素后，很难解离，即使在 100℃作用 60min 也不能使其完全分离，而且酸、碱变性剂、蛋白质溶解酶以及有机溶剂，均不影响两者的结合作用。因此，生物素—亲和系统（BAS）具有高度的稳定性。已知生物素主要通过 Ureido 环与亲和素上的色氨酸残基相结合，但其结合为何如此之强，目前还不清楚。

（三）生物素—亲和素系统特点

近年来，人们利用生物素和亲和素既可偶联抗体等一系列大分子生物活性物质，又可被多种标记物所标记的特性，研制多种检测方法，从而发展成了一个独特的生物素—亲和素系统。这是深受欢迎的免疫学新技术之一，具有以下几个显著的特点：

1. 高灵敏度 蛋白质、核酸之类大分子可以生物素化，对其活性影响甚小，一个大分子可接上多个生物素。如一个 Ab 分子可偶联 90 个生物素分子。生物素又可大量连接在酶等标记分子上，使标记分子成为多价。此外，亲和素有 4 个结合部位，可同时以多价桥联生物素化的反应物和标记物，因而有多极放大作用，使本系统具有极高的灵敏性。

2. 高特异性 亲和素和生物素的结合反应很强，并具有高度专一性。加上上述的高灵敏性，使试剂经得起高度稀释，从而大大减少了通常免疫反应中出现的非特异性作用。

3. 高稳定性 亲和素一旦与生物素结合就难以解离，酸、碱、有机溶剂、蛋白酶等均不影响两者的结合作用，因此该系统具有高稳定性。

（四）BAS 用于检测的基本方法

分为两大类，一类以游离亲和素居中，分别连接生物化大分子反应体系和标记生物素称为 BAB 法，或桥联亲和素—生物素法（BRAB）。其改良法称为 ABC 法。另一类以标记亲和素连接生物素化大分子反应体系，称 BA 法或标记亲和素—生物素（LAB）法。现分述如下：①BAB 法或 BRAB 法：此法利用亲和素多价性质，将反应体系与标记材料联起来，达到检测反应分子的目的。以酶 BAB 法为例，先将待测 Ag 与生物素化特异性 Ab 共温，然后加游离亲和素，就可使 Ag－Ab 复合物通过生物素与多个亲和素分子结合，此后再加酶标生物素，使大量酶分子积聚于复合物的周围。再加底物，就会产生强烈的酶促反应。与常规 ELISA 相比进一步提高了灵敏性。如果在 BAB 法中，特异性 Ab 是游离态的，而把抗抗体生物素化，使反应增加一层，则可进一步提高其敏感性。②BA 法或 LAB 法：以标记亲和素代替 BAB 法中游离的亲和素。省略加标记生物素步骤，操作较为简便，也有相当高的灵敏度。此法对蛋白质有一定损伤，一般不用。③ABC（Avidin-Biotin Complex）法：本法是预先按一定比例将亲和素和酶共温，使形成复合物（ABC），当 ABC 与生物素化的 Ab 接触时，ABC 中尚未饱和的亲和素结合部位可与 Ab 分子的生物素相结合，使 Ag-Ab 反应系统与 ABC 连成一体达到检测目的。比酶—抗酶体系高 8 倍，同时显著缩短了反应时间。

现将生物素—亲和素各种检测方法的反应层次列表如下（表 16－6）。

表 16－6　生物素—亲和素系统的检测方法及其反应层次

检测方法		反应层次
直接法	BAB	Ag－（Ab－B）－A－B*
	BA	Ag（Ab－B）－A*
	ABC	Ag－（Ab－B）－AB* C
间接法	BAB	$Ag-Ab_1-(Ab_2-B)-A-B^*$
	BA	$Ag-Ab_1-(Ab_2-B)-A^*$
	ABC	$Ag-Ab_1-(Ab_2-B)-AB^*C$

注：Ab－B 和 Ab_2－B 分别为生物素化抗体和生物素抗抗体；A 和 A* 分别为亲和素和标记的亲和素；B 和 B* 分别为生物系的标记的生物素。

另外，根据所用标记材料的不同，生物素—亲和素系统的检测方法又可分为：酶—生物素—亲和素系统检测法，荧光素—生物素—亲和素系统检测法，铁蛋白—生物素—亲和素系统检测法，放射性核素—生物素—亲和素系统检测法，红细胞—生物素—亲和素系统检测方法等。不论是用酶作标记物，还是用荧光素、放射性核素或铁蛋白作标记物，基本原理是一致的。当然用铁蛋白作标记物时，只适于作电镜观察。

（五）BAS 的实际应用

就目前而言，生物素—亲和素系统的实际应用主要在以下 6 个方面：

（1）细胞表面组分的检测和定位。

（2）可溶性抗原及其相应抗体的检测。

（3）细胞的分离纯化。

（4）在核酸系统的研究中，以生物素作探针，进行定位检测；或利用这类亲和吸附剂进行基因的分离纯化。

(5) 肿瘤的免疫治疗及肿瘤抗原的研究。

(6) 免疫学基础理论的研究。

就以上6个方面而言，应用得最多的还是检测和定位，这是由于该系统灵敏度高、特异性强、稳定性好的缘故。在国外，该系统的各种有关试剂已早有商品供应。在国内，据章谷生等报告，从1983年以来，已研制成亲和素、活化生物素、生物素化羊抗兔、生物素化兔抗鼠以及生物素化辣根过氧化物酶等制剂，组成了一整套完整的生物素—亲和素系统，并已着手研制常规试剂盒。据认为这些制剂的质量可靠，可以取代相应的进口试剂。

三、免疫印迹法

印迹法是一项分析生物大分子的技术，1975年E. M. Southern首先创立了分析DNA的印迹法，并与Southern一词相呼应，风趣的称为Northern blot。蛋白质印迹是由Towbin（1979）创立的，并被Bumette（1981）在应用该法时，戏称为Westernblot。在蛋白质印迹中，由于引进了血清学检测技术，使结果的分析更加准确细致。免疫印迹法就是这种以免疫覆盖液为检测探针，对抗原或抗体进行印迹分析的统称。

(一) 原理

首先将Ag样品加在聚丙烯酰胺凝胶板上，进行单向或双向SDS-聚丙烯酰胺凝胶电泳，Ag分成各种单一成分：然后取固定化基质膜（如硝酸纤维膜）与凝胶相贴，在印迹纸的自然吸引力、电场力或其他外力作用下，使凝胶中的各种单一成分转移到印迹纸上，并且固相化。最后再应用免疫覆盖液，如免疫酶探针等，对Ag固定化基质膜进行检测和分析。该法实际上是将凝胶电泳，固定化技术和免疫检测技术融为一体的现代化免疫技术。

1967年shapiro等人发现在有阴离子去污剂十二烷基硫酸钠（SDS）存在时，蛋白质分子的迁移率主要取决于它的分子量大小而与其带电荷多少及形态无关。于是创立了SDS-聚丙烯酰胺凝胶电泳。1969年Weber和Osborn用此方法测定了约40种蛋白质的迁移率。证明蛋白质的迁移率与分子量的对数是直线关系。实验证明，分子量为15 000～200 000，与其他方法测得分子量相比，误差一般在±10%以内，本法由于操作方便、准确，现在已成为测定某些蛋白质最广泛使用的方法。

目前，免疫印迹法已成功应用于生物医学各个领域，如细菌蛋白质、细菌脂多糖、病毒、寄生虫、变应原、自身抗原、免疫复合物、补体及细胞表面蛋白质等抗原的分析，单一特异性抗体的纯化、免疫球蛋白快速分析及单克隆抗体筛选等。

免疫印迹法具有以下优点：①湿的固定化基质膜柔韧，易于操纵；②固定化的生物大分子可均一的与各种免疫探针接近，不会像凝胶那样受孔径阻隔；③免疫印迹分析只需少量试剂；④孵育、洗涤的时间明显缩短；⑤可同时制作多个拷贝，用于多种分析和鉴定；⑥图谱形式的结果可长期保存；⑦免疫探针可通过降低pH等方法，像抹去录音磁带一样将探针抹掉，再换用第二探针进行分析检测；⑧不仅可鉴定抗原样品各种成公的免疫原性，还可测出分子量。

（二）材料

1. SDS－PAGE 相关溶液

（1）30％丙烯酰胺　70mL ddH_2O 中加入 20g 丙烯酰胺和 1gN－N－亚甲叉双丙烯酰胺，溶解后定容至 100mL，置棕色瓶中，4℃保存。

（2）1. 5mol/L Tris－Cl（pH8. 8）　Tris 36. 33g 溶于 ddH_2O 中，用浓盐酸调 pH 至 8. 8 定溶至 200mL。

（3）1. 0mol/L Tris－Cl（pH6. 8）　Tris 24. 2g 溶于 ddH_2O 中，用浓盐酸调 pH 到 6. 8 定容至 200mL。

（4）5×Tris－甘氨酸电泳缓冲液　Tris 15. 0g，甘氨酸 94g，10％SDS 50mL，用 ddH_2O 溶解，定容至 1 000mL。

（5）2×SDS 加样缓冲液　100mmol/L Tris－Cl（pH8. 0），4％SDS，0. 2％溴酚蓝，20％甘油。

（6）10％过硫酸铵　0. 5g 过硫酸铵溶于 5mL ddH_2O 中，4℃保存。

2. 考马斯相关溶液

（1）考马斯亮蓝染色液（100mL）　45mL 甲醇，45mL ddH_2O，10mL 冰乙酸，混匀后溶入 0. 25g 考马斯亮蓝。

（2）脱色液（100mL）　45mL 甲醇，45mL ddH_2O，10mL 冰乙酸混匀。

3. Western－bolt 相关溶液

（1）电转缓冲液，25mmol/L Tris－HCl，192mmol/L Glyvine，0. 1％SDS，20％甲醇。

（2）TBS，10mmol/L Tris－HCl（pH8. 0），150mmol/L NaCl。

（3）TBST，TBS＋0. 05％ Tween－20。

（4）封闭液，TBS＋1％（*w*/*v*）BSA。

（5）HRP 显色液，2mL 乙醇，50μL 4－氯－1－奈酚（100ng/mL），8mL TBS，35μL 30％H_2O_2。

（6）猪抗旋毛虫血清（来自河南农业科学院）。

（7）兔抗猪 IgG HRP（来自晶美生物技术有限公司）。

（8）BSA。

（三）方法

1. SDS－PAGE 电泳　固定灌制中聚丙烯酰胺凝胶的玻璃板，将制好的 12％ SDS 丙烯酰分离胶约 7mL 迅速灌入两玻板的间隙中，留出积层胶所需空间，在分离胶上加入异丁醇覆盖，待分离胶聚合后，倾出覆盖层液体，用去离子水洗凝胶顶部数次，用吸水纸吸净残留液体，再将新配制的 5％积层胶倒在分离胶上，随即插入梳子，待凝胶全部凝聚后拔出梳子，用水洗去加样孔的残留液体，用针头将上样孔拔直，固定于电泳槽中，加入电泳缓冲液，将所制备的样品上样，每孔 20μL，在 80V 在电压下进行电泳，待溴酚蓝跑到分离胶层时，将电压调整为 120～150V，电泳完毕后，取出聚丙烯酰胺凝胶，置于考马斯亮蓝染液中染色 4h 以上，取出置于脱色液中脱色数次，每次 30～60min，脱色完全后，取出观察分析。

2. 电转 当 SDS-PAGE 电泳（用于 Wester 印迹分析的上样样品不能经煮沸处理，应在 70℃水浴 5min，以防蛋白质变性，失去抗原表位而无免疫原性）即将结束，用蒸馏水清洗电转用石墨板，擦干。戴上手套，切 6 张大小与凝胶完全相等或稍小于凝胶的滤纸和 1 张硝酸纤维素膜。将硝酸纤维素膜漂浮于一浅托盘盛装的去离水表面，待膜从下向上借毛细作用慢慢湿润后，再将膜完全浸没于水中，浸泡 5min，并用软铅笔在滤膜一角做一标记，同时将 6 张滤纸浸泡于另一浅托盘盛装的电转缓冲液中。戴上手套，安装好转移泳槽，使其石墨一面朝上，在石墨板上放置 3 张浸泡过的滤纸，对齐并排出残留气泡，再将硝酸纤维素膜放在滤纸上，对齐并排出气泡。从电泳槽上取出 SDS 聚丙烯酰胺凝胶，转移到去离子水中略为漂洗一下，然后精确平放于硝酸纤维膜上，凝胶左下角与滤膜标记对齐，戴上手套排出气泡，再把另 3 张小组纸放在凝胶上方，同样保证精确对齐并不留气泡。将电泳槽上盖扣到石墨电极—转移膜胶复合体上，连接电源，根据凝胶面积按0.65～1.0mA/cm^2 接通电流，电转移 0.5～2h。

3. 染色 断开电源，逐一揭去各层，将凝胶转移至考马斯亮蓝染色液中，染色至膜上出现蛋白带，再用去离子漂洗硝酸纤维素滤膜，其间换水数次。用软铅笔标出作为分子量标准的参照蛋白的位置。

4. 封闭 把硝酸纤维素膜放入可加热封口的塑料袋中，以滤膜面积 0.1～0.15mL/cm^{2}的量加入封闭液（含 1%BSA 的 TBST），尽可能排出气泡后密封袋口，平放于摇床上室温温育 0.5～1h 后，剪开塑料袋，弃去封闭液。

5. 一抗与靶蛋白结合 把封闭后的硝酸纤维膜放入另一新的塑料袋中，按 0.1～0.15mL/cm^2 的量加入用 TBST 以 1：100 稀释的经大肠杆菌 BL_{21}（DE_3）培养物吸附的猪抗旋毛虫的高免血清，排出气泡后密封闭口，平放于摇床室温育 1h 后剪开塑料袋口，取出硝酸纤维素滤膜，用 TBST 洗三次，每次 10min。

6. 二抗与硝酸纤维素滤膜的温育 把用 TBST 洗过的硝酸纤维素滤膜放入一新的塑料袋中，按 0.1～0.15mL/cm^2 的量加入用 TBTS 以 1：2 500 稀释的辣根过氧化物酶标记的兔抗猪 IgG，同上平放于摇床上温育 0.5～1h，再将硝酸纤维素滤膜用 TBTS 洗 3 次，每次 5～10min，然后再用 TBS 洗 2 次，每次 5～10min。

7. 显色 把用 TBS 洗过的硝酸纤维素滤膜放入 10mL 底物液中，显色 1～5min，至出现蛋白带后，用去离子水终止，即可进行观察分析。

四、核酸探针技术

核酸探针技术又名基因探针或核酸分子杂交技术，它是在 20 世纪 70 年代基因工程学基础上发展起来的新技术，已广泛地应用于基因工程以及医学和兽医学的实验诊断和进出口动植物及其产品的检验等方面。基因探针具有敏感性高（可测出 10^{-12}～10^{-9} 的核酸）和特异性强等优点，已成功地将核酸探针技术应用于沙门氏菌、变形杆菌、轮状病毒、人巨细胞病毒、肉食动物细小病毒、狂犬病毒和蓝舌病毒等许多病原的诊断，收到了良好的效果。随着实验室条件的改进和技术水平的提高以及试剂盒的供应，这项分子水平的检测技术，势将日益发展扩大，成为常用的实验诊断手段之一。

核酸分子杂交技术的原理：两条不同来源的核酸链如果具有互补的碱基序列，就能够特异结合成为分子杂交链，据此，可在已知的DNA或RNA片段上加上可识别的标记，成为探针来检测未知样品中是否具有一已知序列相同的序列，并判定已知序列的同源程度。

制备核酸探针的两个关键问题：首先要选择特异性强又无交叉反应的核酸（DNA或RNA）片段，其大小不同，最小的只有十几个核苷酸，大的几千个核苷酸。大和小都可以，关键在于特异，尤其不得与细胞核酸交叉，这种片段多半是能过核酸重组和克隆等技术获得的。近年已能应用核酸合成仪和聚合酶链式反应（PCR）人工合成和扩增相应长度的核苷酸链，更加实用方便。其次是标记物。当前常用的同位素（^{32}P、^{125}I、^{3}H、^{35}S）标记，虽然敏感性特异性都好，但存在对人有害、半衰期短、杂交后自显影耗时长等不足。近期研究出的非放射性标记方法中，以光生物素核酸探针最受重视。光生物素是一种化学合成的生物素衍生物，在可见光的短暂照射下，即能与核酸探针的碱基反应，生成光生物素标记的核酸探针。优点在于对人畜无害，标记方法简单，探针性质稳定，耐长期保存。不足处为受紫外线照射易分解。近来国内用光生物素标记核酸探针性检测肉食动物细小病毒和牛鼻气管炎病毒已获成功。最近又用地高辛（digoxigenin）作为核酸探针性的标记物，也有良好的应用前景。

制备病毒核酸探针的基本程序：①大量培养和提纯病毒，提取病毒核酸；②克隆病毒核酸的特异片段，包括病毒核酸和载体的酶切、连接、转化和筛选；③提取、纯化在受体菌内扩增的重组质粒；④通过重组质粒的酶切和电泳获得病毒核酸的特异性片段（未标记的核酸探针）；⑤应用放射性同位素标记的核苷酸，如［$a^{32}P$］dNTP或［^{3}dNTP］等，以缺口翻译方法对核酸探针进行标记，从而使核酸探针具有可识别的放射性，这就可以作为探针，检测未知病毒的核酸片段并达到病毒鉴定的目的。

核酸探针分子杂交试验：要先在碱性条件下加热（也可用其他变性剂），使探针双链DNA之间的氢键破坏，解离成两条单链。被检测样品也同样处理成单链，将核酸探针和被检样品这两种单链DNA混合，经一定时间感作，如果两者具有同源序列，就能结合成双链分子，最后通过放射自显影确定结果。根据被检DNA的来源和处理方法，分子杂交技术分为打点杂交、原位杂交和凝胶电泳压印杂交（Southern blot）。打点杂交是将待测的核酸样品（如病毒）点在硝酸纤维素膜上，作变性处理使其解离为单链，再经干烤固定后，与核酸探针进行杂交。原位杂交多用于检测培养基表面生长的菌落，通过影印方法将其转移到硝酸纤维膜上，加碱破坏细胞壁，使释出DNA并使双链DNA解离为单链，经干烤固定后，与核酸探针杂交，电后作放射自显影。当底片上出现蝌蚪状黑点，即证明相应菌落中含有探针DNA同源片段。Southern blot是一种DNA转移技术，先作DNA片段的凝胶电泳，然后将凝胶的DNA区带吸附到硝酸纤维素膜上，并直接在膜上与核酸探针杂交，最后作放射自显影。

以诊断为目的的各种核酸探针试剂盒已陆续问世。盒中除了装有标记的核酸探针外，还有各种探针现成试剂、硝酸纤维素膜、杂交袋和阴、阳性样品对照等。这种试剂盒为一般实验室进行核酸探针检测创造了条件，从而为传染病诊断又增添了一种新的手段。

应用光生物素标记核酸探针，无需进行缺口翻译。即在暗室内将待标记的核酸片段与相应量的光生物素混合于玻璃管内并密封后，用一定强度和距离的白炽灯照射数十分钟，即能使光生物素标记到核酸片段上，再经过离心、抽提等处理程序，即为光生物素标记的核酸探针。应用光生物素核酸探针杂交后的硝酸纤维素膜，经过洗脱和蛋白密封处理后，最后加酶、底物进行显色和判定。

五、聚合酶链反应

聚合酶链反应（PCR）是继单克隆抗体，分子探针杂交等技术之后，出现的一种崭新的分子生物学检测技术。它不但敏感、特异，而且操作简便、产率高、易自动化、耗时短，一般实验室条件即可开展，目前已在免疫学、遗传病学、传染病学、癌基因研究及分子生物学等方面得到了广泛的应用和发展，被誉为分子生物学发展的一个新的里程碑。

1985 年，美国 Cetus 公司的 Saiki 和 Mullis 等首先建立并应用了该项技术。此后，PCR 在遗传病诊断、病原体鉴定、生物识别、分子生物学研究及基因治疗等方面得到了很大发展。

（一）PCR 的基本原理和特点

PCR 的基本原理是在体外对某特定的 DNA 双链片段（或称靶 DNA）进行扩增，所以 PCR 又称基因体外扩增法，是一种在体外对特异性 DNA 序列进行高效扩增的技术。首先将靶 DNA 加热变性为单链，然后加入两段人工合成的（应用 DNA 自动合成仪合成）与靶 DNA 两端邻近序列互补的寡核苷酸片段（一般只需 20 个碱基对）作为引物，即左端与右端引物，该引物按碱基配对的法则，严格地分别与模板 DNA 单链互补，在 DNA 聚合酶的作用下，引物沿模板 DNA 链（靶 DNA）从 5′端向 3′端延长，合成新的 DNA 双链。这种新的 DNA 链又可作为扩增的模板，经变性成为两条单链后，再分别与引物互补结合，在 DNA 聚合酶催化下，引导合成新的靶 DNA 双链。PCR 主要有三个步骤：①DNA模板变性：加热（90～95℃）使 DNA 模板双链解开。②DNA 复性：适当降温退火后（50℃）引物和模板的特定部位结合。③引物延伸：在耐热 DNA 聚合酶的作用下，引物延长、新链合成。这样三个步骤构成一个循环。如此反复进行若干次循环，模板 DNA 的拷贝数便呈指数性增加，一般经过 20～30 次循环，可将靶 DNA 序列扩增数百万倍。

经过扩增后的核酸分子可根据目的与需要选用不同的方法进行检测分析：①首先经琼脂糖凝胶或聚丙烯酰胺凝胶电泳后，用溴化乙锭（EB）直接染色，在波长为 2 537Å 的紫外灯下检测荧光条带。通过与同一凝胶板上标准分子量核酸区带比较，从而判断待检核酸分子的大小。②分子杂交：使用同位素标记的特异性核酸探针或非同位素标记探针与靶 DNA 进行斑点杂交。③经过限制性内切酶消化后，应用 Southern 印迹法与分子杂交进行检测。

PCR 的关键是引物的合成设计。引物一般长度为 15～30bp（碱基对），为保障引物在反应中特异性的稳定，在设计中应选模板 DNA 链中鸟嘌呤（G）、胞嘧啶（C）的含量 50%左右。PCR 的另一关键是聚合酶的应用，选择耐热 DNA 聚合酶是成功的基础。

（二）PCR 在病原体检测方面的应用

PCR 的敏感性、特异性极高，可用于检测那些传统技术难以鉴定的病原体，如衣原体、分支杆菌、病毒特别是反转录病毒等。在对病毒的诊断方面，PCR 敏感性、特异性都较目前应用的血清学方法高。如对乙型肝炎病毒的诊断，PCR 可使 DNA 扩增 2×10^5 倍以上，可见其检测的灵敏性是极高的。

除此之外，PCR 对自身免疫性疾病基因谱的研究及淋巴因子定量研究等都取得一定的进展。

总之，PCR 技术出现时间虽短，但已显示了极大的潜力，随着自动化的实现及对 PCR 的不断完善和改进，使其应用更加广泛，极大地促进遗传学、传染病学、肿瘤学、分子生物学及免疫学的研究和发展。

六、其他技术

20 世纪 60 年代初，利用聚丙烯酰胺凝胶电泳（PAGE）分离人血清蛋白成功（Raymord，1959—1960）。随后广泛用于分离与鉴定蛋白质、酶及酸等大分子化合物，并测定其分子量。后来与免疫沉淀反应相结合产生了许多高分辨率的新技术，如等电聚焦电泳技术、双向电泳技术、免疫转印技术等，广泛用于细菌、病毒、细胞表面蛋白等 Ag 的分析。该技术已达到了超微量的分析水平，能检出极微量的样品（10^{-12}、10^{-9}g），至少可达纳克水平。

PAGE 是利用丙烯酰（acryamide，Acr）与双丙烯酰胺（N、N-metgylene visacrylamide，Bis）在催化剂作用下聚合成大分子凝胶后再进行电泳。在此它兼有分子筛效应和电泳效应。这种凝胶电泳所以能更精确的分离和鉴定高分子物质，主要是依靠样品中各种分子电荷不同与分子量大小或构型的差异。

1. 聚丙烯酰胺的聚合　聚丙烯酰凝胶是由丙烯酰单体（C_3H_5ON）和交联剂甲叉双丙烯酰胺（$C_7H_{10}O_2N_2$）在催化剂过硫酸铵［$(NH_4)_2S_2O_8$］或核黄素（维生素 B_2）与加速剂，如四甲基乙二胺（N、N、N'、N'-Trtra methylthylene diamine，TEMED，$G_6H_{16}N_2$）作用下，聚合在含酰胺基侧链的脂肪簇长链，相邻的两个链通过甲叉桥交联成网状结构的凝胶。

常用的催化剂有两种：① 化学聚合法：过硫酸铵- TEMED 系统或过硫酸铵- CMPN（二甲基氨丙腈）系统。过硫酸铵可产生游离氧原子，使单体成为具有游离基的状态而发生聚合。TEMED 或 CMPN 皆为加速剂，以 TEMED 为最强。② 光催化系统：核黄素- TEMED，核黄素在荧光灯的照射下分解，还原为无色型，但在有氧条件下，无色型又被氧化为具有游离基的黄素环，从而催化单体聚合。

据认为光催化凝胶在一定时间内形成的孔比过氧化物要大些，常用于大孔凝胶较好。

2. 凝胶孔径的调节　在聚合前调节单体的浓度来控制凝胶孔径的大小，这有利于针对样品离子大小，增加分辨力。因此可以根据分离标本分子的大小，配制不同孔径的凝胶，一般凝胶越浓孔径越小，反之亦然。一般大孔胶易碎。总之，凝胶的孔径、弹性、透明度和黏着度等取决于凝胶的总浓度（T）。

$$T\text{（}Acr\text{ 和 }Bis\text{ 总浓度）}=\frac{a+b}{m}\times 100\text{（\%）}\qquad\text{（式 16-1）}$$

$$C\text{（交联剂百分比）}=\frac{b}{a+b}\times 100\text{（\%）}\qquad\text{（式 16-2）}$$

式中：

a——Acr 克数，g；

b——Bis 克数，g；

m——缓冲体积，L。

通常，T 为 2%～5%时，$a:b$ 为 20 左右；5%～10%时，$a:b$ 为 40 左右。

欲制备性能优良的凝胶时，$a:b$ 多在 30 左右（当 $a:b<10$ 时，凝胶易断，呈乳白色，而 $a:b>100$ 时，凝胶呈糊状）。

根据公式推算：5%凝胶孔径大于 50Å，7.5%凝胶孔径约为 50Å，30%凝胶孔径为 20Å。

常用的凝胶浓度为 7.5%左右，可用于分离分子量 10 万～100 万的蛋白质，故适于分离免疫球蛋白（表 16-7，表 16-8）。

表 16-7　分离胶的选择标准表

蛋白质的分子量	分离胶中聚丙烯酰胺（%）	分离胶高度（cm）
<10 000	20～30	
10 000～40 000	15～20	3～6
40 000～100 000	10～15	2～4
100 000～300 000	5～10	1～2
300 000～500 000	5	0.3～1
>500 000	2～5	0.3～1

表 16-8　常用凝胶的比例

凝胶孔径	凝胶浓度	Acr∶Bis（g）	分离胶高度（cm）
大孔胶	3%	10∶25	浓缩样品
小孔胶	7.5%	30∶8	分离层析样品

3. 缓冲系统　电泳时选择哪种缓冲系统，主要取决于试验目的与样品的性质。

（1）pH 的选择　应使被分离蛋白质处于最大的电荷状态，因此，酸性蛋白质选择 pH8 左右的缓冲液，碱性蛋白质用 pH4 左右的缓冲液，以利于解离。

（2）离子强度　一般选择 0.01～0.1mol/L 的低离子强度，以降低导电力。导电力低则电压梯度高。

（3）解离与不解离系统　当样品电泳后仍需保持生物活性，则缓冲液不应加解离剂，此即不解离系统：若电泳后需打开蛋白质的非共价键以分离其亚单位，则缓冲液中需加解离剂，此即解离系统。最常用的解离剂为0.1%的十二烷基硫酸钠（SDS、阴离子去污剂等）（见免疫印迹法）。

（4）连续与不连续电泳　连续电泳是指电泳槽中的缓冲液pH与凝胶中的相同，不连续电泳是指槽中的与凝胶中的缓冲液的pH不相同。后者的优点是对样品的浓缩效应好，可将样品在分离前浓缩为一层低电导的窄带从而提高其分辨率。

4. 电泳类型　PAGE电泳有多种类型，但常用的不外管型圆盘电泳与板型凝胶电泳。两者差别在于前者凝胶在玻管中聚胶；后者在两块平行的玻板间聚胶，且能同时在一块板上检查样品，其他操作原理基本相同。

现以管型圆盘电泳为例介绍其基本原理：

由于分离区带形似圆盘，故得名。由于PAGE电泳分辨率高，样品量小，分离时间短，目前已广泛用于血清、细菌提取物、病毒及酶蛋白的分离。

圆盘电泳由样品胶、间隔胶（浓缩胶）和分离胶3种凝胶组成，故称为不连续圆盘电泳。

第一层（上层）样品胶：由3%T、20%C的单体、Tris-HCl缓冲液（pH6.7）和样品在核黄素催化下，聚合成大孔凝胶。其目的是防止样品稀释。目前已用20%蔗糖代替，效果相同。

第二层（中层）间隔胶：凝胶成分与样品胶一样，主要用于浓缩样品成一薄层盘形带，对鉴定免疫球蛋白等纯化样品时，可以免去此层。

第三层（下层）分离胶：由7%T、2.5%C的单体和Tris-HCl缓冲液（pH8.6）在过硫酸铵A、P催化下聚合成小孔胶。样品在该层泳动时根据分子量及电荷量不同而得以分离。

将含有3种凝胶的玻管于装有Tris-甘氨酸缓冲液（pH8.3）的电泳槽中泳动时，由于浓缩效应、电荷效应和分子筛效应，使这种不连续电泳获得很高的分辨率。

由于缓冲液体系中pH选择不一（pH6.7、电极缓冲液pH8.3），导致HCl中Cl^-几乎全部解离，甘氨酸中仅0.1%～1%解离为NH_2CH_2COO，而蛋白质在这种酸碱度中也解离为蛋白质COO^-。这3种带负电的离子在电泳时，同时向正极游动，但泳动率不同。

氯离子泳动最快而居先，称“前导离子”。蛋白质中NH_2COO^-离子最慢而殿后，称“脱尾离子”。这样，在快离子的后面形成一条离子浓度低的低电导区，从而产生较高的电压梯度而加速了蛋白质的泳动。又因蛋白质的泳动率介于快慢离子之间得以被浓缩为一条狭窄的盘形带。此为浓缩效应。

蛋白质在界面上被高度浓缩后，虽已形成一狭带，但因其中每一组分荷电量不一，因而泳动率也有差异，这就使其各组分按一定顺序形成若干圆盘。此为电荷效应。

蛋白质夹在快慢离子之间通过隔层进入分离胶时，由于各组分子量或构型不同，在通过一定孔径的凝胶时必然受阻程度不一。这种分子筛效应，使之泳动率仍有差异而得以分离。此为分子筛效应。

这样，对于鉴定免疫球蛋白必定提分辨率。纯化型表现为一条带，否则在不同区出现若干带。

第五节　常规血清学检验技术

抗原与抗体的特异性结合既会在体内发生，亦可在体外进行，体外进行的抗原抗体反应一般称作血清学反应。这是由于传统免疫学技术多采用人或动物的血清作为抗体的标本来源，但现代的抗原抗体反应早已突破了血清学时代的概念。抗原和抗体的体外反应是应用最为广泛的一种免疫学技术，为疾病的诊断、抗原和抗体的鉴定及定量提供了良好的方法。

免疫血清学技术是指利用抗原抗体反应特异性的原理，建立的各种检测与分析技术以及建立这些技术的各种制备方法。免疫血清学技术按其反应性质的不同，可分为：凝聚性反应（包括凝集反应和沉淀反应）、有补体参与的反应（包括补体结合反应、免疫黏附血凝试验等）、免疫标记技术（包括酶标抗体、荧光抗体、放射性标记抗体、胶体金免疫检测技术等）、中和试验及免疫印迹技术等。

一、凝集反应

颗粒性抗原（如细菌、立克次氏体、螺旋体、红细胞或细胞悬液）或表面覆盖抗原或抗体的颗粒状物质，与相应抗体或抗原结合后，在有电解质存在时，抗原（颗粒）互相凝集成肉眼可见的凝集小块，称为凝集反应。参加反应的抗原称凝集原，抗体称凝集素。按照试验中采用的方法、使用材料及检测目的的不同，凝集试验有以下几种类型（图 16 - 13）。

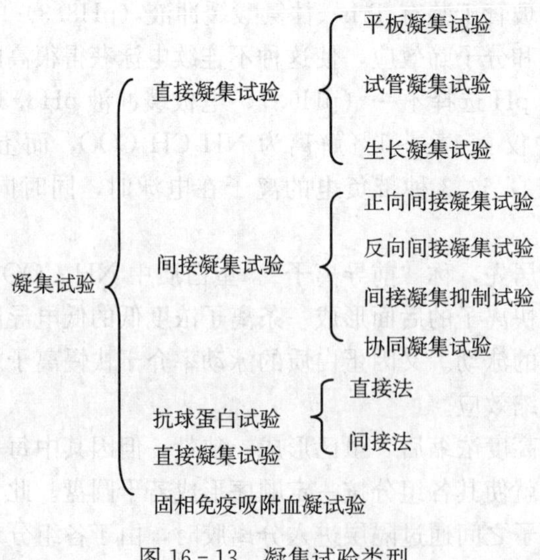

图 16 - 13　凝集试验类型

（一）直接凝集试验

直接凝集试验（direct agglutination test）是将颗粒性抗原直接与相应抗体反应，出现肉眼可见凝集块的现象。按操作方法分为平板凝集试验、试管凝集试验和生长凝集试验3种。

1. 玻片凝集试验　该实验用于待测抗原或待测抗体的定性测定。将诊断标准血清与待测菌悬液各一滴滴在玻片上混合，用火柴棒或其他类似物搅拌均匀，并使散开至直径约2cm，1～3min后即可观察结果，凡呈现细小或粗大颗粒的即为阳性。用于血型鉴定、沙门氏菌分型等。也可用已知的抗原与待检血清各一滴滴在玻片上混合，几分钟后，出现颗粒性或絮状凝集，即为阳性反应，用于布鲁氏菌病检疫、鸡白痢检测等。此法简便快速，但只能进行定性测定（图16－14）。

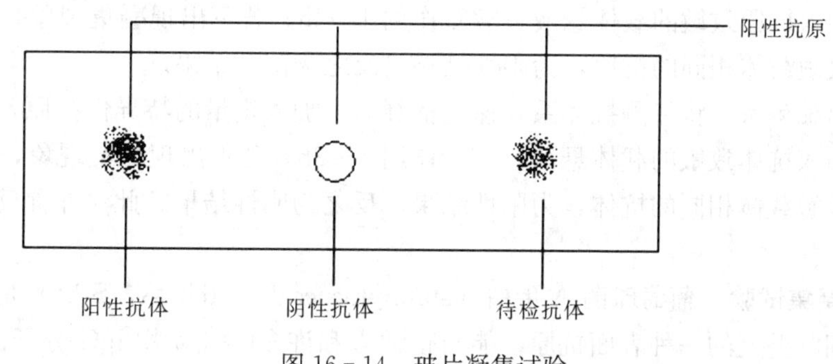

图16－14　玻片凝集试验

2. 试管凝集试验　本试验用于抗体的定性和定量测定，多用已知抗原检测待检血清中是否存在相应抗体和测定抗体的效价。

用生理盐水将待检血清做倍比稀释，加入等量抗原，37℃水浴数小时，视抗原被凝集的程度记录为＋＋＋＋（100%）、＋＋＋（75%）、＋＋（50%）、＋（25%）、－（不凝集）。能使50%抗原凝集的血清最高稀释度称为该血清凝集价（或称滴度）。由于某些细菌常发生自身凝集或酸凝集，试验时必须设阳性抗体对照、阴性抗体对照、生理盐水对照。反应中最初几管常由于抗体过剩而不凝集，为前带现象。有些细菌与其他细菌含共同抗原，发生交叉凝集，出现假阳性反应，应注意区别，但交叉凝集的凝集价一般比特异性凝集价低。

试管凝集试验亦可改用96孔微量凝集板进行，以节省抗原和抗体的用量，特别适于大规模的流行病学调查。

（二）间接凝集试验

将可溶性抗原（或抗体）吸附于与免疫无关的不溶性小颗粒载体表面，此吸附抗原（或抗体）的载体颗粒与相应抗体（或抗原）结合，在有电解质存在的适宜条件下发生凝集反应，称为间接凝集试验（indirect agglutination test）。常用的载体有红细胞（绵羊红细胞或“O”型红细胞）、聚苯乙烯乳胶颗粒、活性炭、白陶土等。将可溶性抗原吸附到载体颗粒表面的过程称为致敏。根据试验时所用的载体颗粒不同分别称为间接血凝试验、乳胶凝集试验、碳素凝集试验等。间接凝集试验的灵敏度比直接凝集试验高2～8倍，适用于抗体和各种可溶性抗原的检测。其特点是微量、快速、操作简便、无需特殊设备，应用范围广泛。

根据载体致敏时所用试剂及反应方式，间接凝集试验有以下几种方法：

1. 正向间接凝集试验 以可溶性抗原致敏载体颗粒，用于检测相应抗体。

2. 反向间接凝集试验 以特异性抗体致敏载体颗粒，用于检测相应抗原。

3. 间接凝集抑制试验 此法是由间接凝集试验衍生的一种试验方法。其原理是将待测抗原（或抗体）与特异性抗体（或抗原）先行混合，作用一定时间后，再加入相应的致敏载体悬液，如待测抗原与抗体对应，即发生中和，随后加入的致敏载体颗粒不再被凝集，即原来本应出现的凝集现象被抑制，故而得名。此试验的灵敏度高于正向间接凝集试验和反向间接凝集试验。

（1）*检测抗原法* 将待测抗原系列递进稀释后，加入定量的特异性抗体，37℃充分作用后，然后加入抗原致敏的载体悬液，37℃作用1～2h。若不出现凝集现象，说明待测标本中存在与致敏载体相同的抗原，为阳性结果，反之为阴性结果。

（2）*检测抗体法* 将待测抗体系列递进稀释后，加入定量的特异性抗原，37℃充分作用后，然后加入抗体致敏的载体悬液，37℃作用1～2h，若不出现凝集现象，说明待测标本中存在与致敏载体相同的抗体，为阳性结果，反之为阴性结果。此法亦称反向间接凝集抑制试验。

4. 协同凝集试验 葡萄球菌A蛋白（staphylococcal protein A，SPA）是大多数金黄色葡萄球菌细胞壁上的一种表面抗原，能与正常人和许多哺乳动物IgG分子的F_c呈非特异性结。SPA与IgG结合后，后者的Fab片断暴露于外，仍保持其抗体活性。覆盖有特异性抗体的金黄色葡萄球菌与相应抗原结合时，会产生凝集现象，该方法称为协同凝集试验（coagglutination，CoA）。本试验方法简便、快速、结果易于观察，广泛用于细菌、病毒的鉴定和定型。

（三）抗球蛋白试验

抗球蛋白试验（antigobulin test）首先由Coombs创立，故又称Coombs试验。本试验主要用于检测单价的不完全抗体。单价抗体只有一个抗原结合部位，它不能同时结合两个及以上抗原，单价抗体与颗粒状抗原结合后，不引起可见的凝集反应；但当加入抗单价抗体的抗抗体后，抗抗体能与抗原颗粒上吸附的单价抗体结合，出现凝集现象（图16-15）。

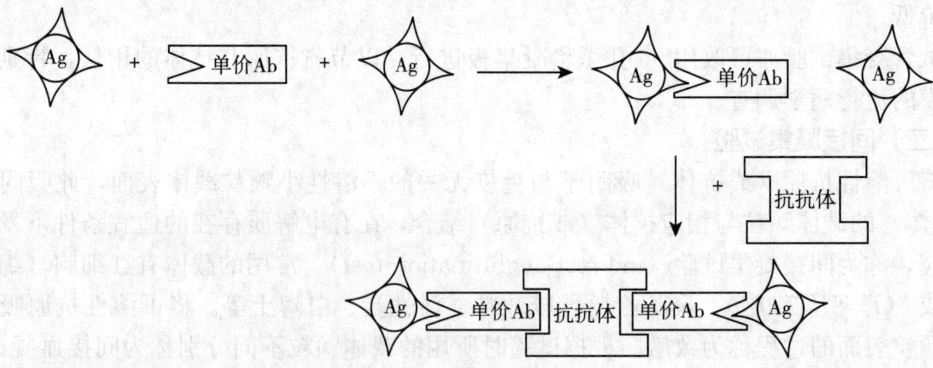

图16-15 抗球蛋白试验示意图

(四) 血细胞凝集试验 (SPISHA)

用新鲜红细胞及抗原或抗体致敏的红细胞作为指示系统，通过肉眼观察（亦可用分光光度计测定）红细胞出现的凝集现象来判定试验结果。

该方法特异性、敏感性高，简便易行。根据试验中使用的红细胞性质不同，有以下3种主要的试验类型。

1. 直接血凝试验　此法由血凝试验与固相免疫吸附技术结合而成，用新鲜红细胞作为指示剂，多用于检测抗体。HA主要用于某些具有血凝素的病毒，如鸡新城疫病毒、禽流感病毒的诊断。

2. 间接血凝试验　此法是使用抗原致敏的红细胞作为指示系统，用于检测特异性抗体。

3. 反向间接血凝试验　使用特异性抗体致敏的红细胞作为指示系统，用于检测抗原，亦可用于抗体检测。

二、沉淀试验

可溶性抗原（细菌的外毒素、内毒素、菌体裂解液、病毒、血清、组织浸出液等）与相应抗体结合，在适量电解质存在下，形成肉眼可见的白色沉淀物，称为沉淀试验（precipitation test）。参与沉淀试验的抗原称为沉淀原，抗体称为沉淀素。在做定量试验时，通常稀释抗原，并以抗原稀释度为沉淀试验效价；亦可稀释抗体，用来测定抗体的效价。

根据试验中使用的介质和检测方法的不同，沉淀试验可分为液相沉淀试验和固相沉淀试验两种类型（图16-16）。在液相沉淀试验中以环状沉淀应用较多，如炭疽环状沉淀试验；在固相沉淀试验中以琼脂扩散试验和免疫电泳技术应用较多。

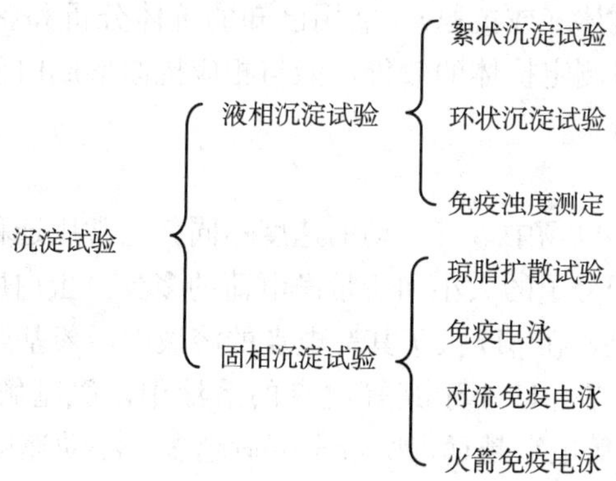

图16-16　沉淀试验类型

(一) 环状沉淀试验

环状沉淀试验（ring precipitation test）是目前应用最为广泛，也最为简单可行的一种沉淀试验。其基本操作方法是：在小口径（3～5mm）试管内先加入已知抗血清，然后小心加入待检抗原于血清表面，使之成为分界明显的两层。数分钟后，若两层液面交界处出现白色环状沉淀，即为阳性反应。本法主要用于抗原定性测定，如炭疽 Ascoli 反应；也可用于沉淀素效价滴定，以出现白色沉淀线的最高抗体稀释倍数，即为血清的沉淀价。

（二）琼脂扩散试验

琼脂扩散试验（agar immunodiffusion test，AGID）的原理是将可溶性 Ag 与 Ab 在含有电解质的半固体（1%）琼脂内进行自由扩散，当两者由高浓度向低浓度扩散相遇时，如果两者相对应而且比例适当，则可在相遇处形成白色的沉淀线，为阳性反应。另外，沉淀带对于组成他的 Ag、Ab 具有特异地不可透过性，而对其他的 Ag 与 Ab 是可透过的，所以一条沉淀带即可代表一种 Ag-Ab 系统的沉淀物。本试验的主要优点是能将复合的抗原成分加以区分，根据出现沉淀线的数目、位置以及相邻两条沉淀线之间的融合交叉、分支等情况，即可了解该复合抗原的组成，并可将所得沉淀线用特异染色方法（蛋白质、多糖、脂类的鉴别染色）、生物活性（酶活性）和同位素标记方法，鉴定抗原的成分。

从图 16－17 可以分析出，左起 1 中两种受检抗体（Ab-A）完全相同，形成一个完全融合的沉淀线；左起 2 中受检抗体（Ab-A、B 和 C），与其相应的抗原形成抗原抗体沉淀线，其中相同的抗体沉淀线（Aa）融合；左起 3 中两种完全不同受检抗体（Ab-A 和 C）与抗原（Ag-a）形成交叉的沉淀线；右边图中阴性抗体（“－”表示阴性抗体）与抗原（Ag-a）无沉淀线生成。同样亦可用已知抗体检测未知抗原。

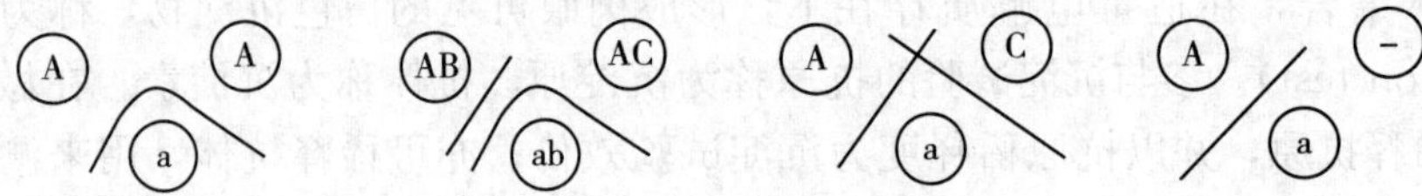

图 16－17　琼脂扩散示意图

（a、b—抗原；A、B、C —抗体）

琼脂扩散试验亦称双向双扩散试验，简称琼扩。其应用非常广泛：①用已知抗原（或抗体）定性测定未知的抗体（或抗原）。②用已知的抗体分析和鉴定抗原成分。③检查抗原或抗体的纯度。④定量测定抗体的效价，能与相应抗原形成白色沉淀线的抗体最高稀释度，称为该抗体的沉淀价。

（三）免疫电泳试验

不同带电颗粒在同一电场中，其泳动的速度不同，通常用迁移率表示。如其他因素恒定，则迁移率主要决定于分子的大小和所带净电荷的多少。蛋白质为两性电解质，每种蛋白质都有它自己的等电点，在 pH 大于其等电点的溶液中，羧基解离多，此时蛋白质带负电，向正极泳动；反之，在 pH 小于其等电点的溶液中，氨基解离多，此时蛋白质带正电，向负极泳动。pH 离等电点越远，所带净电荷越多，泳动速度也越快。因此可通过电泳将复合的蛋白质分开。

免疫电泳试验（immuno-electrophoresis，IEP）是将区带电泳与双向免疫扩散相结合的一种免疫化学分析技术。一般用琼脂凝胶作为电泳支持物。在琼脂凝胶中电泳时，因琼脂带 SO_4^{2-} 使溶液因静电感应产生正电，因而形成一种向负极的推力，称为电渗作用力。带正电的颗粒，在电渗力作用下，加速了向负极的泳动速度；而带负电的颗粒则需克服电渗力的作用，才能向正极泳动，否则，向负极泳动。

免疫电泳时需选用优质琼脂，亦可用琼脂糖。琼脂浓度为1%～2%，电泳液pH应以能扩大所检复合抗原的各种蛋白质所带电荷量的差异为准，通常pH为6～9。血清蛋白电泳则常用pH8.2～8.6的巴比妥缓冲液。

制备免疫电泳琼脂板所用的玻片大小可根据不同的要求自制。一般的载玻片可用作微量电泳板。制琼脂板时应注意将玻璃板放在水平台上；熔化的琼脂宜冷却到56℃时制板；不立即使用的琼脂板应放入湿盒，以防止表面干燥。

板制好后，按不同的目的打孔。孔的大小和间距根据需要而定。孔开在靠阴极端1/3处。在琼脂板上开槽可用手术刀按事先设计好的模式图进行，或者在制凝胶板时在需要打孔处放一根长度相当的发酵管，在加样前将发酵管挑出即可，此法简便、可行（图16-18）。

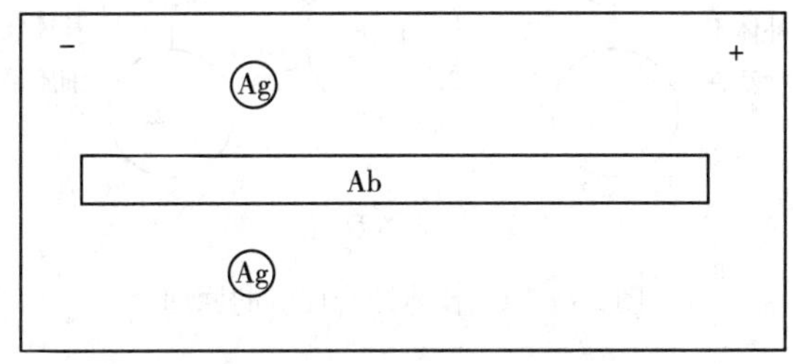

图16-18　免疫电泳打孔开槽模式

一般用微量加样器加样，以加满孔而不溢出为宜。加样后用大头针蘸取少许0.1%溴酚蓝加于样品孔中，以指示样品中蛋白质移动的位置。加样后应立即电泳，以免放置过长，蛋白质扩散，造成分辨下降。电泳时，琼脂板两端用2～3层滤纸搭桥，按2～3mA/cm（琼脂板宽度）或3～4V/cm（电泳方向，包括两侧液面上电桥长度）进行电泳。当溴酚蓝移动至距正极端1.0～1.5cm处停止电泳，一般1.5h。电泳完毕后，在槽内加入相应抗血清，置湿盒中于37℃扩散24～48h观察结果。

各种抗原根据所带电荷性质和净电荷多少，按各自的迁移率向两极分开，扩散后与相应抗体形成沉淀带，沉淀带一般呈弧形。抗原量过多者，则沉淀弧顶点靠近抗血清槽，带宽而色深；抗原分子均一者，呈对称弧形；分子不均一而电泳迁移又不一致者，则形成长的平坦的不对称弧形；电泳迁移率相同而抗原性不同者，则在同一位置上可出现数条沉淀弧。相邻的不同抗原所形成的沉淀可相互交叉。

该试验可用于提纯抗原、抗体的纯度鉴定、血清蛋白组分分析等。

三、补体结合反应

可溶性抗原（如蛋白质、多糖、类脂质、病毒等）与相应抗体结合成抗原—抗体复合物后，能与定量补体全部或部分结合，则不再引起指示系统的红细胞溶血，结果阳性；如果抗原、抗体不相适应，则不能结合补体，补体反过来使指示系统的红细胞溶血，结果阴性（图16-19）。

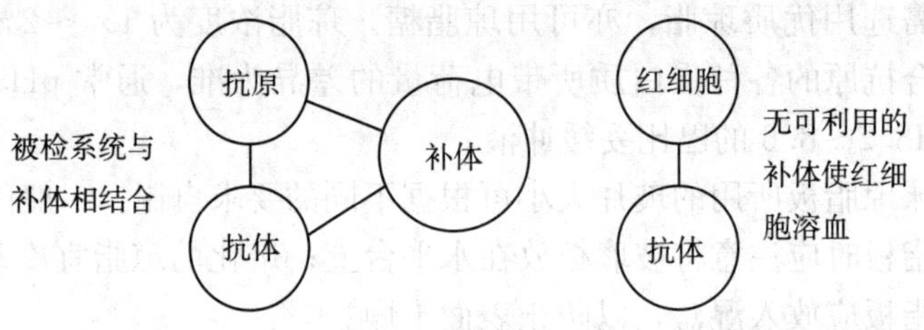

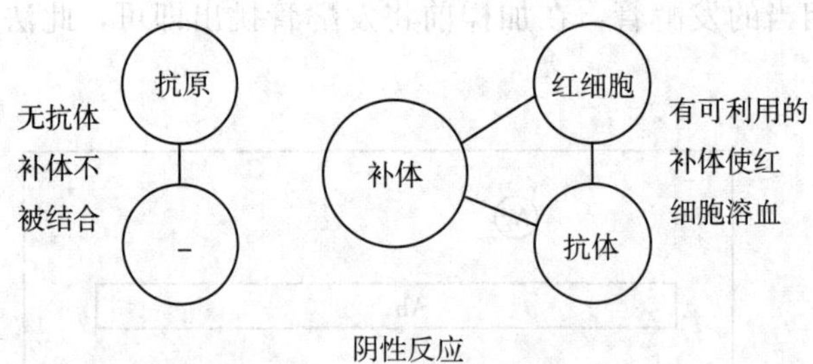

图 16-19　补体结合反应的原理

补体如被抗原抗体结合，就没有补体使指示系统溶血，当无抗体存在时，补体就不被结合，所以能使指示系统发生溶血。

可见补体结合反应包括两个系统：一为检验系统（溶菌系统），另一为指示系统（溶血系统）。反应有 5 个因素参加（Ag、被检血清、补体、绵羊红细胞及溶血素）。

尽管补体结合反应操作比较繁杂，但具有高度特异性和一定敏感性等优点，仍然是诊断传染病及寄生虫病常用的传统血清学方法之一，常用已知 Ag 诊断未知血清。如鼻疽、牛肺疫、马传染性贫血、乙型脑炎、布鲁氏菌病、钩端螺旋体病、锥虫病等。也可用于鉴定病原体，如对流行性脑炎病毒的鉴定和口蹄疫病毒的定型等。

（一）材料

1. 待检血清　从待检动物颈静脉采血，待其凝固并析出血清。如不能冷藏和在 3d 内进行检测，可在吸出的每毫升血清加 1～2 滴 5%石炭酸生理盐水防腐。

2. 补体结合试验抗原（布鲁氏菌病补反抗原或马鼻疽补反抗原）　兽医生物药品厂生产供应。

3. 标准血清（阳性血清和阴性血清）　均由兽医生物药品厂供应。使用前加热灭能（表 16-14）。

4. 补体　为豚鼠新鲜血清，因存在个体差异故应采取 3 头以上的豚鼠血清混合后使用。新采的血清补体效价波动较大，12h 后方趋稳定，故应在晚间采取，次日使用。补体在室温中迅速破坏，在日光照射下破坏更为迅速，置普通冰箱中可使用 2d，置低温冰箱中冰冻保存，可用 1 个月。生物制品厂有冻干补体供应，应用甚为方便。

5. 溶血素　由生物制品厂供应。溶血素血清是用洗涤过的绵羊红细胞多次免疫注射家兔（或马）制成。在冰箱中保存 1 年以上，其效价可 1 个月测 1 次。

6. 绵羊红细胞　以洗净并离心沉淀的红细胞按 1∶40 比例加入生理盐水稀释，即成为 2.5%的绵羊红细胞悬液，此液配制后在 5～10℃ 24h 内可用。

7. 稀释液　过去多用生理盐水，但生理盐水缺乏缓冲系统，pH 偏酸，影响补体活性，故现在多用专用缓冲液，常用的明胶—巴比妥缓冲液（GVB），pH7.5，其中含有少量 Ca^{2+} 和 Mg^{2+}，可促进补体活性，明胶可提高反应的稳定性。

（二）方法

1. 常量法

（1）预备试验　补体结合试验中各成分的确切含量决定着反应的正确性。故在正式试验亦即本试验前，必须进行预备试验。

①溶血素效价测定　将溶血素稀释成 1∶100 的基础稀释液，即将以石炭酸防腐的溶血素，0.1mL 加 GVB 9.9mL；如为甘油保存者，则取 0.2mL，加 GVB 9.8mL，配成 1∶100稀释液。随后按表 16－9 将其作进一步的稀释，并作效价测定，如表 16－10。

表 16－9　溶血素稀释法

单位：mL

成分	管号及溶血素稀释倍数								
	1	2	3	4	5	6	7	8	9
	500	1 000	1 500	2 000	2 500	3 000	3 500	4 000	5 000
100×溶血素	0.2	0.1	0.1	0.1	0.1	0.1	0.1	0.1	0.1
GVB	0.8	0.9	1.4	1.9	2.4	2.9	3.4	3.9	4.9

表 16－10　溶血素效价测定

单位：mL

成分	管号及溶血素稀释倍数											
	1	2	3	4	5	6	7	8	9	10	11	12
	500	1 000	1 500	2 000	2 500	3 000	3 500	4 000	5 000	溶血素对照	补体对照	红细胞对照
溶血素（表 16－9 各稀释液）	0.5	0.5	0.5	0.5	0.5	0.5	0.5	0.5	0.5	0.5	—	—
补体（1∶20）	0.5	0.5	0.5	0.5	0.5	0.5	0.5	0.5	0.5	—	0.5	—
2.5%绵羊红细胞	0.5	0.5	0.5	0.5	0.5	0.5	0.5	0.5	0.5	0.5	0.5	0.5
GVB	1.0	1.0	1.0	1.0	1.0	1.0	1.0	1.0	1.0	1.5	1.5	2.0
37～38℃水溶箱中感作 15min												
结果举例	全溶	全溶	全溶	全溶	全溶	半溶	半溶	不溶	不溶	不溶	不溶	不溶	不溶

按表 16－10 加完，振荡混合，放 37～38℃水浴箱中感作 15min 后，取出判定结果。

在 37～38℃15min 条件下，在 20×补体 0.5mL 参加下，能使 2.5%红细胞 0.5mL 发生完全溶血的溶血素最小稀释度称为溶血素效价（1 单位）。当补体滴定和正式试验时，则应用2单位（或称工作量），即减少一倍稀释。

如表16－10，第5管为溶血素效价，因此，它的单位是2 500×的溶血素0.5mL，而工作量（2单位）即为1 250×0.5mL。因为1 250×的溶血素量是2 500×的溶血素量的2倍。

②补体效价测定　补体量的多少直接影响反应结果，故操作正式试验（本试验）前对补体的测定应特别仔细。通常检测补体时，分溶血系及溶菌系两次测定。溶血系的补体测定是溶菌系补体测定的基础。故先测定溶血系补体价后测溶菌系补体价。

A. 溶血系补体价测定：

补体：豚鼠新鲜血清，以生理盐水作1∶20稀释。

绵羊红细胞：2.5%浓度。

溶血素：工作量，2单位。

GVB。

在37～38℃15min条件下，在工作量（2单位）溶血素0.5mL参与下，使2.5%红细胞完全溶解的补体最小量，即为溶血系补体价。如表16－11，20×稀释的补体0.31mL即为溶血系补体价。

表16－11　溶血系统补体价测定法

单位：mL

成分	管号及溶血素稀释倍数												
	1	2	3	4	5	6	7	8	9	10	11	12	对照
1∶20补体	0.10	0.13	0.16	0.19	0.22	0.25	0.28	0.31	0.34	0.37	0.40	0.43	—
GVB	0.40	0.37	0.34	0.31	0.28	0.25	0.22	0.19	0.16	0.13	0.10	0.07	0.5
溶血素（2单位）	0.5	0.5	0.5	0.5	0.5	0.5	0.5	0.5	0.5	0.5	0.5	0.5	0.5
2.5%红细胞	0.5	0.5	0.5	0.5	0.5	0.5	0.5	0.5	0.5	0.5	0.5	0.5	0.5
GVB	1.0	1.0	1.0	1.0	1.0	1.0	1.0	1.0	1.0	1.0	1.0	1.0	1.0

B. 溶菌系补体价测定：

补体：同上。

抗原：按生物制品厂标明的倍数稀释后使用。

溶血素：2单位。

红细胞液：2.5%。

标准阳性血清：加热30min灭能（表16－12）。

标准阴性血清：加热30min灭能（表16－12）。

表16－12　各种动物血清的灭能温度和时间

动物种类	灭能温度（℃）	灭能时间（min）
羊	58～59	30
马	58～59	30
驴、骡	63～64	30
牛、猪	56～57	30
骆驼	54	30

溶菌系补体价是指在 2 单位溶血素存在的情况下，阳性血清加抗原的试管完全不溶血，而在阳性血清未加抗原以及阴性血清不论有无抗原的试管内均发生完全溶血所需的最小补体量。如表 16－13 中，第 7 管 20×稀释的补体 0.28mL 为补体效价（工作量）。

本试验要求各成分用量均为 0.5mL。因此要把 20×补体 0.28mL 换算成补体 0.5mL，使其中所含补体实量不变，换算方法如下：

$$20\text{：滴定结果}=x\text{：}0.5$$

$$x=\frac{20\times 0.5}{\text{滴定结果}}=\frac{20\times 0.5}{0.28}=\frac{10}{0.28}$$

即此批补体应作 1：35.7 稀释，每管加 0.5mL 为一个补体单位。考虑到补体性质极不稳定，在操作过程中效价会降低，故使用浓度比原效价高 10%左右。

表 16－13　溶菌系补体测定法

单位：mL

成分	管号												
	1	2	3	4	5	6	7	8	9	10	对照管		
											11	12	13
20×补体	0.10	0.13	0.16	0.19	0.22	0.25	0.28	0.31	0.34	0.37	0.5		
GVB	0.40	0.37	0.34	0.31	0.28	0.25	0.22	0.19	0.16	0.13	1.5	1.5	2.0
抗原（工作量）	0.5	0.5	0.5	0.5	0.5	0.5	0.5	0.5	0.5	0.5			
10×稀释阳性血清或阴性血清	0.5	0.5	0.5	0.5	0.5	0.5	0.5	0.5	0.5	0.5			
振荡均匀后置 37～38℃水浴 20min													
2 单位溶血素	0.5	0.5	0.5	0.5	0.5	0.5	0.5	0.5	0.5	0.5		0.5	
2.5%红细胞悬液	0.5	0.5	0.5	0.5	0.5	0.5	0.5	0.5	0.5	0.5	0.5	0.5	0.5
振荡均匀后置 37～38℃水浴 20min													
阳性血清加抗原	++++	++++	++++	++++	++++	++++	++++	++++	++++	++++	++++	++++	++++
阳性血清不加抗原	++++	++++	++++	+++	+	+	－	－	－	－			
阴性血清加抗原	++++	++++	++++	+++	++	+	－	－	－	－			
阴性血清不加抗原	++++	++++	++++	+++	++	+	－	－	－	－			

注：++++为完全不溶血，－为完全溶血。

③抗原效价测定　由生物制品厂新购入的布鲁氏菌（或鼻疽）抗原，标明效价，一般变动不大，故可不必测定。

（2）正式试验　按下列步骤进行：

①排列试管，加入待检血清作 1：10 稀释，总量为 0.5mL，此管准备加抗原。另一管总量为 1mL，不加抗原作为对照。

②被检血清加热灭能。

③布鲁氏菌（或鼻疽）抗原（工作量）0.5mL。

④加入补体（工作量）0.5mL。

⑤置 37～38℃水浴 20min。

⑥加温后再向各试管中加入2.5%红细胞悬液0.5mL及2单位溶血素0.5mL。

⑦置37～38℃水浴20min。

⑧为证实操作的准确性，同时设置健康血清、阳性血清和工作量抗原等对照，如表16-14。

表16-14　补体结合反应正式试验（本试验）

单位：mL

正式试验			对照					
			阴性血清		阳性血清		抗原	溶血素
GVB	0.45	0.9	0.45	0.9	0.45	0.9	—	1.0
被检血清	0.05	0.1	0.05	0.1	0.05	0.1	—	1
58～59℃（或63～64℃）水浴30min								
抗原（工作量）	0.5	—	0.5	—	0.5	—	1.0	—
补体（工作量）	0.5	0.5	0.5	0.5	0.5	0.5	0.5	0.5
37～38℃水浴20min								
溶血素（二单位）	0.5	0.5	0.5	0.5	0.5	0.5	0.5	0.5
2.5%红细胞液	0.5	0.5	0.5	0.5	0.5	0.5	0.5	0.5
37～38℃水浴20min								
结果		—	—	—	++++	—	—	—

⑨加温完毕后，立即作第一次观察。阳性血清对照必须完全阻止溶血，其他对照管全溶血，证明试验没有错误。静置室温12h后，再作第二次观察，均详细记录结果。

⑩为了正确判定反应的结果，可制作标准比色管，以判定溶血程度。

⑪判定标准及记录符号。

阳性反应者：红细胞溶血由0～10%者为++++；红细胞溶血由10%～40%者为+++。

疑似反应者：红细胞溶血由50%～70%者为++；红细胞溶血由70%～90%者为+。

阴性反应者：红细胞溶血由90%～100%者为－。

2. 微量法

（1）预备试验

①补体和溶血素的方阵滴定：在微量法中常用方阵滴定法，求得参与补体结合试验时最适的补体和溶血素稀释度。

A. 取一定量豚鼠血清加入pH7.4巴比妥缓冲液先稀释成1∶10，然后继续稀释成1∶30、1∶40、1∶50、1∶60、1∶80、1∶100、1∶200、1∶300。

B. 先配制1：100的溶血素，然后继续稀释为1∶1 000、1∶2 000、1∶3 000、1∶4 000、1∶6 000、1∶8 000、1∶10 000、1∶20 000。

C. 在反应板上用微量滴管纵行滴加1滴（25mL）不同浓度的补体（表16-15），再沿横排每孔滴加不同浓度的溶血素1滴（滴加补体和溶血素时应从高稀释度到低稀释度），然后用微型振荡器混匀，再在每孔加缓冲液2滴，补体和溶血素对照管各加缓冲液3滴，最后于各孔内加入2%绵羊红细胞悬液1滴（每孔总量为0.125mL）。置微型振荡器上振荡2～3min。再放37℃温箱内30～45min，观察结果。

D. 结果：读取完全溶血的补体和溶血素最高稀释度一管，作为各自的单位，如表16-15，溶血素稀释度1∶6 000为一个单位，补体1∶80为一单位。在实际应用时，溶血素采用二单位，即将溶血素用缓冲液作1∶3 000稀释，补体两个单位，即按1∶40稀释。

②抗原、抗体滴定：

A. 先在试管内将抗原和抗体从1∶2至1∶512分别进行倍比稀释（抗原抗体如来源于血清，需事先加热灭活补体）。

B. 按方阵排列试管，纵列各孔中加不同稀释度的抗体各1滴，横行各孔中加入不同稀释度的抗原一滴，对照孔各加缓冲液1滴，然后加二单位补体1滴，置微型振荡器振荡2～3min，使充分混匀，置4℃冰箱过夜，再于37℃温箱内30～45min。

C. 加1%致敏绵羊红细胞悬液2滴，用微量振荡器混匀，再置37℃温箱内30min后观察结果。

D. 结果观察：完全抑制溶血的抗原或抗体的最高稀释度为一个单位。如表16-16，1∶32的抗体和1∶64的抗原各为1个单位。正式试验时，一般采用4单位，即检查抗体时将抗原稀释16倍；检查抗原时，将抗体稀释8倍。

（2）正式试验

①先将反应板编号，每份测定标本用3列孔（第1列为测定孔，第2列为血清正常抗原对照孔，第3列为血清抗补体对照孔），每列8孔。

②于上述各孔内滴入缓冲液1滴，每个血清标本用3支稀释棒蘸取血清各一份，以资对照。

③分别于第1列、第2列和第3列各孔中加入1滴适当稀释的抗原（或抗体）、正常抗原（或正常血清）和缓冲液振荡混匀。

表16-15　补体和溶血素的方阵滴定

溶血素＼补体（结果）	1∶30	1∶40	1∶50	1∶60	1∶80	1∶100	1∶200	1∶300	溶血素对照
1∶1 000	0	0	0	0	0	0	1	4	4
1∶2 000	0	0	0	0	0	1	2	4	4
1∶3 000	0	0	0	0	0	1	2	4	4
1∶4 000	0	0	0	0	0	2	3	4	4
1∶6 000	0	0	0	0	0	2	4	4	4
1∶8 000	0	0	0	1	1	3	4	4	4
1∶10 000	0	0	0	1	1	4	4	4	4
1∶12 000	0	0	1	2	2	4	4	4	4
补体对照	4	4	4	4	4	4	4	4	4

注：数字表示溶血程度，0表示100%溶血，1表示75%溶血，2表示50%，3表示25%溶血，4表示不溶血。

④向各种相应孔内分别加入二单位补体1滴。

⑤于振荡器振荡2～3min混匀后，加盖于4℃冰箱放置16～18h。

⑥从冰箱取出，置37℃温箱30min后，再加入1%致敏羊红细胞悬液2滴。

表16-16　抗原和抗体的方阵滴定

溶血素＼结果　补体	1∶4	1∶8	1∶16	1∶32	1∶64	1∶128	1∶256	1∶512	溶血素对照
1∶4	0	0	0	0	0	0	1	2	4
1∶8	0	0	0	0	0	1	2	3	4
1∶16	0	0	0	0	1	2	2	3	4
1∶32	0	0	0	0	1	2	3	4	4
1∶64	0	0	0	0	2	3	4	4	4
1∶128	0	2	3	4	4	4	4	4	4
1∶256	1	3	4	4	4	4	4	4	4
1∶512	4	4	4	4	4	4	4	4	4
补体对照	4	4	4	4	4	4	4	4	4

注：数字表示溶血程度，同表16-15。

⑦于振荡器振荡2～3min后，37℃温箱30min，再观察结果。

⑧每次测定时除有血清抗补体对照、血清正常抗原对照外，还有包括不同滴度的补体对照、溶血系统对照及羊红细胞对照（表16-17）。

表16-17　微量补体结合反应

成分＼用途	测定孔	血清加正常抗原对照	血清抗补体对照	补体对照			溶血系统对照	红细胞对照
				2单位	1单位	0.5单位		
血清（滴）	1	1	1	1	—	—	—	—
缓冲液（滴）	—	—	1	1	1	1	2	3
抗原（滴）	1	—	—	1	1	1	—	—
正常抗原（滴）	—	1	—	—	—	—	—	—
	混匀后加入							
补体（滴）	1	1	1	1	1	1	1	—
	混匀后，4℃ 16min，再置37℃温箱30min							
致敏红细胞（滴）	2	2	2	2	2	2	2	2
	混匀后，37℃ 30min，观察结果							
结果		0	0	0	0	2	0	4

四、中和试验

病毒抗原与相应中和抗体结合后，使病毒失去吸附细胞的能力，或抑制其侵入和脱壳，失去感染力，从而保护易感动物、禽胚或单层细胞，称为中和试验。中和试验可用于病毒种型鉴定、病毒抗原分析、中和抗体效价测定等。

中和试验是以病毒对宿主细胞的毒力为基础的，首先需根据病毒特性选择适合的细胞、鸡胚或实验动物，然后测定其毒价，再比较用免疫血清和正常血清中和后的毒价，进而判定该免疫血清中和病毒的能力，即中和价。毒素和抗毒素亦可进行中和试验，其方法与病毒中和试验基本相同。

根据试验材料、试验对象、观察指标不同，毒价单位不同。病毒毒力较强，能引起多数动物致死的，以半数动物致死量（LD_{50}）作为毒价单位；病毒只引起动物感染发病的，以半数动物感染量（ID_{50}）作为毒价单位；有的仅以体温反应作为指标，则以半数动物反应量（RD_{50}）作为毒价单位。另外，以鸡胚作为试验对象时，可以半数鸡胚致死量（ELD_{50}）或半数鸡胚感染量（EID_{50}）作为毒价单位；以单层细胞作为试验对象时，可以半数细胞感染量（$TCID_{50}$）作为毒价单位。

以终点法中和试验（endpoint neutralization test）为例，简介中和试验如下。

本法是以滴定被血清中和后的残余毒力，通过对中和后病毒50%终点的滴定，以判定血清的中和效价。滴定方法有以下两种：

1. 固定病毒稀释血清法　本法需先滴定病毒毒价，然后将其稀释成每一单位剂量含200LD_{50}（或EID_{50}、$TCID_{50}$），与等量递进稀释的待检血清混合，置37℃ 1h。每一稀释度接种3～6只试验动物（或鸡胚、细胞），记录每组动物的存活数和死亡数，按内插法或Karber法计算其半数保护量（PD_{50}），即该血清的中和价。

2. 固定血清稀释病毒法　将病毒原液做10倍递进稀释，分装两列无菌试管，第一列加等量正常血清（对照组），第二列加待检血清（中和组），混合置37℃ 1h，分别接种实验动物（或鸡胚、细胞），记录每组死亡数，分别计算LD_{50}和中和指数。

$$中和指数=中和组\ LD_{50}/对照组\ LD_{50}$$

第六节　分子生物学诊断技术

一、核酸探针技术

核酸探针技术的原理是碱基配对。互补的两条核酸单链通过退火形成稳定的杂和双链，这一过程称为核酸杂交。核酸探针是指带有标记物的已知序列的核酸片段，它能和与其互补的核酸序列杂交，形成双链，所以可用于待测核酸样品中特定基因序列的检测。每一种病原体都具有独特的核酸片段，通过分离和标记这些片段就可制备出探针，用于疾病的诊断等研究。

（一）核酸探针的种类

1. 按来源及性质划分　可将核酸探针分为基因组DNA探针、cDNA探针、RNA探针和人工合成的寡核苷酸探针等几类。作为诊断试剂，较常使用的是基因组DNA探针和cDNA探针。其中，前者应用最为广泛，它的制备可通过酶切或聚合酶链反应（PCR）从基因组中获得特异的DNA后将其克隆到质粒或噬菌体载体中，随着质粒的复制或噬菌体的增殖而获得大量高纯度的DNA探针，将RNA进行反转录，所获得的产物即为cDNA。cDNA探针序列也可克隆到质粒或噬菌体中，以便大量制备。

将信息RNA（mRNA）标记也可作为核酸分子杂交的探针。但由于其来源极不方便，且RNA极易被环境中大量存在的核酸酶所降解，操作不便，因此，应用较少。

用人工合成的寡聚核苷酸片段作为核酸杂交探针应用十分广泛，可根据需要随心所欲合成相应的序列，可合成仅有几十个bp的探针序列，对于检测点突变和小段碱基的缺失或插入尤为适用。

2. 按标记物划分 有放射性标记探针和非放射性标记探针两大类。放射性标记探针是用放射性同位素作为标记物。放射性同位素是最早使用的，也是目前应用最广泛的探针标记物。常用的同位素有^{32}P、^{3}H、^{35}S。其中，以^{32}P应用最普遍。放射性标记的优点是灵敏度高，可以检测到pg级；缺点是易造成放射性污染，同位素半衰期短，不稳定，成本高等。因此，放射性标记的探针不能实现商品化。目前，许多实验室都致力于发展非放射性标记的探针。

目前应用较多的非放射性标记物是生物素（biotin）和地高辛（digoxigenin，Dig），两者都是半抗原。生物素是一种小分子水溶性维生素，对亲和素有独特的亲和力，两者能形成稳定的复合物，通过连接在亲和素或抗生物素蛋白上的显色物质（如酶、荧光素等）进行检测。地高辛是一种类固醇半抗原分子，可利用其抗体进行免疫检测，原理类似于生物素的检测。地高辛标记核酸探针的检测灵敏度可与放射性同位素标记的相当，而特异性优于生物素标记，其应用日趋广泛。

（二）核酸探针的标记

1. 放射性同位素标记法 常将放射性同位素如^{32}P连接到某种脱氧核糖核苷三磷酸（dNTP）上作为标记物，然后通过切口平移法（nick translation）标记探针。

切口平移法是利用大肠杆菌DNA聚合酶Ⅰ（*E. coli* DNA polymerase Ⅰ）的多种酶促活性标记的dNTP掺入到新形成的DNA链中，形成均匀标记的高比活DNA探针。其操作方法如下：

（1）待标记的DNA 1μg溶于少量无菌双蒸水中，加入5μL 10×切口平移缓冲液（0.5mol/L Tris-HCl，pH7.2；0.1mol/L $MgSO_4$；1mmol/L二硫苏糖醇；500μg/mL牛血清白蛋白），加入除标记物（如α-^{32}P-dATP）外的其他3种dNTP（如dCTP、dGTP、dTTP）溶液20mmol/L各1μL。

（2）加入10μL（100μci）标记物溶液，加无菌双蒸水至终体积46.5μL，混匀，加入0.5μL稀释的DNA酶Ⅰ（1mg/mL）溶液，混匀；加入1μL（约4单位）*E. coli* DNA聚合酶Ⅰ，混匀。

（3）置14～16℃反应1～2h。

（4）加入5μL EDTA（200mmol/L，pH8.0）终止反应。

（5）反应液中加入醋酸铵使终浓度为0.5mol/L，加入2倍体积预冷无水乙醇沉淀回收DNA探针。

2. 非放射性标记法 可将生物素、地高辛连接在dNTP上，然后像放射性标记一样用酶促聚合法掺入到核酸链中制备标记探针。也可让生物素、地高辛等直接与核酸进行化学反应而连接上核酸链。其中，生物素的光化学标记法较为常用。其原理是利用能被可见光激活的生物素衍生物—光敏生物素，光敏生物素与核酸探针混合后，在强的可见光照射下，可与核酸共价相连，形成生物素标记的核酸探针。可适用于单、双链 DNA 及 RNA 的标记，探针可在－20℃下保存 8～10 个月以上。具体操作方法如下：

(1) 将双链 DNA 变性或用 NaOH 处理形成缺口，单链 DNA 或 RNA 不需处理，将核酸样品溶于水。

(2) 暗室下在微量离心管中加入 10μg DNA，1mg/mL 光敏生物素 20μL，加水至 50μL，混匀。

(3) 冰浴中打开离心管盖，在 300～500W 灯下照射 10min（液面距灯泡 10cm）。

(4) 加入 100μL 0.1mol/L Tris-HCl，pH8.0，加入 100μL 2－丁醇油提两次，离心，弃上层。

(5) 乙醇沉淀核酸探针，用 70%乙醇漂洗真空抽干，备用。

除上述标记法外，探针的制备和标记还可通过 PCR 反应直接完成。

(三) 核酸杂交

杂交技术有固相杂交和液相杂交之分。固相杂交技术目前较为常用。先将待测核酸结合到一定的固相支持物上，再与液相中的标记探针进行杂交。固相支持物常用硝酸纤维素膜（nitrocellulose filter membrane，简称 NC 膜）或尼龙膜（nylon membrane）。

固相杂交包括膜上印迹杂交和原位杂交。前者包括 3 个基本过程：第一，通过印迹技术将核酸片段转移到固相支持物上；第二，用标记探针与支持物上的核酸片段进行杂交；第三，杂交信号的检测。

用探针对细胞或组织切片中的核酸杂交并进行检测的方法称为核酸原位杂交。其特点是靶分子固定在细胞中，细胞固定在载玻片上，以固定的代替纯化的核酸，然后将载玻片浸入溶有探针的溶液里，探针进入组织细胞与靶分子杂交，而靶分子仍固定在细胞内。例如，可用特异性的细菌、病毒的核酸作为探针对组织、细胞进行原位杂交，以确定有无该病原体的感染等。原位杂交不需从组织中提取核酸，对于组织中含量极低的靶序列有极高的敏感性，在临床应用上有独特的意义。

近年来液相杂交技术有所发展。液相杂交与固相杂交的主要区别是不用纯化或固定的靶分子，探针与靶序列直接在溶液里作用。液相杂交步骤有所简化，杂交速度有所提高，增加了特异性和敏感性，但与临床诊断所要求的特异性和敏感性还有一定的距离。

各种杂交技术中，膜上印迹杂交技术应用最为广泛，它由以下 3 个基本过程组成。

1. 核酸印迹技术

(1) 斑点印迹（dot-blot）　将待测核酸样品变性后直接点样在膜上，称为斑点印迹。为使核酸牢固结合在膜上，通常还将点样后的膜进行 80℃真空干烤 2h。

应用斑点印迹技术，可在一张膜上同时进行多个样品的检测，操作简便、快速，在临床诊断中应用较广。适合进行特定基因的定性及定量研究，但不能鉴定所测基因的分子量。

(2) Southern 印迹（southern blot）　这是指将 DNA 片段经琼脂糖凝胶电泳分离后转移到固相支持物上，检测是否存在与探针同源的序列的过程。

常规处理如下：先用限制性内切酶对DNA样品进行酶切处理，经琼脂糖凝胶电泳将所得DNA片段按分子量大小分离，接着对凝胶进行变性处理，使双链DNA解离成单链，并将其转移到NC膜或其他固相支持物上，转移后各DNA片段的相对位置保持不变。用探针与经Southern印迹处理的DNA样品杂交，可鉴定待测DNA的大小，进行克隆基因的酶切图谱分析，基因组基因的定性及定量分析，基因突变分析及限制性片段长度多态性分析（RFLP）等。

Southern印迹的操作方法有3种：

① 毛细管转移（或虹吸印迹）：这是一种传统方法，进行毛细管转移时，DNA片段由液流携带从凝胶转移到固相支持物表面。安放装置时，在转移槽中央的平台上由下到上依次叠放变性凝胶、滤膜、一叠干的吸水纸巾；凝胶与转移缓冲液通过一纸桥连接；滤膜上的纸巾吸水而产生并维持毛细管作用，液体由于毛细管作用抽吸通过凝胶，并将DNA片段携带聚集在滤膜上。DNA片段的大小和琼脂的浓度决定了转移的速度，小片段DNA（1kb）在1h内可从0.7%琼脂糖凝胶上几乎定量转移，而大片段DNA的转移较慢且效率较低，如大于15kb的DNA片段需要18h且转移不完全。

② 电转移　利用电场的电泳作用将凝胶中的DNA转移到固相支持物上，可达到简单、迅速、高效的目的。一般2～3h内可转移完毕。电转法不宜采用NC膜，因为NC膜结合DNA依赖高盐溶液，而高盐溶液在电泳过程中会破坏缓冲体系，使DNA损伤，一般使用化学活化膜和正电荷修饰的尼龙膜。此外，电转过程中转移体系的温度升高，必须使用循环冷却水。商业化的电转仪一般附有冷却设备，也可在冷室中进行。具体操作时，按仪器使用说明安装电转装置，将变性凝胶夹在转移膜内平行电极内侧的多孔板之间，排除夹层间气泡，加入转移缓冲液并通电进行电转。

③ 真空印迹法　这是近年来发展起来的一种简单、迅速、高效的DNA和RNA印迹法。其基本原理是利用真空作用将转膜缓冲液从凝胶上层的容器抽到下层，凝胶中的核酸片段将随缓冲液移到凝胶下面的固相支持物上。这一方法的最大优点是快速高效，可在转膜的同时进行DNA的变性与中和，30min至1h可完成，适合检疫工作的要求。已有商业化的真空转移仪提供，可按商品使用说明进行操作。

Southern印迹后的滤膜还需要进行固定处理，对NC膜可用80℃真空烘烤2h，对尼龙膜还可用短波紫外线（波长254nm）照射几分钟。

（3）Northern印迹（Northern blot）　Northern印迹是指将RNA片段变性及电泳分离后，转移到固相支持物上的过程。RNA样品经Northern印迹后进行杂交反应可鉴定其中mRNA分子量的大小。

Northern印迹的方法与Southern印迹基本相同，可参照进行。但RNA的变性方法与DNA不同。DNA样品可先通过凝胶电泳进行分离，再用碱处理凝胶使DNA变性。而RNA不能用碱变性，因为碱会导致RNA水解。因此，在Northern印迹前，必须进行RNA变性电泳，在电泳过程中使RNA解离形成单链分布在凝胶上，再进行印迹转移。

RNA变性电泳的原理是用一定剂量的乙二醛—二甲基亚砜、或甲醛和甲基氢氧化汞等处理RNA样品和凝胶，使双链RNA在电泳过程中变性而完全解离形成单链。

2. 杂交反应的基本过程　杂交反应包括预杂交、杂交和漂洗等几步操作。预杂交的目的是用非特异性DNA分子（鲑精DNA或小牛胸腺DNA）及其他高分子化合物（Denhart's溶液）将待测核酸分子中的非特异性位点封闭，以避免这些位点与探针的非特异性结合。杂交反应是使单链核酸探针与固定在膜上的待测核酸单链在一定温度和条件下进行复性反应的过程。杂交反应结束后，应进行洗膜处理以洗去非特异性杂交以及未杂交的标记探针，以避免干扰特异性杂交信号的检测。膜洗净后，将继续进行杂交信号的检测。

以放射性标记探针与固定在NC膜上的核酸进行杂交为例，杂交反应操作如下：

（1）溶液的配制。

SSC溶液（20×）：3mol/L NaCl，0.3mol/L 柠檬酸钠。

Denhardt's溶液（50×）：聚蔗糖5g，聚乙烯吡咯烷酮5g，牛血清白蛋白（BSA）5g加水至500mL。

预杂交液：6×SSC，5×Denhardt's溶液，0.5%SDS，100μg/mL经变性或断裂成片段的鲑精DNA。

（2）将含靶核酸的NC膜漂浮于6×SSC液面，使其由下至上完全湿润，并继续浸泡2min。

（3）将湿润NC膜装入塑料袋中，按0.2mL/cm^{2}的量加入预杂交液，尽可能挤出气泡，将袋封口，置68℃水浴1～2h或过夜。

（4）将双链探针做变性处理使成单链，即100℃加热3min，然后立即置于冰浴使其骤冷。

（5）从水浴中取出杂交袋，剪去一角，将单链探针加入，尽可能将袋内空气挤出，重新封口，并将杂交袋装入另一个干净的袋内，封闭，以防放射性污染。

（6）将杂交袋浸入68℃水浴，温育8～16h。

（7）取出杂交袋，剪开，取出滤膜迅速浸泡于大量2×SSC和0.5%SDS中，室温振荡5min，勿使滤膜干燥。

（8）将NC膜移入盛有大量2×SSC和0.1%SDS溶液的容器中，室温漂洗15min。

（9）将NC膜移入一盛有大量2×SSC和0.5%SDS溶液中，37℃漂洗0.5～1h。

（10）将NC膜移入一盛有新配制2×SSC和0.5%SDS溶液的容器中，68℃漂洗30min至1h。

（11）取出滤膜，用0.1×SSC室温稍稍漂洗，然后置滤纸上吸去大部分液体，以备杂交信号的校测。

3. 杂交信号的检测　当探针是放射性标记时，杂交信号的检测通过放射自显影进行。即利用放射线在X光片上的成影作用来检测杂交信号，操作时，在暗室内将滤膜与增感屏、X光片依序放置暗盒中，再将暗盒置－70℃曝光适当时间，取出X光片，进行显影和定影处理。

对于非放射性记的探针，则需将非放射性标记物与检测系统偶联，再经检测系统的显色反应来检测杂交信号。以地高辛的碱性磷酸酶检测反应为例，地高辛是一种半抗原，杂交反应结束后，可加入碱性磷酶酶标记的抗地高辛抗体，使之在膜上的杂交位点形成酶标抗体-地高辛复合物，再加入酶底物如氮蓝四唑盐（NBT）和5-溴-4-氯-3-吲哚酚磷酸甲苯胺盐（BCIP），在酶促作用下，底物开始显蓝紫色。其基本反应程序类似 ELISA，杂交信号的强弱，通过底物显色程度的深浅或有无来确定。

（四）核酸探针技术

核酸探针技术是目前分子生物学中应用最广泛的技术之一，是定性或定量检测特异性 RNA 或 DNA 序列的有力工具。核酸探针可用以检测任何特定病原微生物，并能鉴别密切相关的毒（菌）株和寄生虫。目前，各种常见病毒的诊断和研究都已应用到核酸探针技术，这方面的研究报道数以万计且与日俱增。但该项技术的操作毕竟比常规方法复杂，费用较高，在动物疫病检验中尚未推广。多在实验室内对病原作深入研究时使用。

二、单克隆抗体技术

1975 年 Kohler 和 Milstein 创立了生产单克隆抗体（简称单抗）的淋巴细胞杂交瘤技术。这项技术的诞生推动了整个生物医学领域的迅速发展。单抗作为抗原物质的分子识别工具除在生物医学基础研究、免疫和治疗方面得到广泛应用外，在疫病诊断和检疫中正在并将继续发挥重要作用。

（一）基本原理

作为抗体生成理论的克隆选择学说是杂交瘤技术产生的理论依据，细胞融合技术和杂交细胞的选择方法是杂交瘤技术产生的技术基础。

1. 克隆选择学说 1957 年 Burnet 提出的克隆选择学说认为：每一个 B 淋巴细胞有一个独特的受体（现在认为一个 B 淋巴细胞有结构相同的 10 万个受体），抗原进入机体后只刺激具有相应受体的 B 淋巴细胞，产生与受体特异性相同的抗体分子。一个淋巴细胞只产生一种抗体分子。因此，根据克隆选择学说，一个 B 淋巴细胞克隆只能产生一种抗体分子。这就是生产单克隆抗体的理论依据。

2. 抗体多样性的分子基础 抗体分子生物学的研究为克隆选择学说提出了新的依据。抗体分子是对称的，由两条完全相同的糖基化重链（H）和两条完全相同的非糖基化轻链（L）组成。根据重链稳定区（C_H）的不同，免疫球蛋白（Ig）可分为 IgM、IgD、IgG、IgE 和 IgA 五类，它们分别带有 μ、δ、γ、ε 和 α 重链，又可进一步分为不同的亚类。重链和轻链均有一个可变区，分别用 V_H 和 V_L 表示。轻链有 k 链和 γ 链两种，每一抗体分子只有一种轻链。重链和轻链可变区具有抗原结合部，决定抗体的特异性。每个抗体分子都有两个相同的抗原结合部。对抗体基因的研究表明；重链和 k 链 V 区基因的数目分别为 250 个左右。任意一个 V_K 基因片段可以与任意一个 J_K 基因片段结合（J 基因为连接基因）。J_K 有 4 个片段，故可产生 1 000（250×4）个不同的 V_K 区编码基因。同样，任意一个 V_H 基因片段可以与任意一个 D 基因片段（D 基因为多样性基因，在 V_H 和 J_H 基因之间，约有 12 个）及 J_H 基因片段结合。这样可产生 10 000（250×4×10）个不同的重链 V 区编码基因。重链与轻链的联合是随机的，因此可产生 10^7（1 000×10 000）个特异性抗体。此外，轻链和重链基因重排时的移码，重链 D 基因 5′和 3′端的修剪及随机延伸，还可产生多样性，因此特异性抗体的数目多得几乎是无限的。

3. 细胞融合、筛选和杂交瘤技术的建立 肿瘤细胞 DNA 生物合成有两条途径：一条由糖、氨基酸合成核苷酸，进而合成DNA，这是主要途径。这条途径可被叶酸的颉颃物——氨基喋呤（A）所阻断。但如果培养基中含有核苷酸“前体”次黄嘌呤和胸腺嘧啶核苷，即便有A存在，细胞通过另一途径（替代途径或应急途径）也可合成核苷酸，但后一途径需要次黄嘌呤鸟嘌呤磷酸核糖转化酶（HGPRT）和胸腺嘧啶核苷激酶（TR）存在。

一些骨髓瘤细胞系在体外培养过程中常常失去生产重链能力，甚至既不生产重链，也不生产轻链，有的还可丧失合成次黄嘌呤—鸟嘌呤磷酸核糖转移酶能力。但在自然变异中，这种 $HGPRT^-$ 细胞在群体中只有百万分之几。如果在培养基中加入8-氮鸟嘌呤(8-AG)或6-硫鸟嘌呤（TG），$HGPRT^-$ 细胞便死亡，以此可较容易地筛选出 $HGPRT^-$ 细胞。骨髓瘤细胞系SP2/0、NS-1和X63/Ag-8都是人工筛选的抗8-AG细胞。动物细胞经某些病毒（如仙台病毒）或高浓度聚乙二醇（PEG）处理时，可发生细胞融合。如参与杂交的一个亲本是 $HGPRT^-$ 细胞（如SP2/0），则在含氨基喋呤（A）的选择培养基中因DNA所有生物合成途径被阻断而死亡，但杂交细胞得到另一亲本（如脾细胞）的HGPRT，则可通过那条应急途径利用次黄嘌呤和胸腺嘧啶核苷合成DNA而得以生存下来。由此，可将杂交瘤细胞筛选出来。

Kohler和Milstein将 $HGPRT^-$ 骨髓瘤细胞与经绵羊红细胞免疫的Balb/c小鼠细胞通过仙台病毒介导进行融合，在含次黄嘌呤（H）、氨基喋呤（A）和胸腺嘧啶核苷（T）的选择培养基（HAT）中进行培养。结果未融合的骨髓瘤细胞因无HGPRT和A的阻断而死亡，未融合的脾细胞因不具备连续培养特性也死亡，只有骨髓瘤细胞与脾淋巴细胞经过克隆纯化后，具有能稳定分泌抗绵羊红细胞抗体的能力，注射小鼠能产生肿瘤，其腹水和血清含有高效价的同质抗体。由于该项技术的创立对生物医学作出了重大贡献，作者荣获1984年度诺贝尔生理学和医学奖。

4. 单克隆抗体与多克隆抗体的本质区别　如上所述，单克隆抗体是源于一个B淋巴细胞的杂交瘤细胞系所分泌的针对抗原的同一表位的抗体；而多克隆抗体（简称多抗）是由免疫动物的无数不同的B淋巴细胞分泌的针对抗原不同表位的性质各异的混合抗体。单抗是同质的，多抗是异质的。把握单抗与多抗的这些重要区别，对于正确应用这两类抗体是十分重要的。

（二）基本程序

用淋巴细胞杂交瘤技术制备单克隆抗体的基本程序如图16-20所示。简言之，用抗原免疫动物，取免疫动物的脾细胞与 $HGPRT^-$ 骨髓瘤细胞，按一定比例混合，在PEG介导下进行细胞融合，将融合细胞混合物分配到含HAT培养基的96孔板中，培养一定时间后，

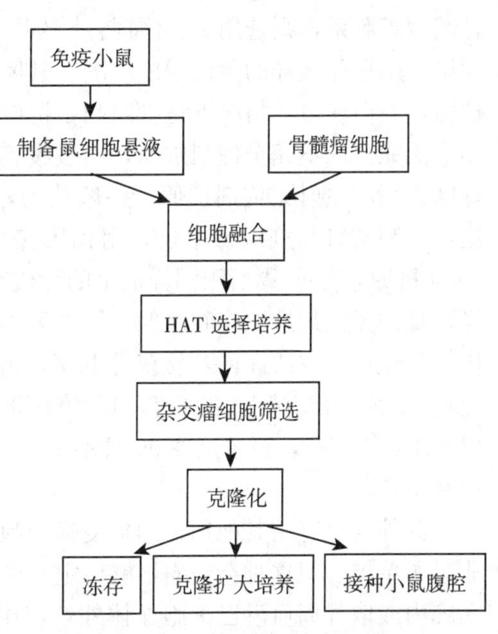

图16-20　制备单克隆抗体的基本程序

通过抗体测定，确定分泌抗体的阳性细胞孔，然后进行杂交瘤细胞的克隆化，将纯化后的目的细胞冻存待用，对单抗的性质鉴定后，按需要生产特异性单抗。

（三）操作方法

以上述基本程序为例，杂交瘤技术的一般操作方法如下：

1. 抗原制备 选用什么形式的抗原免疫动物？选用什么样形式的抗原作筛检抗原？这是研制单抗设计中需要着重考虑的策略。一般来说，免疫抗原越纯，杂交瘤细胞的阳性率越高。筛检抗原越纯，筛检方法越敏感、准确。但是，作为免疫抗原，不一定都要很纯。有些抗原甚至不提纯、杂交瘤细胞也有相当高的阳性率。应根据研究对象的具体情况和研究目的而定。研制病毒特异性单抗往往用密度梯度离心或层析纯化过的病毒作免疫抗原和筛检抗原。但有时用初提或不提纯的病毒抗原免疫动物也能获得成功。如以新城疫病毒浓缩尿囊液或疫苗、马立克氏病毒感染细胞的超声波粉碎抗原、口蹄疫病毒和猪水泡病病毒聚乙二醇或硫酸铵浓缩抗原作免疫抗原，进行杂交试验，均曾获得成功。研制细菌单抗往往用全菌或其裂解物作免疫抗原。研制抗原特定表位的单抗时需精心设计技术路线。如研制羊布鲁氏菌疫苗弱毒菌株特有抗原成分单抗，作者先分析强弱菌株各种抗原成分，找出差异抗原，然后通过两步亲和层析法分离纯化差异抗原用于免疫和筛检。但是，研制不同型口蹄疫病毒12S抗原的群特异性单抗时，就没有采取先分离群特异性抗原的技术路线，而是用一个型（A型）口蹄疫病毒12S抗原作免疫抗原，用另一个型（O型）口蹄疫病毒12S抗原作筛检抗原，获得了成功。免疫抗原用鼠组织毒制备，不必精细提纯。因为鼠源杂蛋白与Balb/c小鼠是同种，应属弱抗原，显然，后者的技术路线比前者的简便得多。

2. 免疫程序 免疫的目的是为了获得分泌特异性抗体的杂交瘤细胞，并使B细胞在抗原刺激下分化。易于细胞融合。通常选用与骨髓瘤细胞系同系动物进行免疫。如用小鼠骨髓瘤细胞系，则选用2～3月龄的Balb/c小鼠；如用大鼠骨髓瘤细胞系，则选用Lou/c大鼠。采用什么样的免疫程序取决于具体抗原性质和免疫对象以及要制备什么样性质的单抗而定。但在多数情况下是参照制备抗血清的常规免疫方法。基础免疫，如病毒抗原，多用福氏完全和不完全佐剂抗原，通过腹腔或皮下途径免疫，间隔40d后，融合前3d通过静脉或腹腔注射无佐剂抗原。一般认为，最后加强免疫采用静脉途径比腹腔好。具体方法：如制备口蹄疫病毒单抗，用福氏完全佐剂抗原，腹腔接种Balb/c小鼠，每只20～30μg抗原，4～6周后用同样剂量的无佐剂抗原静脉加强免疫，3d后取脾融合，或先用同样剂量的无佐剂抗原腹腔注射，第二天用半量无佐剂抗原静脉注射，之后第3d取脾融合。用活毒免疫，方法简便，易获得IgM类中和单抗。如研制口蹄病毒单抗时所采用的活毒免疫法为：用100LD_{50}的O型口蹄疫病毒活毒，用适当剂量（接种待免疫的同龄小鼠致死率为10%左右），腹腔接种90日龄Balb/c小鼠，之后第7d融合，可获得高滴度IgM类中和单抗。

此外，也有用其他动物的免疫脾细胞与小鼠骨髓瘤细胞融合，制备异源杂交瘤，生产非鼠源单抗。但这种杂交瘤不够稳定，染色体易丢失。在免疫方法上，还有把抗原直接注入脾内或取外周血淋巴细胞在体外培养中免疫。用这种免疫方法，3d后即可融合。对于来源困难、免疫原性差或对机体有害的抗原可用体外免疫。体外免疫的具体操作方法为：

取脾细胞或外周血淋巴细胞制成单细胞悬液，用无血清培养液洗 2～3 次，然后悬浮于含 10％小牛血清的全培养液中，加适量抗原（可溶性抗原一般为 0.5～5.0μg/mL，细胞抗原为 10^5～10^6 个/mL），在 37℃，5％～7％ CO_2 箱中培养 3～5d，即融合。

3. 融合和选择性培养

（1）*饲养细胞的制备*　在 HAT 培养液中加入饲养细胞可促进融合后杂交瘤细胞的生长。小鼠腹腔巨噬细胞、正常脾细胞、胸腺细胞均可作为饲养细胞。由于腹腔巨噬细胞清除死亡细胞的能力强，制备方便，故最为常用。具体操作是：在融合前 1～2d，取 Balb/c 小鼠 3～4 只，致死，浸入 75％酒精中体表消毒，然后用大头针固定在蜡板上，在无菌条件下将小鼠腹部皮肤剪一小口，剥离皮肤，暴露腹膜，用 10mL 注射器将 5～7mL 预冷的无血清培养液注入腹腔，不拔针头，用弯头镊子夹住针眼腹膜，固定针头，封住针口，用另一弯头镊子挤压、揉动腹部约 1min，弃上清，用 10mL 无血清基础培养液重悬定容，计数细胞。根据需要留取适量细胞悬液，离心弃上清，用 HAT 培养液重悬，使细胞浓度为（1～2）×10^5 个/mL，加入 96 板孔中，每孔 0.1mL，置 37℃，CO_2 培养箱中待用。也可在融合当天制备饲养细胞，加入 HAT 培养液中与融合后细胞混合物一起分种于细胞板中。活细胞计数方法为：取 0.1mL 细胞悬液，加 0.9mL 0.4％台盼蓝染液混匀，用血球计数板计数。死细胞为蓝色，活细胞不着色。镜检时，计数板四角大格内细胞数，压线者只计上线和右线细胞，然后按下式计算细胞浓度：

$$大格中细胞总数/4\times10^4\times稀释倍数=细胞数/毫升原液$$

（2）*骨髓瘤细胞的培养*　维持小鼠骨髓瘤细胞处于最佳生长状态是融合成功的因素之一。这种、细胞的倍增时间一般为 14～16h，在融合前一周内使其保持对数生长期。刚复苏的细胞需 2 周时间才能达到适于融合状态。融合时需收集 2×10^7 个以上骨髓瘤细胞。具体操作为：将细胞培养瓶中液体吸出（或倒出），加入适量无血清基础培养液，用弯头吸管将细胞从瓶壁吹洗下来，用尖底塑料离心管收集细胞悬液，离心沉淀，弃上清，加入 10mL 无血清培养液重悬，进行活细胞计数。活细胞数应在 90％以上。

为防止在转化过程中部分骨髓瘤细胞返祖，可用含 15～20μg/mL 8-氮鸟嘌呤的完全培养液定期处理骨髓瘤细胞，使其对 HAT 呈均一敏感性。

（3）*免疫脾细胞的制备*　取加强免疫后 3d 的 Balb/c 小鼠 1～2 只，先眶下窦采血，供测抗体用，然后致死，浸入 75％酒精中体表消毒，无菌剥离腹部皮肤，剪开腹膜，取脾，去脂肪和结缔组织，放入含约 5mL 无血清培养液的平皿中的铜网上，用弯头镊子挤压研磨，使细胞分散在液体中，弃渣，离心沉淀，弃上清，加入 10mL 无血清培养液重悬，按上述方法计数活细胞。

（4）*细胞融合操作程序*

①按骨髓瘤细胞与脾细胞 1∶（5～10）的比例取两种细胞。一般取约 2×10^7 个骨髓瘤细胞和 10^8 个脾细胞加入 50mL 尖底塑料离心管中，混匀。

②以 1 000r/min 离心 10min，弃上清，倒置灭菌滤纸上吸几次管口残液，然后用手指弹击管底，使沉积细胞团成松散状，置 37℃水浴中预热。

③用 1mL 吸管取 0.7mL 已在 37℃温箱中预热的 50％PEG（pH8.0）缓缓滴入含混合细胞的离心管中，边滴边摇动（离心管不离开水面），60s 内滴完，然后在水浴中静

置 90s。

④用 20mL 注射器取 15mL 预热的无血清培养液，在 2min 内向融合管内滴完。开始时慢加，1min 后快加，直至滴完。再补加 15mL 无血清培养液。

⑤以 1 000r/min，离心 10min，弃上清，加入 40mL 含 20%小牛血清的 HAT 全培养液，轻轻吹吸几次，分散细胞，用弯头滴管分装于含饲养细胞的 4 块 96 孔板中，每孔 0.1mL，盖盖，用胶纸（布）固定。

⑥将培养板置 37℃ 5%CO_2 饱和湿度温箱中培养。

(5) HAT 选择培养

①融合后用 HAT 全培养液培养 7d 后，用 HT 全培养液对培养板中液体进行半量换液。

②融合 3d 后开始镜检，观察是否融合成功，不必每天镜检。

③融合后 7d 左右，逐孔镜检，标出每孔细胞群落数。

④当细胞群落已超过显微镜 1/2 视野大时（培养 10d 左右），取上清液供抗体检测，同时补充 HT 培养液。去掉 A 液后，细胞将恢复叶酸代谢途径。

(6) 细胞融合和杂交瘤细胞培养用试剂的配制

①RPMI-1640 基础培养液 1 000mL：

RPMI-1640 粉	10.4g
丙酮酸钠	0.11g

用 900mL 蒸馏水（或无离子水再经过双蒸），通 CO_2 搅拌溶解，称取 1.8g $NaHCO_3$，用少量三蒸水溶解，边搅拌边加入 1640 液中，补足 1 000mL，通过孔径为 0.22μm 的滤膜正压过滤除菌（用 CO_2 钢瓶加压），分装，置 37℃，菌检后置 4h℃存放，有效期不超过 3 个月。

②RPMI-1640 完全培养液 100mL：

双抗（青、链霉素）	0.1mL
3% L-谷氨酰胺	2.5mL
犊牛血清	15.0mL
RPMI-1640 基础培养液	81.5mL

用时现配，4℃下存放不超过 1 周，用于细胞融合和克隆化培养的全培养液，可将小牛血清浓度提高至 20%。

③200mL（3%）L-谷氨酰胺溶液：

L-谷氨酰胺	5.864g
三蒸水	200mL

加热至 50℃使全溶，经 0.22μm 滤膜滤过除菌，按每管 4mL 分装，-20℃保存。

④双抗溶液：

青霉素钠	100 万 U
硫酸链霉素	1g

溶于 100mL 灭菌三蒸水中，小量分装，-20℃保存。

⑤筛选小牛血清的方法：取一份生长旺盛的杂交瘤细胞（或骨髓瘤细胞），按有限稀

释法用不含血清的培养液稀释成每毫升 5 个和 10 个细胞，按每孔 0.1mL 分种于不含饲养细胞的 96 孔板中。其中，一部分板孔加待选小牛血清，一部分板孔加已知优良血清，每孔 1 滴（约 0.025mL）。在 37℃ 5% CO_2 培养箱中培养 7d 左右，计数每孔细胞克隆数并估测群落大小，按克隆细胞的相对成活率和生长速度评价血清的优劣。

⑥50%聚乙二醇（PEG）溶液：取约 3g PEG（MW1520 或 4000）放入试管中，加盖包有硫酸纸的棉塞，121℃高压灭菌 10min。当融化的 PEG 温度降至 41℃左右时，加入等量的 1640 基础培养（已预热至 41℃左右，并用 7.5% $NaHCO_3$ 调 pH 至 8.2），用温热的吸管吹吸混拌均匀，按 0.8mL/支分装在安瓿中，放－20℃冻存备用。

⑦$NaHCO_3$ 溶液：取 7.5g $NaHCO_3$ 溶于 100mL 三蒸水中，0.22μm 滤膜滤过除菌，分装于瓶中，4℃保存。

⑧氨基嘌呤（A）贮存液：取 1.76mL A，加 90mL 三蒸水，滴加 0.5mL NaOH 溶液助溶，待完全溶解后，加 0.5mL 1mol/L HCl 中和，补足 100mL 三蒸水，经 0.22μm 滤膜滤过除过除菌，分装 4mL/瓶，－20℃保存。

⑨次黄嘌呤和胸腺嘧啶核苷（HT）贮存液：取 136.1mL H 和 388mL T，加 45～50℃三蒸水至 100mL，使之溶解，0.22μm 滤膜滤过除菌，分装 4mL/瓶，－20℃保存。

⑩HT 培养液：在完全培养液中按 1%加 HT 贮存液。

⑪ HAT 培养液：在完全培养液中分别按 1%加 A 贮存液和 HT 贮存液。

⑫8-氮鸟嘌呤贮存液：取 20mL 8-氮鸟嘌呤加入 1mL 1mol/L NaOH 中，溶解后加三蒸水至 100mL，经 0.22μm 滤膜滤过除菌，分装 4mL/瓶，－20℃保存。

⑬8-氮鸟嘌呤培养液：向全培养液按 1%加入 8-氮鸟嘌呤，即为含 20μg/mL 的全培养液。

4. 杂交瘤细胞的筛选　在融合后 10d 左右，如前所述采集待检样品，进行杂交瘤细胞的筛选。由于在 1d 内要报告几百个样品的检测结果，也由于细胞上清液中抗体含量低微，且过渡生长的细胞转移时成活率低，因此，应采用快速、敏感、准确、稳定的筛检方法。下面简要介绍常用的特异性的抗体检测方法。

（1）酶联免疫吸附试验（ELISA）　该法在杂交瘤细胞的筛检和单抗的鉴定中最为常用。根据反应方式不同，可将其分为四种，即夹心 ELISA、间接 ELISA、捕获 ELISA 和液相 ELISA。

①羊抗鼠或兔抗鼠双抗体夹心 ELISA：能识别所有鼠源抗体，凡是分泌鼠源抗体的杂交细胞均可被筛选出来，然后再通过间接 ELISA、捕获 ELISA 或其他特异性检测方法确定目的杂交瘤细胞。如果通过一次融合企图获取不同特异性的 2 种或 2 种以上的单抗，或在筛检抗原制备困难、数量有限的情况下研制单抗时，均可采用此法先作初筛，缩小范围，待进一步作特异性筛检。

②对于液相 ELISA 方法：由于抗原和抗体在液相中反应，抗原保持自然构型，所有表位处于完好状态，并可与抗体进行全方位反应，其结果与中和反应较为一致，适于中和单抗的筛选和病毒抗原表位分析。

在进行 ELISA 试验时，每块酶标板均应设阴性和阳性对照。阴性对照可用骨髓瘤细胞上清或其腹水，或用其他单抗上清液或其腹水，阳性对照用已建立的杂交瘤细胞上清或其腹水，或免疫小鼠多抗血清。结果常以 P/N≥2.1，或 P≥N+3SD 判定阳性。P 代表阳性孔 OD 值，N 代表一组阴性对照孔 OD 值的平均值，SD 代表阴性对照标准差。因细胞上清样品单抗含量低微，检测时不作稀释。

（2）*免疫组化法* 主要用于检测针对细胞抗原成分的单抗或细胞上病毒抗原成分的单抗。常用间接免疫过氧化物酶试验（IIP）或碱性磷酸酶—抗碱性磷酸酶桥联酶标技术（APAAP），经镜检判定结果。

（3）*免疫荧光技术* 与免疫组化法相似，主要用于各种细胞抗原成分和感染细胞中病毒抗原成分的检测，具有操作简便、敏感，可对抗原成分直观定位等优点，常用于单抗的筛选和鉴定，凡检测对细胞内成分的单抗，将细胞切片经－20℃冷丙酮固定后作荧光染色，而检测针对细胞内成分的单抗，则用活细胞作膜荧光染色。

（4）*放射免疫测定* 在筛选和鉴定单抗时常用固相抗原法，其反应原理与 ELISA 相似，所不同的是用放射性同位素（如^{125}I）标记的羊或兔抗鼠抗体代替酶标抗体作指示系统。由于同位素半衰期的限制，操作和同位素污染对人的危害以及废物处理的困难，一般实验室很少采用。

（5）*间接血凝试验（IHA）* 该法快速、简便、较为敏感、影响因素少，易掌握，也常应用于单抗的筛检。但因敏感性和反应范围的限制，不如 ELISA 应用广。

5. 杂交瘤细胞的克隆化 用一定方法将混合的细胞分离成单个细胞，由单个细胞再经扩大培养形成一个细胞群称为一个克隆，所采用的过程称为克隆化。融合后必须对阳性孔中杂交瘤细胞进行克隆化，其原因是：①融合后阳性孔中的杂交瘤细胞不一定都是目的细胞。②一些初生杂交瘤细胞是不稳定的，可能丢失染色体，丧失产生抗体的能力，需不断清除变异细胞。③在液氮中长期保存的杂交瘤细胞也有丧失分泌抗体能力的可能。所有这些情况说明，必须对杂交瘤细胞进行连续克隆化，以纯化目的细胞。一般克隆化至少要进行 2 次以上，才能获得纯的克隆系细胞。

最常用的克隆化方法是有限稀释法，操作步骤如下：

（1）提前 1d 向 96 孔板加小鼠腹腔巨噬细胞，置 CO_2 培养箱中待用，方法见细胞融合操作程序。

（2）待克隆化的阳性融合细胞，可先转入 24 孔板扩大培养后再克隆，也可边扩大边从 96 孔板取样直接克隆。用吸管将细胞群吹打分散，制成悬液，按前述方法精确计数活细胞数。从 96 孔板直接取样克隆，计数取样只有 1 滴悬液，用另一支滴加无血清培养液 9 滴作 10 倍稀释，计数。用 HT 培养液将细胞稀释至每毫升 5、30 和 50 个细胞，各 40mL。

（3）每种杂交瘤细胞用一块备好的含饲养细胞的 9 孔板，每个稀释度 32 孔，每孔加细胞悬液 0.1mL，每孔应含 0.5、3 和 5 个细胞。由于计数和加样的误差，往往偏高或偏低。如从 96 孔板直接取细胞克隆时，应在克隆完后即把孔中和稀释管中剩余细胞全部转入 24 孔中扩大大培养，以备失败时重新克隆。

（4）在 37℃，5% CO_2 培养箱中培养 7d 左右，镜检，标出所有板孔的细胞群落数。再采样进行抗体检测。

（5）将单克隆阳性孔细胞先转入 24 孔，然后在培养瓶中扩大培养，再冻存。

对于新融合的杂交瘤细胞，一般至少克隆 2～3 次。对于冻存的克隆细胞体，在复苏时，最好同时克隆化，以不断清除变异细胞，保持分泌抗体的稳定性。

6. 细胞冻存和复苏

(1) 细胞冻存

①制备冻存液。70%基础培养液、20%小牛血清和 10%二甲基亚砜（DMSO)。混匀，冰浴或冰箱预冷。

②收集处于对数生长期的细胞，离心沉淀，按每毫升 5×10^6～5×10^7 个最终细胞浓度，重悬于冻存液中，按每瓶约 1mL，分装于 2mL 安瓿中，火焰封口，标上细胞名称，冻存日期，装入布袋或分层架中保存盒内，并做好记录。

③将细胞置于－70℃超低温冰箱内，次日取出，立即投入液氮中保存。

(2) 细胞复苏　从液氮中取出细胞安瓿，放入 37℃水浴中，轻轻摇动，使之迅速融化，然后打开安瓿，将细胞转移到含 10mL 无血清基础培养液的离心管中，轻轻摇动，离心沉淀，弃上清，用 3～4mL 全培养液或 HT 培养液重悬，移入 5mL 细胞培养瓶中，置 37℃ 5%CO_2 温箱中培养。如镜检时死细胞较多，可向培养液中加入最终浓度为每毫升 10^4～10^5 个小鼠腹腔巨噬细胞。

7. 单克隆抗体的生产　单抗分体内生产法和细胞培养生产法，在一般实验室条件下，体内生产法最为常用。

(1) 动物体内生产法　将 0.5mL 液体石蜡注入 Balb/c 小鼠腹腔，有助于腹水瘤的生长。7～10d 后，每只小鼠腹腔再接种 5×10^5 个细胞，5d 后每天观察小鼠腹部，当用手触摸皮肤有紧张感时（一般 10d 左右)，即用针头穿刺采集腹水，如采 2～3 次，每只可采 5～10mL 腹水。将腹水离心，去细胞和其他沉淀物，收集上清，即为单克隆抗体，测定效价，加入 0.02% NaN_3，分装，－70℃保存。

(2) 细胞生产法　一般实验室制备单抗常用单层培养法。当细胞密度为（1～2）$\times10^6$/mL 时，上清中的单抗浓度为 10～50μg/mL，所以大量生产单抗时必须提高细胞密度。目前用于大量生产的是悬浮培养和细胞固定化培养两大类。

8. 杂交瘤技术操作中应注意的主要问题

(1) 对所用的骨髓瘤细胞的使用历史要清楚，即一定是没有污染的曾获得高融合率的可靠细胞。融合时，骨髓瘤细胞要处于最佳生长状态。

(2) 用于融合的主要试剂，如聚乙二醇（PEG)、胸腺嘧啶核苷（T)、次黄嘌呤和小牛血清的质量要可靠，特别是小牛血清和 PEG，就是同一厂家不同批次产品的质量差异也影响融合和培养效果。在实验室中一定要贮备经过融合考验的主要试剂。对每批小牛血清都要作细胞生长试验。

(3) 配液用的水质好坏也是一个重要问题。一般来说，最好无离子水再经双蒸或三蒸后用于配制各种液体。

(4) 在进行杂交瘤试验之前，要调好培养箱温度、CO_2 浓度，使其稳定，并保持饱和湿度。

(5) 严格无菌操作对搞好杂交瘤技术是至关重要的。各种培养液的包装尽量要小。同一包装的液体最好一次用完，不要多次重复使用。每次使用的剩余液体要放在 30℃温箱菌检。

大多数杂交瘤实验室的问题多出现在污染和血清质量两个方面。所以在这两个环节中要多加注意。

9. 单抗的鉴定 在杂交瘤细胞建株时，要对每种单抗的特异性、同质性和理化特性等进行鉴定，以便应用。

(1) 特异性 单抗具有抗原表位特异性。在免疫动物过程中，抗原在机体有多少个表位暴露出来，就应该产生多少种单抗。一个复杂抗原往往有株、亚型、型和属特异性表位，有的还存在属间交叉表位。相应地，单抗也应有上述特异性之分。病毒表位还可分中和和非中和性表位，相应地，单抗也有中和及非中和单抗之分。不同抗原表位寓于不同抗原成分之上，决定免疫学反应的能力，而针对核衣壳蛋白抗原表位的单抗就没有血凝抑制能力。鉴定单抗特异性，应根据不同目的，采取不同方法。欲鉴定单抗是株间、型间和属间特异性，需收集不同型和同一型的不同毒（菌）。通过血清学方法（如 ELISA），观察与之反应的程度，确定特异性范围。一般通过中和反应鉴定单抗是否具有中和反应能力。要明确单抗靶抗原的成分，往往要通过免疫印迹法或放射免疫沉淀法来鉴定。

(2) 同质性 单抗的同质性（即单克隆性）主要指免疫球蛋白重链和轻链类型单一性，电泳均一性和杂交瘤细胞染色体数目等性质。

①重链与轻链类型 鉴定单抗重链和轻链类和亚类不仅可阐明单抗的同质性，而且确定单抗重链的类和亚类也有助于提纯方法的选择和了解其他不同免疫学性质的能力。单抗最常见的是 IgG 和 IgM 两类，IgG 又分为 IgG_1、IgG_{2a}、IgG_{2b} 和 IgG_3 等亚类。鉴定单抗类和亚类时，通常采用琼脂扩散法。先将杂交瘤细胞上清单抗浓缩 20～30 倍，与抗小鼠类和亚类血清反应，观察沉淀线。也可不浓缩上清液，用抗小鼠类和亚类抗体的酶结合物，通过 ELISA 法鉴定。鉴定小鼠轻链是 λ 链还是 k 链的方法与上述鉴定重链的方法相同，也是通过免疫扩散试验或 ELISA 法来确定。

②电泳均一性 通过聚丙烯酰胺凝胶电泳（PAGE）、SDS-PAGE、等电聚焦电泳及免疫电泳等均可鉴定单抗的均一性。

(3) 理化特性 明确单抗在湿度、pH 变化时的稳定性和与抗原的亲和力对应用十分重要。一般来说，纯化的单抗，在 56℃加热 5min，即失去活性。而未纯化的腹水和血清单抗以及纯化的多抗，56℃灭活后，活性没有明显变化。单抗经反复冻融，明显丧失活性。加等量甘油，置－30℃保存，一般可保存一年以上，其活性基本不变。纯化的单抗在 pH6.0～8.0 下稳定，在 pH9.0～10.0 下其活性明显降低。但多抗活性在 pH6.0～10.0 基本不变。

不同单抗亲和力不尽相同。一般通过竞争 ELISA 测定亲和常数，以比较不同单抗相对亲和力的大小。其操作步骤如下：

①取适宜浓度的纯化抗原包被酶标板，100μL/孔，4℃过夜。

②洗涤后加封闭液（0.5% BSA-PBS，pH7.2），37℃，1h。

③取一定浓度的纯化待检单抗与系列倍比稀释抗原混合，4℃过夜，使反应达到平衡（抗原浓度要过量）。

④洗涤后将平衡后的抗原—抗体混合物加入酶标板孔中，100μL/孔，37℃，1h。

⑤洗涤后，加 HRP 标记的抗小鼠第二抗体，100μL/孔，37℃，1h。

⑥洗涤后加底物（OPD）溶液，100μL/孔，37℃显色 15min，2mol/L H_2SO_4 终止反应，于 405nm 波长测定各孔吸收率（A）。

⑦按下式计算单抗的亲和常数（K）：

$$A_0/(A_0-A)=1+K/a_0 \qquad \text{（式 16-3）}$$

式中：

A_0——无抗原时 A 值；

a_0——抗原总量；

A——不同抗原浓度时 A 值；

K——亲和常数。

用于诊断试验的单抗往往选用高亲和力的，以提高敏感性；用于亲和层析的单抗往往选用中等亲和力的，既易吸附，又易洗脱。

（四）单克隆抗体技术的发展

自 1975 年建立该项技术以来，目前已取得新的重要进展，主要是：

1. 在融合技术上除用 PEG 融合剂外，发展了电融台、激光融合和定向融合技术，用 Fox 系骨髓瘤细胞与 R_b8-12Balb/c 小鼠脾细胞融合，存活的杂交瘤细胞均能分泌抗体。有的细胞生长因子可促进杂交瘤细胞生长，在融合和克隆时把它加进培养液中，可不加饲养细胞，并能提高融合率、克隆成活率和阳性率。

2. 发展了异源和非鼠源杂交瘤　用小鼠骨髓瘤细胞与其他动物（如兔、牛、猪、绵羊等）脾细胞融合，获得异源杂交瘤。但融合率低，稳定性差。近年来报道了鸡和猪骨髓瘤细胞系研究成功，为研究鸡和猪源单抗准备了前提条件。

3. 发展了双特异性抗体　这是两种分泌不同单抗的杂交瘤细胞间融合产生的杂交瘤。其方法是先研制对 HAT 敏感的亲本杂交瘤细胞，然后与另一杂交瘤细胞融合，筛选。筛选出的杂交瘤分泌的单抗为双特异性。如单抗的一臂结合过氧化物酶，另一臂结合抗原，省去标记酶的过程。

4. 发展了嵌合抗体、重构抗体和小分子抗体　嵌合抗体是应用重组 DNA 技术对抗体基因进行置换，从而改变原来抗体性质。如用编码 HRP 或 AP 酶基因取代鼠源单抗 C 区基因，表达产物既具有抗体活性，又具有酶活性。再如将毒素分子的编码基因与单抗 V 区基因拼接，表达产物即为免疫毒素，可特异地杀伤靶细胞。重构抗体是将小鼠单抗中与抗原决定簇互补的结构，即互补性决定区（CDR）基因取代人抗体可变区的 CDR 基因，表达具有小鼠单抗特异性的人源抗体。通过 DNA 重组技术可以得到大小为完整 IgG1/3 的 F_{ab} 片段，为完整 IgG1/6 的只由重链可变区构成的单链抗体，以及为完整 IgG 分子 1/12的只有 V_H 区的单域抗体。

免疫球蛋白与抗原的结合主要决定于重链。一些不同特异性的抗体的 V_L 区很相似。因此抗体基因库中 V_H 基因与有限数目的 V_L 基因排列组合可以构成任何需要的抗体。抗体基因工程可按人的需要构建新的抗体分子，将从根本上改变依靠免疫获得抗体的状况。

（五）单克隆抗体的应用

自 1975 年 Kohler 和 Milstein 报道，通过细胞融合建立能产生单克隆抗体的杂交瘤技术以来，这个最基础的具有开创性的理论在生物科学的基础研究以及医学、预防医学、农业科学等领域的广泛应用和实践，充分显示它对生命科学各领域产生的巨大而深远的影响，由于单抗有着免疫血清或抗体无法比拟的优点，迄今全世界已研制成数以千计的单抗，有的已投入市场，有的正在进行应用考核和深入观察。

1. 单抗在诊断学中的应用 单抗应用最广泛的是诊断，主要用于病原诊断、病理诊断和生理诊断。随着微生物学、寄生虫学、免疫学的研究进展，人类对感染性和寄生虫性疾病有了新的认识，一个病原体存在着许多性质不同的抗原，在同一抗原上，又可能存在许多性质不同的属、种、群、型特异性抗原，采用杂交瘤技术，可以获得识别不同抗原或抗原决定簇的单抗，从而可以对感染性疾病和寄生虫病进行快速准确的诊断，同时可以用于调查疾病流行情况、流行毒（菌）株或虫株的分类鉴定，为病原的防疫治疗提供依据。目前应用单抗诊断试剂诊断的人、畜禽、植物等病毒、细菌或寄生虫病已上百种。另外，单抗还成功应用于含量极微的激素、细菌毒素、神经递质和肿瘤细胞抗原的诊断。

2. 单抗应用于临床治疗 用单抗治疗肿瘤是医学界寄予厚望的一项研究，目前已研制出的肿瘤单抗有：胃肠道肿瘤、黑色素瘤、肺瘤等数十种，用单抗可能的治疗途径是采用高亲和、高特异性的单抗，偶联药物或毒素后（生物导弹）以定向杀伤肿瘤，目前该研究在实验动物中已获得成功，而单独使用单抗治疗人恶性肿瘤获得成功的例子国外也有报道。使用单抗治疗畜禽传染病，尤其是病毒病如鸡传染性法氏囊病，成效十分显著。近年来采用基因工程技术将抗体基因转入植物可以生产大量的单抗，另外具有不同用途的嵌合抗体、人源单抗、重构抗体、小分子抗体的出现，为应用单抗治疗各类疾病拓宽了道路。

3. 单抗是生物学研究的有力工具 目前，单抗已广泛应用于不同学科，其中一部分是为基础理论研究服务的，在病原方面可用于分类、分型和鉴定毒株，可用于探查抗原结构以及用于抗感染免疫机制和中和抗原的研究，结合分子生物学方法，可以确认病毒抗原蛋白的编码基因，基因突变和转译产物的加工、处理、组装过程，从而进一步研制基因重组菌苗。作为一种特异的生物探针，通过单抗的免疫组化定位，研究细胞的生理功能和疾病病因、发病机制，对激素和受体可采用单抗的免疫分析，免疫细胞化学定位，大大促进了激素和受体结构与功能，激素作用机理以及内分泌自身免疫性疾病病因的研究进展，另外，单抗已应用于神经系统、血液系统、药理学和系统发育学、性别控制及畜牧育种等学科的研究工作中，从而极大地推动了整个生物学科的发展。

三、核酸扩增

（一）聚合酶链式反应

聚合酶链式反应（polymerase chain reaction，PCR）由美国 Centus 公司的 Kary Mullis 发明，于 1985 年由 Saiki 等在 Science 杂志上首次报道，是近年来开发的体外快速扩增 DNA 的技术，通过 PCR 可以简便、快速地从微量生物材料中以体外扩增的方式获得大量特定的核酸，并且有很高的灵敏度和特异性，可在动物检疫中用于微量样品的检测。

1. PCR 的基本原理和过程 PCR 技术是在模板 DNA、引物和 4 种脱氧单核苷酸（dNTPs）存在的条件下，依赖于耐高温的 DNA 聚合酶的酶促合成反应。PCR 以欲扩增的 DNA 作模板，以和模板正链和负链末端互补的两种寡聚核苷酸作引物，经过模板

DNA 变性、模板引物复性结合、并在 DNA 聚合酶作用下发生引物链延伸反应来合成新的模板 DNA。模板 DNA 变性、引物结合（退火）、引物延伸合成 DNA 这三步构成了一个 PCR 循环。每一个循环的 DNA 产物经变性又成为下一个循环的模板 DNA。这样，目的 DNA 数量将以 2^n-2n 的形式累积，在 2h 内可扩增 30（n）个循环，DNA 量达到原来的上百万倍。在 PCR 三步反应中，变性反应在高温中进行，目的是通过加热使 DNA 双链解离形成单链；第二步反应又称退火反应，在较低温度中进行，它使引物与模板上互补的序列形成杂交链而结合上模板；第三步为延伸反应，是在 4 种 dNTP 底物和 Mg^{2+} 存在的条件下，由 DNA 聚合酶催化以引物为起始点的 DNA 链的延伸反应。通过高温变性、低温退火和中温延伸 3 个温度的循环，模板上介于两个引物之间的片段不断得到扩增。对扩增产物可通过凝胶电泳、Southern 杂交或 DNA 序列分析等进行检测。

2. PCR 反应条件和反应系统的组成

（1）*反应条件* PCR 反应通过 3 种温度的交替循环来进行，一般 94℃变性 30s，55℃退火 30s，70～72℃延伸 30～60s，依此条件进行 30 次左右的循环。

（2）*PCR 反应系统的组成* 标准的 PCR 反应体系一般选用 50～100μL 体积，其中含有：50mmol/L KCl，100mmol/L Tris，HCl（室温，pH8.3），1.5mmol/L $MgCl_2$ 明胶或牛血清白蛋白（BSA），2 种引物，各 0.25μmol/L，4 种脱氧核糖核苷酸底物（dATP、dCTP 、dGTP、dTTP）各 200μmol/L，模板 DNA 0.1μg，Taq DNA 聚合酶 2.5 IU。

3. PCR 基本操作 一个典型的 PCR 反应可按以下步骤进行：

（1）将下列成分依序加入 0.5ml 灭菌离心管中并混匀。

灭菌双蒸水	30μL
10×扩增缓冲液	10μL
4 种 dNTP 混合物，每种浓度为 1.25mmol/L	16μL
引物 1	5μL（100pmol）
引物 2	5μL（100pmol）
模板 DNA	2μL

加灭菌双蒸水至终体积 100μL。

（2）置 94℃加热 5min。

（3）将 0.5μL Taq DNA 聚合酶（5U/μL）加入反应混合液中。

（4）将 100μL 轻矿物油加入混合液表面，以防水分蒸发。

（5）按照设定的反应条件进行循环反应（在 PCR 仪上进行）。

（6）反应终止后，取样品进行凝胶电泳，Southern 杂交或 DNA 序列分析以鉴定是否得到特异的扩增产物。

4. PCR 衍生技术 PCR 可扩增双链 DNA 和单链 DNA，并能以 RNA 为模板，进行反转录 PCR 以扩增 cDNA。经不断发展和完善，已有多种衍生 PCR 技术，除反转录 PCR 以外，尚有不对称 PCR、反向 PCR、锚定 PCR、多重 PCR、着色互补 PCR、免疫 PCR 和套式 PCR 等。

（1）*反转录 PCR（RT-PCR）* RT-PCR 用于扩增 RNA 样品。在 PCR 体系中先引入反转录酶，将 RNA 反转录获得 cDNA，再以 cDNA 作为 PCR 的模板，加入引物和 Taq

DNA聚合酶按正常PCR方式扩增cDNA，这一技术广泛应用于RNA和RNA病毒的检测。

(2) 锚定PCR (anchored PCR) 通常进行的PCR试验必须知道欲扩增DNA或RNA片段两侧的序列，并以此为依据设计引物进行PCR。当欲扩增的片段序列未知时，可通过锚定PCR进行扩增。其基本方法是分离细胞总RNA或mRNA并经反转录合成cDNA，通过DNA末端转移酶在cDNA 3′端加上同源多聚物（polydG）尾，通过与其互补锚定引物（polydG）来保证扩增反应的特异性。

(3) 反向PCR (inverse PCR) 常规PCR是扩增两个已知序列之间的DNA片段，反向PCR则用于扩增位于已知序列两侧的一段未知序列。方法是使含已知序列和未知序列的DNA片段环化，再用限制性内切酶切开已知序列，这样线性化后原位于已知序列两侧的未知序列变为位于已知序列之间，再经常规PCR操作就可大量扩增未知序列。

(4) 不对称PCR (asymmetric PCR) 不对称PCR又称单链扩增PCR，一般PCR反应中两种引物的量是相等的，不对称PCR中，两种引物的量相差悬殊，一般为（50～100）∶1，这样在生成一定数量的双链产物后，较少的引物就会被用完，大量生成一条单链的DNA，分离单链即可直接进行序列分析等研究。

(5) 多重PCR (multiplex PCR) 应用PCR技术可检测特定序列的存在或缺失。某些疾病的基因片段较长，且常有多处发生缺失或突变，用一对引物进行PCR检测时，扩增不到目的片段，此时就须使用多重PCR技术。在同一反应管中加入多对引物，扩增同一模板的多个区域。如果某一片段缺失，或扩增该片段的引物与被检核酸同源性太低，则在相应的电泳图谱上就无相应的正常片段出现，但可保证其他特异片段出现。目前报道的多重PCR反应，最多可同时扩增12条区带。当然，也可设计两对引物，分两次进行常规PCR。

(6) 着色互补PCR (color complementation PCR) 着色互补PCR又称荧光PCR，其原理是用不同的荧光染料分别标记不同的寡核苷酸引物，通过多重PCR同时扩增多个DNA片段。反应结束后除去多余引物，扩增产物在紫外线照射下能显示某一种或几种荧光染料颜色的组合。如果某一DNA区带缺失，则会缺乏相应的颜色。通过颜色的有无及其组合可很快诊断基因的缺失，有较大变异或发现某些感染的病毒基因等。这一技术为PCR技术的临诊自动化打下了基础。

(7) 免疫PCR 免疫PCR即免疫多聚链反应（immuno-PCR)。它是将高度灵敏的PCR技术与特异的免疫学方法相结合的一种新型的诊断技术，是目前最有希望的诊断方法。它的原理是通过应用一个对DNA和抗体具有双重结合活性的连接分子使两者连接起来，这样就可以使作为指示系统的DNA分子通过抗体而特异性地结合到抗原上，从而形成一种特异性“抗原—抗体—DNA复合物”，再通过对其中已知片段DNA的PCR扩增，即可证明抗原在与否。这种方法的特点在于：①通过免疫捕获作用纯化检测对象。②用于检测的微生物无需事先明确其核酸序列。③该方法也适用于微生物以外的抗原检测，其前提是被检测对象具有良好的抗原性，并且备有其相对应的抗体。④无需根据不同对象设计不同的引物。被连接的已知片段DNA相当于指示剂，无论检测对象是什么，只需合成针对这段DNA的引物即可。⑤省去了普通PCR实验检测RNA病毒的反转录过程，即增加了灵敏度又降低了成本。这项技术的发明者 Sano T.（1992）等的试验表明，免疫 PCR 的灵敏度比 ELISA 方法高 10 万倍，足以检测出单个抗原分子。

（8）套式 PCR（nested PCR）普通 PCR 的产物 DNA 往往需要再扩增，以便对之进行进一步鉴定、分子克隆或用作其他用途。此时，由于 DNA 产物的末端效应，用原来的那对引物难以实现再扩增的目的。如果在原来的引物内侧重新设计一对引物，再进行新一轮 PCR，则很容易获得更大量的 DNA 产物。如果需要，还可再进一步扩增，但每次需要在上一次产物的内侧重新设计引物。这种采用多对成套引物，逐步扩增 DNA 内侧片段的 PCR 就称为套式 PCR。

5. PCR 技术的用途

（1）*传染病的早期诊断和不完整的病原检疫*　在早期诊断和不完整病原检疫方面，应用常规技术难于得到确切结果，甚至漏检，而用 PCR 技术可使未形成病毒颗粒的 DNA 或 RNA 或样品中病原体破坏后残留核酸分子迅速扩增而测定，且只需提取微量 DNA 分子就可以得出结果。

（2）*快速、准确、安全检测病原体*　用 PCR 技术不需经过分离培养和富集病原体，一个 PCR 反应一般只需几十分钟至 2h 即可完成。从样品处理到产物检测，1d 之内可得出结果。由于 PCR 对检测的核酸有扩增作用，理论上即使仅有一个分子的模板，也可进行特异性扩增，故特异性和灵敏度都很高，远远超过常规的检测技术，包括核酸杂交技术。PCR 技术可检出飞克水平的 DNA，而杂交技术一般在皮克水平。PCR 技术适用于检测慢性感染和隐性感染，对于难于培养的病毒的检测尤其适用。由于 PCR 操作的每一步都不需活的病原体，不会造成病原体逃逸，在传染病防疫意义上是安全的。

（3）*制备探针和标记探针*　PCR 可为核酸杂交提供探针和标记探针。方法是：①用 PCR 直接扩增某特异性核酸片段，经分离提取后用同位素或非同位素标记制得探针。②在反应液中加入标记的 dNTP，经 PCR 将标记物掺入到新合成的 DNA 链中，从而制得放射性和非放射性标记探针。

（4）*在病原体分类和鉴别中的应用*　用 PCR 技术可准确鉴别某些比较近似的病毒，如蓝舌病毒与流行性出血热病毒，牛巴贝斯虫、二联巴贝斯虫等。PCR 结合其他核酸分析技术，在精确区分病毒不同型、不同株、不同分离物的相关性方面具有独特的优势，可从分子水平上区分不同的毒株并解释它们之间的差异。

此外，PCR 技术还广泛应用于分子克隆、基因突变、核酸序列、癌基因和抗癌基因以及抗病毒药物等研究中。

6. PCR 技术应用概况　从诞生至今约 20 多年的时间里，PCR 技术已在生物学研究领域得到广泛的应用，将 PCR 技术用于动物传染病的检疫研究也日趋广泛。例如，新西兰农渔部质量管理机构所属动物健康实验室（AHLS）负责对各种外来病的疫情监测诊断，该室在 1992 年建立了几项 PCR 检测技术，包括从结核病病灶中快速检测牛分支杆菌，快速检测患病牛羊中副结核分支杆菌，检测恶性卡他热和新城疫等。

自 1990 年开始，将 PCR 应用于动物传染病诊断研究的报道，可归纳如下：

（1）*快速诊断各类病毒病*　用 PCR 成功进行检测的动物传染病病毒有：蓝舌病病毒、口蹄疫病毒、牛病毒性腹泻病毒、牛白血病病毒、马鼻肺炎病毒、恶性卡他热病毒、伪狂犬病病毒、狂犬病病毒。非洲猪猪瘟病毒、禽传染性支气管炎病毒、禽传染性喉气管炎病毒、马传染性肺炎病毒、马立克氏病病毒、牛冠状病毒、鱼传染性造血器官坏死病病毒、轮状病毒、水貂阿留申病病毒、山羊关节—脑炎病毒、梅迪—维斯纳病毒、猪细小病毒等。

（2）由其他病原体引起的传染性疾病的研究　目前已报道的有致病性大肠杆菌毒素基因、牛胎儿弯曲杆菌、牛分支杆菌、炭疽杆菌芽孢、钩端螺旋体、牛巴贝斯虫和弓形虫等的 PCR 检测研究。在食品微生物的检测中，PCR 技术的应用也日趋广泛。

Hornes 等（1991）采用一种固相比色 PCR 技术成功检测了大肠杆菌热稳肠毒素 Ia（STIa）和 Ib（STIb）基因。

（二）连接酶链式反应

在连接酶的作用下两段寡核苷酸能通过形成磷酸二酯链而连接形成较长的核酸片段。连接酶链式反应（ligase chain reaction，LCR）技术基于如下原理：在 65℃，由于热稳定连接酶的作用，两段与模板正确杂交的寡核苷酸能连接形成新的较长的核酸片段。通过高温变性、适温退火和连接三步一循环的反应，新形成的靶核酸片段成为下一循环的模板而使反应延续，这样，扩增产物就像 PCR 一样呈指数递增。

LCR 反应体系需采用 4 个寡聚核苷酸引物，其中两个与模板正链结合，另两个与负链相结合，引物长 15～20bp，故 LCR 扩增产物长 30～40bp，由于扩增产物较短，循环反应中的变性温度一般应比常规 PCR 要低。

热稳定连接酶分离自嗜热细菌，它能精确识别与模板正确杂交的寡核苷酸引物。由于碱基误配而杂交上模板的非特异引物将不能起连接反应。与 PCR 相比较，LCR 中非特异性扩增产物产生的概率很低，有资料表明，经过 50～70 个 LCR 循环，非特异性扩增产物未有明显增长，这样，可保证反应的高度敏感性和特异性。

LCR 已应用于检测人乳头病毒、结核分支杆菌等病原体。目前，LCR 的应用范围远不如 PCR 广泛，但 LCR 与 PCR 相结合，可有效解决分子生物学研究领域的一些问题，如启动子等小片段核酸的克隆等。

（三）Qβ 复制酶技术

Qβ 复制酶是 Qβ 噬菌体产生的一种依赖于 RNA 的 RNA 聚合酶。该酶于 1963 年由 Haruna 和 Weissmann 等人发现并命名。Qβ 复制酶能以某些单链 RNA 为模板，在体外大量复制单链 RNA。该酶有严格的模板特异性，能在体外充当 Qβ 复制酶模板的所有 RNA 分子均含有大量的二级结构，且模板和产物 RNA 必须能在复制过程中形成稳定的分子内二级结构。

Lizardi 及其合作者（1988）发现，在 Qβ 复制酶的天然模板马立克氏病病毒 1 型（MDV-1）RNA 中插入一段疟原虫（*Plasmodium falciparum*）的特异序列后，所形成的重组 RNA 片段仍可作为模板被 Qβ 复制酶大量扩增。经 37℃反应 30min，可在模板含量最低的反应体系（约含 1 000 个分子）检测到 129ng 的重组 RNA 分子，相当于 1 亿倍扩增。Qβ 复制酶能扩增经过修饰的 RNA 片段，因此可应用于诊断和检测单链 RNA 或 DNA 序列。

据 1992 年发表的有关资料介绍，Gene Trak Systems 的科研工作者已在用 Qβ 复制酶开发传染病诊断的技术。其技术要点如下：先用硫氰酸胍处理生物材料（如血、尿、脑脊髓液等），使 RNA 释放出来。由于 Qβ 复制酶通常不复制欲扩增的特异 RNA 序列，如艾滋病病毒 1 型（HIV-1）RNA；因此，待检材料须再做如下处理，先用一捕获探针（捕获探针与一种磁性小球偶联）通过杂交反应将 HIV-1 RNA“钩”出来，随后洗脱其他未结合的 RNA 分子；将捕获探针和 HIV-1 RNA 的复合体与插入另一段 HIV-1 RNA 序列的重组 MDV-1 RNA 进行温育，重复洗涤除去未与复合体结合的重组 MDV-1 RNA，最后加入 Qβ 复制酶进行扩增反应。Qβ 复制酶将只扩增与捕获探针和 HIV-1 RNA 所形成的复合体相结合的重组 MDV-1 RNA，30min 可扩增 10^6～10^7 倍。

这一技术不直接扩增欲检测的特异序列，而通过扩增与欲检测 RNA 分子相结合的 MDV-1 RNA 来显示前者的存在。因此，它与 PCR 不同，需先“钓出”欲扩增的特异序列，这样虽增加了处理步骤，但可大大减少非特异性扩增产物。

四、核酸电泳

带电荷的物质在电场中的趋向运动称为电泳。核酸电泳是进行核酸研究的重要手段，是核酸探针、核酸扩增和序列分析等技术所不可或缺的组成部分。核酸电泳通常在琼脂糖凝胶或聚丙烯酰胺凝胶中进行，浓度不同的琼脂糖和聚丙烯酰胺可形成分子筛网孔大小不同的凝胶，可用于分离不同分子量的核酸片段。

凝胶电泳操作简便、快速，可以分辨用其他方法（如密度梯度离心）所无法分离的核酸片段，是分离、鉴定和纯化核酸的一种常用方法。

（一）琼脂糖凝胶电泳

1. 原理　琼脂糖是从海藻中提取出来的一种线状高聚物。将琼脂糖在所需缓冲液中加热熔化成清澈、透明的溶胶，然后倒入胶模中，凝固后形成一种固体基质，其密度取决于琼脂糖的浓度。将凝胶置电场中，在中性 pH 下带电荷的核酸通过凝胶网孔向阳极迁移，迁移速率受到核酸的分子大小、构象、琼脂糖浓度、所加电压、电场、电泳缓冲液、嵌入染料的量等因素的影响。在不同条件下电泳适当时间后，大小、构象不同的核酸片段将处在凝胶不同位置上，从而达到分离的目的。琼脂糖凝胶的分离范围较广，用各种浓度的琼脂糖凝胶可分离长度为 200bp 至 50kb 的 DNA。

2. 琼脂糖凝胶电泳的仪器及试剂　仪器设备应包括水平凝胶电泳糖及其配套电泳梳、稳压电泳仪、微波炉或普通电炉。同时配备紫外线检测仪和照相系统。

试剂包括琼脂糖、电泳缓冲液、溴化乙锭溶液、凝胶加样缓冲液。

电泳缓冲液常用 TBE（1 000mL 中含 5.4g Tris，2.75g 硼酸，2mL 0.5mol/L EDTA，pH8.0）。

溴化乙锭（ethidium bromide，EB）是一种荧光染料，它可以嵌入核酸双链的配对碱基之间，在电泳过程中随核酸片段迁移，将凝胶置紫外光下，插入核酸链中的 EB 在紫外线激光下产生红色荧光，可清楚显示各核酸片段的迁移。EB 见光易分解，应存棕色试剂瓶中于 4℃保存。由于 EB 是一种强的诱变剂并有中度毒性，使用时必须戴手套操作。

常用的凝胶加样缓冲液有 4 种，见表 16－18。

表 16-18 凝胶加样缓冲液

缓冲液类型	6×缓冲液	贮存温度
Ⅰ	0.25%溴酚蓝 0.25%二甲苯青 40%（*w/v*）蔗糖水溶液	4℃
Ⅱ	0.25%溴酚蓝 0.25%二甲苯青 15%（*w/v*）蔗糖水溶液	室温
Ⅲ	0.25%溴酚蓝 0.25%二甲苯青 30%（*w/v*）蔗糖水溶液	4℃
Ⅳ	0.25%溴酚蓝 40%（*w/v*）蔗糖水溶液	4℃

3. 凝胶的制备和电泳 操作方法如下：

（1）用透明胶将玻璃板或电泳装置所配备的塑料盘的边缘圈封，制成胶模，置水平工作台上。

（2）称取适量琼脂糖，置电泳缓冲液中，加热使琼脂糖溶化。

（3）待溶液冷至60℃，加入10mg/mL EB贮存液，使终浓度达0.5mg/mL。

（4）在距离胶模底板0.5～1mm处放置电泳梳，将琼脂糖溶液倒入胶模中，厚度为3～5mm，注意避免产生气泡。

（5）凝胶完全凝固后，移去梳子和透明胶，将凝胶放入电泳槽。加入TBE缓冲液使恰好没过胶面约1mm。

（6）将DNA样品与1/6体积加样缓冲液混合后，加入样品槽中。

（7）接通电源，使样品槽在负极端，用1～5V/cm的电压，电泳适当时间。

（8）电泳结束后，可将含EB的凝胶直接放在紫外线检测仪上观察，并拍照记录，也可将不含EB的凝胶在0.5μg/mL的EB溶液中染色30～45min，再如上观察和拍照。记录结果。

4. 凝胶摄影 需配置135照相机，全色135胶卷，照相机固定架，近摄镜和红色滤光及有机玻璃防护面罩。

操作需在暗室进行，将相机固定好，把凝胶放在紫外检测仪上适当位置，调焦，装上红色滤光片，按常规拍照。

目前主要使用凝胶自动处理系统，但仪器费用较高。

5. EB溶液的净化处理 由于EB具有一定的毒性，实验结束后，应对含EB的溶液进行净化处理再行弃置，以避免污染环境和危害人体健康。

（1）对于EB含量大于0.5μg/mL的溶液，可如下处理：

①将 EB 溶液用水稀释至浓度低于 0.5μg/mL。

②加入一倍体积的 0.5mol/L $KMnO_4$，混匀，再加入等量的 25mol/L HCl，混匀，置室温数小时。

③加入一倍体积的 2.5mol/L NaOH，混匀并废弃。

(2) EB 含量小于 0.5μg/mL 的溶液，可如下处理。

①按 1mg/mL 的量加入活性炭，不时轻摇混匀，室温放置 1h。

②用滤纸过滤并将活性炭与滤纸密封后丢弃。

(二) 聚丙烯酰胺凝胶电泳

1. 原理　聚丙烯酰胺凝胶通过丙烯酰胺单体、链聚合催化剂 N，N，N′，N′-四甲基乙二胺（TEMED)、过硫酸铵和交联剂 N，N′-亚甲双丙烯酰胺之间的化学反应而形成。丙烯酰胺单体在催化剂作用下产生聚合反应形成长链，长链经交联剂作用交叉连接形成凝胶，其孔径由链长和交联度决定。链长取决于丙烯酰胺的浓度，调节丙烯酰胺和交联剂的浓度比例，可改变聚合物的交联度。

聚丙烯酰胺凝胶电泳可根据电泳样品的电荷、分子大小及形状的差别达到分离目的，兼具分子筛和静电效应，分辨力高于琼脂糖凝胶电泳。可分离只相差 1 个核苷酸的 DNA 片段。

2. 凝胶的制备和电泳　由于氧分子能抑制丙烯酰胺的聚合反应，灌制聚丙烯酰胺凝胶常在两块封闭的玻璃平板所形成的夹层间进行。在这种装置形式下，仅有顶层的凝胶与空气中的氧气相接触，从而大大减少了氧对聚合的抑制作用。聚丙烯酰胺凝胶电泳一般采用垂直装置。

凝胶的制备和电泳操作如下：

(1) 配制试剂

①30%丙烯酰胺：100mL 双蒸水中含 20g 丙烯胺和 1g N，N′-亚甲双丙烯酰胺。

②5×TBE：每升溶液含 54g Tris-HCl，27.5g 硼酸和 20mL 0.5mol/L EDTA (pH8.0)。

③10%过硫酸铵：10mL 中含 1g 过硫酸铵。

(2) 装置胶模　将玻璃板和垫条事先用去污剂刷洗，并经自来水和无离子水冲洗干净，晾干，装置时，将较大的玻璃板平放在工作台上，将两个垫条放在玻璃板两侧，涂上少量凡士林，并将上层玻璃板置于垫条上，用夹子将玻璃板连同垫条夹紧，底部用 1%琼脂糖密封，为防止漏胶，除放梳子一边外，其余三边应用防水胶带密封。

(3) 根据玻璃板大小及夹层厚薄计算所需凝胶溶液量，按表 16－19 配制溶液 (100mL)。

表 16－19　聚丙烯酰胺凝胶溶液的配制

浓　度	3.5%	5.0%	8.0%	12.0%	20.0%
305 丙烯酰胺（mL）	11.6	16.6	26.6	40.0	66.6
水（mL）	57.7	62.7	52.7	39.3	12.7
5×TBE（mL）	20.0	20.0	20.0	20.0	20.0
10%过硫酸铵（mL）	0.7	0.7	0.7	0.7	0.7

将 35μL TEMED 加入 100mL 混合液中，混匀，然后均匀连续注入两玻璃板空隙中。

(4) 立即插入电泳梳，勿使梳齿下形成气泡。

(5) 室温聚合 1h，梳齿下出现折光带时，表明聚合反应已经完成。若凝胶不立即使用，可用纱布或滤纸（用 1×TBE 浸泡）包盖于凝胶顶部，置 4℃保存 1～2d。

(6) 拔出梳子，立即用水冲洗加样孔。

(7) 除去底部胶带，将凝胶直立放入电泳槽。在上下两槽中灌好 1×TBE 溶液，排尽凝胶底部附着的气泡，并用 1×TBE 溶液冲洗加样孔。

(8) 将核酸样品与适量 6×凝胶加样缓冲液（表 16－18）混合，并加入凝胶加样孔中。

(9) 接通电源，正极与下槽连接。电压一般控制在 1.8V/cm。电压过高时凝胶产生的热量可造成 DNA 区带弯曲，甚至引起小 DNA 片段的解链。

(10) 电泳完成，取下玻璃板和凝胶，放在工作台上，从夹层一角轻撬，将上面的玻璃板轻轻移开，并小心揭下凝胶，置染色液中染色并进行结果观察。

3. 凝胶的染色和观察　聚丙烯酰胺凝胶中核酸带的染色，常用溴化乙锭法和银染法，前者与琼脂糖凝胶的染色方法相同。

银染法的灵敏度较高，可如下操作：

(1) 将凝胶置固定液（10%乙醇、0.5%冰醋酸）中固定 10min。

(2) 双蒸水洗 1～2 次。

(3) 置 0.01mol/L $AgNO_3$ 溶液中，室温反应 15～30min。

(4) 充分水洗。

(5) 置 NaOH－甲醛混合液（200mL 3%NaOH，含 1mL 甲醛）中反应至条带显色清晰，本底适宜。

(6) 用 5%冰醋酸终止反应。

五、核酸序列分析

核酸是生命的遗传物质，遗传信息存在于 4 种单核苷酸（A、G、C、T/U）按不同顺序连接而成的核酸分子中，迅速准确地解读决定生命性状的密码，测定基因组的核酸序列，对于识别病原，揭示疫病变化规律是任何方法都不能相比的，但它也是最烦琐的和最复杂的检测技术，在兽医病原微生物分子生物学的研究中用途越来越广泛。

目前应用最多的快速测序技术是 Sanger 等（1977）提出的双脱氧链终止法。其原理是核酸模板在核酸聚合酶、引物、四种单脱氧碱基存在条件下复制或转录时，如果在四管反应系统中分别按比例引入四种双脱氧碱基，只要双脱氧碱基掺入链端，该链就停止延长，链端掺入单脱氧碱基的片段可继续延长。如此每管反应体系中便合成以共同引物为 5′端，以双脱氧碱基为 3′端的一系列长度不等的核酸片段。反应终止后，分四个泳道进行电泳。以分离长短不一的核酸片段（长度相邻者仅差一个碱基），根据片段 3′端的双脱氧碱基，便可依次阅读合成片段的碱基排列顺序。

(一) Sanger 双脱氧链终止法（酶法）测序程序

操作程序是按 DNA 复制和 RNA 反转录的原理设计的。

1. 分离待测核酸模板，模板可以是 DNA，也可以是 RNA，可以是双链，也可以是单链。

2. 在 4 支试管中加入适当的引物、模板、4 种 dNTP（包括放射性标记 dATP，如 α^{32}P dATP）和 DNA 聚合酶（如以 RNA 为模板，则用反转录酶），再在上述 4 支管中分别加入一种一定浓度的 ddNTP（双脱氧核苷酸）。

3. 与单链模板（如以双链作模板，要作变性处理）结合的引物，在 DNA 聚合酶作用下从 5′端向 3′端进行延伸反应，^{32}P 随着引物延长掺入到新合成链中。当 ddNTP 掺入时，由于它在 3′位置没有羟基，故不与下一个 ddNTP 结合，从而使链延伸终止。ddNTP 在不同位置掺入，因而产生一系列不同长度的新的 DNA 链。

4. 用变性聚丙烯酰胺凝胶电泳同时分离 4 支反应管中的反应产物，由于每一反应管中只加一种 ddNTP（如 ddATP），则该管中各种长度的 DNA 都终止于该种碱基（如 A）处，所以凝胶电泳中该道不同带的 DNA 3′末端都为同一种双脱氧碱基。

5. 放射自显影。根据四个泳道的编号和每个泳道中的 DNA 带的位置，可直接从自显影图谱上读出与模板链互补的新链序列。

(二) 双脱氧测序的试剂及具体操作步骤（以双链 DNA 测序为例）

1. 变性双链模板的制备

(1) 材料　Tris/葡萄糖缓冲液（20mmol/L Tris-HCl pH8.0，10mmol/L EDTA，50mmol/L 葡萄糖），1%SDS，0.2mol/L NaOH，异丙醇，TE 缓冲液 pH8.0，1mol/L LiCl，冷 70%乙醇和无水乙醇，2mol/L NaOH，2mmol/L EDTA。

(2) 配制方法

①取 1.5mL 处于对数生长期的培养菌液（含有待测病毒核酸的重组质粒模板），离心除去上清液后，用 150μL Tris/葡萄糖缓冲液重悬菌团，在室温下放置 5min。

②加入 30μL 的 1%SDS，0.2mol/L NaOH，颠倒混合约 15 次，在室温下放置 15min，加入 225mL 3mol/L 醋酸钠（pH4.5），颠倒约 15 次混合，在冰浴中放置 45min，然后离心 5min。

③将 650μL 上清液转移至一支新管中，加入 650μL 异丙醇，混合后在室温下放置 10min，离心 5min 后弃去异丙醇，抽真空干燥沉淀。

④用 125μL TE（pH8.0）重新溶解 DNA，加入 375μL 的 4mol/L LiCl，在冰浴中放置 20min 后，于 4℃下离心 5min。

⑤将上清液转移至一支新管中用饱和苯酚抽提后再用氯仿抽提，加入 2 倍体积的异丙醇，在室温下沉淀 30min，离心 5min，弃去上清液。

⑥用冰冷的 70%乙醇洗沉，离心 5min，弃去上清液并干燥，用 50μL TE 缓冲液重新溶解沉淀。用紫外分光光度计测定质粒 DNA 含量。

⑦取 0.2μg 质粒 DNA，并将体积调至 9μL，加入 1μL 2mol/L NaOH，2mol/L EDTA，在室温下放置 5min，加入 2μL 于 4℃下离心 5min 的 30mol/L 醋酸钠（pH4.5）和 8μL 水。

⑧加入 6μL 冰冷无水乙醇，混合后在干冰/乙醇浴中放置 15min，在 4℃下离心 5min，小心地弃去小清液，用冰冷的 70%乙醇洗沉淀，离心 5min 并小心地弃去上清液，真空抽干沉淀，并用 TE 缓冲液重新溶解沉淀。

2. 延伸和终止反应 以利用 T_7DNA 聚合酶进行的双脱氧链终止反应为例。

(1) 材料 变性的双链 DNA 模板（溶解在 TE 缓冲液中），0.5pmol/μL 寡核苷酸引物（溶解在 TE 中，－20℃贮存），5×测序缓冲液（20mmol/L Tris pH7.5，50mmol/L $MgCl_2$，－20℃贮存），0.1mol/L DTT（当月配制，－20℃贮存），15μmol/L 的 3 种 dNTP 混合物（缺 dATP），1 000～1 500Ci/mmol α^{32}P dATP（在－20℃下达 4～6 周），修饰的 T_7DNA 聚合酶，标准酶稀释溶液（20mmol/L Tris-HCl pH7.5，0.5mg/mL BSA，10mmol/L β-硫基乙醇，4℃贮存），终止混合物（表 16－20），甲酰胺上样缓冲液（0.2ml 0.5mol/L EDTA pH8.0，10mg 溴酚蓝，10mg 二甲苯菁，10mL 甲酰胺）。

表 16－20 T_7 DNA 聚合酶终止反应混合物

反应成分（μL）	ddG	ddA	ddT	ddC	最终浓度
H_2O	15	15	15	15	—
5×测序缓冲液	6	6	6	6	—
1mmol/L 4dNTP	6	6	6	6	200μmol/L
2mmol/L ddGTP	3	—	—	—	20μmol/L
2mmol/L ddATP	—	3	—	—	20μmol/L
2mmol/L ddTTP	—	—	3	—	20μmol/L
2mmol/L ddCTP	—	—	—	3	20μmol/L

(2) 配制方法

①取 4 支 0.5μL 小离心管，标上 G、A、T、C，每管加入 7μL 变性的双链 DNA 模板（分别为 1 和 2μg），1μL 寡核苷酸引物和 2μL 5×测序缓冲液混合，65℃保温 2min，在室温下冷却 30min。

②每管加入 1μL mol/L DTT，2μL 1.5mol/L 3 种 dNTP 混合物，0.5μL α^{32}P dATP 和 2μL（2U）修饰的 T_7DNA 多聚酶混合物，在室温下放置 5min。

③按标记每管分别加入 3μL 4 种 dNTP 终止混合物的一种。

④短促离心后，在 37℃下保温 5min。

⑤加入 5μL 甲酰胺上样缓冲液，上样前在 80℃下加热 2min，并迅速置于冰浴上，每个样品取 3μL，上样电泳。

3. 测序反应物电泳和序列读取

(1) 按普通聚丙烯酰胺凝胶制作方法制作梯度胶。

(2) 按 G、A、T、C 次序加入每种样品，在 G、A 和 T 各泳道上样 1μL，而在 C 泳道上样 1.5μL。

(3) 上样完毕加压 1 700V 电泳，根据样品中溴酚蓝和二甲苯青染料迁移情况确定电泳时间。

(4) 电泳完毕，在10℃冰醋酸中漂洗20min脱去尿素。

(5) 在60℃或80℃干燥30min后，放射自显影读取序列。

(三) 研究进展

1. 单链噬菌体系统　利用克隆载体M_{13}噬菌体浸染大肠杆菌，在细菌细胞噬菌体基因组以复制型双链DNA存在，并经滚环式复制产生子代噬菌体正链DNA，同时合成有关蛋白，装配后释放到细胞外，成熟的M_{13}噬菌体含单链DNA，经克隆的筛选，抽提纯化，得到所需模板。

2. 杂交质粒系统　此系统除具有M_{13}系统的功能外，还能作为表达载体直接用于DNA序列分析和基因表达研究。

3. 直接利用RNA进行序列测定　在杂交质粒的多克隆位点两侧插入一段能被噬菌体RNA聚合酶识别的启动子，在噬菌体RNA聚合酶的作用下，在体外将克隆的外源双链DNA转录为单链的RNA，以RNA为模板，与引物退火后，在反转录酶（如AMV）作用下，按双脱氧链终止法步骤进行序列分析。

4. PCR技术的采用　PCR技术的出现，使序列分析用DNA模板的制备更加方便。①用PCR法合成双链DNA片段，直接用双链进行测序。②在PCR扩增时，两个引物之一的5′端生物素化，扩增后将DNA变性，通过亲和素柱，分离5′端含生物素的单链。③利用不对称PCR，按1∶50匹配两引物含量，产生单链DNA。④GAMTS法，在两个PCR引物之一的5′端连接噬菌体RNA聚合酶启动子序列，这样经PCR扩增产生的双链DNA片段的一端就带上了该启动子序列，然后以扩增出的双链DNA为模板，在噬菌体RNA聚合酶作用下转录出单链RNA，再以单链RNA为模板进行序列分析。

5. 采用高分辨率的凝胶电泳技术

(1) *采用薄胶*　凝胶厚度减少到0.5mm或0.1mm，样品泳动加快，自显影时减少β粒子在凝胶中的散射，提高分辨率。

(2) *采用梯度胶*　包括离子梯度和浓度梯度，使DNA片段泳动均匀，大小不同而又很相近的大片段更易拉开距离。

(3) *采用鲨鱼齿梳*　使相邻泳道相互靠近，不但在自显影图上更易判定相邻带的上下关系，而且可以增加每板凝胶的泳道数目。

6. DNA序列分析自动化

(1) *放射自显影自动读谱仪*　在电泳装置中装一个高灵敏度放射性探测仪，在电泳过程中将结果输入计算机，获得分析结果。

(2) *用荧光标记引物或荧光标记ddNTP*　可在电泳过程中以激光扫描装置识别DNA条带，经计算机处理后得到序列分析结果。此法适宜大量样品的测序。

六、基因芯片技术

生物芯片的概念来源于计算机芯片，芯片是自20世纪50年代发展起来的应用于电子计算机技术的大规模晶体管集成电路，具有微型化的特点和大规模处理、交换代表信息的电信号的能力。生物芯片技术是从20世纪80年代提出，近一二十年发展起来的应用于分子生物学、医学等研究的一项新技术。目前生物芯片主要包括基因芯片、蛋白质芯片、微球体芯片、微流体芯片及芯片实验室。而基因芯片是其中最早产生的一类芯片，也是目前使用最广泛的一类。

（一）基因芯片技术的原理

基因芯片，又称DNA芯片或cDNA微矩阵，是利用原位合成法或将已合成好的一系列寡核苷酸以预先设定的排列方式固定在固相支持介质表面（硅、玻璃和尼龙膜等），形成高密度的寡核苷酸的阵列，以用于杂交分析。其中，寡核苷酸的程度限于链内互补序列及Tm值等因素的限制，一般在25bp以内，针对不同的用途，长度不一。基因芯片主要由基片和DNA两大要素组成。此种芯片可用于DNA的序列测定、突变的检测及基因转录表达分析等。

（二）基因芯片应用的技术流程

基因芯片主要技术流程包括：基因芯片的制备；靶基因的标记和基因芯片杂交与杂交信号检测。

1. 基因芯片的制备 根据基因芯片的制作方法主要分为两种形式，即cDNA芯片和寡核苷酸芯片。其在固相介质表面上制作DNA芯片的工艺主要有以下4种。

（1）*原位光刻合成* 寡核苷酸原位光刻合成技术是由美国Affymetrix公司Pease研究小组发明并取得专利。其技术原理是利用5′-羟基末端连上一个光敏保护基的碱基单体：合成的第一步是利用光照射使碱基羟基端脱保护；然后将另一个5′端保护的核苷酸单体连接上去；这个过程反复进行直至合成完毕。使用多种掩盖物能以更少的合成步骤生产出高密度的阵列，在合成循环中探针数目呈指数增长。Pease等在1.28cm^{2}的玻片上，耗时4h，经过16次反应后合成256种四核苷酸。此项技术的重要指标在于芯片上的寡核苷酸链的合成密度，芯片上曝光点越小，越密集，在其上合成寡核苷酸链的密度就越高，这取决于光栅上孔径的大小。目前现有的技术可使芯片上寡核苷酸的合成密度达10^6～10^7/cm^2。

（2）*原位喷印合成* 这是IncytePharmaceutical公司首先研制并采用的方法。其原理是将DNA合成试剂按一定顺序逐层喷射到芯片上指定的位置上，合成寡核苷酸来制作芯片的。

（3）*点样法* 点样法是将合成好的探针、cDNA或基因组DNA通过特定的高速点样机器人直接点在芯片上。采用的机器人有一套计算机控制三维移动装置、多个打印、喷印针的打印/喷印头；一个减震底座，上面可放内盛探针的多孔板和多个芯片。根据需要还可以有温度和湿度控制装置、针洗涤装置。打印/喷印针将探针从多孔板取出直接打印或喷印于芯片上。直接打印时针头与芯片接触，而在喷印时针头与芯片保持一定距离。

（4）*电定位法* 这种芯片为带有阳性电荷的硅芯片，芯片经热氧化制成1mm×1mm的阵列，每个阵列含多个微电极，在每个电极上通过氧化硅沉积和蚀刻制备出样品池。将连接链亲和素的琼脂糖覆盖在电极上，在电场作用下生物素标记的探针即可结合在特定电极上。点样后微阵列用于杂交前需要4个步骤的处理，即再水合化和快速干燥、UV交联、封闭和变性。

2. 靶基因的标记　已有许多方法用于从 RNA 制备标记探针。在多数情况下，直接在 Oligo-dT 为引物进行逆转录反应时标记 cDNA。在某些条件下，用随机引物进行 cDNA 合成也可用于标记，尽管此方法不是对所有微阵列设计都适用。如由 3′端序列组成的微阵列更适用于 Oligo-dT 反转录的 cDNA 探针，由完整的 cDNA 序列或含预测开放阅读框架序列构成的微阵列对两种逆转录酶方法均适用。样品还可在未标记的第一链合成后进行第二链合成时再标记。荧光素是目前最常用的标记物，此外，也有用 Klenow 酶标记 cDNA 用于芯片杂交。

3. 基因芯片杂交与杂交信号检测　杂交条件的选择与研究目的有关。多态性分析或基因测序时，每个核苷酸和突变位点都必须检测出来。若芯片仅用于基因表达的检测，只需设计出针对基因中的特定区域的几套寡核苷酸即可。表达检测需要较长的杂交时间，较高的严谨性，更高的样品浓度和低温，这有利于增加检测的特异性和低拷贝基因检测的灵敏度。突变检测，要鉴别出单碱基错配，需要更高的杂交严谨性和更短的时间。

杂交反应是一个复杂的过程，受很多因素的影响，而杂交反应的质量和效益直接关系到检测结果的准确性。这些影响因素包括：①寡核苷酸探针密度的影响，低覆盖率使杂交信号减弱，而过高的覆盖率会造成相邻探针之间的杂交干扰。②支持介质与杂交序列间的间隔序列长度的影响，选择合适长度的间隔序列，可使杂交信号增强 150 倍。③杂交序列长度的影响，一般来说，12、15 和 20 个碱基产生的杂交信号强度接近，单 15 个碱基的杂交序列区分错配效果最好。④GC 含量的影响，其 GC 含量不同的序列其复合物的稳定性也不同。⑤探针浓度的影响，以凝胶为支持介质的芯片，提高了寡核苷酸的浓度，在胶内进行的杂交更像在液相中进行的杂交反应，这些因素提高了芯片检测的灵敏度。⑥核酸二级结构的影响，在使用凝胶作为支持介质时，单链核酸越长，则样品进入凝胶单元的时间越长，也就越容易形成链内二级结构，从而影响其与芯片上探针的杂交因而在样品制作过程中，对核酸的片段化处理，不仅可提高杂交信号的强度，还可提高杂交速度。

由于微阵列试验的高平行性，所以在每张阵列反应中加入多种参照物是可能的，而且是必要的。下面是几种常用的参照：①掺入 RNA：在探针制备过程的各阶段加入已知量的参照 RNA，对监测和评价每次实验的各个方面是非常有用的。②RNA 质量参照：某一类型核酸与互补靶基因结合的量与互补序列长度有关。所以某一给定 cDNA 的杂交信号强度随 RNA 质量好坏而不同。如用不同质量的同一 RNA 衍生得到的等量 cDNA 用于杂交时，会看到比值明显不同。谨慎选择靶基因序列可使这个问题的影响最小化。③封闭参照：由于探针和靶基因之间存在非基因特异性的相似性，尤其是重复序列导致的，大多数杂交反应需加入冷 DNA 进行封闭。④归一化参照：对多个样品来说，很难准确制备完全等量的参照 mRNA 标记探针，所以加入一些预期在相互比较的 2 个样品中的杂交信号一致的参照基因是非常有用的。

（三）基因芯片技术的应用

1. 基因表达图谱的绘制　基因表达图谱的绘制是基因芯片应用最广泛的领域，也是人类基因组工程的重要组成部分，它提供了从整体上分析细胞表达状况的信息，而且为了解与某些特殊生命现象相关的基因表达提供了有力的工具，对于基因调控以及基因相互作用机理的探讨有重要作用。人类基因组编码大约 10^5 个不同的基因，因此，具有监测大量mRNA的实验工具很重要。基因芯片技术可清楚地直接快速地检测出以1∶300 000水平出现的mRNA，且易于同时监测成千上万的基因。目前，已能够在1.6cm^2 面积上合成和阅读含 4×10^5 个探针的阵列，可监测10 000个基因的表达状况。定量监测大量基因表达水平在阐述基因功能、探索疾病原因及机理、发现可能的诊断及治疗的靶基因等方面具有重要价值。目前，大量涌现的人类ESTs给cDNA微阵列提供了丰富的序列资源，数据库中ESTs代表了人类基因，因此ESTs微阵列可在缺乏其他序列信息的条件下用于基因发现和基因表达检测，从而加快人类基因组功能分析的进程。

2. 基因多态位点及基因突变的检测 现有大量实例说明，基因组多样性的研究对阐明不同人群和个体在疾病的易感性和抵抗性方面表现出的差异具有重要意义，一旦对基因组的编码序列进行系统筛查，就有可能找出与疾病易感性有关的大量基因变异。基因芯片技术可大规模地检测和分析DNA的变异及多态性。随着大量疾病相关基因的发现，变异与多态性分析将在疾病的诊断与治疗方面体现出越来越重要的价值。Affymetrix公司已将P53基因的全长序列和已知突变的序列制成探针集成在芯片上，可对与P53基因突变相关的癌症进行早期诊断。

3. 药物研究和开发方面的应用 其一在药物研发方面，基因芯片技术正在逐步成为一种新的重要的研发手段。在传统的药物筛选方法中，需要从其对应的生化途径开始，一步步的在其代谢途径中寻找相关的蛋白质或其他物质，然后再去用药物进行动物试验。不仅效率难以保证，而且由于机体内的途径十分复杂，因此这种方法有很大的局限性，同时该法既费时又费力。利用基因芯片技术则可很好地解决这个问题。利用芯片技术进行药物筛选有两种模式，一种是直接检测化合物对生物大分子如受体、酶、抗体等的结合及作用；另一种是检测化合物作用于细胞后基因表达的变化，尤其是mRNA的变化。其二在指导临床用药方面，可以通过基因芯片技术比较用药前后组织基因表达差异以评估药物的毒性、代谢特点及治疗效果等。基因芯片技术不仅能大大缩短药物筛选的时间，而且为药物的进一步开发和设计提供理论指导。

第七节 细菌分离培养技术

一、培养基制备

细菌培养必须有适合细菌生长繁殖的培养基。不同种类的细菌对营养的要求有显著的差别。培养基是采用人工的方法，将多种营养物质根据各种细菌生长的需要而合成的一种混合营养料。培养基中一般含有可被细菌利用的氮源、碳源、无机盐和水等物质。微生物对未经消化的蛋白质利用较差，而需要比较简单的含氮物质，如蛋白胨、多肽类及氨基酸等。某些细菌更需要类似维生素的辅助生长因素或某些特殊因子才能生长，因此，一定要掌握细菌生长需要的条件去制备各种培养基。培养基主要用于细菌的分离、培养、鉴定和生物制品的制造等。

培养基按其功能和用途，可分为基础培养基、鉴别培养基、选择培养基和厌氧培养基等。基础培养基（basal medium）含多数细菌生长繁殖所需的基本营养成分，常用新鲜牛肉浸膏，加入适量的蛋白胨、氯化钠、磷酸盐，调节 pH 至 7.2～7.6 而成。主要用于培养对营养要求不高的细菌。若在培养基中加入特定作用底物及产生显色反应的指示剂，从而能使某一细菌菌落容易与外形相似的其他细菌菌落相区别，即可凭肉眼根据颜色识别，这就是鉴别培养基（differential medium）。若在培养基中加入某种化学物质，对不同细菌分别产生抑制或促进作用，从而可从混杂多种细菌的样本中分离出目标细菌，此即为选择培养基（selective medium）。最常用的有麦康凯培养基，内含胆酸盐，能抑制革兰氏阳性菌的生长，有利于大肠杆菌和沙门氏菌等肠道细菌的生长。在实际使用中，鉴别与选择两种功能往往结合在一种培养基之中。厌氧培养基是专门用来培养厌氧菌的培养基。通常用培养基中加入还原剂（如巯基乙酸钠），或用物理、化学方法如用液体石蜡或凡士林隔绝空气，去除环境中的游离氧，以降低氧化还原电势，如疱肉培养基、巯基乙酸钠培养基、牛心脑浸液培养基等。常用的厌氧培养基是疱肉培养基，即在普通肉汤中加入煮熟的肉粒和肝块，然后加液体石蜡封住培养基表面，隔绝空气；肉粒和肝块起还原、消耗氧的作用。

培养基按其外观的物理状态，可分为液体培养基、固体培养基及半固体培养基 3 类。液体培养基（liquid medium）即呈液体状态的培养基。细菌在液体培养基中生长时，可以更均匀地接触和利用营养物质，有利于细菌的生长，常用于细菌的扩大培养、细菌生长曲线的测定等。若在液体培养基中加入 1%～2%的琼脂作凝固剂，即可制成加热融化、冷却后凝固的固体培养基（solid medium），常用于细菌的分离、纯化、保存、鉴定及生物活性检测等工作。若在液体培养基中加入 0.5%琼脂，即成为半固体培养基（semi-solid medium），常用于穿刺接种观察细菌运动力及菌种的短期保藏等。此外，细菌的种类繁多，而相应培养基的种类也很多。因此，作细菌的分离培养首先必须选择、配制合适的培养基。目前大多数微生物实验室为了减少制备培养基的时间，同时保证培养基的质量，均采用直接购买商品化的各种干粉培养基成品来进行配制，十分简单方便。

（一）在制作培养基时应掌握的原则和要求

1. 培养基必须含有细菌生长所必需的营养物质。

2. 必须彻底灭菌，不得含有任何活的细菌。

3. 培养基材料和器材不得含有任何抑制细菌生长的物质。

4. 培养基的酸碱度要符合细菌的生长要求，多数细菌的生长最适 pH 为 7.2～7.6（弱碱性）。

5. 液体培养基必须透明。

（二）培养基制备的一般过程

不同的培养基其制备方法不同，一般可经如下步骤：

1. 根据不同的菌类和用途，选择适宜的培养基。

2. 培养基的试剂必须纯净，各种成分称量必须精确。

3. 将各种成分按规定加热溶解，调整 pH 到适宜的范围内，再加热煮沸 10～15min。

4. 过滤，用纱布、棉花。分装、包装、灭菌。不同的培养基灭菌的温度和时间不同，通常是 121℃ 20～30min。

5. 培养基中的某些成分如血清、腹水、糖类、尿素、氨基酸、酶等，在高温下易变性，故应用滤器过滤除菌，再按规定的浓度和量加入培养基内。

6. 无菌检验，取作好的培养基，放37℃温箱内 24h，无菌生长者即可使用。

(三) 培养基酸碱度的调节

氢离子浓度对微生物的生命活动以及发育繁殖影响极大，每种微生物都有其适宜的酸碱度范围。因此，在作各种培养基时，测定及调节 pH 是极为重要的。

1. 试纸法 目前，我国有粗密试纸出售，可精确到 pH0.2 左右，使用起来很方便，测定 pH 时，可取 pH 范围适合的试纸。剪下一小张，蘸以待测培养基，并立即和所附的比色片比较，并向培养基中慢慢地加入 1mol/L NaOH 或 1mol/L HCl，边加边搅拌、边比色，直至试纸片的色调与所需要的 pH 比色样片的色调相当为止。

2. 比色管法 使用最多的 pH 指示剂是酚红，酚红溶液随 pH 值高低而变化，其指示范围是 pH6.8～8.4，常用的浓度 0.02%，以 pH7.0 为界，7.0 以下为黄色，随 pH 降低，黄色加深，pH7.0 以上则为红色，随 pH 上升，红色逐渐加深。酚红配制成 0.4%的原液，准确称取酚红 0.1g，置洁净乳钵内研磨，加 1/20mol/L NaOH 溶液 5.7mL，溶解后用蒸馏水稀释成 25mL，即成 0.4%酚红原液。

3. 比色法 取与标准比色管大小一致的试管 3 支，其一盛馏水 5mL，另两支盛被检培养基各 5mL，其中一管加指示剂 0.25mL 作比色，另一管不加指示剂作对照，将此 3 管要测的试管分别安置在比色箱中，对光观察，徐徐加入 1/10mol/L NaOH 或 1/10mol/L HCl 溶液，至其颜色与标准管相同时为止，记录所用碱量或酸量，由此计量出每升培养基应加 1mol/L NaOH 或 1mol/L HCl 的量。如 5mL 培养基，调 pH 至 7.6 时用去 1/10mol/L NaOH 0.3mL，如果培养基总量是 500mL，需要加 1/10mol/L NaOH 的量为 x，则 5∶0.3＝500∶x，x＝0.3×500/5＝30（mL），即需要 1/10mol/L NaOH 为 30mL，换算成 1mol/L NaOH 则为 3.0mL。即向 500mL 培养基中加 1mol/L NaOH 则 pH 可调至 7.6。

(四) 常用培养基的配制

1. 营养肉汤（也称普通肉汤）的配制

（1）试剂及配方

牛肉膏	3.0g
蛋白胨	10g
磷酸氢二钾	1.0g
NaCl	5.0g
蒸馏水	1 000mL

（2）器材 天平、电炉（800～1 000W）、小烧杯、长短棒、称量纸（硫酸纸）、大烧杯（或三角烧杯 500、1 000、2 000mL）、1mol/L NaOH（称取 4.0g NaOH，加蒸馏水 100mL 溶解即成）。1mol/L HCl、浓 HCl 10mL 加水 110mL、pH 精密试纸，或 pH 比色箱、0.4%酚红液、小试管（12×75、12×100）、中试管（15×150）、吸管（1.0、5.0、

10mL 等)、量筒(25mL、50mL、100mL、1 000mL 等)、高压灭菌器和干热灭菌箱，有条件则可购置单人超净台或装配无菌室。

(3) 方法

①先称 NaCl，称好后薄薄地铺于称量纸上，然后再往 NaCl 上加蛋白胨，加时动作要快，因蛋白胨极易受潮，开盖后尽快称好，称好后立即盖上，加于 NaCl 上的蛋白胨尽量不要让其沾到称量纸上，称完后立即加入烧杯内。

②用短玻璃棒和小烧杯称牛肉膏，先将短玻璃棒和小烧杯称重，再用玻棒搅牛肉膏放入烧杯内称牛肉膏的重量，称完后在小烧杯内加水溶化(蒸馏水预先用量筒量好)，再倒入大烧杯内。

③其他成分称好后加入，最后加水至所需刻度，摇匀。

④调 pH，可用试剂法调 pH，也可用比色法。先取少量 1mol/L NaOH 配成 0.1mol/L NaOH(1mol/L NaOH 1.0mL 加 9.0mL 蒸馏水)。然后，两支小试管各加 5.0mL 培养基。再取 0.25mL、0.4%酚红原液加入其中的一管、混匀。最后，准确吸取 0.1mol/L NaOH 1.0mL，用手持住，缓慢滴入加有酚红的试管内，边加边摇，与标准管比色，达到所需 pH 后，记下所消耗的 0.1mol/L NaOH 的量，然后换算成 1mol/L NaOH 的量，最后加入培养基中。

⑤分装、包装、标记后高压蒸汽灭菌。121℃灭菌 30min，2～10℃保存备用。

用途：主要用于某些细菌的大量培养，也是作为其他培养基的基础成分。

2. 营养琼脂(普通琼脂)**的制备**

(1) 材料

营养肉汤	100mL
琼脂	2～3g

(2) 器料　将平皿洗净、烤干后用纸包好，干热灭菌后备用，中试管，15mm×150mm，棉花塞，胶塞(与中试管配套，为 1# 或 0#)，干净纱布、漏斗、漏斗架、其他材料同营养肉汤的制作。

(3) 方法

①先将琼脂剪碎(可减少煮沸溶解的时间)，加入已配好的营养肉汤中。

②在电炉上加热、煮沸溶解(需煮沸 20～30min，切勿离人，注意肉汤溢出，快要溢出时关闭电源或将烧杯拿开)。

③完全溶化后，用 3～4 层纱布过滤(也可不过滤)。

④如果制成斜面培养基，可将溶好的琼脂装入中试管内，每管约占整个试管的 1/4 高度，塞上棉塞，包好后立即趁热灭菌。如果为制备平皿，可将滤过后的琼脂装入三角烧杯内(不能装得太满)，如 1 000mL 烧瓶可装 500～700mL，用棉花塞塞好，再用双层报纸包扎，棉线系紧，做好标记后高压灭菌，一般为 121℃灭菌 30min。

⑤高压灭菌结束后，取出试管，棉塞靠在一个支撑物、斜放于桌面上，使管内的琼脂成为一斜面冷却 10～20min，琼脂凝固后呈凝胶状，再收拾、捆扎标记，2～8℃保存备用。

如果为倒平皿，必须等琼脂冷却后 45～50℃(用手握住含琼脂试管底部不烫手时，大约为50℃）开始倒平皿，一般在无菌室或超净台上操作，如果无条件，也可以在洁净无灰尘的实验室的桌面上操作，但必须严格无菌操作，稍揭开平皿，将琼脂倒入平皿底部，待铺满约80%平皿底部时即可，盖好平皿，轻轻晃动使琼脂铺满，放在平整的桌面上，倒平皿时动作要快，尽量在琼脂未冷凝前倒完，因为冷至45℃以下时琼脂就会凝固，如果未倒完就凝固，可将棉塞重新塞上，在电炉上重新加热，冷却后再倒平皿。但如果是配制血液平皿或血清平皿等，不能重新加热培养基，则应丢弃，不能再用，必须注意，一定要让琼脂冷至55℃左右时倒平皿，如果温度过高，倒完后琼脂与周围环境温度差过大，琼脂中的水分就会大量蒸发至平皿盖的内侧，形成许多小水珠，给以后的培养造成污染的机会，以及容易形成弥漫性生长，解救的办法是将平皿打开，放入温箱内底面向下，盖向下放置，使平皿盖上的水分蒸发，一般约需1h。

制备好的平皿可用报纸包好，琼脂面向下放入2～8℃冰箱保存，一般可放2个月以上，如果琼脂面向上放置，培养基易干燥，1～2周后即不能再使用。

用途：培养大肠杆菌、沙门氏菌、葡萄球菌、铜绿假单胞菌等营养要求不高的细菌，可作为这些细菌的分离培养、纯化以及保存用培养基。

3. 鲜血琼脂的制备

（1）材料　灭菌的普通琼脂、灭菌的注射器、采血针头（5mL注射器配7#针头，可作鸡、兔的静脉采血，20mL注射器配12#针头，可作鸡、兔心脏采血或羊的颈静脉采血）。碘酊棉、酒精棉、灭菌的3.8%枸橼酸钠等。

（2）方法　将琼脂加热融化，冷至45～50℃时，在超净台上或无菌室加入所采的鲜血，使其含量为5%～10%，立即倒平皿，或分装入经热灭菌的中试管。放成斜面，制成鲜血琼脂斜面，或鲜血琼脂平皿，也可等琼脂冷后，直接用灭菌注射器无菌采血，立即倒入琼脂内混匀。即血液可以不必抗凝，再制平板或斜面培养基。将制好的平皿琼脂面向下放入冰箱内，斜面可换成胶塞，置冰箱保存备用（也可不换，但保存期较短）。

用途：主要培养巴氏杆菌、丹毒杆菌和链球菌，以及观察细菌的溶血特点。

4. 血清平皿的制备

（1）将血清（犊牛血清或其他动物血清）用细菌滤器过滤灭菌后放入小瓶内冻结保存（－20℃或普通冰箱冰格内）保存备用。使用时将血清取出融化，融化后预热至50℃左右。

（2）将灭过菌的琼脂加热融化，冷至45～50℃时，将预热的血清加入，混匀，一般用量为5%～10%，立即倒平皿，或制成斜面，琼脂面向上置2～8℃冰箱保存备用。

用途：培养巴氏杆菌、链球菌、丹毒杆菌等。

5. 巧克力琼脂培养基的配制

（1）无菌采集鸡或兔抗凝全血，备用。

（2）将灭过菌的琼脂加热融化，稍冷却，待温度约为75℃时，在无菌室或超净台上将全血加入。混匀，倒平皿，2～8℃冰箱保存备用。

用途：培养鸡嗜血杆菌、鸭疫里默氏杆菌和副猪嗜血杆菌等。

6. 三糖铁高层琼脂斜面的配制

牛肉膏　3.g　　酸亚铁胺　0.3g

酵母膏	3.0g	葡萄糖	1.0g
蛋白胨	20g	酚红	0.02g
乳糖	10g	硫代硫酸钠	0.3g
NaCl	5.0g	琼脂	12g
蔗糖	10g	蒸馏水	1 000mL

以上各成分置入水中煮沸溶解，调整 pH 至 7.4，分装至 15cm 直径的中试管中，每管约 10mL，在 478.8Pa 中灭菌 30min 或 718.2Pa 灭菌 10min，取出，稍倾斜后放在桌面上，使管底部分约有 2.5cm 的高层，上面为斜面，2～8℃冰箱内保存备用。

目前，市面上已有商品化的三糖铁琼脂粉，pH 已调好，按使用说明书配制即可。

用途：作肠杆菌科细菌的初步鉴定。

7. 麦康凯琼脂的配制

蛋白胨	2g	琼脂	2.5～3.0g
NaCl	0.5g	乳糖	1.0g
胆盐	0.5g	1%中性红水溶液	0.5mL
水	100mL		

除中性红水溶液外，其他各成分混合于烧瓶内，加热溶解。调整 pH7.0～7.2 煮沸，以 4 层纱布过滤，加入 1%中性红水溶液，摇匀，718.2Pa 15min 灭菌，待冷至 50℃左右时倒平皿，凝固后 2～8℃冰箱保存备用。

目前市面上有已配好的麦康凯琼脂出售，购回后按使用说明配制即成。

用途：分离肠杆菌科的细菌。

8. SS 琼脂

蛋白胨	5g	牛肉膏	5g
乳糖	10g	琼脂	20～25g
胆盐	10g	0.5%中性红水溶液	4.5mL
枸橼酸钠	10～14g	0.1%亮绿溶液	0.33mL
硫代硫酸钠	85g	蒸馏水	1 000mL
枸橼酸铁	0.5g		

除中性红水溶液及亮绿溶液外，其余成分混合，煮沸溶解，调整 pH 至 7.0～7.2，加入中性红水溶液及亮绿溶液，充分混匀后再加热煮沸待冷至 45℃左右时制成平皿，此培养基不能耐高压灭菌。目前市面上有配好的 SS 琼脂培养基出售，购回后按使用说明配制即成。

用途：培养沙门氏菌。

二、细菌的分离培养

不论是应用细菌学方法诊断传染病，还是利用细菌材料进行有关的试验研究，都必须首先获得细菌的纯培养物，因此，细菌的分离培养技术是兽医实验室人员必须掌握的一项最重要的基本操作。

（一）分离培养的注意事项

1. 严格的无菌操作 为了得到正确的分离培养结果，无论是采取待检材料，还是进行培养基接种，都必须严格遵守无菌操作的要求，以防止外界的其他微生物污染试验材料。因此，凡有大量杂菌污染的材料，一般不适于作分离培养之用。分离培养时的无菌操作包括两个方面：

（1）*采取待检材料时的无菌操作* 不论任何待检材料（包括鸡的组织、体液、分泌物、渗出物、排泄物、环境、设备、饲料或饮水等）必须在无菌操作下，用灭菌的器械采取，样品放入已灭菌的容器中待检。

（2）*接种培养基时的无菌操作* 接种用的器械，如接种环、棉棒或其他用具，在取材料接种之前必须予以灭菌，接种培养基时，要尽一切可能防止外界微生物的进入。

2. 创造适合细菌生长发育的条件 应根据待检材料中分离的细菌的特性或者根据推测在待检材料中可能存在的细菌的特性来考虑和准备细菌生长发育需要的条件。

（1）*选择适宜的培养基* 如果培养基用得不当，则材料中的细菌就可能分离不出来，为此，在从待检材料中进行性质不明的细菌初次分离培养时，一般尽可能地多用几种培养基，包括普通培养基和特殊培养基（如含有特殊营养物质的培养基，适于厌氧菌生长的培养基等）。

（2）*要考虑细菌所需的气体条件* 对于性质不明的细菌材料最好多接种几份培养基，分别放在普通大气、无氧环境内或含有5%～10%二氧化碳的容器中培养。

（3）*要考虑培养温度和时间* 一般病原菌放在37℃温度培养即可，经24～72h培养后大多数病原菌都可以生长出来，少数需培养较长时间（2～4周）后，可见其生长，但要注意防止培养基变干。

（二）细菌的分离方法

细菌分离培养的方法，常用的有平板划线接种法和倾注培养法，其中以平板划线法最为常用。划线接种的方法很多，不管采用何种方法，其目的都是借划线接种将病料中的细菌在琼脂平板表面分散开来，使细菌生长繁殖后能形成较多的单菌落，以达到分离细菌的目的。常用的平板划线接种法有分区划线法和连续划线法（图16-21）。

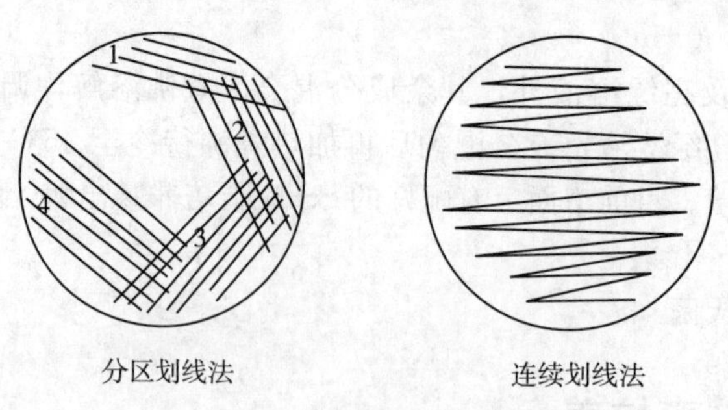

图16-21 分离划线接种示意图

1. 分区划线法 此法多用于脓汁、粪便等含菌量较多的标本的分离。其方法是首先将接种环灭菌后，蘸取标本均匀涂布于平板边缘一小部分（第一区），将接种环火焰灭菌，待冷却后只通过第一区3～4次后连续划线（为第二区），依次可划线其他区。注意最后一区不能与第一区交叉。

2. 连续划线法　该法多用于含菌数量较少的标本。其方法是首先用白金接种环将标本均匀涂布于平板边缘一小部分，然后由此开始，在表面自左向右连续并向下移动，直到平板的下边缘。

（三）细菌的纯化方法

常将细菌在平板上生长形成的单菌落移植接种于斜面培养基上进行培养，使细菌进一步繁殖扩大以作生理生化特性鉴定、细菌的短期保存或菌种的传代等。常用的斜面培养基有普通琼脂斜面培养基和血清琼脂斜面培养基。常用于细菌纯化的接种方法如图 16－22 所示。

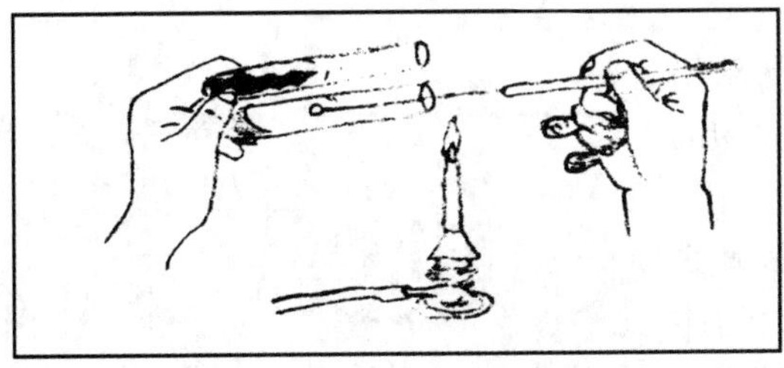
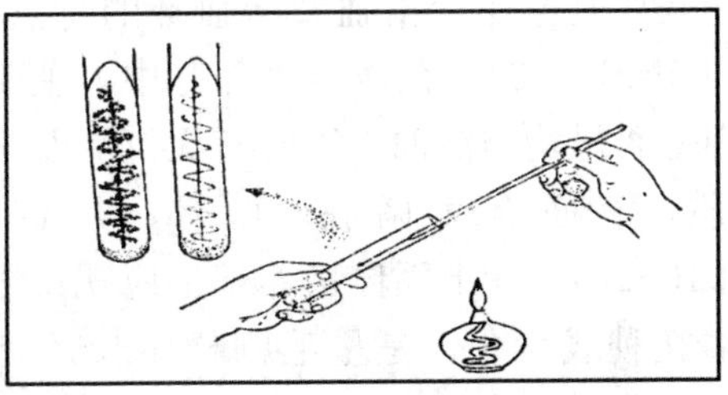

图 16－22　取菌及斜面接种法

（四）细菌的培养方法

细菌的培养方法，按对氧气的需求不同，一般可分为需氧培养法、微需氧培养法和厌氧培养法等 3 种。

1. 需氧培养法（aerobic cultivation）　亦称为一般培养法，即在大气条件下在普通恒温箱中培养细菌。需氧菌（aerobes）必须在一定浓度的游离氧条件下才能生长繁殖；兼性厌氧菌（facultative anaerobes）则在有氧或无氧的环境下均能生长。故需氧菌和兼性厌氧菌接种于合适的培养基后即可采用此方法培养。常见动物病原菌多采用此方法培养。

2. 微需氧培养法　亦称为二氧化碳培养法。即将大气中的氧气吸收或排除一部分，以减少氧的含量，同时增加一定浓度二氧化碳，将已接种的培养基置于此环境中进行培养的方法。常用方法有二氧化碳培养箱法、烛缸法和重碳酸钠盐酸法。某些细菌如布鲁氏菌需要在含有一定浓度二氧化碳的空气中才能生长，尤其是在初代分离培养时。

3. 厌氧培养法（anaerobic methods）　即将大气中的氧隔绝、消耗、吸收或被二氧化碳、氮气及氢气的单一或混合气体等代替，提供一个无氧环境。目前常用方法有套氧罐法、气袋法及厌氧箱法。厌氧菌（anaerobes）必须在无氧的环境下才能生长，其原因是厌氧菌在有氧环境中，代谢产生对菌体有毒的过氧化氢（H_2O_2）、超氧离子（O_2）和羟自由基（OH^-）等，而厌氧菌缺乏分解这些毒性产物的酶类，如过氧化氢酶、过氧化物酶、超氧化物歧化酶等，因而将受这些代谢产物的毒性作用而死亡。

三、细菌的形态学鉴定

获得可疑病原菌的单个菌落后，首先要观察细菌菌落的形态、生长情况等，接着还要进一步利用显微镜对病原菌的形态结构、染色特性等进行观察，从而作出初步诊断。细菌形态学鉴定一般包括两方面：①肉眼观察：主要观察细菌在固体、液体、半固体、鉴别培养基上的生长情况。在固体培养基上主要观察菌落形态、大小、颜色、表面性状、边缘，菌落是隆起、扁平，还是乳头样，是透明、半透明或不透明，在血液琼脂培养基上还要观察是否溶血及溶血环的特点等（图 16－23）。在液体培养基中，主要观察培养基是否呈均匀混浊，管底有无沉淀及沉淀物的性质，液面有无菌膜、菌环，是否产气等（图 16－24）。在半固体培养基上应观察细菌是否沿着接种线生长，是呈毛刷样生长还是均匀生长。在鉴别培养基上，应观察其生长情况是否与预期的相一致。②显微镜检查：细菌的个体微小，须用光学显微镜进行观察，为了便于在显微镜下进行观察和研究，必须将细菌材料制成不染色标本或染色标本片。

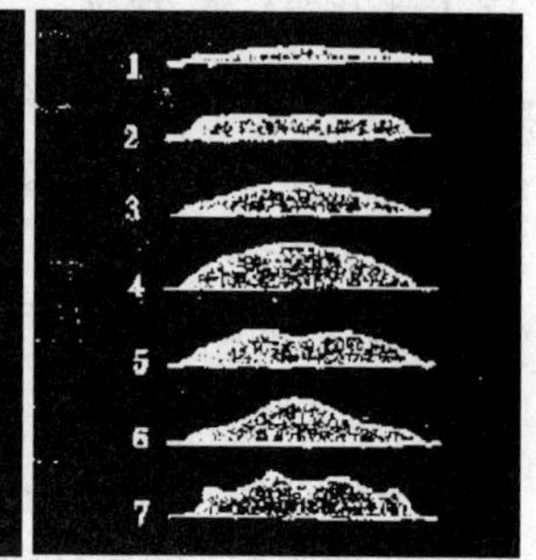

图 16－23 细菌菌落常见的平面正面图及剖面图特征

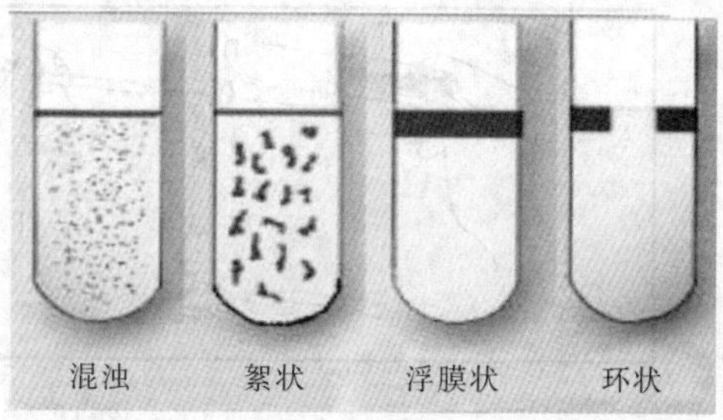

图 16－24 液体培养细菌的群体形态

（一）显微镜的构造和油镜的使用

普通光学显微镜由机械系统和光学系统两部分组成。机械系统包括镜座、镜筒、转器、镜臂、粗调节螺旋、细调节螺旋、载物台。光学系统包括目镜、物镜、反射镜、光阑、聚光镜、滤光镜环。

检查微生物标本，多用油镜进行，油镜是一种高倍放大的物镜（90～100 倍），一般都刻有放大倍数，如“100×”和特别标记，以便于认识，国产镜头多用“油”字表示，进口产品则常用“oil”或“HI”作记号，油镜上常漆有环，而且油镜的镜身较高倍镜和低倍镜的为长、镜片最小。

进行油镜检查时，应先对好光线，采取最强亮度，方法有 3 个要点：①集光器升至最高；②光圈开至最大；③反光镜用凹面。将光线调至最亮后，把要以观察的标本放在正中间，然后在标本上加柏木油一滴（切勿过多），转换油镜头浸入油滴中，使其几乎与标本面相接触为度，再用目镜观察，同时慢慢转动粗螺旋，提起镜筒，至能模糊看到物像时，再转动微螺旋，直至物像清晰为止，随即进行检查观察。油镜用过后，应立即用擦镜纸将镜头拭净，如油渍已干，则须用干净擦镜纸蘸少许二甲苯溶解并拭去油渍，然后再用干净擦镜纸拭净镜头。

（二）不染色标本片的制备

主要用于活体或运动性的观察，它包括有湿片、悬滴标本和负染色法 3 种。

1. 湿片（又称压片） 取清洁载玻片一张、以接种环取蒸馏水或清水一滴，放在玻片上（如为液体材料可不加水），用灭菌接种环挑取培养物少许，混合在水滴内，用小镊子取盖片一张，小心地盖在水滴上，注意不要使其产生气泡。

2. 悬滴标本片　取凹玻片一块，于凹的四周涂以少许凡士林，另外，放蒸馏水一滴在盖片中央，以接种环取培养物少许混合于水滴中，不要涂开，若为液体材料，不必事先加水，将液体材料直接放在盖片上即可，然后取涂凡士林的凹玻片翻盖于盖片上（使凹玻片的凹向下，盖于含有待检材料的盖片上），使凹玻片的凹窝正罩在水滴之上，盖玻片的对角线与玻片的四周垂直，略加压力，使两者贴紧，然后，将玻片翻过来镜检。

湿片或悬滴标本片，镜检时先用低倍镜，找到水滴或盖片的边缘，再换上高倍镜，看到水滴后，将集光器稍下降，并缩小光圈，使光线较暗，才能获得满意的结果。

3. 负染色法　于玻片上加一滴苯胺黑（或印度墨汁），用灭菌的接种环取待检材料少许，混于苯胺黑中，并立即将其涂开，使成薄的涂片，干后用油镜检查，可在黑色的背景上，看到不着色的细胞。

（三）染色标本片的制备

细菌经过染色后，不仅可以看得清除，而且还能看到细菌的某些微细构造以及细菌对不同染料的染色反应，有利于对细菌的鉴定。

1. 培养物染色标本片的制备

（1）涂抹　以接种环（或滴管）取水一滴放在玻片上，再用灭菌的接种环取培养物少许混合于水滴中，固体材料不宜过多，见水滴微浊即可，然后，将接种环及其多余材料在火焰上焚化。如为液体材料可不必事先加水，最后，用接种环将材料涂抹成均匀的薄膜，即为涂片或抹片，取材料不宜过多，否则，涂片上细菌重叠，不利于染色和观察。

（2）干燥　一般是置于空气中自然干燥。

（3）固定　固定的目的是将涂片中的细菌凝固在玻片上，不致在以后的染色过程中被冲掉，便于染色。另外，可将绝大多数细菌杀死，免于扩散。一般固定的方法是将涂有材料的一面向上，在火焰上缓缓来回通过数次。也可用甲醇、酒精等化学药品固定。

（4）染色　将染色液滴于涂片上，经一定时间后，用水冲去染色液，将玻片直立干燥或用吸水纸吸干、镜检。根据待检材料与检查目的的不同，可采用不同染色方法。

2. 血液染色片（血片）的制备　取玻片一张，在其一端放一滴血，以左手的大拇指和食指、中指夹持玻片的两端固定，以右手另取一张边缘平整光滑的玻片作推移片，将推移片的一端置于血滴前方，使它与带有血滴的玻片成45°角，待血液布满推移片的边缘时，以均匀的速度向另一端推移，使血片做得越薄越好。制好血片，应立即自然干燥，否则血球收缩，血片的固定，依染色法不同而异。

3. 组织染色片的制备　取病料组织一小块，将其切面放在玻片表面轻轻接触几次，然后，任其自然干燥，即成组织触片（或称印片），触片的固定，可根据不同染色法而进行。

（四）染色与染色法

1. 染液的配制　用于细菌染色的染料大多为碱性的，常用有美蓝（亚甲蓝）、复红、结晶紫、龙胆紫、沙黄和孔雀绿等。酸性染料有伊红、酸性复红和胭脂红等。

2. 染色剂和染色法

(1) 碱性美蓝染色法

①染液配制：美蓝0.3g，95%乙醇30mL，0.01%氢氧化钾溶液100mL。将美蓝溶解于乙醇中，然后与氢氧化钾溶液混合。

②染色法：

A. 抹片在火焰上固定后，加染液于玻片上，染色3～5min。

B. 水洗、吸干、镜检。

③用途：

A. 用以检查细菌形态的特征。如组织抹片中棒状杆菌的着色情况和组织染色片中巴氏杆菌的两极性。

B. 将配好的碱性美蓝染色液，倾入大瓶中，松松的加以棉塞，每日振荡数分钟，时常以蒸馏水补足失去的水分，经过长时间的保存，即可获得多色性美蓝液。该染色液可染出细菌的荚膜，染色后荚膜呈红色，菌体呈蓝色。不过染色的时间须稍长，需3～5min（或更长）。

(2) 瑞氏染色法

①染色液配制：瑞氏染色剂粉0.1g，纯白甘油1.0mL，中性甲醇60mL。置染料于一个干净的乳钵中，加甘油后研磨至完全细末，再加入甲醇使其溶解，溶解后盛于棕色瓶中约1周的时间，过滤于中性的棕色瓶中，保存于暗处，该染色剂保存时间愈久，染色的色泽愈鲜。

②染色法：

A. 涂片后使其自然干燥。

B. 加染色液约1mL于涂片上，染色1min，使标本被染液中的甲醇所固定。

C. 再加上与染色液等量的磷酸盐缓冲液或蒸馏水（或自来水），轻轻晃动玻片，使染色液与蒸馏水充分混合，并防止染料的沉淀，继续染色5min左右。

D. 冲洗、吸干、镜检。

③用途：

A. 为血液涂片的良好染色剂。

B. 组织涂片的染色，观察巴氏杆菌的两极着色性。

(3) 姬姆萨氏染色法

①染色液配制：取姬姆萨氏染色剂粉末0.6g，加入甘油50mL，置于55～60℃温度的水浴锅中1.5～2h后，加入甲醇50mL，静置一日以上，过滤后即可使用。

②染色法：

A. 加姬姆萨氏染色液10滴于10mL蒸馏水中，配制成稀释的溶解液，所用蒸馏水必须为中性或微碱性（必要时可加1%碳酸钠液一滴于水中，使其变为微碱性）。

B. 抹片后使其自然干燥，浸于盛有甲醇的玻璃染色缸中或滴加甲醇数滴于玻片上固定3～5min。

C. 干后再将玻片浸入盛有染色液的染色缸中，染色半小时至数小时，过夜亦可。

D. 水洗、吸干、镜检。

③用途：

A. 用于血液涂片的一种良好染色法，对血液内寄生虫的检验以及白细胞的分类检验的结果均佳。

B. 对检查细菌形态特征效果很好，也常用于支原体的染色形态观察。

(4) 革兰氏染色法

①染液的配制：

A. 结晶紫染色液：

a. 甲液：结晶紫 2g，95%酒精 20mL。

b. 乙液：草酸铵 0.8g，蒸馏水 80mL。

用时将甲液稀释 5 倍，即加 20mL 甲液于 80mL 乙液中，混合即成，此液可储存较久。

B. 革兰氏染色碘溶液：碘片 1g，碘化钾 2g，蒸馏水 300mL。

先将碘化钾加入 3～5mL 的蒸馏水中，溶解后再加碘片，用力摇匀，使碘片完全溶解后，再加蒸馏水至足量。如不按上述手续配制，直接将碘片与碘化钾加入 300mL 的蒸馏水中，则碘片不能溶解，应加注意。革兰氏碘溶液不能久藏，一次不宜配制过多。

C. 95%酒精：用作脱色剂。

D. 复染剂：

a. 番红（沙黄）复染液：2.5%番红纯酒精溶液 10mL，蒸馏水 90mL。混合即成。

b. 碱性复红复染液：碱性复红 0.1g，蒸馏水 100mL，混合即成。

②染色法：

A. 抹片在火焰上固定，用结晶紫染色液染色 1～2min。

B. 水洗后，加碘溶液于玻片上，助染 1～2min。

C. 将碘溶液倾去，水洗后，用 95%酒精脱色约半分钟。应将玻片不时摇动，至无色素脱出为止，脱色时间的长短，与涂片厚薄有关。

D. 水洗后，以番红复染液或碱性复红染色液复染 0.5～1min。

E. 水洗、吸干、镜检。

③用途：细菌检验中重要而常用的染色方法，可将所有细菌区分为革兰氏阳性（染成紫色或蓝紫色，即不被酒精脱色）或革兰氏阴性（即可被酒精脱色，复染成红色）两种。

在作细菌个体形态学鉴定时，要根据被检细菌的种类和检查项目，选用相应的染色方法，同时要注意选择合适的培养基以及细菌培养的时间，才能达到预期的目的。一般以 18～24h 的幼龄培养物为宜。如作革兰氏染色检查时，培养时间长的老龄培养物，可能由革兰氏染色阳性变为革兰氏染色阴性。作细菌运动性检查时，液体培养基的幼龄培养物最为适宜。作炭疽荚膜染色时，因炭疽杆菌在一般培养基上不形成荚膜，而在动物体内才形成明显的荚膜，因此，应先接种小鼠，取死亡动物的病料（肝、脾或心血等）做涂片镜检。作鞭毛染色时，以液体培养基为宜。芽孢的形成，因细菌种类不同，往往对培养条件如培养基、空气和培养时间等而异，但一般均要求较长时间。镜检时除注意其基本形态结构和大小外，还应注意其排列方式、菌体两端形状、有无两极染色、是否形成芽孢和荚膜等。

四、细菌的生化试验

细菌在人工培养条件下，在其生长繁殖过程中，不同细菌对营养物质的分解能力不同，所产生的新陈代谢产物也各不相同，据此可设计特定的生物化学反应来检测这些物质的存在与否，作为细菌的鉴别之用。常用的生化试验有糖分解试验、吲哚（靛基质）试验、氧化酶试验、接触酶试验、VP 试验、甲基红（MR）试验、柠檬酸盐利用试验、氧化/发酵试验、硫化氢试验、硝酸盐还原试验、尿素酶（脲酶）试验等。

1. 糖分解试验 糖分解试验（或发酵试验），可用微量发酵管进行。

分别含各种不同糖的单糖微量发酵管可以直接购买。其基础培养基是蛋白胨水溶液（蛋白胨 1.0g、氯化钠 0.5g、蒸馏水 100mL），各种糖的含量为 1%，再加 1.2mL 0.2% 溴麝香草酚蓝（或用 1.6% 溴甲酚紫酒精溶液 0.1mL）作指示剂，灭菌后分装于毛细管内，并封融管口（0.2% 溴麝香草酚蓝配法：溴麝香草酚蓝 0.2g、0.1mol/L NaOH 5mL、蒸馏水 95mL，混匀）。若用小试管分装，则每个小试管内需事先加一粒倒立的用过的小发酵管帽，115℃ 高压灭菌 10～15min。

仔细观察微量发酵管，在管的一端黏有不同颜色的油漆，一般规定：红色代表葡萄糖、黄色代表乳糖、蓝色代表麦芽糖、白色代表甘露醇、黑色代表蔗糖。因为用油漆作标记较为繁琐，所以目前多数生产厂家不再采用该法作标记，而是直接在微量发酵管贴上带有糖名称的小纸条。有些小纸条易脱落则需要重新作上标记。试验前需先将管内培养基甩向有油漆（或贴有小字条）的一端，再用小砂轮在离液面约 1cm 处划断，准备接种。用灭菌的接种针从琼脂斜面挑取少许被检细菌纯培养物接种于糖发酵管中，将细菌在液面与管壁处摩擦，并搅入发酵管底部，在干净平皿内放一小团棉花，将接种好的各单糖发酵管用橡皮筋扎好并做好标记，将管口斜向下放置，细菌发酵糖类所产生的气体可向上升至管底部而不至于逃逸出管口，便于观察产气情况。置 37℃培养箱培养 2～3d，观察并做好记录，培养液若仍为蓝色者，则表明该菌不能分解该糖，实验结果为阴性，实验结果记为“－”，若培养液由蓝色变为黄色，无气泡出现，则表明该菌能分解该糖产酸不产气，实验结果记为“＋”，若培养液由蓝色变为黄色，且有气泡产生，则表明该菌能分解该糖产酸产气，实验结果记为“⊕”。如大肠杆菌常见的糖发酵实验结果（图 16－25）。

2. 三糖铁试验 用灭菌的接种针从琼脂斜面挑取少许被检细菌纯培养物，先行穿刺接种，然后再作斜面划线，37℃培养 24h 后观察实验结果。在三糖铁上主要观察对糖类的发酵及是否产生 H_2S 气体。

糖发酵在三糖铁上可见有 3 个基本发酵类型：①仅发酵葡萄糖，斜面呈碱性（培养基变成红色），高层呈酸性（培养基变成黄色），这种类型见于仅能发酵葡萄糖的细菌，它们不发酵乳糖或蔗糖，分解利用蛋白胨。②葡萄糖和乳糖或蔗糖都发酵，斜面和高层均呈酸性反应，颜色变黄，或者产气，即琼脂中间有气泡生成，或形成大的裂腔。③葡萄糖、乳糖或蔗糖均不发酵，分解利用蛋白胨，则高层和斜面均变红色。是否产生 H_2S，则可以通过观察是否产生黑色沉淀来判断，一般在高层与斜交界处形成一黑色沉淀环，产 H_2S 较多时，整个高层均呈黑色，甚至掩盖酸性的产生。三糖铁结果记录为高层斜面产酸、高

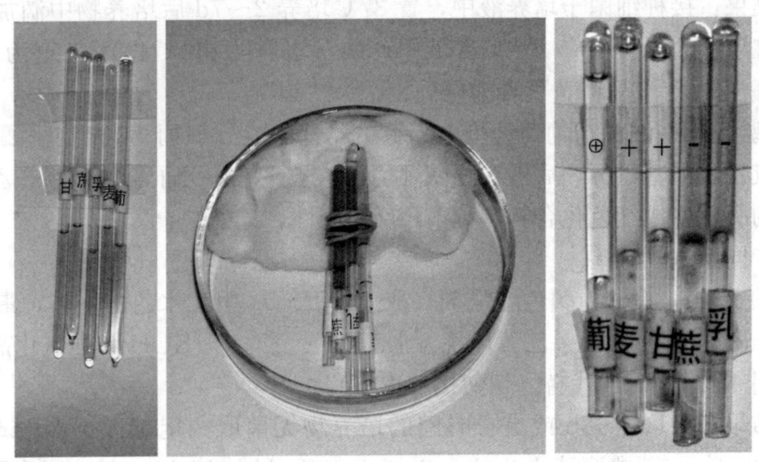

图 16－25　大肠杆菌常见的糖发酵试验结果

层产气以及 H_2S 生成 3 个指标。高层或斜面：培养基变黄产酸记为“A”，培养基变红产碱记为“K”。高层：产气记为“＋”，不产气记为“－”。培养基变黑，产 H_2S，记为“＋”，阴性为“－”。

常采用“$\frac{\text{斜面/高层}}{\text{产气：}H_2S}$”格式记录实验结果。

3. 吲哚试验　有些细菌能分解蛋白质中的色氨酸产生吲哚。若在培养基中对二甲基氨基苯甲醛（也称吲哚试剂），则与吲哚结合生成红色的玫瑰吲哚，是为阳性。有的细菌培养 1～3d 就可以检查出，有的则需要每天检查，一直观察到第 6、7d。所用培养基为蛋白胨水溶液（见糖分解试验），所需的吲哚试剂配制方法如下：

对二甲基氨基苯甲醛	1g
无水乙醇	95mL
浓 HCl	20mL

先以乙醇溶解，后加 HCl，避光保存。

方法：先将纯培养物接入蛋白胨水溶液培养基中，37℃培养 24～48h（可延长 6～7d），于培养液中加入培养液一半量的乙醚，猛烈摇匀，1～2min，静置分层（3～4min），沿试管壁缓慢加入吲哚试剂数滴，在乙醚与培养液交界处变成玫瑰红色者为阳性反应，记为“＋”，不变色者为阴性反应，记为“－”。

4. 甲基红试验（MR 试验）　某些细菌如大肠杆菌等分解葡萄糖产生丙酮酸，继而分解为甲酸、乙酸、乳酸等，使培养基 pH 降至 4.5 以下，加入甲基红指示剂呈红色，此为阳性反应，记为“＋”；若产酸量少或产生的酸进一步转化为醇、醛、气体和水等，则培养基的酸碱度仍在 pH 6.2 以上，加入甲基红指示剂呈现黄色，为阴性反应，记为“－”。

培养基：含葡萄糖、K_2HPO_4、蛋白胨各 5g，完全溶解于 1 000mL 水中，分装小试管内高压蒸汽灭菌（115℃ 10～15min）。

试剂：0.1g 甲基红溶于 300mL 95%酒精中，加蒸馏水至 500mL。

方法与结果：接种细菌于培养液中，置37℃培养2～7d后培养物中滴加几滴甲基红试剂，变成红色者为阳性反应（从培养液中产酸，培养液pH≤4.5），记为“+”；呈黄色者为阴性，记“-”，呈橙黄色者为可疑，记为“±”。

5. VP试验 某些细菌在葡萄糖蛋白胨水培养基中能分解葡萄糖产生丙酮酸，丙酮酸缩合，脱羧成乙酰甲基甲醇，后者在强碱环境下，被空气中分子氧氧化为二乙酰，二乙酰与蛋白胨中的胍基生成红色化合物，称VP反应阳性，记为“+”。

培养基：同甲基红试验。

试剂：① 5% α-萘酚为颜色增强剂（取α-萘酚5g用无水乙醇溶解，最后用无水乙醇补足到100mL，也可用95%乙醇代替无水乙醇）。② 40% KOH为强氧化剂，用蒸馏水配制，也可用40% NaOH代替（切勿接触皮肤）。

方法与结果：将培养48h或更长时间的培养物无菌取一定量进行VP试验，一般取5.0mL，先加5% α-萘酚溶液1.2mL，再加40%KOH溶液0.4mL，轻轻摇动试管，使培养液与大气氧接触，使乙酰甲基甲醇氧化，以获得颜色反应，试管静置一段时间，然后判定结果，一般为10～20min，但经常是立即出现反应，培养基表面呈粉红色，为VP试验阳性，记为“+”。培养基表面呈黄色（与试剂的颜色相同）则为VP试验阴性，记“-”。

6. 柠檬酸盐利用试验 柠檬酸盐培养基为一种综合性培养基，其中柠檬酸钠为唯一碳源，而磷酸二氢铵为唯一氮源，有的细菌如产气杆菌能利用柠檬酸钠为碳源，因此能在柠檬酸盐培养基上生长，并分解柠檬酸盐为碳酸盐，使培养基变碱，此时培养基中的指示剂溴麝香草酚蓝由绿色变为深蓝色为阳性，培养基不变色（绿色）为阴性。

培养基：柠檬酸钠	1.0g
K_2HPO_4	1.0g
琼脂	20g
NaCl	5.0g
硫酸镁	0.2g
$NH_4H_2PO_4$	1.0g
1%溴麝香草酚蓝酒精溶液	10mL
加蒸馏水至	1 000mL

调pH至6.8，121℃灭菌15～20min后制成琼脂斜面，不加琼脂则为液体培养基。

方法与结果：将被检菌少量接种到柠檬酸盐培养基上，于37℃培养24～96h后观察结果，能利用柠檬酸盐的细菌表现为有菌生长，使培养基变成深蓝色，不能利用柠檬酸盐的细菌不生长，培养基不变色。

7. 尿素酶（脲酶）试验 某些细菌（如变形杆菌）具有尿素分解酶，能分解尿素而产生氨，氨溶于水变成氢氧化铵，使培养基变碱而呈红色即为阳性。

培养基：蛋白胨	1g
葡萄糖	1g
NaCl	5g
KH_2PO_4	2g

0.2% 酚红溶液　　6mL
琼脂　　20g
蒸馏水　　1 000mL

调 pH 至 6.9，需生长因子的细菌可加入酵母浸膏 0.1%，121℃灭菌 15～20min，待冷至 50℃左右时加入 20%尿素溶液 100mL，使其终浓度为 2%左右，作成短斜面。

方法与结果：接种细菌时，同时作划线及穿刺接种。37℃培养 24h 后观察，培养基从黄色变红色时为阳性反应，接种量多，反应快的细菌，数小时即可使培养基变红，阴性者应继续观察达 4 d，不变色者为阴性。

8. 氧化酶试验　氧化酶（细胞色素氧化酶）是细胞色素呼吸酶系统的最终呼吸酶。具有氧化酶的细菌，首先使细胞色素 C 氧化，再由氧化型细胞色素 C 使对苯二胺氧化，生成有色的醌类化合物。主要用于肠杆菌科细菌与假单胞菌的鉴别，前者为阴性，后者为阳性。

方法与结果：用 1 %盐酸四甲基对苯二胺［$(CH_3)_2NC_6H_4N(CH_3)_2$］溶液（此液就是在冰箱内也只能保存几天，原为无色，一经变色即不能使用，一般现配现用），滴在细菌菌落上，菌落呈玫瑰红色然后到紫红色者为氧化酶阳性，倾去试剂，再徐徐滴加 95%酒精配制的 1%的 α-萘酚溶液，当菌落变成深海蓝色者为细胞色素氧化酶阳性。

9. 接触酶试验　本试验用于检测细菌是否具有接触酶活性。接触酶又称为触酶或过氧化氢酶，是一种以正铁血红素作为辅基的酶，能将过氧化氢（H_2O_2）分解为水和氧。一般需氧菌与兼性厌氧菌（除某些链球菌、乳酸杆菌等外）都能产生接触酶，而厌氧菌不产生接触酶，这是用以区别需氧菌和厌氧菌的方法之一。

培养基：牛肉膏　　0.3g
蛋白胨　　1g
氯化钠　　0.5g
琼脂　　2g
蒸馏水　　100mL

调 pH 至 7.0～7.2，121℃灭菌 15～20min。

试剂：3%过氧化氢。

方法与结果：接种待检细菌，适温下培养 18～24h。将 3%过氧化氢滴于斜面菌苔上（或涂有菌苔的载玻片上），静置 1～3min 后，如有气泡产生即为阳性。不产生气泡者则为阴性。

10. 氧化发酵（O/F）试验　不同细菌对不同糖的分解能力及代谢产物不同，有的能产酸并产气，有的则不能。而且这种分解能力因是否有氧的存在而异，在有氧条件下称为氧化，无氧条件下称为发酵。试验时往往将同一细菌接种相同的糖培养基一式两管，一管用液体石蜡等封口，进行“发酵”，另一管置有氧条件下，培养后观察产酸产气情况。O/F 试验一般多用葡萄糖进行。主要用于肠杆菌科细菌与非发酵菌的鉴别，前者均为发酵型，而后者通常为氧化型或产碱型。

培养基：HL（Hugh-Leifson）培养基。

方法与结果：将待检菌同时穿刺接种两支 HL 培养基，其中一支培养基滴加无菌的液体石蜡（或其他矿物油），高度不少于 1cm。将培养基于 37℃培养 48h 或更长。若两支培养基均无变化为产碱型或不分解糖型；两支培养基均产酸为发酵型；若仅不加石蜡的培养基产酸为氧化型。

11. 硫化氢试验 有些细菌如变形杆菌等能分解胱氨酸、半胱氨酸和甲硫氨酸等含硫氨基酸，生成硫化氢。若遇醋酸铅或硫酸亚铁，则生成黑色的硫化铅或硫化亚铁。主要用于肠杆菌的鉴别。

培养基：含醋酸铅或硫酸亚铁的固体培养基。

方法与结果：将待检菌穿刺接种于含醋酸铅或硫酸亚铁的培养基中，于 37℃培养 24～48h 观察结果。若培养基变黑则为阳性，不变黑则为阴性。

12. 硝酸盐还原试验 硝酸盐还原反应包括两个过程：一是在合成过程中，硝酸盐还原为亚硝酸盐和氨，再由氨转化为氨基酸和细胞内其他含氮化合物；二是在分解代谢过程中，硝酸盐或亚硝酸盐代替氧作为呼吸酶系统中的终末受氢体。能使硝酸盐还原的细菌从硝酸盐中获得氧而形成亚硝酸盐和其他还原性产物。但硝酸盐还原的过程因细菌不同而异，有的细菌仅使硝酸盐还原为亚硝酸盐，如大肠杆菌；有的细菌则可使其还原为亚硝酸盐和离子态的铵；有的细菌能使硝酸盐或亚硝酸盐还原为氮，如假单胞菌等。硝酸盐还原试验系测定还原过程中所产生的亚硝酸盐。

硝酸盐培养基：

蛋白胨　5.0g

KNO_3　0.2g

蒸馏水　1 000mL

调 pH 至 7.4，每管分装 4～5mL，121℃灭菌 15～20min。

试剂：甲液（对氨基苯磺酸 0.8g，5mol/L 醋酸 100mL）；乙液（α-萘胺 0.5g，5mol/L 醋酸 100mL）。

方法与结果：被检菌接种于硝酸盐培养基中，于 35℃培养 1～4d。将甲、乙液等量混合后（约 0.1mL）加入培养基内，立即观察结果。出现红色为阳性。若加入试剂后无颜色反应，可能是：①硝酸盐没有被还原，试验阴性。②硝酸盐被还原为氨和氮等其他产物而导致假阴性结果，这时应在试管内加入少许锌粉，如出现红色则表明试验确实为阴性。若仍不产生红色，表示试验为假阴性。

五、细菌计数

目前，测定细菌数目的方法有平板培养计数法、最大可能数计数法和光电比浊法。

(一) 平板培养计数法

平板培养计数法是根据细菌在高度稀释下，一个细菌细胞能在固体培养基上生长繁殖形成一个单菌落，即一个菌落代表一个细菌，也称为菌落形成单位（CFU）。计数时，首先将待测样品制成均匀的系列稀释液，尽量使样品中的细菌分散开，使成单个细菌存在，再取一定稀释度、一定量的菌液接种到平板中，使其均匀分布于平板中的培养基表面或内部。经培养后，由单个细菌生长形成菌落，统计菌落数目，即可计算出样品中的含菌数，用CFU/mL来表示。此法所计算的菌数是在培养基上生长出来的菌落数，故又称活菌计数。一般用于饲料中细菌含量、生物制品检验、土壤含菌量测定以及水源污染程度的检验等。

1. 材料

（1）菌种　细菌悬液。

（2）培养基　营养肉汤、营养琼脂培养基。

2. 方法

（1）样品稀释液的制备　准确称取待测样品10g，放入装有90mL灭菌营养肉汤并放有小玻璃珠的250mL三角瓶中，手动或置摇床上振荡15～20min，使细菌细胞分散，静置20～30s，即成10^{-1}稀释液；再用1mL无菌吸管或移液器，吸取10^{-1}稀释液1mL，移入装有9mL灭菌营养肉汤的试管中，吹吸3次，让菌液混合均匀，即成10^{-2}稀释液；再换一支无菌吸管或移液器吸取10^{-2}稀释液1mL，移入装有9mL灭菌营养肉汤的试管中，也吹吸3次，即成10^{-3}稀释液；以此类推，连续稀释制成10^{-4}、10^{-5}、10^{-6}、10^{-7}、10^{-8}、10^{-9}等一系列稀释菌液。

用稀释平板计数时，待测菌稀释度的选择应根据样品确定。样品中所含待测菌的数量多时，稀释度应高，反之则低；通常测定细菌菌数时，采用10^{-7}、10^{-8}、10^{-9}稀释度；测定土壤细菌数量时，采用10^{-4}、10^{-5}、10^{-6}稀释度。

（2）计数细菌数　平板培养计数法有平板倾注培养法和平板涂布培养法两种。

① 平板倾注培养法：将无菌平板编上10^{-7}、10^{-8}、10^{-9}号码，每一号码设置3个重复，用无菌吸管或移液器按无菌操作要求吸取1×10^{-9}稀释液各1mL，放入编号10^{-9}的3个平板中，同法吸取10^{-8}稀释液各1mL放入编号10^{-8}的3个平板中，再吸取1×10^{-7}稀释液各1mL，放入编号10^{-7}的3个平板中。然后在9个平板中分别倒入已熔化并冷却至45～50℃的细菌培养基，轻轻转动平板，使菌液与培养基混合均匀，冷凝后倒置，一般在培养箱恒温培养24～36h，待菌落长出后计数。

② 平板涂布培养法：平板涂布培养法与倾注法基本相同，所不同的是先将培养基熔化后趁热倒入无菌平板中，待凝固后编号，然后用无菌吸管或移液器吸取0.1mL菌液对号接种在不同稀释度编号的琼脂平板上（每个编号设3个重复）。再用无菌接种环将菌液在平板上涂布均匀，每个稀释度用一个灭菌接种环，更换稀释度时需将接种环重新灼烧灭菌。在由低浓度向高浓度涂布时，也可以不更换接种环。将涂布好的平板平放于试验台上20～30min，使菌液渗透入培养基内，然后将平板倒转，置培养箱恒温培养24～36h，待菌落长出后即可计数。

计算结果时，以每个平板上长出30～300个菌落为宜，选择好计数的稀释度后，即可统计平板上的菌落数，统计结果按下面方法计算。

平板倾注培养法：

每毫升菌液中的菌数＝同一稀释度几次重复的菌落平均数×稀释倍数　（式16－4）

平板涂布培养法：

每毫升菌液中的菌数＝同一稀释度几次重复的菌落平均数×10×稀释倍数

（式 16－5）

（二）最大可能数计数法

最大可能数（most probable number，MPN）计数法适用于测定在一个混杂的微生物群落中虽不占优势，但却具有特殊生理功能的类群。其特点是利用待测微生物的特殊生理功能的选择性来摆脱其他微生物类群的干扰，并通过该生理功能的表现来判断该类群微生物的存在和丰度。本法特别适合于测定土壤微生物中特定生理群（如氨化细菌、硝化细菌、纤维素分解细菌、固氮细菌、硫化细菌和反硫化细菌等）的数量和检测污水、饮用水及食品中的大肠菌群数。缺点是只适于进行特殊生理类群的测定，不精确，只有由于某种原因不能使用平板计数时才采用。

MPN 计数法是将待测样品作一系列稀释，一直稀释到将少量（如 1mL）的稀释液接种到新鲜配制的培养基中没有或极少出现生长繁殖。根据没有生长的最低稀释度与出现生长的最高稀释度，采用“最大可能数”理论，可以计算出样品单位体积中细菌数的近似值。具体地说，菌液经多次 10 倍稀释后，一定量菌液中细菌可以极少或没有，然后每个稀释度取 3～5 次重复接种于适宜的培养基中。培养后，将有菌液生长的最后 3 个稀释度（即临界级数）中出现细菌生长的管数作为数量指标，从最大可能数表中查出近似值，再乘以数量指标第一位数的稀释倍数，即为原菌液中的含菌数。

如某一细菌在 MPN 计数法中的生长情况如下：

表 16－21　某一细菌在 MPN 计数法中的生长情况一

稀释度	10^{-3}	10^{-4}	10^{-5}	10^{-6}	10^{-7}	10^{-8}
重复数	5	5	5	5	5	5
出现生长的管数	5	5	5	4	1	0

根据以上，在接种 10^{-3}～10^{-5} 稀释液的试管中 5 个重复管都有生长，在接种 10^{-6} 稀释液的试管中有 4 个重复生长，在 10^{-7} 稀释液的试管中只有 1 管生长，而接种 10^{-8} 稀释液的试管无生长。由此可得出其指标为“541”，查最大可能数表得似值 17，然后乘以第一位数的稀释倍数（10^{-5} 的稀释倍数为 100 000）。那么，1mL 原菌液中的活菌数＝17×100 000＝17×10^{5}。即原菌液含活菌数为 1.7×10^{6} CFU/mL。

在确定数量指标时，不管重复次数如何，都是 3 位，第一位数字必须是所有试管都生长的某一稀释度的培养试管数，后两位数字依次为以下两个稀释度的生长管数，如果再往下的稀释仍有生长管数，则可将此数加到前面相邻的第三位数上即可。

如某一细菌在 MPN 计数法中的生长情况记录为：

表 16－22　某一细菌在 MPN 计数法中的生长情况二

稀释度	10^{-1}	10^{-2}	10^{-3}	10^{-4}	10^{-5}	10^{-6}
重复数	4	4	4	4	4	4
出现生长的管数	4	4	3	2	1	0

以上情况，可将最后一个数字加到前一个数字上，即数量指标为“433”，查表得近似值为30，则原菌液中含活菌数为30×10^2CFU/mL。按照重复次数的不同，最大可能数表又分为三管最大可能数表，四管最大可能数表和五管最大可能数表。

应用MPN计数法时应注意两点：一是菌液稀释度的选择要合适，其原则是最低稀释度的所有重复都应有菌生长，而最高稀释度的所有重复无菌生长。通常分析每个生理群的细菌需5～7个连续稀释液分别接种。二是每个接种稀释度必须有重复，重复次数可根据需要和条件而定，一般3～5个重复，个别也有2个重复的，但重复次数越多，误差就会越小，相对地说结果就会越正确。不同的重复次数应按其相应的最大可能数表计算结果。

1. 材料

（1）样品　饲料、水样，土壤等。

（2）培养基　适合于样品生长的培养基22管（每管装5mL）。

2. 方法

（1）称取10g样品（液体样品量取10mL），放入90mL灭菌生理盐水中，振荡约20min，让菌充分分散，然后按10倍稀释法将样品制成10^{-6}～10^{-1}的稀释液。

（2）将22支装有培养液的试管按纵四横五的方阵排列于试管架上，第一纵列的4支试管上标以10^{-2}，第二纵列的4支试管上标以10^{-3}……第五纵列的4支管上标以10^{-6}（即采用5个稀释度，4个重复），另外2支试管留作对照。

（3）用1mL无菌吸管或移液器按无菌操作要求吸取10^{-6}的样品稀释液各1mL，放入编号10^{-6}的4支试管中，再吸取10^{-5}稀释液各1mL放入编号10^{-5}的4支试管中，用同法吸取10^{-4}、10^{-3}、10^{-2}稀释液各1mL，放入各自对应编号的试管中。对照管不加稀释液。

（4）将所有试管置28～30℃培养5～7d后观察记录结果。

若要求出土样中每克干土所含的活菌数，则要将所得的每毫升菌数除以干土在土样中所占的质量分数（计算方法：精确称取3份10g稀释用土，放入称量瓶中，置105～110℃烘2h后放入干燥器中，至恒重后称重，计算烘干后的土样质量/原始土样的质量即得）。

（三）光电比浊计数法

当光线通过细菌悬液时，由于菌体的散射及吸收作用使光线的透过量降低。在一定的范围内，细菌细胞浓度与透光度成反比，与光密度成正比，而光密度或透光度可以由光电池精确测出。因此，可用一系列已知菌数的细菌悬液测定光密度，作出光密度—菌数标准曲线；然后，以样品液所测的光密度值，从标准曲线中查出对应的菌数。制作标准曲线时，细菌计数可采用平板菌落计数或细胞干重测定等方法。

光电比浊计数法的优点是简便、迅速，可以连续测定，适合于自动控制。但是，由于光密度或透光度除了受菌体浓度影响之外，还受细胞大小、形态、培养液成分以及所采用的光波长等因素的影响，因此，对于不同细菌的菌悬液进行光电比浊计数应采用相同的菌株和培养条件制作标准曲线。光波的选择通常在400～700nm，具体到某种细菌还需要经过最大吸收波长以及稳定性试验来确定。另外，对于颜色太深的样品或在样品中还会含有其他干扰物质的悬液不适合用此法进行测定。

1. 材料 菌种：适宜的菌培养液。

2. 方法

（1）标准曲线制作

① 编号：取无菌试管7支，记号笔将试管编号为1～7。

② 调整菌液：用平板菌落计数法计数培养24h的菌悬液，并用无菌生理盐水分别稀释调整为每毫升含菌液为1×10^6、2×10^6、4×10^6、6×10^6、8×10^6、10×10^6、12×10^6个的细菌悬液。再分别装入已编号的1～7号无菌试管中。

③ 测光密度（OD）值：将1～7号不同浓度的菌悬液摇匀后于560nm波长、1cm比色皿中测定OD值。比色测定时，用无菌生理盐水作空白对照，并记录OD值。

④ 绘制曲线以OD值为纵坐标，以每毫升细菌数为横坐标，绘制标准曲线。

（2）样品测定 将待测样品用无菌生理盐水适当稀释，摇匀后，用560nm波长、1cm比色皿测定光密度。测定时用无菌生理盐水作空白对照。

各种操作条件必须与制作标准曲线时的相同，否则，测得值所换算的含菌数就不准确。

（3）计算 根据所测得的OD值，从标准曲线查得每毫升的含菌数。

每毫升原液菌数＝从标准曲线查得的每毫升菌数×稀释倍数

（式16-6）

参 考 文 献

管远志，王艾林，李坚．2006．医学微生物学实验技术［M］．北京：化学工业出版社．

韩文瑜，冯书章．2003．现代分子病原细菌学［M］．长春：吉林人民出版社．

黄秀梨．1999．微生物学实验指导［M］．北京：高等教育出版社．

J．萨姆布鲁克，D. W．拉塞尔著．2002．分子克隆实验指南［M］．黄培堂，等，译．第3版．北京：科学出版社．

金奇．2001．医学分子病毒学［M］．北京：科学出版社．

刘玉斌．1989．动物免疫实验技术［M］．长春：吉林科学出版社．

芦圣栋．1999．现代分子生物学实验技术［M］．第4版．北京：中国协和医科大学出版社．

陆承平．2008．兽医微生物学［M］．第4版．北京：中国农业出版社．

陆德源．1995．现代免疫学［M］．上海：科学技术出版社．

彭剑淳，刘晓达，丁晓萍，等．2000．可见光光谱法评价胶体金粒径及分布［M］．军事医学科学院院刊，24（3）：211-212．

吴乃虎．2001．基因工程原理［M］．北京：科学出版社．

杨汉春．2005．兽医免疫学［M］．北京：中国农业出版社．

姚火春．2006．兽医微生物学实验指导［M］．北京：中国农业出版社．

Chandler J，Gurmin T，Robinson N. 2000. The place of gold in rapid tests［M］. IVD Technology, 6：37249.

Constance O. 1999. Conjugation of colloidal gold to proteins［M］. Methods in Molecular Biology, 115：31.

Faulk W P，Taylor G M. 1971. An Immunocolloid Method for the Electron Microscope［M］. Immunochemistry，8（11）：1081－1083.

Grabar K C，Freeman R G，Hommer M B，Natan M J. 1995. Preparation and characterization of Au colloid monolayers［M］. Analytical Chemistry，67：735－743.

Roth J. 1983. The colloidal gold marker system for light and electron microscopic cytochemistry. Techniques in Immunocytochemistry［M］. New York：Academic，2：217.

第十七章

常 用 仪 器

第一节　分子生物学常用仪器

一、离心机

离心技术是研究生物的结构和功能中不可缺少的一种物理技术手段。因为各种物质在沉淀系数、浮力和质量等方面有差异，可利用强大的离心力场，使其分离、纯化和浓缩。目前有各种各样的离心机。可供少于 0.05mL 到几升的样品离心之用。离心技术应用广泛，包括收集和分离细胞、细胞器和生物大分子等。据其转速的不同，可分为以下几种类型：①低速离心机。最大速度一般小于 10 000r/min。主要用于种子带菌的洗涤检验和病毒提纯过程中的低速离心等。②高速离心机。离心速度可以达 10 000～25 000r/min，具有冷冻控温系统，可根据需要调节离心时的离心机腔的温度。离心机转头配备齐全，种类繁多，用户可根据需要配置。高速离心机一般使用塑料及金属离心管。③速离心机。离心速度可达到 20 000r/min 以上，有的最高速度可达 80 000r/min 以上。

超速离心机又可分为分析超速离心机和制备超速离心机两类。分析超速离心机具有光学系统，主要用于鉴定、分析或测定样品的特性，也可用于制备。制备超速离心机主要用于分离、纯化及制备样品，有些可加分析附件，用于分析测定。超速离心机适于各种细胞器、病毒和生物大分子的分离和分析需要。

离心机的转头是离心机的重要组成部分。主要包括以下几种：①角型转头。在离心管与转头的转轴之间有一固定角度。主要用于差速制备离心及样品浓缩，为圆锥形。每个转头有一个最大离心半径和最小离心半径，两者的差值就是样品在离心管中的最大沉降距离（或旋转半径）。②吊桶转头。主要用于密度梯度离心。离心管放在吊桶中，吊桶按号悬挂于转头的中心主体上。当离心机开始运转加速，吊桶受离心力作用逐渐由垂直悬挂转为水平方向悬挂。③垂直转头。专为密度梯度离心设计的转头，主要用于等密度区带离心。垂直转头的离心管与转头旋转轴平行，而与离心力方向垂直。离心管在使用时应与相应的离心转头相配套。大部分离心管是塑料制作的。不锈钢离心管可用于有机试剂及酸碱腐蚀性溶液的离心。低速离心的离心管一般不带管帽，高速离心时为增强离心管在离心时的强度要求加上管帽。

（一）工作原理

当含有细小颗粒的悬浮液静置不动时，由于重力场的作用使得悬浮的颗粒逐渐下沉。粒子越重，下沉越快，反之密度比液体小的粒子就会上浮。微粒在重力场下移动的速度与微粒的大小、形态和密度有关，并且还与重力场的强度及液体的黏度有关。像红细胞大小的颗粒，直径为数微米，就可以在通常重力作用下观察到它们的沉降过程。

此外，物质在介质中沉降时还伴随有扩散现象。扩散是无条件的绝对的。扩散与物质的质量成反比，颗粒越小扩散越严重。而沉降是相对的，有条件的，要受到外力才能运动。沉降与物体重量成正比，颗粒越大沉降越快。对小于几微米的微粒如病毒或蛋白质等，它们在溶液中成胶体或半胶体状态，仅仅利用重力是不可能观察到沉降过程的。因为颗粒越小沉降越慢，而扩散现象则越严重。所以需要利用离心机产生强大的离心力，才能迫使这些微粒克服扩散产生沉降运动。

离心就是利用离心机转子高速旋转产生的强大的离心力，加快液体中颗粒的沉降速度，把样品中不同沉降系数和浮力密度的物质分离开。

（二）操作步骤

1. 接好电源，打开电源开关，速度和时间窗口显示为上次设定的速度和时间。

2. 需调整速度和时间，先按选择键，设定所需工作速度后按记忆键，再按选择键，设定所需工作时间后按记忆键，最后再按一次选择键退出设定。

3. 离心杯等量灌注离心物对称放于离心机内，盖好盖门，按离心键开始工作。

4. 离心结束，过 5s 后打开盖门，取出离心物。

5. 工作最后结束，清洁离心机，盖好盖门，关上电源。

（三）注意事项

1. 离心机装入的离心管个数应为偶数，装有样品的离心管，应先在天平上两两互相配平，再将重量相一致的两个离心管装在相互对称的管槽中。装入离心机的所有离心管的重量应基本一致，以保证离心机工作时的平衡。

2. 离心管的规格应与离心槽匹配。离心管过小时，离心过程中易引起管的破裂。

3. 使用时不得使转头在超过最大允许速度下运转。

4. 离心机应安放在平整坚实的平台上，以免运转时产生不必要的麻烦。

5. 仪器在高速旋转时切不可随意打开盖门，以免发生事故。

6. 仪器不用时，应将电线与外电网相连的一端拔下。

7. 使用前必须检查离心管是否有裂纹、老化等现象，如有应及时更换。

8. 使用完毕后，将转头和仪器擦干净，以防样品液沾污而产生腐蚀。

（四）维护

1. 离心机在预冷状态时，离心机盖必须关闭，离心结束后取出转头要倒置于实验台上，擦干腔内余水，离心机盖处于打开状态。

2. 转头在预冷时转头盖可摆放在离心机的平台上，或摆放在实验台上，千万不可不拧紧浮放在转头上，因为一旦误启动，转头盖就会飞出，造成事故！

3. 转头盖在拧紧后一定要用手指触摸转头与转盖之间有无缝隙，如有缝隙要拧开重新拧紧，直至确认无缝隙方可启动离心机。

4. 在离心过程中，操作人员不得离开离心机室，一旦发生异常情况操作人员不能关电源（POWER），要按 STOP。在预冷前要填写好离心机使用记录。

5. 不得使用伪劣的离心管，不得使用老化、变形、有裂纹的离心管。

6. 在节假日和晚间最后一个使用离心机的人在进行例行安全检查后方能离去。

二、纯水系统

超纯水最初是美国科技界为了研制超纯材料（半导体原件材料、纳米精细陶瓷材料等）应用蒸馏、去离子化、反渗透技术或其他适当的超临界精细技术生产出来的水，如今超纯水已在生物、医药、汽车等领域广泛应用。这种水中除了水分子（H_2O）外，几乎没有什么杂质，更没有细菌、病毒、含氯二噁英等有机物，当然也没有人体所需的矿物质微量元素，超纯水无硬度，口感较甜，又常称为软水，可直接饮用，也可煮沸饮用。超纯水是一般工艺很难达到的程度，如水的电阻率大于18MΩ×cm，接近于18.3MΩ×cm则称为超纯水。

（一）工作原理

离子交换法是以圆球形树脂（离子交换树脂）过滤原水，水中的离子会与固定在树脂上的离子交换。常见的两种离子交换方法分别是硬水软化和去离子法。硬水软化主要是用在反渗透处理之前，先将水质硬度降低的一种前处理程序。软化机里面的球状树脂，以两个钠离子交换一个钙离子或镁离子的方式来软化水质。

离子交换树脂利用氢离子交换阳离子，而以氢氧根离子交换阴离子；以包含磺酸根的苯乙烯和二乙烯苯制成的阳离子交换树脂会以氢离子交换碰到的各种阳离子（如 Na^+、Ca^{2+}、Al^{3+}）。同样的，以包含季铵盐的苯乙烯制成的阴离子交换树脂会以氢氧根离子交换碰到的各种阴离子（如 Cl^-）。从阳离子交换树脂释出的氢离子与从阴离子交换树脂释出的氢氧根离子相结合后生成纯水。阴阳离子交换树脂可被分别包装在不同的离子交换床中，分成所谓的阴离子交换床和阳离子交换床。也可以将阳离子交换树脂与阴离子交换树脂混在一起，置于同一个离子交换床中。不论是那一种形式，当树脂与水中带电荷的杂质交换完树脂上的氢离子及（或）氢氧根离子，就必须进行“再生”。再生的程序恰与纯化的程序相反，利用氢离子及氢氧根离子进行再生，交换附着在离子交换树脂上的杂质。若将离子交换法与其他纯化水质方法（如反渗透法、过滤法和活性炭吸附法）组合应用时，则离子交换法在整个纯化系统中，将扮演非常重要的一个部分。离子交换法能有效地去除离子，却无法有效的去除大部分的有机物或微生物。而微生物可附着在树脂上，并以树脂作为培养基，使得微生物可快速生长并产生热源。因此，需配合其他的纯化方法设计使用。

无论进口还是国产的设备，其原理都是一样的，自来水经过精密滤芯和活性炭滤芯进行预处理，过滤泥沙等颗粒物和吸附异味等，让自来水变得更加干净，然后再通过反渗透装置进行水质纯化脱盐，纯化水进入储水箱储存起来，其水质可以达到国家三级水标准，同时将反渗透装置产生的废水（亦称“浓水”）排掉。反渗透纯水通过纯化柱进行深度脱盐处理就得到一级水或者超纯水，最后如果用户有特殊要求，则在超纯水后面加上紫外杀菌或者微滤、超滤等装置，除去水中残余的细菌、微粒、热源等。

（二）操作流程

1. 先把三通球阀接在原水出水口上，然后再把预处理接在三通球阀的出水口（三通球阀的出水口接在预处理的进水口)。

2. 预处理的出水口直接接上软化器（软化器上的接头一定要先缠上生胶带防止漏水），软化器上的水管也分别接上对应的口。

3. 把软化器的出水口水管放进流废水的下水道对软化器进行冲洗。

4. 冲洗步骤。

（1）将软化器的阀门扳到反洗档，然后慢慢地打开进水三通球阀反洗 10～15min，反洗结束后把三通球阀关掉。

（2）反洗完成以后，将软化器扳到正洗档，再次打开三通球阀正洗 10～15min。正洗结束后关闭三通球阀。

（3）正洗完成后，把刚刚放进流废水的下水道的水管接在机器进水口上，再把机器的废水管接上，放到流废水的水槽里，再次打开三通球阀通水、开电、机器进入正常工作状态。

（三）注意事项

1. 凡第一次取水的人，要由同实验室有经验的人带领取水，并先仔细阅读机器上的使用说明。

2. 每次取水前，请务必先仔细填写取水登记表。另外，禁止取水期间离开现场，以免损坏管柱及弄湿纯水室地板。

3. 若遇到有人刚取水完毕，无论前一位取了多少升的 DW 或 DI，请距离前一位的取水结束时间 1h 以上，方能再次取水。等待期间，可先填上日期、取水开始时间、姓名、实验室等四项。

4. 不论 DW 或 DI，每一种水每次最大取水量为 30L。另外，同一人欲连取两种水也得按照第三项的规定，间隔 1h 以上。

（四）维护

精密滤芯、活性炭滤芯、反渗透膜、纯化柱都是具有相对寿命的材料，精密滤芯和活性炭滤芯实际上是对反渗透膜的保护，如果它们失效，那么反渗透膜的负荷就加重，寿命减短，如果继续开机的话，那产生的纯水水质就下降，随之就加重了纯化柱的负担，则纯化柱的寿命就会缩短。最终结果是加大了超纯水机的使用成本。因此，在超纯水机的使用中，需要注意：

1. 精密滤芯　精密滤芯又称过滤滤芯，分线绕滤芯和 PP 熔喷滤芯，主要过滤原水中的泥沙等大的颗粒物，其过滤精度有 5μm、1μm 等。新的滤芯呈白色，如果时间长了表面会淤积泥沙等，呈现褐色，这就表示该滤芯不能用了，用自来水冲洗掉表面淤泥后，可以勉强继续使用 1～2 周，但不能长期使用。滤芯放在滤瓶里面，有的滤瓶是透明的，可以直观地观察滤芯的颜色变化，有些滤瓶是不透明的，需要将其拧开后才能观察滤芯的变化。从经验数据统计来看，精密滤芯的寿命一般为 3～6 个月，如原水的泥沙多，则其寿命短些，泥沙等颗粒物少，则寿命稍长一点。

2. 活性炭滤芯　活性炭滤芯主要通过吸附作用，去除水中的异味、有机物等。自来水中有余氯，对反渗透膜有很大的氧化作用，所以必须经由活性炭去除。活性炭滤芯从表面上看没有直观的变化，根据经验来看，一般在 1 年左右就达到饱和吸附，需要更换。

3. 反渗透膜 反渗透膜是超纯水机中十分重要的部件，其孔径非常小，所以在使用过程中常常有细菌等微观物质淤积在其表面，一般各个厂家的纯水机都有反冲洗功能，旨在洗掉污染物。用水量在10L/d以内，可以冲洗3～5次，超过10L，则多冲洗几次。如果长时间（如1个月以上）不用，需要将其取出浸泡在消毒液里，避免细菌的滋生，不过该过程比较麻烦，建议即使不用水，都经常开机用少量的水，让机器内部的水形成流通，尽量减少死水的沉积时间过长。反渗透膜的寿命在2～3年，主要由客户的用水量来决定，所以用户在选购的时候一定要选择所匹配的规格。

4. 纯化柱 纯化柱根据客户的水质需求有时也叫超纯化柱，其作用是对反渗透纯水进行深度脱盐，最终达到一级水或超纯水水平。其原理是离子交换。纯化柱的寿命由电阻率来表现。低于某个特定的电阻即表示纯化柱过期，比较直观。其寿命除了由客户的用水量来决定以外，尤其重要的是各个厂家在生产设计时的离子交换树脂的填充量和离子交换树脂的本身质量。

5. 用水 以自来水为水源的超纯水机一般都有两个出水口，分别是三级水和一级水，经反渗透出来的水是三级水，存放在水箱里，而一级水是即用即取，不存放。三级水没有通过纯化柱，一级水通过了纯化柱，一级水的成本高于三级水。所以客户在日常应用的时候，应根据水质需求分质取水，能用三级水时尽量不用一级水，避免使用成本的上升。

三、分子杂交炉

分子杂交炉，或称分子杂交箱，是目前分子生物实验室的常用仪器之一。分子杂交炉是提供DNA分子杂交的一种仪器设备。分子杂交炉可代替传统的尼龙袋和摇床水浴，更加安全简便。杂交过程在连续旋转的杂交瓶内进行，膜与探针完全混合。因此，彻底避免了杂交袋的繁琐封装及放射性同位素的泄露。杂交炉均自身配备加热及恒温控制系统，以不停转动和液体自身重力来促使杂交液不断均匀流动，保证杂交效果的实现。

（一）工作原理

DNA分子杂交的基础是，具有互补碱基序列的DNA分子，可以通过碱基对之间形成氢键等，形成稳定的双链区。在进行DNA分子杂交前，先要将两种生物的DNA分子从细胞中提取出来，再通过加热或提高pH的方法，将双链DNA分子分离成为单链，这个过程称为变性。然后，将两种生物的DNA单链放在一起杂交，其中一种生物的DNA单链事先用同位素进行标记。如果两种生物DNA分子之间存在互补的部分，就能形成双链区。由于同位素被检出的灵敏度高，即使两种生物DNA分子之间形成百万分之一的双链区，也能够被检出。分子杂交炉可代替传统的尼龙袋和摇床水浴，更加安全简便。杂交过程在连续旋转的杂交瓶内进行，膜与探针完全混合。因此彻底避免了杂交袋的繁琐封装及放射性同位素的泄露。

（二）操作流程

1. 设置温度 按一下up或down键，显示屏将由亮到暗开始闪烁，此时显示的是上次设置的温度。如需改变，则通过up或down键来上调或下调。停按5s后，数字停止闪烁，并开始显示炉内温度（第一次使用前需要至少24h来稳定加热器）。

2. 校准 需要校准显示温度与实际温度是否一致。将一支标准温度计置于样品附近，稳定 1h 后，比较两者的数值是否一致。如需校准，则同时按住 up 和 down 键直到显示屏上数字中前后 2 个小数点开始闪动，然后用 up 或 down 键来改变数值，使其与温度计的参考数值一致。再次稳定加热器。

3. 转速调节 转动开关有 3 个位置，上位表示开，其转速可在 0～15RPM 调节；中位表示关；下位表示短时间转动，按住才转动，松开即关。

4. 取出杂交管，关闭电源。

（三）注意事项

使用前后观察系统是否清洁，如果不是，则需要清洗。

1. 炉腔 用肥皂和水进行清洗，然后干燥。如有污染，则用适当的消毒剂清洗，注意不要用含氯漂白剂，否则容易造成损坏。

2. 接水盘和旋转架 先取下来，然后用同样的溶液进行清洗。

四、电泳仪

电泳技术是分子生物学研究不可缺少的重要分析手段。电泳一般分为自由界面电泳和区带电泳两大类，自由界面电泳不需支持物，如等电聚焦电泳、等速电泳、密度梯度电泳及显微电泳等，这类电泳目前已很少使用。而区带电泳则需用各种类型的物质作为支持物，常用的支持物有滤纸、醋酸纤维薄膜、非凝胶性支持物、凝胶性支持物及硅胶-G 薄层等，分子生物学领域中最常用的是琼脂糖凝胶电泳。所谓电泳，是指带电粒子在电场中的运动，不同物质由于所带电荷及分子量的不同，因此在电场中运动速度不同，根据这一特征，应用电泳法便可以对不同物质进行定性或定量分析，或将一定混合物进行组分分析或单个组分提取制备，这在临床检验或试验研究中具有极其重要的意义。电泳仪正是基于上述原理设计制造的。依据电泳原理，现有三种形式的电泳分离系统：移动界面电泳、区带电泳、稳态电泳。

其中，以区带电泳为目前常用的电泳系统。

（一）工作原理

带电粒子在直流电场作用下于一定介质中所发生的定向运动，利用这一现象对化学或生物化学组分进行分离分析的技术称之为电泳。比如常见的 DNA 分子电泳，DNA 分子在一定 pH 的缓冲液中带正电或负电，在一定的直流电场中，以正负电相吸的原理，带正电分子的向负极移动（带负电的分子向正极移动），经过一段时间后，DNA 分子会在凝胶上留下“足迹”（通过紫外光就可以观察到），这样来达到 DNA 分子鉴定及分离等。

（二）操作流程

1. 首先要确定电泳仪的电源开关正处于关闭的状态。

2. 连接电源线，然后确定电源的插座是否已有接地保护。

3. 将黑色和红色的两根电极线对应插入电泳仪的输出插口，并与电泳槽相对应插口做好连接（如果发现电极插头与插口之间的接触较为松动，可以用小改锥将插头的簧片向外拨一下）。

4. 确定电泳槽中试剂的配制是否已符合要求。

5. 用电压调节旋钮或电流调节旋钮调到所需的电压或电流。如果对如何预置电压电流的方法不熟悉，可以先确定是恒压输出还是恒流输出。如果是恒流输出，则将电流调节为0，将电压调至最大，然后再开机，此时应缓慢调节电流调节旋钮，直到所需电流值。如果是恒压输出，则将电压调为0，将电流调为最大，然后再开机，缓慢调节电压旋钮至所需的电压值。注意：电源在任何情况下只能稳定一种参数（电压或电流），电压电流之间的关系符合欧姆定律。

6. 用毕关闭电泳仪，收好导线。

（三）注意事项

1. 电泳仪通电进入工作状态后，禁止人体接触电极、电泳物及其他可能带电部分，也不能到电泳槽内取放东西，如需要应先断电，以免触电。同时要求仪器必须有良好接地端，以防漏电。

2. 电仪器通电后，不要临时增加或拔除输出导线插头，以防短路现象发生，虽然电仪器内部附设有保险丝，但短路现象仍有可能导致仪器损坏。

3. 由于不同介质支持物的电阻值不同，电泳时所通过的电流量也不同，其泳动速度及泳至终点所需时间也不同，故不同介质支持物的电泳不要同时在同一电泳仪上进行。

4. 在总电流不超过仪器额定电流时（最大电流范围），可以多槽关联使用，但要注意不能超载，否则容易影响仪器寿命。

5. 某些特殊情况下需检查仪器电泳输入情况时，允许在稳压状态下空载开机，但在稳流状态下必须先接好负载再开机，否则电压表指针将大幅度跳动，容易造成不必要的人为机器损坏。

6. 使用过程中发现异常现象，如较大噪音、放电或异常气味，须立即切断电源，进行检修，以免发生意外事故。

五、PCR 仪

1971年Kleppe等人在Journal of molecular biology上发表文章首次准确、精练、客观地阐述了PCR方法，1976年一种从嗜热水生菌（*Thermus aquaticus*）分离得到的热稳定的DNA依赖的DNA聚合酶的应用大大增加了PCR的效率。而现今所发展出来的PCR则是源于由Saiki和Mullis等人于1988年发表在Science上的一篇论文，Mullis当时服务于Perkin Elmer（PE）公司，因此，PE公司在PCR界有着特殊的地位。后来PE被Applied Biosystems Inc.（ABI）公司收购、分拆、再转卖，而PCR的专利和备受信赖的PCR仪器生产和销售就留在ABI名下。如今，PCR方法愈发趋向自动化，并从中衍生出更多的新技术方法，可以说，PCR技术是支撑现代分子生物学发展的一块重要基石。这种技术的广泛应用催生了一个庞大的市场，多个公司均有各种类型的商品化PCR仪出售。PCR的专利目前依然掌握在ABI和Roche（罗氏）两大公司手中，去年业界颇为引人瞩目的ABI诉MJ公司侵犯PCR仪知识产权案最终以MJ败诉并宣布破产、最终被Bio-rad收购暂告一段落。其后会不会有后继的故事，还需拭目以待。

（一）工作原理

DNA 的半保留复制是生物进化和传代的重要途径。双链 DNA 在多种酶的作用下可以变性解链成单链，在 DNA 聚合酶的作用下，以单链为模版，根据碱基互补配对原则复制成新的单链，与模版配对成为双链分子拷贝。在体外实验中发现，DNA 在高温时也可以发生变性解链，当温度降低后又可以复性成为双链。因此，通过温度变化控制 DNA 的变性和复性，并设计与模板 DNA 的 5′端结合的两条引物，加入 DNA 聚合酶、dNTP 就可以完成特定基因的体外复制，多次重复“变性解链—退火—合成延伸”的循环就可以以几何级数大量扩增特定的基因。

从 PCR 原理可以看出，PCR 仪的关键是升降温的步骤。现在偶尔还能听到一些前辈们笑谈早年的 PCR 实验如何在 3 个水浴锅中完成的趣闻。经过不断改进，今天的 PCR 已经越来越完善和智能化。出于市场推广的战略需要，各厂家的 PCR 仪型号不同，着力宣传的技术指标和参数也不尽统一，生物通的编者在这里简单列出选购时我们认为应该考虑的常用指标，希望有助于大家选购 PCR 仪的选购技巧。

虽然 PCR 基因扩增仪的生产厂家、型号很多，工作原理不尽相同，使用方法也不尽一致，但都具有向自动化和智能化发展的趋势，这对于使用者来说比较方便，只要参考说明书轻轻触动按键，输入或改变扩增程序、反应时间、温度等，置入扩增样品，扩增仪就会自动完成整个扩增过程。这里仅以 MJ 公司的 PTC－150－16 型 PCR 仪为例，简单介绍该型机的使用和维护要点。

（二）操作流程

1. 准备好反应管。
2. 打开机盖，平稳、端正地置入反应管，盖好机盖。
3. 打开电源开关，机器自检屏幕显示的提示设定程序。

用 Proceed 键起动扩增，结束时出现“Complete”，待风机停止工作，关闭电源，取出样品盖好扩增仪护套。

（三）维护注意事项

1. 注意本机的使用环境条件和电源。
2. 机盖开关要轻，以防损坏盖锁。
3. 严禁工作时打开机盖。
4. 定期用中性肥皂水清洗样品槽，严禁使用强碱、有机溶液和高浓度酒精擦洗。
5. 有故障时请有专业知识的维修人员或厂家技术人员维修。

附：实时荧光定量 PCR

聚合酶链式反应（PCR）可对特定核苷酸片段进行指数级的扩增。在扩增反应结束之后，我们可以通过凝胶电泳的方法对扩增产物进行定性的分析，也可以通过放射性核素掺入标记后的光密度扫描来进行定量的分析。无论定性分析，还是定量分析，分析的都是 PCR 终产物。但是在许多情况下，我们所感兴趣的是未经 PCR 信号放大之前的起始模板量。例如，我们想知道某一转基因动植物转基因的拷贝数或者某一特定基因在特定组织中的表达量。在这种需求下荧光定量 PCR 技术应运而生。

（一）工作原理

所谓的实时荧光定量 PCR 就是通过对 PCR 扩增反应中每一个循环产物荧光信号的实时检测，从而实现对起始模板定量及定性的分析。在实时荧光定量 PCR 反应中，引入了一种荧光化学物质。随着 PCR 反应的进行，PCR 反应产物不断累积，荧光信号强度也等比例增加。每经过一个循环，收集一个荧光强度信号，这样我们就可以通过荧光强度变化监测产物量的变化，从而得到一条荧光扩增曲线图（图 17－1）。

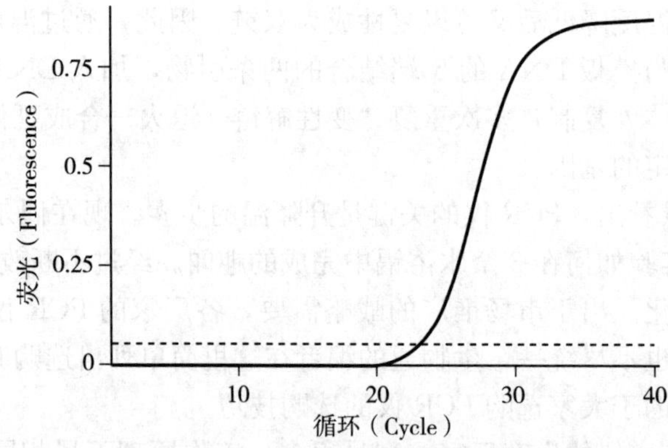

图 17－1 实时荧光扩增曲线图

一般而言，荧光扩增曲线可以分成 3 个阶段：荧光背景信号阶段、荧光信号指数扩增阶段和平台期。在荧光背景信号阶段，扩增的荧光信号被荧光背景信号所掩盖，PCR 的终产物量与起始模板量之间没有线性关系，因此，根据最终的 PCR 产物量不能计算出起始 DNA 拷贝数。只有在荧光信号指数扩增阶段，PCR 产物量的对数值与起始模板量之间存在线性关系，我们可以选择在这个阶段进行定量分析。为了定量和比较的方便，在实时荧光定量 PCR 技术中引入了两个非常重要的概念：荧光阈值和 CT 值。荧光阈值是在荧光扩增曲线上人为设定的一个值，它可以设定在荧光信号指数扩增阶段任意位置上，但一般我们将荧光阈值的缺省设置是 3～15 个循环的荧光信号的标准偏差的 10 倍。每个反应管内的荧光信号到达设定的阈值时所经历的循环数被称为 CT 值（图 17－2）。

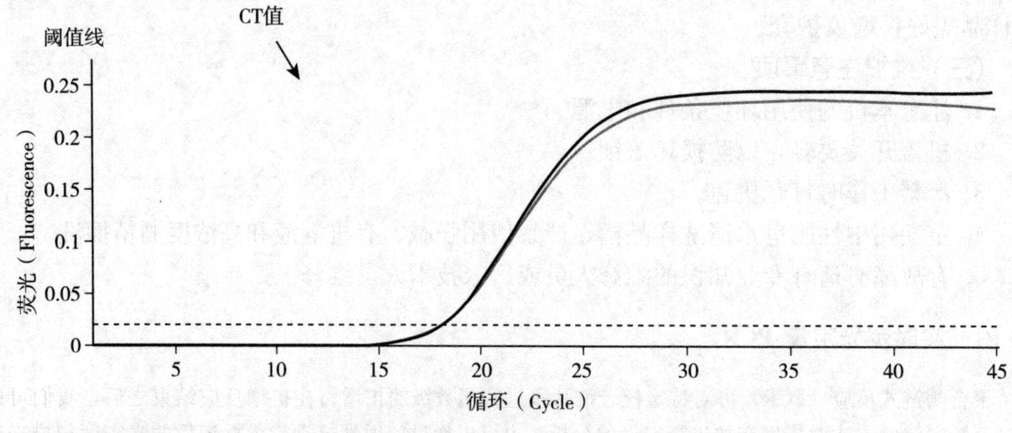

图 17－2 荧光定量标准曲线

CT 值与起始模板的关系研究表明，每个模板的 CT 值与该模板的起始拷贝数的对数存在线性关系，起始拷贝数越多，CT 值越小。利用已知起始拷贝数的标准品可做出标准曲线，其中横坐标代表起始拷贝数的对数，纵坐标代表 CT 值（图 17－3）。因此，只要获得未知样品的 CT 值，即可从标准曲线上计算出该样品的起始拷贝数。

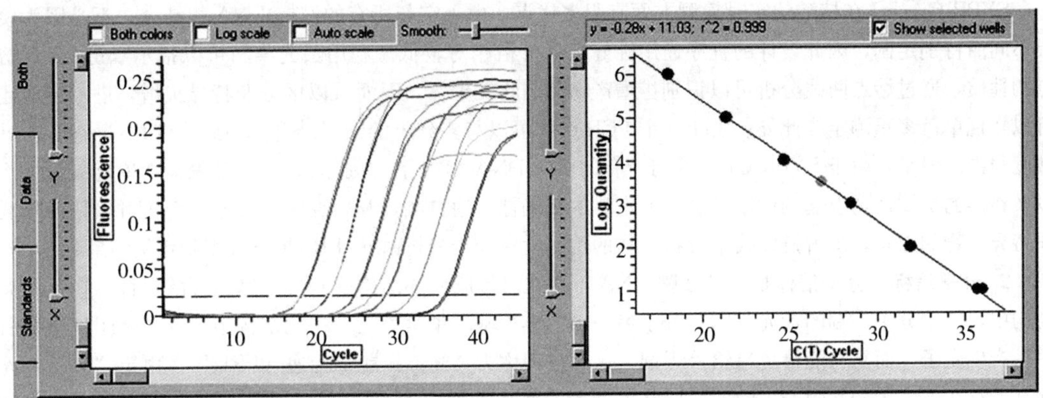

图 17－3　阈值线和 CT 值

实时荧光定量 PCR 的化学原理包括探针类和非探针类两种，探针类是利用与靶序列特异杂交的探针来指示扩增产物的增加。非探针类则是利用荧光染料或者特殊设计的引物来指示扩增的增加。前者由于增加了探针的识别步骤，特异性更高，但后者则简便易行。

1. SYBR Green I　SYBR Green I 是一种结合于小沟中的双链 DNA 结合染料。与双链 DNA 结合后，其荧光大大增强。这一性质使其用于扩增产物的检测非常理想。SYBR Green I 的最大吸收波长约为 497nm，发射波长最大约为 520nm。在 PCR 反应体系中，加入过量 SYBR 荧光染料，SYBR 荧光染料特异性地掺入 DNA 双链后，发射荧光信号，而不掺入链中的 SYBR 染料分子不会发射任何荧光信号，从而保证荧光信号的增加与 PCR 产物的增加完全同步（图 17－4）。

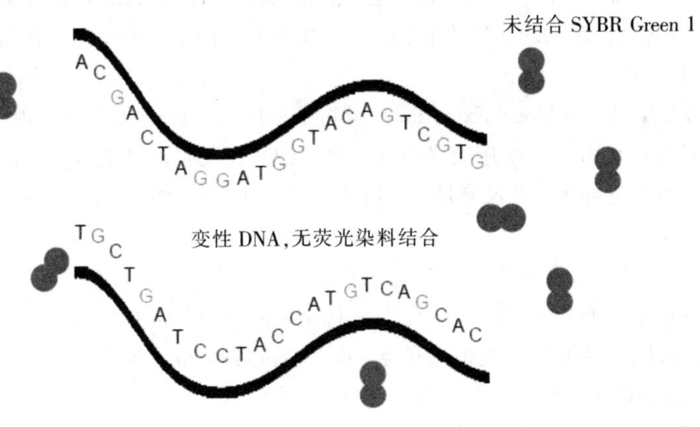

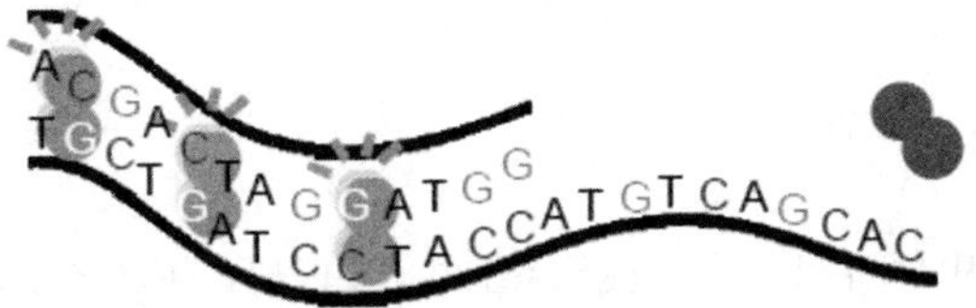

图 17－4　SYBR Green I 工作原理

SYBR Green I在核酸的实时检测方面有很多优点，由于它与所有的双链DNA相结合，不必因为模板不同而特别定制，因此设计的程序通用性好，且价格相对较低。利用荧光染料可以指示双链DNA熔点的性质，通过熔点曲线分析可以识别扩增产物和引物二聚体，因而可以区分非特异扩增，进一步地还可以实现单色多重测定。此外，由于一个PCR产物可以与多分子的染料结合，因此SYBR Green I的灵敏度很高。但是，由于SYBR Green I与所有的双链DNA相结合，因此，由引物二聚体、单链二级结构以及错误的扩增产物引起的假阳性会影响定量的精确性。通过测量升高温度后荧光的变化可以帮助降低非特异产物的影响，由解链曲线来分析产物的均一性有助于分析由SYBR Green I得到定量结果。

2. 分子信标 分子信标是一种在靶DNA不存在时形成茎环结构的双标记寡核苷酸探针。在此发夹结构中，位于分子一端的荧光基团与分子另一端的淬灭基团紧紧靠近。在此结构中，荧光基团被激发后不是产生光子，而是将能量传递给淬灭剂，这一过程称为荧光谐振能量传递（FRET）。由于“黑色”淬灭剂的存在，由荧光基团产生的能量以红外而不是可见光形式释放出来。如果第二个荧光基团是淬灭剂，其释放能量的波长与荧光基团的性质有关。分子信标的茎环结构中，环一般为15～30个核苷酸，并与目标序列互补；茎一般为5～7个核苷酸，并相互配对形成茎的结构。荧光基团连接在茎臂的一端，而淬灭剂则连接于另一端。分子信标必须非常仔细的设计，以至于在复性温度下，模板不存在时形成茎环结构，模板存在时则与模板配对。与模板配对后，分子信标的构象改变使得荧光基团与淬灭剂分开。当荧光基团被激发时，它发出自身波长的光子（图17-5）。

3. Taq Man 探针 TaqMan探针是多人拥有的专利技术。TaqMan探针是一种寡核苷酸探针，它的荧光与目的序列的扩增相关。它设计为与目标序列上游引物和下游引物之间的序列配对。荧光基团连接在探针的5′末端，而淬灭剂则在3′末端。当完整的探针与目标序列配对时，荧光基团发射的荧光因与3′端的淬灭剂接近而淬灭。但在进行延伸反应时，聚合酶的5′外切酶活性将探针进行酶切，使得荧光基团与淬灭剂分离。TaqMan探针适合于各种耐热的聚合酶，如DyNAzymeTM II DNA聚合酶（MJ Research公司有售）。随着扩增循环数的增加，释放出来的荧光基团不断积累，因此，荧光强度与扩增产物的数量呈正比关系（图17-6）。

4. LUX 引物 LUX（Light Upon Extention）引物是利用荧光标记的引物实现定量的一项新技术。目标特异的引物对中的一个引物3′端用荧光报告基团标记。在没有单链模板的情况下，该引物自身配对，形成发夹结构，使荧光淬灭。在没有目标片段的时候，引物与模板配对，发夹结构打开，产生特异的荧光信号（图17-7）。

（二）操作步骤

下面以GeneAmp 7000型荧光定量PCR仪为例说明一下其使用方法。

1. 依次打开电脑显示器和电脑主机电源开关，进入Windows 2000界面。
2. 接着打开PCR仪电源开关，预热5min。
3. 按需要在电脑上设定一个新的运行版面和程序。
4. 推开滑门，将样品放入样品槽内，关上仪器滑门。
5. 运行程序，在反应结束后按Save键储存实验结果。
6. 关闭PCR仪电源开关。
7. 分析实验结果；发放临床报告。

（三）注意事项

1. 仪器应放置在水平坚固的平台上，外界电源系统电压要匹配，并要求有良好的接地线。
2. 环境温度保持在23℃左右，湿度保持在60%左右。
3. 仪器应配备功率≥3 000W的稳压器。
4. 仪器应定期清洁维护。

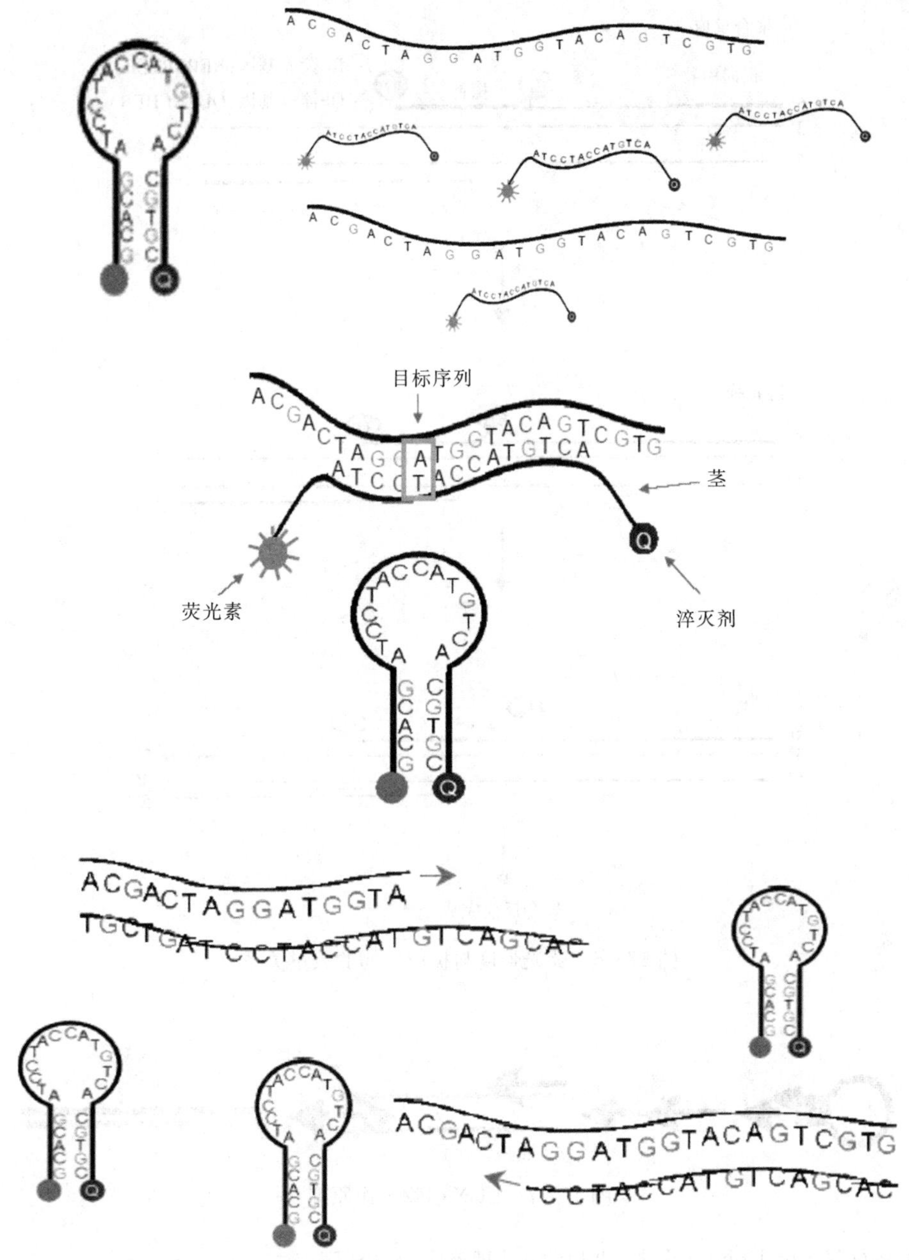

图 17－5　分子信标工作原理

5. 仪器使用时应严格遵守上述使用步骤。

(四) 维护方法

1. 微软 Windows 2000 操作系统的维护　硬盘驱动器每月末运行一次碎片清除程序，使用 Norton Utilities 或类似软件。现以 Norton 为例：

(1) 放入 Norton Utilities 光盘，运行安装（Setup）文件。

(2) 安装完后取出 Norton Utilities 光盘，重新启动计算机。

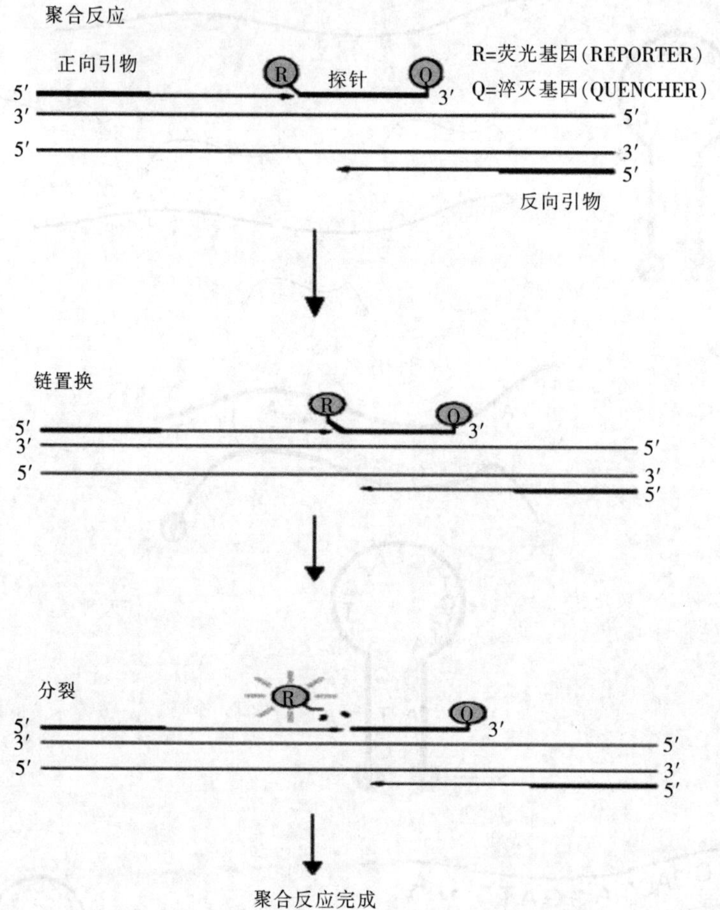

图 17-6　荧光强度与扩增产物的数量关系

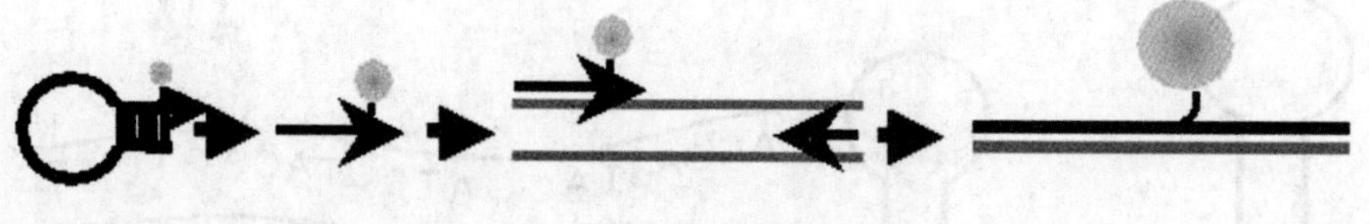

图 17-7　LUX 引物工作原理

(3) 运行 Norton Utilities 软件，并启动其清理碎片/优化程序。

(4) 运行完成后，检查以确信无严重错误记录，退出 Norton Utilities。

(5) 以后每次运行 Norton Utilities 软件中的清理碎片/优化程序就行了。

2. GeneAmp 7000 型荧光定量 PCR 仪的维护

(1) *样品槽的清洁*　样品槽每月 29 日进行一次清洁，如出现样品槽污染情况则随时清洁。

操作方法：

① 运行 25℃ HOLD 程序使样品槽温度达到室温。关闭仪器，等待 10min。

② 从样品槽移去样品架。

③ 在样品槽中加入少量 95%乙醇，用棉签擦洗反应孔。

④ 用干棉签吸干乙醇。

⑤ 向里推动滑门，锁住，使样品槽升温到50℃，以蒸发掉多余的乙醇。

(2) 热盖的清洁　热盖每月末进行一次清洁，如有需要随时进行。

① 运行25℃HOLD程序使样品槽温度达到室温。关闭仪器，等待10min。

② 逆时针旋转GeneAmp 7000型荧光定量PCR仪光源检测器顶部旋钮。向后推GeneAmp 7000型荧光定量PCR仪光源检测器至距离滑轨大约1/3处。

③ GeneAmp 7000型荧光定量PCR仪光源检测器滑轨上有缺口。从这些缺口垂直抬起GeneAmp 7000型荧光定量PCR仪光源检测器，小心侧放于仪器顶盖上。不要从仪器取走热盖。

④ 用湿润的镜头纸清洁加热盖，待干。

⑤ 将GeneAmp 7000型荧光定量PCR仪光源检测器重新安装回滑轨。

3. GeneAmp 7000型荧光定量PCR仪光路系统的维护

(1) 调准ROI参照条　调准ROI参照条在仪器更换卤素灯、仪器定期校准或仪器维修后进行。不得由一般实验人员进行该项操作。

① 推开滑门，在样品槽中放入荧光检测板。

② GeneAmp 7000型荧光定量PCR仪仪器滑门向前滑移盖住样品槽，并关紧。

③ 从Start菜单或桌面点选运行GeneAmp 7000型荧光定量PCR仪SDS管理软件。

④ 积分时间从512ms开始，用位置调整点，调节ROI的高度与右边线。

⑤ 逐渐增加积分时间，直到可以看到至少4个块（约4 096ms）。

⑥ 调整最左侧位置调整点。

⑦ 减少积分时间到1 024ms，调整上方与底部的位置调整点。

⑧ 减少积分时间以便最右侧块可见但未饱和（约512ms），调节最右侧位置调整点。如有需要用右上角拖动点调整图像的倾斜度（以左上角为中心旋转）。

⑨ 调节后的参照条宽度必须在ROI参照块间有小空隙。

(2) 校正ROI光路　ROI光路校正每月29日进行一次，以便确信结果仍然是优化的。

① 推开滑门，在样品槽中放入荧光检测板。

② GeneAmp 7000型荧光定量PCR仪仪器滑门向前滑移盖住样品槽，并关紧。

③ 从Start菜单或桌面点选运行GeneAmp 7000型荧光定量PCR仪SDS管理软件。

④ 点选Show ROI复选框。每个样品孔周围出现一蓝色椭圆圈。

⑤ 点选Show Saturation复选框。

⑥ 设定积分时间为1 024ms；打开卤素灯和光闸。

⑦ 点击LIVE按钮获取图像，然后在任何地方左击停止。获取中等程度未饱和图像（无红色图像）。

⑧ 从Edit菜单中选择Calibrate ROIs每个孔都会选取合适的ROI，确定96孔都被蓝色椭圆圈正确界定。

⑨ 图像太亮太暗都会出现错误信息，相应增加或减少积分时间，并重复上述第⑧步直到无错误信息出现。

⑩ 检查孔ROI位置，所有孔信息都应包含在96个ROI椭圆圈中。如果没有，重复第⑧和⑨步。

(3) 检查样品槽的荧光污染　每月29日进行一次，如有需要随时进行。

①开启GeneAmp 7000型荧光定量PCR仪电源。

②从Start菜单或桌面点选运行GeneAmp 7000型荧光定量PCR仪SDS管理软件。

③从样品槽中移去反应板。GeneAmp 7000型荧光定量PCR仪仪器滑门向前滑移盖住样品槽，并关紧。

④单击New Document建立一个新的GeneAmp 7000文件。

⑤点击 instrument 中的 catibrate 显示 ROI inspector 窗口。

⑥把 Exposure Time 调到最大，把 Capture image From 调到最敏感的 FiterB 点，单击 Snapshot 获取图像。

⑦减少积分时间，改变 Capture image From 中的 A、B、C、D，单击 Snapshot，观察 96 孔中背景荧光。如孔有显著荧光则表示该孔存在荧光污染。

⑧按照样品槽的清洁程序清洗样品槽。

（4）*更换卤素灯* 仪器使用大约 2 000h 后应更换卤素灯。

①关闭仪器，冷却 15min。

②将样品板放入仪器样品槽，关闭滑门。在仪器的顶部向上打开灯舱门。

③拧下固定灯罩的螺丝，将灯罩向前滑移，使其从设备上取下。

④将旧灯泡向前滑移，使其从夹状支架上取下，并将灯泡从灯座上拔下。

⑤把新灯泡尾部的插杆插入灯座上的插孔，使两者连接起来。

⑥使灯的长轴与仪器前向平行（即竖直于地面），将新灯泡滑回灯位。

⑦在灯舱门处于打开状态下，打开仪器，确证在仪器运行时灯也能打开。

⑧盖上灯罩，拧紧螺丝，关上灯舱门。

⑨若新卤素灯不工作，GeneAmp 7000 型荧光定量 PCR 仪电源保险丝可能有问题。

六、干胶仪

干胶仪，又称为凝胶干燥器，主要用于对各种电泳凝胶快速烘干，不会因自然干燥导致龟裂现象，使凝胶能够长期保存的一种仪器。

（一）工作原理

用于在加热的情况下，真空干燥琼脂糖、丙烯酰胺凝胶。可一次干燥 1 块 34cm×44cm 胶体，或 4 块 14cm×16cm 胶体，或 12 块 8cm×10cm 胶体。

下面以 Moder 583 型干胶仪为例，说明一下其主要的操作流程。

（二）操作流程

1. 将干胶仪的排水管连接到真空泵上，阀门旋到开的位置。

2. 打开电源开关。

3. 选择干胶 CYCLE。

（1）按 CYCLE 键两次。

（2）当灯在闪动状态时，按 RAISE 或 LOWER 键选择干胶 CYCLE。

4. 选择循环温度。

（1）按 TEMP 键两次。

（2）当灯在闪动状态时，按 RAISE 或 LOWER 键选择温度。

5. 选择循环时间。

（1）按 TIME 键两次。

（2）当灯在闪动状态时，按 RAISE 或 LOWER 键选择时间。

6. 将胶放在干胶仪里（将胶放在透明的保护盖的下面，在胶的表面覆盖一层塑料薄膜）。

7. 打开真空泵。

8. 按 START 键开始干胶程序。

9. 干胶程序完成后，打开透明的保护盖，阀门旋到开的位置，然后关掉真空泵。

干胶时间的选择表 17－1。

表 17－1　干胶时间的选择

胶的浓度（%）	胶的厚度（mm）	80℃所需时间（min）
3～20	0.375	30
3～20	0.5	40
3～10	0.75	40～60
10～20	0.75	60～120
3～10	1.5	45～60
10～20	1.5	60～120
3～10	3	60～120
10～20	3	120～180

（三）注意事项

1. 必须定期清理集水瓶内的集水。

2. 不可用尖锐的物品划伤胶皮，否则将无法抽空。

3. 电源必须稳定，最好使用稳压电源。

4. 如果长期不使用，必须每周开机 2 次。

5. 抽干完毕，打开凝胶干燥器加热盖，缓缓掀开硅胶膜，至气压平衡后，方可关闭水龙头。

七、凝胶成像系统

在生物学迅速发展的今天，凝胶电泳作为主要的科研实验手段早已被广泛应用于核酸和蛋白的分离，而电泳图像的获取和相关分析主要依靠凝胶成像系统。凝胶成像及分析系统用于对电泳凝胶图像的分析研究，采用暗箱式紫外透视系统，用摄像机将电泳凝胶在紫外分析仪上显示的结果取进计算机，并配以相应的软件，可一次性完成 DNA、RNA、蛋白凝胶、薄层层析板等图像的成像和分析，最终可得到凝胶条带的峰值、分子量或碱基对数、面积、高度、位置、体积或样品总量。仪器操作方便，清晰度、灵敏度高，软件功能强大。

（一）工作原理

分析电泳条带是从拍摄电泳照片开始的。用一般的数码相机拍摄的电泳条带不能用来进行定量的分析，必须使用专门的拍摄设备。大家一般称它为“凝胶成像系统”。它集中了观察、拍摄与分析凝胶的所有功能。一个凝胶成像系统包括 3 个部分：暗箱、相机与电脑上的控制分析程序。

紫外灯箱是观察与拍摄凝胶的必需照明设备。它是用来观察 EB 染色凝胶条带的。里面的紫外灯光能提供 256nm、302nm 及 365nm 的紫外光。在观察 EB 的红色荧光条带时，一般用 302nm。在观察与拍摄蛋白凝胶的时候，必须使用透射白光照明。有的暗箱里会有白板照明灯，平时向上掀起靠在后壁上，使用时拉下来。简单的暗箱则是用一块荧光板放在紫外灯箱上面，用紫外光照射荧光板，发出白色光。用白板的透射光照明来拍摄蛋白凝胶的道理有点像医院里用灯箱来观察 X 光片。只有在透射光下，才能正确地反映凝胶上条带的光密度分布。

镜头系统也是凝胶成像系统的一个重要部分。它与普通照相机的变焦镜头功能相同，包括对焦距，变焦放大缩小，还可以调整光圈。但不一样的是，它是一个近摄镜头，放大倍数在 0.1～4 倍。正好填补了显微镜与日常用数码相机的放大倍数之间的空缺。所以有时候制作的大体切片，在显微镜上不能完整拍摄的时候，也可以放到这里拍摄。在拍摄荧光样品时，必须使用滤光片来过滤掉激发光。最常见的就是在拍摄 EB 染色的凝胶时必须使用红色滤光片。

几乎所有的凝胶分析软件都集成相机控件，可以在程序上直接控制相机。如果是高级点的暗箱，它的照明控制也能集成到软件上。这样拍摄与分析就直接在凝胶分析软件上完成了。凝胶分析软件最基本的分析功能就是分析电泳条带的位置（可以测量条带分子量）与条带的光密度（可以测量相对的条带质量），叫作“1D-gel 分析”。各种不同的软件操作方法不同，但都是根据相关程序进行分析。

（二）操作步骤

1. 用酒精棉球将暗盒中的透视屏擦拭干净。
2. 将凝胶置于屏上（蛋白凝胶于白光屏，核酸凝胶于紫外屏）。
3. 调整 CCD 位置使凝胶置于视野合适位置后插上电源。
4. 打开电脑进入 Labwork 工作状态，打开相应的透射光源准备扫描，进入摄像状态，调整光圈和焦距扫描，用 JPG 格式文件保存图像。
5. 关闭光源，CCD 电源和电脑。
6. 取出凝胶并用酒精棉球擦净透视屏，盖上防尘盖。

（三）注意事项

1. 注意 DNA 凝胶含有 EB，操作时应戴手套，并防止 EB 污染。
2. 使用完后在记录本上登记。
3. 凝胶成像系统电脑为图像扫描分析专用，不得作其他用途，不得修改电脑设置。

八、CO_2 培养箱

CO_2 培养箱广泛应用于医学、免疫学、遗传学、微生物、农业科学、药物学的研究和生产，已经成为上述领域实验室最普遍使用的常规仪器之一，其通过在培养箱箱体内模拟形成一个类似细胞/组织在生物体内的生长环境如恒定的酸碱度（pH 7.2～7.4）、稳定的温度（37℃）、较高的相对湿度（95%）、稳定的 CO_2 水平（5%），来对细胞/组织进行体外培养的一种装置。

（一）工作原理

CO_2 培养箱主要控制模拟活体内环境相关的3个基本变量：稳定的 CO_2 水平、温度、相对湿度。要有稳定的培养环境，就要考虑3方面的影响因素。

1. 温度控制　保持培养箱内恒定的温度是维持细胞健康生长的重要因素。当选购二氧化碳培养箱时，有两种类型的加热结构可供选择：气套式加热和水套式加热。虽然这两种加热系统都是精确和可靠的，但是它们都有着各自的优点和缺点。水套式培养箱通过一个独立的热水间隔间包围内部的箱体来维持温度恒定。热水通过自然对流在箱体内循环流动，热量通过辐射传递到箱体内部从而保持了温度的恒定。独特的水套式设计有其优点：水是一种很好的绝热物质，当遇到断电的时候，水套式系统就能更可靠地长久保持培养箱内的温度准确性和稳定性（维持温度恒定的时间是气套式系统的4～5倍）。如果您的实验环境不太稳定（如有用电限制或者经常停电）并需要保持长时间稳定的培养条件，此时，水套式设计的 CO_2 培养箱就是您最好的选择。而气套式加热系统是通过箱体内的加热器直接对箱内气体进行加热的。气套式设计在箱门频繁开关引起的温度经常性改变的情况下能够迅速恢复箱体内的温度稳定。因此，气套式与水套式相比，具有加热快，温度的恢复比水套式培养箱迅速的特点，特别有利于短期培养以及需要箱门频繁开关的培养。此外，对于使用者来说气套式设计比水套式更简单化（水套式需要对水箱进行加水、清空和清洗，并要经常监控水箱运作的情况）。在购买气套式培养箱时，要注意的是：为了不影响培养，培养箱还应该有一个风扇以保证箱内空气的流通和循环，此装置还有助于箱内温度、CO_2 和相对湿度的迅速恢复。此外，有些类型的 CO_2 培养箱还具备外门及辅助加热系统，这个系统能加热内门，提供给细胞良好的湿度环境，保证细胞渗透压维持平衡，且可有效防止形成冷凝水以保持培养箱内的湿度和温度。如果您的培养环境需要精确地控制，那么这个辅助系统则必不可少。

2. CO_2 控制　CO_2浓度探测可通过两种控制系统——红外传感器（IR）和热传导传感器（TC）进行测量。当二氧化碳培养箱的门被打开时，CO_2 从箱体内漏出，此时传感器就会探测到 CO_2 浓度的降低，并做出及时的反应，重新注入 CO_2 使其恢复到原先预设的水平。热传导传感器（TC）监控 CO_2 浓度的工作原理是通过测量两个电热调节器（一个调节器暴露于箱体环境内，另一个则是封闭的）之间的电阻变化来实现的。箱内 CO_2 浓度的变化会改变两个电热调节器间的电阻，从而促使传感器产生反应以达到调节 CO_2 水平的作用。TC控制系统的一个缺点就是箱内温度和相对湿度的改变会影响传感器的精确度。当箱门被频繁打开时，不仅 CO_2 浓度，温度和相对湿度也会发生很大的波动，因而影响了TC传感器的精度。当需要精确的培养条件和频繁开启培养箱门时，此控制系统就显得不太适用了。红外传感器（IR）作为另一个可选择的控制系统比TC系统具备更精确的 CO_2 控制能力，它通过一个光学传感器来检测 CO_2 水平。IR系统包括一个红外发射器和一个传感器，当箱体内的 CO_2 吸收了发射器发射的部分红外线之后，传感器就可以检测出红外线的减少量，而被吸收红外线的量正好对应于箱体内 CO_2 的水平，从而可以得出箱体内 CO_2 的浓度。因为IR系统不会因温度和相对湿度的改变而受到影响，所以它比TC系统更精确，特别适用于需要频繁开启培养箱门的细胞培养。然而，此系统比TC系统更贵，这时就要结合经费预算进行考虑了。

3. 相对湿度控制 培养箱内相对湿度的控制是非常重要的，维持足够的湿度水平才能保证不会由于过度干燥而导致培养失败。大型的 CO_2 培养箱是用蒸汽发生器或喷雾器来控制相对湿度水平的，而大多数中、小型培养箱则是通过湿度控制面板（humidity pans）的蒸发作用产生湿气的（其产生的相对湿度水平可达 95%～98%）。一些培养箱有一个能在加热的控制面板上保持水分的湿度蓄水池，这样可以增强蒸发作用，此蓄水池能增加相对湿度水平达 97%～98%。但是，这个系统也更复杂，由于复杂结构的增加一些难以预料的问题也会在使用过程中出现。

（二）操作步骤

1. 将含 5%CO_2 混合气体的钢瓶与 CO_2 减压表相连接。
2. 通过减压表连接到 CO_2 进气阀上，并打开阀门。
3. 打开气瓶阀门，检查进气管是否通畅或漏气。
4. 取出孵箱内盛水的储水皿，加入适量的灭菌水。
5. 接通电源，在 MODE 环境下设置各种参数。
6. 检查孵箱显示板上各项参数是否符合细胞培养的条件要求。
7. 在使用过程中，出现报警并 Silence 灯闪烁，检查显示板上各项参数的变化情况，作适当的调整操作，并关闭报警器。
8. 发现 CO_2 气体用完后，即时通知管理人员更换气体。
9. 定期对孵箱内各种设施进行清洁消毒。
10. 在使用过程中，注意轻开、关门，迅速完成操作，即时关上箱门，以保持箱内恒定的生长环境。

（三）注意事项

1. 箱水套未注水前不能打开电源开关，否则会损坏加热元件。
2. 培养箱运行数月后，水套内的水因挥发可能减少，当低水位指示灯（ W Low 12）亮时应补充加水。先打开溢水管，用漏斗接橡胶管从注水孔补充加水使低水位指示灯熄灭，再计量补充加水（CP-ST200A 加水 1 800mL，CP-ST100A 加水 1 200mL），然后堵塞溢水孔。
3. 该仪器可以做高精度恒温培养箱使用，这时必须关闭 CO_2 控制系统。
4. 因为 CO_2 传感器是在饱和湿度下校正的，所以加湿盘必须时刻装有灭菌水。
5. 当显示温度超过设定温度 1℃时，超温报警指示灯（Over Temp 7 ）亮，并发出尖锐报警声，这时应关闭电源 30min；若再打开电源（温控）开关（Power 20）仍然超温，则应关闭电源并报维修人员。
6. 钢瓶压力低于 0.2MPa 时应更换钢瓶。
7. 尽量减少打开玻璃门的时间。
8. 如果培养箱长时间不用，关闭前必须清除工作室内水分，打开玻璃门通风 24h 后再关闭。
9. 清洁培养箱工作室时，不要碰撞传感器和搅拌电机风轮等部件。
10. 拆装工作室内支架护罩，必须使用随机专用扳手，不得过度用力。
11. 搬运培养箱前必须排除水套内的水。排水时，将橡胶管紧套在出水孔上，使管口低于仪器，轻轻吸一口，放下水管，水即虹吸流出。

12. 搬运培养箱前应拿出工作室内的搁板和加湿盘，防止碰撞损坏玻璃门。

13. 搬运培养箱时不能倒置，同时一定不要抬箱门，以免门变形。

第二节 细菌培养分离常用仪器

一、干燥箱

（一）工作原理

通过数显仪表与温感器的连接来控制温度，采用热风循环送风方式，热风循环系统分为水平式和垂直式。均经精确计算，风源是由送风马达运转带动风轮经由电热器，将热风送至风道后进入烘箱工作室，且将使用后的空气吸入风道成为风源再度循环加热运用，如此可有效提高温度均匀性。如使用中开关箱门，可借此送风循环系统迅速恢复操作状态温度值。烘箱送风方式分为水平送风和垂直送风。①水平送风：适用于需放置在托盘中烘烤的物件；水平送风的热风是由工作室两边吹出的，所以可以沐浴托盘中的物件，烘烤效果会很好。相反，放置在托盘中烘烤的物件用垂直送风是很不适宜的，垂直送风热风是由上而下吹出，它会把热风挡住，从而热风沐浴不到下面几层，相应烘烤效果会很差。②垂直送风：适用于烘烤放置在网架上的物件，垂直送风热风是由上而下吹出，由于是网架，整个上下流通性会很好，使得热风可完全沐浴在物件上。

干燥箱以额定温度区分，一般可分为：

低温干燥箱：100℃以下，一般用于电气产品老化，普通料件的缓速干燥，部分食品原料、塑料等产品的干燥用。

常温干燥箱：100～250℃，这是最常见的，用于大多数料件的水分干燥、涂层固化、加温、加热、保温等。

高温干燥箱：250～400℃，高温干燥特种材料、工件加温安装、材料高温试验、化工原料的反应处理等。

超高温干燥箱：400～600℃，更高的工作温度，高温干燥特种材料、工件加温热处理、材料高温试验等。

（二）操作流程

1. 样品放置 把需干燥处理的物品放入干燥箱内，上下四周应留存一定空间，保持工作室内气流畅通，关闭箱门。

2. 风门调节 根据干燥物品的潮湿情况，把风门调节旋钮旋到合适位置，一般旋至Z处；若比较潮湿，将调节旋钮调节至三处（注意：风门的调节范围约60°角）。

3. 开机 打开电源及风机开关。此时电源指示灯亮，电机运转，控温仪显示经过“自检”过程后，PV屏应显示工作室内测量温度。SV屏应显示使用中需干燥的设定温度，此时干燥箱即进入工作状态。

4. 设定所需温度 按一下SET键，此时PV屏显示“5P”，用↑或↓改变原“SV”屏显示的温度值，直至达到需要值为止。设置完毕后，按一下SET键，PV显示“5T”（进入定时功能）。若不使用定时功能则再按一下 SET 键，使 PV 屏显示测量温度，SV 屏显示设定温度即可（注意：不使用定时功能时，必须使 PV 屏显示的“ST”为零，即 ST=O)。

5. 定时的设定 若使用定时，则当 PV 屏显示“5T”时，SV 屏显示“0”；用加键设定所需时间（min）；设置完毕，按一下 SET 键，使干燥箱进入工作状态即可（注意：定时的计时功能是从设定完毕，进入工作状态开始计算，故设定的时间一定要考虑把干燥箱加热、恒温、干燥三阶段所需时间合并计算）。

6. 控温检查 第一次开机或使用一段时间或当季节（环境湿度）变化时，必须复核下工作室内测量温度和实际温度之间的误差，即控温精度。

7. 关机 干燥结束后，如需更换干燥物品，则在开箱门更换前先将风机开关关掉，以防干燥物被吹掉；更换完干燥物品后（注意：取出干燥物时，千万注意小心烫伤），关好箱门，再打开风机开关，使干燥箱再次进入干燥过程；如不立刻取出物品，应先将风门调节旋钮旋转至“Z”处．再把电源开关关掉，以保持箱内干燥；如不再继续干燥物品，则将风门处于“三”处，把电源开关关掉，待箱内冷却至室温后，取出箱内干燥物品，将工作室擦干。

（三）注意事项

1. 干燥箱外壳必须良好、有效接地，以保证安全。
2. 干燥箱内不得放入易腐、易燃、易爆物品。
3. 当干燥箱工作室温度接近设定温度时，加热指示灯忽亮忽暗，反复多次，属正常现象。一般情况下，在测定温度达到控制温度后 30min 左右，工作室内温度进入恒温状态。
4. 当新设定温度低于 100℃以下，用二次升温方式，可杜绝温度过冲现象，假设 50℃，第一次设定 40℃，等温度过冲开始回落后再设定至 50℃。
5. 干燥箱在工作时，必须将风机开关打开，使其运转，否则箱内温度和测量温度误差很大，还会因此项操作引起电机或传感器烧坏。
6. 箱内应经常保持清洁，长期不用，应套好塑料防尘罩，放置在干燥的环境内。

二、超净工作台

超净工作台是一种局部净化设备，即利用空气净化技术使一定操作区内的空间达到相对的无尘、无菌状态。使用时，必须放置在洁净的空间，操作比较方便，可以较大幅度地提高工作效率，适用于大规模生产。与简陋的无菌罩相比，超净台具有允许操作者自由活动，容易达到操作区的任何地方以及全性较高等优点。内有紫外灯、照明灯、还应有酒精灯、75%酒精等灭菌的设备，是一种提供局部洁净度的设备。

（一）原理

超净工作台的洁净环境是在特定的空间内，洁净空气（过滤空气）按设定的方向流动而形成的。鼓风机驱动空气，经过低、中效的过滤器后，通过工作台面，使实验操作区域成为无菌的环境。超净台按气流方向的不同大致有两种类型：

1. 侧流式 净化后气流，从左侧或右侧通过工作台面，流向对侧，或者从上往下或从下往上流向对侧，他们都能形成气流屏障而保障台面无菌。缺点：在净化气流和外边气体交界处，可因气体的流向而出现负压，使少量的未净化气体混入而造成污染。

2. 外流式　气流是面向操作人员的方向流动，从而保证外面气体不能混入。缺点：在进行有害物质实验时，对操作人员不利，但可采用有机玻璃把上半部分遮挡起来，使气流往下方流出。

(二) 操作流程

1. 打开电源开关。

2. 开紫外灯灭菌 30min。

3. 打开风机开关，调节风速，吹 10min。

4. 关闭紫外灯，打开照明灯，用 75%酒精擦拭工作台面，开始工作。对新安装的或长期未使用的工作台，使用前必须对工作台和周围环境先用超净真空吸尘器或用不产生纤维的工具进行清洁工作，再采用药物灭菌法或紫外线灭菌法进行灭菌处理。

5. 随时清洁工作台面，保持工作区的洁净气流流型不受干扰。操作区的使用温度不可以超过 60℃。

6. 结束工作后将操作台内个人物品清出，紫外灯照射 15min 后，关闭电源开关。

(三) 注意事项

1. 请不要放太多的实验用品以免影响洁净度。

2. 用过的实验用品要随时取走。

3. 如果实验材料会对周围环境造成环境污染，应避免在无排气滤板的型号内使用，因为在流动空气中操作与散毒无异。

4. 任何先进的设备并不能保证实验的成功，动物检疫实验室超净工作台的使用是以无菌和避免交叉污染为目的，因此熟练的操作和明确的无菌要领必不可少。

(四) 维护

超净工作台是一台较精密的电气设备，对其进行经常性的保养和维护非常重要。根据环境的洁净程度，可定期（一般 2～3 个月）将粗滤布（涤纶无纺布）拆下清洗或给予更换。

1. 定期（一般为 1 周）对周围环境进行灭菌工作，同时经常用纱布沾酒精或丙酮等有机溶剂将紫外线杀菌灯表面擦干净，保持表面清洁，否则会影响杀菌效果。

2. 当加大风机电压已不能使风速达到 0.32m/s 时必须更换高效空气过滤器。

3. 更换过滤器时，可打开顶盖，更换时应注意过滤器上的箭头标志，箭头指向即为层流气流向。

4. 更换高效过滤器后，应用 Y09-4 型尘埃粒子计数器检查四周边框密封是否良好，调节风机电压，使操作区平均风速保持在 0.32～0.48m/s 范围内，再用 Y09-4 型尘埃粒子计数器检查洁净度。

第三节　临床生化指标检测常用仪器

一、全自动生化分析仪

生化分析仪是用于检测和分析生命化学物质的仪器。自动生化分析仪是使生化分析中繁琐的过程，如取样、稀释、过滤、加试剂、混合、加温、反应和测定等自动化的仪器。根据仪器反应装置结构不同，自动生化分析仪可分为连续流动式、离心式、分立式和干化学式；根据仪器的功能及复杂程度，分为小型、中型、大型及超大型；根据测定项目数量不同，可分为单通道和多通道；根据自动化程度不同，可分为全自动化和半自动化。全自动生化分析仪工作原理基于分光光度法。基本测定原理依据比尔定律。

分立式自动生化分析仪是目前国内外应用最多的一类自动生化分析仪，工作原理与手工操作相似。下面以分立式自动生化分析仪为例对生化分析仪工作原理作简要的介绍。

（一）基本结构和工作原理

1. 样品处理系统

（1）样品架　盘状和传送条带状等类型，用于放置样品杯或样品管。

（2）试剂仓　放置实验试剂。

（3）样品和试剂取样单元　械臂、样品针或试剂针、吸量器、步进马达等组成。

（4）搅拌器　使反应液和样品充分混匀，由电机和搅拌棒组成。

2. 检测系统

（1）光源　采用卤素灯，少数采用氙灯。

（2）分光装置　元件一般采用干涉滤光片或光栅。光栅分光有前分光和后分光两种，目前自动生化分析仪多采用后分光。使用后分光技术，可以在同一体系中测定多种成分。

（3）比色杯　比色杯种类繁多，光径一般为0.5～1cm，目前小孔径比色杯由于更节省试剂，使用较为广泛。

（4）恒温装置　温度控制系统保证反应在恒温环境下进行，反应温度通常为25℃、30℃、37℃。

（5）清洗装置　一般包括吸液针、吐液针和擦拭块。

3. 计算机系统　具有样品识别、自动吸加样品和试剂、混匀、恒温调控、结果计算和打印、数据管理等功能。

（二）主要操作程序

1. 仪器运行前操作程序　仪器运行前操作程序主要是进行仪器的基本设置，包括：

（1）试验项目设置。

（2）各试验的参数设置。

（3）试剂设置，根据有关试验参数，设置各试验的试剂位、试剂瓶规格。

（4）校准品设置。

（5）质控设置。

（6）样品管设置。

（7）对数据传输方式、结果报告格式、复查方式及复查标准等设置。

2. 常规操作程序　打开仪器电源开关，记录开机时间。待仪器自检及程序装载（15min）结束，仪器处于备用状态，如有错误，根据错误代码查找维护保养说明书检查原因，及时处理。开机程序至少应包括：

（1）更换仪器内水箱纯水一次。

（2）更换孵育槽内纯水一次。

（3）清洗管道3次。

（4）清洗液清洗探针3次。

（5）纯水清洗探针3次。

（6）清洗比色杯（酸、碱、水）。

（7）测定水空白。

（8）根据具体试剂空白变化情况设定试剂空白检查周期。

（9）检查剩余试剂体积。

校准程序：将校准物从冰箱取出，冻干校准物按说明书加入蒸馏水复溶，轻轻颠倒混匀3次，不可用力振摇，室温放置30min至完全溶解；液体校准物从冰箱取出，室温放置15min以平衡至室温。校准物的选择尽可能选择配套仪器厂家校准品。

质控程序：将质控物从冰箱取出，冻干质控物按说明书加入蒸馏水复溶，轻轻颠倒混匀3次，不可用力振摇，室温放置30min至完全溶解；液体校准物从冰箱取出，室温放置15min。至少有两水平质控品，8h一次。质控物的选择尽可能选择配套仪器厂家及动物血清基质质控材料。

样本检测：将分离好的血清或血浆标本置入设置好的灰色样品架上，注意样本不可有凝块，样本量不可少于0.2mL。

测试完毕，执行关机程序，关机程序至少应包括：

（1）清洗管道3次。

（2）清洗液清洗探针3次。

（3）纯水清洗探针3次。

（4）清洗比色杯（酸、碱、水）。

（5）测定水空白。

（6）检查剩余试剂体积。

二、全自动血液分析仪

血细胞分析仪（又称血细胞自动计数仪、血液学自动分析仪），是指对一定体积全血内血细胞异质性进行自动分析的临床检验常规仪器。血细胞分析仪按自动化程度分为半自动血细胞分析仪、全自动血细胞分析仪、血细胞分析工作站、血细胞分析流水线；按检测原理分为电容型、电阻抗型、激光型、光电型、联合检测型、干式离心分层型和无创型；按仪器分类白细胞的水平分为二分类、三分类、五分类血细胞分析仪。

（一）基本结构

1. 机械系统　包括机械装置和真空泵，以完成样本的定量吸取、稀释、传送、混匀，以及将样本移入各种参数的检测区。

2. 电学系统　包括主电源、电压元器件、控温装置、自动真空泵电子控制系统，以及仪器的自动监控、故障报警和排除等。

3. 血细胞检测系统　国内常用的血细胞分析仪使用的检测技术，可分为电阻抗检测技术和光散射检测技术两大类。

4. 血红蛋白测定系统 由光源、透镜、滤光片、流动比色池和光电传感器等组成。

5. 计算机和键盘控制系统 包括微处理器、显示器、键盘、磁盘、打印机等。

（二）现代血液分析仪的功能

1. 全血细胞计数功能（红细胞、白细胞和血小板计数及其相关的计算参数）。

2. 白细胞分类功能（三分类或五分类白细胞百分率和绝对值）。

3. 血细胞计数和分类功能的扩展功能，包括有核红细胞计数、网织红细胞计数及其相关参数检测、未成熟粒细胞、幼稚粒细胞、造血干细胞计数、未成熟血小板比率、淋巴细胞亚型计数和细胞免疫表型检测等。

（三）检测原理

现代血液分析仪主要综合应用了电学和光学两大原理，用以测定血液有形成分（细胞）和无形成分（血红蛋白）。电学检测原理包括电阻抗法和射频电导法；光学检测原理包括激光散射法和分光光度法。激光散射法检测的对象有2类：染色的和非染色的细胞核、颗粒等成分。

为了提高血液分析仪检测结果的准确性，实行全面质量控制及校正至关重要。血标本的正确采集、抗凝剂的合理使用是分析前的关键。对异常的细胞计算结果和直方图异常者应该加强人工显微镜复查，完善血细胞分析溯源体系，探讨符合我国实际的标准化方案，确保分析结果的一致性，建立一些参考检测系统或实验室。选择合格的新鲜全血对血细胞分析仪进行比对是一种成本较低、适用性强的提高不同血细胞分析仪检测结果可比性的方法。

三、全自动尿液分析仪

全自动尿液分析仪使尿液化学分析、尿液沉渣分析实现了自动化。它可同时检测尿液中10多种化学成分，为疾病普查、筛选和疾病的诊断、鉴别诊断、疗效以及预后观察提供多方面的资料。

（一）试剂带和工作原理

1. 试剂带 一般将一条附有试剂块的塑料条叫做试剂带。单项试剂带以滤纸为载体，将各种试剂成分浸渍后干燥，作为试剂层，再在其表面覆盖一层纤维素膜作为反射层。尿液浸入试剂带后，与试剂发生反应，可产生颜色变化。多联试剂带是将多种项目试剂块集成在一个试剂带上，使用多联试剂带，浸入一次尿液可同时测定多个项目。

2. 检测原理 把试剂带浸入尿液中后，除了空白块外，其余的试剂块因和尿液发生化学反应产生了颜色变化。试剂块的颜色深浅与光的吸收和反射程度有关，颜色越深，相应某种成分浓度越高，吸收光量值越大，反射光量值越小，反射率也越小；反之，反射率越大。因为颜色的深浅与光的反射率成比例关系，而颜色的深浅又与尿液中各种成分的浓度成比例关系，所以只要测得光的反射率即可测得尿液中各种成分的浓度。

尿液分析仪一般采用双波长法测定试剂块的颜色变化。一种波长为测定波长，它是被测试剂块的敏感特征波长；另一种为参比波长，是被测试剂块不敏感的波长，用于消除背景光和其他杂散光的影响。各种试剂块都有相应的测定波长，其中亚硝酸盐、酮体、胆红素、尿胆素原的测定波长为550nm，葡萄糖、蛋白质、维生素C、潜血的测定波长为620nm。各试剂块所选用的参考波长为720nm。

（二）仪器的结构与功能

尿液分析仪一般由机械系统、光学系统、电路系统3部分组成。

（1）机械系统　机械系统的主要功能是将待检的试剂带传送到位，检测后将试剂带排送到废物盒。

（2）光学系统　光学系统通常包括光源、单色处理、光电转换3部分。

（3）电路系统　光电检测器将试剂带所反射的信号的强弱转换成电信号的大小，送往前置放大器进行放大。

（三）使用注意事项及维护与保养

1. 使用注意事项

（1）保持仪器的清洁才能维持良好的运行。

（2）使用新鲜的混合尿。

（3）不同类型的尿液分析仪使用不同的尿试带。

（4）试剂带浸入尿样的时间为2s。

（5）仪器使用最佳温度应在20～25℃。

（6）在报告检测结果时，由于各类尿液分析仪设计的结果档次差异较大，不能单独以符号代码结果来解释，要结合半定量值进行分析，以免因定性结果的报告方式不够妥当，给临床解释带来混乱。

2. 维护与保养

（1）日常维护　操作前，应仔细阅读尿液分析仪说明书及尿试剂带说明书；每台尿液分析仪应建立操作程序，并按其进行操作；要有专人负责尿液分析仪；每天开机前，要对仪器进行全面检查；检测完毕，要对仪器进行全面清理、保养。

（2）保养

①每日保养：仪器表面应用清水或中性清洗剂擦拭干净；每日测定完毕，试剂带托盘应使用无腐蚀性的洗涤剂清洗，也可用清水或中性清洗剂擦拭干净，有些仪器的试剂带托盘是一次性的，应注意更换；不要使用有机溶剂清洗传送带，清洗时勿使水进入仪器内。

②每周或每月保养：各类尿液分析仪要根据仪器的具体情况进行每周或每月保养。

四、血气分析仪

血气分析仪是血液检测的医学设备，通过对血液及呼出气的酸碱度（pH）、P_{CO_2}、P_{O_2}进行定量测定分析和评价机体血液酸碱平衡状态和输氧状态，具有检测快捷、方便、范围广泛等优点，能在几分钟内检测出血液中的O_2、CO_2等气体的含量，血液酸碱度，以相关指标的变化。

（一）测定原理

早年测定血氧和二氧化碳是采用经典的VanSlyke量气法。该法准确可靠，然而操作繁琐，又使用大量水银，极易污染环境，现在较少使用。另外，还使用化学法测定血浆

HCO_3^-含量，此法操作要求严格的隔绝空气采血，否则很难测定准确。血气分析仪问世后，该法基本属于淘汰的方法。

血气分析仪测定原理：血液样本在管路系统的抽吸下进入测量毛细管中。毛细管管壁上开有4个孔：pH、pH参比、P_{O_2}和P_{CO_2}。内设4支电极感测头，血液中pH、P_{CO_2}和P_{O_2}同时被4支电极所感测，电极将它们转换成各自的电信号，电信号经放大并转换后送至计算机，经计算机处理后将测量值和计算值显示出来并打印测量结果。

测定血气的仪器主要由专门的气敏电极分别测出O_2、CO_2和pH三个数据，并推算出一系列参数。血气分析仪生产厂家的型号很多，自动化程度也不尽相同，但其结构组成基本一致，一般包括电极（pH、P_{O_2}、P_{CO_2}）、进样室、CO_2空气混合器、放大器元件、数字运算显示屏和打印机等部件，进行自动化分析，其所需样品少，检测速度快而准确。

（二）常规操作程序

1. 打开电源前的检查 检查当天检测样品所需的试剂量，如果不够，应更换试剂。检查废液桶、液体管路、电缆、记录仪、打印机等。

2. 打开电源 按下开关键，电源指示灯亮。

3. 自我检测 检测系统硬件工作是否正常。

4. 质控 分析样品前按质控操作程序进行质控，如出现问题应检查仪器，试剂等有无错误，并排除问题。

5. 样品分析 可以根据临床情况用针筒采动脉或静脉血，或用毛细管采集外周毛细血管血。采血用针筒或毛细玻璃管预先用肝素处理，防止凝血，并注意排气。混匀标本，检查标本是否合格（是否有凝固、稀释、非动脉血等）。按仪器显示要求，选择合适的测定方法，注入标本，仪器自动测定并显示。

五、电解质分析仪

电解质分析仪是检测样本中钾离子、钠离子、氯离子、离子钙和锂离子等的仪器，检测样本可以是全血、血清、血浆、尿液，透析液等。

（一）工作原理

电解质分析仪是采用离子选择电极测量法实现精确检测的仪器，共有6种电极：钠、钾、氯、离子钙、锂和参比电极。每个电极都含有离子选择膜，或与被测样本中相应的离子产生反应，离子选择膜与离子电荷发生反应而改变了膜电势。内部电极液和样本间的离子浓度差可在工作电极的膜两边产生电化学电压，电压通过高传导性的内部电极引导到放大器，参考电极同样引到放大器的地点。通过检测精确的已知离子浓度的标准溶液获得定标曲线，从而检测样本中的离子浓度。

电解质分析仪的分类：①按自动化程度分类，分为半自动电解质分析仪和全自动电解质分析仪。②按工作方式分类，分为湿式电解质分析仪和干式电解质分析仪。临床上最常用的电解质分析仪是湿式电解质分析仪，它将离子选择性电极和参比电极插入被测样品中组成电池，然后通过测量原电池电动势进行测试分析。干式电解质分析仪则采用基于离子选择的差示电位法进行分析测试。

（二）使用方法

1. 开机系统自检　检测各主要部件的功能是否正常，智能识别诊断故障，自动提示。进入活化电极程序，具有电极活化计时功能，精确把握活化时间，以提高电极的使用寿命，确保电极稳定性。

2. 自动系统定标（也可以选择退出不定标）。

3. 基点定标、斜率定标选择。

4. 智能液体检测程序，确保进样及测量准确 。

5. 测量过程自动提示。

（三）维护保养与故障排除

1. 仪器的维护保养

（1）电极系统的保养。

（2）流路系统的保养。

①流路保养：多数仪器都有仪器流路保养程序，可以根据保养程序进行保养工作。当流路保养程序结束后，应当对仪器进行重新定标。

②全流路清洗：每天工作结束关机前，都要进行管路的清洗。仪器进入流路程序进行清洗，吸入或注射清洗液、去蛋白液或蒸馏水冲洗流路，重复 2～3 次。冲洗完毕，应当对仪器进行重新定标。

2. 日常维护保养　仪器维护保养应按照使用说明书上的要求，进行每日维护、每周维护、半年维护和停机维护。

3. 常见故障　管路易堵塞的地方主要有 4 个部分，即采样针与空气检测器部分、电极腔前端与末端部分、混合器部分、泵管和废液管的堵塞。

参 考 文 献

方福德．1996. 现代医学实验技巧全书［M］．北京：北京医科大学/中国协和医科大学联合出版社．

姜军平．1996. 实用 PCR 基因诊断技术［M］．西安：世界图书出版公司．

刘风军．1997. 医学检验仪器原理、构造与维修［M］．北京：中国医药科技出版社．

卢圣栋．1993. 现代分子生物学实验技术［M］．北京：高等教育出版社．

沈霞，李定国，姚建，巫向前．1999. 现代生物化学检验与临床实践［M］．上海：上海科学技术文献出版社．

沈佐君，白洁，丛玉隆．2005. 电泳技术在临床检验中的应用［J］．中华检验医学杂志，28（7）：684－686.

陶义训，吴文俊．2002. 现代医学检验仪器［M］．上海：上海科学技术出版社．

王保华．2003. 生物医学测量与仪器［M］．上海：复旦大学出版社．

王廷华，景强．2005. PCR 理论与技术［M］．北京：科学出版社．

王文峰，李峰．2007. 电解质分析仪常见故障分析［J］．医疗设备信息（11）：22.

谢军，马玉春．2004. M192 电解质分析仪常见故障分析及处理［J］．医疗设备信息（2）：23.

熊立凡，金大鸣，胡晓波．1998. 现代一般检验与临床实践［M］．上海：上海科学技术文献出版社：12.

徐文波，山德生，冯磊．2005. NOVA CRT 16 全自动电解质分析仪常见故障排除与保养［J］．现代检验医学杂志，(5)：80.
杨根元 . 2001. 实用仪器分析［M］. 第 3 版 . 北京：北京大学出版社：124 - 145.
张玉海 . 2005. 新型医用检验仪器原理与维修［M］. 北京：电子工业出版社：311 - 313.
朱根娣 . 2002. 临床常用检验仪器原理、构造、维护［M］. 上海：上海科学技术文献出版社 .